VIe CONGRÈS INTERNATIONAL

D'AGRICULTURE

PARIS

1er au 8 Juillet 1900

TOME DEUXIÈME

COMPTE RENDU DES TRAVAUX DU CONGRÈS

PARIS

MASSON ET Cie, ÉDITEURS

120, BOULEVARD SAINT-GERMAIN, 120

1900

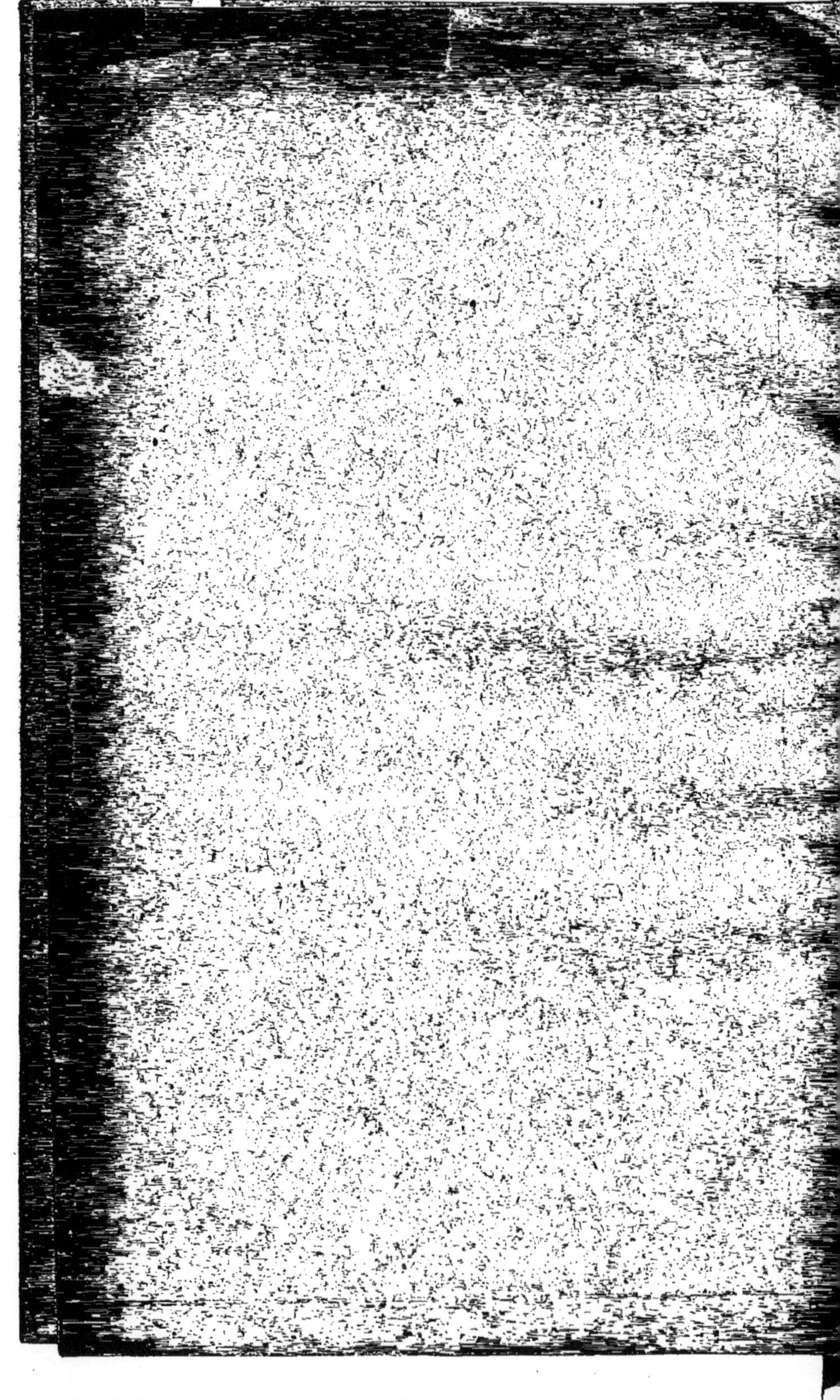

VIe CONGRÈS

INTERNATIONAL D'AGRICULTURE

PARIS 1900

43814. — PARIS, IMPRIMERIE LAHURE

9, RUE DE FLEURUS, 9

VIe CONGRÈS INTERNATIONAL

D'AGRICULTURE

PARIS

1er au 8 Juillet 1900

TOME DEUXIÈME

COMPTE RENDU DES TRAVAUX DU CONGRÈS

PARIS

MASSON ET Cie, ÉDITEURS

120, BOULEVARD SAINT-GERMAIN, 120

1900

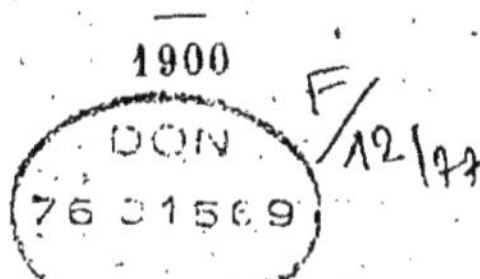

AVIS

—

Le deuxième volume des travaux du VIe Congrès international d'agriculture tenu à Paris du 1er au 8 juillet 1900, se divise en six parties, savoir :

1° Listes des délégués et des membres du Congrès;

2° Procès-verbal de la séance d'ouverture;

3° Compte rendu des travaux des sections et documents annexes;

4° Compte rendu des séances générales;

5° Liste des résolutions adoptées et des vœux formulés au cours du Congrès.

6° Compte rendu du banquet du 7 juillet et des excursions organisées pendant et après le Congrès;

Les travaux des Sections ont été reproduits d'après les procès-verbaux remis par les secrétaires de chaque section au Secrétaire général du Congrès. Les discussions des séances générales ont été reproduites par la sténographie.

Ce volume, comme le précédent, est offert par la Commission d'organisation à tous les membres du Congrès.

H. S.

BUREAU DU CONGRÈS

Présidents d'honneur :

S. E. M. Ignace de Daranyi, Ministre de l'agriculture du royaume de Hongrie, président du Congrès international de Budapest (1896).

MM. Baudoin (D.), président de la Commission du Congrès international de la Haye (1891).

De Bruyn, ancien ministre de l'agriculture de Belgique, président d'honneur du Congrès international de Bruxelles (1895).

Cartuyvels van der Linden, président du Congrès international de Bruxelles (1895).

Viquerat (J.-F.), chef du Département de l'agriculture et du commerce du canton de Vaud (Suisse), président du Congrès international de Lausanne (1898).

Président :

M. Méline (Jules), ancien président du Conseil des Ministres, ancien Ministre de l'agriculture, président du Congrès international d'agriculture à Paris en 1889, à La Haye en 1891 et à Lausanne en 1898, président de la Société nationale d'agriculture.

Vice-présidents :

MM. Alvord (le major Henry E.), docteur en droit, chef de la Section de la laiterie au Département de l'agriculture à Washington, délégué officiel (*États-Unis*).

Arnim-Criewen (D'), président du Comité directeur de la Société allemande d'agriculture (*Allemagne*).

Lobkowitz (le prince Ferdinand), membre de la Chambre des Seigneurs, président du Conseil d'agriculture de Bohême (*Autriche*).

Pavoncelli (Giuseppe), député, ancien ministre des travaux publics, délégué officiel (*Italie*).

Stébout (le professeur), président du Comité scientifique au Ministère de l'agriculture et des domaines, délégué officiel du Gouvernement (*Russie*).

Yerburg (R.-A.), membre de la Chambre des communes, président de l'Union agricole nationale (*Grande-Bretagne*).

Tisserand (Eugène), directeur honoraire de l'agriculture, membre de la Société nationale d'agriculture (*France*).

Vogüé (marquis de), membre de l'Institut et de la Société nationale d'agriculture, président de la Société des agriculteurs de France (*France*).

Secrétaires généraux honoraires :

MM. Zillesen (*Pays-Bas*) et Tardit (*France*), secrétaires généraux du Congrès international de La Haye (1891).

Castro (D. Luis de), secrétaire directeur de l'Association royale centrale d'agriculture portugaise (*Portugal*).

Clarke (sir Ernest), secrétaire du Conseil de la Société royale d'agriculture d'Angleterre (*Grande-Bretagne*).

Mailath (le comte Joseph), membre de la Chambre des Magnats, délégué de la Société nationale d'agriculture de Hongrie (*Hongrie*).

Westermann, professeur à l'Institut royal agricole et vétérinaire de Copenhague (*Danemark*).

Secrétaire général :

M. Sagnier (Henry), membre de la Société nationale d'agriculture, directeur du *Journal de l'Agriculture*, questeur de la Commission internationale d'agriculture.

Secrétaires :

MM. Berge (René, ingénieur civil des mines, membre du Conseil général de la Seine-Inférieure, propriétaire-agriculteur.

Dulignier (H.), attaché au Ministère des affaires étrangères.

Hannotin (Edmond), auditeur au Conseil d'État.

Tardit (Michel), maître des requêtes au Conseil d'État.

Commissaires désignés par la Commission d'organisation :

MM. Berge (René), ingénieur civil des Mines, membre du Conseil général de la Seine-Inférieure.

Chapelle (Albert), ancien élève de l'École nationale d'agriculture de Grignon.

Dulignier (H.), attaché au Ministère des affaires étrangères.

Dumas (Alexandre), secrétaire du *Journal de l'Agriculture*.

Duval (Jacques), ancien élève de l'École nationale d'agriculture de Grignon.

Legras (Henry), agriculteur à Besny-et-Loizy (Aisne).

Ponscarme (Eugène), secrétaire particulier du Président du Congrès.

Rayer (Auguste), agriculteur à l'Abbaye-de-Jouy (Seine-et-Marne).

Vacher (Marcel), membre de la Société nationale d'agriculture, agriculteur à Montmarault (Allier).

Villard (Jacques), ancien élève de l'École nationale d'agriculture de Grignon.

DÉLÉGUÉS OFFICIELS

DES

GOUVERNEMENTS

RÉPUBLIQUE FRANCAISE.

Ministère de l'Agriculture

MM. Vassillière (Léon), directeur de l'Agriculture au Ministère de l'agriculture.
Randoing, inspecteur général de l'Agriculture.
Risler (Eugène), directeur de l'Institut national agronomique.
Daubrée, conseiller d'Etat, directeur des eaux et forêts.
Fétet, administrateur des eaux et forêts.
Mougenot, administrateur des eaux et forêts.
Schribaux (Émile), professeur à l'Institut national agronomique.
Fabre, conservateur des eaux et forêts, à Nîmes.
Henry, inspecteur des eaux et forêts, chargé de cours à l'École forestière de Nancy.

Ministère des Colonies.

M. Dybowski (Jean), inspecteur général de l'Agriculture coloniale.

Ministère de la Guerre.

M. Duhamel (J.), sous-intendant militaire, attaché au Ministère de la guerre.

Gouvernement général de l'Indo-Chine.

M. Capus (Guillaume), docteur ès sciences, directeur de l'Agriculture et du Commerce.

Tunisie.

M. A. Loir (le docteur), directeur de l'Institut Pasteur de Tunis.

ARGENTINE (RÉPUBLIQUE).

M. Carlos Salas (le docteur).

AUTRICHE.

MM. Hohenbruck (le baron Arthur de), chef de Division honoraire du Ministère I. R. de l'agriculture.
Meissl (le professeur Emerich), conseiller aulique au Ministère I. R. de l'agriculture.

BELGIQUE.

MM. Proost (A.), directeur général de l'Agriculture, au Ministère de l'agriculture et des Travaux publics.
Cartuyvels, inspecteur général de l'Agriculture au Ministère de l'agriculture.

BOSNIE-HERZÉGOVINE.

MM. Sedlnitzky-Choltic (le baron Jaroslav de), conseiller du Gouvernement.
Huber (Victor-C.), directeur des Stations agricoles du Gouvernement.

BULGARIE.

M. Fargue (Maurice de la), conseiller de commerce extérieur de la France, commissaire général adjoint de Bulgarie à l'Exposition universelle de 1900.

ÉQUATEUR (RÉPUBLIQUE DE L').

M. Ballen (Sixto Durán).

ESPAGNE.

M. Gorria y Royan (Hermenegildo), directeur de la *Granja expérimental de Barcelona*.

ÉTATS-UNIS.

Hon. J. H. Brigham, secrétaire assistant du Département de l'agriculture des États-Unis.
MM. le Major H. E. Alvord, docteur en droit, chef de la Section de laiterie au Département de l'agriculture des États-Unis.
Dr H. W. Wiley, chimiste en chef, au Département de l'agriculture des États-Unis.
W. B. Alwood, représentant honoraire du Département de l'agriculture des États-Unis.
J. A. Le Clerc, au Département de l'agriculture des États-Unis.
M. A. Carleton, expert au Département de l'agriculture des États-Unis.
Henry, doyen de l'Université de Wisconsin.
Schulte (John I.), au Département de l'agriculture des États-Unis.
Taylor (William A.), au Département de l'agriculture des États-Unis.

GUATEMALA (RÉPUBLIQUE DE).

M. Guérin (René), chimiste, directeur du Laboratoire central de Guatemala et délégué du gouvernement de Guatemala à l'Exposition universelle de 1900.

HONGRIE.

Son Excellence Ignace de Daranyi, conseiller intime actuel de Sa Majesté I. et R. Ap., ministre de l'agriculture du royaume de Hongrie.
MM. Kiss de Nemesker (Paul de), chambellan de Sa Majesté I. R. Ap., secrétaire d'État au Ministère de l'agriculture.
Malcomes (le baron Jérôme), conseiller de Division au Ministère de l'agriculture.
Rodiczky (le docteur Eugène de), écuyer tranchant, directeur d'Institut agricole.
György (André), délégué agricole pour l'étranger au Ministère de l'agriculture.
Hampel (le docteur Antoine), secrétaire adjoint au Ministère de l'agriculture.

ITALIE.

M. Pavoncelli (Giuseppe), député, ancien ministre des travaux publics.

JAPON.

MM. T. Yokoi (le professeur), professeur à l'École d'agriculture, Université de Tokio.
P. Ouda (le docteur), ingénieur au Ministère de l'agriculture et du commerce du Japon.

LUXEMBOURG.

M. Fischer (Eugène), président de la Commission d'agriculture du Grand-Duché.

MEXICAINS (ÉTATS-UNIS).

MM. Segura (José C.), ingénieur-agronome, officier de l'Instruction publique et du Mérite agricole, directeur de l'École nationale d'agriculture de Mexico, chef des groupes VII, VIII et X de la Commission mexicaine.

Garibay (Enrique H.), secrétaire au Ministère du Fomento, adjoint aux groupes VII, VIII et X de la Commission mexicaine.

Chabert (Alfredo), adjoint aux groupes VII, VIII et X de la Commission mexicaine.

Délégué du Gouvernement de l'État de Mexico :

M. José Semerdou (le professeur).

NICARAGUA (RÉPUBLIQUE DU)

M. Crisanto Médina, ministre plénipotentiaire, à Paris.

ROUMANIE.

M. Nicoleano (Georges), directeur au Ministère de l'Agriculture, de l'Industrie, du Commerce et des Domaines.

RUSSIE.

MM. Stébout (le professeur), président du Comité scientifique du Ministère de l'agriculture et des domaines, délégué du Ministère.

Fischer de Waldheim (Alexandre), conseiller privé, directeur du Jardin impérial de botanique, délégué du Ministère de l'agriculture et des domaines de l'Empire.

Semenoff (Dmitri), sous-chef de la Division de l'économie rurale et de la statistique agricole au Ministère de l'agriculture et des domaines, délégué du Ministère.

Tonné, chef de bureau au Ministère de l'agriculture et des domaines, délégué du Ministère.

Browkoff (le professeur), chef du service météorologique au Ministère de l'agriculture et des domaines, délégué du Ministère.

Froloff, conseiller d'État actuel, grand propriétaire et producteur de semences dans la Russie méridionale, délégué du Ministère.

Lenine (Serge), inspecteur de l'agriculture, délégué du Ministère.

Massalsky (le prince Wladislas), chef de bureau au Ministère de l'agriculture et des domaines, délégué du Ministère.

SERBIE.

M. Vassa Yovanovitch, secrétaire au Ministère du commerce, de l'industrie et de l'agriculture.

SIAM.

M. Niederlein (le docteur Gustavo), membre organisateur des congrès commerciaux Panaméricain (1897) et international de Philadelphie (1899).

SUÈDE.

M. Eriksson (Jacob), professeur de pathologie végétale à l'Académie royale d'agriculture.

SUD-AFRICAINE (RÉPUBLIQUE).

M. Gunning (le docteur).

SUISSE.

Canton de Fribourg :

M. Charles Wuilleret, préfet, président de la Société d'agriculture du canton de Fribourg.

DÉLÉGUÉS

ASSOCIATIONS AGRICOLES ÉTRANGÈRES

ALLEMAGNE.

Conseil d'agriculture allemand (Deutscher Landwirtschafts-Rath) :
MM. HAMMERSTEIN (le baron de), conseiller intime de gouvernement, président du district
de Lorraine, à Metz.
FUNCK, propriétaire à Loy, près Rastede, grand-duché d'Oldenbourg.

Société allemande d'agriculture (Deutsche Landwirtschafts-Gesellschaft) :
MM. ARNIM-CRIEWEN (d'), président du Comité directeur de la Société.
SCHONAICH-CAROLATH (S. A. le prince Georges de), membre du Bureau, président de la
Chambre d'agriculture de la Silésie.
WITTMACK (Dr), conseiller intime, professeur à l'école supérieure d'agriculture et à
l'Université de Berlin.

Ligue des agriculteurs (Bund der Landwirthe) :
MM. ROESICKE-GOERSDORFF (le docteur), député au Reichstag, président de la Ligue.
BLÖDAU-EHRENBERG (de), chambellan, député au Reichstag, président de la Ligue pour
le duché de Saxe-Altenbourg.
KLAPPER (Edmond), publiciste, à Berlin.
KIESENWETTER (de), directeur de la Ligue.

Ligue bimétallique allemande :
M. ASCHENDORFF (E.), secrétaire général.

Conseil d'agriculture de la Hesse ;
M. MULLER (le docteur K.), secrétaire général.

Chambre d'agriculture de Bonn :
M. WINZ, directeur de l'École d'agriculture de Wittlich

Chambre d'agriculture de la province de Brandebourg :
M. PUTLITZ GR. PANKOW (de), propriétaire, délégué.

Chambre d'agriculture de Cassel :
M. GERLAND, secrétaire général.

Chambre d'agriculture de la province de Poméranie :
M. NEUMANN (le docteur Johannès), secrétaire général.

Chambre d'agriculture de Hohenzollern :
M. FUERSTENBERG (le baron de), délégué.

Chambre d'agriculture de la province de Westphalie :
M. STOCKHAUSEN (Ernest de), délégué.

Union des caisses rurales Raiffeisen du Bas-Rhin :
M. MULLER (l'abbé Jean), président.

ARGENTINE (RÉPUBLIQUE).

Sociedad rural Argentina.

AUTRICHE.

Société impériale et royale d'agriculture de Vienne :
MM. Hohenbruck (le baron Arthur de), chef de Division honoraire au Ministère I. R. de l'agriculture.
Meissl (le prof. Dr Emerich), conseiller aulique.
Weinzierl (le D^r chevalier Théodore de), directeur de la Station I. R. de contrôle des semences, à Vienne.
Schweitzer (le docteur Karl von), propriétaire à Gneixendorf.
Conseil d'agriculture de Moravie :
M. Skene (Alfred de), député, vice-président.
Conseil d'agriculture de Bohême :
MM. Lobkowitz (le prince Ferdinand), membre de la Chambre des Seigneurs. président.
Kolowrat (le comte Léopold), propriétaire au château de Teinitzl.
Société centrale des agriculteurs de Cracovie :
M. Milierski (le Dr Wirtold).
Société agraire de Trieste :
MM. Burgstaller-Bidischini (le chevalier Giuseppe de), président.
Tominz (Raimondo), directeur.

BELGIQUE.

Société centrale d'agriculture de Belgique :
MM. Van der Straten-Ponthoz (le comte), président honoraire.
Moreau (le baron de), ancien Ministre de l'agriculture, président.
Fraters (Léonce), membre du Conseil supérieur des forêts, vice-président.
Everard (Georges), ingénieur agricole, secrétaire.
Henry (Albert), avocat, secrétaire de rédaction.
Société nationale de laiterie :
M. Peers (le baron), président.
Association des ingénieurs agricoles de Gembloux :
M. Ernotte, président.

CHILI.

Sociedad agricola de la Frontera :
M. Jeria (Maximo), ingénieur agricole, délégué.
Société nationale d'agriculture du Chili :
M. Larrain-Cavarrudias (R.), membre du Conseil.

DANEMARK.

Société royale d'agriculture du Danemark :
MM. Wedell (B.), président de la Société.
Segelcke (Th.), professeur à l'Institut royal agricole et vétérinaire de Copenhague.
Union des Comices agricoles du Danemark :
M. Raeder (F.), délégué.
Société des anciens élèves de l'Institut agronomique de Copenhague :
MM. Westermann (B.), professeur à l'École royale vétérinaire et d'agriculture de Copenhague.
Dorph-Petersen (K.), secrétaire près le Comité de la culture des plantes de l'État, à Copenhague.
Morsgaard-Kjeldsen, propriétaire à Lidso.
Bagger (W.), ingénieur de culture à Königsberg.
Sondergaard (C.), directeur de l'École d'agriculture de Skaarup.
Nielsen (C.), intendant à Margrethelund.

ÉGYPTE.

Société khédiviale d'agriculture :
M. Foaden (George P.), secrétaire.

ÉTATS-UNIS.

Société pour le progrès des sciences agricoles et Association nationale des Écoles d'agriculture et des Stations agricoles des États-Unis :
M. ALVORD (le major Henry E.), chef de la Division de la laiterie au Département de l'agriculture, ancien président de ces deux sociétés.

GRANDE-BRETAGNE.

Société royale d'agriculture d'Angleterre :
MM. SPENCER K. G. (le comte), membre du Conseil, ancien président (1897-98).
CLARKE (sir Ernest), secrétaire du Conseil de la Société.

Chambre centrale d'agriculture et Union des Chambres d'agriculture :
MM. GODFREY (Ernest-H.), secrétaire de la Chambre centrale d'agriculture et de l'Union.
LE ROY LEWIS (Major H.), Wetsbury House, Petersfield.
ORLEBAR (Rouse), Hinwick Lodge, Wellingborough.

National agricultural Union :
M. YERBURGH (R. A.), M. P., président.

Association des fermiers laitiers d'Angleterre :
MM. FRED. JAS. LLOYD, F. C. S., chimiste consultant.
JAMES LONG, ancien professeur au Collège royal.
Ligue bimétallique irlandaise :
M. WILLIAM FIELD, président.

Colonies anglaises.

Canada.

Chambre de commerce de Montréal :
M. PERRAULT (X.), président d'honneur.

Australie.

Société royale d'agriculture de la Nouvelle-Galles du Sud :
M. WILSHIRE (James), délégué.

HONGRIE.

Société nationale d'agriculture de Hongrie :
MM. DESSEWFFY (le comte Aurèle), conseiller intime actuel de Sa Majesté I. et R. Ap., président de la Société.
ZSELENSZKI (le comte Robert), chambellan de Sa Majesté I. et R. Ap., membre de la Chambre des Magnats, vice-président de la Société.
KAROLYI (le comte Alexandre), conseiller intime actuel de Sa Majesté I. et R. Ap., député au Parlement.
SZÉCHENYI (le comte Emeric), membre de la Chambre des Magnats.
BEDŐ (le Dr Albert de), député, ancien secrétaire d'État au Ministère de l'agriculture.
RODICZKY (le Dr Eugène de), écuyer-tranchant de Sa Majesté I. et R. Ap., directeur d'Institut agricole.
RUBINEK (Jules), secrétaire-gérant de la Société.
MAILATH (comte Joseph), chambellan de Sa Majesté I. et R. Ap., membre de la Chambre des Magnats.

Société d'agriculture du comitat de Szolnok-Doboka :
M. KORNIS (le comte Victor), président.

Association agricole du Comitat de Borsad :
M. MIKLOS DE MIKLOSVAR (Edmond de), député, commissaire général adjoint de la Hongrie à l'Exposition universelle de 1900.

Association hongroise d'économie politique :
M. MANDELLO (Jules-Georges), secrétaire général.

ITALIE.

Société des agriculteurs italiens :
  MM. CAPPELLI (le marquis Alfonso), à Aquila.
      MORASSUTTI (le Dr Gino), directeur de la chaire ambulante d'agriculture de Fermo.
      PAVONCELLI, député, ancien ministre des travaux publics.
      PICCINI (Carlo), avocat à Rome.
Comizio agrario di Brescia :
  M. GONIO (Carlo), président, député.
Comizio agrario mandamentale di Cagli (Pezaro) :
  M. MARAVELLI (Giuseppe), membre de la Direction.
Comizio e circolo agricolo del circondario di Rimini (Forli).
Comizio agricolo di Reggio (Reggio-d'Emilia) :
  M. GUALERZI (le Dr Francisco), président.
Real Instituto d'incoragiomento di Napoli :
  M. MIRAGLIA (le commandeur Nicola).
Real Societa economica del principato Citeriore, à Salerne.
Societa agraria di Lombardia.
Comizio agrario del circondario di Palermo.
Circolo cacciatori Bresciani.
Associazone « Pro Montibus ».
Comizio agrario di Aquila (Abruzze) :
  M. CAPPELLI (le marquis Alfonso), président.
Association pour la protection des oiseaux de Florence :
  M. PINI (le chevalier Ranieri), délégué.
Comizio agrario di Torino :
  M. REBAUDINGO (le comte Eugène), président.

                                      M. OULSEN (le ch. Cⁱ), délégué.

LUXEMBOURG.

Cercle grand-ducal d'agriculture et d'horticulture :
  M. SIEGEN (Charles), secrétaire général.

PAYS-BAS.

Société hollandaise d'agriculture.
Union coopérative des banques et sociétés de crédit agricole :
  M. BRANDS (C.-F.-J.), inspecteur.
Section néerlandaise de la Société d'industrie et d'agriculture de Batavia :
  MM. ZUHLEN (le colonel Van), président.
      DOORMAN (F.-G.), délégué.
Comité des directeurs des stations agronomiques de l'État :
  M. SJOLLEMA (le Dr B.), directeur de la station agronomique de Groningue.

PORTUGAL.

Association royale centrale de l'agriculture :
  MM. VASCONCELLOS (Antonio de), propriétaire-agriculteur.
      CINCINNATO DA COSTA (B.-C.), directeur de l'Association, membre du Conseil supérieur
        de l'agriculture, ancien député aux Cortès, professeur à l'Institut agronomique
        de Lisbonne.
      AZEVEDO (Joachim José d'), chef de section à la Direction générale d'agriculture,
        agronome, rédacteur du Bulletin de l'Association.
      OLIVEIRA-SOARÈS (José d'Antonio d'), propriétaire-agriculteur, président du Syndicat
        royal agricole à Evora.
      MACIEIRA (José Guilherme), membre du jury à l'Exposition universelle de 1889.
      RELVAS (José), propriétaire-agriculteur.
      CASTRO (D. Luiz de), ancien député aux Cortès, directeur de l'Association, délégué
        agricole à la Commission de la Section portugaise à l'Exposition universelle de 1900.
      MONTEIRO (Pedro-Antonio), propriétaire-agriculteur, professeur au lycée central de
        Lisbonne.

SUÈDE ET NORVÈGE.

Académie royale d'agriculture de Suède :
  M. Loven (Christian), secrétaire général.

SUISSE.

Union agricole suisse (Schweizrischer Landwirtschaftl. Verein) :
  MM. Morgenthaler (le docteur), directeur de l'École agricole Strickkof, à Zurich.
      Krauer-Widmer, professeur de viticulture à l'Ecole polytechnique de la Confédération
        hélvétique, à Zurich.
Fédération des Sociétés d'agriculture de la Suisse romande.
Union suisse des paysans, à Berne.
Association agricole du Valais :
  M. Martin (Aristide), président.
Société d'agriculture de Monthey (Valais).
  M. Evéquoz (Henri), secrétaire.
Confrérie des vignerons de Vevey.
Société d'agriculture de la vallée de Delémont :
  M. Maguin (Fidèle), président.
Société d'agriculture du canton de Fribourg :
  M. Wuilleret, président.
Comité international pour la lutte contre la destruction des oiseaux :
  M. Keller (André), président.

DÉLÉGUÉS

DES

ASSOCIATIONS AGRICOLES FRANÇAISES

Paris.

Société nationale d'agriculture de France : MM. Jules Méline, président; Chauveau, vice-président; Louis Passy, secrétaire perpétuel; Liébaut, trésorier perpétuel; J. Bénard, vice-secrétaire; Heuzé, Chatin, Bouquet de la Grye, Nouette-Delorme, Berthelot, Prillieux, délégués.

Société des agriculteurs de France : le marquis de Vogué, président; le comte de Lucay, vice-président; le marquis de Barbentane, vice-président; Aylies (C.), secrétaire général, délégués.

Société nationale d'encouragement à l'agriculture : M. Casimir-Perier, président; M. J. de Lagorsse, secrétaire général.

Association de l'industrie et de l'agriculture françaises : M. Sébline, président d'honneur.

Société française d'encouragement à l'industrie laitière : M. Legludic, président; M. Cabaret (Paul), secrétaire général.

Société nationale d'acclimatation : MM. le baron Jules de Guerne, secrétaire général; Mersey, membre du conseil; Prillieux, membre de l'Institut; le marquis de Chauvelin, délégués.

Syndicat des fabricants de sucre de France : M. Viéville (Victor), président.

Syndicat central des agriculteurs de France.

Association amicale des anciens élèves de Grignon : M. Philippar, président.

Société nationale d'aviculture de France : M. Er. Lemoine, président honoraire.

Société des viticulteurs de France et d'ampélographie : M. Prosper Gervais, secrétaire général.

Syndicat des éleveurs du Durham français : M. de Clercq, président.

Syndicat national agricole : M. le marquis de Chauvelin, délégué.

Ain.

Société départementale d'agriculture de l'Ain : MM. A. Fouilloux et A. Salomon, délégués.

Comice agricole de l'arrondissement de Trévoux : M. Pierre de Monicault, vice-président.

Aisne.

Comice agricole de l'arrondissement de Laon : M. Jules Legras, président.

Syndicat agricole de l'arrondissement de Laon : M. R. Jacquemart, président.

Comice agricole de l'arrondissement de Saint-Quentin : M. Sandron, délégué.

Comice agricole de l'arrondissement de Soissons : Brunehant, président.

Allier.

Société départementale d'agriculture de l'Allier : M. J. de Garidel, président.

Ardèche.

Société ardéchoise d'encouragement à l'agriculture : M. A. Seibel, vice-président.

Ardennes.

Syndicat des agriculteurs des Ardennes : M. J. Le Conte, vice-président.

Comice agricole de l'arrondissement de Rethel.

Comice agricole de l'arrondissement de Sedan : M. A. Lapointe, président.

Ariège.

Comice agricole de l'arrondissement de Pamiers : M. J. MARTY, président.

Aube.

Société horticole, vigneronne et forestière de l'Aube.

Aude.

Société centrale d'agriculture de l'Aude : M. Émile CLOLUS, délégué.
Syndicat agricole de Castelnaudary : M. le marquis DE LAURENS-CASTELET, président et délégué.

Aveyron.

Société centrale d'agriculture de l'Aveyron.

Bouches-du-Rhône.

Société départementale d'agriculture des Bouches-du-Rhône : MM. le comte de CHEVIGNÉ et GAS-TINE, délégués.

Calvados.

Société d'agriculture et du commerce de l'arrondissement de Caen : M. le comte DE SAINT-QUENTIN, président.
Société d'agriculture de l'arrondissement de Pont-l'Evêque : M. Eugène NÉROX, président.

Charente.

Syndicat agricole et viticole de Barbezieux : M. BANVILLET, président.

Charente-Inférieure.

Syndicat des viticulteurs des Charentes : M. A. CALVET, président.
Comice de l'arrondissement de la Rochelle : M. le vicomte H. DE LAROCQUE-LATOUR, délégué.

Cher.

Société départementale d'agriculture du Cher : M. DUVERGIER DE HAURANNE, vice-président.

Corrèze.

Comice agricole de l'arrondissement d'Ussel : M. J.-B.-M. GUY, président.

Côte-d'Or.

Comice agricole syndiqué de Pouilly-en-Auxois : M. J. GAGEY, président.
Comice agricole et viticole de Nuits : M. le Dr CHANUT, président.

Côtes-du-Nord.

Comice agricole de Plouagat : M. le comte A. DE QUÉLEN, président.

Dordogne.

Syndicat des agriculteurs du Périgord : M. le comte DE MARCILLAC, vice-président.

Drôme.

Syndicat des agriculteurs de Die.

Eure.

Société agricole et hippique de l'arrondissement de Pont-Audemer : M. A. Montier, président et délégué.
Syndicat agricole des cantons de Louviers, Pont-de-l'Arche et Gaillon : M. Eugène Sée, délégué.
Syndicat agricole du plateau du Neubourg : M. Andriveau, délégué, secrétaire.

Eure-et-Loir.

Comice agricole de l'arrondissement de Chartres : M. Pierre Roussille, président.
Syndicat agricole de l'arrondissement de Chartres : M. Egasse, délégué.

Finistère.

Union des Syndicats agricoles et horticoles bretons : M. Y. Raison du Cleuziou, président.
Syndicat agricole de Pleyben et Châteaulin : MM. Avan, Berthelemé et Le Floch, délégués.

Gard.

Union des associations agricoles du Sud-Est : M. Lugol, président.
Société centrale d'agriculture du Gard : M. A. Hénisson, président.
Comice agricole du Vigan : M. Pannet, secrétaire.
Société d'agriculture de l'arrondissement d'Alais : M. Adrien Perrier, vice-président ; M. Mozziconacci, secrétaire général ; MM. Marius Dumas et A. Dardousse, secrétaires.
Syndicat des filateurs des Cévennes : M. Laurent de l'Arbousset, délégué.

Haute-Garonne

Société centrale d'agriculture de la Haute-Garonne.
Société d'agriculture du département de la Haute-Garonne

Gironde.

Société d'agriculture de la Gironde.

Hérault.

Société départementale d'encouragement à l'agriculture de l'Hérault
Syndicat agricole de Saint-Jean-du-Fos : M. A. Puzol, président.

Ille-et-Vilaine.

Syndicat des agriculteurs d'Ille-et-Vilaine : M. A.-E. Duval, président.
Société d'agriculture, du commerce et d'industrie pour le département d'Ille-et-Vilaine : M. S. Sirodot, président.
Société agricole du canton de Tinténiac : M. Josseaume, secrétaire.

Indre.

Société départementale d'agriculture de l'Indre : M. Ratouis de Limay (H.), secrétaire général, délégué.
Société vigneronne de l'arrondissement d'Issoudun.
Syndicat de Saint-Vinncet-d'Issoudun, M. de Bonneval, président.

Indre-et-Loire.

Société d'agriculture, sciences, arts et belles-lettres d'Indre-et-Loire : M. Alluchon, président.
Syndicat agricole du canton de Montrésor : M. Maurice Raoul-Duval, président.

Isère.

Société d'agriculture pratique de Bourgoin : M. Genin (Charles), président.

Loir-et-Cher.

Comité central agricole de la Sologne : M. H. Boucard, président.
Société de pisciculture de Loir-et-Cher : M. le marquis de Chauvelin, président.

Loire.

Société d'agriculture, industrie, sciences, arts et belles-lettres du département de la Loire.
Société d'agriculture et de viticulture de l'arrondissement de Roanne : M. F. Bertrand, président.

Loire-Inférieure.

Comice agricole de l'arrondissement de Châteaubriant et des cantons réunis de Rougé, Moisdon et Saint-Julien-de-Vouvantes.
Comice agricole de Vertou : M. A. Gouin, président.

Loiret.

Syndicat des agriculteurs du Loiret : M. Louis Darblay, délégué.
Comice de l'arrondissement de Montargis : M. Nouette-Delorme, président honoraire.
Société d'agriculture de l'arrondissement de Pithiviers : M. Bizouerne, vice-président.

Lot-et-Garonne.

Société d'encouragement à l'agriculture de Lot-et-Garonne : M. J. de l'Écluse.

Manche.

Société d'agriculture de l'arrondissement de Cherbourg : M. Leblond (J.-C.), vice-président.

Marne.

Comice agricole de l'arrondissement de Châlons-sur-Marne : M. Alfred Lequeux, président.
Comice agricole de l'arrondissement de Reims : M. Charles Lhotelain, président, et M. Communal, délégués.
Comice agricole de Vitry-le-François : M. le comte J. de Felcourt, président.
Association syndicale des agriculteurs du canton d'Anglure : M. E. Richomme, président.
Ligue agricole de la Marne : M. E. Ponsard, président.
Syndicat agricole et viticole d'Epernay : M. Lourdeaux, délégué.
Syndicat agricole du Puy-Saint-Utin : M. Jules Bergaut, secrétaire.

Haute-Marne.

Comice agricole du canton de Joinville : M. Philippe, délégué.
Comice agricole du canton de Langres.
Société d'agriculture de l'arrondissement de Langres : M. André Avenel, délégué.
Syndicat central agricole et viticole de la Haute-Marne : M. Ravier-Fabry, délégué.
Comice agricole du canton de Fayl-Billot : M. Mille-Mongin, délégué.
Société d'agriculture de l'arrondissement de Chaumont : M. H. de Montrol, président.

Mayenne.

Comice agricole du canton de Sainte-Suzanne : M. Anatole Robert, président, délégué
Comice agricole de Château-Gontier : M. A. Dubois-Fresney, président.
Comice agricole d'Ernée : M. le comte A. de Hercé, vice-président, délégué.

Meurthe-et-Moselle.

Comice agricole de l'arrondissement de Lunéville : M. Paul Genay, président.

Meuse.

Société d'agriculture de l'arrondissement de Montmédy : M. Achille Cochard, président.

Morbihan.

Comice agricole du canton de Josselin : M. le vicomte DU HALGOUET, président.
Comice agricole des deux cantons de Vannes : M. le Dr A. MAURICET, président.

Nièvre.

Société départementale d'agriculture de la Nièvre : M. le vicomte DE SAINT-SAUVEUR, président.
Syndicat agricole et viticole de Clamecy : M. A. RENARD, trésorier.

Nord.

Société des agriculteurs du Nord : MM. A. POTIÉ, président; BONDUEL, DAVAINE, LADEN, LEPEUPLE,
MANNIER, délégués.
Comice agricole de l'arrondissement de Lille : M. VALLET-ROGEZ, président.
Comice agricole de Bergues : M. CLAEYS, président.

Oise.

Société d'agriculture de l'arrondissement de Compiègne : M. HONGRE-BULOT, président.

Orne.

Comice agricole de Moulins-la-Marche : M. P. FLEURY, président.

Pas-de-Calais.

Union des Syndicats agricoles du Pas-de-Calais : M. Georges GRAUX, président.
Société d'agriculture et des beaux-arts de l'arrondissement de Boulogne-sur-Mer : M. E. MADARÉ,
président.
Société d'agriculture de l'arrondissement de Béthune : M. Auguste BRUNEAU, secrétaire, délégué.

Puy-de-Dôme.

Syndicat des agriculteurs du Puy-de-Dôme : M. CHABOISSIER, président.

Pyrénées-Orientales.

Syndicat professionnel agricole des Pyrénées-Orientales : M. Emile BROUSSE, président.

Rhône.

Société régionale de viticulture de Lyon : M. E. BURELLE, président.
Union du Sud-Est des Syndicats agricoles : M. E. DUPORT, président.
Union mutuelle des propriétaires lyonnais : MM. MADIGNIER et VALENTIN-SMITH, délégués.

Haute-Saône.

Syndicat agricole de la Haute-Saône : M. G. BOUVAIST, président.
Comice agricole de Gray : M. GRAS, président.

Saône-et-Loire.

Syndicat agricole et viticole de l'arrondissement de Chalon-sur-Saône : M. Prosper DE L'ISLE,
président.

Sarthe.

Syndicat des agriculteurs de la Sarthe : M. Th. BRIÈRE, directeur.

Savoie.

Société centrale d'agriculture de la Savoie : M. F. BRIOT, secrétaire général, MM. BONNEFOY,
baron DE BUTTET, DUSSERT, comte DE VILLENEUVE, délégués.
Syndicat des agriculteurs de la Savoie.

Haute-Savoie.

Société d'agriculture de Thonon-les-Bains : M. Vernaz, président.

Seine.

Syndicat des cultivateurs du département de la Seine : M. Vitry, président.

Seine-Inférieure.

Syndicat agricole de la Seine-Inférieure : M. Félix Laurent, délégué.
Syndicat agricole de l'arrondissement de Neufchâtel-en-Bray : M. Leblond, président.
Association agricole de Saint-Romain : M. Georges Le Bourgeois, président.

Seine-et-Marne.

Société d'agriculture de l'arrondissement de Melun : M. A. Brandin, président.
Société d'agriculture de l'arrondissement de Fontainebleau : M. H. Pouteau, secrétaire général, délégué.
Société d'agriculture de l'arrondissement de Meaux : M. J. Bénard, président.

Seine-et-Oise.

Comice agricole de Seine-et-Oise : M. H. Besnard, président.
Syndicat des agriculteurs du canton de Montfort-l'Amaury.
Syndicat agricole de Seine-et-Oise : M. H. Petit, président.
Société d'agriculture et de botanique de Montmorency : M. Paul-Louis Leclerc, secrétaire général.
Société d'agriculture et d'horticulture du canton de Marines : M. T. Commelin, président.
Comice d'encouragement à l'agriculture : M. Ledru, secrétaire général.

Deux-Sèvres.

Société centrale d'agriculture des Deux-Sèvres.
Comice agricole de l'arrondissement de Niort.

Somme.

Comice agricole de l'arrondissement d'Abbeville : M. R. de Boiville, président.
Société des agriculteurs de la Somme.

Tarn.

Comice agricole de Mazamet : M. Albert Rouvière, président.

Tarn-et-Garonne.

Comice agricole de Caussade : M. H. Courtois, président.

Vaucluse.

Comice agricole de l'arrondissement de Carpentras : M. Georges Maurin, président.
Syndicat agricole du Comtat : M. H. Laval, président.

Vendée.

Comice agricole de l'arrondissement de Fontenay-le-Comte : M. Guinaudeau, président.

Vienne.

Syndicat des agriculteurs de la Vienne : M. H. de Larclause, président.
Société académique d'agriculture, belles-lettres, sciences et arts de Poitiers : M. Planchon, président, délégué.

Société agricole Loudunaise : M. Millory, délégué.
Comice agricole de Saint-Georges : M. le comte Fruchard, président.
Société d'agriculture de l'arrondissement de Civray : MM. de Biez et Gendreau, délégués.

Haute-Vienne.

Société départementale d'agriculture de la Haute-Vienne : M. E. Teisserenc de Bort, président.

Vosges.

Comice agricole de l'arrondissement de Remiremont : M. Jules Méline, président.

Yonne.

Syndicat agricole et viticole de Villeneuve-sur-Yonne : M. Louis Pavé, vice-président, délégué.
Syndicat agricole et viticole d'Aillant-sur-Tholon : M. Buret de Sainte-Anne, président.

Algérie.

Département d'Alger.

Comice agricole du Sahel : M. E. Fenagutti, président.

Département d'Oran.

Syndicat agricole de Tlemcen : M. O. Havard, président.

Colonies françaises.

Guyane.

Chambre d'agriculture de la Guyane, à Cayenne.

Indo-Chine.

Chambre d'agriculture de Saïgon :
   M. Josselme (L.-P.-J.), à Saïgon.

Nouvelle-Calédonie.

Chambre d'agriculture de la Nouvelle-Calédonie :
   M. Pelcot (A.-H.), membre.

LISTE GÉNÉRALE

DES

MEMBRES ÉTRANGERS DU CONGRÈS

ALLEMAGNE

MM. Arnim-Criewen (d'), conseiller de noblesse, propriétaire, président du Comité Directeur de la Société allemande d'agriculture.

Aschendorff (Émile), secrétaire général de la Ligue allemande bimétallique.

Behmer (Rudolph), directeur et éleveur, à Berlin.

Blödau-Ehrenberg (de), chambellan, membre du Reichstag, président de l'Union agricole dans le Duché de Saxe-Altenbourg.

Brettreich (Frédéric), conseiller de régence, à Munich.

Cluss (D^r), *privatdocent* à l'Université de Halle-sur-Saale.

Fleischer (Dr Maurice), conseiller intime au Ministère de l'agriculture, à Berlin.

Freiburg (Gustav), ancien receveur de l'enregistrement et des domaines.

Fruwirth (Charles), professeur à Hohenheim.

Fuerstenberg (le baron Max de), délégué de la Chambre d'agriculture de Hohenzollern.

Funck (J.), propriétaire à Loy, délégué du Conseil d'agriculture allemand.

Gerland, conseiller économique, secrétaire général et délégué de la Chambre d'agriculture de Cassel.

Görtz-Wrisberg (comte W. de), docteur phil.

Hammerstein (baron de), délégué du Conseil d'agriculture allemand, conseiller intime de gouvernement en charge, président du District de Lorraine.

Hanisch (C.), directeur des Domaines, à Charlottenbourg.

Herder (Godefroy de), propriétaire d'une terre seigneuriale en Saxe.

Hormann (Karl), manufacturier, membre de la Société allemande d'agriculture, à Hormann schausen.

Kisenwetter (de), directeur de la Ligue des agriculteurs, à Berlin.

Klapper (Edmond), délégué de la Ligue des agriculteurs.

Krüger (le Dr Frédéric), fonctionnaire à l'Office impérial de santé, à Berlin.

Lydtin (Auguste), vétérinaire et docteur en médecine à Baden-Baden.

Mayr (Dr Georg von), ancien sous-secrétaire d'État, professeur à l'Université de Munich.

Müller (le Dr K.), secrétaire général du Conseil d'agriculture de la Hesse, à Offenbach-sur-le-Mein.

Neumann (Johannès), docteur en philosophie, secrétaire général de la Chambre d'agriculture pour la province de Poméranie.

Noack (F.), professeur de sciences naturelles et phytopathologiste, à Gerusheim.

Putlitz Gross Pankow (le baron Conrad de) propriétaire d'une terre seigneuriale, délégué de la Chambre d'agriculture de Brandebourg.

Riepenhausen-Crangen (Charles de), chambellan de S. M. l'Empereur d'Allemagne, membre du Landtag, à Berlin.

Rœsicke (D^r), propriétaire, député au Reichstag, président de la Ligue des agriculteurs, à Goërsdorf.

Scholler (Arnold), propriétaire, conseiller de commerce, membre de la Société allemande d'agriculture, à Düren.

MM. Schoxaich-Carolath (S. A. le Prince Georges de), membre du bureau de la Société allemande d'agriculture, président de la Chambre d'agriculture de Silésie, délégué de la Société, à Saabor.

Sorauer (D' Prof. Paul), à Berlin.

Stetter (D'), directeur de l'École d'agriculture d'hiver, à Krefeld.

Stockhausen (Erneste de), docteur en philosophie, délégué de la Chambre d'agriculture de la province de Westphalie.

Wirz. directeur de l'École d'agriculture à Wittlich, délégué de la Chambre d'agriculture de Bonn.

Wittmack (D'), conseiller intime, professeur à l'École supérieure d'agriculture et à l'Université de Berlin.

Wrochens (von), major, à Czerwentzütz.

ALSACE-LORRAINE

Dollfus (Gustave), propriétaire-agriculteur.

Moca (Arthur), planteur de houblon.

Muller (l'abbé Jean), président du Groupement des caisses rurales et agricoles Raiffeisen du Bas-Rhin.

La Rédaction du *Journal agricole d'Alsace-Lorraine*, à Strasbourg.

ARGENTINE (RÉPUBLIQUE)

Sociedad rural Argentina.

MM. Biraben (Alfredo C.), à Buenos-Ayres.

Mérou (Martin-Garcia), ministre de l'agriculture de la République Argentine.

Salas (le docteur Carlos), délégué officiel.

AUTRICHE

MM. Bella (Henry), inspecteur principal des chemins de fer en retraite, secrétaire de l'ambassadeur de France à Vienne.

Burgstaller-Bidischini (chev. de), président de la « Societa agraria » et de la « Commissione d'imboschimenti del Carso de Trieste ».

Devarda (Arthur), adjoint à la station expérimentale de chimie agricole à Goriz.

Dupont (Eugène), conseiller du Commerce extérieur de France.

Fornz (Raymondo), directeur de la Société agraria de Trieste.

Hitscumann (Robert), rédacteur à la *Gazette agricole* de Vienne.

Honenbruck (baron A. de), chef honoraire de section en retraite, délégué de la Société impériale et royale d'agriculture de Vienne.

Kambersky (Otto), directeur de la Station de botanique agricole et de la Station de contrôle des semences, à Troppau.

Kolownat (Charles-Léopold), membre du Conseil d'agriculture de Bohême, propriétaire

Langer (Ludwig), directeur de l'École d'agriculture de Trautenau.

Lonkowitz (Prince Ferdinand), président du Conseil d'agriculture de la Bohême, membre de la Chambre des Seigneurs.

Longueval-Buquoy (comte Ferdinand), membre du Comité exécutif et président du Comité forestier de la section allemande du Conseil d'agriculture du royaume de Bohême.

Malsbourg (baron Charles de), professeur de zootechnie à l'École d'agriculture de Czersnichow.

Meissl (D' Emerich), conseiller de cour, professeur, délégué de la Société impériale et royale d'agriculture d'Autriche.

Milieski (D' Wirtold), délégué de la Société centrale des agriculteurs de Cracovie.

Sakellario (Demetre), ingénieur-agronome, délégué de la station I. R. d'essais de semences, à Vienne.

Schweitzer (Charles de), docteur en droit, membre de la Société impériale et royale d'agriculture d'Autriche, délégué de la Société.

Sitensky (D' Franz), inspecteur public de l'enseignement agricole du royaume de Bohême.

Skene (Alfred de), député au Landtag, vice-président du Conseil d'agriculture de la Moravie.

MM. Stoklasa (D⁻ Jules), professeur à l'École polytechnique tchèque, et directeur de la Station agronomique à Prague.

Weiss-Wellenstein (Gustave de), vice-président du tribunal arbitral de la bourse des blés, à Vienne.

AUSTRALIE

MM. Wilshire (James), délégué de la Société royale d'agriculture de la Nouvelle-Galles du Sud.

BELGIQUE

MM. Bauwens (Louis), ingénieur agricole, ingénieur du génie civil, des arts et manufactures et des mines, agronome de l'État.

Braekers (Ferd.), juge, membre du Conseil supérieur d'agriculture de Belgique.

Capouillet (Pierre), directeur des assurances générales, à Bruxelles.

Cartuyvels van-der-Linden (Jules), inspecteur général de l'agriculture, président du Congrès international de Bruxelles (1895).

De Caluire, agronome de l'État.

Denis (Hector), député, professeur à l'Université libre de Bruxelles.

Drion (Henri) membre du Conseil supérieur de l'agriculture.

Ernotte, président de l'Association des ingénieurs agricoles de Gembloux, à Doustiennes.

Everard (Georges), secrétaire de la Société centrale d'agriculture de Belgique.

Faille (baron H. Della), sénateur.

Fraters (Léonce), membre du Conseil supérieur des forêts, vice-président de la Société centrale d'agriculture de Belgique.

Gillès de Pelichy (baron Ph.), conseiller provincial, membre du Conseil supérieur de l'agriculture.

Graftiau (Jean), ingénieur agricole, directeur du laboratoire d'analyses de l'État.

Grünn (comte de), sénateur.

Hankar, directeur de la Caisse générale d'épargne et de retraite.

Hegh (E.), secrétaire de rédaction de la *Revue générale agronomique de Louvain*.

Henry (Albert), avocat près de la Cour d'Appel, secrétaire de la Société centrale d'agriculture.

Lahaye (Jules), ingénieur agricole.

Laurent (Émile), professeur à l'Institut agricole de Gembloux.

Lefebvre, à Zillebeke.

Leplae (Edmond), professeur à l'Université de Louvain.

Lepreux (Omer), directeur général de la Caisse générale d'épargne et de retraite de Belgique.

Lippens (Auguste), membre du Conseil supérieur d'agriculture de Belgique.

Lippens (Maurice), avocat.

Maenhaut (Jules), membre de la Chambre des Députés, secrétaire du Groupe agricole, à Lamberg.

Moreau (baron de), ancien ministre de l'agriculture, président de la Société centrale d'agriculture de Belgique.

Peers (le baron Léon), propriétaire agronome, président de la Société nationale de laiterie.

Pétermann (docteur), directeur de la Station agronomique de l'État, à Gembloux.

Proost (Alphonse), directeur général de l'agriculture de Belgique.

Raskin (Charles), ingénieur agricole, à Bruxelles.

Storme (Jules), ingénieur agricole, à Lichtervelde.

Straten-Ponthoz (comte F. van der), président honoraire de la Société centrale d'agriculture de Belgique, membre de la Commission internationale d'agriculture.

Temmerman (Abbé), directeur de l'École supérieure d'agriculture pour jeunes filles, à Hervelé.

Tibbaut (Émile), avocat, membre de la Chambre des représentants.

Vandesien (Jean), étalonnier, à Zuyenkerke.

Van-der-Linden, membre de la Chambre des Députés, à Gœfferdingen.

Van-der-Vaeren (Julien), délégué du ministère de l'agriculture de Belgique à l'Exposition de Paris.

MM. Versnick (L.), secrétaire du Comice agricole d'Herzèle.
Vuyst (Paul de), inspecteur de l'agriculture, à Gand.

BOSNIE-HERZÉGOVINE

MM. Huber (Victor C.), directeur des Stations agricoles, délégué du Gouvernement.
Jaroslav de Sedlniszky-Choltic (baron), délégué du Gouvernement.

BRÉSIL

MM. Brustlein (Frédéric), directeur des domaines « Dona Francisca et Pirabeiraba ».
Barros-Bareto (J. de), propriétaire agriculteur, à Pernambouc.

BULGARIE

MM. Boëw (Boris), professeur de sciences financières et de statistique à l'Université de Sophia.
Fargue (Maurice de là), conseiller du commerce extérieur de la France, commissaire général adjoint de Bulgarie à l'Exposition Universelle de 1900, délégué officiel du Gouvernement.

CANADA

M. Perrault (X.), président d'honneur de la Chambre de commerce de Montréal.

CHILI

MM. Larrain Covarrúbias (R.), propriétaire agriculteur, membre du Conseil de la Société nationale d'agriculture du Chili.
Larrain Covarrúbias fils.
Octavio Astorquiza, ingénieur agricole.
Sociedad agricola de la Frontera, à Angol : M. Maximo Jeria, délégué.

ILE DE CHYPRE

M. Gennadius (P.), ancien directeur de l'agriculture en Grèce.

DANEMARK

MM. Dagger (W.), ingénieur de culture.
Dohrn-Petersen (R.), secrétaire du Comité d'agriculture de l'État.
Jensen (Jens Ludvig), directeur du bureau Cérès.
Maar, professeur à l'Académie royale d'agriculture.
Moesgaard-Kjlbex, propriétaire.
Nielsen (N.-C.), intendant.
Raeder (le chevalier F.), délégué de l'Union des Comices de Danemark.
Segelcke (Th.), professeur à l'Institut agricole et vétérinaire de Copenhague.
Sondergaard (C.), directeur de l'École d'agriculture à Skaarup.
Wedell (B.), président de la Société royale d'agriculture de Danemark.
Westermann (F.), professeur à l'Institut agricole et vétérinaire de Copenhague.

EGYPTE

MM. Agathon (Y.-K.), directeur des propriétés de Son Excellence Boghos Pacha Nubar.
Foaden (George P.), secrétaire de la Société Khédiviale d'agriculture.
Piot bey, chef du service vétérinaire des domaines de l'État.

ÉQUATEUR (RÉPUBLIQUE DE)

M. Sixto Duran Balles, délégué officiel de la République de l'Équateur.

ESPAGNE

MM. Aguilo y Cortés (Isidore), ingénieur agronome de la province de Barcelone.
Hermenegildo Gorrio y Royan, directeur de la *Granja experimental* de Barcelone.

ÉTATS-UNIS

MM. Alvord (le major Henry Elijah), chef de la division de la laiterie au Département de l'agriculture, délégué officiel des États-Unis.
Alwood (W.-B.), professeur à l'Institut polytechnique de la Virginie, délégué officiel.
Brigham (Hon. J.-H.), secrétaire assistant du Département de l'agriculture, délégué officiel.
Carleton (Mark-A.), expert du Ministère de l'agriculture des États-Unis, délégué officiel.
Dabney (Charles W.), président de l'Université de Tennessee, ancien sous-secrétaire de l'agriculture des États-Unis.
Henry, doyen de l'Université de Wisconsin, délégué officiel.
Le Clerc (J.-A.), au Département de l'agriculture, délégué officiel.
Schulte (John I.), au Département de l'agriculture des États-Unis, délégué officiel.
Taylor (William A.), au Département de l'agriculture des États-Unis, délégué officiel.
Wiley (D.-H.-W.), chimiste en chef au Département de l'agriculture, délégué officiel.

GRANDE-BRETAGNE ET IRLANDE

MM. Brown (W.-C.), membre du Conseil de la *British Dairy Farmers Association*.
Clarke (Sir Ernest), secrétaire du Conseil et délégué de la Société royale d'agriculture d'Angleterre.
Dyer (Dr Bernard), D. Sc., chimiste consultant.
Field (William), président de la Ligue bimétallique irlandaise.
Godfrey (Ernest H.), secrétaire de la Chambre centrale d'agriculture et de l'Union des Chambres d'agriculture.
Le Roy-Lewis (major Herman), délégué à la Justice de paix, à Pétersfield.
Lloyd (F.-J.), chimiste consultant, délégué de la *British Dairy Farmers Association*.
Long (professeur), délégué de la *British Dairy Farmers Association*.
Orlebar (Rouse), délégué de la Chambre centrale d'agriculture.
Smith (Charles-W.), écrivain économiste sur les questions commerciales et financières.
Spencer (comte K.-G.), président du Comité agricole et de la Commission royale britannique, membre du Conseil et ancien président (1897-98) de la Société royale d'agriculture d'Angleterre, et son délégué.
Yerburgh (R. A.). M. P., président de la *National Agricultural Union* et son délégué.

GUATEMALA

M. Guérin (René), chimiste, directeur du laboratoire central de Guatemala.

HONGRIE

MM. Banffy (comte Nicolas), attaché au Ministère de l'agriculture du royaume de Hongrie, rapporteur adjoint des affaires agricoles à Berlin.
Bernat (Étienne), docteur en droit, secrétaire de la Ligue agraire.
Darakyi (Son Excellence Ignace de), conseiller intime actuel de Sa Majesté I. et R. Ap., Ministre de l'agriculture du royaume de Hongrie, président du Congrès international de Budapest (1896).
Dessewffy (comte Aurèle), conseiller intime, président de la Société nationale d'agriculture de Hongrie, délégué de la Société.
György (André), attaché agricole au Ministère royal de l'agriculture hongrois, délégué du Ministère.
Gyöny (Laurent de), secrétaire particulier de S. E. le Ministre de l'agriculture.
Hampel (docteur Antoine), secrétaire adjoint au Ministère royal de l'agriculture Hongrois, délégué du Ministère.
Jablonowski, directeur de la station entomologique de l'État, à Budapest.

MM. Karolyi (comte Alexandre), conseiller intime actuel de Sa Majesté I. et R. Ap., député au Parlement hongrois, délégué de la Société nationale d'agriculture de Hongrie.

Kazy (Joseph de), chambellan de Sa Majesté I. et R. Ap., délégué du Ministère de l'agriculture au commissariat général de la Hongrie à l'Exposition universelle de 1900.

Kiss de Nemesker (A. de), propriétaire-agriculteur.

Kiss de Nemesker (Paul de), chambellan de Sa Majesté I. et R. Ap., secrétaire d'État au Ministère de l'agriculture, délégué du Ministère de l'agriculture.

Koos (Eugène de), rédacteur au Ministère de l'agriculture, secrétaire au Commissariat général de la Hongrie à l'Exposition universelle de 1900.

Lossonczy (Michel de), conseiller ministériel au Ministère de l'agriculture.

Maday de Maros (Isidore), conseiller au Ministère royal de l'agriculture.

Mailath (comte Joseph), chambellan de Sa Majesté I. et R. Ap., membre de la Chambre des Magnats, délégué de la Société nationale d'agriculture de Hongrie.

Malcomes (baron Jérôme de), conseiller de division au Ministère royal de l'agriculture hongrois, délégué.

Marton (André de), secrétaire de la Société d'agriculture du Comitat de Torontal.

Mautoner (Alfred), à Budapest.

Miklós de Miklósvár (Edmond de), ancien secrétaire d'État au Ministère de l'agriculture, député, commissaire général adjoint de la Hongrie à l'Exposition de 1900.

Rajner (Kalman), directeur de la Société du moulin à cylindre de Budapest.

Renner (Gustave), directeur de domaines, directeur des groupes de l'agriculture et de l'alimentation à l'Exposition universelle de 1900.

Rodiczky (Dr Eugène de), écuyer-sénéchal de S. M. I. R. Ap., délégué du Ministère de l'agriculture.

Rubinek (Jules), secrétaire gérant de la Société nationale d'agriculture de Hongrie.

Svetozar (Igali), propriétaire et journaliste à Bar.

Szapary (comte Jules), conseiller intime actuel de Sa Majesté I. et R. Ap., ancien président du Conseil des ministres, ancien Ministre de l'agriculture à Budapest.

Széchenyi (comte Emeric), membre de la Chambre des Magnats, délégué de la Société nationale d'agriculture de Hongrie.

Szilassy (Zoltan de), secrétaire rédacteur de la Société nationale d'agriculture de Hongrie.

Zselensky (comte Robert de), membre de la Chambre des Magnats, vice-président de la Société nationale d'agriculture de Hongrie, à Budapest.

INDES ORIENTALES NÉERLANDAISES

M. Doorman (J. G.), délégué de la Section néerlandaise de la Société d'agriculture et d'industrie de Batavia.

ITALIE

MM. Aguet (1), propriétaire, membre de la Société des agriculteurs Italiens.

Asarta (comte Vittorio de), député.

Brizi (Dr Ugo), de la Station royale de pathologie végétale de Rome.

Cappelli (marquis Alfonso), délégué de la Société des agriculteurs Italiens.

Cardinale-Serra (duc de).

Carlo Gorio, président du Comice agraire de Brescia, agriculteur, député.

Comice Agricole de Rimini.

Grimaldi (le docteur Clemente), membre du jury à l'Exposition universelle de 1900.

Lamotte (Nob. Carlo), propriétaire-agriculteur.

Morassutti (Dr Gino), membre de la Société des agriculteurs Italiens.

Oblsen (Charles), chevalier, docteur ès-sciences, délégué du Club des chasseurs de Brescia, du Comice agricole de Palerme, de l'Association Italienne Pro-Montibus, de la Société agraire de Lombardie.

Ottavi (Edoardo), député, délégué de la Société des agriculteurs Italiens.

Paterno (Emanuele), sénateur, professeur à l'Université de Rome.

Pavoncelli (Giuseppe), député, ancien ministre des travaux publics, délégué officiel.

Piccini (l'avocat Carlo), membre de la Société des agriculteurs Italiens.

Pini (le chevalier Ranieri), œnologue, directeur du journal *La Toscana vinicola ed olearia*.

M. Rebaudengo (Comte Eugène), président du Comice agricole de Turin.
Société des agriculteurs italiens.

JAPON

MM. Yokoi (le professeur T.), délégué officiel, professeur à l'École d'agriculture de l'Université de Tokio.
Ouda (le docteur P.), ingénieur au Ministère de l'agriculture et du commerce.

LUXEMBOURG (GRAND-DUCHÉ DE)

MM. Enzweiler, chef du Service agricole.
Fischer (Eugène), président de la Commission Grand-ducale d'agriculture.
Siegen (Charles), vétérinaire du Gouvernement, secrétaire général du Cercle Grand-ducal d'agriculture et d'horticulture.
Wagner (Jean Philippe), professeur à l'Institut agricole, à Ettelbrück.

MAURICE (ILE)

M. Giraud (Pierre-Léopold), ingénieur-agronome, chimiste à la sucrerie « Alma ».

MEXIQUE

MM. Chabert (Alfredo), adjoint aux Groupes VII, VIII et X de la Commission mexicaine, délégué du Gouvernement.
Garibay (Enrique H.), secrétaire au ministère du Fomento, adjoint aux Groupes VII, VIII et X de la Commission mexicaine, délégué du Gouvernement.
Segura (José C.), ingénieur-agronome, directeur de l'École d'agriculture de Mexico, délégué officiel du Gouvernement.
Semerdou (Professeur José), délégué officiel du Gouvernement mexicain.

NICARAGUA (RÉPUBLIQUE DE)

M. Medina (Crisanto), ministre plénipotentiaire, délégué officiel.

PAYS-BAS

MM. Bauduin (D.), président honoraire de la Société hollandaise d'agriculture, président du Comité du Congrès de la Haye (1891).
Berkhont (W. H. Feding van), ancien ingénieur des Ponts-et-Chaussées aux Indes Néerlandaises.
Boer Hz (J.), géomètre du Cadastre.
Brands (C. F. J.), inspecteur de l'Union coopérative des banques et Sociétés agricoles (système Raiffeisen).
Bultman (H. F.), président d'honneur de la Société hollandaise d'agriculture.
Büttikofer (Dr J.), directeur du Jardin Zoologique de Rotterdam.
Ferf (A.), membre du Conseil supérieur de la Société hollandaise d'agriculture, secrétaire du Comité Néerlandais d'agriculture.
Guljé, bourgmestre à Bréda.
Kakebeeke (Jean-Gualtrus-Jacob), agronome de l'État.
Kakebeeke (Walter), administrateur-agriculteur.
Korteweg (S. C.), secrétaire de la Société hollandaise d'agriculture.
Löhnis (E.-B.), inspecteur de l'Enseignement agricole, à La Haye.
Mayer (Adolphe), docteur ès sciences, professeur à l'École supérieure agricole, directeur de la station agronomique, à Wageningen.
Moens (J.-F.), directeur de la Banque de crédit agricole d'Alkmaar.
Punt (K.-D.), capitaine d'artillerie de campagne, à La Haye.
Repelaer (Jonkheer P.-J.-J.), membre de la direction principale de la Société hollandaise d'agriculture, à Dubbeldow.
Schorer (Jonkheer H. J.), directeur de la Banque centrale d'agriculture et d'industrie, à Amsterdam.

MM. Sjollema (D' B.), directeur de la Station agronomique, à Groningue.
Smits van Burgst (C.-A.-L.), économe rural.
Société hollandaise d'agriculture, à la Haye.
Swaving (D' A.-J.), directeur de la Station agronomique de l'État, à Goës.
Vas-Visser (G.), président de la Société hollandaise d'agriculture, à Amsterdam.
Went (D' F.-A.-F.-C.), professeur à l'Université d'Utrecht.
Westerdyk (J.-B.), président de la Société d'agriculture et d'industrie de Groningue.
Zillesen (D' H.), greffier de la première Chambre des États généraux, secrétaire général de la Commission royale des Pays-Bas pour l'Exposition de 1900.
Zuijlen (Colonel van), président de la Section néerlandaise de la Société d'industrie et d'agriculture de Batavia, délégué de la Société.

PORTUGAL

MM. Azevedo (Joaquim-Jose d'), chef de Section à la Direction générale d'agriculture, agronome, rédacteur du Bulletin de l'Association Royale Centrale d'Agriculture portugaise.
Castro (D. Luiz de), ancien député aux Cortès, directeur de l'Association Royale Centrale d'Agriculture portugaise, délégué de l'association, et délégué agricole à la Commission d'organisation de la Section Portugaise à l'Exposition Universelle de 1900.
Cincinnato da Costa (B.-C.), membre du Conseil supérieur d'agriculture, ancien député aux Cortès, professeur à l'Institut agronomique de Lisbonne, directeur et délégué de l'Association Royale Centrale d'Agriculture portugaise, délégué agricole à la Commission d'organisation de la Section Portugaise à l'Exposition Universelle de 1900.
Macieira (José-Guilbermè), chevalier de la Légion d'honneur, membre du Jury à l'Exposition Universelle de 1889. Délégué de l'Association Royale Centrale d'Agriculture portugaise.
Monteiro (Pedro-Antonio), propriétaire-agriculteur, professeur au lycée central de Lisbonne, délégué de l'Association Royale Centrale d'agriculture portugaise.
Oliveira-Soarès (Jose Antonio d'), officier du Mérite agricole, président du syndicat royal agricole, propriétaire-agriculteur, délégué de l'Association Royale Centrale d'Agriculture portugaise.
Relvas (José), propriétaire-agriculteur à Alpiarça, délégué de l'Association Royale Centrale d'Agriculture Portugaise.
Vasconcellos (Antonio de), propriétaire-agriculteur à Gollegà, délégué de l'Association Royale Centrale d'Agriculture portugaise.

ROUMANIE

MM. Aureliano (P. S.), président de la Chambre des députés, membre de l'Académie de Roumanie.
Bouesco, professeur honoraire à l'École centrale d'agriculture et de sylviculture de Bukarest.
Datculescu (Constantin), propriétaire-cultivateur.
Nicoleano (Georges), directeur au Ministère de l'agriculture, de l'industrie, du commerce et des domaines de Roumanie, délégué du Gouvernement.

RUSSIE

MM. Boutmy (Georges de), propriétaire foncier en Bessarabie.
Brownoff (le professeur), chef du service météorologique du Ministère de l'agriculture et des domaines, délégué du Ministère.
Czaplinska (Mme Marie), propriétaire du domaine de Wodziana, gouvernement de Kiew.
Fischer de Waldheim (Alexandre), conseiller privé, directeur du jardin impérial de botanique, représentant du Ministère de l'agriculture et des domaines de l'Empire de Russie.
Froloff, conseiller d'État actuel, grand propriétaire et producteur de semences dans la Russie méridionale, délégué du Ministère.

MM. Grabski (Ladislas), diplômé de la Sorbonne, lauréat de l'École des sciences politiques à Barow.

Issatchenko (Boris), sous-directeur du Laboratoire bactériologique agricole du Ministère de l'agriculture et des domaines.

Khodoley (Alexandre-Niyolajevitsch), président du Zemstvo de Lochwitza.

Kossovitch (Pierre), professeur à l'Institut forestier de Saint-Pétersbourg.

Kovalewsky (Eugrap de), membre du Conseil agricole au Ministère de l'agriculture et des domaines, délégué du Ministère de l'instruction publique.

Lenine (Serge), inspecteur général de l'agriculture, délégué du Ministère de l'agriculture et des domaines à l'Exposition universelle de 1900 et au Congrès.

Massalsky (le prince Wladislas), chef de bureau au Ministère de l'agriculture et des domaines, délégué du Ministère.

Mertvago (Alexandre de), rédacteur en chef de la *Gazette agricole de Saint-Pétersbourg*.

Métalnikoff (Nicolas), attaché au Ministère de l'agriculture et des domaines.

Poljokoff (A.), rédacteur du *Journal du Syndicat agricole de la Russie méridionale*.

Raffalovich (Léon-Louis-A.), conseiller de commerce à Saint-Pétersbourg.

Rindell (Arthur), professeur de chimie agricole à l'Université de Helsingfors (Finlande).

Schindler (le professeur F.), professeur à l'Institut polytechnique de Riga.

Semenoff (Dmitri), sous-chef de la Section d'économie rurale et de statistique agricole au Ministère de l'agriculture et des domaines, délégué du Ministère.

Sokolowsky (S.-S.), directeur du champ d'expériences, à Poltava.

Stébout (le professeur), président du comité scientifique au Ministère de l'agriculture et des domaines, délégué du Ministère.

Szczeniowski (Ignace), délégué de la Société générale des fabricants de sucre de Russie.

Tohné, chef de bureau au Ministère de l'agriculture et des domaines, délégué du Ministère.

SERBIE

M. Yovanovitch (Vassa), secrétaire au Ministère du commerce, de l'industrie et de l'agriculture.

SIAM

M. Niederlein (Dr Gustavo), délégué officiel du Gouvernement.

SUD-AFRICAINE (RÉPUBLIQUE)

M. Gunning (le Dr), délégué officiel du Gouvernement.

SUÈDE

MM. Eriksson (Jakob), professeur de pathologie végétale, à la station expérimentale d'Albano, délégué du Gouvernement.

Nilsson (le docteur N. Hjalmar), directeur de la Station d'essais de semences, à Svalof.

SUISSE

MM. Bieler, directeur de l'Institut agricole, à Lausanne.

Bieler (Mademoiselle).

Böhringer (Paul), professeur à l'Université de Bâle.

Bornand (Henri), agriculteur à Montbisson.

Bornand (Paul).

Bouquet (Robert), agronome, régisseur de vignobles.

Confrérie des Vignerons de Vevey.

Deriaz (Albert), chef de service au département de l'Agriculture et du Commerce du canton de Vaud.

Evequoz (Henri), secrétaire de la Société d'Agriculture de Monthey.

Fatio (Dr Victor), docteur ès sciences naturelles, zoologiste.

Fédération des Sociétés d'agriculture de la Suisse Romande, à Lausanne.

MM. Fehr (colonel), agronome; délégué de l'Union suisse des Paysans.

Fleury (E.), agriculteur à Prélaz (Lausanne).

Haccius (Charles), ancien président de la classe d'Agriculture de Genève.

Keller-Jaeggy (André), président du Comité international pour la lutte contre la destruction des oiseaux.

Krauer-Widner, professeur de viticulture à l'École polytechnique de la Confédération helvétique, délégué de l'Union agricole suisse.

Lederrey (Vincent), administrateur des établissements fédéraux au Liebelfeld.

Lederrey (Gustave), propriétaire.

Maguin (Fidèle), président de la Société d'agriculture de la vallée de Delémont.

Martin (Antoine), député, ingénieur agricole.

Martin (Aristide), président de l'Association agricole du Valais.

Menetrey (Vincent), agriculteur.

Micheli (Marc), membre correspondant de la Société nationale d'agriculture de France.

Moos (professeur), délégué de l'Union suisse des Paysans.

Morgenthaler (D^r), directeur de l'École agricole Strickkof, délégué de l'Union agricole suisse.

Ruhland (Dr Gustave), professeur ordinaire d'Économie politique.

Schellenberg (Dr H. C.), botaniste, pathologiste à Zurich.

Vevey (Emmanuel de), directeur de la station laitière et de l'École d'agriculture à Perolles.

Viquerat (Jacques-François), conseiller d'État, à Lausanne, chef du Département de l'agriculture et du commerce du canton de Vaud, président du Congrès de Lausanne (1898).

Wuilleret (Charles), préfet, président de la Société d'agriculture de Fribourg.

URUGUAY

M. Buxareo-Oribe (Félix), secrétaire honoraire de la Légation de l'Uruguay en France.

LISTE GÉNÉRALE

DES

MEMBRES FRANÇAIS DU CONGRÈS

MM. Allier (Claude), propriétaire-agriculteur, château de Fourille (Allier).

Allucion (Eugène), directeur de la terre et distillerie de La Briche, président de la Société d'agriculture, sciences, arts et belles-lettres d'Indre-et-Loire.

Ameline (Dr), médecin, officier d'Académie, à Saint-James (Manche).

Amman, répétiteur à l'Institut national agronomique, à Paris.

Andouard (Ambroise), directeur de la Station agronomique, à Nantes (Loire-Inférieure).

André (Édouard), membre de la Société nationale d'agriculture.

André (Gustave), professeur à l'Institut national agronomique.

Angot, professeur à l'Institut national agronomique.

Arachequesne (Gustave), ingénieur des arts et manufactures.

Astruc, ingénieur agricole, préparateur à la Station œnologique de l'Aude.

Aubin (Émile-Pierre), directeur du Laboratoire de la Société des agriculteurs de France.

Augère (François-Auguste), ancien député, membre du Conseil supérieur de l'agriculture.

Autier (Alfred), propriétaire, maire de Sainte-Menehould (Marne).

Ayliès (Charles), secrétaire général de la Société des agriculteurs de France.

Bachelier (Pierre), agriculteur, à Mormant (Seine-et-Marne).

Bajac (Antoine), ingénieur, constructeur de machines agricoles, à Liancourt (Oise).

Banvillet (Benjamin), vétérinaire, président du Syndicat agricole et viticole du canton de Barbezieux (Charente).

Barbentane (marquis de), vice-président de la Société hippique française et de la Société des agriculteurs de France.

Barrier (Gustave), directeur et professeur à l'École vétérinaire d'Alfort.

Beaubernard (A.), propriétaire agriculteur, à Paris.

Bécays-Lacaussade (de), propriétaire, à Paris.

Bechmann, directeur du service de l'assainissement de la Ville de Paris, membre de la Société nationale d'agriculture.

Béjot (Edmond), conseiller général des Vosges.

Belleville (Gaston de), membre de la Société des agriculteurs de France.

Bénard (Jules), membre de la Société nationale d'agriculture, à Coupvray (Seine-et-Marne).

Berge (René), conseiller général de la Seine-Inférieure, ingénieur civil des mines.

Bert (Émile), ingénieur, docteur en droit.

Berthault (F.), professeur à l'École nationale d'agriculture de Grignon.

Bertrand (Jacques), propriétaire, président de la Société d'agriculture et de viticulture de l'arrondissement de Roanne.

Besnard (Henri), membre de la Société nationale d'agriculture, à Versailles.

Biez (Émile), propriétaire, à La Ferté-sous-Jouarre (Seine-et-Marne).

Biez (Jacques de), propriétaire, membre de la Société d'agriculture de Civray (Vienne).

MM. Bizouerne (Camille), agriculteur, au Grand-Secval (Loiret).

Blanc (Edmond), député, membre du Conseil supérieur des haras.

Blanchemain (Paul), vice-président de la Société des agriculteurs de France.

Bodin (Mme), directrice de l'École de laiterie de Coëtlogon (Ille-et-Vilaine).

Boire (Émile), agriculteur et fabricant de sucre (Puy-de-Dôme).

Boiville (R. de), président du Comice agricole de l'arrondissement d'Abbeville (Somme).

Bonna (Aimé), ingénieur, concessionnaire du Parc agricole d'Achères (Seine-et-Oise).

Bonduel, ancien président de la Société des agriculteurs du Nord, agriculteur, à Sainghin (Nord).

Bonnefoy (Eugène), délégué de la Société centrale d'agriculture de la Savoie.

Bonneval (vicomte F. de), président du Syndicat de Saint-Vincent-d'Issoudun (Indre).

Boucard (Henri), président du Comité central agricole de la Sologne.

Bouillerie (baron de la), président de la section d'enseignement agricole de la Société des agriculteurs de France.

Bouvaist (Gustave), président du Syndicat agricole de la Haute-Saône, ingénieur en chef des ponts et chaussées, à Vesoul (Haute-Saône).

Brandin (Arthur), membre de la Société nationale d'agriculture, ferme de Galande (Seine-et-Marne).

Brasseur (Louis), propriétaire-agriculteur, ferme de Grandvilliers (Seine-et-Marne).

Brétignière (L.), répétiteur d'agriculture à l'École nationale d'agriculture de Grignon (Seine-et-Oise).

Brière (Théodore), directeur du Syndicat des agriculteurs de la Sarthe, au Mans.

Bruot (Jean-Marie-Félix), inspecteur des eaux et forêts, à Chambéry (Savoie).

Broquette (André-Alexandre), propriétaire-agronome, château des Bordes-l'Abbé (Seine-et-Marne).

Brousse (Émile), ancien député, président du Syndicat professionnel agricole des Pyrénées-Orientales, à Perpignan.

Brunehant, président du Comice de Soissons (Aisne).

Burelle (René-Louis-Émile), ingénieur, directeur de la Société « La culture par l'épandage », président de la Société régionale de viticulture de Lyon.

Buret de Sainte-Anne, président du Syndicat agricole et viticole du canton d'Aillant-sur-Tholon (Yonne).

Bussard (Léon), chef des travaux à la Station d'essais de semences, à Paris.

Buttet (baron de), délégué de la Société centrale d'agriculture de la Savoie, propriétaire, à Jacob-Bellecombette (Savoie).

Cabaret (Paul), directeur au Ministère de l'agriculture.

Caillard (Vincent-Paul), propriétaire-éleveur, château des Bordes (Loiret).

Caillas (M.-E.), ancien conservateur du Bois-de-Boulogne, délégué de la Section de sériciculture de la Société des agriculteurs de France.

Calvet (Auguste), sénateur, propriétaire-viticulteur, président du Syndicat des viticulteurs des Charentes.

Camus (Gabriel-Pierre), agriculteur, à Ormeaux (Seine-et-Marne).

Cardot (Émile), inspecteur des eaux et forêts, à Paris.

Carnot (Adolphe), membre de l'Institut et de la Société nationale d'agriculture.

Carrier (J.), ingénieur-hydraulicien, à Paris.

Cars (duc des), propriétaire-agriculteur, conseiller général, à Paris.

Casanova (Mme Eugénie), château de Montilfaut (Cher).

Casimir-Perier, ancien Président de la République, président de la Société nationale d'encouragement à l'agriculture.

Cazelles (Jean), propriétaire-viticulteur, secrétaire de la Société nationale d'encouragement à l'agriculture.

Chaboissier, président du Syndicat des agriculteurs du Puy-de-Dôme, à Clermont-Ferrand.

Chailley-Bert, secrétaire général de l'Union coloniale, à Paris.

Chaize (Charles), agriculteur et publiciste, à Villerest (Loire).

Chandora (Léon), ingénieur-draineur, à Moissy-Cramayel (Seine-et-Marne).

Chanut (Jules-Édouard), docteur en médecine, président du Comice agricole et viticole du canton de Nuits, à Vosnes-Romanée (Côte-d'Or).

Chapelle, professeur départemental d'agriculture du Var.

Chatin (Johannès), membre de l'Académie des sciences.

MM. Chauveau, membre de l'Académie des sciences, vice-président de la Société nationale
     d'agriculture.

Chauvelin (marquis Louis de); agriculteur-éleveur, délégué de la Société nationale
     d'acclimatation, du Syndicat national agricole, de la Société de pisciculture de Loir-
     et-Cher, au château de Rilly (Loir-et-Cher).

Chevalier (Adolphe), à Paris.

Chevallier (Émile), député, membre de la Société nationale d'agriculture.

Chevallier (Raymond), vice-président de la Société d'agriculture de Compiègne, au
     bois de Lihus (Oise).

Chezelles (vicomte de), propriétaire-agriculteur (Oise).

Claeys, sénateur du Nord.

Clercq (de), propriétaire-éleveur, président du Syndicat des éleveurs du Durham
     français.

Clermont (Raoul de), ingénieur-agronome, avocat, ancien attaché d'ambassade.

Clos (Dr Dominique), correspondant de l'Institut et des Sociétés nationales d'agricul-
     ture et d'horticulture, directeur du Jardin des plantes de Toulouse (Haute-Garonne).

Cochard (Achille), président de la Société d'agriculture de l'arrondissement de Mont-
     médy (Meuse).

Comice agricole du canton de Sainte-Suzanne (Mayenne) : M. Robert (Anatole), délégué,
     président du Comice, conseiller général et maire de Vaiges (Mayenne).

Comice agricole de l'arrondissement de Niort, à Niort (Deux-Sèvres).

Comice agricole de Joinville, à Joinville (Haute-Marne).

Comice agricole de Châteaubriant et des cantons réunis de Rougé, Moisdon et Saint-
     Julien-de-Vouvantes, à Châteaubriant (Loire-Inférieure).

Comice agricole de Carpentras (Vaucluse).

Comice agricole du canton de Fayl-Billot (Haute-Marne) : M. Mille-Mongin, délégué,
     agriculteur à Brettes (Haute-Marne).

Comice agricole du canton de Langres (Haute-Marne).

Comice agricole de l'arrondissement de Lille (Nord).

Comice agricole de l'arrondissement de Lunéville (Meurthe-et-Moselle).

Comice agricole de l'arrondissement de Rethel (Ardennes).

Comice agricole de l'arrondissement de Pamiers : M. Marty (Julien), directeur du
     Crédit foncier et du Crédit agricole de l'Ariège, à Pamiers.

Comice agricole du Sahel : M. Fenagutti (Étienne), président, propriétaire-viticulteur,
     à Douéra (Alger).

Comice agricole de Gray : M. Gras (Anatole), délégué, président du Comice, agriculteur
     à Arsans (Haute-Saône).

Commelin (Théotime), président de la Société d'agriculture et d'horticulture du canton
     de Marines (Seine-et-Oise).

Communal (Géo), capitaine de vaisseau en retraite, propriétaire à Hermonville (Marne).

Convert (F.), professeur à l'Institut national agronomique.

Cornu (Maxime), membre de la Société nationale d'agriculture, professeur au Muséum
     d'histoire naturelle de Paris.

Couderc-Mimerel (F.), propriétaire-viticulteur, château de Candes (Tarn-et-Garonne).

Courtin (Auguste), propriétaire, au Chesne (Loir-et-Cher).

Courtin (André), ingénieur-agronome, agriculteur, au Chesne (Loir-et-Cher).

Courtois (Henri), président du Comice agricole de Caussade (Tarn-et-Garonne).

Couturier (Albert), ingénieur-agronome, attaché à l'Agence française du Syndicat des
     mines de potasse de Stassfurt.

Crédit foncier colonial, à Paris.

Crouy (vicomte Joseph de), propriétaire, membre de la Société des agriculteurs de
     France, château de Mégaudais (Mayenne).

Cusse, à Paris.

Danguy (Jacques), répétiteur de génie rural à l'École nationale d'agriculture de Grignon
     (Seine-et-Oise).

Danguy (René), directeur de l'École pratique d'agriculture de la Charente, domaine de
     Faurelles (Charente).

Darbousse (A.), secrétaire de la Société d'agriculture d'Alais et ancien président, con-
     seiller général, propriétaire-sériciculteur, maire de Cuviers-Lascours (Gard).

MM. Darut (Charles-Henri), agriculteur, maire de Crainvilliers (Vosges).

Daubrée, conseiller d'État, directeur des forêts, délégué du Ministère de l'agriculture, à Paris.

Davaine, agriculteur, ancien président de la Société des agriculteurs du Nord, à Saint-Amand (Nord).

Decauville (Paul), ancien sénateur, à Paris.

Dehérain (Pierre-Paul), Membre de l'Institut, professeur au Muséum d'histoire naturelle et à l'École d'agriculture de Grignon.

Delacroix (Edouard-Georges), docteur en médecine, maître de conférences à l'Institut national agronomique, chef des travaux de la Station de pathologie végétale, à Paris.

Detuan (Georges), conseiller d'arrondissement, secrétaire adjoint de la Société nationale d'encouragement à l'agriculture, à Paris.

Develle (Jules), ancien ministre de l'agriculture.

Dewitz (Dr Phil.-Joh.), Station viticole de Villefranche (Rhône).

Dienne (comte Edouard de), docteur en droit, correspondant de la Société nationale d'agriculture de France (Lot-et-Garonne).

Doniol, membre de l'Institut et de la Société nationale d'agriculture de France, à Paris.

Dorez (Paul-Louis), directeur-gérant de la Société coopérative de la laiterie de la Vallée du Puits, à Saint-Ouen (Marne).

Drake (Jacques), député d'Indre-et-Loire.

Dubar (Gustave), ancien président de la Société des agriculteurs du Nord, membre du Conseil supérieur de l'agriculture, à Lille.

Dubois (Lucien), agriculteur, à Viney-Manœuvre (Seine-et-Marne).

Duboys-Fresney (Albert), sénateur, président du Comice agricole de Château-Gontier (Mayenne).

Dufourmontelle (Maurice), docteur en droit, à Paris.

Duhamel, sous-intendant militaire, délégué du Ministère de la guerre, à Paris.

Dumas (Marius), secrétaire de la Société d'agriculture de l'arrondissement d'Alais, propriétaire-viticulteur, à Saint-Jean-de-Serres (Gard).

Dumoustier de Frédilly (René), membre de la Société des agriculteurs de France, à Paris.

Dupont (Charles), chimiste de la Station agronomique de Grignon (Seine-et-Oise).

Dupont (Emile), président de l'Union du Sud-Est des syndicats agricoles, à Lyon (Rhône).

Dureau (Georges), directeur du *Journal des fabricants de sucre*, à Paris.

Durin (E.), chimiste, à Paris.

Dussert, directeur du Syndicat des agriculteurs de la Savoie, délégué de la Société centrale d'agriculture de la Savoie, à Chambéry.

Duvergier de Hauranne (E.), vice-président de la Société d'agriculture du Cher, à Herry.

Dybowski (Jean), directeur du Jardin colonial, à Nogent-sur-Marne (Seine), délégué officiel du Ministère des Colonies.

Egrot, ingénieur-constructeur, à Paris.

Eichthal (le baron d'), propriétaire-viticulteur, à Paris.

Eichthal (Louis d'), conseiller général, agriculteur, aux Bezards (Loiret).

Faugaudie (Paul), propriétaire-agriculteur, à Corail (Dordogne).

Faure (Léonce), ingénieur-hydraulicien, à Paris.

Faye, sénateur, ancien ministre de l'agriculture.

Felcourt (comte Julien de), président du Comice agricole de Vitry-le-François (Marne).

Ferdinand-Dreyfus, ancien député, à Paris.

Ferrouillat, directeur de l'École nationale d'agriculture de Montpellier (Hérault).

Fétet, administrateur des eaux et forêts, délégué du Ministère de l'agriculture, à Paris.

Fleury (Paul), sénateur, président du Comice agricole de Moulins-la-Marche (Orne).

Forest (F.), député du Morbihan, à Paris.

Fouilloux (Albert), conseiller général de l'Ain, délégué de la Société départementale d'agriculture de l'Ain, à Gex.

Fouquier-d'Hérouel (René), agriculteur, à Laon.

Fruchard (comte Jean-Marie-Albin), conseiller général, président du Comice agricole de Saint-Georges (Vienne).

MM. GAIN (Edmond), docteur ès sciences, maître de conférences, à la Faculté des sciences de
Nancy (Meurthe-et-Moselle).

GALLOIS (Edmond), agriculteur, maire de Mary-sur-Marne (Seine-et-Marne).

GARIDEL (J. DE), président de la Société d'agriculture de l'Allier, château de Beaumont
(Allier).

GARIEL (Léon), ingénieur-agronome, secrétaire du Congrès, à Paris.

GAROLA, professeur départemental d'agriculture, directeur de la Station agronomique
de Chartres (Eure-et-Loir).

GASSEND (Armand-Emmanuel-Auguste), directeur de la Station agronomique des Bouches-du-Rhône, à Marseille (Bouches-du-Rhône).

GASTINE, délégué de la Société départementale d'agriculture des Bouches-du-Rhône.

GAUTHIER, sénateur de la Haute-Saône, à Paris.

GAUWAIN, sous-gouverneur du Crédit foncier, membre de la Société nationale d'agriculture, professeur à l'Institut national agronomique, à Paris.

GAY-LUSSAC (Albert), à Paris.

GAYON (Ulysse), directeur de la Station agronomique de la Gironde, à Bordeaux.

GENDREAU, propriétaire, membre de la Société d'agriculture de l'arrondissement de
Civray (Vienne).

GEORGE, président de chambre à la Cour des Comptes, à Paris.

GEORGEOT, secrétaire de l'Association de l'industrie et de l'agriculture françaises, à Paris.

GÉRARD (Alfred), ancien agriculteur, à Reims (Marne).

GERVAIS (Prosper), secrétaire général de la Société des viticulteurs de France, à Paris.

GÈZE (Jean-Baptiste), professeur spécial d'agriculture, à Vic-Bigorre (Hautes-Pyrénées).

GIBOU (Edouard), industriel, à Paris.

GILBERT (Ernest), propriétaire-agriculteur, membre de la Société nationale d'agriculture, à Paris.

GILBERT (Georges), agriculteur, à Montigny-le-Bretonneux (Seine-et-Oise).

GILLET (Alfred), agriculteur, à Bonneuil-sur-Marne (Seine).

GINDRE-MALHERBE, vice-président de la Société protectrice des animaux, à Champi-
gnol (Seine).

GINESTE (Henri DE), propriétaire-agriculteur, au château de Garrevacques (Tarn).

GOMOT, sénateur, ancien ministre de l'agriculture, à Paris.

GOUIN (André), président du Comice agricole de Vertou (Loire-Inférieure).

GRANDEAU (L.), membre de la Société nationale d'agriculture, à Paris.

GRANDIDIER (Alfred), membre de l'Institut, à Paris.

GRAUX (Georges), député, à Paris.

GRODET (Louis-Albert), sous-directeur honoraire de l'administration des Colonies, gouverneur de première classe, à Paris.

GROSJEAN, inspecteur général de l'agriculture, à Paris.

GUERNE (baron A. DE), secrétaire général et délégué de la Société nationale d'acclimatation, à Paris.

GUERNIER (Charles), professeur à la Faculté de droit de Lille (Nord).

GUFFROY (Charles), ingénieur-agronome, licencié ès sciences naturelles, à Paris.

GUILLENIN, fabricant d'engrais, à Paris.

GUILLON (J.-M.), directeur de la Station viticole de Cognac (Charente).

GUILLOUX (Ernest), vice-président de la Société d'agriculture de Meaux (Seine-et-Marne).

GUINAUDEAU (Emile), agriculteur, président du Comice agricole de l'arrondissement de
Fontenay-le-Comte (Vendée).

GUY (Jean-Baptiste-Marcel), percepteur et président du Comice agricole de Meyma
(Corrèze).

GUYOT (Charles), directeur de l'École nationale des eaux et forêts, à Nancy (Meurthe-et-
Moselle).

HALGOUET (lieutenant-colonel Maurice DU), député, à Paris.

HANICOTTE, président de la Chambre syndicale des distillateurs agricoles du Nord,
Béthune (Pas-de-Calais).

HANNOTIN (Edmond), auditeur au Conseil d'État, à Paris.

HAVARD (Onésime), propriétaire, président du Syndicat agricole de Tlemcen, conseiller
général, à Tlemcen (Oran).

HÉDELIN (Edouard), propriétaire-agriculteur, à Angers (Maine-et-Loire).

MM. Hélot (Jules), secrétaire général honoraire du Syndicat des fabricants de sucre de France, à Cambrai (Nord).

Henneguy (Dr), professeur suppléant au Collège de France, à Paris.

Hencé (comte Armand de), vice-président du Comice agricole d'Ernée, propriétaire-agriculteur, membre de la Société des agriculteurs de France, délégué du Comice d'Ernée (Mayenne).

Hérissant (E.), directeur de l'École pratique d'agriculture des Trois-Croix (Ille-et-Vilaine).

Hérisson (Albert), professeur à l'Institut national agronomique, à Paris.

Héronneaux (Léon), directeur de l'Union fédérale de France, à La Rochelle (Charente-Inférieure).

Hitier (Henri), ingénieur-agronome, à Paris.

Hongre-Bullot (André-Ferdinand), agriculteur, président de la Société d'agriculture de Compiègne (Oise).

Houzeau, correspondant de l'Académie des Sciences, directeur de la Station agronomique de la Seine-Inférieure, à Rouen.

Jacquemart (René), agriculteur, président du Syndicat agricole de Laon (Aisne).

Josseau (Paul), avocat, président du Syndicat agricole de Coulommiers (Seine-et-Marne).

Josseaume (François-Charles-Marie), secrétaire de la Société agricole du canton de Tinténiac, notaire, à Tinténiac (Ille-et-Vilaine).

Joulie, chimiste, à Paris.

Juge (Paul de), propriétaire-agronome, au château de Montesquieu (Tarn).

Kaysen, directeur de la Station œnologique de Nîmes (Gard).

Kerjégu (J. de), député, président du Conseil général du Finistère, à Paris.

Klotz (Victor), à Paris.

Laass-d'Aguen, directeur de la Compagnie d'assurances française contre les accidents de toute nature *Le Secours*, à Paris.

Labiche (Émile), sénateur, à Paris.

Labriffe (marquis de), propriétaire-agriculteur, conseiller général de Seine-et-Oise, à Gambais.

Lacour (Alfred), ingénieur-agriculteur, à Paris.

Laden, agriculteur, vice-président de la Société des agriculteurs du Nord, à Seclin (Nord).

Lagorsse (de), secrétaire général de la Société nationale d'encouragement à l'agriculture, à Paris.

Lainey (Arthur), directeur des Grands Moulins de Corbeil, à Paris.

Lambert (François), directeur de la Station séricicole, à Montpellier (Hérault).

Landes, agent spécial de la Martinique, à Paris.

Landrin (Alfred), agriculteur et fabricant de sucre, à Bertaucourt-Epourdon (Aisne).

Landry (Anne-François), propriétaire-viticulteur, à El-Biar (Alger).

Laffarent (Henri de), inspecteur général de l'agriculture, à Paris.

Lapointe (Auguste-Anatole), président du Comice agricole de Sedan, à Daybel (Ardennes).

Larclause (H. de), président du Syndicat des agriculteurs de la Vienne, directeur de la ferme-école de Montlouis (Vienne).

Larocque-Latour (vicomte Henri de), propriétaire, délégué du Comice agricole de l'arrondissement de La Rochelle (Charente-Inférieure).

Latreille-Ladoux, propriétaire-agriculteur, à Bergerac (Dordogne).

Launay, ingénieur en chef des travaux d'assainissement de la Seine, à Paris.

Laurent de l'Arbousset, propriétaire-viticulteur, délégué du Syndicat des filateurs des Cévennes, à Alais (Gard).

Laval (Henri), président du Syndicat agricole du Comtat, à Carpentras (Vaucluse).

Lavalard, membre de la Société nationale d'agriculture, à Paris.

Lavallée, chimiste, chef du laboratoire de M. Desprez, à Cappelle (Nord).

Lavollée (René), ancien consul de France, à Paris.

Leblanc (René), inspecteur général de l'Instruction publique, à Paris.

Leblanc (Camille), médecin-vétérinaire, membre de l'Académie de médecine, à Paris.

Leblond (Auguste), inspecteur général au ministère de l'Agriculture, à Paris.

Leblond (Paul), président du Syndicat agricole de l'arrondissement de Neufchâtel (Seine-Inférieure).

Leblond (Jean-Casimir), éleveur, vice-président de la Société d'agriculture de l'arrondissement de Cherbourg (Manche).

MM. Le Bourgeois (Georges), président et délégué de l'Association agricole de Saint-Romain, conseiller général de la Seine-Inférieure, maire, à Rogerville.

Lebouteux (Pierre), ingénieur-agronome, à Verneuil (Vienne).

Lechartier (G.), directeur de la Station agronomique d'Ille-et-Vilaine, à Rennes.

Lechevallier, questeur de la Chambre des députés, à Paris.

Le Cler (Achille), ingénieur, membre de la Société nationale d'agriculture, à Paris.

Lecomté (Henri), agrégé de l'Université, docteur ès sciences, professeur au lycée Saint-Louis, à Paris.

Le Conte (Jules), conseiller référendaire à la Cour des Comptes, à Paris.

Le Couppey de la Forest (Max), ingénieur-agronome, à Paris.

Lecq (Hippolyte), inspecteur de l'agriculture de l'Algérie, à Mustapha (Alger).

Ledru, secrétaire général du Comice d'encouragement à l'agriculture de Seine-et-Oise, à Versailles.

Lefebvre-Albaret, ingénieur-constructeur, à Liancourt-Rantigny (Oise).

Legrand (A.), ingénieur-agronome, secrétaire de la Société d'agriculture de Meaux, agriculteur à Salnove (Seine-et-Marne).

Legrand (Louis), sénateur, conseiller général de Seine-et-Oise, à Versailles.

Legras (Jules), agriculteur et fabricant de sucre, à Besny-et-Loisy (Aisne).

Lemoine (Ernest), président honoraire de la Société nationale d'aviculture de France, à Crosne (Seine-et-Oise).

Lepeuple, délégué de la Société des agriculteurs du Nord, à Paris.

Le Pointe (Ferdinand), fabricant de sucre, à Attigny (Ardennes).

Lequeux (Alfred), président du Comice agricole de Châlons (Marne).

Leroy-Beaulieu (Paul), membre de l'Institut et de la Société nationale d'agriculture, à Paris.

Le Secours, Compagnie française d'assurances contre les accidents de toute nature, à Paris.

Levasseur (Emile), membre de l'Institut et de la Société nationale d'agriculture, à Paris.

Lezé, professeur à l'École nationale d'agriculture de Grignon (Seine-et-Oise).

Lhotelain (Charles), président du Comice agricole de Reims (Marne).

Liébault, membre de la Société nationale d'agriculture, à Paris.

Lindet (Léon), membre de la Société nationale d'agriculture, professeur à l'Institut agronomique.

L'Isle (Prosper de), président du Syndicat agricole et viticole de Chalon-sur-Saône (Saône-et-Loire).

Lourties, sénateur, à Paris.

Luçay (comte de), membre de la Société nationale d'agriculture, à Paris.

Lugol (E.), président de l'Union des associations agricoles du Sud-Est, à Campuget (Gard).

Luppé (vicomte Olivier de), ancien auditeur au Conseil d'État, membre de la Société des agriculteurs de France, à Paris.

Madaré (Edmond), président de la Société d'agriculture et des beaux-arts de l'arrondissement de Boulogne-sur-Mer (Pas-de-Calais).

Madignier, président du Conseil d'administration de l'Union mutuelle des propriétaires lyonnais pour les vidanges, à Lyon (Rhône).

Magnien, professeur départemental d'agriculture de la Côte-d'Or, à Dijon.

Mallèvre (Alfred-Jules), professeur à l'Institut national agronomique, à Paris.

Mamelle (Henri), répétiteur de chimie et de géologie à l'École nationale d'agriculture de Grignon (Seine-et-Oise).

Mannier, agriculteur, délégué de la Société des agriculteurs du Nord, à Raimbeaucourt.

Maquenne (L.), professeur au Muséum d'histoire naturelle, à Paris.

Marchal (Dr Paul), professeur chargé du cours de zoologie à l'Institut national agronomique, chef des travaux de la Station entomologique, à Paris.

Marcillac (comte de), vice-président du Syndicat des agriculteurs du Périgord (Dordogne).

Marin (Louis), à Paris.

Martin, président du Conseil d'arrondissement de Clermont-de-l'Oise (Oise).

Martin (H.-P.), ingénieur, à Paris.

Maurice (Louis-Gustave), directeur des cultures et des Bergeries nationales de Rambouillet (Seine-et-Oise).

Maurin (Georges), propriétaire, au Rouvray (Vaucluse).

MM. Mauzaize (René), membre de la Société d'économie politique nationale, à Paris.

Meaux (vicomte de), ancien ministre, propriétaire, à Paris.

Mégret (Alexandre), négociant, membre du Conseil de l'Association des anciens élèves de Grignon, à Paris.

Meixmoron de Dombasle (Ch. de), constructeur de machines agricoles, à Nancy (Meurthe-et-Moselle).

Méline (Jules), ancien président du Conseil des ministres, ancien ministre de l'agriculture, président du Congrès international d'agriculture à Paris en 1889, à La Haye en 1891, à Lausanne en 1898 et à Paris en 1900, président de la Société nationale d'agriculture.

Ménard (Dr Saint-Yves), vétérinaire, professeur à l'École centrale, membre de la Société nationale d'agriculture, à Paris.

Mer (Émile), membre de la Société nationale d'agriculture, inspecteur adjoint des forêts, à Nancy (Meurthe-et-Moselle).

Mersey, conservateur des eaux et forêts, chef du service des améliorations pastorales au Ministère de l'agriculture, délégué de la Société nationale d'acclimatation de France, à Paris.

Meyer (Théodore), à Gagny (Seine-et-Oise).

Millie-Poutingon, directeur de la *Revue des cultures coloniales*, à Paris.

Milville (Désiré), ancien pharmacien, propriétaire à Nanteuil-lès-Meaux (Seine-et-Marne).

Mir (Eug.), sénateur, président de la Société de l'alimentation du bétail, à Paris.

Monicault (E. de), membre de la Société nationale d'agriculture, à Paris.

Monicault (Pierre de), ingénieur-agronome, vice-président du Comice agricole de Trévoux, à Versailleux (Ain).

Montplanet (Albert de), inspecteur général des finances honoraire, président de la Société de crédit industriel et commercial, à Paris.

Montrol (de), président de la Société d'agriculture de Chaumont, à Juzennecourt (Haute-Marne).

Moreau (Léon-Émile-Frédéric), ingénieur-agronome, licencié ès sciences, professeur et directeur du laboratoire de chimie analytique, à l'École supérieure d'agriculture, à Angers (Maine-et-Loire).

Morel d'Arleux (Charles), notaire honoraire, à Paris.

Morel d'Arleux (Lucien), propriétaire-agriculteur, ferme de l'Hermitage (Seine-et-Oise).

Mougenot, administrateur des eaux et forêts, délégué du Ministère de l'agriculture.

Mozziconacci (A.), secrétaire général et délégué de la Société d'agriculture de l'arrondissement d'Alais, directeur de la Station de sériciculture d'Alais (Gard).

Muret (Henri), membre de la Société nationale d'agriculture, à Paris.

Néron (Eugène), président de la Société d'agriculture de l'arrondissement de Pont-l'Evêque (Calvados).

Néron-Bancel (Émile), député, conseiller général de la Haute-Loire, à Paris.

Nicolas (Louis), propriétaire-agriculteur, à Paris.

Nocard, professeur à l'École nationale vétérinaire d'Alfort (Seine).

Nouette-Delorme, membre de la Société nationale d'agriculture, à Paris.

Orval (Fernand d'), agriculteur, au Bois de Benance (Somme).

Ouvré (André), député de Seine-et-Marne, à Paris.

Pagnoul, directeur de la Station agronomique du Pas-de-Calais, à Arras.

Paisant (Alfred), président du Tribunal civil de Versailles (Seine-et-Oise).

Pallain (G.), gouverneur de la Banque de France, à Paris.

Pannet (Odile-Casimir), propriétaire-agriculteur, président du Comice agricole du Vigan (Gard).

Papillon (Dr), propriétaire, à Suèvres (Loir-et-Cher).

Passy (Louis), député, membre de l'Institut, secrétaire perpétuel de la Société nationale d'agriculture, à Paris.

Périer de Larsan (comte Henri du), député de la Gironde.

Perreau de Beauvais, membre de la Société des agriculteurs de France, au château de la Burcerie (Vendée).

Perrier (Adrien), vice-président de la Société d'agriculture de l'arrondissement d'Alais, ingénieur-agronome, propriétaire, à Ners (Gard).

Perrier (Antoine), sénateur, à Paris.

MM. Petiot (Emile), propriétaire-agriculteur, au château de Chamirey (Saône-et-Loire).

Petit (Charles), propriétaire, à Juvisy-sur-Orge (Seine-et-Oise).

Petit (Henri), lauréat de la prime d'honneur, président du Syndicat agricole de Seine-et-Oise, agriculteur, à Champagne (Seine-et-Oise).

Petitdemange (Jean-Joseph), cultivateur, à Saint-Dié (Vosges).

Philippe, directeur de l'Hydraulique agricole au Ministère de l'agriculture, à Paris.

Philippar, directeur de l'École nationale d'agriculture de Grignon (Seine-et-Oise).

Plazen, directeur des Haras au Ministère de l'agriculture, à Paris.

Pluchet (Emile), agriculteur, membre de la Société nationale d'agriculture, à Roye (Somme).

Poincaré, député, à Paris.

Ponsard (Edouard), président du Syndicat agricole du département de la Marne.

Potié (Auguste), président de la Société des agriculteurs du Nord, à Haubourdin.

Pré de Saint-Maur (René du), correspondant de la Société nationale d'agriculture, à Paris.

Prillieux, sénateur, inspecteur général de l'enseignement agricole, membre de la Société nationale d'agriculture, à Paris.

Proffit (Paul), agriculteur, à Forfry (Seine-et-Marne).

Rabourdin, agriculteur, à Contin (Seine-et-Marne).

Raffard (Gaston), propriétaire-agriculteur, membre de la Société des agriculteurs de France, à Paris.

Ragot (Jules-Victor), administrateur de la sucrerie de Meaux, à Villenoy (Seine-et-Marne).

Railliet, professeur à l'École nationale vétérinaire d'Alfort (Seine).

Raison du Cleuziou (Yves), président de l'Union des syndicats agricoles bretons, à Châteaulin (Finistère).

Randoing, inspecteur général de l'agriculture, délégué du Ministère de l'agriculture, à Paris.

Rayer, propriétaire-agriculteur, à Provins (Seine-et-Marne).

Raynaud (Jules-M.-Élysée), directeur de l'École pratique d'agriculture de Fontaines (Saône-et-Loire).

Regnault (Ernest), président du Tribunal civil de Joigny (Yonne).

Renard (André), pharmacien, trésorier du Syndicat agricole et viticole de l'arrondissement de Clamecy (Nièvre).

Ribot, député, ancien président du Conseil des ministres, à Paris.

Richomme (Ernest), agriculteur à Clesles (Marne), président de l'Association syndicale des agriculteurs du canton d'Anglure.

Ringelmann, membre de la Société nationale d'agriculture, professeur à l'Institut national agronomique, à Paris.

Rivière (Louis), à Paris.

Robien (le comte André de), propriétaire, château de Montgiron (Mayenne).

Rocquigny (H.-M.-Robert comte de), délégué au Service agricole du Musée social, à Paris.

Risler (Charles-Eugène), directeur de l'Institut national agronomique, délégué du Ministère de l'agriculture, à Paris.

Rœderer (comte), propriétaire-agriculteur, à Paris.

Rœmmelt (André), directeur des Sociétés réunies des phosphates Thomas, à Paris.

Rouart (Eugène), agriculteur, ferme des Plaines (Saône-et-Loire).

Rougane de Chantelour (le comte), propriétaire-agriculteur, à Clermont-Ferrand (Puy-de-Dôme).

Rousselle (Édouard), propriétaire-agriculteur, secrétaire adjoint du Conseil de la Société des agriculteurs de France, à Paris.

Roussille (Pierre), président du Comice agricole de Chartres (Eure-et-Loir).

Rouvière (Albert), ingénieur, lauréat de la prime d'honneur, président du Comice agricole de Mazamet (Tarn).

Rozet (Albin), député de la Haute-Marne, à Paris.

Sagnier (Henry), membre de la Société nationale d'agriculture, directeur du *Journal de l'Agriculture*.

Saint-Chamans (marquis de), propriétaire, à Paris.

Saint-Quentin (comte de), député, membre de la Société nationale d'agriculture, à Paris.

Saint-Sauveur (vicomte Georges de), président de la Société d'agriculture de la Nièvre, à Saint-Firmin (Nièvre).

MM. Saint-René Taillandier (Henri), vice-président de la Société des viticulteurs de France, à Paris.

Salle de Rochemaure (duc de la), propriétaire-agriculteur, château de Clavières-Ayrens (Cantal).

Salomon (A.), conseiller général, délégué de la Société départementale d'agriculture de l'Ain, maire à Chalamont (Ain).

Salvandy (comte de), membre de la Société nationale d'agriculture, à Paris.

Sandron, délégué du Comice de Saint-Quentin, à Tilloy (Aisne).

Sanson (André), professeur honoraire à l'École nationale d'agriculture de Grignon et à l'Institut national agronomique, à Paris.

Schlœsing (Th.), membre de l'Institut et de la Société nationale d'agriculture, à Paris.

Schlœsing (Alph.-Théodore), ingénieur des arts et manufactures, professeur suppléant au Conservatoire des arts et métiers, à Paris.

Schlœsing (Henri), industriel, à Marseille (Bouches-du-Rhône).

Schribaux (Émile), membre de la Société nationale d'agriculture, professeur à l'Institut national agronomique, délégué du Ministère de l'agriculture, à Paris.

Schweitzer, meunerie-boulangerie, à Paris.

Sébline (Charles), sénateur, agriculteur et fabricant de sucre (Aisne).

Signoret (Charles), propriétaire-éleveur, au clos Ry-Sermoise (Nièvre).

Société horticole, vigneronne et forestière de l'Aube, à Troyes (Aube).

Société départementale d'agriculture de l'Ain, à Bourg : MM. Fouilloux et Salomon, délégués de la Société.

Société des agriculteurs de la Somme, à Amiens.

Société d'agriculture, sciences et arts de Poitiers (Vienne) : M. Planchon, président et délégué de la Société.

Société centrale d'agriculture des Deux-Sèvres, à Niort.

Société d'agriculture de l'arrondissement de Langres (Haute-Marne) : M. Avenel, délégué de la Société.

Société d'agriculture de la Gironde, à Bordeaux : M. Batton de La Vergne, délégué de la Société.

Société centrale d'agriculture de la Haute-Garonne, à Toulouse : M. Vincent, délégué de la Société.

Société d'agriculture du département de la Haute-Garonne, à Toulouse.

Société d'agriculture de l'arrondissement de Fontainebleau (Seine-et-Marne) : M. Henri Ponteau, délégué de la Société.

Société agricole et hippique de l'arrondissement de Pont-Audemer (Eure) : M. Amand Montier, président et délégué de la Société.

Société centrale d'agriculture de l'Aude, à Carcassonne : M. Émile Clolus, avocat, propriétaire, délégué de la Société.

Société d'agriculture pratique de Bourgoin (Isère).

Société départementale d'agriculture de l'Indre, à Châteauroux : M. Ratouis de Limay, délégué de la Société.

Société centrale d'agriculture de l'Aveyron, à Rodez.

Société départementale d'encouragement à l'agriculture de l'Hérault, à Montpellier.

Société d'agriculture, industrie, sciences, arts et belles-lettres du département de la Loire, à Saint-Étienne.

Société départementale d'agriculture du Cher, à Bourges.

Société départementale d'agriculture des Bouches-du-Rhône, à Marseille : MM. le comte de Chevigné et Gastine, délégués de la Société.

Société d'agriculture, de commerce et d'industrie pour le département d'Ille-et-Vilaine, à Rennes.

Société d'agriculture de l'arrondissement de Chaumont : délégué, M. Cassez, professeur départemental de la Haute-Marne, à Chaumont.

Société agricole et industrielle Loudunaise : délégué, M. Millory (Albert,) président de la Société, à Ternay (Vienne).

Société d'agriculture de l'arrondissement de Civray (Vienne) : MM. Jacques de Biez et Gendreau, délégués de la Société.

Société d'agriculture de l'arrondissement de Béthune (Pas-de-Calais) : M. Bruneau (Auguste), secrétaire et délégué de la Société.

Souchon (A.), professeur à la Faculté de droit, à Paris.

SYNDICAT AGRICOLE des cantons de Pleyben et Châteaulin (Finistère).

SYNDICAT DES AGRICULTEURS du canton de Monfort-l'Amaury (Seine-et-Oise) : délégué, M. Louis Bellan, membre du Conseil d'administration du syndicat, maire, à Garancières.

SYNDICAT AGRICOLE de Chartres (Eure-et-Loir) : délégué, M. Égasse, vice-président.

SYNDICAT AGRICOLE ET VITICOLE régional de Villeneuve-sur-Yonne (Yonne) : délégué, M. Louis Pavé fils, vice-président du Syndicat.

SYNDICAT CENTRAL des agriculteurs de France, à Paris : M. Ch. Welche, président.

SYNDICAT AGRICOLE ET VITICOLE d'Épernay (Marne) : M. Lourdeaux, vice-président et délégué du Syndicat.

SYNDICAT CENTRAL AGRICOLE ET VITICOLE de la Haute-Marne, à Chaumont : M. Ravier-Fabry, administrateur et délégué du Syndicat.

SYNDICAT AGRICOLE des cantons de Louviers, Pont-de-l'Arche et Gaillon : délégué, M. Eugène Sée, préfet honoraire et vice-président du Syndicat.

SYNDICAT AGRICOLE de Castelnaudary (Aude) : M. le marquis de Laurens-Castelet, président et délégué du Syndicat.

SYNDICAT DES AGRICULTEURS de Die (Drôme).

SYNDICAT DES AGRICULTEURS d'Ille-et-Vilaine, à Rennes : président, M. Duval (Antoine-Ernest).

SYNDICAT DES AGRICULTEURS du Loiret, à Orléans : délégué, M. Louis Darblay.

SYNDICAT AGRICOLE du plateau du Neubourg (Eure) : délégué, M. Andriveau, directeur de l'École d'agriculture, secrétaire du Syndicat.

SYNDICAT AGRICOLE de la Seine-Inférieure : délégué, M. Félix Laurent, professeur départemental d'agriculture de la Seine-Inférieure, administrateur du Syndicat, à Rouen.

SYNDICAT DES CULTIVATEURS du département de la Seine, à Montreuil-sous-Bois (Seine) : M. Vitry, président.

SYNDICAT AGRICOLE du Puy-Saint-Utin : délégué, M. Bergaut (Jules-Ernest), secrétaire du Syndicat, à Saint-Utin (Marne).

MM. TACHARD (Albert), secrétaire honoraire, membre fondateur de la Société des agriculteurs de France, à Paris.

TAILLANDIER (Henri), député du Pas-de-Calais, à Paris.

TANVIRAY (Jules-Pierre-Séverin), directeur de l'École pratique d'agriculture du Paraclet (Somme).

TARDIF (Michel), maître des requêtes au Conseil d'État, secrétaire des Congrès de 1889, 1891, 1895 et 1900, à Paris.

TEISSERENC DE BORT (E.), sénateur, membre de la Société nationale d'agriculture, à Paris.

TEISSONNIÈRE (Paul), vice-président de la Société des agriculteurs de France, à Paris.

TELLIEZ (René), président honoraire de la Société des agriculteurs du Nord, à Lille.

TÉTARD (Stanislas), agriculteur, membre de la Société nationale d'agriculture, à Paris.

TÉTARD (Fernand), agriculteur, fabricant de sucre, à Gonesse (Seine-et-Oise).

TÉTARD (Félix), ancien vice-président du Comice de Seine-et-Oise.

TEYSSANDIER (C.), inspecteur des services sanitaires au Ministère de l'agriculture, à Paris.

TISSERAND (Eugène), directeur honoraire de l'agriculture, membre de la Société nationale d'agriculture.

TRABUT (Dr), directeur du Service botanique de l'Algérie, à Mustapha (Alger).

TRACY (comte Gautier DE), propriétaire, à Paris.

TRÉBUCIEN (Ernest), négociant, à Paris.

TRIBOULET (Camille), agriculteur, à Assainvillers (Somme).

THOUARD-RIOLLE (G.), inspecteur de l'agriculture, à Paris.

UNION DES SYNDICATS agricoles et horticoles bretons, à Châteaulin (Finistère) : MM. Le Floch, Avan et Berthelemé, délégués de l'Union.

VACHER (Marcel), agriculteur-éleveur, à Montmarault (Allier), membre de la Société nationale d'agriculture.

VALLOT (Émile-Henri), ingénieur civil, à Paris.

VALENTIN-SMITH, administrateur de l'Union mutuelle des propriétaires lyonnais pour les vidanges, à Lyon (Rhône).

VASSILLIÈRE (Léon), directeur de l'agriculture, délégué du Ministère de l'agriculture, à Paris.

VERMOREL (Victor), directeur de la Station viticole de Villefranche (Rhône).

VÉTILLART (Le P.), directeur de l'École supérieure d'agriculture, à Angers (Maine-et-Loire).

VEZIN (Alexandre), professeur départemental d'agriculture, directeur du Laboratoire agricole de Loir-et-Cher, à Blois.

MM. Viala, inspecteur général de la viticulture, membre de la Société nationale d'agriculture, à Paris.

Viellard (Armand), député et agriculteur, membre de la Société nationale d'agriculture.

Viet (Charles), régisseur de l'École nationale vétérinaire d'Alfort (Seine).

Viéville (Victor), président du Syndicat des fabricants de sucre, à Chevresis-Monceau (Aisne).

Vigen, député, ancien ministre de l'agriculture, à Paris.

Villeneuve (comte de), président du Syndicat des agriculteurs de la Savoie, à Chambéry, délégué de la Société centrale d'agriculture de la Savoie.

Vilmorin (Maurice de), horticulteur, à Paris.

Vilmorin (Philippe de), horticulteur, à Paris.

Vincey (Paul), ingénieur agronome, professeur départemental d'agriculture de la Seine.

Vion (Victor), agriculteur et fabricant de sucre, à Sainte-Émilie (Somme).

Vitalis (Alexandre), propriétaire-agriculteur, château de Grandmont (Hérault).

Vogüé (marquis de), membre de l'Institut et de la Société nationale d'agriculture, président et délégué de la Société des agriculteurs de France, à Paris.

Vuaillet (François), ingénieur, à Saint-Maurice (Seine).

Way (Alfred), commissionnaire en grains et farines, à Paris.

Wéry, directeur des études à l'Institut national agronomique, à Paris.

Zacharewicz, professeur départemental d'agriculture de Vaucluse, à Avignon.

COLONIES.

Cochinchine.

MM. Capus (Guillaume), directeur de l'agriculture et du commerce de l'Indo-Chine, délégué officiel du Gouvernement général de l'Indo-Chine, à Saïgon.

Josselme (Léon-Pierre-Joseph), membre de la Chambre d'agriculture, à Saïgon.

Congo français.

M. Visser (Robert), inspecteur-directeur des plantations de la N. A. H. V., à Gayo.

Guadeloupe.

M. Moracchini (Dauphin), gouverneur de la Guadeloupe, à Basse-Terre.

Guyane française.

MM. Bassières (Gustave-Émile-Eugène), directeur du Jardin d'essai de Baduel.

Darnal (Léonard), vice-président de la Chambre d'agriculture, propriétaire-agriculteur, à Cayenne.

Chambre d'agriculture de la Guyane, à Cayenne.

Martinique.

MM. Nollet (Louis-Alexandre-Eugène), ingénieur-agronome, directeur du Jardin botanique, à Saint-Pierre.

Saussine (Gustave), professeur de chimie au lycée de Saint-Pierre.

Thierry (Armand-Justin), botaniste, à Grand'Rivière.

Ile de la Réunion.

MM. Bordage (Edmond), directeur du Muséum d'histoire naturelle, à Saint-Denis.

Villèle (Auguste de), publiciste agricole, à Saint-Denis.

Sénégal.

M. Perruchot (H.), ingénieur-agronome, chef du service de l'agriculture au Sénégal.

Tunisie.

MM. Loir (Dr A.), directeur de l'Institut Pasteur de Tunis, commissaire de la Tunisie à l'Exposition de 1900, délégué officiel du Gouvernement tunisien.

Crété (Maurice), propriétaire-agriculteur, à Crétéville.

ORDRE DES TRAVAUX

DIMANCHE 1er JUILLET.   *A 2 heures* : Réception des délégués.
A 3 heures : Séance d'ouverture.
A 4 heures : Constitution des sections.

LUNDI 2 JUILLET.   Le *matin* et dans l'*après-midi* : Séances des sections.

MARDI 3 JUILLET.   *A 9 heures du matin* : Séance générale.
A 2 heures du soir : Séances des sections.
Excursion au Parc agricole d'Achères.

MERCREDI 4 JUILLET.   *A 9 heures du matin* : Séance générale.
A 2 heures du soir : Séances des sections.

JEUDI 5 JUILLET.   Excursion à Verrières et à la ferme de Champagne.

VENDREDI 6 JUILLET.   *A 9 heures du matin* et à *3 heures du soir* : Séance générale.
A 2 heures du soir : Séances des sections.

SAMEDI 7 JUILLET.   *A 9 heures du matin* : Séance générale.
A 2 heures du soir : Séance générale.
A 7 heures et demie du soir : Banquet.

DIMANCHE 8 JUILLET.   Excursion à l'École nationale d'agriculture de Grignon et à Versailles.

LUNDI 9 JUILLET et jours suivants : Excursion, pour les membres du Congrès qui voudront y participer, dans les départements de l'Aisne, du Nord, du Pas-de-Calais et de la Somme.

SÉANCES DU CONGRÈS

Les séances du Congrès se sont tenues au Palais des Congrès, sur le quai de la rive droite de la Seine, à l'angle du Pont de l'Alma.

SÉANCE D'OUVERTURE

Présidence de **M. Jean Dupuy**, Ministre de l'agriculture,
puis de **M. Jules Méline**,
Président de la Commission internationale d'agriculture.

La séance est ouverte à 5 heures, dans la grande salle du Palais des Congrès, après la réception des délégués officiels des Gouvernements et des délégués des Associations agricoles étrangères, conformément à la liste publiée plus haut (pages 9 et 12).

Sur l'estrade, prennent place, aux côtés de M. le Ministre de l'agriculture et de M. Jules Méline, S. E. M. Ignace de Darányi, ministre de l'agriculture du royaume de Hongrie, les membres de la Commission d'organisation et les membres étrangers présents de la Commission internationale d'agriculture : MM. Cartuyvels van der Linden (*Belgique*), le baron Arthur de Hohenbruck (*Autriche*), sir Ernest Clarke (*Grande-Bretagne*), le Dr C. Ohlsen (*Italie*). S. Bieler (*Suisse*), etc.

M. Jean Dupuy, ministre de l'agriculture, ouvre la séance.

Discours de M. Jean Dupuy, Sénateur,
Ministre de l'agriculture.

MESSIEURS,

En me levant pour prendre le premier la parole dans cette assemblée, j'ai tout d'abord le devoir et le très grand plaisir personnel d'adresser, au nom du Gouvernement de la République, un salut cordial à nos hôtes étrangers. Je puis leur assurer qu'ils sont les bienvenus parmi nous, et qu'ils trouveront, auprès de leurs collègues français, un accueil empressé, une extrême courtoisie, une profonde sympathie. (*Très bien! très bien!*) Nous sommes flattés, messieurs, de vous voir en si grand nombre parmi nous, et de compter tant d'étrangers éminents, dont l'autorité et la renommée ont pénétré depuis longtemps jusqu'à nous. Et je vous remercie du concours que vous voulez bien nous donner, de la collaboration que vous nous apportez, qui jettera, j'en suis sûr, un éclat particulier sur ce Congrès. (*Très bien! très bien!*)

Je dois également donner le tribut de gratitude qui leur revient à nos nationaux, à nos congressistes français. Eux aussi, pénétrés de l'importance de leur mission, de la haute portée de ce Congrès, sont venus en grand nombre, et je vois parmi eux beaucoup de savants, des professeurs distingués, des agronomes connus, des praticiens autorisés; tous, je le proclame ici, sont au premier rang des serviteurs dévoués et désintéressés de l'agriculture française. (*Très bien! très bien!*)

Je ne dois pas non plus passer sous silence les remarquables travaux de vos rapporteurs; ils vous ont été distribués, et vous avez pu juger qu'ils ont admirablement préparé le terrain des discussions qui vont s'engager. (*Assentiment.*)

Mais il est une mention particulière de reconnaissance qu'il importe de faire en l'honneur du Comité provisoire. C'est au Comité d'organisation que revient l'honneur d'avoir depuis longtemps préparé ce Congrès, c'est lui qui l'a institué et organisé, c'est par ses travaux de classifications multiples, par la méthode de travail qu'il a adoptée qu'il aura facilité les heureux résultats que nous attendons de votre réunion.

Je serai certainement votre interprète à tous en adressant l'expression de notre particulière gratitude au bureau de ce Comité d'organisation, à son éminent président (*Applaudissements*), au vice-président et au secrétaire général. Ce sont eux qui ont eu la plus large part de l'effort, c'est à eux que revient une grande part de cet honneur, je veux dire à M. Méline, à M. Tisserand et à M. Henry Sagnier. (*Nouveaux applaudissements.*)

Il y a déjà deux ans que le Congrès international d'agriculture décidait, à Lausanne, que sa prochaine session se tiendrait à Paris en 1900. Ce choix ne suscitait aucune objection; il était, en effet, tout naturellement indiqué par cette considération que l'Exposition universelle allait non seulement voir se manifester tous les efforts, toutes les initiatives de l'activité industrielle, mais aussi qu'elle allait voir se grouper tous ceux qui portent intérêt à notre agriculture. C'est ici que devaient naturellement s'établir toutes ces grandes controverses scientifiques, que devaient s'agiter et se débattre toutes ces graves questions qui intéressent tout le monde civilisé et dont la solution est de nature à éclairer l'avenir.

Il ne m'appartient pas de retracer ici le programme de vos travaux. Une voix plus autorisée que la mienne le fera tout à l'heure. Mais en attendant, il m'est bien permis de constater que ce Congrès dépasse de beaucoup en importance tous les Congrès agricoles qui se sont tenus ou qui se tiendront au cours de l'Exposition. En effet, vous n'avez pas seulement à votre ordre du jour l'examen de quelques questions spéciales; votre programme est fort étendu, il est, pour ainsi dire, sans limites, il n'impose aucune restriction, il comporte l'examen de tous les problèmes agricoles, et, par là, il intéresse très vivement le régime économique de toutes les nations, il intéresse aussi et surtout, d'une façon très pressante, le sort, la vie même de nos populations rurales. (*Très bien! très bien!*)

Aussi vos travaux, croyez-le bien, ne seront pas seulement suivis par quelques spécialistes, par ceux qui s'occupent exclusivement d'agriculture; ils solliciteront l'étude et les méditations de tous les hommes qui s'intéressent au progrès général et qui recherchent l'amélioration réelle du sort matériel et moral des peuples.

La France ne sera pas la moins attentive à vos travaux, elle les suivra, soyez-en sûrs, avec une scrupuleuse vigilance, parce que, de plus en plus, elle est convaincue du rôle essentiel, prépondérant, que l'agriculture tient dans notre vie économique.

Pour moi, messieurs, je suis plein d'espérance, lorsque je considère une assemblée comme celle-ci, lorsque j'y vois figurer tant d'hommes éclairés, tant d'hommes dévoués à la cause que nous défendons; je demeure confiant, et je suis convaincu qu'il sortira de vos travaux, de votre collaboration commune, une grande œuvre de progrès général qui, tout en nous laissant très fermement attachés à nos nobles idées de patrie, contribuera encore à nous incliner, à nous pousser vers les idées de concorde, de paix et d'union entre tous les peuples. (*Très bien! très bien! et vifs applaudissements.*)

Je déclare ouvert le Congrès international d'agriculture pour 1900.

Le Ministre de l'agriculture a terminé son rôle actif; il suivra, soyez-en sûrs, avec attention et profit tous vos travaux. Il vous remercie de tout cœur de l'accueil bienveillant que vous lui avez fait, et il vous demande la permission de céder le siège de la présidence au président du Comité d'organisation, M. Méline. (*Applaudissements.*)

Discours de M. Jules Méline, Président de la Commission internationale d'agriculture.

MESSIEURS,

Je commence par remercier M. le Ministre de l'agriculture d'avoir bien voulu ouvrir cette séance, en souhaitant la bienvenue, au nom du Gouvernement de la République, aux illustrations agricoles qui ont répondu à notre appel, et en marquant, par sa présence, que notre œuvre est avant tout une œuvre d'intérêt général. Il l'a fait avec l'autorité qui s'attache à sa fonction et que lui donne son dévouement bien connu à l'agriculture. Je profite de l'occasion qui m'est offerte aujourd'hui pour le remercier aussi du concours bienveillant qu'il a apporté à notre œuvre, des subventions généreuses qu'il nous a accordées et qui nous permettent de donner à ce Congrès un peu plus d'éclat et toute son utilité. (*Très bien! très bien!*)

Je remercie également ses honorables prédécesseurs, présents ici, qui, depuis dix ans, n'ont jamais marchandé leur appui à votre Commission internationale, qui est, vous le savez, le grand ressort des Congrès. (*Très bien! très bien!*)

En ouvrant ce Congrès de 1900, vous devinez aisément que ma pensée se reporte tout de suite onze ans en arrière, au mois de juillet 1889, date mémorable s'il en fut, car c'est elle qui marque le commencement de l'ère des Congrès. C'était la première fois, en effet, qu'on réunissait un Congrès international agricole; la tentative paraissait très hardie; on nous avait annoncé beaucoup de difficultés et peut-être un échec; on vivait encore, à cette époque, sur cette idée très répandue que les agriculteurs aiment l'isolement, qu'ils sont remplis de méfiance, qu'ils se déplacent difficilement et que les œuvres collectives leur répugnent. Le monde agricole, dès 1889, a prouvé qu'on le connaissait mal, qu'on le calomniait, car, à notre appel, on a répondu de toutes les régions de la France et de l'étranger, et nous avons vu arriver ici tous les hommes qui ont au cœur l'amour de l'agriculture, qui ont consacré leur vie à la défense de cette grande chose sur laquelle repose la vie des peuples, et même l'existence des gouvernements. (*Très bien! très bien!*)

Il est vrai qu'en 1889 le Congrès avait mis à son ordre du jour une question passionnante pour tous les esprits, celle de la crise agricole qui sévissait avec tant d'intensité, et qui posait devant tous les pays un problème si redoutable. Cette question fit l'objet d'une profonde étude, les débats s'élevèrent à une très grande hauteur, et, après une mûre délibération, on arriva à une conclusion qui est devenue, on peut le dire, l'orientation définitive du progrès agricole. Cette conclusion était que l'agriculture doit de plus en plus se faire industrielle, qu'elle doit, pour conjurer les dangers qui la menacent, et sortir saine et sauve des crises innombrables qu'elle traverse, emprunter à l'industrie ses procédés, ses méthodes, avoir un outillage aussi perfectionné et ses puissants moyens d'action. (*Assentiment.*)

C'est de cette idée fondamentale que le Congrès de 1889 a déduit tout ce qui a suivi. On a commencé par tirer une première conclusion; c'est qu'avant de s'occuper des prix de vente, il fallait s'occuper des conditions de la production elle-même, et que, pour assimiler la production agricole à la production industrielle, on devait s'appliquer d'abord à réduire le prix de revient des produits agricoles en diminuant les frais généraux et en élevant les rendements.

Tel fut l'objectif du Congrès de 1889 : diminuer les frais de production de l'agriculture, élever ses rendements. Pour y arriver, le conseil qui était à donner aux agriculteurs s'imposait de lui-même, il était trop naturel; il suffisait de leur dire : Appliquez les procédés nouveaux de la science, n'oubliez pas les méthodes nouvelles qu'elle vous révèle, portez votre attention sur tout ce qui peut augmenter votre production, sur le choix de vos semences, l'emploi des engrais, l'utilisation des machines, la sélection de votre bétail.

Mais le Congrès de 1889 ne pouvait pas se borner à ce conseil, car il aurait fait sourire les agriculteurs. Ceux-ci n'auraient pas manqué de répondre qu'ils savaient tout cela fort bien, qu'ils n'ignoraient pas l'excellence des méthodes nouvelles, qu'ils étaient prêts à les appliquer, que la science courait les rues, que ce qui leur manquait, c'était précisément le moyen d'utiliser ces méthodes nouvelles, c'étaient les ressources indispensables, en un mot, c'était l'argent. (*Très bien! très bien!*)

Comment procurer de l'argent aux agriculteurs? Il n'y a qu'un moyen, qui est connu de tous, pour donner de l'argent à ceux qui n'en ont pas : c'est le crédit.

C'est par cette série de déductions que le Congrès de 1889 fut amené à faire, de la question du crédit agricole, comme le pivot et la conclusion de ses discussions. Le sujet fut éclairé sous toutes ses faces par une très remarquable conférence de l'homme éminent qui connaissait mieux que personne l'histoire du crédit dans le monde et les secrets de son mécanisme; j'ai nommé M. Léon Say, dont la France est si fière, et dont le nom et le souvenir ne seront jamais oubliés parmi nous. (*Applaudissements.*)

La conférence de M. Léon Say fut un trait de lumière, mais ce fut tout. Le problème était tellement compliqué que les conclusions firent défaut. Le Congrès n'eut pas le temps d'entrer dans le fond de la question, et il était sur le point de se séparer quand il s'avisa qu'il serait vraiment déplorable que tant de matériaux accumulés restassent improductifs. Et, par une conséquence bien naturelle, on en vint à penser que le Congrès devait se survivre à lui-même.

On nomma une Commission de permanence chargée de continuer l'étude du problème du Crédit agricole et de rechercher la solution pratique qu'il comportait.

On fit un pas de plus, car une fois engagé dans la bonne voie comme da
la mauvaise, on va jusqu'au bout. On donna à cette Commission de peri
nence, non seulement la mission d'étudier la question du Crédit agricole, m
cette autre mission très importante qui consistait à organiser à l'aver
annuellement s'il était possible, un Congrès international agricole.

Ainsi finit le Congrès de 1889; il n'avait été réuni que pour une œu
accidentelle et temporaire, et, quand il se sépara, il avait fondé une œu
définitive; c'est de ses mains qu'est sortie une institution nouvelle, désorm
assez solide pour braver l'épreuve du temps, l'institution des Congrès inter
tionaux agricoles.

Beaucoup d'entre vous, messieurs, assistaient à ce Congrès, vous avez
une large part dans cette œuvre; l'agriculture doit vous remercier; car,
jour-là, vous avez fait un acte d'une portée incalculable.

Entre le Congrès de 1889 et celui de 1900, d'autres se sont échelonnés, q
beaucoup d'entre vous connaissent : le Congrès de la Haye, celui de Bruxell
celui de Budapest, celui de Lausanne. Tous nous ont laissé des souven
inoubliables, et tous ont continué l'œuvre du Congrès de 1889, march
toujours dans la même voie, dans le même sillon. Ils nous ont amenés à
grand Congrès qui s'ouvre aujourd'hui.

Je crois que jamais Congrès n'a provoqué une réunion aussi importan
aussi choisie que celle que j'ai devant moi; et il n'est pas possible que de
mise en commun de tant de lumières, de tant de compétences et de ta
d'efforts ne sorte pas un nouveau et considérable progrès agricole.

Quel sera ce progrès? quelle sera l'idée dominante du Congrès qui s'ouv

Il est peut-être bon d'en dire un mot, car il est presque sans exemple qu'
Congrès, surtout aussi sérieusement préparé que celui-ci, ne s'attache pas
préférence à une idée maîtresse autour de laquelle toutes les autres gravite
Quelle sera donc l'idée maîtresse du Congrès de 1900, autant qu'on peut
préjuger?

Elle me semble indiquée par la succession des faits qui se sont déroulés so
nos yeux depuis le Congrès de 1889.

Je vous ai dit quel avait été le but de ce Congrès : il avait voulu amélior
les conditions de la production, mettre entre les mains des agriculteurs, p
l'organisation du crédit, les moyens de diminuer leurs prix de revient et d'au
menter leurs rendements.

Ce but est aujourd'hui presque complètement atteint. Il n'est pas doute
que depuis dix ans l'agriculture a marché à pas de géant dans la voie du pi
grès, et vraiment, quand on entend parfois les partisans d'une certaine éco
économique répéter ce refrain que la protection accordée dans certains pays
l'agriculture a eu pour résultat d'engendrer l'esprit de routine et de paress
on reste stupéfait de tant d'ignorance des faits.

La vérité, c'est qu'il reste aujourd'hui fort peu de chose à faire po
achever l'éducation technique de nos agriculteurs et qu'ils n'ont qu'à continu
dans la voie où ils sont engagés, pour qu'il n'y ait plus rien à désirer de ce cô

En France, nous avons organisé le crédit agricole, je n'hésite pas à le dire, d'une façon aussi complète, aussi parfaite que possible; le crédit agricole ne fait plus défaut aux agriculteurs; ce sont plutôt, malheureusement, les agriculteurs qui font parfois défaut au crédit agricole, qu'ils ne comprennent pas suffisamment.

Mais comme il est écrit qu'en ce monde rien n'est parfait, que le travail humain rencontre toujours des difficultés nouvelles et imprévues, et que l'homme n'a jamais droit au repos, il se trouve qu'après tant d'efforts nous nous trouvons en face d'un nouveau problème.

L'élévation des rendements, en augmentant la production, a provoqué presque partout un abaissement des prix de vente, un avilissement des cours qui ne laisse plus à l'agriculteur une marge de bénéfices suffisante pour le rémunérer de son travail et qui a créé une nouvelle crise qu'on peut appeler là « crise des prix ».

Cette crise se fait surtout sentir pour le blé, cette grande production qui est comme le régulateur de tous les autres genres de production. Dans beaucoup de pays, l'accroissement des rendements a été suivi par une mévente cruelle.

C'est là le sujet des préoccupations les plus actuelles, les plus immédiates du monde agricole. Ce qui le prouve bien, c'est que, de toutes parts, dans les Associations, dans les Parlements, la question se pose. Elle vient d'être traitée, il y a quelques jours, dans un Congrès spécial dont les échos sont certainement arrivés jusqu'à vous, qui s'est tenu à Versailles sur l'initiative d'un agronome des plus distingués et les plus dévoués à l'agriculture, M. le président Paisant, et sous la présidence de M. le baron de Courcel qui l'a dirigé avec tant d'autorité.

Je ne veux pas vous parler des résolutions du Congrès de Versailles, qui vous seront rapportées et sur lesquelles vous aurez à statuer; je ne veux pas anticiper sur celles que vous prendrez vous-mêmes. Mais quelles que soient vos décisions, je suis convaincu que vous arriverez à cette conclusion : que l'agriculture entre aujourd'hui dans une phase nouvelle, et qu'elle doit désormais concentrer ses efforts sur le complément d'organisation qui lui manque encore et explique en grande partie ses souffrances actuelles.

Elle a assez fait pour la production, il est temps maintenant qu'elle s'occupe de la vente, pour cela il est indispensable qu'elle se donne l'organisation commerciale qui lui manque.

Ici encore, il faut qu'elle imite l'industrie et lui emprunte ses procédés. L'industriel ne se borne pas à fabriquer de la bonne marchandise; quand elle est créée, il cherche à la vendre dans les meilleures conditions possibles en évitant soigneusement de se mettre entre les mains d'intermédiaires ou de spéculateurs qui lui prendraient le meilleur de ses bénéfices.

C'est là ce qui manque à l'agriculture, surtout au producteur de blé, et ce qui le perd. Il est à la merci des intermédiaires qui prélèvent sur lui tout ce qu'il pourrait gagner.

En voulez-vous la preuve; comparez les prix des denrées alimentaires chez le producteur et chez le consommateur, et vous serez frappés de l'énorme écart

qui les sépare. Si une partie seulement de cet écart entrait dans la caisse d[e]
l'agriculteur; il suffirait à lui assurer des prix rémunérateurs. (*Applaudisse[-]
ments*).

Voilà le problème, messieurs. Je crois qu'il méritera d'attirer plus particu[-]
lièrement votre attention, qu'il sera le gros problème de ce Congrès.

Je n'en dis pas davantage sur ce point, car je ne voudrais pas vous laisse[r]
croire que je réduis le Congrès à cette seule question. Dieu m'en garde! C[e]
serait singulièrement méconnaître les problèmes dont parlait si justement tou[t]
à l'heure M. le Ministre de l'agriculture.

Vous avez pu voir, messieurs, par le volume qui vous a été distribué qu[e]
toutes les questions qui, de près ou de loin, touchent aux intérêts agricoles o[nt]
été l'objet d'une étude particulière. Il y a là, on peut le dire, une véritabl[e]
encyclopédie de toutes les matières se rattachant à l'agriculture et, comm[e]
M. le Ministre, je suis heureux de rendre justice aux auteurs de ces remar[-]
quables rapports et de les féliciter.

Beaucoup sont des savants de premier ordre, des agronomes très occupés[.]
Tous nous ont consacré une partie de leur temps pour se montrer dignes de l[a]
confiance que nous avions placée en eux. Le Congrès devra une part de so[n]
éclat à leurs efforts, car ce sont leurs travaux qui ont attiré l'attention su[r]
ce Congrès. C'est grâce à eux que nous voyons réuni un aéropage d'agricul[-]
teurs comme on n'en a peut-être jamais vu. (*Applaudissements.*)

Il est certain, messieurs, que ce Congrès international d'agriculture mérit[e]
par sa composition d'être considéré comme un véritable événement. C'est l[a]
première fois que presque tous les Gouvernements nous ont envoyé des repré[-]
sentants officiels pour discuter avec nous tous les problèmes se rattachant [à]
l'agriculture. Quelques-uns ont fait mieux, puisqu'ils nous ont envoyé les chef[s]
mêmes de leur département, comme son Excellence M. de Darányi, ministr[e]
de l'agriculture du royaume de Hongrie, que je suis heureux de saluer ici
(*Vifs applaudissements.*)

Vous applaudissez avec juste raison, messieurs, un des plus fervents défen[-]
seurs de l'agriculture. (*Nouveaux applaudissements.*)

Enfin nous voyons aujourd'hui ce que nous n'avions jamais vu, c'est un[e]
représentation de toutes les grandes Sociétés d'agriculture du monde. Il n'e[n]
est pas une qui ne figure ici, qui ne soit représentée par son état-major, c'es[t]
à-dire par l'élite des hommes qui, dans leurs pays respectifs, sont considéré[s]
comme les véritables chefs de l'agriculture.

Nous avons également parmi nous les hauts fonctionnaires qui, dans tous le[s]
pays, sont l'incarnation de l'agriculture, comme chez nous l'éminent M. Tisse[-]
rand, que je suis heureux de signaler au milieu de vous. (*Applaudissements.*)

Je suis fier, pour la France, de ce grand concours qui nous prouve que nou[s]
avons encore de nombreux amis dans le monde; je ne suis pas moins fie[r]
pour l'agriculture elle-même; j'entends, par là, cette branche de l'activit[é]

humaine qui a pour but la création des richesses naturelles et qui, à ce titre, commande toutes les autres.

Au commencement de ce siècle elle s'était trouvée comme éclipsée, je n'ose pas dire détrônée par l'extraordinaire développement de l'industrie qui a enfanté tant de merveilles qu'il a absorbé à lui tout seul l'attention du monde. Notre splendide Exposition n'est pas faite pour changer ce courant d'admiration générale.

Il en est résulté que l'on s'est porté d'instinct vers ce domaine nouveau où le champ ouvert à l'activité humaine était indéfini et qui promettait au travail une rémunération beaucoup plus large que le maigre revenu de la terre.

C'est ainsi qu'insensiblement la pauvre agriculture avait été placée au second plan en tout et que les gouvernements avaient fini par ne plus faire attention à elle. Les parlements eux-mêmes, glissant sur la même pente, la considéraient comme une quantité négligeable.

De là l'immense découragement qui s'était emparé de nos agriculteurs, leur scepticisme à l'endroit de ceux qui voulaient leur faire du bien, leur lassitude et leur abandon de la terre. (*Très bien! très bien!*)

Aujourd'hui, les temps sont bien changés, les agriculteurs ont fini par s'apercevoir qu'ils étaient le nombre et la force, et ils se sont réveillés de leur long sommeil pour faire entendre leur voix aux pouvoirs publics.

De leur côté, les gouvernements ont fini par s'apercevoir qu'ils faisaient fausse route et qu'en sacrifiant leur agriculture à leur industrie ils tuaient la poule aux œufs d'or en privant l'industrie de ses meilleurs acheteurs et en diminuant la puissance de consommation générale. (*Applaudissements.*)

Le revirement est complet : jamais, à aucune époque, l'attention et la sympathie publiques ne se sont tournées avec plus de faveur vers les classes agricoles. Il suffit de parcourir les magnifiques galeries de notre Exposition pour s'en convaincre.

Notre Congrès achèvera et couronnera, je n'en doute pas, cette grande et bienfaisante évolution. Il fera comprendre combien l'agriculture est aujourd'hui en honneur partout, et quelle place elle occupe dans chaque État. Il donnera à la production agricole dans le monde une direction méthodique et raisonnée dont tous les peuples auront leur profit. Et nous, messieurs, nous aurons le mérite d'avoir accompli une œuvre à la fois agricole et bienfaisante pour l'humanité tout entière. (*Vifs applaudissements répétés.*)

M. LE PRÉSIDENT. — Je donne la parole à M. le Secrétaire général de la Commission d'organisation du Congrès.

Rapport de M. Henry Sagnier, Secrétaire général.

MESSIEURS,

Lorsque vous avez décidé, au Congrès de Lausanne, que la sixième réunion du Congrès international d'agriculture se tiendrait à Paris en 1900, vous avez imposé une tâche délicate à la Section française de la Commission internationale d'agriculture.

Cette tâche était doublement lourde : il s'agissait de ne pas rester au-dessous des réunions précédentes dont vous connaissez l'intérêt et la valeur; il était important d'assurer à notre organisation le rang qu'elle mérite dans la grande manifestation de l'Exposition universelle. Partis de Paris en 1889 et y revenant en 1900, vous êtes des juges qui déciderez si la mission que vous nous aviez confiée au début a été remplie, et si votre œuvre se montre aujourd'hui telle que vous l'aviez désirée alors.

Pour mener à bonne fin l'entreprise dont elle était chargée, la Section française de la Commission internationale s'est adjoint un certain nombre de membres hautement autorisés, soit par leurs travaux personnels, soit par leur situation dans nos grandes associations agricoles. Elle doit les remercier de leur concours éclairé.

Nos remercîments doivent s'adresser au Gouvernement de la République française représenté par M. le Ministre de l'agriculture qui a apporté à la Commission la même sympathie que ses prédécesseurs lui ont toujours manifestée depuis onze ans. L'administration de l'Exposition, en rattachant notre œuvre à la série des congrès qui se succèdent ici, nous a donné toutes les facilités pour la marche de l'entreprise; il serait injuste de ne pas rappeler l'empressement apporté constamment par M. Gariel, délégué principal aux congrès, et par ses collaborateurs, à répondre à tous nos désirs avec une affabilité dont nous garderons le meilleur souvenir.

La Commission d'organisation avait un double devoir à remplir : elle devait élaborer le programme du Congrès, puis assurer l'exécution de ce programme.

Les faces sous lesquelles se présentent les problèmes relatifs à la production agricole sont nombreuses et variées; on ne rencontre donc pas de difficultés quand on cherche à choisir les questions importantes, actuelles, qu'on veut soumettre aux délibérations d'un congrès. Quoique notre tâche ait été allégée par l'organisation d'un certain nombre de congrès spéciaux à plusieurs branches des sciences agricoles, le domaine qui nous était réservé était encore trop vaste pour qu'on pût songer à l'aborder tout entier. C'est pourquoi la Commission crut devoir limiter l'activité du Congrès à un certain nombre de sujets répartis entre sept Sections distinctes.

Ces Sections, vous les connaissez par les programmes que vous avez entre les mains. Ce sont celles de l'économie rurale, de l'enseignement agricole, de l'agronomie, de l'économie du bétail, du génie rural et des industries agricoles, des cultures méridionales et des cultures coloniales, de la pathologie végétale. Des hommes éminents ont accepté la direction de ces Sections : MM. A. Ribot, député, ancien président du Conseil des ministres; Gomot, sénateur, ancien ministre de l'agriculture; le marquis de Vogüé, président de la Société des agriculteurs de France; Louis Passy, député, secrétaire perpétuel de la Société nationale d'agriculture; Sébline, sénateur, président d'honneur de l'Association de l'industrie et de l'agriculture françaises; Prillieux, sénateur, membre de l'Institut. La Commission leur doit des remerciments particuliers. (*Applaudissements.*)

Nous avons eu la douleur de perdre récemment l'un de nos présidents les plus respectés, une des gloires de la science française, M. Alphonse Milne-Edwards, qui dirigeait les travaux de la Section des cultures coloniales. La Commission a eu la main heureuse, en trouvant, pour le remplacer, M. Jules Develle, ancien ministre de l'agriculture, dont l'autorité est hautement appréciée partout. (*Assentiment.*)

Le Comité de chaque Section, choisi parmi les spécialistes les plus autorisés, a établi le programme des questions qui lui paraissaient présenter l'intérêt le plus direct pour les études du Congrès. Des rapporteurs, que leurs travaux antérieurs et leur notoriété désignaient pour cette mission, ont été chargés de préparer des rapports préliminaires pour vos discussions. Les uns et les autres se sont mis à l'œuvre avec une ardeur juvénile; malgré les occupations et les travaux qui absorbent chacun, ils ont voulu tous être prêts pour l'heure fixée, et tous y ont réussi. Si bien que, — fait unique jusqu'ici, — nous avons pu envoyer à tous nos adhérents, un mois avant l'ouverture du Congrès, le volume compact renfermant tous ces travaux, qui constituent autant d'œuvres originales, condensées, mais complètes, sur les questions auxquelles ils se rapportent.

Je ne saurais, Messieurs, nommer tous nos rapporteurs; mais je dois leur exprimer ici les très vifs remerciments de la Commission d'organisation et leur dire combien elle apprécie la valeur de leur collaboration.

Ce volume ne renferme pas seulement les travaux préparatoires des Sections françaises, il contient aussi d'importants mémoires qui nous ont été envoyés d'autres pays. Et c'est ici qu'apparaît, Messieurs, l'heureux résultat de la périodicité des Congrès internationaux d'agriculture et du fonctionnement régulier de la Commission internationale.

En effet, dès que le programme du Congrès eut été établi, notre premier soin fut de le transmettre à nos collègues des autres pays, et de leur demander leur concours pour le faire connaître et pour provoquer des études sur les questions qu'il renferme. Ce concours ne nous a pas manqué; il a été complet, et c'est par sa puissance que le Congrès a pris son caractère définitif.

Je dois vous en signaler les importantes proportions.

En commençant par nos voisins les plus proches, je dois constater avec quel élan la participation au Congrès a été accueillie en Belgique. D'une part, M. Proost, directeur général de l'agriculture, provoque des travaux de la part des agronomes de l'État ou des inspecteurs de l'agriculture; d'autre part, la Société centrale d'agriculture de Belgique met notre programme à l'étude et nous envoie une série de rapports dont les uns figurent dans notre recueil et dont les autres seront apportés dans les Sections.

Dans les Pays-Bas, c'est un de nos présidents d'honneur, notre vieil ami M. Bauduin, qui se fait notre apôtre, avec le concours de la Société hollandaise d'agriculture, et nous obtient une des plus importantes séries de rapports venus de l'étranger.

Dans la Grande-Bretagne, notre excellent collègue sir Ernest Clarke, secrétaire du conseil de la Société royale d'agriculture d'Angleterre, se fait notre interprète auprès des principales Associations agricoles, non seulement de la Grande-Bretagne, mais aussi du vaste domaine colonial de l'Empire britannique. La Chambre centrale d'agriculture et l'Union nationale agricole nous donnent aussi leur concours. En Suède, c'est l'Académie royale d'agriculture, représentée par son secrétaire général, M. Loven. En Danemark, c'est, d'une part la Société royale d'agriculture, c'est d'autre part, l'Union des Comices agricoles dont M. Ræder est le délégué, c'est encore la Réunion des agronomes, présidée par M. Westermann, qui viennent ici avec des travaux dont vous apprécierez la valeur. Cette collaboration sera d'autant plus appréciée que notre Congrès coïncide avec le congrès agricole danois actuellement ouvert à Odensee.

En Allemagne, les grandes associations agricoles s'ingénient pour s'associer à nos travaux. Le Conseil allemand d'agriculture, par l'initiative de son secrétaire général, M. le Dr Dade, nous met en rapports avec les Chambres d'agriculture et les Conseils de province. La Société allemande d'agriculture nous envoie son président et quelques-uns de ses principaux membres, et nous annonce des communications importantes de S. A. le prince de Schœnaich-Karolat et de M. le professeur Maercker; le grand savant est malheureusement retenu par la maladie, mais il sera suppléé par le Dr Witmack, dont vous connaissez le talent. La Ligue des agriculteurs se fait représenter par les membres les plus éminents de son bureau, comme la Ligue bimétallique dont vous connaissez les luttes énergiques et persévérantes.

En Autriche, sur l'initiative de notre collègue et ami le baron Arthur de Hohenbruck, le Comité agricole de l'Exposition universelle présidé par le prince Auesperg fait traduire le programme du Congrès et le répand dans toutes les provinces. Il nous attire ainsi une brillante pléiade d'adhérents, comme des travaux intéressants qui figurent à nos ordres du jour.

En Hongrie, notre président d'honneur, S. E. M. Ignace de Darányi, ministre de l'agriculture, prend la tête du mouvement. Dès l'année passée, il invite l'Union des Sociétés d'agriculture de Hongrie à constituer une commission préparatoire pour le Congrès. Cette Commission était présidée par le comte Robert Zelenski et elle comptait les noms les plus illustres de l'agriculture hongroise, en tête desquels se place celui du comte Alexandre Károlyi, aimé partout; elle a travaillé avec ardeur; suivant l'exemple donné par son président, elle nous a envoyé une série de travaux qui feront certainement honneur au Congrès.

Un de nos ouvriers de la première heure, et l'un de nos vieux amis, S. E. M. Alexis Yermoloff, ministre de l'agriculture en Russie, se faisait une fête d'assister au Congrès. Il avait pris toutes les mesures pour provoquer une active participation de la part des agriculteurs russes; ceux-ci ont répondu à cet appel et nous ont annoncé des travaux importants dont plusieurs nous sont déjà parvenus. Il y a quelques jours, M. Yermoloff nous exprimait ses regrets d'être retenu par les devoirs de sa charge; mais il a voulu être représenté ici par plusieurs de ses collaborateurs, à la tête desquels se place le professeur Stébout, président du Comité scientifique, une des sommités du monde agricole en Russie.

La République helvétique, qui nous fit un accueil si brillant à Lausanne, ne pouvait se désintéresser du Congrès. Notre président d'honneur, M. Viquerat, chef du Département de l'agriculture du canton de Vaud, y a donné ses soins, avec le concours de notre ami M. Bieler. Ils nous ont assuré l'adhésion d'un grand nombre des associations agricoles de la Suisse.

Nombreuses sont les associations agricoles de l'Italie qui ont répondu à notre appel. Notre excellent collègue M. Éd. Ottavi, membre du Parlement, nous a assuré le concours de la grande Société des agriculteurs italiens présidée par le marquis Cappelli, qui choisit parmi ses délégués M. Pavoncelli, député, ancien ministre des travaux publics, dont la présence est hautement appréciée ici. Quelques-unes des sociétés italiennes nous ont envoyé un délégué commun, M. Ohlsen, un de nos premiers collègues.

L'Espagne est représentée par un savant éminent. En Portugal, c'est l'Association royale centrale d'agriculture portugaise qui nous envoie une cohorte de brillants délégués.

L'Amérique n'a pas été sourde à notre appel. Au premier rang des délégués des États-Unis, le Département de l'agriculture de Washington nous envoie son secrétaire-adjoint, l'honorable J.-H. Brigham; d'importantes associations agricoles sont représentées par le major Alvord qui nous apporte des travaux importants. Le Canada ne saurait avoir de délégué mieux accueilli que notre ami M. Perrault. Les Républiques du Mexique, de l'Équateur, de Guatémala, du Chili sont représentées soit par des délégués officiels, soit par ceux des Sociétés d'agriculture.

Plus loin, encore, la Société royale d'agriculture de la Nouvelle-Galles du Sud nous envoie un délégué spécial, M. James Wilshire, avec des notes précieuses sur l'agriculture australienne. L'Empire du Japon, le royaume de Siam se font représenter ici; la Société d'agriculture et d'industrie des Indes orientales néerlandaises à Batavia nous envoie des délégués qui ont des choses fort intéressantes à nous communiquer.

En Afrique, la République Sud-Africaine et, plus près de nous, en Égypte, la Société khédiviale d'agriculture nomment aussi des représentants parmi nous.

Dans cette énumération, je ne saurais oublier les colonies françaises d'où nous sont venus des travaux importants qui figurent dans le recueil de vos rapports préliminaires.

Cette sympathie générale a vivement flatté la Commission d'organisation; mais celle-ci ne saurait en dissimuler l'origine. Cette origine se trouve, — nous en avons eu maintes fois la preuve, — dans la déférence et le respect qui s'attachent partout au nom d'un Président que les agriculteurs du monde entier nous envient. (*Applaudissements répétés.*)

Cet exposé sommaire vous montre, Messieurs, combien les travaux du Congrès seront à la fois importants et variés. Mais la Commission d'organisation avait aussi le devoir de vous ménager des excursions instructives et agréables.

Mardi, vous pourrez visiter le Parc agricole d'Achères, où sont appliquées les méthodes d'utilisation des eaux d'égout, si importantes à la fois pour l'hygiène des grandes villes et pour la production agricole. Vous parcourrez les travaux de la Ville de Paris, qui a voulu vous en faire les honneurs.

Jeudi, ce sera le tour de Verrières et de la ferme de Champagne. A Verrières, vous visiterez les cultures expérimentales des Vilmorin, célèbres depuis longtemps. Quoique nous ayons perdu récemment Henry de Vilmorin, un collègue éminent qui faisait aimer la France partout où il passait, sa famille a pensé qu'elle répondrait à la grande amitié qui l'unissait à vous, en nous offrant une large hospitalité. A la ferme de Champagne, vous verrez un des types les plus parfaits de ces grandes fermes des environs de Paris, où les fils succèdent aux pères de génération en génération; et où s'est constituée une noblesse agricole fondée sur la charrue.

La dernière journée du Congrès sera consacrée à l'École nationale d'agriculture de Grignon et à Versailles. Le nom de Grignon est connu partout; vous pourrez constater que la vieille école est digne de sa réputation. A Versailles, vous verrez le potager du Roi converti en brillante école d'horticulture. La municipalité vous réserve, de son côté, l'accueil le plus cordial.

De plusieurs pays, on nous a demandé d'organiser, pour les étrangers, une excursion agricole qui couronnât le Congrès ; ici, encore, il a suffi d'un signe pour susciter les bonnes volontés.

Dans le département de l'Aisne, le Groupe agricole de Montrouge, cultivé par MM. A. Landrin, Leroux et Oger ; — dans celui du Nord, l'École nationale des industries agricoles à Douai, la ferme de Masny à M. Fiévet, la ferme et la Station expérimentale de Cappelle, à la famille du regretté Florimond Desprez ; — dans celui du Pas-de-Calais, la ferme de Vaulx-Vraucourt, à M. Bachelet ; — dans celui de la Somme, la ferme d'Assainvilliers, à M. Camille Triboulet, vous ouvriront leurs portes. Vous y trouverez un accueil chaleureux, et vous pourrez y étudier nos meilleures méthodes de culture. Entre temps, la municipalité de Douai, la Société des agriculteurs du Nord et le Cercle agricole du Pas-de-Calais vous reposeront en vous fêtant. Aux uns et aux autres, la Commission d'organisation doit aussi tous ses remercîments.

En arrivant ici, vous êtes, pour la plupart, étrangers les uns aux autres. Dans l'échange de vos études et de vos observations, vous apprendrez à vous connaître, et en vous connaissant, à vous estimer et à vous lier d'amitié. Pour nous, notre récompense sera bien douce, car le nom de la France restera toujours uni à l'origine de ces affections, fécondes pour le progrès de l'agriculture. (*Vifs applaudissements.*)

M. LE PRÉSIDENT. — Messieurs, après ce remarquable rapport de notre secrétaire général, qui a rendu justice à tout le monde excepté à la personne qui peut-être le méritait le plus, c'est-à-dire à lui-même (*Très bien ! très bien !*), la Commission internationale n'a plus qu'à disparaître et à vous remettre ses pouvoirs.

Aux termes du règlement, je vous appelle à constituer le Bureau définitif du Congrès.

M. JULES MÉLINE, président de la Commission internationale, est acclamé président du Congrès au milieu des applaudissements.

M. LE PRÉSIDENT. — Je n'ai pas besoin de vous dire, messieurs, combien je suis touché de vos acclamations et de la marque de confiance que vous me donnez aujourd'hui ; je tâcherai de m'en montrer digne. (*Applaudissements.*)

La Commission internationale s'est réunie avant la séance, et elle vous apporte des propositions pour constituer le bureau.

Présidents d'honneur :

Conformément à nos règlements, les présidents des Congrès précédents sont présidents d'honneur. Ceux-ci sont :

MM. DARÁNYI (Ignace DE), Ministre de l'Agriculture du royaume de Hongrie, président du Congrès de Budapest en 1896.

BAUDUIN (D.), président du Comité exécutif du Congrès de la Haye en 1891.

DE BRUYN, ancien Ministre de l'Agriculture de Belgique, président d'honneur du Congrès de Bruxelles en 1895.

CARTUYVELS VAN DER LINDEN, président du Congrès de Bruxelles en 1895.

VIQUERAT, chef du Département de l'agriculture et du commerce du canton de Vaud (Suisse), président du Congrès de Lausanne en 1898.

La Commission vous propose les nominations suivantes :

Vice-présidents :

MM. le major Henry-E. *Alvord*, délégué officiel du Gouvernement des États-Unis ; — d'*Arnim-Criewen*, président du Comité directeur de la Société allemande d'agriculture ; — le prince Ferdinand *Lobkowitz*, président du Conseil d'agriculture de Bohême ; — Giuseppe *Pavoncelli*, délégué officiel du Gouvernement italien ; — le professeur *Stébout*, premier délégué du Ministère de l'agriculture de Russie ; — R.-A. *Yerburgh*, président de l'Union nationale agricole en Angleterre ; — pour la France, MM. Eugène *Tisserand* et le marquis de *Vogüé*.

Secrétaires généraux honoraires :

MM. *Zillesen* et *Tardit*, secrétaires généraux du Congrès de La Haye ; — D. *Luis de Castro*, secrétaire directeur de l'Association royale centrale d'agriculture portugaise ; — sir Ernest *Clarke*, secrétaire du Conseil de la Société royale d'agriculture d'Angleterre ; — le comte J. *Mailáth*, délégué de la Société nationale d'agriculture de Hongrie ; — *Westermann*, professeur à l'Institut royal agricole et vétérinaire de Copenhague.

Secrétaire général :

M. Henry *Sagnier*.

Secrétaires :

MM. René *Berge*, H. *Dulignier*, Edmond *Hannotin* et Michel *Tardit*

Ces nominations sont approuvées, à l'unanimité.

M. LE PRÉSIDENT. — Je déclare constitué le bureau du Congrès.

Je donne la parole à M. de Darányi, ministre de l'agriculture du royaume de Hongrie. (*Applaudissements.*)

Allocution de M. de Darányi.

Messieurs, je suis profondément touché de la distinction si flatteuse avec laquelle l'illustre président du Congrès, M. Jules Méline, a daigné vous parler de moi. Vous pouvez avoir l'assurance que nous garderons, aux bords du Danube, un précieux souvenir de votre séjour à Budapest et que nous vous serons éternellement reconnaissants de la sympathie que vous avez témoignée à notre pays. (*Applaudissements.*)

Les paroles de M. Dupuy, Ministre de l'agriculture, et celles de M. Jules Méline, président du Congrès, ont fait sur nous une vive impression. Sans avoir aucun mandat, je crois être le fidèle interprète des membres étrangers du Congrès d'agriculture en remerciant le Gouvernement de la République et M. le Ministre de l'agriculture de l'accueil sympathique qu'ils nous ont réservé. *Vifs applaudissements.*)

Nous rendons grâce aussi au Comité provisoire d'organisation, à M. le président Méline, à M. le vice-président Tisserand et à M. Sagnier, secrétaire général, pour l'excellente organisation du Congrès. (*Nouveaux applaudissements.*)

Et comme membre du bureau nouvellement élu, j'adresse également mes remerciements, au nom de tous mes collègues, pour l'honneur que vous nous avez fait. Nous tâcherons d'être dignes de votre confiance. (*Applaudissements.*)

Messieurs, je profite de l'occasion pour féliciter sincèrement nos collègues français des succès merveilleux de l'agriculture française. Le progrès est un des liens les plus forts qui rallient les agriculteurs du monde entier. C'est au nom de ce progrès que nous voulons nous mettre au travail. (*Vifs applaudissements.*)

M. LE PRÉSIDENT. — J'invite les membres du Congrès à se rendre dans les locaux réservés aux Sections, afin de constituer les Bureaux de celles-ci et de commencer la préparation des questions à soumettre aux séances générales

La prochaine séance générale est fixée au mardi 5 juillet, à 9 heures du matin.

La séance est levée.)

TRAVAUX DES SECTIONS

PREMIÈRE SECTION

ÉCONOMIE RURALE

BUREAU

Président. . . . . . M. RIBOT, député, ancien président du Conseil des Ministres, membre de la Commission internationale d'agriculture.

Vice-présidents. . . M. le baron ARTHUR DE HOHENBRUCK, délégué officiel du Ministère de l'Agriculture (*Autriche*).

M. le comte ALEXANDRE KAROLYI, député, vice-président de la Société nationale d'agriculture de Hongrie (*Hongrie*).

M. le Dʳ RŒSICKE, député au Reischtag, président de la Ligue des agriculteurs (*Allemagne*).

M. BOUESCO, professeur honoraire à l'École royale d'agriculture et de sylviculture (*Roumanie*).

M. LEVASSEUR, membre de l'Institut, ancien président de la Société nationale d'agriculture (*France*).

M. J. DE LAGORSSE, secrétaire général de la Société nationale d'encouragement à l'agriculture (*France*).

Secrétaires . . . . M. ERNEST H. GODFREY, secrétaire de la Chambre centrale d'agriculture (*Angleterre*).

M. JULES RUBINEK, secrétaire-gérant de la Société nationale d'agriculture de Hongrie (*Hongrie*).

M. TARDIT, maître des requêtes au Conseil d'État (*France*).

M. HANNOTIN, auditeur au Conseil d'État (*France*).

Première séance. — 1ᵉʳ juillet 1900 à 5 heures.

M. Ribot, président du Comité de la 1ʳᵉ Section, rappelle à la Section qu'elle est réunie pour constituer son bureau.

Des acclamations unanimes nomment M. Ribot président.

Le bureau est ensuite ainsi complété :

Vice-présidents : MM. le baron Arthur de Hohenbruck, le comte Alexandre Karolyi, le Dʳ Rœsicke, Bouesco, Levasseur, de Lagorsse.

Secrétaires : MM. Godfrey, Rubinek, Tardit, Hannotin.

Sur la proposition de M. le PRÉSIDENT, la Section décide d'inscrire en tête de l'ordre du jour de la 1re séance la question de l'écart entre le prix de vente du producteur et le prix d'achat de la consommation.

La séance est levée à 5 heures et demie.

Deuxième séance. — 2 juillet à 9 heures du matin.

La séance est ouverte à 9 heures sous la présidence de M. RIBOT, président.

Sur la proposition de M. le Président, l'ordre du jour de la Section est ainsi réglé :

Lundi matin : Écarts entre les prix de vente de l'agriculture et les prix d'achat de la consommation ;

Lundi soir : Marchés à terme. — Bourses de Commerce.

Mardi soir : Crédit agricole mutuel. — Syndicats agricoles. — Coopératives.

Mercredi soir : Vagabondage et mendicité dans les campagnes. — Assurances agricoles.

Conformément à cet ordre du jour, la Section aborde l'examen de la question de l'écart entre les prix de vente de l'agriculture et les prix d'achat de la consommation.

M. LE PRÉSIDENT rappelle qu'un Congrès spécial a été réuni à Versailles, sur l'initiative de M. Paisant, pour examiner cette question au point de vue spécial du blé. Il propose en conséquence d'entendre immédiatement M. Paisant qui a saisi par lettre M. le Président du Congrès des résolutions adoptées à Versailles (Voir aux *Documents annexes,* page 78).

M. PAISANT indique le but et le caractère du Congrès de Versailles. Il se loue des concours qu'il a rencontrés pour la réunion de ce Congrès et analyse brièvement l'œuvre accomplie.

M. Paisant pense que pour lutter contre l'avilissement des prix l'on doit s'efforcer d'organiser la vente en commun du blé, mais il estime que les syndicats agricoles ne sont pas aptes à atteindre directement ce but. Il faut avoir recours à des sociétés coopératives formées par eux, mais restant distinctes, et, pour réaliser les fonds nécessaires, il faut s'adresser aux Caisses régionales de crédit qui devront être mises en mesure de recevoir elles-mêmes de plus larges avances que le législateur de 1899 ne l'a prévu.

M. LE PRÉSIDENT, afin de fixer les termes de la discussion, donne lecture des conclusions prises par le Congrès de Versailles sur les principes de l'organisation de la vente en commun du blé et que, conjointement avec MM. Legrand et Souchon, M. Paisant soumet au Congrès.

M. LEGRAND, sénateur de Seine-et-Oise, déclare que la pensée directrice de la Section qu'il a présidée au Congrès de Versailles a été d'organiser les agriculteurs en vue de la vente en commun du blé. Il fallait pour cela prévoir des sociétés, des magasins, des instruments de crédit. C'est cette organisation que la Section a essayé d'ébaucher dans les vœux qu'elle a présentés. Afin de les préciser et d'en poursuivre l'application, le Congrès de Versailles a ensuite décidé qu'un Comité permanent serait à cet effet constitué à Paris.

M. COURTIN insiste particulièrement sur deux formes sous lesquelles les Sociétés coopératives devraient prêter aux agriculteurs leur entremise : la forme du grenier rural et celle du magasin régional. Le grenier rural recevrait les blés du petit producteur ; le magasin régional recevrait les blés des cultivateurs plus importants et ceux qui seraient envoyés par les greniers ruraux. Grâce à ces organismes, non seulement l'agriculteur ne sera plus isolé et désarmé en face du spéculateur, mais surtout il sera en mesure d'attendre pour réaliser sa récolte. L'exemple de l'Allemagne montre d'autre part que les frais de la création des magasins et de conservation de la marchandise ne seraient pas très élevés : on les a évalués à 0 fr. 07 par quintal de blé conservé.

M. le comte DE MARCILLAC indique les résultats obtenus par une Société coopérative qu'avait constituée le Syndicat des agriculteurs du Périgord. En annonçant seulement qu'elle était acheteur du blé à un cours déterminé, la Société a réussi à maintenir le blé dans sa région à un cours supérieur de 0 fr. 50 à celui des marchés environnants.

M. LAVOLLÉE fait remarquer que les cours fictifs attribués au blé par la spéculation sont l'un des plus grands maux dont souffre l'agriculteur. Il faudrait avant tout arriver à une constatation sérieuse des cours réels que l'on pourrait opposer à ces cours fictifs.

M. le Dr RŒSICKE se félicite de voir les agriculteurs français se préoccuper eux aussi de ressaisir le marché du blé qui actuellement leur échappe. En effet, les seules sources de renseignements auxquelles ils peuvent aujourd'hui puiser sont entre les mains de la spéculation, c'est-à-dire de leurs adversaires; il faut qu'ils s'affranchissent de cette infériorité. Il insiste sur la nécessité de créer à cet effet, non seulement des organisations locales pour constater sur place les cours dans les différentes régions, mais encore une Commission internationale pour les centraliser.

M. LE PRÉSIDENT pense que les vues qui viennent d'être échangées doivent se résumer en un certain nombre de vœux; il propose de prendre pour base des votes les vœux admis par le Congrès de Versailles.

Les quatre premiers paragraphes du vœu sont adoptés sans opposition : ils sont ainsi conçus.

1° Il y a lieu d'organiser la vente du blé de manière à assurer aux agriculteurs un prix rémunérateur et de créer à cet effet des sociétés coopératives, ayant une existence distincte de celle des syndicats agricoles ou unions de syndicats, mais constituées sous les auspices de ces syndicats;

2° D'établir le mode de fonctionnement de ces sociétés à leur choix, sur les bases suivantes :

a) Achat contre paiements d'acomptes avec règlement définitif au prix moyen des ventes effectuées dans l'année ;

b) Achat ferme au cours du jour pour le compte des sociétés ;

c) Vente en qualité d'intermédiaires pour le compte individuel de l'associé moyennant une commission avec faculté de faire des avances sur le prix et d'en garantir le paiement par voie de warrantage;

3° De favoriser l'établissement par ces sociétés coopératives de greniers ruraux et de magasins régionaux destinés à emmagasiner, conserver, soigner, mélanger les blés et les classer suivant les types adoptés, notamment dans les gares de chemins de fer des centres de production, à proximité des canaux et, s'il est possible, à proximité des magasins militaires ;

4° D'apporter à la législation française les modifications nécessaires pour que les caisses régionales de crédit agricole établies par la loi du 31 mars 1899 et les caisses locales puissent avancer aux sociétés coopératives les fonds nécessaires pour établir ces greniers et ces magasins.

Sur le § 5, tendant à la constitution d'une Commission chargée de constater les cours des céréales, M. LAVOLLÉE demande que les trois membres qui composeront cette Commission ne soient pas seulement « choisis, le premier sur une liste présentée par les associations agricoles, le second sur une liste présentée par la Chambre de commerce ou le Tribunal de commerce et le troisième sur une liste présentée par la municipalité », comme le demande le Congrès de Versailles, mais que ces diverses collectivités, qui représentent respectivement les producteurs, le commerce et les consommateurs, en aient la désignation définitive.

Il en est ainsi décidé. Le paragraphe est par suite rédigé dans la forme suivante :

5° De créer, dans chaque centre important désigné par le Conseil général du département, une Commission chargée de constater les cours des céréales ; de constituer ces Commissions de trois membres désignés, l'un par les Associations agricoles, l'autre par la Chambre ou le Tribunal de Commerce, le troisième par le Conseil municipal ; de publier chaque semaine au *Journal officiel*, les cours ainsi constatés.

Sur le § 6, M. le D^r Rœsicke, qui en a été l'auteur au Congrès de Versailles, indique tout l'intérêt qu'il y a à ce que les divers renseignements recueillis dans chaque pays soient centralisés par une Commission internationale, car le marché du blé, en dépit de toutes les barrières de douane, est un véritable marché international.

M. Tardit propose de confier au Comité permanent du Congrès le soin de poursuivre la constitution de cette Commission internationale. Il aura pour mission de déterminer quelles sont dans chaque pays les grandes associations agricoles qui concourront à la désignation des membres de la Commission.

Il en est ainsi décidé. Le paragraphe est rédigé dans la forme suivante :

6° De donner au Comité permanent du Congrès mandat de poursuivre la constitution d'une Commission internationale dont les membres seraient désignés par les grandes associations agricoles et qui serait chargée de centraliser les cours des céréales dans les différents pays et de les publier.

Le § 7 est adopté sans opposition. Il est ainsi conçu :

7° De solliciter du gouvernement la publication en temps utile des statistiques et renseignements propres à éclairer les agriculteurs sur la production du blé, l'état des récoltes, les cours, dans chaque région et dans chaque pays.

Sur la proposition de M. le Président, la Section décide de demander au Congrès de sanctionner ces vœux en assemblée générale.

M. le Président donne communication aux membres de la Section de divers documents qui sont déposés sur le bureau :

« Le Comice agricole d'Herzele (Belgique) », de la part de M. de Vuyst ;

« Le Pavillon de l'agriculture belge à l'Exposition », de la part de M. le baron Peers ;

« Les Caisses districtuales d'assistance de Bosnie-Herzégovine », de la part de M. Victor Huber ;

« Les Associations de crédit rural en Hongrie », par M. le comte Joseph de Mailath (Voir aux *Documents annexes*, p. 100) ;

« Le Compte rendu du quatrième Congrès scientifique international des catholiques tenu à Fribourg », de la part de M. l'abbé Muller ;

« Le Bulletin du Syndicat national agricole », et une note de M. le marquis de Chauvelin sur « la plus-value à accorder au fermier sortant » ;

« Diverses notes du Comice agricole du canton de Joinville », présentées par M. Philippe, professeur spécial d'agriculture.

M. le Président remercie les auteurs de ces communications.

La séance est levée à 11 heures et demie.

Troisième séance. — 2 juillet après-midi.

La séance est ouverte à 2 heures, sous la présidence de M. Levasseur, vice-président.

M. le Président rappelle que l'ordre du jour comporte l'examen de la question des marchés à terme et il donne la parole à M. Paisant, rapporteur.

M. Paisant analyse brièvement le rapport qu'il a été chargé de présenter à la Section[1]; il signale en même temps le très remarquable travail qui a été rédigé sur la même question par M. le comte Zselenski, membre de la Chambre des magnats de Hongrie[2].

M. Paisant montre que cette question est de celles qui se posent naturellement devant un Congrès international, car tous les peuples souffrent également des abus de la spéculation. Seule encore, l'Allemagne a pris contre ces abus des mesures énergiques avec la loi du 22 juin 1896. Il est temps qu'ailleurs aussi l'on s'en préoccupe, et M. Paisant espère que les travaux du Congrès feront faire un pas important dans cette voie.

M. l'abbé Johann Müller insiste sur ce point que le mal est actuellement si général que même les pays exportateurs, sans en excepter l'Amérique, ont à en souffrir.

M. le comte Zselenski expose que forcément la spéculation tend toujours à la baisse, puisque le baissier a sur son adversaire un avantage marqué : la faculté de résilier à son gré le terme conclu. Le vendeur ou baissier peut employer un mois entier à attendre, et provoquer des conjonctures favorables, tandis que l'acheteur doit être constamment prêt du premier au dernier jour à prendre livraison du blé.

M. Mauzaize estime que la crise agricole est due également pour une forte part à la production sans cesse croissante du blé et craint que cette surproduction ne soit de plus en plus à craindre dans l'avenir. Dans ces conditions, il doute que l'on réussisse à empêcher l'avilissement des cours.

M. le comte Karolyi convient que la surproduction, dans les années d'abondance, peut être pour quelque chose dans l'avilissement des cours. Mais le plus souvent c'est la spéculation qui artificiellement provoque la baisse.

M. Lavollée fait également toutes réserves sur la thèse de M. Mauzaize; il croit que l'augmentation de la production dans le monde ne dépasse pas l'accroissement de la consommation et il fait appel sur ce point à l'autorité de M. le Président.

M. Rœsicke s'associe à ces observations. Il n'y a pas de surproduction et la crise agricole n'existerait pas si la vente des céréales était mieux organisée dans l'intérêt des producteurs et si la législation réprimait les abus de la spéculation. Il faut arriver à la suppression des marchés fictifs et la réaliser dans tous les pays en même temps, car l'organisation de la Bourse est internationale. On dit quelquefois que la loi allemande du 22 juin 1896 est restée sans effet. Cela est inexact; elle a déjà amélioré la situation en Allemagne. Mais il est certain cependant que l'on n'arrivera à combattre efficacement les abus de la spéculation que lorsque dans tous les pays des mesures auront été prises contre elle.

M. Guernier a remarqué que, parmi les vœux soumis à la Section comme conclusions du rapport présenté par M. Paisant, il en est un qui interdit aux courtiers de faire eux-mêmes la contre-partie. Il craint que toutes les mesures que l'on pourra prendre dans cet ordre d'idées restent inefficaces tant que le spéculateur gardera la faculté de cacher au public ses opérations.

---

1. Voir le Tome I des Travaux du Congrès, p. 50.
2. Voir le Tome I des Travaux du Congrès, p. 131.

M. Guernier demande donc que les bordereaux où sont relatées les opérations effec-tuées à la Bourse de commerce sur les denrées agricoles soient livrés à la publicité. Ce sera le seul moyen efficace d'empêcher les courtiers de faire la contre-partie et ce sera un grand pas vers la moralisation du marché.

M. Guernier demande enfin, pour empêcher qu'une semblable obligation soit éludée, que l'association en participation ayant pour objet des marchés de livraison dans les Bourses soit interdite.

M. Paisant et M. Convert font toutes réserves sur cette proposition : une pareille mesure n'atteindrait pas seulement la spéculation, mais elle porterait une grave atteinte au commerce des blés.

La proposition est appuyée au contraire par M. le comte Zselenski.

M. le Président, avant de clore la discussion, tient à dire un mot de la question qui a été soulevée tout à l'heure par M. Mauzaize et à propos de laquelle son autorité a été invoquée par M. Lavollée. Il déclare à son tour que, s'il y a certainement accroisse-ment de la production du blé dans le monde, il y a aussi augmentation parallèle de la consommation : à son avis donc, il n'y a pas actuellement surproduction.

M. le Président met ensuite aux voix les différents vœux qui ont été proposés par M. Paisant comme conclusions de son rapport.

M. Paisant déclare que la Commission d'organisation avait préféré que les vœux fussent présentés par lui sous une forme interrogative : mais il appartient à la Section de prendre sur les divers points des résolutions fermes.

A la suite de cette déclaration, M. le comte Karolyi demande à reprendre, à titre d'amendement aux premiers paragraphes, la disposition votée par le Congrès de Ver-sailles sur la proposition de M. Paisant lui-même et de M. Papelier.

M. le Dr Rœsicke appuie cette proposition. Cependant, le Congrès de Versailles a demandé que les marchés à découvert soient déclarés nuls « lorsqu'ils n'ont pas pour but d'arriver à la livraison des marchandises ou lorsqu'ils ne constituent pas des opérations de couverture suivies d'arbitrages entre commerçants ».

M. le Dr Rœsicke prie la Section de rejeter ces derniers mots et par conséquent d'étendre la déclaration de nullité au cas même où les marchés seraient suivis d'arbi-trages entre commerçants. Il y aurait là, selon lui, une porte ouverte à tous les abus.

M. le Président met aux voix l'amendement de M. le comte Karolyi, reproduisant le vœu adopté par le Congrès de Versailles, sur l'initiative de M. Paisant; en disjoi-gnant les mots « ou qui ne constitueraient pas des opérations de couverture suivies d'arbitrages entre commerçants ». Cet amendement est adopté.

M. le Président met ensuite aux voix les mots dont M. le Dr Rœsicke demande la suppression.

Malgré l'opposition de quelques membres et notamment de M. Convert, qui s'efforce de montrer l'intérêt qu'il y a à ne pas proscrire les marchés de couverture en Bourse, la suppression est votée.

M. le Dr Rœsicke demande enfin que le paragraphe soit complété par ces mots « et soient même interdits à l'aide de sanctions pénales ». Il expose que la nullité civile n'est pas une garantie suffisante contre les abus du jeu et veut y ajouter une répres-sion pénale. Il rappelle que le Congrès de Versailles avait adopté cette disposition sur la demande de MM. Adrien et Van Gülpen.

M. Paisant déclare que c'est malgré ses objections que ce paragraphe additionnel fut adopté par le Congrès de Versailles : aussi demande-t-il à la Section de ne pas l'adopter.

Néanmoins la disposition additionnelle mise aux voix est votée à la majorité.

Les deux premiers paragraphes du vœu seront par suite ainsi conçus :

La 1re Section émet le vœu :
1°. Que les Bourses de Commerce fassent l'objet d'une réglementation générale;
2°. Que les marchés, qui n'ont pas pour but d'arriver à la livraison des denrées agricoles et qui ne sont que de simples opérations de jeu, restent sans sanction civile et soient réprimés par des dispositions pénales.

Au troisième paragraphe, M. Paisant, sur les observations de quelques membres de la Section, propose lui-même de ne pas voter sur la limitation du terme de 5 à 6 mois. Le reste du paragraphe est adopté sous la forme suivante :

3°. Que le vendeur à terme cesse d'avoir la faculté de choisir le jour de la livraison à sa seule volonté dans le mois de l'échéance.

M. Paisant déclare également renoncer au vote du § 4 qui interdit aux courtiers de faire eux-mêmes la contre-partie des ordres qu'ils reçoivent pour les marchés à terme. Cette interdiction existe déjà dans la législation de la plupart des pays et notamment en France, aux termes de l'art. 85 du Code de Commerce et de l'art. 7 de la loi du 18 juillet 1866 : il est difficile seulement de la rendre efficace.
Sur le § 5, qui deviendrait ainsi le § 4, il y a deux amendements :
L'un de M. le Dr Rœsicke tendant à ce que toutes les opérations faites dans les Bourses de Commerce fassent l'objet d'une déclaration rendue obligatoire;
L'autre de M. Guernier tendant à la publication des bordereaux relatant ces opérations.
Après une nouvelle discussion, ces deux amendements sont adoptés, à la majorité.
Le § 4 sera donc ainsi conçu :

4°. Que la fixation des cours des denrées agricoles résulte de la moyenne de l'ensemble de toutes les opérations effectuées dans la journée à la Bourse de Commerce; que ces opérations fassent l'objet d'une déclaration rendue obligatoire; que les bordereaux soient rendus publics et que ces bordereaux fassent connaitre le nom des parties, les quantités, les prix et la date de la livraison.

La Section adopte enfin la disposition additionnelle proposée par M. Guernier tendant à l'interdiction de l'association en participation ayant pour objet des marchés de livraison de denrées agricoles. Elle fera l'objet d'un § 5, ainsi conçu :

5°. Que l'association en participation, ayant pour objet des marchés de livraison de denrées agricoles, soit interdite par la loi.

Sur la proposition de M. le Président, la Section décide de demander au Congrès de sanctionner ces vœux en Assemblée générale.
La séance est levée à 5 heures.

Quatrième séance. — 3 juillet à 3 heures.

La séance est ouverte à 3 heures, sous la présidence de M. le Dr Rœsicke, vice-président.
M. le comte de Rocquigny expose l'œuvre des syndicats agricoles en France[1]. Ils sont à la base de toutes les institutions utiles à l'agriculture. C'est sur eux que repo-

1. Voir le rapport de M. le comte de Rocquigny, Tome I des Travaux du Congrès, p. 64.

sent les Sociétés de crédit agricole créées par la loi du 5 novembre 1894, les caisses d'assurances contre la mortalité du bétail dont le Sénat vient de voter la création, et que reposeront les coopératives dont le Comité permanent de la vente du blé nommé par le Congrès de Versailles va susciter l'établissement.

Le premier objet des syndicats a été l'achat collectif des engrais; ils en ont vulgarisé l'emploi, et l'augmentation de production qui en est résultée est incalculable. Cet exemple a encouragé leurs promoteurs à se servir de l'association pour satisfaire aux autres besoins de l'agriculture : achat en commun de machines; amélioration des races de bétail par la création de herd-books et de stud-books et l'achat de reproducteurs d'élite; achat de substances anti-cryptogamiques, d'appareils de vinification et même reconstitution des vignobles.

Les services économiques rendus au pays par les syndicats sont considérables. Ils ont mis à la disposition des petits cultivateurs les moyens d'action qui n'appartenaient qu'aux grands; ils ont fait une œuvre réellement démocratique dont le jury de la classe 104, devant lequel viennent déposer journellement les représentants les plus autorisés des syndicats français et qui procède ainsi à une vaste enquête agricole, a pu constater la haute portée.

Mais l'action des syndicats n'est pas seulement économique; elle est aussi morale et sociale. Ils développent dans les écoles primaires l'enseignement agricole, celui qui maintient le petit cultivateur attaché à la terre; ils organisent des assurances mutuelles contre l'incendie, contre la grêle, contre la mortalité du bétail, etc...; ils exercent enfin un patronage collectif professionnel : placement des ouvriers, conciliation des différends.

Si les syndicats étaient restés disséminés sans liens par toute la France, leur action eût été décousue et vaine. Ils ont senti la nécessité de coordonner leurs efforts, ont formé de vastes unions groupant les intérêts régionaux. Il y en a une dizaine en France; la plus importante est celle du sud-est, dirigée par M. Duport; elle compte 260 sociétés associées, représentant plus de 42 000 cultivateurs; elle a formé une Société coopérative de production et de consommation, dont le siège est à Lyon; son chiffre d'affaires est très considérable, et ses frais généraux ne dépassent pas 2 1/2 pour 100. Au sommet de l'organisation, l'Union centrale des syndicats des agriculteurs de France réunit 970 sociétés et 314 000 membres.

Le mouvement syndical de ces quinze dernières années a considérablement développé le mouvement coopératif. Beaucoup de syndicats ne sont d'ailleurs que de véritables coopératives de consommation. Il existe néanmoins un assez grand nombre de sociétés de cette nature qui se sont formées en dehors d'eux, et beaucoup avant eux. De ce nombre sont les boulangeries coopératives; il en existe en France de 400 à 500. Les perfectionnements de l'outillage moderne permettent à présent de transformer directement le blé en pain sans passer par l'intermédiaire de la farine; deux syndicats des environs de Pau sont entrés dans cette voie et ont créé des meuneries-boulangeries coopératives.

Les fruitières des montagnes du Jura sont la forme la plus ancienne de la coopération pour la vente du lait, qui se développe chaque jour avec la création de beurreries ou de fromageries coopératives. Il existe aussi quelques distilleries, et même une sucrerie coopérative.

La vente directe des menus produits agricoles sous forme de conserves a donné de très heureux résultats. M. de Rocquigny signale dans cette voie les coopératives de Provence pour la fabrication des confitures d'abricots ou des conserves de câpres. Certaines ont commencé à exporter.

Il y a beaucoup à faire dans cette voie de l'organisation commerciale de la vente des produits agricoles. Le Congrès de la vente du blé tenu à Versailles a appelé l'attention sur cette question; on y a apporté des exemples d'essais très satisfaisants tentés en Allemagne.

M. de Rocquigny constate en terminant qu'il est désirable de voir le Congrès international d'agriculture consacrer et encourager l'œuvre des syndicats et des coopératives agricoles.

Les conclusions qu'il dépose en ce sens sont adoptées et seront soumises au Congrès en séance générale.

M. RAEDER, délégué de l'Union centrale des comices agricoles de Danemark, expose ensuite l'essor considérable des associations coopératives, par exemple : l'association pour l'exportation des œufs frais qui comprenait il y a 5 ans 24 sociétés et 800 membres et qui actuellement compte 375 sociétés et 25000 membres. L'un des premiers effets de l'association a été de relever la réputation et le prix des œufs danois, jusque-là très discrédités sur le marché de Londres. Le chiffre des ventes coopératives de cette Société, qui était de 80000 kroners en 1895, est passé en 1899 à 2200000 kroners. L'association n'a pas été moins féconde pour la vente des porcs. Des abattoirs et saloirs coopératifs ont été installés, qui exportent beaucoup en Angleterre. Les abattoirs capitalistes leur ont fait une guerre acharnée, notamment en achetant aux cultivateurs plus cher que la coopérative; mais la victoire est restée aux coopérateurs. Les règlements de comptes entre les coopérateurs se font, soit au prorata du poids mort, soit en tenant compte de la qualité. Les laiteries coopératives ont aussi donné en Danemark d'excellents résultats. Un contrôle très sévère est organisé sur la quantité et la qualité du lait fourni, et des calculs très bien établis permettent de connaître exactement le bénéfice donné par chaque vache. Les laiteries coopératives exportent beaucoup de beurre en Angleterre, au prix moyen de 1 fr. 35 à 1 fr. 40 le 1/2 kilogramme.

M. le comte DE MARCILLAC insiste sur la nécessité des unions régionales de syndicats ou de coopératives agricoles. Elles seules ont vraiment la puissance nécessaire pour imposer la volonté des agriculteurs ou pour lutter victorieusement contre les ennemis de toute nature qui les menacent. C'est ce qu'oublient trop souvent les syndicats qui refusent de s'affilier aux unions.

M. PAISANT dit qu'il espère beaucoup des unions, des coopératives qu'elles créeront, et des caisses régionales de crédit agricole, pour l'organisation commerciale de la vente du blé.

M. DE ROCQUIGNY se déclare tout à fait partisan des unions, dont il est question dans le vœu qui vient d'être adopté par la Section.

M. COURTIN constate seulement qu'en fait il y a une tendance générale fâcheuse des syndicats, surtout s'ils sont puissants, à se passer des unions.

M. le comte DE ROCQUIGNY dépose sur le bureau de la Section un rapport de M. le Dr Gebhard, sur le mouvement coopératif en Finlande. Ce mouvement a été très intense au cours de l'année dernière, et il est apparu comme un obstacle aux progrès de la russification. Sous l'impulsion particulière des étudiants finlandais, une organisation nationale coopérative s'est constituée; dans ce pays où 75 pour 100 de la population vit de l'agriculture, le mouvement coopératif, qui remonte au *bateau d'église* (acheté en commun pour aller à l'église par les lacs) du moyen âge, a pris une rapide extension. La diète finlandaise a voté récemment une loi coopérative élaborée par MM. Gebhard, Axel Granstrœm et le sénateur Serlachius. A la tête de l'organisation est la « Société Pellervo », dont M. Gebhard est président, et qui sème l'idée coopérative comme Pellervo, le héros de la célèbre épopée nationale finlandaise, Kalevala, semait les plantes dans la terre inculte. Elle a fondé une Revue, qui au bout de six mois d'existence a compté 25 000 abonnés, chiffre peut-être unique dans les annales de la coopération.

Le rapport de M. le Dr Gebhard est reproduit plus loin dans les *Documents annexes* (p. 89).

La séance est levée à 5 heures 1/2.

Cinquième séance. — 4 juillet à 2 heures.

La séance est ouverte à 2 heures sous la présidence de M. Ribot, président.

M. Ferdinand Dreyfus analyse brièvement le rapport qu'il a présenté à la Section sur le vagabondage et la mendicité dans les campagnes et les moyens pratiques de les prévenir [1].

M. Rivière signale, comme il l'a fait récemment à la Société des agriculteurs de France, un mouvement qui s'est développé en France depuis quelques années et qui a pour objet de combattre le vagabondage dans les campagnes, sans recourir à l'intervention du législateur. Ce mouvement a commencé dans le Pas-de-Calais sur l'initiative du préfet, M. Alapetite, qui, soutenu par le Conseil général, a créé des abris ruraux, a réorganisé le dépôt de mendicité et s'est enfin entendu avec l'administration pénitentiaire pour soumettre les mendiants professionnels condamnés au régime cellulaire. Depuis, cet exemple semble avoir entraîné plusieurs autres départements, notamment la Vienne et la Haute-Vienne.

M. Allier demande que l'assistance due aux mendiants infirmes leur soit donnée dans leur commune d'origine qui est le mieux placée pour les secourir. Il regrette que le principe du domicile de secours, qui devrait être fondamental en matière d'assistance, ne soit pas efficacement appliqué.

M. Mauzaize se plaint que les passeports soient délivrés souvent par l'Administration aux ouvriers, sans que ceux-ci soient prévenus qu'ils ne trouveront à Paris ou dans les grands centres vers lesquels ils se dirigent que la misère. Il demande aussi que l'assistance par le travail comporte pour les assistés des secours en nature, jamais d'allocations en argent. Il voudrait enfin que toutes les Unions d'assistance s'entr'aidassent pour distinguer les mendiants d'occasion des vagabonds professionnels.

M. le Dr Papillon demande si les vagabonds professionnels ne pourraient pas être envoyés aux colonies?

M. Rivière répond que l'homme qui n'a pas su travailler en France ne peut faire un bon colon.

M. Mauzaize ajoute que la colonisation ne réussit que quand le colon amène sa famille, apporte des capitaux, s'attache à la terre et suit les conseils qui lui sont donnés : mais le tempérament français s'y prête mal.

M. Valentin-Smith estime que, bien qu'il n'y ait rien à attendre des vagabonds au point de vue de la *colonisation*, la menace de leur expulsion de France laissée à la discrétion des tribunaux, même si elle restait à l'état de menace, aurait les *effets préventifs* les plus salutaires.

La difficulté de la solution vient de la difficulté de la démarcation entre les accidentels et les incorrigibles du vagabondage. Ces derniers mêmes sont moins nombreux

---

1. Voir le Tome 1 des Travaux du Congrès, p. 35.

qu'on ne croit généralement, et cela est si vrai que dans le département de l'Ain qui, en temps ordinaire, paraît avoir hérité de tous les vagabonds refoulés des départements voisins et de la Suisse, les tribunaux n'ont que fort peu ou même point de condamnation à prononcer pendant les vendanges et les battages.

Quant à établir des asiles ou des maisons de travail — outre le coût et la difficulté, — le résultat le plus certain serait de faire naître de nouvelles couches de *professionnels de la mendicité.*

C'est surtout aux mesures préventives qu'il y a lieu de recourir.

Il termine en disant que, personnellement, ayant fait arrêter et retenir pendant deux jours à l'hôpital un enfant qui mendiait pour le compte d'une sorte d'entrepreneur et ayant obtenu, non sans peine, du parquet, que ledit entrepreneur fût interrogé, — il est parvenu à purger depuis cinq ans sa région de ce genre d'exploitation.

Sans la complicité du public et des autorités il y aurait bien moins de vagabonds.

A la suite de ces observations, M. LE PRÉSIDENT propose à la Section de voter sur les vœux présentés par M. Ferdinand Dreyfus.

M. RIVIÈRE remarque que le vœu proposé par M. Ferdinand Dreyfus porte que les mendiants et vagabonds infirmes *ont droit* à l'assistance publique; que de même les valides de bonne volonté *ont droit* à une assistance temporaire sous forme de travail. M. Rivière se refuse à consacrer, au profit des vagabonds, le principe du droit à l'assistance qui n'existe pas dans notre législation.

M. FERDINAND DREYFUS répond que le rapport présenté en 1790 à l'Assemblée nationale par le duc de La Rochefoucauld-Liancourt proclamait déjà ce droit à l'assistance des infirmes. Ce n'est donc pas une innovation bien hardie qu'il propose; c'est la reconnaissance d'un véritable devoir social.

Néanmoins plusieurs membres de la Section, notamment M. ALLIER, appuient les observations de M. Rivière.

M. LE PRÉSIDENT rappelle que la Section ne s'occupe des vagabonds qu'au point de vue de l'agriculture : il n'est donc pas de sa compétence de trancher un problème d'assistance aussi grave. Il propose donc une rédaction qui réserve entièrement la question soulevée; le vœu indiquerait seulement qu'il est désirable de développer le plus largement possible l'assistance en faveur des mendiants et vagabonds infirmes.

Il en est ainsi décidé.

Le vœu sera par suite rédigé dans la forme suivante :

1° Il y a lieu de développer le plus largement possible l'assistance en faveur des mendiants et vagabonds infirmes; de multiplier à cet effet les institutions de prévoyance telles que les sociétés de mutualité, les assurances, les caisses de retraites, les secours à domicile, les secours médicaux gratuits, les hospices destinés à abriter ceux qui ne peuvent être secourus à domicile;

2° Il est désirable que l'assistance temporaire soit accordée aux valides de bonne volonté en état de chômage momentané. Cette assistance peut leur être utilement donnée dans des ateliers d'assistance par le Travail et dans les Colonies de travail, industrielles ou agricoles, fondées par l'initiative privée et subventionnées par les collectivités;

3° Les mendiants et vagabonds professionnels relèvent de la répression pénale :

a) Comme mesures immédiates, le Congrès recommande : l'expulsion des mendiants étrangers valides dénués de permis de séjour;

La délivrance à tout nomade d'une autorisation consignée sur un carnet spécial;

L'action concordante des divers agents de la force publique (gendarmes, douaniers, gardes forestiers, etc.);

L'organisation de chambres de sûreté communale et de refuges ou gîtes d'étapes, conservant la trace de tous les hospitalisés de passage;

La suppression des roulottes si dangereuses pour l'hygiène et la sécurité des campagnes;

b) Comme mesures législatives, le Congrès recommande le vote de lois qui donnent à des magistrats locaux la mission de procéder à la sélection des mendiants et vagabonds arrêtés, assurant l'internement dans les maisons de travail forcé des mendiants et vagabonds professionnels et organisent avec l'aide des sociétés de patronage un casier général et permanent du vagabondage.

M. DE BELLEVILLE exprime le désir qu'il aurait eu de voir venir en ordre utile pour la discussion la question de la *plus-value à accorder au fermier sortant*. Il se disposait à combattre les conclusions du rapport de M. Lechevallier. Il tient à signaler en tout cas deux lacunes importantes qui existent dans ce rapport : il n'y est parlé ni de la discussion qui eut lieu à la Société nationale d'agriculture où le principe de l'indemnité fut repoussé après un remarquable rapport de M. Lecouteux, ni de celle qui eut lieu au Congrès de Bruxelles où fut adopté un vœu en faveur de la liberté des conventions sur ce point. M. de Belleville demande de constater que, s'il n'y a pas de discussion, le Congrès international s'en rapporte à cette conclusion votée en 1895 à Bruxelles, réservant la liberté des conventions.

L'ordre du jour appelle l'examen de la question des *assurances agricoles*.

M. CALVET, sénateur, développe les conclusions de son rapport sur la question des assurances agricoles.

Il montre combien est actuellement minime la proportion du capital bétail qui est assurée, elle peut être évaluée au $1/120^e$ environ de ce capital ; il insiste sur la nécessité de développer cette assurance, non pas en la rendant obligatoire, ce qui offrirait les plus grands dangers, mais en généralisant l'assurance mutuelle.

Il insiste également sur la nécessité de recourir à des fédérations aussi étendues que possible des sociétés locales, afin de permettre l'application de la loi du grand nombre.

Il cite le remarquable mouvement qui s'est produit à cet égard dans le département de la Charente-Inférieure, où ses efforts, joints à ceux d'amis dévoués de la mutualité, ont réussi à constituer en sept mois un groupement comprenant vingt-huit cantons.

Il indique enfin que pour ne pas s'exposer à un échec, dont l'effet moral serait désastreux, il faut n'appliquer l'assurance mutuelle qu'à des risques bien définis. Les risques dont les lois ne sont pas encore actuellement déterminées, tels que la grêle ou la gelée, doivent être étudiés en centralisant dans un bureau de statistique internationale les observations dont ils peuvent être l'objet.

M. SÉE demande si l'on ne devrait pas recommander spécialement la forme de l'assurance mutuelle avec primes. Certaines sociétés mutuelles ne demandent pas de primes et répartissent en fin d'exercice la charge des sinistres au prorata du capital assuré. Un tel système entraînerait de très graves inconvénients en cas de sinistres atteignant toute une région, tels qu'une épizootie, ou de pertes de récoltes dues à une cause atmosphérique générale.

M. HÉRONNAUX, directeur général de l'Union fédérale de France, dont le siège est à la Rochelle, répond que ces dangers peuvent disparaître si les sociétés font partie d'une fédération.

Il déclare que la fédération des associations locales d'assurances est applicable à toutes les sociétés existantes, quelle que soit l'exiguïté de leur circonscription territoriale ; que la fédération a précisément pour but de soustraire ces petites associations aux dangers de la non-divisibilité des risques et de leur donner conséquemment la vitalité qui leur fait absolument défaut.

Il donne à l'appui de sa démonstration des chiffres *officiels* obtenus sur trente sociétés fédérées, desquels il résulte que la moyenne des sinistres obtenue en *huit mois* a été, pour l'ensemble des sociétés et pour l'espèce bovine, de 25 cent. 7 par 100 francs de valeurs assurées, alors que certaines d'entre elles auraient été dans l'obligation de s'imposer des sacrifices variant de 3 francs à 5 francs par 100 francs.

Après avoir montré qu'il est impossible de créer une fédération exclusivement départementale, M. Héronnaux ajoute que plus la fédération aura une circonscription étendue, plus ses bienfaits seront considérables. Il indique en terminant que les résultats qu'il vient de citer n'ont pu être obtenus, qu'en observant rigoureusement les principes généraux de l'assurance et en s'appuyant sur des statistiques soigneusement établies et annuellement revisées.

Au sujet de la création d'un bureau de statistique internationale, plusieurs membres de la Section font remarquer qu'à l'une de ses dernières séances le Congrès a décidé déjà l'institution d'une Commission internationale chargée de constater le cours des blés et a confié au Comité permanent du Congrès la mission d'en poursuivre la constitution. Il conviendrait de suivre ici la même procédure et de confier l'organisation du bureau de statistique internationale au Comité permanent du Congrès qui appréciera si les deux organes doivent être réunis ou si leurs attributions doivent être confiées à des Commissions distinctes.

Il en est ainsi décidé.

Les conclusions du rapport de M. Calvet sont adoptées dans la forme suivante :

1° Dans l'assurance agricole, qu'elle s'applique à la personne de l'agriculteur (accidents du travail) ou à ses biens meubles ou immobiliers (récoltes détachées du sol ou sur pied, bétail de travail ou de rente), il y a avantage à recourir à la *mutualité*, avec Sociétés locales à la base, solidarisées entre elles par une fédération aussi étendue que possible, — *à la condition toutefois que le risque soit suffisamment défini.*.

2° Quand le calcul du *risque*, d'où découle la fixation de la *cotisation*, n'est pas établi avec une précision suffisante, il est prudent de différer l'organisation de l'assurance mutuelle entre agriculteurs (grêle, gelées).

3° Sauf cas très exceptionnels, le principe de l'*obligation légale* doit être écarté de l'assurance agricole ; mais il convient d'approuver l'intervention de l'État, pour aider à la création des Sociétés mutuelles locales, et à leur fédération progressive de garantie, par zones d'égal risque.

4° Pour dégager la *loi du grand nombre* afférente à chaque nature du risque rural et pour préparer ainsi la sécurité nécessaire à l'assurance agricole mutuelle, il paraît indispensable de mettre en commun les observations et les études *internationales* ; il convient d'émettre le *vœu* qu'à la suite de l'Exposition de 1900, à Paris, un *Bureau international de statistique rurale* soit institué pour cet objet, par les soins du Comité permanent du Congrès.

La séance est levée à 5 heures et demie.

DOCUMENTS ANNEXES

LETTRE A M. LE PRÉSIDENT DU CONGRÈS SUR LES RÉSULTATS DU CONGRÈS DE LA VENTE DU BLÉ

Versailles, le 1ᵉʳ juillet 1900.

Monsieur le Président,

J'ai l'honneur de vous faire connaître que le Congrès spécial de l'organisation commerciale de la vente du blé, dont vous avez encouragé la convocation par vos conseils, a tenu ses séances à l'Hôtel de Ville de Versailles, du 28 au 50 juin, sous la présidence de M. le baron de Courcel, sénateur, ambassadeur de la République française. -

Dans sa lettre circulaire du mois de mai dernier, la Société d'agriculture du département de Seine-et-Oise, qui a organisé le Congrès, a déclaré qu'elle porterait au Congrès international agricole le tribut de ses études et exprimé l'espoir qu'elles seraient consacrées par cette grande réunion.

En attendant que je sois en mesure de déposer sur le bureau le rapport succinct sur les délibérations de ses sections et de ses séances générales, j'ai l'honneur de vous remettre la copie des résolutions diverses qui ont été votées au Congrès de Versailles. Les vœux formulés par cette Assemblée ont été préparés par des discussions approfondies dirigées dans les Sections par MM. Legrand, sénateur de Seine-et-Oise; Henri Besnard, agriculteur, remplissant, en l'absence de M. le député Georges Graux, les fonctions de président de la 2ᵉ Section, et Paul Cauwès, professeur d'économie politique à la Faculté de droit de l'Université de Paris, président de la Société d'économie politique nationale.

Un assez grand nombre d'étrangers nous ont apporté le précieux concours de leur expérience et de leurs lumières : je citerai particulièrement M. le Dʳ Rœsicke, député au Reichstag, avec les deux autres délégués de la Ligue agraire allemande dont il est l'un des présidents.

Parmi les résolutions que je vous transmets, je dois vous signaler particulièrement celle de la création d'un Comité permanent, qui a son siège à Paris, et qui a reçu la mission, bien précise, de continuer l'œuvre préparée par les travaux du Congrès, à savoir d'étudier et de favoriser par des publications, des conférences, des négociations avec les pouvoirs publics, les assemblées parlementaires et départementales, les présidents de toutes les associations agricoles de France, la création de sociétés coopératives de vente appuyées sur les sociétés locales de crédit mutuel agricole et les caisses régionales de crédit agricole, qui n'attendent qu'une occasion de prendre tout leur essor.

L'étude détaillée des rapports existant entre l'administration militaire et les agriculteurs, au point de vue des fournitures, nous a démontré qu'avec de légères modifications il sera possible de trouver dans cette administration un débouché régulier et facilement accessible.

Nous considérons comme un résultat digne d'être particulièrement signalé que le Congrès, délibérant en commun avec un fonctionnaire du Département de la guerre, délégué par le Ministre, a effacé toute trace de méfiance qui aurait pu se produire dans l'esprit de quelques agriculteurs sur les rapports entre cette administration et la production nationale.

Veuillez agréer, monsieur le Président, etc.

Alf. Paisant.

Résolutions et vœux adoptés dans les séances générales du Congrès de la vente du blé.

I

Vœu de M. Le Breton, concernant les mercuriales des blés.

Considérant que les mercuriales des divers marchés de céréales sont établies sans contrôle, souvent inexactes, inférieures aux cours réels dans les moments de hausse, supérieures à ces cours dans les moments de baisse, laissées à l'arbitraire d'agences spéciales généralement soumises aux influences du commerce plutôt qu'à celles de l'agriculture ;

Que l'inexactitude de ces mercuriales est préjudiciable à la sincérité des transactions ;

Que l'intérêt des consommateurs et des producteurs exige que le prix réel des céréales, surtout le prix du blé, soit officiellement établi comme celui des valeurs mobilières, dont le cours authentique est publié chaque jour sous le contrôle des agents de change, et que les mercuriales soient basées sur le prix de tous les blés vendus au comptant, soit en sacs, soit sur échantillons, à chaque marché ;

Le Congrès réuni à Versailles émet le vœu :

« Que, dans chaque centre important pour la production et la vente des céréales désigné par le Conseil général de chaque département, il soit établi une commission composée de trois membres chargés de représenter les producteurs, les consommateurs et le commerce, et choisis : le premier sur une liste présentée par les associations agricoles ; le second sur une liste présentée par la Chambre de commerce ou le Tribunal de commerce ; le troisième sur une liste présentée par la municipalité ;

« Que ces commissions reçoivent les déclarations des vendeurs et des acheteurs, et que les cours des céréales ainsi constatés soient publiés chaque semaine au *Journal officiel.* »

II

Vœu tendant à faciliter et à étendre les fournitures directes des cultivateurs à l'administration militaire.

Le Congrès, constatant avec plaisir les tentatives faites par le ministère de la guerre en vue d'arriver à un achat direct aux producteurs de céréales;

Mais estimant que ces tentatives isolées, qui sont plutôt des expériences de ravitaillement qu'un mode normal d'approvisionnement en temps de paix, ne sauraient remplacer le système des adjudications;

Considérant que, malgré l'adoucissement des clauses des cahiers de charges, l'irrégularité des époques des adjudications, leur importance, et la rigidité trop grande des conditions de poids spécifique en éloignent les cultivateurs;

Émet le vœu que les adjudications des fournitures de céréales soient faites à des dates régulières dans chaque centre d'approvisionnement militaire;

Qu'elles soient autant que possible fractionnées, tant que l'extension des attributions des syndicats et associations agricoles ne leur permettra pas d'y prendre part plus facilement;

Que la détermination du poids spécifique, de la grosseur du grain, et des autres qualités des céréales à fournir soit réglée, dans chaque centre et pour chaque adjudication, d'après les conditions des céréales dans la zone d'approvisionnement et à l'époque des adjudications;

Que les résultats des adjudications militaires soient publiés au *Journal officiel* et au *Journal des communes*, immédiatement après leur conclusion, et résumés dans des tableaux récapitulatifs qui seront publiés périodiquement;

Qu'enfin les expériences d'achat à caisse ouverte soient généralisées autant que possible, et que les essais d'achat direct commencés à Rennes, Épinal et Tarbes, soient étendus à d'autres places choisies dans des régions plus favorables au point de vue de la production des céréales.

III

Vœu de MM. Alfred Paisant et Papelier, tendant à la réglementation des Bourses de commerce et à l'interdiction des opérations de jeu, adopté avec une disposition additionnelle de MM. Adrien et van Gülpen, relative aux sanctions pénales.

Considérant les abus qui se sont trop souvent produits, le Congrès émet le vœu :

1° Que les Bourses de commerce soient l'objet d'une réglementation légale;

2° Que les marchés qui n'ont pas pour but d'arriver à la livraison des marchandises, ou qui ne constitueraient pas des opérations de couverture suivies d'arbitrages entre commerçants, et qui ne seraient que des opérations de jeu, restent sans sanction civile et soient réprimés par des dispositions pénales.

IV

Motion de MM. Stanislas Tétard et Rémilly sur les essais d'acclimatation des blés riches en gluten.

Le Congrès estime qu'il serait désirable, pour nous affranchir de l'importation des blés étrangers, d'encourager les essais d'acclimatation des blés riches en gluten.

V

Résolutions de la première Section sur les principes de l'organisation collective de la vente du blé en France.

Il y a lieu :

1° D'organiser la vente du blé de manière à assurer aux agriculteurs un prix rémunérateur, et de créer à cet effet des sociétés coopératives, ayant une existence distincte de celle des syndicats agricoles ou unions de syndicats, mais constituées sous les auspices de ces syndicats;

2° D'établir le mode de fonctionnement de ces sociétés, à leur choix, sur les bases suivantes :

a) Achat aux associés contre payement d'acomptes, avec règlement définitif des comptes au prix moyen, par qualité, des ventes effectuées dans l'année;

b) Achat ferme au cours du jour pour le compte des sociétés;

c) Vente en qualité d'intermédiaire, pour le compte individuel des associés, moyennant une commission, avec faculté de procurer aux associés des avances sur le prix par voie de warrantage;

3° De favoriser l'établissement par ces sociétés coopératives de greniers ruraux et de magasins régionaux destinés à emmagasiner, conserver, soigner, mélanger les blés et les classer suivant les types adoptés, notamment dans les gares de chemins de fer des centres de production, à proximité des canaux, et, s'il est possible, à proximité des magasins militaires;

4° D'apporter à la législation les modifications nécessaires pour que les Caisses régionales de crédit agricole établies en exécution de la loi du 31 mars 1899, puissent, comme les Caisses locales, avancer aux sociétés coopératives les fonds nécessaires pour établir ces greniers et magasins;

5° De faire fonctionner à côté de ces sociétés des Caisses locales de crédit agricole;

6° De solliciter les mesures fiscales, s'il y a lieu, de nature à faciliter le fonctionnement des sociétés formées;

7° De solliciter du Gouvernement la publication en temps utile des statistiques et renseignements propres à éclairer les agriculteurs sur la production du blé, l'état des récoltes, les cours de vente, dans chaque région et dans chaque pays;

8° De nommer en réunion générale, comme conclusion du Congrès, un Comité permanent élu par les membres français du Congrès, dont le siège serait à Paris, chargé d'étudier et de prendre les résolutions nécessaires pour l'organisation de la vente du blé en s'inspirant des vœux adoptés par le Congrès, et de se mettre en relation avec les organisations syndicales et coopératives de vente qui existent déjà.

VI

Création, par les membres français du Congrès, sur la proposition de M. Alfred Paisant, d'un Comité permanent de la vente du blé.

Les membres français du Congrès de la vente du blé, prenant en considération l'importance des études auxquelles viennent de se livrer, pendant la durée du Congrès, les agriculteurs et les économistes nationaux et étrangers qui s'y sont trouvés réunis, prenant en considération les espérances légitimes que ces études font naître de la possibilité d'une organisation collective de la vente du blé, considérant les encouragements qui ont afflué de beaucoup de parties de la France avec une sympathie et une confiance qui imposent des devoirs nouveaux, estiment qu'il y a lieu de créer un centre d'action destiné à continuer et à consolider l'œuvre entreprise à Versailles. Ils décident, en conséquence, la création d'un Comité permanent qui aura son siège à Paris.

Le but de ce Comité permanent sera de poursuivre, utilisant les lois actuellement existantes, — en attendant que les syndicats reçoivent de lois nouvelles le complément de droits qui leur est nécessaire, — la création de sociétés coopératives pour la vente du blé. Ces coopératives s'appuieront sur le crédit des caisses régionales et des sociétés locales déjà existantes, et dont le Comité permanent de la vente du blé cherchera aussi à favoriser l'extension.

Les moyens d'action du Comité seront des conférences, des publications, des accords avec les syndicats professionnels et les unions de syndicats, des consultations juridiques, des projets de statuts, des négociations avec les pouvoirs publics ou avec les grandes administrations, etc....

Le Comité est autorisé à employer pour cette propagande les sommes pouvant rester en excédent sur les fonds du Congrès. Il élaborera lui-même ses statuts ainsi qu'il avisera.

VII

Élection des premiers membres du Comité permanent de la vente du blé.

Ont été élus par le Congrès dans la séance du 30 juin 1900 :

MM. Adrien, Allaire, Barbier, Henri Besnard, Bourgarel, Cauwès, Charonnat, baron de Courcel, Courtin, Convert, Delalande, Deloncle, Desjardins, Dru, Dudoignon-Valade, Égasse, Gilbert, Graux, Guernier, Alph. Ledru, Legrand, Louvard, De Loverdo, Marchand, Maret, Milcent, Nicolle, A. Paisant, R. Paisant, Papelier, Perrin, Petit, E. Pluchet, E. Remilly, comte de Rocquigny, Sagnier, Schweitzer, Sébline, H. Simon, Souchon, Tétard, Théry, Tissu, Ph. de Vilmorin, Vivien [1].

VIII

Vœu de MM. Stanislas Tétard et J. Schweitzer relatif aux meuneries-boulangeries coopératives.

Considérant que la transformation du blé en pain destiné à la consommation des producteurs eux-mêmes est de nature à restreindre dans une large mesure l'influence de la dépréciation des cours sur la situation matérielle des cultivateurs ;

Qu'il existe en France plus de 400 boulangeries coopératives rurales ;

---

1. Ont été élus par le Comité dans la séance du 6 juillet 1900 : MM. J. Bénard, Brandin, Le Breton, Chaboissier, Duport, De Laage De Meux, Mabilleau, marquis de Marcillac, Mauzaize.

Le Conseil de direction du Comité a été ainsi constitué :

Président : M. le baron A. de Courcel.

Vice-présidents : MM. Legrand, Cauwès, le comte de Rocquigny.

Secrétaire général : M. Alfred Paisant.

Secrétaires : MM. Rieul Paisant et Tony Perrin.

Trésorier : M. Louvard.

Membres : MM. J. Bénard, Brandin, Chaboissier, A. Courtin, Darblay, Dudoignon-Valade, Duport, Égasse, Guernier, De Laage De Meux, Le Breton, Mabilleau, Mauzaize, Milcent, Papelier, Pluchet, J. Schweitzer, Souchon, Tétard, Ph. de Vilmorin.

Toutes les communications concernant le Comité doivent être adressées à M. Alfred Paisant, président du Tribunal civil de Versailles, secrétaire général, 35, rue Neuve, à Versailles.

Le Congrès émet le vœu :

1° Que les syndicats agricoles encouragent la création de meuneries-boulangeries coopératives ;

2° Que, dans ce but, soient annexées aux écoles d'agriculture des meuneries-boulangeries dé démonstration pour l'étude et l'application des procédés de mouture et de panification adaptés aux besoins de l'agriculture.

IX

Vœu de M. Le Breton, tendant à la suppression de l'admission temporaire et à la création de primes à l'exportation des blés.

Considérant que l'admission temporaire, quelle que soit la réglementation à laquelle elle pourra être soumise, a pour effet inévitable, non de diminuer, mais d'augmenter le stock des blés existant en France, et qu'elle déprime d'autant plus le cours des blés en France que ce cours est plus bas ;

Considérant que le moyen le plus efficace de combattre la baisse consiste à dégager le marché en rendant possible l'exportation des blés, lorsqu'ils sont tombés en France à des taux ruineux pour les producteurs ;

Le Congrès réuni à Versailles émet le vœu :

1° Que l'admission temporaire soit supprimée ;

2° Qu'il soit délivré à la sortie des blés soit en grains, soit en farines, des certificats de sortie ou bons de perception, dont la valeur serait de 5 francs pour 100 kilogrammes de blé ou pour la quantité de farine correspondante, suivant les taux d'extraction[1]. Ces certificats de sortie seraient convertissables en Bons du Trésor dans les recettes générales.

X

Vœu de M. Vivien, tendant à retirer au Gouvernement la faculté de supprimer ou d'abaisser les droits protecteurs dans l'intervalle des sessions parlementaires.

Le Congrès émet le vœu :

Que la loi du 29 mars 1887, qui donne au Gouvernement la faculté de réduire ou de supprimer par décret le droit de douane quand le prix du pain a atteint un taux exagéré, soit abrogée sur ce point spécial, et qu'on ne puisse réduire ou supprimer les droits de douane sur les céréales sans un vote de la Chambre ratifié par le Sénat.

XI

Vœu de M. le D Roesicke, tendant à l'institution d'une commission permanente internationale en vue de la détermination correcte des prix du blé, adopté avec une disposition additionnelle de M. de Riepenhausen-Crangen relative à une représentation agricole européenne.*

Le Congrès, considérant qu'il est nécessaire de rassembler et d'échanger les expériences et opinions concernant l'organisation nationale des agriculteurs des divers pays en vue de la fixation correcte des prix du blé ;

---

1. Le texte proposé par M. Le Breton ajoutait : tant que le cours moyen des blés en France ne dépasserait pas 20 francs le quintal pendant les six semaines précédant l'exportation, cette valeur devant être réduite automatiquement, centime par centime, à mesure que le cours moyen pendant les semaines précédant l'exportation, s'élèverait au-dessus de 20 francs le quintal.

Émet le vœu :

1° Qu'il soit institué une représentation permanente internationale des agriculteurs européens ;

2° Que cette organisation entre en relations avec les associations agricoles de tous les pays civilisés en vue d'une entente internationale pour la détermination correcte des prix du blé ;

Qu'il soit institué à cet effet une Commission internationale de renseignements et d'action législative, composée des délégués des grandes associations agricoles, et devant siéger en des endroits différents suivant les besoins.

XII

Vœu de M. Paul Daumont sur l'établissement, par une entente internationale, de droits de douane différentiels sur les produits provenant de pays à monnaie avilie.

Le Congrès international de la vente du blé émet le vœu qu'il soit établi une entente internationale pour que :

1° Les blés exotiques expédiés sur les différents marchés européens reçoivent à leur départ l'estampille de leur lieu de production, certifiée sur le connaissement par le consul de la nation à laquelle appartient le navire ;

2° Et pour qu'à leur entrée en Europe, afin de ramener à l'étalon d'or la fixation unique du taux de toute opération commerciale, ces blés soient frappés d'une taxe ou d'une surtaxe compensatrice et proportionnelle au cours du change existant entre le pays d'origine et le pays destinataire, cours qui sera indiqué par le susdit consul le jour de l'avalisation qu'il donnera.

LES ASSOCIATIONS DE CRÉDIT RURAL EN HONGRIE

Par M. le Comte Joseph de MAILATH

Membre de la Chambre des Magnats
Membre du Conseil d'administration de l'Association centrale de crédit mutuel du Royaume
de Hongrie instituée par la loi XXIII de l'an 1898.

Il est certain que toute institution, fût-elle créée par l'État ou par les particuliers, a pour point de départ la nécessité et l'intérêt commun. Le développement des États et de la société dans le monde entier, mais surtout en Europe, a donné le jour à un grand nombre de telles institutions, parmi lesquelles les associations de crédit populaire sont les plus importantes, car elles sont appelées à améliorer la condition de ceux qui par eux-mêmes n'ont ni le savoir, ni l'intelligence nécessaires pour s'assurer la prospérité et le succès.

Les associations sont de nos jours les plus puissants et les plus efficaces moyens de la solution des problèmes sociaux. Plus un peuple est civilisé, plus il est capable de reconnaître et d'employer les moyens propres à faire valoir son individualité et à faire avancer sa prospérité, avec l'aide des associations.

Où la confiance est minime et où elle manque entièrement, là on a besoin de l'activité et du secours des hommes de cœur et d'intelligence, qui, avec leur ténacité et leur énergie, surmontent tous les obstacles et aussi l'indifférence.

Il en est ainsi en Hongrie où peut-être dans quelques parties du pays le manque d'intelligence, mais encore et par-dessus tout, les conditions dans lesquelles se trouvait la nation depuis l'année 1848 ont empêché le développement des associations.

En Hongrie, avant l'an 1848, les propriétaires fonciers formaient avec leurs colons et locataires une grande famille, s'associant pour un travail commun, pour un bonheur mutuel; notre peuple, à partir de 1848-1849, n'était pas assez bien organisé encore sous le point de vue du crédit, pour pouvoir tirer profit de cette pleine liberté, dont l'idée avait pris possession de toute l'Europe. Le courant ne tarda pas à nous atteindre, quoique les conditions nécessaires au développement vigoureux d'une métamorphose sociale nous manquassent entièrement.

Il en résulta qu'après l'an 1848 le grand propriétaire et le propriétaire de moindre étendue de terrain d'autre part, et le petit propriétaire foncier furent séparés l'un de l'autre et revêtus tous deux de la même liberté, dont ils étaient incapables de faire usage. Ils devinrent la proie des usuriers, sous le joug desquels ils se trouvent encore de nos jours; et sous l'influence de ces usuriers, ils ne tardèrent pas à devenir ennemis, d'amis qu'ils avaient été auparavant.

C'est de là que résulta la méfiance qui prit racine dans le cœur de l'homme des champs envers celui qui avait été son maître et son protecteur. Et pourtant la source de tous leurs maux était la même : la stagnation des intérêts agricoles (la crise agricole), qu'on ne peut autrement soulager que par l'association de tous les propriétaires grands et petits; la force qui résultera de cette association sera seule capable de triompher des dangers qui menacent leurs intérêts communs.

Lorsqu'enfin à la dernière heure l'idée d'association commença à se faire jour, il y a à peine une vingtaine d'années, une circonstance grave vint mettre obstacle à son développement : le Gouvernement, occupé d'autres questions, dont la solution lui semblait plus importante, de même que toutes les classes de la société, apportèrent à cette cause l'indifférence la plus complète. Ce n'est que grâce à quelques hommes de cœur qu'on réussit à triompher de cet obstacle, en créant les caisses rurales populaires qui sont appelées à devenir le centre de toutes les institutions économiques indispensables pour parvenir à attacher l'agriculteur à son exploitation et à fixer au sol la famille rurale.

Elles sont devenues, comme nous le démontrerons plus loin, la base d'une organisation sociale qui servira de digue contre le flot du socialisme toujours montant.

La première impulsion fut donnée par le congrès des économistes tenu à Székesfehérvár (Alba) en 1879; c'est de là que date l'action agraire, et les rapports du comte Aurél Desewffy ont mis en mouvement l'idée des associations. Les premiers succès se rattachent aux noms du comte Albert Apponyi, Michel Fœldváry, Joseph Hajos, propriétaires fonciers, E. György, Dr J. Bernat, J. Polya, écrivains d'économie politique, et de celui que nous aurions dû nommer avant tous les autres, Son Excellence le comte Alexandre Károlyi « le père Raiffeisen » de la Hongrie.

C'est au combat acharné que ces protecteurs de l'association menèrent contre tous les obstacles que nous devons le progrès surprenant qui a été obtenu après une vingtaine d'années à peine; ce progrès démontre assez clairement que l'idée de l'association est de nos jours d'une importance telle, que ni la société ni le Gouvernement ne peuvent dorénavant y rester indifférents.

Chez nous, les caisses rurales, qui forment la partie la plus nécessaire des associations, ont débuté en 1888 dans le Comitat de l'est, où avec un capital commun on constitua des caisses d'abord dans les campagnes appartenant au Comitat même; quoique ce capital fût limité et qu'on pût seulement avancer pas à pas avec précaution, on compta au bout de sept ans non seulement 89 caisses rurales dans 79 communes du Comitat, mais encore 67 pareilles dans d'autres contrées qui avaient suivi le bon exemple.

Ces caisses rurales prirent pour modèle le type Raiffeisen, sans le copier entièrement; elles en gardèrent cependant les principes fondamentaux : *limitation du ressort territorial, administration gratuite, fonds de réserve indivisible.*

Il ne sera pas sans intérêt de reproduire les comparaisons que l'écrivain d'économie politique J. Polya a faites relativement aux progrès des caisses rurales du Comitat de Pest de 1889 à 1894, exprimés par rapport à 100 comme base.

	1889	1890	1891	1892	1894
	0/0	0/0	0/0	0/0	0/0
1. Nombre des associés	100	148	176	199	251
2. Valeur des parts sociales	100	173	260	344	495
3. Fonds de réserve	100	171	267	414	836
4. Dépôts d'épargne	100	239	314	527	780
5. Crédit central	100	164	226	319	447
6. Emprunts sur billets	100	175	242	318	406
7. Emprunts par contrats	100	186	319	480	803
8. Bénéfices	100	175	270	354	526

Il est clair que les moyens matériels ont augmenté en proportion beaucoup plus que le nombre des associés. De plus, nous voyons que le crédit procuré n'a pas augmenté autant que le capital social, et que ce sont surtout les dépôts d'épargne qui montrent le plus grand accroissement, ce qui est une preuve que *les caisses rurales encouragent les petites gens à l'économie.*

L'influence des caisses rurales est encore mieux mise en relief, si nous comparons le capital social et le capital emprunté avec la quantité des membres.

De cette manière chaque associé participait au mouvement dans la mesure suivante :

	1889	1890	1891	1892	1894
1. Actions payées . . .	18,71	21,95	27,60	52,32	34,64
2. Fonds de réserve . .	0,69	0,80	1,05	1,44	2,31
5. Capital social	19,40	22,75	28,65	33,76	36,95
4. Dépôts d'épargne . .	11,88	19,22	27,89	31,44	56,91
5. Crédit central	48,50	53,93	62,26	77,69	86,02
6. Capital emprunté . .	60,38	75,15	90,15	109,13	122,93
7. Capital social et emprunté	79,78	95,90	118,80	142,89	159,88

Nous ne connaissons pas assez les conditions dans lesquelles se trouvaient les communes en question avant l'association pour pouvoir en juger, mais nous supposons qu'avant cette époque leur crédit et leur capital disponible n'étaient pas aussi grands, et que ces 160 florins de capital social et emprunté, dans la possession desquels se trouvait en moyenne chaque associé à la fin de 1894, étaient une somme inconnue jusque-là et assez forte pour faciliter à son propriétaire, non seulement l'achat du nécessaire, mais aussi l'amélioration de sa petite propriété.

Par suite de l'extension que prirent les caisses rurales, le capital dont disposait l'association ne fut plus suffisant, et la création d'un organisme central, qui non seulement pourrait satisfaire aux demandes, mais serait en plus appelé à répandre l'idée de l'association par toute la Hongrie, devint indispensable; c'est alors qu'on constitua, en 1894. « l'Institut central de crédit pour les associations nationales coopératives ».

Avec l'aide de cet Institut, le progrès et le développement furent encore plus rapides; la preuve en est que tandis qu'en 1889, il existait 54 caisses rurales avec 9507 membres, en 1897 il y en avait déjà 379 comptant 86 509 associés.

Le nombre des parts sociales s'élevait, en 1889, à 22 366 parts pour une valeur de 631.180 florins; en 1897, à 163 515 parts pour une valeur de 4 441 620 florins. dont 2 461 500 avaient été payés comptant.

En 1889, il y avait :

    439,787 fl.   d'emprunts à l'Institut central.

    105,800 fl.   de dépôts d'épargne.

      6,474 fl.   de fonds de réserve.

     15,242 fl.   de bénéfices.

En 1897, ces sommes s'étaient augmentées au centuple :

    6,554,165 fl.   emprunts à l'Institut central.

    2,278,073 fl.   dépôts d'épargne.

     188,172 fl.   fonds de réserve.

     203,889 fl.   bénéfices.

On voit que le développement était satisfaisant.

Il ne manque pas d'intérêt de faire remarquer qu'en 1895, 96, 97 et 98 le nombre des caisses rurales *enregistrées* surpasse de beaucoup celui d'autres entreprises.

Ainsi en 1895, 423 entreprises de production furent créées parmi lesquelles s[e] trouvaient 225 caisses rurales; en 1896, 128 sur 267; en 1897, 252 sur 361 et dan[s] la première moitié de 1898 nous voyons 160 caisses rurales à côté de 56 autre[s] entreprises.

Une circonstance inattendue fit avancer l'action des associations plus rapidement la population rurale jadis si raisonnable prêta l'oreille aux agitateurs qui la poussèren[t] dans les bras du socialisme agraire. Cet événement fut le réveil non seulement de l[a] société, mais aussi des Pouvoirs publics, et ce fut avec une ardeur redoublée qu'o[n] continua à constituer et à répandre les caisses rurales dans toutes les contrées de l[a] Hongrie.

Le Corps législatif, sous l'impression de cet événement, vota la loi XXIII (1898) concernant les associations de crédit (favorisées par l'État) et par laquelle on constitua un nouvel organisme central[1], qui remplaça celui créé en 1894 dont nous avons fait mention, lequel avait rempli sa tâche d'une manière irréprochable, mais ne pouvait plus suffire faute de moyens.

La nouvelle œuvre marcha rapidement. L'année 1899 vit se fonder 319 caisses rurales nouvelles, et avec 395 des anciennes qui entrèrent dans le nouveau centre, on compta à la fin de l'année 712 caisses avec 135 275 associés, 272 008 parts sociales, représentant 14 540 687 couronnes.

Ces chiffres parlent assez par eux-mêmes. Nous avons d'ailleurs l'espérance que le mouvement coopératif sera aussi chez nous le présage d'une métamorphose sociale et économique.

Les habitudes d'économie et de sage administration se développeront, et par là le nombre des usuriers, qui tiennent encore la plupart de nos ruraux dans leur pouvoir, s'amoindrira peu à peu; on parviendra enfin à acheter des biens-fonds avec l'aide des caisses rurales et à empêcher que ces biens ne tombent dans les mains des usuriers; c'est là le but que les organes directeurs de toutes les caisses rurales devraient s'effor- cer d'atteindre, comme le plus grand bien qu'on puisse faire à notre population des campagnes.

Mais toute action manque d'organisation, tant qu'on n'a pas triomphé des premières difficultés; il en est ainsi en Hongrie; nous avons encore beaucoup à apprendre. Ainsi l'inspection et la surveillance de 712 caisses rurales exigent beaucoup d'efforts et surtout des connaissances des conditions locales.

Une caisse centrale est trop loin des associations qu'elle doit soutenir pour les connaître et n'est pas à leur portée; elle est incapable de satisfaire à la longue à tous les besoins.

Nous avons déjà quelques *unions* de caisses, comme celle du Comitat de Somogy, celle du Comitat de Nyitra, celle des Comitats de la haute Tisza (Felsö tiszai szövetség) s'étendant sur les Comitats Abauj, Bereg, Szabolcs, Ung, Zemplén).

Mais ces réunions ne sont constituées qu'en vue de l'inspection; elles sont chargées par l'Institut central d'inspecter les associations appartenant à leur territoire dans toutes les branches de leur administration.

Si ces mesures peuvent constituer une bonne garantie pour la sûreté du crédit chez les caisses rurales, elles ne sont pas assez efficaces; on devrait exiger des caisses régionales qui prêteraient les fonds nécessaires aux caisses locales, comme nous le voyons dans presque tous les autres pays de l'Europe; nous devrions suivre cet exemple pour couronner l'œuvre que nous avons entreprise!

---

1. Société coopérative centrale de crédit mutuel du royaume de Hongrie instituée par la loi XXIII de l'an 1898.

LE MOUVEMENT COOPÉRATIF AGRICOLE EN FINLANDE

Par M. le Docteur H. GEBHARD

Professeur agrégé de l'Université de Helsingfors, président de la Société pour la propagation
de la coopération dans l'agriculture en Finlande.

En Finlande, comme presque partout ailleurs, l'association chez les agriculteurs a
pris d'abord la forme de Sociétés agricoles, fondées en vue de favoriser l'agriculture
et, avant tout, d'en assurer le développement technique. La première de ces Sociétés,
la Société royale d'agriculture, fut fondée vers la fin du dix-huitième siècle, c'est-
à-dire à l'époque où partout en Europe les gouvernements, ainsi que le public instruit,
prirent intérêt à l'agriculture et aux populations agricoles. Elle a eu une influence
considérable sur le développement de l'agriculture, par exemple en introduisant dans
notre pays la culture des pommes de terre, du lin et du trèfle. A l'exemple de cette
Société plusieurs autres se sont fondées ensuite, mais bornant leur activité à une
seule province. Elles ont souvent donné l'impulsion à de nouvelles entreprises utiles,
réalisé une foule de mesures propres à favoriser l'agriculture et veillé à ses intérêts.
On organise tous les ans des expositions et des concours régionaux, on distribue des
livres, on récompense les cultures en bon état, la mise en valeur de contrées marécageuses, le bétail de premier ordre; on entretient des stations pour le contrôle des
semences et du lait, on paye des professeurs d'agriculture, des jardiniers ambulants,
des forestiers instructeurs, des professeurs pour la culture des betteraves, le labourage
et la laiterie, les arts manuels, l'art textile, etc.

Ces Sociétés agricoles sont entretenues par les cotisations annuelles de personnes
qui s'intéressent à l'agriculture et par des subventions de l'État, qui accorde dans ce
but une somme de 200 000 francs par an.

Dans les derniers temps, se sont formées, soit des sections de ces Sociétés provin-
ciales, soit des Sociétés indépendantes, plus petites, comprenant une ou deux communes et appelées Sociétés de paysans, lesquelles descendent toujours plus bas dans
les rangs de la population chercher leurs membres et leur champ d'activité.

On a pourtant pu constater que partout où le but d'une activité de ce genre est de
développer la technique de l'agriculture, ce sont les grands cultivateurs et les gens
instruits qui s'y associent et que l'œuvre ne progresse que lentement. Pour y associer
les très petits cultivateurs et pour développer ceux-ci effectivement, on doit trouver
des mesures qui s'adressent directement aux intérêts immédiats du paysan. Il faut que
ces petits cultivateurs sentent la possibilité de gagner personnellement et que leur
situation économique profite de l'association. Nulle autre forme d'association ne peut
le leur fournir que cette forme moderne si efficace de la *coopération*.

Le mouvement coopératif parmi les habitants de la campagne en Finlande est de
nature à attirer l'attention. Très faible au début, il est à présent l'objet de l'intérêt
des particuliers et des soins du Gouvernement.

Ce furent les mesures prises en 1899 pour russifier notre pays qui éveillèrent toutes les forces assoupies et les traduisirent en efforts pour faire prospérer notre nation au point de vue économique comme au point de vue intellectuel. C'est l'année qui vit naître aussi le mouvement coopératif en Finlande.

Pourtant, les Finlandais, que les sceptiques et les adversaires du mouvement coopératif jugent incapables de toute activité coopérative, ont depuis des temps immémoriaux créé et entretenu des entreprises coopératives qui leur sont propres, et qui sont aussi spontanées que les fruitières des montagnes de la France et de la Suisse. Le « bateau d'église » est par exemple une manifestation de l'idée coopérative : plusieurs fermes s'associent pour la construction et l'entretien d'un bateau commun où peuvent tenir jusqu'à 40 à 50 personnes qui vont ensemble à l'église — dans ce « pays des mille lacs » l'eau est une des voies de communication les plus ordinaires. La part que paye chaque famille est en proportion avec le nombre des personnes adultes. Une autre manifestation de cette même idée est l'association de plusieurs voisins pour entretenir et employer un filet de pêche ou pour faire la moisson et la fenaison l'un chez l'autre. Toutes ces associations coopératives naturelles disparaissent pourtant peu à peu.

Depuis longtemps, la plupart des laiteries sont organisées comme une espèce de laiterie coopérative ; — l'exportation du beurre finlandais est assez considérable vu la latitude du pays et le petit nombre des habitants (en 1897, 14,5 millions de kilogrammes). Le manque d'une loi coopérative a pourtant fait que la forme coopérative a dû céder sous bien des rapports importants aux exigences des Sociétés par actions. Mais ce qui est pis, il ne s'agit pas seulement de la forme, car très souvent cette forme a ôté à ces entreprises dites coopératives leur caractère essentiellement coopératif. Par-ci par-là ont aussi été organisés des achats communs par des Sociétés agricoles ou par des grands cultivateurs par suite de conventions faites à l'occasion. Mais ces entreprises isolées et ces associations pseudo-coopératives ne sauraient être considérées avoir eu d'autre importance que celle d'avoir donné aux agriculteurs une vague idée du caractère et du but de la vraie coopération. Il n'y a pas eu de notion exacte des avantages que pourraient tirer les cultivateurs d'une application plus générale de la coopération, ni de la solidité qui résulterait pour la classe des agriculteurs d'une coopération organisée. Encore moins a-t-on été en état d'entrevoir le côté éthique de la coopération.

Ces essais primitifs, mais témoignant de la possibilité d'un développement de l'idée de la coopération, caractérisaient l'époque où pour la première fois, en 1896, l'idée de la coopération moderne avec ses résultats, pour ce qui concerne l'agriculture, fut présentée au public dans une série de conférences populaires par le Dr Hannes Gebhard, maître de conférences d'économie rurale de l'Université, dans les cours « University extension », auxquelles assistèrent environ huit cents personnes accourues de toutes les parties du pays. C'est parmi ces auditeurs que l'idée de la coopération rencontra ses premiers amis.

Elle fit un pas vers sa réalisation, lorsque, deux ans plus tard, quelques grands propriétaires, après avoir appris à connaître la coopération agricole à l'étranger, fondèrent, à Helsingfors, la Société coopérative des agriculteurs : « Labor », pour l'achat collectif des matières premières et pour pourvoir aux autres besoins de leur cultivation. Cette association n'a pas eu encore une très forte adhésion, mais elle est destinée à être transformée en une « Société coopérative centrale des agriculteurs », dès que le mouvement coopératif aura gagné plus de terrain.

Le grand public n'apprit à connaître le mouvement coopératif qu'en 1899 où parurent les premiers ouvrages sur la coopération, suivis plus tard de bien d'autres. Ces deux ouvrages furent publiés presque en même temps et ils sont écrits par deux hommes qui, par suite des études qu'ils ont faites sur le continent, voient dans le mouvement coopératif un des phénomènes les plus intéressants de la vie sociale et économique. L'un de ces ouvrages dont l'auteur est M. Axel Granstroem, avocat, traite spécialement la coopération des ouvriers dans les industries, ainsi que la législation coopérative, le tout au point de vue historique. L'autre ouvrage, couronné par la Société d'économie politique de Finlande et comprenant cinq cents pages, et qui a pour auteur le Dr Gebhard, est un exposé systématique de la coopération des agriculteurs, résumant les expériences faites jusqu'à présent (1899) dans différents pays, surtout en France, en Allemagne, en Suisse et en Danemark et fondé, non seulement sur la littérature qu'on trouve en librairie, mais aussi renfermant des matériaux qu'ont fournis les revues coopératives, les discussions des congrès et les comptes rendus des grandes associations coopératives desdits pays. Pour ce qui concerne la question de la coopération agricole en France, c'est aux célèbres ouvrages de MM. le comte de Rocquigny, Durand, Bernard, Rostand, Gide et autres que le livre de M. Gebhard doit son succès. Ces deux livres eurent aussi le mérite de diriger l'attention du gouvernement sur le manque souvent énoncé plus haut d'une loi coopérative. Dans ce but le gouvernement chargea les deux auteurs d'élaborer une proposition de loi avec le concours d'un juriste éminent, le sénateur Serlachius. Ce projet est adopté par les États de la Diète de cette année.

La Finlande étant un pays où les 75 pour 100 de la population sont des agriculteurs, ce fut la coopération dans l'agriculture qui fut l'objet des efforts de ceux qui avaient appris à connaître l'idée de la coopération et son pouvoir magique, et il arriva une chose qui ne s'est peut-être pas vue ailleurs : les premiers apôtres de cette idée nouvelle, qui allèrent la propager parmi les campagnards, ne furent ni les cultivateurs particuliers, ni les Sociétés agricoles ou les professeurs d'agriculture, mais les étudiants. Depuis des dizaines d'années, les étudiants finlandais se vouent avec ardeur à l'instruction du peuple, chacun dans son pays natal. Les attaques que nous portèrent les Russes augmentèrent l'intensité de ce travail et les désastres, qui frappèrent surtout les agriculteurs : le budget militaire menaçant de s'élever considérablement par les exigences de la Russie, une émigration très forte de cultivateurs, la disette de quelques contrées par suite des inondations et des gelées très désastreuses, tout cela montra aux étudiants qu'il ne suffisait pas d'instruction, de théories, mais que le salut du pays dépend à un très haut degré de la solidité et de l'indépendance de la population agricole. On trouva dans la coopération dans l'agriculture un moyen efficace de fortifier la nation intérieurement et de réunir les forces dispersées. Pour se préparer à ce travail de vacances au profit des paysans, les étudiants de toutes les facultés suivirent un cours de coopération organisé exprès et s'en allèrent ensuite exercer leur métier de professeurs de coopération dans l'agriculture.

On ne peut cependant pas attribuer une très grande importance à cette activité des étudiants : ce ne fut que le premier appel, qui se serait bientôt éteint dans nos vastes forêts, si d'autres voix ne l'avaient répété. Les seconds apôtres de l'idée de la coopération furent un certain nombre de jeunes employés agricoles, lesquels, depuis l'été dernier, s'en faisant les champions, enseignent la coopération tout en donnant aux paysans des leçons techniques d'agronomie.

En même temps qu'était exécuté ce travail de réveiller les esprits en province et auquel aidaient des brochures, des articles d'almanachs et la presse périodique locale, les amis de la coopération dans l'agriculture procédèrent à assurer au mouvement ainsi réveillé un appui solide et durable. Ils réussirent à intéresser pour leur idée une foule de personnes et fondèrent, en été 1899, une Société pour propager la coopération dans l'agriculture, la Société Pellervo[1], dont le président est le docteur Gebhard et dont le Comité central compte parmi ses membres le docteur Grotenfelt, professeur à l'École des Hautes Études agricoles et l'éminent juriste le baron Wrede, professeur de l'Université. Cette Société se propose une haute mission dans un domaine inculte. Elle a pris pour tâche : 1° de propager l'idée de la coopération et d'aider l'organisation des Sociétés locales; 2° dans l'attente d'une loi coopérative, d'organiser des Sociétés d'agriculture d'après le modèle des syndicats agricoles français dans toutes les communes, s'il est possible, afin de faire l'éducation des paysans sous ce rapport; 3° d'aider, autant que le permettent les lois valables, à la fondation d'associations coopératives libres (achat et vente en commun sans responsabilité, syndicats d'élevage, Sociétés coopératives de battage, etc.); 4° d'arrêter, sur la base des expériences qu'ont fournies les laiteries « coopératives » dans différents endroits du pays, le plan d'un développement rationnel de ces associations si importantes à l'agriculteur finlandais; 5° de préparer la question jusqu'à présent ignorée des associations coopératives de crédit agricole, dont l'absence dans un pays aussi pauvre en capitaux que la Finlande est un grand obstacle même pour l'organisation des achats et des ventes.

Afin de pouvoir accomplir cette mission, la Société vient d'ouvrir à Helsingfors un bureau qui servira d'union entre les différentes Sociétés et d'intermédiaire entre elles et le monde des affaires. Cet office est en même temps un bureau de statistiques et de renseignements pour des offres et demandes, etc., et il fournit à la province des instructeurs, lesquels doivent expliquer le système, provoquer et aider l'organisation des Sociétés locales, leur enseigner l'application des méthodes coopératives, etc. Déjà, avant que ces fonctionnaires eussent commencé leurs voyages, ce fut le nouveau secrétaire de Pellervo qui alla assister aux concours régionaux et aux fêtes populaires pour propager la nouvelle idée au moyen de discours et de conférences. Un agent très efficace pour la répandre est la revue mensuelle que publie la Société et qui est destinée surtout à s'adresser aux paysans. Cette publication s'occupe d'abord du développement du mouvement coopératif, mais les questions de la technique de l'agriculture y ont aussi leur place. Le numéro spécimen parut dans une édition de 100 000 exemplaires, distribués gratuitement parmi la population agricole. Le succès inespéré qu'a eu cette revue doit être attribué au prix modéré et au contenu, qui se trouvent être à la portée des petits agriculteurs, mais le succès de la revue est aussi une preuve qu'elle répond aux besoins des agriculteurs, que ceux-ci sont en état d'apprécier l'idée de la coopération. Quoique six mois se soient à peine écoulés depuis l'apparition du premier numéro, les abonnés de la revue sont déjà au nombre de 28 000, chiffre qui dépasse le nombre total des abonnés de toutes les autres revues agricoles du pays.

La Société a encore publié, ou publiera sous peu, d'autres revues traitant des questions coopératives, des règlements modèles, des manuels, des brochures, etc. Parmi ceux-ci nous mentionnerons des manuels de syndicats d'élevage, de laiteries coopératives, de Sociétés agricoles communales, ainsi qu'un manuel de la nouvelle loi coopérative, laquelle vient d'être adoptée par la Diète.

---

1. Le nom de Pellervo est pris dans la célèbre épopée nationale finlandaise, Kalevala, où il est raconté comment le jeune Pellervo semait les plantes dans la terre inculte. Le nouveau Pellervo veut aussi semer ce qui est à présent le plus nécessaire à la Finlande : la semence du savoir et du travail en commun.

Ces entreprises sont les organes permanents par lesquels la Société travaille pour son but. L'on pourrait en ajouter d'autres, isolées, mais d'une grande importance pour le mouvement coopératif : d'abord, les cours de coopération dans l'agriculture organisés au mois de janvier dans la capitale afin d'inspirer aux citoyens qui s'y intéressent l'enthousiasme pour cette grande cause, et d'acquérir pour ainsi dire des sous-chefs, qui s'y entendent et qui iraient combattre pour elle à la campagne. A ces cours étaient invités les employés des anciennes Sociétés agricoles, les professeurs des instituts d'agriculture, dont le concours serait naturellement très désirable, ainsi que celui des agriculteurs en général. Parmi les 600 auditeurs, on remarquait non seulement des grands et des petits cultivateurs, des professeurs d'agriculture et des employés de Sociétés agricoles, dont plusieurs avaient muni leurs employés de bourses, mais aussi des hommes appartenant au travail du domaine purement intellectuel, des agrégés de l'Université, des instituteurs d'école primaire, des pasteurs et un grand nombre d'étudiants, lesquels ont l'intention de continuer leur activité de propagande dans leur pays natal. Les matières des conférences, qui étaient suivies de discussions animées, étaient : la petite agriculture et la coopération; l'organisation de l'achat collectif des matières premières; l'organisation de syndicats d'élevage; les Sociétés de paysans et leur mission; l'organisation rationnelle des laiteries coopératives.

Nous mentionnerons un fait qui est probablement unique pour le mouvement coopératif de Finlande et qui caractérise les manifestations du sentiment patriotique, plus ardent sous le poids des événements politiques d'aujourd'hui que jamais auparavant: deux des plus éminents poètes de notre pays contribuèrent par deux poèmes à l'impression d'enthousiasme solennelle; ces deux poèmes ont pour titre : l'un « la main à la main » et l'autre « le chant du coopérateur ».

Pour la réalisation des buts spéciaux énoncés sous les points 4 et 5 du programme de la Société, on a aussi pris des mesures importantes. En vue d'examiner les formes qu'ont adoptées les laiteries pseudo-coopératives et pour pouvoir établir sur la base des expériences faites jusqu'à présent et à l'aide de la nouvelle loi coopérative le plan de laiteries coopératives rationnelles, la « Société Pellervo » a choisi un comité de spécialistes. Une autre mesure pour favoriser le mouvement coopératif a consisté à préparer l'organisation d'une caisse centrale des associations rurales. La « Société Pellervo » choisit un autre comité d'experts qui préparèrent le plan de cette institution et élaborèrent une pétition à la Diète, où est demandée la subvention de l'État pour la future caisse centrale. La Diète a adopté cette pétition et il est à espérer que la Société pourra procéder bientôt à l'organisation de cette institution si importante pour le mouvement coopératif.

On se demande avec raison comment il sera possible à cette Société de réaliser financièrement toutes ces entreprises, n'étant pas issue naturellement de Sociétés locales existantes, comme l'Union centrale des syndicats des agriculteurs de France, mais commençant son activité comme un général sans armée.

Deux forces ont procuré comme par magie les premières sommes nécessaires : chez les chefs, leur foi à l'idée coopérative, et chez le public, le dévouement généreux pour le peuple. Ces deux forces s'appuyèrent l'une l'autre. Plusieurs des personnes auxquelles s'adressaient ceux qui avaient pris l'initiative de l'entreprise se cotisèrent pour 500, 1000, 2000 francs et les cotisations plus modestes furent très nombreuses. Le capital créé volontairement n'eût pourtant pas suffi à la réalisation du vaste programme que s'était proposé la Société. On s'adressa au Gouvernement pour une subvention en faisant voir l'importance de la coopération pour les populations agricoles et la nécessité de soutenir matériellement le mouvement, qui ne saurait faire de progrès sans une forte agitation, parce que le peuple ignorait encore les avantages économiques de la coopération, ainsi que l'idée elle-même. Le Gouvernement, sentant l'importance du projet, accorda la subvention sollicitée, 20 000 francs par an durant cinq ans. Cette subvention a permis à la nouvelle Société de propagande de commencer son activité avec énergie. Cette somme paraît être plus élevée que celle accordée par ancun autre gouvernement pour un but de pure agitation et elle doit être évaluée très haut vu les modestes conditions économiques de la Finlande.

On se demande s'il est possible qu'un tel mouvement organisé des classes supérieures puisse prendre racine. Le résultat obtenu par la Société d'organisation d'Irlande (The Irish Agricultural Organisation Society) montre que cela peut arriver. Selon le dernier compte rendu de la Société irlandaise, il s'y est développé un puissant mouvement coopératif rural, suite d'une agitation. En Finlande, la manière dont la population rurale a répondu à l'agitation inspire aussi les meilleures espérances. Il est difficile d'énoncer encore des chiffrès. Il n'y a que neuf mois que se fit le début, et la Société a employé une grande partie de ce temps à sa propre organisation intérieure, tout en exerçant aussi une activité intense extérieure. Comme il n'y a pas encore de loi coopérative, on a cru mieux faire de concentrer tous les efforts sur l'organisation d'associations locales de petits fermiers, afin d'établir pour ainsi dire une école pour les futurs coopérateurs. L'idée, grâce à la propagande, a déjà pris corps. Il ne se donne pas de fête champêtre ou de concours régional sans qu'une conférence ait pour sujet la coopération, que l'on discute ensuite tant bien que mal; la presse et le grand public montrent leurs sympathies pour le mouvement coopératif — bien que ses adversaires, comme c'est le cas dans les autres pays, fassent valoir aussi leurs arguments; on réclame de toutes parts les instructeurs de la Société; son office est surchargé de travail; les agriculteurs s'associent de plus en plus pour l'achat et la vente collectifs — il y a déjà plusieurs sociétés communales, qui ne comptent que 50 membres mais qui ont acheté de 20 000 et 50 000 francs par an de matières premières pour besoins d'agriculture; une foule de manifestations de l'esprit coopératif se font jour, déterminées par les conditions locales : associations coopératives pour l'extraction et la préparation de la tourbe; pour l'utilisation en commun de machines agricoles, de taureaux, d'étalons; pour vente de forêts, où nous avons particulièrement à noter une association coopérative, peut-être unique dans tout le monde (les paysans dans quelques communes, qui sont riches en forêts, vendront cet été en commun aux enchères un demi-million d'arbres); partout sont formées des associations locales de petits fermiers — les neuf mois d'activité de la Société ont vu naître environ cent cinquante de ces associations; — chaque jour amène des centaines d'abonnés à la revue de la Société et, avec eux, autant de partisans de l'idée coopérative. Pour finir, le grand public salue dans la loi coopérative, adoptée par la Diète, une loi des plus importantes.

Dans peu d'années, le mouvement coopératif rural se montrera en Finlande comme une source de forces régénératrices pour la nation.

Helsingfors, mai 1900.

LES CAISSES D'ASSISTANCE DE DISTRICT EN BOSNIE-HERZÉGOVINE

Par M. Victor C. HUBER

Directeur des stations agricoles au bureau agronomique du Gouvernement à Sarajevo.

Après la pacification accomplie de la Bosnie et de l'Herzégovine, l'administration a dû songer d'abord à redresser les abus qui avaient occasionné l'état arriéré du pays au point de vue économique, particulièrement agricole, à organiser la juridiction, à régler la propriété et à ouvrir des communications dans le but de faciliter un commerce plus animé avec les pays civilisés voisins. Cela fait, l'administration s'est occupée de prendre des mesures spéciales, ayant pour but la réorganisation de l'exploitation agricole, quoique les obstacles qui se présentaient et qui se présentent encore à des tentatives pareilles fussent assez considérables.

L'un des premiers obstacles que l'administration a dû combattre est la ténacité avec laquelle la population du pays tient à ses habitudes routinières, jointe à un sentiment de méfiance, avec lequel la population accueillit toute tentative d'innovation et de réforme. C'est précisément cette disposition de l'esprit, innée au peuple, qui réclamait des mesures de précaution tout à fait particulières dans l'exécution des réformes respectives.

Pour caractériser la situation en face de laquelle se trouvait placée l'administration lorsqu'elle aborda ce problème hérissé de difficultés, nous citerons quelques mots tirés de la brochure : *Les caisses districtuales d'assistance en Bosnie-Herzégovine*[1].

« Les difficultés à vaincre sont très variées. Il faut soigner ce qui existe de fait et
« les innovations doivent d'un côté s'accommoder à des institutions historiques, de
« l'autre côté elles doivent, autant que possible, tenir compte de certains préjugés
« de la population.

« C'est comme si un vieux bâtiment devait être réparé dans ses parties endom-
« magées et défectueuses et reconstruit dans ses parties tombées en ruine et déla-
« brées, cependant sans que des démolitions étendues fussent permises et sans que le
« bâtiment cessât de servir aux usages de coutume. En même temps il fallait utiliser
« l'aire et le terrain d'après les principes de l'architecture moderne en tenant compte
« des ressources modiques dont on disposait. »

La modicité des ressources, conséquence de l'économie primitive prépondérant dans ces pays, présentait un obstacle d'autant plus grave qu'on devait renoncer, du premier abord, à la coopération des agriculteurs indigènes dans l'œuvre de réorganisation de l'exploitation agricole.

Le peu de fonds dont dispose le petit agriculteur n'était pas le seul obstacle que toute tentative de réforme avait à vaincre. L'agriculteur était menacé de s'endetter

---

1. *Die Bezirk unterstutzungsfonde in Bosnien und der Herzegovina*, par Edouard de Horowitz, Vienne, librairie Frick, 1892.

en introduisant des réformes agricoles. L'administration dut donc s'occuper d'abord du problème de trouver ou de créer une base solide pour toutes les réformes projetées.

Les conditions nouvelles de la vie dans ces provinces, qui commençaient à régner sous le nouveau gouvernement, ont obligé aussi l'agriculteur à dépenser de l'argent comptant dans une mesure bien plus étendue qu'auparavant.

L'agriculteur éprouvait le besoin de disposer d'argent comptant pour subvenir à des besoins personnels, pour faire face aux exigences augmentées que réclamait l'exploitation agricole devenant de plus en plus étendue à la suite du commerce plus développé et des débouchés plus fréquents, ainsi que pour pouvoir payer en espèces le dixième qui remplaçait l'ancien dixième perçu en nature.

Comme le paysan bosniaque était, depuis des temps immémoriaux, habitué à emprunter, dans le cas d'un besoin, les sommes requises à quelque commerçant du voisinage, auquel cas il devenait assez souvent la proie de l'avidité usurière du prêteur, il fallait s'attendre à ce que, le cas échéant, il s'adresserait, dans ses besoins actuellement plus pressants, aussi à des usuriers marchands. Du reste il n'y avait pas de choix pour lui.

L'état du crédit foncier et mobilier tel qu'il existait à la campagne n'était pas assez prospère pour permettre d'en remettre le règlement à l'action incessante du développement progressif du niveau économique et agricole dans le pays, ainsi qu'au nivellement de la propriété qui en résulterait.

Comme la vie économique de la Bosnie-Herzégovine, qui jusqu'alors s'était écoulée dans un état de stagnation, se vit placée par l'administration actuelle du pays en face de conditions de développement tout à fait autres, la population agricole qui ne pouvait s'accommoder que petit à petit de la nouvelle situation où elle se trouvait placée, courait risque d'être en proie aux usuriers.

Comme il n'y avait pas dans le pays d'institut de crédit auquel pût recourir le paysan, on devait s'attendre à ce que l'usurier exploitant le besoin plus pressant de fonds qu'éprouverait le paysan l'aurait entraîné d'autant plus à faire des emprunts inconsidérés que l'administration de la justice elle-même présentait désormais bien plus de garanties sérieuses du recouvrement des fonds avancés. Avant de songer à combattre l'usure par la législation, il fallait songer à l'éliminer en ouvrant au paysan des sources de crédit peu dispendieux et facilement accessibles.

C'est ici que l'administration dut intervenir pour diminuer le danger dont le paysan était menacé. Il fallait mûrement réfléchir comment aborder le problème.

On aurait pu essayer de régler la question par des mesures législatives, mais les grandes difficultés techniques qu'on aurait rencontrées, ou l'état économique du paysan bosniaque, rendaient problématique le succès de pareilles mesures; car d'un côté l'agriculteur n'aurait pu éviter de recourir au besoin à l'usurier, puisqu'il n'y avait pas d'autre source à laquelle il eût pu puiser des capitaux nécessaires, de l'autre côté le commerçant n'aurait pas manqué de braver la loi et d'exploiter d'une manière usurière la situation économique de l'agriculteur. La plupart de ces prêts agricoles étant conclus oralement sans qu'il y ait de stipulation écrite, on n'aurait pu s'en prendre à l'usurier que dans des cas exceptionnels.

Au lieu de recourir à des mesures législatives, on résolut donc de combattre l'exploitation usurière des agriculteurs par la création de fonds facilement accessibles et peu coûteux.

On dut s'y prendre avec d'autant plus de précaution que les expériences faites en Herzégovine à propos de l'action destinée à porter secours aux districts nécessiteux peu de temps après l'occupation du pays ont prouvé que la population accueillait avec une certaine méfiance toutes les actions entreprises dans ce but de soulagement.

Comme les caisses d'assistance, dites fonds districtuaux d'assistance (Bezirksunterstützungsfonde), devaient, en leur qualité de fonds facilement accessibles et peu coûteux pour l'agriculteur, être instituées de sorte à s'alimenter par les versements de l'administration et par ceux de la population elle-même, il fallait attendre qu'une occasion se présentât, qui éveillât l'intérêt des parties intéressées pour les versements qu'on leur demanderait.

Cette occasion ne tarda pas à se présenter à la suite de la détresse qui se produisit en 1886 dans le district de Gatzko par suite de la mauvaise récolte de cette année.

Déjà l'administration ottomane s'était vue forcée à plusieurs reprises d'intervenir par la distribution d'aliments en nature, dans des cas de pauvres récoltes, sur le territoire des districts pourvus de peu de terrains arables.

Ces distributions d'aliments en nature faites aux habitants des districts nécessiteux et qui étaient remboursées par la coopération à des travaux de routes et de constructions, furent continuées dans quelques cas par l'administration actuelle du pays. On accorda aussi des secours en argent, sous forme de prêts, provenant des ressources du pays.

Mais comme on avait fait l'observation que cette espèce de secours donnés à la population agricole tendait à augmenter son insouciance, on employa, dans le cas mentionné plus haut, le nouveau système pour la première fois au district de Gatzko.

Ce district avait déjà reçu à plusieurs reprises de la part de l'administration des prêts en argent. Lorsqu'il réclama de nouveau, en 1886, le secours de l'État pour adoucir la misère et la détresse qui y régnaient, l'administration proposa de concéder les sommes affectées jusqu'alors à combattre la détresse dans le district, savoir : 10 000 couronnes, mais comme capital foncier d'une caisse des emprunts d'assistance, et il s'engagea à verser encore 2000 couronnes pendant cinq années consécutives si la population du district s'obligeait à contribuer, pour sa part, à ce fonds pour la même somme de 2000 couronnes par an; le fonds s'élèverait ainsi après cinq années révolues à 30 000 couronnes.

Les maires de tout le district acceptèrent à l'unisson cette proposition. Puis, l'administration ayant décidé de doter la caisse des emprunts par un versement unique de toute la somme stipulée de 10 000 couronnes, au lieu de la répartir en cinq années consécutives, la population y contribua, par voie de taxation volontaire, par le versement de 1000 tovars (à 128 kilogrammes) d'orge, de sorte que dès la même année 1886, le fonds put être constitué avec le montant complet de 30 000 couronnes.

Un statut qui, à peu d'exceptions près, correspond à celui prescrit pour tous les fonds districtuaux d'assistance, fut donné au fonds d'assistance districtual de Gatzko.

Les dispositions fondamentales du statut qui resteront aussi en vigueur à l'avenir sont les suivantes :

Les fonds districtuaux d'assistance sont destinés à servir comme :

a) Caisses d'emprunt pour la population intéressée;

b) Caisses de secours et d'assistance en cas de détresse;

c) Caisses pour des mesures d'utilité publique.

Le but mentionné sous *a)* est essentiel à ces caisses qui doivent répondre autant que possible aux besoins réguliers de la population en argent comptant. Sous ce rapport, les fonds districtuaux d'assistance servent :

1° A soulager les habitants nécessiteux;

2° A servir les intérêts agricoles des habitants du district, notamment par des

emprunts peu coûteux et remboursables à bref délai. L'assistance gratuite des pauvres n'entre pas dans le ressort des fonds districtuaux d'assistance qui n'accordent que des prêts, savoir des prêts à intérêts et contre cautionnement ou autre garantie. Ces fonds ne sont donc pas des fonds de charité.

Le fonds est tenu à donner des secours en cas d'accidents d'étendue considérable qui se produisent à la suite de catastrophes dues aux éléments.

En vue du double but des prêts fournis, on les subdivise en deux catégories :

Les prêts de la première catégorie (catégorie A) sont destinés à mettre en œuvre la destination principale du fonds, c'est-à-dire ils doivent secourir un domaine tombé en état de détresse, au point de lui permettre de fonctionner à l'avenir.

Les prêts de la catégorie B sont destinés à instruire et à améliorer le domaine en état d'exploitation régulière.

Les prêts de la catégorie A répondent donc aux besoins absolument nécessaires, tandis que ceux de la catégorie B sont destinés à augmenter les dépenses utiles.

Conséquemment sont accordés les prêts de la catégorie A :

1° Pour l'entretien de la vie ;

2° Pour l'extinction de dettes usuraires ;

3° Pour procurer des semailles et du fourrage ;

4° Pour procurer le bétail de travail nécessaire s'il fait défaut ;

5° Pour procurer les instruments d'agriculture absolument nécessaires s'ils font défaut.

Les prêts de la catégorie B sont donnés : pour venir en aide à tous les autres besoins, notamment pour procurer de meilleurs ustensiles, augmenter les bêtes de travail, améliorer le sol, agrandir les constructions, pour achat des terres, etc.

Conformément au caractère des deux catégories de prêts, les prêts de la catégorie A destinés aux besoins absolument nécessaires ont la priorité sur les prêts de la catégorie B, servant à des desseins de pure utilité.

La priorité des prêts de la catégorie A sur ceux de la catégorie B apparaît en ce que les statuts de chaque fonds énoncent que :

1° Tant que le fonds n'aura pas atteint le montant prescrit par les statuts, ne pourront être faits que les prêts de la catégorie A ;

2° Après le remboursement total des fonds capitaux, les prêts de la catégorie B ne pourront être faits qu'au fur et à mesure du reste du capital disponible après que les solliciteurs de prêts de la catégorie A auront été satisfaits ;

3° Que les prêts de la catégorie A seront placés à 4 pour 100, ceux de la catégorie B à 6 pour 100.

En dehors de chaque fonds d'assistance districtual, on doit former, avec le revenu des intérêts du même fonds, un fonds de réserve qui sera traité séparément comme caisse d'assistance pour des cas de détresse extraordinaire.

Les prêts provenant du fonds de réserve ne pourront être que des prêts de la catégorie A, à 4 pour 100.

Lorsque le fonds des réserves aura atteint le montant prescrit par le statut, on pourra affecter un tiers des intérêts annuels du fonds à des desseins d'utilité commune du district, tels que charité publique, écoles ou autres.

Les fonds ont été formés des deniers publics en concurrence avec des deniers des particuliers, savoir :

1° Par des versements provenant du Trésor public ;

2° Par des versements provenant des caisses d'assistance dans le pays sous le nom de « menafii-sandouk[1] » et qui datent encore des temps turcs ;

---

1. « Menafii » pluriel du mot arabe « manfa' at », signifiant utilité ; sandouk, caisse.

3º Par les contributions de toute la population du district respectif sous la forme d'une augmentation percentuelle du dixième ou sous celle d'une taxe particulière perçue une seule fois;

4º Par des contributions volontaires des particuliers;

5º Par la capitalisation des intérêts annuels.

Les versements provenant des deniers publics consistent dans le versement primitif formant le capital du fonds, et dans les versements réguliers périodiques y affectés par le Trésor public jusqu'à la concurrence du montant complet du fonds, au fur et à mesure des contributions fournies par la population.

Les contributions volontaires de la part de la population sont fournies, soit par une surtaxe levée pendant plusieurs années consécutives sur le dixième, soit par une surtaxe sur le dixième levée une seule fois. Le dixième, constituant la mesure directe de la production réelle de chaque agriculteur du district, fournit en même temps une cotisation tout à fait juste et appropriée à la faculté de chaque paysan, en particulier de chaque domaine.

Les intérêts du capital des fonds districtuaux d'assistance sont employés :

a) A former un fonds de réserve à un montant fixé;

b) Après la formation du fonds de réserve au capital complet, à compléter le fonds districtual d'assistance au niveau préliminaire;

c) Après que ces deux fonds auront été portés à la hauteur préliminée, à subvenir pour un tiers à des besoins d'utilité publique et pour deux tiers à l'augmentation progressive des capitaux du fonds.

Les intérêts du fonds de réserve seront affectés : en premier lieu au maintien des capitaux du fonds de réserve à la hauteur complète, et ensuite à l'augmentation du fonds capital.

L'administration des fonds est confiée aux autorités districtuales, pour la partie manipulative aux bureaux des impôts.

Un comité formé sous la présidence du sous-préfet, des membres du conseil districtual d'administration (medjlissé districtual) et d'un certain nombre choisi des représentants de la population, élus annuellement proportionnellement à la répartition des confessions dans le district et confirmés par le sous-préfet, est chargé de l'administration financière du fonds.

L'autorité districtuale choisit quelques membres du Comité comme « conseil des fonds » régulier.

Les prêts réclamés au fonds ne sont consentis — régulièrement — que pour des termes brefs (huit mois) et contre garantie. La garantie est fournie soit par une caution solidaire digne de confiance, soit par hypothèque.

En cas de détresse générale et d'un besoin pressant prouvé, on peut consentir, sur le fonds de réserve, des prêts sans garantie jusqu'au montant de quarante couronnes.

Les prêts peuvent être fournis en espèces ou en nature (semailles, blé, fourrage, etc.).

L'institution des fonds d'assistance districtuaux inaugurée en 1886 par la fondation du fonds à Gatzko dont nous venons de donner une petite esquisse, a été introduite dans le courant de onze ans, c'est-à-dire jusqu'en 1896, dans tous les districts du pays, de sorte que depuis la fondation du fonds de Gatzko en 1886 on en a fondé dans les cinquante autres districts du pays.

Pour le développement des fonds, voir le tableau suivant :

ÉTAT DE FORTUNE EN COURONNES V. A.			
AU 31 DÉCEMBRE DE L'ANNÉE	DES FONDS DISTRICTUAUX D'ASSISTANCE	DES FONDS DE RÉSERVE	TOTAL DES FONDS DISTRICTUAUX D'ASSISTANCE ET DES FONDS DE RÉSERVE
1886.	30,000	»	30,000
1887.	45,636	»	45,636
1888.	101,214	»	101,214
1889.	261,926	»	261,926
1890.	461,878	44,892	506,770
1891.	710,450	56,478	766,928
1892.	935,308	74,888	1,009,196
1893.	1,360,722	102,644	1,463,366
1894.	1,631,614	130,818	1,762,432
1895.	1,914,608	158,120	2,072,728
1896.	2,266,948	180,672	2,442,620
1897.	2,421,136	194,286	2,615,422
1898.	2,586,522	219,674	2,805,996
1899.	2,676,800	227,600	2,904,400

Après la fondation de la banque territoriale de la Bosnie-Herzégovine à Sarajevo, en 1896, tous les capitaux de tous les fonds d'assistance districtuaux et de tous les fonds des réserves furent placés à cette banque, qui leur accorde en retour un crédit jusqu'au montant des capitaux placés. Les fonds d'assistance districtuaux disposent donc d'un montant total de 5 808 800 couronnes v. a.

On ne saurait pas trop apprécier le rôle de ces fonds dans l'action de l'encouragement donné à l'agriculture.

Nous avons déjà mentionné que les prêts provenant des fonds districtuaux d'assistance sont fournis soit en espèces, soit en nature.

Cette dernière catégorie de prêts fournis par les autorités districtuales sous forme de semailles ou de blé peut être regardée comme l'un des agents les plus expéditifs de l'amélioration de l'économie agricole en général.

On a fait à plusieurs reprises l'observation que les prêts en espèces fournis par les fonds districtuaux d'assistance pour l'achat des semailles ou du blé n'ont pas été employés conformément à leur destination spécifique, mais qu'ils ont servi à l'acquittement de dettes ou à des usages tout à fait étrangers à leur destination, et que par conséquent les emprunteurs ont été obligés de nouveau à se procurer, comme dans le temps jadis, et à des conditions onéreuses, les semailles et le blé chez l'usurier en blé.

Pour remédier à ces abus, on chargea d'abord quelques autorités districtuales de rechercher si l'on pourrait remplacer les prêts en espèces affectés à l'achat des semailles ou à celui du blé par la distribution directe des quantités de blé nécessaires aux emprunteurs qui s'adresseraient dans cette vue aux fonds districtuaux d'assistance.

De la sorte on était en état de fournir à meilleur marché à la population nécessiteuse non seulement des blés de bonne qualité, bien épurés et propres à la germination, mais de choisir le marché, sans être obligé à acheter, comme le paysan, sur place.

Le premier essai entrepris sous ce rapport dans treize districts a fourni deux cent quinze wagons à 100 quintaux métriques, pour la plupart semences ou blés, et qui furent distribués parmi les emprunteurs qui avaient sollicité des prêts.

Cette distribution de prêts en nature eut pour résultat que, dans l'époque des semailles suivante, la culture du blé fut dans les districts respectifs considérablement augmentée, ce qui prouve que toutes les quantités distribuées de blé ont été employées conformément à leur destination. La qualité des produits de la récolte suivante étant de beaucoup supérieure à la qualité moyenne ordinairement obtenue dans les districts respectifs, le prêt en nature a donc fourni des preuves suffisantes de sa raison d'être.

Encouragée par le succès obtenu qui prouvait que par la distribution du blé en nature on pouvait en effet remédier aux inconvénients résultant des prêts en espèces et qu'on avait dans la distribution d'une qualité supérieure de blé et de semences un moyen efficace d'améliorer sans aucun sacrifice la qualité du blé produit dans le pays et de provoquer le changement des semences si nécessaire, l'administration résolut de ne plus fournir en espèces les prêts réclamés pour semences et aliments, mais de les remplacer par des prêts en nature.

Le procédé à suivre dans des circonstances semblables, qui pourrait au premier abord paraître compliqué, vu le grand nombre de parties et les quantités considérables dont il s'agit, ne présente pas de difficultés sérieuses.

Pour fixer la quantité de blé destinée aux semailles ou à l'alimentation, les autorités districtuales sont tenues de faire en même temps la consignation des parties qui auront besoin de prêts pour les usages indiqués, de désigner exactement les quantités et qualités des blés requis et d'assurer la prise de ce blé par les parties intéressées à des prix établis d'avance, de sorte que les parties intéressées ne pourront en refuser l'acceptation aux prix convenus et que les fonds districtuaux d'assistance n'auront pas à craindre d'éprouver des pertes par le manque de débouchés. Pour assurer les livraisons, on invite les grands propriétaires fonciers du voisinage, les maisons de commerce solides du pays et les grands commerçants en blé de la monarchie à faire des offres et à envoyer des échantillons de leurs blés.

Les offres reçues par les autorités districtuales sont examinées par le Comité des fonds et par les délégués des solliciteurs des prêts, et sont soumises à la connaissance du bureau agronomique du Gouvernement.

Pour pouvoir distribuer à temps, malgré tous les incidents, les semences parmi la population, les propositions du Comité doivent être accompagnées d'échantillons et soumises audit bureau du Gouvernement au plus tard le 20 janvier pour le blé d'été, le 20 mai pour le maïs et à la fin du mois d'août pour les grains d'automne.

Dans des cas exceptionnels et d'un besoin pressant, savoir quand l'achat immédiat du blé s'impose impérieusement à la suite d'un accident ou d'un besoin pressant imprévu, particulièrement dans le but d'une plantation immédiate, les autorités districtuales sont autorisées à acheter les quantités de blé requises sur la base de l'avis du Comité des fonds et des délégués sans envoi préalable au Gouvernement des échantillons et des offres.

Cependant elles sont tenues de prélever sur l'achat du blé et d'envoyer en son temps au bureau agronomique des échantillons du blé acheté.

On ne peut acheter que du blé tout à fait épuré et de qualité irréprochable : les offres qui seront munies d'échantillons pauvres seront refusées au premier abord. Quand il s'agira de semences, les échantillons ainsi que le blé livré seront examinés sur leur germinabilité.

La livraison du blé est stipulée par les autorités districtuales auprès des fournisseurs conformément aux besoins, dans des quantités proportionnelles, de sorte que la distribution peut s'opérer sans qu'on soit obligé d'emmagasiner le blé. On aura donc soin que le transport en chemin de fer ne se fasse à la fois que dans des quantités susceptibles d'être distribuées aux parties intéressées directement du wagon.

La prise de possession du blé s'opérera par l'intervention d'un employé de l'autorité districtuale en qualité de délégué du fonds districtual d'assistance et de délégués choisis parmi les solliciteurs des emprunts.

Le blé sera livré aux parties intéressées dans des quantités réclamées par les solliciteurs. Les reconnaissances portant la somme en espèces, correspondant à la quantité de blé livrée et munies, outre la signature du débiteur, de la signature de la caution seront traitées de la même manière que les prêts en espèces.

On voit, par l'esquisse précédente de la manipulation, que le procédé est extrêmement simple, mais qu'il exige de la part des employés de l'administration bien des sacrifices personnels, qui du reste sont faits de bon cœur vu l'importance des mesures indiquées pour le bien-être de la population agricole et le progrès de l'agriculture dans le pays.

L'avantage de ces mesures consiste d'un côté en ce que tous les prêts destinés à être employés dans l'agriculture y sont effectivement employés, et de l'autre, que vu le grand nombre de prêts consentis annuellement dans tous les districts du pays de la part des fonds districtuaux d'assistance, ces prêts en nature opèrent, par l'emploi seul des blés de semence de qualité supérieure, une régénération étendue et générale de la production indigène de blé, qui n'avait jamais été améliorée auparavant. Ce succès est obtenu d'une manière sûre et durable sans que les finances du pays en soient affectées; de la sorte l'appréciation de la valeur d'un produit plus pur et meilleur pénètre très vite dans la masse des agriculteurs indigènes.

DEUXIÈME SECTION

ENSEIGNEMENT AGRICOLE

BUREAU

Président . . . M. Gomot, sénateur, ancien Ministre de l'Agriculture,

Vice-présidents . M. Cartuyvels van der Linden, inspecteur général de l'agriculture (*Belgique*)
M. le comte Léopold Kolowrat, propriétaire-agriculteur (*Autriche*).
M. le Dr Morgenthaler, directeur de l'École agricole Strickkof (*Suisse*).
M. B. C. Cincinnato da Costa, professeur à l'Institut agronomique de Lisbonne (*Portugal*).
M. José C. Segura, directeur de l'École d'agriculture de Mexico (*Mexique*).
M. Chauveau, membre de l'Institut et de la Société nationale d'agriculture (*France.*)
M. Risler, membre de la Société nationale d'agriculture, directeur de l'Institut national agronomique (*France*).
M. H. Grosjean, inspecteur général de l'agriculture (*France*).
M. E. Schribaux, membre de la Société nationale d'agriculture, professeur à l'Institut national agronomique (*France*).

Secrétaires. . . M. Berge (René), ingénieur civil des mines, adjoint au secrétariat général du Congrès international d'agriculture en 1889 (*France*).
M. Bussard, chef des travaux à la Station d'essais de semences (*France*).
M. Coupan, répétiteur à l'Institut national agronomique (*France*).
M. Enrique H. Garibay, secrétaire au Ministère de Fomento (*Mexique*).

Première séance. — Dimanche 1er juillet, à 5 heures.

M. Gomot, président du Comité de la Section, invite celle-ci à constituer son bureau définitif. — Sont élus :

Président : M. Gomot.

Vice-présidents : MM. Cartuyvels van der Linden, le comte Kolowrat, le Dr Morgenthaler, J.-B. Cincinnato de Costa, José C. Segura, pour l'étranger; — et MM. Chauveau, Risler, Grosjean et Schribaux, pour la France.

Secrétaires : MM. René Berge, Bussard, Coupan et Garibay.

M. le Président fait connaître que la prochaine séance aura lieu le lendemain matin, et que, dans la discussion, on suivra l'ordre du programme.

La séance est levée à 5 heures et demie.

Séance du 2 juillet 1900 (matin).

La séance est ouverte à 9 heures, sous la présidence de M. Gomot, président.

M. Wéry, après avoir résumé son rapport sur « l'Enseignement général de l'Agriculture[1] », propose à l'Assemblée d'émettre les vœux suivants :

N° I. — Les établissements d'enseignement supérieur de l'agriculture doivent nécessairement posséder :

1° Des champs de démonstrations pour les élèves, et de recherches pour les professeurs ;

2° Des étables d'expériences et de démonstrations ;

3° Des laboratoires parfaitement agencés de chimie, de botanique, de zoologie, de physiologie, de microbiologie, d'agriculture, etc. ;

4° Un jardin botanique et des serres.

N° II. — Il serait désirable que les établissements d'enseignement supérieur agricole fussent assez largement installés pour recevoir tous les élèves capables de profiter de l'enseignement.

N° III. — Considérant que l'enseignement supérieur de l'Agriculture représente le plus complexe de tous les genres d'enseignement agricole, qu'il constitue une véritable encyclopédie de toutes les branches de l'agriculture, il conviendrait de spécialiser les élèves à un moment déterminé en vue du but final qu'ils poursuivent. A partir de cette époque, les élèves ne suivraient plus indistinctement les mêmes cours ni les mêmes exercices. Ils pourraient donc approfondir les matières qui les intéressent davantage. Il conviendrait alors d'ajouter une troisième année d'études, dite *de spécialisation*, aux établissements qui ne gardent, jusqu'ici, leurs élèves que deux ans.

N° IV. — Il y a lieu de développer de plus en plus dans les institutions d'enseignement supérieur de l'agriculture la pratique des laboratoires, la seule pratique que ces institutions puissent donner directement à leurs élèves.

N° V. — Les établissements d'enseignement supérieur de l'agriculture doivent être établis dans les villes. Mais cette situation même les oblige à se créer et à garder des relations très étroites avec le monde agricole. Il convient de développer tous les moyens qui sont de nature à protéger et à augmenter ces relations, en particulier les laboratoires d'essais et de recherches qui sont fréquentés par les cultivateurs.

Dans le même ordre d'idées, il serait intéressant d'y organiser pour les agriculteurs des conférences sur les sujets d'actualité ; ces conférences auraient lieu au moment des grandes réunions agricoles.

N° VI. — *En ce qui concerne l'enseignement élémentaire :*

Cet enseignement est caractérisé par la diversité et par la souplesse de ses institutions, qui doivent s'adapter à des situations extrêmement variables.

Parmi ces institutions, les *Écoles d'hiver* ont donné à plusieurs nations la preuve des services qu'elles peuvent rendre. En raison de ces services et de l'expérience acquise, le Congrès émet formellement le vœu que l'organisation de l'enseignement élémentaire de l'agriculture soit complétée en créant, en grand nombre, des écoles d'hiver dans les pays qui n'en possèdent pas encore.

En ce qui concerne le vœu n° 1, M. le baron de la Bouillerie déclare que, comme agriculteur fermement convaincu des bienfaits de la science, il estime que l'enseignement agricole doit jouer un rôle prépondérant. Il regrette que, dans son rapport, M. Wéry n'ait pas fait mention des efforts tentés par l'enseignement libre parallèlement à l'enseignement officiel. Les facultés libres d'Angers et de Lyon ont organisé des cours complets d'agriculture. Il existe, en outre, dans les départements de

---

1. Voir le Tome I des Travaux du Congrès, p. 147.

Meurthe-et-Moselle, du Pas-de-Calais, de l'Eure, du Finistère, des écoles d'ordre secondaire correspondant aux écoles pratiques.

L'enseignement agricole spécial est à trois degrés, supérieur, secondaire et primaire. Cette classification correspond-elle aujourd'hui à la réalité ? Partout le niveau des études s'est élevé, et les écoles pratiques destinées, dans l'esprit du législateur, aux fils des petits cultivateurs, ne répondent plus entièrement à leur destination première. Il vaudrait mieux dire franchement que les écoles pratiques appartiennent à l'enseignement secondaire, l'enseignement élémentaire étant donné dans les écoles primaires.

M. Gain, professeur à la Faculté des Sciences de Nancy, pense que tout le monde sera d'accord pour souhaiter la dissémination de l'enseignement supérieur. En France, cet enseignement est donné à un nombre d'auditeurs trop limité (80, en moyenne, par année). Cela tient à l'organisation de l'enseignement spécial de l'agriculture. Les facultés libres ont compris, à juste titre, qu'il y avait là un vide à combler. Les universités officielles ne sauraient se désintéresser d'une question aussi importante ; les universités donneront toujours un enseignement supérieur, parce que c'est leur essence même. La France ne peut rester en arrière, sur ce point, de ce qui se fait en Allemagne, aux États-Unis, en Angleterre. Comme conclusion, il dépose le vœu suivant :

Les Universités doivent être appelées à jouer un rôle actif dans l'enseignement supérieur de l'agriculture.

M. Gain ajoute que le but à atteindre est d'amener dans les Facultés des Sciences les propriétaires terriens qui vont aujourd'hui chercher dans les Facultés de Droit un complément d'instruction qui leur est moins nécessaire ; si l'organisation officielle se trouvait entravée dans cette voie, la place serait certainement prise par l'enseignement libre.

M. Grosjean répond à M. le baron de la Bouillerie que ses critiques sur les Écoles pratiques ne peuvent s'appliquer qu'à quatre ou cinq d'entre elles sur un chiffre total de quarante-cinq. Si quelques-unes sont sorties de leur rôle, cela tient à la tendance naturelle des professeurs de faire des cours plus élevés, et au désir manifesté par un certain nombre de directeurs de préparer des candidats aux écoles nationales d'Agriculture. L'administration a d'ailleurs réagi de tout son pouvoir contre cette tendance.

M. Cartuyvels ajoute que les principes scientifiques sont toujours du même ordre, mais que la difficulté consiste dans leur vulgarisation.

M. Bussard demande quels seront les moyens mis en œuvre par les universités pour donner l'enseignement supérieur de l'agriculture, quel sera le niveau intellectuel des auditeurs, quelle sera la sanction des études. Il fait observer que l'Institut agronomique est ouvert aux auditeurs libres en nombre illimité.

M. Grosjean rappelle que la question posée par M. Gain a été déjà résolue dans le Congrès de l'Enseignement agricole. Il demande que dans le vœu de M. Gain le mot « doivent » soit remplacé par « peuvent ».

M. Chauveau approuve le principe de la diffusion de l'enseignement supérieur agricole.

M. Bieler déclare que quantités de personnes, en dehors des agriculteurs, auraient intérêt à acquérir les connaissances agricoles ; il cite les médecins, les consuls, etc., et appuie la motion de M. Gain.

M. Grosjean estime que nous possédons un enseignement agronomique spécial qui forme un tout complet; que le rôle de l'Institut agronomique est très différent de celui des chaires spéciales, et que les facultés ne doivent pas délivrer de diplômes.

M. Wéry ajoute qu'en raison de l'insuffisance des crédits attribués à l'enseignement agricole, il est préférable de les concentrer sur les établissements existants, plutôt que de créer des chaires nouvelles.

M. Cartuyvels est d'avis que la diffusion de l'enseignement agricole, sous toutes ses formes et par tous les moyens possibles, est profitable au recrutement des écoles spéciales d'agriculture.

M. Gain déclare que les universités ont leur autonomie financière et qu'elles ne réclament aucune subvention, mais qu'il importe d'obtenir du congrès qu'il se prononce pour ou contre la nécessité d'accorder aux universités un rôle actif dans la diffusion de l'enseignement supérieur de l'agriculture.

M. Grosjean propose comme amendement le vœu suivant :

Il est désirable que les universités orientent de plus en plus leur enseignement vers les applications des sciences à l'agriculture.

Le vœu de M. Gain est repoussé; l'amendement de M. Grosjean est adopté à l'unanimité.

L'ensemble des vœux proposés par M. Wéry est adopté à l'unanimité.

Séance du 2 juillet 1900 (soir).

Présidence de M. Gomot.

Prennent place au bureau : Son Excellence M. Ignace de Daranyi, ministre de l'agriculture du royaume de Hongrie, président d'honneur du Congrès, et M. Cartuyvels, inspecteur général d'agriculture du royaume de Belgique, vice-président.

M. le Président remercie M. le Ministre de l'Agriculture de Hongrie de vouloir bien honorer la réunion de sa présence.

M. de Vuyst, inspecteur de l'agriculture en Belgique, fait une communication sur l'organisation des écoles d'hiver dans ce pays; il soumet à la Section le programme des cours.

M. R. Leblanc résume son rapport sur « l'enseignement agricole dans les établissements universitaires[1] ». Il estime que ce n'est qu'à partir de l'âge de 10 ou 11 ans, lorsque les enfants ont reçu déjà une instruction élémentaire suffisante, qu'on peut introduire utilement des notions d'agriculture dans l'enseignement qui leur est donné; encore ces notions doivent-elles être très simples, et avoir pour but principal de mettre les élèves en mesure d'assister avec fruit aux conférences des professeurs spéciaux. Il demande la constitution d'une sous-commission chargée d'examiner, dans la classe 1 à l'Exposition universelle, la reproduction des expériences recommandées dans les écoles primaires et de dire s'il y a là tout ce que doit comprendre l'enseignement primaire agricole.

Il déclare que l'épreuve d'agriculture doit devenir obligatoire pour le certificat d'études primaires, mais qu'elle ne saurait porter que sur les notions simples précédemment indiquées.

M. Grosjean appuie les conclusions de M. Leblanc.

M. Bieler pense qu'il serait dangereux de donner à l'enseignement agricole pri-

1. Voir le Tome I des Travaux du Congrès, p. 177.

maire la sanction d'un examen dont la préparation pourrait être une cause de fatigue ou de découragement pour les instituteurs.

M. Ohlsen parle des moyens de vulgariser la science agricole ; il indique qu'en Italie il existe un projet de réorganisation des écoles normales primaires, dans lesquelles l'enseignement agricole trouvera place. Il insiste sur la nécessité d'enseigner aux enfants l'ornithologie en vue de la protection des oiseaux.

M. Cartuyvels se rallie à l'opinion émise par M. Bieler. Il propose à la Section l'adoption du vœu suivant, comme addition aux vœux émis par M. Wéry.

Que dans les régions de petite culture les cours d'hiver soient annexés à des écoles primaires, et s'adressent aux jeunes gens sortis des écoles ; que ces cours soient confiés seulement à des instituteurs qui ont fait des études spéciales agricoles.

Ce vœu, mis aux voix, est adopté.

M. de la Bouillerie rend hommage à M. Leblanc et aux fonctionnaires de l'enseignement. Il croit que ce qui manque aux instituteurs, ce n'est pas l'instruction pédagogique, mais l'intuition des choses rurales, insuffisance provenant peut-être d'un défaut de direction dans les écoles normales. Il demande la modification du vœu n° 3 de M. Leblanc.

M. Leblanc répond aux critiques précédemment formulées.

M. Magnien abonde dans le même sens que M. Leblanc. Il déclare que des efforts ont été faits déjà en vue de développer l'enseignement agricole dans les écoles normales primaires.

Les vœux suivants proposés par M. R. Leblanc sont adoptés à l'unanimité :

1° L'enseignement agricole désirable et possible à l'école primaire élémentaire est celui que prévoit l'Instruction ministérielle française du 4 janvier 1897. Le Congrès émet le vœu qu'on en assure le développement par des encouragements aux maîtres et aux élèves et par l'établissement d'une sanction efficace aux examens de fin d'études.

2° Pour les écoles primaires supérieures ou professionnelles rurales, l'enseignement des sciences physiques et naturelles sera nettement orienté vers celui de l'agriculture et lui servira de base ; l'enseignement agricole théorique et pratique sera expérimental, applicable surtout à la région, il occupera une place prépondérante aux examens de fin d'études.

Le vœu n° 5 est amendé comme suit, après entente entre M. Leblanc et M. de La Bouillerie :

5° Dans les Écoles normales, et, en général dans les établissements où se préparent les instituteurs et les professeurs, l'enseignement sera organisé de façon à former un personnel capable de donner un enseignement agricole scientifique, théorique et pratique, correspondant aux exigences du milieu dans lequel l'instituteur est appelé à vivre.

Le vœu n° 4 est adopté sans modifications. En voici le texte :

4° Pour l'enseignement agricole féminin, il serait urgent de créer, dans les écoles normales et primaires supérieures, des cours théoriques et des travaux pratiques mettant la jeune fille à même de comprendre et d'exécuter intelligemment les opérations journalières du ménage, de la basse-cour, de la ferme et du jardin.

M. Grosjean résume son rapport sur « les écoles d'application et établissements spéciaux d'enseignement professionnel agricole[1] ». Il passe en revue les écoles d'industrie laitière, de distillerie, brasserie, etc., les écoles d'horticulture et de viticulture,

---

1. Voir le Tome 1 des Travaux du Congrès, p. 105.

M. Bussard, constate que l'enseignement horticole n'est pas donné à l'Institut national agronomique. Il fait remarquer combien cette lacune est regrettable.

M. Pini donne à la section des explications sur le fonctionnement des écoles de viticulture et d'œnologie, des caves expérimentales et des écoles de laiterie en Italie.

Les vœux suivants, proposés par M. Grosjean, sont adoptés.

1° Que les Pouvoirs publics continuent à développer, dans la plus large mesure, l'enseignement de l'industrie laitière, et, d'une manière toute spéciale, celui qui s'applique à la femme;

2° Que l'enseignement des industries annexes de la ferme (sucrerie, distillerie, brasserie, cidrerie, etc.) soit donné dans le plus grand nombre possible d'écoles spéciales;

3° Que l'enseignement horticole et viticole, dont les résultats sont si encourageants, soit étendu aux régions qui n'en sont pas encore pourvues, par la création de nouvelles écoles pratiques, bien situées et bien spécialisées.

M. Bussard propose le vœu :

Que dans les écoles d'enseignement supérieur agricole l'enseignement de l'horticulture, et plus particulièrement de la culture potagère et de l'arboriculture fruitière, tiennent une place en rapport avec l'importance de la production horticole.

Ce vœu est adopté à l'unanimité.

Séance du 3 juillet 1900 (soir).

M. le Président prie Mme Bodin d'accepter les remerciements du Congrès pour son admirable rapport et pour l'œuvre qu'elle a si remarquablement su mener à bien.

M. Proost, directeur général de l'agriculture en Belgique s'associe à M. le Président pour adresser ses félicitations à Mme Bodin.

M. René Berge donne lecture du rapport de Mme Bodin sur l'enseignement agricole spécial des femmes[1].

Sur l'invitation de M. le Président, Mme Bodin entre dans quelques développements complémentaires et indique, en particulier, que l'enseignement agricole donné aux jeunes filles permet de lutter efficacement contre l'émigration dans les villes.

M. de Montrol fait remarquer que si, en France, il est des écoles ménagères où le programme, comme à Chaumont, par exemple, fait une part aux notions agricoles, en Belgique, ces notions sont généralement données et fournissent ainsi un exemple à suivre; il demande l'addition au premier vœu de Mme Bodin des mots écoles ménagères *rurales*.

M. de Vuyst constate que Mme Bodin a été trop modeste, que son enseignement a donné de grands résultats en Belgique où ses idées ont été mises en pratique par la création des écoles ambulantes. Des écoles ménagères est sortie, en outre, l'éducation de la femme dans la famille même; M. Proost a fondé une vaste association d'éducation familiale, d'après les idées de Mme Bodin, et cette association tend à devenir internationale.

M. Ohlsen dit qu'en Italie, on fait beaucoup pour l'instruction de la femme, qu'il redoute de voir prendre un développement peu en rapport avec le rôle qu'elle doit tenir dans la famille et la société.

M. le Président rappelle qu'il est seulement question ici de l'enseignement agricole spécial des femmes.

---

1. Voir le Tome I des Travaux du Congrès, p. 196.

Les conclusions suivantes sont adoptées à l'unanimité :

1° Les Écoles de laiterie et les Écoles ménagères rurales pour les jeunes filles doivent être de plus en plus encouragées et répandues ;

2° Comme direction, elles doivent être maintenues dans la simplicité et dans l'esprit de l'éducation familiale ;

3° La jeune fille doit être préparée à sa vie de femme, en la sortant le moins possible de son milieu, et en le lui faisant aimer ;

4° Pour former la femme, il faut lui conserver la mission spéciale pour laquelle elle est faite, et ne pas la sortir du domaine des professions qui conviennent à son sexe ; ne pas encourager les revendications des droits différents des siens ou les empiètements sur le domaine de l'homme.

M. René Berge, résumant son rapport [1], insiste sur la distinction des champs d'expériences et des champs de démonstration et sur les inconvénients très réels qui résultent de leur confusion dans certaines contrées ; il rappelle les résultats importants obtenus en France, faciles à constater par le développement de la consommation des engrais et par l'augmentation de rendement des différentes cultures.

M. Guffroy montre les inconvénients qui peuvent résulter, d'après lui, de la publicité donnée aux champs d'expériences ; il pense que les champs de démonstration seuls devraient être placés sous les yeux des cultivateurs.

M. René Berge pense qu'il ne faut pas soustraire les champs d'expériences à la libre critique, et que les expériences peuvent éclairer l'agronome lors même que le résultat obtenu n'est pas conforme aux prévisions de l'expérimentateur.

M. Pini s'associe aux conclusions de M. René Berge ; il indique les excellents résultats que les champs de démonstration ont donnés en Italie, résultats mis en évidence par l'augmentation de la consommation des engrais.

M. de Vuyst rappelle également l'heureuse influence des champs d'expériences et de démonstration sur le développement de l'instruction agricole des cultivateurs belges ; il demande à ajouter un vœu complémentaire pour donner plus de méthode aux essais et permettre de coordonner les résultats en vue de la confection de cartes agronomiques.

Après intervention de MM. Grosjean et Guffroy, M. René Berge ajoute que les connaissances agronomiques ne sont pas suffisamment répandues chez la moyenne des cultivateurs de notre pays pour qu'il soit possible de distraire une partie des efforts des professeurs d'agriculture de la mission qui leur a été donnée ; il faut respecter leur initiative et ne pas leur imposer un programme administratif qui ne correspondrait pas toujours aux besoins de la région et dont ils ne pourraient pas s'écarter.

M. Proost montre la nécessité qu'il y a à tenir compte des essais culturaux pour dresser les cartes agronomiques.

M. Ad. Carnot pense que les champs d'expériences devraient être multipliés dans une même contrée et placés sur des terrains différents pour faciliter le contrôle et la généralisation des résultats.

Les conclusions suivantes, formulées par M. René Berge, sont adoptées.

1° Les champs d'expériences et de démonstrations pratiques ont contribué de la manière la plus efficace aux progrès de l'agriculture et de la viticulture. L'extension qu'ils ont prise est considérable, mais leur nombre est insuffisant dans certaines contrées.

Il est très désirable que les Conseils généraux ou provinciaux votent les crédits nécessaires au développement d'une institution capable de rendre partout les plus grands services aux cultivateurs et aux vignerons.

[1]. Voir le Tome I des Travaux du Congrès, p. 226.

2° Il appartient aux professeurs d'agriculture de fixer, pour chaque région, quels essais ou quelles démonstrations il faut entreprendre. Il importe, dans tous les cas, que la distinction entre les champs d'expériences et les champs de pure démonstration soit nettement établie ; que les essais comportant quelque aléa soient réservés aux premiers et que les seconds soient uniquement consacrés aux démonstrations dont le succès ne fait aucun doute.

3° Les champs de démonstration doivent être aussi multipliés que possible.

4° Ils doivent avoir une étendue aussi grande que le permettent les circonstances locales.

5° Il ne faut entreprendre qu'une seule démonstration à la fois sur les champs de démonstrations, afin qu'il ne puisse naître aucun doute sur la cause qui provoque la différence des rendements.

Sur la proposition de M. Vuyst, la section émet, en outre, le vœu ci-dessous :

6° Il est désirable que les professeurs d'agriculture se concertent pour organiser, dans chaque région, des champs d'expériences et de démonstrations d'après un plan d'ensemble dressé en vue de la confection de cartes agronomiques.

M. Gomot, président, comme suite à son rapport sur « les démonstrations agricoles à l'école primaire[1] », émet les vœux suivants :

1° Il convient d'habituer les élèves à réunir et à classer certains objets, les pierres, les terrains, les engrais, les plantes, les graines, les récoltes.

Ces leçons de choses seront complétées par des cultures démonstratives et simples.

2° La synthèse de cet enseignement pourra être utilement faite par des promenades dans la campagne et la visite des meilleures fermes des environs sous la direction de l'instituteur ; celui-ci montrera à ses élèves l'application, dans la vie courante des champs, des vérités révélées par lui lors des cultures de l'école.

Ces vœux sont adoptés à l'unanimité.

M. Léon Bussard résume le rapport qu'il a fait en collaboration avec M. Schribaux, directeur de la Station d'essais de semences[2]. Il insiste sur les inconvénients que présente la fusion de deux services aussi différents que les analyses chimiques et les essais de semences, et sur l'intérêt qu'il y aurait à indiquer chaque année, d'après la moyenne de la dernière récolte, la norme du poids des grains, critérium de leur valeur. Toutes les recherches relatives à la plante envisagée comme moyen de production sont, dit-il, du ressort des stations d'essais de semences. Comme conclusions, il dépose les vœux suivants, adoptés à l'unanimité après discussion :

1° En raison des avantages que présente la spécialisation, il est désirable que les analyses de semences soient exécutées dans des établissements spéciaux nettement distincts des stations chimiques ;

2° Des ressources suffisantes doivent être mises à la disposition des stations d'essais de semences pour permettre à leurs agents de se rendre chaque année, au début de la campagne de vente et d'analyses, dans les régions de production, en vue de déterminer la qualité moyenne des semences par le prélèvement d'échantillons types ;

3° Aux stations d'essais de semences doivent être annexés des champs d'expériences pour l'étude des questions relatives à la production des semences et à l'amélioration des plantes cultivées.

M. Guffroy fait une communication sur l'emploi du microscope pour l'analyse et fait adopter le vœu suivant :

Il serait avantageux que l'emploi du microscope fût généralisé pour toutes les recherches purement qualitatives.

M. Hénissant, directeur de l'École pratique d'agriculture des Trois-Croix, présente

1. Voir le Tome I des Travaux du Congrès, p. 240.
2. Voir le Tome I des Travaux du Congrès, p. 205.

une communication dans laquelle il constate que les écoles pratiques d'agriculture imposent à l'État de lourds sacrifices souvent perdus pour l'agriculture parce que les jeunes gens qui en sortent embrassent d'autres carrières (Voir les *documents annexes*, page 113). Il propose, en conséquence, le vœu suivant :

1° Que les élèves des Écoles pratiques d'agriculture profitent des mêmes avantages, au point de vue militaire, que les élèves des écoles professionnelles d'art et d'industrie, et que les élèves des Écoles régionales d'agriculture, à la condition de consacrer au moins les dix années suivantes à la culture active ;

2° Qu'en présence de l'affluence des demandes d'admissions qui pourront être provoquées par cette mesure les bourses soient exclusivement réservées aux fils de cultivateurs et que ceux-ci jouissent même d'une cote particulière les favorisant dans les examens d'admission.

M. Grosjean résume une communication de M. Lemoine sur « l'Enseignement de l'Aviculture dans les écoles de laiterie » (Voir les *Documents annexes*, page 123).

M. le Président fait remarquer que le vœu émis à cet égard par M. Lemoine est compris dans l'ensemble des vœux présentés par Mme Bodin et déjà adoptés par la section.

Séance du 4 juillet (soir).

Présidence de M. Gomot.

Mme Marie Czaplinska résume son rapport (Voir les *Documents annexes*, page 121) sur l'Enseignement agronomique en Russie (historique, recrutement, etc.). L'auteur émet le vœu :

Que l'enseignement agronomique des femmes reçoive un développement plus considérable que par le passé.

Ce vœu est adopté à l'unanimité.

M. Hommell analyse le rapport qu'il présente à la section sur le « Contrôle des engrais et autres produits intéressant l'agriculture[1] ». Après une discussion approfondie à laquelle prennent part MM. Gomot, Grosjean, Bussard, Comon, et les explications données par M. Bieler sur le rôle que joue la presse suisse dans la dénonciation des fraudes, les conclusions suivantes sont adoptées :

1° Les lois édictées dans les différents États, le développement des stations agronomiques, des laboratoires agricoles et municipaux, des stations d'essais de semences et des associations de cultivateurs ont eu une influence favorable sur la diminution des fraudes dans le commerce des denrées intéressant l'agriculture. Il apparaît cependant que ces institutions sont insuffisantes, à elles seules, pour atteindre complètement le but désiré ; il est nécessaire, pour y parvenir, que les lois qui régissent la matière soient revisées et complétées.

2° Ces lois devraient être générales et tendre à la répression de toutes les fraudes ou falsifications de quelque nature qu'elles soient, de tous les actes ayant pour but de tromper l'acheteur sur la qualité, la quantité ou la valeur de la chose mise en vente. Elles devraient s'appliquer aux plants et semences, à toutes les substances que l'homme emploie, soit pour son alimentation ou celle des animaux domestiques, soit pour exercer une action favorable sur le développement des végétaux et des animaux ou leur préservation contre les ravages des insectes ou des maladies. Le vendeur devra toujours être dans l'obligation de garantir sur la facture la nature, l'origine et la pureté du produit, sa teneur en éléments utiles ; et d'une manière générale tout ce qui est de nature à établir sa valeur réelle.

Le Congrès exprime en outre le désir que, comme condamnation accessoire, les tribunaux ordonnent une large publicité des jugements condamnant les auteurs des fraudes indiquées ci-dessus ;

3° Les lois devront prévoir la vente d'un ou plusieurs éléments utiles à un taux hors de

---

1. Voir le Tome 1 des Travaux du Congrès, p. 217.

proportion avec leur valeur réelle, d'après les mercuriales; l'acte ci-dessus sera considéré et puni comme une fraude lorsque la différence atteindra un taux à déterminer pour chaque produit en particulier.

La loi belge du 21 décembre 1896 marque un grand progrès, aux divers points de vue précédents, sur toutes les législations analogues;

4° Considérant que, dans la plupart des cas, le cultivateur hésite à se défendre lui-même, le Congrès estime qu'il serait nécessaire d'obliger les personnes chargées de constater l'état des produits à signaler les fraudes aux représentants de l'action publique et d'inviter ceux-ci à les poursuivre d'office lorsque la violation de la loi est manifeste;

5° Il est désirable qu'une entente internationale intervienne entre les différents États tant pour l'unification des méthodes analytiques et l'élaboration d'un code des falsifications des denrées alimentaires et des matières utiles à l'agriculteur, que pour l'établissement de mesures répressives communes; et que des rapports fréquents s'établissent entre les stations et les laboratoires agricoles des différents pays.

M. Comon esquisse l'enseignement nomade tant en France qu'à l'étranger; il résume son rapport[1] et les documents supplémentaires qu'il y a annexés. Il exprime le vœu :

Qu'en outre des écoles fixes, il soit organisé dans les pays qui n'en sont pas encore pourvus des laiteries nomades d'après le principe de celles qui fonctionnent en Irlande et en Belgique.

Ce vœu est adopté, ainsi que le suivant, proposé par M. Coupan sur le même sujet.

Il est désirable de profiter des concours régionaux agricoles pour y installer les écoles nomades de laiterie afin de leur donner la plus grande publicité possible.

En l'absence de M. Ringelmann, M. Coupan rend compte du rapport sur les Essais de machines et le fonctionnement de la Station d'essais de machines agricoles[2]. Le rapport est adopté.

M. Mer ne pouvant assister au Congrès, la Section décide qu'elle ne peut discuter utilement, en son absence, les conclusions de son rapport sur l'enseignement agricole forestier.

M. Kayser, après avoir rendu compte à la Section de son rapport sur les « Stations œnologiques[3], propose les vœux suivants, qui sont adoptés à l'unanimité :

1° Que la création des stations œnologiques se fasse dorénavant par régions (station œnologique centrale);

2° Qu'on étudie s'il n'y aurait pas lieu de donner à la station un enseignement œnologique destiné aux adultes. Cet enseignement serait général, ou se rapporterait à certaines questions œnologiques à l'ordre du jour.

M. Couturier présente une communication sur les champs d'essais.

M. René Berge rappelle, à ce sujet, ses conclusions de la veille.

M. Couturier émet le vœu que les champs d'analyse du sol par la plante soient plus répandus.

M. de Loverdo fait une communication sur l'introduction de l'enseignement commercial dans les écoles d'agriculture (Voir les *Documents* annexes, page 126).

M. Grosjean rappelle que le côté commercial et économique n'est pas négligé dans cet enseignement.

---

1. Voir le Tome I des Travaux du Congrès, p. 185.
2. Voir le Tome I des Travaux du Congrès, p. 209.
3. Voir le Tome I des Travaux du Congrès, p. 203.

Le vœu de M. de Loverdo, modifié comme suit par M. Grosjean, est adopté :

Que l'on donne dans l'enseignement des écoles supérieures et moyennes d'agriculture une plus grande importance à la partie commerciale.

La séance est levée à 5 heures.

Séance du 6 juillet (soir).

Présidence de M. Gomot.

M. Grosjean, vice-président, fait observer qu'il est impossible de présenter à la séance générale du Congrès les rapports de MM. Mer et Garola, qui n'assistent pas aux réunions, ainsi que les autres communications dont les rapporteurs sont absents. M. Émile Mer s'est excusé de ne pouvoir venir soutenir ses conclusions.

M. de Montrol demande la constitution d'une commission internationale pour étudier l'enseignement agricole à l'étranger.

M. le Président répond qu'il existe une commission permanente du Congrès international de l'Agriculture qui répond à ce vœu.

La séance est levée.

DOCUMENTS ANNEXES

SUR LE RECRUTEMENT DES ÉCOLES PRATIQUES D'AGRICULTURE

Par M. DÉRISSANT

Directeur de l'École pratique d'agriculture des Trois-Croix.

Dans toutes les réunions où l'on s'occupe d'enseignement agricole, on attribue à l'enseignement de l'agriculture dans les écoles primaires une importance considérable. Il s'agit là d'agir en effet sur la grande masse des enfants et de leur donner un minimum de connaissances indispensables à l'exercice de la profession agricole.

Tous les bons esprits reconnaissent cependant que cet enseignement doit être très sommaire, parce que le temps est mesuré à l'école primaire et parce que les professeurs (les instituteurs) n'ont pas et ne peuvent pas avoir la compétence nécessaire.

L'auraient-ils en sortant de l'école normale que très probablement, à part quelques rares exceptions, ils ne l'auraient plus dix ou vingt ans après, n'étant pas dans de bonnes conditions pour se tenir au courant.

Cet enseignement se bornera donc à faire connaître, ainsi que M. René Leblanc l'a si bien exposé dans son rapport et dans son discours à la Section, la façon dont la plante vit et se nourrit, les éléments qui entrent dans sa composition et qu'elle doit trouver dans le sol, dans l'air ou dans l'eau. Il en déduira la théorie des engrais, la nécessité de fabriquer le fumier avec soin et d'éviter les pertes. Il en sera de même pour l'alimentation du bétail, pour la préparation des terres. Ce sera, en somme, une sorte d'enseignement scientifique sommaire appliqué à l'agriculture, et l'instituteur devra se borner à cela, car en allant plus loin il s'exposerait à des erreurs souvent déplorables.

Cet enseignement rendra d'immenses services parce qu'il s'adressera à la masse, à la totalité, et qu'il aura en outre le grand avantage de faire sentir le besoin, la nécessité d'un enseignement agricole plus complet.

C'est alors qu'interviennent les écoles pratiques d'agriculture, qui donneront aux petits cultivateurs cette instruction aussi complète qu'il est désirable pour eux, en y joignant l'exercice de la pratique agricole qui complète si heureusement la théorie, non seulement au point de vue de l'enseignement proprement dit, mais encore à celui de la santé physique et morale, de l'adaptation de l'esprit et du corps à la profession agricole.

Malheureusement, les écoles pratiques d'agriculture se recrutent généralement assez mal, et le nombre d'élèves auxquels elles donnent l'instruction est rarement en rapport avec les sacrifices qu'elles entraînent pour l'État ou les départements dans lesquels elles sont situées. Il y a pour cela plusieurs motifs.

Dans les écoles de laiterie, d'horticulture, d'aviculture, les élèves sont assurés en sortant de l'école de trouver de suite des situations généralement très avantageuses. Il y a pour eux dans les nombreux établissements d'industrie laitière existant ou en formation, des besoins de personnel, auxquels ces écoles donnent satisfaction ; il en est de même pour les jardiniers et les élèves des écoles d'aviculture.

Dans les écoles pratiques d'agriculture, il en est encore de même quand elles se sont spécialisées en vue d'une production spéciale ayant les mêmes besoins, par exemple la laiterie, l'horticulture, la vigne ; mais, pour les autres, il n'en est généralement pas ainsi et il importe d'en établir les motifs.

Parmi ceux-ci, il convient de mettre en première ligne cette idée généralement établie en France que, si l'on va dans une école, c'est pour avoir une place.

L'école assure-t-elle cette place, elle sera très recherchée, très fréquentée, tandis qu'elle sera plus ou moins désertée dans le cas contraire.

Puis les petits cultivateurs sentent peu l'utilité d'un enseignement qu'ils ne possèdent pas eux-mêmes, tandis qu'ils sont très privés de ne pas avoir le concours de leurs enfants dans un âge où ceux-ci commencent à leur devenir très précieux tant pour ce travail lui-même que parce qu'il permet de réduire le nombre des domestiques, dont le concours n'est pas toujours agréable.

Enfin, il est un autre mal et non le moindre, c'est que l'enseignement des écoles pratiques d'agriculture est essentiellement pratique et prépare très bien l'élève non seulement à l'agriculture, mais encore le rend apte à de nombreuses professions dans l'industrie ou le commerce. Il arrive alors que le jeune homme sorti à dix-sept ou dix-huit ans, très embarrassé pour se placer dans l'agriculture si ses parents ne cultivent pas eux-mêmes — cherchera et trouvera à se caser ailleurs; tous les sacrifices faits par l'État et le département pour lui donner l'instruction agricole seront perdus.

Il faut donc pousser le fils du cultivateur à aller à l'école pratique d'agriculture par des avantages qui compensent à ses yeux les inconvénients que je vous ai signalés et le fixer ensuite dans la profession agricole d'une façon définitive.

Une seule mesure permet d'obtenir ces deux résultats : c'est de placer l'élève de l'école professionnelle agricole dans une situation d'égalité avec celui des écoles professionnelles d'art et d'industrie par rapport au service militaire et de lui rendre la faveur dont il jouissait sous le régime du volontariat.

La conséquence de cette mesure serait que 150 à 200 jeunes gens passeraient un an sous les drapeaux au lieu de trois, et remarquez que leur instruction militaire serait quand même bien suffisante, puisque pendant leur séjour à l'école pratique ils sont exercés très sérieusement par des instructeurs militaires, anciens sous-officiers.

Mais il faudrait compléter cette mesure par une autre afin de conserver ces jeunes gens à l'agriculture, et pour cela il suffirait de décider qu'ils devraient rester pendant dix ans dans la culture active.

Je vous proposerai donc d'émettre le vœu suivant :

« Que les élèves des écoles pratiques d'agriculture profitent des mêmes avantages au point de vue militaire que les élèves des écoles professionnelles d'art ou d'industrie et que les élèves des écoles nationales d'agriculture, à la condition de consacrer au moins les dix années suivantes à la culture active. »

J'ajouterai qu'il serait bon que, en présence de l'affluence des demandes d'entrée qui alors se manifesteraient certainement, les bourses soient exclusivement réservées aux fils de cultivateurs et que ceux-ci jouissent même d'une cote les favorisant dans les examens d'admission.

Notez, messieurs, que ce vœu ou un vœu analogue a déjà été émis par la très grande majorité des conseils généraux, par la Société nationale d'Encouragement à l'agriculture, par la Société des Agriculteurs de France, par le Congrès international de l'Enseignement agricole qui siégeait dans une salle voisine il y a quelques jours, et par toutes les sociétés agricoles auxquelles il a été soumis.

UTILITÉ DE DÉVELOPPER L'ENSEIGNEMENT AGRICOLE MÉNAGER POUR FEMMES — MOYENS PRATIQUES

Par Mlle Florence DELEU
Régente à l'École normale de l'État pour institutrices à Bruges.

I. *Éducation peu pratique donnée aux jeunes filles.* — L'éducation que reçoit actuellement la jeune fille ne la prépare pas au rôle social qu'elle aura à remplir plus tard. On en fait dans le peuple une déclassée, en haut un objet de luxe, un ornement coûteux et peu lucratif.

En ville, comme à la campagne, la plupart des femmes ne sont pas préparées à diriger le ménage, ni à faire l'éducation de leurs enfants. D'autre part, il n'y en a qu'un petit nombre qui sont en état de gagner leur vie par leur travail. A quoi faut-il attribuer cet état de choses?

II. *Causes.* — 1° *Éducation défectueuse.* — A l'éducation défectueuse que reçoivent les enfants à la maison paternelle et à l'école, à l'instruction insuffisante qu'on leur donne, à l'organisation de l'enseignement, au programme des études, à la préparation du personnel enseignant.

En général, on tient trop peu compte des besoins de la vie, en d'autres termes, *on ne forme pas l'enfant pour la vie.*

Ainsi les *sciences naturelles*, qui forment la BASE des connaissances pratiques, sont trop négligées; le *cours d'agriculture* est le meilleur que l'on puisse donner comme application des sciences naturelles, même aux jeunes filles de la ville. Le jeune enfant de la ville raffole des animaux, des plantes, etc.; l'artiste, le peintre, le poète, puisent leurs sujets dans le domaine de la nature; le malade, le riche, vont à la campagne; l'homme est le roi de la création : il doit au moins connaître quelque chose de son royaume.

D'autre part, la plupart des parents, ne comprenant pas assez leurs devoirs, ne cherchent pas à donner à leurs filles, aussi bien qu'à leurs fils, une position qui leur permette de pourvoir plus tard à leurs besoins. Et à ce sujet je tiens à communiquer le vœu qu'exprima Mme Fenwick Miller au Congrès international de femmes, tenu à Londres en juin-juillet 1899 : « Toutes les jeunes filles devraient apprendre une profession; elles devraient même en continuer l'exercice après leur mariage sous peine de perdre par l'inaction des talents dont l'acquisition a coûté tant de peine et d'argent. Malgré tout ce que les hommes peuvent penser, une femme habituée à un travail régulier, à la vigilance, à la prévoyance, est cent fois mieux préparée à devenir une bonne épouse et une bonne mère que celle qui a passé sa jeunesse au milieu des plaisirs futiles et des satisfactions de la vanité. »

2° *Manque d'écoles pratiques, d'écoles professionnelles.* — Certains parents plus sages, plus prévoyants, qui voudraient donner à leurs filles une éducation plus pratique et leur faire apprendre une profession, se trouvent le plus souvent dans l'impossibilité de le faire, n'ayant pas à leur portée des établissements où l'enseignement est donné d'après leurs vues, à moins de se résigner à les envoyer à l'étranger.

C'est ainsi que nous rencontrions un jour à Radolfzell, dans le grand-duché de Bade, une jeune Française qui suivait les cours à l'école ménagère agricole de cette ville, n'ayant pas en France un seul établissement de ce genre.

III. *Progrès réalisés, notamment en Belgique.* — Il faut le dire cependant, depuis quelques années de grands progrès ont été réalisés dans cette voie; dans plusieurs pays de l'Ancien et du Nouveau Continent on se préoccupe beaucoup de faire des jeunes filles des femmes de ménage capables et de leur donner les moyens de gagner honorablement leur vie. Cette tendance se manifeste notamment en Belgique, par l'organisation sérieuse donnée depuis quelque temps à l'enseignement des travaux à l'aiguille et de l'hygiène dans les écoles primaires et moyennes de filles et dans les écoles normales d'institutrices, et par l'addition de l'économie domestique et des travaux de ménage aux branches du programme. En outre, il y a des classes et des écoles ménagères spéciales dans le but d'instruire théoriquement et pratiquement des jeunes filles à l'exercice intelligent de leurs fonctions de femmes de ménage et de mères de famille.

Il existe également un enseignement professionnel bien organisé, comprenant des écoles, des cours professionnels et des ateliers d'apprentissage. Toutes ces institutions ont pour but de préparer la jeune fille à des professions féminines déterminées. Comme on ne les trouve que dans les villes, elles ne sont qu'exceptionnellement fréquentées par les jeunes filles de la campagne.

IV. *Éducation peu rationnelle donnée à la jeune fermière.* — Pendant bien longtemps on s'est fort peu soucié des jeunes fermières. Il y a des années que la plupart des gouvernements s'efforcent par tous les moyens possibles d'améliorer l'agriculture; ils organisent pour les garçons un enseignement professionnel agricole et ils ne songent pas que les futures fermières, elles aussi, doivent être initiées aux travaux de la ferme qui les concernent spécialement.

C'est ce qui a fait dire à un agronome français, Pierre Joigneaux, dans son remarquable traité : *Conseils à la jeune fermière* : « Pour nos garçons il y a des écoles d'agriculture et aussi des maîtres qui vont au canton, à la commune, jusque chez eux enseigner des choses utiles. Pour toi, fille de cultivateur, il n'y a ni écoles, ni maîtres, comme il en faudrait. On s'efforce de souder le jeune homme au sol, on s'efforce d'en détacher la jeune fille; ce qu'on élève d'une main, on le détruit de l'autre. On veut des cultivateurs qui pensent et raisonnent, on ne sait pas leur donner des compagnes dignes d'eux et capables de les seconder. Si nous envoyons nos jeunes filles à l'école du village, elles nous reviennent sachant un peu lire, écrire, calculer, coudre et marquer. C'est quelque chose, il est vrai, mais ce n'est point là l'étoffe d'une ménagère accomplie. Si nous les envoyons à la ville, c'est bien pis : nous donnons une paysanne, on nous rend une demoiselle; on nous rend une coquette qui ne rêve plus que parure, maître de danse, maître de musique et mari bourgeois. Nous voulions une fermière modeste et intelligente, on nous rend une jeune fille présomptueuse et ennemie de la ferme. »

Cette situation, qui est loin d'être exagérée, existe encore dans bien des contrées; elle existait également en Belgique, il y a une dizaine d'années.

Ce fut M. Proost, actuellement directeur général au Ministère de l'Agriculture, qui donna l'idée d'organiser en Belgique un enseignement agricole féminin. Déjà en 1881, en qualité de secrétaire de la Société centrale d'Agriculture, il appela l'attention des membres sur les écoles d'agriculture pour filles qui existaient déjà alors en Allemagne, en Autriche, en Danemark, en Norvège, en Suisse, etc. « La Belgique sera-t-elle la dernière, dit-il, à suivre cet excellent exemple, ou bien sommes-nous condamnés à voir encore le fermier envoyer ses filles dans des pensionnats, où elles apprennent à mépriser le métier de leur père, pour devenir des *demoiselles*, qui ne sont que trop souvent plus tard des êtres déclassés dans la société? »

V. *Occupations de la fermière.* — Chacun sait que, pour réussir dans l'exploitation d'une ferme, il faut des connaissances multiples, des aptitudes spéciales. Or, le fermier seul ne suffit pas pour diriger, pour mener à bonne fin tous les travaux de la ferme. Il faut le concours de sa femme. Outre l'éducation des enfants et les soins du ménage, elle a dans ses attributions la direction et la surveillance de l'étable, l'hygiène et l'alimentation du bétail, la traite des vaches et la laiterie. Elle s'occupera en outre de la porcherie, du poulailler et du rucher; elle prendra à sa charge le potager et le verger et elle tâchera de cultiver en même temps quelques plantes d'agrément, ce qui lui permettra d'orner son habitation et de la rendre agréable à sa famille. Pendant les longues soirées d'hiver, elle s'occupera avec ses enfants de la sélection des semences; elle tiendra avec son mari la comptabilité de la ferme, etc. D'après les circonstances, elle exécutera elle-même certains travaux ou elle en chargera d'autres sous sa surveillance.

La tâche de la fermière est certainement bien lourde; elle lui sera plus facile, si elle règle ses occupations avec plus d'ordre et de compétence. Pour qu'elle soit à la hauteur de ses devoirs, il lui faut une préparation spéciale : où la recevra-t-elle?

VI. *Préparation de la fermière. a) A l'école primaire.* — Le petit cultivateur envoie sa fille à l'école du village; elle ne va pas plus loin. L'école primaire a donc pour mission de la préparer à ses devoirs futurs. Cela est fort réalisable. On y attachera beaucoup d'importance à l'étude de la nature, et parmi les sciences naturelles, on choisira celles qui ont directement rapport à l'agriculture; d'autre part, on pourrait donner à tout l'enseignement une direction plus pratique, en préférant, par exemple, des exercices de calcul, de langues (dictées, lectures, rédactions, etc.) qui ont trait aux choses de la ferme.

Si nous consultons le programme des écoles primaires en Belgique, nous y trouvons des points qui ont rapport à l'enseignement agricole : notions d'horticulture, soins à donner aux poules, etc., mais cela ne suffit pas.

b) A l'école d'adultes. — Après avoir terminé leurs études primaires, il faudrait que les jeunes filles de la campagne aient l'occasion de continuer à s'instruire dans des classes d'adultes, qui se donneraient de préférence le dimanche. Afin d'étendre leurs connaissances par la lecture, on pourrait mettre à leur disposition une bibliothèque, où elles trouveraient des livres à leur portée, des revues agricoles périodiques, etc. Pour les obliger à lire et à tirer profit de leurs lectures, on leur donnerait un questionnaire et, comme devoir, elles devraient chercher et écrire les réponses, qui seraient ensuite corrigées simultanément en classe, etc., etc.

Personnel enseignant. — Il est inutile de dire que, pour donner cet enseignement avec fruit, il est nécessaire d'avoir un personnel qui ait reçu une préparation spéciale. C'est ce qui se fait en Belgique, où l'on trouve inscrit au programme des Écoles normales d'institutrices : l'horticulture, des notions sur l'élevage des animaux domestiques, vaches laitières, poules, etc.

c) Écoles moyennes, pensionnats. — En Belgique, le gouvernement prescrit un programme spécial à suivre dans les sections agricoles annexées aux écoles moyennes de garçons, mais il n'est pas question d'enseignement agricole dans les écoles moyennes de filles.

Il faudrait organiser des cours d'agriculture dans les écoles moyennes établies dans les communes rurales et dans les pensionnats fréquentés par les jeunes fermières.

d) Écoles spéciales ménagères pour filles. — Il existe depuis longtemps, dans plusieurs pays de l'Europe, des écoles d'agriculture spéciales pour filles.

Depuis une dizaine d'années, plusieurs écoles ménagères agricoles ont été créées en Belgique. Ces institutions, annexées le plus souvent à l'un ou l'autre pensionnat, sont subsidiées par le gouvernement, mais à condition de se soumettre à l'Inspection de l'Agriculture et de suivre le programme qui leur est imposé. Il y a actuellement dix-sept écoles ménagères agricoles en Belgique, parmi lesquelles il y en a une qui ne dépend d'aucun autre établissement d'instruction; elle est installée dans une petite ferme, fort bien aménagée et outillée; c'est une véritable *ferme-école*, qui fonctionne admirablement.

Le programme des écoles ménagères agricoles comporte les matières suivantes : religion et morale, arithmétique, rédaction, éléments d'histoire naturelle et de zootechnie, laiterie, économie domestique, économie sociale, éléments de pédagogie et d'hygiène, notions de droit usuel, notions de commerce et de comptabilité (comptabilité du ménage et de la ferme).

Manuels à l'usage des élèves. — Afin de s'assurer que le programme sera exécuté d'après les vues de son auteur, le gouvernement a chargé des spécialistes de rédiger sous sa direction des manuels en rapport avec les différentes branches du programme pour lesquelles il n'existe pas encore d'ouvrage recommandable. Plusieurs de ces ouvrages ont déjà vu le jour, les autres paraîtront prochainement.

e) Écoles de laiterie. Cours de laiterie. — Les écoles de laiterie furent organisées avant les écoles ménagères agricoles; il fut institué en même temps des cours volants, des conférences sur la laiterie.

1° *Écoles de laiterie.* — Au début, les écoles de laiterie s'adressaient exclusivement aux filles; actuellement, il en existe plusieurs pour garçons.

Les cours des écoles de laiterie ont une durée de trois mois.

La création d'une école temporaire de laiterie se fait à la demande des Comices agricoles, avec le concours pécuniaire de l'État, de la Commune et du Comice agricole de la Région.

La fréquentation des cours est gratuite.

Le nombre maximum des admissions ne peut dépasser douze, ni être inférieur à dix.

Toutes les élèves sont externes et rentrent chez leurs parents chaque soir.

L'enseignement est théorique et pratique.

Le programme d'enseignement comprend les matières suivantes :

Cours théorique et pratique de laiterie et de fromagerie.

Cours de zootechnie.

Cours d'agriculture pastorale.

Dans les écoles de laiterie comme dans les écoles ménagères agricoles, on suit le système du *half-times* (demi-temps), c'est-à-dire qu'une demi-journée est consacrée aux cours théoriques, l'autre aux cours pratiques.

2° *Les conférences ou cours volants.* — Les cours comprennent six à quinze conférences consécutives données dans une même localité.

Les sujets donnés dans ces conférences sont : avantages des laiteries coopératives, alimentation du bétail, hygiène des étables, composition du lait, différents systèmes d'écrémage, de barattage, de délaitage, de malaxage, etc.

Ces conférences ont été organisées dans un très grand nombre de villages; en six ans, depuis 1891 jusqu'en 1896, il fut donné 1850 conférences dans 292 localités différentes. Ces conférences obtinrent beaucoup de succès et produisirent de fort bons résultats.

Depuis 1891, il a été ouvert 170 cours de laiterie d'une durée de trois mois, à l'occasion desquels il a été délivré plus de 1600 certificats de capacité. Il a été institué en outre une trentaine de cours réguliers de 30 jours. Ces institutions, les conférences et les écoles volantes se complètent logiquement. En effet, les conférenciers, allant de village en village, font connaître les nouveaux procédés de laiterie ; les écoles volantes, venant après eux, mettent en action les préceptes que les conférences ont exposés et font voir par l'exemple l'excellence de cet enseignement. Aussi ces deux modes de propagande ont-ils été féconds en heureux résultats : depuis 1890, plus de 6000 écrémeuses à bras fonctionnent dans le pays et environ 250 laiteries coopératives y ont été fondées.

En présence des brillants résultats qui ont été obtenus par l'enseignement de la laiterie, que ne pourra-t-on attendre des écoles ménagères agricoles? Les jeunes filles formées dans ces utiles institutions deviendront des ménagères accomplies, des fermières modèles qui, par suite de l'influence qu'elles pourront exercer sur leur mari, sur leurs enfants et sur le personnel de la ferme, contribueront à augmenter le bien-être dans la demeure du cultivateur, à y faire régner le bonheur ; elles feront aimer le foyer, la vie des champs; elles empêcheront la désertion de la campagne au profit de la ville; en un mot, elles contribueront au relèvement de l'agriculture, elles porteront indirectement remède à la crise agricole qui a causé la ruine de tant de cultivateurs.

f) Écoles d'horticulture. — Parmi les industries qui conviennent aux femmes, il en est une dont on s'est beaucoup occupé au Congrès international de Londres, cité plus haut : je veux nommer l'*horticulture*. Les travaux qui se rapportent à l'horticulture étant d'une exécution facile, ils peuvent être faits tout aussi bien par la femme que par l'homme. La femme mariée peut s'en occuper sans quitter le logis, sans négliger son ménage, ses enfants; ceux-ci pourraient de bonne heure l'aider dans ses occupations. Il existe en Angleterre des écoles d'horticulture pour filles qui fonctionnent parfaitement.

En Belgique, l'enseignement horticole est donné exclusivement aux garçons. Toutefois, à l'École d'horticulture de garçons à Gand, un cours spécial de fleuristerie est organisé pour les filles.

Il est probable qu'une école d'horticulture de filles sera fondée prochainement dans notre petit pays, où l'horticulture est si fort en honneur.

g) Institutions complémentaires. 1° Ligue de l'Éducation familiale. — Pour stimuler le zèle des jeunes fermières, pour les tenir au courant du progrès, on devrait instituer des unions, des ligues, etc., qui s'occupent des intérêts de l'agriculture. Telle est la *Ligue de l'éducation familiale* qui existe en Belgique depuis quelques mois. Cette société cherche à vulgariser, par tous les moyens possibles (cours, conférences, bibliothèques, bulletins mensuels, expositions, concours, examens, etc.), les notions d'agronomie, de zootechnie, de laiterie, d'horticulture, d'aviculture, d'apiculture, de floriculture, etc., inscrites dans son programme, spécialement pour les dames habitant la campagne.

2° Union internationale féminine d'agriculture et d'horticulture. — Une autre Société agricole pour femmes a son siège social à Londres; c'est l'*Union internationale féminine d'agriculture et d'horticulture* qui compte des adhérentes dans différentes contrées de l'Ancien et du Nouveau Continent. Cette association publie un bulletin trimestriel pour ses membres.

5° *Association agricole pour femmes*. — Il existe encore en Angleterre une autre société d'agriculture pour femmes : *Agricultural association for women*, qui a sa revue mensuelle.

Conclusions.

1° Des notions d'agriculture devraient être enseignées dans les écoles primaires rurales de filles ;

2° On devrait organiser dans les communes rurales des écoles d'adultes, ou écoles de dimanche, afin de permettre aux jeunes filles qui n'ont pas l'occasion de fréquenter des écoles spéciales, de continuer leurs études agricoles. Une bibliothèque devrait être à leur disposition ;

3° Des sections agricoles devraient être annexées aux écoles moyennes et aux pensionnats fréquentés par les filles de la campagne ;

4° On devrait instituer dans tous les pays des écoles d'agriculture pour filles : écoles ménagères agricoles, écoles de laiterie, écoles d'horticulture, etc. ;

5° Leurs études terminées, les jeunes fermières devraient faire partie d'une ligue ou union agricole qui aurait son journal, sa bibliothèque, son cercle de conférences et d'autres moyens d'action, de nature à instruire les membres de la Société, à les tenir au courant des progrès, à stimuler leur zèle, à les encourager à bien faire.

INSTRUCTION AGRONOMIQUE POUR LES FEMMES

Par Mme Marie CZAPLINSKA

Membre des Sociétés d'agriculture des Gouvernements de Podolie et de Kiew.

Le 24 mars 1899, Son Excellence le Ministre de l'agriculture Yermoloff a sanctionné le règlement de la Société de coopération à l'instruction supérieure agronomique pour les femmes ; par là même il a ouvert une voie nouvelle pour le développement scientifique et pratique des connaissances agronomiques chez les femmes.

La grande-duchesse Eugénie d'Oldenbourg a accepté la présidence d'honneur de cette société. Le 4/17 mai 1900, sous son patronage, ont été inaugurés les cours agronomiques pour les femmes à Moscou. Le nom du professeur J. A. Stebout, infatigable propagateur de l'idée de l'instruction agronomique supérieure, pour les femmes en Russie, restera dans la mémoire de toutes les femmes devenues agronomes, grâce à son initiative si brillamment couronnée de succès. A son nom sont joints ceux de Mmes N. P. Dolgowa, de E. P. Mouchketowa, et de tant d'autres dont la liste serait trop longue.

Le discours de M. le professeur Stebout au moment de l'inauguration de la Société à Saint-Pétersbourg, le 6 avril 1899, a rappelé le fait qui a eu lieu en 1869, quand les trois sœurs Elisabeth, Marie et Julie Lermontov, filles d'un grand propriétaire foncier du gouvernement de Toula, ont adressé une pétition au conseil de l'académie d'agriculture de Petrowskoïé-Rasoumowskoïé, pour être admises à suivre les cours à l'égal des étudiants. Le conseil académique décida d'admettre les femmes en général aux mêmes conditions que les élèves du sexe masculin, se fondant sur le règlement de l'académie qui ne défendait pas aux femmes de suivre les cours.

Cependant, le Ministre des apanages ne trouva pas possible d'admettre les femmes à suivre les cours de l'académie de Petrowskoïé parce que le Conseil de l'empire, occupé de la revision des règlements universitaires, enjoignait au Ministre de l'instruction publique de ne pas admettre les femmes aux cours de l'Université; le Ministre des apanages crut devoir étendre cette mesure restrictive aux cours de l'académie agronomique.

Les trois pétitions des sœurs Lermontov sont la première démarche de la part des femmes russes pour suivre les cours d'agronomie. Non seulement en Russie, mais à l'étranger, il arrive fréquemment aux femmes d'avoir à diriger des domaines agricoles; mais avec l'accroissement de l'agriculture et les difficultés économiques, dépourvues de théories scientifiques, elles ne suffisent plus à la tâche. Voilà pourquoi une instruction spéciale est devenue nécessaire aux femmes. L'étranger a devancé de beaucoup la Russie sur ce point.

C'est en 1870 qu'apparaissent dans la presse les premiers efforts pour développer l'instruction agricole. C'est en 1871 que fut fondée dans le gouvernement de Twer la première école pour l'exploitation rationnelle du laitage, dans le village Edimonovo, appartenant à M. N. V. Wereszczagin. Les produits de cette école ont acquis une grande renommée en Russie.

En 1888, dans le gouvernement de Kiew, district de Berdiczew, au village Zazoudince, Mme M. N. Marioutz-Grineva a ouvert une école primaire d'agriculture et d'économie domestiques pour les filles.

En 1889, dans le gouvernement de Kownogen, Lithuanie, dans le domaine de Ponemougne appartenant à Mme la baronne E. I. Boudberg, était établie une école moyenne avec des cours d'agronomie et des branches d'économie domestique.

En 1891, dans le gouvernement de Tchernigov, en Petite-Russie, dans le domaine Préobragenskoe, appartenant à Son Excellence le général N. N. Neplueff, possesseur d'une grande fortune, ont été organisées et ouvertes des écoles: agronomique, technique, d'économie domestique, de métier, pour les femmes et pour les hommes. Tous ces établissements sont subventionnés par le gouvernement de la somme de 6000 roubles payée par le Ministre des apanages.

Parmi les écoles précitées, celle de Zazoudince recrute ses élèves parmi les enfants des villageois et des employés des fermes. Celle de Ponemougne, réunissant ces deux classes, donne à ceux qui ont reçu une instruction supérieure la possibilité de suivre les cours théoriques et pratiques sur les diverses branches de l'agriculture.

Les écoles de Préobragenskoe, dirigées personnellement par M. Neplueff et sa famille, ont un règlement tout à fait original, qui permet aux élèves de former une confrérie, dont l'organisation est très intéressante ; mais la description même restreinte prendrait trop de temps pour être tentée ici. Cet établissement, dans son régime, mérite d'être étudié sur place.

Aux environs de Varsovie, dans son domaine Chiliczki, la comtesse Plater a fondé une école pour les demoiselles qui désirent apprendre l'économie domestique dans tout son développement, de manière que ces demoiselles puissent plus tard dans leurs domaines diriger leur ménage avec connaissance de cause. A cet école en est jointe une autre pour les servantes de chaque classe : cuisinières, blanchisseuses, etc.

A Saint-Pétersbourg, au Soloi Gorodok, on a établi sur l'agronomie, l'économie domestique et bien d'autres branches d'étude, des cours très fréquentés par les femmes. A Moscou, depuis l'ouverture des cours agronomiques le 4/17 mai de cette année, sur 108 personnes qui désiraient être admises, on n'a pu en accepter que 48 faute de place. Les exercices pratiques pour les femmes qui suivent les cours agronomiques seront établis à la ferme Boutirska, appartenant à l'institut agronomique de Moscou. Les cours ont lieu dans deux maisons avec internat. On paye 25 roubles pour les cours, plus 25 roubles par mois pour l'entretien à l'internat.

Bientôt, grâce à l'intérêt que porte à l'instruction agronomique des femmes Son Excellence le général Czujkiewicz, administrateur en chef des domaines de la couronne à Kiew, on organisera dans cette ville des cours analogues à ceux de Moscou. L'ouverture de ces cours n'est pas encore fixée.

Il serait à désirer que l'initiative du professeur Stebout dans la spécialité qui nous occupe puisse servir d'exemple pour les professeurs d'autres spécialités, en les engageant à faire des efforts analogues pour donner aux femmes la possibilité de s'instruire dans toutes les branches des sciences selon leur choix.

L'ENSEIGNEMENT DE L'AVICULTURE DANS LES ÉCOLES DE LAITERIE

Par M. Ernest LEMOINE

Président honoraire de la Société nationale d'aviculture de France.

Il existe en France des Écoles de laiterie, en trop petit nombre malheureusement. Nous demandons qu'une plus large part soit faite aux femmes dans l'enseignement agricole, notamment dans certaines branches secondaires de cet enseignement.

Nous voudrions d'abord que cet enseignement fût étendu, que les jeunes filles fussent encouragées à le suivre; nous voudrions ensuite qu'il fût complété, et qu'à la laiterie proprement dite on joignît l'étude de la fromagerie, de la buanderie, de la lingerie, de la cuisine même, en un mot des connaissances qui, dans le monde agricole, sont plus particulièrement du domaine de la femme; nous voudrions surtout qu'on enseignât aux jeunes filles l'administration de la basse-cour.

L'élevage de la volaille convient avant tout à la femme. Dans la maison rustique c'est son lot, son apanage, sa chose. « L'œil de la femme engraisse le veau », a-t-on dit. Ce qui est vrai du veau, est encore plus vrai du poulet, du dindon, du lapin, de tous les hôtes de la basse-cour.

Seulement il ne suffit pas du bon vouloir, encore faut-il savoir; et c'est là que l'enseignement de la basse-cour, complémentaire de celui de la laiterie, intervient et trouve sa place.

On apprend à traiter la basse-cour, comme on apprend les autres métiers, les plus relevés comme les plus humbles. C'est une science que de discerner les races, que de connaître leurs qualités et leurs défauts, que de savoir les approprier au climat, au milieu, aux circonstances. C'est une science — qui s'enseigne, et qui s'apprend — c'est une science que de savoir installer une basse-cour, la tenir en état de propreté indispensable, y pratiquer et y entretenir l'hygiène. C'est une science encore que de choisir les œufs, de les mettre en incubation, d'élever les petits, de les mener jusqu'à l'âge où ils peuvent être vendus, c'est une science enfin que de faire rapporter la basse-cour et d'en tirer le plus possible. C'est cette science de l'élevage, ce sont ces connaissances pratiques que nous voudrions voir enseigner en même temps que la laiterie.

Mais, encore une fois, pour aimer la basse-cour, pour s'y plaire, comme pour en tirer profit, il faut savoir, il faut apprendre. La bonne volonté ne saurait suffire et voilà pourquoi nous préconisons un enseignement facile à donner, facile à mettre en pratique; sans enseignement, la ménagère rencontre des déceptions qui la découragent et lui font prendre en dégoût des soins pour lesquels elle est si bien faite.

Combien de fois avons-nous entendu des fermiers traiter avec dédain la basse-cour : Oh! cela ne compte pas, cela coûte cher, cela est bon tout au plus pour nous assurer des œufs frais et de bons rôtis....

Avec l'enseignement que nous voudrions voir annexer à celui de la laiterie, la fermière d'abord — et bien vite le fermier — apprendraient que la basse-cour n'est pas une quantité négligeable, qu'elle a sa place, son intérêt dans l'exploitation agricole.

Il y a même mieux que le profit matériel. Il y a l'intérêt moral, l'attachement qui retient la ménagère aux champs et conserve chez elle le goût et l'amour du métier.

Combien de fois a-t-on constaté et déploré la dépopulation des campagnes et que la terre n'ait plus pour le paysan le même attrait qu'autrefois!

Eh bien! l'idée de l'enseignement agricole pour les femmes ne pourrait-elle pas constituer — nous ne dirons pas un remède — mais au moins un palliatif qui ne serait pas sans effet?

Qu'on se rappelle le vieil adage : « Cherchez la femme », et qu'on l'applique en l'espèce.

Les champs sont abandonnés, le goût de la terre n'attire plus; cherchez si ce n'est pas bien souvent la femme qui n'a plus pour l'agriculture et ses travaux l'attraction d'autrefois, si ce n'est pas elle qui dédaigne la ferme et qui, la première, tourne les yeux vers la ville; cherchez si les premières suggestions ne viennent pas d'elle et si le grand magasin de nouveautés n'exerce pas sur son imagination le même effet que les plaisirs fictifs sur celle de l'homme.

Nous voulons rendre à la campagne son prestige, repeupler la ferme et le village et remettre, comme on dit souvent, « l'agriculture en honneur ».

Adressons-nous à la femme : trouvons, s'il se peut, les moyens de la retenir aux champs ou de l'y ramener; en agissant ainsi, nous aurons beaucoup fait pour y retenir et y ramener l'homme.

Aux paysannes enseignons un métier; quand elles le connaîtront, elles l'apprécieront, elles l'aimeront. On ne fait bien que ce que l'on a appris. On n'aime que ce que l'on connaît.

Et elles sont plus nombreuses qu'on ne croit, les jeunes filles qui pourraient profiter de l'enseignement spécial que nous voudrions voir vulgariser.

Il y a d'abord les femmes du métier, les professionnelles, pour ainsi parler, celles qui sont appelées à prendre leur part de l'exploitation agricole et à collaborer à la direction de la ferme. Combien important est leur rôle, et dans ce rôle quelle place est réservée aux soins de la basse-cour! Combien nécessaire leur éducation agricole! Quelle différence entre la situation d'un cultivateur dont la femme n'a pour ces travaux qu'ignorance et dédain, et la situation de celui qui voit sa compagne s'intéresser à ses travaux, parler avec compétence de ce qu'il connaît, traiter en commun les questions agricoles, et mettre bravement, comme on dit, la main à la pâte.

Croyez-vous que ce ménage-là ne prendra pas goût à la terre? Croyez-vous que c'est là qu'on tournera les yeux vers la grande ville? Le fermier qui, en rentrant des champs, fatigué de son sain et rude labeur, trouvera la maison bien en ordre, la lingerie, la buanderie, la laiterie en bon état, et surtout une basse-cour, non plus négligée et laissée à l'abandon, mais propre, soignée; le fermier qui, au bout de l'année, constatera qu'il y a là profit et qu'il le doit aux soins entendus de sa femme, à son travail et à ses connaissances acquises, celui-là se sentira payé de ses peines, fier de sa profession, heureux de son sort et n'en voudra pas changer. La terre le tiendra, grâce aux fils invisibles tendus par la ménagère.

Est-ce à dire que les connaissances spéciales que nous demandons qu'on donne aux jeunes filles ne devront servir qu'aux fermières, aux femmes de cultivateurs?.

Nous prétendons que toute jeune fille, appelée à vivre à la campagne, voire même à la ville, se trouvera bien de cet enseignement, qu'elle trouvera chez elle, dans son intérieur, quel qu'il soit, mille occasions d'en tirer parti. Si elle n'est pas appelée à pratiquer, il y a là des notions d'ordre, d'économie, dont elle pourra tirer parti dans son ménage.

Avec juste raison, les demoiselles se plaignent que la vie est difficile, de n'y pas trouver de débouchés, de situations, d'aliments à leur intelligence, à leur activité; qu'elles tournent leurs regards du côté de la terre, elles y trouveront peut-être quelques-uns des avantages qu'elles cherchent inutilement ailleurs. Le mieux est de revenir au vieux sol de la France, à la profession la plus noble de toutes, à la profession agricole. C'est dans ce but que nous demandons qu'une plus large part soit faite aux femmes dans l'enseignement agricole.

SUR L'ENSEIGNEMENT AGRICOLE AU POINT DE VUE COMMERCIAL

Par M. J. de LOVERDO

Dans son discours de la séance d'ouverture, l'éminent président de ce Congrès a insisté d'une façon toute spéciale sur la nouvelle orientation qu'il convient de donner à l'Agriculture ; il vous a dit que celle-ci a besoin de devenir plus commerçante, de chercher à s'émanciper des intermédiaires superflus qui la ruinent et de faire elle-même ses affaires, au lieu de les confier à des agents qui sacrifient volontiers à leur profit personnel la pureté et par conséquent le renom des produits qu'ils sont chargés d'écouler.

Cette question d'organisation commerciale est d'un intérêt vital ; elle n'a pas seulement une importance considérable pour ce qui concerne le blé, ainsi que cela a été reconnu par le récent congrès de Versailles, mais pour toutes nos denrées agricoles sans exception. On peut espérer que l'association agricole, sous ses diverses formes, cherchera à y remédier jusqu'à une certaine mesure, mais il appartient à l'enseignement agricole d'entrer résolument dans cette voie et de vaincre les hésitations que peuvent avoir là-dessus les agriculteurs, en encourageant les efforts des plus avancés d'entre eux.

Inutile de vous rappeler qu'aujourd'hui l'enseignement agricole ne fait aucune part à ces questions. On apprend bien aux élèves les progrès accomplis dans l'ordre scientifique et technique, on vulgarise les méthodes rationnelles de culture qui permettent de réduire au minimum le prix de revient, mais on se désintéresse entièrement du sort des denrées dont la production demande un tel effort d'intelligence et de ténacité.

Le jeune agronome d'aujourd'hui connaît par le détail l'histoire, par exemple, des microbes dont les bataillons envahissent le lait, le beurre et le fromage, mais il ne sait pas un mot sur l'exportation de ces denrées, pas plus que sur les exigences du goût des consommateurs auxquels elles sont destinées.

Or, messieurs, il ne faut pas oublier que l'exploitation de la terre n'est pas un métier uniquement scientifique. L'agriculteur doit savoir vendre, comme il doit savoir produire. C'est pour avoir négligé ce point que nous nous sommes laissé devancer, nous autres Français, par des nations productrices moins bien partagées que la nôtre.

Si en dépit des changements économiques nous sommes restés exportateurs, c'est grâce à notre situation géographique. Placés à la frontière de populations très denses vivant sous un climat plus rigoureux que le nôtre, nous avons l'avantage de pouvoir produire des fruits, des légumes, des volailles, des vins, des fromages, des charcuteries fines, incomparablement supérieures à ceux de nos voisins.

Dans beaucoup de cas, cette supériorité nous donne un véritable monopole, dont nous n'avons pas su tirer un profit suffisant. En nous y prenant mieux, nous pourrons augmenter à l'infini les débouchés de certains produits de choix surtout, qui ne sont consommés actuellement que dans les grandes villes telles que Londres ou Paris.

Et à ce point de vue, un cours spécial dans notre enseignement agricole, professé par des hommes ayant des connaissances suffisantes et le sens pratique des choses, serait d'un appoint considérable, et pourrait rendre au pays des services sans nombre.

Maintenant, que pourrait être ce cours ?

Je pense, messieurs, que vous ne me demanderez pas de tracer un programme dans cette communication rapide, laquelle du reste n'a d'autres prétentions que de semer un germe nouveau dans le vaste champ de l'enseignement agricole.

Il me semble pourtant que dans ce cours on pourrait examiner d'abord les procédés actuels de la conservation des produits de la ferme pendant les transports, l'écoulement graduel de ces produits grâce à l'emploi des méthodes frigorifiques si usitées à l'étranger, l'échange des denrées agricoles entre les différentes régions d'une nation, puis la nature des importations des pays étrangers, la qualité des denrées que ceux-ci consomment de préférence, les efforts que de grandes sociétés commerciales déploient pour augmenter les débouchés de tel ou tel produit. Vous savez, messieurs, que parmi ces sociétés il en est dont l'organisation est quasi scientifique. Je rappellerai comme exemple cette remarquable association des planteurs de thé de Ceylan, qui expose au Trocadéro, et qui a trouvé, à force d'observer, des procédés de propagande étonnants. Elle est allée jusqu'à encourager matériellement la croisade antialcoolique, ayant remarqué que dans les pays où triomphe la lutte contre l'alcool, la consommation du thé augmente en proportions considérables.

Et sans aller si loin, en France même on pourrait trouver des modèles à imiter. Voyez ce qui se passe pour le vin de Champagne qui se vend partout dans le monde entier pour le plus grand profit des viticulteurs champenois. Eh bien, ne trouvez-vous pas que beaucoup d'autres produits du sol de la France valent dans leur genre le champagne ?

Il faut donc de toute nécessité montrer à nos producteurs ces exemples, leur expliquer le mécanisme de ces méthodes commerciales qui ont permis d'ouvrir le marché universel à certaines denrées qui ne forment peut-être pas les meilleures spécialités des pays où elles sortent.

J'ai donc l'honneur de vous proposer les résolutions suivantes :

« Il est désirable, afin de faciliter l'écoulement des produits agricoles :

« 1° Que l'enseignement, dans les écoles supérieures et moyennes d'agriculture, soit enrichi d'un cours spécial traitant la manière dont le commerce de ces produits est ou pourrait être organisé;

« 2° Que les professeurs d'agriculture aient soin d'insister dans leurs conférences nomades sur le besoin de l'organisation commerciale de l'agriculture. »

TROISIÈME SECTION

AGRONOMIE

BUREAU

Président. . . . M. le marquis DE VOGÜÉ, membre de l'Institut et de la Société nationale
d'agriculture, membre de la Commission internationale d'agriculture,
président de la Société des agriculteurs de France.

Vice-présidents . M. le marquis ALFONSO CAPPELLI, délégué de la Société des agriculteurs
italiens (*Italie*).

M. le comte LÉOPOLD KOLOWRAT, membre du Conseil d'agriculture de Bohème
(*Autriche*).

M. le chevalier F. RAEDER, délégué de l'Union des Comices (*Danemark*).

M. DE RIEPENHAUSEN-CRANGEN, propriétaire, membre du Landtag, à Berlin
(*Allemagne*).

M. DEBÉRAIN (P.-P.), membre de l'Institut et de la Société nationale d'agriculture (*France*).

M. SCHLŒSING, membre de l'Institut et de la Société nationale d'agriculture
(*France*).

M. CALVET, sénateur (*France*).

M. PERRIER (Antoine), sénateur (*France*).

Secrétaires. . . . M. BERTHAULT (F.), professeur à l'École nationale d'agriculture de Grignon
(*France*).

M. MERSEY (L.), conservateur des eaux et forêts, chef du service des améliorations pastorales au ministère de l'agriculture (*France*).

Secrétaires adj. M. E. CARDOT, inspecteur des eaux et forêts (*France*).

M. CARRIER, ingénieur hydraulicien (*France*).

M. E. FAURE, ingénieur hydraulicien (*France*).

Première séance. — Dimanche 1ᵉʳ juillet, à 4 heures et demie.

M. le marquis DE VOGÜÉ, président du Comité de la Section, invite la réunion à
constituer son bureau.

Par acclamation, M. de Vogüé est désigné comme président définitif.

Le Président remercie la réunion et lui propose :

1° De constituer son bureau définitif avec les membres du bureau du Comité :
MM. Dehérain, Schlœsing, Calvet, Perrier, *vice-présidents*; MM. Berthault, Mersey,
secrétaires;

2° De lui adjoindre comme *vice-présidents*, parmi les membres étrangers du Congrès : M. de Riepenhausen-Crangen, membre du Landtag, à Berlin : — M. Kolowrat, membre du Conseil d'agriculture de Bohême ; — M. le chevalier Ræder, délégué de l'Union des Comices du Danemark ; — M. le marquis Alfonso Cappelli, délégué de la Société des agriculteurs italiens ;

3° De désigner comme secrétaires adjoints : MM. Cardot, Faure, Carrier.

Ces propositions sont adoptées à l'unanimité.

Il est décidé que la prochaine séance aura lieu le lendemain lundi, à 9 heures du matin, et l'ordre du jour est ainsi fixé :

1° Discussion du rapport de M. Risler sur la constitution géologique du sol.

2° Discussion du rapport de M. Aubin sur les analyses du sol.

3° Discussion du rapport de M. Le Cler sur les relais de mer.

4° Discussion du rapport de M. George sur l'association en agriculture.

5° Discussion du rapport de M. Bénard sur les réunions et remembrements de parcelles.

La séance est levée à 5 heures un quart.

Deuxième séance. — 2 juillet (matin).

La séance est ouverte à 9 heures du matin sous la présidence de M. le marquis DE VOGÜÉ assisté de MM. de RIEPENHAUSEN-CRANGEN et KOLOWRAT, vice-présidents, et de M. MERSEY, secrétaire.

M. RISLER développe son rapport sur les relations entre la constitution géologique du sol et ses qualités[1]. Il montre que la composition chimique des sols et leur origine géologique ont une relation assez intime pour qu'on puisse prévoir ce que renferme une terre lorsqu'on sait d'où elle provient.

Il y a des terres que la nature destine à porter des bois, d'autres des herbages, d'autres des céréales : la géologie peut nous les indiquer avec une précision merveilleuse.

La répartition des eaux et leurs qualités, — indications des plus précieuses pour leur utilisation à l'arrosage, — dépendent également de la constitution géologique de la région considérée.

L'étude des cartes géologiques est donc du plus haut intérêt pour l'agriculture ; elle doit servir de base à l'établissement des cartes agronomiques qui ne sont que le développement des premières, et n'ont rien pu donner de pratique, quand on a voulu les établir en faisant abstraction des considérations d'ordre géologique.

M. Risler fait en outre remarquer, à ce propos, l'importance qu'il y aurait, lors de la réfection du cadastre, à avoir des géomètres familiers avec la science agronomique et ayant des notions précises sur la valeur agricole des terres et les améliorations dont elles seraient susceptibles.

M. AUBIN présente son rapport sur l'analyse physique et chimique du sol[2], en insistant rapidement sur les points qui prêtent à discussion.

On est d'accord pour le choix des échantillons, mais il y aurait lieu de se prononcer : sur un mode opératoire unique pour la préparation des échantillons au laboratoire ; sur l'adoption du procédé Schlœsing pour l'analyse physique des terres

---

1. Voir le Tome I des Travaux du Congrès, p. 249.
2. Voir le Tome I des Travaux du Congrès, p. 255.

et la méthode d'interprétation des résultats; sur le choix de l'alcali destiné au dosage de l'humus.

En ce qui concerne l'analyse chimique, faut-il employer, pour attaquer le sol, l'acide nitrique, l'acide chlorhydrique ou l'eau régale?

Pour l'interprétation des résultats, on est d'accord au sujet de l'azote et de l'acide phosphorique; mais pour la potasse, les divergences d'appréciation sont considérables. Enfin pour la magnésie, la chaux, et les autres éléments, les observations actuelles ne permettent pas de donner des conclusions générales.

Il y aurait lieu, en outre, de préciser dans quelles conditions les chiffres qui expriment la fertilité sont obtenus, en tenant compte des propriétés physiques, de l'épaisseur de la couche arable, de la nature du sous-sol, etc.

M. Aubin conclut en disant que les analyses physiques et chimiques des terres arables sont utiles et peuvent guider l'agriculteur dans les amendements à adopter et l'emploi des engrais, à la condition que les méthodes à employer et le mode opératoire à suivre soient rigoureusement et uniformément déterminés dans tous nos laboratoires agricoles, et que, dans l'interprétation des résultats, on se limite aux faits définitivement acquis à la science.

M. Bouesco (Roumanie) demande au rapporteur de bien vouloir insister avec plus de détails sur les modes opératoires indiqués. Il voudrait savoir en particulier pourquoi une durée de cinq heures de chauffage a été adoptée pour l'attaque des terres à l'acide nitrique, et comment il convient d'opérer pour entretenir pendant ce temps une quantité constante d'acide.

L'orateur a trouvé qu'il restait encore de l'acide phosphorique non dissous dans la terre après cinq heures d'ébullition; MM. Berthelot et André ont fait des constatations analogues même après dix-huit heures. Il conviendrait de préciser ces divers points pour doter les stations agronomiques des mêmes méthodes d'analyses des terres.

M. Aubin répond qu'il a dû, dans son rapport, s'en tenir aux considérations générales sans insister sur des détails de manipulation. En ce qui concerne la méthode d'attaque et sa durée de cinq heures, c'est une simple convention basée sur une longue expérience, adoptée de tout le monde, d'autant plus acceptable qu'une attaque plus prolongée ne donne pas des résultats sensiblement supérieurs.

M. Gastine résume une note annexée au procès-verbal (Voir les *Documents annexes*, p. 140 de ce volume), dans laquelle il montre que les méthodes d'analyses actuellement adoptées sont très suffisantes, bien que perfectibles.

Au contraire, l'interprétation des résultats de ces analyses, qui est uniquement basée sur les chiffres obtenus, laisse beaucoup à désirer. La signification de ces chiffres varie en effet avec le temps depuis lequel le sol est livré à la culture, avec l'origine, les propriétés physiques, l'humidité du sol et du sous-sol, etc. En un mot, pour fournir aux intéressés des indications utiles, le chimiste devrait tenir compte, non seulement des observations faites au laboratoire, mais aussi de l'histoire géologique et agronomique du sol et du sous-sol étudiés. Ces renseignements pourraient être obtenus du cultivateur au moyen d'un questionnaire dont la forme pourrait être étudiée et déterminée par le Congrès.

M. Pétermann, directeur de la station agronomique de Gembloux (Belgique), présente au Congrès une communication dans laquelle il relate plusieurs constatations faites en étudiant les sols belges, particulièrement en ce qui concerne le dosage de la potasse. Il est d'avis de compléter les dosages ordinaires, par la détermination de la potasse de la partie insoluble, et par celle de l'acide phosphorique soluble dans le citrate d'ammoniaque. Enfin l'analyse de l'eau du sol recueillie par l'appareil à déplacement de M. Schlœsing présenterait également beaucoup d'intérêt (Voir les *Documents annexes*, p. 143 de ce volume).

M. Garola, directeur de la station agronomique de Chartres, pense que les analyses de terre sont utiles en général, mais qu'au point de vue pratique la recherche des éléments facilement assimilables par les plantes offre infiniment plus d'intérêt que le dosage de l'élément total. En conséquence, il est d'avis de faire emploi de réactifs faibles pour l'étude des sols en ce qui concerne l'acide phosphorique et la potasse.

A l'appui de cette thèse, il cite ce fait que la terre du champ d'essai de Dreux, qui devrait être considérée comme pauvre en acide phosphorique d'après les résultats fournis par l'analyse ordinaire, est cependant insensible à l'emploi des engrais phosphatés, justement parce que l'acide phosphorique s'y trouve à un état très assimilable (Voir les *Documents annexes*, p. 146 de ce volume).

M. André, professeur à l'Institut agronomique, fait remarquer que, quel que soit le but que l'on poursuive dans l'analyse de la terre végétale, il importe de commencer par effectuer un dosage total des éléments de fertilité que cette terre renferme; on connaîtra ainsi le stock réel de ces éléments sur lesquels agissent incessamment les actions physico-chimiques. Il rappelle, en outre, que MM. Berthelot et André, il y a plus de dix ans, ont fait agir sur la terre végétale, au point de vue de la quantité de potasse qu'ils étaient capables de solubiliser, un très grand nombre de réactifs, neutres ou acides, concentrés ou étendus. On a étudié, à cet égard, l'action dissolvante progressive de l'eau, celle de l'eau renfermant des corps neutres : sucre, éther acétique, acétamide, celle des acides minéraux à différents degrés de dilution.

Ces remarques ont leur importance, car elles montrent que les dissolutions contenues dans le sol, et dont la réaction est neutre sensiblement, sont capables de solubiliser des quantités notables de potasse qui sont ainsi mises à la disposition des racines des plantes.

Le rôle solubilisateur du gaz carbonique est particulièrement intéressant dans le cas présent, puisque ce gaz est toujours contenu en plus ou moins grande quantité dans les liquides qui imbibent la terre végétale.

Relativement au dosage de l'humus dans le sol, M. André pense qu'il est préférable d'effectuer par les procédés connus une combustion de la matière organique afin de connaître le poids de carbone total que renferme le sol. Les solutions alcalines de soude, de potasse ou d'ammoniaque, employées soit à froid, soit même à chaud, n'enlèvent que difficilement la totalité de la matière humique. D'ailleurs celle-ci est un mélange très complexe sur lequel les alcalis agissent progressivement et avec d'autant plus de lenteur qu'ils sont plus étendus.

M. Aubin répond que dosage de l'humus ne signifie pas dosage du carbone, mais dosage de l'acide humique. On a ainsi en quelque sorte l'expression de la transformation de la matière organique dans le sol, notion du plus haut intérêt agricole.

M. Bauwens (Belgique) observe que de nombreuses analyses chimiques de terres sont livrées à la publicité; seulement il conviendrait, afin de permettre aux cultivateurs d'en tirer tout le fruit possible, de les compléter par une légende; celle-ci donnerait des indications sur la nature du sol, le genre des cultures qui ont couvert le sol en dernier lieu, les fumures et les amendements appliqués récemment. Ces renseignements seraient, en outre, des plus utiles aux chimistes, pour leur faciliter l'interprétation des résultats de l'analyse.

M. Paul Genay présente une observation tendant à montrer que l'influence de la rotation des cultures ne doit pas être négligée quand il s'agit de déterminer l'efficacité des sels de potasse sur le sol.

L'assolement suivi normalement à Bellevue près Lunéville est le suivant : blé, trèfle, fléole, avoine, blé, etc. — Or, en 1896, une trop forte récolte en blé ayant étouffé le trèfle et la fléole semés ensemble dans le blé pour fournir les récoltes fourragères de 1897 et 1898, on a dû, pour rentrer dans la rotation, semer de nouveau de l'avoine, dans cette avoine du trèfle, puis de nouveau de l'avoine et à l'automne 1899 du blé, le tout abondamment fumé de scories, de nitrates et de fumier.

A l'automne de 1899 on a expérimenté, sur des lots de comparaison d'une étendue de un are, l'effet d'un engrais potassique (résidus des cristalleries de Baccarat) renfermant trois quarts de carbonate de potasse, un quart de sulfate de potasse, soit environ 40 pour 100 de potasse.

A la suite du rigoureux hiver dernier, le blé a souffert partout où il n'a pas été fait emploi de potasse, laissant à peine espérer cinq quintaux de grains à l'hectare, tandis que les lots à potasse promettent un rendement de vingt quintaux.

Dans une autre partie du domaine qui n'a pas eu à souffrir de cette irrégularité d'assolement, qui n'a pas eu par suite à supporter trois céréales de suite, l'effet de l'engrais potassique est nul à l'œil.

Or, depuis 1882 ces terrains ont été analysés à plusieurs reprises par MM. Joulie, Dehérain, Grandeau, Aubin et enfin par M. Garola qui a bien voulu s'intéresser à ces essais de potasse, et tous ces chimistes ont été d'accord pour déclarer que les sols de Bellevue, qui proviennent des grès bigarrés, sont très pauvres en potasse dont ils ne contiennent que un demi pour 1000.

Il semble donc légitime d'admettre que c'est à la dissemblance des assolements qu'est due la différence des résultats observés dans les deux cas.

M. Sjollema (Hollande) attire l'attention du Congrès sur une méthode d'analyse physico-chimique qui a été donnée par lui il y a quelques années. Le principe de cette méthode consiste à séparer l'argile du sable par la force centrifuge.

Dans ce but, on agite la terre fine dans un appareil spécial animé d'un mouvement de rotation très rapide, avec un liquide dont la densité est d'environ 2,5. Sous l'effet de la force centrifuge, l'argile surnage dans un état floconneux, le sable restant au fond de l'appareil. Celui-ci est muni d'un robinet, afin d'isoler l'argile; il sort des magasins de M. Rob. Muencke, à Berlin. Au début, M. Sjollema avait fait usage de la solution de Thoulet, il se sert actuellement d'un mélange de chloroforme et de bromoforme de 2,5 environ de densité.

M. le marquis de Vogüé résume la discussion en disant que les résultats fournis par l'analyse chimique ont besoin d'être contrôlés par la pratique agricole. Il cite le cas d'un champ produisant 30 hectolitres de blé sur une de ses parties et 8 seulement sur l'autre, les échantillons de terre correspondants ne présentant aucune différence à l'analyse chimique. Cet énorme écart de rendement, dont la cause était passée inaperçue au laboratoire, s'expliquait au contraire aisément sur place par suite de différences faciles à constater dans la constitution physique du sol des deux parcelles.

Il conviendrait, en résumé, d'établir une corrélation plus grande entre les résultats scientifiques et les résultats culturaux; un contact plus fréquent entre le laboratoire et la ferme, le cultivateur et le savant. Il y aurait lieu enfin de donner à l'étude des propriétés physiques des terres toute l'importance qu'elle mérite, et de continuer à faire des efforts dans la voie de l'uniformisation des méthodes.

M. Robert Bouquet (Suisse) insiste sur l'importance du dosage total des éléments fertilisants du sol. Il est bon que le cultivateur connaisse quels sont les éléments fertilisants que renferment au total les terres qu'il cultive. Car si ces éléments ne sont pas immédiatement assimilables dans certaines conditions de culture, ils peuvent le devenir dans d'autres.

Il y a encore des points obscurs ou insuffisamment connus, concernant le mécanisme de la nutrition végétale, dont l'explication ne repose que sur des hypothèses plus ou moins vérifiées. Les racines des plantes semblent être douées d'un pouvoir spécial, variable avec les espèces, pour arracher au sol les éléments nutritifs dont elles ont besoin. Tout le monde sait que les plantes laissent l'empreinte de leurs racines sur des pierres souvent très dures pour l'analyse desquelles le chimiste est obligé d'employer les réactifs les plus énergiques.

Sans doute il y a dans cet ordre d'idées des recherches intéressantes à faire; mais il semble que, dans l'état actuel de nos connaissances, le dosage total des éléments a une importance capitale et qu'il doit toujours se faire. Au reste, l'un n'empêche pas l'autre, et il est certainement intéressant de chercher à compléter le dosage au total des éléments fertilisants par le dosage de leur partie plus immédiatement assimilable.

L'ordre du jour appelle la discussion du rapport de M. Le Cler[1] sur l'endiguement et la mise en culture des relais de mer. Le rapporteur, après avoir rappelé les immenses dessèchements entrepris en Hollande, en Belgique et en Angleterre, insiste sur l'importance que présenterait l'exécution de semblables travaux sur le littoral français. L'étendue des terrains à conquérir sur la mer serait, d'après Hervé Mangon, de 100 000 hectares, et à l'heure actuelle, presque tout est encore à faire.

Cet état de choses est dû aux diverses causes suivantes :

Les lais de mer appartiennent à l'État qui ne les donne en concession, qu'après l'exécution d'études préables fort longues et fort coûteuses, soumises à l'enquête et à l'approbation de quatre ministères.

Il faut ensuite courir la chance d'une adjudication publique, qui peut rendre stériles toutes les études et dépenses préparatoires.

Enfin il faut disposer de capitaux considérables qui peuvent rester improductifs pendant d'assez longues années.

Il y aurait donc lieu :

1° D'admettre le mode de concession directe quand nul intérêt public n'exige une adjudication publique et quand les demandes s'appuient sur des garanties sérieuses; dans tous les cas, d'abréger les délais et de simplifier les formalités;

2° De favoriser l'extension de ces travaux en chargeant les ingénieurs des Ponts et Chaussées et du Service hydraulique de déterminer les points du littoral où ils peuvent être entrepris avec avantage;

3° De les assimiler au drainage, et de les admettre comme tels au bénéfice de la loi du 17 juillet 1856.

A l'appui de ces conclusions, qui sont adoptées à l'unanimité, M. Le Cler décrit l'établissement et l'exploitation des polders de deux Sociétés françaises d'endiguement : dans la baie du mont Saint-Michel, et dans la baie de Bourgneuf.

L'ordre du jour appelle la discussion du rapport de M. George sur l'Association en agriculture[2].

La France, dit le rapporteur, semblerait devoir être le pays des associations agricoles, en raison de la division et du morcellement de la propriété.

1. Voir le Tome I des Travaux du Congrès, p. 317.
2. Voir le Tome I des Travaux du Congrès, p. 345.

Or, il n'en est rien et il a fallu une peine énorme pour faire pénétrer l'esprit d'association chez nos cultivateurs. Cependant les transformations économiques de ces dernières années, telles que le développement des moyens de communication, l'abaissement et le nivellement des prix, la rareté de la main-d'œuvre, l'augmentation des besoins, placent les cultivateurs dans la nécessité de faire des progrès correspondants, d'industrialiser en quelque sorte la culture.

Cela est relativement facile au grand propriétaire qui est instruit, dispose de capitaux et de crédit, et peut employer des machines perfectionnées en raison de l'étendue de ses terres.

Il en est autrement du petit cultivateur à qui ces avantages font défaut, et qui sans l'association semblerait condamné à disparaître.

Aussi après les hésitations du début on a vu se constituer, en France, depuis une quinzaine d'années, un nombre considérable de syndicats pour l'achat ou la vente en commun, de coopératives de production ou de consommation, de sociétés de crédit mutuel, etc.

Ces associations présentent le caractère commun d'être de nature mobilière, librement formées entre personnes se choisissant.

Mais il est une autre sorte d'association agricole, ayant plutôt le caractère d'association foncière, portant sur certaines propriétés désignées par leur situation, et exigeant, pour être formées, le consentement de tous les propriétaires.

Cette condition les rend très difficiles à réaliser et comme elles présentent, tout au moins indirectement, un caractère d'utilité publique, le législateur a été amené à en faciliter la création, par des dispositions législatives restrictives du droit absolu de propriété.

En France, les tentatives successives faites dans cette voie ont abouti à la loi du 21 juin 1865, qui donne aux intéressés un droit de contrainte contre les minorités récalcitrantes, lorsqu'il s'agit de travaux de défense contre les eaux, et à celle du 22 décembre 1888 qui concède également un droit de contrainte pour les travaux d'améliorations agricoles d'intérêt collectif.

Les nations voisines nous ont de beaucoup devancés dans cette voie; dès 1865, l'Italie avait posé le principe des associations obligatoires; de même les principaux États de l'Allemagne, l'Autriche, la Hongrie, le Luxembourg ont promulgué des lois plus larges et plus complètes que nos lois de 1865 et de 1888, et surtout plus fécondes en résultats pratiques.

Notre loi de 1888 est, en effet, restée complètement inefficace, puisque depuis sa promulgation il n'en est résulté pour toute la France que la formation de quinze syndicats.

On ne peut plus alléguer comme explication de cet échec notre tempérament individualiste; la floraison si rapide des associations de personnes montre le contraire. D'ailleurs, en Alsace-Lorraine, où sous le régime de la loi de 1865, restée en vigueur jusqu'en 1877, il n'avait pu être constitué qu'un seul syndicat, il en a été formé 625 de 1877 à 1898; et c'est précisément dans la Lorraine annexée, dont la population est d'habitudes et de tempérament si foncièrement français, que ces associations syndicales se sont formées avec le plus de facilité.

Toutefois, les imperfections réelles et les lacunes de cette loi de 1888 ne sont pas de nature à en paralyser si complètement l'effet.

La vérité est qu'en pareille matière, il ne suffit pas de décréter des dispositions législatives, il faut en assurer l'application. On ne peut compter pour cela sur les intéressés eux-mêmes, dont l'initiative et la bonne volonté même ne peuvent suffire;

il faut le concours de spécialistes capables de provoquer la formation des associations, de faire les études préparatoires, de dresser les projets et devis, de surveiller l'exécution des travaux et d'en assurer l'entretien.

Même s'il s'agit d'irrigation, on ne peut avoir recours au service de l'Hydraulique agricole qui n'est organisé que pour l'exécution et l'entretien des grands canaux d'irrigation et qui est dépourvu de personnel et de crédits spéciaux pour la formation et le fonctionnement des associations syndicales, ainsi que pour l'utilisation agricole de l'eau de ces canaux. Du reste, d'après M. Bechmann, sur les 245 641 hectares arrosables par ces canaux, 51 122 seulement sont irrigués.

Les autres directions du Ministère de l'Agriculture sont également dépourvues d'agents spéciaux pour l'exécution des travaux d'améliorations agricoles.

A la vérité, un décret du 30 décembre 1897 a bien créé, sous le titre de « Service des améliorations pastorales, etc. », un service nouveau qui semblait pouvoir servir d'amorce à l'organisation d'un service général des améliorations, mais ce service est resté à l'état embryonnaire.

Dans ces conditions, il est certain que les lois de 1865 et 1888, de même que toutes les autres lois meilleures qui pourraient intervenir, resteront stériles tant qu'il n'existera pas en France un corps d'agents techniques pour les appliquer.

C'est du reste ce qui s'est également passé à l'étranger dont les lois excellentes sont, comme en Bohême, en Alsace-Lorraine, restées sans effet tant qu'il n'y a pas eu d'agents chargés d'en assurer l'exécution.

Dans une étude très documentée, publiée en 1896, M. L. Faure donne les renseignements les plus complets sur les organisations de cette nature qui se sont développées si rapidement à l'étranger et sur les immenses services qu'elles y ont rendus. Donc pour venir en aide à l'agriculture et surtout à la petite culture, il serait temps d'entrer nous-mêmes dans cette voie.

En conséquence, le rapporteur propose au Congrès d'émettre un vœu pressant pour demander l'organisation d'un Service public des améliorations agricoles, service qui serait composé d'ingénieurs et de praticiens, recrutés avec soin et ayant reçu une instruction spéciale, et qui aurait pour mission de prêter son concours pour l'exécution de tous les travaux d'amélioration culturale, et notamment de provoquer dans ce but la formation d'associations syndicales, d'en préparer les voies et moyens, de faire les études sur le terrain, d'établir les projets, de suivre l'exécution des travaux et d'en assurer l'entretien.

Ce vœu est adopté à l'unanimité.

L'ordre du jour appelle la discussion du rapport de M. Jules Bénard sur la réunion et le remembrement des parcelles[1].

L'orateur fait remarquer que cette question a donné lieu à des études très complètes en France de la part de MM. Tisserand, Kayser, Faure, Convert, Voitellier, etc., et que tout le monde est d'accord pour reconnaître les inconvénients du morcellement excessif de la propriété. Les principaux sont : augmentation des frais de main-d'œuvre, difficulté d'emploi des machines, même de la charrue, pertes de temps en allées et venues d'une pièce à l'autre, grande étendue relative des parties en bordure mal utilisées, prix de revient inabordable des clôtures, améliorations foncières presque impossibles, majoration énorme des frais relatifs d'acquisition, etc.

Dès 1700, des tentatives de remembrement eurent lieu dans la commune de

---

1. Voir le Tome I des Travaux du Congrès, p. 326.

Laumes (Côte-d'Or) et depuis dans quelques autres trop rares départements de l'Est.

En Allemagne, la question est beaucoup plus avancée; sous l'énergique impulsion des divers services agricoles, les remembrements se poursuivent sans rencontrer d'opposants, d'autant plus qu'on entreprend souvent en même temps tout un ensemble d'améliorations foncières.

Pour remédier à cet état de choses, on a essayé en France de diminuer le droit proportionnel de mutation pour l'échange de parcelles contiguës; mais tous les efforts ont échoué devant l'importance des frais, l'existence des biens de mineurs ou d'interdits, de terrains affectés d'obligations hypothécaires, etc.

M. Voitellier a proposé d'ouvrir une période de remembrement de deux ou trois ans pendant laquelle toutes les difficultés précédentes seraient supprimées.

Le rapporteur estime qu'il y a lieu d'employer les moyens qui ont réussi chez nos voisins, c'est-à-dire : droit de contrainte concédé à la majorité des deux tiers des intéressés, l'abstention étant considérée comme une adhésion; transfert gratuit des hypothèques, échange possible des biens de mineurs ou d'interdits. Aussi il soumet à l'approbation du Congrès la résolution suivante :

Dans les pays où la terre est morcelée, il y a urgence à opérer le remembrement des parcelles, tout en laissant à chacun la surface qu'il possède et en lui permettant d'employer les moyens de mettre en valeur sa propriété et d'en augmenter le revenu.

M. Kolownat donne quelques renseignements sur les essais faits dans cette voie en Hongrie, où l'on a admis le droit de contrainte basé sur le principe d'expropriation pour cause d'utilité publique.

M. de Riepenhausen indique ce qui a été fait en Allemagne.

M. George montre que, pour arriver aux remembrements, il faut ajouter à la loi de 1888 une nouvelle loi, tranchant les difficultés provenant du régime hypothécaire ou résultant de la présence de mineurs ou d'interdits parmi les intéressés.

Il demande que le vœu émis par M. Bénard soit complété par les propositions suivantes, adoptées à l'unanimité :

1° Il y a lieu, en ce qui concerne les majorités exigées pour la formation des syndicats, de modifier la loi de 1888 et notamment de considérer comme adhérents ceux des intéressés qui ne formulent pas leur refus par écrit;

2° Il y a lieu d'introduire dans la loi des dispositions facilitant, même au regard d'incapables (mineurs, etc.), le transfert des droits immobiliers, hypothèques et privilèges, grevant les parcelles échangées.

La séance est levée à midi.

Troisième séance. — 2 juillet (après-midi).

La séance est ouverte à 3 heures sous la présidence de M. le marquis de Vogüé, assisté de MM. Dehérain et de Riepenhausen, vice-présidents, et de M. Mersey, secrétaire.

M. Fauré résume son rapport relatif à l'utilisation agricole des eaux[1]. Il insiste d'abord sur la grande importance que présente, en France, cette question tant au point de vue de la grande étendue de terrains susceptibles d'être irrigués que des bénéfices résultant de l'arrosage. Il montre ensuite combien peu cette amélioration agricole est développée chez nous. Sur les 12 millions d'hectares environ que peuvent arroser nos cours d'eau, on ne saurait, d'après Durand-Claye, professeur à l'école des

---

1. Voir le Tome I des Travaux du Congrès, page 528.

Ponts et Chaussées, évaluer à plus de 200 000 à 250 000 hectares la surface régulièrement irriguée, et cette surface s'accroît avec une très grande lenteur. A cet égard, la France est dans un état d'infériorité très marquée vis-à-vis des pays voisins et notamment vis-à-vis de ceux du centre et du nord de l'Europe où, dans ces trente dernières années, l'irrigation et, d'une façon plus générale, les améliorations agricoles de toute nature ont pris un développement extrêmement considérable. Le rapporteur croit que ce développement doit être attribué surtout à la création dans ces pays de services publics, pourvus d'un personnel spécial d'ingénieurs agricoles dont l'action consiste à prendre l'initiative des associations syndicales, à grouper les propriétaires intéressés, à dresser les plans et devis nécessaires à l'établissement des projets qu'ils entreprennent et à veiller à la bonne exécution ainsi qu'à l'entretien des travaux.

En terminant, il cite les résultats obtenus en Prusse où en cinq ans — de 1891 à 1896 — le service dont il s'agit a dressé les plans et dirigé l'exécution des travaux d'amélioration de 554 syndicats hydrauliques s'étendant sur une surface totale de 242 711 hectares. Il fait de plus remarquer que la superficie du territoire prussien étant une fois et demi plus petite que celle de la France, les chiffres précédents devraient être multipliés par un et demi pour acquérir leur véritable signification.

Il conclut en proposant l'organisation en France d'un service analogue.

M. LE COUPPEY DE LA FORÊT s'associe au vœu précédent et, à l'appui de son opinion, dépose une étude sur les améliorations foncières et la culture des prairies dans le pays de Siegen (Westphalie). (Voir les *Documents annexes*, page 148 de ce volume.)

M. LACOUR présente une observation au sujet des redevances trop élevées qu'exige l'Administration des Ponts et Chaussées de la part des propriétaires qui ont à faire traverser des routes ou des chemins à des canaux d'irrigation.

Sur une observation de M. MERSEY, il est décidé que cette remarque ne peut faire l'objet d'un vœu de la part d'un Congrès international, mais qu'elle sera mentionnée au procès-verbal.

M. DEHÉRAIN montre tout le profit que l'agriculture peut retirer de l'utilisation des eaux à l'arrosage dont il est un des plus chauds partisans et qu'il a prônée toute sa vie dans ses livres et son enseignement. Il donne quelques explications sur l'action de l'eau dont la présence dans le sol est une condition essentielle de sa fertilité et, en particulier, de la formation des nitrates. Il rappelle que la terre est non seulement un support et un réservoir d'aliments pour les plantes, mais encore que c'est le grand réservoir d'eau où s'abreuvent les racines. La grande importance du travail du sol provient même de ce fait que l'approvisionnement de l'eau est mieux assuré dans une terre bien ameublie que dans une autre.

Mais il se demande si l'œuvre dont on vient de parler ne pourrait pas être exécutée par les syndicats agricoles dont le grand développement est la caractéristique de cette fin de siècle et si l'initiative privée ne serait pas suffisante.

M. FAURE fait remarquer que les travaux dont il s'agit sont le plus souvent fort difficiles et exigent des connaissances étendues. Il croit que si les grands propriétaires peuvent jusqu'à un certain point se passer de l'intervention administrative, il ne saurait en être de même des petits auxquels tout fait défaut : l'initiative pour former les associations syndicales et le savoir pour juger de la nécessité des travaux et pour les faire exécuter. De plus, les syndicats dont a parlé M. Dehérain sont des associations de personnes et non des associations d'immeubles, ce qui est absolument différent.

A l'appui de son opinion il rappelle les chiffres cités à la dernière séance par M. le président George. Dans les douze années qui ont précédé en Alsace-Lorraine la création du service des améliorations agricoles il n'avait été constitué qu'une seule association syndicale ; il en a été créé 625 dans les vingt années qui ont suivi. Des chiffres analogues pourraient être donnés pour le Luxembourg, la Prusse et tous les autres pays de l'Europe centrale où existent de pareils services.

M. AGUET donne quelques renseignements sur les encouragements pécuniaires alloués en Italie aux travaux d'irrigation.

M. JOULIE estime que si les canaux existants sont peu utilisés en France, une des principales raisons en est dans les difficultés de toutes sortes imposées aux propriétaires. Les redevances de toute nature sont trop élevées, les formalités administratives trop compliquées. Il cite l'exemple d'un canal du département de Vaucluse où on ne laisse aucune latitude aux cultivateurs pour l'emploi de l'eau qu'ils achètent. Cette eau est attachée à une parcelle donnée et ne saurait être employée ailleurs lorsqu'elle ne fait pas besoin sur cette parcelle. Il faudrait plus d'élasticité dans les règlements. De plus, les canaux sont souvent mal administrés par des personnes incompétentes ; on ne se préoccupe pas, par exemple, de leur curage et, par suite, ils se colmatent peu à peu.

M. LE PRÉSIDENT résume le débat et donne lecture du vœu suivant de M. Faure qui est adopté :

Que, dans chacun des États représentés au Congrès où il n'existe pas encore de services d'améliorations agricoles, le Gouvernement se préoccupe de créer et d'organiser de tels services, présentant un caractère nettement agricole et pourvus d'un personnel spécial joignant aux principales notions de l'art de l'ingénieur des connaissances étendues en agriculture.

M. FAURE résume rapidement son rapport sur l'assainissement et le drainage des terres[1]. Il indique l'importance de cette dernière amélioration qui, d'après les évaluations les plus modérées, — celles de la Commission pour l'aménagement des eaux instituée en 1878 au Ministère des Travaux publics par M. de Freycinet, — pourrait s'étendre utilement en France sur plus de 4 millions d'hectares. Or, pour les mêmes raisons que dans le cas de l'irrigation, les travaux de cette nature sont encore peu développés chez nous et Durand-Claye n'évalue pas à plus de 100000 le nombre d'hectares régulièrement drainés en France. A l'étranger, et notamment en Angleterre et en Allemagne, cette amélioration foncière a fait de très grands progrès. La raison de notre infériorité est la même que celle précédemment invoquée pour expliquer le faible développement des irrigations. Dans un cas comme dans l'autre il nous manque le rouage essentiel existant ailleurs, le service spécial capable de se substituer aux cultivateurs, de prendre en main leurs intérêts et de les pousser dans la voie des améliorations foncières. Le rapporteur n'a donc rien à ajouter au vœu précédemment voté.

L'ordre du jour appelle la discussion du rapport de M. JOULIE sur la verse des céréales[2].

Le rapporteur rappelle les diverses théories qui ont été invoquées pour expliquer la verse.

On l'a d'abord attribuée à une insuffisance de silice dans les tiges, puis plus tard, à une altération du pied par un champignon parasite observé dans les tiges de blé nécrosé, atteint du piétin. Il semble plutôt qu'elle soit due à une nutrition défec-

---

1. Voir le tome I des Travaux du Congrès, p. 558.
2. Voir le Tome I des Travaux du Congrès, p. 287.

tueuse; à la suite d'un hiver et d'un printemps doux et humide il se produit, par défaut de lumière, une diminution de la fixation de l'acide carbonique de l'air, en même temps qu'une surabondance des aliments minéraux et azotés apportés par les racines à la faveur de la grande quantité d'eau contenue dans le sol.

Si cette dernière hypothèse est exacte, il en résulte qu'on pourra combattre la verse en semant clair et en lignes suffisamment espacées, en drainant le sol, en modérant les fumures azotées et aussi en pratiquant au printemps une allège de la végétation par un écimage.

M. LE PRÉSIDENT se demande si l'une des causes de la verse n'est pas le défaut d'équilibre entre les fumures azotées et phosphatées.

M. DEHÉRAIN l'attribue, en partie, aux champignons dont il a été question tout à l'heure. Ces parasites seraient bien, pour lui, la cause de la maladie et non son résultat. En tout cas il croit prudent de conseiller l'arrachage et le brûlage des chaumes des blés versés.

La séance est levée à 5 heures.

Quatrième séance. — 6 juillet (après-midi).

La séance est ouverte à 2 heures et demie sous la présidence de M. le marquis DE VOGÜÉ assisté de MM. DE RIEPENHAUSEN et CALVET, vice-présidents, et de M. MERSEY, secrétaire.

La parole est donnée à M. CARDOT pour exposer son rapport sur la culture et l'industrie pastorales et sur le régime des terrains en montagne[1]. Après avoir rappelé que les montagnes vont en se dégradant sans cesse et signalé les conséquences regrettables qui en résultent tant en ce qui concerne l'état économique des régions montagneuses que le régime des cours d'eau, l'orateur cherche les moyens d'arrêter le mal et formule dans ce but les propositions suivantes qu'il soumet à l'approbation de ses collègues :

Le Congrès international d'Agriculture, en vue d'arrêter le progrès de la dégradation du sol des montagnes, émet le vœu :

Que dans chacune des nations représentées au Congrès, une législation pastorale soit étudiée, ou, si elle existe déjà, que par une application aussi étendue qu'il est possible, on cherche à en obtenir le résultat maximum ; puis qu'on étudie les moyens de la compléter et de la perfectionner ;

Que, d'autre part, toutes mesures administratives et financières soient prises pour assurer la reconstitution, la mise en valeur et la fructueuse exploitation de toutes les terres *publiques* appartenant à des collectivités : États, provinces, tribus, réunions de communes, communes, sections de communes, établissements publics ; qu'enfin, en raison de l'importance de ces deux questions, il soit fait rapport dans le prochain Congrès international des dispositions législatives adoptées et des mesures prises par les différents États.

Ce vœu est adopté à l'unanimité.

M. BRIOT, inspecteur des eaux et forêts à Chambéry, dépose une note sur les concours d'alpage et différentes améliorations pastorales (voir les *Documents annexes*, page 150).

M. le Dr Jules STOKLASA lit un mémoire sur l'inoculation du sol et les divers problèmes que soulève cette question.

M. LE PRÉSIDENT remercie M. le Dr Stoklasa de sa très intéressante communication qui sera insérée aux annexes des comptes rendus.

1. Voir le Tome 1 des Travaux du Congrès, p. 354.

M. Faure dépose sur le bureau, au nom de M. Paul Genay, une note complémentaire à son rapport sur la culture des pommes de terre (voir les *Documents annexes*, (page 165 de ce volume), et, de la part de M. H. Boucard, un rapport sur les progrès réalisés en Sologne (voir les *Documents annexes*, page 169).

M. le baron de Sedlnitzky dépose un rapport concernant l'agriculture en Bosnie-Herzégovine et les mesures adoptées depuis 1878 par le gouvernement pour en favoriser le développement (voir les *Documents annexes*, page 157 de ce volume).

M. Géze présente, au nom de M. le Dr Clos, directeur du Jardin botanique de Toulouse, des échantillons d'Astragale en faux (*Astragalus falcatus*), légumineuse recommandée comme fourrage, qui fait l'objet du rapport n° 17 de la Section[1]. Les échantillons montrent la plante en fleurs et en fruits, ses racines pourvues de tuberculoïdes assimilateurs de l'azote atmosphérique et la forme développée du 5 mai au 5 juin derniers. Cette présentation est accompagnée d'une note qui sera insérée dans les *Documents annexes* (voir page 167).

La séance est levée à 5 heures.

DOCUMENTS ANNEXES

SUR L'ANALYSE DES SOLS ARABLES

Par M. G. GASTINE

Vice-président de la Société d'agriculture des Bouches-du-Rhône.

Les méthodes d'analyse des terres, proposées officiellement par le Comité des Stations agronomiques en France, ont été accueillies et appliquées d'une manière générale par les personnes qui s'occupent d'étudier les aptitudes culturales des sols. Elles ont rendu ce grand service de permettre, par l'emploi de règles et de conventions communes, d'obtenir dans les laboratoires des résultats bien comparables.

Comme toutes choses, les procédés d'analyse des terres sont évidemment perfectibles. Mais on doit éviter des changements dont l'utilité absolue ne serait pas démontrée. Il y a lieu de penser que les attaques nitriques pour l'extraction de l'acide phosphorique dissolvent bien la totalité des phosphates existant dans les terres. A l'égard de la condition, précisée par M. Aubin, d'éviter la présence du chlore dans les précipitations molybdiques, cette condition est facile à réaliser, même en utilisant

---

1. Voir le Tome I des Travaux du Congrès, p. 366.

pour le dosage de l'acide phosphorique l'attaque à l'eau régale employée pour le dosage de la potasse. On sépare pour cela l'acide phosphorique en le précipitant avec le sesquioxyde de fer et l'alumine par l'action de l'ammoniaque. Les terres contiennent toujours, même pour celles qui renferment le moins de matières solubles dans les acides, assez d'alumine et de fer pour entraîner tout l'acide phosphorique. On renouvelle deux fois cette précipitation, afin de bien débarrasser ce précipité des bases terreuses et alcalines. Puis, après lavage, on le dissout dans l'acide nitrique et on évapore à siccité. Dans ces conditions toute trace de chlore est éliminée. Dans la solution reprise par l'acide nitrique on précipite l'acide phosphorique par le nitro-molybdate d'ammoniaque. J'ai constaté que ces deux procédés d'attaque (attaque nitrique, ou attaque par l'eau régale) fournissaient des résultats concordants pour le dosage de l'acide phosphorique. Le second, celui par l'eau régale, offre l'avantage de permettre les séparations conduisant au dosage des terres alcalines et de la potasse soluble.

On sait que, pour les procédés d'attaque et de dosage de la potasse les opinions des chimistes agronomes sont très divisées. Toutefois, le dosage de la potasse soluble dans les acides forts, à chaud, paraît répondre aux conditions les plus généralement acceptées. Il est utile aussi de doser la potasse totale par l'attaque fluorhydrique du résidu insoluble. Le dosage de la potasse dans les acides faibles suivant les indications de Schlœsing peut, dans quelques cas, renseigner encore utilement l'agronome. Mais il semble bien admis maintenant que, de tous les éléments fertilisants qui existent dans les sols, celui qui manque le moins souvent est la potasse. Dans certains terrains, et je citerai les dunes des cordons littoraux du Rhône, cet élément n'est que très faiblement représenté, et cependant, dans ces sols, la potasse comme engrais est superflue. Elle ne marque pas dans les champs d'expérience.

Les conventions admises à l'égard de l'interprétation des résultats des analyses soulèvent, à mon avis, bien plus d'objections que les méthodes elles-mêmes. Il faut reconnaître que ces chiffres d'analyse n'ont au fond aucune valeur absolue. Ils n'en présentent que si l'examen du terrain, au moment de la prise de l'échantillon, a été bien fait ; si l'on a mesuré la profondeur du sol arable, étudié sa nature (sols alluviaux, sols formés sur place), vérifié la profondeur et la nature du sous-sol ; si l'on a pu apprécier la manière dont ce terrain supporte les effets de la sécheresse et de l'humidité. Ce sont là les éléments d'une enquête que le chimiste agronome réunit avec le plus grand soin, lorsqu'en vue d'une étude d'ensemble il étudie une région agricole. De même, il distinguera les sols vierges des terres qui sont depuis longtemps cultivées, et il réunira pour ces dernières des informations sur les fumures généralement employées et leurs effets. Dans ces conditions, les chiffres de l'analyse pourront guider un agronome exercé et lui permettre de formuler des conseils suffisamment précis pour le choix des fumures complémentaires. Ces données seront encore mieux précisées si la constitution géologique des terres lui est connue et si des analyses et études antérieures lui ont permis déjà de grouper un grand nombre d'observations.

Mais seules ces analyses, chimiques et physiques, ne peuvent que bien rarement conduire à un jugement motivé. En effet l'analyse chimique ne fournit, en ce cas, un résultat positif, que si la terre analysée est vraiment incomplète, c'est-à-dire si l'un ou plusieurs des éléments sont si faiblement représentés que cela équivaut presque au manque de ces éléments. Et encore, dans bien des circonstances, la profondeur du sol pourra compenser amplement sa faible richesse spécifique et tromper ainsi celui qui n'aurait sous les yeux que le bulletin d'analyse.

Je prends la liberté de citer encore ces dunes des cordons littoraux méditerranéens que j'ai particulièrement étudiées en Camargue et qui offrent un exemple bien typique de conditions particulières de fertilité qui ne peuvent être déterminées par les résultats seuls de l'analyse chimique et de l'analyse physique.

Dans ces dunes, le taux de la potasse soluble à chaud dans les acides est faible, inférieur à un millième, et si l'on appliquait la convention des moyennes, on serait directement conduit à conseiller l'apport des fumures potassiques. Ces sols sont extrêmement perméables, et par suite la potasse soluble dans les acides faibles ou potasse attaquable fait défaut. Par contre, ces sables, riches en roches primitives, fournissent par l'attaque fluorhydrique 20 à 22 pour 1000 de potasse insoluble. Ces dunes reposent sur des sols argileux, généralement salés, qui renferment par contre de très grandes proportions de potasse soluble dans les acides à chaud et là, peut-être, se trouve l'une des causes qui rendent l'emploi de la fumure potassique tout à fait superflue, cela quoique les racines des plantes ne pénètrent pas dans ces dépôts argileux. L'acide phosphorique est assez abondant dans ces sables. L'azote y est très rare : c'est la fumure indispensable qui doit être constamment renouvelée et employée en grande quantité. Ces sables sont des milieux pauvres au point de vue spécifique, mais qui offrent une assez grande profondeur, souvent plus de un mètre. Les racines se développent avec une rapidité extraordinaire dans des sols de cette nature, très perméables et aquifères ; elles en occupent toute l'étendue et toute la profondeur par des chevelus très ramifiés et abondants.

Si ces sables étaient moins bien pourvus d'humidité, ils constitueraient des milieux stériles, impossibles à corriger par des fumures. L'influence des conditions physiques est, on le voit, souvent prépondérante et presque toujours aussi importante à déterminer que la richesse spécifique.

Dans des sols argileux où les racines des plantes ne progressent que péniblement, les conditions de la fertilité quant au taux de matières utiles n'ont rien de comparable à ce qui se présente pour des terres perméables et racinantes. On voit donc que la connaissance d'une terre ne peut pas résulter de l'analyse seule et que cette connaissance n'est acquise qu'avec de multiples renseignements connexes dont l'examen est délicat et réclame un jugement exercé. C'est une enquête préalable qui est toujours nécessaire pour discuter cette analyse chimique et en déterminer la portée.

Or, actuellement, nombre d'agriculteurs sont disposés à croire que l'analyse chimique peut les guider. Ils adressent aux laboratoires des échantillons souvent mal pris, trop superficiels, trop épierrés, et ils demandent aux chimistes des conseils que ceux-ci leur donnent souvent trop aisément, en se basant purement sur cette convention des moyennes, bien commode mais fréquemment trompeuse. Il importe de justifier la confiance des agriculteurs dans les analyses de leurs terres et de les prévenir des nécessités qui s'imposent pour la prise des échantillons en vue de recueillir les informations essentielles permettant de discuter les résultats de l'analyse.

Ne serait-il pas utile que le Congrès international d'agriculture insiste sur ces conditions défectueuses que tous les chimistes agronomes connaissent bien, mais contre lesquelles il leur est difficile de réagir ? Ne pourrait-on pas dresser un questionnaire que les agriculteurs devraient remplir pour tirer de l'analyse des terres des informations qu'il est imprudent actuellement de leur donner dans une foule de cas, lorsqu'ils n'ont pas fourni les renseignements utiles en envoyant leur échantillon ? Je ne me dissimule pas les difficultés qui existent de prévoir dans un questionnaire la mention des principaux renseignements nécessaires. Une discussion entre les personnes vouées à ces questions paraît devoir conduire à un résultat favorable ; je crois qu'un effort est à faire dans ce sens. La publicité que peut donner le Congrès à une question de cet intérêt en doit faciliter beaucoup la solution, et c'est ce qui m'a décidé à présenter ces quelques observations pour qu'une telle question soit portée à l'ordre du jour d'une prochaine assise du Congrès international d'Agriculture.

SUR L'ANALYSE DES TERRES

Par M. A. PÉTERMANN

Directeur de la Station agronomique de l'État, à Gembloux (Belgique).

Comme suite aux importants rapports présentés par M. Risler et par M. Aubin sur l'utilité des analyses de terre, je voudrais vous entretenir quelques instants de plusieurs constatations que j'ai faites en étudiant les sols belges.

J'attire tout d'abord l'attention de l'assemblée sur le grand intérêt que présente le dosage de la potasse dans la partie insoluble des sols arables après un traitement par les acides minéraux; j'ai donc en vue la potasse engagée dans les silicates et que nous ne pouvons doser qu'après la décomposition de ceux-ci par l'acide fluorhydrique.

A l'occasion de l'exploration chimique du sol arable belge, poursuivie depuis de longues années par l'Administration de l'agriculture et la Station agronomique de Gembloux, nous avons exécuté près de 500 analyses complètes de sols, y compris le dosage des éléments insolubles. Les premiers résultats obtenus sont consignés dans le tome III de mon ouvrage, *Recherches de Chimie et de Physiologie appliquées à l'Agriculture*[1], qui renferme également la description détaillée de la méthode chimique employée. Il en résulte, pour les terres belges, un minimum de 0,02 et un maximum de 1,18 pour 1000 de potasse soluble dans l'acide chlorhydrique et un minimum de 0,78 et un maximum de 44,13 pour 1000 de potasse engagée dans les silicates insolubles dans l'acide chlorhydrique à froid, mais décomposables par l'acide fluorhydrique. Ces chiffres correspondent à des milliers de kilogrammes de potasse dans la couche arable d'un hectare, montant pour certaines terres à couche arable épaisse, par exemple, de 35 centimètres, jusqu'à 80 000 kilogrammes de potasse à l'hectare.

La détermination de l'origine des débris minéraux, renseignée pour chacune de nos analyses, contrôle et confirme les données analytiques, qui à première vue paraissent improbables. Elles sont cependant parfaitement expliquées par la présence de feld-

1. Paris, Masson. — Bruxelles, Mayolez.

spath, de mica, de grès, de quartzite micacé et feldspathique et de glauconie, qui forme presque la moitié en poids de certains sables. Nos constatations ont du reste été confirmées par M. Retgers, de Wageningen, qui a trouvé jusqu'à 3 pour 100 d'orthoklas dans le sable des dunes et de M. Gastine qui vient de signaler dans les sables du delta du Rhône la présence de doses très élevées de potasse soluble dans l'acide fluorhydrique.

Au point de vue agronomique, le dosage de la potasse insoluble nous montre la réserve colossale des sols en cet élément engagé dans les silicates. Ces silicates, très réfractaires aux agents de dissolution du sol, se décomposent néanmoins dans le cours des années.

Du reste, certaines plantes paraissent avoir une capacité spécifique pour utiliser des combinaisons potassiques relativement peu solubles.

L'épuisement absolu d'un sol, comme cela peut se présenter pour l'acide phosphorique, n'est pas à craindre quant à la potasse, et l'emploi des engrais potassiques à effets rapides ne doit pas être envisagé au point de vue de la restitution des principes fertilisants, mais plutôt au point de vue du maintien de l'équilibre entre les trois éléments principaux : azote, acide phosphorique et potasse, la réserve en potasse du sol n'entrant pas assez rapidement en circulation.

Un autre fait intéressant résulte des analyses complètes de sols exécutées à la Station agronomique de Gembloux.

Malgré la proportion élevée de sable et de silicates qui constitue la base de toutes les terres, celle de l'acide silicique soluble dans l'acide chlorhydrique concentré à froid est excessivement faible. On sait que cet acide silicique soluble provient de la décomposition des silicates et se sépare, à l'état gélatineux, lors de l'évaporation de la solution chlorhydrique. Nous avons constaté :

	Minimum.	Maximum.
Acide silicique soluble.	0.02 pour 1000	0.95 pour 1000

proportion qui, dans la grande majorité des cas, quelle que soit la nature des terres, reste en dessous de 0,1 pour 1000.

Nous attachons une très grande importance à cette constatation. En effet, elle repousse la critique formulée depuis longtemps à l'adresse du procédé employé dans l'analyse des terres, savoir : les acides minéraux mettent en dissolution non seulement les principes nutritifs contenus dans les combinaisons devant être considérées comme facilement attaquables par les racines et les principes nutritifs à l'état d'absorption, pris dans le sens de Liebig, mais aussi les bases engagées dans des silicates assez réfractaires à la décomposition par voie naturelle.

Le chimiste n'ayant pour ainsi dire jamais déterminé le taux de silice soluble, on comprend que la critique que nous venons de mentionner n'a pu être réfutée et est passée finalement à l'état d'axiome. Mais nos analyses prouvent absolument le contraire : *la proportion d'acide silicique dissous dans l'acide chlorhydrique est bien loin d'être assez élevée, pour que les bases, dissoutes en même temps, puissent être considérées comme préexistantes dans le sol à l'état de silicates.*

Quant à l'acide phosphorique, je voudrais insister sur l'utilité du traitement des sols à analyser par le *citrate d'ammoniaque alcalin.* L'emploi de l'acide acétique proposé par M. Dehérain, celui de l'acide citrique par M. Maercker, donnent des résultats intéressants lorsqu'il s'agit de comparer la composition de plusieurs sols. Ces dosages peuvent utilement être complétés par un essai au citrate qui est, comme on le sait par les recherches de Warington, un véritable réactif de groupe des phosphates précipités, c'est-à-dire hydratés.

Le citrate permettant, dans les engrais phosphatés, de distinguer les phosphates à action rapide des phosphates à action lente, doit, appliqué à l'analyse de la terre, également permettre de séparer la partie devant être considérée comme assimilable de celle formant la réserve du sol.

La présence dans le sol de l'acide phosphorique soluble dans le citrate d'ammoniaque a déjà été constatée, en 1878, dans notre laboratoire par M. Mercier (*Recherches de chimie*, etc., 2ᵉ édit., p. 69), et nous avons introduit son dosage dans l'analyse courante des terres depuis que nous avons reconnu qu'il constitue un excellent moyen de distinguer l'acide phosphorique qui appartient au sol par son origine géologique (soluble dans les acides minéraux), de celui qui s'y est précipité sous l'influence de la culture (fumure, décomposition des résidus des récoltes), à l'état de phosphates hydratés de fer, d'aluminium et de calcium (solubles dans le citrate d'ammoniaque).

Des résultats des analyses complètes de terre dont nous disposons maintenant, il résulte que dans des terres belges à culture intensive (argilo-sablonneuses, sablo-argileuses, polders), la proportion d'acide phosphorique soluble dans le citrate d'ammoniaque monte à 25, 40 et même 80 pour 100 de l'acide phosphorique total, tandis qu'elle n'atteint dans certaines terres schisteuses, psammiteuses, que quelques centièmes. Et ce sont précisément ces terres qui se montrent particulièrement reconnaissantes d'une fumure phosphatée.

Nous faisons remarquer aussi à l'appui de notre manière de voir que le titre en acide phosphorique soluble dans le citrate est généralement fort inférieur dans le sol vierge, non atteint par les instruments et non dénaturé par les fumures, à celui constaté dans le sol arable.

Je suis donc d'avis que l'étude complète d'un sol doit comprendre, outre les dosages ordinaires exécutés toujours, la détermination de la potasse de la partie insoluble et celle de l'acide phosphorique soluble dans le citrate d'ammoniaque.

Un dernier mot, messieurs. Ayant examiné hier au pavillon de l'Administration des tabacs les appareils classiques d'analyse de MM. Schlœsing père et fils, il me paraît plus que probable que dans l'avenir une étude complète de sol s'étendra sur l'analyse de l'eau du sol, telle que l'on peut la recueillir par l'appareil de déplacement de M. Schlœsing qui fonctionne actuellement à l'Exposition. La composition de cette eau représentant une constante propre à chaque sol, on arrivera vraisemblablement à utiliser ce chiffre dans l'appréciation de la richesse disponible d'une terre donnée.

A PROPOS DU RAPPORT DE M. AUBIN SUR L'ANALYSE DES SOLS

Par M. C.-V. GAROLA

Directeur de la Station agronomique de Chartres.

Le but que l'agronome poursuit, en faisant l'analyse des sols, diffère complètement de celui du minéralogiste. Tandis que ce dernier analyse les roches de manière à connaître les proportions totales de chacun des éléments qu'elles contiennent, le premier se borne à des recherches moins abstraites et moins absolues. Ce qu'il désire, ce sont des renseignements pour éclairer la pratique agricole, des indications sur l'aptitude d'une terre à produire des récoltes, et sur les modifications à lui faire subir pour la rendre plus fertile. Il doit donc chercher à doser, non tous les éléments chimiques que renferme la terre, mais les seuls éléments qui intéressent l'alimentation des plantes et les propriétés physiques et chimiques des terres. En ce qui concerne même les éléments chimiques qui entrent dans la composition des végétaux, le problème qu'il a à résoudre n'est pas tant d'en déterminer la totalité, que la portion qui est susceptible, dans un bref délai, d'être absorbée par ceux-ci. L'analyse élémentaire a beaucoup moins d'intérêt pour le cultivateur que l'analyse immédiate, car pour reconnaître quelle fumure il conviendra de fournir à une plante, dans un champ donné, ce qu'il faudrait pouvoir obtenir de l'analyse, c'est la quantité d'éléments nutritifs facilement assimilables que le sol renferme.

Examinons le cas de la potasse :

Elle se trouve dans les sols sous des états très divers. Une partie est combinée avec la matière organique, une autre se trouve à l'état de combinaison avec la silice hydratée. La potasse, sous ces formes, est très facilement attaquable, et doit être considérée comme très assimilable. D'autre part, la plus grande partie de cette base est engagée dans des silicates complexes et dans l'argile. L'entrée en circulation de cette potasse est plus ou moins difficile, suivant l'état de division de ces substances. La potasse de l'argile est évidemment plus efficace que celle des grains limoneux ou sableux, et à plus forte raison que celle des graviers ou des pierres.

Il est évident que l'intérêt du chimiste agronome serait de déterminer la potasse immédiatement assimilable. Pour arriver à ce but, il pourrait être tenté de traiter simplement la terre par l'eau, mais on se heurte ici à une difficulté très sérieuse. Le pouvoir absorbant du sol s'oppose à l'élimination de cette potasse soluble. Il faut donc au préalable détruire cette faculté du sol, par l'emploi d'un acide faible.

Si cette partie de la potasse est la plus intéressante au point de vue de l'usage immédiat de l'analyse, pour la détermination de l'engrais à employer, il n'est pas moins important de se rendre compte du stock de ce corps, qui peut devenir efficace dans une période de temps plus ou moins grande ; il s'agit ici de la potasse faisant partie des éléments les plus fins du sol et le plus facilement désagrégeables. On peut y parvenir par le traitement de la terre à l'aide des acides forts à l'ébullition.

Enfin, pour connaître la richesse totale du sol en potasse, il faut recourir à l'attaque fluorhydrique, afin de volatiliser la silice et de mettre tout cet alcali en liberté.

Pour déterminer la potasse facilement assimilable, on a recours à la méthode de M. Schloesing, qui est décrite dans les méthodes officielles. La seule modification que nous y ayons apportée, c'est de fixer l'acidité de la liqueur après destruction du calcaire à celle qui correspond, d'après Dyer, à l'acidité moyenne du suc des racines (0, 015 d'acidité pour 100 exprimée en H).

La détermination de la potasse attaquable par les acides forts se fait par la méthode officielle également, ou mieux par l'attaque sulfurique.

Quant à la potasse totale, elle se détermine par la méthode de M. Berthelot.

Voyons, d'après l'expérience, l'utilité de ces divers dosages :

Le dosage de la potasse totale, en attaquant la terre par l'acide fluorhydrique, ne renseigne nullement sur la fertilité actuelle du sol. C'est ainsi qu'en opérant sur les sols de trois champs d'expériences, où de nombreuses cultures nous ont démontré l'efficacité pratique des sels de potasse pour toutes les plantes agricoles de notre région, nous avons trouvé : 3,91, 12,6 et 18,0 grammes de potasse par kilogramme de terre normale.

Par la méthode officielle (acide azotique bouillant), nous y avons trouvé respectivement 0,96, 2,0 et 4,10 de potasse attaquable par kilogramme.

Dans la terre du champ d'expériences de Marle (Aisne), M. Gaillot a trouvé 4 gr. 7 de potasse attaquable par l'acide azotique bouillant. D'après les expériences de culture que nous a communiquées M. Guerrapain, si la potasse est dans ce sol en quantité suffisante pour les céréales, elle serait insuffisante pour la production des fourrages artificiels et des betteraves.

Voilà donc trois terres où le dosage en potasse par la méthode officielle est élevé, plus élevé que la limite adoptée, et où l'emploi de la potasse donne des résultats certains soit pour toutes les cultures, soit pour les prairies artificielles et les racines. Pour le premier seul, le dosage devient inférieur à la limite de 1 gramme et encore de très peu, et la potasse produit des effets remarquables sur toutes les cultures.

Le dosage de la potasse par la méthode officielle en question n'a donc pas grand intérêt pratique. Il nous semble préférable de déterminer la potasse soluble dans les acides faibles. Pour la commodité des opérations, nous employons l'acide azotique étendu. Les terres précédentes nous ont donné dans ces conditions les dosages suivants de potasse : 0,07, 0,015, 0,017, et la terre de Marle nous a donné 0,206, par kilo de terre normale sèche. Dans douze autres champs d'expériences nous avons constaté, de même que dans les précédents, que les sols renfermant moins de 0,15 de potasse dosée de cette manière sont influencés favorablement par les engrais potassiques pour presque toutes les cultures; qu'entre 0,15 et 0,30, ces mêmes engrais agissent favorablement sur les prairies artificielles et les racines, et qu'au delà de 0,30 l'effet de la potasse n'est généralement plus sensible.

Pour ce qui est de l'acide phosphorique, il nous paraît aussi qu'il ne suffit plus de doser ce corps par l'acide azotique bouillant. D'abord il est démontré que cette attaque n'extrait pas tout l'acide phosphorique du sol, sans parler de celui qui est engagé dans les grains de roche non décomposés; elle n'a donc même pas le mérite de donner un dosage exact.

D'un autre côté, les indications ainsi obtenues sont, dans certains cas, sans valeur pratique. Dans le sol du champ d'expérience de M. Allard, à Dreux, les engrais phosphatés sont très peu efficaces ou d'une efficacité nulle, depuis 1895, sur les céréales et les racines. Cependant ce sol ne renferme que 0,89 d'acide phosphorique par kilo en employant la méthode officielle, et dans la plupart des terres de cette richesse on constate les bons effets de l'acide phosphorique. Si l'on dose dans ce sol l'acide phosphorique en l'attaquant par l'acide citrique à 2 pour 100, on en trouve une quantité relativement forte, soit 0,32, et nous avons constaté dans un certain nombre d'autres sols qu'à partir de cette dose les engrais phosphatés deviennent généralement inefficaces.

Ces faits et beaucoup d'autres me portent à penser qu'il est beaucoup plus utile de connaître les éléments du sol facilement attaquables que d'en déterminer la totalité. L'état sous lequel se trouvent dans le sol la potasse et l'acide phosphorique a plus d'importance que leur quantité absolue.

LES AMÉLIORATIONS FONCIÈRES ET LA CULTURE DES PRAIRIES
DANS LE SIEGERLAND (WESTPHALIE)

Par M. Max LE COUPPEY DE LA FOREST

Les améliorations foncières et, entre autres, la culture des prairies sont des travaux qui exigent d'abord de grandes avances d'argent et qui modifient ensuite totalement les conditions culturales du sol où elles ont été effectuées. M. Faure vient de nous montrer qu'avant de songer à les entreprendre il faut d'abord une grande entente chez les intéressés, puis une direction éclairée qui conduise les travaux.

Je désirerais, à l'appui de cette opinion, citer quelques détails sur ce qu'il m'a été donné d'observer en Allemagne au cours d'un séjour d'un an que j'y ai fait comme accrédité auprès du Corps des améliorations foncières de l'État dans l'extrême sud de la Westphalie, le Siegerland.

Cette région, qui actuellement est renommée dans le monde entier par ses prairies, est loin d'être favorisée par la nature sous le rapport des conditions climatériques et culturales. Montagneuse et parcourue par de nombreux ruisseaux, elle possède un sous-sol très imperméable formé par les grauwacks et les schistes argileux du dévonien inférieur : son climat est très rude en hiver, très chaud en été, et ses terres très pauvres. L'habitant a la plus grande peine à tirer un produit même minime de la terre arable. Aussi la plus grande partie de l'arrondissement de Siegen, qui forme ce pays du Siegerland, est-il boisé, de bois de faible rapport du reste, et compte-t-on dans l'arrondissement, pour une superficie totale de 64 686 hectares :

46 520 hectares, soit 72 pour 100 en bois taillis, contre 8 702 hectares, soit 15 pour 100 en champs, 6 034 hectares, soit 9 pour 100 en prairies.

La prairie est alors bien près de couvrir une surface égale aux champs. De fait, dans ce pays sillonné de vallées, elle en occupe presque tous les fonds et souvent même une portion importante des versants.

Mais si la prairie, pour la surface occupée, peut se comparer aux champs, pour le revenu il en est autrement. Car les mêmes conditions qui sont cause de l'aridité de la terre arable, sont au contraire cause de la fertilité des prés. L'imperméabilité du sol lui conserve l'eau, et la chaleur de l'été pousse à une grande production de fourrage.

L'habitant du pays a du reste compris de tout temps l'importance que la prairie pouvait avoir pour lui et s'est toujours ingénié pour lui donner les meilleures façons culturales, et pour l'irriguer avec le plus d'entente possible. A cet effet, les habitants des mêmes vallées se sont toujours groupés, poussés par leur intérêt commun, pour former des syndicats qui auraient pour tâche de distribuer équitablement les eaux tous les participants et de refaire même des travaux quand cela serait nécessaire. C'est ainsi que dès le milieu du xvie siècle on trouve déjà des décrets et des lois qui viennent protéger l'œuvre de ces syndicats. Et actuellement on compte dans l'arrondissement 239 syndicats, couvrant 4 570 hectares de prairies.

L'activité de ces associations dans le sens de la réfection des travaux a été plus longue à se manifester. Car si les propriétaires du sol qui ne sont tous que de petits paysans possédant à peine quelques hectares étaient toujours disposés à débourser la petite somme nécessaire à l'irrigation, ils hésitaient avant d'engager les sommes autrement plus importantes qu'exigeaient une meilleure répartition de leurs eaux, en même temps qu'un assainissement de leurs terres toujours trop humides. L'expérience leur avait montré que ces travaux ne pouvaient jamais se faire à moins de 300 marks par hectare et atteignaient parfois 800 marks.

Ce fut l'État qui vers le milieu de ce siècle fit le premier de grands travaux de réfection, et cela dans les prairies de Kessel non loin de Siegen, appartenant à une communauté religieuse. Mais le véritable mouvement des travaux de réfection, qui actuellement a pris une extension si considérable, date de la création du Corps des améliorations foncières de l'État, qui est chargé de faire pour les particuliers ou les syndicats les projets des travaux à exécuter, et ensuite en dirige la marche.

Dans le cas particulier du Siegerland qui nous préoccupe, le corps des améliorations fonda vers 1875 un bureau à Siegen même. Dans les premières années les résultats ne furent pas très grands, car il fallait aller dans chaque bourg, persuader les habitants de l'utilité des travaux, ce qui n'allait pas sans une grande résistance de leur part, les faire se syndiquer et enfin seulement aborder les projets des travaux.

Le premier projet de prairie qui fut exécuté fut celui d'Oberdresselndorf, près Siegen. Il revint à 311 marks par hectare. Et les récoltes en foin s'élevèrent de 2 500 kilogrammes à l'hectare à 4 000.

Les habitants des bourgs voisins, devant ce résultat, vinrent immédiatement demander au Bureau des améliorations de Siegen de prendre en main la réfection de leurs prairies, et peu à peu, de tous côtés, des demandes vinrent en tel nombre à Siegen qu'actuellement il ne peut suffire à toutes.

En particulier depuis 1888, le Bureau d'améliorations a formé plus de 60 syndicats différents et a exécuté des travaux d'amélioration de prairies ou de pâturages et de drainage sur 550 hectares répartis entre 19 de ces syndicats et ayant coûté au minimum 211 marks l'hectare et au maximum 982, et toujours ces travaux se sont traduits par des excédents de recette considérables.

Il résulte en effet d'une enquête que nous avons faite dans tout l'arrondissement et ayant porté sur une trentaine de bourgs différents que, lorsque les travaux d'améliorations à exécuter par le Bureau d'améliorations de Siegen ne doivent pas coûter plus de 700 marks (875 fr.) par hectare, les habitants considèrent l'opération comme excellente : car ils savent qu'on a toujours un minimum de 1000 kilogrammes de foin de plus à 5 marks les 100 kilogrammes (soit 62 fr. 50), ce qui donne un intérêt de 14 pour 100 pour l'argent employé, ou si l'on met de côté 2 pour 100 pour l'amortissement du capital, il reste 12 pour 100 de gain.

Cet exemple du Siegerland montre combien est grande la puissance de l'association, quand elle est bien dirigée.

ÉCONOMIE PASTORALE. — MONTAGNES MODÈLES ET CONCOURS

Par M. F. BRIOT
Inspecteur des eaux et forêts, à Chambéry.

Les pâturages de haute montagne embrassent, en Europe, d'immenses superficies exploitées conformément à des usages séculaires, qui n'ont été perfectionnés, grâce à des initiatives diverses, que sur un très petit nombre de points. Il est certainement vrai de dire que les confins inférieurs de cette zone délimitent en général le niveau le plus élevé qu'aient atteint les efforts accomplis par les Gouvernements et les Sociétés d'agriculture, dans le but d'accroître la production du sol.

On est d'accord, toutefois, sur l'opportunité qu'il y a d'introduire aujourd'hui dans ces hautes régions tous les progrès qu'elles comportent. Mais comment entreprendre cette œuvre et en assurer le succès? Évidemment par l'application de ces méthodes éprouvées depuis longtemps déjà dans les plaines et les vallées, dans le but de divulguer les pratiques nouvelles et les découvertes scientifiques, méthodes qui consistent en la création de fermes-écoles ou modèles, de champs d'expériences et l'organisation de concours plus ou moins fréquents.

I. Aux deux premiers procédés d'enseignement technique que nous venons de citer, correspondrait l'organisation de montagnes pastorales modèles..

Il s'agit de savoir maintenant quels points il conviendrait de choisir pour créer ces exploitations types.

On songe d'abord tout naturellement à ces immenses territoires gazonnés, pourvus d'eaux abondantes, faciles à capter et à conduire de tous côtés par des dérivations peu coûteuses, qui enceignent l'origine de toutes les rivières, et qu'occupent généralement des populations très intelligentes, des plus laborieuses, souvent fort instruites et très désireuses du mieux.

On a déjà, il y a plusieurs années, proposé le choix de ces localités.

Mais des excursions nouvelles nous ont conduit à constater que d'autres champs d'études moins reculés présenteraient sûrement au début de l'œuvre pastorale un intérêt plus grand.

Pour le moment, il nous paraîtrait très important d'établir un certain nombre de montagnes modèles, en des points sans doute topographiquement bien moins préparés que la très haute montagne à l'exécution d'expériences grandioses, mais d'accès plus commode, en définitive plus aptes à attirer l'attention des hommes dirigeants, qui président nos Sociétés d'agriculture, qui votent nos budgets, qui décident de leur répartition et qui seraient heureux d'user de leur influence pour faire profiter le pays tout entier d'expériences concluantes, s'ils étaient à même de vérifier les résultats obtenus sans de trop grandes pertes de temps.

Or, il existe de ces montagnes, nombreuses à proximité des villes et des stations d'été les plus fréquentées de tous les pays alpestres.

Pour ne parler que des Alpes françaises, citons : le Semnoz, voisin d'Annecy; le Revard, près d'Aix-les-Bains; Roselend, au centre du magnifique territoire de Beaufort, à peu de distance d'Albertville; le Mont-Jovet, qui domine Brides-Salins-Moûtiers; la montagne de Bayard, toute voisine de la ville de Gap à qui elle appartient; celle de Valgelaye, près de Barcelonnette; les remarquables pâturages boisés de la Ciriegia à Saint-Martin-Vésubie, dans cette haute vallée de plus en plus fréquentée, à laquelle son charme pittoresque vaut le nom de petite Suisse des Alpes-Maritimes.

Pour ma démonstration, je me contenterai de vous présenter une description succincte du Revard.

Le Revard est un plateau de formation néocomienne, situé à 5 kilomètres Est d'Aix-les-Bains, territoire de Mouxy, auquel on arrive à présent en moins d'une heure depuis la célèbre ville d'eaux, par un chemin de fer à crémaillère, et en s'élevant de la cote 250 à l'altitude de 1 545 mètres. Fortement mamelonné et sillonné par un grand nombre de gracieux petits vallons, ce plateau est soutenu par un banc de rochers qui surplombe à pic du côté Ouest les charmantes et fertiles vallées de la Leysse et du lac du Bourget. Du point culminant, étonnamment bien placé, on jouit d'une incomparable vue sur les grandes Alpes, du Mont-Blanc à la Meije; elles encadrent à l'Est de leurs masses imposantes un cirque magnifique formé par les collines des bords du Rhône et les massifs de la Dent du Chat, du grand Colombier, des Bauges et de la Grande-Chartreuse, tandis qu'aux premiers plans, d'une part, des forêts de sapin entremêlées de pâturages, de l'autre, le lac pittoresque et de jolis villages entourés de prairies, de vignes et de vergers riants contrastent avec la sévérité des cimes éloignées. Cet admirable panorama, révélé depuis moins de dix ans par les initiateurs du chemin de fer à crémaillère, attire dès maintenant chaque année 50 000 visiteurs.

A côté de la petite gare d'arrivée, deux élégants chalets-hôtels; mais là s'arrêtent les derniers reflets du luxe brillant de la cité voisine; au pied même des vérandas où se reposent les touristes, commence une vraie montagne pastorale et la vie rude de ses exploitants.

Cette montagne appartient à la Société propriétaire du chemin de fer et des hôtels. Elle contient 160 hectares, et est louée 4 000 francs à trois habitants de la Compôte, village distant de cinq heures de marche et situé au centre de la région des Bauges.

Elle nourrit 82 vaches à lait et 50 génisses, dont l'inalpage commence le 1er juin et dure cent jours. 25 porcs consomment le petit lait.

Les trois associés se partagent également frais, travail et bénéfices : l'un est fromager, un autre fabrique le beurre et le séret, et s'occupe du nettoyage et de l'entretien des étables ; le troisième pourvoit à la fourniture des provisions, à l'exploitation des bois et à l'écoulement des produits. Quatre domestiques, originaires de la Compôte également, remplissent les fonctions de bergers.

Les bâtiments d'exploitation comprennent : 1° un chalet de fabrication, construit en 1869, d'organisation primitive ; 2° une écurie pour 32 vaches ; 3° une seconde écurie pour 54 bêtes ; 4° une dernière étable pour 50 animaux, fort ancienne et très délabrée.

Les engrais provenant des chalets restent accumulés à proximité des bâtiments et déterminent là une abondante végétation, composée d'herbages grossiers et malsains, tandis que le reste du pâturage ne reçoit aucune fumure.

Un cinquième de la montagne est boisé en sapins et en épicéas clairsemés, à l'ombre desquels croît un gazon d'assez bonne qualité, qui pourrait être amélioré cependant par le relèvement du couvert des arbres, à l'aide d'élagages modérés, dont l'utilité serait d'ailleurs très grande pour faciliter la circulation du bétail. Un dixième est occupé exclusivement par le Nard raide, graminée détestable par suite de sa dureté, que les vaches arrachent souvent, et ne mangent jamais à partir du moment où elle devient adulte ; les sept dixièmes restants sont recouverts de bons gazons composés de meilleures fourragères, parsemés toutefois de gentianes, de varaires et de myrtiles qui révèlent par place l'appauvrissement du sol. La négligence que l'on constate à l'égard de la culture de ces parcelles en particulier et de l'ensemble de la montagne provient en partie de la courte durée des baux qui, fixés à trois ans seulement, ne permettent pas aux exploitants de compter d'une façon absolue recueillir les fruits de leurs labeurs et de leurs sacrifices, et qui, en conséquence, réduisent leur personnel au strict nécessaire.

L'exploration détaillée du domaine démontre que les améliorations suivantes devraient y être exécutées :

1° L'aménagement de 30 hectares de parcelles boisées ou semi-boisées, en vue de la production simultanée de l'herbe et du bois, travail qui donnerait lieu à d'intéressantes expériences forestières, d'un genre nouveau, relatives à la possibilité en bois, à l'entretien de l'état de boisement, malgré le pâturage, par voie naturelle ou de plantation, et à l'augmentation de la production herbeuse par des élagages bien conduits sur les résineux isolés ;

2° La création d'une étable à génisses, au nord de la montagne, et l'affectation des parcelles environnantes au pâturage du jeune bétail ; de cette séparation découlerait une facilité plus grande de fumer les parcelles les plus négligées jusqu'à présent, et une augmentation sensible de la production laitière des vaches, grâce à la tranquillité dont elles jouiraient dans un parcours spécial ;

3° Appropriation des étables à vaches, existantes ; confection de greniers à foin pour les approvisionnements destinés aux jours de pluie, et d'une infirmerie pour les animaux malades ;

4° Construction d'une fromagerie plus spacieuse, conforme aux règles de l'art, dotée du matériel le plus perfectionné, pourvue de caves chauffables, propre à servir de centre d'enseignement au moins pendant un mois ou deux, et dans laquelle se transporterait un des maîtres fruitiers affectés pour l'hiver aux écoles de fromagerie voisines ;

5° Développement, à partir des étables existantes aujourd'hui, de rigoles d'irrigations, destinées à produire une meilleure répartition des engrais ; transport de ces engrais à dos de mulet, quand l'eau fait défaut, ce qui malheureusement arrive fréquemment; fumure par le parcage direct et l'attache des vaches au piquet par les belles nuits d'été des parcelles à pente faible ;

6° Création d'un abreuvoir ; adduction au chalet de l'eau d'une source située à 200 mètres ; assainissement de quelques parcelles marécageuses ; essais d'engrais minéraux ;

7° Établissement d'une pépinière formée des meilleures plantes fourragères alpines, destinée à fournir les graines nécessaires à l'amélioration progressive de tous les gazons et surtout à la substitution de bonnes espèces au Nard raide qui envahit le pâturage.

Et maintenant ne nous trouvons-nous pas autorisé à affirmer que ces expériences suffisamment variées, et intéressantes toutes pour l'avenir des montagnes, exécutées en un lieu si fréquenté et qui, de plus, est environné de 50 exploitations similaires, pâturées par plus de 5000 vaches, dont les propriétaires peuvent, en une journée à pied, aller et retour, venir visiter le Revard, contribueraient sûrement et puissamment à la divulgation des meilleures méthodes d'exploitation alpestre ?

II. *Deuxième moyen de propagande.* En 1865, dix-neuf économistes ou agronomes suisses se réunissaient à Olten, le 25 janvier, et formaient une association qui reçut le nom de Société d'Économie alpestre, dans le but principalement d'obtenir des communes et des associations laitières existantes une administration meilleure des pâturages. Un des principaux moyens de propagande devait être l'institution de concours entre montagnes pastorales, et des distributions de prix aux alpages bien tenus.

Depuis cette époque, les concours de la Société d'Économie alpestre fonctionnent toujours chaque année, et c'est à eux, avons-nous entendu dire souvent chez nos voisins, que l'on doit les principaux progrès accomplis dans la culture des montagnes depuis trente ans.

Il serait certainement bon que partout soient fondées des Sociétés d'Économie alpestre ; mais, en attendant cette création, les associations nombreuses qui existent en tout État sous le nom de Sociétés d'agriculture, de Comices, de Syndicats, etc., pourraient rendre d'ores et déjà les mêmes services en organisant dès maintenant des concours.

Ces concours présenteraient un double avantage : 1° celui de faire connaître la montagne et les progrès qu'elle réclame à un nombre d'hommes dévoués toujours plus grand, qui composeraient les jurys ; 2° celui de mettre en contact fréquent les communes et les propriétaires avec des praticiens distingués, des savants ou des administrateurs aptes à les instruire, à colporter le progrès, à faire profiter successivement chaque district des améliorations étudiées ou réalisées dans tel canton ou dans tel autre.

Pour préciser les idées, voici l'indication sommaire des questions de détails sur lesquels porteraient les investigations des jurys :

1° L'appropriation des chalets et du matériel au but de l'exploitation ; — 2° le parti que l'on tire des engrais ; — 3° les travaux d'épierrement, d'extraction des plantes nuisibles ou inutiles, de drainage des parcelles marécageuses, exécutés ; — 4° l'état des chemins et sentiers d'exploitation ; — 5° les travaux de barrages ou de reboisements, propres à arrêter les érosions et les éboulements, effectués ; — 6° les systèmes d'irrigation appliqués ; — 7° les mesures que l'on prend en vue de la conservation des bois nécessaires au chauffage et à la réparation des chalets ; — 8° les efforts tentés pour la plantation d'arbres dans les parcelles impropres à fournir de bons herbages, pour la reconstitution des pelouses dégradées et le perfectionnement de la teneur des gazons en bonnes espèces; — 9° les établissements de clôtures en haies vives ou en bois secs, autour des parcelles où des travaux de reboisement et de gazonnement nécessitent d'interdire temporairement l'accès du bétail; — 10° les soins apportés à l'approvisionnement des étables, en fourrages secs, pour les mauvais temps; — 11° le rapport entre la quantité de têtes de bétail admises au parcours, et la possibilité des pâturages; — 12° la rotation adoptée dans l'exercice du parcours; — 13° le partage de l'ensemble de la montagne entre les diverses espèces d'animaux : bovine, ovine et caprine; — 14° la pureté des races d'animaux, les quantités de lait obtenues, l'époque du vélage, le choix des reproducteurs et les résultats de l'élevage; — 15° le rendement du lait en matière et en argent; — 16° le degré d'instruction des fromagers et des bergers dans leur spécialité.

Les jurys devraient se composer à près comme il suit : 1° un délégué du ministère de l'agriculture; 2° un agent forestier du département; 3° le conseiller général du canton; 4° le professeur départemental d'agriculture; 5° l'inspecteur des fruitières-écoles de la région; 6° un délégué de la Société d'agriculture ou du Comice agricole local.

En France, il y aurait pour le moment un concours par département alpestre, et, en raison des difficultés du parcours, le concours se concentrerait chaque année sur un seul canton.

Une somme de 1200 francs divisée en 4 prix, dont un de 600 francs, un de 300 et deux de 150 francs, suffirait largement pour chaque concours. Le montant de chaque prix serait partagé entre le propriétaire ou le fermier et le personnel de l'alpage, suivant les mérites constatés par le jury.

Pour ces motifs, nous avons l'honneur de proposer au Congrès d'émettre le vœu :

Qu'en tous pays de montagne, les Gouvernements et les diverses Sociétés d'agriculture s'entendent dans le but de créer des alpages modèles, qui seront à la montagne ce que les fermes-écoles et les champs d'expériences sont aujourd'hui déjà à l'agriculture des plaines;

Que parallèlement, des concours annuels soient organisés dans les mêmes régions entre exploitants d'alpages, de même qu'en de nombreux départements français on a organisé des concours de viticulture auxquels on ne saurait refuser le mérite d'avoir hâté grandement la reconstitution des vignobles;

Que dans les futurs congrès, si ce vœu est adopté, il soit rendu compte des expériences entreprises dans chaque pays et des résultats obtenus.

DÉVELOPPEMENT DE L'AGRICULTURE EN BOSNIE-HERZÉGOVINE
DEPUIS L'ANNÉE 1878
MESURES ADOPTÉES PAR LE GOUVERNEMENT

Par M. le Baron Jaroslav de SEDLNITZKY-CHOLTIC

Conseiller du Gouvernement de Bosnie-Herzégovine.

Le titre placé en tête de ma conférence démontre que, lorsque je demandai la parole, je n'avais nullement l'intention de contribuer à la solution des questions spéciales qui font partie du programme de ce Congrès; d'ailleurs le degré du développement auquel se trouve le pays dont j'aurai l'honneur de vous parler ne le permettrait pas. Mais j'ai pensé qu'en faisant un court exposé des conditions dans lesquelles se trouve l'agriculture en Bosnie et Herzégovine et des mesures qui furent adoptées pour l'améliorer je provoquerais quelque intérêt pour le développement que l'agriculture a pris dans ce pays, et qui ne manque pas d'une certaine originalité.

On sait généralement qu'en 1878, lors de l'entrée des troupes austro-hongroises en Bosnie-Herzégovine, l'agriculture dans ces pays se trouvait en un état très primitif, à la seule exception de trois branches, qui étaient : la culture des prunes, celle du tabac, et l'élevage des chevaux. La culture des prunes avait acquis, sous l'influence directe du gouvernement ottoman, une grande importance, tant pour la production que pour le commerce. Le tabac était cultivé d'une façon irrationnelle dans tout le pays, même dans les contrées où les conditions nécessaires faisaient défaut, mais dans certaines parties de l'Herzégovine, surtout dans le district de Trébigne, où le sol et le climat lui sont également favorables, il donnait d'excellents résultats. Quant à l'élevage des chevaux, on n'y mettait guère plus de système; mais, grâce à la prédilection des peuples orientaux pour la race chevaline, on obtenait des résultats relativement satisfaisants; les chevaux bosniaques étaient infatigables et rendaient d'excellents services dans le pays; il est vrai qu'à cause de la petitesse de leur taille ils étaient sans valeur pour l'exportation.

Mais l'agriculture proprement dite et l'élevage du bétail, surtout celui du gros bétail, avaient été fort négligés malgré les conditions favorables qu'offraient le sol et le climat. Il n'y avait qu'une partie relativement minime du sol qui était cultivée, et la méthode d'exploitation ainsi que les moyens qu'on y employait étaient de ceux qui sont hors d'usage en Europe depuis des siècles. Je ne cite que le mot d'Ami Boué, l'explorateur des Balkans : « On y travaille (en Bosnie) comme au temps des patriarches ». Quant à l'élevage du bétail, on obtenait de temps en temps, quand les épizooties ne faisaient pas de ravages, des résultats assez satisfaisants par la simple propagation naturelle; mais à défaut de tout principe d'élevage, de tous soins donnés aux jeunes animaux et aussi à défaut de nourriture suffisante, — car l'approvisionnement du foin ne se trouvait jamais en proportion à la quantité du bétail, — le nombre de celui-ci diminuait toujours pendant les mois d'hiver; les chèvres qui n'étaient pas réduites à se nourrir d'herbe prospéraient mieux, au grand détriment des forêts.

Dans quelques contrées l'élevage des moutons était accompagné de bons résultats; ainsi le mouton dans le district de Travnk donnait d'assez bonne chair. L'éducation des cochons ne pouvait prospérer à cause de la répulsion que cette espèce de bétail inspirait à la classe dominante dans le pays, aux musulmans. Mais le bœuf et la vache bosniaques, quoique élevés en assez grand nombre, étaient, à l'exception de quelques troupeaux dans les basses plaines du nord-est, des bêtes chétives, dont ni la chair ni le lait n'étaient appréciables. C'est à peine s'ils pouvaient servir comme bêtes de trait; cette dernière circonstance était une des causes principales qui nuisaient à l'exploitation du sol. Comme toute organisation vétérinaire manquait, les épizooties, qui apparaissaient régulièrement décimaient les misérables troupeaux, et en 1878, lors de l'occupation de la Bosnie par l'Autriche-Hongrie, la peste bovine faisait des ravages dans tout le pays. Le nouveau gouvernement ne parvint à se rendre maître de ce fléau qu'après des luttes énergiques qui durèrent des années.

Si vous voulez bien juger par cette petite esquisse, messieurs, vous avouerez que le tableau que présentaient en Bosnie-Herzégovine, en 1878, l'agriculture et l'élevage du bétail, n'était pas des plus réjouissants; je ne veux pas prétendre qu'il ait beaucoup changé depuis; vingt-deux années sont un temps un peu court pour opérer de pareilles métamorphoses, et puis les obstacles qu'on avait à surmonter, et qui existent encore en partie, étaient par trop grands.

Toutefois je vous prie de vouloir donner quelque attention aux chiffres suivants et de tirer ensuite vos conclusions, en les rapportant à une série de mesures qui furent adoptées à l'instigation du gouvernement et que je citerai plus tard. Vous jugerez ensuite s'il peut être question d'un développement progressif de l'agriculture en Bosnie, et jusqu'à quel point un pareil développement peut être considéré comme résultant de l'initiative prise par l'administration austro-hongroise, et des mesures que celle-ci a adoptées.

Nulles données ne nous étant parvenues du temps du gouvernement ottoman, qui pourraient nous renseigner sur l'état de l'agriculture dans cette époque, les chiffres statistiques que l'administration austro-hongroise a recueillis pendant les vingt-deux années que dure l'occupation devront nous servir de base pour établir nos comparaisons.

Ces chiffres nous sont fournis principalement :

1° *Pour la production du sol,* par les cadastres sur l'impôt de la dîme qui ont été tenus depuis 1879, mais qui ne sont parfaitement exacts que depuis 1882;

2° *Pour la densité et la distribution de la population,* par les recensements de la population qui ont eu lieu en 1879, en 1885 et en 1895;

3° *Pour la densité du bétail,* par les cadastres de bétail, qui ont été tenus depuis 1879 et qui ont subi un contrôle en 1895 par un dénombrement universel du bétail;

4° Et finalement : *pour la répartition du sol,* par l'exécution du cadastre commencé en 1880 et terminé en 1885, et par la tenue à jour qui s'y rattache, et qui est toujours continuée.

La superficie de la Bosnie et de l'Herzégovine est de 51 027 kilomètres carrés. En 1886, c'est-à-dire à l'époque où le cadastre venait d'être terminé, 10 302 kilomètres carrés de cette superficie étaient des champs, 394 kilomètres carrés des jardins, 3 262 kilomètres carrés des prairies, 50 kilomètres carrés des vignes, 9 209 kilomètres carrés des pâturages, 26 819 kilomètres carrés des forêts, et 991 kilomètres carrés du sol improductif ; donc plus de la moitié de la superficie totale était couverte de forêts.

En 1895, il y avait 11 052 kilomètres carrés de champs, 485 de jardins, 5465 de prairies, 599 de vignes, 8 414 de pâturages, 21 581 de forêts et 983 de sol improductif.

En moins de dix ans les champs avaient donc augmenté de 75 000 hectares, les prairies de 20 500, les jardins de 8 900, et les vignes de 900 hectares; les pâturages avaient diminué de 79 100, les forêts de 25 800 hectares et le sol improductif de 200 hectares. Abstraction faite des forêts et du sol improductif, il reste une superficie de 25 453 kilomètres carrés servant à l'agriculture ; d'ailleurs, les terrains cultivés vont en augmentant dans des proportions à peu près égales depuis 1895.

La population en Bosnie-Herzégovine et la population agricole. — Le recensement de la population en 1879 a constaté le nombre de 1 138 164 âmes, et le dernier recensement en 1895 le nombre de 1 568 092 âmes.

La population a donc augmenté depuis 1879 de 35,59 pour 100. Cette augmentation de la population a pour causes principales :

1° L'établissement de la sûreté de la personne et de la propriété;

2° L'organisation d'un service sanitaire dans tout le pays ;

5° L'assainissement de contrées entières et de certaines localités ;

4° L'immigration.

Parmi la population actuelle du pays, il y a 1 385 291 âmes, c'est-à-dire 88,54 pour 100 de la population entière, voués à l'agriculture sur une superficie de 75 453 kilomètres carrés.

Le rapport qui existe entre ces chiffres est d'une haute importance puisque 50 924 âmes seulement appartiennent à la classe des domestiques et ouvriers agricoles, et que tout le reste fait partie de la classe des propriétaires, des paysans libres et des kmètes. Il en résulte que plus de 85 pour 100 de la population entière ont une base d'existence assurée.

Lorsqu'on fait abstraction des forêts et des pâturages comme des terres qui ne donnent pas de revenus directs, et qu'on ne compte que les terrains comprenant les champs, les prairies, les jardins et les vignes, et qui, en 1895, couvraient une superficie de 1 502 700 hectares, il revient à chaque âme de la population agricole environ 1,08 hectares de terrain donnant des revenus directs.

J'ai dit que la population agricole se composait de trois groupes principaux, qui sont ceux des propriétaires, des paysans libres et des *kmètes.*

Il faut que je donne quelques explications concernant la classe des propriétaires et celle des kmètes. Il y a dans le pays 5 833 familles de seigneurs fonciers (grands propriétaires) ; mais il ne faut pas croire qu'il y a en conséquence le même nombre de grandes propriétés ; celles-ci n'existent qu'en nombre très restreint, et ont été fondées par des propriétaires immigrés après l'occupation. Le total des terres que possèdent les grands propriétaires se divise en 111 500 fermes qui sont administrées par les kmètes contre prestation en nature. Les kmètes (colons) sont pour la plupart chrétiens ; au temps de la domination ottomane on pouvait les éloigner assez arbitrairement de leur terre, malgré l'existence d'une loi qui réglait leur situation et qui avait été donnée en 1859 sous l'influence des grandes puissances. La façon arbitraire avec laquelle les kmètes étaient traités fut une des causes principales de la révolution de 1875 à laquelle l'occupation de 1878 mit fin.

La situation des colons a été réglée depuis par l'administration austro-hongroise. Un kmète ne peut être éloigné de sa terre que s'il a gravement négligé les intérêts de la ferme qu'il administre, et si des remontrances précédentes sont restées sans effet ; de plus son éloignement ne peut être effectué qu'en vertu d'une décision de l'autorité administrative.

Les prestations en nature dues au propriétaire consistent généralement en un tiers des revenus de l'année en blé, foin, fruits et légumes. Dans quelques contrées le kmète fait prestation de la moitié de la récolte du foin ou d'un équivalent en argent, ou d'une certaine partie de menu bétail. Dans certaines parties de l'Herzégovine, la prestation de la moitié est d'usage ; dans d'autres contrées de l'Herzégovine et dans quelques districts de la Bosnie, le seigneur foncier n'a droit qu'au quart, ou à la cinquième partie des revenus. Dans d'autres parties avoisinantes à la Dalmatie, au lieu des prestations en nature, le kmète paye un fermage en espèces, qui n'a pas changé depuis des siècles, et qui, en conséquence, est resté très bas, comparé à la valeur actuelle des produits du sol.

Passons maintenant aux résultats que donne la *production du sol*.

La production moyenne en céréales, c'est-à-dire en blé, froment, orge, avoine, épeautre, sarrasin, millet hémicarpe, maïs et millet de Cafrerie, était :

De l'année 1882 jusqu'à l'année 1886, de 2 853 599 quintaux ; de l'année 1887 jusqu'à l'année 1891 de 4 724 606 quintaux ; de l'année 1892 jusqu'à l'année 1896, de 5 095 500 quintaux. C'est-à-dire que la production [des dernières cinq années, de 1892-1896, comparée à celle des premières cinq années (de 1882-1886), a augmenté de 6 241 901 quintaux, c'est-à-dire de 78,56 pour 100.

En 1898, la production des céréales était de 5 588 000 quintaux et en 1899, malgré que la récolte eût été en partie mauvaise, de 5 360 000 quintaux. La moyenne des autres produits de la terre a augmenté, depuis la période de 1882-1886 jusqu'à la fin de la période de 1892-1896, de 126 pour 100 pour les légumes secs, de 190 pour 100 pour les pommes de terre, de 167 pour 100 pour le tabac, de 53 pour 100 pour les autres plantes commerciales, de 105 pour 100 pour le foin, de 99,8 pour 100 pour les pruneaux noirs (qui sont connus sous le nom de pruneaux de Turquie), de 75 pour 100 pour les raisins, de 20 pour 100 pour les fruits à pépins, 91 pour 100 pour les fruits à coques, de 280 pour 100 pour les fruits du Midi, et de 170 pour 100 pour les plantes jardinières. Quant au nombre de bétail, il y avait en 1879 :

161 118 chevaux.

762 077 pièces de gros bétail.

859 988 moutons.

522 125 chèvres.

430 555 porcs.

111 148 ruches d'abeilles.

En 1895 :

239 626 chevaux.

1 417 541 pièces de gros bétail.

5 250 720 moutons.

1 447 049 chèvres.

662 242 porcs.

140 061 ruches d'abeilles.

Ces chiffres prouvent que le bétail a augmenté d'une façon rapide.

Si, d'après le calcul usuel, une pièce de gros bétail équivaut à 10 pièces de menu bétail, on peut compter 158 pièces de gros bétail par 100 âmes de la population agricole. J'aurai plus tard l'occasion de parler des mesures spéciales adoptées par le gouvernement pour améliorer les races, et les résultats qu'on en a obtenus.

Mesures adoptées par le gouvernement. — Les mesures adoptées par le gouvernement de Bosnie-Herzégovine pour améliorer et encourager l'agriculture sont, en premier lieu, des mesures générales:

Il va sans dire que les premières mesures adoptées par le gouvernement après l'occupation, c'est-à-dire le rétablissement de la sûreté publique et la construction des voies de communication, — à l'achèvement desquelles on travaille toujours, — ont immédiatement profité à l'agriculture, le manque de sûreté de la personne et de la propriété, ainsi que l'absence de voies de communication, ayant toujours entravé les tentatives d'amélioration.

Aussitôt que la sûreté de la personne et celle de la propriété avaient été établies, ce fut surtout la construction de voies de communication qui, facilitant et augmentant le débit, donna l'impulsion à un progrès rapide de la production du sol. Bien qu'actuellement encore ce progrès soit surtout dû à un genre d'administration extensive, la stagnation qui, pendant des siècles, pesait sur la production agricole, a cessé, ce qui veut beaucoup dire chez un peuple entièrement conservateur, sans besoins et, pour la plupart, d'un naturel fataliste, tel que l'est la population rurale en Bosnie.

Il y avait, en 1878, 909 kilomètres de routes carrossables et 102 kilomètres de chemins de fer, dont l'exploitation avait été suspendue; actuellement nous y avons 6 250 kilomètres de routes carrossables, et 880 kilomètres de chemins de fer; 185 kilomètres de chemins de fer sont en construction.

J'ai déjà dit que les travaux du cadastre furent commencés en 1880, et ceux de la taxation cadastrale économique en 1881.

On n'a pas encore, jusqu'à ce jour, tiré de cette opération les conséquences qu'elle comporte pour la modification du régime des impôts.

La peste bovine qui régnait dans le pays en 1878 donna lieu à l'organisation immédiate d'un service vétérinaire. Lorsqu'on fut enfin parvenu à supprimer cette épizootie, on put s'occuper de l'exportation du bétail, car les frontières des deux provinces avaient été bloquées dans toutes les directions pour l'exportation du bétail; maintenant nous avons des lois sévères qui visent à empêcher et à exterminer les épizooties; la dernière de ces lois est une loi préventive contre la maladie de la tuberculose du gros bétail. La race bovine indigène n'étant pas sujette à la contagion, cette loi a pour but principal d'empêcher l'importation de la tuberculose de l'étranger. D'autre part, le gouvernement favorise l'importation de bétail de race pure, pour améliorer les races indigènes, c'est-à-dire qu'il se charge lui-même exclusivement de cette importation. Un réseau de stations vétérinaires couvre tout le pays.

Après que les travaux de cadastre furent terminés, on procéda au règlement des propriétés forestières, à la séparation des forêts de l'État et à la concession de propriétés forestières privées. La possession privée de forêts n'était jusqu'alors pas permise d'après la législation ottomane. Ensuite on procéda, après avoir réglé provisoirement les archives concernant les biens-fonds (tapon), qui étaient tout insuffisants, à introduire des cadastres d'après le modèle de cadastre autrichien.

Ce n'est qu'alors que la certitude sur l'étendue d'une propriété fut établie, ainsi que la possibilité d'un crédit hypothécaire entouré des sûretés nécessaires.

A cet effet le gouvernement fonda une banque hypothécaire (Landeshypothekenbank) à laquelle la banque bosnio-herzégovinienne s'est actuellement substituée.

Pour le crédit de la population rurale (kmètes et paysans libres), on a fondé des caisses auxiliaires, qui leur prêtent sans formalités et à exemption de taxes, moyennant caution simple à 4 et à 6 pour 100, selon le but du prêt. Ces caisses auxiliaires sont administrées par les autorités locales et accordent aussi des prêts en vivres, en grains et en bétail d'élevage, qu'elles effectuent en nature ou en argent, selon les circonstances particulières.

Ces caisses existent dans les 51 districts, et disposent d'un capital de 2 600 000 francs. En cas de besoin et par suite d'un arrangement avec la Landesbank, cette somme peut être doublée.

Chacun de ces fonds dispose en outre d'une réserve pour les cas de nécessité universelle. Mon collègue, M. Huber, le second délégué du gouvernement de Bosnie-Herzégovine, ayant traité ce sujet dans une autre section (voir plus haut, page 95), je crois pouvoir me borner à ces courtes constatations.

Colonisation. — Le chiffre relativement bas de la population en Bosnie et les immenses terrains recouverts de forêts — plus de 50 pour 100 de la superficie totale — ont décidé le gouvernement à établir sur les territoires appartenant à l'État des colonies d'agriculteurs, qu'on fait venir de la monarchie.

Cette colonisation est de date assez récente, car on ne pouvait y procéder avant que le règlement des forêts ne fût terminé.

La colonisation a lieu dans les dimensions d'une ferme de paysan, et le minimum de l'étendue d'une propriété de colons est de 12 hectares.

Nous avons aussi adopté le principe de n'établir que des colons qui disposent d'une certaine fortune; chaque colon doit justifier de la possession d'au moins 1 300 francs.

Jusqu'à présent 1000 familles de colons (environ 5 000 âmes) ont été établies sur une superficie de 13 000 hectares. Ces colons sont Allemands, Magyars, Polonais, Italiens, Tchèques, Ruthènes et Slovènes.

Ces colonies ont parfaitement prouvé leur vitalité, et quelques-unes d'entre elles sont déjà des établissements florissants, quoiqu'elles existent depuis peu de temps.

Leur genre d'exploitation, que le Gouvernement seconde avec énergie, correspond aux exigences modernes.

Il va sans dire que l'exemple donné par ces colonies sera, avec le temps, d'une influence favorable sur la population rurale indigène pour la manière de cultiver leurs terres, et c'était là l'intention principale du gouvernement en les établissant.

Partout le paysan représente l'élément conservateur, et partout il est fidèle à la tradition. Mais on peut bien dire qu'en Bosnie les paysans sont plus conservateurs que partout ailleurs, qu'il est difficile de leur faire comprendre les avantages d'une innovation et qu'ils se méfient de celui qui leur fait une pareille proposition.

Le conservatisme inné, ainsi que le manque d'administration de grandes propriétés, qui partout ailleurs donnent à la population rurale l'exemple du progrès, expliquent pourquoi aucune des institutions spéciales qui mènent à l'amélioration de l'agriculture ne put être abandonnée à l'initiative des indigènes et pourquoi le gouvernement dut se charger de toutes les mesures, et non seulement des principes et des moyens d'exécution, mais de l'exécution même jusque dans les plus petits détails.

Il y a auprès du gouvernement un bureau spécial d'agriculture qui dirige l'action centrale; l'exécution se trouve entre les mains des autorités exécutives. Je crois que c'est une spécialité de l'administration bosniaque qu'une des tâches principales de ses autorités exécutives politiques, les « Kreisbehörden », « Bezirksämter » et « Expositurbehörden », consiste dans la propagation incessante et dans l'exécution de mesures concernant l'agriculture.

La première mesure de ce genre, laquelle d'ailleurs fut en partie dictée par des intérêts militaires, concernait l'élevage des chevaux.

On avait reconnu, bientôt après l'occupation, que la régénération de la race chevaline du temps de l'administration ottomane avait uniquement consisté en l'importation occasionnelle d'étalons par les fonctionnaires civils et militaires qui venaient de l'Orient.

Après l'occupation, les fonctionnaires ottomans disparurent, et l'importation d'étalons orientaux cessa ; depuis ce temps l'élevage, ou plutôt le nombre des chevaux, se mit à décliner rapidement.

Déjà en 1884 le gouvernement établit un dépôt d'étalons, qui fut organisé militairement, et où ne se trouvaient au commencement que des étalons du haras de chevaux arabes de Babölna en Hongrie. Cet établissement a été peu à peu agrandi, et il se compose actuellement d'un dépôt central à Sarajevo et de deux succursales à Mostar et à Travnik ; des 117 étalons qui s'y trouvent, 35 ont été importés qui sont d'origine arabe ; il y a en outre 24 ânes étalons pour l'élevage des mulets, qu'on a fait venir de Syrie et de l'île de Chypre.

Pendant le temps de la monte, on distribue ces étalons dans 62 stations qu'on a établies dans le pays. On a aussi installé récemment à Gorazda un petit haras de chevaux pur sang dans lequel se trouvent 5 étalons et 20 juments d'origine authentique arabe, et un haras d'ânes composé de 12 ânesses et de 2 ânes étalons. Ces étalons couvrent par an environ 5000 juments. D'après les protocoles de l'année 1899, il y a eu, dans le courant de cette année-là, 2000 naissances de poulains descendant d'étalons qui appartiennent au gouvernement. La castration des étalons indigènes n'est pas obligatoire, mais dans plusieurs districts les habitants se sont déjà engagés à la castration des étalons indigènes, et l'ont aussi exécutée.

Afin d'opérer par l'exemple dans l'agriculture et l'élevage du bétail et d'obtenir en même temps des centres de production pour des espèces meilleures de grains et pour du bétail d'élevage de race (gros bétail, moutons et porcs), on fonda — après que quelques essais de constituer des Sociétés agricoles furent restés infructueux — dans la période de 1886 à 1893, dans quatre localités situées favorablement, des stations agricoles dans les dimensions de propriétés moyennes.

La première de ces stations se trouve à Gacko, en Herzégovine, la deuxième à Modric dans le nord-est, la troisième à Livno dans le nord-ouest et le quatrième à Ilidze dans le centre de la Bosnie.

Conformément au genre d'exploitation en usage dans le pays, on s'occupe dans les stations de Gacko, de Livno et d'Ilidze surtout d'élevage de bétail, et dans celle de Modric d'agriculture.

Dans ces stations, 25 à 30 jeunes campagnards, âgés de 16 à 20 ans, reçoivent aux frais du gouvernement, pendant trois ans, un enseignement pratique dans toutes les branches de l'agriculture.

A chacune de ces stations sont reliées des fermes-modèles au nombre de trois à cinq. Ce sont des propriétés appartenant à des paysans qui s'engagent, contre certains avantages que leur accorde le gouvernement, à administrer pendant trois ans leurs fermes d'après des instructions que leur donnent les directeurs des stations d'agriculture.

Au bout de ces trois ans, ils ont à reprendre l'administration indépendante de leurs fermes et d'autres paysans prennent leur place comme paysans modèles.

L'expérience a prouvé jusqu'à présent que ces paysans modèles, après l'écoulement de leur temps, obéissent de leur propre gré aux instructions des directeurs des stations, et vont même jusqu'à leur en demander.

C'est aux autorités administratives qu'il appartient d'engager les apprentis à entrer dans les stations et de décider les paysans à installer des fermes-modèles. Aussi, au commencement, cette tâche semblait-elle impossible à accomplir. Maintenant l'installation de fermes-modèles ne présente plus aucune difficulté, et les élèves se présentent en tel nombre aux stations, surtout à celles de Gacko et de Livno, qu'on pourrait recevoir le double du chiffre des apprentis réguliers.

A l'exemple de ces stations d'agriculture, on a fondé, pour la culture des fruits et de la vigne, des stations à Mostar et Lastva, en Herzégovine et à Dervent, en Bosnie, où dix à douze jeunes gens reçoivent également une instruction pratique dans la culture des fruits et de la vigne.

Ces trois stations, puis neuf pépinières gouvernementales et seize pépinières communales, subventionnées par le gouvernement, ont pour but de fournir (pour la plupart gratuitement) aux gens du pays des coursons, des plants d'arbres fruitiers et des greffons, et de favoriser ainsi la culture des fruits et de la vigne.

Le pays entier est divisé en zones pour la culture des fruits et de la vigne; on tâche avant tout de produire en masse, c'est pourquoi on distribue en masse certains assortiments de fruits destinés à chacune de ces zones, de sorte que chaque zone pourra, avec le temps, produire des fruits d'espèce parfaitement égale, ce qui sera de la plus grande importance pour l'exportation.

Les vins d'Herzégovine jouissent déjà d'une certaine renommée. Le fruit cultivé de préférence dans le pays est le pruneau; mais les indigènes montrent aussi de l'intérêt pour la culture des autres fruits, et je crois que dans peu d'années on obtiendra de bons résultats.

Une autre station est destinée à encourager l'élève des volailles; c'est la Geflügelzucht-Station (station de l'élève des volailles) de Prijedor, qui fournit des œufs et de jeunes volailles directement aux gens du pays et aussi aux stations agricoles, lesquelles continuent l'élevage de ces races pour distribuer à leur tour la progéniture aux paysans de leur région.

Pour peupler les rivières de poissons fins, on a installé un établissement de pisciculture près d'Ilidze, aux sources de la Bosna, d'où l'on a transféré déjà, l'année passée, 600 000 jeunes poissons dans les lacs et rivières.

Élevage du gros bétail. — Comme action préparatoire pour l'amélioration de la race bovine qui était tout à fait dégénérée, le pays tout entier fut divisé en trois territoires d'élevage, dont deux pour les races alpines et un pour les races des steppes.

On choisit pour l'Herzégovine le Wippthaler Alpenrind (taureau des Alpes de Wippthal); pour le nord-est de la Bosnie, le Ungarisches Steppenrind (taureau des steppes hongroises), et pour les autres parties de la Bosnie, le Mollthaler Alpenrind (taureau des alpes de Mollthal). En conséquence, les stations de Livno et d'Ilidze élèvent les vaches et taureaux de Mollthal, la station de Gacko des vaches et taureaux de Wippthal, et la station de Modric du bétail des steppes hongroises. Dans chacune de ces trois zones, l'amélioration de la race bovine prend son point de départ de certains centres d'élevage.

L'importation des taureaux des territoires d'élevage en Autriche-Hongrie est effectuée par le gouvernement aux frais du pays. Actuellement les stations d'agriculture peuvent aussi fournir pour l'élevage de 40 à 50 taurillons par an. En ce moment-ci 774 taureaux appartenant aux trois races mentionnées sont placés dans 750 stations situées dans les centres d'élevage, chez des éleveurs paysans, qui devront les nourrir et les soigner pendant trois ans, et, pendant ce temps, les mettre gratuitement à la disposition de la population rurale, après quoi chacun de ces taureaux — à condition d'avoir couvert au moins 60 vaches par an — deviendra la propriété de son éleveur. Au surplus, le gouvernement fournit aux éleveurs des ustensiles de couvrage et leur accorde des primes annuelles pour leurs bons soins.

On aurait de la peine à croire qu'une pareille institution, qui offre des conditions si favorables, et qui n'impose aucune charge en revanche, n'avait au commencement non seulement aucun succès, mais rencontrait même une opposition passive, et allait parfois jusqu'à donner directement lieu à une agitation opposante.

L'opinion des gens a complètement changé depuis. Afin d'avoir plus de taureaux de race dans leur domaine, des districts entiers proposent spontanément de châtrer les taureaux indigènes, et quoique la castration des taureaux ne soit pas obligatoire, on l'a déjà complètement exécutée dans six districts. Le nombre des taureaux de race pure ne suffisant plus, le gouvernement s'est vu obligé de breveter un assez grand nombre — près de 200 taureaux de race croisée. Le succès d'élevage est très satisfaisant ; il est même parfait dans les districts de Bugojno (race de Mollthal), de Nevesinje, de Gacko (race de Wippthal) et de Nadraiai (race des steppes hongroises).

On opère d'après les mêmes principes et à des conditions semblables pour l'amélioration des moutons, des porcs et des chèvres.

Le cheptel d'amélioration pour ces espèces de bétail se compose de béliers de Hovodenker et de Burhara pour les moutons, de verrats et de laies de Berkshire pour les porcs, et de boucs Angora pour les chèvres. Le cheptel est fourni exclusivement par les stations qui, de leur côté, poursuivent l'élevage à l'aide des animaux importés, avec ou sans croisement.

On organise tous les ans, dans l'intention d'encourager les éleveurs de chevaux, des distributions de primes et des courses de chevaux avec des primes et des prix offerts par le gouvernement ; de même il y a pour les éleveurs de bétail des distributions annuelles de primes pour des veaux et des moutons, qu'offre également le gouvernement.

On encourage aussi la culture du ver à soie et l'apiculture.

Au commencement du dix-neuvième siècle, la culture du ver à soie était assez répandue en Bosnie ; mais bientôt elle tomba en décadence et en parfait oubli, et aujourd'hui il ne reste que quelques vieux mûriers qui témoignent de son existence passée. Afin de faire renaître cette branche d'industrie, le gouvernement a établi des plantations de mûriers dans différentes parties du pays. Actuellement plus de 500 000 mûriers ont été plantés par des indigènes. Les graines leur sont fournies gratuitement.

L'apiculture est très répandue en Bosnie. Mais les moyens d'exploitation sont fort primitifs, quoique l'abeille bosniaque soit d'une très bonne qualité. L'action inaugurée par le gouvernement pour l'amélioration de l'élève des abeilles a été continuée récemment par une Société d'apiculteurs que président des fonctionnaires du gouvernement.

Une culture que le gouvernement a introduite en 1895 et qui est d'une grande importance économique pour le pays est celle de la betterave ; en même temps une Société par actions construisit une sucrerie qui peut consommer 50 000 quintaux métriques de betteraves. Actuellement une superficie de 2000 à 2400 hectares est plantée de betteraves, dont le rendement était en 1899 de 150 quintaux en moyenne par hectare. Dans les districts les plus favorables à cette culture, la moyenne dépassait ce chiffre et se trouvait être de 360 quintaux par hectare dans le district de Sarajevo, de 250 quintaux dans le district de Bugojno et de 200 quintaux dans le district de Visoko.

La pomme de terre avait été peu cultivée et l'on n'avait que de très mauvaises espèces. Quelques parties de la Bosnie et de l'Herzégovine sont très favorables à la culture de cette plante, que le gouvernement améliore aussi, en important les meilleures espèces des semences connues, qu'on multiplie dans les stations agricoles pour les remettre ensuite aux cultivateurs.

En conséquence, la culture de la pomme de terre a considérablement augmenté, et actuellement on trouve dans tout le pays d'excellentes pommes de terre comestibles.

Les autorités administratives importent chaque année, aux frais des caisses de districts, de grandes quantités de semailles, surtout du maïs Cinquentini, du froment de Hongrie et de l'orge d'Écosse et de Bohême qu'elles distribuent sous forme de prêts à la population rurale ; les stations d'agriculture font des distributions pareilles avec leurs propres produits.

Pour décider les paysans à se servir d'instruments aratoires, surtout de charrues modernes, le gouvernement importe à ses frais des types modernes de charrues et d'autres instruments aratoires ainsi que d'ustensiles de jardinage, ou bien en commande chez des artisans établis dans le pays, pour les céder aux paysans contre des annuités de cinq ans, ou des termes plus longs. De cette manière on a fourni jusqu'à présent aux indigènes — pour la plupart dans le nord du pays — environ 2000 charrues, dont ils font effectivement usage. Dans l'intérieur du pays l'emploi d'instruments modernes ne fait que des progrès très lents et l'on y rencontre actuellement parfois des charrues pareilles à celles qui étaient en usage du temps des Romains. Dans toutes ces contrées, les autorités organisent deux fois pas an (au printemps et en automne) des labourages instructifs avec des charrues modernes ; dans les contrées où les indigènes se montrent peu disposés en faveur de pareilles innovations, ces labourages sont souvent répétés.

Dans les contrées où l'on cultive la vigne et les arbres fruitiers, des fonctionnaires spéciaux du gouvernement donnent des enseignements pratiques. Afin d'encourager la culture de la vigne, on a accordé une exemption d'impôts de dix ans pour les vignes nouvellement plantées. Heureusement que le phylloxera est inconnu en Bosnie et Herzégovine ; mais en revanche le péronospora y a paru et s'est répandu rapidement, grâce à l'ignorance et à l'indolence des vignerons. Le gouvernement s'est vu obligé de faire une loi spéciale pour la destruction *obligatoire* du péronospora. Le gouvernement se charge de procurer le cuivre et les seringues nécessaires pour la destruction du parasite. Il fournit ces objets gratuitement aux vignerons pauvres et contre paiements partiels à ceux qui sont dans l'aisance.

Les mesures adoptées par le gouvernement ont eu un succès parfait dans quelques contrées, et il n'y a pas de doute que dans peu de temps le péronospora aura complètement disparu.

Afin de préparer dans un sens moderne la jeune génération paysanne à sa profession agricole, on a introduit dans les écoles primaires villageoises des cours spéciaux d'agriculture. Cela ne peut se faire que successivement, car cette innovation implique l'existence d'instituteurs qui possèdent des notions d'agriculture. A cet effet, on a créé à l'école préparatoire pour les instituteurs, à Sarajevo, la place d'un professeur d'agriculture, et les instituteurs qui ont pris part à l'instruction d'agriculture se réunissent tous les ans pendant les mois de vacances dans les stations agricoles, où ils reçoivent pendant quelques semaines une instruction pratique.

Toutes les écoles dans lesquelles sont placés des maîtres qui ont reçu une instruction agricole et dans lesquelles des cours d'agriculture ont été établis d'après un plan d'instruction déterminé, sont réunies à une ferme-modèle qu'on établit dans une ferme située dans le voisinage, et où a lieu l'enseignement pratique. Les fermes-écoles sont organisées d'une manière analogue à celle des fermes-modèles dont j'ai parlé, avec cette différence que, conformément au but, des changements n'ont pas lieu, mais que le fermier attaché à l'école reste constamment sous la surveillance du directeur de la station voisine ou du maître d'école. Par cette raison, ces fermiers sont plus avantagés de la part du gouvernement que les fermiers modèles. Le dimanche, il y a dans ces écoles des cours d'agriculture pour les jeunes garçons qui ont achevé leurs études et pour les grandes personnes ; dans ces cours, il n'y a pas de conférences spéciales, mais des discussions libres. Les cours du dimanche sont très bien fréquentés par les campagnards.

Une autre mesure, d'une grande importance pour l'agriculture, consiste dans les améliorations de contrées entières que le gouvernement a exécutées à grands frais et qui ont aussi pour but l'assainissement.

Ces améliorations concernent le règlement du régime des eaux dans ces contrées et sont déjà terminées dans le Livansko polje et Gacko polje. Elles sont assez avancées dans le territoire de Mlade.

Le profit qui doit en résulter pour l'agriculture est le dessèchement de ces vastes territoires qui doivent ainsi être rendus propres — au moins pour le moment — à la culture des prés. Ces travaux consistent en canaux de drainage, bassins collecteurs et bassins pour les irrigations au printemps et en automne.

Je pourrais encore citer un grand nombre de mesures d'une importance secondaire, mais il faut bien que je m'en abstienne, le temps qui m'a été fixé pour ma conférence étant écoulé. Je termine donc, messieurs, en exprimant le désir de vous avoir convaincus que l'agriculture en Bosnie a devant elle un avenir plein de promesses.

LA CULTURE DES POMMES DE TERRE

Notes additionnelles à mon Rapport[1]

Par M. Paul GENAY

Président du Comice de l'arrondissement de Lunéville.

1° La pomme de terre est un objet très propre à l'alimentation de tous les animaux domestiques (page 275, § 1).

La pomme de terre peut entrer dans l'alimentation de tous les animaux, chevaux, vaches, moutons, porcs, volailles.

Cela n'est nullement nouveau pour les chevaux, comme on paraît le croire. David Low, dans ses *Éléments d'agriculture* publiés avant 1840, dit qu'en Écosse on nourrit

---

1. Voir le Tome I des Travaux du Congrès, p. 275.

très couramment les chevaux avec la pomme de terre *cuite*; on remplace 2 kilogrammes d'avoine par 7 kilogrammes de pommes de terre. Les cultivateurs pensent que 150 à 200 kilogrammes de pommes de terre crues, mais données après cuisson, équivalent, quant à leur valeur alimentaire, à 100 kilogrammes de foin. Villeroy dit pareillement dans son *Traité du cheval* et dans celui *des bêtes à cornes*. En Lorraine, dans la partie des terres légères, où la culture des pommes de terre est tout à fait à sa place, on donne en hiver beaucoup de pommes de terre cuites aux chevaux de ferme, 10 à 20 kilogrammes par tête et par jour. Pendant la morte-saison et les longues nuits, les chevaux reçoivent, avec les pommes de terre, de la paille au râtelier, cela les occupe ; on n'ajoute de l'avoine qu'avec la reprise des travaux du printemps. Cette nourriture engraisse les chevaux, mais ne convient qu'à ceux qui travaillent au pas.

Dès longtemps on a donné aux bovidés et aux ovidés des pommes de terre, même crues. Sous cette forme, on ne peut en donner que des quantités modérées, 2 à 3 pour 100 du poids vif, les animaux se trouvent incommodés très gravement si l'on dépasse ces quantités.

Mais la cuisson permet d'en donner des quantités beaucoup plus fortes. Son effet est remarquable, particulièrement dans l'engraissement ; il se rapproche de celui du maïs et je suis assuré de ne pas beaucoup me tromper en disant que 4 kilogrammes de pommes de terre, après cuisson, nourrissent autant que 1 kilogramme de maïs.

Aimé Girard, à la suite d'expériences que chacun a présentes à la mémoire, concluait à donner à la pomme de terre une haute valeur. Cette valeur m'a toujours paru exagérée, et la cause de cette exagération provenait des circonstances dans lesquelles l'expérience était faite. Un fin connaisseur choisissait, en effet, pour les soumettre à l'expérience, des animaux d'élite, déjà en bon état, en route. Alors on obtenait pour tous les sujets des accroissements remarquables, bien supérieurs à ceux sur lesquels on peut communément compter dans la pratique, avec un mélange d'animaux dont quelques-uns profitent mal.

M. Cormouls-Houlès a publié récemment des résultats d'essais qui lui ont aussi permis de donner une haute valeur à la pomme de terre. Ici comme chez Aimé Girard, il s'agit d'un engraissement particulier de jeunes animaux d'une race très bien disposée à l'engraissement. C'est un cas bien spécial, et je ne pense pas qu'on en puisse généraliser les résultats sans réserves.

Ces réserves faites, je conclus : dans les bonnes années, quand la pomme de terre est abondante et que la féculerie n'offre en *tout venant* que 3 francs les 100 kilogrammes, il y a très souvent avantage à la faire consommer par les animaux de la ferme. En année moyenne, ce prix de 3 francs n'est pas généralement rémunérateur.

2° Il aurait peut-être été nécessaire d'insister plus que je ne l'ai fait (page 276), sur la haute valeur agricole de la pomme de terre comme plante sarclée, dans les sols siliceux, peu consistants, qui, peu propres à la culture de la betterave, n'ont pas d'autres plante nettoyante.

En conséquence, sous ce rapport, on doit défendre énergiquement la plante contre la concurrence des féculents étrangers, surtout du maïs.

5° Des engrais demandés par la pomme de terre, nous convenons qu'une fumure directe de 30 000 kilogrammes de fumier à l'hectare est rarement à dépasser, à cause de la pourriture, avec addition d'engrais commerciaux indiqués par l'expérience.

Une petite digression est à faire au sujet de l'élément *potasse*.

On dit : « La pomme de terre est très riche en potasse, donc il faut restituer au sol cet élément et appliquer un sel potassique à la pomme de terre ». Or, dans la très grande majorité des essais, l'effet de la potasse a été à peu près nul.

La pomme de terre, ouvrière habile, a donc su trouver dans la terre, même définie comme pauvre en potasse par la science actuelle, la potasse qui lui était nécessaire.

J'ai poursuivi, depuis de longues années, dans des sols siliceux pauvres en potasse (50 grammes pour 100 kilogrammes de terre sèche), des essais d'emploi de potasse pour cette plante. Voici mes conclusions :

1° Rarement l'élévation du produit a pu payer l'engrais potassique ;

2° C'est toujours sur des défrichements de prairies artificielles que l'effet de l'engrais potassique a été le plus marqué, étant souvent économique dans cette circonstance de rotation.

SUR L'ASTRAGALE EN FAUX

Renseignements complémentaires[1].

Par M. le Dr D. CLOS

Dans un mémoire sur les *Légumineuses fourragères vivaces* que le Comité de la 3ᵉ section du 6ᵉ Congrès international d'Agriculture m'a fait l'honneur d'admettre au nombre des *Rapports et travaux préliminaires* publiés par ses soins (p. 366-371), après avoir passé en revue les principales espèces pérennes de genres des Papilionacées d'Europe, en quête de quelques fourrages de valeur, j'ai été conduit à constater que deux d'entre elles seules, le trèfle de Pannonie (*Trifolium pannonicum* de Jacquin) et l'astragale en faux (*Astragalus falcatus* de Lamarck), méritent d'être prises en considération[2]. Comme les plantes à longue durée, ils sont également lents à naître et à se développer, également vigoureux et rustiques. Cultivés comparativement et côte à côte au jardin botanique de Toulouse, ils y ont montré des différences à l'avantage du second qui l'emporte notamment :

1° Par la précocité de son réveil hivernal, se manifestant dès le mois de janvier, en avance non seulement sur la grande luzerne et le trèfle en question, mais encore sur la plupart des plantes vivaces légumineuses ou autres : qualité précieuse, qui permettra d'en obtenir une première coupe dès la fin de l'hiver, époque où, dans nos fermes, les granges sont en totalité ou en partie vidées, et où le seigle de mars est à peu près jusqu'ici la seule ressource en fait de fourrage vert ;

2° Par sa promptitude à repousser après la fauchaison. Ayant omis de faire une coupe en mars, en vue de la conservation des graines, j'en ai pratiqué une le 5 mai dernier,

---

1. Voir le tome Iᵉʳ des Travaux du Congrès, p. 366.

2. J'ai omis, à dessein, de comprendre dans cette énumération les représentants du genre Réglisse (*Glycyrrhiza*), composé d'un certain nombre d'espèces vivaces de très haute taille (1 mètre au moins) et dont celles que nous cultivons à l'École de botanique de Toulouse, les *G. echinata*, *glandulifera*, *fœtida* (y compris le *G. glabra*, peut-être indigène et dont les racines fournissent la réglisse) sont visqueuses et odorantes avec de forts rameaux indurés, impropres à toute alimentation.

mais seulement sur un mètre carré ; elle a fourni 4 kilogrammes de fanes vertes, et a rapidement été remplacée par des touffes de rameaux atteignant en ce moment, ou un mois et demi après, 50 centimètres en hauteur, portant déjà fleurs et jeunes fruits [1]. N'est-ce pas un indice de la faculté qu'aura la plante, croissant dans les bonnes conditions qu'elle trouve au Jardin, de donner au moins trois coupes dans l'année ? Le Dr Stebler en attribue deux au trèfle de Pannonie ;

3° Par ses branches toujours plus élevées dans nos cultures, et dont les longues feuilles à très nombreuses folioles donnent un fourrage paraissant à l'état vert moins aqueux que celui des trèfles, des mélilots et de la grande luzerne, et par là même peut-être moins à redouter pour le météorisme des herbivores ;

4° Par sa propriété de drageonner au loin en bonne terre, quatre pieds adultes ayant ici suffi à couvrir la surface d'un mètre carré. Toutefois, le semis et la végétation de l'astragale ont laissé beaucoup à désirer dans un lopin de terrain siliceux, près Toulouse, servant auparavant de passage, n'ayant reçu ni fumier, ni le moindre engrais, et où d'autres légumineuses (minette, luzerne, trèfle de Pannonie, etc.), semées en même temps et à côté de lui, n'ont pas mieux réussi.

Y aura-t-il avantage à le semer dans une céréale ou en mélange avec d'autres légumineuses ? La lenteur de ses débuts ne semble guère favorable à ces pratiques. Sa grande résistance, *à tout âge*, aux froids et aux gelées, paraît l'appeler à rendre des services, non seulement en plaine, mais dans les pays de haute montagne, là où il trouvera fond de terre pour son pivot. Mais aura-t-il quelque valeur pour les cultures coloniales ? Sera-t-il également insensible aux extrêmes de chaleur et de sécheresse ? Aux essais d'en décider, car on ne saurait s'autoriser de ce qu'il a parfaitement résisté dans le jardin d'expériences à Montpellier, où il est cultivé sans le moindre arrosement, depuis une dizaine d'années (Daveau, *in litt.*).

Il reste à déterminer la nature des sols et des engrais les plus convenables à son développement, à découvrir l'agent chimique le plus propre à activer la germination des graines et le meilleur moyen d'écosser les gousses, qui sont à deux loges et par nature indéhiscentes.

L'importante décision prise à la date du 23 mai dernier par la Direction de l'Agriculture de répartir un petit stock de semences de l'astragale pour essais entre douze établissements sous sa dépendance [2], permettra d'ici à peu de temps de juger du degré de valeur de ce fourrage. Voilà près d'un siècle que le genre astragale a été distingué à ce point de vue. L'espèce en question figurait, à Paris, depuis une vingtaine d'années dans l'École botanique du Muséum, en compagnie de quelques autres, lorsque en 1803, André Thouin publiait au tome II des *Annales* de cet établissement un mémoire sous ce titre : *Description des plantes d'usage dans l'économie rurale et domestique établie au Jardin national des Plantes de Paris*, p. 142 à 162, suivi d'un *tableau* résumant ce travail et où figurent, comme genres, *des plantes herbacées de fourrages légumineux*, les quatre suivants : luzerne (*Medicago*), sainfoin (*Hedysarum*), trèfle (*Trifolium*), astragale (*Astragalus*). L'auteur paraît s'être beaucoup occupé du dernier genre et avoir prévu son utilité pour l'alimentation du bétail, d'après le témoignage de Bosc écrivant en 1821 dans le *Nouveau Cours d'Agriculture*, t. II, p. 201, art. *Astragale* : « La plus grande partie des Astragales sont originaires des

---

1. La coupe d'une rangée de pieds de trèfle de Pannonie faite le lendemain ou le 6 mai n'offre encore que des pousses de 20 centimètre de longueur.

2. Savoir : les Écoles nationales d'Agriculture de Grignon et de Rennes, les Écoles pratiques d'Agriculture d'Oraison, Réthel, Les Granges, Lézardeau, Saint-Bon, Beauchêne, Saulxures et les Fermes-Écoles de Chavaignac, Chazerolette et Nolhac. J'ai été autorisé à envoyer à chacun de ces établissements un pied vivant adulte d'astragale pour permettre d'en apprécier le développement.

contrées orientales, des déserts de la Sibérie, de la Tartarie, de l'Arabie. Il est probable que quelques-uns sont du goût des bestiaux et peuvent être cultivés avec avantage pour cet objet en France. On doit au savant collaborateur de cet ouvrage, à l'estimable Thouin, des développements forts étendus sur le genre de culture qu'il conviendrait de leur appliquer ; mais la nécessité de me restreindre ne m'a pas permis d'en faire usage. » Il est à regretter de ne pas connaître quelles espèces Thouin avait en vue.

Note ajoutée pendant l'impression : Une seconde coupe du même carré d'Astragale, opérée le 7 juillet dernier, a fourni 2 kil. 900 de fourrage, et dès le 8 septembre, une troisième coupe était déjà possible, les rameaux de remplacement ayant acquis, en l'absence de tout arrosage artificiel, 35 centimètres de hauteur en moyenne.

Résultat de l'analyse chimique de l'Astragale en faux par M. Fabre, directeur de la station agronomique de Toulouse (le 3 août 1900).

Matières azotées.	6,48	pour 100.
Matières grasses.	1,72	—
Glucose.	1,47	—
Amidon et cellulose saccharifiables.	14,80	—
Cendres.	6,41	—

Résultat de l'analyse par la station agronomique de Toulouse d'une terre des environs de Toulouse, où, comme il est dit dans ma note, l'Astragale, ainsi que d'autres légumineuses cultivées concurremment, n'ont pris qu'un faible développement.

	Azote.	1,50	pour 1000.
Terre fine.	Potasse.	1,03	—
	Acide phosphorique.	0,70	—
	Chaux.	1,50	—

L'échantillon contient 960 pour 1000 de cette terre fine. — Cette terre manque de calcaire.

TRANSFORMATION DE LA SOLOGNE

SON ASSAINISSEMENT ET SA MISE EN VALEUR (1850-1900)

Par M. H. BOUCARD

Président du Comité central agricole de la Sologne.

Situation et contenance de la Sologne. — La Sologne est un vaste plateau de 504 450 hectares, situé au centre de la France, entre les vallées de la Loire et du Cher, à la porte d'Orléans et à environ 125 kilomètres de Paris.

Elle forme une région naturelle bien tranchée, toute différente, comme aspect et comme constitution, des provinces environnantes, telles que l'Orléanais, le Blésois, le Berry, etc.

Dans la Sologne, le relief du terrain est presque nul ; le sol, généralement de faible épaisseur, est composé de sable et d'argile en proportions variables ; mais le calcaire y fait complètement défaut ; le sous-sol, au contraire, est constitué uniquement par de l'argile et du calcaire, lesquels, en revenant affleurer aux périmètres, forment une sorte de cuvette imperméable. C'est par suite de cette constitution qu'il a été possible de comparer la Sologne à un « ilot de sable et d'argile, au milieu d'une mer de calcaire ».

Les eaux pluviales ne pouvant ni pénétrer dans les profondeurs, ni s'écouler facilement à la surface, s'accumulent dans les plis du terrain et y forment des mares d'eaux stagnantes jusqu'à ce que les chaleurs de l'été les fassent évaporer en miasmes malsains.

On comprend aussi que, privés de l'un des éléments indispensables à la végétation, les terrains ne se prêtent à la culture qu'après l'apport d'amendements coûteux.

Insuffisante inclinaison et peu d'épaisseur du sol, imperméabilité du sous-sol, absence totale de calcaire à la surface, telles sont les conditions défavorables imposées par la nature à la pauvre Sologne ; une très effective intervention de l'homme peut seule en triompher.

Alternatives de grande prospérité et d'extrême misère. — Aucune région, autant que la Sologne, ne paraît avoir passé par des alternatives successives de prospérité et d'extrême misère. Et personne ne peut méconnaître quels efforts et quels sacrifices ont, dans ces derniers temps, nécessité l'assainissement, la mise en valeur et le relèvement de tout ce grand pays resté longtemps malsain et dépeuplé.

Ce sont ces périodes de grandeur, de décadence et de transformation que je voudrais rappeler ici, en résumant brièvement ce qui concerne le temps passé et en entrant dans quelques détails pour ce qui s'est accompli de nos jours.

Mon but, en rappelant l'état misérable de la Sologne ancienne et en constatant l'état prospère de la Sologne actuelle, est d'abord d'honorer nos prédécesseurs, qui ont pris l'initiative et la direction de cette rénovation avec tant d'énergie et d'intelligence, puis de faire apprécier tout ce qu'ont fait, pour réaliser cette grande œuvre, leurs successeurs, pour la plupart membres du Comité central agricole de la Sologne.

Puissent les fait constatés et les résultats obtenus être de quelque utilité à ceux qui s'occupent de la mise en valeur des autres régions malheureuses ! Malgré les grandes améliorations réalisées, il en existe encore en France et notamment dans les Landes, la Brenne, le Forez, les Dombes, etc.

Grande prospérité dans les temps anciens. — La Sologne a connu autrefois des temps de grande prospérité : elle était alors très boisée et on la recherchait à la fois pour la douceur de son climat et pour ses belles chasses.

Cette prospérité est attestée par tous les auteurs qui se sont occupés de la région ; nous allons citer quelques-uns de leurs témoignages :

En 1546, Lemaire, conseiller[1] au présidial d'Orléans, dit que « la Sologne était abondante en prez, pastilz, bois de haute futaye, taillis, buissons, estangs et rivières ; portant bled, méteil et seigle, abondante aussi en bestial et en gibier ».

Dans son mémoire de 1788, M. de Froberville dit que « la contrée offrait une population nombreuse, les seigneurs habitant leurs châteaux et la culture étant faite par un grand nombre de petits propriétaires ».

A son tour, en 1789, M. d'Autroche explique que « l'ancienne Sologne, riche, prospère et peuplée, avait des prairies soignées, des coteaux couverts de vignes, avec de nombreuses locatures possédant des bestiaux abondants et bien nourris ».

Enfin, en 1859, M. Bourdin assure qu' « autrefois l'assainissement et la culture des terres étaient convenablement pratiqués, qu'une assez grande étendue de terrain était plantée en vigne, et que, parmi la nombreuse population attachée au sol, on comptait une infinité de petits propriétaires, ce qui annonce l'aisance d'un pays ».

---

1. Histoire des antiquités d'Orléans et du duché d'Orléans.

Du reste, il n'est pas possible de douter que la Sologne ait été jadis une contrée très prospère, puisque, de nos jours, il en reste encore des vestiges matériels; à savoir : les ruines de nombreux châteaux, les restes de fermes et de villages abandonnés, les traces de rigoles d'assainissement, des débris de souches de vieux chênes et de ceps de vignes dénonçant la place de futaies détruites et de vignobles disparus.

S'il est difficile de fixer l'époque à partir de laquelle la Sologne a joui d'une grande prospérité, il est certain qu'elle s'est continuée jusque sous le règne de Louis XII, comme en témoigne le séjour qu'y firent ce prince et son successeur. On sait, en effet, que Louis XII tint souvent sa cour à Blois, en même temps que la duchesse d'Angoulême faisait sa résidence à Romorantin (capitale de l'ancienne Sologne). On sait également que François Ier, qui passa une partie de sa jeunesse dans cette ville, fit, après être monté sur le trône, construire en Sologne le château de Chambord.

Aussi, dans son mémoire de 1844, M. Beauvallet a-t-il pu dire qu' « au commencement du seizième siècle, l'état de la Sologne était satisfaisant, la majeure partie de son territoire restant couverte de bois et le reste divisé en cultures avec un quart planté en vignes ».

Décadence; ses causes et ses effets; longue période d'abandon. — Malheureusement cette prospérité vint à décroître au commencement du xvⁿⁱⁱ siècle et la décadence alla en s'accentuant jusqu'à la fin du xvⁿⁱⁱⁱ; elle eut pour causes : la guerre de Cent Ans, les guerres de religion qui enlevèrent tous les hommes valides, puis les guerres de Louis XIV avec l'étranger, l'éloignement des châtelains, les impôts excessifs qui écrasèrent les habitants et enfin des épidémies qui décimèrent le reste de la population.

Peu favorisée par la nature, la Sologne avait dû sa prospérité au travail de nombreux colons dirigés par des propriétaires résidant dans le pays et s'occupant effectivement d'agriculture. Avec la désertion des uns et le départ d'un grand nombre des autres, cette prospérité disparut.

Les conséquences du dépeuplement furent les suivantes : les fossés d'assainissement ne furent plus entretenus; il en résulta une stagnation plus complète des eaux et la production de miasmes fiévreux, les prés se couvrirent de joncs et de ronces et se transformèrent en pâtures; les terres basses, les meilleures, envahies par les eaux, devinrent impossibles à cultiver pendant une grande partie de l'année et on ne laboura plus que les terres maigres des hauteurs qui furent promptement épuisées ; les vignes, faute de bras, ne furent plus façonnées et disparurent. Enfin des exploitations de futaies irréfléchies, des coupes de taillis mal faites et l'introduction des bestiaux dans de trop jeunes bois ruinèrent graduellement la propriété forestière en livrant le sol aux bruyères.

Tout fut laissé à l'abandon; à la misère succédèrent les maladies; la décadence fut aussi complète que possible.

Chargé d'une mission en Sologne, voici, du reste, comment, dans un rapport adressé en 1880 au Ministre de l'agriculture, je m'exprimais sur la situation passée de cette contrée :

« Il y a cent ans, sous l'influence de ces causes de destruction, la Sologne était devenue une immense plaine de bruyères humides parsemée d'étangs marécageux, avec des restes de forêts ruinées par une exploitation défectueuse, l'abus du pâturage et de fréquents incendies; on n'y trouvait plus qu'une population clairsemée, ruinée par la maladie, découragée par les privations, cultivant au jour le jour quelques champs d'avoine, de seigle ou de blé noir, de façon seulement à ne pas mourir de faim. »

Divers écrivains se sont apitoyés sur le sort de la Sologne en termes encore plus pessimistes ; nous nous bornerons aux citations suivantes :

En 1787, l'agronome anglais Arthur Young s'écriait après avoir parcouru la Sologne : « Grand Dieu, accorde-moi la patience quand je vois un pays aussi négligé et pardonne-moi les jurements que je fais sur l'absence et l'ignorance des propriétaires ».

En 1843, M. Salvat disait : « Après avoir parcouru les champs privilégiés de la Beauce et du Gâtinais, le voyageur traverse la Sologne, vastes plaines incultes où règne la triste bruyère, avec de rares métairies, des habitants rachitiques et de maigres troupeaux. La Sologne, au cœur de la France, à 30 lieues de sa capitale, offre encore au voyageur surpris ce spectacle de misère et de stérilité. Sa population a toutes les privations et toutes les douleurs de la pauvreté et de la maladie, alors que partout autour d'elle le sort des hommes s'améliore. »

En 1854, M. Heurtier, directeur de l'Agriculture, écrivait : « C'est une province qui n'appartient que de nom à la France, car on ne possède pas le néant, et la Sologne, c'est la stérilité et la misère ».

Enfin, on allait jusqu'à désespérer de l'avenir de ce pays ; c'était une terre irrévocablement vouée à la bruyère et aux ajoncs ; ce que formulait ce vieux dicton : « Lande tu as été, lande tu es, lande tu seras ».

Réveil et premiers efforts pour le relèvement. — La Sologne a langui longtemps dans cet état d'engourdissement. Pourtant, quelques esprits clairvoyants pensaient qu'il n'était pas impossible d'en tirer parti avec de l'intelligence, de la persévérance et des capitaux judicieusement employés.

Telle fut l'opinion des illustres savants : Lavoisier, Élie de Beaumont, Brongniart, Becquerel, etc. Lavoisier, dès 1786[1], croit au relèvement possible de la Sologne et il propose à l'assemblée provinciale de l'Orléanais d'obtenir ce relèvement par la reconstitution du bétail, la canalisation, et il fait allusion à la plantation de bois résineux. Brongniart[2], en 1852, termine son rapport au ministre en conseillant surtout d'encourager le boisement et la création de voies de transport économiques.

Enfin, en 1856, dans la *Revue des Économistes*, Léonce de Lavergne osa émettre cet avis, « que dans 50 ans, la Sologne serait comme une autre ».

A partir de la fin du dernier siècle, on sent qu'il y a une réaction contre le parti pris d'abandonner la Sologne à sa misère et que le découragement cesse d'être général.

En effet, des hommes de cœur et de résolution, MM. d'Autroche, Baguenault de Viéville, de Beauchêne, du Bruat, Bigot de Morogues, Dupré de Saint-Maur, Huet de Froberville, de Laâge de Meux, de la Selle, de Lockhart, de Mainville, Mallet de Chilly, Marthe, Pinson, de Poterat, Soyer, Verdier, de Tristan, de Vibraye — leurs noms méritent d'être honorés — publient des mémoires sur les moyens de régénérer la Sologne, ou tentent eux-mêmes des essais d'amélioration ; des savants s'en occupent ; l'attention publique est éveillée ; elle s'intéresse à cette question qui touche à la fois à l'intérêt général et à tant d'intérêts particuliers.

Mais, promptement, les courageux novateurs s'aperçurent que, pour régénérer une contrée de 500000 hectares, les efforts isolés étaient impuissants ; la régularisation

---

1. Rapport sur l'agriculture et le commerce de l'Orléanais, présenté à l'assemblée provinciale, publié dans le t. VI des œuvres de Lavoisier, par M. Grimaux.

2. Chargé par le gouvernement d'une mission dans la Sologne pour étudier les plantations forestières.

des cours d'eau, la création de voies de communication, etc., nécessitent un plan d'ensemble qu'une direction unique peut seule étudier et faire adopter, et dont l'exécution nécessite l'intervention des Conseils départementaux et l'aide de l'État.

Comment les intéresser suffisamment à la Sologne?

Pour le gouvernement, une circonstance heureuse valut son appui : la Sologne avait été, à la Ferté-Beauharnais, le berceau de la famille maternelle du prince Louis Napoléon ; il s'en souvint après son élection à la présidence de la République, fit, dans le but de donner l'exemple, acquisition, au centre de la région, des terres de Lamotte-Beuvron et de la Grillère et ne cessa de témoigner à la Sologne un véritable et puissant intérêt.

Quant aux Conseils généraux, la Sologne était dans de mauvaises conditions pour les atteindre. Elle n'avait pas conservé, dans la division administrative du territoire, cette unité que lui avait donnée la nature ; elle avait été découpée en morceaux et répartie entre les départements de Loir-et-Cher, du Loiret et du Cher[1]. Sans doute, les intérêts solognots étaient représentés dans chacun des trois Conseils généraux, mais ils s'y trouvaient en présence d'autres plus absorbants ; et, faute d'avoir pu se concerter, les défenseurs de la Sologne émettaient parfois des opinions divergentes. Quand il était question d'agir dans l'intérêt de l'ensemble, rien ne pouvait aboutir.

Le remède à un état de choses aussi défavorable fut indiqué dans une réunion mémorable qui se tint à Lamotte-Beuvron le 27 décembre 1858. Des délégués de tous les comices agricoles de la Sologne s'y assemblèrent spontanément, témoignant ainsi de l'étroite solidarité qui unissait les différentes parties de la région, et l'unité agricole, si longtemps rompue par les exigences administratives, s'y reforma pour ainsi dire naturellement, sous l'influence de l'un des représentants les plus vénérés de l'agriculture locale, M. Thuaut de Beauchêne, dignement secondé par des hommes de bien que guidait le patriotisme plus encore que leur intérêt privé.

Création d'un Comité central directeur; son but et son programme. — Dans cette séance du 27 décembre 1858, on décida la création d'un *Comité central agricole de la Sologne* qui aurait pour mission de rechercher les besoins généraux de la région — de centraliser les études, de renseigner le gouvernement et les autorités départementales, d'éclairer les propriétaires et les fermiers par des conseils aussi bien que par des exemples.

Le gouvernement consacra l'œuvre des représentants agricoles de la Sologne en approuvant les statuts de la Société nouvelle (25 juin 1859) et il en fit presque une institution d'État en décidant que les préfets et les ingénieurs en chef des trois départements seraient membres d'office du Comité et devraient assister aux séances qu'il fit présider par un haut fonctionnaire, le très distingué M. Vicaire, directeur général des forêts. Si plus tard (année 1879) le Comité central de la Sologne devint Société libre et perdit un peu de son prestige, son but resta le même et son action continua à s'exercer avec ensemble et efficacité.

A partir de 1859, toutes les bonnes volontés, toutes les forces éparses se concentrèrent en la personne du Comité central et concoururent à la transformation de la Sologne.

Parmi les fondateurs de ce Comité, outre les sénateurs et les députés de la contrée, les principaux agriculteurs et les grands propriétaires du pays, figurèrent des savants illustres, des membres de l'Institut, des ingénieurs et des économistes tels que :

---

1. Étendue : dans Loir-et-Cher : 272 070 hectares ; dans le Loiret : 123 430 hectares ; dans le Cher : 108 050 hectares,

Elie de Beaumont, Brongniart, Delacroix, Michel Chevallier, Dumas; ils appartenaient à toutes les opinions politiques sans distinction[1].

Une association constituée de la sorte devait arracher le pays à sa torpeur et faire de grandes choses; elle n'y manqua pas.

Le Comité se mit de suite à l'œuvre et il traça un programme qui est un modèle de sagesse et de prévision. Voici comment nous croyons pouvoir en résumer les principales dispositions :

1° Pour tirer la Sologne de son insalubrité, il faut surtout faire disparaître ses immenses bruyères, réceptacles d'humidité, cause des miasmes empoisonnant l'atmosphère. Ce résultat ne peut être obtenu que par la culture des terres ou leur reboisement.

2° Le boisement doit être la règle, et les cultures l'exception. Le boisement, en effet, est facile à installer et il donnera partout de bons résultats à la condition qu'on assure à ses produits des débouchés suffisants; tandis que la culture des maigres terrains de la Sologne nécessite l'importation d'amendements coûteux sans pouvoir partout donner l'assurance de rendements assez grands pour être rémunérateurs. Il est donc prudent de concentrer les efforts de culture et les sacrifices d'argent sur les seules meilleures parties et d'occuper tout le reste, au moins temporairement, par des semis et des plantations de bois.

3° Pour obtenir des récoltes, l'apport d'amendements calcaires est indispensable; il faut les introduire sous forme de marne et de chaux. Il existe des gisements de marne sur les périmètres, et c'est une ressource précieuse pour les terrains qui se trouvent à proximité; mais l'emploi de la marne étant limité par les frais de transport de son poids considérable, on aura, pour la partie centrale, recours à la chaux, dont le poids moindre peut supporter un parcours quatre ou cinq fois plus étendu.

4° Pour être profitables, le boisement et la mise en cultures nécessitent, l'un et l'autre, que la Sologne soit dotée de voies de transport économiques, indispensables à l'exportation des bois et à l'importation des amendements calcaires; la création d'un réseau de voies de communication est donc le premier travail à entreprendre pour arriver à transformer la Sologne.

Des résultats considérables n'ont pas tardé à justifier la création du Comité central; en peu d'années, sous son inspiration, la Sologne a été dotée d'un magnifique réseau de routes agricoles, ses cours d'eau ont été régularisés et ses étangs supprimés ou assainis; enfin, les bruyères ont fait place à une certaine étendue de cultures dont les résultats dépassent les premières espérances, et à d'immenses massifs de pins qui constituent la plus grande richesse du pays.

Parler de l'influence vivifiante du Comité et des travaux particuliers exécutés par les propriétaires au point de vue des cultures et des bois, avant d'avoir suffisamment constaté l'importance des travaux d'ensemble réalisés grâce au concours de l'État, serait une véritable ingratitude; aussi, allons-nous commencer par donner un aperçu de tout ce que les gouvernements, qui se sont succédé depuis cinquante ans, ont bien voulu faire pour la régénération de la Sologne

Travaux d'ensemble dus au concours de l'État. — Nous avons rappelé combien fut précieux, pour la pauvre Sologne, le haut patronage de l'empereur Napoléon III et de son gouvernement; nous tenons également à dire que, sous la République, tous les

---

1. M. Tisserand, l'éminent directeur de l'Agriculture, fit partie de ce groupe et est encore président d'honneur du Comité central. Lecouteux, le grand agronome, prit part à ses travaux. Bien peu de temps après sa création, M. Ernest Gaugiran entra dans le Comité; il en est le secrétaire général honoraire, et nul n'ignore son long dévouement et ses excellents services.

ministères qui se sont succédé, ainsi que les Conseils généraux et les autorités des trois départements, ont continué à porter le plus grand intérêt à notre région.

Cet intérêt s'est traduit principalement de 1848 à 1870 par des conseils, par des encouragements et par de grosses subventions. Dans ces derniers temps, lors du désastre causé par les gelées exceptionnelles de l'hiver 1879-1880, l'État est de nouveau venu en aide à la Sologne; nous en constaterons les résultats au chapitre des pineraies.

Les travaux qui, au commencement de la deuxième partie du siècle dernier, ont été faits par l'État au profit de la Sologne sont considérables; les principaux consistent dans l'ouverture d'un canal, dans la création d'un réseau de routes agricoles, dans le curage des rivières et dans la livraison de la marne à prix réduits[1].

Canaux. — Il fut question tout d'abord d'ouvrir un canal de navigation et d'arrosage qui, traversant la Sologne de l'est à l'ouest, aurait mis en communication le canal latéral de la Loire avec le canal du Berry et, par conséquent, la Loire avec le Cher.

Des canaux secondaires se reliant à cette artère auraient desservi toute la contrée.

Ce projet grandiose, qui avait des adhérents convaincus et passionnés[2], fut cependant abandonné, l'entreprise ayant paru trop coûteuse (évaluation, 25 millions).

On s'est borné à creuser le canal de la Sauldre, entre Blancafort (Nièvre), où se trouvent des gisements d'excellentes marnes, et Lamotte-Beuvron, centre de la Sologne. Ce tronçon fluvial, d'une longueur de 45 kilomètres, 274 mètres, a eu pour rôle spécial de faciliter la distribution des marnes sur les deux rives de son parcours. Plus tard, mis en communication avec la station de Lamotte du chemin de fer du Centre, il a permis le transport des marnes vers les parties centrales de la Sologne[3].

Routes agricoles. — En 1861, on substitua au système des voies navigables celui des voies de terre; celui-ci consista à projeter, pour l'avenir, la création de chemins de fer secondaires, tramways, venant se greffer à la grande voie ferrée du chemin de fer du Centre, et, dans le présent, à effectuer immédiatement la construction d'un réseau de routes agricoles sillonnant tout le pays, tracées de façon à mettre en communication les chefs-lieux des communes et dirigées en majeure partie vers les diverses stations de cette grande ligne.

Ce projet, surtout soutenu par M. Baguenault de Viéville, réunit la grande majorité des suffrages et sa réalisation a été, pour la Sologne, le plus grand des bienfaits et la cause de son relèvement.

Le développement entier du réseau est de 593 251 mètres: les routes qui le composent ont été classées par décrets des 16 octobre 1861, 17 mars et 5 mai 1869, 30 avril 1871; la première adjudication des travaux a eu lieu le 25 mars 1862 et tout a été terminé dans le délai de douze années. La dépense totale s'est élevée à environ 3 millions et demi, à raison généralement de 6 francs par mètre courant.

Toutes ces routes ont été ouvertes sans expropriations, grâce aux cessions gratuites obtenues des propriétaires, ce qui est la meilleure preuve de leur utilité.

Cours d'eau. — Les encouragements donnés à la Sologne ne se sont pas bornés à l'ouverture de nouvelles voies de communication; des subventions ont, en outre, été accordées pour le curage ou le redressement de 487 kilomètres de rivières; elles ont

---

1. La plupart des chiffres qui suivent sont puisés dans un remarquable rapport fait par M. Sainjon au Comité central de la Sologne, le 30 juin 1873.

2. Notamment l'honorable M. Guillaumin.

3. La dépense de construction du canal de la Sauldre a été très grande, les travaux ayant été faits par des ouvriers quelconques réunis en ateliers nationaux. Le but principal du gouvernement était alors de les éloigner de Paris.

provoqué l'organisation de syndicats sur presque tous les cours d'eau ; 80 d'entre eux ont été l'objet d'un service d'entretien ; leur régularisation a entraîné celle des moulins qu'ils alimentent ; il s'est produit un grand nombre de demandes de prises d'eau destinées à l'irrigation ; enfin, les assainissements ont repris faveur dans la plupart des vallées.

Service des marnes. — La sollicitude de l'État s'est portée sur l'importante question du marnage des terres et il a été pris deux séries de mesures pour en favoriser l'extension :

1° L'État a acheté à l'origine du canal de la Sauldre, près Blancafort, 6 hectares de gisements de marne qu'il a abandonnés à l'industrie privée pour qu'en soient faits l'extraction et le transport par eau aux points à amender. Sur ces 6 hectares, 4 hectares 90 furent concédés à un entrepreneur tenu de livrer la marne aux agriculteurs, sur tout le parcours du canal de la Sauldre, à des prix variant, suivant la distance, entre 1 fr. 85 et 2 fr. 60 le mètre cube. Le surplus des terrains acquis par l'État fut affecté à une marnière publique.

2° Comme disposition transitoire et dans le but d'avantager immédiatement l'agriculture, sans attendre le creusement du canal, l'Administration décida qu'elle livrerait aux particuliers, au prix de 2 fr. 50 par mètre cube, des marnes qu'elle se chargerait d'approvisionner sur le parcours du chemin de fer du Centre en sept lieux de dépôt bien échelonnés. La Compagnie du chemin de fer d'Orléans se prêta de son côté à cette opération, en effectuant le transport à prix réduit.

En résumé, le prix du mètre cube de marnes, tous frais compris, revenait à l'État à 4 fr. 70 ; les propriétaires le payaient 2 fr. 50 ; c'est donc une subvention de 2 fr. 20 qui leur était accordée par mètre cube et comme de 1853 à la fin de 1869, il a été ainsi fourni à la Sologne 221 750 mètres cubes de marnes [1], l'État a, de ce chef, déboursé en chiffre rond 488 000 francs.

Aux yeux de tous les agriculteurs de la Sologne, la livraison de la marne à prix réduit a été l'une des dispositions qui ont le plus contribué à préparer l'avenir de cette contrée.

Tous ces travaux ont été l'œuvre d'un service spécial des Ponts et Chaussées créé pour l'amélioration de la Sologne ; il a été successivement dirigé par MM. les ingénieurs Delacroix, Machart et Sainjon, qui y déployèrent un zèle méritant et la plus grande activité.

Il y a lieu de remarquer, en terminant, qu'en subventionnant la Sologne, l'État n'a pas seulement accompli un acte de générosité, mais qu'il a fait aussi une bonne opération financière ; car, d'après toutes les prévisions, il bénéficiera des avances qu'il a consenties ; la Sologne les lui remboursera largement par toutes les branches d'impôt que cette vaste région, rendue à la production, est appelée à verser au Trésor public, aux caisses départementales, aux Compagnies de chemins de fer, etc.

Mise en valeur par les propriétaires. — Après l'ouverture des routes et la régularisation des cours d'eau, travaux exécutés par l'État, il incombait aux propriétaires de mettre en valeur les terres incultes de la Sologne ; voici le résumé de ce qui a été fait jusqu'à ce jour.

Reboisements, Pineraies maritimes. — Le pays était sain et prospère au temps où les bois couvraient la moitié du territoire ; c'est le déboisement qui a fait apparaître l'insalubrité et la misère, sa conséquence naturelle ; le remède tout indiqué pour la

---

1. Ce chiffre, en prenant la base admise de 40 mètres cubes par hectare, pour un marnage devant durer 20 ans, correspond à une superficie marnée de 8000 hectares.

Sologne consistait donc à restaurer les bois inconsidérément détruits[1] ; c'était, du reste, la seule solution pratique applicable à ces immenses étendues et elle était suffisante pour atteindre le but principal : suppression des brandes humides et assainissement du pays[2].

Tous les propriétaires furent donc d'accord pour entreprendre des reboisements. On avait à les exécuter sur trois catégories de terrains : anciens taillis, clairières, vieilles terres épuisées ne donnant plus de cultures rémunératrices, et principalement vastes terrains incultes envahis par les bruyères et les ajoncs.

Autrefois, en Sologne, on ne connaissait que les essences feuillues ; il s'agissait donc de boiser en chêne et en bouleau, seuls jusqu'alors employés : le chêne, dans les parties suffisamment argileuses, et le bouleau, dans celles plutôt sablonneuses.

L'opération était facile dans les anciennes terres, car les cultures prolongées y avaient détruit les bruyères ; il suffisait, pour réussir les semis à peu de frais, de semer avec une dernière récolte de céréales dont la paille coupée haut procurait un abri favorable aux jeunes plants.

Mais dans les clairières comme dans les brandes (ce qui était le cas général), les bruyères opposèrent de grandes difficultés. Ces plantes, en effet, croissent vigoureusement en massif serré, persistent longtemps et reviennent spontanément après les défrichements. Ni le chêne, ni le bouleau, dans leurs premières années, ne peuvent lutter avec elles, car les racines des bruyères et des ajoncs, s'emparant du sol, s'y développent, s'entrelacent et étranglent les jeunes plants, tandis que les tiges de ces mêmes plantes, poussant vigoureusement, occupent la surface, s'élèvent, se joignent et, dépassant les brins feuillus, les étouffent sous leur épais couvert.

Il y avait donc nécessité, avant de confier au sol les graines ou les jeunes plants forestiers, de les débarrasser des bruyères par un défrichement assez complet ; mais, dès lors, il fallait envisager une transformation coûteuse. On chercha à diminuer les frais en tentant, à l'aide des engrais chimiques, d'obtenir une ou deux récoltes rémunératrices, mais bien peu des terrains maigres de la Sologne se prêtèrent à cette combinaison. Alors, on essaya de réduire la dépense de préparation du sol en opérant par potets ou par bandes alternes ; mais les résultats furent rarement satisfaisants, car les bruyères des parties non défrichées ne tardaient pas à envahir les places voisines occupées par les jeunes plants feuillus.

Du reste, le chêne, essence pivotante, ne jouit d'une bonne végétation ni dans les sols sans profondeur, ni dans les terrains sablonneux ; seule, fait exception la variété dite tauzin qui s'accommode des terres les plus sèches et donne à la fois des rejets et des drageons ; mais le tauzin atteint rarement de grandes dimensions et il oblige à exploiter en taillis très jeune. Quant au bouleau, cette essence n'est pas sans valeur parce que ses plants sont d'une reprise facile, qu'ils réussissent dans tous les sols et qu'ils ne gèlent jamais ; mais souvent le bouleau reste rachitique et, en tout cas, son feuillage très léger, ne couvrant pas suffisamment le sol, le laisse exposé au soleil et aux vents ; d'où il résulte que les terrains consacrés à cette essence vont en s'appauvrissant de plus en plus.

Pour ces motifs, on réclamait des essences plus rustiques, dont la constitution robuste pût s'accommoder des terres les plus arides et dont la vigueur permît de lutter

---

1. Au commencement du xixᵉ siècle, si on exceptait quelques massifs, comme Chambord, la forêt de Boulogne, celle de Bruadau et les parcs de divers châteaux, les bois étaient devenus rares en Sologne et ne consistaient plus qu'en taillis d'essences chêne et bouleau, livrés au bétail, rabougris, parsemés de vides et de clairières envahis par des bruyères et des ajoncs.

2. Conclusion en 1852 du remarquable rapport fait par M. Brongniart sur les plantations forestières de la Sologne.

avec les bruyères. On les trouva heureusement : ce furent des résineux[1], et particulièrement le *pin maritime*. Les premières graines de cette espèce furent, dit-on, apportées par M. Dupré de Saint-Maur, et MM. de Tristan, de Morogues, Lockart, de Laage de Meux, ayant des relations avec Bordeaux, eurent l'idée d'acclimater en Sologne, ce pin déjà répandu dans les Landes ; leurs essais furent encourageants. A ces initiateurs succéda une autre génération : les Mainville, les Baguenault de Viéville, les Robert de la Matholière qui créèrent d'assez importants massifs.

Ce qui fit adopter les pins maritimes, ce fut le bon marché de leurs graines et leur facile réussite, même au milieu des bruyères qu'ils étouffent en partie sous leur couvert. Bientôt on constata leur influence salutaire, ces pins purifiant l'air par leurs émanations balsamiques et assainissant le terrain par le drainage naturel de leurs racines. Quant à la qualité du bois et à l'usage qu'on pourrait en faire, on n'y pensait pas au début et on ne se préoccupait guère que d'occuper les terrains vagues, et de produire quelque chose là où il n'y avait rien. Tout au plus espérait-on introduire plus tard le chêne sous le couvert des pins, qu'on aurait fait disparaître au moyen d'éclaircies successives.

Mais il en fut autrement, lorsqu'un ingénieux propriétaire du pays eut trouvé, pour les bois de pin, une utilisation spéciale : le chauffage des fours de boulangerie, et un débouché avantageux : la place de Paris. En fabriquant des falourdes[2] et en les faisant adopter pour la cuisson du pain, M. de Laage de Meux a rendu à la Sologne un immense service. Aussitôt après « son invention », on créa des pineraies de tous côtés[3] ; la contrée se couvrit de ces bois dont l'étendue atteignit 80 000 hectares ; ils devinrent une véritable richesse, le plus important des produits de la Sologne.

En effet, l'exploitation des pineraies donna des résultats dépassant toutes les espérances[4] : sans tenir compte des bourrées et du petit bois dont le produit couvrait la dépense de premier établissement, les frais de garde et les impôts, le rendement d'un hectare de bonnes pineraies, mises en coupes d'éclaircies successives, puis exploitées à trente ans, s'éleva jusqu'à 4000 falourdes, dont 1000 de qualité secondaire et 5000 de première qualité. Tous ces bois trouvèrent des débouchés assurés : la totalité des falourdes était expédiée à raison de 80 pour 100 sur Paris et de 20 pour 100 sur Orléans, Blois, Tours et les environs ; les bourrées étaient consommées par les habitants ou pour l'alimentation des fours à chaux et à briques. Sur place, après façonnage, on vendait en moyenne 1600 francs les 4000 falourdes ; il fallait déduire de cette somme 10 francs par 100 falourdes pour frais de façon, soit 400 francs ; le produit net, par hectare, s'élevait donc à 1200 francs et, par suite, le revenu était d'environ 40 francs.

En appliquant ce chiffre aux 80 000 hectares de pineraies créées en Sologne, on arrivait à cette conclusion qu'elles produisaient à leurs propriétaires une somme annuelle de trois millions deux cent mille francs.

L'introduction des pins avait ainsi complètement transformé la région : le pays était devenu et sain et productif, l'état de la population s'améliorait, enfin, il fournissait son contingent à la richesse générale de la France. C'était un résultat immense

---

1. Pin maritime, pin sylvestre, pin noir d'Autriche, pin Laricio, etc.

2. Fagots de bois de pin, ayant 1 mètre 14 de longueur et 0 mètre 75 de circonférence, liés à deux harts et composés de bois pelés et fendus. Le cent de ces fagots équivaut à 5 stères et demi de bois empilés.

3. On en comptait en 1853 : 26000 hectares, en 1858 : 34000 et plus du double en 1870.

4. La Sologne se compose de terrains de qualités très inégales et la production d'une pineraie varie avec la fertilité du sol, l'âge et la consistance des peuplements. On admet que la coupe définitive d'un massif âgé de 50 à 55 ans donne un rendement d'environ 100 falourdes par an.

dû à la réunion d'efforts méritants, et les propriétaires se trouvaient bien récompensés de leur persistance énergique et de leurs sacrifices pécuniaires. Le Comité central pouvait en revendiquer une grande part, car toutes les questions de sylviculture avaient été l'objet de ses études et de ses encouragements : les remarquables observations pratiques de M. Baguenault de Viéville[1], les mémoires couronnés de MM. Poucin et Fenebresque, enfin les publications de M. Girard et autres membres de l'association méritent particulièrement d'êtres cités.

Désastre causé par les gelées de l'hiver 1879-1880. — Malheureusement, ce retour à la prospérité fut tout à coup interrompu par le terrible hiver de 1879-1880 qui fit périr tous les pins maritimes de la contrée. Pas une pineraie de cette espèce ne fut épargnée. Le désastre fut immense.

Si un vaste incendie avait traversé la Sologne, les conséquences en eussent semblé moins néfastes, car, à la destruction des productions du passé, ne se seraient pas ajoutées autant d'inquiétudes pour l'avenir. On craignait que les bois gelés ne valussent plus les frais de leur exploitation et l'on redoutait, si ces bois pourrissaient sur pied, de voir se produire des invasions d'insectes et des maladies. C'était à déserter la région et à désespérer de la destinée.

Sous cette épreuve, les habitants ne perdirent cependant pas courage ; ils furent soutenus par le concours efficace du Gouvernement, énergiquement réclamé par toutes les autorités des départements : sénateurs, députés, préfets et maires, aussi bien que par le Comité central de la Sologne et les Comices agricoles.

Ce concours se manifesta de deux façons :

L'État fit donner des directions et il accorda des subventions. Le Gouvernement confia au Conservateur des Forêts à Tours[2] la double mission d'éclairer la situation et d'indiquer la voie à suivre, puis d'organiser les secours devenus nécessaires. Ce fonctionnaire parcourut la Sologne pour pouvoir juger la situation et renseigner le Ministre de l'agriculture.

Il accomplit sa mission en présentant un rapport[3] qui peut se résumer comme suit : Aux propriétaires, il recommanda la prompte exploitation des bois gelés, déclarant qu'ils étaient encore susceptibles d'utilisation, et il conseilla d'adopter principalement la plantation du *pin sylvestre*, pour les reboisements à faire. Au Gouvernement, il signala des procédés économiques de repeuplement, proposa l'établissement de grandes pépinières de secours et sollicita, en faveur des sinistrés, la distribution gratuite des millions de plants qui y seraient élevés.

Ces propositions furent adoptées ; elles ont donné les plus heureux résultats. Tous les pins gelés, exploités avec certaines précautions, ont, en effet, trouvé acquéreurs : puis, en cinq années, il a été délivré, dans les pépinières de secours, plus de cinquante millions de bons plants dont la dépense totale n'a pas dépassé 135 000 francs, soit seulement 2 fr. 70 par mille plants ; enfin, lors de la suppression des subventions, entraînant l'abandon des pépinières de secours, tous les propriétaires, gagnés par l'exemple, avaient chez eux organisé des semis et des repiquages de sylvestres en proportion avec leurs besoins.

Grâce à ces encouragements, les propriétaires de la Sologne, loin d'abandonner

---

1. Observations pratiques sur la culture des pins en Sologne, 1875. — Imprimerie de Puget, à Orléans.
2. M. H. Boucard, auteur de ce *Mémoire*.
3. Dommages causés par l'hiver 1879-1880 aux pineraies de la Sologne. Deux éditions publiées en 1880 par les Conseils généraux et le Comité central. — Orléans, imprimerie Puget.

leurs terres, se sont remis à l'œuvre ; il a été refait 80 000 hectares de pineraies et moins de dix années ont suffi pour accomplir cette œuvre gigantesque. Enfin, suivant le dicton « à quelque chose malheur est bon », le domaine forestier de la Sologne a certes actuellement plus de valeur que n'en avait l'ancien, puisqu'il est constitué avec des sylvestres qui ne craignent pas les gelées.

Reboisement en pin sylvestre des 80 000 hectares de pineraies maritimes détruites. — Ayant conseillé et dirigé l'exploitation des bois gelés et le reboisement des pineraies détruites, on comprendra que nous préférions renvoyer à deux pièces qui ont signalé les résultats acquis.

La première est le rapport du Jury international de l'Exposition Universelle de 1889 qui, appréciant l'œuvre de la Sologne, a décerné le diplôme de « Grand Prix » à la collectivité des membres du Comité central et a honoré notre collaboration de la médaille d'or.

La deuxième est la décision de la Société des Agriculteurs de France qui attribue à nos reboisements la grande médaille d'or mise au concours par le Congrès agricole réuni à Versailles en 1891[1].

Ces deux documents, dont l'autorité s'impose, donnent des explications préférables à celles que nous aurions pu fournir nous-même.

Très touché de l'hommage ainsi rendu à nos efforts, les sylviculteurs de la Sologne approuveront cependant de ne pas l'accepter pour nous seul et d'y associer l'administration forestière et personnellement nos collaborateurs de la première heure : MM. les Inspecteurs de la Taille et de Maisonneuve, le brigadier Julien et le chef de pépinière Clément ; leurs services ont du reste été officiellement reconnus, puisque, en 1886, M. le Ministre de l'Agriculture, sur ma proposition, leur a accordé des médailles avec félicitations spéciales.

Enfin, il nous semble utile, malgré la crainte de nous répéter, de consigner ici quelques renseignements qui ont été souvent demandés et qui pourraient rendre des services si, malheureusement, venait à se reproduire une catastrophe semblable à celle de 1879-1880

Conservation des bois de pin gelé. — Le rapport présenté au Ministre et distribué aux propriétaires sinistrés avait en 1880 émis l'avis que les pins gelés pourraient se conserver et être utilisés ; les faits ont confirmé cette opinion.

Déchirés par le gonflement de leur sève glacée, les tissus des pins gelés avaient laissé écouler toute l'eau qu'ils contenaient, étaient devenus très légers et se montraient extrêmement disposés à absorber l'eau des pluies ; mais, ils avaient conservé toute leur résine. Pour éviter qu'ils ne pourrissent, il a suffi de les promptement abattre, écorcer et façonner, puis de les empiler sur des emplacements élevés en ayant soin de terminer le sommet des tas par une sorte de toit formé avec une couche de rondins serrés et débordants que l'on inclinait au moyen de brins mis en travers. De cette façon on a assuré l'écoulement des eaux de pluie et on les a empêchées le plus possible de pénétrer dans l'intérieur de la pile.

Ainsi traités, les bois de pin gelé, qui n'avaient presque rien perdu de leur puissance calorifique, se sont conservés pendant plusieurs années et ils ont tous été achetés par la boulangerie.

Résineux préférés aux feuillus. — Les reboisements essayés directement en essences feuillues n'ont pas été possibles dans les terrains encore occupés par les brandes (bruyères et ajoncs). Et même, ils n'ont pas donné de bons résultats dans les terres cultivées où les jeunes plants forestiers manquaient d'abri pendant leurs premières années.

---

1. Cette décision a été précédée d'un très intéressant rapport fait par M. F. Caquet au nom de la Commission spéciale nommée, par la Société des agriculteurs de France, pour visiter la Sologne.

Au contraire, les résineux ont pu partout être installés, malgré les bruyères, et ils se sont élevés sans aucune protection.

D'abord choisis comme essence transitoire destinée à faciliter l'introduction du chêne, les pins n'ont pas tardé à être généralement adoptés pour constituer des peuplements cultivés sans mélange.

Substitution du pin sylvestre au pin maritime. — Pour la reconstitution des pineraies, on a très généralement substitué le pin sylvestre au pin maritime.

Le pin maritime, dont le semis est peu coûteux et facile à réussir, pousse vigoureusement dans tous les sols de la Sologne[1], même dans les sables les plus maigres ; il fournit assez promptement des produits avantageux ; mais, ses racines étant pivotantes, il dépérit de bonne heure dans les sols qui manquent de profondeur. Enfin, cette essence, qui appartient à des climats plus doux, n'est pas, en Sologne, dans sa station naturelle et elle n'a pu y supporter les 25 degrés de froid qui se sont produits en 1879-1880.

Après ce désastre, il aurait été imprudent, dans cette contrée, de restaurer le pin maritime sur une aussi vaste échelle. On a dû préconiser le pin sylvestre, qui vient du nord et est beaucoup plus rustique. Cette essence a été importée en 1792, dans la forêt de Fontainebleau, par M. Lemonnier, grand botaniste (ami de Linné et de Jussieu aîné) qui fit venir les graines de Riga. Les forêts d'Orléans, de Montargis, de Chinon en possèdent actuellement des massifs âgés de 70 ans qui sont bien venants. Déjà, lors du grand hiver, des sylvestres en mélange avec les maritimes composaient le peuplement d'un certain nombre des pineraies de la Sologne. Tous ces sylvestres ont résisté à la gelée qui a anéanti leur congénère.

Le pin sylvestre se propage aussi bien par plantation que par semis. S'il pousse, tout d'abord, avec moins de vigueur que le pin maritime, il prend le dessus vers l'âge de 25 à 20 ans. Ses racines traçantes se contentant d'une faible couche arable, il jouit d'une plus grande longévité dans nos terrains de Sologne, où il sera même susceptible de régénération naturelle. Doué d'une forte ramure et d'un feuillage abondant, il étouffe, sous son couvert, toute végétation arbustive et la convertit en humus fertilisant. Enfin la boulangerie de Paris et les compagnies houillères, nos principaux consommateurs, acceptent les bois de pin sylvestre tout aussi bien que ceux de pin maritime.

Modes adoptés pour les repeuplements : Semis et plantations. — La place nous est ici mesurée, et nous sortirions du cadre de ce travail en décrivant les différents modes de repeuplement qui ont été adoptés en Sologne et les divers procédés qui ont été suivis.

D'ailleurs, ces opérations ont été indiquées, discutées, détaillées dans notre rapport précité adressé en 1880 à M. le Ministre de l'Agriculture, et, depuis lors, elles ont fait l'objet des publications de notre collègue, M. David-Cannon, qui est un savant et un sylviculteur pratique[2]. Nous nous bornerons à quelques explications avant d'arriver à l'indication des chiffres qui ont été souvent réclamés (quantité des semences ou des plants à employer, dépense en résultant).

Pour faire des semis, il faut, avant tout, se procurer des graines ayant conservé toute leur vitalité ; en conséquence, on les a toujours essayées avant de les acheter, afin de bien connaître leur degré de germination. Pour réussir les plantations, il faut des sujets garnis de racines nombreuses, arrachées entières et conservées fraîches à

---

1. À l'exception des terres marnées, pour lesquelles il faut avoir recours au pin noir d'Autriche.
2. « Manuel des pins en Sologne ». 1884, imprimerie Puget, à Orléans. — « Propriétaire-planteur ». 1894, Rothschild, éditeur, à Paris.

l'abri du vent et du soleil ; ces conditions ont été obtenues dans les nombreuses pépinières locales créées à l'exemple de l'État et à l'imitation des habiles pépiniéristes du pays.

Si le semis est le seul procédé suivi pour la propagation du pin maritime, il en est autrement pour l'introduction du pin sylvestre. Suivant les circonstances, pour cette essence, on a eu recours tantôt au semis, tantôt à la plantation. Étant donné que la graine de sylvestre est d'un prix élevé et que la réussite du semis est un peu difficile, on a généralement employé la plantation.

Les meilleurs résultats ont été obtenus avec des plants élevés en pépinière, âgés de deux ans et préalablement repiqués ; ils sont courts, trapus, munis de beaucoup de chevelu.

Deux procédés de plantation ont été adoptés dans la région ; ils ont été appliqués suivant la composition du sol et l'état de la surface. On a planté à la pioche dans les sols argileux et difficiles, tandis qu'on a employé de préférence la bêche demi-circulaire dans les terrains plus sablonneux et faciles.

Les quantités de graines et de plants employées par hectare, et la dépense de main-d'œuvre ont beaucoup varié. Nous croyons bien faire en indiquant les proportions et les prix adoptés par M. Banchereau, auquel a été attribuée la médaille d'or de la Société des Agriculteurs de France, pour la réussite de ses importants reboisements dans la terre des Aubiers, près Salbris :

Semis de pin maritime, par hectare :

16 kilogrammes de graines à 0 fr. 45 l'un. . . .   7 fr. 20   }
Pour main-d'œuvre. . . . .   2 fr.   }   9 fr. 20

Semis de pin sylvestre, par hectare :

3 kilogrammes de graines à 5 fr. 50 l'un . . . . .   16 fr. 50 }
Pour main-d'œuvre. . . . .   2 fr.   }   18 fr. 50

Semis de pin maritime et sylvestre en mélange, par hectare :

12 kilogr. graines de pins marit. à 0 fr. 45 l'un   5 fr. 40)
2   —   —   sylvestre à 5 fr. 50 l'un.   11 fr.   }   18 fr. 40
Pour main-d'œuvre. . . . .   2 fr.   )

En cas d'adjonction de glands, par hectare : ajouter un hectolitre de glands de prix très variable, de 5 francs à 20 francs.

Plantation, par hectare :

8,000 à 8,500 plants de chêne repiqués.
Achat à 5 fr. 50 le mille. . . . .   45 fr. 40 }
Frais de plantation 8 à 10 journées à 2 fr. l'une.   18 fr.   }   63 fr. 40

Nous conservons à dessein les prix consignés sur les livres de M. Banchereau ; ils ont un peu varié avec le temps et suivant les localités.

Il existe, en Sologne, un grand nombre de bois feuillus ; ils consistent surtout en anciens taillis et aussi en jeunes peuplements provenant des glands que certains propriétaires avisés avaient semés en mélange avec leurs pins maritimes. Après les gelées qui ont détruit ces résineux, les chênes se sont trouvés maîtres du terrain et y ont constitué des peuplements bien venants et parfois complets[1].

A cause du peu de valeur du bois à charbon et des fagots, la véritable amélioration pour les taillis consisterait à allonger la durée de leurs révolutions, de façon à obtenir quelques bois d'industrie, ou du moins de gros bois de feu; mais, généralement, le manque de profondeur des sols de la Sologne ne permet pas cette transformation; le chêne, notamment, dépérit de bonne heure et oblige à l'exploiter entre quinze et vingt ans.

Nous ne croyons pas devoir insister sur les travaux faits dans ces taillis, quoiqu'ils aient eu leur part d'amélioration, comme tout le reste de la Sologne : ils ont été assainis, entourés de fossés, sauvegardés de la dent des bestiaux par la suppression ou au moins la réglementation du pâturage et mieux exploités qu'autrefois en vue de la conservation des souches-mères; enfin, leurs vides et clairières ont été regarnis en résineux destinés à préparer la réinstallation du chêne.

Prairies et herbages. — La Sologne a été de tout temps un pays d'herbage. Elle possédait des prairies naturelles même aux plus mauvaises époques de sa culture; elles étaient situées dans le voisinage des bâtiments ou le long des rivières; mais elles ne produisaient le plus souvent que de l'herbe de médiocre qualité; c'était néanmoins grâce à elle que le bétail pouvait passer l'hiver.

Depuis cinquante ans on a appris à améliorer les prairies, on les a aussi considérablement augmentées en y consacrant très avantageusement les terrains voisins des cours d'eau et des étangs.

A cause de la nature du sol, de son peu d'épaisseur et de l'imperméabilité du sous-sol, il a fallu pour ces transformations réaliser des travaux intelligents et assez coûteux; mais on a réussi à faire de bonnes prairies avec des terrains bas, où la stagnation des eaux avait détruit les racines des bonnes plantes et favorisé le développement des joncs. Trois conditions s'imposaient :

1° Assurer l'écoulement des eaux arrêtées par le sous-sol. On a créé ou rétabli des fossés et des rigoles à ciel ouvert; le drainage aurait été plus coûteux.

2° Fournir à la couche siliceuse les éléments chimiques qui lui manquent (chaux, potasse et acide phosphorique), afin de favoriser le développement des graminées et des légumineuses. On a généralement satisfait à cette condition en apportant, par hectare, 1 500 kilogrammes de scories de déphosphoration et 100 kilogrammes de kaïnite. C'est de ce fait une dépense de premier établissement de 125 à 150 francs. Il suffit ensuite d'entretenir en répandant alternativement 500 kilogrammes de scories ou 500 kilogrammes de kaïnite, coûtant de 25 à 30 francs par an.

3° Utiliser toutes les eaux disponibles provenant des rivières, des étangs ou de l'égout des terres cultivées, pour irriguer les terrains et combattre les grandes sécheresses; car si les eaux stagnantes sont la mort des plantes, les eaux courantes en sont la vie.

Ces travaux ont été exécutés par un grand nombre de propriétaires et notamment par MM. Rousseau et Courtin, dans leurs terres de la Rebutinière et du Chesne. Le premier, notre regretté vice-président du Comité central, a créé ainsi plus de 40 hectares de prairies, dont 6 étaient à l'état de « pâtis » marécageux, que les habitants déclaraient impossibles à améliorer; M. Rousseau les a transformés en une véritable

---

1. Citons M. Timothée des Francs, l'un des maîtres de la sylviculture en Sologne; il avait eu la prudence de mélanger du chêne ou du sylvestre aux semis de pin maritime de sa terre de Gautray; aussi, lui est-il resté quelques beaux peuplements, après la gelée des pins maritimes.

prairie donnant, chaque année, au moins 25 000 kilogrammes de très bon foin.

A côté des prés naturels, les cultivateurs de la Sologne ont maintenant d'autres ressources temporaires : les prairies artificielles.

Pour les réussir, il faut choisir un sol bien propre et y répandre, par hectare, 300 kilogrammes de superphosphate ou 500 kilogrammes de scories de déphosphoration avec 100 kilogrammes de chlorure de potassium. On sème ensuite, dans une céréale de printemps, des graines appropriées au sol. Enfin, on fauche pendant deux années consécutives et on fait pâturer pendant deux autres années.

Voici, par hectare, quelle a été la semence adoptée par M. Rousseau : fétuque des prés, 4 kilogrammes ; fétuque durette, 4 kilogrammes ; dactyle pelotonné, 8 kilogrammes ; ray-grass anglais, 10 kilogrammes ; paturin des prés, 5 kilogrammes ; fléole, 5 kilogrammes ; minette, 4 kilogrammes ; trèfle blanc, 3 kilogrammes ; trèfle hybride, 2 kilogrammes. Total : 48 kilogrammes. Ce mélange a fourni de belles récoltes, en même temps qu'il donnait un excellent pâturage.

Les prairies actuellement créées en Sologne permettent des élevages de toutes sortes, dont nous constaterons plus loin la grande importance.

Agriculture. — Tous les terrains de la Sologne ne sont pas susceptibles de cultures ordinaires à grand rendement ; mais leurs meilleures parties, bien amendées, peuvent donner des récoltes assez rémunératrices. La situation agricole actuelle est bien différente de ce qu'elle était il y a cinquante ans. A cette époque, la petite culture n'existait qu'autour des villages et dans de rares locatures situées auprès des grandes fermes ; ses efforts se bornaient à exploiter d'anciens jardins qui la faisaient vivre.

A côté, sans transition, on trouvait la grande culture avec ses grandes fermes de 150 à 300 hectares, où l'on ne cultivait guère que les terres maigres des hauteurs, parce qu'elles étaient faciles à assainir et qu'elles donnaient moins de mal à travailler. Le seigle et le blé noir en étaient à peu près tout le produit ; ils suffisaient à grand'peine pour faire vivre la famille du fermier et pour nourrir les animaux de la ferme. Avec une semblable culture, les bestiaux ne pouvaient être que d'une qualité très médiocre. Dans l'écurie, quelques juments poulinières, saillies par les chevaux du pays, fournissaient des produits durs à la fatigue, mais sans élégance et sans valeur marchande. À l'étable, on avait des vaches plus médiocres encore, grandes, osseuses, mauvaises laitières et peu recherchées par la boucherie. La porcherie était sans importance. Seuls, les moutons « solognots », race spéciale du pays[1], étaient nombreux et s'accommodaient très bien de leur vie vagabonde à travers les bruyères et les bois (c'était la production la plus considérable et la plus lucrative des industries locales). Quant aux volailles, poules, oies, dindes, nourries de blé noir, elles représentaient ce qu'il y avait de meilleur à porter aux marchés.

Le fermier payait un loyer qui ne dépassait guère 10 francs par hectare et qui, souvent, restait inférieur à ce chiffre.

Maintenant, la situation s'est complètement modifiée : l'ouverture des routes, l'assainissement des terres, l'apport des amendements calcaires (chaux ou marne) ont transformé le pays et permis l'amélioration des cultures.

L'étendue des fermes a été diminuée par la plantation en pins des mauvaises terres, et, à mesure que s'est opérée cette réduction, le sol ayant été mieux cultivé est devenu plus productif.

Les bâtiments d'autrefois, construits en colombage de bois et de terre, ont en

---

1. Race vorace, se contentant d'une nourriture médiocre, et s'entretenant là où d'autres races seraient mortes de faim.

grande partie disparu pour céder la place à de confortables constructions en briques ou en pierres.

Dans les terres assainies et amendées, on récolte aujourd'hui du blé-froment, de l'avoine et de l'orge. Les betteraves, topinambours, carottes, rutabagas, y donnent d'abondants produits,

L'amélioration du bétail a été la conséquence de celle des terres[1]. La Sologne est devenue productive de chevaux, et les dépôts d'étalons établis par l'État ont amené, avec la vieille race du pays, des croisements remarquables; les nouveaux produits sont de taille moyenne, robustes et propres aux services du trot. L'ancienne race des vaches solognotes, fortement charpentée, mais peu laitière et peu disposée à l'engraissement, n'existe plus guère que dans une faible partie de la contrée; de nombreux croisements avec des taureaux normands ou de la race mancelle ont donné des vaches meilleures et plus avantageuses pour la boucherie. Les moutons solognots, toujours très appréciés des gourmets, ont été l'objet de croisements, particulièrement avec les dishley-mérinos, et on a obtenu de bons résultats; mais il est généralement admis qu'il est préférable et plus lucratif de conserver, en la sélectionnant, notre précieuse race du mouton solognot. Depuis vingt-cinq ans, l'élevage des petits porcs, vendus pour l'engraissement, s'est considérablement développé et est devenu un des meilleurs produits du pays. Enfin, il ne faut pas oublier la basse-cour, qui fournit abondamment des volailles de toute sorte, et particulièrement les poulets, les oies et les dindons qui vont approvisionner les marchés de Paris et de Londres.

Toute cette transformation s'est faite grâce aux enseignements du Comité central et aux exemples donnés par les grands propriétaires, qui n'ont pas hésité à faire les essais et les expériences. Peu à peu, les fermiers ont adopté les nouveaux modes de culture qui conviennent le mieux au climat, au sol, au milieu dans lequel on opérait.

La présence des propriétaires et leurs dépenses faites à propos sont certainement la principale cause de la régénération de la Sologne.

Dans ce pays arriéré et malheureux, avant d'arriver au fermage, il a fallu le plus souvent cultiver par domestiques, constituer le cheptel et passer par le métayage, considéré du reste généralement comme le mode de gestion le plus avantageux. En tout cas, quand le propriétaire s'est trouvé dans l'impossibilité de faire valoir directement toute l'étendue de sa terre, il a dû conserver au moins une réserve pour y donner l'exemple en réalisant les améliorations qu'il conseillait et en faisant apprécier les résultats. Ces réserves étaient de véritables champs de démonstration où les métayers et fermiers sont venus apprécier les variétés de semences, constater les effets des phosphates naturels, des scories de déphosphoration, des superphosphates et des nitrates de soude, et se rendre compte par eux-mêmes des résultats obtenus.

Le succès a récompensé les propriétaires et agriculteurs qui ont marché prudemment, n'entreprenant qu'au fur et à mesure de leurs ressources et évitant de se lancer dans des entreprises coûteuses dont le résultat n'était pas assuré.

Ainsi ont procédé la plus grande partie des propriétaires de la Sologne, et la liste de leurs noms méritants serait longue à établir; nous nous bornerons à citer le résultat obtenu par l'un des doyens du Comité central, M. Ed. Fougeu, qui possède depuis quarante ans la terre de la Couchère et y cultive 270 hectares, dans les conditions qui viennent d'être indiquées. Au début, son produit net annuel était de 3 000 francs; il atteint actuellement le chiffre de 14 000 francs, soit environ 50 francs par hectare[2].

---

1. En 1899, de remarquables rapports ont été faits au Comité central, par M. Angot, médecin-vétérinaire à Orléans.

2. Les terres ordinaires, affermées à prix d'argent, ne donnent guère plus de 25 francs l'hectare.

Les prix du blé et du seigle ne se relevant pas de leur abaissement, de bons esprits ont pensé à faire, en Sologne, des cultures industrielles, notamment des betteraves et des pommes de terre. La betterave demande une terre plus riche en acide phosphorique que ne l'est généralement celle de la Sologne ; mais la pomme de terre, bien moins exigeante, semble être la véritable plante sarclée indiquée pour votre région. Son débouché le plus avantageux serait la vente à des usines, qui la transformeraient en fécule et en glucose. Plusieurs de nos collègues sont déjà entrés dans cette voie, notamment MM. Julien et Champonnois, à Selles-Saint-Denis, et MM. Courtin père et fils qui, dans leur terre du Chesne, près de Salbris, ont constamment donné leur intelligent et dévoué concours à tout ce qui a été tenté pour l'amélioration de la Sologne.

Résumé. — La Sologne est une région de 500 000 hectares, située au centre de la France, aux portes d'Orléans et à environ 125 kilomètres de Paris. C'est un vaste plateau déshérité par la nature, en comparaison des contrées fertiles qui l'entourent ; son sol, mélangé de sable et d'argile, est privé de tout élément calcaire ; il n'a généralement qu'une faible épaisseur et il est assis sur un sous-sol imperméable.

Dans ces conditions, la culture ordinaire des terres de la Sologne est forcément coûteuse et elle ne saurait promettre des récoltes toujours rémunératrices. Aussi, aux dix-septième et dix-huitième siècles, après des déboisements inconsidérés, tout ce grand pays est-il tombé dans un état misérable, qui s'y est continué pendant longtemps.

En effet, si l'on se reporte à cinquante ans en arrière, on trouve encore la Sologne presque déserte et divisée en un petit nombre de très vastes propriétés. Elles consistaient principalement en bruyères, parsemées de quelques taillis ravagés par le bétail ; de loin en loin, seulement, on rencontrait des fermes ou locatures, dont les bâtiments incomplets étaient mal entretenus.

Il n'existait que des chemins impraticables, souvent à peine tracés à travers la lande.

Tous les bas-fonds, toutes les bruyères étaient, pendant les deux tiers de l'année, couverts d'eaux stagnantes dont les miasmes pestilentiels empoisonnaient l'atmosphère.

Les habitants, aussi bien que les animaux des fermes, étaient chétifs et sans vigueur.

Tous les produits de la Sologne ne consistaient plus véritablement que dans les bois et les moutons, le poisson et le gibier.

Et, cependant, certains esprits pensaient que l'on pouvait tirer parti de ce sol improductif en suivant une direction unique et avec un programme d'ensemble.

C'est alors que fut fondé, en 1859, le Comité central agricole de la Sologne, qui, depuis ce temps, n'a cessé de travailler à la régénération et à la transformation du pays. On doit à son initiative et à ses démarches un magnifique réseau de routes, qui a tant contribué au développement de la contrée, l'organisation des concours tels qu'ils existent encore aujourd'hui et qui ont donné partout les meilleurs exemples, les dépôts de marnes établis dans toutes les gares de la ligne du Centre, les mesures d'hygiène et de salubrité, telles que le curage des rivières, l'assainissement des étangs, etc., qui ont rendu le pays habitable.

Après quarante ans d'efforts, de travaux, de dépenses, le pays est transformé, les bruyères font place à des cultures rémunératrices, à des vignes bien soignées, à des bois de pins ou de chênes habilement entretenus et sagement aménagés.

Partout des routes excellentes relient chaque village aux villages voisins ; les vieilles constructions en terre et en bois sont remplacées par des maisons en briques, élégantes et propres.

Les assainissements et une meilleure alimentation ont absolument modifié les conditions d'existence : les fièvres ont disparu, la population s'est augmentée de 50 pour 100, une nouvelle génération solognote, pleine de santé et de vigueur, travaille courageusement à terminer l'œuvre à laquelle s'est consacré le Comité central de la Sologne.

Le rôle de ce Comité ne s'est pas borné, dans le pays, à conseiller et à encourager les propriétaires et les ouvriers; il s'est activement occupé de toutes les questions extérieures pouvant intéresser la région, notamment de la construction des chemins de fer et des tramways qu'il a la grande satisfaction de voir réussir. Il a aussi étudié les nouveaux débits et recherché les nouveaux débouchés dont nos productions sont susceptibles.

Citons un seul exemple : il concerne nos forêts résineuses, la plus grande richesse du pays. Il était facile à prévoir que l'exploitation des 90 000 hectares de nouvelles pineraies, créées en même temps, exploitables en même temps et donnant les mêmes produits, encombrerait le marché ; il était à craindre que la boulangerie de Paris ne fût pas un consommateur suffisant; par suite, le Comité a étudié l'utilisation de nos pins en étais de mines, en pâte à papier et autres industries.

La fabrication en étais paraissant être actuellement la meilleure de nos ressources, le Comité a renseigné les propriétaires et les a entraînés dans cette voie, puis il a obtenu des Compagnies de chemins de fer la réduction de tous les tarifs de leur transport. Aujourd'hui est créé, au profit de la Sologne, un marché d'approvisionnement pour les houillères du Nord et du Pas-de-Calais. Les bois de mines, après les bois de boulangerie, feront la fortune du pays.

Tel est l'historique abrégé de l'œuvre de la Sologne ; commencée par nos prédécesseurs avec beaucoup d'intelligence et d'énergie[1], elle a été continuée, par les membres actuels de notre Association, avec persévérance et dévouement.

Afin qu'on puisse juger en toute connaissance de cause quel était l'état de la Sologne ancienne et quelle est la situation de la Sologne nouvelle, nous tenons à signaler une lettre de M. Tisserand, l'ancien et éminent directeur de l'Agriculture. Venu officiellement en Sologne, accompagné de MM. Daubrée, directeur des Forêts, et Revoil, chef du cabinet du Ministre de l'Agriculture, afin de juger, sur le terrain, les travaux de transformation, il nous écrivit cette lettre qui est, pour nous, un bien précieux témoignage.

Enfin, nous terminerons par quelques chiffres de statistique, empruntés à l'ancien cadastre de 1830, à l'intéressant travail de M. Duchalais, fait en 1889, et enfin au rapport tout récemment adressé au Ministre de l'Agriculture par MM. les ingénieurs du Loiret. Quant aux notes sur la valeur des terres et le prix de fermage, ainsi que sur la location des chasses, nous les avons relevées dans l'étude d'un notaire, fort au courant des affaires de la Sologne.

I. — La Sologne a été dotée par l'État d'un réseau admirable de voies de communication ; mais elle a su les augmenter ; ainsi, en 1852, elle avait 1 225 kilomètres de routes de terre ; elle en comptait 2865 en 1869 ; *elle en possède actuellement 3536 kilomètres.*

---

1. Qu'on nous permette de rendre ici un particulier hommage à nos deux prédécesseurs, élus Présidents du Comité central : *M. E. Boinvilliers*, ancien sénateur, conseiller général de Loir-et-Cher, qui a consacré 35 ans, à la régénération de son pays natal (1850-1885), et *M. Boussion*, Président de Chambre à la Cour d'appel d'Orléans, l'un des Solognots les plus savants et les plus dévoués (1886-1888).

II. — D'après le cadastre de 1830, les bruyères couvraient 122024 hectares et les étangs 11693 hectares ; la dernière statistique constate que les bruyères n'occupent plus que 33644 hectares et que les étangs sont réduits à 8946 hectares ; *il y a donc eu plus de 91 000 hectares de bruyères humides et de queues d'étangs* convertis en cultures ordinaires (céréales, prés, vignes) et surtout en bois feuillus ou résineux.

III. — Également, pendant la même période, l'étendue des bois, qui était de 69824 hectares, s'est élevée à 125578 hectares ; *il a donc été boisé à nouveau 55 754 hectares.* Et comme, à la suite du désastre causé par les gelées, il a été reboisé environ 80000 hectares d'anciennes pineraies maritimes détruites, il en résulte que *les Solognots ont créé ou reconstitué en totalité 156 000 hectares de taillis ou de pineraies.*

IV. — Au fur et à mesure de ces améliorations, qui apportaient aux habitants la santé par l'assainissement et la bonne nourriture par le travail, la population a beaucoup augmenté. En 1830, on ne comptait en Sologne que 103225 habitants ; en 1846, il y en avait 120590, et en 1896, 155456. *C'est une augmentation de 50 pour 100 pour la période de 66 ans* ; elle n'aurait été que de 29 pour 100 pour ces dernières années, d'après le rapport des ingénieurs. En fait, le nombre des décès qui, en 1830, était de 28,3 pour 1000 habitants, n'est plus maintenant que de 15,7.

V. — Quant aux résultats matériels obtenus, voici très approximativement comment ils peuvent être évalués :

Pendant longtemps, les terres de Sologne ne valaient que 50 francs par hectare ; c'est seulement après la guerre qu'elles ont été recherchées et, depuis lors, la progression des prix de vente a été continue. En 1870, les propriétés non bâties se sont vendues 300 francs l'hectare, suivant leur situation plus ou moins rapprochée des gares de chemins de fer. Les propriétés bâties et boisées, qui valaient au plus 600 francs, se vendent aujourd'hui 800 francs, et le prix de 1 000 francs a été atteint, quand l'habitation est confortable et la chasse giboyeuse.

Les terres louées 6 à 8 francs l'hectare, il y a quarante ans, et qui ne servaient à vrai dire qu'au pacage, s'afferment après défrichement et mise en culture de 15 à 26 francs, suivant leur qualité et leur éloignement plus ou moins grand des centres de consommation. Ce revenu peut être augmenté quand le propriétaire fait intelligemment de la culture directe ou du métayage, et il prend des proportions très grandes quand, au revenu des terres, on joint la location de la chasse.

Il y a trente ans, la chasse en Sologne n'avait pas de valeur, mais elle y est devenue aujourd'hui un des principaux éléments du revenu.

Autrefois, les quelques propriétaires, éloignés du pays, qui louaient leur chasse, se trouvaient satisfaits d'abandonner ce droit moyennant 1 ou 2 francs par hectare. Maintenant, la coutume d'affermer la chasse s'est généralisée, parce que, grâce aux trains express, la Sologne est à la porte de Paris et que tout concourt à rendre ces chasses agréables. Aussi, les prix de location se sont-ils élevés d'une façon surprenante ; sans habitation la chasse se loue de 8 à 10 francs l'hectare et, quand il y a une habitation, les prix s'élèvent de 12 à 15 francs [1].

Les travaux exécutés en Sologne ne sont pas seulement fructueux pour les intérêts privés. En arrachant toute une région à l'insalubrité et à la pauvreté, ils ont servi les intérêts généraux du pays ; ils ont contribué à augmenter la fortune de la France, ils ont amélioré le sort d'un grand nombre de ses habitants.

---

1. Cette augmentation de revenus nécessite des dépenses d'élevage et des frais de clôture pour se défendre des lapins.

Après avoir rappelé la reconnaissance qui est due aux Gouvernements qui se sont succédé et aux autorités des trois départements du Loiret, du Cher et de Loir-et-Cher, nous avons mentionné les services rendus par le Comité central.

Mais qu'il nous soit permis de placer au premier rang un élément qui a toujours été présent à notre pensée quand nous écrivions ces lignes : c'est la population du pays. C'est cette population de *propriétaires résidents* qui s'est donnée, avec cœur, à l'œuvre qu'une nature rebelle rendait si ardue ; c'est aussi la population des paysans solognots, sobre, résistante et douce, qui, avec l'acharnement et l'endurance des pionniers dans la brousse, a exécuté le défrichement, l'assainissement et la mise en valeur de ce sol ingrat. Sa volonté a su triompher de la nature.

UN ASSOLEMENT AVEC CULTURES DÉROBÉES

Par M. E. REGNAULT

Président du Tribunal civil de Joigny (Yonne).

1. — Fonctions des cultures dérobées. — Leur utilité.

Sans être d'un usage général, les cultures dérobées ou intercalaires sont anciennement connues et pratiquées, comme nourriture supplémentaire pour le bétail, ou à titre de fumure verte dans des situations déterminées.

C'est à M. Déhérain, de l'Institut, que nous devons de connaître l'influence qu'elles exercent sur le maintien des nitrates dans le sol.

La plante constitue par ses feuilles un puissant appareil d'évaporation, à ce point que l'élaboration de 1 kilogramme de matière sèche nécessite à travers ses tissus le passage d'environ 300 kilogrammes d'eau. Cette eau qu'elle aspire et qui, par capillarité et endosmose, passe du sol dans la racine, est ainsi arrêtée dans sa marche vers les couches profondes et rejetée dans l'atmosphère, après avoir laissé dans les tissus les principes qu'elle y a entraînés.

Par suite de ce phénomène physiologique, une plante à évolution rapide, semée aussitôt après moisson sur simple labour, couvre le sol en peu de jours si le temps est favorable, lui enlève son excès d'eau par transpiration, paralyse ainsi l'entraînement des nitrates et fournit une production organique appréciable. L'azote de ces nitrates, simplement emmagasinés dans les tissus ou ayant servi à la formation des albuminoïdes, retournera au sol avec la récolte, si on enterre celle-ci par les grands labours d'hiver.

C'est ce qu'a constaté M. Dehérain dans une série d'expériences qui ont fait ressortir en moyenne par hectare, en terres nues, la perte d'azote nitrique à 41 k. 6, de la moisson à novembre.

Les cultures dérobées, moutarde et vesce, ont donné à l'analyse :

La première, sur 4770 kilogrammes en vert, 85 k. 47 d'azote représentant les 41 k. 6 des terres nues (les drains n'ayant évacué que 0 k. 808) et plus de 40 kilog. probablement à l'état de nitrates que les pluies d'hiver eussent entraînés. C'est, à 5 pour 1000 d'azote, l'équivalent de 16 694 kilogrammes de fumier.

La deuxième, sur une moyenne de 10 806 kilogrammes verts, 167 k. 41 d'azote (compris la portion empruntée à l'atmosphère), représentant 53.480 kilogrammes de fumier (*Chim. agric.*, p. 502 et 592).

Ces résultats conduisent à penser que si, sur une ou plusieurs soles de nos rotations, nous pratiquions des cultures automnales, non seulement les pertes possibles d'azote en seraient singulièrement diminuées, mais que, par un choix de plantes rustiques et appropriées, nous pourrions encore obtenir une somme de fourrages qui assurerait en tout temps à notre agriculture la sécurité dans l'entretien de son bétail et le capital-engrais qui n'est jamais trop élevé.

Nous examinerons donc successivement quelles plantes doivent être préférées, leur place dans l'assolement — le meilleur emploi des récoltes obtenues — les résultats financiers et économiques de la généralisation des cultures intercalaires.

II. — Choix des plantes. — Place dans l'assolement.

Le choix des plantes n'est pas indifférent ; elles doivent en effet, pour remplir au mieux leur fonction, satisfaire aux conditions suivantes :

1° Être améliorantes, non seulement par la fixation de l'azote atmosphérique (cas des légumineuses), mais encore par le poids de matières organiques et minérales laissé dans le sol par les racines après la récolte et enfin par la profondeur à laquelle pénètrent ces racines et leur mode d'expansion ou de distribution dans les différentes couches du sous-sol.

2° Être rustiques et à évolution rapide permettant, sans nuire aux récoltes principales, de fournir avant les grands froids une importante production aérienne de nature à paralyser l'entraînement des nitrates et soit à procurer au sol une fumure verte appréciable, soit à préparer pour le printemps suivant les éléments d'une abondante récolte.

3° Être riches, de haut rendement, d'un faible prix de revient qui en permette avantageusement la cession au sol ou à l'étable.

4° Être précoces, c'est-à-dire laissant de bonne heure au printemps la terre libre pour une récolte estivale.

Comme il est prudent de n'utiliser les légumineuses qu'à intervalles éloignés, qu'il y a lieu d'éliminer, comme ne fournissant qu'une production verte peu importante, celles d'entre elles qui ne pourraient qu'être enfouies à la fin de l'automne, telles que lupins, lathyrus, ainsi que la moutarde blanche et le sarrasin qui n'ont point assez de rusticité pour supporter nos hivers et donner au premier printemps leur maximum de rendement, nous n'avons plus guère à choisir, dans les plantes réunissant les conditions ci-dessus, qu'entre le seigle et l'avoine d'hiver, les vesces, le trèfle incarnat, le colza et la navette d'hiver.

Les vesces, et surtout la vesce velue, moins exigeante quant à la nature du sol et si rustique, étant toujours soutenues par le seigle ou l'avoine d'hiver, peuvent, dans l'assolement de quatre ans, inaugurer la troisième sole que le moha vert de Californie continue en juin, pour, deux mois après, permettre la préparation de la quatrième.

Le colza d'hiver, plus abondant que la navette et qui a chez nous en décembre 1899, sans neige pour abri, résisté à des froids de — 15 à — 17°, occuperait avec avantage la première sole ; il supporte les plus fortes fumures ; semé le 1er septembre, qu'il soit consommé ou ensilé, dès avril il cède la place aux plantes sarclées.

Nous avons ainsi sur 4 hectares :

1	2	3	4
1. Colza d'hiver. 2. Betteraves.	Blé d'hiver.	1. Vesce velue. 2. Moha.	Blé d'hiver.

c'est-à-dire 6 hectares en fourrages et pailles contre 2 hectares en grains.

Le produit du colza à la floraison est vraiment remarquable ; nous avons obtenu depuis quelques années, suivant variété, de 45 à 52 et 57 tonnes (moyenne, 51 tonnes à l'hectare), sans aucune culture entre le semis (12 kilog.) et la récolte (50 000 kilog.) ; il donne ainsi, rien que dans sa partie aérienne, plus de 4 000 fois son poids de semence.

Grâce à son système radiculaire très développé, il peut dans les sous-sols qui s'y prêtent, particulièrement loin de la couche arable, à plus de 1 m. 75 de profondeur (MM. Muntz et Girard, *Engrais*, I, p. 45), aller capter et assimiler les différentes matières nutritives qui s'y trouvent naturellement ou par suite de l'entraînement par les eaux.

Son efficacité, au point de vue qui nous occupe, a été constatée par M. Dehérain à l'arrière-saison de 1890 ; malgré la tardivité des pluies, un hectare nu a perdu en moyenne 10 k. 7 d'azote nitrique et 1 hectare couvert 0 k. 59 seulement ; le colza dans la comparaison figurant pour 0 k. 37, la navette 0 k. 51, le ray-grass 0 k. 38 et le trèfle 1 k. 10 (*Chim. agric.*, p. 502). Cette différence résulte évidemment des systèmes radiculaire et foliacé du colza, couvrant mieux le sol et mieux outillé pour l'absorption et la transpiration.

La partie souterraine du colza est aussi à considérer. M. Muntz, pour le poids des seules radicelles ou chevelu, c'est-à-dire des parties déliées dans lesquelles résident les facultés d'absorption, a trouvé à l'état sec le chiffre de 854 k. 9 par hectare, ce qui correspondrait avec 85 pour 100 d'humidité à environ 5 560 kilogrammes de poids normal sur 1 m. 50 de profondeur. Le même auteur a constaté également que les seules radicelles présentaient à l'hectare, sur une profondeur de 1 m. 25, une surface de 25 902 mètres carrés, sans compter celle des poils radicaux ou suçoirs placés à leurs extrémités et qui peut être supérieure à celle de la radicelle elle-même (*Engrais*, I, p. 48 et 53). Dans ces deux observations, l'extrême sous-sol a fourni la plus grande partie des surfaces et poids indiqués.

Le Dr Weiske a trouvé sur un hectare, dans une couche arable de 0 m. 26, un poids de résidus à l'état sec de 4 986 kilogrammes, ce qui, à 87 pour 100 d'eau, donne :

$$\frac{4,986 \text{ kilos} \times 100}{13 \text{ kilos}} = 38,355 \text{ kilos}$$

de matière normale ; le poids d'azote contenu étant de 63 k. 1, celui de l'acide phosphorique de 35 k. 9 et celui de la potasse de 41 k. 1, ces résidus dosaient donc encore en vert :

$$\text{Azote } \frac{65 \text{ kilos } 1 \times 1,000}{38,553} = 1 \text{ kilo } 6 \text{ pour } 1000$$

$$\text{Acide phosphorique } \frac{55 \text{ kilos } 9 \times 1,000}{38,555} = 0 \text{ kilo } 9 \text{ pour } 1000$$

$$\text{Potasse } \frac{41 \text{ kilos } 1 \times 1,000}{38,555} = 1 \text{ kilo } 0 \text{ pour } 1000$$

au lieu de respectivement pour la partie aérienne : azote, 4 k. 6 ; acide phosphorique, 1 k. 2 ; potasse, 3 k. 5 pour 1000.

Ces poids sont considérables ; nous les enregistrons néanmoins, d'autant que nous avons nous-même trouvé par hectare des quantités de 9700 à 23 500 kilogrammes de racines et chaumes lavés et ressuyés, préalablement tirés à la main dans une couche moins profonde.

Le sol seul fournit-il l'azote contenu ? G. Ville affirme, mais sans l'appuyer expérimentalement, que l'atmosphère y contribue pour environ 100 kilogrammes par hectare ; la pratique admet que toute production fourragère importante n'est pas sans en emprunter une portion à l'air. Attendons que la science prononce.

Le colza nous semble, en outre, se prêter merveilleusement, par la profondeur à laquelle pénètrent ses racines, à préparer par la décomposition de celles-ci un système de petits canaux qu'emprunteront, au fur et à mesure de leur cheminement dans le sol, les radicelles de la plante estivale suivante, ce qui lui facilitera l'accès de l'humidité souterraine.

Cette conséquence, non encore soupçonnée des plantes dérobées à long enracinement et que Schultz a mise en lumière, a été vérifiée au Parc des Princes, par M. Grandeau qui confirme de tout point les expériences du domaine de Lupitz.

III. — **Emploi.** — **Fumure verte.** — **Fourrage vert ou ensilé.**

La récolte étant bonne à prendre, quelle destination lui donner ? Le sol où l'étable ? Évidemment celle qui paiera le plus cher ou qui assurera le plus d'avantages à l'exploitation.

Or, il s'agit d'utiliser au mieux une production hivernale, pour les première et troisième soles réunies, d'environ 80 000 kilogrammes dosant (Wolff) :

En matière sèche brute	12,054 kilos
— digestible	6,697 —
En protéine digestible	1,420 —
Dont colza	1,000 —
Vesce et seigle	420 —

c'est en outre, à 60 kilogrammes par tête et par jour, l'équivalent de $\left(\frac{80\,000 \text{ kilos}}{600 \text{ kilos}}\right) = 1\,533$ rations pouvant alimenter pendant un an $\left(\frac{1\,533}{365}\right)$ 3,6 têtes de 500 kilogrammes recevant par jour chacune environ 1 kil. 725 protéine brute et 1 kil. 200 protéine digestible, ou azote total 0 kil. 276 et 0 kil. 192 albumine.

Ce surcroît de nourriture obtenu, pour le colza surtout, sans grands frais et sans arrêt ou retard appréciable dans la succession des cultures, met le cultivateur ou l'éleveur singulièrement à l'aise pour l'entretien ou le développement de son troupeau. Plus de ces crises fourragères si funestes, se traduisant par une diminution énorme de l'effectif, par une dépression des cours suivie à un an d'intervalle par un relèvement exagéré.

Dans un domaine de 40 hectares, l'ensilage de la partie non consommée des 800 tonnes de colza et vesce subviendra dans l'année même à l'insuffisance des regains de prairies sèches et comblera pour l'hiver suivant le déficit possible sur les cultures d'été, sarclées ou autres.

Il semble que ces considérations ne laissent aucun doute sur l'emploi à faire d'un stock alimentaire équivalant en azote :

Pour le colza :

$$\text{à 4 kilos 6} \times 50 = \frac{250 \text{ kilos}}{15 \text{ kilos}} = 15 \text{ tonnes 33 de foin, à 15 pour 1000 d'azote,}$$

c'est-à-dire le produit, regain compris, de 3 hectares, ou de 1 hectare 90 de trèfle rouge à 6000 kilos secs.

Et pour la vesce velue avec seigle :

$$\frac{\text{à 25 kilos} \times 30 \text{ tonnes}}{6,25} = \frac{110 \text{ kilos 4}}{15 \text{ kilos}} = 7 \text{ tonnes 3 de foin,}$$
$$\text{au total. . . . . 22 tonnes 33 de foin.}$$

La comparaison entre les deux systèmes fera ressortir encore l'avantage de la pleine récolte.

Et d'abord, il est douteux que le colza ou les vesces, voire même les autres plantes intercalaires possibles, semées fin août (il est difficile d'y procéder plus tôt), trouvent sur un sol de moyenne fertilité, en temps ordinaire et en grande culture, assez d'humidité pour fin octobre peser plus de 5000 à 10 000 kilos. Dans la généralité de nos climats, ces plantes n'auront guère que six semaines pour leur installation et leur développement. Ce laps de temps suffit à celles qui n'ont qu'à s'enraciner fortement pour la résistance à l'hiver; il est insuffisant pour l'élaboration d'une matière organique importante, et le résultat, au moins pour les vesces, n'est pas en rapport avec le coût de la semence (2 hectolit. ou 160 kilos, 75 à 80 francs) et les autres dépenses.

Il ne s'agit pas d'ailleurs uniquement de paralyser l'entraînement des nitrates à l'arrière-saison, mais par le maintien d'une couverture d'arrêter et d'emmagasiner dans la plante ceux qui pourraient ultérieurement disparaître; de profiter enfin de cette nécessité pour obtenir de la terre dans une période où elle est généralement découverte, une abondante production organique qui allège les difficultés de l'heure présente.

Et c'est ce que produiront les deux plantes ci-dessus par leur plein développement. Elles donneront ensemble :

$$\text{Colza 50 tonnes} \times 4 \text{ kilos 6} = \text{azote 230 kilos}$$
$$\text{Vesce velue et seigle} \frac{50 \text{ tonnes} \times 23 \text{ kilos}}{6,25} = \text{azote 110 kilos 4}$$
$$\text{Total azote. . . . . 340 kilos 4,}$$

Alors que par l'enfouissement le sol n'aurait reçu que :

$$\text{Colza } 4 \text{ kilos } 6 \times 10 \text{ tonnes} = \text{azote } 46 \text{ kilos}$$

$$\text{Vesce seule } \frac{35 \text{ kilos} \times 10 \text{ tonnes}}{6,25} = \text{azote } 56 \text{ kilos}$$

$$\text{Total azote.} \quad . \quad . \quad . \quad . \quad \overline{102 \text{ kilos}}$$

Différence en azote 258 kilos, représentant pour l'étable 15 tonnes 8 de foin à 15 pour 1000 d'azote.

Nous disons pour l'étable, une production de 50 et 30 tonnes présentant de réelles difficultés pour l'enfouissement, indépendamment du coût de la fumure verte revenant à 800 francs pour les deux produits, sans compter le fumier et les engrais commerciaux.

L'enfouissement en novembre de 20 000 kilos de colza et vesce aurait fourni au sol en matière sèche :

$$\text{Colza 150 kilos} \times 10 \text{ tonnes} = 1,500 \text{ kilos}$$

$$\text{Vesce seule 180 kilos} \times 10 \text{ tonnes} = 1,800 \text{ kilos}$$

$$\text{Total.} \quad . \quad . \quad . \quad . \quad \overline{3,100 \text{ kilos,}}$$

Et la pleine récolte, avec ses 12 034 kilos de matière sèche ($\times 2$) un poids de fumier de 24 068 kilos, présentant à 750 kilos pour 1000 d'humidité, 6000 kilos de matières humiques, et à 5 pour 1000, 120 kilos d'azote, chiffre supérieur de 18 kilos à celui de la fumure verte automnale.

Plus de doute, l'emploi en fourrage des récoltes dérobées est indiqué quand il existe entre deux cultures une période suffisante pour leur complet développement. En dehors de ce cas la fumure verte est seule possible.

IV. — Résultats.

Si, dans un assolement quadriennal, avec un sol d'une valeur locative de 40 francs par hectare, on fait, comme dans notre comptabilité, masse du coût des attelages, de la valeur de la fumure de fonds, des seuls frais généraux spéciaux à la culture, pour répartir ensuite par quart sur les 2ᵉ et 4ᵉ soles (céréales) et par huitième sur chacune des récoltes des 1ʳᵉ et 3ᵉ soles, on obtient pour le bilan de l'une et de l'autre des plantes intercalaires ci-dessus les résultats suivants qui, sauf omission de minime importance, sont très voisins de la vérité :

On a alors :

	COLZA	VESCE VELUE
Rente du sol	20 fr.	20 fr.
Attelages	32	32
Frais généraux	10	10
Part dans la fumure de fonds de 1/8, à 10 fr. par 1000 kilos.	80	80
Épandage	2	2
12 kilos semences de colza à 0 fr. 65,	7 fr. 80	»
Semailles	1	»
75 kilos vesces, 40 kilos seigle	»	54
Semailles	»	2
Coupe 0 fr. 50 par 1000 kilos	25	15
	177 fr. 80	212 fr.

C'est du vert à 4 kilos 6 et 3 kilos 6 d'azote pour 1000, qui revient par tonne à 3 fr. 55 et 7 francs, soit au quintal à 0 fr. 35 et 0 fr. 70.

En le cédant à l'étable, vert ou ensilé, à 10 francs les 1000 kilos, prix faible si l'on compare sa richesse à celle des fourrages similaires, c'est un produit brut de 500 fr. et 300 francs et un boni, moins le coût de l'ensilage, de 6 fr. 45 et 3 francs pour 1000 kilos, qui fait ressortir le produit net par hectare à 522 fr. 20 et 88 francs, soit à 410 fr. 20 pour les seules cultures hivernales des 1re et 3e soles.

Toute rotation débutant généralement par une jachère verte ou nue, il n'est peut-être pas exagéré, vu la variété de nos assolements (de deux à dix ans et plus), d'évaluer, sur nos 25 771 000 hectares de terres assolées (statistique agricole décennale 1892), à un cinquième, soit 5 000 000 d'hectares à peu près, la surface occupée par la 1re sole.

Si donc sur cette étendue seule (la vesce de la 3e sole correspondant aux légumineuses habituellement cultivées au cours des rotations) un colza d'hiver précédait les plantes estivales, nous pourrions disposer d'une production fourragère de :

$$5,000,000 \text{ d'hectares} \times 50 \text{ tonnes} = 250,000,000 \text{ de tonnes},$$

lesquelles à 3 fr. 55 coûteraient 887 millions 500 000 francs, et cédées à 10 francs (bénéfice, 1 612 500 000 francs) vaudraient 2 milliards 500 millions, chiffre un peu supérieur à celui (2 357 millions) représentant la valeur de toute notre production fourragère (en vert environ de 145 à 176 millions de tonnes suivant le multiplicateur 4 ou 5 pour les produits fanés) occupant 10 millions 103 000 hectares, y compris herbages et prés naturels, soit 40,40 pour 100 des terres cultivées. (M. Grandeau, sur la statistique agricole officielle de 1898, *Journal d'agriculture pratique*).

Indépendamment du contenu de la partie souterraine, cette somme de fourrage à 4 kilos 6 azote, 1 kilo 2 acide phosphorique et 3 kilos 5 potasse pour 1000 donnerait :

$$250,000,000 \text{ tonnes} \times 4 \text{ kilos } 6 = \text{azote } 1,150,000 \text{ tonnes}$$
$$- \times 1 \text{ kilo } 2 = \text{acide phosphorique } 300,000 \text{ tonnes}$$
$$- \times 3 \text{ kilos } 5 = \text{potasse } 875,000 \text{ tonnes}$$

mobilisées ou immédiatement assimilables, extraites ou ramenées pour moitié au moins (vu le système radiculaire) des profondeurs extrêmes du sous-sol et équivalant à :

$$\frac{1,150,000 \text{ tonnes}}{0 \text{ tonne } 150} = 7,666,666 \text{ tonnes ou } 76,000,000 \text{ quintaux}$$

de nitrate de soude à 15 pour 100 d'azote, valant (à 21 francs) 1596 millions.

$$\frac{500,000 \text{ tonnes}}{0 \text{ tonne } 150 \text{ kilos}} = 2,000,000 \text{ tonnes ou } 20,000,000 \text{ quintaux}$$

de superphosphate minéral à 15 pour 100 acide phosphorique, valant (à 5 fr. 65) 113 000 000 de francs ;

$$\frac{875,000 \text{ tonnes}}{0 \text{ tonne } 500 \text{ kilos}} = 1,750,000 \text{ tonnes ou } 17,500,000 \text{ quintaux}$$

de chlorure de potassium à 50 pour 100 de potasse, valant (à 21 fr. 75) 380 625 000 francs.

Notre consommation en 1899, en engrais minéraux et engrais organiques autres que le fumier, n'étant que d'environ 2 millions et demi de tonnes (M. Grandeau, *Journal d'agriculture pratique*, 1900, t. Ier, page 418), dont 250 000 tonnes seulement en nitrate de soude et 50 000 tonnes en sulfate d'ammoniaque, on voit quelle marge resterait pour l'alimentation de nos récoltes principalement en azote, en supposant même un important déficit sur la production ou les emblavures.

La matière sèche de ce colza fourrage étant de 130 kilos pour 1000, nous aurons pour la production totale :

$$250{,}000{,}000 \text{ tonnes} \times 130 \text{ kilos} = 32{,}500{,}000 \text{ tonnes}$$

esquelles ($\times 2$) donneront en fumier 65 000 000 de tonnes et à 10 francs une valeur de 650 000 000 de francs.

L'azote contenu, à 5 kilos pour 1000, sera de 325 000 tonnes ; la différence avec la production verte (soit 825 000 tonnes) représentant l'assimilation par l'animal ainsi que les pertes à l'étable et sur le tas.

Nous avons à dessein, pour les motifs ci-dessus indiqués, négligé de calculer les produits dérobés de la vesce (3e sole de l'assolement quadriennal), ainsi que ceux possibles, entre blé et avoine de l'assolement triennal de la culture céréale pure ou des successions similaires, qui ne pourront guère s'employer qu'en fumure verte. Nous ne voulons point d'ailleurs abuser des chiffres, mais donner un aperçu des conséquences possibles des cultures intercalaires régulièrement introduites pour la fertilité du sol qui n'est plus considéré aujourd'hui que comme une usine où s'élaborent les récoltes, moins par son stock fertilisant naturel que par les matières premières qu'il reçoit.

Aussi persistons-nous à dire que les savants travaux de M. Dehérain sur les eaux de drainage et les cultures dérobées ouvrent un vaste champ aux agriculteurs d'initiative. La nécessité de défendre contre les eaux pluviales la richesse acquise de nos terres nous conduit à leur demander en même temps, sans déranger l'ordre des cultures, un supplément de produits à enfouir ou à consommer qui les portera rapidement à leur maximum de fécondité.

ÉCONOMIE DU BÉTAIL

ET PRODUCTION CHEVALINE

BUREAU

Président . . . . M. Passy (Louis), membre de l'Institut, secrétaire perpétuel de la Société nationale d'agriculture, député.

Vice-présidents. MM. Schönaich-Carolath (le prince de), délégué de la Société allemande d'agriculture (*Allemagne*).

Alvord (le major H.-E.), chef de la division de la laiterie au Département de l'agriculture (*États-Unis*).

Clarke (sir Ernest), secrétaire du Conseil de la Société royale d'agriculture d'Angleterre (*Grande-Bretagne*).

Lydtin (le Dr A.), vétérinaire supérieur à Baden-Baden (*Allemagne*).

Barbentane (le marquis de), vice-président de la Société hippique française et de la Société des agriculteurs de France (*France*).

Legludic, sénateur, président de la Société française d'encouragement à l'industrie laitière (*France*).

Saint-Quentin (le comte de), député, membre de la Société nationale d'agriculture (*France*).

Sanson, professeur honoraire à l'École nationale d'agriculture de Grignon et à l'Institut agronomique (*France*).

Secrétaires. . . . MM. Vacher (Marcel), membre de la Société nationale d'agriculture.

Mallèvre, professeur à l'Institut national agronomique.

Première séance. — 1er juillet 1900.

La séance est ouverte à 4 heures, sous la présidence de M. Louis Passy.

Le Président invite la Section à former le bureau.

M. Marcel Vacher propose immédiatement d'offrir la présidence à M. Louis Passy. La proposition de M. Vacher est acceptée. Puis le bureau est définitivement constitué de la façon suivante :

Président : M. Louis Passy.

Vice-présidents : MM. le prince de Schönaich-Carolath (Allemagne), Alvord (États-

Unis), Clarke (Grande-Bretagne), Lydtin (Allemagne), et pour la France, MM. de Barbentane, Legludic, de Saint-Quentin, Sanson.

Secrétaires : MM. Marchel Vacher, Mallèvre.

Le Président engage la Section à fixer l'ordre dans lequel les diverses questions intéressant l'économie du bétail seront examinées dans les séances suivantes. Il propose de grouper ces questions en trois catégories :

1° Questions diverses;

2° Questions concernant l'industrie laitière;

3° Questions se rapportant à l'industrie chevaline.

On fixe pour la séance du lendemain, lundi 2 juillet à 9 heures du matin, l'ordre du jour suivant :

M. Marcel Vacher : Développement des syndicats d'élevage et des marchés de reproducteurs.

MM. Louis Passy et Marcel Vacher : L'expansion des races améliorées.

M. Sanson : Production simultanée de la laine et de la viande.

A la suite d'un vœu émis par M. Sanson, on décide que l'ordre du jour sera affiché à la porte de la salle des séances.

La séance est levée à 5 heures.

Deuxième séance. — Lundi 2 juillet (matin).

La séance est ouverte à 9 heures, sous la présidence de M. Louis Passy.

Conformément à l'ordre du jour adopté dans la séance de la veille, M. le Président donne la parole à M. Marcel Vacher qui expose son rapport sur le « développement des Syndicats d'élevage et des marchés de reproducteurs[1] ».

Sur la demande du Président, M. Marcel Vacher formule de la façon suivante les vœux qui servent de conclusions à son rapport :

1° La création de syndicats d'élevage s'impose pour le développement progressif et judicieux du bétail de race pure (bétail bovin, ovin, porcin, etc.);

2° Le premier devoir de ces syndicats est la création et la surveillance rigoureuse du livre généalogique, sans lequel aucune sélection méthodique ne peut se poursuivre;

3° La création de marchés-concours doit être encouragée pour chaque race pure, les éleveurs ayant ainsi l'occasion précieuse de renouveler leurs reproducteurs et, d'un autre côté, celle d'écouler leurs produits;

4° La propagande par les conférences, l'image, le livre doit être recommandée.

On ouvre la discussion sur ces vœux.

M. Ratouis de Limay, secrétaire général de la Société départementale d'agriculture de l'Indre, présente les observations qui suivent :

« M. Marcel Vacher, dans sa communication si intéressante sur le développement des Syndicats d'élevage et des marchés de reproducteurs, a bien voulu signaler les efforts qui étaient poursuivis dans le centre de la France, en vue de l'amélioration de la race ovine berrichonne, et s'adresser particulièrement au secrétaire général de la Société d'agriculture de l'Indre, en soulignant devant vous ces efforts.

« Je le remercie vivement, et je viens vous demander, messieurs, de retenir votre bienveillante attention quelques instants, pour exposer les raisons qui ont déterminé la Société d'agriculture de l'Indre à créer, en 1895, un livre d'origine ou *flock-book*, le premier, à notre connaissance, qui ait été constitué en France, le but qu'elle s'est proposé, et les conséquences heureuses qu'elle se félicite d'avoir déterminées.

1. Voir le Tome I des Travaux du Congrès, page 443.

« En créant un livre généalogique, la Société d'agriculture a eu pour but de fixer la race au point de vue de la pureté, et de contribuer par une sélection rigoureusement appliquée et suivie à son amélioration et à son extension.

« La sélection seule était capable de relever nos variétés berrichonnes de l'Indre, dont les caractères primitifs avaient été, à la suite d'alliances étrangères diverses et multipliées, profondément altérées.

« Un trop grand nombre d'éleveurs n'employaient pour la reproduction que des métis. Ils étaient arrivés fatalement à la déchéance, au décousu, à la variabilité désordonnée dans leurs troupeaux. L'élevage y avait perdu l'uniformité; la production n'était plus régulière, et la fécondité des reproducteurs laissait à désirer.

« Le *relèvement* d'une race qui possède des qualités si personnelles, et sur la vieille réputation de laquelle je n'insisterai pas, s'imposait.

« Notre Société comprit quelle pouvait être la portée de l'œuvre qu'elle entreprenait, si elle lui donnait un caractère réellement scientifique, et en même temps un but pratique. Elle ouvrit, il y a cinq années, le livre d'origine de la race berrichonne, et nomma deux Commissions composées d'éleveurs *moutonniers*. Le premier soin de ces Commissions fut de déterminer, en s'aidant de l'enseignement d'un homme qui a porté la science de la zootechnie à une haute puissance, et dont nous nous flattons d'avoir été l'élève, un des honorables vice-présidents de cette section, de déterminer les caractères spécifiques et zootechniques des deux variétés berrichonnes qui nous intéressaient : la variété de Champagne et la variété de Crevant.

« Puis, ces Commissions visitèrent dans le département les bergeries où les éléments berrichons étaient restés purs ou à peu près purs.

« Elles se montrèrent, dès le début, très sévères, et ne marquèrent du cachet du livre que les reproducteurs répondant aux caractères de la race.

« La marque est un bouton nickelé, fixé à l'oreille droite de l'animal, et portant sur une face le titre de la race et de la variété, sur l'autre un numéro correspondant à la bergerie inscrite, de façon à distinguer toujours les reproducteurs et les bergeries d'origine.

« La sélection, vous le savez, messieurs, est une méthode sûre, mais de longue haleine. Elle ne s'improvise pas; elle demande des années pour affirmer des résultats. Aussi, bien que l'initiative prise par la Société d'agriculture de l'Indre ait été vivement critiquée dès ses débuts, notre association poursuivit sans bruit et sans réclame l'œuvre qu'elle avait pris à cœur d'encourager et de subventionner. Il fallait quelques années avant d'envisager le point de vue commercial et la création d'un syndicat; et pour ne pas compromettre l'avenir, le temps seul avec une méthode scientifique rigoureuse devait asseoir l'œuvre sur des bases solides.

« Afin de déterminer le mouvement de reconstitution, la Société fit en 1897, à Châteauroux, le premier concours spécial de la race berrichonne (de l'Indre), à la suite duquel elle vendit aux enchères, à perte, suivant un système qu'elle a adopté depuis plus de vingt-cinq ans, 30 béliers inscrits au livre généalogique.

« En 1898, le livre de la race berrichonne comptait 54 inscriptions de bergeries : 3200 animaux de la variété de Champagne, répartis dans 20 bergeries, et 650 reproducteurs de la variété de Crevant appartenant à 34 bergeries. Il est bon de faire observer qu'en ce qui concerne la variété de Crevant, localisée dans les environs de La Châtre, l'effectif des bergeries est très réduit par rapport aux exploitations des environs de Châteauroux, et que l'intérêt de l'élevage se précise moins en vue de la production de béliers dont la vente est assez difficile, que de l'élevage de femelles dont le croisement avec le southdown donne des agneaux de boucherie recherchés.

« L'utilité de ces troupeaux souches de reproducteurs de race pure, aussi bien dans les plaines de Champagne que dans les environs de Crevant, ressort d'une façon très nette.

« Je ne m'étendrai pas davantage sur l'opportunité de l'œuvre de la Société d'agriculture de l'Indre, qui achève, cette année même, un siècle d'existence. Les succès qui ont couronné son initiative, grâce à la sélection et aux soins entendus qu'ont donnés à leur élevage plusieurs de nos compatriotes, sont aujourd'hui probants. A Vincennes, au Concours Universel, il y a quelques jours, les berrichons de l'Indre ont marqué leur place avec honneur.

« Je terminerai, messieurs, en signalant les ventes de reproducteurs de races pures, appartenant à diverses espèces, qu'organise chaque année notre Société d'agriculture, et qui constituent de véritables marchés avantageux de reproducteurs, et en ce qui concerce spécialement l'espèce ovine, la création en 1889, sous le patronage et sur l'initiative de la Société d'agriculture de l'Indre qui conserve la propriété et la surveillance rigoureuse du livre d'origine, d'un *Syndicat de la race ovine berrichonne de l'Indre admise au livre d'origine créé par la Société d'agriculture de l'Indre en 1895*.

« En groupant les éleveurs de la race qui ont adhéré à ses statuts, ce Syndicat dont le siège social est à Châteauroux, au siège même de la Société d'agriculture, se propose de faciliter par son entremise les relations commerciales de tous les syndiqués, et de défendre leurs intérêts par tous les moyens possibles.

« Nous espérons, messieurs, pour notre modeste part, avoir démontré, par ces quelques explications, quelle importance nous attachons à la question, toute d'actualité, soulevée par M. Marcel Vacher, et nous applaudissons aux conclusions de son remarquable rapport. » -

M. le Président remercie M. Ratouis de sa communication et donne la parole à M. le baron Della Faille d'Huysse (Belgique).

M. le baron Della Faille expose ce qui a été fait en Belgique, en ce qui concerne l'amélioration des bovidés. Depuis quelques années, il existe en Belgique une Société qui procède en excluant des Concours organisés par elle les animaux non inscrits aux Herd-Books. Pour bien faire, il eût été nécessaire de se montrer fort sévère dans le choix des animaux destinés à être inscrits aux Herd-Books. Malheureusement dans les parties de la Belgique où la Société poursuivait son œuvre, il n'y avait pas à proprement parler de races bovines bien tracées. Pour donner aux éleveurs le goût de la sélection, il a donc fallu être indulgent pour l'inscription première au Herd-Book.

On a créé des syndicats d'élevage provinciaux. Chaque syndicat nomme un jury ou même un juge unique qui examine les animaux dignes d'être admis au Herd-Book. Les animaux présentés sont appréciés à l'aide d'une échelle de valeur, s'étendant de 0 à 100. Sont inscrits au Herd-Book provisoire tous les animaux qui obtiennent 70 pour 100 du maximum des points. On avait d'abord résolu de n'inscrire plus au bout de la troisième année que les animaux provenant de ceux primitivement inscrits. Mais on a reconnu que cette période de trois années était trop courte et on l'a portée à cinq ans. Au bout de ces cinq années on constituera le livre généalogique définitif. En laissant les races se déterminer ainsi d'elles-mêmes par la sélection, on parviendra à reconnaître et à produire le type le plus utile au pays où fonctionne le syndicat.

M. le prince Lobkowitz donne quelques indications sur ce qui s'est passé en

Bohême. Après une période de croisements inconsidérés on est revenu à la sélection pour les bovidés. Les races préférées sont celles de Simmenthal et de Pinzgau. En Bohême, la loi interdit au propriétaire d'un taureau de l'employer comme reproducteur pour le compte d'autrui, s'il n'a pas, au préalable, reçu l'autorisation d'une commission spéciale élue par d'autres que les intéressés. Pour faciliter le recrutement des taureaux de race pure, on établit des vacheries pépinières.

On passe au vote sur les vœux exprimés par M. Marcel Vacher ; ceux-ci sont adoptés.

M. Sanson, considérant l'organisation des syndicats d'élevage comme une question de la plus haute importance et encore trop négligée dans nombre de pays, estime qu'il serait bon de voir porter en séance générale, pour y être examinés, les vœux formant la conclusion du rapport de M. Marcel Vacher.

La Section se rallie à l'avis de M. Sanson.

M. Louis Passy demande que le rapport préparé par lui en collaboration avec M. Marcel Vacher et concernant l'expansion des races améliorées soit reporté à une séance ultérieure. Il donne de suite la parole à M. Sanson, qui résume son rapport sur la « Production simultanée de la laine et de la viande[1] ».

M. le Président ouvre ensuite la discussion sur le rapport de M. Sanson.

M. le marquis de Chauvelin prend la parole et s'exprime ainsi :

« Je demande tout d'abord à m'associer au vœu exprimé par M. le professeur Sanson, tendant à engager les éleveurs de bêtes ovines à ne pas considérer la production de la laine comme une quantité négligeable, sans cesser pour cela de chercher à faire de la viande. Il me faut néanmoins lui soumettre quelques observations, appelées par son rapport, et le prier de nous donner la solution des difficultés qui se présentent.

« Il importe de le remarquer tout d'abord, nous ne voyons guère, ni en Angleterre ni en France, les races ovines existantes se montrer propres à la double production, tout au moins si nous remontons à une vingtaine d'années.

« En Angleterre, le Dishley ou Leicester donne de la laine, avec une viande de basse qualité, alors que le Southdown donne la meilleure qualité de viande, et pour ainsi dire pas de laine.

« En France, le Mérinos donne la meilleure laine, avec une viande plus que médiocre ; alors que le Solognot et le Berrichon donnent peu de laine, avec une viande excellente.

« Le Shropshire est peut-être le seul mouton qui nous fournisse, en Angleterre, l'exemple d'une bonne race à viande, avec une production considérable de laine de bonne qualité.

« Nous ne parlons pas du Lincoln abondant en excellente laine, et dont la viande, sans être parfaite, l'emporte sur celle du Dishley.

« Ces observations nous permettent de conclure que la double production désirée ne se présente pas habituellement dans les variétés ovines existantes, et par là même qu'elle ne paraît pas aisée à obtenir.

« D'autre part, la production en laine de l'Amérique et de l'Australie est si considérable que la hausse de 1899 sur ce produit ne saurait nous donner une espérance sérieuse de revoir les anciens cours. La vente de la viande de mouton s'est, au contraire, maintenue ferme depuis deux ans, malgré la baisse permanente subie par la viande de bœuf pendant cette période.

---

1. Voir le Tome I des Travaux du Congrès, page 444.

« Il est donc certain que, dans ces conditions économiques, l'éleveur d'animaux de l'espèce ovine se trouve moins que jamais dans le cas de renoncer à la viande pour revenir à la laine.

« Mais il n'est pas question d'en arriver à cet extrême, et il s'agit seulement d'associer les deux produits. Je demande si le fait est possible?

« Il est certain que toute production, celle de la laine comme les autres, exige une certaine quantité de nourriture, ou, si l'on veut, absorbe et *emploie* une partie de la nourriture consommée par l'animal. Pour produire la laine, il faudra donc augmenter la quantité d'aliments à fournir au mouton. Le procédé sera-t-il avantageux au point de vue économique?

« Tel est l'ensemble des observations que je soumets à l'éminent professeur, en le priant de nous donner la solution de ces difficultés apparentes.

« Après les observations de M. Sanson, il me semble subsister une difficulté économique et pratique d'autant plus grande que le mouton ne saurait être, dans la plupart des cultures, pourvu d'une *nourriture maxima*.

« Je n'en persiste pas moins à considérer le principe contenu dans le vœu de l'éminent professeur comme absolument vrai en théorie, et je demande à m'associer à lui, pour proposer à la Section d'adopter ce vœu par un vote.

« Les moyens d'exécution pourront faire l'objet d'une étude ultérieure. »

M. Sanson émet lui-même l'avis que la Section accepte la conclusion présentée par M. de Chauvelin. La Section ne fait pas d'opposition.

L'ordre du jour de la prochaine séance est fixé de la façon suivante :
M. Nocard : Tuberculose des bovidés : ses dangers, ses progrès, sa prophylaxie.
M. le baron Della Faye d'Huysse : Les indemnités pour expropriation du bétail.
M. Punt : Sur l'élevage du cheval.
La séance est levée à midi.

<h3 style="text-align:center">Troisième séance. — Lundi 2 juillet (soir).</h3>

La séance est ouverte à 3 h. 20 sous la présidence de M. Louis Passy.

Le Président, en l'absence de M. Nocard empêché, demande que la Section se prononce sur les vœux émis dans le rapport de ce dernier. Ce rapport concerne « la tuberculose bovine : ses dangers, ses progrès, sa prophylaxie[1] ».

M. Leblanc demande la parole et prononce les paroles suivantes :

« Messieurs, en l'absence de M. Nocard, je viens appuyer les conclusions de son rapport et je prierai la Section de voter en outre une demande adressée au Ministre de l'agriculture ayant pour but de faire mettre à l'ordre du jour de la Chambre le projet de loi sur la tuberculose présenté par un de ses prédécesseurs.

« Je ne me fais pas d'illusion sur l'opposition qui sera faite à ce projet, c'est cependant lui seul qui renferme des mesures propres à arrêter la marche croissante de la tuberculose. Que demande-t-il en somme ? Qu'en dehors des prescriptions générales, qui visent les maladies contagieuses, il soit défendu aux propriétaires d'animaux suspects ou contaminés de vendre leurs bêtes pour aucune autre destination que la boucherie ; il faut de toute nécessité qu'on empêche de livrer au commerce des bovidés qui iront porter la contagion dans les étables ou dans les pâtures

---

1. Voir le Tome I des Travaux du Congrès, page 458.

On s'est plaint que la définition du mot suspect inscrit dans la loi soit vague et donne lieu à des abus ; dans le nouveau règlement d'administration publique élaboré par le Comité des épizooties on trouvera la définition du mot suspect, et toute ambiguïté disparaîtra.

« On s'est élevé contre l'emploi obligatoire de la tuberculine, alors qu'il s'agit d'animaux ayant cohabité avec des bêtes tuberculeuses (bêtes contaminées), cependant personne n'ignore que la tuberculose au début ne peut être diagnostiquée faute de symptômes cliniques ; seule l'injection de tuberculine permet de distinguer les bêtes saines des bêtes déjà atteintes à quelque degré que ce soit, les erreurs sont tellement rares qu'on n'en doit pas tenir compte. La loi qui rendrait cette inoculation obligatoire rencontre une très forte opposition et l'on croit qu'elle ordonne l'abatage de tous les animaux qui auront réagi, c'est une erreur : l'abatage n'est prescrit que si l'animal présente des signes cliniques permettant d'affirmer l'existence de la tuberculose ou si cet animal offrant des signes cliniques devant faire soupçonner cette existence réagit en outre après injection de tuberculine. Nous connaissons les résultats fâcheux donnés par l'abatage général des contaminés et nous le repoussons ; nous repoussons aussi le principe de l'indemnité appliqué trop largement à ces animaux ; mais nous demandons qu'on indemnise les propriétaires de bêtes tuberculeuses abattues par ordre de l'autorité.

« Nous n'insistons pas sur l'inoculation obligatoire de la tuberculine, et vous trouverez dans le nouveau règlement d'administration publique les dispositions suivantes (qui ne seront appliquées qu'après avis du Conseil d'Etat) : si le propriétaire de l'exploitation infectée *demande* à faire soumettre ses animaux à l'épreuve de la tuberculine, les dispositions édictées en vertu de la déclaration d'infection (mise en quarantaine, défense de vendre ses animaux) seront applicables aux seuls animaux qui réagiront. Le propriétaire pourra s'en servir et on ne les abattra qu'au cas où ils présenteront quelque signe clinique. Il pourra disposer à son gré de tous ceux qui n'auront pas réagi.

« En vertu de cette réglementation, sans imposer l'épreuve de la tuberculine, on offre aux propriétaires d'étables infectées des avantages bien clairs, s'ils demandent à s'y soumettre. Ceux qui refuseront resteront soumis à l'application stricte des mesures qu'entraîne la déclaration d'infection. Vous pouvez voir, messieurs, qu'en votant les conclusions du rapport de M. Nocard et mon article additionnel, vous ne vous engagez pas dans une voie trop autoritaire et vous pouvez être assurés que vous agirez dans l'intérêt de l'agriculture. »

M. le marquis DE CHAUVELIN soutient les conclusions de M. NOCARD.

« Nous tenons, dit-il, à apporter notre témoignage, quelque faible qu'en soit l'importance, à l'appui du rapport de M. Nocard sur cette question. Les expériences, faites depuis quatre ans sur notre troupeau de Durhams par l'éminent professeur et mentionnées dans la communication adressée par lui au Congrès de la tuberculose à Berlin, sont une confirmation éclatante de la théorie de cette maladie, et du précieux diagnostic fourni par la tuberculine.

« Il est inutile d'insister sur une question suffisamment élucidée par le rapport. Nous voulons seulement dire que nous sommes à la disposition des membres du Congrès, s'il en est qui désirent des détails sur les expériences dont nous parlons, ou même qui voudraient les renouveler. »

M. le major ALVORD fait remarquer qu'on a dû, après plusieurs essais, renoncer aux États-Unis à l'emploi obligatoire de la tuberculine. Les éleveurs en Amérique se rattachent maintenant aux conclusions émises par M. Nocard dans son rapport.

M. PIOT-BEY rend compte de la situation du bétail en Égypte au point de vue de la tuberculose. Chargé, depuis 20 ans, de la direction du service vétérinaire des Domaines de l'État, dont le cheptel comprenait près de 10,000 bovidés (il n'en reste que 3,000 en ce moment) âgés de 4 à 22 ans, qui fournissent une moyenne de 9 années de travail, l'orateur a tuberculinisé, à titre d'essai, en 1899, les 50 bœufs d'une ferme domaniale, prise au hasard dans le Delta. Il a constaté que 90 pour 100 des animaux sont tuberculeux ! Néanmoins, ces animaux fournissent presque toute l'année un travail pénible, et conservent tous un excellent embonpoint.

M. Piot-Bey ajoute qu'en général les lésions tuberculeuses restent longtemps très limitées dans le poumon, dans divers ganglions, et que la plupart des animaux peuvent être réformés par suite d'usure des membres, par exemple, sans qu'il soit possible de soupçonner même l'existence de la tuberculose sur ces sujets.

M. Della Faille d'Huysse pense qu'il serait nécessaire de prendre des mesures au sujet des étables ayant renfermé des animaux tuberculeux. Il voudrait qu'on préparât un règlement international sur la question.

On passe au vote. Les conclusions de M. Nocard sont adoptées.

M. Leblanc demande qu'on ajoute un vœu pour que tout animal ayant réagi à la tuberculine ne puisse être vendu qu'à la boucherie. Ce vœu additionnel de M. Leblanc est également adopté.

Enfin on vote également sur la proposition suivante de M. della Faille d'Huysse « La 4e Section du Congrès international d'agriculture attire l'attention des gouvernements sur la nécessité d'introduire des mesures législatives réglementant l'assainissement des étables et leur désinfection sous la surveillance des pouvoirs publics. »

La proposition est adoptée.

M. le Président donne la parole à M. le baron della Faille d'Huysse qui expose les conclusions de son rapport sur « les indemnités pour expropriation du bétail[1] ».

La discussion est ouverte sur le rapport de M. della Faille.

M. de Chauvelin trouve que l'existence des tueries de campagne non surveillées est en France un obstacle à la réalisation des vœux émis par le rapporteur.

M. Marcel Vacher fait remarquer que précisément ces tueries devraient être soumises à une surveillance sanitaire.

M. della Faille ajoute que c'est précisément le cas en Belgique; ce qui lui a permis de formuler les conclusions de son rapport.

Les vœux A, B, C du rapport de M. della Faille d'Huysse sont adoptés. Quant au vœu D, il est convenu qu'on vote sa mise à l'étude sous la forme suivante :

Il est utile de mettre à l'étude la question de l'établissement d'une taxe sur l'animal abattu pour la consommation, ce système devant avoir pour effet :

1° De permettre la suppression de l'action en rédhibition ou réduction du prix de vente à exercer contre l'éleveur;

2° De mettre à la disposition de l'État les ressources nécessaires pour indemniser les propriétaires expropriés.

M. le Président donne la parole à M. le capitaine K. D. Punt (Hollande), qui développe quelques-unes seulement des questions figurant dans son rapport « sur l'élevage du cheval[2] ».

La première question vise l'établissement d'un droit sur tous les chevaux américains importés en Europe.

---

1. Voir le Tome I des Travaux du Congrès, page 506.
2. Voir le Tome I des Travaux du Congrès, page 503.

Plusieurs membres font remarquer à M. Punt que certains États européens ont déjà pris des mesures dans ce sens, mais qu'il est impossible dans un Congrès international de voter l'institution d'une véritable ligue européenne contre l'importation des chevaux américains.

M. Punt, dans sa question III, demande qu'on se montre plus exigeant vis-à-vis des étalons et qu'on les refuse non seulement quand ils sont atteints de cornage chronique et de fluxion périodique, mais encore quand leur conformation est défectueuse.

Le Président fait remarquer à M. Punt qu'il se présente une difficulté. Trouverait-on, en effet, le nombre suffisant d'étalons irréprochables pour saillir toutes les juments d'un pays livrées à la reproduction? Mieux vaut avoir des produits imparfaits que de ne pas en avoir du tout.

D'après M. Fraters, en Belgique, tous les étalons sont présentés devant des Commissions spéciales qui se montrent très rigoureuses vis-à-vis des défauts de conformation. Chaque année on réclame plus de sévérité afin que les produits obtenus soient de valeur plus grande.

Finalement la Section adopte le vœu suivant : « Que les Commissions chargées de visiter les étalons ne limitent pas leur examen à la constatation du cornage chronique et de la fluxion périodique, mais se préoccupent encore des tares transmissibles et de la conformation. »

Pour ce qui concerne la question IV du rapport de M. Punt, visant l'hérédité du cornage suivant l'âge des reproducteurs, la Section émet le vœu suivant : « Les étalons atteints de cornage doivent être exclus de la reproduction quel que soit leur âge. »

La séance est levée à 6 heures un quart après que l'ordre du jour pour la séance du lendemain a été fixé de la façon suivante :

MM. André Gouin et A. Andouard : La poudre d'os dans l'alimentation des jeunes bovidés.

M. Mir : La méthode de mensuration du docteur Lydtin.

Le Prince de Schonaich-Carolath : Les progrès de l'élevage en Allemagne.

Quatrième séance. — Mardi 3 juillet (soir).

La séance est ouverte à 5 heures. M. Passy offre la présidence à M. le prince de Schonaich-Carolath.

M. Andouard prend la parole sur le rapport qu'il a préparé en collaboration avec M. A. Gouin : « La poudre d'os dans l'alimentation des jeunes bovidés. »

« Depuis trois ans, nous essayons d'utiliser l'action efficace exercée sur la nutrition par l'acide phosphorique, l'un des éléments les plus essentiels au développement des jeunes animaux. Nous avons expérimenté cet acide sur de jeunes veaux de lait, tout d'abord, et sous des formes variées : phosphate bicalcique, phosphate tricalcique précipité, cendre d'os, glycérophosphate, phosphates de l'extrait de viande.

« Nous savions, par les expériences de nos devanciers, que, de ces essais, il ne devait rien sortir de bien concluant en faveur de l'acide phosphorique. La nature prodigue cet acide aux nourrissons, dans le lait maternel, sous une forme d'une assimilation si facile, que l'adjonction d'un supplément de phosphate, minéral surtout, reste sans effet marqué. Il était bon, néanmoins, de le constater une fois de plus, comme point de départ.

« Lorsqu'au régime lacté succède une alimentation végétale, les conditions ne sont plus les mêmes.

« Un veau de poids moyen n'a besoin que de 15 à 20 grammes d'acide phosphorique, par jour, pour augmenter d'un kilogramme dans le même temps. Or, il en absorbe tous les jours au moins 30 grammes quand, parvenu au poids de 100 kilogrammes, il reçoit une quantité de lait suffisante à son entretien.

« L'animal du même poids, complètement sevré, trouve à peine, dans les végétaux qui composent ses aliments, 10 à 20 grammes du même acide, dont une partie notable a souvent un médiocre coefficient de digestibilité. Cette pénurie relative de l'un des principes qui contribuent le plus à l'accroissement du corps, a sans doute pour effet de retarder cet accroissement. C'est là ce que nous avons essayé de vérifier, en cherchant si l'addition d'un phosphate, à une alimentation qui n'en est pas dépourvue et qui est riche en tous les autres principes nutritifs, est susceptible d'augmenter la fixation de l'acide phosphorique dans les tissus. Si cette augmentation se manifeste, elle implique l'utilité des phosphates dans l'alimentation des jeunes animaux assujettis à un régime qui ne leur en fournit pas assez.

« Deux ans durant, nous avons administré à des animaux sortant du sevrage, des phosphates de différente nature, principalement de la poudre d'os verts, qui nous a paru plus active que tous les autres produits phosphatés.

« Les résultats n'ont jamais varié de sens. Toutes les fois que, sous l'influence d'une nourriture riche et abondante, les sujets en observation faisaient des progrès rapides, ces progrès étaient encore accélérés par l'adjonction de 50 ou 100 grammes de poudre d'os à la ration quotidienne. Ils étaient à peu près nuls, ou du moins ils nous échappaient, quand les animaux se nourrissaient mal.

« Les aliments devant être les mêmes dans la période servant de terme de comparaison et dans celle où les veaux recevaient de la poudre d'os, et nos études ayant lieu principalement dans la belle saison, nous nous trouvions conduits à donner à nos expériences une très courte durée.

« Malgré cette limitation forcée, les résultats ont été si parlants que nous n'avons pas hésité à entreprendre des essais de longue haleine. Ils étaient nécessaires. L'élimination par le tube digestif est lente, chez les ruminants; il fallait lui laisser le temps de s'achever.

« Tant que le veau est soumis au régime lacté, l'acide phosphorique digéré, qui n'est pas retenu par les tissus en évolution, passe facilement dans l'urine. Aussitôt que l'animal est devenu herbivore, l'urine n'en décèle plus que des traces. Tout phosphate qui n'est pas utilisé par l'organisme est alors évacué dans les déjections solides.

« Pour déterminer avec certitude si une fraction du phosphate des os que nous avions dessein d'ajouter à la nourriture du sujet à étudier était assimilée par lui, nous avons exactement pesé, chaque jour, tous ses aliments, puis ses déjections solides et liquides. Enfin, nous avons dosé, quotidiennement aussi, l'acide phosphorique contenu dans chacun de ces éléments. La première observation a duré 52 jours.

« L'animal, un veau du poids moyen de 163 kilogrammes, au cours de l'expérience, a reçu, en 24 jours, 511 grammes d'acide phosphorique de la poudre d'os. Ses aliments contenaient 1 090 grammes du même acide.

« Sur les 1 601 grammes d'acide phosphorique ainsi absorbés, il en a fixé 562. Son poids total a augmenté de 36 kilogrammes, soit, par jour, 1 500 grammes, et par kilogramme, 15 gr. 74 d'acide phosphorique retenu.

« Pendant 24 autres jours, son alimentation a été rigoureusement la même, la poudre d'os exceptée. Elle lui a fourni 1 064 grammes d'acide phosphorique, dont la fixation totale n'a plus été que de 592 grammes. L'accroissement final s'est trouvé réduit à 27 kilogrammes, représentant une augmentation de poids de 1 125 grammes par jour, et de 14 gr. 53 d'acide phosphorique par kilogramme.

« La proportion d'acide phosphorique assimilé a été sensiblement la même, soit qu'il fût entièrement fourni par les aliments végétaux, soit qu'il provînt, pour un tiers, des os pulvérisés : 36,8 pour 100 dans le premier cas, et 35,4 pour 100 dans le deuxième. On ne saurait donc dénier aux jeunes herbivores la faculté de tirer le même profit du phosphate emprisonné dans le tissu osseux et de celui qu'ils trouvent dans leur nourriture habituelle.

« A la faveur du supplément de phosphate issu de la poudre d'os, l'accroissement quotidien de l'animal a passé de 1 125 grammes à 1 500 grammes par jour. Ce résultat est d'autant plus probant qu'à aucune autre époque de son existence le veau n'avait réussi à gagner, en poids, plus de 1 200 grammes par jour.

« Quelque fondées que fussent nos prévisions sur le mode d'action de la poudre d'os, nous avons cru prématuré d'en parler avant d'avoir poursuivi plus loin nos recherches. Nous pouvions encore nous demander, en effet, si le rôle de l'acide phosphorique, dans ce cas, n'était pas seulement celui d'un stimulant et si, par conséquent, son action n'était pas susceptible de s'émousser assez promptement. Un complément d'étude s'imposait.

« Nous y avons procédé avec un taurillon normand âgé de 140 jours, dont on achevait le sevrage. Pendant le temps du régime lacté, où le développement est le plus rapide, l'animal avait gagné, en moyenne, 1 100 grammes par jour.

« Nous l'avons mis en observation pendant 210 jours, divisés en sept périodes : quatre de vingt jours chacune, avec le régime du vert à l'étable, sans addition de poudre d'os. Entre ces quatre périodes, nous en avons intercalé deux de vingt jours également et une de quatre-vingt-dix jours, pendant lesquelles nous avons ajouté, à la nourriture qui précède, 120 à 150 grammes de poudre d'os par jour.

« L'accroissement quotidien a été de 856 grammes, en moyenne, pendant les 80 jours où la poudre d'os a été supprimée. Il s'est élevé à 1 227 grammes, dans les 150 jours où l'animal ingérait les os pulvérisés.

« Loin de s'affaiblir par l'accoutumance, l'action du phosphate osseux s'est montrée le plus énergique pendant cette longue expérience de 90 jours, où les os ont été administrés sans interruption et qui a fourni, à elle seule, une augmentation de poids journalière de 1 333 grammes, presque aussi élevée à la fin qu'au début.

« En présence de ce dernier résultat, nous nous croyons autorisés à penser que le phosphate osseux n'est pas un simple stimulant de l'organisme. Il est absorbé sans difficulté par le sang ; nous reviendrons quelque jour sur ce sujet. Le squelette, au développement duquel il fournit d'importants matériaux, sait se l'approprier. De son côté, le tissu cellulaire accentue par lui sa prolifération, pour mettre son accroissement au niveau de celui des os qu'il a mission d'envelopper. De là l'augmentation de poids sensible que nous constatons dans les conditions précitées, lorsqu'à une nourriture déjà riche en principes azotés, nous ajoutons une petite quantité de poudre d'os.

« Cette adjonction est à la fois profitable à l'animal et avantageuse à l'éleveur.

« Dans les 180 jours où la poudre d'os a été donnée, elle a produit un excédent d'accroissement de 371 grammes par jour, 48 kilogrammes au total, moyennant 18 kilogrammes de poudre d'os. Au prix actuel de 14 francs les 100 kilogrammes, celle-ci représente une dépense totale de 2 fr. 52.

« Le prix de revient du kilogramme de viande ainsi obtenu n'est donc grevé que de 5 centimes 1/4 ; ce n'est pas onéreux.

« Les faits qui précèdent ont paru assez nets et assez encourageants pour être publiés. Mais nous n'entendons pas en déduire de conclusions absolues. Notre but principal, en les faisant connaître, est de susciter des expériences nouvelles, portant sur le plus grand nombre d'animaux possible et qui décideront si c'est la majorité des sujets qui bénéficie de l'action favorable de la poudre d'os verts, ou si cette action exige d'eux des aptitudes spéciales pour se manifester. »

M. Mallèvre observe que des expériences analogues à celles de MM. Gouin et Andouard ont été faites sur d'autres animaux que les jeunes bovidés. Il lui semble d'autant plus opportun de les rappeler qu'elles n'ont pas conduit aux mêmes résultats que celles de MM. Gouin et Andouard. Ainsi l'adjonction de poudre d'os à la ration de jeunes ovidés, d'ailleurs très bien nourris, n'a pas permis à M. Mir d'obtenir une augmentation sensiblement plus élevée du poids vif que chez des jeunes moutons alimentés de même, mais sans poudre d'os. D'autre part, les expériences déjà anciennes de M. Henry, aux États-Unis, exécutées sur des porcs en période de croissance, n'ont pas donné pour la poudre d'os des résultats aussi favorables que ceux obtenus sur les veaux par MM. Gouin et Andouard. M. Henry avait pensé que les gains de poids vif assez faibles que présentent les porcelets uniquement nourris de grains trouvent en partie leur explication dans la pauvreté des grains en chaux. Il constata, en effet, que l'adjonction aux grains de substances capables de fournir de la chaux déterminait une croissance plus normale des jeunes animaux. Mais il obtint des résultats à peu près égaux, qu'il employât, comme source de chaux, des cendres de bois lessivées, des phosphates minéraux, ou de la poudre d'os verts. On ne voit nulle part, soit avec les agneaux, soit avec les porcelets, se produire, sur la nutrition, cette action spécifique extraordinaire de la poudre d'os verts constatée par MM. Gouin et Andouard sur les veaux. Il ne faut pas oublier, en effet, que, dans les expériences de MM. Gouin et Andouard, l'adjonction d'une faible quantité de poudre d'os verts permet d'augmenter de 25 pour 100 au moins l'effet nutritif de la ration consommée par les veaux. C'est énorme. En tout cas, puisque les bovidés paraissent plus sensibles que les autres espèces domestiques à l'action de la poudre d'os verts, il serait très souhaitable de voir des expériences instituées sur des lots nombreux de veaux. On pourrait de cette façon reconnaître jusqu'à quel point les résultats si favorables obtenus par MM. Gouin et Andouard sur quelques individualités peuvent être transportés dans la grande pratique zootechnique.

M. Sanson s'explique l'action de la poudre d'os verts comme celle du sel marin. Pour lui, il s'agit d'une action condimentaire aidant puissamment l'assimilation des autres aliments.

M. le baron Peers communique le fruit de sa pratique et de ses observations personnelles sur des troupeaux de bovins et de porcs lui appartenant. Les porcs qu'il produit en Belgique sont destinés à être exportés en Angleterre à l'âge de 15 ou 16 semaines. Afin de hâter leur croissance, M. le baron Peers a employé la chaux sous forme de carbonate de chaux et sous forme de poudre d'os verts. Il a été à même de constater que l'action du carbonate et de la poudre d'os verts avait été favorable pour la croissance des porcs. Mais il n'a pas reconnu de différence à l'avantage de la poudre d'os. Il n'en a pas été de même pour les veaux qui se sont montrés plus sensibles à la poudre d'os; aussi ne voudrait-il, pour rien au monde, omettre de donner chaque jour aux jeunes bovidés une petite quantité de poudre d'os.

M. le prince de Schönaich-Carolath souhaiterait qu'on examinât la question également pour le cheval.

M. de Tracy élève chez lui des chevaux de pur sang. Il déclare avoir donné de la poudre d'os aux poulains sans résultat appréciable. Les seuls résultats sérieux sont obtenus par l'application des phosphates sur les prairies. En dernier lieu, on a essayé de donner aux jeunes poulains des glycéro-phosphates : l'essai ne permet pas encore de conclure.

M. le prince DE SCHÖNAICH-CAROLATH dit que, dans les grands haras prussiens, sauf celui de Beberbeck, on emploie le phosphate de chaux. Dans les haras de Trakehnen, de Graditz, le succès est réel. La dose de phosphate est en moyenne de 10 à 15 grammes par jour pour les jeunes poulains : la dose la plus faible est de 6 grammes, la plus forte de 20 grammes.

M. PASSY demande si la Section est d'avis de prendre une résolution.

M. SANSON estime que cela n'est pas nécessaire. La question doit rester encore ouverte. Il est difficile d'émettre des vœux sur des questions scientifiques qui ne sont pas absolument résolues.

M. ANDOUARD, lui-même, est de cet avis. Il a fait sa communication dans le but unique de voir les expériences se continuer et se multiplier.

L'ordre du jour appelle la discussion du rapport de M. Mir sur « la Méthode de mensuration du Dr Lydtin[1] ».

Sur l'invitation du Président, M. le Dr LYDTIN prend la parole sur la méthode qu'il a fondée et fait une communication accueillie par des applaudissements répétés. Le texte de cette communication est reproduit dans les *Documents annexes*, page 236.

M. BEHMER, à la suite de la communication de M. le Dr Lydtin, présente quelques observations sur les échelles de valeur employées, quand on veut faire l'application de la méthode des points. Il insiste sur l'importance considérable que présente le choix de cette échelle. (Voir les *Documents annexes*, page 240).

Le prince DE SCHÖNAICH-CAROLATH fait un exposé des « progrès de l'élevage en Allemagne ». Il n'a pas d'ailleurs la prétention de venir dire à la Section : « L'Allemagne a fait des progrès considérables dans toutes les branches de l'économie du bétail, écoutez et vous serez surpris ». On serait en effet en droit de lui demander les preuves de ce qu'il avance. Il préfère dès lors procéder autrement. Il donnera d'abord quelques indications statistiques qui permettront aux membres de la Section de se faire une opinion. Puis il présentera une sorte de revue générale et rapide concernant le développement des races (bétail et chevaux) pendant les vingt dernières années.

Voici d'abord quelques données de statistique :

L'espèce chevaline comptait en Allemagne : en 1883, 3 522 595 têtes; en 1892, 3 826 256 têtes; en 1897, 4 058 985 têtes.

L'augmentation considérable que dénotent ces chiffres tient avant tout aux besoins qu'a fait naître l'essor du commerce et de l'industrie. Mais voici ce qu'on pourrait appeler le revers de la médaille. Les importations de chevaux vont constamment en croissant.

L'Allemagne importait : en 1880, 59 786 têtes; en 1885, 69 763 têtes; en 1890, 83 506 têtes; en 1895, 103 900 têtes; en 1899, 118 700 têtes d'une valeur de 95 millions de marks.

On est porté à dire aux Allemands : « Élevez vous-mêmes les chevaux dont vous avez besoin et tirez-en votre profit. » C'est juste du moins en apparence. Mais la

---

1. Voir le Tome I des Travaux du Congrès, p. 423.

plupart des chevaux importés appartiennent à la catégorie des chevaux de gros trait que réclame le commerce. Or, l'Allemagne n'est pas en état de produire encore ces chevaux en quantité correspondante à ses besoins. Enfin, il y a là une question de calcul. On peut acheter au dehors un cheval de 5 à 6 ans de bonne qualité pour 900 à 1000 marks. A quoi servirait-il de produire des chevaux qui à l'âge de 3 ans seraient de qualité médiocre et qui, étant donnés les frais d'élevage, reviendraient à 900 marks? C'est ce côté économique de la question qui explique la très forte importation allemande. Les années qui vont venir montreront si les grands efforts déployés en Allemagne en vue d'y développer la production directe du cheval de trait seront couronnés de succès.

L'espèce bovine accuse la progression suivante :

En 1883, 15 786 000 têtes; en 1893, 16 372 000 têtes; en 1897, 18 490 000 têtes.

C'est une augmentation de 2 704 000 têtes en quatorze ans, correspondant à une valeur de 540 800 000 marks.

La principale cause de cette augmentation consiste dans la diminution du nombre des moutons, déterminée elle-même par la baisse du prix de la laine fine.

On comptait en Allemagne :

En 1883, 19 190 000 têtes de moutons; en 1897, 10 860 000.

L'espèce porcine a passé de 9 200 000 têtes en 1883 à 14 274 000 têtes en 1897.

M. le prince de Schönaich-Carolath passe ensuite à l'examen du développement des races. Deux moyens généraux peuvent être employés pour l'amélioration des races :

1° On peut faire de la sélection dans les populations animales existantes et donner une alimentation meilleure;

2° On peut croiser avec des races étrangères. C'est ce dernier moyen qu'a utilisé l'Allemagne, et à ce point de vue, elle se trouve dans une dépendance étroite avec l'étranger. Elle demande des chevaux reproducteurs à l'Angleterre, à la Belgique, à la France; des bovidés à la Hollande et à la Suisse; des moutons mérinos à la France et des moutons downs à l'Angleterre; des porcs yorkshire et berkshire à l'Angleterre.

En ce qui concerne les chevaux, il convient de distinguer en Allemagne trois grandes catégories : 1° les chevaux de pur sang anglais; 2° les chevaux de demi-sang; 3° les chevaux de gros trait.

En 1880, l'Allemagne ne possédait que 180 étalons reproducteurs de pur sang anglais; en 1900, le nombre s'en élève à 220. En 1885, il est né 245 poulains de pur sang; en 1899, 560.

La qualité s'est améliorée en même temps que le nombre. Le prince insiste sur les services merveilleux qu'ont rendus en Allemagne quelques étalons célèbres nés en France. Tels : Flageolet, Dandin et surtout Chamant. Les courses ont pris aussi un fort développement et servent d'épreuves pour le choix des étalons destinés à l'obtention des chevaux de demi-sang.

Le demi-sang est surtout produit dans la Prusse orientale. Cette province fournit des chevaux de remonte pour toute la cavalerie allemande. Le Hanovre et le Schleswig-Holstein donnent des chevaux de selle et des carrossiers, l'Oldenbourg des grands carrossiers.

Le cheval de gros trait n'est que difficilement produit en Allemagne. Le cheval belge a cependant réussi dans la province du Rhin et dans le grand-duché de Bade. On a échoué toutes les fois qu'on a voulu produire des Clydesdale, des Shire-horse et des Percherons. Les Clydesdale exposés dans les concours allemands sont de véritables caricatures. En passant, le prince avoue qu'il ne peut regarder sans envie les magnifiques chevaux de trait français qui dans les rues de Paris traînent à une allure rapide des charges considérables.

Pour l'espèce bovine, on a conservé quelques petites races indigènes. Celles-ci mises à part, la presque totalité des bovidés de l'Allemagne appartient à deux grands groupes : au Nord, de la frontière des Pays-Bas à la frontière de Russie, le groupe pie noir, à aptitude laitière prédominante (race hollandaise, race d'Ostfriesland, race d'Oldenbourg); au Sud, le groupe tacheté jaune et blanc (race de Simmenthal), qui doit sa grande extension en Allemagne au mérite de M. le Dr Lydtin.

En Allemagne, les races bovines anglaises, particulièrement la race Shorthorn, n'ont pas réussi.

Dans l'espèce ovine, on a vu diminuer le nombre des mérinos à laine fine, pendant qu'augmentaient les mérinos à laine longue (laine à peigne); les mérinos précoces ont été introduits de France, sous le nom de « Rambouillet ». De même, pendant que le Southdown va disparaissant, on voit augmenter les moutons downs de plus forte taille : Shropshire, Oxfordshire, Hampshire. Enfin, on a conservé quelques petites races allemandes indigènes : races de Rhœn, de Franconie, Haideschnucke, race laitière des Polders du Nord.

Pour l'espèce porcine, c'est la grande race blanche anglaise de Yorkshire qui est la plus réussie; on trouve aussi, mais dans une proportion beaucoup moindre, la race noire de Berkshire. On a conservé quelques races indigènes dans la Westphalie, dans la Bavière. La race dite de Meissen est un produit de croisement avec le Yorkshire.

L'heure qui s'avance ne permettant pas au prince de s'étendre davantage, il exprime seulement le regret que des circonstances connues de tous n'aient pas permis à l'Allemagne d'envoyer des reproducteurs au Concours international qui vient d'avoir lieu à Vincennes au mois de juin 1900. Il espère, par contre, que l'Allemagne sera bien représentée à l'Exposition internationale chevaline qui se tiendra au mois de septembre 1900.

M. Louis Passy félicite le prince de sa communication ; il ajoute que, en Allemagne comme en France, comme dans les grands pays civilisés, le progrès zootechnique s'est affirmé pendant les dernières années.

M. Sanson fait observer que depuis longtemps, il assiste à la marche des événements. Il a vu beaucoup de concours régionaux en France. Il constate que le chemin parcouru est énorme. Depuis quarante ans, la plupart des races françaises ont été améliorées de prodigieuse façon. Malheureusement, ajoute M. Sanson, nous n'avons pas comme en Allemagne de statistiques sérieuses : pour son compte, il n'a aucune confiance dans la statistique française. Ceci est très regrettable, la statistique bien faite formant une base très importante pour l'appréciation des progrès réalisés dans la production animale.

M. de Lapparent demande si le gouvernement allemand a pris sur lui de donner une direction très nette à l'élevage des bêtes bovines.

Le prince Schönaich-Carolath répond négativement. Sauf exception, ce sont les sociétés particulières qui se chargent de cette direction.

M. le Dr Lydtin fait remarquer que, dans le duché de Bade, c'est en effet le gouvernement qui prend en main la haute direction de la production bovine, et cela par l'entremise du ministère de l'intérieur. Il en est de même dans la Bavière.

Le gouvernement établit des concours : dans le duché de Bade, il donne 140 000 marks annuellement pour 600000 bovidés; dans la Bavière, 600000 marks. Dans le reste de l'Allemagne, c'est surtout la grande Société d'agriculture allemande qui fait sentir son action sur la production bovine.

M. DE LAPPARENT désire savoir si le Durham pur est élevé en Allemagne.

A cette question, M. le Dr LYDTIN répond qu'on élève le Durham seulement sur quelques points, en particulier dans le sud du Schleswig. Cet élevage va d'ailleurs se restreignant de plus en plus. Après avoir été essayé un peu partout, il s'est cantonné sur les bords de la mer. Quelques éleveurs en font encore, mais seulement pour l'exportation.

M. DE LAPPARENT constate que les choses se passent à peu près de même en France. Depuis vingt ans, le nombre des Durham a passé de 3500 à 3000 en France. C'est dans le Finistère qu'on trouve le groupement de Durham le plus appréciable. Actuellement on exporte chaque année de 125 à 135 reproducteurs de cette race.

M. PÉRIOT, l'éleveur connu de Durham, fait remarquer que l'exportation des reproducteurs de cette race a beaucoup augmenté pour la France dans ces dernières années. Elle ne dépassait pas 15 à 20 bêtes jadis. La vérité est que le nombre des éleveurs de Durham a diminué, mais le nombre des animaux dans leurs étables a augmenté. Le marché de Buenos-Ayres demande par an 1000 à 1200 reproducteurs Durham; la France à elle seule en fournit environ 250. Le croisement Durham est, en fait, le seul qui ait été adopté dans l'Amérique du Sud pour l'amélioration des bovidés.

L'ordre du jour pour la séance du lendemain est fixé de la façon suivante :
Questions concernant l'industrie laitière.
La séance est levée à 6 heures.

Cinquième séance. — Mercredi 4 juillet (soir)

La séance est ouverte à 3 heures sous la présidence de M. SANSON.

Avant d'aborder l'examen des questions relatives à l'industrie laitière, M. SANSON demande à la Section si elle ne juge pas à propos de déférer au désir de M. Nocard qui, absent lors de la discussion de son rapport sur la tuberculose, souhaiterait que ses conclusions, adoptées par la Section, soient portées en assemblée générale.

La Section est d'avis de donner satisfaction à M. Nocard.

Le PRÉSIDENT donne la parole à M. DE LAPPARENT qui développe son rapport sur « l'association en laiterie, ses progrès et ses résultats[1] ».

La discussion est ouverte

M. LEZÉ fait remarquer qu'on possède aujourd'hui des méthodes rapides pour doser la matière grasse du lait, par exemple la méthode de Gerber. Il est donc beaucoup plus rationnel de payer le lait d'après sa teneur en matière grasse que d'après son volume ou son poids.

M. le baron PEERS partage l'avis de M. de Lapparent. Il regarde la coopération comme très favorable au progrès de l'industrie laitière. Mais pour que la coopération donne de bons résultats, il est nécessaire que le lait soit payé suivant sa teneur en matière grasse et suivant sa qualité. M. le baron Peers regarde, en effet, comme tout à fait insuffisante la prise en considération de la teneur du lait en matière grasse pour le paiement du lait. Il faut tenir compte également de sa qualité; seuls les laits sains

---

1. Voir le Tome I des Travaux du Congrès, p. 430.

donnent en effet de bons produits. Or, il a reconnu qu'il existe un moyen très simple de se rendre compte de cette qualité du lait. Il a trouvé, en effet, que la qualité du beurre était toujours en corrélation avec la rapidité de la montée de la crème. Plus la crème monte vite et plus le beurre obtenu est de qualité supérieure. Aussi dans son exploitation on fait subir au lait une double épreuve pour fixer le prix qui sera payé au coopérateur : une première épreuve visant la teneur en matière grasse, et une seconde épreuve concernant la rapidité de l'écrémage. Les résultats obtenus par ces deux épreuves sont combinés de façon à servir à la fixation définitive du prix du lait.

Conformément au vœu exprimé par M. de Lapparent à la suite de l'exposé de son rapport, la Section décide qu'il n'y a pas lieu de substituer l'association à la coopération dans l'industrie laitière.

M. le major ALVORD étant absent et s'étant excusé de ne pouvoir assister à la séance en raison de ses fonctions de membre du jury, M. Mallèvre présente en son nom le rapport que M. Alvord a rédigé sur les « Systèmes d'association employés dans les États-Unis de l'Amérique du Nord pour la coopération des produits de laiterie ». En voici le texte :

« Le système d'association pour la production des produits de laitage suppose être originaire des États-Unis. C'est maintenant une branche très importante du commerce dans ce pays. Le mot « association » est employé au lieu du mot « coopération », parce que c'est un terme qui a plus d'extension et qui comprend le propre sens du mot coopération. L'explication ci-dessous du reste le démontrera clairement. L'élément essentiel pour constituer une pareille association consiste à réunir en un même endroit tout le lait ou toute la crème produits par quelques ou par un grand nombre de fermes, afin d'y être transformés en fromage ou en beurre.

« En Amérique, un établissement qui ne fabrique que du fromage est ordinairement appelé *cheese factory* (fromagerie), et si, au contraire, on n'y fabrique que du beurre, il est appelé *creamery* (fabrique de beurre, ou beurrerie). Tout établissement qui reçoit du lait ou de la crème, ou les deux, qui les utilise d'une manière quelconque, soit en vendant le lait ou la crème dans la ville, soit en les mettant en bouteilles, soit en faisant de la crème à la glace, du beurre ou du fromage, est aussi appelé *creamery*. Si le lait est seulement reçu pour être envoyé au marché, l'établissement est appelé *milk station* (station de lait).

« Il y a plusieurs statistiques authentiques dans différents États qui montrent les essais sporadiques et passagers faits pendant la première moitié du dix-neuvième siècle pour mettre en pratique le système d'association dans les fermes exploitant le lait. Presque toutes fabriquaient du fromage et le plan habituel consistait à recueillir le surperflu, c'est-à-dire à recueillir le lait caillé que les fermes environnantes n'avaient pas pressuré, à le saler et à compléter la fabrication du fromage dans une ferme ou dans un endroit central. Ces méthodes étaient locales et furent de peu de durée. Elles ne furent pas adoptées. Ce n'est qu'au milieu de ce siècle que le système de fabrication du beurre et du fromage fut établi d'une manière ferme.

« Avant cette époque, la fabrication des produits de laitage n'avait été qu'une industrie sans développement, mise seulement en pratique par les fermiers. Ces produits ne furent exploités comme spécialité que dans quelques endroits, mais sans grande extension. Le comté d'Herkimer, dans l'État de New-York, est peut-être le meilleur exemple des premiers districts d'Amérique qui fabriquèrent des produits provenant du lait. La fabrication du fromage dans ce comté commença dans les premières années de ce siècle. Pendant les 25 premières années, les progrès furent lents et le commerce était considéré comme hasardeux par la majorité des fermiers. Ils pensaient que si beaucoup d'entre eux se mettaient à fabriquer du fromage, il en résulterait une trop grande production. Peu à peu il devint évident que les fabricants de fromage prospéraient plus que les fermiers qui ne cultivaient que le grain et faisaient la culture en général. Quelques-uns de ces fabricants de fromage s'enrichirent même. Vers 1830, la fabrication des produits de laitage devint générale dans la partie du comté d'Herkimer située au nord de la rivière Mohawk. Quelques années plus tard, cette industrie se répandit dans la partie Sud de ce comté, s'étendit dans le comté d'Onéida et les comtés adjacents. Le fromage ainsi fabriqué n'était considéré bon pour la vente qu'en automne ou en hiver. Il était fait de lait caillé cuit, fortement pressé en boule, desséché et salé, mis dans des barils ordinaires et vendu au marché de l'endroit, ou dans les villes voisines, au cours moyen de 0 fr. 40 par livre.

« Les opérations comprises dans la fabrication du fromage étaient des plus primitives, même dans la partie qui fut appelée « districts de laiterie », *the Dairying Districts*. On trayait les vaches en plein air, le lait caillé destiné à la fabrication du fromage était travaillé dans des cuves fabriquées par les personnes elles-mêmes et était égoutté, puis pressé dans des pressoirs formés de deux bûches très épaisses et très lourdes. Tout était fait sans méthode et au hasard. Il n'y avait ni ordre, ni système, ni science, dans cette fabrication. La fabrication du fromage s'étendit dans les parties centrales et dans l'ouest de l'État de New-York, ainsi que dans les parties adjacentes des États de Pennsylvanie et de Ohio. La production totale du fromage augmenta rapidement. Vers le milieu du siècle l'approvisionnement excédait les demandes, on commença l'exportation principalement en Angleterre, en quantité variant de 3 à 17 millions de livres par an. Avec l'accroissement des villes et des villages en Amérique, le commerce du lait augmenta et de meilleurs procédés furent introduits. Avant 1850, aucune ville ne recevait son approvisionnement de lait par voie ferrée. Toutes les demandes existantes alors étaient approvisionnées par des laitiers qui habitaient si près des villes qu'ils pouvaient eux-mêmes fournir avec leurs propres voitures le lait aux consommateurs. Presque tous les fermiers américains fabriquaient du beurre ou tout au moins en petite quantité. Ils le fabriquaient pour leur propre usage et pour le commerce local. Dans quelques endroits, il y avait un surplus de production suffisant pour être envoyé aux grands marchés. Les États de New-York et de Vermont furent renommés pour la production du beurre. Telle était la condition générale des laitiers en Amérique, jusqu'au jour où la coopération fut adoptée, reconnue et pratiquée, et où les fabriques de fromage furent réellement établies. Le système d'association a, depuis, révolutionné l'industrie laitière aux États-Unis.

« On attribue l'établissement de la première et réelle fabrique de fromage et qui, depuis, a servi de modèle et d'encouragement aux autres, à Mr Jesse Williams, du Comté d'Oneida (État de New-York). C'était un fabricant adroit et expérimenté ; les produits de sa laiterie étaient si renommés qu'ils étaient très recherchés, quoique le prix fût au-dessus de la moyenne. Ceci l'engagea à augmenter sa production, en ajoutant à la provision de sa propre ferme le lait d'un troupeau de vaches appartenant à un de ses fils, qui habitait dans le voisinage. L'idée suivante fut de prendre le lait des autres fermes voisines et de fabriquer une plus grande quantité de fromage qui fut vendu à un prix élevé, grâce à l'habileté de Mr Williams. Cette idée de réunir journellement le lait de plusieurs fermes environnantes, afin de le transformer en fromage dans un seul endroit par un fabricant intelligent, fut l'origine des fabriques de fromages en Amérique. Mr Williams commença à travailler d'après cette idée en 1851.

« Quoique d'autres eurent la même idée à une époque plus récente, il en fut certainement le créateur à cette époque. Il eut tant de succès au début qu'il fit construire un bâtiment spécial pourvu des meilleurs appareils qu'il put se procurer. Le résultat de cette entreprise et ses profits ne furent pas évidents immédiatement. En 1854, un petit nombre de fabriques furent construites d'après le même plan, mais il fallut au moins dix ans pour attirer l'attention sur ce nouveau système. Alors arriva la période de la guerre civile ; la hausse subite du fromage fut un grand encouragement pour les producteurs. En 1860, la livre valait environ 0 f. 50 ; en 1863, elle valut 0 f. 75 et en 1865 1 f. et plus. L'exportation augmenta aussi : l'exportation annuelle des Etats-Unis, qui était de dix millions de livres en 1850, s'éleva à quinze millions en 1860, environ 50 millions en 1865 et au delà de cent millions de livres dans les dix années suivantes. Le système de fabrication se répandit avec rapidité, quand il fut complétement établi au centre de l'Etat de New-York. Il est facile de suivre l'accroissement dans le tableau ci-dessous. Il indique le nombre de fromageries construites et en activité dans l'état de New-York entre les années 1854 et 1866 :

Année 1854..........	4		Année 1861..........	18
— 1855..........	2		— 1862..........	25
— 1856..........	3		— 1863..........	112
— 1857..........	5		— 1864..........	210
— 1858..........	4		— 1865..........	52
— 1859..........	4		— 1866..........	46
— 1860..........	17		Total en 1866......	500

« On installa bientôt des fabriques de fromage dans les Etats de Pennsylvanie et de l'Ohio et en moins grande quantité dans les autres Etats de l'Est et de l'Ouest. En 1869, il y avait plus de 1000 fabriques dans toute la contrée et, depuis cette époque, le système d'association, qui a une plus grande extension que la coopération, a pratiquement remplacé la fabrication du beurre, dans les fermes.

« Ce système fut bientôt adopté pour la fabrication du beurre. La première fabrique de beurre ou beurrerie fut construite en 1861, dans le Comté d'Orange (Etat de New-York), renommé pendant longtemps comme district produisant du beurre. Cette nouvelle beurrerie reçut journellement le lait de 375 vaches appartenant à 25 fermiers différents. A partir de cette époque, des beurreries furent établies dans différentes parties des Etats-Unis avec presque autant de rapidité que les fromageries, et dans certains Etats avec une rapidité beaucoup plus grande. Dans l'Etat d'Illinois, la première fromagerie fut établie en 1863 et la première beurrerie en 1867. Dans l'Etat d'Iowa, ce fut en 1860 pour la fromagerie, et en 1871 pour la beurrerie. Dans chacun de ces deux Etats il y a maintenant plus de beurreries que de fromageries. Dans les premières années, on fabriquait dans les beurreries le beurre et le fromage. L'achat de fromage fait avec du lait écrémé ou en partie écrémé étant presque nul, fit abandonner ce commerce. A présent, le public et le commerce favorisent le fromage fait avec le lait non écrémé (en langage technique, « *Full cream cheese* », fromage au lait entier), de sorte que les fromageries ne fabriquent plus de beurre et les beurreries ne fabriquent plus de fromage. Il y a quelques fabriques qui, pendant la saison de pâturages, ne fabriquent que du fromage et ne font que du beurre durant les mois de l'hiver.

« Aux Etats-Unis, les statistiques sont faites tous les dix ans ; cette année étant l'année du recensement, nous ne pourrons pas dire combien de fabriques de fromages et de beurre sont en activité dans cette contrée. Plusieurs Etats cependant ont des agences spéciales pour obtenir des statistiques industrielles. Certaines de ces statistiques comprennent des États où ces deux industries sont en grande quantité. Il est par conséquent possible de donner, pour quelques États, leur nombre actuel de beurreries et de fromageries avec une assez grande exactitude.

Beurreries et fromageries dans les États ci-dessous nommés d'après les statistiques mentionnées en 1890.

ÉTATS	BEURRERIES	FROMAGERIES
Vermont	130	70
Massachusetts	75	0
Connecticut	60	1
New-York	400	1,230
Iowa	779	89
Minnesota	600	100
Kansas	160	15
Californie	500	220

« La meilleure statistique qu'on ait pu obtenir montre que le nombre des beurreries en activité aux États-Unis durant l'année 1900 est de 7000 à 8000 et que celui des fromageries est de 3000 à 3500. Cette statistique n'est pas exacte pour les États qui se trouvent à l'Ouest du Missouri. L'établissement de cette industrie est nouveau, le système d'association y est en grande faveur et il est jusqu'à présent impossible de recueillir des statistiques. Le principal objet de ces établissements est de donner aux manufactures la fabrication du beurre et du fromage qui se fait dans les fermes. Cette distinction économique est reconnue par les préposés au recensement qui placent le beurre et le fromage fabriqués dans les fermes au rang des produits agricoles, et le beurre et le fromage fabriqués par les établissements ci-dessus au rang des produits de manufactures.

« Le système américain d'association pour la fabrication du beurre et du fromage constitue un des traits les plus caractéristiques de cette industrie dans ce pays. D'autant plus que cette industrie n'a nullement nui aux fermiers, comme on pourrait le croire. Il est reconnu que les fermiers ne font plus que très peu de fromage. Le dernier recensement fait en 1890 prouve que les fabriques manufacturent 93 pour 100 sur la production totale. Cette proportion a sans doute augmenté et il est probable que 30 000 000 de livres de fromage sont annuellement fabriquées aux États-Unis, et que 96 pour 100 sont le produit des manufactures. Il ne reste donc que 10 000 000 de livres fabriquées par les fermiers, et cette quantité est entièrement consommée par eux-mêmes ou vendue sur place. D'un autre côté, si l'extension du système des fromageries a été rapide, le beurre au contraire est en grande partie encore fabriqué par les fermiers. En 1890, il y avait, pour 100 livres, 85 livres de beurre faites dans les fermes et 15 faites dans les beurreries. Il y a eu depuis ce temps quelques changements ; on pense que les statistiques de 1900 reporteront un total de 1 500 000 000 de livres de beurre en une année, dont un quart ou un tiers est fait dans les beurreries. Bien que sa production soit si minime, le beurre qui vient des fabriques se trouve sur tous les marchés du pays et est considéré comme le meilleur.

« Les premières fromageries et beurreries étaient simplement coopératives, et le système d'association a été en général adopté dans les nouveaux territoires soit pour la production du beurre, soit pour celle du fromage. Les propriétaires de vaches et les laitiers coopèrent dans l'organisation, la construction, la fourniture du matériel, dans l'administration de la fabrique, dans la vente des produits et partagent, d'après une règle établie d'un commun accord. Les fermiers copropriétaires et tous ceux qui fournissent le lait ou la crème sont appelés « patrons ». Quelquefois, les capitaux nécessaires pour commencer le commerce sont répartis entre les patrons par parts égales, quelquefois au prorata du nombre de vaches que les patrons possèdent, et quelquefois d'une manière irrégulière, suivant les conditions de souscriptions faites. Si le commerce prospère, si les dépenses sont couvertes, on confie à un gérant la surveillance de la fabrique, la tenue des livres, la vente et le règlement des comptes. Dans une telle fabrique, les dépenses sont déduites des recettes brutes provenant de la vente, et les bénéfices sont partagés entre les patrons au prorata de la quantité de lait ou de crème fournie par ceux-ci. On a l'habitude de régler mensuellement les comptes avec les patrons, et, comme règle générale les patrons sont payés, ou reçoivent les intérêts, vers le 20 de chaque mois pour la matière première délivrée à la fabrique le mois précédent.

« Un autre système consiste à établir par une Société montée par actions la construction de l'établissement et le matériel nécessaire, cette Société étant composée en grande partie, si ce n'est entièrement, de fermiers (pour la plupart, de patrons). La fabrique reçoit alors le lait ou la crème de laitiers divers. Dans pareil cas, les intérêts de la propriété ou le capital sont répartis en commun, y compris les dépenses courantes. L'administration est la même. Les actionnaires reçoivent un intérêt fixe pour leur placement d'argent, et les dividendes donnés aux patrons dépendent de la quantité de lait ou de crème fournie et du cours auquel les produits de la fabrique sont vendus. Dans certains cas aussi, les fermiers sont propriétaires de la fabrique et au lieu d'employer des ouvriers et de s'occuper de la fabrication, ils confient la fabrique à un homme qui travaille les produits et les vend, et ils lui payent un prix fixe par livre de beurre ou de fromage fabriquée, pour le rémunérer de son travail et de ses dépenses. Les bénéfices nets de la vente sont répartis entre les patrons, comme dans le système de la coopération énoncé ci-dessus. Le système d'être propriétaire de la fabrique existe aussi en grande quantité, la gérance étant la même que dans les autres fabriques. Dans ce système, la coopération est entièrement exclue, quoique les fermiers ou leurs produits puissent être considérés comme associés dans leurs travaux. Le propriétaire, les propriétaires ou les locataires à bail de la fabrique achètent le lait ou la crème des laitiers, à des prix convenus ; ils prennent à leurs risques et périls les dépenses et reçoivent les bénéfices, quels qu'ils soient.

« Tous ces systèmes d'organisation, de propriété et de distribution des produit et bénéfices varient beaucoup et sont modifiés en pratique. Dans certaines parties de la contrée, le système de la coopération est en faveur, dans d'autres, au contraire, il semble que les fermiers ne peuvent pas travailler ensemble, font faillite, et le système d'être propriétaire l'emporte. Par exemple, dans les États de la Nouvelle-Angleterre, les beurreries furent introduites il y a environ 20 ans, d'après le système de la coopération, et presque toutes les 450 beurreries existant dans cette partie sont sous le système de la coopération et prospèrent. Dans le grand État de Minnesota où cette industrie est comparativement nouvelle, le système de la coopération est à peu près universel. Dans les États d'Illinois, Iowa et Wisconsin, le système de coopération était général il y a quelques années, mais maintenant les beurreries appartenant à un seul propriétaire ou à une compagnie sont plus nombreuses. Dans l'État de Iowa, le recensement a montré une tendance à reprendre le système de la coopération.

« Dans la plupart des États qui s'occupent de la fabrication du beurre et du fromage, on a reconnu que l'argent nécessaire pour construire et fournir les appareils d'une beurrerie qui possède de 300 à 500 vaches varie de 7500 à 17000 francs, suivant les conditions locales. Environ la moitié de cet argent est utilisé pour le matériel. Si au lieu d'acheter du terrain et de faire des constructions nouvelles, on loue à bail un bâtiment que l'on adapte pour cette industrie, le capital nécessaire n'excède peut-être pas 9000 ou 10 000 francs. Les stations d'écrémage coûtent en tout de 4 000 à 6000 francs. Les fabriques de fromage d'ordinaire grandeur coûtent de 5000 à 7500 francs; certaines d'entre elles, qui sont plus grandes et mieux aménagées, ont coûté beaucoup plus. Le prix de quelques-unes s'est élevé de 40 000 à 50 000 francs.

« Les beurreries et les fabriques ont aussi différents systèmes de gérance et différents contrats avec leurs patrons. Il y a eu beaucoup d'améliorations faites depuis que le système a été mis en pratique. Les premiers établissements recevaient du lait une ou deux fois par jour. Quand le lait provenait des fermes situées près de la fabrique, il était livré encore chaud. On le conservait alors dans de grandes cuves (pour la fabrication du fromage) ou dans d'immenses cuves placées dans un endroit très frais jusqu'au moment où on l'écrémait. Il fallait un assez grand espace et des récipients très coûteux étaient nécessaires. Ensuite, pour fabriquer le beurre, on plaçait le lait dans des récipients cylindriques très profonds et ces récipients étaient placés dans des bassins ou réservoirs à eau courante fraîche. En conséquence, on établissait les beurreries près de sources d'eau fraîche. Plus tard, au lieu de séparer la crème du lait au moyen d'un repos prolongé ou par le système de densité, on introduisit la méthode mécanique. On utilisa la force centrifuge, il y a 20 ans environ, et ce procédé s'est depuis généralisé non seulement pour les fabriques elles-mêmes, mais encore dans les fermes particulières. En y comprenant les fermiers qui séparent la crème du lait, il y a environ 40 000 de ces machines en activité aux États-Unis. L'écrémeuse centrifuge est une des deux inventions du siècle, qui a contribué plus que toutes les autres à l'avancement de l'industrie laitière. Un autre changement dans le système de la fabrication du beurre fut inauguré environ en 1875. C'était de permettre aux laitiers de conserver le lait jusqu'à ce que la crème soit formée. Des agents spéciaux des beurreries allaient avec des attelages appropriés, dans lesquels se trouvaient des récipients, de ferme en ferme, mesurer la crème quand elle était encore sur le lait. Ils écrémaient alors le lait eux-mêmes et transportaient la crème ainsi recueillie à la fabrique. Cette méthode est encore en usage dans certains districts renommés pour la fabrication du beurre et est très appréciée. De cette manière, le travail et les dépenses nécessaires pour transporter le lait à longues distances sont évités et le lait écrémé reste dans les fermes, frais et en bonne condition. De plus, à la fabrique, la manipulation d'une grande quantité de lait est aussi évitée en n'ayant que la crème à conserver à la place, et les ustensiles nécessaires sont de beaucoup réduits.

« Les premières fromageries et beurreries payaient le lait à la capacité et avaient un même prix. Toutes les quantités de lait en volume étaient considérées égales en rendement. La première amélioration fut d'acheter le lait au poids, mais encore à un même prix. On reçoit maintenant dans toutes les fromageries et beurreries le lait au poids et tous les comptes sont rendus quant au poids. Les fabriques qui recueillaient la crème ont pendant longtemps considéré des quantités égales de crème d'une valeur égale, et cette règle est encore en pratique jusqu'à un certain point. Mais depuis l'invention connue sous le nom de « Essai Babcock », qui donne d'une manière exacte, d'après une analyse, la quantité de matières grasses contenues dans le lait (à la condition que ce soit un opérateur expérimenté qui fasse cet essai), cette méthode pour analyser le lait et la crème a été généralement adoptée dans le commerce pour fixer la quantité des matières grasses contenues soit dans le lait, soit dans la crème. On reconnaît que la quantité de matières grasses contenues dans le lait sert à en fixer la valeur commerciale, quel que soit l'usage auquel il est destiné. La valeur du lait pour fabriquer le beurre est en rapport, du reste, avec la quantité de matières grasses qu'il contient. Ceci est aussi exact avec tous les fromages faits de lait non écrémé.

« Ce fait n'est pas si connu, mais il est démontré pratiquement dans le Palais de l'Agriculture à l'Exposition, section des États-Unis, par le procédé du chimiste Babcock, professeur à l'école de laiterie, située dans l'État de Wisconsin.

« Tout le lait vendu aux consommateurs est évalué selon sa richesse, ce qui veut dire, selon la proportion de matières grasses qu'il contient; en conséquence, la vente du lait aux propriétaires de fromageries est basée aujourd'hui sur la quantité de matières grasses qu'il contient. D'après ceci, quand le fermier ou le patron veut vendre son lait ou sa crème au marché ou à une fabrique quelconque, on en prélève un échantillon que l'on analyse d'après le procédé Babcock. On établit la quantité de matières grasses contenues dans le lait, et le laitier est payé d'après la richesse exacte de son lait, la teneur en matières grasses étant comparée avec tout l'autre lait ou toute l'autre crème vendus dans ce même marché. L'analyse des matières grasses peut se faire de beaucoup de manières différentes et est une grande économie pour les beurreries. Le lait reçu est essayé afin d'en déterminer les produits que l'on peut en retirer. On peut faire un essai de la crème pour savoir combien de beurre elle produira. Le fabricant de beurre essaie le lait écrémé afin que la séparation, faite au moyen du séparateur centrifuge, soit bien faite, et pour éviter la perte de matières grasses. On essaie le babeurre d'une manière semblable afin d'éviter la perte des matières grasses au barattage. De plus, le fermier essaie le lait de ses différentes vaches, afin d'en connaître la teneur exacte pour la fabrication des différents produits de laitage. En Amérique, il est très commun maintenant, quand on vend une vache, de fixer le prix de la vente d'après la quantité de lait produite (mesurée en poids) et d'après la teneur en matières grasses du lait qu'elle donne. Comme conséquence de ces faits, brièvement et imparfaitement exposés, on peut dire d'une manière sûre que cette méthode d'essayer les matières grasses contenues dans le lait (méthode donnée au public par le Dr Babcock, sans patente et sans prérogative), a beaucoup plus contribué au développement, aux soins et à l'économie dans la fabrication des produits de laitage que n'importe quelle autre découverte ou invention de ce siècle. C'est le résultat incontestable des recherches faites au sujet des produits de lait aux stations agronomiques des États-Unis. Si des explications sont nécessaires, on a exposé dans le but, dans la section réservée aux aliments des États-Unis à l'Exposition, les différents instruments employés pour faire l'essai du lait par la méthode Babcock. Le prix de ces instruments varie de 25 à 250 francs, suivant leur grandeur, la matière première et la main-d'œuvre.

« Quand on commença à établir les premières fabriques de beurre et de fromage aux États-Unis, on se contentait de 200 vaches pour l'approvisionnement du lait, et les patrons devaient demeurer à deux ou trois kilomètres, ou six à huit kilomètres au plus. On reconnut que de plus grandes fabriques seraient plus économiques et plusieurs immenses fabriques furent récemment mises en activité, chacune d'elles recevant tous les jours le lait de 1000 vaches. On se procure maintenant, pour soutenir la fabrique, le lait ou la crème à une distance deux fois plus grande qu'auparavant, et cela est souvent réalisé par la coopération de plusieurs fermiers demeurant le long

d'une même route. Les patrons refroidissent complètement le lait avant qu'il ne quitte
la ferme. Le système, pour écrémer le lait au moyen d'écrémeuse a été beaucoup
amélioré par les établissements appelés : « Stations d'écrémage ». -

« Les fermiers portent leur lait à la station la plus proche qui possède un ou deux
séparateurs. A cette station, la crème est séparée et le fermier remporte le lait écrémé
chez lui. La fabrique reçoit la crème de ses différentes stations, soit au moyen de voitures ou du chemin de fer. La crème est alors transformée en beurre à l'établissement
central. Beaucoup de fermiers possèdent une écrémeuse à la main, afin de pouvoir
séparer la crème du lait chez eux, et n'envoient alors à la fabrique que la crème. Dans
les fabriques de crème les plus récentes, la matière première est recueillie sur une
surface de plusieurs kilomètres carrés et transportée à de longues distances à la
fabrique principale par voie ferrée. Une fabrique semblable recevra le lait ou la crème
à sa fabrique centrale ou dans des succursales et stations; chaque envoi sera pesé,
examiné, essayé, et payé d'après sa richesse et sa quantité. Aucune de ces grandes
fabriques n'est simplement coopérative. Il en existe une dans l'État de Wisconsin
qui a 450 fermiers différents comme patrons, et fabrique 3000 livres de beurre par
jour. Mais les fermiers sont souvent actionnaires des compagnies qui possèdent les
grandes fabriques. Ces fabriques représentent la dernière forme du système d'association des produits de laitage en Amérique. Une fabrique de ce genre, dans l'État de
Vermont, s'étend sur l'emplacement occupé auparavant par 25 fabriques coopératives
différentes; elle possède environ 60 succursales ou stations pour écrémer ou séparer
la crème, la plupart d'entre elles situées à proximité d'une ligne de chemin de fer,
et la crème obtenue à ces différentes places est transportée par voie ferrée à la fabrique
centrale. A cette fabrique, on reçoit la crème d'environ 40 000 vaches, et la production
journalière est de 10 à 12 000 kilos de beurre. Une fabrique de cette importance emploie un chimiste expérimenté, qui est aussi bactériologiste, et toutes les manipula-
tions sont faites avec le plus grand soin, d'après les données modernes s'appliquant
à la laiterie, et en évitant tout gaspillage et toute perte.

« On s'est occupé beaucoup, dans ces dernières années, à chercher à utiliser les résidus provenant des beurreries (lait écrémé, lait de beurre et petit-lait). On conseille
aux fermiers de conserver les résidus et de les donner aux animaux domestiques
comme nourriture ou, autrement dit, de les employer le plus possible. Mais beaucoup
de fermiers préfèrent vendre ces résidus s'ils peuvent en obtenir un prix raisonnable.

Les fabriques ont ajouté à la fabrication du beurre et du fromage celle de l'albumine contenue dans le lait écrémé, de la caséine sèche employée pour la nourriture
de l'homme et dans les arts, du sucre de lait tiré du petit lait. Des beurreries et manufactures semblables à celles qui ont été décrites et qui exploitent plusieurs produits
se trouvent maintenant dans plusieurs parties des États-Unis.

L'État de Iowa, une des régions nouvelles pour cette industrie, est maintenant l'État
des États-Unis qui possède la plus grande quantité de vaches laitières et qui produit
la plus grande quantité de beurre annuellement. L'attention du public s'est portée
sur cet État, parce qu'il a obtenu à l'Exposition de Philadelphie, en 1876, la plus
haute récompense; et ceci, cinq années seulement après l'établissement de la première beurrerie dans cet État.

Cette industrie a pris une si grande importance et s'est tellement étendue qu'un
fonctionnaire public, avec le titre de « State Dairy Commissioner », a été créé.

Dans le dernier rapport annuel de cet officier public pour l'année 1899, nous avons

ouisé quèlques renseignements permettant de montrer la condition, le caractère spécial des fabriques associées de produits de laitage, portant le nom de beurreries.

L'État d'Iowa a une superficie de 56 025 milles carrés anglais et une population de
2 250 000 habitants.

Le chiffre total des vaches laitières dans cet État est de 1 300 000, plus 2 200 000
autres bestiaux.

Le chiffre total des vaches fournissant le lait aux beurreries, etc., est de 625 512.

Ces vaches sont réparties entre 90 364 patrons.

Le chiffre total des beurreries dans cet État est de 779; celui des stations d'écrémage est de 188, et celui des fromageries de 69.

Le prix moyen ou le capital engagé est, par beurrerie, de 15 725 francs (variant de
6250 francs à 50 000 francs).

Le prix moyen d'une station d'écrémage est de 7,455 fr.

Patrons, par beurrerie	116
Vaches employées par beurrerie	804
Nombre de beurreries propriétaires	445
Nombre de beurreries coopératives	301
Nombre de beurreries montées par actions	102
Beurreries se servant du séparateur	708
Beurreries recevant la crème recueillie dans différents endroits	71
Nombre de fermes où l'on sépare le lait chez eux	1,762
Beurreries payant le lait d'après la teneur en matières grasses	689
Chiffre total de beurre provenant des beurreries (en livres)	88,000,000
Chiffre approximatif de beurre provenant des fermes (en livres)	72,000,000
Production annuelle et totale du beurre dans cet État, (en livres)	160,000,000
Chiffre total de beurre expédié hors de l'État, (en livres)	91,683,000
Production moyenne de beurre par mille carré anglais, (en livres)	2,857
Chiffre total de beurre expédié par mille carré anglais, (en livres)	1,375
Chiffre total de fromage fait dans les 69 fromageries (en livres)	2,392,895
Prix total du fromage fabriqué dans les 69 fromageries, (en francs)	1,750,000
Pourcentage de fromage expédié hors de l'État	11
Nombre de comtés dans l'État	99
Nombre de comtés ayant des beurreries	97
Nombre de comtés ayant des fermes avec des écrémeuses	55
Valeur totale des fromageries et beurreries (en francs)	14,250,000
Valeur du beurre fabriqué dans les beurreries, à fr. 90 par livre (en francs)	79,000,000
Pourcentage des envois au marché de New-York au prix moyen de 1 fr. 07 la livre	67
Salaire annuel des fabricants de beurre (en francs)	263 85
Production annuelle de beurre par beurrerie (en livres	110,000
Coût moyen d'une livre de beurre fait à la beurrerie (en francs)	0 10
Production annuelle moyenne de beurre par vache dans l'État (en livres)	140

M. RAEDER, délégué des Comices agricoles du Danemark, présente les observations suivantes sur l'exploitation des vaches laitières dans ce pays.

« Les *Associations de Contrôle en Danemark* s'occupent de la comptabilité des vaches laitières. En Danemark on s'est depuis longtemps occupé du *traitement* du lait; mille laiteries coopératives en sont la preuve et le résultat; mais pendant tout ce temps-là on n'a fait qu'effleurer la question de la production du lait.

« Il s'agit d'examiner la question suivante : Combien nous coûte la production du lait constituant la matière première de la fabrication du beurre ?

« Pour avoir le mot de cette énigme il faut connaître :

« I. — La quantité annuelle de lait donnée par chaque vache. Dans ce but, on fait des traites d'épreuve. Dans les grandes fermes on les a faites depuis longtemps; les paysans ne les font pas. L'assistant des Associations de contrôle fait ces traites toutes les trois semaines; au bout de l'année on connaît la quantité de lait donnée par chaque vache contrôlée.

« Le contenu du lait en matière grasse variant beaucoup (chiffre moyen 3,5 pour 100), la valeur du lait en ce qui concerne *la production du beurre* varie également. Il faut donc connaître :

« II. — *La qualité du lait.* Il y a des vaches à lait *gras*; il y en a d'autres à lait *maigre.* Exemple : les vaches A et B (d'une même ferme, ayant le même âge, également nourries) ont donné par année (chiffre moyen de 3 années) :

A. 7,858 livres de lait,   B. 4,514 livres de lait.
(Livres danoises à 500 grammes.)

« A est préférable à B, non seulement parce qu'elle a donné 3 344 livres de plus que B, mais surtout parce que son lait était si gras qu'on n'avait besoin que de 25,3 livres de lait pour faire une livre de beurre, tandis qu'on avait besoin de 30 livres de lait de la vache B pour faire 1 livre de beurre.

« Autre exemple : les vaches C et D.

C   5 ans. 7,100 livres de lait, contenant 4.26 pour 100 de matière grasse.
D 12 ans. 7,478   —   2.93   —

« Ces vaches paraîtraient de la même valeur à cause des quantités de lait presque égales; pourtant la vache C a produit 100 livres de beurre de plus que D.

« Dans le lait de chaque vache, il faut donc examiner la teneur en matière grasse. Ceci est fait par l'assistant de l'Association de contrôle; en se servant de l'instrument de Gerber, il peut examiner environ 100 échantillons de lait par jour.

« Il est bien évident que la qualité du lait prend sa source dans *l'individu*, puisqu'il est prouvé, par des essais répétés, que des vaches nourries tout à fait également donnent du lait d'une qualité bien différente. La puissance de donner du lait gras est héréditaire, on la retrouve dans la progéniture; aussi en Danemark on parle de « vaches à beurre », « taureaux à beurre », « races à beurre », qui sont très recherchés et souvent payés un prix maximum (on paye jusqu'à 1500 couronnes pour un taureau à beurre).

« Pour avoir la comptabilité exacte des vaches et de la laiterie d'une ferme, il n'est pourtant pas suffisant de connaître la quantité et la qualité du lait de chaque vache laitière; il faut encore faire :

« III. — *Le compte de la nourriture*. Beaucoup de vaches, au lieu d'un profit, donnent une perte annuelle. Le songe du Pharaon d'Égypte dans le temps du patriarche Joseph se répète donc de nos jours, nous voyons des vaches maigres dévorant des vaches grasses. L'Association de contrôle du village Vejen, en Danemark, nous fournit des exemples de pertes énormes, et il faut bien remarquer que les vaches de cette contrée comptent parmi les meilleures du Danemark. L'Association contrôlait pendant la première année 11 fermes à vaches laitières. En prenant la vache la plus « maigre » de chaque ferme, nous avons pour ces 11 fermes le résultat suivant :

La plus mauvaise, perte annuelle	117 kil. 82
La meilleure	4 kil. 45
Chiffre moyen	56 kil. 60

« Pour faire la comptabilité, il faut transformer en *unités* la nourriture et le produit.

« Une *unité de nourriture* comprend : 1 livre de céréales, 1 livre de tourteau de colza, 10 livres de betteraves ou d'herbage, 2 livres 1|2 de foin, 4 livres de paille. Une journée de paturage correspond à 10 à 14 unités (selon l'abondance).

« Une *unité de produit* — 1 livre de beurre, la quantité du lait écrémé provenant de 100 livres de lait frais. On y additionne la plus-value de la vache et du veau.

« On pourra voir alors combien d'unités de nourriture il a fallu employer pour une unité de produit.

UNITÉS DE NOURRITURE POUR UNE UNITÉ DE PRODUIT
CHIFFRES MOYENS

	LA MEILLEURE VACHE DE CHAQUE FERME	LA PLUS MAUVAISE VACHE DE CHAQUE FERME	MOYENNE POUR LA TOTALITÉ DES VACHES
1895-96	11.7	22.8	14.9
1896-97	11.4	17.8	14.1
1897-98	11.8	17.7	14.1

« On voit très clairement qu'on a fait des progrès, quant aux vaches mauvaises (qu'on a vendues et remplacées par des meilleures) ; on voit aussi qu'on a un peu exagéré la nourriture dans la dernière année. Actuellement 180 Associations de contrôle sont subventionnées par l'État (175 couronnes par Association) ; quant aux frais, on peut les évaluer à 1 couronne 50 par tête de vache. »

M. Sanson félicite M. Raeder pour son intéressante communication et félicite aussi le Danemark au sujet des grands progrès que ce pays a réalisés dans tout le domaine de l'industrie laitière.

M. Lezé présente son rapport sur « l'Utilisation des résidus de la laiterie; dangers éventuels touchant la santé des animaux, moyens d'y parer[1] ».

M. James Long (*Angleterre*) lit, sur ce sujet, la communication suivante :

« A propos de l'utilisation du lait écrémé, je demande la permission de présenter des observations recueillies en Angleterre. Tout le monde est d'accord pour reconnaître que la caséine du lait, comme toutes les matières albuminoïdes d'ailleurs, et le sucre sont utiles dans l'alimentation; mais il n'existait pas encore d'expériences relatives à l'action de la matière grasse. La matière grasse du lait, qui est *différente* de la

---

1. Voir le Tome 1 des Travaux du Congrès, p. 434.

graisse et des huiles, est-elle plus nutritive que ces dernières? Peut-on la remplacer sans *inconvénient grave* par une autre de ces graisses communes?

« La matière grasse seule ne suffit pas pour entretenir la vie; il faut l'additionner d'autres substances azotées et sucrées. A la ferme de l'École de Leeds depuis treize mois, 14 veaux ont été achetés et mis en expérience après avoir reçu du lait pendant quinze jours.

« Les animaux de mêmes *type*, *âge* et *poids*, ont été divisés en deux lots : l'un soumis au lait pur, l'autre recevant moitié lait pur et moitié lait écrémé au centrifuge. Mais à ce dernier on ajoutait de l'huile de foie de morue.

« Le lait écrémé fut substitué au lait complet peu après, puis les veaux reçurent 140 grammes d'huile par tête et par jour. Après, on leur donna à manger du tourteau de lin, du son et du foin haché, quand le régime du lait fut abandonné.

« En ce moment les veaux nourris avec le lait pur pèsent un peu plus que ceux de l'autre lot; mais, quand j'ai examiné les jeunes animaux au mois de juin, j'ai trouvé qu'en moyenne il n'y a qu'un kilo de différence par tête, tous étant bien nourris et devant être envoyés au boucher à Noël prochain.

« En ce moment, comme les bœufs et les moutons importés d'Amérique et des colonies anglaises nous arrivent jeunes et bien engraissés, il est nécessaire que nous fassions un engraissement rapide; il ne faut *jamais* laisser dépérir l'animal et perdre les avantages du premier allaitement.

« Or, il faut remarquer que, si l'on cesse l'allaitement par économie, on peut avantageusement employer l'allaitement artificiel, le lait étant remonté par des graisses à prix assez bas.

« Le lait pur coûte à Leeds à peu près 1 fr. 25 par tête et par jour, le lait écrémé et l'huile 40 centimes.

« J'ai beaucoup de plaisir à appuyer les recommandations de M. Lezé. »

M. Gouin demandant quelle quantité d'huile M. Long ajoute par litre de lait, M. Long indique 30 grammes par litre, ce qui fait au total 140 grammes d'huile par tête et par jour. Il ajoute que d'ailleurs la quantité d'huile n'augmente pas quand la quantité de lait consommé va croissant avec l'âge.

Les questions touchant l'industrie laitière étant épuisées, le Président demande si quelqu'un désire la parole.

M. Behmer expose à nouveau son mode d'appréciation des objets présentés dans les Concours. (Voir les *Documents annexes*, page 240).

Personne ne demandant la parole sur la communication de M. Behmer, la séance est levée à 5 heures et demie, après fixation de l'ordre du jour suivant pour la séance prochaine :

Questions intéressant la production chevaline.

Sixième séance. — Vendredi 6 juillet (soir).

La séance est ouverte à 3 heures, sous la présidence de M. Louis Passy.

M. Lavalard présente son rapport concernant « l'influence sur la production chevaline des moyens mécaniques de locomotion[1] ».

M. le Président déclare ouverte la discussion sur le rapport de M. Lavalard.

M. le marquis de Barbentane demande à M. Lavalard s'il ne croit pas opportun d'indiquer

---

1: Voir le Tome I des Travaux du Congrès, p. 473.

d'une façon plus précise sa conclusion, c'est-à-dire d'affirmer ce principe qu'il faut s'attacher à ne pas produire de chevaux médiocres.

M. Lavalard est d'accord sur ce point avec M. de Barbentane et le vœu suivant, rédigé de concert par M. Lavalard et M. de Barbentane, est adopté à l'unanimité, à la suite du rapport de M. Lavalard :

« Les effets probables de la locomotion mécanique devant être non pas de restreindre l'utilisation des chevaux de luxe (selle ou carrossiers) et de gros trait, mais seulement l'emploi des chevaux de moindre qualité et de peu de valeur, il est à souhaiter que les éleveurs s'attachent de plus en plus à sélectionner les reproducteurs et à ne produire que des chevaux d'un ordre relativement élevé et d'une utilisation définie. »

M. le Président donne la parole à M. de Barbentane pour son rapport intitulé : « Rôle de l'État et de l'industrie privée en matière de production chevaline[1]. »

M. de Barbentane résume son rapport, et la discussion commence.

M. Sanson ne croit pas qu'il soit nécessaire de revenir sur la proposition qui a trait à la formation des syndicats pour constituer les livres généalogiques. M. de Barbentane a développé ce point, mais la question a déjà été résolue par le vote de l'Assemblée générale, à la suite du rapport de M. Marcel Vacher sur les syndicats d'élevage.

M. de Barbentane propose, dès lors, de retirer l'article 5 de ses conclusions.

M. Behmer considère la seule inscription des ascendants au Stud-Book comme insuffisante. Il est nécessaire d'appliquer toujours une méthode d'étude des caractères individuels et physiologiques de l'animal considéré. M. Behmer a établi un système dont il donne le fonctionnement dans un opuscule facile à consulter.

M. Louis Passy propose d'examiner une à une les conclusions de M. de Barbentane et de les mettre aux voix successivement.

Vient d'abord la première conclusion sur l'action directe de l'État.

M. Lavalard est d'avis que l'État doit encourager la production chevaline dans une certaine mesure seulement. Le général Fleury avait coutume de dire que l'administration des haras devait encourager la production, et céder la place à l'industrie privée dès que cette dernière prenait une importance suffisante. Si on n'entre pas dans cette voie, la production chevaline ne se développe pas, parce que l'État fait alors concurrence à l'industrie privée. Il trouve donc la première conclusion trop exclusive.

M. de Lapparent et quelques autres membres font observer que comme l'on discute dans un Congrès international, il est nécessaire d'élargir suffisamment la question pour qu'elle s'applique à tous les pays. La proposition de M. de Barbentane, telle qu'elle est rédigée, vise trop spécialement la production chevaline en France.

M. Lavalard, dans son observation précédente, déclare avoir visé aussi bien les administrations des haras à l'étranger qu'en France.

M. Fraters propose de modifier, de la façon suivante, la première conclusion de M. de Barbentane :

« L'action directe de l'État doit, dans l'intérêt de l'élevage et du pays, se manifester d'une façon ininterrompue par des encouragements de toutes sortes accordés à l'industrie chevaline. » De cette façon chaque pays pourra choisir les moyens qui lui conviennent le mieux.

M. de Barbentane maintient sa première conclusion dans son texte primitif.

-----

1. Voir le Tome I des Travaux du Congrès, page 463.

On passe au vote. La proposition de M. Fraters est adoptée. Le texte primitif de M. de Barbentane est repoussé.

On examine les articles qui suivent. Étant donné le vote sur la première proposition, M. de Barbentane, lui-même, demande la suppression de sa deuxième conclusion.

On passe à la troisième conclusion.

M. DE CLERCQ proteste contre l'expression de races de demi-sang employée dans le texte de M. de Barbentane.

M. LAVALARD, estimant qu'il ne faut pas limiter la troisième conclusion aux chevaux de demi-sang, propose de modifier le texte de M. de Barbentane de la façon suivante :

« L'État doit, dans une plus large proportion, venir en aide à l'industrie privée et encourager la création de sociétés pour la production chevaline. »

La modification de M. Lavalard est adoptée.

M. DE BARBENTANE retire ses quatrième et cinquième conclusions. Reste la sixième conclusion qui est votée à l'unanimité.

Au nom de M. le comte DE JUIGNÉ, absent, M. de Barbentane résume le rapport rédigé par M. de Juigné et concernant « les encouragements à l'industrie chevaline[1] »

On demande si M. de Juigné a présenté des conclusions précises.

La conclusion, dit M. de Barbentane, est la suivante : ce qu'il faut à l'éleveur, c'est que la remonte, qui représente son plus fort débouché, achète un peu plus cher les chevaux. »

« Les travaux de la Section IV étant terminés, M. PASSY lève la séance à 5 heures 1/4 après avoir reçu les félicitations du prince de Schönaich-Carolath qui, au nom des étrangers, le remercie de la façon courtoise dont il a présidé les travaux.

---

1. Voir le Tome 1 des Travaux du Congrès, page 485.

DOCUMENTS ANNEXES

LES VENTES PUBLIQUES DE LAINES A BUDAPEST

Par M. le docteur Eug. DE RODICZKY

Écuyer-tranchant de Sa Majesté I. R. Ap., directeur d'Institut agricole (Hongrie).

Dans ces derniers temps, le marché des laines de Budapest avait commencé à perdre également son importance. Les ventes publiques, organisées en 1894 (sur le modèle de celles de Berlin, mais considérablement étendues), donnèrent fort heureusement un nouvel essor à ce commerce, et l'on put voir revenir à Budapest des négociants qui, durant des dizaines d'années, n'avaient pas reparu sur le marché de cette ville. La bonne réputation et la valeur de la laine hongroise commençaient donc à remonter dans l'estime des commerçants : et ceci parce que nous n'avions pas oublié que l'acheteur étranger, qui dispose des grands marchés de Londres, d'Anvers, etc., ne viendra chez nous, ne sera notre client assidu que s'il peut y acquérir une excellente marchandise à un prix relativement plus bas qu'ailleurs, ou bien encore, s'il y trouve des qualités qui constituent, pour ainsi dire, des spécialités de ce marché.

Les ventes publiques de laine ont pour but non seulement de pouvoir se passer du service des intermédiaires, toujours onéreux, de rapprocher le producteur et le consommateur, de favoriser la formation normale des prix, mais encore de fournir au producteur et au fabricant l'occasion d'y faire leur apprentissage, de connaître leurs désirs réciproquement et de se rendre compte, *de visu*, étant données les conjonctures actuelles, des procédés à suivre et des erreurs à éviter.

C'est la « limite » consciencieuse qui donne la vraie base à l'institution de nos ventes aux enchères. Il est à désirer que producteur et consommateur s'accordent sur la fixation de la valeur, d'autant plus que, souvent, ce n'est pas seulement le producteur, mais le fabricant aussi qui se voient obligés de fixer très approximativement la valeur d'une laine et, par suite, un certain prix donné pour un certain temps. Elle est infiniment plus facile, la situation de cet acheteur qui, achetant de la laine d'Australie, par exemple, sur le marché de Londres, ne le fait qu'après s'être rendu compte de la conformité en gros, de même que du rendement de la marchandise acquise.

Voilà pourquoi les ventes publiques de Budapest reçurent une organisation digne d'elles ; selon cette organisation, toute marchandise adressée à l'entreprise est d'abord examinée à l'Institut royal hongrois d'appréciation et de conditionnement de la laine, lequel remet les données officielles à la commission d'estimation, tandis que les intéressés peuvent prendre connaissance des résultats. Les attributions de cet Institut sont les suivantes :

A) L'Institut est un organe consultatif du Ministre royal hongrois de l'agriculture, pour toutes les questions concernant la production et la vente des laines.

En cette qualité, il prend part, si le Ministre le désire, aux délibérations sur les tendances d'élevage à suivre dans le pays ; il coopère à la classification des bêtes ovines dans les pépinières de l'État et des particuliers, et a pour tâche de répandre chez les éleveurs les connaissances professionnelles.

B) Il participe à la taxation des laines vendues aux enchères publiques à Budapest, en ce qu'il effectue toutes les opérations scientifiques requises pour établir la valeur des laines et en communique les résultats à la commission *ad hoc*.

C) Il donne des avis professionnels et impartiaux aux agriculteurs aussi bien qu'aux commerçants, sur la valeur et sur l'utilisation de leurs produits et de leurs marchandises. A cet effet, il se charge d'examiner les toisons entières, les parties de toisons et les échantillons de laine. Il fait cet examen dans différentes directions, à savoir :

a) L'examen des toisons entières : pour leur classement, la détermination du poids absolu et proportionnel de leurs différentes parties ; il opère le lavage et la dessiccation des toisons, afin d'établir la perte qu'elles subissent en suint, les saletés et le degré hygrométrique, pour la détermination du rendement et de la valeur marchande de la toison entière ;

b) L'examen des parties de toisons : pour donner des indications sur les différentes parties, leur utilisation, humidité et rendement ;

c) L'examen des laines en suint : pour la détermination du rendement au moyen d'extractions ou de lavages d'essai, afin d'établir leur qualité après le lavage industriel ;

d) Il apprécie les divers échantillons (brins) de laine au point de vue histologique ;

e) Il donne des conseils et des avis aux éleveurs, dans toutes les questions professionnelles ;

f) Un employé spécial de l'Institut enseigne aux producteurs les meilleures façons d'assortir et d'emballer les laines.

D) Dans les expositions de bêtes d'élevage, l'Institut dirige les tontes faites à titre d'essai et se charge des toisons en vue des recherches et des examens à faire.

E) Dans les contestations entre producteurs et acheteurs, il peut en être appelé à l'expertise de l'Institut.

F) L'Institut a encore la tâche de contribuer à la propagation des connaissances scientifiques sur les laines, en se livrant à toutes les enquêtes et recherches voulues comme aussi de donner à ses travaux une portée pratique. A cet effet, il publie des comptes rendus périodiques sur son fonctionnement.

Dans les cas mentionnés sous *D* et *E*, l'intervention de l'Institut n'est autorisée qu'avec le consentement préalable du Ministre de l'agriculture.

La première série des ventes fut inaugurée le 12 juillet 1894, avec un lot de 5691 balles de laine ; dans le courant du mois de septembre de la même année 5593 balles furent mises en vente.

Mais dès la première vente de juillet 1895, l'on y vit déjà figurer 9664 balles, et en septembre de la même année 8354 balles ; en juillet 1896, la vente fut commencée avec 13259 balles et le mois de septembre réunit 10376 balles.

Avec une aussi considérable quantité de marchandises, étant donné que le nombre des acheteurs, durant les premières années, ne put être augmenté que graduellement t, d'autre part, vu la stagnation des affaires d'alors, il restait toujours de la vente de juillet une partie plus ou moins grande qui dut être renvoyée aux ventes d'automne.

La lourdeur du trafic, résultant de la stagnation générale des affaires sur les laines en 1897, nécessita l'organisation d'une troisième vente, de sorte qu'en dehors de celles de juillet (où figuraient 12 592 balles) et de septembre (11 764 balles), il y eut encore cette année une troisième vente de 7145 balles.

Pourtant l'année suivante déjà accuse une amélioration. En effet, sur les 14 056 balles mises en vente aux enchères de juillet 1898 et sur les 10 183 balles, offertes en septembre de la même année, soit un total de 26 200 balles, 400 seulement restèrent invendues et passèrent au catalogue de la vente de juillet 1899. Sur 18 992 balles mises en vente à cette dernière date, 16 000 ont été écoulées et 6156 sont restées pour le mois de septembre.

Dans la série de la vente de juillet 1900, un lot de 17 444 balles, c'est-à-dire 15 610·5 q., fut mis en vente ; plus de 1000 balles restèrent non cataloguées pour être arrivées trop tard.

Voici quelques parties du règlement de l'entreprise des ventes publiques dont, jusqu'à 1906, la maison M. Heller et Cie est concessionnaire comme précédemment, sans droit exclusif.

I. *Conditions générales.* — L'entreprise est tenue d'organiser au moins deux ventes publiques par an ; sur l'invitation du Ministère de l'agriculture elle doit en tenir même plusieurs, s'il y a lieu.

L'entreprise des ventes publiques de laines est placée sous la haute autorité du Ministère du commerce qui, de concert avec celui de l'agriculture, en exerce le contrôle.

Le commissaire délégué par le Ministère de l'agriculture contrôle le fonctionnement de la commission d'estimation et veille à ce qu'aucune vente ne soit, sauf consentement du propriétaire, effectuée au-dessous du prix minimum fixé par la commission. Il veille, en outre, à ce que la commission d'estimation base ses jugements sur les examens de l'Institut de conditionnement.

La commission d'estimation, qui n'a pas des intérêts communs avec l'entreprise, examine les laines envoyées, établit si oui ou non elles peuvent être admises aux ventes et, dans le cas affirmatif, fixe la valeur de la marchandise. Cette commission se compose de deux membres ordinaires et un suppléant, délégués par la Société nationale hongroise d'agriculture, ainsi que d'un commerçant et d'un fabricant délégués par l'entreprise elle-même. La commission fonctionne sous la surveillance du commissaire délégué par le Département de l'agriculture et ses membres sont liés par le secret professionnel.

L'entreprise des ventes publiques de laines donne aux producteurs un acompte de 80 pour 100 de la valeur que la commission d'estimation a arrêtée pour les marchandises emmagasinées ; le taux payable pour cette avance est de 1 pour 100 supérieur à celui de la Banque Austro-Hongroise.

Sur la demande du producteur et conformément aux mêmes conditions, l'entreprise fait une avance aussi sur la base de sa propre estimation et à dater du jour d'envoi de la laine.

Les cas litigieux entre les négociants qui envoient la laine, d'une part, et l'entreprise des ventes publiques, d'autre part, sont jugés par le tribunal d'arbitrage élu de la Bourse de Budapest ; quant aux contestations qui peuvent s'élever entre l'entreprise d'une part, et le producteur expéditeur, d'autre part, celui-ci peut en appeler à la

Société nationale hongroise d'agriculture, qui prend les mesures nécessaires pour la constitution d'un tribunal de compromis.

Ce tribunal de compromis est composé de quatre membres, dont deux sont délégués par la Société nationale hongroise d'agriculture, tandis que les deux autres sont désignés par l'entreprise. Le tribunal est présidé par le directeur de la Société nationale hongroise d'agriculture ; en cas de partage de voix, celle du président forme la majorité.

Ne peuvent faire partie du tribunal de compromis, que les personnes absolument désintéressées dans l'affaire soumise à leur jugement.

II. Parmi les conditions de commission, il y a lieu de mentionner ce qui suit :

Peut envoyer de la laine pour être vendue aux enchères, tout individu qui se soumet en tous points aux dispositions ci-après, et qui les reconnaît légalement par l'apposition de sa signature.

La laine destinée à être vendue aux enchères doit être manipulée comme suit :

a) La laine doit être tondue et emballée à l'état sec ; les toisons humides, s'il est impossible de les sécher, doivent être emballées à part, et déclarées comme telles sur le bordereau de souche, afin que, en arrivant au magasin, elles puissent immédiatement continuer à être traitées conformément à leur état. Il faut procéder de la même manière en ce qui concerne les toisons lavées à dos, non réussies ou en suint. Les toisons, débarrassées des déchets, ordures, détritus et autres impuretés, doivent être enroulées une par une, puis placées dans les sacs sans être liées.

La laine d'agneau, les peaux ou la laine croisée doivent également être emballées à part, de même que la laine du ventre et des pieds (déchets) débarrassée de toute ordure.

b) Tout sac doit être muni de la marque de son expéditeur, d'un numéro d'ordre, et clairement indiquer la qualité de la laine qu'il renferme, ainsi que le nom du domaine de provenance.

Toutes ces données doivent, autant que possible, figurer vers le milieu du sac. A la place des noms de l'expéditeur et du domaine, l'on peut faire figurer aussi le numéro communiqué par l'entreprise des ventes à l'expéditeur, numéro de la déclaration.

Le numéro d'ordre du sac doit être marqué au-dessus de la couture, sur le devant et près de l'orifice du sac ; dans le coin de droite (près de la patte du sac), la qualité doit être portée avec les abréviations suivantes :

a = brebis ; $\dot{u}$ = mouton ; k = bélier ; ap = antenais ; h = agneau ; hl = ventre et pied ; fh = déchets blancs ; sh = déchets jaunes ; t = antenais ; b = peau ; x = laine croisée.

Ces inscriptions doivent être faites, à l'encre, lisiblement et, autant que possible, avec le marquoir.

c) Ces désignations, de même que le poids du sac vide (tare), qui doit être établi avant l'emballage, sont également portées sur le bordereau expédié à l'entreprise lors de l'envoi de la laine. L'expéditeur prend, vis-à-vis de l'entreprise, la responsabilité sur l'exactitude de toutes ces données. Le poids brut de la laine emballée doit, au moment de l'expédition, être également consigné.

La laine doit être en magasin, à Budapest, au moins quatorze jours avant le terme fixé par l'entreprise pour la vente publique. Le catalogue des prix est arrêté le susdit jour, afin d'être revu.

L'époque de la vente doit être publiée au moins six semaines à l'avance.

L'entreprise est tenue d'aviser l'expéditeur, au moins trois jours avant la vente, les prix arrêtés par la commission d'estimation. Cet avis doit être envoyé au lieu de production de la laine à moins que l'expéditeur n'ait indiqué une autre adresse.

Si, vingt-quatre heures avant la vente publique, le propriétaire n'a pas décidé autrement et envoyé à l'entreprise une déclaration par écrit dans le même délai, le prix estimatif de la commission sert de prix minimum à la laine mise en vente.

Aucune taxe de dépôt, de transport aux magasins ou de pesage, n'est perçue pour toute laine adressée aux entrepôts de ventes publiques (gare de marchandises, sur les quais du Danube, des chemins de fer royaux hongrois) et vendue jusqu'au 30 septembre.

L'entreprise de ventes publiques perçoit les taxes suivantes :

a) A titre de prime : un demi pour 100 de la valeur brute obtenue pour la laine mise en vente ;

b) Commission : 1 et demi pour 100, y compris les taxes de courtage.

Les comptes concernant la laine vendue sont réglés au plus tard huit jours après la remise de la marchandise ; ce jour-là, déduction faite des taxes et avances, le montant de la vente est en tout cas à la disposition de l'expéditeur à la caisse de l'entreprise.

Si la laine n'a pu être vendue au prix minimum fixé par l'expéditeur, celui-ci peut la faire enlever des magasins, mais il est tenu de payer le demi pour 100 de prime et 1 pour 100 de commission.

Toutefois, si l'expéditeur désire que sa laine soit vendue en commission, — ce que l'entreprise est tenue d'accepter, — les taxes de vente sont payables à titre de commission.

Si, enfin, l'expéditeur désire que sa laine non adjugée soit vendue à la prochaine vente, la taxe de vente doit être de nouveau payée, mais non pas la taxe de courtage qui ne doit être perçue qu'une fois.

Si un lot n'est pas mis en vente par suite du prix demandé par le propriétaire, cette circonstance doit être portée à la connaissance de ceux qui assistent à la vente.

Si, après en avoir fait la déclaration, l'expéditeur n'envoie pas sa laine à l'entreprise des ventes dans le délai fixé, il est tenu de payer 1 pour 100 de la valeur estimative de la marchandise.

III. Les conditions de la vente aux enchères sont les suivantes : les laines sont adjugées, d'après les prix catalogués, au plus offrant.

Les offres de prix doivent être faites à haute et intelligible voix, en valeur autrichienne, avec un surpoids de 2 pour 100 par poids net de 100 kilogrammes pris dans les magasins de l'entreprise.

Au cours de la vente, seules les offres au-dessus de 2 couronnes (2.1 francs) par 100 kilogrammes sont prises en considération.

Peuvent prendre part à la vente seulement les maisons représentées sur la place de Budapest, ou celles qui peuvent établir leur solvabilité en en appelant à des raisons commerciales respectables.

Le poids des sacs vides (tares) fixé par le producteur avant l'emballage de la laine est, lors du règlement des comptes, défalqué (poids net) du surpoids. Le sac revient gratuitement à l'acheteur.

L'entreprise, après l'avoir pesée, livre la laine et établit le compte sur la base du poids obtenu. L'acheteur est tenu de payer, à titre de taxe de pesage, 20 fillers (21 centimes) par 100 kilogrammes de laine achetée.

L'acheteur n'a pas d'autres frais à payer.

L'acheteur est tenu de prendre livraison des lots achetés au plus tard dix jours après la vente et de les faire enlever à ses propres frais.

A partir du moment où la laine a été achetée, elle reste dans les magasins aux risques et périls de l'acheteur; toutefois, la taxe d'assurance contre l'incendie incombe au vendeur jusqu'au jour fixé pour la prise en livraison.

Les lots achetés ne sont remis que contre payement au comptant et sans aucun escompte.

Sur le désir de l'entreprise, l'acheteur est tenu de déposer, sans intérêt, soit durant la vente, soit après, 20 pour 100 de la valeur des lots achetés. Cette retenue est déduite du compte de la vente lors de la prise en livraison de la laine.

La laine mise en vente peut être vue de 7 heures du matin à 5 heures du soir durant les trois jours qui précèdent la vente et jusqu'à midi le jour même de la vente, dans les magasins indiqués par le catalogue et contre présentation d'un permis qui est délivré par l'entreprise de ventes publiques.

La laine est mise en vente avec tous les « appendices » désignés dans le catalogue, tels que : déchets, peau, laine d'agneau, ou toute autre espèce de laine et avec tous ses défauts. L'acheteur est tenu de prendre livraison de la marchandise comme l'ayant vue et trouvée bonne.

Les réclamations pour tare erronée doivent être faites au plus tard six mois après avoir pris livraison de la marchandise et d'une façon digne de foi. Dans ce cas, le montant de l'indemnité est fixé sur la base du prix d'achat.

Afin de voir la marchandise, l'acheteur est autorisé à ouvrir les sacs lorsqu'il en prend livraison, mais il lui est interdit d'en retirer un échantillon avant le pesage. L'acheteur est tenu de faire recoudre à ses propres frais tous les sacs qu'il aura fait ouvrir.

Le tableau ci-après indique le mouvement des ventes publiques des laines à Budapest, de 1894 à 1899 :

		MIS EN VENTE		ENSEMBLE	
		SACS	QUINTAUX MÉTRIQUES	SACS	QUINTAUX MÉTRIQUES
1894	juillet. . . .	5,691	4,555	11,284	8,469
	septembre. .	5,595	3,916		
1895	juillet. . . .	9,664	7,731	18,018	14,190
	septembre. .	8,354	6,459		
1896	juillet. . . .	13,259	11,591	23,615	20,481
	septembre. .	10,376	8,898		
1897	juillet. . . .	12,592	10,073	31,501	25,225
	septembre. .	11,764	9,411		
	novembre. .	7,145	5,739		
1898	juillet. . . .	16,056	12,484	26,239	20,090
	septembre. .	10,183	8,146		
1899	juin-juillet. .	18,953	16,090	25,230	21,018
	septembre. .	6,156	4,928		
	Total.			135,896	110,371

Le tableau ci-après fait connaître les prix auxquels a été vendue la laine mérinos hongroise, pendant la période qui précéda les ventes publiques (à partir de 1855) sur le marché de Budapest.

ÉPOQUE	LAINE MÉRINOS PAR 100 KILOGRAMMES			
	EXTRA-FINE	TRÈS FINE	FINE	INTERMÉDIAIRE
	fr.	fr.	fr.	fr.
1855-1842.	515.03	387.93	283.69	215.84
1843-1852.	484.79	392.81	312.00	224.47
1853-1861.	661.88	358.75	477.18	422.44
1863-1872.	592.55	487.50	414.75	344.99
1886-1891.	556.12	462.00	577.62	292.49
1892-1894.	523.11	395.15	384.30	294.00

D'où il résulte que, durant les périodes antérieures, les plus hauts prix furent atteints après 1860; toutefois, le tableau ci-après prouve que ces prix furent encore dépassés par ceux de l'an 1899.

QUALITÉ	PRIX DE LA LAINE EN FRANCS ET PAR 100 KILOGRAMMES EN 1899					
	JANVIER		JUILLET		SEPTEMBRE	
Mérinos extra fin, lavé à dos.	525.00	à 640.50	546.00	à 693.00	567.00	à 724.50
Mérinos fin, lavé à dos.	420.00	514.50	452.00	546.00	472.50	556.50
Fine et intermédiaire, lavé à dos. . .	283.50	357.00	294.00	462.00	336.00	472.50
Fin à peigne et lavé à dos.	273.00	504.50	515.00	367.50	336.00	451.50
Moyen, à peigne et lavé à dos	231.00	268.80	273.00	336.00	294.00	378.00
Commun, lavé à dos, en partie entaché!	199.50	222.60	271.00	273.00	241.50	294.00
Sans chardon, lavé à dos, de Bacska . .	197.40	205.80	199.50	205.80	199.50	220.50
Chardonneux, lavé à dos, de Bacska . .	168.00	189.00	178.50	189.00	189.00	199.50
Sablonneux des environs de Pest, lavé à dos	147.00	168.00	168.00	199.50	210.00	262.50
Agneau mérinos, lavé à dos.	»	»	»	»	588.00	798.00
Agneau moyen, lavé à dos.	»	»	»	»	315.00	451.50
Agneau moyen, à peigne, lavé à dos . .	»	»	»	»	210.00	546.00
Mérinos laine à carde en suint.	»	»	105.00	199.50	105.00	180.60
Laine à peigne en suint.	»	»	105.00	170.10	105.00	159.60

Le tableau ci-après montre les augmentations de prix obtenues aux ventes, en ce qui concerne les types de certains troupeaux :

DOMAINE	PROPRIÉTAIRE	QUALITÉ	PRIX EN FRANCS PAR 100 KILOGRAMMES						AUGMENT. EN 0/0
			1894	1895	1896	1897	1898	1899	
Debrö.. . .	Cte Michel Károlyi	De drap lavé à dos.	505	522	654	652	669	694	37
Csurgó. . .	Cte Joseph Károlyi. . . .	— —	431	410	526	570	591	638	48
Vrásló.. .	Cte Jean-N. Zichy	— —	421	431	471	547	551	600	42
N. Károly. .	Cte Étienne Károlyi. . .	— —	225	257	261	252	328	454	102
Gyulamezô .	» »	— —	265	276	311	320	541	450	70
Belsö-Ohát, .	Émile Fried	À peigne	225	225	217	229	236	514	40
Karuly. . .	Hérit. du Cte J. Károlyi. .	— —	200	227	246	242	242	301	50
N. Loók.. .	Cte Jean-N. Zichy. . . .	De drap en suint. .	»	93	114	112	135	147	59
N. Hantos. .	» »	— —	»	95	116	112	124	147	55
Csákvár. . .	Cte Ma. Nic. Esterházy .	A 2 mains en suint	»	»	99	105	120	149	51
Zsembolya..	Cte André Csekonics . . .	A peigne en suint.	»	126	130	120	124	170	35
Mezöhegyes.	Haras roy. hong. de l'Etat	— —	»	103	107	109	118	158	53
Janova. . .	Cte Étienne Károlyi. . . .	— —	»	109	122	107	126	149	37
Kisbér . . .	Haras roy. hong. de l'Etat	A 2 mains en suint	»	86	97	95	101	141	64
Bábolna.. . .	» »	— —	»	93	99	90	95	137	48

L'exportation de la laine hongroise accuse une tendance d'accroissement jusque vers 1865; ainsi, de 1861 à 1865, en une moyenne de cinq ans, le montant représenté par la valeur de la laine est de 76 418 000 couronnes (80 395 557 francs), pour 164 500 quintaux métriques, tandis qu'en 1869, par suite de la baisse des prix, ce montant est réduit à 56 898 252 couronnes (59 859 786 francs), pour 172 338 quintaux métriques.

Le tableau ci-après nous montre comment les valeurs ont continué de baisser :

MOYENNE DE CINQ ANS	QUINTAUX	VALEUR
1869-1873..	146,575	59,459,440 francs
1884-1888..	117,345	31,852,926 —
1889-1893..	107,809	27,884,076 —
1894-1898.	79,548	

Cette décroissance dans l'exportation doit être attribuée, en partie, à la réduction de l'effectif des troupeaux, en partie, à l'essor pris par l'industrie textile nationale, et, enfin, à la concurrence faite par les marchands d'outre-mer, bien qu'aucun pays ne produise actuellement de la laine extra-fine et fine qui puisse être comparée à celle du mérinos hongrois. De 1850 à 1870, la moitié de ces deux qualités s'achemina vers la France, et le représentant d'une seule maison d'Elbeuf en acheta, à cette époque, 840 000 kilogrammes. Aujourd'hui, l'exportation en France ne représente plus que le quart de l'ancienne, tandis que nous avons acquis la clientèle de l'Allemagne et de l'Autriche (Brünn, Reichenberg).

En 1899, ces deux pays ont consommé environ 224 000 kilogrammes de laine fine de mérinos hongrois lavée à dos. Il est compréhensible que des qualités d'une finesse supérieure jouissent aussi de prix de faveur, mais la laine hongroise possède encore une autre qualité qui mériterait de mieux attirer l'attention du public consommateur de l'étranger : c'est sa grande sécheresse que les expériences faites en 1899 par l'Institut de conditionnement de la laine ont suffisamment établie :

QUALITÉ	HUMIDITÉ POUR CENT		
	MAXIMUM	MINIMUM	MOYENNE
Mérinos en suint..........	6.91	15.40	12.22
Mérinos lavés à dos........	8.92	12.02	10.38
Mérinos lavés à fond........	8.83	14.25	11.43

Il en résulte que parmi les laines livrées au trafic à Budapest, pas une seule n'accusa une humidité rapprochant de la limite admise.

Il est vrai que, par-ci par-là, l'on trouve encore quelques troupeaux du type Negretti dont la laine contient beaucoup de graisse lourde, d'où un rendement insuffisant ; mais ceci n'autorise pas à dire que c'est là un mal général, assertion complètement fausse, et propre à induire en erreur le public acheteur. A ce propos, voici un nouveau tableau relatif à des lavages d'essais et à des dégraissages pratiqués, en 1899 et 1900, par l'Institut de conditionnement des laines :

QUALITÉS	RENDEMENT EN COMPTANT SUR L'HUMIDITÉ EFFECTIVE DE LA LAINE			RENDEMENT EN COMPTANT 17 POUR 100 D'HUMIDITÉ		
	MINIMUM	MAXIMUM	MOYENNE	MINIMUM	MAXIMUM	MOYENNE
En 1899						
Mérinos en suint....	19.51	37.23	24.82	20.45	37.58	26.56
Mérinos lavés à dos....	59.88	85.87	72.98	55.92	90.36	75.24
En 1900						
Mérinos en suint....	16.70	26.45	22.68	17.87	27.21	23.67
Mérinos lavés à dos..	55.54	87.52	75.99	59.15	92.15	80.57

Dès que toutes ces circonstances seront plus amplement connues, les plus grands frais de transport ne retiendront pas les acheteurs de venir, comme par le passé, faire en Hongrie leurs provisions de laine fine, et, à ce point de vue, les ventes publiques de Budapest fournissent la meilleure occasion possible.

SUR LA MENSURATION DU BÉTAIL EN ALLEMAGNE

Par M. le Dʳ A. LYDTIN

Vétérinaire supérieur à Baden-Baden.

Messieurs, je dois supposer que vous avez lu le rapport de M. le sénateur Mir[1], de sorte qu'il ne me reste que quelques notes à ajouter.

Si votre honorable rapporteur a parlé de la méthode de mensuration du Dʳ Lydtin, il a laissé entrevoir qu'il existe encore d'autres méthodes que la sienne pour mesurer les corps de nos animaux domestiques et ses différentes régions.

Les zoologistes ont pris, depuis Buffon, l'habitude d'indiquer la taille, la longueur, la largeur, le périmètre des animaux de différentes espèces afin de marquer leurs signes communs et distinctifs, qui les unissent ou les séparent.

Les anatomistes de la nouvelle école suivent cet exemple en soumettant le squelette et ses parties isolées à des mensurations.

De plus, il est connu de tous ceux qui s'occupent de l'industrie bovine, que la mensuration de certaines dimensions et périmètres du tronc du bœuf est employée pour déceler le poids vif de l'animal, et certains auteurs et praticiens prétendent que l'une ou l'autre des méthodes préconisées donne des résultats si non précis, du moins approximatifs.

La mensuration dont je me suis occupé et que j'ai propagée surtout dans mon pays, poursuit un autre but que la détermination du poids d'un animal de boucherie, et encore moins de son rendement en lait. Elle s'approche davantage du but que les zoologistes et les anatomistes ont en vue. Son application se borne principalement aux animaux reproducteurs et à leurs descendants. J'emploie la mensuration, et avant moi d'autres l'ont fait également, comme moyen de sélection zootechnique. Mais ce serait une grande erreur de croire qu'à l'aide de la mensuration seule l'on arriverait à bien choisir l'animal approprié à la reproduction.

La mensuration n'est qu'un des moyens d'investigation, elle n'est pas l'unique, elle n'est ni plus ni moins qu'une amélioration, une réforme de la méthode de sélection employée partout et en tout temps. En effet, la toise, le compas, le ruban métrique ne donneront pas *a priori* de renseignements sur la qualité principale du reproducteur, c'est-à-dire sur son origine et notamment sur la descendance de parents de grand rendement.

Ces instruments ne nous informent pas non plus où le font à peine, sur la constitution de l'animal, sur son tempérament, sur la finesse de ses tissus, sur la robe, sur les qualités de la peau et du poil, sur la conformation et la structure du pis, sur la démarche de l'animal, sur sa santé et sur son aspect général.

Pour juger de ces états et qualités, nous nous servons de l'inspection oculaire et du toucher manuel, et nous nous en servirons aussi longtemps que nous manquerons de moyens investigateurs plus appropriés.

---

1. Voir le Tome 1 des Travaux du Congrès, page 425.

Par contre, nous pouvons, je ne veux pas dire « remplacer », mais soutenir et aiguiser l'inspection oculaire par les instruments de mensuration dans la constatation de la taille de l'animal, dans la critique de la structure grossière de son corps, notamment des dimensions du tronc, de la tête et des membres, dans le jugement des proportions qui doivent exister entre les différentes parties du corps et dans la critique de l'harmonie de l'ensemble.

Dans toutes ces directions, de quoi jugeons-nous définitivement? Évidemment des lignes, des contours et de la figure des différentes régions qui se présentent à notre vue, et du corps entier de l'animal. Or des lignes, des figures et des corps cubiques, sphériques ou cylindriques se mesurent plus exactement par les instruments de mensuration que par l'œil.

Personne ne voudra contester qu'il y a des connaisseurs qui estiment un animal à la vue et au toucher au juste. Ils ont l'œil pour apercevoir et pour peser les avantages et les défauts de conformation, de finesse, d'harmonie ou d'équilibre de l'animal. Ils possèdent la mémoire et le discernement nécessaires pour bien classer l'animal d'après sa race, sa famille, son but. Mais l'œil est trompeur. *Errare humanum est.* Il est, par exemple, très difficile de se rendre exactement compte de la direction de la ligne du dos, surtout de la différence des niveaux du garrot et de la pointe de la croupe; il est plus difficile encore de juger au juste des diamètres du thorax et du bassin, et il n'est presque pas possible de distinguer par l'inspection oculaire lequel de deux animaux ayant à peu près la même conformation, aura la plus grande profondeur de la poitrine ou le périmètre thoracique le plus développé.

Étant donnés les grands avantages d'une ligne de dos correcte, d'une grande capacité des cavités thoracique et pelvienne, ne vaudra-t-il pas la peine, en présence du prix toujours croissant des animaux reproducteurs, de contrôler par la toise, le compas et le ruban métrique, le résultat de l'inspection oculaire, de déterminer les mesures exactes et avec cela la valeur réelle de l'animal?

Il y a encore une autre considération à prendre. Elle est d'une importance capitale.

Comment désignons-nous actuellement la taille et les dimensions du corps de nos animaux domestiques?

Ouvrons les traités d'extérieur, et nous trouverons des descriptions telles que : taille grande, moyenne ou petite, tête légère ou forte, chanfrein long ou court, encolure grêle ou épaisse, poitrine ample ou étroite, côte ronde ou plate, sangle profonde ou serrée, tronc près de terre ou haut sur jambe, etc. Ce sont des désignations vagues, élastiques, même incompréhensibles quand le traité vous apprend que le dos, par exemple, ne doit être ni trop long, ni trop court.

De nos jours où les animaux ne sont plus un mal nécessaire de l'agriculture, mais bien des machines précieuses dont le travail et le rendement en lait et en viande forment une des sources principales du revenu de l'exploitation, il est temps d'étendre et d'approfondir un peu plus nos connaissances sur la construction et la conformation de nos animaux et par cela même, après comparaison avec le rendement, sur leur valeur économique.

Quelle est la signification de « court », de « long », de « large », « d'étroit », de « profond », de « serré »? Exactement nous n'en savons rien. Mais nous pourrions donner cette signification, si nous mesurions un grand nombre d'animaux arrivés juste à l'âge adulte, appartenant à la même race et ayant le même but, c'est-à-dire la même vocation, chaque sexe à part. A-t-on choisi les animaux distingués sous le rapport de leur origine et de leur rendement, en second lieu de leur conformation, l'on obtiendra, en mesurant ces animaux d'après la méthode indiquée par M. Mir, des chiffres qui, quand ils se rencontrent le plus souvent chez les animaux mesurés, donnent la moyenne, par exemple, de la longueur de la tête, de la largeur du front, de la profondeur de la poitrine, du degré de la voussure des côtes, de la grandeur du périmètre thoracique, des dimensions du bassin, etc. Ces chiffres forment échelle et indiquent le développement le plus bas et le développement le plus haut de la partie examinée. C'est ainsi que l'on trouvera qu'une tête est courte quand elle mesure 37 pour 100 de la hauteur du garrot de l'animal, que sa longueur est moyenne à 40 pour 100 environ et que la tête est longue à 42 pour 100; que le diamètre transversal du thorax se meut entre 35 pour 100 et 45 pour 100 de la taille prise au garrot, qu'il en est de même pour le diamètre correspondant du bassin, que la profondeur de la sangle oscille entre 49 et 65 pour 100, que la longueur du tronc dépasse la taille au garrot de 18 à 30 pour 100, enfin que les bêtes d'une haute culture et d'un rendement excellent possèdent un périmètre thoracique dépassant la taille de 30 à 40 pour 100.

Ces quelques exemples suffirout pour vous prouver qu'il est possible de remplacer les termes vagues de court, de long, de large, de grand et de petit par des chiffres d'une échelle étroite et fixe.

Cette échelle forme le point de départ, la base, de l'élevage. Sans elle pas de progrès assuré, pas de réussite facile à contrôler; sans elle l'on marche dans l'obscurité; sans elle pas de sélection méthodiquement possible.

Le professeur Werner, de l'École supérieure d'agriculture de Berlin, dit dans son traité classique sur l'élevage des bovins :

« La mensuration nous facilite la description des races, ainsi que la sélection des animaux reproducteurs. Elle place l'élevage sur une base qui est d'autant plus solide qu'elle est scientifique. »

Guidés par ces considérations, un grand nombre de syndicats d'éleveurs d'Allemagne et de la Suisse ont adopté la méthode de mensuration pour la sélection des animaux de herd-book, et plusieurs herd-books publient annuellement les mesures relevées sur les animaux inscrits, consignant ainsi leur taille et leur conformation.

Il s'entend de soi-même que le résultat des mensurations diffère d'après les races et les familles examinées. Car celles-ci se distinguent entre elles, en dehors d'autres signes, par la taille et la conformation particulière du corps entier ou seulement de certaines parties telles que la tête, les cornes, l'encolure, la croupe, l'attache de la queue, le développement du pis et l'ossature des membres.

Il en découle qu'il faut une norme pour chaque race importante, norme non inventée ou construite artificiellement, mais donnée par la nature et prise avec soin sur les reproducteurs les plus estimés des éleveurs mêmes.

Aussi la grande Société allemande d'agriculture, représentée ici par des membres éminents de sa direction, réformant par ses mesures l'élevage en Allemagne, vient de dépenser plus de 40 000 francs pour établir un relevé exact de tous les centres d'élevage allemand, des conditions naturelles, administratives et de législation, ayant influence sur la production bovine, et des différentes races y cultivées.

La description de ces dernières est basée sur le résultat de l'inspection des animaux en lieu et en place, combinée avec la mensuration et le pesage minutieux des meilleurs reproducteurs des deux sexes et de leurs descendants à l'âge d'un, de deux et de trois ans. La description a passé, en outre, par la critique du comité directeur des syndicats et forme, sanctionnée par ceux-ci, une image fidèle de l'état actuel de notre élevage.

Cette enquête minutieuse va être reprise tous les cinq ans.

C'est ainsi que l'Allemagne, qui fait un recensement annuel des bovins, connaît non seulement le nombre de ces derniers, mais aussi leurs qualités, leur taille, poids inclus. En révélant et en signalant non seulement les vertus, mais aussi les défauts et les vices des différents élevages, les marquant par des chiffres de mensuration bien contrôlés, la voie est largement ouverte à des progrès futurs.

C'est avec le plus vif plaisir que j'ai appris dans une des dernières séances de la Société nationale d'agriculture de France, que M. le Ministre de l'agriculture a mis des fonds à la disposition de nos honorables secrétaires, MM. Vacher et Mallèvre, afin d'entreprendre une œuvre pareille pour la France. Ces messieurs ont profité de la dernière exposition bovine de Vincennes pour commencer ce travail pénible, difficile et fort dispendieux, peu rémunérateur pour ces messieurs, mais fécond pour l'élevage français. Je félicite ces messieurs en leur souhaitant un succès parfait, mais avant tout une riche subvention de la part du gouvernement.

Vous comprenez sans doute, Messieurs, que la mensuration, employée pour le contrôle du *statu quo* de l'élevage d'un pays et pour l'approbation d'animaux reproducteurs, rendra aussi service dans les concours de bêtes bovines destinées à la reproduction. La mensuration trouve dans ces cas une application obligatoire dans le Grand-Duché de Bade, le premier pays qui a fait ce progrès, et dans le Wurtemberg, ainsi que dans différentes parties de la Suisse. Elle est facultative dans d'autres pays allemands et dans les concours ouverts annuellement par la Société allemande d'agriculture qui fait en outre mesurer et photographier tous les animaux couronnés d'un premier prix.

Voulez-vous que je vous dise encore que la toise est un sûr vérificateur de la croissance des jeunes animaux, qu'elle instruit l'éleveur sur le mode de l'accroissement successif, qu'elle révèle certains processus importants dans l'ossature, signalés d'abord par l'éminent maître Sanson, qu'elle contrôle de concert avec la bascule l'utilisation des aliments donnés à l'animal croissant.

Les instruments de mensuration décèlent à l'éleveur en temps utile, c'est-à-dire à leur naissance, souvent cachés à l'œil, les vices de conformation, qui se présentent à la suite d'une sélection inhabile ou d'un milieu défavorable.

Ces instruments facilitent l'élimination des animaux vicieux à temps et avant l'infection complète du troupeau, cette dernière entraînant toujours des pertes souvent irréparables.

En dernier lieu, et ce n'est pas le moindre des services que rend la mensuration, elle prête un appui solide à la tendance de conserver et d'augmenter la taille et les dimensions du corps des animaux reproducteurs. Rendre l'organisme de nos bovins plus vigoureux et partant plus résistant, en lui donnant des cavités plus espacées et plus propices au développement et au fonctionnement libre des organes essentiels de la vie, c'est, d'après mon avis, une des premières mesures à prendre pour la protection de nos cheptels contre les maladies infectieuses de la nature de la tuberculose.

Messieurs, il y a plusieurs méthodes de mensuration poursuivant le même but que la mienne. Je citerai celles de l'éminent Kræmer, professeur à Zurich ; de Bieler, de Lausanne ; de Kaltenegger en Autriche, de Norner et d'autres. Elles diffèrent peu de celle que votre excellent rapporteur, M. le sénateur Mir, vous a décrite. Il y a de petites différences quant aux instruments, aux points de repère et au nombre des mensurations. Une seule est particulièrement à relever. C'est que M. Kræmer a conservé, pour rendre comparables les chiffres trouvés, la longueur du tronc comme dénominateur auquel les autres mesures se réduisent.

Il serait, dans l'intérêt scientifique, désirable de faire disparaître ces petites divergences et de n'employer qu'une seule méthode qui donnerait des chiffres partout intelligibles.

Mais, en attendant, il sera d'une grande utilité que les éleveurs praticiens fassent connaissance des instruments de mensuration et de leur application selon l'une des méthodes préconisées. Toutes obligent l'éleveur à s'occuper sérieusement et de plus près de ses reproducteurs et de ses élèves, ce qui impliquera un progrès véritable. Plus on prend connaissance de ses outils et de ses produits, mieux on est informé. On sait si l'on avance ou si l'on rétrograde.

Un savant anglais a dit : « Mesurer, c'est savoir. »

Il ne me reste plus qu'à remercier M. le sénateur Mir de m'avoir donné, par son rapport sur la mensuration, l'occasion favorable de vous entretenir sur ce sujet.

UN NOUVEAU MODE D'APPRÉCIATION DES OBJETS PRÉSENTÉS AUX CONCOURS

D'après le système du directeur-éleveur, M. Rud. BEHMER, de Berlin

Pour apprécier la valeur relative des objets de concours, les jurés ont l'habitude d'exprimer leur degré de perfection par un nombre, pris à une échelle d'appréciation et qui s'applique à l'ensemble de l'objet examiné, dont il représente la valeur.

Dans la plupart des cas, on a choisi partout comme base, pour simplifier les choses, une échelle très courte, dont les degrés sont peu nombreux, de sorte que les nombres qui représentent la valeur finale des divers objets concurrents n'ont entre eux que des différences très faibles.

Dans l'examen des bêtes de concours, par exemple, leurs valeurs très diverses sont exprimées par les nombres compris entre 10 et 20, soit 10 nombres seulement pour représenter toute une série de valeurs différentes.

Cette façon d'opérer peut suffire, quand il s'agit d'examiner des objets primitifs et à peine perfectionnés; elle devient rapidement insuffisante avec le progrès qui tend à créer des objets aussi rapprochés que possible de la perfection, et par suite très voisins les uns des autres.

Pour continuer notre exemple, les animaux des races peu perfectionnées sont faciles à juger, parce qu'on y rencontre une forte proportion de bêtes imparfaites, défectueuses, à rejeter du concours, et qu'il ne reste, en définitive, qu'un petit nombre d'individus supérieurs à comparer entre eux. Quand il s'agira d'une race soumise depuis longtemps à une sélection méthodique, il sera bien plus difficile dans un concours, d'établir des supériorités, parce que tous les individus qui ont déjà subi un examen scrupuleux sont très perfectionnés et qu'on leur demande, en outre, de satisfaire à bien des exigences inconnues de leurs ascendants, au début de la sélection.

Dans l'examen d'objets aussi perfectionnés que le sont ceux des concours, il est donc nécessaire d'employer une échelle plus sensible et un autre mode d'appréciation, tenant plus compte des divers éléments constituants des objets examinés et se prêtant mieux à l'appréciation de différences très petites. A cet effet, Rud. Behmer, de Berlin, a imaginé depuis longtemps de faire porter l'appréciation sur un plus grand nombre de points et de déterminer, pour chacun de ces points, le degré de perfectionnement de l'objet à juger, à l'aide d'une échelle plus sensible que l'échelle française.

La valeur d'un objet, quelle qu'en soit la nature, est déterminée par *trois facteurs essentiels* qui sont : 1° son volume, ou sa masse A ; 2° sa qualité B; et 3° sa forme C.

A et C sont faciles à juger, tandis que l'appréciation de la qualité demande un examen attentif et une connaissance approfondie de la matière.

En dehors de ces *trois facteurs essentiels*, il y a lieu de considérer si l'objet à juger se prête bien à l'usage auquel on le destine et si ses qualités peuvent se reproduire dans d'autres objets de même nature, et enfin si son usage laisse un profit suffisant.

En appliquant ces notions aux objets agricoles et spécialement aux reproducteurs du monde organisé : animaux et végétaux, on arrive à reconnaître l'existence de trois autres *grands facteurs*, qui s'ajoutent aux précédents, pour déterminer la valeur de l'objet examiné.

Ces trois *grands facteurs*, qu'on peut appeler *individuels et générateurs*, sont les suivants :

A^2, le naturel de l'individu, déterminé par la vigueur de sa constitution, qui lui permet de se maintenir en bonne santé et de transmettre ses propriétés à ses descendants.

B^2, le *profit de l'usage*, qui résulte d'abord des services directs rendus par l'individu et ensuite de la facilité de son entretien.

C^2, *les garanties de la bonne et fidèle reproduction de l'individu*, données d'abord par une harmonie parfaite de ses qualités (car la réunion dans le même individu de certaines qualités contradictoires trouble la constance de la reproduction) et ensuite par l'énergie du fonctionnement de l'organisme, qui se reconnaît à la vigueur de son être. Voici le schéma de ce mode d'appréciation :

L'individu à juger se divise en

3 facteurs essentiels ou physiologiques	A_1 Volume ou masse (Ma)	B_1 Qualité (Qua)	C_1 Forme (Fo)
et 3 autres grands facteurs individuels et générateurs de la plus haute importance pour la sélection.	A^2 Naturel (Na)	B^2 Profit (Pro)	C^2 Type de reproduction (Ty)

Les valeurs de ces facteurs, exprimées suivant une échelle que nous allons expliquer, donnent les trois nombres noyaux :

$$\frac{A_1 \mid A_2}{2}, \quad \frac{B_1 \mid B_2}{2} \quad \text{et} \quad \frac{C_1 \mid C_2}{2}$$

dont le développement fournit la valeur finale et réelle de l'individu examiné.

L'échelle de Behmer est très analogue à l'échelle française ; elle a aussi pour point de départ supérieur la *perfection absolue* qui n'existe pas dans la pratique et qui est exprimée par 20 degrés dans l'échelle française et par 100 pour 100 dans l'échelle de Behmer. Le degré le plus élevé qu'on puisse atteindre dans la pratique est représenté respectivement dans les deux échelles par 19 et par 95 et l'appréciation des diverses valeurs est donnée dans les deux échelles par des chiffres qui s'équivalent à peu près.

Mais, pour pouvoir se servir d'un nombre suffisant de degrés, l'échelle française descend jusqu'à 10 la limite de la moyenne générale, toutes les valeurs au-dessus de ce chiffre étant supérieures et toutes celles au-dessous inférieures à la moyenne générale. Behmer entend appliquer son système exclusivement aux objets de concours, c'est-à-dire à des objets de choix ; aussi, c'est dans ce sens qu'il établit une moyenne supérieure à la moyenne française, qu'il fixe à 75 pour 100 et nomme *passable*, toute valeur inférieure à ce chiffre étant éliminatoire.

Voici, d'ailleurs, le tableau de concordance des deux échelles :

ÉCHELLE FRANÇAISE	ÉCHELLE BEHMER
20	100 p. 100 = *perfection absolue.*
19	95 p. 100 = *excellent*, c'est la plus haute perfection qu'on puisse
	94 atteindre en pratique.
	93
	92
	91
18	90 p. 100 = *très bon.*
	89
	88
	87
	86
17	85 p. 100 = *bon*
	84
	83
	82
	81
16	80 p. 100 = *assez bon.*
	79
	78
	77
	76
15	75 p. 100 = *passable* (moyenne supérieure chez Behmer, chaque
	degré au-dessous est insuffisant pour les exigen-
	ces de la sélection.
14	70 pour 100.
13	65 pour 100.
12	60 pour 100.
11	55 pour 100
10	50 p. 100 = *insuffisant.* La moyenne de 10 degrés à l'échelle fran-
	çaise représente logiquement la moyenne générale
	et commune de la perfection.

75 pour 100 expriment dans l'échelle de Behmer, la limite au-dessous de laquelle les objets mis au concours sont éliminés ; l'échelle française descend jusqu'à 10, sem-

blant vouloir suppléer ainsi à l'insuffisance des nuances dont elle dispose pour exprimer les valeurs.

Voici un exemple de ce mode d'appréciation appliqué à une vache laitière :

SCHÉMA DE BEHMER POUR L'APPRÉCIATION DES VACHES LAITIÈRES EN CHIFFRES

DÉGRÉS DE L'ÉCHELLE	VACHES LAITIÈRES A L'ÉPREUVE DE HILDESHEIM	
	N° 92 Caractère individuel de grandeur moyenne de race jolie. Appréciations. Nombres-noyaux.	N° 94 Caractère individuel bonne, robuste et douce de peau. Appréciations. Nombres-noyaux.
100 p. 100, perfection absolue jamais atteinte par la pratique.		
95 p. 100, excellent, le plus haut degré qu'on puisse atteindre en pratique.		
90 p. 100, très bon. ⎰ tous les degrés		
85 p. 100, bon. . . ⎱ intermédiaires		
80 assez bon. . . . sont employés.		
75 p. 100, passable, degré le plus inférieur du bétail, encore admis pour la concurrence des prix.		
A. Naturel		
1 *a* Poids vif	510 kilogrammes.	570 kilogrammes.
1 *b* Masse du corps en tenant compte de la race, du sexe et de l'âge.	90	92
2 Bonté et finesse des tissus du corps. . . .	88	86
3 Rusticité et résistance constitutionnelle. . .	87	90
Nombre-noyau de A $= \dfrac{1\,b + 2 + 3}{3}$	$\dfrac{265}{3} = 88.33$	$\dfrac{268}{3} = 89.33$
B. Profit		
4 (= 1) Masse du corps (au point de vue de l'usage.	90	92
5 *a* Pis et veines laitières.	84	89
5 *b* Symptômes de la qualité laitière ; écusson, peau, poils, cornes, ossature.	92	85
6 Frugalité d'alimentation.	90	93
Nombre-noyau de B $= \dfrac{4 + 5\,a + 5\,b + 6}{4}$ . . .	$\dfrac{356}{4} = 89$	$\dfrac{359}{4} = 89.75$
C. Valeur reproductive		
7 Perfection du type d'usage.	90	88
8 Noblesse et fidélité au type de la race même (en robe).	93	90
9 Régularité de conformation pour l'usage et en même temps pour la reproduction. . . .	95	90
10 Puissance reproductrice ; fécondité, caractère du sexe[1].	—	—
Nombre-noyau de C $\dfrac{7 + 8 + 9 + 10}{4}$	$\dfrac{278}{3} = 92.66$	$\dfrac{268}{3} = 89.33$
Somme des 3 nombres-noyaux A + B + C. . .	270.00	268.41
Valeur finale A × B × C.	728.44	716.20

On reconnaîtra que l'échelle de Behmer s'appliquant exclusivement à des objets de choix, dispose d'un plus grand nombre de chiffres et permet de juger avec plus

____

1. On n'évalue ces caractères que lorsque la bête examinée le nécessite ou qu'elle en a livré la preuve par une fécondité hors ligne.

d'exactitude et de sensibilité que l'échelle française les différences les plus fines reconnues entre des objets en concurrence et de valeurs générales très voisines.

On détermine ainsi les nombres-noyaux :

$$\frac{A^1 + A^2}{2} = A, \quad \frac{B^1 + B^2}{2} = B \quad \text{et} \quad \frac{C^1 + C^2}{2} = C.$$

Il est, en effet, très mathématiquement exact de considérer ces trois nombres, qui caractérisent l'individu, comme étant les coordonnées d'un point de l'espace représentant, en quelque sorte, la place exacte qui correspond dans le classement à l'individu jugé ; leur produit est la *caractéristique*, la *valeur finale* de l'individu, qui lui donne son classement dans le concours.

Le mode d'appréciation de Behmer est donc caractérisé par trois choses :

1° Établissement de trois groupes de facteurs essentiels; dont les valeurs exprimées en chiffres servent de base, de *noyau*, au calcul de la valeur finale qui représente une véritable combinaison des diverses valeurs avec leur pénétration et leur influence réciproques.

2° Construction d'une échelle d'appréciation plus sensible que celle employée jusqu'ici, et dont le pourcentage qui en est la base est déjà d'un usage universel.

3° Fixation de la valeur, d'après cette idée ingénieuse que les *chiffres noyaux* peuvent être considérés comme les *coordonnées*, les *moments* d'un point de l'espace qui représente la place exacte dévolue à l'objet examiné. La valeur finale s'obtient en multipliant les trois nombres noyaux l'un par l'autre.

Ce système a attiré depuis longtemps l'attention des éleveurs en Allemagne, et son inventeur, le directeur d'élevage Rud. Behmer, de Berlin, a été chargé pendant sept ans de missions officielles pour exposer ses idées dans les cercles d'éleveurs. Il mérite aussi d'être pris en grande considération par les éleveurs et les zootechniciens français, qui y trouveront une méthode d'appréciation mathématique et, par suite, absolument exacte.

Les longues explications que nous en avons données étaient nécessaires pour bien faire comprendre le mécanisme de cette nouvelle façon d'opérer ; mais on conçoit que son application est des plus simples et il suffit aux éleveurs d'en faire l'essai sur un ou deux animaux vivants pour en saisir l'usage et se rendre compte de sa supériorité.

L'auteur même dit de son système : qu'il a voulu faire de cette tâche une science, qui en première ligne pourrait servir à rendre les jugements des jurés mieux raisonnés et plus justes, et qui ensuite ayant été approuvée par les meilleurs connaisseurs en principe, devrait servir pour l'enseignement des jeunes gens dans les écoles agricoles pour leur faire comprendre dans quel sens on est capable d'apprendre et de juger juste ; *de quelle manière* se composent les grands facteurs : 1° du naturel, 2° du bénéfice économique et 3° de la valeur reproductrice, et comment se compose par la multiplication la *valeur finale du seul reproducteur*, soit : 1° pour la vigueur de l'individu et de sa race; 2° pour l'amélioration des descendants et du bénéfice économique, et 3° pour la puissance génératrice du type de race pure. Par l'absence de cette logique on a vu se perdre des bonnes races. L'auteur conclut donc que, sous l'empire de son système, le jeune éleveur, qui l'a saisi exactement et complètement, ne peut pas s'écarter de la bonne voie, et à l'aide d'un instinct discipliné et de l'expérience dans l'élevage, il ne manquera pas de devenir un bon et habile juré, capable de propager sa manière de voir et de juger dans les cercles des simples éleveurs, qui manquent souvent d'éducation.

Le système Behmer possède l'avantage de pouvoir entrer dans les détails symptomatiques et de les ordonner sous les trois grands points de vue A, B et C. Mais il permet également de donner les mêmes chiffres noyaux pour ces grands facteurs par un nombre primaire jugé sous l'impression de l'ensemble bien examiné. Cela simplifie bien mieux le procédé de l'appréciation sérieuse qu'aucun autre procédé, et l'expérience des faits accomplis a rassuré toujours encore l'auteur de ce résultat satisfaisant, que toujours les jurés les plus critiques ont retrouvé dans le nombre final des seuls objets le résultat juste et net de leur examen sérieux et détaillé.

Le système Behmer est également capable d'être appliqué à la comparaison de chaque objet de la culture humaine, ce qui le rend d'une utilisation et d'un usage universels. Son adaptation à la nature spéciale des objets est la tâche qui incombe aux connaisseurs de ces objets. Or, comme nous ne possédons pas un autre moyen de faire la comparaison exacte, en dehors du nombre en chiffres, il est nécessaire de se servir de ce moyen d'après sa loi mathématique.

L'ÉLEVAGE DES CHEVAUX EN HONGRIE
INSTITUTIONS PUBLIQUES OU PRIVÉES APPELÉES A L'ENCOURAGER

Par M. le baron Jules PODMANICZKY

Secrétaire ministériel.

Le Parlement hongrois, ayant de tout temps attaché une grande importance à l'extension de l'élevage des chevaux dans le pays, n'a jamais cessé de mettre à la disposition du Ministère de l'agriculture, selon les besoins, tous les moyens organiques et matériels y relatifs.

Nous ne croyons pas nous tromper en affirmant que les institutions d'État, ayant pour but l'élevage des chevaux, ne dominent nulle part autant qu'en Hongrie, où le Parlement met, chaque année, à la disposition du Ministre de l'agriculture une somme de 6 millions de couronnes (la couronne = 1 fr. 05), destinée à être employée à l'amélioration de la race chevaline. On conçoit cette sollicitude de la législation si l'on considère l'effectif des chevaux de la Hongrie, qui, en 1895, s'élevait à 1 972 900 têtes.

L'influence de l'État se manifeste surtout par la somme considérable qu'il alloue chaque année, à titre de subvention, dans l'intérêt de l'élevage des chevaux, soit aux comitats, soit à des associations, sociétés, etc.

Comme partout ailleurs, l'activité de l'État hongrois tend à ce que, tout en contentant les besoins des éleveurs privés, l'armée puisse, en tout temps, être pourvue d'un matériel de remonte suffisant, au double point de vue de la quantité et de la qualité. L'augmentation de cette remonte était d'autant plus motivée que les montures de la cavalerie hongroise ont, depuis les temps les plus reculés, établi la réputation universelle du cheval magyar.

Depuis que le Gouvernement hongrois a pris en main les haras de l'État, l'élevage et l'accroissement du matériel de remonte pour le service de l'armée ont pleinement réussi. Antérieurement, non seulement nous avions été obligés de nous procurer à l'étranger une partie des chevaux nécessaires à l'armée, mais notre exportation de chevaux ne valait guère la peine d'être mentionnée. Aujourd'hui, il n'en est plus de même ; car, sans compter qu'à chaque moment nous sommes en mesure de pourvoir notre armée de chevaux en quantité et qualité suffisantes, l'étranger, où précisément l'élevage des bons chevaux de remonte est plutôt en décroissance, peut s'en approvisionner en masse chez nous.

Il est donc hors de doute que c'est aux tendances suivies par nos institutions et établissements d'élevage que nous sommes redevables non seulement d'avoir à enregistrer ces succès, mais encore du puissant essor qu'a de nouveau pris notre exportation chevaline, dont le chiffre, de 19 925 têtes en 1894, est monté, en 1899 à 39.377.

Le Gouvernement, ayant reconnu la justesse du système suivi depuis tantôt vingt-cinq ans, a exclu tous nouveaux essais, et se conforme strictement aux principes et tendances observés jusqu'ici.

Toutefois, l'action du Gouvernement sur le terrain de l'élevage des chevaux était et sera, à l'avenir comme dans le passé, d'autant plus justifiée et nécessaire que les conditions de propriété et d'économie rurale du pays ont, durant les vingt dernières années, subi de très grandes transformations.

Ce qui affecta surtout les propriétés, ce furent la transition de l'exploitation extensive à l'exploitation intensive, le perfectionnement des moyens de communication, et, enfin, la mise en culture des grandes étendues de pâturages. L'État dut contrebalancer ces influences pour que, tout en encourageant et en développant l'élevage, il gardât à nos chevaux leur éminent caractère spécial de race, leur endurance, leur aptitude à s'acclimater dans n'importe quel pays, etc. Car nous devions attacher une grande importance à ce que les croisements désavantageux soient exclus et que nos chevaux gardent leur pur sang oriental. C'est pourquoi, aussi, il était inévitable que, dans notre élevage, nous employions les sangs arabe et anglais.

Ces efforts et tendances sont encore prouvés par le fait que, sur un effectif de 3321 étalons que nous possédons actuellement dans nos haras, il y a :

357 pur sang anglais ;

40 pur sang arabes.

C'est-à-dire un total de 397 bêtes, soit environ 8,3 de l'effectif total. En outre, et sans compter les étalons lippizans et les chevaux de trait, tous nos étalons ont dans leurs veines une forte proportion de sang anglais et arabe, à l'exclusion de tout sang susceptible d'avoir pour conséquence l'abâtardissement du type. Aussi, pour encourager l'élevage des chevaux de race, le Gouvernement alloue-t-il, chaque année, d'importantes primes à certaines sociétés de courses, attendu qu'il considère le pur sang anglais comme un excellent moyen de développer l'élevage rationnel des chevaux dans le pays tout entier.

La direction de l'élevage est confiée à une division spéciale, fonctionnant au sein du Ministère de l'agriculture.

Cette division est chargée, non seulement de toutes les questions d'élevage et du service des établissements de l'État (haras, dépôts d'étalons, etc.), mais encore elle s'occupe de tout ce qui a trait à l'élevage chevalin. Elle veille à l'acquisition des étalons nécessaires, et, en tenant compte des chevaux des diverses régions, distribue dans les dépôts d'étalons les reproducteurs élevés dans les haras de l'État ou achetés aux particuliers. Elle expédie les affaires concernant les étalons certifiés propres à l'élevage.

Le personnel des établissements publics d'élevage est organisé militairement. Cette organisation est motivée et rendue nécessaire pour éviter les changements fréquents dans le personnel, et pour que celui-ci soit convenablement recruté en tout temps et en toutes circonstances.

Afin de développer l'élevage des chevaux dans le pays, l'impulsion est donnée par les établissements et institutions ci-après, rentrant dans la sphère d'action de la division d'élevage des chevaux mentionnée plus haut :

1° Les quatre haras de l'État (Kisbér, Babolna, Mezöhegyes, Fogaras);

2° Les trois haras dans les domaines agricoles (Mezöhegyes, Kolozs, Gödöllö);

3° Les dépôts de juments de trait;

4° Les quatre dépôts d'étalons (Székesfehérnar, Nagy-Körös, Debreczen, Szepsi-Szent-György);

5° Achats d'étalons adultes, faits à des particuliers;

6° Haras particuliers pour l'élevage d'étalons de 3 ans;

7° Achats de poulains d'un an;

8° Mesures relatives à la cession d'étalons à des communes;

9° Ventes d'étalons âgés, mais encore propres à l'élevage, à des particuliers à des prix de faveur;

10° Ventes à des éleveurs hongrois de juments poulinières âgées provenant des haras de l'État;

11° Participation à la distribution de primes d'élevage sur les territoires des comitats ou des villes;

12° Subventions accordées aux expositions chevalines;

13° Subventions accordées aux pâturages publics pour poulains;

14° Subventions accordées aux sociétés de courses hippiques.

Afin que tous ces établissements et institutions fonctionnent d'accord avec les éleveurs du pays, on a institué sur les territoires des comitats des commissions d'élevage dont les présidents sont les agents de confiance du Gouvernement vis-à-vis des éleveurs. En outre, des inspecteurs régionaux de l'élevage fonctionnent comme organes officiels du Gouvernement, surtout en ce qui concerne le contrôle des haras communaux.

La plus grande influence sur l'élevage des chevaux en Hongrie est exercée par les quatre haras de l'État, qui, d'une part, établissent les principes d'élevage rationnel, et d'autre part, pourvoient, par leurs étalons, à une partie des besoins des dépôts de l'État, dont les effectifs servent à l'organisation des stations de monte.

Kisbér. — Fondé en 1853.

On y élève des pur sang et des demi-sang anglais.

Son effectif d'étalons reproducteurs se compose de 12 pur sang et 1 demi-sang anglais. Les pur sang se divisent comme ci-après en ce qui concerne leur origine :

```
Dé Bend Or . . . . . . . . . . . . . . . . . . .   1 (Bona Vista)
    St. Simon . . . . . . . . . . . . . . . . . . . 1 (Dunur)
    Doncaster. . . . . . . . . . . . . . . . . . .  2 (Primas II, Culloden)
    Buccaneer . . . . . . . . . . . . . . . . . . . 2 (Fenék, Montbar)
    Isonomy . . . . . . . . . . . . . . . . . . . . 1 (Galaor)
    Gunnersbury . . . . . . . . . . . . . . . . . . 1 (Filon)
    Balvany . . . . . . . . . . . . . . . . . . . . 1 (Kozma)
    Galopin . . . . . . . . . . . . . . . . . . . . 2 (Guerrier, Ganache)
    Hampton . . . . . . . . . . . . . . . . . . . . 1 (History)
```

Parmi ceux-ci, trois ont été importés de l'Angleterre, un de la France.

L'effectif des juments poulinières pur sang comprend 18 bêtes, celui des demi-sang, 180.

Les poulains ne restent dans le haras que jusqu'à l'âge d'un an. A ce moment ils sont vendus, à la condition que leurs acquéreurs ne les revendront jamais à l'étranger, sauf autorisation du Ministère, de même qu'ils ne les feront pas courir dans des courses à réclamer. De cette manière, après avoir quitté le turf, ces bêtes serviront au développement de l'élevage national. Chaque année, les pur sang anglais du haras couvrent environ 300 juments que des particuliers y amènent à l'époque de la saillie; la surveillance et les soins à donner en incombent au chef du haras. Les taxes de monte varient entre 200 et 1000 couronnes pour les juments indigènes; les étrangers payent des taxes plus élevées.

Pour se procurer des reproducteurs anglais, le Gouvernement consacre, périodiquement, des sommes considérables; c'est ainsi que, dans le courant de l'année dernière, il alloua 200 000 couronnes dans ce but.

L'élevage des demi-sang a pour but d'obtenir des chevaux d'une conformation robuste et possédant, outre un organisme endurant, les qualités héréditaires de leur race.

Babolna. — Fondé en 1790.

L'élevage s'y fait avec des pur sang et des demi-sang arabes.

Comme étalons reproducteurs, le haras dispose de 4 arabes pur sang et 4 demi-sang.

Le Gouvernement prend des soins tout particuliers afin de sauvegarder le caractère spécial de ce haras qui possède une grande importance au point de vue de notre élevage. A cet effet, et selon les besoins, il fait, de temps à autre, venir des étalons et des juments de l'Arabie ou de la Syrie, afin d'assurer toujours le rafraîchissement du sang. Il y a deux ans, il en importa 8 étalons, dont 3 servent aujourd'hui dans les haras comme reproducteurs.

L'effectif des juments poulinières est de 42 arabes pur sang et 159 demi-sang.

Tout en cherchant à maintenir le caractère spécial du haras, l'on s'efforce d'y obtenir, autant que possible, des étalons de conformation robuste et de forte ossature.

Mezöhegyes. — Fondé en 1785.

Par suite du chiffre de son effectif, ce haras exerce la plus grande influence sur notre élevage.

Il possède, comme étalons reproducteurs, 54 chevaux se divisant comme suit selon leur race :

```
    Pur sang . . . . . . . . . . . . . . . . . . . . . . . . . . . . . . . 3
    Race anglaise . . . . . . . . . . . . . . . . . . . . . . . . . . . . 6
    Nonius . . . . . . . . . . . . . . . . . . . . . . . . . . . . . . . . 40
    Gidran . . . . . . . . . . . . . . . . . . . . . . . . . . . . . . . . 5
```

L'effectif des juments poulinières du haras est de 480, qui, selon leur race, sont réparties dans 4 haras, savoir :

Haras de demi-sang anglais; haras du grand Nonius (anglo-normand) et haras du petit Nonius (anglo-normand), ces deux haras différant seulement au point de vue de la taille des juments; enfin haras de Gidran (anglo-arabe). Le pur-sang anglais est employé dans chaque haras, en observant les précautions requises.

Le grand nombre des reproducteurs s'explique par ce fait que, pour éviter, surtout dans les deux haras Nonius, l'élevage sans croisement, l'on est obligé de se servir d'étalons issus de familles différentes.

Toutefois, pour que les reproducteurs soient convenablement employés, on a organisé aux environs de Mezöhegyes un élevage de races régionales. Les juments des éleveurs, envoyées dans cet établissement, sont accouplées par les soins du commandant du haras, lequel procède au classement des juments et de leurs rejetons, de sorte que, grâce à ce système vraiment rationnel, l'élevage de cette région fait preuve d'un puissant progrès et développement.

Dans cet élevage de races régionales on emploie plus de 1000 juments.

Fogaras. — Fondé en 1874.

L'effectif actuel est de 6 étalons et de 102 juments poulinières.

Ce haras fut fondé dans le but d'élever des étalons pour les besoins des régions montagneuses du pays: ayant trouvé que la race de Lippicza (ou race du Karst) convenait le mieux, le haras cherche à l'acclimater en Hongrie. Par suite de leur grande endurance, de leur excellente ossature et de la dureté de leur sabot, les chevaux de cette race sont très recherchés comme bêtes de trait. Pour rafraîchir le sang du haras, on achète des étalons provenant d'autres haras similaires.

Les bêtes en surplus de ces quatre haras, jeunes juments non classées comme poulinières, sont vendues aux enchères publiques, tenues chaque automne à Budapest. Ces chevaux peuvent aussi être achetés par des étrangers, tandis que les juments poulinières des haras, réformées à la suite de leur âge et mises en vente à l'état plein, ne peuvent être acquises que par des éleveurs hongrois. Cette disposition a été prise dans l'intérêt de nos éleveurs, auxquels on a ainsi fourni l'occasion de se procurer, graduellement et à des prix relativement bas, d'excellents reproducteurs possédant des qualités héréditaires garanties.

Les jeunes juments désignées pour être classées dans les haras sont non seulement mises à l'épreuve au préalable, mais un certain nombre en est, chaque année et durant la saison de chasse, confié à des sociétés de chasse à courre en vue de les essayer.

Il existe encore deux autres haras de l'État, qui, bien que non administrés militairement, n'en sont pas moins appelés à servir les intérêts de l'élevage national.

L'un est le haras de Kolozs avec 40 juments poulinières demi-sang anglais, dont la majeure partie a été achetée à des éleveurs de Transylvanie.

L'autre haras, installé sur le territoire du domaine royal à Gödöllö, dispose jusqu'à ce jour de 47 juments, fournies par le haras du petit Nonius de Mezöhegyes; on se propose d'élever ce chiffre successivement jusqu'à 100 bêtes. Ce haras, comme celui de Kolozs, a pour mission d'élever des étalons pour le compte des dépôts d'étalons. La même destination est assignée aux 135 juments poulinières de l'exploitation agricole du haras de Mezöhegyes, qui sont accouplées aux étalons reproducteurs de ce haras.

En récapitulant l'effectif des haras et des exploitations rurales, on peut constater que l'Etat hongrois dispose de 81 étalons reproducteurs et de 1145 juments poulinières servant les intérêts de l'élevage national.

Les étalons élevés dans ces établissements sont, à l'âge de 5 ans, versés dans les dépôts d'étalons.

Dépôts d'étalons. — Il existe 4 dépôts d'étalons, dirigés chacune par un commandant. Ces 4 dépôts se divisent ensemble en 18 sous-dépôts, savoir :

Le dépôt de Székessehérvar, avec 5 sous-dépôts et 904 étalons, entretient 526 stations de monte et, en outre, a encore donné en location 62 étalons.

Le dépôt de Nagy-Körös a également 5 sous-dépôts; il possède 878 étalons et pourvoit aux besoins de 290 stations de monte; de plus, 57 étalons sont donnés en location.

Le dépôt de Debreczen, ayant aussi 5 sous-dépôts, entretient 261 stations de monte avec un effectif de 885 étalons; dans le courant de l'année actuelle, il a donné 80 étalons en location.

Le dépôt de Szepsi-Szent-György, avec 3 sous-dépôts et 356 étalons, entretient 107 stations, et donne 8 étalons en location.

Les quatre dépôts possèdent donc un total de 5029 étalons qui assurent le service de monte dans 984 stations; 207 étalons étant donnés en location, l'effectif total des 4 dépôts est donc de 5230 étalons qui se divisent comme ci-après :

Pur sang anglais	559
Race anglaise	1,445
Pur sang arabe	56
Race arabe	334
Nonius	531
Gidran	240
Norfolk	3
Lippizans	194
Chevaux de trait	108
Total	3,230

Sur ce nombre, 1805 étalons ont été élevés dans les haras de l'État, tandis que 1435 ont été achetés à des éleveurs particuliers.

Durant l'année 1899, l'effectif des dépôts comprenait 5069 étalons; il y a donc une augmentation de près de 200 têtes. Dans cette même année, les 5069 étalons ont couvert 137945 juments, ce qui fait une moyenne de 44,5 juments par étalon. Une somme de 552000 florins (1064000 couronnes) a été perçue à titre de taxe de monte et de location.

La taxe de monte est fixée par unité, en tenant compte de la qualité de l'étalon et des conditions de la région; elle varie entre 2 et 16 couronnes, sauf en ce qui concerne certains pur sang renommés, et alors cette taxe s'élève jusqu'à 40 couronnes. Dans certaines contrées pauvres on a aussi amené des étalons qui servent gratuitement.

En outre des étalons se trouvant aux stations de monte, 207 ont été, durant l'année courante, donnés en location à des éleveurs particuliers, savoir : 60 pur sang anglais, 97 demi-sang anglais et 50 chevaux de sang divers.

Les prix de location sont de 600 à 2 000 couronnes par étalon.

Toutefois, il est interdit aux locataires de faire couvrir plus de 45 juments par l'étalon, dans une même saison de monte.

Dans l'intérêt même des stations de monte, on ne peut plus donner en location un étalon qui a déjà été attaché à une station ; seuls les pur sang anglais font exception à cette règle.

Les dépôts d'étalons couvrent leurs besoins en s'adressant à divers haras, mais particulièrement aux haras de l'État qui leur fournissent les meilleurs reproducteurs c'est-à-dire possédant la plus grande aptitude de transmission. C'est ainsi que, durant l'année dernière, 200 étalons furent répartis dans les dépôts. Aux éleveurs particuliers on a acheté, dans la même année, 60 chevaux ayant l'âge adulte. Des haras privés qui ont un contrat avec l'État et lui élèvent des étalons de 3 ans, l'on a reçu un total de 300 étalons. Une partie en a été distribuée dans les dépôts, tandis que l'autre a été vendue à des communes à des prix de faveur (environ la moitié).

Il y a actuellement 47 haras privés liés par contrat avec l'État ; la moyenne de leur effectif est de 35 juments poulinières.

Enfin, on répartit encore dans les dépôts des étalons qui, achetés à l'âge d'un an, ont été élevés au haras de Mezőhegyes.

Attendu que le séjour de trois années à Mezőhegyes des jeunes étalons achetés à l'âge d'un an, rencontre des difficultés par suite du développement de ce haras, ces chevaux seront dorénavant placés dans une station créée spécialement pour ce but.

Chaque année, il y a environ 150 étalons de cette catégorie disponibles, dont la plupart sont vendus à raison de 500 à 800 couronnes comme étalons communaux, à condition que les communes ne les livrent pas au public pour un prix de monte au dessus de 4 couronnes.

Les communes sont tenues de solder le prix d'achat de ces étalons dans un délai de trois ans, durant lesquels ils restent toujours sous la surveillance des agents de l'État. Certaines communes pauvres reçoivent aussi gratuitement des étalons.

Dans l'intérêt de l'élevage on vend aux éleveurs, sur l'effectif des haras et au prix de 100 à 2 000 couronnes, des étalons exempts de tout vice héréditaire et qui, modérément employés, peuvent encore servir à la reproduction ; ces étalons sont cédés à condition qu'ils ne seront utilisés que pour l'élevage et qu'ils ne seront jamais vendus à des tiers. On compte 200 étalons de cette catégorie dans les différentes contrées du pays, où ils sont également placés sous la surveillance des agents des haras.

Pour encourager les petits éleveurs et afin de développer l'élevage chevalin, les commissions régionales d'élevage ont, avec l'appui de l'État, institué des primes d'élevage, et les expositions chevalines, organisées de temps à autre, reçoivent d'importantes subventions de l'État.

Comme, par suite du changement survenu dans les conditions de propriété, les éleveurs de chevaux disposent de pâturages dont l'étendue est beaucoup plus restreinte que par le passé, le gouvernement alloue aux associations et aux commissions d'élevage des secours destinés à créer et entretenir des pâturages communs pour poulains.

Toutes ces dispositions et institutions ne sont appliquées qu'en ce qui concerne le cheval pur sang ; toutefois, comme les populations habitant les régions limitrophes de l'Autriche et de la Croatie élèvent aussi le lourd cheval occidental, dit de trait, l'État doit satisfaire aussi les exigences de ces éleveurs ; la liste des races, citée plus haut, nous montre que le dépôt d'étalons de Székesfehérvar possède en effet 108 étalons ayant pour but de pourvoir aux besoins des stations de monte de ces contrées.

Convaincu du danger que présente l'élevage du cheval de trait par rapport à l'élevage du cheval pur sang, le gouvernement s'est toujours efforcé de restreindre cet élevage en ne le permettant que là où les conditions locales l'exigent.

Ces efforts du gouvernement, de même que les dispositions ordonnées en ce sens, ont produit le résultat désiré; car tandis que, par suite des croisements avec le sang occidental, les autres pays ont été obligés d'avoir recours à des dispositions spéciales motivées par les dommages causés à leur élevage, notre pays en est tout à fait exempt.

Etant donné que les intérêts des éleveurs de chevaux de trait exigent que les étalons y affectés soient irréprochables au point de vue de la qualité, et comme à ce point de vue, les étalons que l'État achetait en majeure partie à l'étranger ne convenaient pas, surtout en ce qui concerne leur origine, le gouvernement fit venir de Belgique, il y a deux ans, des pouliches d'origine brabançonne qui furent placées dans le haras de Kisbér afin d'en compléter l'effectif de juments de trait. 28 pouliches de cette espèce y sont aujourd'hui employées à l'élevage; en outre, il y a encore 45 autres juments de trait, de sorte que le domaine du haras de Kisbér dispose maintenant de 73 juments poulinières de cette espèce, dont les rejetons mâles seront appelés à compléter l'effectif des étalons de trait des haras de l'État, ce qui rendra complètement superflus de nouveaux achats.

Courses. — Comme nous l'avons déjà dit plus haut, il nous fallait attacher une grande importance à ce que le sang anglais se fit valoir dans notre élevage chevalin.

Nos ancêtres ayant également reconnu cette nécessité, le comte Etienne Széchényi, soutenu par quelques grands seigneurs enthousiastes de l'élevage, fonda en 1827 le « Jockey-Club hongrois », dont le but principal est d'encourager et de développer notre élevage de pur sang. Et comme c'est grâce à l'action de cette société, puissamment secondée par l'État, que nous devons l'important développement pris par notre élevage de pur sang, nous mentionnerons ici en quelques mots les progrès qu'elle a réalisés.

Bien qu'antérieurement à la fondation du Jockey-Club, l'on organisât aussi des courses en Hongrie, nous pouvons en dater le début en 1827. C'est dans le courant de cette année que le Jockey-Club organisa sa première réunion à Budapest, sur le modèle des courses anglaises, mais avec des règlements conformes aux conditions du pays.

Ce meeting eut lieu au mois de juin et dura cinq jours. La première course décisive après trois épreuves préparatoires fut gagnée par « Gaving », cheval gris appartenant au comte Étienne Széchényi, fondateur du Jockey-Club hongrois.

A cette première « course mixte » prirent aussi part, outre les pur sang et demi-sang anglais des grands éleveurs, les chevaux indigènes des paysans hongrois, afin de pouvoir établir des comparaisons instructives.

Pour cette première course se présentèrent 27 chevaux, dont 11 provenant des haras et 16 appartenant à des paysans; par suite de l'exiguïté de la piste, les 27 chevaux coururent par groupes. La course décisive fut gagnée par « Babiéka », étalon alezan clair de 6 ans, appartenant au comte George Károlyi. Les chevaux des haras coururent avec des charges proportionnées à leur poids; les chevaux paysans à volonté.

On a fait courir ensuite à part les chevaux des haras (demi-sang et pur sang), et à part les chevaux des paysans.

Les prix provenaient généralement de dons offerts par les membres du Jockey-Club. Ce qui est intéressant, c'est le nombre des matchs qui eurent lieu entre les éleveurs, à cette époque.

En 1827, il y eut 38 vainqueurs, tous produits de l'élevage indigène; il y eut aussi un vainqueur pur sang importé d'Angleterre.

La haute aristocratie fit de grands sacrifices dans l'intérêt des courses. C'est ainsi qu'en 1828 l'on institua les prix Batthyányi-Hunyady, Nemzeti-Hazafi ; puis en 1829, les prix Esterházy, Nákó, Sándor et le prix des Dames. Tous ces prix existent encore aujourd'hui.

En 1829 déjà, les haras privés disposaient de 23 étalons pur sang anglais reproducteurs.

En 1849, les troubles politiques, puis en 1850 et 1851, les suites de ces troubles interrompirent les courses.

Après 1870, le Jockey-Club, et avec lui les courses, prirent un nouvel essor que favorisa particulièrement l'établissement du pari mutuel.

C'est en 1875 que le Jockey-Club employa le pari mutuel pour la première fois ; les champs de courses du Jockey-Club n'emploient plus, depuis 1898, que des totalisateurs automatiques de système français.

Le baron Laurent Orczy fut le premier président du Jockey-Club, dans la direction et le développement duquel les présidents baron Béla Wenkheim et comte Jules Károlyi se sont tout particulièrement distingués. Le président actuel, comte Elemér Battyányi, a eu aussi une large part dans l'état florissant de la Société, à la tête de laquelle il est depuis 1891.

Actuellement, le Jockey-Club organise ses courses sur trois champs, savoir : à Budapest, Tátra-Lomnicz et Tata.

A côté du Jockey-Club hongrois, l'« Association des Gentlemen riders » s'est acquis beaucoup de mérites dans le développement des courses hongroises. Cette association a pour but d'encourager le sport hippique dans la haute société, ainsi que les steeple-chases. A cet effet, elle aménagea, sous les auspices du Jockey-Club, un champ de courses à Alag, près Budapest. Elle en possède encore à Pozsony et à Siófok, où elle organise des courses. C'est surtout à l'action de cette association qu'est dû l'essor qu'ont pris les courses en province, et les progrès accomplis par elle sont visibles sur le tableau ci-après, à la rubrique : courses organisées en province.

L'Association des Gentlemen riders s'étant posé comme but l'encouragement des steeple-chases, le Jockey-Club hongrois lui a complètement abandonné les courses d'obstacles.

Il existe encore en Hongrie plusieurs sociétés de courses et associations de chasses à courre organisant des courses ; mentionnons aussi la Société hippique de Debreczen. Elles tiennent leurs réunions dans les localités suivantes :

Alsó-Zsuk, Arad, Debreczen, Kassa, Kis-Várda, Maros-Vásárhely, Nagyvárad, Nyiregyháza, Sopron, Szabadka, Szatmár, Szeged, Zombor, etc.

Le tableau ci-dessous donne un aperçu du développement pris, durant les trente dernières années, par le Jockey-Club hongrois et les associations de courses en province.

ANNÉES	SOCIÉTÉS ORGANISATRICES DES COURSES	NOMBRE DES CHAMPS DE COURSES	NOMBRE DES JOURNÉES DE COURSES	PRIX EN COURONNES	NOMBRE DES CONCURRENTS	NOMBRE DES PARTANTS
1868	Jockey-club hongrois	1	5	121,930	211	114
	Associations provinciales	8	14	88,796	379	194
	Total	9	19	210,626	590	308
1873	Jockey-club hongrois	1	7	127,910	380	130
	Associations provinciales	6	12	120,750	518	213
	Total	7	19	248,660	898	343
1878	Jockey-club hongrois	1	6	133,130	374	114
	Associations provinciales	7	13	143,284	487	193
	Total	8	19	276,414	861	307
1883	Jockey-club hongrois	1	11	191,800	704	265
	Associations provinciales	5	10	101,125	583	200
	Total	6	21	292,925	1,287	465
1888	Jockey-club hongrois	2	19	458,020	1,930	635
	Associations provinciales	4	8	92,845	605	175
	Total	6	27	550,865	2,535	815
1893	Jockey-club hongrois	2	25	780,324	3,273	1,128
	Associations provinciales	14	24	197,936	1,083	637
	Total	16	49	978,260	4,956	1,765
1899	Jockey-club hongrois	3	37	1,530,670	5,539	1,735
	Associations provinciales	19	48	407,272	2,946	1,227
	Total	22	85	1,937,947	8,485	2,962

Afin d'encourager l'élevage des chevaux, la « Société nationale d'agriculture de Hongrie », soutenue par le ministère de l'Agriculture, organise à Budapest des concours hippiques dans lesquels des primes sont décernées aux cavaliers qui ont dressé leurs chevaux d'une façon parfaite.

Les courses au trot ne sont pas pratiquées en Hongrie, actuellement du moins, dans les mêmes proportions qu'ailleurs.

L' « Association des Gentlemen riders », à Budapest, a pour but de relever chez nous cette branche de sport.

Le ministère de l'Agriculture encourage aussi beaucoup les courses organisées par cette société ; il attache surtout une grande importance aux courses à grande distance qui mettent à l'épreuve l'endurance des chevaux.

Depuis quelque temps, plusieurs de nos éleveurs ont fait croiser leurs chevaux avec des trotteurs américains, afin d'augmenter la force de résistance et l'aptitude au trot de leurs bêtes. Quelques-uns de nos éleveurs se livrent même uniquement à l'élevage du pur sang américain. Quant à l'État, il n'a pas l'intention d'élever cette race spéciale, ni de la faire adopter par l'élevage hongrois.

Fonds de l'élevage national. — Par décret du 6 mars 1860, S. M. le Roi a daigné créer une fondation destinée à encourager l'élevage des pur sang anglais en Hongrie; elle se compose de titres ayant une valeur de 256 620 florins, c'est-à-dire de 513 240 couronnes.

La fondation, dont le titre est « Fonds affecté à l'élevage national de chevaux », est gérée par le ministre de l'Agriculture; les revenus annuels qui doivent être employés et placés dans l'intérêt de l'élevage des chevaux, sont administrés par une commission composée, en ce moment, de 9 membres pris dans le Jockey-Club hongrois.

Actuellement le fonds se compose de 313,950 florins en rentes publiques, d'une jumenterie (Studfarm) établie à Káposztás-Megyer, près Budapest, dont le prix d'achat a été de 65,000 florins, enfin, de l'étalon Orwell (Bend Or-Lizzie Agnès), pur sang anglais, reproducteur.

Sur les revenus de ce fonds et jusqu'à concurrence de la somme disponible, la commission chargée de les gérer achète de temps à autre des reproducteurs pur sang anglais, qu'elle revend aux enchères publiques à des éleveurs hongrois; ou bien elle fait l'acquisition d'étalons qui restent éventuellement la propriété du fonds et sont loués aux plus offrants parmi les éleveurs.

Dans le cas où la somme dont dispose la commission est insuffisante pour atteindre un des buts ci-dessus indiqués, et qu'elle estime nécessaire ou avantageuse une dépense supérieure aux revenus disponibles, elle peut, à titre exceptionnel, toucher au capital avec l'approbation du ministre de l'Agriculture, qui peut autoriser le prélèvement de 20 000 florins soit 40 000 couronnes sur le capital. Pour une somme supérieure, il y a lieu de prendre l'approbation de S. M. le Roi.

Comme dernière limite imposée à l'emploi du capital, il a été stipulé que la jumenterie de Káposztás-Megyer, ainsi que des fonds d'État nominatifs de 200 000 florins, sont inaliénables et qu'il ne pourra y être touché sous aucun prétexte.

CINQUIÈME SECTION

GÉNIE RURAL, CULTURES INDUSTRIELLES

ET INDUSTRIES AGRICOLES

—

BUREAU

Président. . . . . M. Sébline, sénateur, président d'honneur de l'Association de l'industrie et de l'agriculture françaises.

Vice-présidents. MM. Knuth-Lilliendal (le comte), propriétaire-agriculteur à Prœsto (*Danemark*).

Courtney, ingénieur consultant de la Société royale d'agriculture d'Angleterre (*Grande-Bretagne*).

Wittmack (le D^r), conseiller intime, professeur à l'École supérieure d'agriculture et à l'Université de Berlin (*Allemagne*).

Bénard (Jules), membre de la Société nationale d'agriculture et de la Commission internationale d'agriculture (*France*).

Colson-Blanche, président honoraire de l'Association nationale de la Meunerie française (*France*).

Égrot, président de la Chambre syndicale des constructeurs de machines et d'instruments d'agriculture et d'horticulture de France (*France*).

Martin (Léon), président honoraire de la Chambre syndicale des distillateurs agricoles (*France*).

Tétard (Stanislas), président honoraire du Syndicat des fabricants de sucre de France (*France*).

Bechmann, membre de la Société nationale d'agriculture, chef du service technique de l'assainissement de la Ville de Paris.

Secrétaires. . . . MM. Ringelmann, membre de la Société nationale d'agriculture, professeur à l'Institut national agronomique (*France*).

Vincey (Paul), professeur départemental d'agriculture de la Seine.

Première séance. — Dimanche 1er juillet.

La séance est ouverte à 4 heures 1/2 sous la présidence de M. Sébline.

Il est procédé à l'élection des membres du Bureau définitif de la Section.

Sont élus :

Président : M. Sébline ;

Vice-Présidents : MM. le comte Knuth-Lilliendal (Danemark); Courtney (Grande-Bretagne); le docteur Wittmack (Allemagne), pour l'étranger; — et pour la France : MM. Jules Bénard, Colson-Blanche, Egrot, Léon Martin, Stanislas Tétard et Bechmann.

Secrétaires : MM. Ringelmann et Paul Vincey.

L'ordre du jour de la prochaine séance est fixé.

La séance est levée à 5 heures.

Deuxième séance. — Lundi 2 juillet (matin).

Présidence de M. Sébline.

Ont pris place au Bureau : MM. Wittmack et Jules Bénard, *vice-présidents;* Paul Vincey, *secrétaire.*

M. Pluchet fait une communication sur les semis de betteraves en poquets[1]. Il propose à la Section d'émettre le vœu que des expériences multiples soient entreprises sur les semis en poquets, qu'elles soient encouragées par les comices et les sociétés d'agriculture et que les résultats comparatifs en soient publiés par les soins de ces associations.

M. Pluchet a lui-même fait, cette année, une expérience rigoureuse sur 5 hectares de betteraves semées en poquets et même surface semée en lignes d'autre part.

M. Legrand demande si le démariage des betteraves en poquets ne nuit pas à la plante qui reste.

M. Pluchet répond que non, attendu que les 5 ou 6 graines du poquet ne sont pas mises en tas dans le même trou, mais assez éloignées les unes des autres.

M Gilbert confirme cette manière de voir.

M. le baron Conrad de Putlitz, délégué allemand, croit au succès des semis en poquets, pour les terres sableuses du nord de l'Allemagne. Pour les terres de consistance moyenne et les terres fortes, la question est encore à l'étude. En Allemagne, on fait des défoncements très profonds allant jusqu'à 1 mètre, dans les terres très fortes devant porter les betteraves. Comme ces terres sont dépourvues d'humus, la réussite du semis est assez aléatoire.

M. Pluchet expose que, par les semis en poquets, on utilise environ 10 kilogrammes de graines à l'hectare, tandis qu'il en faut 25 kilogrammes en moyenne par les semis en lignes. Pour la France aussi, dans les terres fortes et profondes, les semis en lignes doivent être conservés.

M. Launay demande quelle est la nature des terres des environs de Magdebourg, où l'on doit prochainement aménager des irrigations à l'eau d'égout.

M. de Putlitz répond qu'elles sont généralement fortes, argileuses, avec calcaire.

M. Sébline fait savoir que ces terres de Magdebourg sont grasses, meubles et poreuses, assez analogues à celles des environs de Lille. Leur fertilité est très grande. Leur rendement en blé atteint souvent et dépasse 40 hectolitres à l'hectare.

M. Sébline expose aussi qu'en France on ne défonce pas aussi profondément, à beaucoup près, les terres à betteraves qu'en Allemagne, On pratique ici plus communément le *fouillage* que le défoncement. Et encore pratique-t-on moins de fouillage aujourd'hui qu'autrefois, dans notre pays.

Les conclusions de M. Pluchet sont adoptées par la Section.

M. Jules Bénard fait une communication sur l'influence de la culture de la betterave à sucre sur le rendement de la terre en froment[2].

---

1. Voir le Tome I des Travaux du Congrès, p. 526.
2. Voir le Tome I des Travaux du Congrès, p. 545.

Le rapporteur expose que la chicorée est aussi améliorante pour la terre; mais sa culture est salisssante pour les années suivantes, par les repousses.

M. le Dr Wittmack appuie ces conclusions.

M. Sébline dit qu'en France, la culture de la betterave a été la cause qui a permis de cultiver le blé là où le seigle était seul autrefois] ensemencé; il cite comme exemple le Laonnois.

M. Wittmack fait savoir aussi que la culture de la betterave a tout renversé dans certaines régions de l'Allemagne. On y voit de très médiocres terres devenues très bonnes pour la production du blé.

En Allemagne, on croyait autrefois qu'on ne pouvait cultiver la betterave que sur des terres riches. Depuis une dizaine d'années déjà, on y fait des récoltes avantageuses de cette plante industrielle sur des terres très légères et sableuses des environs de Berlin.

M. Burelle dit qu'on a importé la culture de la betterave à sucre dans la région lyonnaise et dans la vallée du Rhône.

Il expose que les succès y sont moins marquants que dans le Nord, à cause des frais de transport des racines aux usines et aussi des difficultés de la main-d'œuvre. Les Belges ne vont pas dans ces régions; la main-d'œuvre belge est la meilleure pour la culture de la betterave, notamment pour le démariage des jeunes plants.

M. Burelle fait connaître que dans quelques cas, les rendements de ces régions plus méridionales atteignent de 25 000 à 40 000 kilogrammes à l'hectare. La richesse y est inverse des rendements, comme partout ailleurs.

Les conclusions du rapport de M. Jules Bénard sont adoptées.

M. Danguy, répétiteur à l'École nationale d'agriculture de Grignon, fait une communication sur les moteurs à pétrole dans l'agriculture[1].

M. Jules Bénard expose que, dans l'arrondissement de Meaux, on a expérimenté les moteurs à pétrole dès 1894. Aujourd'hui on en compte plus de 300 dans l'agriculture de cet arrondissement. Chaque fois que la force demandée ne dépasse pas 4 à 5 chevaux et que le travail du moteur est discontinu, on trouve avantageux de remplacer le moteur à charbon par le moteur à pétrole.

M. Bénard a fait faire par la Société d'agriculture de Meaux, dont il est le président, des essais de substitution de l'alcool au pétrole. Dans les conditions actuelles, pour le même travail, la dépense a été triplée.

M. Wittmack fait connaître que les moteurs à pétrole sont très répandus en Allemagne, mais peu en agriculture, à cause de l'étendue des exploitations, dans lesquelles il faut des moteurs très puissants, alimentés en charbon. La station de distillerie de Berlin possède une voiture à alcool; elle coûte cher de combustible.

M. Wittmack dit que dans certaines parties de l'Allemagne aussi l'éclairage à l'alcool coûte plus cher encore que l'éclairage au pétrole.

M. Danguy expose que les moteurs à pétrole ne sont pas susceptibles de faire un effort plus grand, de donner un coup de collier, à un moment donné. C'est pour cette raison qu'il y a intérêt, en agriculture, à avoir des moteurs à pétrole à puissance plus grande que celle demandée normalement, afin de ne pas voir la machine s'arrêter souvent, notamment dans le cas d'actionnement de batteuses.

Au point de vue des dangers d'incendie, le pétrole offre plus de sécurité que le chauffage au charbon. C'est là un fait d'expériences que les Compagnies d'assurances connaissent bien aujourd'hui.

Les conclusions du rapport sont adoptées.

1. Voir le Tome I des Travaux du Congrès, p. 551.

M. Jules Hélot présente son rapport sur l'amélioration de la culture de la betterave à sucre par les semences[1].

M. Sébline rappelle que les deux types de graines généralement répandues en France, sont la Vilmorin et l'Allemande. On n'est pas encore parvenu à obtenir une graine qui donne à la fois une très grande richesse en sucre et de hauts rendements. Richesse et rendement sont encore des termes contradictoires.

En France, durant ces deux années dernières, on a eu de beaux rendements et une grande richesse. Cela a tenu aux circonstances climatériques favorables, dont nous jouissons en moyenne deux années sur dix; tandis que les Allemands sont favorisés par ces climats huit ou neuf fois sur dix.

M. Hélot dit que, pour la canne à sucre, on a déjà créé des types qui donnent à la fois les hauts rendements et la richesse. Il croit qu'on peut y parvenir aussi pour la betterave.

M. Edmond de Miklos, délégué hongrois, dit que, dans son pays, on est passé également d'une richesse de 15 ou 16 à celle de 18 pour 100 de sucre, par des semences améliorées; mais c'est aussi au détriment du rendement brut. En Hongrie, la sécheresse fait surtout du tort à la culture betteravière. Le rendement y dépasse peu 20 000 kilogrammes à l'hectare.

M. Sébline croit que les graines allemandes de betteraves utilisées en France, d'ailleurs très bonnes, n'ont guère subi d'amélioration sensible depuis quinze ans.

M. Wittmack annonce que les producteurs allemands de graines de betteraves s'efforcent aussi de rechercher à la fois les hauts rendements et la richesse. Ils y parviennent très lentement; on expérimente aussi la méthode de greffe préconisée par M. Hélot pour hâter la production en grand des bonnes variétés.

Les conclusions du rapport de M. Hélot sont adoptées.

Troisième séance. — Lundi 2 juillet (soir).

Présidence de M. Jules Bénard.

M. P. Vincey remplit les fonctions de secrétaire.

MM. Aubin et Muret font une communication sur la valeur alimentaire des pulpes[2].

M. Tétard demande quelle est la raison de la si grande différence annoncée dans la valeur des pulpes de sucrerie et de distillerie.

M. Aubin répond que cette cause réside dans l'humidité. Il signale aussi des différences notables dans la valeur comparée des pulpes de topinambours et dans les drêches.

M. Tétard parle favorablement des mélasses et des tourteaux mélassés, notamment de la préparation de M. Vaury.

M. le baron de Putlitz dit que, depuis cinq ou six ans, la mélasse est complètement utilisée en Allemagne dans l'alimentation du bétail. On ne la donne pas pure, et rarement avec de la farine. On la présente fréquemment aux animaux en mélange avec la tourbe, avec les drêches ou les pulpes séchées.

M. Jules Bénard signale les conclusions de l'enquête de M. Thill, en Allemagne, qui établissent que la mélasse est bonne pour tous les animaux de la ferme, sauf pour les porcs. Si son emploi alimentaire n'est pas plus répandu dans notre pays, il faut en attribuer la faute aux formalités imposées par la Régie.

---

1. Voir le Tome I des Travaux du Congrès, p. 515.
2. Voir le Tome I des Travaux du Congrès, p. 557.

M. DE PUTLITZ dit que la mélasse est très bonne pour les bêtes laitières. En automne, pour les ruminants, elle combat très heureusement les effets laxatifs de l'alimentation aux feuilles de betteraves. Les animaux à l'engraissement s'en trouvent très bien, surtout en mélange avec la farine. Les chevaux en sont très friands, on la leur donne surtout en mélange avec des tourteaux de coco. Ils la préfèrent ainsi à l'avoine. Pour les porcs particulièrement, à la mélasse qui est salissante, on préfère le sucre brut dénaturé.

La législation allemande prévoit l'exonération des droits fiscaux sur le sucre dénaturé, comme sur la mélasse, dans le cas d'utilisation dans l'alimentation du bétail.

M. VINCEY signale l'importance de l'introduction de la mélasse et du sucre dans l'alimentation du bétail au point de vue militaire, notamment pour les équidés aux colonies où le fourrage est rare et pour les animaux de boucherie dans les camps retranchés ou les villes assiégées.

M. TÉTARD voudrait que la Régie autorisât la dénaturation des mélasses comme des sucres alimentaires au domicile même des intéressés; il fait adopter un vœu dans ce sens.

M. DE PUTLITZ signale le procédé danois de dénaturation de la mélasse et du sucre, qui consiste dans un mélange avec du sang stérilisé.

M. AUBIN dit que certains insuccès dans l'alimentation du bétail à la mélasse doivent être imputés aux matières minérales qu'elles renferment. On n'a jamais de semblables inconvénients avec le sucre roux.

M. ARACHEQUESNE fait une communication sur les emplois industriels de l'alcool dénaturé[1]. Pour l'automobilisme, des expériences récentes auraient montré que l'alcool dénaturé reviendrait à un peu moins cher que les essences de pétrole dans Paris. Hors la capitale, ce serait la situation inverse, à cause des droits d'octroi.

M. DE PUTLITZ annonce qu'en Allemagne 90 pour 100 des distillateurs et des rectificateurs sont syndiqués pour la vente des produits. Le but du syndicat est de vendre cher l'alcool pour boisson et très bon marché celui pour les usages industriels.

Dans ce pays l'alcool est très employé pour le chauffage dans les cuisines, surtout en été, parce qu'il permet de cuire les aliments sans échauffer trop les appartements. L'intérêt est grand, surtout dans les logements d'ouvriers, où la cuisine sert aussi de salle à manger. En Saxe, pour le chauffage culinaire, on consomme 4 litres d'alcool dénaturé par tête d'habitant.

L'éclairage occasionne aussi l'emploi de beaucoup d'alcool dénaturé. L'Empereur d'Allemagne a commencé par faire éclairer tous ses châteaux à l'alcool, produit du sol national. Beaucoup de petites villes et de gares de chemins de fer emploient aussi ce mode d'éclairage. Les lampes portatives à l'alcool demandent encore à être perfectionnées.

Pour la production de la force motrice, les Allemands emploient déjà communément l'alcool. Bien des locomotives de voies industrielles et plusieurs automobiles militaires sont chauffées à l'alcool. Ce que l'on connaît encore assez mal, c'est la proportion du mélange d'alcool et d'eau qui donne le plus grand pouvoir calorigène. Il est à remarquer que l'alcool pur chauffe moins en brûlant que certains mélanges d'alcool et d'eau.

Dans l'empire allemand, le fer à repasser, chauffé à l'alcool, dont l'invention est assez récente, est aujourd'hui considérablement répandu.

M. de Putlitz dit que présentement, dans son pays, au moins 200 petites villes et 1000 gares de chemins de fer sont éclairées à l'alcool.

1. Voir le Tome I des Travaux du Congrès; p. 585.

M. Aráchequesne signale, comme ayant un grand pouvoir calorigène, un mélange d'alcool et de benzine, dans une proportion qui n'est pas encore très bien déterminée.

M. Égrot fait une communication sur l'intérêt qu'il y a pour la moyenne agriculture de voir se répandre les installations modestes de distilleries agricoles. Il signale un type d'installation, dont il est l'auteur, qui permet de traiter environ 10 000 kilogrammes de betteraves par jour, et qui donne de l'alcool rectifié marchand, tout comme les grandes installations actuelles. Ces distilleries modestes présentent le double intérêt de la production, à la ferme, d'un produit marchand, l'alcool pur, et de la pulpe alimentaire pour le bétail.

M. Ringelmann fait une communication sur l'application des moteurs inanimés aux travaux de culture ; ses conclusions sont adoptées[1].

M. Ringelmann fait une seconde communication sur les appareils destinés à restreindre les accidents du travail dans l'industrie agricole[2]. Il critique notre législation de 1899, en ce qu'elle ne s'occupe que de la *réparation* des accidents et non de l'*atténuation* et de la *prévention* de ces accidents, comme la législation allemande.

M. Ringelmann voudrait que le taux d'assurance contre les accidents soit abaissé dans le cas où l'assureur met en œuvre des moyens destinés à atténuer ou à prévenir les accidents.

M. de Putlitz dit que ce serait une erreur de croire que les accidents aient augmenté en Allemagne depuis la législation nouvelle. Les statistiques enregistrent plus d'accidents en ces dernières années, parce que la ventilation en est plus complète et mieux faite que par le passé. La législation pénale allemande est très rigoureuse pour les employeurs du travail qui n'ont pas appliqué tous les moyens propres à prévenir ces accidents. La prison est fréquemment appliquée en pareils cas.

M. Burelle expose que l'agriculture, au point de vue des accidents, est aussi dangereuse que les industries. Il se demande si l'industrie rurale n'aurait pas intérêt à voir supprimer l'exonération spéciale prévue par la loi de 1898.

Les conclusions du rapport de M. Ringelmann sont adoptées.

Quatrième séance. — Mercredi 4 juillet (soir).

La séance est ouverte à 2 heures et demie, sous la présidence de M. Bechmann, vice-Président.

M. Vincey donne une analyse du rapport n° 11 sur l'utilisation agricole des eaux d'égout[3].

Après des observations de MM. Leplae (Belgique), Burelle (Lyon), professeur Wittmack (Berlin), Vincey, les conclusions du rapport sont adoptées à l'unanimité et sans modifications pour être transmises à l'assemblée générale du Congrès.

M. le professeur Wittmack insiste particulièrement sur la nécessité pour Paris de pousser rapidement l'extension du tout à l'égout ; il observe que les cabinets d'aisances sont trop souvent dégoûtants et indignes de Paris ; à Berlin, l'obligation est absolue, tous les cabinets d'aisances sont pourvus d'eau et dans un état de propreté très supérieur.

---

1. Voir le Tome I des Travaux du Congrès, p. 547.
2. Voir le Tome I des Travaux du Congrès, p. 566.
3. Voir le Tome I des Travaux du Congrès, p. 574.

M. le professeur WITTMACK fait une communication sur les progrès de l'agronomie en Allemagne. Cette communication était destinée à la 3e section, mais M. Wittmack ayant été nommé vice-Président à la 5e, n'a pu suivre les travaux de la 3e (voir les *documents annexes*, p. 263).

Sont adoptés les rapports suivants :

Arrachage mécanique de la betterave, de M. A. Bajac[1];
Des moteurs électriques en agriculture, de M. H.-P. Martin[2];
Du liage mécanique de la paille et de sa compression en balles, de M. Lefebvre-Albaret[3].

M. SCHWEITZER fait, au nom de M. Stanislas Tétard et au sien, une communication sur les meuneries-boulangeries rurales et présente un vœu déjà adopté par le Congrès de Versailles, dont voici le texte :

« Le Congrès,

« Considérant que la transformation du blé en pain destiné à la consommation des producteurs eux-mêmes est de nature à restreindre dans une large mesure l'influence de la dépréciation des cours,

« Émet le vœu :

« 1° Que les Syndicats agricoles encouragent la création de meuneries-boulangeries en coopération ;

« 2° Que dans ce but soient annexées aux Écoles d'agriculture des meuneries-boulangeries de démonstration, pour l'étude et l'application des procédés de mouture et de panification adaptés aux besoins de l'agriculture. »

La Section s'associe unanimement au principe de ce vœu.

La séance est levée à 4 heures et demie.

---

1. Voir le Tome I des Travaux du Congrès, p. 550.
2. Voir le Tome I des Travaux du Congrès, p. 554.
3. Voir le Tome I des Travaux du Congrès, p. 555.

DOCUMENTS ANNEXES

LES PROGRÈS DE L'AGRONOMIE EN ALLEMAGNE

Par M. le D' WITTMACK, de Berlin.

Avant d'entrer dans mon thème spécial, qu'il me soit permis de donner une comparaison toute brève entre l'étendue des cultures principales de la France et de l'Allemagne.

I. *Céréales*. — La France possède environ la même étendue dans la culture des céréales que l'Allemagne; elle cultivait en 1889, d'après l'introduction intéressante donnée dans le Catalogue officiel français pour la classe 39 : 15 440 000 hectares; l'Allemagne, d'après l'ouvrage « Die deutsche Landwirthschaft auf der Weltausstellung Paris 1900 », ouvrage qui a aussi été traduit en français, 14 269 000 hectares, non inclus les céréales moins importantes. Ces dernières ont, avec les plantes légumineuses, une étendue de 1 724 000 hectares, soit un ensemble de 15 993 000 hectares.

Mais il y a la grande différence que la France est le pays du *blé* ou froment et l'Allemagne celui du *seigle*.

En France on a : 7 166 500 hectares de froment, en Allemagne seulement 2 045 000.

C'est-à-dire en France 46 pour 100 du terrain des céréales; en Allemagne 13 pour 100

Par contre, la France a seulement 1 527 000 hectares de seigle, l'Allemagne 6 017 000, ou d'un côté moins de 10 0/0, et de l'autre plus de 57 0/0.

En *avoine*, les deux pays sont tout à fait égaux, chacun d'eux cultive 3 900 000 hectares. Par contre, en *orge*, la France a seulement 907 000 hectares, l'Allemagne 1,627,000, donc presque le double. Vient encore qu'une grande partie de l'orge française est de l'escourgeon, c'est-à-dire de l'escourgeon d'hiver à six rangs, qui n'a pas autant de valeur pour la brasserie que l'orge d'été à deux rangs.

Vu la consommation si croisssante de la bière, on a pris en Allemagne beaucoup de mesures pour augmenter la culture de l'orge pour brasserie. La Société appelée « Station d'essai et d'enseignement de brasserie à Berlin », avec l'assistance de la Société des cultivateurs de houblon et de la Société d'agriculture allemande, a érigé une station pour la culture de l'orge; elle fait faire en outre des essais avec les meilleures variétés dans les différentes provinces et elle organise tous les ans une exposition de ces orges (aussi de houblon). Nous trouvons les meilleures de ces orges dans l'exposition agricole de l'Allemagne.

Il me semble qu'aussi en France on pourrait essayer d'étendre la culture de l'orge pour brasserie, car le revenu est beaucoup plus grand que pour l'orge ordinaire, et le climat comme le temps au mois de la récolte sont plus favorables que chez nous.

M. Lavallée m'a dit cependant que dans le Nord, le temps n'est pas favorable pour la récolte et que le blé donne un revenu plus élevé. Il s'est montré en Allemagne où l'on cultive beaucoup de variétés que la célèbre orge de Moravie, dite orge de « Hanna », donne les meilleurs résultats dans les sols moyens, tandis que l'orge erecte, dite « Goldthorpe », vient mieux dans les sols riches. Mais il faut toujours donner beaucoup de potasse, et aussi d'acide phosphorique, pour avoir un grain farineux.

Une différence existe aussi entre la France et l'Allemagne pour les pommes de terre; l'Allemagne en cultive le double : la France, 1 474 000 hectares; l'Allemagne, 3 037 366 hectares.

Cette différence a beaucoup plus d'importance que celle de l'orge, car vous savez que l'amélioration de nos terrains pauvres est due pour une grande partie à la distillerie des pommes de terre. Outre les 300 millions de marks que l'Allemagne produit en pommes de terre servant à la nourriture humaine, elle produit pour 351 millions de marks d'alcool, dont la plus grande partie vient de la pomme de terre. Les drêches nourrissent le bétail, le bétail produit le fumier, et celui-ci enrichit le sol. On ne produit pas beaucoup d'alcool de betteraves en Allemagne.

Les betteraves à sucre occupent en France une surface de 260 000 hectares; en Allemagne 395 300 hectares.

L'Allemagne produit, d'après le grand ouvrage de M. Jules Hélot : « Le sucre de betterave en France de 1800 à 1900 », 12 400 000 tonnes; l'Autriche 8 500 000 tonnes; la France, par an 7 300 000 tonnes de betteraves; mais chose étrange, d'après M. Hélot, il faut en France 160 kilos de betteraves de plus qu'en Allemagne pour produire 100 kilos de sucre. Cela s'explique peut-être, comme dit M. Sébline, parce que nous avons en Allemagne un climat plus continental, la racine mûrit mieux.

Il est singulier que, malgré les prix bas, la culture des céréales principales en Allemagne ait augmenté de 1878 à 1895 de 300 000 hectares, et c'est surtout le froment qui y participe pour 100 000 hectares.

Il est probable que cela vient de l'amélioration des tourbières et des pâturages où l'on a créé des champs fertiles.

Ont augmenté aussi les plantes sarclées et les plantes fourragères, tandis que la jachère, les pâturages et les plantes industrielles ont diminué.

Le fait principal, c'est que le *rendement* par hectare a augmenté, comme probablement dans tous les pays et surtout en France. Le rendement a été en France et en Allemagne :

	FRANCE		ALLEMAGNE		AUGMENTATION
	1889-98		1880-89	1887-96	
	hectol.	quintaux.	quintaux.	quintaux.	quintaux.
Froment	15.90	12.72[1]	13.1	14.3	1.2
Seigle	15.70	11.93	9.7	10.8	1.1
Orge.	18.5	13.87	12.9	13.4	0.5
Avoine.	22.76	11.38	11.3	11.9	0.6
Pomme de terre.		105.2	83.2	89.6	6.4

1. Ce chiffre et les suivants de cette colonne ont été calculés par moi-même. Il est difficile d'obtenir une comparaison exacte entre le rendement en France et en Allemagne, parce qu'en France il est noté en hectolitres, en Allemagne en quintaux. On peut compter 1 hectolitre de froment = 80 kilog., 1 hectol. de seigle = 76 kilog., 1 hectol. d'avoine = 50 kilog. (47-50 kil), 1 hectol. d'orge = 75 kilog., 1 hectolitre de pommes de terre = 75 kilog.

De 1880-1900, d'après Werner, le rendement du blé, en Allemagne, a augmenté de 10 pour 100, de 1890-1900 aussi de 10 pour 100. De 1880-1900, le rendement du seigle a augmenté de 4 pour 100, mais de 1890-1900 de 19 pour 100. De 1880 à 1890, le rendement de l'orge a augmenté de 2 pour 100, mais de 1890-1900 de 3 pour 100. De 1880-1900, le rendement des pommes de terre a augmenté de 2 pour 100, mais de 1890-1900 de 25 pour 100.

Entrant maintenant plus spécialement dans le thème : « Les progrès de l'agronomie en Allemagne », il faut d'abord citer les causes principales qui ont contribué à ces progrès :

1° L'amélioration de l'enseignement agricole ;

2° L'augmentation des stations agronomiques et l'emploi plus vaste des engrais chimiques ;

3° L'amélioration des charrues et des machines agricoles en général ;

4° Le remembrement des terrains ;

5° L'amélioration des tourbières ;

6° L'amélioration de la culture des sols, tant légers que profonds ;

7° L'amélioration des graines pour semences ;

8° L'amélioration des concours agricoles.

Je prendrais trop de temps si je voulais discuter tous ces objets ici en détail.

Je me bornerai de parler de la culture des sols légers et de l'amélioration des graines.

Culture des sols légers. — Elle se base sur la fumure verte et sur l'engrais minéral. La fumure verte s'appuie surtout sur les expériences du Dr Hellriegel, Frank et d'autres, relatives à la symbiose des microbes avec les plantes légumineuses. Les racines de toutes les plantes légumineuses sont, comme vous savez, couvertes de nodosités dans lesquelles vivent des bactéries qui sont constituées de matières albumineuses et absorbent, comme il paraît, l'azote libre de l'air. Les nodosités, en pourrissant, donnent des matières azotées au sol.

Déjà les anciens Romains avaient enfoui des plantes vertes, surtout les lupins comme engrais ; les savants du dernier quart du xixe siècle avaient montré pourquoi cette méthode peut enrichir le sol, mais c'est un praticien, feu *M. Schultz*, à Lupitz, province de Brandebourg, qui montra la voie pour employer le mieux les engrais verts en pratique. Ce praticien, qui fut nommé docteur honoraire par l'Université de Halle, a su changer son terrain sablonneux et stérile en une terre riche, quoiqu'il soit resté toujours sablonneux. Il manque souvent dans nos terrains sablonneux de la chaux, de la marne, mais jusqu'à Schultz-Lupitz on ne devait pas chauler les terrains dans lesquels on voulait cultiver des lupins comme engrais vert, parce que le lupin fuit la chaux ; il aime seulement le sable.

Schultz-Lupitz démontra qu'on peut bien cultiver le lupin dans un sol léger additionné de chaux, si l'on donne du *phosphate* et de la *potasse*, et il a même cultivé cette plante pendant une longue série d'années sur un sol marné. De ce fait, comme dit M. le professeur Albert dans l'ouvrage de notre Société : *L'Agriculture allemande, son mouvement, son activité à la fin du XIXe siècle*, avec raison, le lupin était regagné pour la culture.

Le Dr Schultz recommanda, outre la culture du lupin, aussi d'autres plantes légumineuses, et il en essaya un grand nombre. D'autres hommes de la pratique l'ont suivi et la culture des plantes, dites intermédiaires, autant que la culture des soussemences, a pris une extension considérable. D'après Hoppenstedt la production d'un kilo d'azote par des légumineuses ne coûte que 0 fr. 45, si l'on prend des cultures intermédiaires; il coûte 0 fr. 70 dans la sous-semence, mais le prix s'élève à 1 fr. 40 dans le nitrate de soude et encore plus haut dans le fumier d'écurie.

Ayant reconnu que les microbes des nodosités des racines des légumineuses vivent dans le sol, on a pris du sol des champs où par exemple des féveroles croissaient bien et on a inoculé d'autres champs où les féveroles ne voulaient pas réussir.

Les bons résultats obtenus par cette méthode ont conduit plus loin. MM. *Nobbe* et *Hiltner*, à Tharand, ont fait des cultures pures de ces microbes et aujourd'hui la fabrique de *Meister, Lucius et Compagnie*, à Höchst-sur-le-Mein, produit la *Nitragine*, comme on a nommé cette substance, en grand.

Pour les sols riches et forts, on n'a pas autant de plantes pouvant servir d'engrais vert que pour les sols légers; on a surtout les trèfles, les féveroles, les vesces, les pois, mais la plupart de ces plantes ne poussent pas assez vite; les céréales, dans lesquelles elles croissent, mûrissent trop tard, et pour ces raisons, comme mon collègue M. Werner le démontre dans *l'Agriculture allemande*, les engrais verts n'ont pas trouvé autant d'extension dans les terres fortes.

Pour ces terrains forts, une découverte de M. *Caron*, propriétaire à Ellenbach en Hesse, aura peut-être une grande importance. M. Caron, qui est non seulement propriétaire, mais en même temps microscopicien, a trouvé que la *jachère* noire possède la propriété d'assimiler l'azote de l'atmosphère au moyen de petits microbes, qu'il a appelé *Bacillus Ellenbachianus* qui semble le même que l'ancien *megatherium*. Le professeur *Edler* a appuyé la théorie de Caron, il a trouvé que la jachère noire donne au moins la même récolte en seigle qu'un engrais vert de pois et beaucoup plus qu'un engrais vert de moutarde.

Déjà une fabrique produit le *Bacillus Ellenbachianus* en culture pure, c'est *Bayer et Compagnie*, à Elberfeld, qui le vend sous le nom d'*Alinite*. Mais il faut ajouter que les résultats n'ont pas encore toujours été concluants.

C'est surtout M. le Dr *Stocklasa*, à Prague, qui s'est occupé de cette question; dans son article publié dans le Rapport préliminaire de ce Congrès, (t. I, p. 408), il confirme parfaitement les découvertes de Duclaux que la vie végétale est impossible sans la présence des microbes dans le sol. Stocklasa a trouvé qu'un autre microbe, *Bacillus humusus*, est toujours présent si, après l'inoculation du *Bacillus megatherium*, il se produisait une assimilation énergique de l'azote de l'air.

C'est à la France qu'on doit les premières connaissances sur les microbes nitrifiants et dénitrifiants; Stocklasa a trouvé qu'un troisième *Bacillus*, le *Bacillus ramosus liquæfaciens*, détruit l'action dénitrifiante de certains *Bacillus* et qu'il faut ajouter du sol dans lequel on a développé des cultures de *Bacillus ramosus liquæfaciens* au fumier pour empêcher la perte d'azote.

Mais tous ces microbes et tous les autres moyens de culture n'auraient pas augmenté les récoltes d'une telle manière, si l'on n'avait pas eu en même temps une grande *amélioration des semences*. C'est à l'Angleterre qu'on doit la variété si productive, le blé à épi carré, dit Square-head ou Shériff, et le Rivetts bearded; c'est à la France qu'on doit le blé de Bordeaux, les blés hybrides de Vilmorin, dits Dattel, Aleph; c'est à la Suède, surtout à la station de culture des graines à Swalöf, qu'on doit des règles à suivre dans le sélectionnement, mais nous avons en Allemagne aussi des hommes qui ont travaillé beaucoup dans ce sens, comme l'a exposé le professeur Dr de Rümker dans l'ouvrage *L'Agriculture allemande à l'Exposition universelle de*

Paris. C'est M. Wilhelm Rimpau qui commença en 1868 le sélectionnement de son seigle de Schlanstedt, c'est lui qui étudia la floraison des céréales et montra que le seigle reste stérile, s'il n'est pas fécondé par le pollen d'autres épis, c'est lui qui créa un hybride entre froment et seigle (pas encore pour la grande culture), entre froment et épeautre, entre des pois ronds et des poids ridés, entre orge à deux rangs et orge trifurquée à quatre rangs; bref, il forma les céréales pour ainsi dire comme de la cire, et il fut nommé docteur honoraire par l'Université de Halle. Avec lui travaillent beaucoup d'autres producteurs. On ne choisit plus aujourd'hui les meilleurs épis ou les plus grosses graines, mais on étudie *la plante entière*, et on choisit des individus comme élites, qui, d'après l'ensemble de leurs caractères, promettent de donner de bons résultats. MM. de Proskowetz et Schindler, en Autriche, en 1890, ont étudié la corrélation des caractères, comme Darwin l'avait déjà fait surtout pour les animaux; ils démontrèrent que si l'on change un caractère, un autre est changé avec; le professeur Fischer, de Leipzig, prouva, entre autres, qu'il y a des corrélations entre la couleur des graines de seigle et le port de la plante.

Bref, des savants et des praticiens ont travaillé et travaillent encore pour reconnaître surtout sur quel caractère l'on doit faire la plus grande attention pour avoir des graines plus productives. M. Beseler, à Weende, près Goettingen, a créé trois familles de blé à épi carré : 1° tige longue et en corrélation épi long ; 2° tige moyenne, épi moyen ; 3° tige courte, épi court, cette dernière pour les terrains les plus riches où d'autres variétés ne résisteraient pas à la verse. M. de Lochow, à Petkus province de Brandebourg, au contraire, a créé un seigle pour les terrains les plus stériles en choisissant des plantes qui n'ont que 5 ou 6 tiges ; il arrache les plantes avec les racines, il les prend dans la main comme un fouet et si les tiges ne se brisent pas, il prend ces plantes pour l'élite après s'être persuadé qu'elles répondent aussi dans les autres caractères à son idéal, car il faut aussi, dans l'élevage de graines, ambitionner un idéal, comme dit Julius Kühn de Halle.

Un autre producteur, M. Cimbal, à Frömsdorf en Silésie, hybridise des blés du pays avec le Square-head, pour combiner la rusticité des premiers avec le rendement du dernier, et le Ministère de l'agriculture alloue chaque année 5000 marks à la Chambre agricole de la province de Silésie pour répandre les blés de Cimbal.

Quant aux pommes de terre, vous savez tous ce que nos Richter, Paulsen et maintenant aussi Cimbal ont produit.

Restent les betteraves. Ici nous n'oublierons jamais que c'est un Français, M. Vilmorin, qui le premier montra la sélection par le poids spécifique, et qui ainsi donna l'exemple de faire usage des qualités physiques pour reconnaître les meilleures racines, les plus riches en sucre. Maintenant nous nous servons surtout du polarimètre tandis qu'en France on semble préférer l'analyse chimique. Nous avons des établissements qui ont de 500 et 600 hectares de betteraves porte-graines.

Une grande amélioration a été faite dans l'*exposition* de graines aux grands concours agricoles organisés par la Société d'agriculture allemande qui, du reste, a amélioré aussi de beaucoup les concours des animaux. Vous savez qu'il est bien facile d'exposer une petite quantité de bonnes graines : il est seulement nécessaire de les trier à la main. La Société d'agriculture allemande ne permet pas que de tels échantillons soient exposés, sauf le certificat de deux témoins que l'échantillon, tel qu'il est, a été pris d'un tas d'au moins 10 ou 20 quintaux et qu'il a été scellé par les témoins. Il faut toujours envoyer deux échantillons de la même variété : l'un est envoyé à une station de contrôle de semences, l'autre est exposé au concours et le résultat de l'analyse de la station y est ajouté. D'après un nouveau règlement, on ne peut exposer que des graines qui ont été reconnues ou vérifiées à la récolte précédente.

Depuis douze années, la Société d'agriculture allemande a encore amélioré la production des graines pour semences d'une autre manière.

Tous les quatre ans elle ouvre un concours de *fermes de graines*. Les concurrents doivent payer chacun 100 marks, et une commission de trois personnes vient visiter leurs champs, leurs greniers, leurs machines à nettoyer et trier. J'ai eu l'honneur de faire deux fois ces visites comme membre du jury et je vous assure que nous avons été très sévères, guettant chaque épi faux, chaque mauvaise herbe en marchant souvent tout à fait à travers les champs.

Depuis quelques années, des concours semblables sont aussi ouverts sur ma proposition pour des associations (ou syndicats) de petits producteurs de graines.

Les primes consistent en de grandes médailles d'argent, mais ces grandes médailles de la Société sont plus estimées que beaucoup de médailles d'or. Le concurrent le plus excellent reçoit souvent encore un prix de vainqueur sous forme d'un objet d'art.

Enfin on a établi, surtout pour ceux qui ne font que propager des variétés connues pour le commerce, la méthode dite « Anerkennung der Saaten » (vérification des graines), comme l'a fait d'abord la Ligue des agriculteurs allemands. Cela veut dire qu'un employé de la Société vient voir si les épis sur le champ ont le vrai caractère de la variété dont ils portent le nom.

Toutes ces diverses mesures ont une grande influence sur l'amélioration et je vous invite de voir les échantillons à la section allemande, Pavillon de l'agriculture étrangère.

Mais, Messieurs, pour conclure avec les paroles de M. le Ministre de l'Agriculture de Hongrie : « C'est le progrès qui nous unit ». Les progrès dans le sélectionnement des semences ne se sont pas seulement manifestés en Allemagne, mais aussi dans beaucoup d'autres pays, et surtout en France.

J'ai eu l'occasion de voir l'autre jour les champs d'expérience de Vilmorin-Andrieux et Cie, à Verrières-le-Buisson, et puis des grandes cultures de graines dans le département du Nord, près de Lille, les fermes de la maison Desprez, de MM. George et Auguste Potié, de M. Laurent-Mouchon, et je vous assure, quoique ma visite ne fût pas prévue, que j'ai trouvé les cultures aussi bien soignées que dans les meilleures parties de la province de Saxe; je félicite la France d'avoir de tels grands cultivateurs et sélectionneurs.

CULTURES MÉRIDIONALES

ET CULTURES COLONIALES

BUREAU

Président. . . . . M. DEVELLE (Jules), ancien Ministre de l'agriculture, membre de la Société nationale d'agriculture.

Vice-présidents . M. PERRAULT (X.), président d'honneur de la Chambre de commerce de Montréal (*Canada*).

M. VAN ZUIJLEN (le colonel), président de la Section néerlandaise de la Société d'agriculture et d'industrie de Batavia (*Indes néerlandaises*).

M. WENT (le Dʳ F. A. F. C.), professeur à l'Université d'Utrecht (*Pays-Bas*).

M. WILEY (le Dʳ H.-W.), chimiste en chef au département de l'agriculture (*États-Unis*).

M. FOUGEIROL, sénateur, membre de la Commission internationale d'agriculture (*France*).

M. CHAILLEY-BERT (J.), secrétaire général de l'Union coloniale française (*France*).

Secrétaires. . . . M. DYBOWSKI (Jean), inspecteur général de l'agriculture coloniale (*France*).

M. LECOMTE (Henri), agrégé de l'Université, docteur ès sciences, professeur au lycée Saint-Louis (*France*).

Première séance. — Dimanche 1ᵉʳ juillet.

M. JULES DEVELLE, président du Comité de la Section, invite celle-ci à constituer son bureau définitif.

Sont élus :

Président : M. Develle.

Vice-présidents : MM. Perrault, le colonel Van Zuijlen, le Dʳ Went et le Dʳ Wiley, pour l'étranger ; MM. Fougeirol et Chailley-Bert, pour la France.

Secrétaires : MM. J. Dybowski et H. Lecomte.

M. LE PRÉSIDENT annonce que la première séance aura lieu le lendemain matin à 9 heures, et il propose de suivre, dans les discussions, l'ordre du programme fixé par le Comité de la Section. Cette proposition est adoptée.

La séance est levée à 5 heures et demie.

Deuxième séance. — Lundi 2 juillet (matin).

La séance est ouverte à 9 heures et demie sous la présidence de M. DEVELLE.

L'ordre du jour appelle la discussion de la 2ᵉ question du programme : *Développement des primeurs dans le Midi; ses conséquences pour la richesse agricole.*

M. LE PRÉSIDENT fait connaître les conclusions auxquelles arrive M. Zacharewicz qui a rédigé un rapport sur cette question[1].

M. MAURICE DE VILMORIN exprime le désir que les Compagnies de chemins de fer prennent les mesures nécessaires pour que les expéditions soient faites plus rapidement qu'aujourd'hui.

M. ZACHAREWICZ appuie les observations de M. de Vilmorin et déclare qu'il est tous les jours témoin de ces difficultés. Il ajoute qu'il serait utile de reviser les tarifs pour produits étrangers vis-à-vis des tarifs pour produits français.

M. DYBOWSKI dit que des essais d'envois par colis postaux ont été expérimentés, mais que pour les envois d'Algérie ou Tunisie, il n'y a pas la concordance nécessaire entre l'arrivée du bateau et les départs par chemin de fer ; il conviendrait de diminuer les délais légaux.

La Section émet le vœu que ces diverses observations soient présentées aux Compagnies de navigation et de chemins de fer, en les priant de prendre les mesures nécessaires pour atténuer ou pour faire disparaître ces inconvénients.

M. MAURICE DE VILMORIN, après avoir constaté le développement de la culture des plantes d'ornement, fait ressortir l'intérêt que pourrait présenter pour celle des fleurs dans le Midi, la possibilité de trouver en plus grand nombre, en France, des chefs de culture instruits et expérimentés.

Sur la 3ᵉ question du programme : *Les plantes à parfums et à essences*, M. LE PRÉSIDENT fait connaître les conclusions adoptées par le rapporteur M. Chapelle[2]. Ces conclusions se rapportent surtout à l'avilissement des prix de vente et à la concurrence croissante des produits chimiques artificiels.

La Section prend acte des indications contenues dans l'intéressant rapport de M. Chapelle, et exprime l'espoir que la fabrication des parfums recherche le perfectionnement de ses produits, plutôt que de chercher à étendre ses cultures et sa fabrication.

La Section revient à la première question du programme : *Progrès à réaliser dans les cultures arbustives.*

M. DYBOWSKI indique les progrès réalisés en Tunisie pour la culture de l'olivier.

M. J. AGUET dit que, en Italie, les principales déprédations sont causées par les insectes.

M. LE PRÉSIDENT rappelle que des mesures internationales ont déjà été proposées pour la protection des oiseaux qui sont les grands destructeurs d'insectes.

M. CORNU dit qu'il s'est déjà occupé de cette question, au sujet des cultures d'oliviers des Alpes-Maritimes. Le *Dacus* nous viendrait de la Ligurie. M. Cornu pense que le meilleur moyen pour en combattre la propagation serait une entente avec l'Italie pour obtenir la réglementation de la récolte des fruits tombés.

M. AGUET dit qu'il ne suffit pas de ramasser les olives sous les arbres, mais qu'il faudrait cueillir les fruits attaqués sur les arbres.

1. Voir le Tome 1 des Travaux du Congrès, p. 611.
2. Voir le Tome 1 des Travaux du Congrès, p. 620.

La Section exprime le vœu que les préfets soient autorisés à réglementer le ramassage des olives tombées.

Elle émet également le vœu que les mesures proposées pour la protection des oiseaux soient recommandées à l'adoption des divers gouvernements.

Enfin, elle émet encore le vœu que des mesures soient prises pour faire connaître la nature exacte des produits expédiés et, en particulier, l'indication exacte des mélanges.

L'ordre du jour appelle l'examen de la quatrième question : *Progrès dans la culture du mûrier* [1].

M. Mozziconacci dit que la culture du mûrier laisse fortement à désirer ; de plus, les cocons se vendent actuellement à un prix trop minime, pour être rémunérateur. Enfin, on emploie parfois de la graine de mauvaise qualité. M. Mozziconacci estime que le grainage ne devrait pas être libre ; d'après lui, on devrait exiger un certificat de capacité comme en Turquie. Ce pays qui importait de la graine en exporte maintenant de grandes quantités.

M. Mozziconacci donne connaissance à la Section d'un programme qu'il a élaboré au point de vue des connaissances à exiger des préparateurs de graine, notamment en France.

La Section émet le vœu que dans l'intérêt général de la sériciculture, les graineurs soient pourvus d'un certificat constatant leurs capacités.

La séance est levée à 11 heures et demie.

Troisième séance. — Lundi 2 juillet (soir).

La séance est ouverte à 2 heures et demie sous la présidence de M. Develle.

Cultures coloniales. — M. le Président appelle l'attention de la section sur la première question : *Situation actuelle et progrès récents de l'agriculture dans les colonies européennes et dans les pays tropicaux en général.*

M. Lecomte est chargé de répondre à cette question dans un rapport qui pourra être inséré dans le deuxième volume du Congrès.

Une discussion s'établit entre MM. le colonel van Zuijlen, Develle, Dybowski et Lecomte au sujet de la question concernant l'établissement du *crédit agricole dans les colonies.*

M. Agathon dit qu'en Turquie il existe des banques agricoles qui avancent des fonds aux agriculteurs, moyennant un intérêt annuel de 6 pour 100, et dans le but unique de faire servir cet argent à des opérations agricoles ; le remboursement est fixé à dix ans. Ces banques sont alimentées par un impôt spécial qui consiste en une transformation de la dîme de 10 pour 100 sur les récoltes en un impôt de 11 pour 100. Le capital recueilli actuellement dépasse déjà 100 millions de francs.

M. le Président fait remarquer qu'il existe quelque chose d'analogue en France, car la Banque de France consent des prêts dans des conditions identiques.

M. Dybowski dit qu'en Tunisie, à la suite de plusieurs mauvaises récoltes, l'administration a organisé des prêts aux indigènes, sous forme de graines à ensemencer, et par l'intermédiaire d'une Société de crédit.

M. Piot-bey fait connaître qu'en Égypte l'administration fournit aux agriculteurs des graines de bonne qualité.

---

1. Voir le Tome 1 des Travaux du Congrès, p. 650.

M. Agathon signale la présence, en Égypte, d'une banque agricole, dont les remboursements se font avec l'impôt foncier.

M. le Président résume la discussion en montrant que, de l'avis des membres du Congrès, c'est l'État qui doit prendre l'initiative au sujet de la création de moyens de crédit, pourvu que cette intervention soit faite avec méthode, circonspection et esprit de suite.

M. Maurice de Vilmorin fait une communication très intéressante sur la *culture potagère* dans les pays tropicaux et intertropicaux. Cette question étant très importante au point de vue de la santé des Européens établis dans ces pays, la Section décide qu'elle demandera au bureau du Congrès l'impression du rapport de M. de Vilmorin (voir aux *Documents annexes*, page 274).

La Section aborde l'examen des questions relatives aux cultures à propager dans les pays tropicaux.

La culture de l'*arachide* a fait l'objet d'un rapport préliminaire de M. Perruchot[1].

Le rapporteur étant absent, les conclusions sont adoptées sans discussion.

Un rapport sur la culture de la canne à sucre a été rédigé par M. le Dr Went[2].

M. Went expose les principales raisons pour lesquelles la culture de la canne est relativement prospère à Java. Les études scientifiques entreprises à Java ont contribué puissamment à assurer cette prospérité.

M. Agathon dit qu'en Égypte la canne ne donne pas un grand rendement; l'impôt foncier étant élevé, on cherche à remplacer sa culture par celle de la betterave sucrière qui est moins épuisante.

Une discussion s'engage entre MM. Develle, van Zuijlen et Went au sujet des prix de revient du sucre et des conditions générales de la production à Java.

La Section aborde l'examen de la culture du coton en Égypte[3].

M. Agathon montre l'importance croissante de la culture du coton en Égypte.

M. Piot-bey dit que les agents fertilisants ne sont employés qu'en très faible proportion dans les cultures cotonnières d'Égypte. Presque tout le coton est planté sans engrais.

M. Agathon ajoute que, grâce à la culture du bersim, la terre n'est pas trop épuisée.

Le rendement varie de 1500 à 3000 kilos à l'hectare.

Le rendement en soie varie de 30 à 35 pour 100.

Les fellahs payent de 300 à 500 francs de loyer à l'hectare, mais le propriétaire fournit l'eau.

Les frais de culture sont de 150 à 200 francs l'hectare; il faut y ajouter la dépense d'élévation de l'eau (soit 150 francs pour trois ans).

Bénéfice : 250 à 400 francs net à l'hectare.

La culture du coton en Égypte est donc actuellement très avantageuse.

M. Lecomte demande s'il ne serait pas désirable de provoquer l'extension de la culture du coton dans les pays tropicaux pour ne pas laisser un seul pays prendre le monopole de cette production.

M. Cornu rappelle que le Turkestan produit en ce moment une partie du coton utilisé en Russie et que le Soudan pourra sans doute, dans un avenir prochain, nous fournir une grande quantité de coton.

---

1. Voir le Tome I des Travaux du Congrès, p. 658.
2. Voir le Tome I des Travaux du Congrès, p. 683.
3. Voir le Tome I des Travaux du Congrès, p. 678.

M. Cornu ajoute que la culture de la ramie paraît aussi en bonne voie ; les essais faits en Indo-Chine ont donné des résultats satisfaisants et il semble que le Tonkin se trouve dans des conditions particulièrement favorables pour cette culture.

MM. Cornu, Dybowski et Lecomte engagent une discussion sur les conditions dans lesquelles cette culture du coton peut s'établir dans les colonies.

La séance est levée à 5 heures.

Quatrième séance — 6 juillet (soir).

Présidence de M. Develle.

L'ordre du jour appelle la discussion sur la culture du café[1].

M. Thierry montre les effets de la maladie vermiculaire du caféier ; à son sens, c'est la cause principale du dépérissement des plantations. C'est ce qui explique la diminution de la production de nos vieilles colonies.

M. Thierry préconise le greffage pour lui donner d'autres racines. Divers essais ont été faits ; les meilleurs résultats ont été obtenus par la greffe sur Libéria.

Il montre de nombreux et intéressants échantillons frais et conservés.

Le procédé recommandé est le greffage par approche fait dès le plus jeune âge. Il reprend toujours et est d'une pratique facile.

Les expériences de M. Thierry datant de quatre ans, on est en droit de considérer, selon lui, que le procédé recommandé peut être considéré comme réellement pratique.

M. Cornu dit qu'il a indiqué l'emploi pratique de la greffe sur germination ; il croit que ce procédé pourrait donner des résultats pratiques pour le caféier.

Il demande qu'il y ait des écoles de greffage dans les colonies.

M. Thierry croit que ce résultat ne peut être atteint que si l'administration donne des ordres dans ce sens.

M. Landes constate que ces conférences existent à la Jamaïque et donnent de bons résultats.

M. Dybowski, considérant que les populations des colonies sont peu préparées encore à appliquer les procédés culturaux, croit qu'il appartient avant tout aux jardins d'essais de propager les plants greffés. Ce n'est que par l'exemple que ce progrès pourra être obtenu. Il croit donc qu'il y a lieu d'inviter les Gouverneurs des colonies à faire exécuter du greffage, et à distribuer les plants aux colons.

M. Thierry constate que le *C. stenophylla* n'est pas envahi par la maladie.

M. Develle propose le vœu suivant :

« Le Congrès, après avoir entendu M. Thierry et constaté les remarquables résultats qu'il a obtenus à la Martinique par le greffage du *C. arabica* sur *C. Liberica* pour la lutte contre la maladie vermiculaire, émet le vœu que les administrations coloniales prennent les mesures utiles. »

Ce vœu est adopté, de même qu'un autre vœu sur l'enseignement colonial, que M. Dybowski est chargé de présenter au Congrès.

M. Laurent de l'Arbousset présente les conclusions de son rapport sur l'avenir de la culture du mûrier[2], qui sont adoptées. Puis il montre des échantillons de cocons et de soie obtenus à Madagascar.

---

1. Voir le Tome I des Travaux du Congrès, p. 632.
2. Voir le Tome I des Travaux du Congrès, p. 630.

M. Salomon a obtenu des cocons de race française. Il a fait un essai de croisement avec la race du pays. M. Laurent de l'Arbousset croit que l'avenir est dans ces croisements. Une bassine a été envoyée, mais n'a pu être transportée à Tananarive.

M. le baron DE GUERNE montre des araignées fileuses de Madagascar, arrivées en graines ; l'éclosion a eu lieu dans de bonnes conditions.

M. le colonel VAN ZUIJLEN s'est chargé de présenter un rapport de M. Bosch sur la récolte du caoutchouc. Son avis est que la récolte du caoutchouc aux Indes Néerlandaises ne peut être réalisée par les petites sociétés, mais seulement par les grandes exploitations. Il a recherché quel serait le meilleur moyen de récolter le caoutchouc.

Des expériences ont été faites au point de vue anatomique ; les coupes pratiquées ne portent pas atteinte à la vitalité des plantes. L'expérience a porté sur le *Ficus elastica* et sur le *castilloa*. Il obtient un produit sur le *castilloa* après trois ans. Une brochure est déposée rendant compte de la question.

Une discussion s'engage sur les procédés d'extraction du latex et les lieux où les plantations peuvent être faites.

DOCUMENTS ANNEXES

LA CULTURE POTAGERE DANS LES PAYS TROPICAUX ET INTERTROPICAUX

Par M. MAURICE L. DE VILMORIN,
Membre de la Société nationale d'agriculture,

La période d'annexion de domaines coloniaux semble provisoirement close ; il est nécessaire de procéder sans retard à la mise en valeur rationnelle de ces domaines.

Certains d'entre eux devront conserver encore, pendant une certaine période, des corps d'occupation d'une certaine importance, soit pour achever leur pacification, concourir à l'organisation, soit enfin parce qu'ils occupent des points importants sur l'échiquier de notre globe.

A la suite des troupes sont venus les représentants des administrations de tout genre ; avant, avec ou après ces deux catégories sont venus, viennent ou viendront les colons, soit qu'ils pensent se fixer sans esprit de retour dans nos colonies, soit qu'ils pensent y faire des séjours plus ou moins longs dans des établissements ou exploitations où le personnel dirigeant pourra, comme les officiers et administrateurs, être organisé pour bénéficier de la relève.

Colons, administrateurs et troupes appelés à résider en pays équatoriaux doivent apporter une attention très particulière à l'hygiène, et en particulier à l'hygiène alimentaire de leur vie journalière. La conservation de leur santé ou simplement de leur énergie dépend de cette hygiène.

Or, l'alimentation dans les pays chauds ou très chauds doit être, bien plus que sous nos climats tempérés, à base largement végétale, et parmi les produits végétaux auxquels nous sommes accoutumés, certains sont facilement ou difficilement cultivables dans les climats chauds, ou même ne le sont point du tout. Plusieurs végétaux inconnus à nos pays y remplissent par contre un rôle d'une certaine importance.

La connaissance des produits potagers les plus propres à rendre des services sous différentes latitudes n'est plus un mystère. Quelques bonnes publications existent sur ce sujet, des leçons fort compétentes sont offertes à qui peut en profiter. Cette connaissance cependant n'est pas aussi générale qu'il conviendrait et je pense faire œuvre utile en résumant — dans cet important Congrès — un grand nombre de renseignements centralisés depuis plusieurs années et provenant de sources diverses.

La plupart de nos colonies équatoriales ou tropicales étant africaines la réussite et le mode de culture des plantes en diverses parties de l'Afrique seront souvent mentionnés dans ces notes. Pour le résultat des cultures, nous devons de particuliers remerciements aux chefs de poste des colonies de l'Afrique occidentale et de Madagascar et aux missionnaires du Saint-Esprit au Sénégal, Gabon et Congo.

1° *Climat intertropical ou équatorial.*

Cette nature de climat est la plus contraire de toutes aux cultures potagères. Celles-ci demandent une alternance de saisons plus chaudes et plus fraîches. Or, le climat intertropical est habituellement chaud et humide d'une façon trop uniforme. Le soleil passe deux fois l'an au zénith et ce passage est généralement accompagné de pluies violentes — tornades — et d'une température élevée. C'est la saison des pluies ou hivernage. Les circonstances locales donnent souvent la prédominance à l'une des saisons des pluies, c'est généralement le cas en Afrique.

Il y a alors une saison des pluies assez prolongée et une saison sèche, plus fraîche, occupant cinq ou six mois, comme la saison des pluies. Quand on approche d'un ou de l'autre tropique, la culmination solaire ne se produisant qu'en une seule saison et à dates rapprochées, cette alternance des deux saisons se régularise. La saison sèche est en général sans pluies et sans nuages; il faut donner artificiellement de l'eau et de l'ombrage, ce qui est parfois difficile ; aussi certaines régions équatoriales, comme le Gabon où la saison sèche est particulièrement nuageuse, se trouvent-elles dans des conditions culturales relativement favorables.

D'une façon générale, la saison la plus favorable à la culture potagère est la saison sèche. Il faut naturellement pouvoir alors arroser et le terrain doit avoir été amené à un certain degré de division et d'engraissement. Dans les localités où le sol est très léger, aride, où l'on ne dispose pas d'arrosements, la saison sèche ne permet plus la culture et, malgré ses inconvénients, la saison des pluies est la moins mauvaise.

Les plantes potagères adaptées au climat intertropical sont toutes celles dont la végétation est très rapide, puis les Solanées, Cucurbitacées, les Légumineuses vivaces grimpantes, les féculents de diverses classes, Dioscoræa, Maniocs, etc.

Plusieurs de nos légumes les plus précieux, choux, carottes, chicorées, sont cultivables, mais demandent des soins un peu attentifs.

Aubergine. — Cette plante réussit même à Cayenne; on doit semer clair et repiquer à deux mois en terrain riche. On peut semer en saison des pluies ou saison sèche avec arrosage et récolter presque en tout temps.

Tomate. — Elle réussit de même jusque dans les pays les plus chauds; les variétés à fruits lisses semblent préférables. — Repiquer à deux mois.

Choux pommés. — Les choux à feuilles cloquées et en particulier les choux de Milan — gros et petit — des Vertus supportent remarquablement bien les climats chauds; les Choux express, Quintal, Cœur de bœuf réussissent bien au Gabon. Semer au cours de la saison sèche, repiquer un mois plus tard et parfois une seconde fois pour décider la plante à pommer.

Les grands choux à feuillage se cultivent utilement pour leur production soutenue de feuilles tendres. Chou cavalier, etc.

Le *chou-fleur* réussit à peu près au Gabon — chou-fleur de Naples, hâtif, d'Alger, — mais son succès est rare et incertain ailleurs dans la zone équatoriale.

Le *chou-navet* est dans les mêmes conditions. Semer fin de la saison des pluies — repiquer. — Chou-navet blanc lisse et à courte feuille.

Les choux de Chine à grosse côte, Pet-sai et Pack-choy, donnent très facilement et vite des feuilles tendres à couper jeunes; semer en toutes saisons.

Les *moutardes* de Chine à feuilles de chou donnent plus rapidement encore un feuillage à cuire conservant un goût spécial appétissant. — Cueillir jeune. Semer en toute saison.

L'*amarante* de l'Inde — *Amaranthus oleraceus L.* — donne en saison des pluies des tiges renflées que l'on tronçonne, pèle et fait bouillir, et dont on corrige la fadeur par l'assaisonnement. Semis au début de l'hivernage.

L'*épinard* du Gabon — *Euxolus caudatus* — est une plante très voisine de celle-ci.

Les *betteraves* à chair foncée et particulièrement la betterave noire plate d'Égypte, peuvent se cultiver au Gabon, à la Côte d'Ivoire, à Madagascar. Récolter la racine à demi-grosseur. Sous du sable sec on peut la garder deux mois après l'arrachage. Semer fin de l'hivernage ou en saison sèche, en place, éclaircir.

La *carotte*, réfractaire en Guyane, réussit assez bien au Congo-Oubanghi, Gabon, Côte d'Ivoire; les variétés un peu grosses, Guérande, Saint-Valéry, réussissent généralement mieux que les petites. Bons résultats en saison sèche, passables ou médiocres en saison des pluies. Semer en place.

Le *navet* est un peu hasardé comme la carotte. Les meilleures variétés sont le navet blanc des Vertus — Marteau — le blanc à collet rouge. Assez bon succès à la Côte d'Ivoire, Oubanghi, Gabon. En saison sèche.

L'*ognon* est à peu près incultivable. Le semis de graines importées donne des produits chétifs, la plantation de bulbes est parfois un peu plus favorable. — Côte d'Ivoire. Il existerait dans cette région un petit ognon indigène produisant toute l'année.

L'*ail* se multiplie assez facilement par plantation des bulbes; récolter au cours de la saison sèche. Replanter avant l'hivernage.

L'*échalotte*, qui grène peu, remplace jusqu'à un certain point l'ognon. Quand on a réussi à obtenir graines ou transport de bulbes, la multiplication est facile par division des touffes.

Les *poireaux* réussissent assez bien dans la partie équatoriale pas trop humide de l'Afrique, notamment au Gabon. Semer et repiquer à la saison des pluies ou en saison sèche le poireau de Carentan ou de Rouen.

La famille des *Cucurbitacées* fournit un bon nombre d'espèces à l'horticulture des pays chauds, soit courges à toute grosseur ou encore jeunes et tendres, soit concombres, pastèques, etc. Parmi les courges, celles de la section *moschata* sont spécialement appropriées aux climats chauds.

Le *potiron*, issu du *Cucurbita maxima*, réussit bien dans l'Afrique occidentale et dans la plaine de l'Inde.

Semer les courges à la fin de la saison des pluies ; donner l'appui de supports à celles qui grimpent et portent un fruit petit ou moyen.

Concombre. — Se cultive très facilement. Les concombres blanc hâtif, blanc de Bonneuil, vert petit de Paris, vert long anglais, donneront de meilleurs résultats avec de la graine importée. Le concombre des Antilles, Angura, donne abondamment et longtemps ; couper son fruit en long pour enlever les graines. Même date de semis que les courges ; les semis sont encore plus faciles.

Pastèques, — Semer à peu près en tout temps en sol riche et perméable, bien arrosé en saison sèche, les variétés à chair rouge, graine noire ou graine rouge.

Haricots. — Il vaut mieux chercher à récolter la cosse tendre, filet — que le grain mûr, nourriture un peu lourde que remplacent divers féculents plus digestibles.

Pour la cosse verte, le haricot d'Alger noir nain, le H. beurre du Mont-Dore, le H. coco bicolore, le H. nain blanc hâtif donnent de bons résultats en Afrique occidentale et au Congo. Semer à la fin de la saison des pluies ou au début de la saison sèche. Mais la production la plus abondante revient aux espèces grimpantes voisines : H. d'Espagne blanc et rouge (*Ph. multiflorus*), H. du Cap, de Siéva, de Lima (*Ph. lunatus*), dont on récoltera le grain frais, encore tendre, que l'on cuira après un trempage de plusieurs heures.

Des gousses tendres parfois un peu amères sont fournies par plusieurs espèces propres aux pays chauds :

1° *Dolichos sesquipedalis*, pois ruban de Cayenne, dolique asperge, dolique de Cuba.

2° *Dolichos lablab*, *Lablab vulgare*. La dolique lablab sans parchemin récemment introduite de Chine donne en abondance des gousses très tendres et larges.

3° Le *Mucuna nivea* donne dans l'Inde des grains de qualité équivalente à ceux du haricot de Lima ; à traiter de même.

4° Le *Cajanus flavus*, ambrevade, buisson non grimpant, vient encore assez bien à l'équateur, quoique plutôt légume indien et tropical.

5° Le *Canavalia gladiata*, légumineuse de grande dimension, produit des gousses abondantes à partir de la saison des pluies. Ces grandes espèces se sèment en général en saison sèche pour commencer leur production à partir de l'hivernage ; donner des supports proportionnés à leur dimension.

Fèves. — Culture difficile. Plonger la graine pendant douze heures dans l'eau à 50 degrés, puis recouvrir de terre humide ; semer en billon les graines dont le germe se montre. Fève de Windsor.

Pois chiche. — Résultat un peu difficile en climat très chaud. Semer fin de l'hivernage.

Chicorée. — Cet excellent légume résiste passablement à la chaleur. La forme qui se cultive le mieux est la scarole, puis les chicorées frisées. Scarole blonde, chicorée amère, chicorée frisée toujours blanche, chicorée grosse pancalière. Semer dès la fin de la saison des pluies (et plutôt en saison sèche les chicorées frisées), repiquer, ne pas lier, mais favoriser le blanchiment en tendant des nattes ou claies à peu de distance au-dessus des plantes.

Laitues. — Semer trois semaines après les chicorées. Réussissent plus difficilement, surtout les romaines; cueillir les plantes jeunes.

Épinard. — Toutes les variétés viennent également assez bien. Semer au cours et à la fin de la saison des pluies; beaucoup d'eau, peu de soleil.

La *baselle* blanche et la rouge résistent encore mieux à la chaleur et au soleil.

La *tétragone* cornue est dans le même cas. Semer en toute saison.

La *corette*, *Corchorus olitorius*, peut se semer en tout temps et donner rapidement des feuilles et des jeunes tiges à consommer en salade ou cuites.

L'*ansérine*, Quinoa blanc, donne un feuillage tendre à cuire et des graines très abondantes qui servent à faire des potages et gâteaux.

Le *pourpier*, dont il faut préférer les variétés à larges feuilles, donne aussi très rapidement des feuilles et des jeunes tiges tendres.

Le *claytone* de Cuba produit en peu de temps un feuillage tendre un peu acidulé pour salade ou à cuire.

L'*oseille* réussit bien à l'ombre avec des arrosages copieux (Oseille de Belleville).

L'oseille vierge (*R. Montanus*) et la variété à feuilles cloquées résistent très bien aux grandes chaleurs; la graine est rare. — Multiplier de division les premiers plants obtenus de semis.

Radis. — Réussissent très facilement. Les variétés les meilleures à cultiver sont les radis roses ronds ou demi-longs. Abriter, s'il se peut, du trop grand soleil. Vingt jours après le semis, on pourra commencer à récolter. Si la terre est riche et bien arrosée, le radis restera piquant et croquant, même quand il aura dépassé la taille où on le cueille en Europe.

Le *cresson alénois* donne en peu de jours une petite verdure de goût piquant; semis successif en toute saison.

Le *cresson de fontaine* réussit passablement, même au Gabon, au bord des sources fraîches.

Le *cerfeuil* et le *persil* réussissent sans peine, si on leur donne de l'ombrage et de l'eau.

Les *piments* sont une ressource par leurs fruits stimulants (piment de Cayenne, du Chili) ou parfumés sans être brûlants (piment doux d'Espagne). Semer même en saison des pluies, comme l'aubergine.

Le *fenouil*, le *cumin*, le *coriandre* donnent facilement en saison sèche leurs graines aromatiques utilisées dans la composition du currie. Semer à la fin de la saison des pluies.

Le *radis serpent* et le *radis de Madras* peuvent se semer en saison sèche pour fournir les siliques tendres et croquantes qui forment la partie utilisable de ce légume particulier.

En dehors des graines alimentaires, riz, millets, sorghos, etc., qui sont des plantes agricoles, un assez grand nombre de végétaux à tubercules, rhizomes ou troncs féculents, croissent aux plus chaudes latitudes.

Le manioc se multiplie de boutures, tronçons de fortes tiges implantés verticalement à 4 pieds d'intervalle. Il s'enracine bien, se développe surtout à la saison des pluies. Un an après la plantation, on peut récolter ses précieuses racines.

Pour l'emploi, laisser six heures la racine dans l'eau, peler, râper et exprimer le jus laiteux; enfin laisser macérer huit heures à grande eau; la farine tombe au fond du bassin, on la recueille sur des toiles et on la fait sécher deux heures au soleil; puis on la chauffe sur des plaques de tôle en la remuant pour l'empêcher de brûler.

Colocasia esculenta, Taro d'Océanie. — Produit en terre humide et presque marécageuse des tubercules féculents formant un mets agréable et sain ; le produit est peu abondant en raison du temps (un an) nécessaire pour obtenir ces tubercules qui ne sont pas bien gros.

Le rhizome de plusieurs cannas (*Canna edulis*, de l'Inde ; *Canna coccinea*, des Antilles) fournit un aliment assez agréable. Ne cuire que des rhizomes jeunes ou la partie nouvellement formée des vieux rhizomes.

Maranta arundinacea. — Cette plante fournit des rhizomes féculents étroits, mais assez abondants, et se conservant bien en terre. On multiplie à peu près en toute saison, surtout en saison des pluies, par division des groupes de rhizomes.

L'*Aracacha* (*Conium moschatum*) peut se multiplier de graines. Cette ombellifère sud-américaine donne un faisceau de grosses racines renflées d'assez bonne qualité. Semer fin de la saison sèche pour récolter un an après. Les variétés à racines particulièrement douces pourront se reproduire par division de racine qui doit comprendre la base des tiges.

En résumé, si la culture potagère équatoriale est parfois difficile, on doit reconnaître que le choix des espèces sur lesquelles elle peut porter ne laisse point d'être étendu.

2° Pays tropicaux à saison fraîche bien accusée ; pays montagneux de la zone équatoriale et intertropicale.

Dans les climats de cette sorte qui comprennent le Tonkin, les parties montagneuses de l'Annam, le moyen Niger, le sud et les parties montagneuses de Madagascar et de la Nouvelle-Calédonie, les ressources potagères sont déjà bien plus variées que dans la zone équatoriale. Presque toutes les plantes nommées plus haut peuvent y prospérer, sauf peut-être les manioc et taros, et de nombreuses plantes, patates, ignames, pois, haricots, s'y cultivent facilement.

La pomme de terre réussit à peu près bien au Tonkin sur les pentes sablonneuses de la vallée du Song-Cau ; en terrain bien préparé, on peut compter sur deux récoltes. Mais c'est (à l'exception de la Nouvelle-Calédonie et peut-être du sud de Madagascar) la limite de végétation de cette plante originaire d'un pays plus froid et plus sec.

Les ignames et patates sont des plantes essentiellement tropicales, qui peuvent même se cultiver en pays plus tempéré.

Pour l'igname, planter le collet de son long tubercule ou des bulbilles, suivant l'espèce, un peu avant la saison des pluies ; donner des supports aux tiges grimpantes. Pour la patate, planter, à la même date, les petites racines réservées au sec et au chaud, ou des boutures de tiges. Récolter en saison sèche.

Les haricots peuvent tous se cultiver et même se ressemer de graines récoltées au Tonkin, mais les variétés naines sont moins avantageuses que les grandes. Parmi les naines, le roi des beurres, le beurre noir nain d'Alger, le nain blanc hâtif, surtout le noir de Belgique, ont donné de bons résultats au Tonkin, à Sédhiou et à Timbo (Afrique occidentale).

Les haricots à rames, Prédome, beurre du Mont-d'Or, coco bicolore, d'Alger, réussissent bien. Les variétés des *Phaseolus lunatus*, des doliques et autres légumineuses citées plus haut, sont aussi à conseiller.

Le *Dolichos sinensis*, cultivé depuis longtemps au Tonkin, a le mérite de donner ses gousses en saison de pluies.

Pois. — Il y a maintenant à Hanoï des cultures en plein rapport dès février-mars, donnant un produit d'une qualité égale à ce qu'on obtient en France. Les pois à rames donnent un produit meilleur que les pois nains, et ceux à grain rond que les pois ridés. On peut citer : pois express, sans parchemin hâtif à large cosse, qui réussissent aussi fort bien à Timbo. Semer dès le début des saisons sèches et successivement.

Maïs. — Le maïs sucré peut se semer à dates successives et rapporte à peu près en toute saison : cueillir l'épi quand le grain est encore tendre.

Chou. — La culture des choux pommés a pris beaucoup d'extension au Tonkin, spécialement à Nam-Dinh. On sème à partir du commencement de la saison sèche et on repique quinze jours plus tard. Les meilleures variétés sont les choux de Milan gros et petit, cœur de bœuf, de Schweinfurth (Sédhiou, Fort-Dauphin), express, Bacalan gros (Timbo).

Choux-fleurs. — Viennent un peu péniblement quand le climat devient très chaud. Le chou-fleur géant d'automne réussit bien à Timbo, le géant de Naples à Fort-Dauphin, en saison sèche.

Chicorées. — La culture en est facile ; aux variétés qui supportent la zone équatoriale, on peut ajouter les frisées, un peu plus délicates.

Laitues. — Peuvent se cultiver assez bien. Si les insectes sont trop nuisibles aux semis, on sèmera en terrines ou caisses et on repiquera. Semer en saison sèche : laitues chou de Naples, grosse blonde paresseuse, etc. Les romaines sont de culture moins facile que les laitues proprement dites.

Ognon. — Semer de bonnes graines importées et conservées sous fermetures hermétiques, au début de la saison sèche, éclaircir. On peut aussi repiquer le plant quant il atteint 8 à 10 centimètres. Dans l'Inde, on brise ou tord la tige au commencement de la saison chaude, pour favoriser la formation du bulbe ; le bulbe étant mûr, on l'arrache et on le laisse quelques jours au soleil, avant de l'emmagasiner.

Carotte. — Semer en place en semis successifs, à partir de la saison sèche. Cueillir jeune : carotte de Guérande (Timbo), carotte nantaise (Fort-Dauphin), etc.

Poireau. — Culture facile ; semer à la fin de la saison des pluies, repiquer, butter pour blanchir les pieds qui approchent de maturité. Toutes les variétés réussissent.

Navet. — Les navets de Montmagny, de Freneuse, de Milan, réussissent bien à Timbo, Sédhiou, etc.... Le navet des Vertus Marteau donne de bons résultats à Fort-Dauphin. Semer clair, sur place, à partir de la fin de la saison des pluies.

Radis. — Semer les radis roses et rouges, les ronds et demi-longs, ordinaires ou à forcer, en place, épars ou en sillons recouverts d'un peu de terre fine, à partir de la saison sèche. A Timbo, le radis de Stuttgard a remplacé assez bien les navets pendant l'hivernage.

Le radis du Japon ou Daïkon, qui forme une racine volumineuse, peut se semer aux mêmes fins, au début de la saison des pluies.

Betteraves. — Les variétés à chair rouge foncé réussissent bien. Cueillir jeune : betterave rouge de Whyte (Timbo).

Épinard. — Semer à la fin de la saison des pluies, sur place, en sillons, protéger contre les oiseaux par un filet, s'il est nécessaire. Toutes les variétés réussissent.

Salsifis. — Difficile, ne réussit que dans les localités assez fraîches (Fort-Dauphin).

Aubergine, Tomate, Piment. — Les solanées qui résistent au climat équatorial se cultivent facilement sous les tropiques.

Courge. — Toutes les variétés se cultivent sans peine. On les sème généralement sur place, en des trous remplis de terre perméable bien engraissée, et à partir du milieu de la saison sèche. Elles produisent à partir de la saison chaude. Les *giraumons* sont, de longue date, cultivés au Tonkin.

Benincasa cerifera. — Cet excellent légume, intermédiaire entre les courges et les concombres, peut se cultiver comme les premières.

Concombre. — Semer en place, à peu près en toutes saisons, mais surtout au début de la saison sèche.

Melon. — Réussit mal, si ce n'est dans les contrées déjà un peu fraîches (cantaloup Prescott hâtif, de Cavaillon, à Timbo).

Luffa acutangula, Momordica charantia, Momordica balsamina. — Ces trois cucurbitacées indigènes se cultivent au Tonkin, pour les fruits à cueillir très jeunes, qu'ils produisent de bonne heure. Semer au courant de l'hivernage.

Pastèque. — Culture facile en terres riches et perméables; semer en place les variétés à chair rouge, arroser copieusement : le fruit à demi-grosseur peut se cuire comme les concombres.

Chayotte (Sechium edule). — Semer au cours de la saison des pluies.

Artichaut. — Vient péniblement; on a réussi le gros vert de Laon à Sédhiou.

Topinambour. — Peu usité en Europe, est assez recherché dans l'Inde; planter un peu avant la saison des pluies et arracher à partir de la saison sèche; les tubercules restent en terre en bon état pendant toute celle-ci. Il faut se procurer des tubercules, dont la conservation est un peu difficile.

Crosnes du Japon. — Même culture. La plante est moins fade dans les climats chauds que dans le nôtre.

Céleri. — La difficulté est surtout de faire germer la graine. Semer en caisse, pot, terrine, recouvrir fort peu, repiquer en place le plant déjà un peu fort, butter pour blanchir, quinze jours avant la récolte. Céleri plein blanc-frisé (Sédhiou, Timbo).

Céleri-rave. — Réussite aléatoire; bons résultats à Timbo.

Cerfeuil, Cresson alénois, Moutarde. — Semis en toute saison.

Cochlearia officinal. — Réussit en terrain frais, aussi bien sous les tropiques, qu'au voisinage du pôle.

Cresson de fontaine. — Réussit assez facilement auprès des sources fraîches.

Terminant ici ce résumé, avec l'espoir qu'il pourra être utile aux personnes appelées à résider aux pays chauds, nous ajouterons quelques lignes sur la culture.

Les plantes féculentes équatoriales, les grandes légumineuses, les cucurbitacées vivaces, demandent en général dix à douze mois de végétation, débutant par la saison des pluies. Les plantes à végétation plus courte sont en général à cultiver en saison sèche, à condition qu'on puisse arroser ou que le terrain reste frais.

Les planches de culture peuvent être surélevées, maintenues par clayonnages ou autrement, séparées par des allées larges, offrant un peu de pente, pour que les pluies torrentielles de l'hivernage soient évacuées sans dommages.

La terre doit être autant que possible légère et très engraissée. Il faut ne point perdre de vue que chaleur et lumière donnent une grande activité à l'appareil foliacé des plantes. Si la terre maintenue fraîche contient une nourriture très assimilable, l'appareil radiculaire travaillera proportionnellement et l'on obtiendra des produits parfois plus beaux qu'en Europe. Sinon l'évolution de la plante se fera prématurément vers la fleur et la fructification. Conserver les graines sous fermeture hermétique.

Pour les plantes qui se repiquent et peuvent attendre quelque temps à l'état de plant serré, on peut faire des repiquages successifs dans les planches où la plante doit se développer. Quand la saison sèche est sans nuage, ce qui est fréquent, on fera bien d'ombrer soit les planches, soit chaque plante, comme le font les Malgaches pour leurs cultures de tabacs, au moyen de feuilles de palmiers ou brindilles.

SUR LA MALADIE VERMICULAIRE DU CAFÉIER

Par M. THIERRY

Ancien directeur du Jardin botanique de Saint-Pierre (Martinique).

Dans le courant de l'année 1899, j'ai publié, dans le *Bulletin agricole de la Martinique* et dans le *Bulletin du syndicat agricole* de cette même colonie, deux études que j'avais faites relativement à la maladie vermiculaire du caféier et aux résultats que j'avais obtenus dans la recherche des moyens de résistance à opposer à cette maladie.

C'est de cette même question que je désire pouvoir vous entretenir un moment aujourd'hui, afin de faire ressortir à vos yeux toute l'importance qu'elle a, et les conclusions qu'on peut tirer des recherches faites.

Étant donné le temps forcément restreint qui peut m'être accordé pour la communication que j'ai à vous faire, je ne puis vous raconter le détail des expériences que j'ai faites, il me paraît préférable d'arriver le plus vite possible à l'examen des conclusions auxquelles j'ai été amené et que j'aurai l'honneur de vous prier de vouloir bien approuver, ces conclusions se déduisant naturellement des constatations, ainsi que vous allez pouvoir en juger.

Pour entrer de suite dans le vif de la question, permettez-moi de vous présenter, malgré qu'ils soient fatigués par le voyage, quelques spécimens de caféiers vivants que j'ai pu amener avec moi de la Martinique.

Ces spécimens représentent :

1° Un caféier d'Arabie, non attaqué par la maladie vermiculaire, et dont toutes les grosses racines, aussi bien les pivotantes que les latérales, sont abondamment pourvues de radicelles parfaitement saines.

2° Deux caféiers d'Arabie, âgés de deux ans, atteints de la maladie vermiculaire, et sur les radicelles desquels vous constatez les nombreuses nodosités causées par les attaques des anguillules, en même temps que le commencement de désorganisation des tissus venant à la suite de l'attaque des anguillules. Ces deux spécimens étant jeunes, les racines profondes ont encore des radicelles, mais moins bien développées que celles développées sur les racines superficielles.

3° Deux troncs de caféier d'Arabie, âgés de plus de dix ans, atteints de la maladie vermiculaire et sur les racines profondes desquels les radicelles ont entièrement disparu. L'enveloppe extérieure de ces racines profondes est complètement désorganisée; seules, les racines superficielles sont vivantes et ont encore des radicelles sur lesquelles vous pouvez voir les nodosités indiquant la présence des anguillules.

4° Deux caféiers d'Arabie greffés par approche avec des caféiers de Libéria et vivant ensemble dans le même vase depuis deux ans sans qu'aucun sevrage ait été fait. On ne peut imaginer un contact plus intime que celui établi entre deux plantes soudées ensemble par la tige et dont les racines, depuis deux ans, se sont entremêlées constamment pour la formation du tapis feutré constitué par les racines et qui se forme régulièrement autour de la motte de terre contenue dans les vases renfermant des plantes vivantes. Cependant, malgré ce contact intime, malgré qu'il y ait deux ans que ce contact existe, alors que toutes les racines des caféiers d'Arabie sont recouvertes de nodosités produites par les anguillules et même déjà désorganisées en certains endroits, les racines et radicelles du caféier de Libéria sont parfaitement saines, et vous chercheriez en vain sur elles une nodosité révélatrice de la présence des anguillules.

5° Un caféier d'Arabie greffé sur caféier de Libéria, d'après la méthode que je crois devoir recommander, et montrant combien la soudure devient parfaite, sans développement d'aucun bourrelet. Le point où la soudure s'est faite n'est plus sensible au doigt ; il est seulement sensible à l'œil par la différence de couleur des deux écorces, blanche sur le caféier d'Arabie, brune sur le Libéria.

6° D'autres spécimens, pris à différents âges et conservés dans l'alcool, qui reproduisent les mêmes particularités que les spécimens vivants, en les accentuant plus ou moins selon leur âge et les conditions d'existence dans lesquelles ils ont vécu.

L'examen de ces spécimens amène :

1° A l'appréciation de l'intensité des ravages causés par les anguillules sur les plantations de caféiers, en raison de la destruction des racines profondes d'abord et des racines superficielles ensuite.

2° A la constatation de l'immunité complète du caféier de Libéria vis-à-vis de la maladie vermiculaire. Dans des cultures de Libéria que j'ai pu examiner, au milieu de plants de caféier d'Arabie malades de la maladie vermiculaire, je n'avais jamais trouvé trace d'anguillules sur les racines de ces Libéria ; c'est ce qui m'avait amené à cultiver dans un même pot un caféier d'Arabie et un caféier de Libéria greffés ensemble, afin de voir si, par un contact intime, la contamination se produirait. J'ai fait cet essai sur de nombreux sujets, le résultat a toujours été le même.

3° A la preuve non seulement de la possibilité d'un greffage avantageux entre la plante malade de la maladie vermiculaire et la plante qui en est indemne, mais encore de la parfaite sympathie qu'il y a entre les deux espèces, puisque dans les spécimens où le sevrage n'a pas été fait sur le pied du greffon, on voit sur ce greffon, dont les racines sont malades, la partie tige diminuer de grosseur au-dessous du point de soudure et se sevrer presque d'elle-même au pied, alors que la tête, recevant la sève du Libéria, prend un beau développement et dénote une grande vigueur.

Après cet exposé démonstratif, vous avez compris l'analogie qui se présente entre la maladie vermiculaire du caféier et le phylloxéra de la vigne. Cette analogie existe tant dans la nature du mal que dans les remèdes à lui opposer. En raison de cette analogie et des résultats déjà obtenus avec le greffage du caféier, j'ai pensé qu'on était en droit d'espérer la reconstitution prochaine et rapide des caféières dans les colonies où elles ont été détruites par la maladie vermiculaire.

Je laisse complètement de côté en ce moment le point de savoir exactement à quelle espèce d'anguillule nous avons affaire pour le caféier. C'est un point encore obscur et qui sera, je l'espère, prochainement éclairci ; mais que cette anguillule soit *Tylenchus Coffeæ*, ou *Meloidogyne exigua* ou *Heterodera radicicola*, il n'en ressortait pas moins pour le planteur que la culture du caféier, sans moyen de résistance à la maladie vermiculaire, était devenue impossible partout où cette anguillule existe. Pour ce qui est des colonies de la Martinique et de la Guadeloupe, je puis dire que je l'ai trouvée à peu près dans toutes les plantations que j'ai examinées, sur le caféier d'Arabie, avec cette restriction toutefois que ses effets sont plus ou moins terribles, plus ou moins prompts, selon l'altitude, selon le climat, la fertilité du sol et les soins généraux de culture apportés à la plantation.

Cette maladie n'est pas spéciale à la Martinique et à la Guadeloupe. Elle est également constatée et répandue au Brésil et à Java. On est en droit d'en supposer l'existence dans d'autres centres de culture du caféier où sa constatation n'a pas encore été faite, à en juger par les diminutions de rendement que les statistiques établissent par rapport au nombre d'hectares cultivés.

Au Brésil, on la combat par l'application du sulfure de carbone.

A Java, on emploie à la fois les insecticides pour les anciennes plantations et le greffage sur Libéria, ainsi qu'il résulte des travaux publiés récemment par M. Zimmermann qui faisait à Java les mêmes recherches que, depuis quatre ans, je fais à la Martinique.

Par l'examen des spécimens que je vous ai présentés, vous avez vu, messieurs, comment procède la maladie : un caféier d'Arabie franc de pied étant planté, ses racines profondes se développent d'abord ; quand les anguillules apparaissent, les radicelles de ces racines profondes sont attaquées successivement et successivement détruites. A côté, en dessus ou en dessous de celles détruites en naissent d'autres qui vivent et fonctionnent un moment, puis sont détruites à leur tour. Tout le temps que la terre est meuble et fertile au pied du caféier, la plante peut facilement émettre de nouvelles radicelles, mais cette faculté disparaît vite avec le tassement du sol. Il en résulte que, les racines profondes ne fonctionnant plus bien, il se produit le développement des racines superficielles qui permettront à la plante de conserver plus longtemps un semblant de vigueur, car ces racines superficielles profiteront d'une terre toujours plus meuble à la surface, de la moindre fraîcheur et des fumures qu'on donnera.

Avec la maladie vermiculaire, la plante n'a plus les racines pivotantes ou profondes qui la fixent au sol et la protègent contre le vent et la sécheresse ; aussi on peut dire que, avec la maladie vermiculaire, toute plantation de caféier d'Arabie franc de pied ne pourra venir, si elle n'est pas faite :

1° A une exposition bien abritée pour que la plante ne puisse être ébranlée par les vents ;

2° Dans une terre fertile et fermée pour que les racines puissent vite et facilement trouver un peu d'alimentation au fur et à mesure de leur développement et avant leur destruction ;

3° Dans un climat frais pour que les racines superficielles, qui arriveront fatalement à être les seules, ne puissent souffrir d'une sécheresse un peu trop prolongée.

Ce sont des conditions bien difficiles à réunir toutes sur un même endroit, et c'est la raison pour laquelle, tant à la Martinique qu'à la Guadeloupe, la culture du caféier se trouve circonscrite dans quelques endroits qu'on peut dire privilégiés, parce qu'ils sont frais, abrités des vents et que la terre y est fertile et bien ameublie.

Penser, dans les conditions ordinaires, ramener la culture du caféier d'Arabie, cultivé franc de pied, au point où elle en était au commencement de ce siècle constitue, à mon avis, une généreuse et grosse erreur, trop accréditée malheureusement. J'estime que pousser les planteurs à la culture du caféier d'Arabie franc de pied, c'est les pousser à peu près certainement à la ruine.

Même dans ces endroits privilégiés dont je viens de parler, la culture du caféier est devenue aléatoire; elle n'y a plus la régularité de production qu'elle avait avant l'envahissement des cultures par la maladie vermiculaire. On comprend facilement qu'une plante dont les racines sont malades ne puisse donner une production abondante sans souffrir; il lui faut un temps quelquefois long pour sa reconstitution; à une récolte dite bonne succède une mauvaise quand ce n'est pas deux ou trois, et quand aussi bien ce n'est pas la mort de la plante qui arrive.

A la fin du siècle dernier, la Guadeloupe produisait plus de 4000 tonnes de café pour une surface totale plantée de 7672 hectares, ce qui donnait une production moyenne de 575 kilogrammes par hectare. En 1897, la même colonie a produit 675 000 kilogrammes de café pour une surface totale plantée de 3680 hectares, ce qui ramène la moyenne à 183 kilogrammes par hectare.

A la même époque, la Martinique produisait, elle aussi, de 3000 à 4000 tonnes de café; elle n'en produit même plus assez maintenant pour suffire à sa consommation; il s'en faut pour cela de plus de 100 000 kilogrammes. Cependant la surface plantée est encore importante, mais quels rendements y obtient-on par hectare, c'est insignifiant.

En examinant les statistiques de culture et de production, on suit la progression constante de diminution de rendement par hectare; on voit aussi que dans les parties basses de ces îles on a dû abandonner progressivement la culture du caféier, non pas parce que les planteurs voulaient remplacer volontairement la culture du caféier par celle de la canne à sucre, mais parce que ces parties basses s'éloignant des conditions de culture que réclamait le caféier pour résister péniblement à la maladie vermiculaire, le caféier n'y prospérait plus. D'où l'explication de la diminution de la zone de culture du caféier aux Antilles, et de la diminution du rendement par hectare dans la zone encore existante.

Pendant longtemps on a cru, et jusqu'à présent beaucoup de personnes croient encore que le dépérissement des caféières était dû à la maladie des feuilles, causée par la larve d'un petit papillon appelé *Cemiostoma coffeella*, et connue vulgairement sous sous le nom de *rouille*.

J'ai cherché à établir, dans les études que j'ai publiées, que le *Cemiostoma coffeella* ne constitue, à proprement parler, qu'une maladie secondaire, puisque, encore maintenant, il suffit qu'un caféier soit vigoureux pour n'être pas atteint par le *Cemiostoma*.

Le *Cemiostoma* vient achever le dépérissement provoqué en premier lieu par une autre cause; dans quelques cas, il peut être dû au mauvais entretien des plantations, ou à la stérilité du sol, mais, presque toujours, il est dû à la présence des anguillules.

Le *Cemiostoma* n'est pas à craindre pour des plantes vigoureuses; s'il y apparaît, ce n'est que sur les feuilles vieilles ayant déjà terminé leur fonctionnement. Pour lutter avantageusement contre lui, la vigueur de la plante suffit, mais cette vigueur est difficile à obtenir, avec la maladie vermiculaire, dans les conditions ordinaires de culture. C'est pourquoi, ramenant à chaque cause les effets qu'elle a produits, il est juste de dire que c'est la maladie vermiculaire qui est vraiment la cause du dépérissement des caféières aux Antilles, cause déjà bien ancienne, à en juger par les observations faites antérieurement.

Messieurs, je passe rapidement sur tous ces points, d'autant mieux que, pratiquement, il importe peu pour le planteur de savoir depuis quel moment la maladie vermiculaire sévit aux Antilles; l'important pour lui est de savoir qu'elle y est, et qu'elle y est à peu près partout, ce qui, soit dit en passant, laisse à supposer qu'elle n'y est pas d'introduction récente. L'important encore est d'envisager nettement la situation, tant au point de vue agricole qu'au point de vue commercial et économique, afin d'en, tirer des conclusions qui permettent d'engager les planteurs dans une voie sûre, alors qu'en les poussant à la culture du caféier d'Arabie franc de pied, on les menait pour la plupart à la ruine, car ils sont bien rares ceux-là dont les terres sont si bien situées que les caféiers qui y sont plantés peuvent résister, même péniblement je le répète, à la maladie vermiculaire.

C'est cet ordre d'idées qui a fait naître la vogue dont a joui, pendant longtemps, le caféier de Libéria. C'était, et c'est encore une plante robuste, peu difficile sur le choix des terrains, gourmande à l'excès, c'est-à-dire profitant de tous les bons soins qu'on pourrait lui donner. Le produit n'était pas joli à l'œil; il n'était pas bon non plus au goût, mais on espérait que le goût du consommateur s'y ferait et on espérait, grâce au Libéria, une nouvelle ère de prospérité pour la culture du café.

Moi-même j'ai été pour beaucoup dans la propagation de cette espèce à la Martinique; je l'ai répandue partout où cela m'a été possible, mais je dois convenir maintenant, après constatation des résultats obtenus, que si la plante est vigoureuse et a tenu, agricolement, à peu près ce qu'on attendait d'elle, il n'en est pas de même au point de vue commercial.

Au point de vue commercial, il faut bien le dire, et même le dire haut : le Libéria ne se vend pas maintenant sur les marchés français et ne paraît pas avoir chance de se vendre mieux d'ici longtemps.

De sorte que les producteurs de café de Libéria, quand ils devront exporter leurs produits en Europe, se trouveront dans cette pénible alternative : ou bien envoyer leurs cafés sur le marché de Hambourg où ils seront en concurrence avec les Libérias de Java dont la vente est déjà lourde et où ils perdront ainsi le bénéfice de la prime d'importation accordée en France aux cafés provenant des colonies françaises; ou bien envoyer leurs cafés dans un port français où ils attendront bien longtemps l'acheteur désiré.

Si l'on rapproche ce fait commercial de cet autre fait économique colonial que, surtout dans les débuts de son exploitation, le producteur colonial a toujours besoin de réaliser au plus vite sa production, on est bien obligé de conclure, sans hésiter, que la culture du Libéria ne peut être recommandée à nos colons français, car sans parler des difficultés énormes qu'ils rencontreront pour la préparation de la récolte, on ne peut leur cacher qu'ils ne trouveront que difficilement, et dans de mauvaises conditions, la réalisation du produit qu'ils auront obtenu avec le Libéria.

Ce que je viens de dire s'applique plus exactement aux planteurs des Antilles qui ont la double chance de ne pas avoir l'*Hemileia* dans leurs cultures et de voir la marque commerciale de leurs cafés continuer à se maintenir malgré la faible production. Ce serait, à mon avis, maintenant que l'expérience commerciale est faite, une grosse faute que continuer à recommander la culture du Libéria pour la Martinique comme pour la Guadeloupe, car les cafés de ces deux pays jouissent d'une réputation qui les classe haut sur les marchés français.

En produisant du Libéria dans ces deux colonies, on risque d'amener la dépréciation de la vogue commerciale existant pour les produits obtenus de l'espèce d'Arabie, sans en faire profiter en aucune façon le produit du Libéria.

Cependant la propagation du Libéria dans les différentes régions des Antilles aura servi à prouver sa robusticité et sa résistance à la maladie vermiculaire. C'était un point intéressant à être constaté et retenu, car cette constatation permettait d'espérer que, si l'on arrivait à un procédé pratique de greffage, le Libéria pourrait jouer dans nos colonies, pour le caféier d'Arabie, un rôle analogue à celui que la vigne américaine joue en France pour la vigne française.

C'est ce que l'expérience a montré ; on peut dire maintenant que, grâce au greffage, on peut continuer à produire du café d'Arabie, en le greffant sur le Libéria, la plante vigoureuse, gourmande et réfractaire à la maladie vermiculaire.

J'arrive au greffage proprement dit. En se rappelant combien cette pratique, si répandue maintenant chez les vignerons, a éprouvé de difficultés dans les débuts pour sa propagation, on comprendra que c'était là une question assez difficile à résoudre pour les colonies où, étant donnés la disposition d'esprit de nos travailleurs coloniaux et le niveau de leur instruction agricole, il fallait arriver à un procédé qui soit facile à pratiquer et facile à réussir.

Le caféier se prête très facilement à l'opération du greffage, soit par rameau détaché, soit par approche.

Aux colonies, le greffage par rameau détaché présente l'inconvénient d'exiger impérieusement la mise à l'étouffée ; de plus, pour qu'il soit facilement exécutable, il convient de le faire sur parties déjà un peu lignifiées, ce qui, plus tard, présentera cet autre inconvénient de provoquer, à l'endroit de la soudure, le développement d'un fort bourrelet qui sera préjudiciable à la libre circulation de la sève. Cependant, c'eût été le seul système applicable, malgré les inconvénients qu'il présente et que je viens de signaler, s'il s'était agi de chercher la multiplication d'une variété de café obtenue accidentellement par semis, et ne se reproduisant pas exactement de graines. A Java, le greffage du caféier se fait par rameau détaché, et chaque greffe est recouverte d'un petit tube en verre.

Mais en considérant qu'au lieu d'une variété non fixée par semis, on a affaire, avec le caféier d'Arabie, à une espèce se reproduisant exactement de graine, j'ai pensé qu'on pourrait, de préférence au greffage par rameau détaché, employer le greffage par approche qui peut se faire à l'air libre, supprime tous les coûteux et minutieux désagréments de la mise à l'étouffée, et peut se pratiquer sur parties tout à fait herbacées, d'où il en résulte une soudure très solide, très prompte et ne provoquant pas de bourrelet par la suite.

Je passerai sur le détail des nombreux essais que j'ai poursuivis depuis quatre ans, pour arriver de suite à la description du procédé qui m'a donné toute satisfaction, tant pour la facilité que pour la rapidité d'exécution et les chances de réussite.

Lors de la récolte des fruits du caféier, on établit séparément une pépinière de café d'Arabie et une de Libéria, soit en caisses, soit en pleine terre.

Quand les graines commencent à lever, c'est-à-dire six à huit semaines après le semis, on peut commencer à greffer. On peut attendre aussi que les cotylédons soient développés, et même que la première paire de feuilles après les cotylédons ait apparu. Il vaut mieux ne pas attendre plus longtemps. L'opération est aussi facile dans un cas comme dans l'un des deux autres.

Pour greffer, on dispose une table dans un endroit à l'abri du soleil, dans une chambre par exemple. Sur cette table, on met d'un côté les plants de Libéria, et d'un autre côté les plants d'*Arabica* qu'on a arrachés les uns et les autres à racines nues et qu'on sépare bien visiblement pour éviter toute confusion.

On prend deux plants, un Libéria et un *Arabica* à peu près d'égale venue ; sur la tige de l'un, le Libéria par exemple, on enlève une légère pellicule longue de 2 à 3 centimètres environ et commençant au-dessous ou à partir des cotylédons selon que les cotylédons sont développés ou non. On fait de même sur l'autre plant, l'*Arabica*. On rapproche ensemble les deux parties entaillées ; on ligature avec un fil de coton et on replante en pleine terre, en pépinière, en tenant les plants greffés à l'ombre pendant trois à cinq jours.

La reprise des plants transplantés se fait de suite, en même temps que la soudure de la greffe qui est parfaite au bout de deux à quatre semaines. Il n'y a pas à déligaturer, car le fil de coton pourrit vite et cède à la pression opérée par le grossissement de la tige.

On fait le sevrage de la tête des sujets au-dessus des cotylédons en pinçant les bourgeons terminaux des Libérias au fur et à mesure qu'ils apparaissent. Pour faire le sevrage du pied du greffon, on attend le moment de la mise en place.

Ce procédé de greffage est rapide, facile, et ne nécessite pas d'outillage spécial pour la mise à l'étouffée.

Il produit des plants bons à être mis en place, aussi rapidement et plus rapidement même que s'il s'agissait de semis ordinaires.

Pour traduire en chiffres les avantages et facilités qu'il présente, on peut dire qu'un ouvrier peut faire une moyenne de 400 greffes par journée de dix heures, et que sur ces 400 greffes, on peut compter une réussite d'à peu près 100 pour 100; les seuls cas de non-réussite ne pouvant provenir que de ce que les jeunes plants, greffons ou sujets, auraient pu souffrir du soleil ou d'une évaporation exagérée entre le moment de leur arrachage et celui de leur repiquage, ce qu'il est facile d'éviter.

Messieurs, je viens de résumer devant vous la situation des caféières aux Antilles, comme aussi les expériences que j'ai faites et les résultats auxquels je suis arrivé.

La grande analogie qui s'établit d'elle-même entre les caféières et les vignobles me dispense d'insister davantage sur les avantages que présente le greffage du caféier d'Arabie sur Libéria. Le plant greffé devient une plante nouvelle qui s'offre à l'exploitation coloniale, sans risquer pour le planteur de voir ses plantations détruites par la maladie ou ses produits refusés sur les marchés français.

Mais là s'arrête mon rôle de chercheur et de vulgarisateur. C'est maintenant aux pouvoirs publics qu'il appartient de faire le nécessaire pour vulgariser cette nouvelle méthode de culture et la mettre à la portée de tous, en reproduisant aux colonies ce qui s'est passé en France à l'occasion de la reconstitution en plants greffés des vignobles détruits par le phylloxéra.

Dans cet ordre d'idées, je vous signalerai notamment l'intérêt que présente la création, aux colonies, de champs ou jardins d'essais qui, répartis dans les différents centres de culture du café, serviraient d'écoles de greffage, montreraient aux planteurs les résultats produits par la nouvelle plante et distribueraient des plants greffés permettant aux planteurs de remplacer, dans leurs vieilles cultures, les plantes mourantes, au fur et à mesure de leur dépérissement, par des plantes nouvelles.

Ces nouvelles plantes, mêlées ainsi aux anciennes, prospérant là où les autres venaient péniblement, produiraient la démonstration par les yeux, la seule vraiment bonne aux colonies, et amèneraient vite à la reconstitution totale des caféières malades et à la création de nouvelles caféières. Il s'ensuivrait l'élévation de la moyenne de rendement par hectare et l'augmentation du nombre d'hectares cultivés.

Par ces champs d'essais, judicieusement établis, on fixerait exactement les différents soins de culture que réclamerait la nouvelle plante pour chaque contrée, car ces soins, indépendamment de l'opération même du greffage, ne seront plus les mêmes que pour l'ancienne plante franche de pied, enfin, on établirait les limites de la zone de culture qui s'ouvrirait à cette nouvelle exploitation; tous renseignements qu'il importe de pouvoir donner au colon pour lui éviter des déboires, mais qui ne pourront être bien définis que par l'expérience faite sur les différentes régions considérées.

VALEUR ECONOMIQUE DE L'ARBRE A PAIN

(Artocarpus incisa, *var.* non seminifera)

Par M. G. SAUSSINE
Professeur au lycée de Saint-Pierre (Martinique).

L'arbre à pain est très répandu dans nos colonies des Antilles et son fruit féculent entre pour une part importante dans l'alimentation, surtout dans les campagnes; même dans les villes, c'est un mets très apprécié. Bien que, à considérer l'ensemble de la Martinique ou de la Guadeloupe, on puisse dire que l'arbre fructifie presque toute l'année, cependant le fruit ne se trouve guère sur les marchés que durant trois ou quatre mois de l'année à un cours comparable à celui des autres légumes féculents; en dehors de cette saison, il atteint des prix très élevés. C'est que le transport est difficile et que le fruit ne se conserve pas.

On le cueille, suivant l'expression locale, *à maturité*, c'est-à-dire un peu avant qu'il soit parfaitement mûr; encore faudrait-il s'entendre sur ce qu'on appellerait le fruit mûr, car si on le laisse sur l'arbre quelques jours de plus, il se ramollit et se détache en exhalant autour de lui une mauvaise odeur. Coupé à temps, il ne se conserve encore que deux ou trois jours.

La rapidité avec laquelle le fruit s'altère fait penser qu'il renferme une diastase énergique qui doit en faciliter la digestion. En fait, c'est un aliment sain, rafraîchissant et qui se prête à autant de préparations variées que la pomme de terre.

L'analyse de ce fruit a été faite récemment par M. Pairault, pharmacien principal des colonies, mais sans doute l'échantillon avait subi un commencement de dessiccation à l'air. Cette analyse justifie bien la valeur alimentaire qu'on lui attribue; aussi y aurait-il quelque avantage à le conserver.

J'ai vérifié que le fruit coupé en tranches minces se dessèche rapidement au soleil ou à l'étuve et se conserve ensuite parfaitement. La dessiccation à l'étuve donne de meilleurs résultats, on pourrait employer les appareils récemment imaginés pour la dessiccation des fruits.

L'épluchage et la dessiccation lui font perdre environ les trois quarts de son poids; on peut encore gagner sur le volume en écrasant les cossettes au moulin. On obtient une farine ressemblant plus ou moins à celle du manioc.

Pour comparer ces deux produits, j'ai transcrit ici une analyse de la farine de manioc par le même auteur et, pour faciliter cette comparaison, j'ai ramené la composition du fruit à pain à la même proportion d'eau.

	FRUIT A PAIN	FARINE DE MANIOC	FRUIT A PAIN NOMBRES CALCULÉS
Eau	46.21	8,10	8.10
Matières minérales	1.78	1.00	5.02
— azotées	2.34	1.30	3.98
— grasses	0.40	1.00	0.68
Amidon	41.42	83.60	70.41
Cellulose	4.20	2.20	7.14
Indéterminé	5.65	2.80	6.20

On voit que la farine de fruit à pain ne le cède guère au point de vue alimentaire à la farine de manioc qui est la base de l'alimentation populaire; si elle renferme un peu moins d'amidon, elle contient, en revanche, plus de matières minérales et azotées. Grâce aux sécheuses qu'on possède aujourd'hui, la fabrication n'en serait pas plus difficile que celle du manioc et on pourrait la conserver d'une saison à l'autre ou même l'exporter.

Mais il y a d'autres points de vue à considérer.

On a souvent proposé d'utiliser les fécules, patate, igname, manioc, etc., pour la fabrication de l'alcool. Il est peu probable que le fruit à pain serve jamais de matière première à l'industrie de l'alcool; nos îles, engagées dans la fabrication du rhum avec le jus seul de la canne, n'ont aucun intérêt à se livrer à la fabrication d'un alcool industriel. Mais peut-être y aurait-il lieu d'essayer la préparation de boissons fermentées, industrie qui utiliserait la transformation diastasique de l'amidon, puis une levure convenablement choisie.

J'ai fait, au laboratoire du Lycée de la Martinique, quelques essais de fermentation qui, tous, n'ont pas été heureux, je dois l'avouer. Je rapporterai seulement quelques observations. Un quartier de fruit épluché, abandonné à l'air, se dessèche et durcit *superficiellement*; l'intérieur se ramollit et prend une odeur aldéhydique très agréable; elle ne devient mauvaise que lorsque la pulpe intérieure est exposée à l'air. Pendant ce temps, l'amidon se solubilise et, au bout de deux ou trois jours, la pulpe délayée dans l'eau ne se colore plus par l'iode en bleu, mais en rouge vineux et ne réduit pas encore la liqueur de Fehling. Le pouvoir réducteur n'apparaît que plus tard et la masse éprouve aussitôt un commencement de fermentation. C'est ici que le choix de la levure sera d'une grande importance, autant pour la qualité du produit que pour le degré d'atténuation obtenue. Je me propose de pousser plus avant mes essais dans ce sens.

Il n'est pas sans intérêt de rappeler que les indigènes fabriquaient autrefois de ces sortes de boissons dont le P. Labat nous a conservé quelques recettes. Ainsi, l'*ouycou* était un sous-produit de l'industrie du manioc. Les déchets qui ne pouvaient être passés à la grage étaient séchés à la poêle et pilés dans un mortier ou bien pétris en une grosse galette qu'on cuisait à la façon ordinaire sur une plaque de fer. On prenait alors un grand canari, sorte de vase en terre, d'une contenance de 60 à 80 pots (environ 150 litres); il était rempli d'eau jusqu'à 5 à 6 pouces du bord et on y mettait deux grosses galettes de cassave, une douzaine de patates coupées en morceaux, trois ou quatre pots de gros sirops de canne ou, à la place, une douzaine de cannes coupées et écrasées, enfin une douzaine de bananes bien mûres écrasées. Cela fait, le canari était couvert et abandonné à lui-même ; on l'écumait de temps en temps et, au bout de deux ou trois jours, on avait une liqueur rougeâtre très alcoolique.

Le *maby* se préparait en mettant dans un canari 20 ou 30 pots d'eau, 2 pots de sirop clarifié, 12 patates rouges, dites patates à maby, et 12 oranges sures coupées. Le liquide fermentait en moins de trente heures ; il tenait plutôt du cidre, tandis que l'ouycou était une bière.

L'industrie de la canne a détrôné tout cela.

La fermentation de la matière amylacée du fruit à pain laisse comme résidu une drêche assez abondante. Un bon lavage à l'eau suffit pour obtenir une cellulose parfaitement blanche qui ne serait peut-être pas sans emploi. Il ne faut pas songer à l'utiliser comme pâte à papier, d'abord parce qu'on n'en aura jamais beaucoup, ensuite à cause de son état de division qui est pulvérulent plutôt que fibreux. Mais cet état particulier la rend propre à d'autres usages, tels que le moulage de petits objets d'ornement.

Ajoutons, enfin, que les fruits trop verts ou trop mûrs peuvent encore servir à la nourriture des porcs.

L'arbre à pain n'est pas seulement remarquable par son fruit : il est d'un port élevé ; ses larges feuilles, d'un vert brillant, bien découpées, en font un arbre assez décoratif, mais la crainte de la chute des fruits le tient éloigné des lieux de promenade. Les feuilles fraîches sont mangées avec plaisir par le bétail. Les chatons mâles, en se desséchant, prennent l'apparence de l'amadou ; frais, on peut les confire au sucre.

Mais le produit sur lequel on a fondé le plus d'espérances, c'est son latex. La section d'un rameau jeune fournit un liquide à peine laiteux où nagent de petits globules blanchâtres. L'écorce plus âgée donne un latex blanc, épais, qui se fige rapidement à l'air ; mais il se colle aux doigts et n'est guère employé qu'à faire de la glu ; à ce titre, les propriétaires devraient rigoureusement interdire la saignée de leurs arbres. Quand on le laisse sécher et durcir sur l'écorce, il se colle moins et acquiert plus d'élasticité. Il est d'autant moins visqueux qu'il est plus ancien. — Cette propriété a pu faire croire qu'il contenait du caoutchouc et j'ai voulu vérifier le fait. Le latex séché à l'air a été lavé à l'eau bouillante, l'eau n'a rien présenté de particulier et n'a rien retenu ; au sortir de l'eau bouillante, on l'a placé plusieurs jours de suite à l'étuve, mais l'opération n'a pas été poussée de crainte de modifier la substance. On l'a mis alors en digestion dans l'éther bouillant dans un appareil à reflux ; le résidu insoluble a été mis encore à digérer dans l'alcool bouillant ; il est resté finalement un résidu élastique non agglutinant, renfermant toutes les impuretés du produit naturel et présentant les caractères du caoutchouc ; mais il ne constitue que les six ou sept centièmes de la matière primitive, et il faut encore en déduire les impuretés, fragments d'écorce, sable, etc. La partie soluble dans l'éther est une matière gommeuse très adhésive ; elle forme la majeure partie du produit naturel, environ 90 pour 100. Le reste, soluble dans l'alcool, est une matière cireuse, non adhésive, dont le point de fusion est inférieur à 100 degrés ; elle se redissout dans la benzine et l'essence de térébenthine, mais seulement à chaud.

Il sera sans doute intéressant de pousser plus loin l'étude de ces substances, mais ces premiers essais suffisent du moins pour affirmer qu'il n'y a pas lieu de rechercher le caoutchouc dans l'arbre à pain, tant que la chimie n'aura pas appris à faire du vrai caoutchouc avec autre chose. L'avenir dira si cette recherche est aussi chimérique que celle de la pierre philosophale.

SEPTIÈME SECTION

LUTTE CONTRE LES PARASITES

PROTECTION DES ANIMAUX UTILES

BUREAU

Président . . . M. Prillieux, sénateur, membre de l'Académie des sciences et de la Société
    nationale d'agriculture.

Vice-présidents . M. Fischer de Waldheim, conseiller privé, directeur du Jardin impérial de
    botanique, à Saint-Pétersbourg (*Russie*).

    M. Eriksson (Jakob), professeur de pathologie végétale à la Station expéri-
    mentale d'Albano (*Suède*).

    M. Sorauer (le docteur, prof. Paul), à Berlin (*Allemagne*).

    M. Pini (Ranieri), directeur de *La Toscana vinicola ed olearia* (*Italie*).

    M. Caze (Édmond), député, vice-président de la Société nationale d'encoura-
    gement à l'agriculture (*France*).

    M. Périer de Larsan (le comte du), député (*France*).

    M. Saint-René Taillandier, vice-président de la Société des viticulteurs de
    France et d'ampélographie (*France*).

    M. le Dʳ G. Delacroix, maître de conférences à l'Institut national agronomique
    (*France*).

Secrétaires. . . M. Gervais (Prosper), secrétaire général de la Société des viticulteurs de
    France et d'ampélographie (*France*).

    M. Joffrin, préparateur à la Station de pathologie végétale (*France*).

Première séance. — Dimanche 1ᵉʳ juillet (soir).

La séance est ouverte sous la présidence de M. Prillieux, président du Comité de la
Section.

M. le Président invite les membres de la Section à constituer le bureau définitif.
Sont élus :

Président : M. Édouard Prillieux.

Vice-présidents : MM. Fischer de Waldheim (Russie), J. Eriksson (Suède),
le Dʳ Paul Sorauer (Allemagne) et R. Pini (Italie), pour l'étranger ; et MM. Edmond
Caze, le comte du Périer de Larsan, Saint-René Taillandier et le Dʳ G. Delacroix, pour
la France.

Secrétaires : MM. Prosper Gervais et Joffrin.

Il est décidé que la prochaine séance aura lieu le lundi 2 juillet à 9 heures.

Deuxième séance. — Lundi 2 juillet (matin).

La séance ouvre à 9 heures sous la présidence de M. Prillieux, président.

M. Prillieux souhaite la bienvenue à MM. les membres de la 7e section dans les termes suivants :

« Messieurs, c'est pour moi un grand honneur que d'être appelé à présider à cette réunion qui est la plus éclatante manifestation de la révolution scientifique qui s'est opérée dans l'agriculture durant la seconde partie du siècle qui finit.

« Il ne faut pas remonter bien loin pour retrouver le temps où les agriculteurs repoussaient systématiquement l'idée que la science qui avait tranformé si rapidement l'industrie et lui avait fait faire dans la première partie du siècle de si prodigieux progrès, pût rien faire pour le bien de l'agriculture. Pour eux alors, chercher à modifier les vieilles habitudes de la culture locale était la plus dangereuse et la plus ruineuse des chimères. Avec quel dédain étaient traités alors ceux qui croyaient aux grands services que la science devait rendre à l'agriculture ! Et pourtant aujourd'hui les agriculteurs en chambre, comme on disait alors avec mépris, les professeurs d'agriculture, sont devenus les guides écoutés avec confiance, auxquels les praticiens, les paysans du fond de la campagne vont demander des conseils. C'est qu'ils ont vu qu'il existe tout un monde qu'ils ne soupçonnaient pas et que la science s'est révélée à eux comme une puissance bienfaisante et inconnue.

« Quand, en France, on a nommé des professeurs départementaux d'agriculture et que des jeunes gens sortant des écoles et pour la plupart, il faut en convenir, assez inexpérimentés en ce qui touchait les détails de la pratique locale usitée dans le pays où le hasard des concours les envoyait, étaient appelés à enseigner l'agriculture à des gens qui avaient la prétention de la connaître bien mieux qu'eux, ils furent accueillis par la population rurale avec des sentiments qui n'étaient ni bienveillants ni confiants. Mais quand les paysans virent qu'en jetant sur le sol quelques poignées de sel et de poudre on lui donnait une fertilité comparable à celle qu'apporte le fumier de ferme, quand dans le Midi les vignerons reconnurent que par certains traitements on arrêtait ces fléaux terribles qui détruisaient leurs vendanges et les ruinaient, une révolution profonde se fit rapidement dans leurs esprits, ils virent qu'au delà de l'habileté pratique et de la connaissance intime de la terre et des plantes qu'ils savaient semer et cultiver, il y a autre chose de supérieur, d'abstrait, un ensemble de données purement scientifiques dont la grandeur dépasse les détails des opérations de la pratique, mais dont les lumières peuvent l'éclairer; et, maintenant, les praticiens sont les premiers à demander aux initiés de la science de les aider de leurs conseils.

« Les services que la chimie a rendus et rend encore chaque jour à l'agriculture sont innombrables. Les laboratoires de chimie agricole se multiplient de toutes parts et les agriculteurs les consultent sans cesse pour être renseignés sur la constitution de leurs sols, la nature et la proportion des engrais chimiques à y apporter, la valeur de leurs produits. Mais il y a un autre ordre de sciences plus nouvellement révélées au monde agricole et devant lesquelles s'ouvre un horizon immense, ce sont les sciences biologiques qui doivent nous donner une connaissance plus approfondie de la vie des plantes.

« Il en est une partie qui doit ici particulièrement être traitée, c'est celle qui se rapporte à la santé des plantes que l'on cultive dans les champs et aux dommages que peuvent leur causer d'autres petits végétaux qui vivent à leurs dépens et que nous voyons trop souvent produire, quand ils se développent sans obstacle, des épidémies terribles qui anéantissent les récoltes et rendent la culture impossible.

« Je suis heureux de souhaiter la bienvenue aux maîtres illustres, aux éminents professeurs qui sont venus de tous les points de l'Europe pour prendre part à ce Congrès et vont mettre en commun leur expérience scientifique et leurs grandes connaissances pour apporter à l'agriculture des indications et des renseignements utiles dont le monde entier profitera.

« La France est toujours heureuse de fournir le terrain où toutes les bonnes volontés se réunissent pour le bien de l'humanité.

« Je vous remercie, messieurs, d'être venus au milieu de nous et vous assure de notre profonde et bien cordiale sympathie. » (*Applaudissements répétés.*)

L'ordre du jour appelle la discussion du rapport de M. Eriksson sur la « rouille des céréales. »

M. J. ERIKSSON rappelle en quelques mots les points saillants de son rapport sur la *rouille des céréales*[1]. Il annonce l'apparition prochaine d'un mémoire détaillé sur cette question, et il termine en donnant lecture de ses conclusions qu'il demande à la Section de vouloir bien approuver.

Ces conclusions sont les suivantes :

« 1° Dans les pays où la rouille des céréales joue un grand rôle au point de vue pratique, les gouvernements doivent affecter des ressources nécessaires pour faire des investigations spéciales sur la rouille des céréales, et ces recherches doivent durer pendant un temps de cinq années au moins.

« 2° Ces recherches auront pour but de faire apprécier par des essais faits dans diverses localités, les variétés cultivées dans les pays. On devra examiner leur valeur générale comme plants de culture et surtout leur résistance relative aux formes de rouille les plus redoutables dans ces pays. On exclura des cultures les variétés qui se seront montrées dans ces essais très sensibles à la rouille.

« 3° A mesure qu'on aura acquis la connaissance des qualités et de la valeur des diverses variétés et formes de céréales, on devra soumettre à une étude aussi large que possible tout ce qui a été expérimenté dans d'autres pays touchant la conservation des champignons de la rouille pendant l'hiver, son apparition par contamination extérieure, etc. Il y aura lieu de rechercher ensuite s'il serait possible, par le croisement de certains blés, d'obtenir des races qui unissent une grande résistance à la rouille à d'autres qualités éminentes.

« 4° Enfin on fournira à ceux qui sont chargés de la direction de ces recherches l'occasion de se rencontrer au moins après une période de cinq ans pour échanger leurs vues et assurer à la continuation de leurs travaux le bénéfice *d'un plan commun.* »

M. FISCHER DE WALDHEIM considère que la rouille ne devient réellement désastreuse que dans des conditions bien définies. Dans le midi de la Russie, des milliers d'hectares se trouvent parfois simultanément envahis et c'est alors que la rouille produit des dégâts considérables. On y rencontre, suivant les variétés de céréales, les *Puccinia graminis, P. straminis, P. coronata.*

Il ajoute que les propositions de M. Eriksson doivent être discutées une à une, et il croit comme le précédent orateur que dans les régions où la rouille sévit d'une façon intense, les gouvernements devraient affecter des ressources suffisantes pour l'étude pratique de ces maladies.

Les deux premières propositions de M. Eriksson sont acceptées.

M. PINI, pour ce qui est des variétés résistantes à la rouille, connaît, en Italie, la variété Rieti qui se montre en particulier nettement réfractaire.

M. FISCHER DE WALDHEIM déclare qu'en Russie on sème souvent, sur une surface donnée, trois ou quatre variétés différentes ; que, naturellement la sensibilité de chacune

---

1. Voir le Tome I des Travaux du Congrès, p. 732.

de ces variétés, vis-à-vis de la rouille, varie de l'une à l'autre ; que pour les expériences à entreprendre on devra n'utiliser que des variétés isolées, de manière à posséder des éléments précis de comparaison.

La troisième et la quatrième proposition de M. Eriksson sont acceptées après quelques modifications apportées par l'auteur de la proposition.

Le lieu de réunion des délégués sera décidé ultérieurement et l'ensemble des propositions est accepté.

M. Pini ajoute qu'il faudrait laisser au Comité international la liberté de proposer l'étude de telle ou telle question de pathologie végétale autre que celle de la rouille, qui n'offre pas pour tous les pays un degré de nocivité aussi grand qu'en Suède et en quelques autres régions.

M. J. Eriksson résume rapidement son second rapport sur *la phytopathologie au service de la culture des plantes*[1] et lit à ce sujet les conclusions qu'il propose à l'acceptation du Congrès.

M. Fischer de Waldheim pense que la publication d'un bulletin international ayant avant tout un caractère pratique serait fort désirable.

La proposition est fortement appuyée par les membres présents.

M. Aguet pense que le Comité pourrait se contenter d'envoyer aux journaux agricoles le compte rendu de ses délibérations.

M. Prillieux considère que cette motion nécessite précisément l'envoi d'un bulletin, une sorte de feuille d'informations. (*Approbation générale.*)

La rédaction de M. Eriksson, un peu modifiée, est lue par M. le Président et adoptée.

Elle est ainsi conçue :

« Le Congrès approuve la création d'un Comité international de pathologie végétale, institué pour diriger d'un commun accord les études qui seraient poursuivies simultanément dans les divers pays sur les maladies les plus importantes des plantes cultivées.

« Il désigne une Commission provisoire qui se chargera des mesures à prendre pour réaliser cette création et tracer le programme de ses travaux.

« La 7e Section propose de désigner pour faire partie de cette Commission les membres ci-après, présents au Congrès, qui ont bien voulu promettre leur concours, en désignant comme président de la Commission provisoire M. Prillieux, président de la 7e Section, auxquels devront être transmis les différents projets d'organisation et les adhésions nécessaires pour compléter le Comité international.

Ce sont :

MM. Delacroix (France) ;
    Eriksson (Suède) ;
    Fischer de Waldheim (Russie) ;
    Laurent (Belgique) ;
    Prillieux (France) ;
    Sorauer (Allemagne) ;
    Went (Pays-Bas).

« En outre, la 7e Section a désigné plusieurs autres personnes de nationalités diverses, non présentes au Congrès, dont l'entrée dans le Comité international serait à désirer. Ce sont :

---

1. Voir le Tome I des Travaux du Congrès. p. 710.

MM. Frank (Allemagne);
    Marshall Ward (Angleterre);
    Wiesner (Autriche);
    Rostrup (Danemark);
    Marlatt et Galloway (États-Unis);
    Linhart (Hongrie);
    Cuboni et Targioni-Tozzetti (Italie);
    Ritzema Bos (Pays-Bas);
    Jaczewski (Russie);
    Fischer, de Berne, et Chodat (Suisse).

« Le Congrès émet le vœu qu'un bulletin périodique international, d'un caractère avant tout pratique, fasse connaître tous les faits intéressants ou nouveaux se rapportant aux maladies des plantes et aux mesures à prendre pour les combattre. »

M. Fischer de Waldheim annonce à cette occasion qu'une Station centrale de pathologie végétale, annexée au jardin botanique impérial, vient d'être créée à Saint-Pétersbourg.

M. le Dʳ Fatio lit les résolutions prises par le récent Congrès d'ornithologie, au sujet de la protection des oiseaux et il demande à la 7ᵉ Section du Congrès d'agriculture de vouloir bien s'y associer et les appuyer.

Ces conclusions sont les suivantes :

« 1º Protéger d'une manière efficace pendant cinq ou six mois comprenant l'époque de reproduction, tous les oiseaux qui ne sont pas reconnus comme incontestablement nuisibles, aussi longtemps que l'on n'aura pas réussi à établir des listes d'oiseaux partout et toujours utiles.

« Des exceptions pourront être prévues en faveur de la science et en cas de légitime défense.

« 2º Interdire complètement tous les procédés de capture en masse; que ces procédés soient capables de prendre les oiseaux en grandes quantités à la fois (filets, etc.) ou qu'il s'agisse des pièges ou engins (lacets, etc.) qui, disposés en grandes quantités, puissent atteindre au même résultat.

« 3º Interdire également le commerce et le transit, le colportage, la vente et l'achat des oiseaux protégés, de leurs œufs et de leurs petits, pendant les époques de protection prévues.

« Le gibier migrateur, la caille en particulier, qui diminue toujours de plus en plus, devrait bénéficier des mêmes protections et interdictions.

« 4º Prier chaque État de faire faire, sur son territoire, des recherches à la fois ornithologiques et entomologiques, afin de déterminer l'alimentation des espèces et par là, leur degré d'utilité.

« Rapport sur ces recherches devrait être fourni au Comité ornithologique international permanent dans l'espace de cinq années.

« 5º Favoriser par tous les moyens possibles (haies, nichoirs, etc.) la multiplication des oiseaux utiles, insectivores principalement.

« 6º Répandre dans la jeunesse des données en même temps intéressantes et utiles sur la biologie des oiseaux en général. »

M. le comte du Périer de Larsan approuve M. Fatio quand il déclare que le Congrès peut émettre des vœux; il ajoute qu'il en a le devoir. Il craint cependant que l'application des mesures proposées, si elles prenaient force de loi, ne soit pas sans susciter quelques difficultés et il cite l'exemple du département de la Gironde qu'il représente au Parlement français.

Il a proposé au Parlement une loi sur la chasse dont la conséquence immédiate est la protection des oiseaux, et il espère que l'adoption de la loi ne se fera pas trop attendre. Le principe même de sa motion est simple et se traduit en ces deux points principaux :

1° Interdiction de chasser le gibier à plumes autrement qu'au fusil, car, seuls les engins destructeurs, panneaux, etc., amènent une destruction considérable des oiseaux;

2° Pas de distinction à établir entre les oiseaux utiles ou réputés nuisibles. L'orateur croit tous les oiseaux utiles à des titres divers, même les granivores, qui détruisent beaucoup de mauvaises graines. Par suite, on doit également protéger les oiseaux de passage et les sédentaires, les granivores aussi bien que les insectivores.

M. Ohlsen, après avoir exposé les conclusions proposées par lui, se rallie entièrement à celles de M. Fatio. Il ajoute que dans les pays où sévissent les fièvres paludéennes, les oiseaux auraient un rôle important, en détruisant certains insectes qui sont, d'après des recherches récentes, le véhicule du parasite de la *malaria*.

M. Aguet, reprenant l'opinion émise par M. du Périer de Larsan, insiste à nouveau sur la crainte de voir surgir des difficultés, dans l'application des mesures proposées. Il cite le cas de l'archevêque de Sorrente, pour qui la capture des oiseaux de passage constitue une source très importante de revenus.

M. Fatio croit que, sans insister sur ces points secondaires, on doit émettre des vœux fermes.

M. Keller fait une communication en allemand sur le même sujet et il propose de constituer une Commission qui sera chargée de s'entendre à ce sujet avec les différents gouvernements.

La majorité de la Section pense que cette Commission pourrait se fondre avec le Comité international de pathologie végétale.

La proposition est réservée.

M. Brands lit ses conclusions au sujet de la protection des animaux utiles, en général, et des mesures internationales propres à assurer leur conservation.[1]

Après quelques échanges de vues, les propositions de M. Brands sont disjointes.

Pour celles qui ont rapport à la protection des oiseaux, M. Brands se rallie aux propositions émises par M. Fatio.

Les propositions de M. Fatio sont acceptées à l'unanimité.

Les autres conclusions de M. Brands concernant la protection d'espèces autres que les oiseaux, espèces utiles ou simplement intéressantes, mais qu'on peut craindre d'être appelées à disparaître dans un temps plus ou moins prochain, s'appliquent surtout à des espèces exotiques et concernent presque exclusivement les puissances coloniales.

Les mesures proposées sont les suivantes :

« Les délégués des puissances coloniales, présents à ce Congrès, s'engagent mutuellement et envers les autres membres, à insister auprès de leurs gouvernements respectifs, afin que des mesures énergiques préservent les régions d'outre-mer de l'anéantissement de beaucoup d'espèces d'animaux utiles, rares ou intéressants, en particulier d'oiseaux :

« *A.* Par l'introduction d'une loi de chasse énergique, dans ces régions.

1. Voir le Tome I des Travaux du Congrès, p. 762.

« *B.* Par l'établissement de réserves[1] dans les régions où il est possible de le faire ou dans des îles non habitées où le territoire se prête à la réserve, avec défense absolue d'y chasser.

« *C.* Ils insisteront auprès des autorités de leur pays tant que la susdite loi de chasse sera en préparation :

« 1° Pour l'introduction de permis de chasse dans ces colonies;

« 2° Pour qu'on y interdise l'exportation entière ou partielle des peaux d'animaux, surtout des oiseaux, sauf certaines espèces stipulées, ou dans l'intérêt de la science; et au cas où cette interdiction ne serait pas encore possible, pour qu'on impose fortement ces produits coloniaux. »

Ces mesures sont adoptées.

M. Büttikofer lit une note dans laquelle il déclare que l'obligation de prendre un permis du prix de 100 marks pour chasser l'oiseau du paradis dans la Nouvelle-Guinée allemande a permis de restreindre considérablement la destruction de cette espèce. Cette observation vient à l'appui des conclusions de M. Brands.

M. Ohlsen ajoute qu'il faudrait empêcher la destruction des cailles sur le littoral africain, Égypte, Tunisie, Algérie, Maroc.

M. du Périer de Larsan objecte qu'en Algérie cette destruction inconsidérée est devenue plus rare, et qu'en tout cas, le vœu qui pourrait être émis à ce sujet rentre dans le cadre des conclusions de M. Fatio, qui ont été acceptées.

La séance est levée à 11 heures et demie.

Troisième séance. — Lundi 2 juillet (soir).

La séance est ouverte à 2 heures et demie, sous la présidence de M. Prillieux, président.

La parole est à M. le Dr Went.

M. Went expose les points principaux de son rapport sur les « cryptogames et insectes s'attaquant à la canne à sucre[2]. »

La gommose de la canne à sucre, maladie qui existe en Australie, à Maurice, etc., et que le Dr Cobb a attribuée au parasitisme du *Bacillus vascularum*, n'a pas été vue à Java par M. Went. Mais on observe une production de gomme dans le « sereh », maladie de la canne à sucre à Java.

Il n'est pas impossible qu'il y ait identité entre les deux. La cause réelle du « sereh » reste encore incertaine, d'ailleurs.

M. Sorauer déclare que, dans la maladie de la gommose de la betterave, il s'est rendu nettement compte que sur une section transversale du tubercule, les régions correspondant aux vaisseaux, par lesquels suinte la gomme, donnent au tournesol une réaction franchement alcaline. Il serait intéressant de vérifier si le fait s'observe dans le « sereh ».

M. Cornu demande à M. Went quelques éclaircissements sur le mode d'apparition et d'envahissement du « sereh » dans les champs de canne à sucre.

M. Went répond que les symptômes se montrent la première fois de place en place dans un champ, avec les caractères qu'il a décrits; ils s'accentuent la seconde année, puis les taches s'élargissent et le dommage devient considérable. M. Went insiste sur le mode de préservation qu'il a décrit dans son rapport.

M. Cornu demande à M. Went s'il n'a pas vu dans les organes atteints de la

1. En anglais *reservations*; en allemand *Schützgebiete*.
2. Voir le Tome I des Travaux du Congrès, p. 726.

maladie des organismes ayant quelque ressemblance avec les plasmodes de myxomycètes ou des organes identiques.

M. Went répond qu'il n'a rien vu de semblable.

M. Delacroix a pu, ainsi que M. Prillieux, observer des cannes de Maurice atteintes de la « maladie de la gomme ».

Ils ont rencontré dans les cellules du parenchyme saccharifère des productions non pourvues de membrane, de couleur brun olivâtre clair, qui pourraient être comparées à des plasmodes. Les cannes à sucre qui ont montré ces productions présentaient des bactéries; mais après un voyage de plusieurs semaines, il est impossible de formuler des conclusions fermes sur la cause originaire du mal, et il est toujours à craindre qu'on ait affaire à des saprophytes.

Il est possible que ces productions plasmodiformes soient dues à une altération du noyau, comme M. Prillieux l'avait déjà vu, et comme on l'a observé récemment en diverses circonstances.

M. Delacroix demande à M. Went si le *Coniothyrium Sacchari*, espèce différente de *C. melasporum* de Berkeley, n'est pas, à son avis, capable de fournir des conidies noires endocellulaires, ressemblant à celles du *Thielaviopsis ethaceticus*. MM. Prillieux ont observé des formes de ce genre pour le *Coniothyrium Sacchari*.

M. Went répond qu'il n'a rien observé de semblable.

M. Delacroix remet une communication de M. Bordage « sur les maladies de la canne à sucre à la Réunion »; cette communication sera insérée dans les comptes rendus du Congrès. (Voir les *Documents annexes*, page 321.)

Il insiste, à la demande qui lui en a été faite par M. Bordage, sur la distinction à établir d'une façon précise entre les *Diatræa saccharalis* et *D. striatalis*, le second étant seul un parasite dangereux de la canne à sucre.

M. Went partage cette opinion.

M. Delacroix annonce l'envoie d'une autre communication de M. Bordage, non encore parvenue, sur les maladies de la vanille et les maladies du caféier à la Réunion.

La parole est donnée à M. Delacroix, qui appelle l'attention sur un point considéré par lui comme très important, au sujet des maladies des caféiers traitées dans son rapport sur la question[1].

M. Delacroix insiste sur l'incertitude où l'on se trouve au sujet de la durée exacte de persistance du pouvoir germinatif des urédospores de l'*Hemileia vastatrix*.

Des urédospores provenant de feuilles de caféier envoyées de la Réunion à Kew et de là à Strasbourg, ont germé en arrivant à cette dernière localité. M. Delacroix a mis en germination dès leur arrivée des urédospores prises sur des feuilles envoyées de la Réunion. Il n'a rien obtenu, les urédospores ne germèrent pas.

Des données précises sur ce point seraient indispensables pour établir d'une façon péremptoire dans quelles conditions l'introduction de plants frais de caféiers peut être dangereuse dans des régions indemnes.

M. Cornu réplique que l'introduction des plants vivants dans de telles régions encore non contaminées doit être absolument proscrite. Les nombreux faits de pénétration du phylloxéra qu'il a pu observer et analyser soigneusement lui ont prouvé jusqu'à l'évidence que l'apparition du fléau n'a pu avoir d'autre origine dans les premières années, alors que le mal ne montrait pas encore un caractère d'extension aussi marqué qu'aujourd'hui.

1. Voir le Tome I des Travaux du Congrès, p. 715.

M. Delacroix partage pleinement l'opinion de M. Cornu sur ce point. Il l'a d'ailleurs formulée dans son rapport préliminaire.

M. Cornu croit à l'innocuité des graines munies de leur parche, en bon état de dessiccation.

M. Delacroix fait à ce sujet des réserves et n'ose affirmer qu'on ne puisse ainsi introduire quelque urédospore capable de germer sur les cotylédons et de produire une infection.

M. Cornu ne croit pas qu'un pareil fait puisse se produire.

Il considère que la mesure d'interdiction pour les plants de caféier dans les régions indemnes devrait être également applicable à d'autres plantes cultivées en grand dans les colonies et il émet la proposition suivante :

« Au sujet des plantes tropicales de grande culture, surtout le café, le cacao, la canne à sucre, et pour éviter l'introduction de maladies graves dans les pays jusque-là indemnes ;

« La 7e Section du Congrès d'agriculture émet le vœu suivant :

« 1° Que l'importation des pieds vivants de ces différentes plantes ne soit autorisée que par permission spéciale et sous la responsabilité de chaque gouvernement ;

« 2° Que les pieds introduits soient relégués dans des endroits spéciaux, parfaitement isolés, où ils seront mis en observation pendant une période d'une année au moins, pour les plantes vivaces surtout. »

Ce vœu est adopté à l'unanimité par la 7e Section.

M. Sorauer résume en quelques phrases le mémoire qu'il destine au Congrès sur « les prédispositions originelles aux maladies parasitaires ». Il déclare qu'en général, l'intervention du parasite ne constitue pas le facteur unique de l'infection ; il est nécessaire que d'autres conditions, tenant à l'état d'humidité de l'atmosphère et du sol, à la nature physique et chimique de ce dernier, interviennent également. L'état des téguments de la plante est surtout à considérer. Par suite, pour mettre les plantes à l'abri des maladies parasitaires, on doit avant tout les placer dans les meilleures conditions pour qu'elles résistent. L'adaptation au milieu est de la plus haute importance. Et c'est l'étude des divers « états de prédisposition » qui permettra d'établir les principes de l' « hygiène végétale » (Voir les *Documents annexes*, page 327).

La séance est levée à 5 heures.

Quatrième séance. — Mercredi 4 juillet (soir).

La séance est ouverte à 2 heures et demie sous la présidence de M. Prillieux, président.

Lecture du procès-verbal des séances des 1er et 2 juillet 1900 est donnée par M. Delacroix, secrétaire.

Le procès-verbal est approuvé.

Les propositions de délégués pour la Commission internationale émises dans la première séance (matinée du 2 juillet 1900) sont reprises et complétées comme suit :

MM. Frank (Allemagne) ;
    Marshall Ward (Angleterre) ;
    Wiesner (Autriche) ;
    Rostrup (Danemark) ;

Marlatt et Galloway (États-Unis) ;
Linhart (Hongrie) ;
Cuboni et Targioni-Tozzetti (Italie) ;
Ritzema Bos (Pays-Bas) ;
Jaczewski (Russie) ;
Fischer, de Berne, et Chodat (Suisse).
Il reste toujours sous-entendu que cette liste pourra être complétée à l'occasion.

La parole est à M. Dewitz.

M. Dewitz expose les principaux points de sa communication sur la ponte de la Cochylis. Peu d'observateurs ont trouvé les œufs de la Cochylis. M. Dewitz les a remarqués sur des ceps qu'il avait entourés de toile métallique. Il a toujours constaté que ces œufs étaient déposés sur la grappe et le plus souvent sur le bouton floral.

M. Dewitz communique quelques dessins montrant la disposition des œufs et le mode d'attaque de la larve.

Cette larve pénètre dans le bouton et se dirige vers l'ovaire et les ovules qui semblent constituer sa nourriture de prédilection. Il n'y a d'ailleurs aucun doute sur l'authenticité des larves étudiées, quelques-unes ont été élevées et présentent déjà les trois quarts de leur grandeur (Voir les *Documents annexes*, page 336).

M. Vermorel insiste sur ce point que l'attaque du bouton par la larve est très rapide, celle-ci passant directement de l'œuf dans les fleurs. Les traitements sont, par conséquent, rendus plus difficiles, la période de leur efficacité étant extrêmement courte.

Parmi les insecticides employés, seul l'insecticide de M. J. Dufour, à base de poudre de pyrèthre et de savon noir, donne de bons résultats. M. Vermorel redoute les empoisonnements qui pourraient être produits par l'emploi de sels arsenicaux usités fréquemment en Amérique.

M. Sorauer prend la parole pour insister sur les phénomène de réceptivité qu'il suppose exister chez les plantes cultivées, vis-à-vis de l'attaque des parasites. La prédisposition serait due à des conditions culturales, telles que l'humidité, le manque de lumière, la nature du sol, etc. (Voir les *Documents annexes*, page 327).

M. Prillieux lit le texte des conclusions proposées par M. Sorauer.

M. Gastine déclare que les conditions de la prédisposition et de l'immunité chez les végétaux n'apparaissent pas encore bien nettement.

M. Laurent, en quelques phrases concises et par le choix d'un petit nombre d'exemples qui ont fait l'objet de ses études, précise le but à atteindre. En même temps, il fait entrevoir les principes d'une méthode nouvelle de défense des plantes contre les maladies cryptogamiques, qui, malgré le petit nombre de faits sur lesquels elle est étayée, semble néanmoins appelée à rendre, dans l'avenir, de grands services.

La prédisposition des plantes à l'attaque d'un champignon parasite peut se concevoir facilement, dit-il, si l'on admet, ce qui ne semble pas discutable à l'auteur, qu'un champignon possède, au même titre que les bactéries, ce que l'on a appelé la virulence. Chez les bactéries, la virulence est due à des substances diverses, diastases ou zymases, toxines ; chez un certain nombre de champignons, elles détruisent les tissus avant même que le parasite les ait pénétrés. Ces substances ont d'ailleurs été observées dans un bon nombre d'espèces.

Or, ces toxines ou ces diastases n'agissent pas toutes dans les mêmes conditions, les unes ayant besoin d'un milieu acide, les autres d'un milieu alcalin.

Contre leurs attaques, la plante a deux moyens de défense : 1° un moyen mécanique fourni, par exemple, par un épiderme plus épais, une cuticule plus résistante; 2° un moyen chimique, tel que la présence dans les tissus de substances qui modifient le milieu et contrarient l'action de la diastase. C'est ainsi que, si le parasite sécrète un liquide acide nécessaire pour l'action de la toxine qu'il produit, la plante pourra, elle, produire des substances alcalines et inversement.

M. Laurent a fait l'observation suivante : Le coli-bacille qui, normalement, n'attaque pas la pomme de terre, sécrète une diastase agissant en milieu alcalin. Les pommes de terre cultivées dans un sol riche en potasse ou en chaux deviennent, au bout de quelques passages de la bactérie, très vulnérables vis-à-vis de cette dernière; et M. Laurent a ainsi pu constituer une maladie nouvelle, une sorte de « choléra des pommes de terre ». Au contraire, des pommes de terre cultivées dans des sols fortement pourvus de superphosphates, acquièrent, par suite de l'acidité plus intense du milieu interne, une immunité absolue contre cette maladie.

C'est précisément l'inverse qui s'observe pour un champignon bien étudié par de Bary, la Pézize à sclérotes (*Sclerotinia Libertiana*), qui végète sur un certain nombre de plantes, telles que le topinambour. Le mycélium de cette espèce sécrète de l'acide oxalique et une diastase, une sorte de cytase, qui n'agit qu'en milieu acide et tue les cellules de la plante parasitée. Si le topinambour est cultivé dans un sol riche en superphosphates, l'acidité de ses tissus, jointe à l'acide oxalique sécrété, favorise notablement l'action destructive du champignon.

Que l'on cultive le topinambour dans un sol riche en chaux, l'acide oxalique sera immobilisé sous forme d'oxalate de chaux au fur et à mesure de sa production, et l'action de la diastase sera fort affaiblie.

L'observation de ces faits permet de concevoir la possibilité d'une méthode nouvelle de protection des plantes, par la neutralisation même de l'action de leurs parasites.

M. Vermorel demande si l'influence de la modification du milieu n'interviendrait pas dans ce fait que le Black-rot n'attaque que les raisins verts, et pas, en général, les raisins déjà tournés, c'est-à-dire qui renferment déjà du sucre.

M. Prillieux fait remarquer qu'il serait dangereux de trop généraliser et de ramener tous les cas de parasitisme à une question de prédisposition. Les modes d'attaque sont très nombreux, et il y a des champignons franchement parasites, comme les Urédinées et les Ustilaginées.

M. Fischer de Waldheim pense que, dans le cas des Ustilaginées, il peut y avoir prédisposition de la part des céréales chez qui l'infection est individuelle.

M. Ugo Brizi dit qu'il y a des maladies nettement parasitaires qui, sans grande altération des tissus, au moins au début, sont néanmoins très nocives. Et il cite les cas du *Peronospora viticola*. Pour d'autres, il admet la prédisposition, par exemple pour le *Cycloconium oleaginum*, qui, d'après lui, est plutôt saprophyte et vient surtout sur les oliviers mal soignés.

M. Laurent pense que, dans le cas du *Peronospora viticola*, on pourrait peut-être faire absorber à la vigne des sels de cuivre en faible quantité. Cette opération d'ailleurs ne serait autre chose que la modification de la composition chimique de la plante, et viendrait à l'appui de sa théorie précédente. Une solution de sel de cuivre en renfermant 3 ou 4 millionièmes est suffisante pour empêcher la germination des conidies; il n'est nullement incompatible avec l'existence de la vigne d'amener cette plante à renfermer une si faible quantité de sel cuprique.

M. Guffroy considère que la nature des fumures peut avoir une certaine influence sur la résistance des plantes aux maladies parasitaires et il demande à la section d'émettre un vœu dans ce sens.

La proposition de M. Sorauer, modifiée à la suite des observations précédentes, est acceptée dans les termes suivants :

« Les membres de la 7e Section sont d'accord pour reconnaître que les méthodes usitées jusqu'à ce jour pour combattre les maladies parasitaires dans le lieu où elles se développent, doivent être complétées par un traitement préventif, spécial pour chacune des espèces de plantes cultivées. Il serait utile d'encourager les recherches sur le mécanisme de la défense des plantes contre ces maladies.

« Dans cette voie, les influences propres au sol, aux amendements et aux engrais méritent tout spécialement d'attirer l'attention des observateurs.

« Cette « hygiène » des plantes est indispensable, car des expériences de plus en plus nombreuses prouvent que la propagation des maladies parasitaires ne dépend pas seulement de l'abondance plus ou moins grande d'un parasite, mais surtout de la constitution, de l'état de santé et de la prédisposition de la plante à la maladie. En conséquence, nous devons nous efforcer avant tout de modifier cette constitution ou cet état de santé qui rend la plante moins résistante à la maladie. »

M. Ugo Brizi fait une communication sur les dégâts causés par l'anhydride sulfureux dégagé par le traitement des pyrites de cuivre dans les régions minières. Ces dommages sont très importants en Italie et les champs avoisinant les mines ont beaucoup à en souffrir. Une proposition fut faite, demandant que le travail du cuivre eût lieu seulement en hiver, alors que la plupart des plantes sont dépouillées de leurs feuilles. Les administrateurs des mines refusèrent et prétendirent que les végétaux souffraient aussi bien en hiver qu'en toute autre saison, du fait du dégagement du gaz sulfureux.

Les études de M. Brizi démontrent que les plantes à feuilles caduques ne ressentent en hiver aucun dommage, les échanges gazeux étant fort réduits entre la plante et l'atmosphère, et d'autre part les bourgeons se trouvant suffisamment protégés (Voir les *Documents annexes*, page 333).

M. Sorauer fait observer que M. Hasenclever a étudié également la question et est arrivé aux mêmes conclusions.

M. Paillieux donne communication d'une lettre de M. Künckel d'Herculais dans laquelle ce savant, au moment de s'embarquer pour rentrer en France, exprimait l'espoir de pouvoir assister aux séances de la Section. Son absence est vivement regrettée par tous les membres.

Deux notes de M. Bordage sur les maladies du vanillier, et sur celles du caféier, à la Réunion, sont transmises à la Section (Voir les *Documents annexes*, pages 315 et 315).

M. le Dr Delacroix annonce un envoi d'insectes récoltés sur le caféier au Congo par M. Wisser. Ces échantillons ont été renvoyés à l'examen de M. le Dr Marchal, professeur à l'Institut agronomique, pour les déterminer; ils seront conservés dans les collections de cet établissement (Voir les *Documents annexes*, page 335).

M. Vermorel prend la parole et traite la question des insecticides. Parmi les nombreuses substances préconisées, beaucoup doivent être rejetées comme inefficaces. Un seul insecticide a réellement donné des résultats, c'est le traitement souterrain au sulfure de carbone employé contre le phylloxéra.

Parmi les autres, deux seulement restent à envisager : la nicotine et les sels arseni-caux. M. Vermorel proscrit ces derniers comme étant trop dangereux lorsqu'on doit les employer sur les fruits. Quant à la poudre de pyrèthre, elle donne, dit-il, des résultats trop variables. Il conclut en demandant que des concours soient créés pour la recherche des moyens de lutte contre les insectes et il offre personnellement un prix de 1000 francs.

M. le Président le remercie de cette offre gracieuse.

M. Delacroix demande qu'on encourage également les recherches sur l'emploi des parasites animaux des insectes.

Il est ensuite question de plusieurs insecticides plus ou moins usités.

M. le Dr Marchal dit avoir obtenu de bons résultats en badigeonnant tout un pommier au pétrole brut. Ce pommier est resté complètement indemne.

M. Fischer de Waldheim a obtenu de bons résultats de l'emploi des préparations à base de goudron.

M. Vermorel dit, à propos de l'utilisation des acides cyanhydrique ou sulfhydrique, comme insecticides, que ceux-ci n'arrivent qu'à endormir momentanément les chenilles, sans parvenir même à les faire tomber de l'arbre.

M. Marchal insiste sur l'emploi des sels arsenicaux aussitôt après la floraison.

M. Ugo Brizi dit qu'en Italie on obtient de bons effets du mélange de nicotine et d'acide phénique à 1/100.

M. Dewitz prétend que si l'acide cyanhydrique n'arrive pas à détruire les chenilles, celles-ci toutefois, après avoir subi son influence, ne se sont pas chrysalidées, d'après ses observations,

M. Laurent dit qu'une solution de sulfate de fer à 40 ou 50 pour 100 détruit le puceron lanigère.

M. Delacroix fait remarquer qu'une telle solution est préjudiciable aux feuilles et ne peut être employée pendant la période de végétation.

Après ces discussions, la Section adopte à l'unanimité une rédaction de M. Vermorel, ainsi conçue :

« Le Congrès émet le vœu que les recherches des savants s'occupant de parasitologie végétale soient encouragées par des concours spéciaux et internationaux.

« Dans ces concours des prix seraient décernés pour chaque parasite :

« 1° A la meilleure étude au point de vue de sa biologie ;

« 2° A la meilleure étude au point de vue de sa destruction par des moyens pratiques. »

M. Guffroy donne communication d'une étude qu'il a faite, en collaboration avec M. Cassarini, sur une maladie des pommiers dans le département de la Sarthe.

Ces pommiers que l'on avait considérés comme atteints d'une asphyxie simple des racines, sont, d'après lui, atteints par une bactérie. Cette bactérie amènerait une gommose des pommiers assez analogue à la gommose bacillaire de la vigne. Il a isolé une bactérie, et M. Guffroy se demande même si l'on ne serait pas en présence de la même espèce microbienne que celle de la vigne (Voir les *Documents annexes*, page 338).

M. Schellenberg parle d'une maladie des cognassiers en Suisse, causée par une pézize à sclérotes, maladie déjà étudiée par MM. Prillieux et Delacroix.

Les fructifications ascospores se produisent sur les jeunes fruits qui sont tombés à terre peu de temps après leur envahissement par le champignon. Sur les feuilles on trouve seulement des chlamydospores.

L'infection des jeunes fruits se ferait par les nectaires ou les stigmates au moyen de chlamydospores transportés par les insectes.

La propagation de la maladie d'une année à l'autre a lieu au moyen des petits fruits transformés par le mycélium en véritables sclérotes. Du reste, les premières parties attaquées parmi les jeunes pousses au printemps, sont celles qui sont le plus voisines de terre, les rejets et les gourmands. De même les arbrisseaux souffrent plus que les arbres à haute tige.

Comme conclusion, M. Schellenberg recommande de conduire les cognassiers en haute tige; de supprimer soigneusement les rejets et gourmands, de ne pas laisser la terre au-dessous de l'arbre recouverte d'herbe, de feuilles mortes ou de fumier trop abondant, ces matières fournissant une humidité favorable à la fructification des sclérotes. Ces derniers en effet sont encore capables de germer au bout de deux et peut-être trois ans.

Aucune autre communication n'étant présentée, et l'ordre du jour étant épuisé, M. PRILLIEUX déclare terminées les séances de la 7e Section. Il félicite les membres de la cordialité qui n'a cessé de régner au cours de la discussion des intéressantes questions qui ont été traitées et remercie tout particulièrement les étrangers qui ont répondu avec tant d'empressement à l'appel du Comité du Congrès.

M. FISCHER DE WALDHEIM, au nom des membres étrangers, se félicite des résultats, d'une grande portée qu'amènera le Congrès, grâce au concours dévoué des membres présents, et surtout à la présidence aimable et sympathique de M. Prillieux. Il assure que les membres étrangers de la Section remporteront du Congrès agricole de 1900 un souvenir ineffaçable et qu'ils continueront de travailler de concert avec leurs confrères de France.

La séance est levée à 5 heures.

DOCUMENTS ANNEXES

LES NÉMATODES PARASITES DES PLANTES CULTIVÉES

Par M. le Dʳ J. RITZEMA BOS
Professeur à l'Université d'Amsterdam.

Lorsque j'ai accepté le mandat, dont on a bien voulu m'honorer, de rédiger un rapport sur les Nématodes parasites des plantes cultivées, j'ai compris qu'on ne me demandait pas un traité, en quelque sorte complet, de tout ce que les recherches des savants et les expériences des agriculteurs et des horticulteurs ont fait connaître sur les différentes espèces de ces Nématodes, leur vie, leur action sur les plantes, les moyens de les combattre. Il faudrait un bon volume pour contenir toute cette matière. Je crois devoir me borner à un aperçu très succinct des points essentiels, qui puisse servir de préliminaire aux études mises à l'ordre du jour.

Les Nématodes parasites de plantes sont en général *endoparasites*. La question de savoir jusqu'à quel point certains Nématodes, qui se montrent dans les parties extérieures des racines, peuvent devenir nuisibles ne me paraît pas encore décidée.

On ne pourrait nommer parasites tous les Nématodes qu'on rencontre parfois dans les végétaux. Il est bien connu que plusieurs espèces de cet ordre trouvent leur nourriture dans des terrains qui contiennent de l'humus, et dans des parties de plantes mortes ou dépérissantes. Des Nématodes appartenant aux genres *Rhabditis, Cephalobus, Diplogaster*, etc., se présentent bien souvent dans des portions de plantes qui meurent par suite des causes les plus diverses, et assez souvent aussi ils surviennent secondairement dans des parties de plantes malades ou mourantes par l'effet d'autres Nématodes parasites. Tous les Nématodes qui, comme de vrais parasites, se nourrissent des substances que renferment les cellules de parties de plantes vivantes, sont munis d'un stylet buccal, dont ils percent les parois de ces cellules, et qui leur est indispensable pour en absorber le contenu. Donc, en rencontrant dans une plante malade des Nématodes sans stylet buccal, on peut être sûr que leur présence est secondaire, qu'ils n'ont pas causé la maladie.

Les Nématodes, connus comme causes de maladies de plantes, appartiennent aux genres *Tylenchus* Bastian, *Aphelenchus* Bastian et *Heterodera* Schmidt.

Dans le genre *Heterodera*, les larves sont anguilliformes dans la première période de leur développement; dans cette période, ils quittent le sol pour s'introduire dans les racines, où d'abord ils se meuvent, mais bientôt ne bougent plus et, dans cet état, prennent la forme d'une bouteille. Dans cette dernière forme de leur développement, la différence des sexes commence à se constituer. L'individu devenant mâle contracte son corps, qui, bientôt, redevient anguilliforme et emboîté dans la peau extérieure qui se détache et fait fonction de kyste, croît beaucoup en longueur, tout en s'entortillant. La femelle ne s'enkyste pas, se développe directement et devient un animal plus gros, ayant la forme d'un citron, d'une poire ou d'une bouteille. Si la femelle se trouve immédiatement sous l'épiderme d'une racine, elle fait, par son renflement, crever cet épiderme et parvient ainsi jusqu'à la partie extérieure de cette racine (*Heterodera Schachtii* Schmidt); si elle est placée dans les tissus plus profonds de la racine (*Heterodera radicicola* Greff), elle reste renfermée dans l'intérieur de cette racine. Dans le premier cas, elle est fécondée par le mâle après qu'il a quitté la racine pour le sol; dans le dernier cas, le mâle va trouver la femelle en traversant les tissus de la racine. Toujours chez l'*Heterodera*, le mâle est anguilliforme et assez mobile; la femelle est fort renflée, grosse et immobile.

Chez le *Tylenchus* et l'*Aphelenchus*, le mâle et la femelle sont l'un et l'autre mobiles et anguilliformes. On reconnaît la différence entre ces deux genres par les traits suivants : 1° chez le *Tylenchus*, l'œsophage se prolonge derrière le bulbe musculeux, tandis que, chez l'*Aphelenchus*, l'œsophage se termine dans le bulbe musculeux, de sorte que l'estomac proprement dit est placé immédiatement après ce dernier organe; 2° chez le *Tylenchus*, l'orifice commun des parties génitales mâles et du rectum est entouré d'une bourse (*bursa*); il n'en est pas ainsi chez l'*Aphelenchus*.

On ne connaît pas d'espèces du genre *Heterodera* qui ne soient parasites de plantes; il en existe des genres *Tylenchus* et *Aphelenchus* qui vivent libres dans le sol.

Les Nématodes parasites de plantes ne sont pas surtout nuisibles par le prélèvement même d'une partie des substances nutritives de la plante nourricière, mais ils le sont effectivement par l'action stimulante qu'ils exercent sur les tissus voisins. Il ne peut pas être question d'une stimulation purement mécanique, vu que l'effet ne se montre pas exclusivement dans les cellules qui touchent à l'anguillule. Peut-être s'agit-il d'une substance sécrétée par l'anguillule; peut-être d'une stimulation exercée sur les tissus par la soustraction de nourriture. Le plus souvent, la plante réagit elle-même contre l'effet de ce *stimulus*, de quelque nature qu'il soit, par une hypertrophie des tissus parenchymateux. Cette action stimulante est nuisible à la plante et, si elle est assez forte, elle finit par causer la mort des tissus et, par suite, celle de la partie atteinte.

On connaît une espèce de Nématode qui, par la stimulation qu'elle exerce, tue les tissus avec une promptitude telle qu'il ne peut être question d'une hypertrophie préalable de ces tissus. Cette espèce est l'*Aphelenchus olesistus* Ritzema Bos. Sur les feuilles de Begonia, certaines espèces d'Asplenium et probablement d'autres plantes encore, elle fait apparaître des taches brunissantes, particulièrement le long des nervures des feuilles, taches constituées par des tissus morts.

Cependant, comme je viens de le dire, la mort des plantes attaquées par des Nématodes est ordinairement précédée par une hypertrophie des tissus parenchymateux.

Les parties habitées par les parasites restent parfois longtemps en vie; et même aussi longtemps que les parties similaires indemnes dans ces plantes.

A ce sujet, c'est surtout le nombre des anguillules vivant dans une partie donnée de la plante qui règle la gravité du mal. Si une germination d'oignon (*Allium*) est occupée par quelques rares individus de *Tylenchus devastatrix*, elle meurt dès que les anguillules s'y multiplient. Si, au contraire, un pied d'oignon âgé d'un mois est infecté, il prend une forme anormale, mais reste encore assez longtemps en vie; un pied d'oignon âgé de deux mois au moment de l'infection n'est pas encore mort au moment de la récolte.

Les cellules parenchymateuses de la partie où ont pénétré des Nématodes parasites augmentent de volume. Quelquefois le développement devient considérable et les cellules acquièrent plusieurs noyaux, on voit apparaître des cellules nommées « cellules géantes ». Parfois ces celles se divisent, et bientôt se manifestent des excroissances qui sont comparables à de vraies galles.

Comme les parties où il n'y a pas d'anguillules et celles où elles sont rares ne se renflent pas ou se renflent peu, tandis que là où elles sont nombreuses se montrent des hypertrophies très nettes, on peut souvent observer dans les parties infectées des courbures variées et même des crevasses et des fentes, à tel point qu'un développement normal des parties atteintes devient impossible. Ce cas se prononce surtout, quand la croissance longitudinale des faisceaux dans les parties atteintes devient moins forte qu'elle n'est dans les plantes normales.

L'espèce des anguillules auxquelles on a affaire, l'espèce de la plante qui en est atteinte, le nombre des anguillules vivant dans les parties infectées, et l'âge de la plante au moment de l'infection, constituent les conditions qui déterminent le degré des difformités et de l'époque de la mort des plantes ou de leurs parties.

Il dépend des circonstances que la plante manque complètement ou en partie; on connaît des cas où les anguillules ne nuisent pas réellement à la plante qu'elles habitent, et même des cas où elles semblent avantageuses à celle-ci.

Les pieds d'avoine, de seigle, d'oignon, de sarrasin, de trèfle fortement atteints de *Tylenchus devastatrix* meurent bientôt, ou, s'ils restent en vie, ils sont tellement difformes et demeurent si chétifs qu'ils n'ont aucune valeur pour le cultivateur. On peut en dire autant des pieds de betterave et d'avoine infectés d'*Heterodera Schachtii*.

Les bulbes de jacinthe habités par le *Tylenchus devastatrix* peuvent souvent être guéris par l'excision des parties malades des tuniques. Tant que les anguillules n'ont pas pénétré dans le disque du bulbe, celui-ci n'est que localement malade.

Les pieds de froment où s'est installé un petit nombre de *Tylenchus scandens* ne présentent pas de phénomènes avant que les anguillules aient gagné l'épi pour s'établir dans les premiers états de développement des fleurs, où elles se propagent et convertissent ensuite les rudiments des fleurs en blé niellé. Comme le *Tylenchus scandens* ne produit qu'une génération par an, et que ces anguillules ne se montrent qu'en très petit nombre dans les parties végétatives, celles-ci ne présentent ordinairement pas de difformités observables.

L'*Heterodera radicicola* fait naître des galles sur les racines de plantes très diverses dans presque toutes les régions du globe. La galle vivante, quoiqu'elle demande pour sa formation beaucoup de substances nutritives, n'exerce pas d'influence visiblement nuisible sur plusieurs plantes. Chez plusieurs plantes annuelles, la mort naturelle du végétal coïncide avec l'époque de la mort des galles d'*Heterodera*; donc, en ce cas, il ne peut être question de dommage produit par ce Nématode. Chez les plantes vivaces qui ont un rhizome, les racines attachées à l'extrémité de cet organe meurent régulièrement au printemps, qu'elles portent des galles ou qu'elles n'en portent pas. Chez d'autres plantes vivaces qui ont une racine pivotante, dont le sommet pousse chaque année de nouvelles ramifications et dont le système radical est par conséquent vivace et se ramifie chaque année avec une abondance croissante, le dépérissement des galles doit sans doute devenir nuisible, car la mort des galles entraîne celle de toutes les parties de la racine qui se trouvent dessous. Il en est ainsi par exemple des pieds de trèfle infectés d'*Heterodera radicicola*. Je ne prétends pas que la présence de galles d'*Heterodera radicicola*, tant qu'elles vivent et se développent, ne porte pas préjudice aux plantes. Par la grande quantité de substances nutritives qu'elles demandent pour leur développement, elles sont souvent cause du développement défectueux du système radical, ce qui empêche les plantes d'absorber en quantité nécessaire l'eau et les substances nutritives et, par suite, les fait languir, surtout par un temps sec et chaud. Ce cas se présente, par exemple, chez le tabac en Deli (Ile de Sumatra). D'un autre côté, on voit par exemple les pieds de clématite, cultivés dans les pépinières dans des circonstances extérieures des plus favorables, aussi bien portants quand leurs racines sont couvertes de galles d'*Hete-rodera* que quand elles en sont exemptes. Il semble même que l'*Heterodera radi-cicola* puisse être utile aux plantes où il s'est installé (Vuillemin et Legrain). Dans les contrées arides du Sahara, les navets, les carottes, le céleri, les tomates, etc., ne croissent que par arrosage, et à la condition accessoire que les racines de ces végétaux soient suffisamment couvertes de galles. Les cellules géantes, formées dans la partie ligneuse des racines par l'action stimulante des Nématodes, semblent servir de réservoirs d'eau, et il n'y a que les plantes munies de ces réservoirs qui puissent absorber à chacun des deux arrosages qu'on y fait chaque jour, assez d'eau pour ne pas en manquer jusqu'à l'arrosage suivant.

Les pages suivantes donnent un résumé succinct sur les Nématodes connus comme causes de maladies de plantes, ainsi que la nomenclature des principales plantes dont ils sont parasites.

Tylenchus devastatrix *Kühn*, *Ritzema Bos* (l'anguillule de la tige), cause :

La maladie vermiculaire du seigle et de l'avoine (allemand : « Stock, Rüb » ; hollandais : « Reup » ; anglais : « Tulip root »);

La maladie vermiculaire des oignons (*Allium*) (hollandais : « Kroef bolbroek »);

La maladie annulaire des jacinthes, de *Galtonia candicans* et des *Scilla* (allemand : « Ringelkraukheit » ; hollandais : « Ringziek ondriek »);

La maladie vermiculaire du trèfle et de la luzerne (allemand : « Stock » ; hollan-dais : « Reup » ; anglais : « Clover sickness »);

La maladie vermiculaire des fèves ;

La maladie vermiculaire des capitules du chardon à foulon (allemand : « Kernfäule der Weberkarde »);

La maladie vermiculaire des œillets (anglais : « Pine apple disease of carnations »);

La maladie vermiculaire des pommes terre (allemand : « Wurmfäule der Kar-toffeln »);

La maladie vermiculaire du *Phlox decussata* ;

La maladie vermiculaire de la *Primula sinensis* ;

La maladie vermiculaire du sarrasin (allemand : « Stock » ; hollandais : « Reup »).

En outre, le *Tylenchus devastatrix* a été trouvé dans un grand nombre de plantes sauvages, entre autres sur l'*Hypnum cupressiforme* (Muscinées), sur différentes gra-minées (fréquemment sur l'*Anthoxanthum odoratum*), sur le *Polygonum persicaria* et *P. lapathifolium*.

On s'explique sans peine qu'une espèce d'animal vivant en parasite dans les végétaux les plus divers, auxquels elle donne des maladies qui ne semblent pas avoir beaucoup de ressemblance entre elles, ait donné lieu à des méprises. Si Kühn, en reconnaissant les anguillules comme la cause d'une maladie du chardon à foulon, nomma d'abord cette espèce de Nématode *Anguillula Dipsaci*, il ne tarda pas à changer ce nom en celui d'*Anguillula devastatrix*, lorsqu'il se fut aperçu que lesdites anguillules causaient aussi le « Stock » du seigle, de l'avoine, du sarrasin, du trèfle.

Après les recherches faites par Bastian sur le groupe des Anguillulides, le nom d'*Anguillula devastatrix* dut bientôt faire place à celui de *Tylenchus devastatrix*. Bütschli avait rencontré dans une mousse, *Hypnum cupressiforme*, une anguillule, qu'il nomma *Tylenchus Askenasyi*; Prillieux découvrit que la cause de la maladie annulaire des jacinthes est une anguillule, qu'il nomma *Tylenchus Hyacinthi*; Beyerinck reconnut comme cause de la maladie des oignons (*Allium*) qu'on nomme en Hollande « Kroef », une anguillule qu'il nomma *T. Allii*; et Kühn, croyant que l'anguillule de la luzerne atteinte de « Stock », était spécifiquement différente de celle du trèfle malade de « Stock », nomma l'anguillule de la luzerne *Tylenchus Havensteinii*.

L'examen comparatif d'un très grand nombre d'anguillules tirées de plantes diverses, m'a appris qu'il n'y a pas de différence morphologique à constater entre les *T. devastatrix*, originaire de seigle, d'avoine, de sarrasin et de trèfle, *T. Allii*, originaire d'oignons malades et *T. Hyacinthi*, originaire de jacinthes atteintes de maladie annulaire. Je n'ai pas eu l'occasion d'examiner le *Tylenchus Askenasyi*, mais une comparaison des figures dessinées de Bütschli avec les nombreuses anguillules que j'avais sous les yeux, m'a appris qu'il n'y a pas non plus de différence morphologique évidente à constater entre les anguillules habitant les mousses et mes *T. devastatrix*.

Mes expériences d'infection m'ont démontré qu'il n'existe pas de différence spécifique entre *T. devastatrix* Kühn, *T. Allii* Beyerinck, *T. Hyacinthi* Prillieux, *T. Havensteinii* Kühn et tous les *Tylenchus* que j'ai trouvés dans lesdits végétaux. Des anguillules tirées de jacinthes atteintes de maladie annulaire pouvaient donner la maladie vermiculaire des oignons tout aussi bien que le « Stock » du seigle et du sarrasin; des anguillules originaires de seigle malade de « Stock » pouvaient susciter le « Stock » dans le sarrasin, la maladie annulaire dans les jacinthes, le « Kroef » dans les oignons. Mais en même temps mes expériences m'ont fait reconnaître que sur un grand nombre d'individus de *Tylenchus devastatrix* dont les ancêtres, depuis plusieurs générations, ont vécu exclusivement ou principalement dans une même espèce de plante (par exemple le seigle), il n'y a qu'un petit nombre qui puisse passer dans une autre espèce (trèfle, sarrasin, jacinthe); que néanmoins les individus qui ont réussi à s'établir dans ces autres espèces de plante enfantent des descendants qui s'y adaptent.

J'infectai un terrain d'anguillules originaires d'un sol où l'on avait cultivé pendant quelques années de suite du seigle, qui était atteint chaque année par la maladie, et je semai sur ce terrain du sarrasin. Il ne passa que relativement peu d'anguillules du seigle dans le sarrasin, si peu, en effet, que ce végétal ne présenta guère de phénomènes morbides. L'année suivante, le terrain, étant de nouveau ensemencé de sarrasin, produisit quelques plantes malades, et l'année après, le sarrasin fut manifestement malade. Ainsi, d'une race d'anguillules adaptée à la vie dans le seigle, j'avais obtenu une race adaptée à la vie dans le sarrasin. Ces expériences élucident bien des phénomènes que, dans la pratique de l'agriculture et de l'horticulture, on a observés par rapport à la maladie vermiculaire de beaucoup de végétaux cultivés.

Intimement apparentés, sinon identiques à *Tylenchus devastatrix* sont *Tylenchus fucicola* de Man, qui produit de petites galles sur le *Fucus nodosus*, et *Tylenchus intermedius* de Man, espèce non parasite découverte par le Dr J.-G. de Man et qu'il a trouvée vivant libre dans la province de Zélande (Pays-Bas), « aussi bien dans le sol trempé d'eau salée ou d'eau saumâtre des prairies que dans le sol sablonneux des dunes. »

Le *Tylenchus devastatrix* a été rencontré nuisible à un végétal quelconque, dans le sud-est de la Norvège, en plusieurs parties de l'Allemagne, dans les Pays-Bas, la Belgique, la France centrale, la Grande-Bretagne (l'Angleterre et l'Écosse), ainsi qu'en Algérie.

TYLENCHUS SCANDENS *Schneider* (*Anguillula Tritici* Dujardin) cause la formation de galles à parois noires, qui prennent la place des grains de froment dans l'épi (français : « blé niellé »; allemand « Gicht- oder Radekrankheit, Kaulbrand »; anglais : « wheat ear cockles, Purples, false ergot »). La maladie du froment, due au *T. scandens*, se montre en Italie, en Suisse, en France, dans les Pays-Bas, la Grande-Bretagne, l'Allemagne et l'Autriche.

On trouve des galles de même genre chez d'autres graminées, tels que *Holcus lanatus* et *Phleum Bœhmeri*; dans les galles, on trouve également des larves d'anguillules. Probablement, elles sont identiques à *T. scandens*.

TYLENCHUS HORDEI *Schöyen* produit des galles sur les racines d'*Elymus arenarius* en Suède et en Ecosse, et sur celles de l'orge dans le Norland (Suède). La maladie y porte le nom de « Krok ». On l'a d'abord attribuée à *Heterodera radicicola*.

Je passe sous silence les espèces de *Tylenchus* parasites de plantes sauvages, mais qu'on n'a pas encore rencontrées dans les végétaux cultivés. Je ne parlerai pas des espèces de *Tylenchus* auxquelles Vanha et Stoklasa attribuent deux maladies des betteraves, nommées : « Rübenfäule » et « Rübenwürzelbrand », car 1° l'ouvrage de ces auteurs ne démontre nullement que les deux maladies en question doivent être réellement attribuées à des espèces de *Tylenchus*; ces maladies étant probablement de tout autre nature; et 2° on ne saurait présumer à quelles espèces de *Tylenchus* les auteurs ont cru avoir affaire.

Je ne parlerai pas non plus des espèces de *Tylenchus* exotiques qui ont obtenu certaine renommée comme ennemies des plantes cultivées, telles que le *Tylenchus Sacchari* Soltwedel (dans la canne à sucre), *Tylenchus Coffeæ* Zimmerman (sur les racines du caféier) et les *Tylenchus* d'Australie, trouvés par Cobb.

Je nommerai dans le genre *Aphelenchus*, APHELENCHUS FRAGARIÆ *Ritzema Bos*, cause d'une maladie des fraisiers nommée : « maladie chou-fleur » (« cauliflower disease »), observée dans le Kent (Angleterre).

APHELENCHUS ORMERODIS *Ritzema Bos*, causant une maladie du même genre dans les fraisiers, également en Kent.

APHELENCHUS OLESISTUS *Ritzema Bos*, cause du dépérissement et du brunissement des portions de feuilles de *Begonia* (Londres), d'*Asplenium bulbiferum* et d'*A. diversifolium* (Brême) et probablement d'autres plantes encore (dans les États-Unis de l'Amérique du Nord : *Coleus, Salvia, Bouvardia, Pelargonium*). Les parties des feuilles infectées par *Aphelenchus olesistus* ne portent, avant leur dépérissement, aucune trace d'hypertrophie.

Au genre *Heterodera* appartiennent *Heterodera Schachtii* Schmidt et *H. radicicola* Greeff.

HETERODERA SCHACHTII *Schmidt* ne produit pas de galles sur les racines où il s'est installé, tout au plus une légère hypertrophie. Il est très connu comme cause d'une maladie extrêmement dangereuse des betteraves, dont on entend beaucoup parler en France, en Belgique, dans les Pays-Bas, l'Allemagne et l'Autriche. Après la récolte, l'anguillule persiste dans le sol, tout comme le *Tylenchus devastatrix*, par exemple, dans les champs de seigle, d'avoine et de sarrazin; dès lors, le sol en est

infecté, et le fait que bien souvent on cultive, pendant des années de suite, des betteraves sur le même champ, donne lieu à une multiplication énorme de ce Nématode
extrêmement nuisible. Le cas cité se nomme en Allemagne « Rübenmüdigkeit des
Bodens ». Cependant, comme l'*Heterodera Schachtii* peut subsister sur bien d'autres
plantes encore, telles que certaines plantes cultivées (chou, colza, chou-rave, navet,
sénevé, pois, tournesol, avoine, orge, froment) et sur plusieurs plantes sauvages
Sinapis arvensis, *Raphanus raphanistrum*, *Agrostemma Githago*, *Erodium cicuta-
rium*, espèces de *Chenopodium* et d'*Atriplex*, différentes graminées), au total trente
espèces de plantes environ, il arrive fréquemment que des terres qui n'ont jamais été
ensemencées de betteraves sont déjà infectées d'anguillules de la betterave. L'espace
me manque pour traiter ici des phénomènes morbides que présentent les betteraves
atteintes de *H. Schachtii*. Qu'il suffise de dire que, si les pieds de betteraves n'y sont
pas tués dans leur jeunesse, ce qu'on voit arriver assez souvent, toutefois le vigoureux
développement des plantes et une formation convenable de sucre manquent à tel point
que les champs « las de betteraves » ne produisent pas le tiers de la quantité de
sucre qu'ils auraient pu donner en des circonstances normales.

En certaines parties des Pays-Bas l'avoine souffre bien plus que la betterave d'*Heterodera Schachtii*.

Quoiqu'il n'y ait pas de différence spécifique entre l'*Heterodera* des betteraves,
celui de l'avoine, celui des pois, etc., les représentants des tribus qui se sont développées depuis plusieurs générations dans une même espèce de végétal ne passent qu'en
relativement petit nombre, sans difficulté, dans un des autres végétaux qu'on a
reconnus comme plantes nourricières d'*H. Schachtii*. Ce qui fait qu'il faut distinguer chez ce Nématode des races physiologiques diverses, tout comme chez le *Tylenchus devastatrix*.

HETERODERA RADICICOLA *Greef*, provoque des galles sur les racines de plantes
d'espèces bien diverses, en des régions non moins différentes. Cette anguillule se présente dans presque toute l'Europe, l'Algérie et les parties adjacentes du Sahara, en
Cochinchine, dans les îles de Sumatra et de Java, aux États-Unis de l'Amérique du
Nord et au Brésil. On trouve ces galles sur les racines de *Musa*, *Strelitzia*, poivrier,
cacaoyer, *Dracæna*, vigne, tomate, pomme de terre, tabac, *Dipsacus*, laitue, chicorée,
Taraxacum, caféier, concombre, carotte, carvi, poirier, pêcher, espèces de trèfle, fève
de Soya, *Erythrina*, *Bouvardia*, clématite.

L'*Heterodera radicicola* fait depuis quelque temps beaucoup de tort au tabac en
Deli (Sumatra), au café dans le Brésil, à des végétaux de différents genres en Floride,
Géorgie, Alabama et les États voisins de l'Union américaine (Root knot disease).

J'ai déjà relevé le fait que ce Nématode n'est pas également nuisible à toutes les
plantes et dans tous les cas, et qu'il est même certaines circonstances où il semble
pouvoir contribuer à la réussite des végétaux.

Les faits cités suffiront, je l'espère, à donner un aperçu sur les « Nématodes parasites des plantes cultivées et sur les maladies des plantes qui leur sont dues ». Si je
devais signaler plus amplement l'importance du danger dont chacune de ces espèces
de Nématodes menace l'économie rurale, si je devais m'occuper des mesures à prendre
contre chacune dans les cas différents, il me faudrait plus de dix fois l'espace dont je
puis disposer. Cependant, j'ose croire que mon exposé fournira assez de matière aux
délibérations.

SUR QUELQUES PARASITES DU CAFÉIER A LA RÉUNION

Par M. Edmond BORDAGE

Licencié ès-sciences, directeur du Muséum d'histoire naturelle de l'île de la Réunion (Bourbon).

Dans un petit travail publié en 1899, dans la *Revue des cultures coloniales* (n° 28, 5 mai), j'ai indiqué quels étaient, à la Réunion, les principaux parasites du caféier[1].

Aujourd'hui, j'ai seulement pour but de compléter certaines des indications précédemment données.

1. — Je commencerai par le Lépidoptère dont la larve, en perforant les fruits, cause un préjudice énorme : il s'agit du Botyde du Caféier (*Thliptoceras octoguttalis* Feld.). Cet insecte a été rencontré non seulement aux îles Mascareignes, mais encore à Natal, à Ceylan, à Bornéo, dans l'Inde, aux Moluques et en Australie. La larve en question, arrivée au terme de sa croissance, mesure une longueur de 11 à 12 millimètres et un diamètre de 2 millimètres environ. Sa couleur générale est claire. Sur le dos se trouve une double rangée de taches brunes, séparées par une ligne très nette de couleur claire. Les taches brunes forment comme de petits îlots entourés d'une teinte violette ou lie de vin qui finit en se dégradant. L'introduction de la larve à l'intérieur du fruit a toujours lieu à la base de ce dernier, lorsque la baie n'est pas encore mûre et que les tissus en sont encore tendres.

Le développement larvaire semble durer de 6 à 8 semaines et chaque larve peut détruire une quarantaine de fruits pendant ce temps.

Le papillon mesure 6 millimètres environ de longueur, de 11 à 12 millimètres d'envergure. Au repos, ses ailes demeurent ouvertes, les deux grandes cachant en partie les petites.

Sur la marge de chaque aile supérieure, on remarque quatre taches transparentes, d'un blanc nacré, à reflets bleuâtres ou violacés, de forme irrégulière et nettement circonscrites par une fine bordure noire. La couleur générale est un gris argenté tirant sur le jaune fauve, à mesure surtout qu'elle gagne l'extrémité des ailes supérieures.

Les dégâts causés par le Botyde du caféier sont quelquefois inquiétants. La perte qui en résulte peut représenter 50 pour 100 de la récolte entière. De plus, ces dégâts ne s'arrêtent malheureusement pas aux fruits. Après la récolte, lorsque les caféiers sont entièrement dépouillés de leurs fruits, les femelles du Botyde déposent leurs œufs sur les bourgeons terminaux des jeunes branches. Immédiatement après leur naissance, les jeunes larves pénètrent à l'intérieur de ces bourgeons et de là, dans le tissu médullaire occupant le centre des branches. Elles se creusent alors des galeries

---

1. Les parasites signalés dans cette courte étude étaient : *Thliptoceras octoguttalis, Cemiostoma coffeella, Gracilaria coffeifoliella, Lecanium Coffeæ, L. nigrum, Dactylopius Adonidum, Cratopus punctum,* des fourmis et des termites, parmi les insectes, et l'*Hemileia vastatrix,* au nombre des parasites cryptogamiques.

atteignant facilement de 12 à 20 centimètres de profondeur. Les extrémités des rameaux ainsi minés se dessèchent et meurent.

Les fruits attaqués par les larves du Botyde du caféier devraient être soigneusement cueillis, puis brûlés ou écrasés. On devrait aussi couper les extrémités des rameaux dans lesquels ces larves ont creusé leurs galeries et les détruire par le feu. Malheureusement, les propriétaires qui agissent ainsi sont bien rares. L'emploi des pièges avec lampes n'a donné des résultats que très médiocres.

Je ne connais pas quels sont les ennemis naturels du Botyde du caféier, mais je compte entreprendre cette étude sous peu. Il doivent être bien peu répandus à la Réunion, si on en juge par l'abondance toujours croissante du redoutable parasite.

Et maintenant, quel semble être le pays d'origine du Botyde du caféier ? Il n'est pas très facile de répondre à cette question avec une entière certitude. Je suis cependant porté à considérer l'insecte comme ayant été importé d'Afrique avec le Caféier. Il est, en effet, digne de remarqué que, dans tous les pays où le *Thliptoceras octoguttalis* a été trouvé, on cultive le caféier. Je crois donc qu'il faut voir là autre chose qu'une simple coïncidence. On pourrait néanmoins se demander comment il se fait que les dégâts commis par le parasite n'aient été signalés qu'aux îles Mascareignes (la Réunion et Maurice), sans qu'il en ait été question dans les autres régions où le Botyde a été rencontré. Faudrait-il alors admettre que, dans ces régions, l'insecte respecte le caféier pour s'attaquer à d'autres végétaux ? Cette explication ne paraît guère plausible, et il me semble bien plus logique de penser que, dans toutes ces régions, le Botyde attaque le caféier, mais en causant probablement des ravages peu importants, par suite sans doute de la guerre acharnée que doivent lui faire certains hyménoptères parasites n'existant pas aux Mascareignes, ou du moins y étant très peu nombreux, pour une cause quelconque[1]. Les planteurs ont alors dû se borner à constater que les fruits du caféier étaient quelquefois attaqués par une larve, sans chercher à connaître l'insecte parfait qui en provenait. Cet insecte parfait, il est vrai, aurait été successivement capturé dans ces diverses régions — mais, comme une espèce banale — puis envoyé en Europe pour la détermination, sans que l'on sût qu'il correspondait à la larve nuisible.

J'avais tout d'abord pensé — contrairement à ce que je viens d'exposer ci-dessus — que le *Thliptoceras octoguttalis* était d'origine asiatique, et avait été importé en Afrique et dans les îles africaines de l'Océan Indien, avec des végétaux de l'Asie ou de l'archipel indo-malais; peut-être avec des *Ixora* (genre appartenant à la famille des Rubiacées et très voisin du genre *Coffea*.) Ce qui me portait à croire cela, c'était l'observation suivante. Au jardin botanique de Saint-Denis (Réunion), j'avais trouvé une larve du Botyde du caféier dans des fruits d'*Ixora grandiflora*, espèce très décorative, originaire précisément de l'Inde et de Ceylan. Cette hypothèse — que je n'exposai d'ailleurs dans aucun recueil — aurait pu avoir une sérieuse valeur si le genre *Ixora* avait été spécial à la flore asiatique. Mais, il n'en est rien, car des recherches, faites avec soin, m'ont appris que certaines espèces de ce genre étaient particulières à l'Afrique méridionale et aux Mascareignes.

J'ajouterai d'ailleurs que le Botyde du caféier semble bien rarement s'attaquer aux

<hr>

1. On connaît d'ailleurs des cas semblables pour d'autres parasites, pour l'Elachiste du caféier, par exemple. C'est ainsi que cet insecte, très nuisible à la Martinique, ne cause que des dégâts insignifiants dans une autre île du groupe des Antilles, la Trinidad. D'après Edelestan Jardin (*Le Caféier et le café*, Paris 1895), les caféiers de la Nouvelle-Calédonie ont souvent leurs fruits transpercés par une *larve* qui les fait sécher et tomber. Je ne serais pas surpris que la larve en question fût celle du Botyde, ce qui prouverait que ce n'est pas seulement aux Mascareignes que le parasite attaque le caféier.

fruits des *Ixora*, tandis que des caféiers situés dans leur voisinage immédiat ont une bonne moitié de leurs fruits perforés par le redoutable parasite.

II. Dans ma note publiée dans la *Revue des cultures coloniales*, je signalais — à la Réunion — deux microlépidoptères dont les larves minaient les feuilles du caféier : l'Elachiste (*Cemiostema coffeella*) et une tinéide encore plus petite que je supposais être la Gracilaire (*Gracilaria coffeifoliella*). M. l'abbé J. de Joannis, le savant lépidoptériste, a bien voulu, sur ma demande, examiner l'espèce en question. M. de Joannis est d'accord avec M. Giard pour déclarer que ce microlépidoptère est bien le *Gracilaria*.

III. L'Elachiste — ainsi que la seconde larve mineuse des feuilles du caféier — a deux ennemis sérieux à la Réunion; ce sont deux minuscules Hyménoptères : un Chalcidien du genre *Eulophus* et un Braconide du genre *Apanteles*. (Voir pour plus de détails sur ces parasites la note de M. A. Giard : *Sur l'existence de Cemiostoma coffeella* Guér.-Men. *à l'île de la Réunion. Bull. Soc. entomol. Fr.*, 11 mai 1898, p. 201-203.)

IV. — J'ai constaté tout récemment que les jeunes feuilles et les bourgeons foliaires des caféiers étaient souvent détruits par un bel Orthoptère de la famille des Locustides dont le nom est *Phylloptera laurifolia*.

V. — Comme parasite cryptogamique du caféier, je n'avais cité que l'*Hemileia vastatrix*, qui est certainement le plus redoutable. J'ai reconnu depuis, sur les feuilles, la présence du *Glœosporium coffeanum*, parasite dont la découverte est due à M. le Dr Delacroix. De plus, sur le caféier Libéria, j'ai observé une algue parasite, le *Cephaleuros virescens*, étudiée également par M. G. Delacroix, et vivant aussi sur le feuillage.

A la Réunion, on ne s'occupe guère de combattre l'*Hemileia*, qui cause cependant de graves dommages. Je crois que MM. Isautier frères, de Saint-Pierre, sont à peu près les seuls propriétaires qui aient essayé de lutter contre le fléau au moyen de la bouillie bordelaise. Bien que cela ait nécessité une dépense assez élevée, ces propriétaires semblent satisfaits des résultats obtenus.

SUR LES PARASITES ANIMAUX ET VÉGÉTAUX DU VANILLIER

Par M. Edmond BORDAGE

Licencié ès-sciences, directeur du Muséum d'histoire naturelle de l'île de la Réunion (Bourbon).

L'île de la Réunion fournit une grande partie de la vanille consommée dans le monde entier et ses produits sont les plus réputés. Le kilogramme de vanille toute préparée peut atteindre le prix de 70 francs. C'est donc une culture des plus rémunératrices et que l'on doit désirer voir se développer de plus en plus pour l'intérêt du pays. Il est nécessaire aussi de connaître quels sont les principaux ennemis animaux et végétaux de cette précieuse orchidée, afin de pouvoir essayer de lutter contre eux et de les empêcher de diminuer trop sensiblement les récoltes.

Dans ce rapport succinct, nous allons passer rapidement en revue ces principaux parasites, tous observés à la Réunion, à l'exception d'un curculionide provenant de Nossi-Bé[1].

I. PARASITES ANIMAUX. — HÉMIPTÈRES. — *Le Trioza de l'Avocatier marron (Trioza Litseæ* A. Giard). — C'est un homoptère, de la famille des Psyllides[2], d'après M. le professeur Giard, auquel j'ai soumis quelques spécimens du parasite qui, jusqu'ici, n'a été signalé qu'à la Réunion.

Le *Trioza* commence à causer des dommages assez sérieux, dans le quartier de Sainte-Rose surtout. Il est donc temps qu'on y prenne garde. L'insecte vivait d'abord sur un arbre appelé vulgairement *Avocatier marron*[3], à la Réunion. Le nom scientifique de cet arbre est *Litsea (Tetranthera) laurifolia*; il appartient à la famille des Lauracées.

Le Trioza détruit les bourgeons floraux et les fleurs de l'Avocatier marron. Dans les points où cet arbre croît dans le voisinage des plantations de vanille, l'insecte a gagné cette dernière plante pour laquelle il semble maintenant avoir une prédilection marquée.

Il crible de piqûres les bourgeons floraux et les fleurs de la précieuse orchidée. Tout autour des plaies ainsi formées, les tissus noircissent et pourrissent. Lorsque les piqûres portent sur le gynostème, le développement du fruit ne saurait avoir lieu. D'après les explications très vagues qui m'avaient été données tout d'abord, j'avais cru que les tissus lésés donnaient naissance à des déformations en forme de galles ou *cécidies florales*; j'ai reconnu ensuite qu'il n'en était rien et que, au contraire, il se formait de petites cavités noirâtres, par suite de la pourriture des tissus en ces points.

Le *Trioza* est certainement le plus redoutable ennemi du Vanillier à la Réunion. Je crois que le meilleur remède à apporter consisterait à détruire tous les Avocatiers marrons situés dans le voisinage immédiat des vanilleries et à ne jamais employer ces arbres comme supports pour la précieuse liane.

La punaise verte. — A la Réunion, le Vanillier compte une autre ennemi parmi les Hémiptères. C'est un Hétéroptère, la Punaise verte des bois ou Punaise émeraude (*Nezara smaragdula* Fabr.)[4].

Voici la description de l'insecte :

Longueur : $0^m,015$; d'un vert pré uniforme. Tête assez large, peu allongée, arrondie au bout; lobe médian frontal dépassant un peu les lobes latéraux, ou du moins

---

1. Nous sommes heureux d'adresser ici nos remerciements à MM. Giard et de Joannis, qui ont eu la bonté d'étudier trois espèces nouvelles que nous leur avons communiquées et dont la description sera publiée ailleurs.

2. Dans le quartier Sainte-Rose où ce minuscule insecte est malheureusement trop commun, on lui donne fort improprement le nom de *Moucheron de la vanille*. Quelques personnes, ne l'ont pas confondue avec un diptère, mais ont cru à tort également être en présence d'un hyménoptère, d'une espèce de *Cynips*.

3. Son bois est assez apprécié pour le charronnage et ses feuilles fournissent pour les vaches laitières, un fourrage assez estimé. L'Avocatier marron est d'origine asiatique.

4. Synonymie : *Nezara prasina* L., *Pentatoma smaragdula* Léon Dufour.

Le genre *Nezara* a été créé par Amyot; le nom exact donné par Fabricius à l'insecte était *Cimex smaragdulus*.

atteignant le bord antérieur. Antennes à 1er article ne dépassant pas le bord antérieur de la tête; le 2e un peu plus court que le 3e, le 4e et le 5e un peu renflés, à peu près d'égale longueur entre eux; chacun d'eux plus court que le 3e. Les antennes sont vertes, et l'extrémité des trois derniers articles présente une coloration brun ferrugineux foncé. Bec (ou rostre) atteignant, mais ne dépassant pas la base de l'abdomen. Prothorax ayant son disque antérieur un peu incliné en avant dans la direction de la tête. Abdomen possédant en son milieu une carène longitudinale très prononcée[1]. Les pattes, à peine velues, sont de la couleur du corps.

De même que les autres punaises des bois, la Punaise émeraude exhale une odeur très désagréable, pénétrante, et qui se communique aux objets que l'insecte a touchés. Les œufs sont déposés sur les feuilles ou les tiges des végétaux. Ils sont placés par plaques très régulières, réunis ensemble au moyen d'une liqueur très gluante. L'insecte implante son rostre dans la tige et dans les bourgeons floraux du Vanillier, pour en sucer la sève. Les dégâts qu'il commet sont cependant assez peu appréciables et nullement comparables à ceux du *Trioza*.

La Punaise émeraude est une espèce essentiellement cosmopolite. On la trouve en effet sur la plus grande partie du globe. Elle est très connue en France.

LÉPIDOPTÈRES. *La Rongeuse de la Vanille.* — Nous nous occuperons d'abord d'une petite Tortricide dont j'ai envoyé des exemplaires à M. J. de Joannis. Le savant lépidoptériste en a donné la description dans le *Bulletin de la Société entomologique de France*, séance du 11 juillet 1900. Cette espèce est le *Conchylis vanillana*[2].

C'est la chenille de ce microlépidoptère qui est nuisible à la vanille, lorsqu'elle attaque le rudiment du jeune fruit peu après la fécondation artificielle. Si ce dernier ne se dessèche pas et ne meurt pas toujours des suites des méfaits de la larve, il en gardera les traces d'une façon indélébile, sous forme de stries plus ou moins capricieuses et comme s'il y avait eu corrosion des tissus en ces points. De sorte que, si ce fruit parvient à sa maturité complète, il aura néanmoins beaucoup perdu de sa valeur, toute tache, toute rayure causant une dépréciation de la vanille.

La chenille en question est très petite et mesure à peine 7-8 millimètres de longueur. Elle est toute noire avec une rangée de très petits points gris cendré, difficilement visibles à l'œil nu, situés de part et d'autre de la ligne médiane du corps. Son agilité est vraiment remarquable. Elle se meut aussi rapidement à reculons que d'arrière en avant, et ses mouvements sont tellement rapides qu'ils ressemblent à la reptation de quelque microscopique reptile. C'est une série d'ondulations se succédant si vite qu'on a peine à distinguer la forme et la coloration de cette chenille.

Les spécimens que j'ai pu me procurer m'ont été obligeamment envoyés par M. L. Chabrier, propriétaire à Saint-André. En observateur intelligent, M. Chabrier a remarqué que les œufs qui donnaient naissance à ces larves étaient pondus sur la corolle du vanillier après l'opération de la fécondation artificielle, c'est-à-dire au moment où cette corolle commence déjà à se flétrir. En prenant alors la précaution d'enlever immédiatement les débris de la corolle après la fécondation, on est certain d'éviter la venue et la ponte des papillons femelles. Le remède préventif est donc bien simple.

La Plusie dorée. — La chenille d'un autre lépidoptère, la plusie dorée (*Plusia aurifera* Hb), attaque aussi quelquefois le vanillier. C'est une espèce appartenant

---

1. C'est précisément cette carène abdominale jaunâtre, ressemblant à un cordon, qui a valu à l'insecte le nom de *Nézara*, de l'hébreu *Nézar*, *ceint d'un cordon*.

2. Un autre lépidoptère attaque aussi la fleur du vanillier à la Réunion. M. de Joannis a reconnu que cette espèce est le *Simplicia inarcualis* Guénée, de la famille des Noctuides, sous-famille des Deltoïdines. Les dégâts qu'elle produit sont insignifiants.

aux noctuélites et à la famille des *Plusidæ*. Elle est très commune à la Réunion, mais n'est pas spéciale à cette île, car on la trouve aussi à Maurice, à Madagascar, en Abyssinie, au Sénégal, à Sainte-Hélène, à Ténériffe. Elle a été aussi signalée dans l'Espagne méridionale, et même à Rochefort et à La Rochelle, en France; mais Guénée est convaincu qu'il n'y a pas lieu de considérer cette espèce comme européenne; les spécimens capturés en Espagne et en France y auraient été apportés par des navires venant d'Afrique.

La chenille de *Plusia aurifera*, longue d'environ 3 centimètres, est d'un vert assez pâle. Son corps est parsemé de poils rares et courts. La tête est petite et aplatie en dessus. Elle ne possède que douze pattes, ce qui la contraint à marcher comme les chenilles des Phalénites, dites *arpenteuses*, parce qu'au lieu de marcher en rampant et par ondulation, elles font, pour ainsi dire, de grands *pas* d'égale longueur, en renflant le dos. Elles semblent alors arpenter le terrain qu'elles parcourent. Cette larve ronge assèz fréquemment les bourgeons du vanillier.

Voici la description de l'insecte parfait :

Envergure, 33 millimètres. Ailes supérieures à bord interne droit, avec la dent anale rentrante, à bord terminal subdenté, à apex aigu, d'un brun rougeâtre, avec une large bande d'un or vif, naissant sous la cellule, puis gagnant le bord terminal qu'elle remonte jusqu'à l'apex, en laissant toutefois le bord interne de la couleur du fond. Sur cette bande d'or se devine la ligne subterminale, qui y forme une trace légère. Les taches ordinaires se voient dans la cellule et forment deux petits anneaux plus ou moins distincts. Frange de la couleur du fond, divisée par un feston plus foncé. Ces ailes ont des reflets satinés ou métalliques. Ailes inférieures d'un gris terne, plus claires à la base; leur dessous avec une faible lunule cellulaire et une ligne plus obscure. Thorax gris, avec la tête et le collier d'un jaune roux. Abdomen ayant les trois premiers anneaux crêtés; la crête du troisième plus forte et plus fauve. Les deux sexes sont semblables.

COLÉOPTÈRES. — A la Réunion, les fleurs du vanillier sont fréquemment attaquées par deux coléoptérés qui criblent la corolle de perforations et détruisent quelquefois le gynostème. Ce sont l'*Hoplia retusa* Klug et le *Cratopus punctum* Fabr.

Le premier de ces insectes appartient à la famille des Lamellicornes. Il présente une coloration d'un brun grisâtre. Sa longueur est d'environ 8 millimètres. Le second est un représentant de la famille des Curculionides, de couleur gris cendré et à rostre élargi, plus court que la tête. Il attaque aussi les feuilles des caféiers.

Mais les dégâts commis par ces deux coléoptères sont bien peu de chose comparés à ceux que commet, à Nossi-Bé, un curculionide dont un spécimen m'a gracieusement été communiqué par M. Dolabaratz, directeur de l'Agence du Crédit foncier colonial, à la Réunion, et dont la description sera publiée par M. Giard. Voici ce que nous connaissons de l'évolution de ce coléoptère :

La larve de ce curculionide vit logée à l'intérieur de la tige du vanillier dans laquelle elle perfore des galeries longitudinales atteignant jusqu'à 50 centimètres de longueur. En ces points, la liane est complètement creusée par l'insecte, la partie corticale demeurant seule intacte. Toute la région ainsi attaquée noircit, puis se dessèche et meurt. Il en est de même de toute la portion de la liane située au-dessus. Les planteurs de Nossi-Bé se trouvent donc en présence d'un ennemi redoutable et, si des mesures énergiques ne sont pas rapidement prises, le mal, encore localisé en quelques rares points, peut s'étendre sur toute l'île et devenir un véritable fléau. Couper soigneusement les parties atteintes de la plante et les brûler immédiatement, semble être le meilleur remède, à condition toutefois qu'il ne soit pas pratiqué trop tard; c'est-à-dire qu'il ne faudrait pas attendre la transformation du parasite en insecte parfait, car l'insecte sort de la plante tout de suite après cette transformation. Il appartient donc aux planteurs d'observer à quelle époque de l'année l'insecte arrive à son complet développement.

Lorsqu'est arrivé le moment où la larve va subir cette dernière métamorphose, elle réunit ensemble des fibres desséchées adhérant encore à la face interne de sa galerie et les transforme en un cocon blanchâtre, arrondi, logé à l'intérieur de cette galerie.

La description de l'insecte parfait, donnée précédemment, permettra certainement de la reconnaître aisément. Tous les spécimens rencontrés devront être détruits sans exception.

Tels sont les principaux parasites appartenant au règne animal qui attaquent le vanillier. Nous devons cependant ajouter que certains mollusques gastéropodes, les colimaçons (*Helix*) et les énormes agathines (*Achatina*) se montrent quelquefois nuisibles à la précieuse liane, mais leurs dégâts ne se constatent guère que pendant les années très sèches, alors que ces gastéropodes trouvent difficilement leur nourriture.

II. Parasites végétaux. — Jusqu'ici, une seule maladie cryptogamique du vanillier a été parfaitement observée et étudiée. Pour ma part, ce n'est que très rarement que j'ai constaté sa présence à la Réunion, sur des lianes isolées et placées dans des conditions très défectueuses. Par contre, aux îles Seychelles, cette maladie a causé un préjudice sérieux, vers l'année 1887. A cette époque, M. J.-J. Sharp écrivit à ce sujet à M. Thiselton-Dyer, à Kew. Ce dernier pensait que la cause de la maladie n'était ni un insecte, ni un champignon, mais provenait de la nature du sol, d'un drainage défectueux et de l'épuisement de la plante par excès de rendement. M. Scott, l'assistant-directeur des Jardins botaniques de Maurice, partageait cette opinion. Un peu plus tard, M. Massee, de Kew, reçut de bons échantillons de vanille attaquée par la maladie inconnue. Ce savant y découvrit un champignon de la famille des Pyrénomycètes auquel il donna le nom de *Calospora Vanillæ*. Il conclut de ses recherches que des plants parfaitement sains pouvaient être tués par ce champignon microscopique, tout en admettant qu'un mauvais drainage, un excès d'humidité, trop d'ombre, constituaient probablement des conditions capables de favoriser le développement du parasite. L'évolution de ce champignon comprend trois stades : le stade *Hainesia*, le stade *Cytispora* et le stade *Calospora* proprement dit.

La forme *Hainesia* attaque les feuilles parfaitement saines, au moyen de son *mycelium* qui envahit et détruit les tissus. La mort de la plante est causée entièrement par cette forme *Hainesia*. La forme *Cytispora* et la forme *Calospora* n'apparaissent qu'après la mort de la feuille.

Voici sous quel aspect le stade *Hainesia* fait son apparition. Sur quelques-unes des feuilles vivantes, on voit apparaître de très petites pustules de couleur rouge sombre ou ambrée, formant de petits groupes apparents par la décoloration de la feuille aux points attaqués. Ces taches sont surtout abondantes sur la face supérieure de la feuille; mais, dans quelques cas, on les trouve sur les deux faces, visibles à l'œil nu, car elles atteignent 5 millimètres de diamètre. L'examen microscopique montre que les pustules consistent en des amas de conidies. Elles se montrent aussi sur la tige et sur les racines aériennes; mais leur présence sur ces organes est due à l'extension du *mycelium* logé dans les feuilles.

Toutes les feuilles mortes, ou en voie de dépérissement rapide, présentent des masses agglutinées de conidies de coloration jaune pâle et d'aspect cireux. Ces coni-

1. Bulletin of Miscellaneous information, Royal Gardens, Kew, 1892, p. 111.

dies appartiennent au second stade : la forme *Cytispora*. Lorsqu'elles sont mûres, elles se montrent sous la forme de filaments très petits, allongés, visqueux, que l'on peut apercevoir à l'orifice des plaies produites par la rupture de l'épiderme foliaire. Ces minuscules filaments sont d'abord agglutinés par un liquide visqueux provenant de la gélification de la portion externe des parois de la conidie. En se desséchant, ils se groupent en amas de formes variées et ordinairement irrégulières; affectant cependant quelquefois la disposition des taches circulaires ayant environ 5 millimètres de diamètre. La feuille peut être entièrement recouverte par ces taches, sur sa face supérieure surtout.

A un stade ultérieur, la portion centrale du stroma du *Cytispora* produit un périthèce, avec des spores contenues dans des asques. Ce troisième stade correspond à la forme *Calospora*. Puis, les spores de la forme *Calospora* germent sur des feuilles vertes, en donnant le premier stade *Hainesia*, et le cycle évolutif recommence.

Le meilleur remède à employer contre ce parasite est la destruction complète par le feu des feuilles mortes. De cette façon, on sera certain de détruire celles qui sont atteintes par le champignon sous sa forme *Calospora*, la seule capable de donner naissance au moyen de ses spores à la forme de début *Hainesia*, qui est précisément celle qui attaque les feuilles pleines de vigueur.

En dehors des Seychelles et de la Réunion, le *Calospora Vanillæ* a été observé à Maurice et à la Nouvelle-Grenade ou Colombie. Dans les serres de Kew, on l'a trouvé sur d'autres orchidées (*Dentrobium* et *Oncidium*).

Il y a environ une trentaine d'années, les plantations de la Réunion furent sérieusement attaquées par une maladie dont s'occupa alors le Dr Jacob de Cordemoy, le savant auteur de la *Flore de la Réunion*. Les feuilles jaunissaient, se desséchaient et tombaient. Quelquefois aussi la tige noircissait et pourrissait. Mais, à ce moment, le Dr Jacob de Cordemoy n'était pas suffisamment outillé pour entreprendre l'étude de cette maladie. Malgré cela, après avoir observé les dessins de *Calospora Vanillæ* donnés par Massee, il m'a déclaré n'avoir rien observé de semblable. On ne connaît donc rien de précis au sujet de la maladie en question, si ce n'est que les tissus des lianes atteintes contenaient un grand nombre de bactéries, notamment la forme la plus commune du *Bacterium termo*. Il est aussi un fait à noter : la vanille malade contenait beaucoup moins de potasse que la vanille saine. Voici d'ailleurs un tableau donnant les analyses comparées :

ANALYSE DE CENDRES DE VANILLE (TIGES ET FEUILLES)

POUR 100 DE CENDRES	VANILLE MALADE	VANILLE SAINE
Potasse pure.	19.604	29.753
Chaux.	29.380	21.440
Acide phosphorique.	4.305	7.101

Tels sont les principaux ennemis du vanillier. Il serait à désirer que cette étude fût continuée dans toutes les régions où l'on cultive la précieuse orchidée.

SUR LES PRINCIPAUX PARASITES ANIMAUX ET VÉGÉTAUX
DE LA CANNE A SUCRE
AUX ILES MASCAREIGNES

Par Edmond BORDAGE,
Directeur du Muséum d'histoire naturelle de l'île de la Réunion.

Notre but, en rédigeant cette courte note, est de donner un aperçu rapide des principaux ennemis de la canne à sucre, à l'île de la Réunion et à l'île Maurice où cette graminée constitue la principale culture.

Nous commençons par l'étude de quatre lépidoptères nocturnes, dont les larves, appelées *borers*, causent de graves dommages, en creusant leurs galeries dans la tige et dans le cœur, (ou bourgeon terminal) de la canne à sucre. Ces quatre lépidoptères sont : *Diatræa striatalis, Sesamia nonagrioides* var. *albiciliata, Grapholitha schistaceana, Dendroneura* (?) *Sacchari*.

Parasites animaux.

1. — *Diatræa striatalis* Snellen (*Borer saccharellus* Guenée — *Proceras sacchariphagus* Bojer).

La larve de ce lépidoptère, de la famille des Crambides, attaque la canne à sucre à toutes les époques de sa croissance, à l'état de jeunes pousses aussi bien qu'au moment où la maturité approche.

L'introduction de ce parasite aux îles Mascareignes remonte à 1848, époque à laquelle le gouverneur de l'île Maurice, William Gomm, fit venir de Ceylan des boutures de cannes destinées à remplacer les variétés cultivées jusqu'alors à Maurice et à la Réunion, attaquées sérieusement par une maladie cryptogamique qui ne fut pas étudiée[1]. Il paraît que les cannes venues de Ceylan contenaient en abondance des larves de *Diatræa striatalis*, ce qui permet au parasite de s'établir à Maurice d'abord, et à la Réunion ensuite.

De nombreuses confusions ont été commises au sujet du nom exact et du pays d'origine du *D. striatalis*.

En principe, l'entomologiste français Guenée a été le premier auteur de ces confusions, en croyant reconnaître, en 1862, dans l'insecte introduit de Ceylan à Maurice, puis de Maurice à la Réunion, le parasite qui attaque la canne dans l'Amérique tropicale et aux Antilles, et que Fabricius avait décrit à la fin du siècle précédent sous

---

1. On m'a seulement appris que les cannes atteintes jaunissaient et se desséchaient. Les feuilles du sommet s'enroulaient en spirale après avoir pris une teinte blanchâtre. Je serais tenté de rapprocher cette maladie de celle qui est décrite par Wakker et Went dans leur magnifique ouvrage (*De Ziekten van het Suikerriet op Java*, pp. 64-66. Pl. VII), sous le nom javanais de *Pokkah-bong*. Quelques planteurs qui se rappellent parfaitement l'aspect que présentaient les cannes malades, et auxquels j'ai montré cette planche VII, sont de mon avis.

le nom de *Pyralis saccharalis* (*Diatræa saccharalis* Zeller). Il remplaça le nom de *Pyralis saccharalis* par celui de *Borer saccharellus*, ce qui était d'une utilité douteuse, et identifie le parasite de la canne à la Réunion, au *Proceras sacchariphagus* Bojer, de Maurice; en cela, il avait raison.

Guenée pensait que l'insecte avait été introduit des Antilles à Ceylan, puis de Ceylan aux Mascareignes. Le savant lépidoptériste confondait donc une espèce de la faune indo-malaise avec une espèce propre à l'Amérique tropicale.

En 1891 seulement, Snellen reconnut nettement que l'espèce du genre *Diatræa* de la région indo-malaise différait de l'espèce américaine, et donna à la première le nom de *D. strialis* pour la distinguer de la seconde (*D. saccharalis* Zeller).

En 1897, j'eus, à mon tour, l'occasion d'entreprendre l'étude des parasites de la canne à sucre aux îles Mascareignes. Je vis immédiatement que le lépidoptère provenant de la Réunion, auquel Guenée avait donné le nom de *Borer saccharellus*, absolument identique au *Proceras sacchariphagus* étudié à Maurice par Bojer, correspondait nettement au *D. strialis* de Snellen.

J'ai longuement insisté sur cette distinction à plusieurs reprises, et notamment en 1897[1]. J'ai été heureux de voir mes conclusions citées par M. Howard, l'éminent savant qui dirige la station entomologique du Département d'Agriculture, à Washington[2] et par M. Saussine, le distingué professeur au lycée Saint-Pierre, à la Martinique[3]. MM. Giard (de la Sorbonne) et Zehntner (de la station expérimentale de Kagok-Tegal, à Java), ont aussi longuement insisté sur ce point. Grâce à tous ces documents, on ne devrait plus constater la confusion en question; et cependant, tout récemment encore, M. Jadin indique le *Diatræa saccharalis* comme attaquant la canne à l'île Maurice (*Revue des Cultures coloniales*, n° 39, octobre 1899. *La canne à sucre à l'île Maurice*).

Il nous est impossible d'insister longuement ici sur les différences de caractères qui distinguent les deux espèces de *Diatræa*. Nous dirons seulement que chez le *D. striatalis*, les palpes labiaux sont relativement plus grands que chez le *D. saccharalis*. L'angle antérieur des grandes ailes est un peu plus petit (58° environ) chez la première espèce que chez la seconde (65° environ), de sorte que les grandes ailes du *D. striatalis* paraissent un peu plus effilées que celles du *D. saccharalis*. Enfin, tandis que chacune des ailes antérieures de la première espèce présente deux points noirs bien apparents, vers son milieu, on ne trouve qu'un point pour la seconde espèce. De plus, l'aile antérieure du *D. saccharalis* est ornée d'une série de points noirs (très apparents sur les spécimens bien conservés), formant un arc de cercle s'étendant obliquement sur toute la largeur de l'aile, dans le tiers de la surface le plus rapproché de l'extrémité libre.

II. — *Sesamia nonagrioides* var. *albiciliata* Snellen.

Le second lépidoptère dont nous allons maintenant nous occuper appartient à la famille des Noctuélites; c'est la sésamie de la canne (*Sesamia nonogrioides* var. *albiciliata*). Ce papillon paraît être une simple variété, à ailes munies d'une longue frange blanchâtre, de la *Sesamia nonagrioides*, que l'on trouve dans le midi de la France et en Espagne, où sa larve est nuisible au maïs, et en Algérie, où elle attaque la canne, le maïs et le sorgho.

1. *E. Bordage* : 1° Sur trois lépidoptères nuisibles à la canne à sucre aux Mascareignes (*Revue agricole de la Réunion*, 1897). 2° Note sur deux lépidoptères nuisibles à la canne à sucre aux Mascareignes (*C. R. Acad. sciences de Paris*, décembre 1897).

2. *Howard*. Some miscellaneous Results of the work of the Division of entomology (III, 1898, p. 90).

3. *Saussine*. Bulletin agricole de la Martinique, décembre 1899 (Nouvelles et correspondance).

En 1879, M. Mabille recevait de Madagascar et de la Réunion des spécimens de ce lépidoptère. La même année, l'entomologiste hollandais Snellen recevait de son côté des échantillons provenant de Java et des Célèbes.

La larve de cette espèce est très nuisible à la canne et attaque de préférence les pousses encore jeunes.

Il serait impossible de dire avec certitude quel est le pays d'origine de ce parasite. Je serais cependant tenté d'indiquer la région indo-malaise.

L'insecte aurait été introduit aux Mascaraigues et de là à Madagascar, soit avec des boutures de canne à sucre importées à différentes reprises de Java (et notamment pendant les années 1841, 1850 et 1862), soit avec une autre graminée, le *Panicum javanicum*, dans les conditions suivantes : En 1780, 1810, 1823 et plus tard encore, on introduisit à la Réunion différentes races de chevaux provenant de Java. Avec ces animaux, furent embarquées des provisions de la graminée en question, pour servir de fourrage. Cette plante, très vivace, se conservait fraîche pendant la traversée, qui souvent n'excédait pas une quinzaine de jours. Abandonnée sur le sol ou enfouie dans le fumier, elle reprend très facilement. Dans ces conditions, elle se propagea rapidement et devint nuisible. Or, cette graminée est une herbe de prédilection pour les chenilles de la sésamie. Ce détail important ne tendrait-il pas à faire supposer que le parasite a pu être introduit avec elle ?

Il s'est produit encore de nombreuses confusions, aux îles Mascareignes, au sujet de la sésamie. A la Réunion — et à Maurice surtout — elle a tour à tour été prise pour le *Diatræa saccharalis* et pour le *D. striatalis*. Avec M. Giard[1], j'ai contribué, je l'espère, à faire cesser ces erreurs[2], et, je m'empresse d'ajouter que les beaux et précieux travaux que publie M. le Dr Zehntner aident beaucoup à établir nettement les différences. Sans pouvoir insister sur ces dernières, nous dirons seulement, qu'en laissant même de côté tout ce qui concerne la nervation et l'ornementation des ailes, une observation des plus superficielles permet immédiatement d'éviter toute confusion entre les genres *Sesamia* et *Diatræa*. Chez le genre *Diatræa*, les palpes labiaux forment, en avant de la tête, une sorte de long bec rectiligne, pouvant atteindre près de 3 fois la longueur de cette dernière; tandis que chez le genre *Sesamia*, ces palpes, assez difficilement visibles, sont redressés et presque appliqués contre la tête. Cette différence est tellement sensible qu'elle frappe tout d'abord.

III. — *Grapholitha schistaceana* Snellen.

La larve de ce lépidoptère tortricide attaque spécialement les jeunes pousses de canne, auxquelles elle nuit beaucoup.

Elle a tout d'abord été signalée à Java par Snellen, à qui des échantillons furent envoyés. En 1898, mon ami A. de Villèle et moi avons indiqué sa présence à la Réunion. Elle doit probablement exister également à Maurice. Je renvoie le lecteur pour la description de ce parasite aux excellents travaux de Snellen, de Krüger et de Zehntner.

J'ignore si ce lépidoptère a été introduit de Java avec des boutures de cannes.

IV. — *Dendroneura* (?) *Sacchari* Bojer.

Ce parasite, de la famille des Tinéides, a été signalé pour la première fois par Bojer (1856), à l'île Maurice. Il existe également à la Réunion et aux Seychelles.

1. A. Giard. *Bulletin de la Société entomologique de France*, 1897.
2. E. Bordage. *Revue agricole de la Réunion*, 1897, et *C. R. Acad. sciences de Paris*, décembre 1897.

La larve est grisâtre et légèrement velue. Elle peut atteindre de 12 à 15 millimètres de longueur sur 2 millimètres de diamètre. Elle attaque surtout les jeunes cannes et peut causer un grand préjudice. On la trouve quelquefois aussi sur des végétaux en voie de décomposition. Enfin, à différentes reprises, j'ai trouvé des chenilles de ce lépidoptère dans des bananes. La chrysalide est petite et de couleur brune.

Le papillon présente une tête lisse. Vertex garni d'écailles dirigées en avant ; front déprimé vers le dessous. Palpes labiaux ascendants, écartés, le 3e article un peu spatulé, le 2e et le 3e légèrement hérissés en dessous. Palpes maxillaires longs, souvent repliés. Ailes allongées, les supérieures d'un gris brunâtre, avec un point noir à l'extrémité de la cellule, et saupoudrées de quelques écailles noires. Ailes inférieures plus claires. Pattes de même couleur que les ailes inférieures.

Bojer avait donné à cet insecte le nom d'Alucite de la canne (*Alucita Sacchari*) ; mais il est évident que le parasite ne saurait plus actuellement être maintenu dans le genre *Alucita*. J'ai alors soumis la question à un microlépidoptériste éminent, M. J. de Joannis qui, lui-même a consulté un de ses correspondants anglais qui s'occupe spécialement des Tinéites, lord Walsingham.

Déjà, vers 1892, M. de Joannis avait reçu cette espèce des Seychelles et l'avait communiquée à lord Walsingham. Ce dernier considéra d'abord l'insecte comme appartenant au genre *Dendroneura*, qu'il avait établi en 1891, pour un microlépidoptère des Indes occidentales (*Proceed. Zool. Soc. London*, 1891, pp. 509-510). D'après les renseignements fournis par le savant anglais, il existerait quelques espèces américaines assez voisines de l'espèce des Seychelles et des Mascareignes, aux îles Hawaï et aux Indes occidentales, et dont les larves s'attaqueraient fréquemment, sinon exclusivement, à la canne à sucre et à la pomme de terre.

En 1897, lord Walsingham reçut de M. de Joannis de nouveaux spécimens provenant encore des Seychelles, mais mieux conservés que les premiers. L'examen de ces spécimens a engagé le microlépidoptériste anglais à ne plus se prononcer d'une façon aussi catégorique. Il se pourrait que l'espèce en question né fit pas partie du genre *Dendroneura* lui-même ; mais, dans ce cas, elle devrait néanmoins être placée dans un nouveau genre, voisin du genre *Dendroneura*.

L'étude des quelques échantillons que j'avais communiqués à M. de Joannis n'a fait qu'engager lord Walsingham à persister dans cette opinion, et c'est également l'avis de M. de Joannis lui-même.

La question n'est donc pas entièrement tranchée. C'est pourquoi nous avons fait suivre le nom générique *Dendroneura* d'un point de doute (?). Sous peu, la difficulté sera résolue.

Je ne possède aucune donnée permettant d'affirmer si ce parasite a été importé aux Mascareignes ou s'il est originaire de ces îles[1].

Ennemis naturels des Borers. — Le *Diatræa striatalis* et la sésamie ont pour ennemis acharnés, aussi bien à Maurice qu'à la Réunion, des Hyménoptères appartenant au genre *Ophion*. Jusqu'ici, deux espèces ont été étudiées ; ce sont l'*O. Mauritii* Sauss. et l'*O. antankarus* Sauss.

Les borers ont aussi un ennemi redoutable représenté par une fourmi, le *Solenopsis geminata* Fabr., espèce cosmopolite introduite à la Réunion[2].

---

1. Outre les borers, il existe une autre larve de lépidoptère qui peut causer quelque préjudice à la canne à sucre ; c'est celle de *Cyllo Leda* L. Quant à la prétendue *Tortrix sacchariphaga* dont parle Delteil (*La canne à sucre*, Paris, 1884), j'ai déjà eu l'occasion de dire que c'était une pure invention (Voir : Bordage, *Sur 3 lépidoptères*, etc., in Revue agricole de la Réunion, 1897.)

2. C'est M. Colson, président de la Chambre d'agriculture de la Réunion, qui a le premier remarqué l'utilité de cette fourmi, comme auxiliaire du planteur.

Quant aux moyens que peut employer l'homme pour combattre ces parasites de la canne à sucre, je crois que le meilleur est encore l'échenillage. Les cannes contaminées devraient être coupées près du sol, divisées en fragments ou fendues. Les larves récoltées seraient détruites. La destruction par le feu des fragments creusés de galeries serait une mesure prudente.

Hémiptères. — Les Hémiptères qui, à la Réunion et à Maurice, attaquent la canne à sucre, appartiennent tous au sous-ordre des Homoptères. Les principaux sont : *Dactylopius Sacchari* Cockerell; *Aphis Sacchari* Zehn.; *Delphax saccharivora* Westw.; *Aleurodes Berghii* Sign.[1]

Le premier insecte cité commence à commettre des dégâts appréciables, et il est à craindre qu'il ne devienne un véritable fléau. Il existe également à Maurice, et j'ai pu m'assurer qu'il s'agissait bien du même parasite.

En 1892, M. d'Emmerez de Charmoy, étudiant ce *Dactylopius*, à Maurice, le considérait comme une espèce nouvelle et lui donnait précisément le nom de *D. Sacchari*[2]. Par une simple coïncidence, le nom de *D. Sacchari* doit parfaitement demeurer à ce parasite. En effet, antérieurement au travail de M. d'Emmerez, le nom en question avait été donné en 1895, par M. Cockerell, à une espèce de *Dactylopius* qui attaque la canne à la Jamaïque. Depuis la publication de son premier travail, M. d'Emmerez a eu l'occasion de communiquer à M. Cockerell des échantillons de l'hémiptère qu'il avait désigné également sous le nom de *D. Sacchari*. Il se trouve qu'il y a identité parfaite entre les spécimens de la Jamaïque et de Maurice[5] (et de la Réunion par suite).

L'*Aphis Sacchari*, qui existe également à Maurice et à Java, commence à pulluler d'une façon inquiétante, à la Réunion, dans le quartier Sainte-Rose surtout, où il menacerait d'anéantir des champs entiers, paraît-il.

Les dégâts commis par le *Delphax saccharivora* et l'*Aleurodes Berghii* soit relativement insignifiants.

Je n'ai pas encore eu l'occasion d'étudier d'une façon suivie quels sont les ennemis naturels de ces divers hémiptères. Ils doivent certainement être nombreux. J'ai cependant pu remarquer que l'*Aphis Sacchari* était détruit par les larves de deux diptères : le *Syrphus Pfeifferi* et le *S. annulipes*. Des Névroptères appartenant au genre *Chrysopa* possèdent des larves qui font une guerre acharnée à ces différents hémiptères. Enfin des coccinelles du genre *Scymnus* et du genre *Chilocorus* (*C. lunatus*), sont des ennemis très actifs des *Dactylopius* et de l'*Aphis Sacchari*.

On n'a essayé aucun remède pour combattre les différents hémiptères à la Réunion. L'émulsion savonneuse au pétrole serait certainement ce qu'il y aurait de plus efficace; mais, comme on devrait l'appliquer sur une très grande échelle, cela entraînerait de grandes dépenses.

---

1. A Maurice, M. d'Emmerez signale, sur la canne à sucre, le *Dactylopius Calceolariæ* var. *minor* Mask.; il est tout probable que cette espèce existe également à la Réunion et je vais faire des recherches dans ce sens. On a quelquefois cité l'*Icerya Sacchari* Sign., comme très nuisible à la canne. Comme M. d'Emmerez, je ne m'explique pas ce fait. Je n'ai trouvé que très rarement ce parasite sur la canne et seulement sur quelques rares touffes situées dans le voisinage immédiat d'arbres fruitiers (la plupart de ces derniers sont attaqués par cet *Icerya*, excessivement nuisible). L'*Icerya Sacchari* a pour ennemi redoutable une coccinelle (*Vedalia chermesina*). Enfin, j'ajouterai que le fameux pou à poche blanche (*Gasteralphes Iceryi*), réputé autrefois comme un fléau pour la canne, aux Mascareignes, est devenu introuvable aussi bien à la Réunion qu'à Maurice. Le *Gasteralphes Iceryi* a été aussi appelé *Pulvinaria gasteralpha*.

2. Revue agricole de l'île Maurice, janvier 1897.

3. Bulletin de la Société amicale scientifique de l'île Maurice (*Monographie des cochenilles de Maurice*, p. 45). Séance du 24 mars 1899.

Coléoptères. — A la Réunion, les seuls coléoptères nuisibles à la canne à sucre sont des Oryctès (*Oryctes insularis* et *O. tarandus*) et une cétoine (*Cetonia maculata*). Ces insectes attaquent les parties souterraines de la plante, mais les dégâts qu'ils commettent sont insignifiants et nullement comparables à ceux dont se rend coupable à Mayotte et à Nossi-Bé, un lamellicorne qui appartient — je crois — au genre *Heteronychus*. A Maurice, M. d'Emmerez signale les méfaits d'une autre espèce d'Oryctès, l'*O. Nestor*. Le *Xyleborus perforans*, si nuisible à la canne, dans l'Amérique tropicale et aux Antilles, existe bien aux Mascareignes, mais les dégâts qu'il y commet sont réellement insignifiants.

Parasites végétaux. — Parmi les parasites cryptogamiques qui attaquent la canne à sucre aux Mascareignes, je citerai l'*Ustilago Sacchari*, le *Cercospora vaginæ*, le *C. Sacchari*, le *C. Kœpkei* et surtout le *Coniothyrium Sacchari* qui se présenterait encore sous deux autres formes (*Colletotrichum falcatum* et *Thielaviopsis ethaceticus*). Il convient aussi de signaler le *Trichosphæria Sacchari*, que M. Massee considère comme la forme à asques du *Coniothyrium Sacchari*, opinion qui est combattue par MM. Prillieux et Delacroix. Ces savants déclarent avoir obtenu, par cultures artificielles, les trois formes citées précédemment, mais jamais le *Trichosphæria Sacchari*. Ce dernier parasite pénétrerait dans les cannes par des blessures (galeries perforées par les Borers, par le *Xyleborus*, etc.). La maladie nommée *Sereh*, à Java, existe aussi aux Mascareignes. Il en est de même de la gommose ou maladie de la gomme. Les variétés de canne, qui en sont atteintes, sont la Bambou, la Galega, la Bornéo rouge, la Lahimia, la Port-Mackay, la Louzier, l'Escambine rayée. En Australie, M. Cobb, qui attribue la gomme à un bacille qu'il nomme *Bacillus vascularum*, a conclu à la contagiosité de la maladie. Des expériences très sérieuses, entreprises à Maurice, par M. Bonâme, le distingué directeur de la station agronomique du Réduit, permettent de douter de l'affirmation de M. Cobb.

M. Massee (de Kew) attribue la gomme, non à un bacille spécial, mais à la présence du *Trichosphæria*. Cette opinion semble bien peu fondée, car M. Bonâme a constaté que l'on peut trouver le *Trichosphæria* sur des cannes non atteintes de gommose, et réciproquement. Mais, comme le *T. Sacchari* apparaît sur les cannes dont la vitalité se trouve diminuée, il n'est pas étonnant que, la plupart du temps, les cannes déjà atteintes de gommose soient aussi attaquées par ce champignon.

Il semble que le meilleur remède préventif contre ces différentes maladies cryptogamiques de la canne, serait l'immersion (pendant 5 minutes) des boutures à planter — choisies avec le plus grand soin — dans une solution de sulfate de cuivre; mais, comme cette solution pure peut nuire à la sortie des bourgeons de la canne et même l'arrêter, il serait préférable d'employer la bouillie bordelaise, car la chaux atténue beaucoup l'inconvénient signalé.

On pourrait aussi essayer de plonger les boutures dans un bain d'eau phéniquée à 1 pour 100, à la température de 50 degrés, pendant quarante-huit heures. Ces procédés auraient également l'avantage de détruire les différentes larves logées dans ces boutures.

Certains auteurs proposent enfin l'emploi d'engrais jouant à la fois un rôle insecticide et *fungicide*, tels que le sulfate d'ammoniaque à 1 pour 100 et la kaïnite (300 kilogrammes à l'hectare). La destruction des parasites animaux et végétaux par les engrais eux-mêmes est une question qui mérite d'être étudiée.

En terminant, je dirai quelques mots d'une plante appelée vulgairement, à la Réunion, *Herbe goutte-de-sang*, c'est le *Striga hirsuta* (Famille des Scofularinées, tribu des Gérardiées), sur laquelle on ne saurait trop attirer l'attention des planteurs.

Dans le quartier de Saint-André surtout, elle attaque le maïs (ses racines présentent des suçons qui s'enfoncent dans les racines du maïs). Il est à craindre qu'elle ne devienne, d'un jour à l'autre, un parasite de la canne. Il paraîtrait que le fait commence déjà à se produire à l'île Maurice; mais, jusqu'ici, je n'ai pas été à même de le vérifier.

Quoi qu'il en soit, cette herbe devrait être arrachée par sarclage avant sa floraison, puis détruite par le feu.

LA PRÉDISPOSITION DES PLANTES
VIS-A-VIS DES MALADIES PARASITAIRES

Par le Professeur Docteur P. SORAUER,
de Berlin.

Dans ces dernières années, la pathologie végétale est devenue l'objet d'études soigneusement et minutieusement poursuivies. Aussi, à la suite d'expériences nombreuses et probantes, les données relatives au développement et à la propagation des maladies parasitaires ont-elles dû recevoir une nouvelle interprétation, et il devient nécessaire de modifier dans le même sens les différents traitements jusqu'ici utilisés dans la pratique.

Partant de ce fait qu'on avait obtenu des infections à l'aide d'espèces causant le charbon du blé, les rouilles de nos céréales, des légumineuses, des arbres fruitiers, on admettait généralement que pour faire naître et développer une maladie parasitaire, la présence du parasite et son contact intime avec le plante nourricière étaient suffisants. Et, comme conséquence de cette notion, les efforts des savants se portèrent spécialement sur les moyens d'écarter les parasites ou de les combattre localement. Les méthodes de traitement par les substances cupriques, l'enlèvement et la destruction des parties attaquées des végétaux, les procédés de désinfection, les mesures prohibitives concernant l'importation de plantes nouvelles, ont été le résultat de cette croyance.

Bientôt, pourtant, on arriva à se rendre compte que, malgré le parfait état de développement des matériaux employés, on n'arrivait pas toujours à engendrer la maladie par l'infection artificielle.

Ainsi, par exemple, les excellents travaux d'Eriksson et de Klebahn sur les rouilles ont prouvé que sur le blé, l'influence des froids de l'hiver accélère la faculté germinative des spores des champignons de la rouille; que, de plus, les espèces particulières de ces champignons ont acquis un certain nombre de formes spécialisées, infectieuses seulement pour un nombre limité de plantes nourricières. Pour le groseillier à maquereau et le groseillier ordinaire, l'expérience a également montré qu'on infectait plus facilement les exemplaires greffés que les francs de pied.

De Janczewski a établi que les froments, l'orge et l'avoine étaient attaqués par deux espèces de charbons : l'une précoce, dont les spores peuvent se répandre immédiatement après l'apparition de l'épi malade ; l'autre tardive, dont les spores abritées par les bales de l'épillet, ne deviennent libres que dans la grange, au battage, et là, arrivent sur les semences. Celles-ci deviennent alors dangereuses quand, à la germination des grains de blé, les influences atmosphériques favorisent l'infection.

Le même observateur avait antérieurement déjà abordé de près la question de savoir jusqu'à quel point le *Cladosporium herbarum*, le champignon ordinaire du noir, qui a été regardé comme l'unique cause de certaines maladies, peut être considéré comme un véritable parasite. Par de nombreuses expériences, il établit que ce champignon n'est commun sur nos céréales que dans les années humides et qu'il n'attaque jamais les parties vertes, jeunes et saines, mais se développe seulement sur des organes ayant souffert par suite des influences atmosphériques ou affaiblis par la vieillesse. Ce champignon du noir est communément accompagné d'un autre qui produit sans doute aussi l'altération du blé attaqué. Cette espèce est le *Leptosphæria Tritici*, pour lequel de Janczewski a obtenu les mêmes résultats d'infection que pour le *Cladosporum* : il observa la pénétration du mycélium, mais seulement sur les organes mourants, tandis que les plantes saines demeuraient intactes.

En ce qui touche certaines maladies des arbres qui ont été considérées comme absolument parasitaires, je rappellerai les observations de Somerville sur le chancre du mélèze produit par le *Dasyscypha Willkommii* qui, à un certain moment, prit en Angleterre une extension marquée et attaquait principalement les arbres de sept à quinze ans. On pouvait constater là l'influence du climat et de la localité sur les progrès du champignon. L'humidité se montrait favorable à la maladie, et celle-ci faisait moins de ravages sur les hauteurs que dans les fonds. Les massifs mélangés de mélèze étaient plus rarement atteints que ceux de mélèze pur. Les arbres attaqués par les pucerons étaient aussi plus facilement infectés que les arbres intacts. L'auteur n'a pas pu observer la transmission de la maladie par graines; par contre, il est tenté d'admettre l'existence d'une disposition héréditaire, parce que les plants provenant de certaines pépinières étaient sensiblement plus atteints.

Ces données sont complétées par mes propres observations. Sur tous les mélèzes atteints de chancre que j'ai rencontrés jusqu'ici, même sur les rameaux qui n'étaient pas attaqués par le *Dasyscypha*, j'ai pu reconnaître les symptômes d'altérations dués au gel des mélèzes dans quelques localités. Dans des échantillons observés en hiver, on voyait que l'anneau ligneux ne se terminait pas par un bois d'automne solide, mais par du bois de printemps très mou.

Les arbres d'un massif avaient, après l'achèvement de leur cercle annuel, recommencé à former en automne, un nouveau bois de printemps et étaient parvenus à l'hiver avec un corps ligneux non mûr.

Pour le chancre du sapin qui est produit par l'*Æcidium elatinum*, de Bary avait cru que le champignon attaquait l'écorce saine des jeunes pousses, tandis que Rob. Hartig regarde les blessures comme les points de pénétration du champignon. Weiss pense que ce sont les bourgeons qui fournissent au champignon une entrée quand ils se trouvent à un état déterminé de développement. Il a observé combien les arbres se montrent diversement prédisposés suivant la forme du tronc, l'individualité, le lieu, etc. Ainsi il voit, par exemple, un sapin portant plus de trente balais de sorcière et neuf renflements, tandis que tous les autres arbres à dix pas à la ronde, étaient entièrement sains.

En ce qui touche la rouille de l'épicéa (*Chrysomyxa Abietis*), parfois si répandue, Hartig pense que l'intensité de l'infection dépend du stade de développement de l'arbre au moment de l'émission de sporidies. Dans le même massif, on peut observer au milieu de mai, par exemple, des épicéas dont les bourgeons sont à peine gonflés et, à côté, des arbres possédant des jeunes pousses déjà longues. Quand l'émission des sporidies de la rouille se produit dès le commencement de mai, seuls, les épicéas qui par suite de leur moindre besoin de chaleur ont déjà verdi, sont infectés par le parasite, tandis que ceux qui poussent plus tard restent à l'abri du champignon et des froids tardifs.

R. Hartig a observé que l'extension de la rouille tordeuse du pin (*Cœoma pinitorqum*) dépend de l'eau que contient la plante. Il vit dans les années humides les pousses nouvelles de pin tuées en grande partie par le champignon, tandis que par un temps sec, le mycélium du champignon, à leur intérieur, parvient à peine à produire ses spermogonies et, dès lors, les pousses restent presque complètement saines.

Hartig a observé que l'état de faiblesse des arbres qui se produit à la suite de la chute des aiguilles constitue une très remarquable prédisposition à l'attaque des insectes et des champignons parasites.

Il vit que, dans ce cas, les parties inférieures des troncs sont particulièrement propices à l'attaque de coléoptères, les bostriches et les cérambyx, de l'*Agaricus melleus*, etc. Les arbres résineux endommagés par la fumée de houille succombent en quantité aux atteintes des mêmes parasites.

En ce qui touche l'*Agaricus melleus* qui a été maintes fois signalé, et plus qu'il ne convient, comme particulièrement dangereux, Hartig dit : « Les arbres feuillus, les chênes, par exemple, auxquels j'avais coupé des racines, se montraient tout à fait résistants à l'attaque de l'*Agaricus melleus*. Des souches de chêne, par contre, furent aussitôt infectées quand l'infection se faisait avant le développement des nouvelles pousses. Quand l'infection se produisait par une blessure de racine et latéralement, le développement ultérieur du parasite cessait aussitôt qu'il atteignait une partie du tissu de la souche placée sous l'influence d'une pousse se développant sur ces entrefaites. »

De même, Cieslar dit que le mycélium de l'*Agaricus melleus* ne peut pénétrer dans l'écorce saine des arbres feuillus, si ce n'est par les blessures; il ajoute qu'une vitalité plus intense des parties atteintes les rend plus résistantes à l'infection. G. Wagner a exécuté une grande série d'essais d'infection sur des espèces d'arbres les plus diverses portant des racines et des cimes tantôt intactes, tantôt endommagées. Sur 45 plantes en expérience, il n'en put trouver que 8 dans lesquelles le mycélium eût pénétré d'une façon générale; et, de ces 8 exemplaires, 7 avaient été précédemment blessés. De ces huit arbres, un chêne avait été précédemment languissant à l'état jeune.

L'arrêt d'extension du champignon parasite rapporté par Hartig en présence de zones de tissus, subissant l'influence de pousses saines et fortes, se trouve confirmé par mes observations sur le *Nectria cinnabarina* qui, de certains côtés, a été aussi considéré comme un dangereux parasite. On trouve bien les conceptacles rouges, durs, ronds comme des perles, sur tous les arbres feuillus, et on ne peut pas contester que le mycélium traverse de grandes portions de rameaux et les tue complètement. Mais jamais le champignon ne peut traverser une écorce saine et intacte pour parvenir à la tige ; et, là où il s'est déjà établi depuis longtemps, il reste à l'état de repos dans les places de la tige d'où partent des rameaux demeurés sains. Je considère le *Nectria ditissima* que l'on donne le plus souvent comme la cause du chancre du pommier, comme étant, lui aussi, un simple parasite de blessure, malgré les résultats contraires d'infections.

L'un des plus grands ennemis des arbres fruitiers et des plus répandus, le *Fusicladium* dépend, dans son développement, de l'état jeune des feuilles. Le développement du champignon est tellement lié à des conditions spéciales qui reposent sur le caractère des espèces que, par exemple, sur des arbres fruitiers dont la cime est composée par le greffage de scions différents de plusieurs variétés, un rameau peut être fortement atteint, alors qu'un autre rameau du même arbre formé d'une variété différente restera sain. Le *Fusicladium* se montre également strict dont le choix des variétés dont il envahit les rameaux. J'ai trouvé sur des arbres qui étaient très fortement envahis par ce champignon, même sur des feuilles saines, exemptes de champignon, les traces évidentes de dégâts causés par la gelée dans le tissu des pétioles.

J'ai observé sur le groseillier un fait identique, à propos de la maladie produite par le *Glœosporium curvatum*. Dans le même jardin se trouvaient la groseille « rouge cerise » et la « rouge hollandaise » mêlées en bordure d'allée. La première variété seule fut attaquée par le champignon ; les buissons de la groseille hollandaise, mélangés avec la précédente, restèrent complètement sains.

Fréquemment, la maladie du « Monilia » alterne sur les cerisiers avec une altération marquée produite par le gel, à la suite de laquelle s'introduit le *Monilia*.

La mort des cerisiers qui survint en quantité dans les années 1898-1899 dans les provinces rhénanes et que l'on se montra disposé à attribuer à la présence de bactéries et à la forme à spermogonies des *Valsa leucostoma* ou *cincta*, considérée comme un *Cytispora*, n'a pu, après examen, reconnaître d'autre cause que l'action lointaine des froids tardifs. La présence des bactéries et du champignon était ainsi simplement un phénomène secondaire.

Je trouve une semblable liaison entre les altérations dues au gel, d'un côté, et, de l'autre, à la présence de certains champignons destructeurs : *Ophiobolus herpotrichus* (*Raphidophora herpotricha* Fckl), qui détruit le blé et le *Leptosphæria herpotrichoides* de Not., qui brise les chaumes du seigle et peut à peine être distingué du *L. culmifraga* Fr. Les champignons sont souvent très rares sur les chaumes et souvent même on n'en trouve pas trace sur la place de la brisure. Mais on peut reconnaître les traces évidentes d'altérations dues au gel depuis les nœuds inférieurs jusqu'à la place de la brisure sans que, dans les tissus les plus fortement endommagés, on puisse rencontrer aucun mycélium. On ne trouve pas non plus aucun de ces champignons à la base de la tige.

Tandis que ces derniers cas tombent dans le domaine des prédispositions anormales, c'est-à-dire les prédispositions à l'attaque parasitaire seulement à la suite d'altérations antérieures et de nature étrangère au parasitisme, nous avons encore d'autres exemples nous montrant une prédisposition normale. Rappelons seulement ici qu'on a démontré l'existence d'une sensibilité plus grande des plantes panachées à l'influence du froid, du charbon et des parasites, quand on compare ces plantes aux formes normales vertes.

C'est par des prédispositions normales qu'on doit aussi expliquer les observations de Genassimoff sur les *Sirogonium* et *Spirogyra*. Il trouva dans les filaments des cellules sans noyau, mais qui étaient toujours suivies d'une cellule à deux noyaux.

Évidemment, dans la division de la cellule mère il s'était fait une répartition irrégulière des noyaux produits. Dans les cellules sans noyau se manifestait un état d'affaiblissement, en ce que le mouvement du plasma était à peine appréciable et les bandes de chlorophylle subissaient une contraction. Là, les parasites pénétraient plus facilement que dans les cellules du même filament contenant des noyaux.

Dans le domaine de la prédisposition normale tombent enfin aussi les nombreuses observations sur la différence de sensibilité des diverses variétés possédant des feuilles tout à fait normales, et dépourvues de panachures. Parmi de très nombreux exemples nous n'en prendrons qu'un seul qui touche à une de nos plus chères jouissances, le tabac. Behrens obtint par la pollinisation du tabac de Sumatra par le Friederichsthaler, un métis qui se montre exempt de la maladie de la « rouille », tandis que les deux races de parents placées tout à côté étaient simultanément atteintes.

La recherche des modes différents dont se comportent les diverses variétés de nos plantes de cultures vis-à-vis de l'influence d'une température nuisible et des parasites, a déjà préoccupé beaucoup des praticiens et partout on s'efforce d'obtenir des races résistantes.

Recherchons maintenant quelle est la pensée fondamentale qui se manifeste dans ce désir. C'est la conviction, basée sur des expériences extrêmement nombreuses, qu'une même espèce de plante cultivée peut produire des formes ne succombant pas aux attaques des parasites et aussi d'autres formes qui, dans les mêmes conditions extérieures, avec un pouvoir de pullulation identique et la même puissance d'infection de la part du parasite, se montrent plus résistantes pendant le même espace de temps.

Par suite, la gravité d'une épidémie dépend non seulement de la puissance de développement du parasite, mais aussi, abstraction faite des conditions générales extérieures plus ou moins favorables, de l'état actuel de santé de la plante nourricière. Si, d'un tel fait on veut trouver d'autres exemples, que l'on considère seulement ces phénomènes pathologiques dans lesquels nos formes les plus communes de moisissures qui se montrent partout sur les substances organiques mortes se transforment tout à coup en vrais parasites et détruisent les plantes vivantes. En première ligne, on doit citer les maladies dues au *Botrytis* qui, dans ces dernières années, ont été mises en évidence par les découvertes de nombreux observateurs.

Pourquoi ne voit-on pas partout et tous les ans des maladies de cette sorte, quoique les conditions générales soient favorables pour le champignon et qu'en fait on le trouve en grande quantité sur les plantes mortes ? Comment expliquer de pareils faits ? Comment, par exemple, dans la maladie du *Botrytis* du fraisier, dans laquelle dans un même jardin, non seulement les différentes variétés se comportent d'une façon toute différente vis-à-vis du champignon, mais où même les mêmes variétés en différentes places d'un même terrain présentent des fruits entièrement détruits par le champignon et, sur d'autres planches, des fraises saines ?

Dans de tels cas, on ne peut indiquer comme cause de la grande débilité d'un côté, de la résistance de l'autre, que l'état particulier des plantes elles-mêmes, qui est toujours, jusqu'à un certain degré, le produit des facteurs de végétation agissant sur ce point.

Dans l'exemple que je cite, je crois pouvoir fournir la vraie raison d'une susceptibilité spéciale vis-à-vis du *Botrytis*, en disant que sur les pieds malades j'ai toujours pu me rendre compte que les pédoncules des fruits étaient brunis par le froid. On sait partout combien les dommages produits par le froid se localisent selon l'exposition et la nature du sol; c'est pourquoi je n'hésite plus maintenant, à la suite d'observations nombreuses et très diverses, à assurer que nous devons voir dans les dommages produits par le froid (qui souvent ne sont pas extérieurement appréciables) un des facteurs les plus importants pour la prédisposition de la plante à l'invasion des champignons.

Si les observations qui se multiplient constamment nous obligent de plus en plus à reconnaître que l'apparition d'une épidémie parasitaire ne dépend pas seulement des conditions extérieures favorables à la multiplication d'un parasite, mais en même temps aussi de l'état actuel de prédisposition de la plante nourricière, nous ne devons pas borner nos tentatives de guérison, comme on le fait surtout maintenant, à préserver une localité d'un parasite ou à l'y combattre : il faudra en même temps entreprendre un traitement général qui tende à faire disparaître cette prédisposition morbide.

Il ressort, on l'a vu, des exemples cités plus haut, qu'une susceptibilité plus grande à l'attaque d'un parasite peut se présenter dans l'état normal de développement de la plante; que la période du bourgeonnement, par exemple, peut exercer une influence dominante. D'autres fois, il se produit d'abord, sous l'action d'autres facteurs, une altération dans le corps de la plante, ce qu'on nomme « une prédisposition anormale » qui peut être causée par une température excessive, etc. Dans ces deux cas, nous ne pouvons pas ou nous ne pouvons que rarement limiter les dommages des parasites et éviter leur retour avec assez de succès par le seul emploi de remèdes locaux : mais nous arriverons à un meilleur résultat en éliminant les propriétés prédisposantes de la plante nourricière.

Nous pourrons d'abord prendre toutes les précautions requises pour abriter la plante contre les influences néfastes de la température. En second lieu — et ce devra être dans l'avenir notre préoccupation la plus importante — nous nous efforcerons de ne cultiver que des variétés originaires de la localité ou du moins appropriées aux conditions qu'y présente le climat.

(Traduction de M. Ed. Prillieux.)

SUR LES DOMMAGES CAUSÉS A LA VÉGÉTATION PAR L'ACIDE SULFUREUX DANS LE VOISINAGE DES MINES CUPRIFÈRES ET SUR LE MOYEN DE LES PRÉVENIR

Par le Docteur UGO BRIZI,
de la Station de pathologie végétale de Rome.

Dans les environs des mines cuprifères, où on effectue le traitement des minéraux à l'air libre par grillage, une énorme quantité de soufre est oxydée, se transforme en acide sulfureux et se répand dans l'air.

L'acide sulfureux (SO_2) étant plus dense que l'air (densité 2.254) ne peut s'élever et être dispersé par le vent; il tend par suite à descendre et à s'étaler. Par sa puissante action oxydante et réductrice, il exerce une influence très nuisible sur les végétaux sur une grande étendue de terrain, et souvent même à des kilomètres du lieu de sa production. En réalité, dans le voisinage des lieux où l'acide sulfureux prend naissance en abondance, la végétation herbacée aussi bien qu'arborescente montre des apparences comparables à celles d'un incendie, avec cette différence que les troncs des arbres ne sont pas carbonisés, mais se montrent en place comme des squelettes, morts et complètement desséchés sur un sol foncé, brûlé, où toute herbe est absente.

En s'éloignant progressivement de l'endroit où se produit l'acide sulfureux, l'aspect de la végétation change notablement, puisque l'action destructrice a entièrement cessé.

Beaucoup de savants se sont occupés de cette question, c'est-à-dire des dommages que subit la végétation dans le voisinage des fonderies, des usines, des mines. Parmi tous les gaz produits, l'acide sulfureux a toujours été considéré comme certainement le plus dangereux, à cause de la continuité de son action et aussi de son poids spécifique qui ne permet pas sa dispersion rapide. Ces faits, d'abord constatés par Stockart, je les ai décrits avec détails [1].

Quand l'acide sulfureux est absorbé à l'état gazeux, il est introduit dans la plante à la place d'une quantité correspondante d'oxygène et d'acide carbonique, ce qui ralentit déjà beaucoup la transpiration et l'assimilation dans la plante, fait qu'on observe déjà quand il s'agit d'un gaz inoffensif.

Bientôt, l'acide sulfureux absorbé à l'état gazeux déshydrate le plasma des éléments du mésophylle, désorganise les chloroplastides, diminue peu à peu la faculté osmotique des parois cellulaires et amène plus ou moins rapidement la flétrissure des végétaux en les empoisonnant directement.

Enfin, l'acide sulfureux, en présence de l'eau de pluie ou de rosée se convertit en acide sulfurique (H_2SO_4), lequel agit comme une solution caustique plus ou moins

---

1. Brizi U., *Gli effetti dannosi dell'anidride solforosa sulla vegetazione* (Stazioni sperimentali agrarie, 1896).

concentrée sur les tissus, désorganisant et détruisant d'abord l'épiderme, puis les tissus sous-jacents et amenant en définitive la mort de la partie atteinte.

Pour ce qui est de la pratique, il est intéressant de trouver un moyen qui permette d'empêcher ou d'atténuer les dégâts produits, si l'on considère surtout qu'en Italie beaucoup d'exploitations minières produisant de l'acide sulfureux (mines de cuivre, solfatares, etc.) sont situées au milieu de régions très fertiles et cultivées et que les sociétés minières se voient obligées de payer chaque année de très fortes indemnités, telles souvent qu'elles conduisent à l'abandon de l'exploitation.

J'entends naturellement ne parler que du cas, le plus fréquent d'ailleurs, où il est absolument démontré que les gaz produits se dispersent dans l'air.

Le moyen le plus simple auquel on songea d'abord pour essayer d'amoindrir les dommages consistait à limiter, à la seule période hivernale, le grillage du minerai et par suite, la production d'acide sulfureux. En effet, l'application du procédé supprimait toute action nuisible sur les céréales, le maïs, les fèves, qui se trouvant à l'abri des émanations sulfureuses de mars à septembre, accomplissaient convenablement leur cycle annuel de végétation.

Il restait à décider ce fait important : à savoir si les vignes, les arbres fruitiers, les châtaigniers, laissés libres de végéter de mars à octobre, ne souffraient pas pendant l'hiver, quoique à l'état de végétation latente.

J'ai fait à ce sujet de longues et patientes recherches dans le laboratoire, en exposant artificiellement à l'action de l'acide sulfureux des plantes annuelles diverses, dans le but de voir si le gaz était absorbé, et s'il attaquait ensuite les bourgeons. Dans un travail d'ensemble je publierai avec détail les méthodes suivies. Pour le moment, je me contenterai de fournir les résultats principaux que j'ai obtenus :

Il faut une quantité énorme d'acide sulfureux (environ 70 pour 100), agissant pendant une période de douze à seize jours consécutifs et en atmosphère sèche, pour produire la mort des bourgeons de la vigne.

Si l'atmosphère est humide, la même proportion de gaz dans l'atmosphère ne tue pas les bourgeons de la vigne. Dans le premier cas, en effet, lorsque l'atmosphère est parfaitement desséchée, le gaz est lentement absorbé par les bourgeons, ainsi que le révèle aussi bien l'analyse microscopique que l'analyse chimique ; au contraire, si l'atmosphère est maintenue complètement humide, l'acide sulfureux s'oxyde et se transforme en acide sulfurique qui se précipite et se trouve en solution trop faible pour causer une corrosion sensible, et les sarments se développent à nouveau, les bougeons ayant été entièrement protégés.

A la suite d'une période d'exposition de trente autres jours, dans l'air sec presque saturé d'acide sulfureux, les bourgeons des rameaux d'un an meurent, mais des bourgeons adventices se développent.

Si, au contraire, sans exagérer les conditions du phénomène, on laisse les vignes constamment exposées pendant l'hiver à une atmosphère sèche contenant de 30 à 35 pour 1000 d'acide sulfureux, et ce sont là les conditions naturelles ordinaires, les bourgeons de la vigne ne souffrent pas en réalité.

Il arrive seulement qu'après une pareille exposition de quarante autres jours, le débourrage est légèrement retardé au printemps : ce qui, en diverses circonstances, est plutôt un bien qu'un mal.

Si, dans les mêmes conditions qui viennent d'être exposées, la plante se trouve pendant une égale période de temps à l'air humide, on ne constate pas cependant de retard dans le débourrage.

Si donc, on considère que normalement et dans les conditions naturelles, la quantité d'acide sulfureux dans l'air ne dépasse jamais 55 à 60 pour 1000, que l'action de cette substance n'est pas continue, que cette action se produit pendant l'hiver et qu'à cette époque, l'air étant humide, l'acide sulfureux s'oxyde et ne nuit pas aux bourgeons, on est en droit de considérer que les vignes durant la période de repos de novembre à mars, n'ont pas sensiblement à souffrir de l'action de l'acide sulfureux, quand la quantité de cette substance dans l'air ne dépasse pas certaines limites qui ne sont jamais atteintes dans la pratique.

Les conclusions se rapportant à la vigne s'appliquent également, sauf de légères variantes, aux autres arbres à fruits, noyers, cerisiers, amandiers, pêchers, châtaigniers, etc.

(Traduction du Dr G. DELACROIX.)

(*Note du Bureau de la 7e Section* : Les conclusions de ce mémoire n'ont pas fait l'objet des discussions de la section.)

SUR QUELQUES COLÉOPTÈRES NUISIBLES AU CAFÉIER RECUEILLIS AU CONGO PAR M. R. WISSER

PAR LE DOCTEUR PAUL MARCHAL,
Professeur à l'Institut national agronomique de Paris.

Le bureau de la 7e Section du Congrès d'agriculture a bien voulu me communiquer, en me demandant de l'examiner, une collection d'insectes nuisibles au caféier, qui a été recueillie aux environs de Caïjo, au Congo, par M. R. Wisser.

Cette collection ne comporte que des Coléoptères appartenant pour la plupart à la famille des Longicornes. Avec l'obligeant concours de M. Lesne, assistant au Muséum, j'ai cherché à les identifier avec les espèces déterminées qui se trouvent dans les collections, et nous avons pu reconnaître les espèces suivantes :

Longicornes :
Monohammus sierricola White.
Ancylonotus tribulus Fab.
Eumimetes maculicornis Thoms.
Lasiodactylus marmoratus Fab.
Trogocephala Dejeani Dej.

Bostrichides :

Bostrycoplites productus Inchb.

En outre, se trouvaient avec les précédents, d'autres Coléoptères non encore identifiés et appartenant aux genres *Mecocerus* (Anthribides), *Inesida* (Lamiens), *Plocederus* et *Callichroma* (Cerambyciens). De nombreuses larves, conservées dans l'alcool, qui presque toutes étaient des larves de Longicornes, et enfin trois échantillons de bois minés par des larves d'insectes, l'un de Caféier, les deux autres de Cacaoyer, accompagnaient cette collection.

Il est très regrettable que tous ces matériaux ne soient accompagnés d'aucune note; rien n'indique si les insectes adultes ont été suivis dans leur évolution, ou s'ils ont simplement été recueillis sur les branches ou sur le feuillage du Caféier. Or, on comprend aisément qu'il est impossible d'affirmer la nocivité des insectes en question, sans avoir des données précises sur les conditions dans lesquelles ils ont été capturés. Aucune étiquette ne permet non plus de rapporter les larves aux insectes qui doivent leur correspondre; et il en est de même des dégâts qui ne portent aucune mention permettant de les rapporter à telle espèce ou à telle autre de la collection.

Il n'est peut-être pas inutile de rappeler que M. Wisser avait déjà récolté au Congo d'autres Longicornes, dont les larves sont considérées par lui comme perforant les tiges de divers Caféiers [1] et parmi ces Longicornes déterminés par M. Fairmaire, se trouvaient précisément deux des espèces mentionnées plus haut : le *Monohammus sierricola* White sur le Libéria, et l'*Eumimetes maculicornis* sur Arabica.

Si la présente note ne peut apporter une contribution bien utile à la connaissance des ennemis du Caféier, nous espérons du moins qu'elle servira à provoquer de nouvelles recherches faites avec toute la précision désirable, et que de nouveaux envois nous seront adressés avec des notes indiquant les conditions de capture ou d'élevage correspondant, autant que possible, à chaque échantillon.

LA PONTE DE LA PREMIÈRE GÉNÉRATION DE LA COCHYLIS

Par M. DEWITZ

Les données sur la ponte de la Cochylis sont assez rares dans les publications qui ont pour objet la biologie de ce lépidoptère et parfois elles paraissent si vagues et insuffisantes, qu'on se demande si tous les observateurs qui parlent des œufs de la

1. Dr G. Delacroix. *Les Maladies et les Ennemis des Caféiers*, p. 140.

Cochylis, les ont vraiment vus. Aussi, y a-t-il nombre de personnes qui les ont cherchés, sans cependant avoir obtenu un résultat.

Cette situation et la grande importance de la Cochylis en viticulture m'ont engagé à chercher et observer la ponte du papillon, au cours des études que je poursuis actuellement à la Station viticole de M. Vermorel, à Villefranche-sur-Saône. Je fus assez heureux pour trouver les œufs en plein air et aussi sur des ceps que j'avais mis sous des toiles métalliques et sur lesquels j'avais placé une douzaine de papillons des deux sexes.

La forme des œufs que j'ai ainsi obtenus rappelle vaguement celle de la carapace d'une minuscule cochenille et peut être comparée à celle d'une cuvette renversée. Mais ce qui est le plus important, c'est que j'ai constamment trouvé les œufs pondus sur les grappes en fleurs et plus spécialement fixés sur les boutons floraux. Parmi une centaine d'œufs, il y en avait aussi trois qui se trouvaient collés sur l'axe de la grappe. Sur le bouton floral, les œufs occupaient également un endroit presque fixe. Je les ai trouvés soit fixés sur le côté du bouton, entre le sommet et le point de naissance du pédicelle, soit placés dans la cavité apicael. Sur les feuilles, par contre, je n'ai pu les découvrir, quoiqu'il ne soit pas impossible qu'on les y rencontre parfois. En tout cas, vu la grande régularité avec laquelle les œufs sont fixés en des endroits spéciaux sur le bouton floral, on peut dire, sans erreur, qu'un des points que l'insecte choisit de préférence pour la ponte est le bouton floral.

Ce fait est d'une certaine importance, parce que les larves nouvellement écloses, qui sont d'une extrême petitesse, n'ont pas un long trajet à parcourir pour pénétrer dans les parties internes des boutons floraux, leur servant de nourriture. Si, au contraire, les larves naissent également sur les feuilles, il n'est pas invraisemblable qu'une partie d'entre elles périsse en chemin sous l'ardeur du soleil.

Les larves écloses commencent sans retard leur œuvre de destruction, comme on peut facilement s'en convaincre en piquant un bouton floral sur une aiguille et en plaçant une larve sur le bouton. Celle-là attaque le bouton sur le côté à sa partie inférieure, à la hauteur de l'ovaire. Elle perce l'enveloppe florale et, celle-ci étant trouée, elle se dirige directement vers l'ovaire, qu'elle perce de même pour avoir accès aux ovules. Ces derniers forment très probablement sa nourriture favorite. Tant que la larve est encore très petite, elle se loge complètement dans un bouton et le temps qu'elle met pour y enfoncer la moitié de son corps est, d'après mes observations directes, d'une demi-heure environ.

Quant à l'authenticité des œufs que j'ai observés, le doute est impossible, parce que j'ai eu soin d'en élever quelques-uns, qui m'ont donné un certain nombre de larves, lesquelles ont déjà atteint trois quarts de leur longueur finale.

LA MALADIE DES POMMIERS DANS LA SARTHE

Par M. L. CASSARINI

Ingénieur-agronome, professeur départemental d'agriculture

et M. Ch. GUFFROY

Ingénieur-agronome, licencié ès sciences naturelles.

C'est en 1897 que pour la première fois la maladie se manifesta dans la Sarthe, tout particulièrement dans le canton de La Fresnaye-sur-Chedouet. A Montigny, notamment dans un champ où les lignes étaient espacées de 20 mètres avec 10 mètres de distance sur chaque ligne, en sol argilo-calcaire humide du callovien, la plupart des pommiers âgés de 15 à 30 ans sont morts en 1897 et les autres, âgés de 7 à 8 ans jusqu'à plus de 50 ans, ont péri ou dépéri en 1898. De mémoire de vieillards âgés de 80 ans et plus, on n'avait jamais constaté pareille affection, même sur des arbres isolés.

D'octobre 1896 à juillet 1897, les pluies continuelles avaient maintenu une humidité exagérée dans les sols argileux, rendant même parfois certains travaux aratoires impossibles. Or, là où par hasard le drainage avait été exécuté avant 1896, il n'y a pas eu de maladie (par exemple chez M. Hubert, à Lignières-la-Cavette), et les friches et vergers ont moins souffert que les terres cultivées complantées en pommiers, le ruissellement et l'évaporation étant favorisés dans le premier cas, tandis qu'autrement le sol remué, travaillé, emmagasinait beaucoup plus d'eau et la retenait mieux.

Les arbres ont souvent fleuri au printemps, puis les fleurs sont tombées et les feuilles se sont flétries en noircissant. Quand les fruits sont arrivés à se nouer, leur chute a eu lieu souvent avant leur complet développement, ou bien ils sont restés petits et de mauvaise qualité.

La sève a disparu en partant toujours du pied, sur tout le pourtour du tronc, ou d'un seul côté pour commencer, puis finalement quelques branches de la tête ou toute la tête se sont desséchées.

Les racines qui furent prélevées en 1897 étaient noires et comme rouies, mais pas sèches et, coupées, sentaient le marc de pommes fermenté, caractère que nous n'avons plus retrouvé en 1898 et 1899.

Les fortes gelées du 13 au 15 mai 1897 n'ont fait qu'accentuer l'effet de l'excès d'eau.

La maladie a pris certaines rangées d'arbres et pas d'autres, ce qui semble indiquer qu'elle a pu gagner du terrain de proche en proche par les racines en contact. Dans tous les cas qui nous ont été signalés d'arbres paraissant sains sur une rangée où les autres étaient atteints, l'étude attentive au laboratoire nous a toujours montré la maladie plus ou moins développée, quelquefois seulement à son début.

En 1897, puis en 1898, avant la mort, et aussi sur des arbres encore vivants en 1899, on a constaté l'apparition de broussins sur les branches, notamment sur les grosses.

Les très jeunes comme les très vieux pommiers, à racines peu profondes dans un sol récemment défoncé, ou à racines s'étendant profondément dans le sol, sont ceux qui ont le moins souffert. D'ailleurs, ce sont toujours les pommiers les plus vigoureux qui ont le plus souffert et ont dépéri le plus rapidement, leurs exigences étant plus grandes et ne pouvant être satisfaites.

Afin de savoir à quoi était due cette maladie, des échantillons de racines et de branches de pommiers morts ou malades furent adressés en 1897 à MM. Prillieux et Delacroix. Ces savants conclurent à une asphyxie simple des racines, et recommandèrent l'assainissement du sol. Il est plus que probable qu'en raison des circonstances que nous avons énumérées plus haut, tel pouvait être le cas des échantillons fournis; d'ailleurs la haute compétence de ces savants ne saurait être discutée.

Mais comme, depuis cette époque, la maladie n'a pas cessé de s'étendre non seulement sur place, mais encore dans des communes et même des cantons jusqu'alors indemnes, elle a ainsi revêtu une allure vraiment épidémique, qui nécessitait de nouvelles recherches. Ainsi s'expliquent nos travaux de 1899.

Des échantillons frais de racines et branches dans chaque cas furent prélevés sur les sujets mourants, souffrants et indemnes, des communes suivantes :

Montigny, Chassé, Hauterive (dans l'Orne, mais à 3 kilomètres de Chassé), Écommoy, Saint-Jean-de-la-Motte, Luceau, Luché-Pringé, Clermont, Avoise, Parcé, La Fresnaye-sur-Chedouet, Les Landes-de-Montecouplet, Joué-en-Charnie.

Chaque fois qu'il s'est agi d'arbres malades ou mourants, nous avons toujours fait les observations suivantes :

Pas de mycélium ou rarement mycélium saprophyte; de la gommose bacillaire bien nette.

Parmi les arbres considérés comme sains, certains nous ont présenté la maladie à son début : ce n'est donc pour eux qu'une question de temps.

La maladie débute toujours par les racines; certains sujets n'ont que ces dernières de malades; chez d'autres, racines et tronc sont contaminés; chez d'autres enfin, tout l'organisme est attaqué.

Les broussins que nous avons pu examiner présentaient toujours dans leurs tissu le microbe de la gommose.

La gommose bacillaire des pommiers se manifeste suivant un processus semblable à celle de la vigne; aussi n'insisterons-nous pas sur son développement. L'aspect des tissus, examinés au microscope, est en tout point comparable; seulement, à l'œil nu, on n'a pas ces taches brun noirâtre si caractéristiques, la coloration ici étant beaucoup plus claire.

La bactérie de la gommose se trouve surtout abondante dans les parties où l'altération commence, disparaissant peu à peu, pour se porter vers les parties saines, lorsque la gomme se dépose. Elle est courte, ovoïde, mobile. Nous en avons fait la culture sur gélatine. Les colonies, d'abord blanchâtres, passent à une teinte verdâtre caractéristique, pouvant être dénommée « vert pomme », et rappelant tout à fait celle que prend une ampoule de Crookes dans l'obscurité. La gélatine se trouve liquéfiée au bout de quelque temps.

La bactérie ainsi isolée ayant été cultivée en liquide nutritif, nous nous sommes servis de ce dernier pour arroser abondamment de tout jeunes plants de pommiers, cultivés en pots. L'étude microscopique de ces plants, au bout de trois et quatre mois, nous a présenté tous les caractères de la maladie.

Il semble donc bien établi que la maladie des pommiers de la Sarthe est due à un microbe, cause de la gommose. S'agit-il d'une bactérie spécifiquement distincte de celle de la vigne, ou bien ne s'agit-il que de deux formes, de deux races, d'une même espèce? C'est là chose fort difficile, étant donné qu'une même espèce de bactérie peut être chromogène ou non, que son action et ses propriétés varient considérablement suivant le milieu. Quoi qu'il en soit, nous ferons remarquer que, dans un certain nombre de localités atteintes, la vigne située soit à côté des lieux plantés en pommiers, soit même dans le même champ, présentait bien caractérisée la gommose bacillaire typique.

Nous ajouterons enfin qu'une racine de pommiers, provenant de Chassé, nous a fourni une assez abondante exsudation céracée, brun rougeâtre, où la bactérie fourmillait, ce qui, en admettant que ce qui s'est produit pendant le transport se répète dans le sol, serait un moyen de rapide propagation du mal.

Malheureusement, les moyens pratiques de lutte contre une telle maladie sont difficiles à trouver. Nous avons recommandé de fortes fumures phosphatées pour augmenter la résistance des arbres, des badigeonnages et arrosages avec une solution de sulfate de fer, l'arrachage de certains pieds, la non-replantation dans les terrains contaminés.

Il y a encore, au point de vue de la lutte contre la maladie des pommiers, de nombreuses recherches à faire qu'il conviendrait de poursuivre activement afin d'arrêter, si possible, la marche d'un fléau qui menace la production de nos régions cidricoles.

COMPTE RENDU STÉNOGRAPHIQUE

DES

SÉANCES GÉNÉRALES

SÉANCES GÉNÉRALES DU CONGRÈS

SÉANCE DU MARDI 3 JUILLET

Présidence de S. E. M. DE DARANYI, Conseiller intime, Ministre de l'Agriculture du Royaume de Hongrie.

La séance est ouverte à 9 heures et quart.

Siègent au bureau : M. Jules Méline, président du Congrès, MM. Stebout (Russie), d'Armin-Criewen (Allemagne), le prince Ferdinand Lobkowitz (Autriche), Eugène Tisserand (France), *vice-présidents*, M. Gomot, sénateur, ancien ministre de l'Agriculture, M. Fischer de Waldheim, le comte Alexandre Karolyi (Hongrie), etc.

M. Hannotin, *l'un des secrétaires*, donne lecture du procès-verbal de la séance d'ouverture du Congrès.

(Le procès-verbal est adopté.)

M. Henry Sagnier, *secrétaire général*, fait connaître à l'Assemblée le résultat des élections qui ont eu lieu dans chaque Section pour la constitution du bureau. (On trouvera la composition du Bureau en tête des « Travaux des Sections », pages 65, 103, 128, 197, 256, 269 et 292 de ce volume.)

M. le Président donne lecture de l'ordre du jour de la séance. Il prie ensuite M. Jules Méline de prendre la direction effective des débats.

Présidence de M. JULES MÉLINE.

Enseignement général de l'agriculture.

M. le Président. — L'ordre du jour appelle la discussion du rapport de M. Wéry sur l'enseignement général de l'agriculture.

La parole est à M. Gomot, président de la première Section.

M. Gomot, *président de la première Section*. — Messieurs, la première Section a entendu hier la lecture du rapport de M. Wéry. A la suite des observations qui ont été échangées entre un grand nombre de membres, la première Section a adopté les vœux suivants dont je vais vous donner connaissance :

« *Première conclusion*. — Les établissements d'enseignement supérieur agricole doivent nécessairement posséder : 1° des champs de démonstration pour les élèves et de recherches pour les professeurs; 2° des étables d'expériences et de démonstrations; 3° des laboratoires parfaitement agencés de chimie, de botanique, de zoologie, de physiologie, de microbiologie, d'agriculture, etc.; 4° un jardin botanique et des serres. »

Je prie M. le Président de mettre cette première conclusion en discussion.

M. LE PRÉSIDENT. — Quelqu'un demande-t-il la parole sur cette première conclusion?... Je la mets aux voix.

(La première conclusion est adoptée.)

M. GOMOT. — Voici le texte de la deuxième conclusion :

« *Deuxième conclusion.* — Il serait désirable que les établissements d'enseignement supérieur agricole fussent assez largement installés pour recevoir tous les élèves capables de profiter de l'enseignement. »

M. DEHÉRAIN. — La question qui nous est soumise et qui a déjà été traitée dans le rapport est très grave. « Il serait à désirer, nous dit-on, que les établissements fussent assez nombreux, assez largement installés pour recevoir tous les élèves capables de profiter de l'enseignement supérieur agricole. »

Cette proposition indique-t-elle qu'on recevrait des boursiers dans ces établissements? C'est une question très délicate que l'introduction de boursiers dans les Écoles d'agriculture.

Au premier abord, on est séduit par l'idée de donner l'enseignement agricole à des jeunes gens sans fortune, qui pourront ensuite profiter des connaissances qui leur auront été largement distribuées dans ces établissements.

Cependant quand on y regarde de près, — et j'en ai la triste expérience depuis bien des années, — on voit que les jeunes gens qui ont passé par les Écoles d'agriculture et qui y ont acquis des connaissances assez étendues se trouvent plus tard dans une situation extrêmement précaire, quand ils n'ont pas les moyens de cultiver, c'est-à-dire quand leurs parents ne sont pas eux-mêmes cultivateurs, quand ils ne peuvent pas leur céder leur ferme, ou s'ils ne sont pas assez riches pour prendre une ferme. De sorte que la rédaction qui nous est soumise me paraît un peu dangereuse. On souhaite que la porte soit très largement ouverte. Or, est-il avantageux d'introduire dans les établissements d'enseignement supérieur agricole beaucoup de jeunes gens qui n'auront pas, dans la suite, des capitaux suffisants pour exploiter la terre? Il faudrait au moins indiquer, — je ne sais comment on pourrait modifier la rédaction proposée, — que les bourses ne seraient distribuées qu'aux jeunes gens tout à fait distingués, qui ont des chances de se faire plus tard une carrière soit dans l'enseignement, soit dans l'administration. Mais ouvrir largement la porte à des jeunes gens d'une intelligence médiocre et sans fortune, ce serait très dangereux.

Je demande donc que la résolution soit modifiée dans le sens que j'indique.

M. LE PRÉSIDENT. — La parole est à M. Wéry.

M. WÉRY, *rapporteur.* — Messieurs, en proposant ce vœu, nous nous sommes strictement placés au point de vue international et nous n'avons pas envisagé la question des boursiers.

Il est très délicat d'apprécier, très difficile de savoir par avance si les jeunes gens qui se présentent à une École d'agriculture, supérieure ou non, auront plus tard les capitaux nécessaires à l'exploitation du sol. A supposer même qu'un jeune homme n'ait pas les ressources suffisantes, il pourra avoir le capital individuel qui lui permettra de tirer le plus grand parti de l'instruction qu'il aura reçue ou d'en faire profiter son pays.

En vous proposant ce vœu, — car j'en suis le promoteur, — j'ai été guidé par cette considération, qu'en Europe on compte trente-cinq établissements d'enseignement supérieur agricole, que ces établissements forment environ 5000 élèves et que notre France n'en fournit que 80.

À quoi cela tient-il? A ce que chez nous, — bien que nous soyons dans un Congrès international, il doit bien nous être permis de nous placer un moment au point de vue français, — le nombre des places à l'Institut agronomique est trop limité. Chaque année, nous avons 250 candidats et nous ne pouvons en recevoir que 80. Il faut donc soumettre les jeunes gens à un concours très difficile, beaucoup trop difficile, car chaque année nous voyons, — et je suis bon juge en la matière, car j'ai l'honneur à cette école d'occuper les fonctions de directeur des études, — refuser des jeunes gens, fils d'agriculteurs, de propriétaires, qui pourraient, à leur sortie de l'école, contribuer par leur exemple au développement de la richesse agricole du pays.

Par conséquent, tout en exigeant des candidats des garanties de savoir suffisantes, je crois qu'on pourrait émettre ce vœu dans le but d'engager à ouvrir davantage les portes des écoles supérieures, qui sont jusqu'à présent trop fermées. Car il ne s'agit pas seulement de la France; il existe également d'autres pays où l'on a interdit l'accès des écoles supérieures par des concours trop sérieux.

Permettez-moi, messieurs, de faire observer qu'on va de cette façon à l'encontre du but que nous montrait tout à l'heure l'éminent M. Dehérain. En rendant les concours aussi difficiles, on ferme souvent la porte aux fils de propriétaires et de cultivateurs, — j'en ai été le témoin, — et on reçoit dans les écoles des jeunes gens qui, tout en n'ayant pas de remarquables capacités pour faire progresser l'agriculture, prennent sur les bancs de ces écoles la place à laquelle auraient droit les fils de cultivateurs.

Tels sont les sentiments qui m'ont guidé en proposant ce vœu que la Section de l'enseignement agricole a bien voulu accepter.

M LE PRÉSIDENT. — Personne ne demande plus la parole?

Je mets aux voix la deuxième conclusion proposée par la première Section.

(La deuxième conclusion est adoptée.)

M. GOMOT. — Voici le texte de la troisième conclusion :

« *Troisième conclusion.* — Considérant que l'enseignement supérieur agricole représente le plus complexe de tous les genres d'enseignement agricole, qu'il constitue une véritable encyclopédie de toutes les branches de l'agriculture, il conviendrait de spécialiser les élèves à un moment déterminé en vue du but final qu'ils poursuivent. A partir de cette époque, les élèves ne suivraient plus indistinctement les mêmes cours ni les mêmes exercices; ils pourraient donc approfondir les matières qui les intéressent davantage. Il conviendrait alors d'ajouter une troisième année d'études, dite de spécialisation, aux établissements qui ne gardent, jusqu'ici, leurs élèves que deux années. »

M. LE PRÉSIDENT. — Je me permettrai de faire ici une observation pour mon compte personnel.

Je ne suis pas grand partisan de l'augmentation du nombre d'années d'études dans l'enseignement agricole. Je sais bien qu'il s'agit ici de l'enseignement supérieur; mais deux ans représentent déjà une grosse dépense de temps et d'argent; je crois qu'on écarte ainsi des études agricoles beaucoup d'excellents sujets.

Quand nous examinerons l'organisation de l'enseignement dans les Écoles secondaires d'agriculture et même dans les Écoles primaires d'agriculture, je compte introduire cette proposition, — que je considérerais comme un progrès, — de réduire le temps de l'enseignement, qui est beaucoup trop long et qui a ce grand inconvénient de nous priver d'excellents sujets dont les familles ne veulent pas se séparer pour aussi longtemps. Je crains donc que, si l'on porte de deux à trois ans la durée de l'enseignement supérieur agricole, on ne gêne considérablement le recrutement des élèves.

M. Wéry, *rapporteur*. — Dans notre pensée, il s'agit surtout d'une année facultative.

Si nous avons exprimé ce vœu, c'est pour les considérations que voici. L'enseignement supérieur de l'agriculture est, de tous les genres d'enseignement, le plus complexe. L'enseignement élémentaire agricole est, pour ainsi dire, local, l'enseignement secondaire est régional, mais l'enseignement supérieur s'applique au pays tout entier, il franchit même ses frontières et devient universel comme la science elle-même. Cet enseignement constitue une véritable encyclopédie. A l'Institut agronomique, nous avons quantité de cours et nos élèves, embarrassés par cette multiplicité de leçons diverses, arrivent à sortir de chez nous, — il faut bien l'avouer, — avec des idées bien superficielles. Voilà pourquoi nous avons émis le vœu qu'il y eût une année supplémentaire d'études, c'est-à-dire une troisième année, dans les écoles où les cours ne sont que de deux ans, une quatrième année dans les écoles où, comme à l'excellente école de Gembloux en Belgique, la durée des cours est de trois ans.

Je crois d'ailleurs que cette idée est appliquée avec beaucoup de succès depuis deux ans. Après le temps réglementaire des études, il y aurait une année facultative qui permettrait à certains élèves de se spécialiser, d'approfondir certaines matières, étudiées un peu superficiellement dans les années précédentes. Nous n'avons pas d'autre but.

M. LE PRÉSIDENT. — Si personne ne demande la parole, je mets aux voix la troisième conclusion.

(La troisième conclusion est adoptée.)

La quatrième conclusion, lue par M. Gomot, est également adoptée sans discussion. En voici le texte :

« *Quatrième conclusion*. — Il y a lieu de développer de plus en plus dans les institutions d'enseignement supérieur de l'agriculture la pratique des laboratoires, la seule pratique que ces institutions puissent donner directement à leurs élèves. »

M. Gomot. — Voici la cinquième proposition :

« *Cinquième conclusion*. — Les établissements d'enseignement supérieur de l'agriculture doivent être établis dans les villes. Mais cette situation même les oblige à se créer et à garder des relations très étroites avec le monde agricole. Il convient donc de développer tous les moyens qui sont de nature à développer et à augmenter ces relations, en particulier les laboratoires d'essais et de recherches qui sont fréquentés par les cultivateurs.

« Dans le même ordre d'idées, il serait intéressant d'y organiser pour les agriculteurs des conférences sur des sujets d'actualité; ces conférences auraient lieu au moment des grandes réunions agricoles. »

M. LE PRÉSIDENT. — La parole est à M. Dehérain.

M. DEHÉRAIN. — Dans la première phrase de ce vœu, on emploie le mot « doivent ». Il y est dit que « les établissements d'enseignement supérieur de l'agriculture doivent, — c'est bien le mot dont on s'est servi, — être établis dans les villes ».

C'est ainsi que sont aujourd'hui les choses et mon excellent ami, M. Wéry, me disait il y a un instant : « C'est à peu près la règle dans tous les États de l'Europe ».

Est-il avantageux que les choses soient ainsi? Ne conviendrait-il pas, si c'était possible, de mettre les établissements d'enseignement supérieur de l'agriculture dans le voisinage des villes, mais non dans les villes?

A mon sens, les établissements d'enseignement supérieur ont deux missions à remplir : ils doivent enseigner, ils sont faits pour cela, mais c'est là le plus petit côté de leur mission ; le grand côté, c'est de faire avancer la science agricole, c'est à cela qu'ils doivent tendre de toutes leurs forces. Je crois que nous sommes tous d'avis que le progrès agricole découle fatalement des découvertes scientifiques.

Je ne prends qu'un exemple. Voyez ce qui est sorti des travaux immortels de Pasteur. Ils ont rendu des services immenses et économisé des millions à tous les pays du monde ; or, tous ces progrès sont sortis du laboratoire.

Par conséquent, ce qu'il faudrait, c'est favoriser de toutes les façons possibles les recherches agricoles. Quand un établissement d'enseignement supérieur est installé dans une ville, il n'a pas les objets sous les yeux : les moyens d'étude lui font souvent défaut ; il faut aller les chercher. De sorte que s'il avait été possible de créer les grands établissements d'enseignement agricole dans le voisinage des villes, si vous voulez, mais à la campagne, cela aurait été extrêmement avantageux.

Imaginez, comme cela arrive en Amérique, qu'un richissime propriétaire veuille faire de toutes pièces un établissement d'enseignement supérieur de l'agriculture ; s'il se conforme au texte du vœu, il l'installera dans une ville. Je crois que ce serait un grand malheur et qu'il dépenserait infiniment mieux son argent s'il plaçait son établissement dans le voisinage des villes, mais dans les champs, de façon que les travailleurs aient constamment sous les yeux les objets de leurs études.

Mon expérience est longue, messieurs ; vous ne sauriez croire comme, en regardant les objets, on arrive à avoir des idées qui vous permettent de travailler mieux qu'on ne le ferait si l'on n'avait pas les objets d'étude devant soi.

Il y a un mot tellement célèbre qu'il est banal, c'est que, pour faire des découvertes, il faut savoir s'étonner à propos, et l'on ne s'étonne que quand on voit les choses.

Je demande donc que la rédaction soit modifiée et que le mot « doivent » soit supprimé. Je crois qu'on pourrait dire :

« Les établissements d'enseignement supérieur peuvent être établis dans le voisinage des villes ». Je voudrais un tempérament.

M. le Président. — La parole est à M. Wéry, rapporteur.

M. Wéry, *rapporteur*. — Mon éminent maître, M. Dehérain, me permettra, tout en lui exprimant mon respect et mon admiration, de soutenir le vœu que j'ai fait adopter par la Commission.

Il est un point sur lequel je me range immédiatement à son avis. J'ai omis deux mots dans le vœu, mais ils figurent dans le rapport que j'ai présenté sur l'enseignement supérieur de l'agriculture ; on les trouve à la page 148 du volume qui contient les rapports préliminaires :

« Caractères communs à la majorité des établissements supérieurs d'enseignement agricole.

« 1° Ils ne donnent pas aux élèves la pratique du métier. Ceux-ci doivent l'apprendre avant ou après leur séjour à l'école.

« 2° Ils sont placés dans les centres scientifiques, dans les villes ou tout à côté. »

Je crois que les mots « tout à côté » donneraient satisfaction à M. Dehérain et qu'on pourrait rédiger ainsi le vœu : « Les établissements supérieurs agricoles doivent être placés dans les villes, ou *tout à côté* ».

En ce qui concerne le reste du texte, je ne vois, quant à moi, rien à y changer.

M. Dehérain. — Je voudrais voir supprimer le mot « doivent ».

M. le Rapporteur. — Si M. Dehérain n'est pas de mon avis, je vais demander à M. le Président la permission de développer devant le Congrès les considérations qui m'ont amené à proposer le mot « doivent ».

M. LE PRÉSIDENT. — Vous avez la parole.

M. LE RAPPORTEUR. — Reportez-vous, messieurs, à un certain nombre d'années en arrière.

La première École d'agriculture a été créée en 1805 par l'illustre Thaer à Moglin, près de Berlin. Cette école réussit admirablement : en Allemagne, on s'est toujours montré très épris des choses d'agriculture et on s'est toujours intéressé aux établissements agricoles. Thaer et Schwerz fondèrent d'autres écoles du même genre.

Ces écoles fonctionnèrent très bien pendant un certain temps. C'étaient des académies d'agriculture, isolées à la campagne, entourées de grands domaines : les professeurs avaient constamment sous les yeux le spectacle de la nature et pouvaient puiser dans leurs observations ces leçons précieuses auxquelles M. Dehérain faisait allusion.

Pendant que ces écoles rendaient au pays d'immenses services, la science marchait à grands pas, et elles ne la suivaient pas.

Déjà, en 1826, Schültz s'était élevé contre elles et avait créé à Iéna la première école théorique placée dans une ville. En 1831, Liebig fit leur procès, et avec un tel succès que bientôt ces académies se fermèrent successivement, elles furent remplacées par des écoles supérieures installées dans les villes. Il ne subsista que celle de Hohenheim, parce qu'elle était près de Stüttgard, et celle de Popelsdorf, parce qu'elle était près de Bonn, et que Bonn est un des centres intellectuels les plus marquants de l'Allemagne.

En France aussi, nous avions été à l'origine de ce mouvement. En 1848, Tourret fit voter la loi qui est restée la charte de notre enseignement ; il plaçait l'école supérieure à Versailles, c'est-à-dire à côté de Paris ; cet institut fut supprimé en 1852 ; s'il avait vécu, il aurait témoigné de la vérité de l'idée.

Lorsqu'en 1876 il fut question de rétablir en France l'enseignement supérieur, c'est à Paris qu'on plaça l'Institut agronomique.

Ce n'est pas particulier à la France et à l'Allemagne. Dans les autres pays, on est arrivé aux mêmes conclusions : l'Autriche a son établissement supérieur à Vienne, le Danemark à Copenhague, la Suisse à Zurich. Je pourrais ainsi faire défiler devant vous non seulement tous les pays d'Europe, mais tous les pays du monde.

Au premier examen, cela paraît anormal ; il est singulier de placer une École d'agriculture à la ville : ce n'est pas sa place ; il vaudrait mieux la mettre à la campagne, tout le monde est de cet avis. Mais à l'enseignement supérieur, il faut non seulement des élèves instruits, il faut encore des maîtres qui fassent avancer la science par leurs recherches et leurs découvertes ; il faut aussi les instruments nécessaires, bibliothèques, collections, laboratoires, qui servent à féconder le travail. Tout cela ne se trouve que dans les villes ou tout à côté.

L'expérience a été faite, je ne dis pas seulement en Europe, mais dans le monde.

C'est pourquoi je ne crois pas qu'on puisse supprimer le mot « doivent ».

M. LE PRÉSIDENT. — La parole est à M. de Riepenhausen-Crangen.

M. DE RIEPENHAUSEN-CRANGEN, *chambellan de S. M. l'empereur d'Allemagne, député au Landtag.* — Messieurs, je confirme l'opinion que M. Wéry émettait tout à l'heure sur l'Allemagne ; les renseignements qu'il a donnés sont exacts. Mais la situation a changé en un point essentiel ; ce qui était nécessaire il y a cinquante ans ne l'est plus aujourd'hui.

Je voudrais aussi qu'on changeât le mot « doivent » et qu'on y substituât le mot « pourront ». Je prie M. le Président de mettre ma proposition aux voix.

M. LE RAPPORTEUR. — Je demanderai à M. de Riepenhausen de nous dire en quoi les choses ont pu changer en Allemagne; quant à moi, les documents que j'ai eus entre les mains ne m'ont pas permis de m'en apercevoir.

M. DE RIEPENHAUSEN-CRANGEN. — Il est très difficile à un étranger de discuter des questions de cet ordre dans une Assemblée générale; je suis à la disposition de M. Wéry pour avoir avec lui une conversation particulière.

M. LE RAPPORTEUR. — Il ne s'agit pas de moi, il s'agit de persuader les membres de l'Assemblée.

D'après tous les rapports, et ils sont considérables, sur lesquels j'ai travaillé, il ne me semble pas que les choses aient changé. Je crois que nous reculerions de cinquante ans en arrière si nous ne maintenions pas dans les villes les établissements d'enseignement supérieur agricole.

M. DE RIEPENHAUSEN-CRANGEN. — Vous pouvez observer les vues des agriculteurs en Allemagne sur ce point. La question a été souvent discutée au Landtag; jamais nous n'avons voulu mettre les écoles dans les grandes villes, nous avons toujours désiré qu'elles fussent hors des villes. C'est l'opinion de tous les agriculteurs, à quelque parti qu'ils appartiennent.

Je maintiens ma proposition et je demande qu'on substitue le mot « pourront » au mot « doivent ».

M. LE PRÉSIDENT. — La parole est à M. Dehérain.

M. DEHÉRAIN. — M. Wéry nous dit : Dans une ville on a des moyens d'action qu'on n'a pas ailleurs, on est dans un excellent milieu; les bibliothèques sont nombreuses, on trouve tout ce dont on a besoin.

C'est peut-être excellent, à mon avis, pour l'enseignement. Mais il y a un point sur lequel nous différons. Il semble à M. Wéry que l'enseignement soit la chose principale, pour moi ce n'est que la seconde; la première nécessité, c'est de faire des recherches, de trouver tout ce que nous ne savons pas encore; nous ne pouvons le trouver qu'à la campagne, parce qu'il faut que nous ayons les objets sous les yeux, que les champs, les animaux, les plantes nous suscitent les travaux à exécuter; pour réussir, il faut que nous ayons constamment les objets sous les yeux.

C'est pourquoi j'estime que le mot « pourront » est bien suffisant, et que le mot « doivent » doit être supprimé de la résolution.

M. LE PRÉSIDENT. — La parole est à M. Wittmack.

M. LE Dr WITTMACK. — Messieurs, je suis professeur à l'École supérieure d'agriculture de Berlin, et je désire appuyer les paroles de M. Wéry. Il me semble tout à fait nécessaire que les Écoles supérieures d'agriculture soient dans les grands centres ou dans le voisinage des grands centres, car elles doivent être unies aux universités ou académies qui y ont leur siège, comme elles doivent pouvoir facilement conduire leurs élèves à la campagne.

On peut dire qu'on revient toujours à ses premières amours. Il y a quatre-vingts ans, nous avions les fermes combinées avec les écoles supérieures; la première a été celle de Moglin, dont a parlé M. Wéry. Plus tard on s'est dit : cette organisation ne va pas, il faut supprimer toutes ces académies qui sont isolées à la campagne, et établir des instituts à l'Université. Aujourd'hui ces instituts universitaires réclament des fermes. On est donc revenu à l'ancienne idée, avec cette différence qu'aujourd'hui on ne demande plus une grande ferme avec tous ses bâtiments et dépendances, on se contente d'une ferme de 40 hectares environ pour faire quelques expériences de grande culture.

Je crois donc qu'il serait nécessaire de placer les établissements supérieurs dans les villes ou dans le voisinage des villes, où l'on peut avoir une ferme de cette grandeur. Nous en avons à Halle et à Breslau, nous tâchons d'en avoir une à Berlin. (*Très bien! très bien!*)

M. LE PRÉSIDENT. — Avant de consulter le Congrès, je demande la permission de faire à mon tour une observation.

Je ne dissimule pas que j'incline vers l'opinion de M. Dehérain; la solution qu'il propose est excellente, c'est la meilleure transaction. Il ne propose pas d'installer les établissements supérieurs au fond des campagnes; il vous propose de les mettre dans les campagnes, à la porte des villes. C'est très important. Le vœu présenté au nom de la Section est différent; il comporte une invitation formelle à fonder les établissements supérieurs dans les villes.

M. WÉRY, *rapporteur*. — Ou tout à côté.

M. LE PRÉSIDENT. — Le vœu dit simplement qu'il faut installer les établissements dans les villes. Vous ajoutez : ou tout à côté. Je renverse la proposition et je dis qu'il faut les installer dans les campagnes, à proximité des villes. (*Très bien! très bien!*)

Il y en a une excellente raison, qu'a indiquée M. Dehérain. Les recherches se font mieux dans le milieu qui en est l'objet. Il ne faut pas oublier une autre considération : il n'est pas douteux que le travail des élèves, à proximité des villes, vaudra mieux que leur travail dans les grandes villes. Je raisonne pour les établissements d'enseignement agricole comme pour les établissements universitaires; je regrette qu'on ait mis ceux-ci dans l'intérieur des villes, et je ne serai pas démenti, je crois, par l'honorable M. Ribot, président de la Commission de l'enseignement de la Chambre des députés. Je crois qu'il faut chercher une autre orientation pour l'enseignement agricole comme pour l'enseignement universitaire, et je comprends très bien que l'honorable M. Dehérain soit ému par une formule de vœu qui semble donner à cet enseignement une direction différente de celle qu'il désire lui voir prendre.

Deux propositions sont en présence : celle qui est formulée dans le vœu, à savoir qu'en principe les établissements doivent être dans les villes; celle de M. Dehérain, d'après laquelle, en principe, ils doivent être mis à proximité des villes, pour qu'on ait les ressources d'enseignement nécessaires; il est bien évident, en effet, qu'il ne faut pas aller trop loin, afin de pouvoir posséder les professeurs éminents qui se trouvent dans les grands centres. (*Applaudissements.*)

M. LE Dr WITTMACK. — Je ne puis appuyer cette dernière opinion, et je vous demande d'adopter la résolution telle qu'elle est proposée. Il ne faut pas oublier que, du moins en Allemagne, les grandes Écoles d'agriculture sont liées aux universités. Il nous serait impossible d'établir nos établissements d'enseignement supérieur agricole à la campagne; la majeure partie de nos élèves veulent suivre en même temps les cours de l'Université; ils veulent étudier l'économie sociale, d'autres sciences encore. L'établissement doit donc être dans la ville. En ce qui touche la nécessité de conduire les élèves à la campagne, les communications, dans les environs des grandes villes, sont des plus faciles et des plus nombreuses.

A mon avis, la résolution doit être adoptée telle qu'elle est présentée : les établissements d'enseignement supérieur doivent être placés dans les villes, ou tout à côté.

A Breslau et à Halle, il est très facile d'aller au champ d'expériences, à la ferme. Il y a des communications nombreuses. Ce n'est donc pas un obstacle. Je demande le vote de la résolution proposée par M. Wéry.

M. LE PRÉSIDENT. — La parole est à M. Bouesco.

M. BOUESCO. — Il s'agit d'une question qu'on a depuis longtemps discutée : faut-il établir dans les villes les grands établissements d'enseignement supérieur agricole comme l'Institut agronomique, et, comme ils doivent être à portée des universités, faut-il les établir dans la capitale du pays; ou bien doit-on les établir en dehors des villes tout en y donnant une instruction égale à celle qui est donnée dans les universités, afin d'avoir les champs près de l'école? Telle est la question.

Jusqu'ici, il ne faut pas l'oublier, l'agriculture n'était pas une science; c'était, si on veut, une suite d'observations tout à fait empiriques. Mais, depuis quelque temps, à partir du commencement de ce siècle, Liebig, de Saussure, Boussingault surtout, d'autres savants éminents en ont fait une science, et une science très compliquée, car elle a des relations avec toutes les autres.

Puisqu'il en est ainsi, pourquoi ne pas mettre à côté des autres universités les écoles où l'on enseigne l'agriculture? Parce qu'il y a la question des applications qu'il faut aller chercher hors des villes? Parce qu'on ne peut trouver ces moyens d'application à l'école même? Alors je vous demanderai pourquoi vous avez des Écoles de médecine dans vos universités. C'est aussi une science qui a des applications; ces applications, on les trouve dans les hôpitaux, et pourtant les hôpitaux ne sont pas dans l'intérieur de l'école. La situation dure cependant depuis longtemps.

Il faut relever l'agriculture par le progrès des applications et l'honorer par la haute instruction qui lui revient de droit. A mon avis, il faut absolument mettre l'Institut agronomique à côté des universités, des facultés de médecine, de droit; à côté de ces facultés, il faut mettre la Faculté scientifique de l'agriculture.

La difficulté des applications ne doit pas être un obstacle. Il est possible d'avoir un champ d'expériences, comme Georges Ville en a fondé un près de Paris; il est possible d'avoir une ferme; pour les applications scientifiques, il n'y a pas besoin de plusieurs milliers d'hectares, il suffit d'avoir une petite ferme où les hommes qui s'occupent de science, où les professeurs de l'Institut feront des expériences. A l'Institut agronomique de Paris, malgré l'absence de champs d'expériences, les professeurs qui sont des hommes très savants, très consciencieux, ont cependant développé très rapidement cet établissement et l'ont mis à la tête du progrès.

Donc, à mon avis, il faut mettre les établissements supérieurs d'agriculture à côté des autres facultés, au milieu de la capitale, et avoir un champ d'expériences près de la capitale.

Je signale une autre considération. Si vous mettez ces établissements hors des villes, il est à craindre que les jeunes gens de valeur, une fois leurs études finies, ne préfèrent suivre les cours de médecine et de droit et n'abandonnent ainsi l'agriculture.

Je demande donc l'adoption des conclusions du rapport.

M. LE PRÉSIDENT. — La parole est à M. Stebout.

M. LE Dʳ STEBOUT, *président du Comité scientifique au ministère de l'Agriculture et des Domaines* (Russie). — Je crois que l'enseignement agricole comporte deux catégories d'études : l'une, qui doit se faire en ville et même à proximité des universités, elle comprend les sciences naturelles et toute la partie théorique; l'autre peut se faire dans un milieu que je nomme professionnel, parce qu'il faut poursuivre des observations qu'on ne peut faire dans l'entourage des villes. A mon avis, pour être productif, l'enseignement agricole doit imiter celui de la médecine. Que serait la médecine sans clinique? Eh bien! pour que l'enseignement supérieur agricole ait les résultats que nous en attendons, il faut qu'il ait cette clinique.

M. LE PRÉSIDENT. — La parole est à M. de Görtz-Wrisberg.

M. LE COMTE DE GÖRTZ-WRISBERG. — Je viens du centre de la science agricole de Halle; j'ai eu pour maître le professeur Kuhn, qui est, je crois, la plus haute autorité de la science agricole en Allemagne. Il m'a dit : Si vous allez au Congrès, et si l'on traite la question de l'enseignement, vous direz aux membres de l'Assemblée que nous sommes arrivés, en Allemagne, à cette conclusion, que les Écoles d'agriculture doivent être dans les villes et attachées à des universités, parce que l'agriculture est devenue une science et une science très importante; elle ne comporte pas seulement l'agriculture proprement dite, elle touche à beaucoup d'autres sciences, comme l'économie nationale, dont vous ne pouvez trouver l'enseignement que dans les universités et non dans les petites écoles de campagne.

De plus, nous avons en Allemagne de très grandes fermes, nous avons les meilleurs contremaîtres ayant des connaissances scientifiques; les grands fermiers d'Allemagne et, je crois, d'Autriche et de Hongrie, prennent très volontiers des contremaîtres ayant étudié dans les universités et connaissant un peu la chimie agricole.

J'apporte donc l'opinion de M. Kuhn, à savoir que les grandes écoles agricoles doivent être attachées aux universités et installées dans les villes.

M. de Ribbenhausen-Crangen. — Je retire ma proposition et me rallie à celle de M. le Président.

M. le Président. — Je suis bien prêt d'être d'accord avec M. Wéry. Je reconnais que les établissements d'enseignement supérieur agricole doivent être tout près des sources de la science. Mais, pour rentrer dans les termes employés par M. le professeur Stebout, il faut que la clinique soit aussi près que possible de l'enseignement lui-même. La clinique, c'est la campagne. La véritable solution, la meilleure serait celle qui, par exemple, aurait consisté à mettre l'Institut agronomique à Saint-Cloud. Il y serait mieux, ce me semble, qu'à Paris. (*Vive approbation.*)

M. Wéry, *rapporteur*. — Je suis de cet avis, la solution serait excellente. Mais je rappelle que deux mots du rapport ont été oubliés dans le vœu, on pourrait les rétablir et rédiger ainsi le vœu : « Les établissements d'enseignement supérieur agricole seront placés dans les villes, ou tout à côté ».

M. le Président. — J'aimerais mieux la rédaction suivante : « Ou, de préférence, à proximité. » (*Très bien ! très bien !*)

La parole est à M. Gain.

M. Gain, *professeur à la Faculté des sciences de Nancy*. — Il me semble que nous pourrions nous rallier à la rédaction proposée par M. Dehérain et qui est ainsi conçue : « Les établissements d'enseignement supérieur agricole pourront être installés dans les villes ». La question n'est pas tranchée d'une façon définitive; et, de plus, la formule a l'immense avantage que nous ne touchons pas aux situations acquises; on ne peut, du jour au lendemain, changer l'état de choses actuel.

A mon avis, le mot « pourront » est certainement plus libéral.

M. le Président. — Il va sans dire que nous ne proposons pas de toucher aux situations acquises; nous raisonnons ainsi : En supposant que demain, dans un pays quelconque, on veuille fonder un établissement supérieur agricole, qu'on ait les fonds disponibles, quelle orientation devra-t-on suivre? Les uns répondent : Il faut installer l'établissement dans la ville; les autres répondent : Il faut l'installer aux portes de la ville.

M. Gain. — La Section a discuté longuement la question. Elle a reconnu qu'il est désirable que les universités contribuent à l'enseignement de l'agriculture. La Section s'est rangée à cet avis qu'on ne pouvait se dispenser d'utiliser les ressources des établissements scientifiques. Il y a des institutions qui sont dans les villes et auxquelles le mot « pourront » ne saurait porter ombrage; celles qui sont à la campagne peuvent fleurir à l'abri de ce mot, il est large et n'implique pas une orientation excessive du côté de la campagne; il peut, il me semble, réunir tous les suffrages.

M. LE PRÉSIDENT. — Personne ne demande plus la parole?...

Je consulte le Congrès sur la résolution suivante, qui me semble pouvoir rallier tout le monde :

« Les établissements d'enseignement supérieur de l'agriculture seront placés dans les villes ou, de préférence, tout à côté. »

(La résolution est adoptée à l'unanimité, avec cette modification dans le premier paragraphe, les autres restant sans changements.)

M. GOMOT. — Voici la sixième résolution :

« En ce qui concerne l'enseignement élémentaire, cet enseignement est caractérisé par la diversité et par la souplesse de ses institutions qui doivent s'adapter à des situations extrêmement variables. Parmi ces institutions, les écoles d'hiver ont donné à plusieurs nations la preuve des services qu'elles peuvent rendre. En raison de ces services et de l'expérience acquise, le Congrès émet formellement le vœu :

« Que l'organisation de l'enseignement élémentaire soit complété en créant un grand nombre d'écoles d'hiver dans les pays qui n'en possèdent pas encore; que, dans les régions de petite culture, les cours d'hiver soient annexés aux cours des écoles primaires; que ces cours soient confiés seulement à des instituteurs qui ont fait des études spéciales sur ces questions. »

M. LE PRÉSIDENT. — Personne ne demande la parole sur cette résolution?...

Je la mets aux voix.

(La sixième résolution est adoptée.)

M. GOMOT. — Voici le dernier vœu proposé par M. Grosjean à la 1re Section et que celle-ci soumet à la sanction du Congrès :

« Il est désirable que les Universités orientent de plus en plus leur enseignement vers les applications des sciences à l'agriculture. »

M. GROSJEAN. — Je dois au Congrès quelques explications au sujet de ce vœu ou plutôt de cet amendement.

Au cours de la discussion dans la 1re Section, M. Gain, professeur à la Faculté de Nancy, avait proposé la disposition suivante : « Les Universités doivent être appelées à jouer un rôle actif dans l'enseignement supérieur de l'agriculture. »

La Section a pensé que le vœu était trop impératif; elle l'a modifié sur ma proposition de la manière suivante :

« Il est désirable que les Universités orientent de plus en plus leur enseignement vers les applications des sciences à l'agriculture. » (*Très bien! très bien!*)

(Le vœu est mis aux voix et adopté.)

Production des graines de betteraves à sucre.

M. LE PRÉSIDENT. — L'ordre du jour appelle les travaux de la 5e Section.

Je donne la parole à M. Hélot, rapporteur, pour une communication sur la production des graines de betterave à sucre.

M. JULES HÉLOT, *rapporteur.* — Messieurs, je n'entreprendrai pas de vous donner même une analyse des travaux auxquels je me suis livré; je me bornerai à énoncer les idées maîtresses qui ont présidé à ces travaux, de manière à soulever la discussion sur des points qui pourraient être en désaccord avec les idées de nos collègues étrangers.

J'ai recherché d'abord s'il était possible d'asservir la betterave à sucre aux nécessités économiques qui amoindrissent tous les jours la valeur du produit que l'on en tire; s'il était possible d'espérer que l'on pourrait faire progresser concurremment et à l'infini le poids et la qualité de la betterave. Il m'a suffi d'étudier l'histoire de cette plante qui n'est pas très ancienne, car on peut considérer qu'elle remonte au commencement du siècle, pour avoir une sécurité à peu près absolue sur ce point.

On sait que cette plante a été trouvée à l'état sauvage sur les côtes méditerranéennes. C'était une plante informe, d'un poids infime et d'une très faible teneur en sucre. Quand on l'a vue arriver aussi vite au point où elle en est aujourd'hui comme teneur en sucre et comme poids, je pense que c'est déjà une grande preuve de sécurité. Du reste, les travaux de tous les savants qui, dans les différents pays, se sont occupés de la betterave corroborent cette idée d'une manière absolue.

En France, nous avons le bonheur de compter je ne dis pas un savant, mais une dynastie de savants, j'ai nommé les Vilmorin. (*Applaudissements.*)

Ils ont créé, dès l'origine, une betterave qui répondait à toutes les nécessités économiques de l'époque. Le labeur des savants successifs de cette maison continue et nous assure de la réussite pour l'avenir.

D'autres savants se sont occupés de la betterave; il y en a dans tous les pays, en Allemagne, en Autriche, en Russie même, et nous pouvons avoir de ce côté toute tranquillité.

Je me suis livré personnellement, non pas à un point de vue scientifique absolu, mais au point de vue pratique, à des expériences dont je vais simplement vous donner l'énoncé.

Permettez-moi d'ouvrir ici une parenthèse pour éviter un malentendu. Je prétends et je vous le prouverai, je crois, tout à l'heure, que nous pouvons espérer faire progresser la betterave en poids et en qualité presque indéfiniment. Mais il faut qu'il soit bien entendu que ce progrès ne peut être qu'excessivement lent; c'est-à-dire qu'on peut avoir la certitude de faire chaque jour un pas en avant, mais que ce sera un pas très petit. Il ne faut pas, en France, se faire illusion par les résultats obtenus depuis trois ans dans la culture de la betterave et croire que nous avons réalisé en quelques années un progrès immense. C'est là un fait accidentel d'autant plus remarquable que l'accident s'est répété trois années de suite.

Nous avons en France un climat maritime extrêmement variable qui, la plupart du temps, empêche la betterave de mûrir, c'est-à-dire d'acquérir la quantité de sucre qu'elle devrait contenir régulièrement et le poids qu'elle peut atteindre. Or, par le fait d'un hasard qui ne se présente pas tous les dix ans, nous avons eu trois automnes merveilleux, qui nous ont mis dans les conditions climatériques des pays voisins, tels que l'Allemagne et l'Autriche.

Il ne faut donc pas se baser sur les rendements extraordinaires que nous avons eus pour affirmer que les progrès ont été très grands. Ces progrès ont existé, nous en conserverons le profit; mais nous aurons malheureusement bientôt, c'est à craindre, l'occasion de nous apercevoir que ce n'est pas bénéfice acquis définitivement.

Pour avoir de la bonne betterave, ayant un gros poids et une grosse teneur en sucre, il faut porter tous ses soins sur la production de la semence. La valeur de la semence ne peut pas être jugée comme on juge celle d'un grain de blé. Il faut s'en rapporter aux résultats acquis par l'ensemencement, par la production de la plante elle-même. Par conséquent, ce n'est pas sur l'apparence de la semence que l'on peut juger de sa valeur réelle, c'est d'après la qualité des mères.

L'ancienne méthode qui est due, vous le savez tous, à Vilmorin, et qui est connue sous le nom de méthode généalogique, consiste à trouver une mère exceptionnelle que l'on cultive séparément, qui engendre des enfants, — en petit nombre malheureusement, — lesquels produisent, par une succession de générations, une quantité de graines qui ont une origine unique.

Vous voyez combien sont lents les progrès obtenus par la recherche d'une mère extraordinaire et combien il faut attendre d'années pour retirer dans la pratique le profit que l'on est en droit d'espérer de cette mère exceptionnelle.

En fait, on simplifie la recherche pour arriver plus vite au résultat, mais au détriment de la qualité. Voici comment on procède.

Au moment de l'arrachage des plantes destinées à l'approvisionnement des usines, on recherche toutes les betteraves d'une forme et d'une grosseur remarquables, ayant des chances, par leur aspect physique, d'être très riches en sucre, et on les met de côté; puis, pendant l'hiver, on analyse individuellement ces betteraves.

Cette analyse a l'avantage d'être une école d'exactitude pour les ouvriers, elle leur apprend la méthode qu'il faut aujourd'hui apporter dans toutes les choses de l'agriculture et c'est, en somme, une école pour eux très profitable.

Par ce procédé, vous éliminez toutes les betteraves inférieures. Mais cette analyse n'est pas d'une exactitude scientifique absolument précise. Nous avons aujourd'hui le procédé de diffusion aqueuse de Pelet qui donne une exactitude très suffisante. Vous prenez tout ce qui est la tête de race; vous le cultivez pour obtenir des enfants qui vous serviront à obtenir des mères plus parfaites; puis vous cultivez la partie moyenne pour récolter la graine.

Ce procédé permet de se procurer rapidement des betteraves riches par sélection, mais il ne donne pas l'unité d'espèce; il peut y avoir un peu d'hybridation dans les espèces qui ne proviennent pas d'une mère unique.

Dans un siècle où l'on a besoin d'aller vite en toutes choses, on devait rechercher le moyen d'obtenir d'une mère extra riche et extra belle comme forme et comme poids une quantité de betteraves commerciales, et depuis plusieurs années on a recours à des méthodes qu'on a appelées des méthodes asexuelles ou végétatives. Voici en quoi elles consistent.

Par l'analyse de 300 pieds de betteraves qui ont été nécessaires pour produire la semence par le procédé que j'indiquais tout à l'heure, vous avez trouvé 15 betteraves exceptionnelles comme poids et comme qualité, 15 betteraves ayant chacune, je suppose, un poids de 1200 à 1500 grammes et une teneur en sucre de 18 à 20 pour 100; ce sont des espèces. Il se peut, il est même certain que parmi ces 15 espèces se trouvent des betteraves qui ont ces qualités physiques et chimiques par atavisme; d'autres les ont acquises par suite de circonstances accidentelles. Il faut donc rechercher le moyen de faire ce triage le plus vite possible.

La multiplication asexuelle consiste à prendre une de ces betteraves et à se dire : Au lieu d'obtenir d'elle 200 grammes de graines qu'elle peut produire en la mettant en terre telle qu'elle est, je vais la multiplier par elle-même et obtenir 12 ou 15 kilogrammes de graines dès la première année, ce qui vous fait gagner au moins quatre ans sur la méthode généalogique de Vilmorin.

Je vais donner une courte description du procédé assez nouveau que je serais très heureux de voir expérimenter par un grand nombre d'agriculteurs. Je dis « expérimenter », car il n'a pas encore fait suffisamment ses preuves pour me permettre d'être affirmatif sur ses résultats, quoique ma conviction soit absolue et basée sur de multiples expériences.

Vous mettez cette betterave dans une serre spéciale au mois de février et vous la maintenez à une température déterminée de 15 à 16 degrés. La seule condition nécessaire est que la température reste constante.

Bientôt cette betterave laisse pousser ses œilletons. Vous les enlevez au fur et à mesure, soit au couteau, soit avec un canif ou une petite gouge, vous transportez ces œilletons sur un porte-greffe, betterave à sucre ou betterave à vache, peu importe. Il est cependant préférable de prendre une betterave à sucre, cela évite des chances d'erreurs. J'insiste sur ce point ; si vous n'avez pas de betterave à sucre, vous pouvez prendre de la betterave à vache. L'enfant que vous en aurez n'offrira aucun des inconvénients de la betterave porte-greffe.

Une fois cet œilleton placé sur le porte-greffe, vous laissez la betterave en serre. Par la reprise, vous pouvez obtenir d'une mère pesant 1500 grammes environ 40 ou 50 porte-greffes.

Certaines personnes préconisent les boutures qui peuvent se faire de la même façon : vous prenez l'œilleton et vous le plantez directement en terre. Mais ce procédé est beaucoup plus complexe et plus délicat, bien que certaines personnes ne soient pas de mon avis.

Lorsque vous avez fait toutes ces plantations de greffons, il vous reste une betterave mère en écumoire que vous replantez. Par ce moyen, il est possible d'obtenir les 15 kilogrammes de graines dont je parlais tout à l'heure.

Je me demandais au début s'il était possible de faire progresser la betterave en pleine sécurité. Eh bien, il faut remarquer que ce procédé vous donne dès la deuxième année le moyen de contrôler l'atavisme de la betterave originale et par conséquent de la multiplier de façon à obtenir, dès la troisième ou la quatrième année, 20 kilogrammes de graines de betterave provenant d'une mère unique perfectionnée.

Je n'insiste pas davantage sur la question.

Une autre question délicate est celle de la maladie des betteraves; vous la trouverez admirablement indiquée à l'exposition de l'Allemagne et de l'Autriche avec des échantillons merveilleux. S'il importe, pour la multiplication de la betterave riche, d'avoir de bonne graine, il importe également de se préserver des betteraves maladives, de celles qui engendrent les maladies dont on a beaucoup de peine à se débarrasser lorsqu'elles sont nées sur un territoire.

Je m'arrête ici, messieurs. J'ai particulièrement voulu attirer votre attention sur la possibilité de faire progresser la betterave et sur ce nouveau moyen de multiplier cette plante si utile par le procédé que j'ai énoncé. Si vous aviez besoin d'explications complémentaires, je me tiens à votre disposition. (*Applaudissements.*)

M. LE PRÉSIDENT. — Personne ne demande la parole ?...

Je remercie M. Hélot de son intéressante communication.

Entente internationale pour l'étude des parasites.

M. LE PRÉSIDENT. — La parole est à M. Fischer de Waldheim pour donner lecture des vœux proposés par la 7e Section.

M. FISCHER DE WALDHEIM. — Messieurs, le président de la 7e Section, M. Prillieux, ne pouvant assister à la séance générale d'aujourd'hui, m'a chargé de vous rapporter les conclusions que celle-ci soumet à l'approbation du Congrès.

Sur la première question : « Entente internationale pour empêcher l'introduction des parasites et leur dissémination, dès qu'ils sont signalés », sur la proposition de M. Jakob Eriksson, la 7e Section propose au Congrès :

« De nommer un Comité central de pathologie végétale formé par des personnes

de différentes nationalités. Ce Comité se chargerait d'organiser des recherches internationales sur les maladies des plantes cultivées; il aura le droit d'augmenter le
nombre de ses membres à mesure que les nations qui n'y auront pas de représentant exprimeront le désir de participer à ses travaux. Le Comité publiera un bulletin
périodique.

« Les maladies les plus importantes des végétaux doivent être réparties, soit d'après
leurs causes (champignons, insectes, etc.), soit d'après la nature des plantes attaquées (céréales, plantes potagères, plantes forestières, etc.), dans un certain nombre
de groupes à traiter particulièrement.

« Dans chaque pays, celui qui dirige les recherches aura à décider quelle forme
de maladies dans tel ou tel groupe doit faire, pendant les trois à cinq années suivantes, l'objet d'études spéciales. Ceux qui s'occuperont de la même ou des mêmes
formes de maladies devront se réunir de temps en temps (tous les trois ou cinq ans),
tantôt dans un pays, tantôt dans un autre, pour se faire part de leurs observations,
échanger leurs vues et assurer à leurs travaux les avantages d'un plan commun. »

La 7e Section propose de désigner :

Pour l'Allemagne, MM. Frank et Sorauer ;

Pour la Belgique. M. Laurent ;

Pour la France, M. Prillieux ;

Pour la Russie, M. Fischer de Waldheim ;

Pour la Suède, M. Eriksson ;

Pour l'Italie, M. Cuboni, directeur de la Station de pathologie végétale de Rome.

M. LE PRÉSIDENT. — Vous avez entendu, messieurs, les propositions de la 7e Section
tendant à la nomination d'un Comité international. Je voudrais à ce sujet demander
une explication à M. le rapporteur.

Comment fonctionnera ce Comité ? Je vois bien qu'il aura des représentants dans
chaque pays, mais quand se réunira-t-il ?

M. FISCHER DE WALDHEIM. — Ce Comité sera permanent; il publiera un bulletin qui
donnera des renseignements utiles à toutes les personnes que ces questions
intéressent.

M. LE PRÉSIDENT. — Où sera le centre de cette permanence ?

M. FISCHER DE WALDHEIM. — C'est un point qui n'est pas encore fixé.

M. LE PRÉSIDENT. — Il importe de savoir où sera le centre de cette permanence,
dans quelles conditions se réunira le Comité et comment les rapports s'établiront entre
ses membres.

M. FISCHER DE WALDHEIM. — Tous les pays ne sont pas encore représentés dans ce
Comité. Le programme que nous soumettons au Congrès est donc tout à fait
provisoire.

M. LE PRÉSIDENT. — Dans ces conditions, je crois qu'il faut pour le moment se borner à voter le principe. D'ici à la fin du Congrès, la 7e Section aura l'obligeance de
préciser le fonctionnement du Comité. (*Assentiment.*)

M. FISCHER DE WALDHEIM. — Il s'agit en ce moment de se prononcer sur la création
du Comité international; les détails du fonctionnement seront précisés ultérieurement.

M. LE PRÉSIDENT. — C'est dans ces conditions que je mets aux voix les propositions
de la 7e Section.

(Ces propositions sont adoptées.)

Protection des oiseaux utiles.

M. le Président. — J'appelle maintenant la discussion des vœux sur la protection des oiseaux utiles.

La 7ᵉ Section s'est ralliée aux vœux émis par le Congrès d'ornithologie, dans sa séance de clôture du 30 juin dernier. En voici le texte :

« 1° Protéger d'une manière efficace, pendant les cinq ou six mois comprenant l'époque de reproduction, tous les oiseaux qui ne sont pas généralement reconnus comme incontestablement nuisibles, aussi longtemps que l'on n'aura pas réussi à établir des listes d'oiseaux partout et toujours utiles.

« Des exceptions pourront être prévues en faveur de la science et en cas de légitime défense.

« 2° Interdire complètement tous les procédés de capture en masse, que ce soient des procédés capables de prendre les oiseaux en grande quantité à la fois, comme filets, etc., ou des pièges ou engins, etc., qui, disposés en grand nombre, puissent atteindre au même résultat.

« 3° Interdire également le commerce, le transit, le colportage, la vente ou l'achat.

« Le gibier migrateur, la caille en particulier, qui diminue tous les jours davantage, devrait bénéficier des mêmes protection et interdiction.

« 4° Prier chaque État de faire exécuter sur son territoire des recherches à la fois ornithologiques et entomologiques, en vue de déterminer l'alimentation des espèces et, par là, leur degré d'utilité.

« Un rapport sur ces recherches devrait être fourni au Comité ornithologique international permanent dans l'espace de cinq années.

« 5° Favoriser par tous les moyens possibles la multiplication des oiseaux utiles, insectivores principalement.

« 6° Répandre dans la jeunesse des données en même temps intéressantes et utiles sur la biologie des oiseaux en général. »

Ces vœux ont été communiqués par M. le docteur Fatio, de Genève, président de la 4ᵉ Section du Congrès international d'ornithologie.

La discussion est ouverte.

Je donne la parole à M. Ohlsen.

M. Ohlsen. — Les conclusions qui ont été lues, et qui tendent à la protection des oiseaux, sont le résultat du Congrès ornithologique, elles ont été sérieusement étudiées et discutées ; je crois qu'elles seront approuvées par le Congrès, et que les divers États auxquels les enverra le bureau du Congrès les prendront en considération. Mais c'est seulement un espoir que je formule. Il y a des difficultés à surmonter.

Chargé de représenter un grand nombre de Sociétés italiennes et allemandes, je dois rappeler les travaux de la Conférence internationale pour la protection des oiseaux, qui a été réunie en 1895, sous la présidence de M. Méline, président de notre Congrès. Cette Conférence était composée d'hommes éminents ; elle a beaucoup travaillé ; ses travaux ont duré cinq jours. Elle avait décidé que le résultat en serait communiqué aux gouvernements, et qu'après trois ans, elle se réunirait de nouveau, soit pour ratifier ce qui aurait été fait, soit pour y apporter les modifications demandées par les États.

Les trois ans sont écoulés, on n'a abouti à aucun résultat ; ces beaux travaux sont dans les archives des Ministères de l'Agriculture des divers gouvernements. Bien plus, au lieu d'arriver à l'amélioration que recherchait notre président, nous avons vu la situation empirer. Et voici pourquoi.

Quand les sociétés agricoles demandent à leur gouvernement des lois sur la chasse pour la protection des oiseaux, elles reçoivent cette réponse : Nous sommes liés; il y a eu, en 1895, une Conférence qui n'a pas terminé ses travaux. Et les gouvernements ne font rien. Si l'on interroge les intéressés, les ministres ou ceux qui ont fait partie de la Conférence, si on leur demande où en est la question, ils répondent avec une sorte de mystère. On ne peut faire aucun acte, on ne veut pas répondre nettement.

La Conférence a fini ses travaux, puisque les conclusions adoptées par elle n'ont pas été ratifiées à l'expiration des trois ans. Les gouvernements ont donc tort de dire que la Conférence existe toujours et qu'ils ne peuvent rien faire.

Voilà comment la situation a empiré; je parle pour l'Italie, mais il en est de même en Autriche et en Suisse.

Le Congrès de 1889 avait été le germe de la Conférence, comme aussi des autres Congrès. La question des oiseaux est une des principales qui y ont été agitées, les autres Congrès s'en sont occupés également.

Le Congrès dont nous faisons partie est le second qui se réunisse à Paris, il est plus important que les autres, tant par le nombre de ses membres que par les travaux de la Commission permanente. J'estime que nous avons le devoir de prier le gouvernement français de rappeler aux autres gouvernements que la question n'est pas résolue et de leur demander ce qu'ils comptent faire; ensuite il convoquerait le plus tôt possible une Conférence nouvelle qui ratifierait ou modifierait les travaux de 1895, et qui pourrait prendre en considération les vœux formulés au Congrès ornithologique, et que notre Congrès d'agriculture va sans doute ratifier.

Bien entendu, les gouvernements ne seraient pas tenus de nommer les mêmes membres de cette Conférence. Que la Conférence reprenne ses travaux et qu'on dise nettement : La question est résolue; il faut faire des lois nationales et des lois internationales qui soient en rapport.

En 1875, l'Autriche et l'Italie ont conclu une convention, mais cette convention était illégale. Une convention entre deux États ne peut être conclue, que quand les deux États ont chacun une loi nationale unique, et qu'on peut rapprocher chacune de ces lois par un accord international. Mais l'Italie a au moins sept ou huit lois sur la chasse; l'Autriche en a davantage encore. A Vienne on m'a dit : « Ce que vous désirez est bel et bon, mais nous ne pouvons faire une convention avec l'Italie, car la Bohême, la Hongrie, et tous les petits États qui forment le grand État ont des lois qu'on ne peut facilement abroger. » J'ignore comment on peut modifier ces lois des divers États qui forment la monarchie austro-hongroise, et comment on pourrait conclure une convention. On devait dire sans doute : L'empire d'Autriche-Hongrie et l'Italie s'engagent à faire chacun une loi unique dans un ou deux ans; puis on pourra faire un accord international. On ne l'a pas fait; la convention dès lors n'est pas légale.

Je demande donc que la Conférence soit renouvelée, et que le Congrès soit très énergique dans l'expression de ce vœu; sinon on ne fera rien, et les vœux des associations seront inutiles.

Le mouvement en faveur de la protection des oiseaux est très vif dans tous les pays. J'ai représenté au Congrès ornithologique et je représente ici des Sociétés de chasseurs dont l'une, la Société des chasseurs italiens, réunit plus de 55 000 membres.

Je dois ajouter que les nouvelles études faites sur la *malaria* et sur différentes maladies ont révélé la nécessité de protéger les oiseaux; la plus belle découverte à cet égard est celle de M. Grassi qui depuis longtemps étudie la *malaria* de la campagne romaine et qui attribue la cause de cette maladie à l'existence de nombreux insectes ; les oiseaux sont les meilleurs destructeurs de ces insectes.

Au début, les hommes de cœur seuls s'occupaient de ces questions. Aujourd'hui la question est toute différente. Les agriculteurs, les chasseurs se plaignent, les médecins également. Puisque tout le monde se plaint, il faut faire quelque chose. (*Très bien ! très bien !*)

La question est des plus importantes. Il faut, à mon avis, prier le gouvernement français de demander aux autres États s'ils entendent ou non reprendre les travaux de la Conférence ; je demande, en conséquence, qu'une Conférence nouvelle soit réunie à Paris, avec la mission que j'ai indiquée. (*Applaudissements.*)

M. LE PRÉSIDENT. — Je vois que les petits oiseaux ont de nombreux défenseurs parmi nous. (*Sourires.*).

Je désire modifier et compléter les observations de l'honorable M. Ohlsen. La question des petits oiseaux est une des plus importantes pour l'agriculture, une de celles qui rentrent le plus dans le domaine du Congrès international, car c'est, au premier chef, une question internationale, et M. Ohlsen a raison de dire qu'on ne la résoudra bien que lorsque tous les pays seront d'accord.

Ce qui empêche la question d'aboutir, c'est que l'absence d'accord entre les différents pays est un excellent prétexte pour détruire les oiseaux et s'opposer aux lois de protection. On dit : Si nous faisons une loi de défense, à quoi servira-t-elle si les voisins ne nous imitent pas ? Jadis il y avait en France dans chaque département un arrêté préfectoral différent de celui du voisin ; c'était une situation analogue, et l'on disait : Pourquoi cet arrêté, si le département voisin n'en fait pas un semblable, il est inutile puisqu'à côté on mangera les petits oiseaux que nous conserverons. Les chasseurs ne manquent pas de dire : A quoi bon nous empêcher de tuer les oiseaux ? Si nous ne les tuons pas, ils seront tués par le voisin.

Il faut donc arriver à une convention internationale. Et c'est ici que se présente la grosse difficulté signalée par M. Ohlsen, et je me demande comment l'aborder.

Nous avons fait tout ce qui était possible humainement et administrativement pour aboutir.

A la suite des Congrès de 1889 et de 1891, le Gouvernement français a pris l'initiative d'une Conférence internationale composée de délégués officiels des Gouvernements, et non des Sociétés d'agriculture. Cette Conférence, dont j'ai été le président, a tenu sept ou huit séances, elle s'est mise d'accord sur les bases d'une convention générale. Nous croyions que la plus grosse partie de la besogne était faite, nous avions éliminé tout ce qui pouvait nous diviser, pour ne garder que les points sur lesquels nous étions d'accord.

Le Gouvernement français a envoyé des propositions aux différents gouvernements en les priant de les étudier et de lui faire savoir s'ils considéraient comme possible de soumettre une convention de ce genre aux Parlements.

J'ai le regret de le dire, dans les différents pays d'Europe, comme en France, ces questions sont toujours traitées par le ministère des Affaires étrangères, et je considère comme bien fâcheux que, pour des questions de cet ordre, les ministres de l'Agriculture ne puissent pas correspondre entre eux, les choses iraient plus vite. Le ministre des Affaires étrangères écrit à son collègue des affaires étrangères du pays voisin, lequel informe le ministre de l'Agriculture ; celui-ci est annulé et impuissant, puisqu'il ne peut rien sans le ministre des Affaires étrangères.

Les réponses que nous sollicitions ne sont jamais arrivées. Il s'est passé un fait singulier. Étant chef du gouvernement, je n'ai pas négligé la question, j'ai prié mon collègue des Affaires étrangères de la soulever de nouveau; nous avons envoyé de nouvelles lettres, et nous avons reçu les mêmes réponses : là question est délicate, difficile, nous ne savons pas si nous aboutirons devant le Parlement, nous sommes en désaccord sur certains points, — on est toujours en désaccord sur quelque chose. — Nous en sommes restés là.

M. Ohlsen nous dit : Reprenons l'ancienne procédure ; que le Gouvernement français écrive de nouvelles lettres, qu'on nomme une nouvelle commission. Je veux bien, mais si c'est pour tourner dans le même cercle, ce n'est pas la peine. A mon sens, il faudrait que les Sociétés d'agriculture se chargeassent de prendre l'affaire en main (*Très bien ! très bien !*); que, dans leurs pays, elles agissent sur leur Parlement et sur leur gouvernement; c'est la seule manière de forcer la main aux pouvoirs publics; on leur rendra service, car les hommes d'Etat ne peuvent rien s'ils ne sont pas poussés eux-mêmes par l'opinion publique.

Il faudrait donc que les représentants des Sociétés d'agriculture missent tout de suite à l'étude la question de la protection des petits oiseaux, qu'ils fissent une agitation dans le Parlement, qu'ils saisissent ceux des membres du Parlement qui représentent plus spécialement l'agriculture, en leur donnant comme formule ce projet de convention qui existe au ministère de l'Agriculture.....

M. Tisserand, *Directeur honoraire de l'Agriculture.*—Parfaitement, et au ministère des Affaires étrangères.

M. le Président. — Nous pourrons ainsi aboutir à un résultat.

Nous avons ici un membre d'un gouvernement qui nous écoute, et qui nous aidera dans son pays.

Je crois, par conséquent, qu'il faudrait charger les Sociétés d'agriculture d'étudier la question.

M. Ohlsen. — J'accepte volontiers la solution proposée par M. le Président. Mais je vois une difficulté pratique, je parle pour mon pays. Il y a parmi nous des hommes qui s'intéressent aux choses de l'agriculture, qui connaissent fort bien la question, mais dont l'influence sur leur gouvernement n'est pas assez puissante pour arriver à un résultat. Et puis, dans les Congrès, on promet beaucoup, on crie : Oui ! oui ! et une fois le Congrès fini, on ne fait plus rien. (*Très bien! Très bien! — Sourires.*)

Je voudrais prier M. le Président de nous donner son avis sur ce point. Il me semble que, pour aboutir à un résultat, M. le président de la Conférence de 1895, M. Méline, et le ministre de l'Agriculture devraient écrire aux gouvernements : la Conférence de 1895 a fini ses travaux; il faut en nommer une autre. Sinon, je vous assure, messieurs, je parle du moins pour mon pays, que nous ne ferons rien.

M. le Président. — La parole est à M. Pini (Italie).

M. Ranieri Pini.—Je trouve que la proposition de M. Méline est absolument pratique. Je suis membre du conseil d'administration de l'Association pour la protection des oiseaux instituée à Florence. Nous nous sommes occupés de la question, et nous avons émis le vœu que le gouvernement italien intervienne auprès des autres gouvernements pour conclure une convention internationale pour la protection des oiseaux.

M. le Président. — Je considère qu'il ne faut pas laisser croire que la Conférence de 1895 dure toujours, mais il faut conserver ce qui en reste, c'est-à-dire les résolutions qu'elle a prises. On peut économiser des difficultés en rappelant aux gouvernements que leurs représentants ont accepté cette convention.

M. Ohlsen nous dit que les particuliers ne peuvent rien, qu'ils sont impuissants. Je ne propose pas aux particuliers de prendre la question en main. Je propose aux Sociétés d'agriculture qui sont représentées ici, de se saisir de cette question et d'agir sur leurs gouvernements et sur leurs parlements. Elles peuvent agir sur leurs gouvernements en leur demandant de conclure la convention, sur leurs parlements en faisant déposer des propositions de loi par des députés; ces propositions sur la protection des oiseaux seraient analogues au projet de convention.

Et, puisqu'on a demandé que le Congrès s'occupe de l'affaire, nous pouvons vous offrir une combinaison pratique et facile; à l'issue du Congrès, nous pourrons envoyer à toutes les Sociétés d'agriculture qui y sont représentées une lettre indiquant les résolutions qui auront été prises, et nous leur demanderons de s'occuper de la question dans le sens que nous avons indiqué, au besoin nous pourrons correspondre avec elles.

La parole est à M. le vicomte de Luppé.

M. LE VICOMTE DE LUPPÉ. — Nous pouvons, je crois, approuver pleinement la proposition de notre président. Je crois que, dans beaucoup de pays, la *vox populi* est plus puissante, en certaines circonstances, que la voix des gouvernements. Nous avons tout intérêt à pousser les gouvernements dans la voie qu'on nous indique.

Mais il me semble que nous pouvons en même temps adopter le moyen déjà employé sans succès, mais qui, fortifié par celui qu'a indiqué M. Méline, pourrait nous permettre d'obtenir plus promptement satisfaction. Il serait intéressant que le Congrès insistât auprès des gouvernements pour qu'ils reprissent les pourparlers nécessaires en vue de la protection des oiseaux et de la chasse dans les différents pays, en même temps que l'agitation serait mise en œuvre par les Sociétés agricoles.

Nous avons entendu nos collègues étrangers parler avec une grande franchise de ce qui se passe chez eux. Il faut bien que nous, Français, nous admettions qu'il y a un immense boisseau international qui couvre partout la lumière et la vérité sur ce point, et que nous sommes plus particulièrement atteints en France. Il n'est pas de pays où l'on ait fait plus de projets de réforme de la chasse, pour la protection des oiseaux, et il n'en est peut-être pas où ces projets aient été plus promptement enterrés.

Nous pouvons demander à notre président, M. Méline, qui est mieux qualifié que personne, d'insister auprès du gouvernement et de faire cette agitation qu'il préconise, soit au parlement, soit auprès des Sociétés agricoles, sur lesquelles il a une si grande autorité, afin qu'en France du moins ces projets qui sont enfouis dans les cartons en sortent enfin, et que nous donnions un exemple au monde agricole tout entier, dont tant de représentants sont réunis ici, pour chercher avec nous la solution de cette intéressante question. (*Très bien! très bien!*)

M. LE PRÉSIDENT. — L'observation qui vient d'être faite est très juste, mais elle n'est pas tout à fait exacte pour la France. C'est plutôt nous qu'il faudrait proposer comme exemple. Je vous assure que ce n'est pas de nous qu'il y a lieu de se plaindre.

Nous avons fait de très grands efforts, et qui ne sont pas restés sans résultat, pour défendre les petits oiseaux; nous avons abouti sans législation, par des arrêtés préfectoraux. C'est ainsi qu'aujourd'hui on ne peut plus tuer les oiseaux autrement qu'au fusil; autrefois on pouvait les prendre avec tous les engins de destruction possibles;

chez nous, on ne peut pas tuer les hirondelles; je ne veux rien dire de désagréable à M. Ohlsen, mais je connais des pays où l'on tue les hirondelles et où on les vend dans les rues. (*Sourires.*) Nous ne sommes donc pas en retard sur les autres pays; nous ne sommes pas arrivés à la protection, mais nous avons fait de très grands progrès, que je voudrais bien voir réaliser dans tous les pays. Les petits oiseaux sont déjà défendus, mais ils ne le sont pas assez, il faut une législation nationale et internationale; le meilleur moyen d'y parvenir, c'est de faire agir les Sociétés d'agriculture pour qu'elles pèsent sur leurs gouvernements; nous leur demanderons de se livrer à une action pressante:

Nous inviterons aussi le gouvernement français à écrire de nouvelles lettres. Mais cela ne suffit pas, et surtout il ne faut pas réunir une nouvelle Conférence, ce serait du temps perdu.

La parole est à M. de Riepenhausen-Crangen.

M. DE RIEPENHAUSEN-CRANGEN. — Je crois pouvoir affirmer qu'en Allemagne on sera très heureux de voir notre éminent Président prendre en main cette affaire. Il s'en est beaucoup occupé, il pourrait se mettre à la tête d'une commission qui reprendrait ce travail. J'espère qu'au moyen des Sociétés d'agriculture et des agriculteurs qui sont venus de tous les pays on trouvera les remèdes nécessaires.

Je conclus en priant M. le Président de se mettre à la tête de la Commission. (*Très bien! très bien!*)

M. OHLSEN. — Je me rallie aux observations de M. le Président. Je reconnais qu'il est bien difficile d'aboutir, nous avons à cet égard une expérience de quinze ans. Mais pour que, dans nos pays, nos conclusions aient plus de poids, il faudrait que le Congrès ratifie ce que M. le Président a déclaré, à savoir que la Conférence de 1895 est terminée, que les gouvernements ne peuvent plus nous tromper avec cette échappatoire, et qu'il faut prier les gouvernements d'en désigner une autre.

M. LE PRÉSIDENT. — Je ne suis pas d'accord avec M. Ohlsen. Si vous dites, mon cher collègue, que la Conférence internationale a terminé son travail, fort bien; elle a abouti à un projet de convention. Vous demandez qu'on en nomme une autre. C'est du temps perdu : elle aboutira peut-être au même résultat et on aura perdu deux ans pour la réunir. Il faut agir; la Conférence internationale a donné tout ce qu'elle pouvait donner, elle a rédigé un projet de convention. Partez de là, le difficile c'est de mettre les parlements et les gouvernements en mouvement. Faisons sortir l'agitation du Congrès et entrons dans la voie de l'action près des Sociétés d'agriculture (*Très bien! très bien!*)

Vous savez que la Commission internationale d'agriculture est chargée de poursuivre l'exécution de nos vœux; elle invitera les sociétés d'agriculture des différents pays à poursuivre également ce résultat. Nous leur enverrons une lettre de rappel, nous correspondrons avec elles et, l'année prochaine, nous leur demanderons où elles en sont chacune dans leur pays. (*Applaudissements.*)

M. LE VICOMTE DE LUPPÉ. — Je demande en outre que les vœux du Congrès soient envoyés aux différents gouvernements.

M. LE PRÉSIDENT. — Parfaitement. Nous écrirons à notre ministre des Affaires étrangères pour le prier d'envoyer nos vœux aux différents gouvernements, et nous agirons de notre côté.

(M. le Président donne à nouveau lecture des vœux, qui sont adoptés.)

M. LE PRÉSIDENT. — Nous compléterons ces vœux par la reproduction du projet de convention rédigé par la Conférence internationale de 1895, qui est beaucoup plus complet. (*Assentiment.*)

M. Fischer de Waldheim. — M. Brands a proposé un vœu complémentaire sur la protection des animaux utiles et les mesures internationales propres à en assurer la conservation.

Voici la proposition faite par M. Brands :

« Les délégués des puissances coloniales présents à ce Congrès s'engagent mutuellement et envers les autres membres à insister auprès de leurs gouvernements respectifs afin que des mesures énergiques préservent les régions d'outre-mer de l'anéantissement de beaucoup d'espèces d'animaux utiles, rares ou intéressantes, en particulier d'oiseaux :

« a) Par l'introduction d'une loi de chasse énergique dans ces régions.

« b) Par l'établissement de « réserves » dans les régions où il est possible de le faire ou dans des îles non habitées où le territoire se prête à la « réserve », avec défense absolue d'y chasser.

« c) D'insister auprès de leurs autorités tant que la susdite loi de chasse sera en préparation :

« 1° Pour l'introduction de permis de chasse dans ces colonies ;

« 2° Pour qu'on y interdise l'exportation totale ou partielle des peaux d'animaux, surtout des oiseaux, sauf certaines espèces stipulées, ou dans l'intérêt de la science ; et, au cas où cette interdiction ne serait pas encore possible, pour qu'on impose fortement ces produits coloniaux. »

M. le Président. — Ce vœu est un complément de celui que le Congrès vient d'émettre. Je le mets aux voix.

(Le vœu est adopté.)

M. le Président fait connaître l'ordre du jour de la prochaine séance générale qui aura lieu demain matin, à 9 heures.

La première question inscrite est celle du régime des blés.

Aujourd'hui, à deux heures, excursion à Achères. Départ par train spécial.

(La séance est levée à 11 heures et demie.)

Conformément à la décision prise par le Congrès, on reproduit ici le projet de convention adopté par la Conférence internationale de 1895.

Projet de convention adopté par la Conférence internationale de Paris le 29 juin 1895.

Article premier. — Les oiseaux utiles à l'agriculture, spécialement les insectivores et notamment les oiseaux énumérés dans la liste n° 1 annexée à la présente convention, laquelle sera susceptible d'additions par la législation de chaque pays, jouiront d'une protection absolue, de façon qu'il soit interdit de les tuer en tout temps et de quelque manière que ce soit, d'en détruire les nids, œufs et couvées.

En attendant que ce résultat soit atteint partout, dans son ensemble, les Hautes Parties contractantes s'engagent à prendre ou à proposer à leurs législatures respectives les dispositions nécessaires pour assurer l'exécution des mesures comprises dans les articles ci-après :

ART. 2. — Il sera défendu d'enlever les nids, de prendre les œufs, de capturer et de détruire les couvées en tout temps et par des moyens quelconques.

L'importation et le transit, le transport, le colportage, la mise en vente, la vente et l'achat de ces nids, œufs et couvées, seront interdits.

Cette interdiction ne s'étendra pas à la destruction, par le propriétaire, usufruitier ou leur mandataire, des nids que des oiseaux auront construits dans ou contre les maisons d'habitations ou les bâtiments en général et dans l'intérieur des cours.

ART. 3. — Seront prohibés la pose et l'emploi des pièges, cages, filets, lacets, gluaux et de tous autres moyens quelconques ayant pour objet de faciliter la capture ou la destruction en masse des oiseaux.

ART. 4. — Dans le cas où les Hautes Parties contractantes ne se trouveraient pas en mesure d'appliquer immédiatement et dans leur intégralité les dispositions prohibitives de l'article qui précède, Elles pourront apporter des atténuations jugées nécessaires aux dites prohibitions, mais Elles s'engageront à restreindre l'emploi des méthodes, engins et moyens de capture et de destruction, de façon à parvenir à réaliser peu à peu les mesures de protection mentionnées dans l'article 3.

ART. 5. — Outre les défenses générales formulées à l'article 3, il est interdit de prendre ou de tuer, du 1er mars au 15 septembre de chaque année, les oiseaux quelconques, sauf les exceptions indiquées aux articles 8 et 9.

La vente et la mise en vente en seront interdites pendant la même période.

Les Hautes Parties contractantes s'engagent, dans la mesure où leur législation le permet, à prohiber l'entrée et le transit des dits oiseaux et leur transport du 1er mars au 15 septembre.

ART. 6. — Les autorités compétentes pourront accorder exceptionnellement aux propriétaires ou exploitants de vignobles, vergers et jardins, de pépinières, de champs plantés ou ensemencés, ainsi qu'aux agents préposés à leur surveillance, le droit temporaire de tirer à l'arme à feu sur les oiseaux dont la présence serait nuisible et causerait un réel dommage.

Il restera toutefois interdit de mettre en vente et de vendre les oiseaux tués dans ces conditions.

ART. 7. — Des exceptions aux dispositions de cette convention pourront être accordées dans un intérêt scientifique ou de repeuplement par les autorités compétentes, suivant les cas et en prenant toutes les précautions nécessaires pour éviter les abus.

Pourront encore être permises, avec les mêmes conditions de précaution, la capture, la vente et la détention des oiseaux destinés à être tenus en cage. Les permissions devront être accordées par les autorités compétentes.

ART. 8. — Les dispositions de la présente convention ne seront pas applicables aux oiseaux de basse-cour, ainsi qu'aux oiseaux « gibier » existant dans les chasses réservées et désignés comme tels par la législation du pays.

Partout ailleurs la destruction de ces oiseaux ne sera autorisée qu'au moyen des armes à feu et à des époques déterminées par la loi.

Les États contractants s'engagent à interdire la vente, le transport et le transit des oiseaux « gibier » dont la chasse est défendue sur leur territoire, durant la période de cette interdiction.

Art. 9. — Chacune des Parties contractantes pourra faire des exceptions aux dispositions de la présente convention :

1° Pour les oiseaux que la législation du pays permet de tirer ou de tuer comme étant nuisibles à la chasse ou à la pêche ;

2° Pour les oiseaux que la législation du pays aura désignés comme nuisibles à l'agriculture locale.

A défaut d'une liste officielle dressée par la législation du pays, l'article 9 sera appliqué aux oiseaux désignés dans la liste n° 2 annexée à la présente convention.

Art. 10. — Les Hautes Parties contractantes prendront les mesures propres à mettre leur législation en accord avec les dispositions de la présente convention dans un délai de trois ans à partir du jour fixé pour la mise en vigueur de la convention.

Art. 11. — Les Hautes Parties contractantes se communiqueront, par l'intermédiaire du gouvernement français, les lois et les décisions administratives qui auraient déjà été rendues ou qui viendraient à l'être dans leurs États, relativement à l'objet de la présente convention.

Art. 12. — Lorsque cela sera jugé nécessaire, les Hautes Parties contractantes se feront représenter à une réunion internationale chargée d'examiner les questions que soulève l'exécution de la convention et de proposer les modifications dont l'expérience aura démontré l'utilité.

Art. 13. — Les États qui n'ont pas pris part à la présente convention sont admis à y adhérer sur leur demande. Cette adhésion sera notifiée par la voie diplomatique au gouvernement de la République française et par celui-ci aux autres gouvernements signataires.

Art. 14. — La présente convention sera mise en vigueur dans un délai maximum d'un an à dater du jour de l'échange des ratifications.

Elle restera en vigueur indéfiniment entre toutes les puissances signataires. Dans le cas où l'une d'elles dénoncerait la convention, cette dénonciation n'aurait d'effet qu'à son égard et seulement une année après le jour où cette dénonciation aura été notifiée aux autres États contractants.

Art. 15. — La présente convention sera ratifiée, et les ratifications seront échangées à Paris dans le plus bref délai possible.

Déclaration.

Au moment de procéder à la signature de la convention conclue à la date de ce jour, les plénipotentiaires sont convenus de ce qui suit :

1° Il est entendu qu'il pourra être dérogé aux dispositions de la convention en ce qui concerne les œufs de vanneau et de mouettes ;

2° La durée de l'interdiction prévue à l'article 5 pourra être modifiée dans les pays septentrionaux.

3° Dans le deuxième paragraphe de l'article 8, lire : « oiseaux gibier », au lieu de : « oiseaux » ;

4° Dans le troisième paragraphe de l'article 8, au lieu de lire : « Les États contractants s'engagent », il faut lire : « Les États contractants sont invités » ;

5° Il est entendu que c'est le 2° de l'article 9 qui est appliqué aux oiseaux désignés dans la liste n° 2 visée par ledit article 9.

La présente déclaration sera ratifiée en même temps que la convention conclue à la date de ce jour et aura mêmes forces, valeur et durée.

Liste n° 1. — Oiseaux utiles.

RAPACES NOCTURNES :

Chevêches (*Athene*) et Chevêchettes (*Glaucidium*);
Chouettes (*Surnia*);
Hulottes ou chats-huants (*Syrnium*);
Effraie commune (*Strix flammea*, L.);
Hiboux brachyotes et Moyen-Duc (*Otus*);
Scops d'Aldrovande ou Petit-Duc (*Scops giu* Scop.).

GRIMPEURS :

Pics (*Picus, Gecinus*, etc.); toutes les espèces.

SYNDACTYLES :

Rollier ordinaire (*Coracias garrula*, L.);
Guêpiers (*Merops*).

PASSEREAUX ORDINAIRES :

Huppe vulgaire (*Upupa epops*);
Grimpereaux, Tichodromes et Sitelles (*Certhia, Tichodromus, Sitta*);
Martinets (*Cypselus*);
Engoulevents (*Caprimulgus*);
Rossignols (*Luscinia*);
Gorges-bleues (*Cyanecula*);
Rouges-queues (*Ruticilla*);
Rouges-gorges (*Rubecula*);
Traquets (*Pratincola* et *Saxicola*);
Accenteurs (*Accentor*);
Fauvettes de toutes sortes, telles que :
    Fauvettes ordinaires (*Sylvia*);
    Fauvettes babillardes (*Curruca*);
    Fauvettes ictérines (*Hypolaïs*);
    Fauvettes aquatiques, Rousserolles, Phragmites, Locustelles (*Acrocephalus, Calamodyta, Locustella*), etc.;
    Fauvettes cisticoles (*Cisticola*);
Pouillots (*Phylloscopus*);
Roitelets (*Regulus*) et Troglodytes (*Troglodytes*);
Mésanges de toutes sortes (*Parus, Panurus, Orites*, etc.);
Gobe-mouches (*Muscicapa*);
Hirondelles de toutes sortes (*Hirundo, Chelidon, Cotyle*);
Lavandières et Bergeronnettes (*Motacilla, Budytes*);
Pipits (*Anthus, Corydalla*);
Becs-croisés (*Loxia*);
Chardonnerets et Tarins (*Carduelis* et *Chrysomitris*);
Venturons et Serins (*Citrinella* et *Serinus*);
Étourneaux ordinaires et Martins (*Sturnus, Pastor*, etc.).

ÉCHASSIERS :

Cigognes blanche et noire (*Ciconia*).

Liste n° 2. — Oiseaux nuisibles.

RAPACES DIURNES :

Gypaète barbu (*Gypaetus barbatus*, L.);
Aigles (*Aquila, Nisaëtus*), toutes les espèces;

Pygargues (*Haliætus*), toutes les espèces;

Balbuzard fluviatile (*Pandion haliætus*);

Milans, Élanions et Nauclers (*Milvus, Elanus, Nauclerus*), toutes les espèces;

Faucons : Gerfauts, Pèlerins, Hobereaux, Émerillons (*Falco*), toutes les espèces,
à l'exception des Faucons kobez, cresserelle et cresserine;

Autour ordinaire (*Astur palumbarius*, L.);

Éperviers (*Accipiter*);

Busards (*Circus*).

RAPACES NOCTURNES :

Grand-Duc vulgaire (*Bubo maximus*, Flem.).

PASSEREAUX ORDINAIRES :

Grand corbeau (*Corvus corax*, L.);

Pie voleuse (*Pica rustica*, Scop.);

Geai glandivore (*Garrulus glandarius*. L.).

ÉCHASSIERS :

Hérons cendré et pourpré (*Ardea*);

Butors et Bihoreaux (*Bautorus* et *Nycticorax*).

PALMIPÈDES :

Pélicans (*Pelecanus*);

Cormorans (*Phalacrocorax* ou *Graculus*);

Harles (*Mergus*);

Plongeons (*Colymbus*).

SÉANCE DU MERCREDI 4 JUILLET

Présidence de M. JULES MÉLINE

La séance est ouverte à 9 heures.

M. TARDIT, *l'un des secrétaires*, donne lecture du procès-verbal de la séance d'hier. Le procès-verbal est adopté.

M. LE PRÉSIDENT. — Je suis certain d'être l'interprète de tous les membres du Congrès en vous proposant de voter des remerciements à l'administration de la Ville de Paris pour l'accueil si cordial qui a été fait aux membres du Congrès hier dans l'excursion d'Achères. Cette excursion a été dirigée d'une façon fort intéressante et fort instructive. Je me fais l'interprète de tous ceux qui ont assisté à l'excursion en exprimant notre reconnaissance à la Ville de Paris. (*Vifs applaudissements.*)

Les marchés de reproducteurs et les Syndicats d'élevage.

M. LE PRÉSIDENT. — Avant d'aborder la question qui sera l'objet de la discussion de ce matin, — la vente du blé, — et pour permettre à certains collègues d'arriver, nous vous demandons la permission de traiter une question qui prendra peu de temps : c'est celle relative aux marchés de reproducteurs et aux syndicats d'élevage.

Je donne la parole à M. Vacher, rapporteur.

M. MARCEL VACHER, *rapporteur*. — Messieurs, au nom de votre quatrième Section[1], j'ai l'honneur de présenter à votre adoption les vœux suivants :

« 1° La création de syndicats d'élevage s'impose, pour le développement progressif et judicieux de toutes les races pures.

« 2° Le premier devoir de ces syndicats est la création et la surveillance rigoureuse du livre généalogique, sans lequel aucune sélection méthodique ne peut se poursuivre.

« 3° La création de marchés-concours doit être encouragée pour chaque race pure, les éleveurs ayant ainsi l'occasion précieuse de renouveler leurs reproducteurs et, d'un autre côté, celle d'écouler les produits.

« 4° La propagande par les conférences, l'image, le livre doit être recommandée. »

Ce vœu est conforme au sentiment exprimé par M. le président Méline dans son discours d'ouverture. Il regrettait que l'agriculture ne fût pas organisée pour la vente comme elle devrait l'être. Cette préoccupation est celle de tous les éleveurs, pour ne pas dire de tous les agriculteurs du monde. Nous en avons eu la preuve à la quatrième Section dans les déclarations faites par les étrangers qui ont pris part à la discussion, et plus particulièrement par un des délégués belges.

Il est certain qu'à l'heure actuelle, l'élevage a besoin d'être stimulé non seulement pour la production, mais surtout pour la vente de ses produits. C'est un point essentiel. Nous aurons très rapidement fait augmenter la production, mais, alors, serons-nous organisés pour vendre ?

Cette question n'intéresse pas seulement l'élevage puisque vous allez l'aborder en ce qui concerne la vente du blé; mais vous aurez là des difficultés bien plus grandes que pour l'organisation de la vente des produits de l'élevage. Le blé fait l'objet d'une spéculation énorme, cette spéculation ne peut pas être la même sur les produits de l'élevage. Nous avons donc pensé qu'en organisant des associations d'éleveurs sous forme de syndicats pour la vente de leurs produits, nous arriverions à développer cette vente et à lutter contre la concurrence.

Pour cette organisation, nous n'avons qu'à nous servir de la loi de 1884; cette loi est malléable par excellence et peut se prêter à toutes les situations. Mais je ne saurais trop insister sur ce point, c'est qu'il ne peut y avoir de syndicats d'élevage s'il n'y a pas de livre généalogique. A côté du « Stud-book » pour les chevaux, il nous faut le « Herd-book » pour les bœufs et le « Flock-book » pour les moutons. Alors nous serons armés pour tenir tête à toute concurrence.

Il est indiscutable que plus nous allons, plus l'acheteur, qu'il appartienne au pays ou qu'il soit étranger, exige ce qu'on appelle les papiers pour les animaux. Les animaux qui en sont privés perdent par là, surtout pour l'exportation, une grosse part de leur valeur.

Donc, en conséquence, à la base de toute organisation : constitution de syndicats, institution de livre généalogique.

---

1. Voir plus haut. p. 193.

Ce n'est pas tout, il faut encore favoriser la vente des produits. Le seul moyen, c'est la création et l'encouragement par les pouvoirs publics et les associations locales des marchés-concours. C'est que, dans les marchés-concours, non seulement on présente l'élite des animaux, mais cette élite est également sélectionnée par le jury; l'acheteur profite de cette sélection; il achète presque à coup sûr et même à des prix moindres, car le concours crée une sorte de concurrence qui nivelle les prix, pour ainsi dire.

Déjà des marchés semblables sont installés en Allemagne, en particulier à Clèves; il en est de même en Suisse. Les Suisses ont organisé des syndicats d'élevage nombreux et des fédérations de syndicats, les syndicats n'étant pas toujours suffisants pour se défendre par eux-mêmes; c'est ainsi que se sont constituées, dans ce pays, une grande fédération pour les races brunes et une grande fédération pour les races tachetées.

Je dois reconnaître qu'en France, depuis plusieurs années, particulièrement depuis 1867, grâce à un homme auquel tous les éleveurs seront heureux d'accorder un souvenir, le comte de Bouillé, on a créé à Nevers aussi bien qu'à Moulins des marchés-concours pour la race charolaise; ces marchés ont donné les meilleurs résultats. On en a créé également à Limoges, pour la race limousine.

Je dis que les pouvoirs publics doivent venir en aide aux associations qui tendent à créer des marchés-concours, et qu'ils ne peuvent rester indifférents à l'évolution qui se prépare dans ce sens.

Je ne m'étendrai pas plus longuement sur ce point. À l'heure actuelle, nous sentons de plus en plus le besoin de nous réunir, de nous associer. Ce besoin d'association est surtout utile au petit éleveur, qui est fort intéressant en ce sens qu'il lutte plus difficilement que le grand éleveur, lequel a des moyens de réclame, de propagande et d'instruction plus grands que lui. A un moment donné, nous pourrions le voir tellement isolé qu'il serait écrasé par la concurrence.

Il faut donc élargir la base syndicale en vue de la vente commerciale de nos produits; c'est pourquoi nous vous demandons d'émettre un vœu favorable aux décisions de la quatrième Section pour l'organisation commerciale de l'élevage en France et à l'étranger, afin de codifier pour ainsi dire notre élevage par le livre généalogique et de réunir tous nos efforts pour la vente de nos produits, pour nous renseigner sur l'état du marché et agir suivant ses exigences. (*Applaudissements.*)

M. LE PRÉSIDENT. — Personne ne demande la parole sur la proposition si bien exposée par M. Vacher? Il y a là une application du grand principe que nous cherchons à réaliser dans toutes les branches de la production agricole : l'organisation commerciale. La proposition est digne d'intérêt et d'attention.

(M. le Président donne à nouveau lecture des vœux qui sont adoptés.)

L'organisation commerciale de la vente du blé.

M. LE PRÉSIDENT. — Nous arrivons à l'importante question de la vente du blé, qui a fait l'objet d'un grand nombre de vœux de votre première Section[1]. Je vais en donner lecture. Je donnerai ensuite la parole aux orateurs qui sont inscrits.

La Section propose :

« 1° D'organiser la vente du blé de manière à assurer aux agriculteurs un prix rémunérateur et de créer à cet effet des sociétés coopératives ayant une existence

1. Voir plus haut, p. 66.

distincte de celle des syndicats agricoles ou unions de syndicats, mais constituées sous les auspices de ces syndicats ;

« 2° D'établir le mode de fonctionnement de ces sociétés sur les bases suivantes :

« *a*) Achat contre paiements d'acomptes avec règlement définitif au prix moyen des ventes effectuées dans l'année;

« *b*) Achat ferme au cours du jour pour le compte des sociétés ;

« *c*) Vente en qualité d'intermédiaires pour le compte individuel de l'associé moyennant une commission avec facilité de faire une avance sur le prix et d'en garantir le paiement par voie de warrantage ;

« 3° De favoriser l'établissement par ces sociétés coopératives de greniers ruraux et de magasins régionaux destinés à emmagasiner, conserver, soigner, mélanger les blés et les classer, suivant les types adoptés, placés notamment dans les gares de chemin de fer des centres de production, à proximité des canaux et, s'il est possible, à proximité des magasins militaires ;

« 4° D'apporter à la législation française les modifications nécessaires pour que les Caisses régionales de crédit agricole établies par la loi du 31 mars 1899 et les Caisses locales puissent avancer aux sociétés coopératives les fonds nécessaires pour établir ces greniers et ces magasins ;

« 5° De créer dans chaque centre important désigné par le Conseil général du département, une commission chargée de constater le cours des céréales; de constituer cette commission de trois membres désignés, l'un par les associations agricoles, l'autre par la Chambre ou le Tribunal de commerce, et le troisième par le Conseil municipal ; de publier chaque semaine, au *Journal officiel*, les cours ainsi constatés ;

« 6° De donner au Comité permanent du Congrès mandat de poursuivre la constitution d'une commission internationale dont les membres seraient désignés par les grandes associations agricoles et qui serait chargée de centraliser les cours des céréales dans les différents pays et de les publier ;

« 7° De solliciter du gouvernement la publication en temps utiles de statistiques et renseignements propres à éclairer les agriculteurs sur la production du blé, l'état des récoltes, les cours, dans chaque région et dans chaque pays. »

Tel est, messieurs, l'ensemble des résolutions très importantes sur lesquelles vous allez être appelés à délibérer. Nous les examinerons les unes après les autres. Auparavant, je crois à propos d'ouvrir une discussion générale sur l'ensemble du sujet.

Je donne la parole à M. le président Paisant, l'initiateur du Congrès de Versailles.

M. Paisant. — Je n'ai pas l'intention de faire l'exposé complet des sept propositions qui vous sont présentées : ce sera l'objet des explications qui vont être données. Ce que je tiens à dire en ce moment, c'est le caractère réel de l'œuvre commencée au Congrès de Versailles.

Il faut combattre un préjugé qui s'est répandu à cet égard et qui serait de nature à nuire au développement des institutions que nous cherchons à créer : c'est que nous aurions voulu constituer une sorte de « trust d'accaparement ». Rien de semblable n'est entré dans nos idées et il suffirait qu'une pareille erreur se propageât pour que nous devinssions impopulaires et que nous ne pussions arriver à aucune solution.

Vous savez la différence qu'il y a entre le « trust » et les associations que nous voulons établir. Le trust, c'est l'association, parfois momentanée, entre les détenteurs d'un produit qui s'entendent pour ne le vendre que quand il est arrivé à un taux déterminé. Ce n'est pas ce que nous voulons : nous voulons régulariser l'offre et les prix.

Dans l'état actuel du marché, les offres sont nombreuses; elles ne sont pas en quelque sorte l'effet naturel des besoins d'un marché; elles sont faites sous l'influence de marchés qui ont été passés à l'avance entre les boulangers et les meuniers. Elles sont faites de manière telle qu'étant constamment multipliées, elles donnent l'illusion d'une surproduction énorme qui s'étend sur tous les pays et elles tendent toujours à amener un affaiblissement des cours.

Quant aux prix, il en est de même. Nous n'avons aucune organisation pour la fixation des prix. Qui est-ce qui détermine le prix des céréales en France? C'est le cours pratiqué au marché dit « de Paris ». Nous aurons à discuter les inconvénients qu'il y aurait à maintenir ou à ne pas surveiller ce marché de Paris. Il n'en est pas moins vrai que ce marché est dominant pour la fixation des prix. Il suffit d'avoir fréquenté un marché, d'avoir vendu son blé pour savoir comment les choses se passent.

J'ai eu l'occasion d'aller vendre mon blé au marché; je sais comment cela se passe. Quand je suis arrivé avec mes échantillons qui avaient été préparés par mon régisseur, car je ne connaissais pas la qualité du blé que j'offrais (je dois le dire franchement), avant de faire un prix, on me disait : « Attendez, nous allons recevoir les cours ». Je trouve extraordinaire que dans un petit canton on attende d'avoir reçu de Paris les prix pour fixer les cours; et aussitôt qu'on recevait le télégramme, le prix du blé était toujours en baisse. Nous étions obligés d'en passer par là. Qui est-ce qui avait fait le prix? Uniquement la spéculation, cette spéculation inutile et dangereuse pour le commerce du blé.

Notre but est de réaliser les offres et d'arriver à la fixation exacte des prix. Ce n'est pas un commerce que nous voulons organiser : nous voulons prendre les procédés commerciaux, mais non nous transformer en commerçants. Cela se comprend. On doit souhaiter que les syndicats professionnels aient la main sur les sociétés coopératives qu'il s'agit de créer, que leur influence se fasse toujours sentir, non pas qu'on crée des organismes qui deviendraient des centres commerciaux et qui en auraient tous les inconvénients. Car, abandonnés à eux-mêmes, ce seraient de petits centres locaux dans lesquels on ne ferait que de la spéculation très nuisible aux intérêts agricoles.

Quels seront les résultats de notre tentative? Nous l'ignorons. Si nous réunissons des bonnes volontés et que nous puissions démontrer que c'est l'intérêt de l'agriculture que nous défendons, nous sommes sûrs d'arriver au succès. Vous savez quel a été le succès des syndicats d'achat : c'est la même question renversée. Les cultivateurs, une fois convaincus qu'en se réunissant ils trouveraient de grands avantages pour la qualité et le prix des engrais, n'ont pas hésité. Il en sera de même quand on aura démontré que c'est leur intérêt de venir à nous. Je crois que ce sera fait plus vite que nous ne pouvons l'espérer. C'est un problème un peu mystérieux comme tout ce qui n'a pas reçu la sanction de l'expérience. Mais j'ai lieu de croire que nous rencontrerons le même élan que celui qui s'est produit lors de la création des syndicats d'achat. J'en ai pour garant ce qui s'est déjà produit. Vous entendrez le récit de M. le Président d'un des syndicats qui se sont créés avant qu'il fût question d'organiser le commerce du blé entre nous. Vous verrez les résultats admirables qu'il a pu obtenir et quand vous aurez entendu M. le Président du Syndicat libre de Périgueux, vous serez convaincus que la tentative est réalisable.

Des délibérations de Versailles nous avons voulu voir sortir une organisation permanente et nous espérons pouvoir ainsi créer cette institution dans laquelle seront appelées toutes les bonnes volontés et toutes les compétences. Nous aurons ainsi donné à notre œuvre son véritable couronnement. (*Applaudissements.*)

M. LE PRÉSIDENT. — La parole est à M. Legrand, sénateur.

M. LEGRAND. — Messieurs, vous venez d'entendre les vœux qui ont été lus par M. le Président. Je n'aurais presque rien à y ajouter si je n'avais à vous rendre compte très succinctement de ce qui s'est passé au Congrès de Versailles dans la section que j'avais l'honneur de présider et de laquelle sont émanés les vœux que la première Section de votre Congrès a adoptés après les avoir légèrement modifiés.

Je ne veux que vous indiquer les grandes lignes et l'idée directrice des résolutions du Congrès. La principale préoccupation a été celle-ci : De quoi se plaignent les cultivateurs? De ne pas vendre. Que faut-il faire pour remédier à ce mal? Il faut s'organiser d'une certaine façon pour arriver à une vente en commun du blé, de manière à se défendre contre la spéculation.

Quel sera le moyen? Il a semblé au Congrès de Versailles et à votre première Section que les sociétés coopératives étaient l'instrument nécessaire pour réaliser la vente en commun du blé. Ces sociétés coopératives, selon la formule de la résolution proposée, ce ne seront point les syndicats qui les constitueront; elles en seront distinctes. On a jugé qu'il fallait laisser aux syndicats leur action plus générale, plus étendue, plus indépendante; les syndicats ne sont pas institués pour faire le commerce, les opérations de vente; ils sont faits pour étudier, pour donner des conseils, pour organiser s'il y a lieu, et c'est par l'initiative des syndicats qu'on croit devoir organiser les sociétés coopératives de vente.

Je tiens à dire qu'en ce moment la vente du blé peut être influencée par d'autres causes, sans parler des autres questions, car je ne m'occupe que de l'organisation de la vente par des sociétés coopératives. Il y a bien autre chose à dire sur la question, mais je veux me cantonner dans ce qui a fait l'objet des travaux du Congrès de Versailles et de votre première Section.

Nous supposons donc des sociétés constituées sous les auspices des syndicats : Comment fonctionneront-elles? On a pensé qu'il fallait leur laisser une certaine liberté, ne point les astreindre à un mode unique de vente et on a proposé, sous des formules qu'on vous a lues tout à l'heure, trois modes d'opérer la vente par les sociétés coopératives.

1° Achat contre paiement d'acomptes, avec règlement définitif ultérieur. — Cela suppose que le cultivateur porte son blé à la société coopérative, le lui vend ferme et, s'il a besoin d'argent, ce qui est probable, reçoit une partie de son prix au moment où il vend, au gré des conventions qui interviendront avec chacun des cultivateurs individuellement. A la fin de l'année, ou à un autre moment, il reçoit le complément du prix qui lui appartient, lequel prix est fixé selon la moyenne des ventes de la société. Si des bénéfices sont acquis à la société coopérative, ces bénéfices sont en outre partagés comme dans toutes les sociétés coopératives entre les associés, au prorata des quantités de blé qu'ils ont apportées pour les vendre.

Voilà le premier mode : c'est celui que votre Section unanimement a recommandé comme étant le préférable. Mais elle n'a point voulu exclure les autres qui peuvent, dans certaines régions, mieux convenir aux agriculteurs.

2° Achat ferme au cours du jour pour le compte des sociétés.

Vous voyez la différence : la vente est ferme, définitive au profit des agriculteurs le prix est déterminé au cours du jour : c'est une opération finie. Il reste à la société à se débarrasser de son blé, à vendre, à placer la marchandise qu'elle a achetée.

3° Le troisième système a été trouvé généralement beaucoup moins à recommander, mais il peut convenir à de petits cultivateurs qui ne voudraient point (on trouvera encore longtemps sans doute des préjugés à vaincre) se séparer de leur blé, qui auront l'intention, le désir de lui conserver sa valeur spécifique, spéciale, qui ne voudront point s'en dessaisir. Pour ces petits cultivateurs qui peuvent avoir besoin d'argent, le troisième mode à employer serait le suivant : vente par la société, en qualité d'intermédiaire, pour le compte individuel de l'associé, moyennant une commission, avec faculté de faire des avances sur le prix et d'en garantir le paiement par voie de warrantage. L'opération est un peu compliquée : permettez-moi de ne pas entrer dans les détails; elle est possible, puisque la loi l'autorise. Le cultivateur conservera son blé, on lui donnera un warrant. L'opération se suivra par l'intermédiaire de la société coopérative.

On a pu craindre qu'il y eût un antagonisme entre le petit et le gros cultivateur. Je représente un département de grande culture : le département de Seine-et-Oise; dans beaucoup d'autres la petite culture joue un grand rôle. L'antagonisme ne peut pas exister. Il est de l'intérêt aussi bien du grand que du petit cultivateur que la vente s'organise de cette façon. Le grand cultivateur a un intérêt considérable à ce que le petit cultivateur, après la récolte, ne vienne pas jeter son blé sur la place et affaiblir les cours : la société coopérative de vente facilitera le moyen d'empêcher cet avilissement des cours. Le petit cultivateur a le même intérêt, en sens inverse, à ce que le grand cultivateur maintienne l'élévation des prix pour vendre avantageusement à la coopérative son petit lot de blé.

Je passe aux moyens d'organisation.

Que faut-il pour que la coopérative fonctionne d'une façon utile? Il faut, selon nous, — c'est un desideratum, il ne sera pas réalisé immédiatement, — que les magasins de blé, greniers, silos, comme on voudra les appeler, soient organisés par l'intermédiaire des coopératives. Ces magasins, je n'ai pas besoin de dire à quel usage ils serviront. On y serrera le blé, on le conservera, on le mélangera pour faire des lots marchands pouvant convenir aux acquéreurs. On pourra vendre par grandes quantités. Les coopératives pourront prendre part aux adjudications. Je n'entre pas autrement dans les développements.

Mais tout ne sera pas fait le jour où on aura voulu créer des magasins : il faudra trouver les ressources nécessaires; il y a une question d'argent qui intervient, sur laquelle vous recevrez de M. Courtin des explications plus techniques, car je ne veux que vous esquisser les grandes lignes des résolutions prises par le Congrès de Versailles.

Nous pensons que les coopératives devront, dans un délai plus ou moins long, créer ces magasins et que le législateur devra leur donner le moyen de bénéficier des avantages de la loi sur les Caisses régionales de crédit agricole. Aussi, dans la formule du vœu, nous avons estimé qu'il y avait lieu de demander au législateur des modifications à la loi, permettant aux Caisses régionales de faire aux coopératives ou autres sociétés locales les avances nécessaires pour la création de ces silos, greniers, magasins.

Et puis, allons plus loin, toujours dans l'exécution. Nous nous rendons très bien compte que des résolutions votées dans un Congrès sont un peu théoriques et qu'il ne suffit pas de les prendre : il faut les exécuter. On n'a pas la prétention, dans un congrès, de résoudre pratiquement des détails d'exécution. Nous avons estimé qu'il était nécessaire, pour mettre en action les résolutions prises, de créer un organe, une commission permanente. Cette commission permanente, elle a été composée provisoirement, M. le président Paisant le disait tout à l'heure; elle devra se compléter dans des conditions déterminées de façon à organiser le mécanisme qu'indiquent les résolutions prises, de manière à provoquer l'action des syndicats, la création des sociétés coopératives, à faire de la propagande, etc.

Enfin, allant au delà, comme il faut, pour que les coopératives fassent des opérations sages, qu'elles soient renseignées d'une façon exacte sur le cours du blé, sur la production, sur l'état des récoltes, nous avons jugé qu'il fallait inviter le gouvernement — c'est une formule, je crois qu'elle peut être suivie d'effet, — à publier des statistiques exactes en temps utile de façon à renseigner sur le cours du blé, l'état de la récolte, non seulement en France mais dans les pays étrangers. Nous nous sommes rencontrés avec nos collègues étrangers qui ont eux-mêmes formulé un vœu, auquel nous nous sommes associés. Nous désirons qu'une entente internationale intervienne pour qu'à côté du comité permanent français, qui serait tout à fait indépendant, il y ait une commission internationale qui aurait une mission analogue.

Je me permets de remercier nos collègues étrangers qui sont venus à Versailles et ici nous apporter le concours de leurs lumières. Ils ont démontré que si les peuples, comme les individus, ont quelquefois des intérêts opposés, ils ont aussi des intérêts similaires. Je n'ai pas besoin de faire davantage allusion à des événements tragiques, que nous déplorons en commun, pour démontrer la nécessité de ces sentiments de solidarité entre les nations. (*Vifs applaudissements.*)

M. LE PRÉSIDENT. — Je donne la parole à M. Courtin.

M. COURTIN. — Messieurs, après l'exposé que vient de faire M. le sénateur Legrand, je ne veux pas abuser de vos moments. Je veux seulement vous demander la permission, comme rapporteur au Congrès de Versailles, de préciser quelques points.

Nous avons d'abord pensé qu'il était nécessaire d'organiser la vente du blé parce que nous croyons que l'une des causes les plus importantes de la mévente est la spéculation faite sur le blé. Je ne veux pas dire que la spéculation soit toujours nuisible. Lorsqu'elle agit comme les économistes la voient agir, c'est-à-dire qu'elle sert à régulariser les cours en achetant au moment où le blé baisse pour revendre quand il monte ou qu'elle fait l'opération contraire, elle a une action très légitime et utile à tout le monde. Mais ce n'est pas ainsi que nous l'avons vue agir dans ces dernières années. Elle a au contraire, au moment où le blé baissait, accentué les cours de baisse et, dans des circonstances que vous vous rappelez, lorsque les agriculteurs se sont trouvés un peu démunis de blé, elle a fait monter les cours à des prix tels qu'on a dû diminuer les droits de douane et vous savez les conséquences qu'a eues cet acte nécessaire, mais malheureux.

Pourquoi la spéculation a-t-elle pu agir ainsi? Cela tient, avons-nous cru, à une situation générale mauvaise de l'agriculture. Les spéculateurs se sont trouvés en face de gens qui avaient un besoin absolu d'argent, besoin d'autant plus grand que les progrès de l'agriculture ont été plus rapides et que de jour en jour elle exige plus de fonds. Les spéculateurs se trouvaient donc, possédant de gros capitaux, en présence de gens qui étaient obligés de vendre, et ils avaient toute facilité pour forcer les cours à la baisse lorsqu'ils le désiraient; en refusant d'acheter, ils savaient bien que les agriculteurs ayant besoin de capitaux seraient obligés d'en passer par les prix qu'ils leur imposeraient.

Nous avons pensé que ce qu'il y aurait de mieux pour éviter cette situation déplorable serait que les cultivateurs, au moment où les greniers sont pleins, où toute la récolte est prête à être vendue, ne soient pas obligés de vendre immédiatement ou du moins trouvent à bon compte l'argent qui leur est nécessaire.

En second lieu, il est indispensable que les cultivateurs aient tous les renseignements, non seulement sur les cours du blé en France, mais aussi sur les cours du blé à l'étranger. Un de nos collègues étrangers est venu nous dire à la Section ces jours-ci, avec juste raison : Si, sur ces questions, ne se crée pas une entente internationale, chaque peuple aura beaucoup de difficultés à s'en tirer, parce que le marché du blé ne se fait pas dans le pays même, il se fait dans le monde entier. Ce n'est pas le marché de Paris ou le marché de Berlin seul qui règle les cours. Si vous avez le moyen d'arrêter la spéculation, de régulariser les cours à Berlin, mais qu'à Vienne ou à New-York ces cours soient bouleversés, les bonnes mesures qui auront été prises dans un pays n'auront qu'une application très modérée parce que le blé a cours sur le monde entier.

Il faut donc que les cultivateurs soient très bien renseignés.

J'insiste sur ce point, parce que je crois qu'il serait très dangereux, très difficile pour n'importe quelle association, même pour les syndicats qui sont si puissants, de venir sans renseignements précis dire aux cultivateurs : Conservez votre blé ou bien vendez-le. Ce serait un danger très grand, une responsabilité inacceptable, si l'on n'avait pas les renseignements les plus nets.

Enfin, il est un troisième point : c'est que les producteurs doivent se rapprocher le plus possible des consommateurs et supprimer les intermédiaires inutiles. Il est bien certain que nous ne voulons pas demander la suppression de tous les intermédiaires, une telle suppression ne peut venir à l'idée de personne. Les intermédiaires sont quelquefois très utiles aux producteurs et aux consommateurs. Cependant, et surtout dans les pays de petite culture, il est des intermédiaires qui sont absolument superflus et qui, quelquefois même, sont des prêteurs d'argent très dangereux pour les cultivateurs. C'est pourquoi nous vous préconisons la création de sociétés coopératives.

Quelqu'un avait pensé qu'il suffirait de créer ces sociétés sans aller jusqu'à la constitution assez délicate des greniers ou magasins communs. Mais la difficulté provient de ce que si la coopérative reste simplement un intermédiaire, elle devra se renseigner chez les cultivateurs eux-mêmes pour savoir s'il y a telle quantité de blé chez l'un, s'il y a chez l'autre un lot qui pourrait convenir à tel marchand. Les difficultés seront très grandes pour se tenir au courant des quantités disponibles chez les cultivateurs; il faudra des déplacements continuels et coûteux.

Quant à demander aux cultivateurs de venir à la coopérative déclarer la quantité de blé qu'ils ont à vendre, vous savez quelles difficultés considérables ce système créerait. Tous ceux d'entre vous qui font partie de syndicats savent combien peu les cultivateurs sont disposés à venir dire ce qu'ils ont en grenier ou même à faire à l'avance les commandes d'engrais qui leur sont nécessaires. C'est toujours au dernier moment qu'ils viennent dire : « J'ai besoin tout de suite d'engrais pour faire mon blé ». Quand on leur dit : « Prévenez-nous donc d'avance, ce sera plus commode, » on ne peut y réussir. Nous avons craint que si nous établissions des coopératives en demandant aux cultivateurs de venir indiquer leurs disponibilités de blé, nous n'arriverions qu'à un résultat très médiocre.

Nous avons donc reconnu la nécessité d'avoir des greniers communs. Nous y avons été amenés par cette autre idée que si nous voulons nous rapprocher des consommateurs, vendre plus directement notre blé, supprimer certains intermédiaires, il faut que nous rendions aux consommateurs les services que ces intermédiaires leur rendent à l'heure actuelle, sinon cette suppression est impossible.

Que font, à l'heure actuelle, les petits acheteurs de grains? Ils vont dans chaque ferme, ils achètent des lots de peu d'importance ; mais ils les réunissent dans leurs magasins, ils les nettoient, les trient, les conservent et les mélangent pour en faire des lots tels que les consommateurs les demandent.

Si nous voulons, surtout pour la petite culture où les lots de blé ne sont pas considérables, — la grande culture est dans des conditions particulières, — si nous voulons arriver à un résultat, il est nécessaire de mélanger ces grains et d'avoir des lots tels que le commerce les réclame, sinon nous resterons toujours dans la situation où se trouve le petit cultivateur. Il présentera un petit lot qui ne sera pas pareil à celui de son voisin, et le meunier qui pourrait l'acheter lui dira : « Pour votre petit lot je suis obligé de faire des frais particuliers ; il n'est pas assez important et, par conséquent, je ne puis pas le payer même au prix du cours ».

Nous avons été ainsi amenés à la création de greniers ou magasins communs dans lesquels seraient faites les opérations actuellement exécutées par les intermédiaires que nous voulons remplacer.

Je ne veux pas rentrer dans les détails que vient de donner M. Legrand, je voudrais répondre à une objection que j'entendais faire tout à l'heure pendant que M. Legrand parlait : « C'est une organisation très compliquée, très coûteuse, qui va grever de frais considérables le blé qui sera mis dans ces magasins. » — Ici je ne puis que vous donner les chiffres que j'ai réunis ; c'est en Allemagne que j'ai été les prendre, dans ces « Kornhäuser » qui ont réussi en tant d'endroits différents.

Le Dr Wigotzensky, dans un rapport à l'Union des sociétés coopératives de la Prusse Rhénane, dit qu'un grenier genre *elevator* américain qui pourrait contenir ensemble 2500 quintaux de grains coûte 8000 marks, 10000 francs. Il estime que dans le courant de l'année, il pourrait y passer 50 000 quintaux de blé ; l'entretien et l'amortissement s'élèveraient à 1740 francs, les frais commerciaux à 1440 francs, soit au total environ 3500 francs qui, pour 50000 quintaux, représentent la dépense de 7 centimes par quintal.

Je ne crois pas que ce soit une somme exagérée. Si pour 7 centimes nous arrivions à supprimer d'abord les frais de conservation de chaque cultivateur dans son grenier particulier, qu'il ne faut pas oublier et qui sont assez élevés, et enfin aussi 25 centimes de courtage que nous prennent les petits marchands, nous aurions encore réalisé un assez joli bénéfice. Et, si nous prenions la quantité de blé actuellement produite en France, en supposant que nous économisions seulement 25 centimes par quintal de blé, à résister aux spéculations, sur la totalité de la production nous arriverions à 30 millions de francs.

Vous voyez que, si en la prenant en particulier, cette idée semble ne pas pouvoir donner de résultats, elle aurait, étant généralisée dans toute la France, des résultats très appréciables : et nous aurions pu, par l'association, arriver à faire de l'impuissance de chacun des petits cultivateurs, la puissance de tous. (*Applaudissements.*)

M. LE PRÉSIDENT. — La parole est à M. le comte de Marcillac.

M. le comte DE MARCILLAC, *vice-président du Syndicat des agriculteurs du Périgord*. — Messieurs, je m'excuse de prendre la parole après des orateurs aussi distingués ; vous me permettrez cependant, comme vice-président du Syndicat libre des agriculteurs du Périgord pour l'arrondissement de Sarlat, de vous exposer le fonctionnement de notre association qui n'existe que depuis un an, mais qui nous a donné déjà des gages certains de succès.

Il existait en Dordogne une seule Société d'agriculture fondée en 1809 sur les bases des anciennes Sociétés d'agriculture.

En 1886, après le vote de la loi de 1884, cette Société fonda une filiale, le Syndicat libre des agriculteurs du Périgord, qui passa par toutes les phases d'expérience des syndicats agricoles. Il organisa l'achat et la vente des produits des cultivateurs et des denrées dont ils avaient besoin. Naturellement cette organisation échoua comme elle échoue dans toutes ces circonstances, parce que le syndicat n'est pas fait pour avoir une organisation commerciale, il a un but plus élevé. (*Très bien! très bien!*)

Au commencement de l'année dernière, convaincu qu'il était impossible de maintenir le syndicat dans cette voie et de le voir prospérer, notre directeur des services commerciaux, M. Dudoignon-Valade, eut l'idée de fonder une Coopérative agricole; les bases en furent jetées, et dès le 1er juillet 1899, la Coopérative agricole du Périgord commençait à fonctionner.

Cette année, au 1er avril, une Caisse de crédit rural était fondée également. Notre département n'est pas, malheureusement, à la tête du mouvement syndical, tout au moins jusqu'à présent; vous voyez que cependant la formation de ces diverses sociétés a été très rapide.

Quels sont les résultats obtenus?

Évidemment, pour une première année d'exercice, il n'est pas facile de donner des chiffres précis. Pourtant nous pouvons dire que la Coopérative agricole du Périgord, qui vient de terminer son premier exercice social, il y a trois jours, a fait de 600 000 à 700 000 francs d'affaires, dont 125 000 environ pour le blé, bien que nous ne soyons pas dans un pays producteur de froment; mais comme notre département a été classé avec le n° 1, il y a eu des excédents et nous avons dû chercher des débouchés; nous en avons trouvé sur Marseille, et nous avons pu écouler de la sorte la production de nombreux adhérents.

Pour ma part, dans le groupe de Terrasson, dont j'ai l'honneur d'être le président, j'ai pu soutenir le marché des blés et même le relever pendant un mois, de 50 centimes, sans en acheter un seul sac, et par le fait qu'il y avait dans le canton un groupe syndical; dans la salle de réunion était affiché un avis de la Coopérative annonçant qu'elle était acheteuse de blé au prix de.... en gare de Terrasson; comme ce prix était supérieur au prix offert sur le marché, nous avons empêché les cours de s'effondrer, nous les avons maintenus et même relevés.

Que nous reste-t-il à faire?

Nous avons pour but la formation de débouchés locaux. Le premier acte de la Coopérative du Périgord a été la constitution d'un dépôt à Périgueux, aussi bien pour emmagasiner les denrées offertes aux cultivateurs que celles qu'ils pouvaient offrir à la vente.

Mais il ne s'agit pas seulement de vendre le blé, il y a un autre produit qui, chez nous, est très important, c'est le vin. Ceci ne touche pas directement au programme du Congrès; cependant il y a un intérêt considérable à envisager d'une manière générale toutes les questions qui touchent à la culture, parce qu'on peut arriver, par l'échange entre les pays producteurs de blé et les pays non producteurs, mais consommateurs, à créer des débouchés. C'est ce que nous faisons, et c'est ainsi que nous répondons à une objection qui nous a été souvent faite, à savoir que nous voulons accaparer le marché du blé, que nous voulons faire monter le blé à des prix onéreux pour la consommation. En Périgord, nous sommes à la fois producteurs et consommateurs : lorsque la récolte de blé est très bonne, nous sommes exportateurs, mais il arrive, à l'inverse, que dans certaines années, nous sommes importateurs. La Coopérative, vous le voyez, peut exercer l'action du volant d'une machine, en ce sens qu'elle régularise le marché, et que, les années où le blé se trouve dépasser le prix normal, elle peut en ramener également le cours à un taux rationnel, de manière à empêcher aussi bien la hausse exagérée que la baisse exagérée.

Pour la vente proprement dite, la Coopérative a fait cette année un marché ferme avec une maison du Midi, et achète ferme aux cultivateurs, jusqu'à épuisement de son marché. Plus tard, nous avons l'intention d'organiser la vente sur une échelle plus grande. La Coopérative pourra être acquéreur ferme, alors même qu'elle n'aurait pas de débouchés; en outre, elle pourra, à côté de son service d'achat direct, organiser un service de warrantage, grâce à la Caisse de crédit agricole qui est juxtaposée aux sociétés coopératives et syndicales.

Voici quel est le principe de l'organisation de notre société. Le groupe local, qu'il soit syndicat indépendant ou qu'il dépende du syndicat départemental, crée à côté de lui un dépôt dépendant du service de la Coopérative; il est à même d'appliquer sur place les caisses d'assurances contre la mortalité du bétail, les caisses de crédit, etc.; le comité de ce groupe est à même d'étudier les besoins locaux et d'apprécier d'une manière plus sûre que le syndicat départemental quelles sont les disponibilités des cultivateurs.

Au-dessus de ce groupe, nous avons en Dordogne le groupe départemental. Cette organisation peut s'appliquer à peu près à toutes les régions : on pourra n'avoir qu'un syndicat d'arrondissement au lieu d'un syndicat départemental. Nous avons, quant à nous, fait abstraction des limites administratives, souvent archaïques, qui ne répondent pas aux facilités de communication.

Le groupe départemental a un rôle beaucoup plus élevé et un dépôt plus important, qui permettrait d'emmagasiner des quantités de blé plus considérables; en même temps, il peut faire du warrantage sur une plus grande échelle; il répond donc au magasin général dont on a parlé dans la Section.

À Périgueux, nous avons pensé à organiser, dès cette année, une Caisse de crédit régionale. Elle est indispensable pour faciliter les services de la Coopérative, surtout si, comme le demandait M. le sénateur Legrand, on donnait des pouvoirs plus étendus aux caisses régionales.

Il est un autre rouage essentiel pour le bon fonctionnement des associations syndicales, c'est l'Union régionale. C'est d'elle que doit partir l'impulsion première. C'est elle qui, débarrassée des soucis de l'administration intérieure, pourra le mieux trouver des débouchés, qui pourra réunir un très grand nombre de sociétés dans le but d'organiser, aussi bien pour la vente des autres denrées que pour celle du blé, des services sur l'étranger.

Enfin, au-dessus de ces associations régionales se trouverait l'association centrale, telle que l'Union des Syndicats des agriculteurs de France, qui pourrait renseigner et guider toutes les associations du pays.

Ces associations pourraient avoir leurs similaires à l'étranger. Il se créerait ainsi ce lien international demandé par un étranger éminent dans nos précédentes réunions. Et s'il parvenait à se créer dans tous les pays producteurs une sorte de réseau d'associations de la nature de celles que j'ai indiquées, je crois que nous aurions bien travaillé pour l'humanité tout entière et pour la paix universelle. (*Applaudissements.*)

M. LE PRÉSIDENT. — Permettez-moi de vous adresser une question sur un point resté un peu obscur dans mon esprit. Il s'agit des moyens financiers que vous employez pour atteindre votre but. Comment avez-vous constitué votre capital?

M. le comte DE MARCILLAC. — La question de M. le Président est, en effet, fort intéressante. Je n'ai pas, malheureusement, les chiffres sous les yeux. Je puis, toutefois,
donner les indications que voici.

Le Syndicat n'avait que la cotisation de ses membres; c'est l'organisme supérieur,
et il n'avait pas besoin d'autres fonds, mais c'est précisément pour cette raison qu'il
ne pouvait rien faire au point de vue commercial.

La Coopérative s'est fondée au capital de 100 000 francs, divisé en actions de 50 francs;
la moitié a été versée au début; depuis, on a tout appelé. Ces 100 000 francs, dans
la pensée des organisateurs, devaient être répartis à raison de une ou deux actions
par syndiqué. Malheureusement l'éducation du cultivateur n'étant pas assez avancée
à ce point de vue, il en est résulté que la souscription, au lieu d'être couverte par
un millier de personnes, a été répartie entre une centaine seulement.

La Coopérative est à capital variable. Toutes les fois que nous constituons des
groupes locaux du Syndicat, nous voyons, six mois ou même trois mois après, les
cultivateurs se syndiquer en masse et nous demander instamment de créer un dépôt.

Ce dépôt local exige naturellement des frais supplémentaires : nous faisons une
souscription spéciale. Je citerai notamment le dépôt de Terrasson. Le groupe a été
fondé il y a six mois; le 31 mai dernier, on décidait la création d'un dépôt; dans
trois mois, il sera bâti et entrera en plein fonctionnement. Il s'agit d'un dépôt très
important qui doit desservir deux cantons et même empiéter un peu sur l'arrondissement de Brive. On nous a demandé pour ce dépôt une souscription de 8000 francs.
La Coopérative prend à sa charge tous les frais. (*Très bien ! très bien !*)

M. LE PRÉSIDENT. — La parole est à M. de Castro, délégué de l'Association royale
centrale de l'agriculture portugaise.

M. LUIZ DE CASTRO. — Monsieur le Président, je ne devrais peut-être pas prendre la
parole, puisque mon français ne me permet pas d'espérer qu'on m'écoute avec plaisir,
mais je suppose que nous sommes ici pour échanger des idées et non pour prononcer
de beaux discours, pour nous citer des faits qui puissent profiter aux autres, et non
pour fabriquer des fleurs de rhétorique artificielles.

Je m'enhardis donc et je vais vous exposer, messieurs, ce qui est arrivé en mon
pays — le Portugal — à ce sujet du commerce du blé; cette histoire vraie pourra
peut-être profiter à quelque pays de ceux qui sont représentés parmi nous, et c'est là
mon seul but.

Le courant du libre-échange qui a parcouru l'Europe en dévastant l'agriculture, sans
tenir compte de la situation spéciale de pays pauvres de ressources pour l'échange, a
presque tué la culture du froment en Portugal.

L'engouement libre-échangiste peut avoir son explication dans les exemples et les
doctrines qui nous arrivaient de l'étranger et nullement des faits qu'on peut observer
dans notre histoire économique.

En effet, pendant les trente-quatre années qui s'écoulent de 1821 à 1855, le développement de notre production de froment est tel que l'exportation atteint, de 1838 à
1855, la valeur moyenne annuelle de plus d'un million de francs.

Voyons par quels liens cette élévation de production se rattache aux lois pro-
mulguées. Ce fut en 1821 qu'apparut la première loi protectrice de la culture des
céréales, renforcée en 1834, pour s'éteindre en 1855 au souffle du libre-échange qui,
dès lors, marque la déchéance de la production du blé.

Au progrès dans la culture, au bien-être des producteurs, aux exportations succèdent le rétrécissement de l'étendue cultivée, la pauvreté des cultivateurs, les importations qui nous pompent de l'argent. Les envois de blé étranger augmentent chaque année et menacent d'étouffer la production nationale.

Dans la période qui s'écoule de 1856 à 1888 on a facilité l'importation du blé étranger en lui donnant une plus large entrée, au lieu de compenser, par l'élévation des droits, au profit du Trésor et de l'agriculture, non seulement la baisse du prix du blé qui s'accentuait à l'étranger, mais aussi la réduction du prix de transport.

Cependant les consommateurs ne pouvaient se plaindre du régime protecteur puisque, la production accrue, le prix moyen du blé a baissé de 1838 à 1855.

Le régime protecteur avait donné ses preuves. Elles n'ont pas profité à nos législateurs qui, en 1856, ont imaginé pour le blé une nouvelle phase économique dont nous avons montré les résultats fâcheux.

Malgré tout et malgré les clameurs que ce régime soulevait dans nos champs, ce ne fut qu'en 1888 que le gouvernement a eu le bon sens d'écouter les voix des agriculteurs, quand ceux-ci entreprirent un mouvement plus violent en s'unissant autour de l'Association royale centrale de l'Agriculture portugaise dans des congrès tenus à Lisbonne.

Ce fut une dure campagne menée avec fermeté et avec ardeur par l'agriculture qui, jusqu'alors, avait attendu, pendant de longues années, toujours endormie, quand le réveil était à craindre, par la voix charmeuse mais trompeuse des législateurs d'alors.

À leur tour ceux-ci étaient égarés dans le mauvais chemin non seulement par les doctrines anglaises faussement libérales répandues par les écoles supérieures, mais aussi et surtout par le courant favorable à la libre entrée du froment qu'ont su pousser ceux dont le seul intérêt se trouvait dans l'importation de blés exotiques à vil prix : les minotiers puissants aux grandes fabriques situées sur les bords du Tage et du Douro.

Toutefois, par le prix du pain, le consommateur n'a jamais su que le blé était à un prix dérisoire.

La culture du blé ne peut pas être remplacée chez nous. Son anéantissement serait la ruine de l'agriculture nationale, la soumission complète du royaume aux lois que lui dicteraient les pays exportateurs, la perte de toute sécurité en cas de guerre, car on pourrait nous tuer par la faim. Elle peut parfaitement suffire aux exigences de la consommation si on la protège contre la concurrence étrangère, les blés exotiques arrivant aux ports portugais à des prix infimes. Pour le bien du pays, il faudrait adopter un régime qui lui permît de maintenir et de développer la culture du froment en de bonnes conditions. C'est ce qu'on a fait.

Le régime spécial portugais de commerce du blé, après diverses tentatives et hésitations, vient de se définir en une législation fortement protectionniste, qui, dernièrement, dans la loi du 14 juillet 1899 et dans le règlement du 16 novembre de la même année, s'accentua d'une manière frappante et se formula clairement.

Dans un livre dernièrement paru et fait exprès pour l'Exposition, « *Le Portugal au point de vue agricole* », M. le professeur Monte Pereira, qui, en sa qualité du président du Comité directeur du Marché central des produits agricoles, est chargé de donner exécution à cette loi, la résume en ces mots :

« L'objet exprès de la loi en vigueur est de garantir la vente du blé national à des prix non seulement rémunérateurs, mais qui conduisent au développement de la culture, en évitant l'augmentation du prix du pain et en assurant l'exploitation économique de l'industrie de la mouture.

« La base fondamentale du système est d'empêcher l'importation du blé exotique, tant que le blé national n'est pas acheté. Le prix de ce blé est fixé et gradué d'après le tableau suivant :

POIDS		PRIX EN REIS (180 REIS = 1 FR. AU PAIR)			
	PAR	BLÉ TENDRE		BLÉ DUR	
PAR HECTOLITRE	13.8 LITRES (ALQUEIRE)	KILOGRAMME	13.8 LITRES	KILOGRAMME	13.8 LITRES
	kil.				
81 kilos.	11.18	72	804.96	69	771.42
80 —	11.04	71	783.84	68	750.72
79 —	10.90	70	783.00	67	730.30
78 —	10.76	69	742.44	66	710.16
77 —	10.63	68	722.84	65	690.95
76 —	10.49	67	702.83	64	671.36
75 —	10.35	66	683.10	63	652.05
74 —	10.21	65	663.65	62	633.02
73 —	10.07	64	644.48	61	614.27

« Les prix correspondants aux poids de l'hectolitre, en deçà de la limite inférieure et au delà de la limite supérieure, se calculent proportionnellement à ceux qui sont indiqués dans le tableau. Les prix pour les poids par hectolitre, intermédiaires de ceux inscrits dans le tableau, correspondent au poids immédiatement supérieur. Ces prix se rapportent à des blés qui contiennent au maximum 2 pour 100 d'impuretés.

« Les fabricants de farine sont obligés d'acheter par chaque fois, et du mois d'août au mois de novembre inclus, 16 millions de kilogrammes du blé que les propriétaires producteurs ont déclaré avoir en leur possession et vouloir vendre au Marché central des produits agricoles.

« Le 15 novembre de chaque année, le même Marché invite les producteurs de blé à faire connaître les quantités de cette céréale qu'ils ont encore à vendre.

« Le blé déclaré, tant après qu'avant cette invitation, est réparti entre les fabricants de farine en harmonie avec un tableau, d'après lequel s'établit, pour chacun des fabricants qui sont autorisés à importer du blé exotique, la quote-part qui leur revient dans l'importation. Ont seuls le droit d'importer le blé exotique, les fabricants inscrits sur ce tableau spécial sur lequel ils peuvent figurer seulement après inspection de leurs fabriques, faite par l'Inspection des farines et du pain, dans le but de déterminer la capacité de travail et le travail effectif de ces fabriques.

« La quantité à importer, aussi bien que la quantité du blé national à acheter, est déterminée par un tant pour cent de l'importation totale, proportionnel au travail de chaque fabrique. La période de temps pendant laquelle l'importation est permise commence le 15 janvier et se termine au 31 juillet.

« Les quantités à importer sont calculées d'après la consommation et la production, chaque année, par le Conseil supérieur d'Agriculture et par le Conseil du Marché central des produits agricoles.

« Le droit est calculé de manière à ce que le blé exotique coûte, avec toutes les dépenses de transport, frais de débarquement, etc., dans les ports portugais, Lisbonne et Porto, à 24 francs, au change 750 réis par 3 francs.

« Les fabricants de farine peuvent importer, avec le droit de 1/5 de centime (1/2 réal), le blé exotique correspondant à la farine qu'ils auraient exportée, calculé d'après le taux d'extraction de 75 pour 100. »

Les fabricants qui produisent de la farine pour la panification sont obligés de tenir en vente trois types de farine, le taux d'extraction des premières et deuxièmes qualités étant respectivement de 20 et 40 pour 100, au prix de 0 fr. 40, 0 fr. 36 et 0 fr. 33 par kilogramme à Lisbonne. A Porto, ce sont les mêmes prix augmentés de 0 fr. 12.

Le nombre de boulangeries ne peut être supérieur à 250 à Lisbonne et à 113 à Porto, sans préjudice de celles qui existaient en 1895.

Toutes les boulangeries sont obligées de produire deux types de pain : le *pain de famille* et le *pain d'usage commun*, le premier avec un poids de 445 à 500 grammes, et le second, avec le poids de 1000 grammes. Le prix maximum du premier type est de 0 fr. 36 et celui du deuxième est de 0 fr. 32 le kilogramme. Les boulangeries peuvent fabriquer d'autres pains de poids inférieur à 400 grammes, du pain de luxe, sans fixation de prix.

Tels sont, messieurs, les points fondamentaux et caractéristiques de la loi en vigueur, régulatrice du commerce du blé.

En terminant, j'émets le vœu qu'en tout pays où se présente la question du blé, elle puisse avoir une solution aussi favorable à la culture du froment et aux consommateurs. (*Applaudissements.*)

M. le Président. — Le Congrès remercie M. de Castro de son intéressante communication.

La parole est à M. l'abbé Muller.

M. l'abbé Muller. — Messieurs, je serai très bref : je veux dire un simple mot au sujet de l'internationalité de cette association qui doit se faire pour la vente des blés. Je pourrais m'étendre sur l'expérience que j'ai faite en cette matière depuis huit ans en Alsace, je ne le ferai pas pour ne pas fatiguer l'assemblée : je me tiendrai à la disposition de ceux qui désireraient savoir quelque chose de plus sur la matière; j'ai même fait paraître une brochure, elle est écrite en allemand ; je le regrette, sans quoi je la déposerais sur le bureau.

M. le Président. — Vous pourrez la déposer.

M. l'abbé Muller. — Vous y trouverez condensé tout ce que nous avons fait.

J'appelle votre attention, messieurs, sur une question capitale, si nous voulons organiser la vente des blés ; c'est une question de vie ou de mort pour l'agriculture : il faut absolument créer, à côté des associations coopératives, les caisses locales, régionales et ainsi de suite. Il faut avoir l'argent à sa disposition.

Nous avons en Allemagne une excellente organisation concernant le capital, l'achat des objets de première nécessité et la vente des blés. Nous avons environ 13 000 associations rurales locales et plus de 100 associations régionales. Mais ce n'est pas suffisant. Nous avons fait l'expérience que nous n'arriverons à aucun résultat sérieux tant que nous ne chercherons pas à nous unir, à nous entendre entre nations différentes.

Au Congrès de Versailles, il s'est produit deux courants d'idées : les uns ont dit qu'on pourrait se contenter de créer une entente européenne ; les autres ont affirmé que cette entente ne suffisait pas, qu'il fallait une association universelle.

On a voulu exclure dans une certaine mesure les producteurs d'Amérique. Distinguons bien pour l'Amérique. Il existe, au delà de l'Atlantique, la grande spéculation qui, par son union, ruine l'agriculture. L'agriculture, en Amérique, occupe en ce moment, d'après les statistiques, 40 millions d'hommes ; or, elle souffre peut-être plus que nous, en Europe, de la mévente des blés. Dans certains cas, vous le savez aussi bien que moi, on n'offre que 3 ou 4 francs pour 100 kilog. de blé. C'est ainsi qu'on obtient d'immenses quantités de blé qu'on jette sur le marché et qu'on ruine les agriculteurs européens. Eh bien ! je me demande si nous ne devons pas tendre la main aux agriculteurs américains pour relever la culture dans ce grand pays. Si le blé y atteignait un prix rémunérateur, la spéculation ne pourrait plus se livrer à ses opérations et par là même elle ne pourrait plus nous ruiner.

Je n'insiste pas davantage. Je répète que la vente des blés est une question vitale. L'agriculture est partout en souffrance ; nous pouvons la relever par une entente internationale. En la faisant, nous suivrons le proverbe allemand qui dit : « Si l'agriculture a de l'argent, tout le monde en a », et cet autre proverbe allemand : « Si l'argent manque à l'agriculture, toutes les autres professions en souffrent également ».

Il s'agit d'une guerre de délivrance et d'affranchissement surtout des ouvriers agricoles, qui sont les plus intéressants. Pour eux, la question capitale est celle de la vente des blés.

Cherchons, messieurs, à arriver à une entente internationale ; je suis certain que nous rendrons un très grand service à l'humanité entière. (*Vifs applaudissements.*)

M. LE PRÉSIDENT. — La parole est à M. le Dr Roesicke-Goersdorf, président de la Ligue des agriculteurs allemands.

M. ROESICKE-GOERSDORF. — Messieurs, dans le cas où les résolutions proposées par la première Section seraient adoptées, je désire présenter une observation qui me paraît avoir une grande importance.

Aujourd'hui toutes les grandes questions sont examinées et discutées par la presse ; l'influence de la presse sur l'opinion est incontestable. Il serait donc très important d'avoir un journal périodique qui servirait de base aux relations internationales et qui permettrait d'établir des rapports d'un pays à l'autre.

La question est d'autant plus importante que les communications sur la matière agrarienne sont faites en général par des journaux qui sont les adversaires des agriculteurs. Je l'ai bien vu en France ; en Allemagne, des journalistes, qui ne sont peut-être pas tout à fait assez instruits pour pouvoir dire ce qu'il faut, publient également des articles erronés. Il n'y pas une presse tout à fait à nous pour les relations internationales. C'est pour cela que l'échange des opinions est difficile.

La création d'un journal périodique serait à ce point de vue un événement heureux. M. le professeur Dr Ruhland a essayé de constituer à Fribourg un bureau international d'agriculture, et a fondé un journal périodique qui pourrait bien remplir la tâche que j'indique. Cet essai est très important ; le Congrès international devrait entrer dans cette voie. C'est tout ce que je voulais dire. (*Applaudissements.*)

M. LE PRÉSIDENT. — Je crois qu'après cet échange de vues si complet, nous pourrons clore la discussion générale et aborder la discussion des vœux soumis au Congrès (*Assentiment.*) La discussion générale est donc close.

Nous sommes en présence de plusieurs vœux dont quelques-uns sont très importants. Je vais en donner successivement lecture. Le premier est celui-ci :

« 1° Organiser la vente du blé de manière à assurer aux agriculteurs un prix rémunérateur et créer, à cet effet, des sociétés coopératives ayant une existence distincte de celle des syndicats agricoles ou unions de syndicats, mais constituées sous les auspices de ces syndicats. »

C'est la réalisation de l'idée qui est appliquée d'une façon si heureuse à Périgueux. C'est, d'ailleurs, la reproduction de la résolution adoptée par le Congrès de Versailles.

Quelqu'un demande-t-il la parole sur ce vœu ?

Je le mets aux voix.

(Le premier vœu est adopté.)

(*A ce moment, de vifs applaudissements saluent l'entrée de M. Casimir-Perier, ancien président de la République française, qui vient prendre place au bureau.*)

M. LE PRÉSIDENT. — Voici le texte des vœux suivants :

« 2° Établir le mode de fonctionnement de ces sociétés sur les bases suivantes :

« *a*) Achat contre paiement d'acomptes avec règlement définitif au prix moyen des ventes effectuées dans l'année ;

« *b*) Achat ferme au cours du jour pour le compte des sociétés ;

« *c*) Vente en qualité d'intermédiaires pour le compte individuel de l'associé, moyennant une commission, avec facilité de faire une avance sur le prix et d'en garantir le paiement par voie de warrantage. » (*Adopté.*)

« 3° Favoriser l'établissement par ces sociétés coopératives de greniers ruraux et de magasins régionaux destinés à emmagasiner, conserver, soigner, mélanger les blés et les classer suivant les types adoptés, placés notamment dans les gares de chemins de fer des centres de production, à proximité des canaux et, s'il est possible, à proximité des magasins militaires. » (*Adopté.*)

« 4° Apporter à la législation française les modifications nécessaires pour que les Caisses régionales de crédit agricole, établies par la loi du 31 mars 1899 et les caisses locales puissent avancer aux sociétés coopératives les fonds nécessaires pour installer ces greniers et ces magasins. »

M. LE PRÉSIDENT. — Cette disposition est un peu particulière à la France, mais, dans son esprit, elle peut s'étendre à tous les pays. Elle consiste à mettre les institutions de crédit à la disposition des sociétés coopératives. La formule peut être facilement généralisée, si on le désire.

Je mets aux voix ce vœu.

(Le quatrième vœu est adopté.)

« 5° Créer dans chaque centre important, désigné par le Conseil général du département, une Commission chargée de constater les cours des céréales ; constituer cette Commission de trois membres désignés, l'un par les associations agricoles, l'autre par la chambre ou le tribunal de commerce, le troisième par le Conseil municipal ; publier chaque semaine au *Journal officiel* les cours ainsi constatés. » (*Adopté.*)

M. LE PRÉSIDENT. — Le sixième vœu appelle une discussion. En voici les termes :

« 6° Donner au Comité permanent du Congrès mandat de poursuivre la constitution d'une Commission internationale dont les membres seraient désignés par les grandes associations agricoles et qui serait chargée de centraliser les cours des céréales dans les différents pays et de les publier. »

Je donne en même temps lecture du septième vœu :

« 7° Solliciter du Gouvernement la publication en temps utile des statistiques et renseignements propres à éclairer les agriculteurs sur la production du blé, l'état des récoltes, les cours, dans chaque région et dans chaque pays. »

M. LE Dʳ RŒSICKE. — Je demande si la Commission internationale dont on propose la constitution sera une Commission permanente.

M. LE PRÉSIDENT. — Il n'est pas indiqué dans le vœu que cette Commission sera permanente.

Je serais très heureux d'obtenir de la 1ʳᵉ Section des explications sur le fonctionnement de cette Commission.

M. RIBOT, *président de la 1ʳᵉ Section*. — C'est M. le Dʳ Rœsicke qui, à Versailles, a pris l'initiative de cette motion; il a demandé la constitution d'un comité permanent, pouvant changer de siège suivant les circonstances, et composé de délégués des principales associations agricoles.

Cette motion a été adoptée par le Congrès de Versailles.

Pour mettre en œuvre ce comité, on a suggéré l'idée qu'on pourrait demander à la Commission internationale permanente d'agriculture de s'entremettre auprès des principales Sociétés d'agriculture des différents pays et de leur demander de désigner des délégués, étant bien entendu que le comité, une fois constitué, serait tout à fait indépendant de la Commission internationale, qu'il aurait sa vie propre, qu'il se composerait uniquement de délégués des associations agricoles.

M. LE PRÉSIDENT. — C'est ce que je désirais savoir. Il faudra qu'après la clôture du Congrès la Commission internationale se réunisse et qu'elle statue sur le mandat qu'on veut bien lui confier.

Dans ce cas, le Congrès de Versailles disparaît et est remplacé par la Commission internationale qui se mettra elle-même en rapport avec les grandes Sociétés d'agriculture.

M. PAÏSANT. — Parfaitement.

M. LE PRÉSIDENT. — Je proposerai alors un petit amendement : c'est que, pour cette question spéciale, on veuille bien adjoindre à la Commission internationale le bureau du Congrès de Versailles. Il a présidé à cette discussion, il sait de quel esprit elle s'est inspirée : son concours serait donc précieux.

Il n'y a pas d'opposition ?...

Il en est ainsi ordonné.

La parole est à M. de Riepenhausen.

M. DE RIEPENHAUSEN-CRANGEN. — Messieurs, un des membres du Congrès me demande si cette disposition n'est pas contradictoire avec la représentation agricole purement européenne dont le Congrès de Versailles, sur mon initiative, a également voté le principe. En aucune façon : c'est une organisation internationale universelle de renseignements et d'action législative qu'on nous propose de créer. J'ai demandé à Versailles qu'on jetât les yeux sur les dangers qui nous viennent d'Amérique, et j'ai obtenu que l'on resserrât par une représentation permanente les liens qui unissent les agriculteurs européens. Mais à Versailles, nous étions dans un Congrès avant tout français; un certain nombre d'étrangers y avaient bien été appelés, mais le but essentiel était d'organiser les agriculteurs français. Ici, nous sommes dans un Congrès qui représente l'agriculture du monde entier; la question d'une organisation pure ment européenne ne saurait s'y poser, et je m'associe complètement au vœu de la première Section qui porte le n° 6.

M. LE PRÉSIDENT. — Personne ne demande plus la parole sur les deux derniers vœux ? Je les mets aux voix.

(Les sixième et septième vœux sont adoptés.)

M. LE PRÉSIDENT. — Je crois qu'il serait à propos de demander l'avis du Congrès sur une question qui a été portée au Congrès de Versailles, que la 1re Section n'a pas examinée et qui est assez importante pour que le Congrès fasse connaître son sentiment.

Vous venez de décider, messieurs, que pour venir au secours des producteurs de blé, il fallait organiser la vente commerciale du blé; mais on a proposé un autre système qui a été examiné à Versailles et qui a fait l'objet d'un vœu, c'est le système bien connu sous le nom de « bons d'importation ».

Il ne serait pas inutile de savoir ce que pense le Congrès de ce système, qui jouit d'une certaine faveur dans certains milieux et qui est très discuté dans d'autres.

Au Congrès de Versailles, il a fait l'objet d'une motion de M. Le Breton.

M. PAISANT. — On pourrait renvoyer cette question à vendredi; elle serait jointe à la question générale des marchés. (*Assentiment.*)

M. LE PRÉSIDENT. — Vu l'heure avancée, nous ajournons à vendredi prochain la question des marchés à découvert, qui donnera lieu à une discussion importante et sur laquelle se greffera la question des bons d'importation.

M. HENRY SAGNIER, *secrétaire général*, indique les conditions dans lesquelles se fera, dans la journée de demain, l'excursion à Verrières et à Champagne.

M. LE PRÉSIDENT. — Avant de lever la séance, je suis certain, messieurs, d'être votre interprète à tous en remerciant M. le Président Casimir-Perier d'avoir bien voulu faire l'honneur au Congrès d'assister à cette séance. (*Vifs applaudissements.*)

(La séance est levée à 11 heures et demie.)

PREMIÈRE SÉANCE DU VENDREDI 6 JUILLET

Présidence de M. JULES MÉLINE

La séance est ouverte à 9 heures.

M. Hannotin, l'un des secrétaires, donne lecture du procès-verbal de la séance de mercredi. Le procès-verbal est adopté.

M. le Président. — Nous reprenons notre ordre du jour; nous avons encore deux séries de questions à examiner : la question des marchés à découvert et la question des bons d'importation que nous avons réservée.

J'ai cru qu'il serait à propos de commencer par la discussion des bons d'importation parce qu'elle est la suite naturelle des résolutions prises à la dernière séance. Vous avez décidé qu'il y aurait une organisation commerciale des marchés du blé ; de là la question de savoir s'il faut y ajouter le système des bons d'importation. Ensuite vous aurez à voir ce qu'il y a à faire pour régulariser le marché à découvert. L'ordre logique me paraît appeler la discussion sur le système des bons d'importation.

Je donne la parole à M. Guernier.

Les bons d'importation.

M. Guernier, *professeur agrégé à la Faculté de droit de l'Université de Lille.* — La question des bons d'importation ne se présente pas à nous sous une forme simple ; elle se présente comme devant se substituer à un régime qui fonctionne aujourd'hui et qui est connu sous le nom de régime d'admission temporaire. On voudrait substituer le système des bons d'importation au système de l'acquit-à-caution qui est le titre au moyen duquel fonctionne l'admission temporaire. Je vais donc en deux mots expliquer ce qu'est l'admission temporaire, et ensuite je vous montrerai de quelle façon on veut substituer le bon d'importation à l'acquit-à-caution. Je conclurai ensuite en vous montrant que le système des bons d'importation ne me paraît pas suffisant pour remédier aux maux qu'on a signalés.

Vous savez en quoi consiste le système de l'admission temporaire; je vais prendre un exemple pratique et vous saisirez non seulement l'économie juridique du système, mais encore le procédé économique. Je suis un meunier du sud de la France, de Marseille, par exemple ; j'introduis sur le territoire de la République une quantité de blé ; ce blé, je le transforme en farine. Étant donné que le marché à Marseille est très vaste et que la production locale est insuffisante, je puis trouver aisément à vendre mon blé ou plutôt ma farine sur ce marché. Mais, grâce au système de l'admission temporaire, je pourrai me faire décharger des droits de douane. Voici comment :

Au moment où j'ai introduit mon blé sur le territoire de la République, j'ai souscrit envers l'administration des douanes l'obligation de payer les droits d'entrée si, dans le délai de deux mois, je n'ai pas réexporté le blé sous forme de farine. Je vais donc être obligé de chercher quelqu'un qui sorte de la farine pour me créditer de mon obligation de telle façon que, le débit et le crédit se correspondant, je n'aie rien à payer. Et alors on me délivre un titre qui s'appelle l'acquit-à-caution. Ce titre, je le transmettrai à un exportateur de farine et au moment où s'effectuera la sortie de la farine, je serai débité de mon droit de 7 francs.

Or, il se trouve qu'à raison de la transformation du blé en farine, on prétend qu'il y a une série de malversations, qu'il y a des avantages particuliers que les meuniers s'accordent à eux-mêmes. Je répondrai d'un mot : le décret de 1897 a établi des types de transformation qui laissent peut-être une petite marge, mais c'est tout.

La grosse objection, c'est que l'acquit-à-caution présente sur le marché une valeur variable. Il a des prix qui oscillent très rapidement sur des échelles assez étendues, et alors on dit : Le régime de l'admission temporaire prête le flanc à la spéculation, spéculation qui doit être désastreuse pour le commerce des blés; nous demandons l'abolition de ce régime et nous demandons un système qui nous paraît bien supérieur, celui des bons d'importation. Et voici comment fonctionnerait le régime proposé:

Ce n'est plus à l'entrée que le titre serait délivré, c'est à la sortie. Je sors une quantité de blé, un quintal de blé par exemple, on me délivre un titre qui s'appelle bon d'importation ; ce bon d'importation sera le papier au moyen duquel, lorsque moi-même, ou le concessionnaire de ce titre, j'introduirai sur le territoire de la République une quantité de thé, café ou cacao ou même, par une addition qui a été faite tout dernièrement, une quantité de blé, je paierai les droits de douane sans avoir à débourser un sou, c'est-à-dire qu'au moment de l'importation, au lieu de payer les droits de douane sur les produits dont je viens de parler, il me suffira de présenter le titre.

On prétend que ce système ne prêtera pas le flanc, comme le système des acquits-à-caution, à la spéculation. On pense que le titre dont il s'agit aura une valeur fixe et que la spéculation ne pourra pas, comme pour les acquits-à-caution, lui imprimer un mouvement de hausse ou de baisse.

C'est ce que je voudrais examiner.

L'acquit-à-caution présente une valeur variable. Pourquoi? Pour deux raisons qui me paraissent éminemment simples. C'est qu'il s'agit d'un titre de commerce et que tout ce qui est dans le commerce présente une valeur variable. Je ne connais rien au monde qui ait une valeur fixe. Or, ce titre présente précisément ce caractère particulier de relier deux marchés, deux prix : le prix du marché intérieur et le prix du marché extérieur puisqu'il s'agit d'une exportation. Je ne vois pas que ce titre situé entre deux marchés dont les prix sont variables puisse avoir un caractère fixe.

Si l'acquit-à-caution a nécessairement un caractère mobile, ce sera bien pis encore pour le régime des bons d'importation. En effet, si je considère le système de l'acquit-à-caution, je vois que celui-ci prend sa valeur du blé et de la farine. Le système des bons d'importation prendra sa valeur d'autres produits, c'est-à-dire que, pour faire valoir mon bon d'importation, je serai obligé de recourir à une importation. Le titre qui m'est délivré par l'administration des douanes est un titre qui par lui-même n'a pas de valeur: si je présente ce titre à une caisse de l'État, on ne me remettra pas d'argent. Pour qu'il ait une valeur, il faut que je le soude à un phénomène d'importation. Or quelles sont les importations que le bon servira à acquitter? Ce sont le thé, le café, le cacao et, en plus, le blé. Qu'on y regarde de près : tout à l'heure l'acquit-à-caution prenait une valeur variable parce qu'il se soudait à une seule marchandise, mais sur des marchés différents. En ce qui concerne le bon d'importation, ce sera encore bien pis puisque, pour trouver acquéreur, je serai obligé de passer par les mains de l'importateur de thé, de café ou de cacao, de telle sorte que la valeur mobile du bon d'importation ne sera pas seulement mobile à raison du cours du blé, mais le sera encore à raison du cours du thé, du café et du cacao.

Par conséquent, nous aurons une spéculation beaucoup plus forte, plus étendue. Vous prétendez remédier à un mal, je prétends que vous l'exagérez. Je ne voudrais pas retenir votre attention sur le café, mais vous savez fort bien que c'est une marchandise sur laquelle s'exerce la spéculation dans des proportions fantastiques. Vous n'aurez donc pas seulement le blé d'un côté, de l'autre vous aurez une spéculation terrible qui fera varier énormément votre bon d'importation. Je crois que le remède est pire que le mal; c'est pourquoi je vous prie de voter pour le maintien du régime qui fonctionne aujourd'hui.

M. LE PRÉSIDENT. — La parole est à M. Daumont.

M. DAUMONT. — Notre honorable collègue vient de vous parler du bon d'importation, du bon d'exportation et a conclu au maintien du *statu quo*. Nous avons étudié cette question très longuement dans le Congrès de Versailles et nous avons conclu au contraire à l'abolition de l'admission temporaire, non pas en la remplaçant par le bon d'importation, mais en la remplaçant par une prime d'exportation. Et voici comment :

On vient de vous dire à juste titre que les bons d'importation donneraient lieu à la spéculation. Nous voulons abolir cette spéculation, comme nous voulons éviter celle faite sur les acquits-à-caution au moyen de deux mois accordés à ceux qui se servent de l'admission temporaire. Nous avons voulu que les blés entrant en France paient immédiatement leurs 7 francs de droits, et qu'à la sortie, soit en blé soit en farine, on touche une prime d'exportation de 5 francs, mais payable en bons du Trésor. De cette façon, il n'y a plus de spéculation possible.

Nous avons demandé — c'est M. Le Breton qui a fait cette proposition qui a été soutenue par M. Vivien et par moi — une prime d'exportation de 5 francs. Nous n'avons pas voulu que la prime fût égale au droit de 7 francs pour éviter que la spéculation s'en empare.

Exemple : Un spéculateur importe en France une quantité considérable de blé, il paie 7 francs de droits. Supposez que nous donnions à l'exportation une prime de 7 francs, que fera le spéculateur ? Il commencera par vendre du blé à l'extérieur et toucher sa prime de 7 francs. Il en importera une quantité considérable en France qui fera baisser le marché, et il se remboursera sur notre dos parce qu'il aura vendu à l'extérieur.

Je vous demande de vouloir bien, si c'est possible, demander l'abolition de l'admission temporaire en vous basant sur la prime d'exportation qui sera payée intégralement en bons du Trésor. De cette façon, nous abolirons la spéculation et nos cultivateurs retrouveront enfin un prix rémunérateur de leurs produits.

M. LE PRÉSIDENT. — La parole est à M. Guernier.

M. GUERNIER. — Il n'y avait d'inscrite à notre ordre du jour que la question des bons d'importation. Je n'ai pas cru devoir entrer dans la question d'une prime à l'exportation, parce que c'était une question du Congrès de Versailles et que nous ne sommes pas un succédané de ce Congrès. Néanmoins, s'il faut discuter la question de la prime à l'exportation, je suis prêt. En deux mots, voici l'économie du système qui, je crois, ne sera pas du tout favorable à l'agriculture.

Vous voulez une prime à l'exportation : mais est-ce vous, agriculteurs, qui allez la toucher? Certainement non, parce que vous seriez obligés de vous livrer à des opérations de commerce et que vous ne le pouvez pas.

En effet, de quoi s'agit-il? D'envoyer sur le marché étranger des produits français qui bénéficieront d'une prime à l'exportation. Comment fonctionnera le marché étranger? Il fonctionnera pour moi exportateur sous la forme d'un marché à terme, parce que jamais je n'irai commettre la folie d'apporter un sac de blé sur le marché étranger sans l'avoir au préalable vendu, je courrais de trop grands risques. Je serai donc obligé, pour bénéficier de la prime à l'exportation, de recourir à une opération de commerce, opération qui consistera en une vente à terme; ensuite j'exporterai mon blé et je toucherai la prime.

Je le répète, les agriculteurs ne sont pas des commerçants. Nous leur reprochons de n'avoir pas d'aptitudes commerciales suffisantes pour dominer sur nos marchés et nous voudrions, pour étendre leurs débouchés, qu'ils allassent sur les marchés étrangers qui, me semble-t-il à première vue, sont peut-être plus difficiles à connaître, pour les agriculteurs, que les marchés français!

Et alors, par l'intermédiaire de qui l'agriculteur viendra-t-il à toucher la prime? Il la touchera par l'intermédiaire des commerçants exportateurs. Je crains que précisément la prime ne reste en grande partie entre les mains des commerçants exportateurs et que l'agriculteur n'en touche qu'une bien faible partie.

Le problème est encore beaucoup plus vaste, et je ne veux pas le développer. Mais voici ce que je livre à vos méditations. Si nous créons la prime à l'exportation, que va-t-il se passer? C'est que les pays dont nous viendrons remplir les marchés de nos produits n'accepteront pas de gaieté de cœur notre politique; pour protéger leurs produits, ils répondront par une barrière douanière. De sorte que nous aurons abouti à ce résultat : de tirer de l'argent de notre Trésor pour le mettre dans les poches de l'étranger, sans que l'agriculteur en tire aucun profit.

Je considère que ce procédé, si désintéressé dans la forme, n'a aucun avantage pratique et qu'il n'a que des inconvénients. Je vous demande donc, encore une fois, de conserver le *statu quo*.

M. DAUMONT. — Notre collègue vient de placer la question sur son véritable terrain ; il vient de parler des agriculteurs et des commerçants. Il est certain que les négociants toucheront la plus forte part de la prime soit d'importation, soit d'exportation; mais peu m'importe que les cultivateurs ne touchent pas de prime pourvu qu'ils trouvent un prix du blé rémunérateur et au-dessus du prix de revient. C'est l'intérêt de l'agriculteur que je regarde. Je ne dis pas que les primes devront mettre de l'argent dans sa poche, mais cela lui permettra d'élever ses prix et enfin de pouvoir vivre.

M. PAPILLON. — On confond deux choses : l'agriculteur et le commerçant. Il n'est pas douteux que le jour où l'admission temporaire sera supprimée, toutes les manœuvres que nous pouvons constater sur le commerce des blés disparaîtront. A l'heure actuelle, nous voyons que sur les points stratégiques on apporte du blé pour, au besoin; si la vente à terme ne suffit pas, livrer des marchandises pour écraser les cours. En vérité, l'admission temporaire est condamnée au point de vue agricole.

Quant aux primes, on a dit que le commerçant en bénéficiera; naturellement. Mais là où le commerçant achètera du blé, il fera le vide : le prix du blé montera et l'agriculteur sera intéressé à produire davantage.

M. LE PRÉSIDENT. — On parle du profit que tirera le commerçant soit des bons d'importation, soit du système de la prime d'exportation. Je dis un mot tout de suite de la prime d'exportation.

Le système ne me paraît pas viable. La prime directe d'exportation, qui consiste à donner tout de suite l'argent représentant la prime à celui qui exporte, ne trouvera jamais un Parlement pour la voter, pour diverses raisons.

D'abord, vous ne savez pas la dépense que vous infligeriez au Trésor; elle peut être formidable, parce que vous pouvez exporter tant que vous voulez et que vous avez la certitude de recevoir immédiatement la prime. Tous les ministres des finances du monde demanderont à réfléchir avant de s'engager dans une pareille voie. C'est fort bien de dire : nous allons donner une prime à l'agriculteur. Vous pouvez donner 80, 100 millions de prime pour l'exportation du blé; mais rien n'empêchera le producteur de vin d'en demander autant, tous les autres producteurs d'en demander autant; vous vous engagez dans une voie qui consiste à donner des primes à tout le monde. Qui les paiera? C'est l'agriculture. Si vous prenez 100 ou 200 millions dans les caisses du Trésor, il faudra les remplacer par des ressources nouvelles, et vous savez bien que chaque fois qu'il y a des impôts nouveaux l'agriculture les supporte en grande partie. Je ne vois pas bien l'avantage de la prime si les agriculteurs doivent la payer.

Ici se place l'observation de M. Guernier quand il disait que le commerce retirera seul un grand profit de cette prime : il n'y a pas de contestation possible. L'orateur qui vient de parler reconnaissait que le commerce conservera la plus grande partie de la prime. Quand le commerçant ira trouver l'agriculteur pour lui acheter du blé, il n'aura pas besoin de lui donner la prime de 7 francs; il lui suffira de payer 50 centimes ou 1 franc de plus que le cours du jour; moyennant ce sacrifice, il recevra 7 francs. Mais cette prime aura été prise dans la poche de l'agriculteur, et ce sera l'intermédiaire qui en gardera la plus grande partie.

De plus, vous ne pouvez pas espérer, si vous créez des primes directes payées en argent par le Trésor à un producteur quelconque, que les voisins ne se préserveront pas par des représailles et par un droit de douane équivalent à la prime. Quand vous donnez des primes indirectes comme le bon d'importation, l'objection n'est pas soulevée d'une façon aussi aiguë : c'est pourquoi, en Allemagne, il a fonctionné sans amener de représailles. Mais si la prime est payée en argent, les producteurs des pays voisins demanderont à être protégés contre l'invasion par des droits de douane équivalents. Si vous donnez 7 francs de prime au blé français, les meuniers et les agriculteurs belges demanderont à être couverts par un droit différentiel. Il faut donc partir de cette idée que le bénéfice direct de la prime ira plutôt aux spéculateurs qu'aux agriculteurs.

C'est ici que notre honorable collègue fait une objection qui est une réponse. Peu importe, dit-il; il est vrai que les spéculateurs s'enrichiront (ce n'est peut-être pas indifférent); ils gagneront de l'argent, mais ils auront rendu à l'agriculteur ce service de le débarrasser d'une certaine quantité de blé; ils feront sortir de France plusieurs millions de quintaux de blé. Cela aura coûté cher au Trésor, qui aura mis beaucoup d'argent dans les caisses des spéculateurs, mais le vide sera fait sur le marché, le blé montera, le but sera atteint.

Je demande à mettre les amis de l'agriculture en face de ce qui se passerait. C'est bien de dire : on fera sortir du blé, il en résultera une hausse ; mais pour cela il faut admettre que s'il y a des spéculateurs à la hausse, il n'y en aura pas à la baisse. J'ajoute que ce seront probablement les mêmes, parce que les spéculateurs cherchent à gagner partout où il y a du profit à réaliser.

Ces objections s'appliquent non moins aux bons d'importation.

Il se créerait dans un pays comme la France, j'en suis convaincu, une industrie nouvelle qui consisterait en ceci : on exporterait pour avoir des bons d'importation ; on ferait le vide, la hausse ; le spéculateur garderait son titre en portefeuille. Après avoir fait la hausse et exporté par exemple 3 millions de quintaux, un mois après, avec les bons que vous auriez donnés, on ferait entrer en franchise 3 millions de quintaux de blé étranger ; et après avoir fait la hausse, on ferait la baisse et on la ferait durer aussi longtemps qu'on voudrait : après avoir donné à l'agriculteur une hausse de huit jours, on lui infligerait une baisse de deux mois.

La discussion s'engagera probablement aujourd'hui à la Chambre des députés de France, et je me propose d'y faire cette objection : vous avez créé des bons d'importation qui débarrasseront le marché d'une quantité de blé, 2 ou 3 millions de quintaux par exemple. Mais voulez-vous m'expliquer comment vous empêcherez qu'une importation correspondante faite avec les bons que vous avez donnés à l'importateur, permette d'introduire 3 millions de quintaux qui écrasent de nouveau le marché, si bien que vous aurez un mouvement de bascule au détriment de l'agriculture ? Le résultat final serait que vous donneriez beaucoup de force à la spéculation.

L'admission temporaire est infiniment moins redoutable parce qu'elle ne peut fonctionner que par petits paquets, qu'elle comporte des difficultés de procédure qui ne permettent pas d'opérer sur des quantités élevées. Avec les bons d'importation, au contraire, on pourrait opérer par grandes masses ; rien n'empêche un spéculateur d'exporter 3 ou 4 millions de quintaux, de garder ses titres en portefeuille et, quinze jours après, de faire la baisse, après avoir opéré dans l'intervalle et à coup sûr.

J'ajoute cette considération : avec un système pareil, le régime des douanes n'a plus de fixité. Notre régime douanier français, auquel les agriculteurs tiennent tant, serait à la merci des spéculateurs, qui le feront disparaître quand ils voudront, qui feront supprimer les droits quand ils voudront.

Je vais m'expliquer par un exemple.

Vous vous rappelez ce qui s'est passé en 1897, à l'époque de la récolte déficitaire. Dès le mois de septembre, quand on a su que la récolte était déficitaire, — il nous manquait près de 30 millions de quintaux, — les spéculateurs ont commencé à peser sur le Gouvernement pour l'amener à suspendre ou à diminuer l'application des droits. J'étais alors président du Conseil et ministre de l'Agriculture. J'ai été l'objet de démarches très pressantes ; on m'expliquait que le blé était monté à des prix de famine, qu'il y avait un grand danger pour l'alimentation publique ; on me mettait en demeure de diminuer les droits. Le Conseil municipal de Paris fit même une démarche au nom de la population parisienne. J'ai résisté très énergiquement parce que je considérais que c'était le moment où l'agriculture avait le plus besoin de droits, puisque la récolte était déficitaire et qu'elle ne pouvait se récupérer que par des prix rémunérateurs. Du reste, les prix n'étaient pas des prix de famine : le blé était à 24 et 25 francs.

J'ai résisté, j'ai attendu que les agriculteurs aient vendu leur blé, j'ai attendu tout l'hiver. C'est au printemps que le blé a manqué partout ; alors, j'ai dû supprimer les droits, à un moment où cela n'avait plus beaucoup de danger pour l'agriculture, puisque tout le monde avait vendu son blé.

Mais supposez que le système des bons d'importation ait fonctionné au mois de septembre : des spéculateurs auraient pris sur le marché, qui n'avait déjà presque plus de blé, 2 ou 3 millions de quintaux qu'ils auraient exportés à l'étranger. À la suite de ce vide, le prix serait monté de 25 francs à 30 francs, et j'aurais été obligé, dès le mois de septembre, de supprimer les droits, parce qu'on m'aurait dit que le prix du blé était trop élevé : j'aurais dû les supprimer six mois plus tôt, au grand détriment de l'agriculture.

Voulez-vous livrer l'agriculture à cette incertitude? On défend son régime économique, et on veut adopter un système qui a pour résultat de le détruire. Je compte le dire aux amis de l'agriculture : vous vous laissez prendre à un mirage et vous courez le risque de faire payer à l'agriculture le bien que vous voulez lui faire.

Le système des bons d'importation me paraît une mauvaise solution. Ce qu'il y a à faire, c'est d'organiser le marché comme vous l'avez décidé. Je crois qu'on peut prendre des mesures pour resserrer l'admission temporaire, qui a été déjà perfectionnée et qui peut l'être encore. Il y a peut-être des abus qu'on peut corriger, il y a des avantages qu'on pourrait diminuer. Peut-être peut-on trouver d'autres combinaisons d'encouragement sous une autre forme, qui se rapprocheraient des idées de M. Daumont, à la condition qu'il ne s'agisse pas d'une prime directe. Mais je ne crois pas de l'intérêt de l'agriculture d'entrer dans un système soit de primes directes, soit de bons d'importation.

La parole est à M. Papillon.

M. Papillon. — La question des bons d'importation, nous l'avons condamnée à la Société des agriculteurs, et nous avons fait remarquer dans une étude très fouillée qu'en ce moment, en ce qui concerne les farines compensatrices pour l'importation du blé qu'on exportait, la formule se trouvait faussée par les perfectionnements de la minoterie en ce sens que là où l'on pouvait tirer 60 pour 100 d'une marque donnée, avec les procédés nouveaux de la minoterie on peut arriver à 65 ou 68 pour 100. Il y a donc une modification à apporter au point de vue de l'admission temporaire.

Ce qui nous a inspirés, c'était la prédominance, je ne dis pas de l'intérêt de l'agriculture, mais presque de l'intérêt national, en ce sens qu'il faut avant tout que l'agriculteur gagne de l'argent. Il y a en ce moment un péril très grand : le jour où l'agriculteur ne gagne plus d'argent par la culture du blé, il transforme son outillage, il fait de la betterave, et pour que les Anglais ne paient pas le sucre trop cher, nous leur donnons de l'argent par la prime d'exportation; ou bien on fait de l'alcool, et on se désintéresse de plus en plus de la culture du blé. Il faut que les cultivateurs produisent assez de blé pour que le pays se suffise à lui-même; il faut changer la formule de l'équivalence de l'admission temporaire parce que, au lieu de payer 7 francs par quintal, ce prix se trouve réduit à 3 francs ou 3 fr. 25.

Quand on a parlé de la prime d'exportation, on ne l'a fixée ni à 7 francs ni à 5 francs; on a dit : ce qui importerait, c'est de prendre les prix commerciaux, ils montent en ce moment à 3 francs ou 3 fr. 25. Celui qui reçoit le bon d'importation en trouve l'équivalence : il gagne en réalité 4 francs. Si un jour il y a trop de blé en France (nous pouvons déjà presque nous suffire), c'est par des primes d'encouragement et d'exportation que le Gouvernement fixera comme il le jugera à propos à un prix minime, que le trop-plein de nos blés pourra être exporté. La Belgique ne se suffit pas, l'Allemagne non plus : elles ne pourraient donc pas nous répondre par des droits de douane. D'ailleurs, si elles ne voulaient pas recevoir le blé de nos frontières, on pourrait le faire passer par un port.

Nous avons rejeté le bon d'importation et nous avons dit : si vous voulez le maintien de l'admission temporaire, modifiez la formule de l'équivalence. Mieux vaut la supprimer complètement pour détruire la spéculation.

M. LE PRÉSIDENT. — Vous pouvez améliorer les conditions de l'admission temporaire. Il y a un système qui se rapproche de celui de M. Daumont, et qui a été accepté par le Gouvernement ; il serait de nature à satisfaire beaucoup d'adversaires de l'admission temporaire : ce serait d'exiger en toute circonstance le paiement préalable des droits. Je ne suis pas l'adversaire d'une proposition pareille. On peut exiger le paiement immédiat des droits, sauf à laisser l'admission temporaire suivre son cours. (*Applaudissements.*)

J'accepte ce système. Le paiement des droits sera une charge bien lourde pour les petits meuniers. Mais comme il apportera une diminution de l'admission temporaire de nature à donner satisfaction à l'agriculture, je suis prêt à l'accepter.

Quant aux fissures dont parle notre collègue, elles ont été grandement fermées : les perfectionnements dans la mouture ont amené des remaniements nombreux dans l'admission temporaire ; j'en ai opéré, étant ministre. Une Commission a été nommée, dont faisait partie M. Bénard : elle a étudié les types de farines et est arrivée à arbitrer le rendement de la façon la plus rigoureuse. Si de nouveaux perfectionnements élèvent encore le rendement de la mouture, il faudra remanier ces types : il faut que les fissures soient les moindres possibles.

Ceci dit, je vais consulter l'assemblée sur une série de questions. Je crois qu'il sera facile de donner satisfaction à tout le monde. Est-on d'avis de substituer à l'admission temporaire le système des bons d'importation ? Et ensuite si les bons d'importation sont repoussés, je proposerai un vœu au Congrès, à savoir que l'admission temporaire soit resserrée davantage et qu'on exige le paiement préalable des droits.

Je consulte d'abord le Congrès sur la création des bons d'importation. (*Cette proposition est repoussée à l'unanimité.*)

Je consulte le Congrès sur la résolution suivante : « Le Congrès émet le vœu que l'admission temporaire soit améliorée en modifiant les règles de l'équivalence et en exigeant l'acquittement effectif des droits. » (*Ce vœu est adopté à l'unanimité.*)

Les marchés à découvert sur les denrées agricoles.

M. LE PRÉSIDENT. — Nous arrivons aux marchés à découvert sur les denrées agricoles. Je donne la parole à M. Paisant.

M. PAISANT. — Voici la proposition des vœux préparés par la Section[1] pour le Congrès :

« Le Congrès, considérant les abus qui se sont très souvent produits, émet le vœu que les Bourses de commerce fassent l'objet d'une réglementation légale ;

« Émet le vœu que les marchés qui n'ont pas pour but d'arriver à la livraison des denrées agricoles et qui ne sont que de simples opérations de jeu restent sans sanction civile. » Il y a un amendement qui a été adopté au Congrès de Versailles : « et soient réprimés par des dispositions pénales. »

---

1. Voir plus haut, page 69.

La proposition de vœux consiste en une réglementation des Bourses de commerce, et ensuite dans la suppression des opérations qui n'ont pas pour but la livraison des marchandises. Ces vœux ainsi formulés auraient une sanction dans le refus d'une action en justice ou même dans une répression pénale.

Si j'en avais le temps, j'aurais à traiter la question si grave et si difficile de la suppression des marchés fictifs. Je fais remarquer la modération du vœu qui est ainsi formulé, du moins en ce qui n'est pas relatif à la sanction pénale.

Vous savez la différence qu'il y a entre un marché à livrer et un marché à terme. C'est un abus que de confondre le marché à terme avec le marché de spéculation proprement dite. On dit toujours : « Vous voulez supprimer le marché à terme ». Vous savez qu'il n'en est rien. Le marché à terme qui doit être suivi d'une livraison n'est pas un danger pour l'agriculture : il faudrait adopter une nomenclature particulière pour désigner ces marchés. Je vous propose d'accepter la proposition d'un homme qui connaît bien la matière : en appelant le marché de la spéculation pure le « marché de terme », il n'y aura plus confusion.

La proposition touche un très petit nombre de bourses. On ne saurait croire combien il existe peu de Bourses de commerce dans lesquelles se font ces spéculations ; si vous mettez à part l'Amérique, il y en a très peu.

Il y a d'abord la Bourse du marché de Paris.

Les opérations qui s'y font sont fortement discutées. Vous connaissez la proposition de M. Rose, suivie du rapport de M. Dron, et la proposition Rajon ; vous savez avec quelle énergie les auteurs de ces propositions se sont prononcés pour la suppression du marché de Paris, ou tout au moins pour l'établissement d'un droit fiscal tel que par le fait son fonctionnement deviendrait impossible,

En dehors de Paris, il y a une Bourse de commerce à Amsterdam. On n'en parle pas. Je ne sais pas quel effet elle a sur le marché ; je ne connais pas de grief contre elle. Elle ne doit pas avoir une grande influence sur la détermination des cours, car, dans les lectures que j'ai faites, je n'ai rien trouvé contre le marché hollandais.

Vous connaissez au contraire l'importance du marché de Liverpool. C'est là qu'a pris jour cette façon d'opérer, si dangereuse pour l'agriculture. A cet égard, un ancien courtier de Liverpool, M. Charles Smith qui a été longtemps à la place, a fait connaître par une longue polémique quels sont les dangers du fonctionnement de cette institution en connexion avec le marché de Chicago et celui de New-York.

En 1897, on a tenté d'établir une Bourse de spéculation à Londres : cette tentative a échoué ; c'est très important à signaler. La tentative a été répudiée par les négociants en grains : ils sont aussi opposés au jeu qui se fait sur le marché de terme que les agriculteurs eux-mêmes, cela paralyse leur commerce, l'empêche de fonctionner. C'est par erreur qu'on a soutenu que le marché de Londres, tel qu'il est organisé, n'était que le déguisement du marché de Liverpool.

A Berlin, grâce à l'énergie du parti agricole, le marché a fait son temps, il a été supprimé par une loi du 22 juin 1896. Je le considère comme enterré ; de temps en temps il tâche de se raviver ; on parle dans les journaux du marché de Berlin. M. le docteur Rœsicke, l'un des auteurs de la loi de 1896, vous expliquera ce qu'on a voulu faire et comment les agriculteurs, au contraire, se réjouissent de la suppression du marché de Berlin.

En outre, il y a les marchés de Vienne et de Budapest. De nombreuses pétitions ont été adressées au Gouvernement et à la Chambre des députés, pour arriver à la réforme de ces marchés. Je vois dans mes notes que les négociants de Budapest s'étaient réunis au nombre de 300 et avaient décidé de ne plus assister au marché des céréales, blâmant ce qui s'était produit. Un grand nombre de nos collègues de Hongrie, qui ont pris part à l'enquête faite sur les abus, me permettent de donner quelques détails.

Une enquête a été ordonnée par le Ministre du Commerce, le baron Ernest Daniel; le travail a été très consciencieux; les représentants de l'agriculture hongroise y ont pris part. Je salue parmi eux M. le comte Karolyi, M. le comte Zselenski, M. Rubinek, secrétaire de la Société d'agriculture de Hongrie.

Voici la déposition de M. le comte Karolyi. Il a pris neuf fois la parole. Je ne relève qu'une partie de sa déposition. Il nous apprend que la Chambre de commerce de Londres avait reconnu que le terme agissait dans le sens de la baisse.

M. Rubinek, secrétaire gérant de la Société d'agriculture, a déclaré qu'il tient pour nécessaire la réglementation la plus stricte et la plus minutieuse au sujet des bordereaux des affaires conclues à la Bourse... Plus loin, il veut que la fixation des cours soit le miroir fidèle des opérations effectuées et pour cela « qu'elles soient toutes inscrites sur des registres ».

M. Zselenski a été entendu également; il repousse la proposition de création des marchés à terme; il veut la prohibition des marchés à terme sans livraisons. « Le cercle de bourse joue toujours à la baisse », dit-il.

M. le comte Zselenski raconte à ce sujet l'histoire de Otto Hermann au printemps de 1896. Il a une histoire plus récente à vous raconter : il m'en a donné la primeur dans une lettre particulière.

Les principaux représentants de l'agriculture en Hongrie ont tous déposé dans le même sens. Il est certain que la spéculation des marchés de terme tend toujours à la baisse.

Je voudrais vous expliquer en deux mots quels sont les caractères du marché de terme. Ils ont été relevés dans une brochure de Hammesfahr. On dit qu'il est assez difficile de reconnaître un marché de spéculation pure : ses caractères sont au nombre de quatre.

1° Le contrat doit être exécuté dans la ville où le marché à terme a été passé.

2° L'affaire doit être conclue pour une marchandise de terme, d'où l'on infère que toute marchandise n'est pas susceptible d'un semblable marché. Le blé sur lequel on joue doit être tellement en dehors du commerce que lorsque, par hasard, on parle d'une marchandise qui serait à enlever, à livrer ou à embarquer, ce n'est plus une affaire de marchandise à terme : c'est une affaire de céréales ordinaire.

Vous connaissez peut-être le règlement du marché des blés, seigles et avoines de Paris. La désignation des types est extraordinaire : il est rare que des affaires sérieuses puissent être conclues sur des types ainsi caractérisés, ce sont des blés tels qu'en général on ne les produit nulle part dans la campagne.

3° Les affaires doivent être conclues suivant des conditions déterminées par le commerce de terme. Ces conditions méritent une étude approfondie.

Je ne crois pas exagérer en disant que, de même qu'il y avait autrefois en Italie des chaires spéciales pour expliquer Dante, il faudrait une chaire d'économie politique spéciale pour arriver à comprendre ce qu'est ce règlement du marché des blés, seigles et avoines de Paris. Ainsi que celui de Liverpool, c'est un véritable casse-tête chinois, et il m'a été dit par quelqu'un de très au courant que la situation de celui qui comprend ce règlement est prépondérante. Tout l'art du joueur consiste à connaître tous les côtés juridiques des questions qui peuvent se présenter à l'occasion de ce règlement. Le plus fort dans cette interprétation est également le plus fort dans la conclusion des marchés. Ce n'est donc pas un commerce sérieux que celui qui s'appuie sur de pareilles bases.

4° Il n'y a pas d'affaire de terme, s'il n'y a pas de cote de bourse. La question de la cote a été l'objet d'un vœu. Cette cote en bourse est extraordinaire. Elle est faite dans des conditions qui devaient être présentées à cette séance par M. Mauzaize, il a envoyé une note que je n'ai pas le temps de vous lire.

Tels sont les caractères indispensables pour constituer ce qu'on appelle le marché du blé en bourse.

Mais, me demandera-t-on, comment donc pouvez-vous admettre ce principe que le jeu est toujours dirigé vers la baisse?

D'abord je répondrai par le fait, car les faits sont plus forts que tous les raisonnements. En fait, on a calculé que 90 fois sur 100 les joueurs qui gagnent sont toujours des joueurs à la baisse.

Il y a une question qui arrête la plupart de ceux qui traitent cet objet. Dans un marché, il y a une contre-partie: il y a un joueur à la hausse et un joueur à la baisse. Permettez-moi d'entrer dans quelques détails qui prouvent que la spéculation à la hausse n'est pas facile et même qu'elle est presque impossible. Quand on veut soutenir la position à la hausse, il faut prendre livraison, et, si vous prenez livraison, il faut, ou que vous soyez très riche ou que vous succombiez, parce qu'à un moment donné, il faudra arrêter votre tentative d'accaparement.

On cite l'exemple d'un Américain, Hutchinson, qui est parvenu en 1888 à faire monter le prix du blé en liquidation de 89 cents 3/5 à 200 cents. C'est une situation extraordinaire qu'on ne manque pas d'invoquer en disant : « Vous voyez qu'on peut jouer à la hausse ».

Dans quelles conditions Hutchinson a-t-il opéré? Il avait dissimulé les accaparements qu'il avait faits. On croyait si peu qu'il arriverait à une réalisation que les gens de bourse les plus malins s'y sont laissé prendre et qu'ils ont tous fait la contre-partie de ce monsieur. Il avait fait des approvisionnements extraordinaires, et, lorsqu'il s'est agi de liquider, il a dit : « Voilà mon blé, il faut m'en donner ». Il n'y en avait plus! 56 litres de blé ont monté de 89 cents 3/4 à 200 cents, ce qui représente plus de 32 francs l'hectolitre.

Voilà un exemple d'accaparement à la hausse qui a réussi. En voici un autre dont le résultat a été tout autre. En 1897, John Leiter s'est persuadé que parce que l'année était déficitaire, il pourrait arriver à accaparer les blés : et naïvement, comme un enfant, avec tous les millions de dollars qu'il avait, il se mit à prendre tous les blés. Ceux qui ont fait sa contre-partie pendant les premiers mois étaient des naïfs. Mais la débâcle s'en est suivie; il n'a pas pu continuer : il a bien fallu, après avoir payé cent millions pour faire son corner, qu'il s'exécutât, et la hausse n'a pas pu se soutenir.

Voilà un exemple qui montre combien la position à la hausse est difficile à maintenir : de sorte qu'elle n'est presque jamais soutenue sinon temporairement, à moins que ce ne soit par des naïfs, des outsiders ou des gens qui ne connaissent rien à la spéculation.

Depuis que je m'occupe de ces questions, on me prend pour un spéculateur et on m'envoie des circulaires qui ne m'ont jamais tenté. On me fait le raisonnement suivant. On me dit : « Voyez comme les blés sont bas, ils vont hausser; nous avons aujourd'hui le cours de 20 fr. 15, nous aurons dans trois ou quatre mois le cours de 21 ou 22 francs ». Les trois ou quatre mois du marché à terme sont toujours cotés avec augmentation. Les innocents qui ont bien besoin d'argent, les joueurs de profession, — si je vous en citais, vous en seriez fort étonnés, — donnent leurs commissions. Quand il s'agit d'exécuter les marchés, lorsque sont présentées les filières, qu'on demande livraison, on est dans la nécessité de se racheter; en se rachetant, on fait baisser les prix. C'est ainsi que la position à la hausse est prise le plus souvent par des gens qui sont étrangers aux choses de la spéculation.

A ce sujet, vous avez vu qu'il y a depuis quelque temps une hausse marquée dans la cote des blés en Amérique. M. Charles Smith, que j'avais prié de venir à ce Congrès, me dit, en s'excusant de ne pouvoir se rendre ici :

« Faites connaître au Congrès que ces opérations sont des fléaux pour tout le monde. L'Amérique, après avoir fait monter la laine, le coton, le cuivre, l'étain, a commencé, depuis le mois de mai, à faire monter le blé.

« Personnellement, je crois qu'après ces hausses, il y aura une dépréciation dans toutes les branches où s'exerce la spéculation, comme cela vient de se produire pour la laine. La France a souffert plus que tous les autres pays; on ne croyait pas au sérieux de la hausse. Si elle se produit, gare à la baisse! C'est un corner momentané pour arriver plus tard à la spéculation à la baisse. »

Messieurs, j'ai abordé la question avec insuffisance, mais avec une bonne volonté très grande. Je tiens à dire qu'il faudrait vraiment que les Sociétés d'agriculture et les Sociétés d'économie pussent mettre au concours l'examen de tels sujets. A ce point de vue, je dois dire combien la Société d'Économie politique nationale fondée par M. Méline et dont j'ai l'honneur de faire partie, pourra faire faire de progrès. L'économie politique, en effet, vit toujours sur ses anciennes traditions dont les professeurs ne s'éloignent guère et qui constituent véritablement un obstacle au progrès.

Il s'est passé ici, il s'était déjà passé au Congrès de Versailles, un fait sur lequel j'appelle l'attention. J'ai eu la bonne fortune, — vous vous en êtes félicités tout à l'heure, — de décider quelques professeurs de l'École de droit à nous prêter l'appui de leur science. Il n'est plus ridicule, comme il l'était il y a quelques années à l'École de droit, de défendre l'opinion que j'ai l'honneur de soutenir et qui est, je crois, partagée par la majorité des membres de ce Congrès.

C'est un progrès notable dans la vie économique, un progrès qui a son importance dans l'histoire de ce pays. Je suis très heureux de pouvoir adresser à l'École de droit et à ceux de ses représentants qui sont ici, l'expression de ma reconnaissance, de manière qu'on ne pourra plus dire dans la défense des marchés de terme ce que disait un célèbre financier, Bamberger, dans une note qu'il fit paraître il y a quelques années : « Combat contre la stupidité ». (*Applaudissements.*)

M. GUERNIER. — Je demande la parole pour soutenir un vœu de la première Section qui, par son caractère général, peut trouver sa place dans la discussion actuelle.

Ce vœu a pour objet « l'organisation d'un système de publicité qui consisterait à publier chaque matin les noms des personnes qui ont fait des opérations dans les Bourses, avec la nature de la marchandise, les quantités et les dates de livraison ».

Ce système de publicité serait complété par une disposition juridique tendant à l'abolition de l'association en participation lorsque celle-ci aurait pour objet des opérations sur les marchés à livrer.

C'est le jeu que votre première Section s'est proposé de combattre.

Vous savez, messieurs, qu'il y a deux moyens de combattre le jeu : *a priori*, par des mesures préventives, et *a posteriori*.

Après coup, il y a l'exception de jeu, qui a été abolie chez nous, mais qui fonctionne encore dans quelques pays.

L'exception de jeu est un moyen offert à un débiteur poursuivi de paralyser l'action de son créancier. Elle lui permet de dire à celui-ci : « Il est exact qu'entre nous telle convention ait été faite et qu'à raison de cette convention je sois votre débiteur. Mais la convention, dans l'esprit des parties, avait le jeu pour objet ; en conséquence, je demande que votre assignation ne soit pas suivie d'effet. »

L'exception de jeu présente de grandes difficultés pratiques, car il est extrêmement difficile d'établir le jeu.

A mon avis, il y a une autre objection contre l'exception de jeu qui me paraît très grave, et c'est pourquoi j'ai cru devoir substituer à ce système des mesures préventives. L'exception de jeu a ce grave inconvénient de ne pas réparer tout le mal qui a été causé en réalité à une partie lésée.

Je suis débiteur, et je puis m'exonérer de mon obligation par l'exception de jeu ; mais le contrat qui est intervenu entre mon créancier et moi n'est pas un contrat isolé ; c'est un contrat qui s'est passé en Bourse ; j'ai pratiqué un prix et la convention que j'ai faite a impressionné les autres conventions sur le marché ; le prix que j'ai pratiqué n'est pas isolé ; il s'agrège à tous les autres prix, et c'est ainsi qu'on arrive à avoir le prix d'un marché. Si, par l'exception, vous pouvez réparer le dommage individuel, vous ne pourrez pas réparer le dommage collectif. (*Très bien ! très bien !*)

Je veux donc substituer à ce système celui de mesures préventives qui aurait pour objet, je ne dis pas d'une façon absolue, mais d'une façon très générale, d'empêcher le jeu.

Le système serait le suivant :

Des marchés se concluent tous les jours à la Bourse du commerce. Je voudrais que chaque matin on publiât dans un bulletin le nom des parties, le nom des commissionnaires, les marchandises sur lesquelles les opérations ont porté, les quantités et les dates.

La chose est-elle possible ?

Vous savez tous que sur notre marché de Paris les opérations sont, le soir, suivies de ce qu'on appelle une confirmation ; c'est-à-dire que le commissionnaire envoie à son client une lettre imprimée dans laquelle il n'y a plus qu'à inscrire les noms, les quantités et les dates, et cette lettre est signée par le client.

Si l'on a le temps, le soir, d'établir des confirmations, on aura bien le temps de dicter les noms et les chiffres de ce petit tableau que je propose.

Voyons maintenant quelle peut être l'utilité pratique de ce que je viens de dire.

Je crois que ce système présente deux avantages, ou plutôt une série d'avantages moraux, et quelques avantages économiques.

Les avantages moraux de la publication des noms ? J'en examine quelques-uns.

Vous savez tous que sur nos marchés de spéculation viennent une foule de gens qui ignorent totalement les affaires commerciales, qui ne savent même pas ce que c'est que du blé et qui cependant font d'énormes opérations. Ces gens appartiennent à toutes les conditions sociales ; je ne veux désigner personne nommément, parce que tous peuvent être cités. Eh bien ! il faut à tout prix que ces gens soient cloués au pilori et qu'on sache qu'ils viennent détraquer nos cours, parce qu'ils opèrent non pas en vue de livraisons ou d'opérations sérieuses, mais seulement pour réaliser des différences. (*Applaudissements.*)

La publication des noms aura un autre avantage que nous ne pouvons pas obtenir aujourd'hui. Vous savez tous que des commissionnaires en marchandises, — je ne dis pas tous, il y a des commissionnaires très honorables, et j'en connais pour ma part, — pratiquent cette opération, consistant à se faire eux-mêmes la contre-partie de leurs clients, c'est-à-dire en définitive que les opérations sont bien inscrites. mais qu'elles ne sont pas faites.

On va devant la justice, et j'ai entendu souvent plaider qu'il n'y avait pas de contre-partie; puis, comme par hasard, on vous sortait une facture d'un camarade établissant, au contraire, qu'il y avait eu une opération et que l'opération avait été sérieusement pratiquée. Il n'y avait rien à répondre.

Eh bien! cette facture cache simplement l'absence de contre-partie, et je vais vous montrer que, dans notre législation, il est impossible pratiquement d'établir s'il y a ou non contre-partie, de telle sorte qu'on est toujours couvert dans des opérations fictives. Je veux ôter ce masque par la publicité.

Je prétends que, dans l'état actuel de notre législation, il est impossible de savoir si une opération a été sérieuse, et je vous ai indiqué par avance comment on procédait : on se fait délivrer une facture par un camarade; or, s'il y a facture, il y a opération juridique, opération juridique qui est pratiquée sur la donnée de prix.

Il faut donc que l'opération qui a été pratiquée entre le commissionnaire et son ami soit démolie par une opération en sens inverse et au même prix, pour qu'il n'y ait pas d'opération de caisse; sinon il y aurait des différences, et le jour où, par exemple, il y aurait faillite, on serait amené à trouver dans la caisse des différences qu'on ne pourrait pas expliquer. Il faut donc à tout prix démolir l'opération initiale par une deuxième opération. Mais cette deuxième opération, quand sera-t-elle faite? Peut-être demain, peut-être après-demain, peut-être dans huit jours, je n'en sais rien.

Oh! si je pouvais saisir cette opération, j'aurais la preuve qu'il n'y a pas eu contre-partie, car les cours varient suivant les jours, et la deuxième opération se trouve pratiquée à un prix conforme et identique à celui de la première, et précisément, le jour de cette deuxième opération il n'y a peut-être pas eu de prix pratiqué comme celui qui est mentionné.

Mais, pour saisir cette deuxième opération, il faudrait de toute nécessité qu'on pût compulser les registres du commissionnaire. Or, vous savez qu'on n'a pas le droit de compulser ces registres. On peut en demander communication, et la communication porte uniquement sur l'opération; elle ne peut pas porter sur l'ensemble des opérations, autrement la vie des commerçants ne serait plus possible.

Dans l'état actuel de notre législation, il est donc impossible de savoir s'il y a véritablement contre-partie. Par le système que je propose, la question se trouve résolue, puisque les noms sont publiés et qu'on pourra suivre l'opération inverse le jour où elle sera portée sur le tableau.

M. le Président. — Permettez-moi une objection.

Ne craignez-vous pas que cette publication des noms ne présente de grandes difficultés? Car, à côté des spéculateurs, qui font des opérations pour la forme, il y a des gens sérieux, qui font des affaires sérieuses. Si vous exigez la publication de leurs noms, c'est-à-dire la connaissance de leurs affaires, ne craignez-vous pas que les gens sérieux ne veulent plus aller dans les Bourses de Commerce pour ne pas voir publier leurs noms?

M. Guernier. — J'ai l'intention de répondre à cette objection quand j'examinerai la série des objections qu'on peut faire au système que j'indique. En ce moment, j'expose ce système; puis j'exposerai les objections.

M. le Président. — Parfaitement.

M. Guernier. — Je disais que ce système présente des avantages juridiques et moraux; il offre également des avantages économiques.

Lorsqu'on veut étrangler un marché, on ne le fait pas en un jour; c'est par une série d'opérations successives que l'on prépare ce mouvement, puis, quand on arrive en liquidation, on étrangle.

Eh bien! si les opérations sont publiées au fur et à mesure qu'elles s'accomplissent, on verra l'orage arriver, le nuage se former à toutes les périodes et, le jour où il serait sur le point d'éclater, on saurait bien qui saisir. Or, c'est précisément une des grosses difficultés auxquelles se heurtent nos magistrats, lorsqu'ils veulent réprimer les mouvements d'accaparement.

Quand on veut appliquer l'article 419 du Code pénal, il est extrêmement difficile d'établir la preuve des faits.

Au contraire, si toutes les opérations sont cataloguées et publiées, on saisira très bien l'évolution du *corner*.

Voilà, messieurs, en quelques mots, l'économie du système que je vous propose. Je sais bien qu'on fera des objections à ce système; j'en ai prévu quelques-unes, j'y répondrai brièvement.

D'abord, est-ce que par ce système vous empêcherez la dépression des cours? Vous pourrez l'empêcher dans une certaine mesure, mais pas complètement, parce que cette dépression tient à une série de phénomènes différents, notamment aux arbitrages. Mais si nous touchions tout de suite à la question des arbitrages, il faudrait bouleverser l'économie du régime commercial.

Le système que je propose est seulement un système d'attente, de préparation, d'information. Quand nous serons bien informés par ce système de la publicité, nous saisirons mieux les phénomènes sur lesquels nous n'avons que des idées trop vagues, et avec cette expérience nous pourrons compléter notre législation.

Ce système a été jugé, dit-on, parce qu'il existe en Allemagne. Mais ne nous méprenons pas sur les mots! le système allemand est tout à fait différent. On publie bien les noms, c'est exact, mais dans des conditions toutes différentes. Lorsque je veux me livrer à des opérations de spéculation, je suis obligé d'en faire une déclaration; le nom est enregistré une fois pour toutes et publié, mais on ne sait jamais la quantité d'opérations que je ferai; on ne pourra jamais saisir la préparation d'un *corner*, comme je l'indiquais tout à l'heure. Vous voyez donc que le système allemand est tout différent.

On va me faire une autre objection; je m'y attends, parce qu'elle nous touche de très près : par ce système de publicité, vous commettez un attentat contre la liberté commerciale, nous ne serons plus libres.

Je tiens à m'expliquer très catégoriquement sur ce point.

Il ne s'agit pas de porter atteinte à la liberté; vous pourrez continuer à faire toutes les opérations que vous voudrez : c'est une atteinte au secret des opérations, ce qui est tout différent. (*Très bien! très bien!*)

Il y a, en effet, un contrat dont j'ai demandé la suppression; c'est le seul contrat précisément contre lequel j'ai élevé une objection, je veux parler de l'association en participation.

En effet, si le système de publicité que je propose ne se trouve pas corroboré par la suppression des associations en participation, vous n'aurez rien fait. L'intérêt du système réside dans la publication du nom. Or, au moyen de l'association en participation on arriverait précisément à esquiver cette obligation. On se réunit à trois ou quatre, on fait une association en participation, c'est-à-dire qu'on s'engage à faire une ou plusieurs opérations commerciales, mais un seul membre de l'association traite avec les tiers, les autres restent dans la coulisse.

Par conséquent, si cette association subsiste, mon système de publicité, je le répète, est énervé et n'aboutit à rien.

Je vous demande donc, comme conséquence nécessaire, de supprimer dans ce cas particulier l'association en participation.

Mais enfin, revenons à la question du secret. Oui, je veux la publicité, c'est-à-dire que je ne veux plus du secret. Le secret est nécessaire dans les affaires. Est-il nécessaire dans toutes les affaires? Voilà la question. Il est nécessaire, lorsqu'il correspond à la dissimulation de procédés industriels. Je me suis donné la peine, par mon travail, de trouver un tour de main ou un procédé de fabrication; il est bien légitime que j'en aie seul le bénéfice; ou bien je suis commerçant, je me suis donné la peine de rechercher un débouché pour mes produits, d'étudier l'esprit d'un peuple pour lui fournir ce qu'il demande, et vous savez que c'est la grosse objection que l'on fait contre notre commerce d'exportation; nous ne connaissons pas assez nos débouchés.

Mais ici, il n'y a pas de secret, c'est un marché qui est connu de tout le monde; il n'y a pas de tour de main, pas de spécialisation, puisque ce sont des marchandises conformes à un type. La seule chose que vous viserez, c'est l'enrichissement au moyen de la spéculation. A vous, messieurs, de vous prononcer. (*Applaudissements.*)

M. DAUMONT. — Messieurs, je considère qu'il y a une question très grave à laquelle on a peu songé jusqu'à présent, c'est celle des changes.

Vous venez d'entendre parler très éloquemment des différentes causes de la baisse des blés; on a parlé des marchés fictifs.

M. LE PRÉSIDENT. — Je prie les orateurs de ne pas sortir de la question.

M. DAUMONT. — J'arrive au change.

M. LE PRÉSIDENT. — Il vaudrait mieux arriver à la question des marchés à terme. (*On rit.*)

M. DAUMONT. — J'y suis, monsieur le Président.

M. LE PRÉSIDENT. — Vous avez présenté un vœu sur le change.

Nous ne pouvons pas traiter cette question en même temps que celle des marchés à terme.

M. DAUMONT. — On fait beaucoup de change dans les marchés à terme.

M. LE PRÉSIDENT. — Vous pourrez avoir ultérieurement la parole sur votre proposition.

Je demande à présenter une obervation, en ce qui me concerne, pour bien préciser le débat. L'honorable M. Guernier vous propose un système libellé dans un vœu, qui est extrêmement ingénieux et qui, je le reconnais, serait très avantageux au point de vue du but qu'il poursuit. Mais il ne faut pas nous dissimuler qu'il est nécessaire d'envisager les choses par le côté pratique. Or, il est certain que s'il s'agissait de faire passer ce système dans la pratique il rencontrerait, si excellent qu'il soit, d'innombrables objections.

Je ne crois pas, du reste, qu'il soit facile de légiférer sur ce point. Si vous demandiez d'établir une législation dont le résultat serait de publier les noms de tous ceux qui font des opérations sur les blés et de tenir en quelque sorte un compte ouvert de ces noms, vous auriez bien des chances pour ne pas réussir dans une pareille entreprise.

On vous objecterait, j'en faisais l'observation tout à l'heure à M. Guernier, que beaucoup de gens honnêtes, sérieux, qui vont au marché des blés, ne voulant pas être confondus avec les spéculateurs, se trouveront découragés et peut-être renonceront à aller dans les Bourses de commerce.

Je crois savoir qu'au Congrès de Versailles, l'honorable M. Paisant, entrevoyant cette objection, avait, avec son expérience de jurisconsulte et de magistrat, proposé un système mitigé qui consistait à faire relever les noms par un agent de l'administration qui garderait le secret autant qu'il est possible de le garder, qui ferait ce recensement à l'intérieur de la Bourse sans le publier.

Ce serait un amendement à la proposition de M. Guernier. Mais, avant de donner la parole à d'autres orateurs, je voulais mettre le Congrès en face de cette objection, lui dire que la publication des noms soulèvera de graves difficultés.

Je donne la parole à M. le comte Zselenski, vice-président de la Société nationale d'agriculture de Hongrie.

M. LE COMTE ZSELENSKI. — Monsieur le président, messieurs, si je prends la parole, c'est parce que notre aimable rapporteur sur cette importante question, M. le président Paisant, m'a demandé de le faire.

J'ai pris la liberté d'adresser quelques lignes au quatrième Congrès international d'agriculture; je serai donc bref, pour ne pas me répéter[1].

Les marchés à terme à découvert, qui ne sont autre chose qu'un jeu, ne ruinent pas seulement l'agriculture, en faisant tellement baisser les prix que le cultivateur ne recouvre souvent même plus ses frais, sur la culture la plus importante, celle des blés, mais ils éprouvent aussi durement les classes consommantes, quand la réaction survient, comme au printemps de 1898, et quand les prix s'élèvent à plus du double des prix précédents.

Mais ce n'est pas l'agriculteur seul qui souffre des marchés à terme à découvert.

M. C. W. Smith, que je suis désappointé de ne pas voir parmi nous, nous a prouvé que les grandes crises cotonnières, qui ont si souvent inquiété les fabricants et la population ouvrière du Lancashire, sont dues, pour la plupart, aux marchés à terme à découvert.

M. van Gulpen, négociant en grand de café en Allemagne, nous dit que depuis qu'on vend, dans quelques Bourses de l'Allemagne, du café à terme à découvert, un négociant vieux type, qui ne trafique pas en café-papier, ne peut plus exister; de maigres récoltes se vendent à bas prix, et de bonnes récoltes se vendent cher, si ces dernières viennent à coïncider avec un corner.

Les négociants, minotiers et distillateurs de la Hongrie méridionale tinrent à Arad, le 21 mars 1899, une assemblée, à la suite de laquelle la maison Neumann frères adressa au Ministre du commerce de la Hongrie une pétition, dont voici les passages les plus saillants :

« Nous avons eu l'honneur d'exposer, dans notre mémoire, que nous sommes unanimes à désirer le maintien des marchés à terme légitimes, mais que, par contre, nous voyons la source de la décadence du commerce et de l'industrie dans ces marchés qui se fondent uniquement sur des différences de cours. Il est hors de doute que c'est ce jeu qui amène les excès de la spéculation à laquelle il donne lieu, mais bien plus grands encore sont les dommages que le jeu sur les différences des cours a causés au commerce des blés et aux industriels qui emploient les céréales comme matière première de leur fabrication.... Il n'est pas permis de regarder, en se croi-

____
1. Voir le Tome 1 des Travaux du Congrès, p. 131.

sant les bras, comment le pain du pauvre peuple devient l'objet d'un jeu hideux; de contempler passivement la ruine progressive du commerce et de l'industrie, parce quelques individus trouvent plaisir à mener un grand jeu de hasard à la Bourse. »

Vous voyez, messieurs, que ce ne sont pas seulement les agriculteurs qui se plaignent des marchés à terme à découvert, qui se lamentent des effets pernicieux de ce jeu, mais que des fabricants, des commerçants de maints pays joignent leurs récriminations aux nôtres.

Les défenseurs des marchés à terme à découvert prétendent qu'à la Bourse il y a deux camps, celui des haussiers et celui des baissiers, et que les prix montent ou descendent, selon que les uns ou les autres se trouvent être les plus forts.

Cela n'est pas exact. La règle générale est que les vendeurs de papier-blé font le parti des baissiers, et le public qui joue fait celui des haussiers.

Les défenseurs des marchés à terme à découvert disent qu'eux aussi aimeraient à voir abolir les abus qu'engendre ce genre de spéculation; mais ils s'empresesnt d'ajouter que la différence entre un marché à terme et un marché à terme à découvert n'est pas assez marquée, pour pouvoir proscrire le second, sans entraver l'exercice régulier du premier.

Eh bien, messieurs, ce raisonnement est faux, car avec la même logique on pourrait dire qu'il est inopportun de punir le vol, puisqu'il y a des cas où il est difficile de dire si l'action répond à la définition du mot. (*Très bien! très bien!*)

Les défenseurs des marchés à terme à découvert affirment que ce jeu rend la fluctuation des prix moins sensible.

Cette assertion est aussi erronée, comme le prouvent les tableaux graphiques dressés par Walther Mancke, et dans lequels nous voyons que depuis que le jeu en papier-blé est interdit en Allemagne, les prix du blé varient beaucoup moins à la Bourse de Berlin qu'aux autres Bourses de céréales de l'Europe et de l'Amérique.

Avant que le marché à terme à découvert fût devenu international, un négociant de blé ne pouvait réaliser de bénéfice que si le prix du blé s'élevait; un importateur n'importait du blé, que quand les prix des marchés de l'intérieur le lui permettaient. Donc négociants et importateurs avaient intérêt à ce que les prix haussent.

Depuis l'internationalisation des marchés à terme à découvert, tout cela a changé, et un négociant en blé, s'il émet du papier-blé, réalisera un bénéfice même lorsque la valeur de son blé en stock aura diminué; un importateur importera du blé lors même que les prix du blé à l'intérieur seraient plus bas que ceux du pays exportateur.

C'est le public qui joue à la Bourse — et qui y laisse pour la plupart son argent —, qui permet à ces négociants modernes ou arbitragistes, qui n'achètent que rarement du blé effectif sans émettre en même temps une quantité plus considérable de papier, de gagner de l'argent même lorsque la valeur de leurs blés en magasin a diminué.

Empêchons les joueurs de perdre leur argent à la Bourse des céréales, et aussitôt cessera, dépourvu de sève vivifiante, le marché à terme à découvert; nous ne verrons plus de marchands gagner de l'argent même quand la valeur de leur stock baisse, importer du blé étranger quand les prix sont plus bas à l'intérieur qu'à l'extérieur.

Les partisans du marché à terme à découvert admettent qu'il y a des joueurs, mais ils nous disent que le marché moderne ne peut se passer de cette forme de commerce.

J'affirme le contraire. Le marché à terme à découvert n'est qu'un jeu, et tout commerçant sérieux, qui ne veut pas s'occuper de l'émission papier-blé, ne fait que courir des risques s'il se met à acheter du blé dans une Bourse où se pratiquent des marchés à terme à découvert.

Rien ne prouve mieux ce fait que l'incident qui s'est passé, il y a quelques semaines, à la Chambre des députés de Budapest.

Un député a interpellé le Ministre du commerce de Hongrie, et entre autres choses il a dit :

« J'avais acheté 45 000 quintaux de blé livrables en juin.

« On me résilia, il y a quelques jours, 1000 quintaux au prix de 15 francs 4 centimes.

« J'offris ces 1000 quintaux de blé successivement aux quatre grandes minoteries de Budapest, mais aucune ne voulut m'acheter ce blé, disant qu'elles ne pouvaient s'en servir pour faire de la farine.

« Même pour 14 francs elles ne voulaient acheter le blé que j'avais payé le même jour 15 francs 4 centimes.

« Ce qui se fait à la Bourse des céréales de Budapest, ce n'est pas du commerce, c'est de la friponnerie.

« Le blé qu'on livre à ceux qui ne se contentent pas de résoudre le marché par le paiement d'une simple différence, est d'une qualité si mauvaise qu'on ne peut plus s'en débarrasser.

« De cette manière on force tout le monde à résoudre le marché par le payement d'une différence.

« L'état financier de nos agriculteurs est mauvais. Il ne peut s'améliorer que si le prix du blé hausse.

« Or, au moyen des marchés à terme à découvert, opérant avec des blés impropres à la mouture, les baissiers parviendront à faire baisser le prix du blé à 10 francs, si le gouvernement ne met de l'ordre à la Bourse. »

Je finis en vous priant, messieurs, d'adhérer aux propositions que la première Section présente pour combattre les effets très pernicieux des marchés à terme à découvert. Je prie, en outre, mes collègues des différents pays de faire tous leurs efforts pour persuader leurs gouvernements d'imiter l'exemple de l'Allemagne, car cette question ne peut être tranchée efficacement que si la plupart des pays se décident à poursuivre, comme illicites, les marchés à terme à découvert. (*Applaudissements.*)

M. LE Dr ROESICKF GOERSDORF. — Messieurs, je tiens à confirmer ce que vient de dire M. le comte Zselenski sur les marchés à terme en Allemagne.

La loi du 22 juin 1896 a interdit complètement les marchés fictifs, c'est-à-dire ceux qui, dans l'intention des parties, doivent se régler par des différences, et ils n'ont jamais été rétablis.

On a imprimé le contraire dans les journaux français qui soutiennent la Bourse de Commerce : c'est une erreur absolue. On a rétabli, ou plutôt établi de nouveau à Berlin la Bourse, c'est vrai, mais seulement dans le but d'y faire des affaires légales, c'est-à-dire de véritables affaires à livrer (*Lieferungsgechäfte*) et non pas une maison de jeu, où se traitent des affaires à terme, c'est-à-dire reposant sur une marchandise d'un type rigoureusement déterminé et dans lequel la livraison n'intervient qu'une fois sur dix ou sur cent. C'est à ces affaires qu'est réservé le mot allemand de *Boersentermin-handel*, de *Differenzspiel*. On m'a dit qu'entre le *Differenzspiel* et le *Lieferungshandel* il y a la même différence qu'entre le marché de Paris qui se tient tous les jours à la Bourse de Commerce et que fréquentent des spéculateurs, et la Halle aux blés qui se tient dans le même local tous les mercredis, où l'on voit beaucoup de cultivateurs et de meuniers auxquels viennent s'adjoindre trop de parasites.

Puisqu'il a été question de la loi allemande du 22 juin 1896, permettez-moi de vous en dire un mot, car je la connais bien. C'est la Ligue agraire dont je suis le président qui l'a préparée en grande partie. J'ai notamment proposé l'article 48 qui établit en principe la différence entre le marché à terme réel et le marché à terme fictif.

On a dit au Congrès de Versailles, on a répété ici que cette différence était impossible à établir dans la pratique. Je suis tout à fait d'accord avec M. Guernier, mais les chemins que nous voulons suivre tous les deux sont un peu différents.

J'ai suivi depuis trois ans tous les arrêts de la Cour suprême de Leipzig, des *Ober-verwaltungsgerichtes* à Berlin sur cette question, et je puis vous affirmer que la distinction est possible et qu'elle a été faite dans la pratique.

La Cour de Leipzig a fait une distinction qui est générale. Elle a dit : La différence entre le marché à terme qui est légal, et le marché à terme qui est défendu, est celle-ci : c'est que le premier a pour objet une *marchandise concrète* et que le dernier a pour objet une *marchandise abstraite*.

Je ne saurais affirmer si ce sont bien les termes dont s'est servi l'arrêt, mais c'en est bien là le sens, et en Allemagne nous avons trouvé cette différence géniale.

Il est vrai que la loi du 22 juin 1896 n'a pas encore produit tous les effets que nous en attendions. Cela tient à trois raisons : la première, c'est que son application n'a jamais été tout à fait complète, le Gouvernement ayant voulu négocier entre les intéressés, agriculteurs, courtiers et commerçants; la deuxième, c'est que la publication complète des cours n'a pas été possible; on a bien institué, d'après la loi, des commissions dans ce but, mais elles n'ont guère de moyens de se renseigner, surtout depuis qu'on a pris l'habitude de se passer de courtiers. La base sur laquelle reposent les cotes allemandes n'est pas tout à fait authentique; pour remédier à cet inconvénient, nous demandons la déclaration obligatoire de toutes les opérations sur les céréales.

Enfin, la troisième raison qui neutralise l'action de la loi consiste dans l'absence de toute sanction pénale.

L'excitation au jeu sur denrées agricoles devrait être un véritable délit; elle est plus grave que l'excitation à la débauche, parce que, en plus de sa victime première dont elle dénature le sens moral, elle atteint l'agriculture tout entière et, par conséquent, la nation elle-même. (*Très bien! très bien!*)

Telle qu'elle est cependant, la loi de 1896 nous a rendu des services : la régularité des cours est beaucoup plus grande; nous sommes beaucoup plus garantis contre des mouvements de baisse excessive ou contre des mouvements de hausse exagérée, qui ne sont pas moins funestes.

Par conséquent, lorsque les partisans des marchés fictifs citent en leur faveur l'exemple de l'Allemagne, je n'ose pas dire qu'ils vous trompent sciemment, mais j'affirme qu'ils commettent une erreur et je les invite à venir prendre sur place des renseignements plus exacts.

Mais je voudrais ajouter encore ceci : il est insuffisant de réglementer les Bourses de Commerce dans un pays si l'action néfaste du jeu peut continuer à se faire sentir sur le marché international. C'est pour cela que je votai en faveur de la réglementation des Bourses de Commerce à Versailles et que je voterai ici la résolution internationale qui vous est proposée.

Ce n'est d'ailleurs qu'un côté de l'ensemble des remèdes qui peuvent guérir l'agriculture du monde entier de la crise dont elle souffre. Un autre remède, c'est l'organisation de la vente du blé, que nous avons aussi votée.

Messieurs, l'agriculture de tous les pays a les yeux fixés sur la commission internationale qui va être nommée et qui saura, je l'espère, répondre à son attente. (*Applaudissements.*)

En ce qui concerne la proposition de M. Guernier, qui contient ces mots : « Ces bordereaux devront faire connaître les noms des parties, les quantités et les poids des marchandises livrées », je suis de l'avis de notre président, M. Méline. Si j'ai bien compris ses observations, cette disposition ne sera qu'une gêne, une vexation pour le commerce. J'hésite, pour ce motif, à voter en faveur de cette proposition et je demande qu'elle soit mise aux voix par division. (*Applaudissements.*)

M. LE PRÉSIDENT. — La parole est à M. Souchon, professeur à l'École de droit.

M. SOUCHON. — Messieurs, je voudrais vous présenter de très courtes observations au sujet du vœu que formulait tout à l'heure M. le président Paisant. Ce n'est pas pour le combattre, bien que je sois professeur à l'École de droit. (*On rit.*) Et en remerciant tout particulièrement M. Paisant pour le témoignage beaucoup trop flatteur qu'il voulait bien rendre tout à l'heure de notre modeste collaboration au Congrès de Versailles, je dois l'assurer qu'on peut enseigner l'économie politique sans être hypnotisé par les prétendus dogmes de l'ancienne économie politique, en ayant sentiment des réalités avec la conscience que la science économique est beaucoup plus une science de la vie qu'une science du livre. (*Applaudissements.*)

C'est vous dire, messieurs, que je suis en parfait accord avec M. Paisant sur l'importante question des marchés à terme et surtout des marchés fictifs, qui sont une cause de dépression pour le prix des blés. Je suis d'accord avec lui sur ce point, qu'on pourrait atteindre ces sortes de marchés par une sanction civile, en annulant le marché à terme lorsque ce marché est un véritable marché fictif.

Je sais bien que certains juristes ont sur ce point des scrupules; ils disent qu'il est absolument impossible de distinguer le marché fictif du simple marché à terme. Je crois que, s'il s'agissait de distinguer dans un cours, au point de vue théorique, la distinction serait en effet assez délicate. Mais je me figure que pour des juges, qui ont parfaitement le droit de juger en fait, cette distinction n'a rien de bien difficile, et que, quand ils verront devant eux par exemple un fabricant de machines qui aura acheté 1000 quintaux de blé, il ne leur sera pas difficile de dire : Cet homme est un spéculateur et un joueur.

Nous avons déjà un exemple en Allemagne. Le texte de la loi allemande est, au point de vue civil, tout aussi imprécis que celui qui pourrait être voté en France; cela n'empêche pas la Cour suprême de Leipzig de l'appliquer en faisant la distinction entre les marchés fictifs et les marchés à terme réels.

M. le président Paisant soutenait tout à l'heure l'idée d'une sanction pénale, mais il ne le faisait qu'avec une certaine faiblesse; c'est un point de son vœu qu'il semblait prêt à abandonner lui-même. Il me semble cependant qu'il y a là quelque chose d'intéressant, à condition de préciser. Je suis partisan d'une sanction pénale, mais en sachant bien contre qui elle pourrait s'appliquer. Or, je ne crois pas qu'on puisse dire : On punira les joueurs parce qu'ils ont joué. Les joueurs, trop souvent, ont déjà perdu leur argent et c'est une sanction qui a bien son prix. En outre, il serait très difficile de faire la preuve contre eux. Pourquoi ? C'est que, quand il s'agit d'appliquer un texte de loi pénale, il faut plus de rigueur que lorsqu'il s'agit d'appliquer un texte de la loi civile et aussi, parce que dans l'affaire civile, on a les deux parties l'une contre l'autre, l'une cherchant à prouver à l'autre que l'opération a été une opération de jeu pour faire annuler le marché; ce qui aide la preuve, tandis que dans la poursuite pénale les deux parties chercheront à prouver qu'il n'y a pas eu jeu, pour ne pas être punies, ce qui rendra la preuve plus difficile.

Je crains même qu'en ayant une sanction pénale contre les joueurs on ne rende vaine la sanction civile. Il pourrait, en effet, arriver qu'un joueur ayant perdu eût l'intention de faire annuler son contrat par l'exception de jeu, c'est-à-dire de faire jouer la sanction civile et qu'il fût arrêté dans cette intention par cette crainte : Si je fais jouer la sanction civile, je m'exposerai à être poursuivi et je ne veux pas encourir une peine qui aurait un caractère infamant.

Restent donc les courtiers. Je ne crois pas qu'on puisse dire : On va frapper les courtiers uniquement parce qu'ils auraient été les intermédiaires d'une opération de jeu quelconque. En effet, ils plaideront toujours la bonne foi et toujours ils seront acquittés parce qu'ils pourront toujours démontrer tout au moins qu'il y a doute, qu'il pouvait y avoir doute dans leur pensée sur le caractère fictif du marché, sur le jeu.

Mais il y a quelque chose qu'on pourrait atteindre très facilement; c'est ce qu'on comparait tout à l'heure à l'excitation à la débauche, je veux dire l'excitation au jeu. Quand un homme envoie des prospectus comme ceux dont parlait M. Paisant, s'adressant à des gens qui n'ont jamais mis les pieds à la Bourse, ne sachant pas ce qu'est un marché à terme ou un marché fictif, et quand il leur dit : « Vous n'avez qu'à venir, vous gagnerez beaucoup d'argent d'une façon très simple, » cet homme commet un véritable abus, une excitation à une débauche particulière.

Par conséquent, je suis d'avis que c'est ce point, et rien que ce point, qu'il faudrait atteindre par l'action pénale. Je crois qu'avec la sanction civile d'un côté, avec la sanction pénale contre l'excitation au jeu d'un autre côté, on aurait quelque chose de très suffisant. Cela permettrait de ne pas insister sur le vœu formulé tout à l'heure par M. Guernier qui me semble très dangereux, parce qu'il a quelque chose d'inquisitorial. Et j'estime que, quel que soit le but pour lequel on établit une inquisition, que ce soit pour asseoir l'impôt sur le revenu ou pour toute autre cause, l'inquisition est toujours mauvaise. Nous avons les moyens d'agir suffisamment contre les marchés à terme fictifs sans en arriver là. C'est ce que j'ai l'honneur de proposer au Congrès. (*Applaudissements.*)

M. LE PRÉSIDENT. — Je crois que nous pouvons clore la discussion générale. (*Assentiment.*)

La proposition de M. Paisant est de nature à offrir un terrain de transaction excellent pour la sanction à donner aux marchés fictifs.

Je n'ai plus qu'à lire les vœux qu'on pourra amender dans le sens des idées qui viennent d'être indiquées.

La première Section propose les vœux suivants :

1º « Que les Bourses de Commerce fassent l'objet d'une réglementation légale. »

Je mets aux voix ce premier vœu. (*Le vœu est adopté.*)

M. LE PRÉSIDENT. — 2º « Que les marchés sur denrées agricoles qui n'ont pas pour but d'arriver à la livraison des marchandises et qui ne sont que de simples opérations de jeu, restent sans sanction civile et soient réprimés par des dispositions pénales. »

C'est ici que, si l'on adoptait les idées de M. Souchon, il faudrait introduire la correction et dire :

« Que les provocations au jeu soient réprimées par des dispositions pénales. »

UNE VOIX. — Comment reconnaître les provocateurs?

M. LE PRÉSIDENT. — C'est une législation à faire.

M. LE Dʳ RŒSICKE-GOERSDORF. — Il doit y avoir une sanction pénale quand il y a provocation au jeu. L'exemple que nous avons en Allemagne montre que la surveillance des Bourses de Commerce est tout à fait inefficace si l'on ne peut pas déférer au juge pénal les personnes qui jouent à terme.

M. LE PRÉSIDENT. — Il y a une nuance. M. Souchon ne propose pas de punir par des peines corporelles ceux qui jouent, qui font des marchés à terme fictifs. Il estime que c'est excessif, et je trouve qu'il a raison. Il veut simplement punir ceux qui, par des brochures, prospectus, etc., provoquent à ces opérations. M. Rœsicke veut punir ceux qui les font.

M. LE D^r RŒSICKE-GOERSDORF. — La disposition qu'on vient de proposer est toute différente de celle qui avait été adoptée par la première Section; c'est pour cela que je propose de s'en tenir au texte primitif. Nous ne voulons pas seulement punir la provocation; nous demandons une sanction pénale pour le jeu lui-même. Voilà notre but. (*Applaudissements sur divers bancs.*)

M. LE PRÉSIDENT. — La question est bien posée et le Congrès va la résoudre.

Il y a deux ordres d'idées différents : l'amendement de M. Souchon consiste à limiter les poursuites aux personnes qui poussent au jeu, M. Rœsicke demande qu'on applique les poursuites même à celles qui jouent.

Une législation de ce genre me paraît très draconienne. Prenez garde d'aller trop loin. Je pense que l'annulation d'un marché au point de vue civil, c'est déjà une punition pour le joueur; mais y ajouter la prison, intenter des poursuites correctionnelles contre tous ceux qui, de près ou de loin, pourraient se livrer à des marchés à terme, cela me paraît excessif. Ce serait exposer à des poursuites correctionnelles toutes les personnes qui font des opérations à terme, car ces opérations frisent le jeu.

M. DAUMONT. — Un mot pour préciser.

Dans la question des marchés à terme il faut bien spécifier et dire qu'il s'agit des marchés à terme « sur produits du sol ». Car il y a un théorème mathématique qui n'a pas été envisagé.

Mathématiquement, la spéculation à la hausse sur les valeurs est rationnelle, comme la spéculation à la baisse sur les blés est toujours raisonnable, et voici comment.

Une valeur, c'est une dette : qu'il s'agisse d'actions, d'obligations, de valeurs d'État ou autres, tous les jours ces valeurs acquièrent une parcelle de leur intérêt; elles vont toujours en haussant d'une façon générale.

Le blé est un produit du sol; tous les jours il perd un peu de sa valeur; il faut le mettre en magasin; de là, des frais de magasinage, d'entretien, de manutention. Il va en se dépréciant, en perdant de sa qualité; bien plus, chaque jour le rapproche d'une récolte nouvelle, d'où possibilité de recharger le marché.

De là, une différence absolue entre les deux sortes de marchés à terme. Voulez-vous d'autres différences? Sur les valeurs, on trouve de l'argent à très bon compte; sur le blé, il faut payer très cher. Les conditions sont donc essentiellement différentes, de sorte que les valeurs ont tendance à hausser, les produits du sol tendance à baisser.

L'Amérique, qui est le pays des grandes découvertes, a su, depuis dix-huit ou vingt ans, pas davantage, créer un instrument qui jette actuellement la désolation sur toutes les places commerciales. Je demande donc que l'on distingue nettement les marchés à terme sur les produits du sol et ceux qui s'exercent sur les valeurs.

M. LE PRÉSIDENT. — Il ne s'agit ici que des produits du sol. Nous ne nous occupons que des marchés à découvert sur les denrées agricoles. C'est le titre même de la question soumise au Congrès.

M. LE D^r RŒSICKE-GOERSDORF. — Il faut remarquer que nous ne faisons pas ici une loi ; nous indiquons un principe, et on ne peut pas indiquer un principe en établissant de vaines et subtiles distinctions. Dire que la sanction pénale s'appliquera seulement aux courtiers et aux gens du peuple qui seront provoqués au jeu, n'est pas ce que nous avons à faire ici ; c'est l'œuvre du législateur. Ici, nous devons simplement trancher la question de principe, et je crois qu'on ne peut la trancher que de la manière que je propose, en frappant le jeu d'une sanction pénale. (*Applaudissements sur divers bancs.*)

M. LE PRÉSIDENT. — Je me permettrai de soumettre une réflexion à M. le D^r Rœsicke. Il résulterait de son observation que, comme nous ne sommes pas des législateurs, nous pouvons demander des choses excessives. Or, on risquerait ainsi de diminuer l'autorité des résolutions du Congrès.

Je vous mets en face de cette difficulté très grosse : si vous correctionnalisez toutes les poursuites pour marchés à terme, vous autoriserez le procureur de la République, quand il lui plaira, à intenter des procès à tous ceux qui font des marchés à terme. Prenez garde que la politique n'intervienne quelquefois dans ces procès! (*Applaudissements.*)

La situation est tout autre quand il s'agit d'un monsieur qui pousse les autres au jeu. C'est une profession qui n'est pas digne d'être encouragée. (*Très-bien!*)

Je mets aux voix l'amendement de M. Souchon :

« Que les provocations au jeu soient réprimées par des dispositions pénales. » (*Cet amendement est adopté.*)

M. LE PRÉSIDENT. — La deuxième résolution serait donc ainsi modifiée :

« 2° Que les marchés sur denrées agricoles qui n'ont pas pour but d'arriver à une livraison des marchandises et qui ne sont que de simples opérations de jeu, restent sans sanction civile et que les provocations au jeu soient réprimées par des dispositions pénales.

« 3° Que le vendeur à terme cesse d'avoir la faculté de choisir le jour de la livraison à sa seule volonté, dans le mois de l'échéance. » (*Adopté.*)

M. LE PRÉSIDENT. — Voici le texte de la quatrième résolution.

« 4° Que la fixation des cours des denrées agricoles résulte de la moyenne de l'ensemble de toutes les opérations effectuées dans la journée à la Bourse de Commerce ; que ces opérations fassent l'objet d'une déclaration rendue obligatoire, et que les bordereaux soient rendus publics ; qu'ils fassent connaître les noms des parties, les quantités, les prix et les dates des livraisons. »

M. LE D^r RŒSICKE-GOERSDORF. — J'ai demandé le vote par division.

M. LE PRÉSIDENT. — La quatrième résolution comprend, en effet, deux parties distinctes. Sur la première partie, je crois que nous sommes tous d'accord : « Que la fixation des cours des denrées agricoles résulte de la moyenne de l'ensemble de toutes les opérations effectuées dans la journée à la Bourse de Commerce. »

M. NICOLAS. — Comment ferez-vous si vous excluez les opérations de jeu?

M. LE PRÉSIDENT. — C'est une observation assez juste. On pourrait dire que les opérations à terme qui ne seraient pas recensées ne figureraient pas dans les cours.

M. GUERNIER. — Qui pourra les apprécier?

M. NICOLAS. — Les courtiers eux-mêmes.

M. GUERNIER. — Cette appréciation est difficile.

M. NICOLAS. — C'est très facile. Les courtiers auront intérêt à ne pas déclarer des opérations qui pourraient les compromettre.

M. GUERNIER. — Ils prendront leur courtage et ne s'amuseront pas à déclarer qu'il y a eu opération fictive.

M. Paisant. — Il faut bien saisir la portée du vœu : il ne s'agit pas de la moyenne des affaires, mais d'une moyenne proportionnelle sur toutes les affaires. S'il y a 20 cours à 10 francs et 18 cours à 15 francs, la moyenne ne sera pas la même : il faut établir une proportion.

M. le Président. — Proposez-vous une autre formule ?

M. Paisant. — Je trouve suffisante celle qui est proposée, mais avec le sens que j'indique.

M. le Président. — M. Paisant ne fait aucune objection à la première partie de la résolution. Je la mets aux voix.

(La première partie de la quatrième résolution est adoptée.)

M. le Président. — Nous arrivons à la partie délicate, à celle qui rend obligatoire la déclaration. Voici d'ailleurs le texte même qui est proposé :

« Que ces opérations fassent l'objet d'une déclaration obligatoire, que les bordereaux soient rendus publics et qu'ils fassent connaitre les noms des parties, les quantités, les prix et les dates des livraisons. »

M. le Dr Rœsické-Goersdorf. — Je demande la suppression de la dernière phrase.

M. le Président. — Vous acceptez que ces opérations fassent l'objet d'une déclaration rendue obligatoire, mais vous ne voulez pas qu'elles soient publiées ?

M. le Dr Rœsicke-Goersdorf. — C'est bien cela, monsieur le président.

M. le Président. — Je mets aux voix les mots :

« Que ces opérations fassent l'objet d'une déclaration obligatoire. »

(Ces mots sont adoptés.)

M. le Président. — Il reste à voter sur la dernière partie de la formule.

M. Guernier. — La loi allemande n'oblige-t-elle pas ceux qui veulent se livrer à des opérations à terme à donner leurs noms ?

M. le Dr Rœsicke-Goersdorf. — Oui, leurs noms sont inscrits sur une liste; mais on n'inscrit pas toutes les opérations. C'est autre chose. Les opérations qu'on fait à la Bourse sont déjà connues par la déclaration obligatoire.

M. le Président. — Mais il n'y a pas publication.

M. Guernier. — Je tenais à faire bien préciser ce point, parce que j'y trouve un intérêt.

L'objection qu'on a soulevée contre la publication des noms est celle-ci : Vous allez livrer à la publicité les noms des personnes qui font des opérations sérieuses, elles seront confondues avec les spéculateurs. Or, la loi allemande, qui a été votée par M. Rœsicke lui-même, fait la même chose, puisque les gens sont tenus de déclarer qu'ils font des opérations.

M. Lavollée. — Il y a une différence considérable entre la loi allemande et le texte qui nous est proposé. En Allemagne, on demande à ceux qui font le commerce de blé de faire connaître une fois pour toutes leurs noms, sans indiquer la nature de leurs opérations. Or, ce qu'on nous propose, c'est de livrer au public le détail des opérations quotidiennes avec leur importance. Entre les deux systèmes, il y a un abîme. J'ai voté la première disposition, je ne voterai jamais la dernière.

M. le Président. — Je mets aux voix la dernière phrase dont M. le Dr Rœsicke demande la suppression.

(La dernière phrase de la quatrième résolution n'est pas adoptée.)

M. le Président. — Reste la cinquième résolution ainsi conçue :

« 5° Que l'association en participation, ayant pour objet des marchés de livraison de denrées agricoles, soit interdite par la loi. »

M. Guernier. — Cette résolution n'a plus d'intérêt.

M. le Président. — Je la mets aux voix.

(La cinquième résolution est adoptée.)

M. le Président. — Il reste encore à statuer sur deux vœux qui sont le complément de cette importante matière : l'un est relatif à la question des changes, c'est celui dont parlait M. Daumont ; l'autre concerne les encouragéménts à donner à la meunerie et à la boulangerie.

Il est trop tard pour les discuter maintenant ; ils seront inscrits en tête de l'ordre du jour de la prochaine séance.

Étant donnée l'importance des questions qui restent à examiner, je vous propose, messieurs, de tenir votre prochaine séance dans l'après-midi d'aujourd'hui, et de la fixer à trois heures.

Les Sections se réuniraient avant la séance générale. (*Assentiment.*)

M. Henry Sagnier, *secrétaire général*, donne à MM. les membres du Congrès diverses indications au sujet du banquet et de l'excursion de dimanche.

En ce qui concerne le banquet, il prie les membres étrangers qui n'ont pas reçu ou qui n'ont pas retiré leur invitation, de vouloir bien la prendre, en donnant leur nom au bureau spécial qui leur est consacré.

Pour l'excursion, il est indispensable, en vue de son organisation, que les membres du Congrès qui veulent y prendre part, se munissent sans retard des cartes spéciales mises à leur disposition.

(La séance est levée à midi.)

DEUXIÈME SÉANCE DU VENDREDI 7 JUILLET

Présidence de M. le marquis DE VOGÜÉ
Vice-Président.

La séance est ouverte à trois heures.

M. le Président. — Messieurs, notre éminent président, M. Méline, est retenu à la Chambre des députés par les travaux législatifs ; c'est à moi, comme vice-président, qu'incombe la mission de diriger vos travaux.

M. Hannotin, *l'un des secrétaires*, donne lecture du procès-verbal de la 1ʳᵉ séance générale de ce jour.

Le procès-verbal est adopté.

Les marchés à découvert sur les denrées agricoles.

M. LE PRÉSIDENT.—La parole est à M. le secrétaire général pour un complément à la discussion de ce matin.

M. HENRY SAGNIER, *secrétaire général du Congrès*. — Messieurs, vous avez émis ce matin, sur la question des marchés à découvert, un certain nombre de vœux qui sont définitifs. Vous avez été saisis, en outre, de propositions additionnelles se rapportant à la mévente des blés, mais ne se référant que d'une manière indirecte à la question qui a été discutée, c'est-à-dire à celle des Bourses de Commerce.

Je vais les exposer très brièvement; le Congrès statuera.

Le premier est présenté par MM. Stanislas Tétard et Schweitzer; aux termes du règlement du Congrès, ce vœu a été préalablement présenté à votre 5ᵉ Section qui l'a adopté. Il est ainsi conçu :

« Considérant que la transformation du blé en pain destiné à la consommation des producteurs eux-mêmes est de nature à restreindre dans une large mesure l'influence de la dépréciation des cours ;

« Émet le vœu :

« 1º Que les syndicats agricoles encouragent la création de meuneries-boulangeries en coopération ;

« 2º Que, dans ce but, soient annexées aux écoles d'agriculture des meuneries-boulangeries de démonstration, pour l'étude et l'application des procédés de mouture et de panification adaptés aux besoins de l'agriculture. »

(Le vœu est adopté.)

M. LE SECRÉTAIRE GÉNÉRAL. — Une autre proposition a été présentée par M. Paul Daumont, relativement à l'établissement de tarifs différentiels douaniers, suivant le cours de l'or dans les pays d'où proviennent les blés. Mais cette proposition additionnelle n'a pas été discutée, à notre connaissance, par la Section d'économie rurale.

Cette question est extrêmement complexe; c'est pourquoi votre Bureau vous demande de la renvoyer à a Commission internationale d'agriculture, pour qu'elle soit étudiée et présentée ultérieurement, s'il y a lieu, à une réunion du Congrès.

M. DAUMONT. — Ne pourrais-je pas exposer en quelques mots l'économie de mon projet, dont le principe a été adopté au Congrès de Versailles?

M. LE PRÉSIDENT. — Il me paraît bien difficile que le Congrès se prononce si rapidement sur une question aussi ardue.

M. DAUMONT. — La question est très simple.

M. LE SECRÉTAIRE GÉNÉRAL. — Mais comme elle soulève des questions d'ordre extrêmement multiples, et qu'elle peut susciter de longs débats, je vous demande, au nom du Bureau du Congrès, la permission de maintenir la demande de renvoi à la Commission internationale d'agriculture.

M. DAUMONT. — M. le président Méline m'avait fait espérer que je pourrais discuter la question devant le Congrès.

M. LE SECRÉTAIRE GÉNÉRAL. — Je ne dis pas que la question ne mérite pas d'être étudiée par le Congrès, mais notre ordre du jour est extrêmement chargé, nous avons à nous occuper d'une série de sujets très intéressants.

La question des blés a déjà pris deux séances entières; nous arriverions à la fin du

Congrès, sans pouvoir aborder les discussions sur lesquelles un très grand nombre de rapporteurs nous ont apporté des travaux très importants. Nous serions, vis-à-vis d'eux, dans une situation tout à fait défavorable si, leur ayant demandé ces travaux, nous n'en examinons pas les résultats.

La question est introduite, elle reviendra.

M. DAUMONT. — Il n'aurait fallu que quelques minutes de discussion ; mais je m'incline.

(Le vœu est renvoyé à la Commission internationale.)

M. LE SECRÉTAIRE GÉNÉRAL. — M. Gaston Fribourg, ancien receveur de l'enregistrement et des domaines en Allemagne, nous a transmis une note dans laquelle, après avoir insisté sur les souffrances de l'agriculture et les relations qui existent entre la valeur du sol et le cours de ses produits, il conclut à l'étude, pour le prochain Congrès international d'agriculture, de la création d'un bureau international de statistique du sol et de sa valeur.

Je propose également le renvoi à la Commission internationale.

M. LE PRÉSIDENT. — Il n'y a pas d'opposition ?...

(Le renvoi est ordonné.)

Assurances agricoles.

M. LE PRÉSIDENT. — L'ordre du jour appelle la communication de M. Calvet sur les assurances agricoles.

La parole est à M. Calvet, rapporteur de la 1re Section.

M. CALVET, *sénateur*. — Messieurs, au nom de la 1re Section du Congrès, j'ai l'honneur de vous apporter les conclusions votées par elle après discussion, et qui vous sont soumises pour plus ample délibération si vous le jugez utile ; je m'excuse de m'en tenir à un exposé sommaire afin de ne pas abuser de l'attention de l'assemblée générale.

Il s'agit des assurances agricoles, dont le champ est tellement vaste qu'on peut dire que, sans la mise en exploitation et en valeur de ce champ, une foule des améliorations agricoles aujourd'hui en voie de s'accomplir ne produiraient pas leur entier effet. Il me suffira de vous citer un des chiffres présentés en section, relativement à une seule branche des assurances agricoles, celle qui intéresse, il est vrai, le plus l'ensemble de la propriété, grande, moyenne et petite, l'assurance du bétail.

Vous n'ignorez pas que, dans le monde entier, l'attention des agriculteurs se porte vers l'assurance du bétail. On discute sur les formes de cette assurance, sur l'intervention de l'État, sur son caractère obligatoire ou facultatif ; c'est, à coup sûr, une des questions qui ont le plus occupé le monde agricole dans le dernier quart de ce siècle. On le comprendra facilement si l'on songe que, pour la France par exemple, il s'agit d'une valeur en capital de plus de 6 milliards de francs, dont l'assurance ne garantit jusqu'ici que 60 à 70 millions environ, c'est-à-dire la 120e partie à peine du capital menacé par les épizooties ou les pertes normales.

Voici la conclusion de votre 1re Section en ce qui concerne l'assurance agricole, en général :

« Dans l'assurance agricole, qu'elle s'applique à la personne de l'agriculteur (accidents du travail) ou à ses biens meubles ou immobiliers (récoltes détachées du sol ou sur pied, bétail de travail ou de rente), il y a avantage à recourir à la *mutualité*, avec sociétés locales autonomes à la base, solidarisées entre elles par une fédération aussi étendue que possible. — *à la condition toutefois que le risque soit suffisamment défini.* »

Si le risque est défini d'une façon incomplète, comme il l'est encore pour la grêle, il est évident que la mutualité proprement dite, — non pas la mutualité avec capital de garantie initial, — s'engagerait dans une voie dangereuse. Il faut que le risque soit défini pour que les cotisations, ou du moins la cotisation maxima, le soient, et pour que la mutualité puisse agir en toute sécurité; c'est le cas de l'assurance-incendie, qui a été l'œuvre du siècle tout entier.

Au début, lorsque, les capitaux s'agglomérant, l'assurance-incendie a pris jour, les compagnies qui se sont formées ont eu des fortunes très diverses; certaines ont succombé; d'autres ont pris un essor admirable, et, peu à peu, la loi du grand nombre s'affirmant par des statistiques très précises, on est arrivé à la certitude mathématique. Je dis « mathématique », en ce sens que les compagnies à primes fixes qui, depuis trois quarts de siècle, ou un demi-siècle, — certaines sont plus récentes, mais prospèrent également, — fonctionnent à merveille, perçoivent 45 à 50 pour 100 de plus de primes qu'il n'y a de sinistres. Sans doute, elles ont des frais considérables; néanmoins, l'on peut estimer que l'heure de la mutualité est venue pour l'assurance-incendie. Sans sortir de notre sujet, qui est l'assurance agricole, on peut dire que l'assurance contre l'incendie est un exemple encourageant.

En ce qui concerne la grêle, la gelée, les inondations, les grands sinistres publics, il y a beaucoup plus d'incertitudes. Quant au bétail, nous arrivons avec assez de précision à estimer les accidents, surtout avec les progrès de l'art vétérinaire; on peut dire qu'ils ne dépassent pas 1 et demi pour 100.

Je ne veux dire qu'un mot des accidents agricoles pour ne pas prolonger mon exposé; c'est une question neuve; et nous avons dû, dans la Section, avoir recours à des hypothèses, parce que nous n'avions pas de documents précis.

Jusqu'ici, quand on parlait d'accidents du travail, on entendait parler des ouvriers de l'industrie. Nous, ruraux, nous savons cependant qu'il y a beaucoup d'accidents que nous voudrions prévoir; il faut y arriver. La loi française n'a pas, au même degré que la loi allemande, imposé l'obligation; cependant, pour l'agriculture, elle a admis un cas d'obligation, de responsabilité du propriétaire vis-à-vis de ses employés ou agents; c'est le cas où un moteur inanimé se trouve sur le domaine; mais nous voulons aller plus loin et introduire l'assurance facultative pour tous les autres accidents.

Afin d'apprécier l'importance de l'assurance en cette matière, je vous donnerai un chiffre que nous avons improvisé, sauf, bien entendu, rectification par l'expérience; car nous n'avions pas de données précises. Nous avons estimé que, pour la France, il y a 10 millions de travailleurs ruraux, que le salaire de chacun d'eux peut être évalué à 1000 francs, en moyenne, nourriture comprise, soit 10 milliards de francs de salaires.

Les expériences les plus prolongées en matière d'accidents du travail sont celles de l'Allemagne; elles ont abouti à l'établissement d'une prime de 2,1 pour 100 des salaires pour faire face aux sinistres.

Il est évident qu'en agriculture le risque n'est pas aussi considérable que dans l'industrie, et qu'on peut se contenter de 1 pour 100 au lieu de 2,1 pour 100; nous restons assurément ainsi en deçà de la vérité. Il s'agit donc de 100 millions par an de risques.

En additionnant cet ensemble de risques agricoles pour notre pays, celui que nous connaissons le mieux, — le même calcul pourrait être fait pour toutes les nations qui ont le même ordre de civilisation — vous voyez que, pour la France, nous aurions près de 100 millions de francs de frais d'assurance-bétail par an, parce que beaucoup de pertes ne sont pas relevées par les statistiques, pour les accidents des ouvriers agricoles.

Pour la grêle, je n'ai pas de chiffres rigoureux; dans certaines années, les accidents atteignent 100 millions; ils ne descendent guère au-dessous de 70 millions. Pour la gelée, les inondations, le chiffre est encore considérable.

Au total, les frais agricoles que l'assurance doit arriver à couvrir varient donc de 400 à 500 millions de francs.

Il apparaît ainsi, avec évidence, qu'il ne suffit pas d'organiser le crédit agricole, de faciliter les débouchés à l'agriculture par des lois comme celle du warrant agricole. Il faut d'abord que ces récoltes que le crédit nous donne le moyen de créer et que la loi du warrant nous donne le moyen de réaliser, soient conservées; aussi l'assurance agricole est-elle en première ligne des *desiderata* des populations rurales.

Nous avons dit que la forme de la mutualité libre est celle qui doit être préférée; la question n'a pas fait doute dans la Section. Je n'y insisterai pas ici.

Nous avons ajouté qu'il convient de solidariser, par une fédération aussi étendue que possible, les sociétés locales. Cela se comprend. Vous savez quelle variabilité, suivant les régions et suivant les années, présente, par exemple, la mortalité du bétail. Ce qui garantit la sécurité, c'est que l'aire de l'assurance soit assez étendue pour que la répartition faite entre tous les sinistrés donne des chiffres acceptables, — et surtout pour que les chiffres maxima de primes ne soient pas dépassés.

J'ai ici l'étude de M. le comte de Rocquigny sur l'assurance. Il insiste sur ce point qu'il faut étendre l'aire des assurances. Comment y arriver? Est-ce par de grandes mutuelles, ou bien en fédérant les petites?

Il s'est fait en France, depuis un certain temps, plusieurs expériences que je connais pour les avoir étudiées; il en est une entre autres, que quelques-uns de mes amis et moi nous conduisons. La fédération nous donne les meilleurs résultats. Vous trouverez, dans le procès-verbal de la Section, des détails à ce sujet. Je ne veux pas prolonger la séance, je répondrai aux questions qui pourraient m'être posées; mais je puis affirmer que le type de fédération que nous avons accepté nous donne entièrement satisfaction.

Je vous demande la permission de vous lire un document qui vous montrera le résultat acquis en huit mois. Nous avons fédéré 38 cantons dans trois départements voisins. Ce qui nous ralentit, c'est la nécessité d'avoir dans chaque canton un homme spécial, dont l'éducation professionnelle doit être faite.

Chaque canton fournit sa comptabilité mensuelle à un bureau central que nous appelons bureau de la fédération, auquel il verse quelques centimes par 100 francs pour subvenir aux frais. Voici un procès-verbal d'un des bureaux cantonaux :

« Sur l'invitation qui en est faite par le président, le secrétaire-trésorier expose qu'il a reçu de l'Union fédérale — c'est-à-dire du bureau central de ces 38 cantons, dont le nombre augmente tous les jours, et, d'ici un an, s'élèvera certainement à 100 — qu'il a reçu le tableau de répartition des charges de la caisse pour le semestre écoulé. Il communique ce tableau au Conseil. Il en résulte que les charges de la caisse pour toutes les espèces, y compris les frais de fédération et les frais généraux, s'élèvent, pour tout le canton, à 255 fr. 95. Pour les couvrir, conformément au tableau communiqué par la fédération, il y a donc lieu de voter les primes suivantes par mois :

« Espèce bovine, 6 centimes 56;

« Espèce chevaline, 1re et 2e catégorie, 3 centimes 75;

« Espèces ovine, porcine et caprine, 15 centimes, le tout par 100 francs de valeur assurée et par mois de durée du contrat.

« Sur le vu de cet état — j'appelle sur ce point votre attention, vous verrez combien on en est venu à accepter, la vérification étant faite préalablement, cette sorte de discipline morale du bureau de la fédération, — le Conseil, à l'unanimité, fixe les primes à percevoir au taux indiqué ci-dessus, conformément à l'article 29 des statuts, et ordonne que l'encaissement en soit immédiatement effectué. »

Nous ne percevons rien d'avance. Il y a seulement un droit d'entrée de 1 franc versé dans la caisse de réserve. Ce droit d'entrée sert à constituer un petit capital. Ici nous touchons à une de nos conclusions qui porte qu' « il convient d'approuver l'intervention de l'État pour aider à la création des sociétés mutuelles locales, et leur fédération progressive de garantie, par zones d'égal risque. »

Cette prime d'entrée va à la caisse de réserve. Nous constituons ces sociétés à l'aide des fonds de concours que la mesure prise par le Parlement, sur l'initiative de M. Méline, alors Ministre de l'agriculture, permet de demander au chapitre 3 « secours pour sinistres agricoles ». On donne, en général, à chaque canton une somme de 500 francs; il faut 200 francs pour constituer une société dans un canton. Le capital est reconstitué dans un délai de deux à trois mois par les primes versées et nous avons un fonds de réserve qui, ultérieurement, pourra servir au crédit. Cette combinaison de l'assurance et du crédit est à l'étude devant le Parlement français; nous y arriverons certainement dans la pratique.

Il s'agit, avant tout, de donner la sécurité aux diverses formes de la mutualité. Je vous ai dit, messieurs, celle qui nous paraissait la plus simple; il y en a beaucoup d'autres; nous ne sommes point exclusifs. Mais, quelle que soit la forme, pour arriver à la sécurité, il faut arriver à fixer le risque pour chaque nature de sinistres; il faut dégager la loi du grand nombre pour calculer la cotisation.

A cet effet, votre première Section a pris, en quatrième lieu, la conclusion suivante :

« Pour dégager la *loi du grand nombre* afférente à chaque nature de risque rural et pour préparer ainsi la sécurité nécessaire à l'assurance agricole mutuelle, quelle que soit d'ailleurs sa forme, il paraît indispensable de mettre en commun les observations et les études *internationales*; il convient d'émettre le *vœu* qu'à la suite de l'Exposition de 1900, à Paris, un *Bureau international de statistique rurale* soit institué pour cet objet. »

Ce sont des lois naturelles que celles qui régissent les accidents des hommes, du bétail, la mortalité, la gelée, la grêle. Il ne peut y avoir de modifications que par l'intervention des progrès scientifiques, qui d'ailleurs ne changeront guère l'état général. Les observations que feront nos voisins, celles que nous transmettrons, concourront au même but. Si donc une organisation de centralisation de la statistique rurale est justifiée, c'est bien dans ce cas.

La Section a ajouté à la rédaction primitive le paragraphe suivant : « Par les soins du Comité permanent du Congrès international d'agriculture. » C'est un intermédiaire tout naturellement désigné. En ce qui concerne la question importante des blés, on a demandé aussi qu'un bureau international permanent soit institué en vue de centraliser tous les renseignements relatifs à la culture et aux débouchés du blé, par les soins de ce même Comité.

Je demanderai donc à monsieur le Président de mettre aux voix les conclusions, que nous présentons avec l'addition proposée par la Section. (*Applaudissements.*)

M. LE PRÉSIDENT. — L'assemblée vous remercie, monsieur le sénateur, des détails que vous avez donnés avec autant de clarté que de compétence. (*Applaudissements.*)

Je donne lecture des résolutions présentées par la première Section :

« I. — Dans l'assurance agricole, qu'elle s'applique à la personne de l'agriculteur (accidents du travail) ou à ses biens meubles ou immobiliers (récoltes détachées du sol ou sur pied, bétail de travail ou de rente), il y a avantage à recourir à la mutualité, avec sociétés locales autonomes à la base, solidarisées entre elles par une fédération aussi étendue que possible, à la condition, toutefois, que le risque soit suffisamment défini.

« II. — Quand le calcul du *risque*, d'où découle la fixation de la *cotisation*, n'est pas établi avec une précision suffisante, il est prudent de différer l'organisation de l'assurance mutuelle entre agriculteurs (grêle, gelées).

« III. — Sauf cas très exceptionnels, le principe de l'*obligation légale* doit être écarté de l'assurance agricole ; mais il convient d'approuver l'intervention de l'État, pour aider à la création des sociétés mutuelles locales, et à leur fédération progressive de garantie, par zones d'égal risque.

« IV. — Pour dégager la loi du grand nombre afférente à chaque nature du risque rural et pour préparer ainsi la sécurité nécessaire à l'assurance agricole mutuelle, quelle que soit d'ailleurs sa forme, il paraît indispensable de mettre en commun les observations et les études internationales, il convient d'émettre le vœu qu'à la suite de l'Exposition de 1900, à Paris, un bureau international de statistique rurale soit institué pour cet objet par les soins du Comité permanent du Congrès international d'agriculture. »

Personne ne demande la parole ?...

Je mets aux voix les résolutions présentées par la première Section.

(Les résolutions, mises aux voix, sont adoptées.)

Sur les emplois industriels de l'alcool.

M. LE PRÉSIDENT. — L'ordre du jour appelle les conclusions de la cinquième Section sur les emplois industriels de l'alcool[1].

La parole est à M. Arachequesne.

M. ARACHEQUESNE, *ingénieur des arts et manufactures, secrétaire de l'Association pour l'emploi industriel de l'alcool.* — Messieurs, vous connaissez tous l'intérêt que présente, pour les pays agricoles, l'emploi, au lieu du pétrole, de l'alcool, qui est un combustible tiré du sol national.

Au commencement et même jusqu'au milieu du XIXe siècle, l'éclairage était fourni par des produits agricoles, comme l'huile et le suif transformé en chandelles et plus tard en bougies. Cet éclairage a été remplacé par le gaz tiré de la houille, puis par le pétrole, venu d'Amérique et, plus récemment, de Russie. En ce moment, grâce aux bienfaits de l'incandescence, on revient à l'éclairage par l'alcool, c'est-à-dire par un produit végétal.

La cinquième Section a étudié l'emploi de l'alcool pour l'éclairage, le chauffage et la force motrice, notamment pour l'automobilisme, qui risque de priver l'agriculture des débouchés qu'elle tirait de l'élevage du cheval, de la production des avoines destinées à nourrir les chevaux. L'agriculture pourrait fournir à l'automobilisme la matière première dont il a besoin, l'alcool, à la condition que la législation soit favorable.

---

1. Voir plus haut, page 260.

L'Allemagne nous a donné un exemple que nous devrions bien suivre. A cet égard, la cinquième Section me charge d'exprimer tous ses remerciements à M. le baron de Putlitz Gross-Pankow pour les renseignements qu'il a bien voulu nous fournir. (*Applaudissements.*)

Voici les vœux que propose votre cinquième Section :

« Le Congrès,

« Considérant l'immense intérêt qu'il y a pour tous les pays agricoles à créer de nouveaux débouchés à l'alcool avec les emplois industriels,

« Émet le vœu :

« 1° Que dans tous ces pays les emplois de l'alcool destiné à la fabrication des produits pharmaceutiques et chimiques soient dégrevés de tous droits de fisc ou d'octroi, ainsi que les autres matières premières nécessaires à la fabrication de ces produits, s'il y a lieu, mais lorsque ces matières premières sont dégrevées de droits pour la consommation directe. »

Nous avons dû mettre « les autres matières premières » comme le café et le thé, qui servent à l'extraction de la caféine, ou les bois de quinquina, qui servent à la fabrication du sulfate de quinine ; toutes matières qui sont grevées de droits de douane. Si nous voulons extraire de la caféine, il faut que l'alcool qui sera employé soit dégrevé des droits, mais il faut que les matières premières nécessaires en soient également exemptes.

Il n'y a qu'un pays, l'Allemagne, qui, maintenant les droits de consommation sur les cafés et les thés, en ait exempté ceux qui sont dirigés dans des ports libres ou dans des usines cadenassées où on les travaille pour en extraire la matière pharmaceutique. Du reste, en Allemagne, on a adopté un principe qui serait partout excellent . les produits pharmaceutiques destinés à soulager l'humanité doivent être exemptés de tous droits. Notre législation n'admet pas ce principe ; aussi je n'ai pas osé aller jusque-là dans un vœu proposé à un Congrès international ; je me contente de signaler le fait.

« 2° Pour les alcools dénaturés destinés aux usages de l'éclairage et de la force motrice, outre le dégrèvement des droits, qu'il soit prescrit aux administrations fiscales chargées de surveiller la dénaturation, de choisir un dénaturant peu coûteux, à pouvoir calorifique élevé, et ne renfermant aucune substance solide fixe ou possédant un point de volatilisation très supérieur à celui de l'alcool. »

Pour expliquer ce vœu, je dois dire qu'en France nous avons un dénaturant assez coûteux, d'autant qu'on l'introduit en quantité volumineuse, c'est le méthylène à dose massive ; de plus, on introduit dans l'alcool des substances solides comme le vert malachite, qui est soluble dans l'alcool, mais qui est aussi peu combustible que le sucre ou que le coton qui sert à faire les mèches de réchauds. Si le vert malachite avait été supprimé, j'aurais pu conduire plusieurs de mes collègues à l'excursion d'hier dans une automobile à alcool ; le vert malachite m'en a empêché.

Il faut cependant qu'il y ait une sanction, que le fisc puisse empêcher la fraude sur l'alcool dénaturé qu'on tendrait à faire entrer dans la consommation. Le meilleur moyen, ce serait de punir rigoureusement ceux qui revivifieraient l'alcool dénaturé. En Allemagne, on a pu développer les emplois de l'alcool dénaturé sans empêcher les honnêtes gens de s'en servir. Les peines sont très graves ; l'amende monte jusqu'à 10 000 marks au minimum pour la première condamnation, plus six mois de prison ; en cas de récidive, les peines sont doublées et le fraudeur est privé du droit de continuer tout commerce d'une marchandise soumise aux droits fiscaux : ces peines sont tellement sévères qu'il n'y a pas de fraudeurs.

Déjà, au Congrès de chimie de 1896, le Dr Wittelshöfer, me parlant de dénaturant, me disait : Le meilleur dénaturant, c'est encore la correctionnelle et la prison. (*Sourires.*)

« 3° Que le constructeur d'appareils de distillation ou de rectification soit tenu de déclarer au fisc toute fabrication, vente ou réparation d'appareils distillatoires. »

Vous comprenez que, si le fisc est au courant de tous les endroits où se trouve un appareil permettant la fraude ou la revivification, la surveillance sera bien facile.

Le cinquième vœu est plutôt d'ordre scientifique, mais il complète les autres :

« 5°. Qu'à l'avenir et pour toutes les relations internationales, l'alcoométrie pondérale centésimale soit substituée aux divers systèmes d'alcoométrie actuellement en usage. »

En Allemagne et en France, nous avons le même système d'alcoométrie volumétrique, l'alcoomètre de Tralles ou de Gay-Lussac qui est fondé sur le volume et occasionne souvent des erreurs. Les pays du sud de l'Europe emploient presque tous l'alcoomètre Cartier, qui ne dit rien ; on ne sait pas ce que contiennent d'alcool 30 degrés Cartier. L'Angleterre possède un système qui est bien plus compliqué.

Notre alcoométrie actuelle ne donne pas satisfaction ; elle peut entraîner des confusions, parce qu'il faut se servir de plusieurs tables de correction. Nous demandons que, comme corollaire et comme complément du système métrique qui tend à se généraliser, l'alcoométrie pondérale centésimale soit adoptée dans tous les pays. (*Applaudissements.*)

M. LE PRÉSIDENT. — La parole est à M. de Putlitz Gross-Pankow.

M. LE BARON DE PUTLITZ GROSS-PANKOW, *délégué plénipotentiaire de l'Association des distilleries en Allemagne*. — Messieurs, je suis un peu pris à l'improviste ; je n'ai eu, pendant mon séjour à Paris, ni les renseignements ni le temps nécessaires pour faire mon rapport comme je l'aurais désiré, je me contente de vous apporter quelques indications.

La question qui est traitée en ce moment nous a beaucoup occupés en Allemagne, surtout dans les dernières années. Depuis la fondation de l'Association des distillateurs, près de 4000 distillateurs se sont réunis pour vendre leurs produits ; nous avons constaté une grande extension de l'emploi de l'alcool depuis que le prix en est devenu modéré ; beaucoup d'agriculteurs ont cependant voulu en profiter pour augmenter le prix du produit, mais cette augmentation cessera bientôt, sinon nous ne pourrions plus multiplier les emplois de l'alcool dénaturé, et il n'y aurait plus moyen de le vendre.

On ne peut songer à augmenter la consommation de l'eau-de-vie de table ; nous n'y avons pas intérêt ; on peut dire que, d'année en année, cette consommation diminue, et elle diminuera toujours. C'est dans l'alcool dénaturé que nous devons trouver le moyen d'étendre la consommation de l'alcool.

Voici l'état actuel de la question en Allemagne.

Commençons par le chauffage. Il faut envisager le problème au point de vue social. C'est surtout dans les quartiers ouvriers que ce mode de chauffage est pratiqué, plus de 90 pour 100 de l'alcool dénaturé est employé pendant l'été au chauffage des ouvriers. Avant 1887, année où l'on a inauguré le dénaturant actuel, nous consommions annuellement 50 millions de litres d'alcool dénaturé, depuis lors la consommation est montée jusqu'à 100 millions ; je suis sûr que, dans quelques années, nous aurons doublé ce chiffre; dans certaines régions les ouvriers emploient, l'été, 4 litres d'alcool par tête d'habitant.

Voici les avantages de l'alcool. Il est peu coûteux, — nous n'avons pas d'impôt, — il est facile à employer; la femme qui rentre de l'usine n'a qu'à approcher une allumette et fait rapidement son dîner. L'emploi en est agréable; il ne suinte pas, ne répand pas d'odeur désagréable, et ne chauffe pas la pièce, qualités nécessaires, surtout dans les petits logements d'ouvriers, pour l'hygiène.

Pour l'éclairage, les procédés sont tellement perfectionnés qu'on ne distingue plus les lampes à alcool des lampes à gaz.

Nous avons commencé à éclairer à l'alcool les usines, et à la campagne, les écuries et les étables. Le gouvernement a commencé à éclairer les gares, on ne peut pas introduire partout l'électricité ou le gaz.

La meilleure lumière est celle qu'on obtient par le manchon avec alcool.

Environ 200 petites villes ont commencé cet éclairage l'année dernière, une centaine continuent les essais. Je suis sûr que les villes qui ne peuvent avoir facilement l'électricité ou le gaz s'éclaireront bientôt à l'alcool, et que le pétrole sera chassé de partout.

Je ne puis en dire autant pour les lampes portatives. Il y a d'assez bons systèmes, mais il faut prendre quelques précautions; il faut être expert pour manier ces lampes; aussi on n'ose pas les introduire partout, de crainte de discréditer tout le système. Si l'on introduisait ces lampes chez les particuliers, et qu'elles ne brûlent pas bien, on nous adresserait des reproches. Pour ma part, je ne me sers pas d'autres lampes depuis plusieurs années, soit à la campagne, soit à Berlin.

Cette lumière est tellement agréable que je ne puis plus en souffrir une autre; mais je puis prendre des précautions que tout le monde ne prendrait pas.

Nous nous servons aussi de petits instruments, tels les fers à repasser; l'an dernier, nous en avons vendu plus de 20 000; on introduit un bec à alcool dans le centre du fer à repasser, une fois que le bec est allumé, on peut repasser toute la journée; si l'alcool manque, il n'y a qu'à en remettre. La chaleur reste toujours la même.

M. LE PRÉSIDENT. — Parmi les objections qu'on fait contre l'emploi de l'alcool, l'une des plus graves est la crainte des accidents. Avez-vous une statistique des accidents occasionnés par l'alcool qui fasse tomber cette objection?

M. LE BARON DE PUTLITZ GROSS-PANKOW. — Dans le bureau que nous avons à Berlin depuis un an et demi, nous avons 2000 lampes; il n'est jamais rien arrivé. J'ai demandé récemment au ministre des chemins de fer s'il y avait eu des accidents occasionnés par les lampes à alcool. Il m'a répondu qu'il n'avait jamais entendu parler d'aucun accident. Nous avons écrit à tous les agriculteurs qui avaient acheté ces lampes pour éclairer leurs étables et leurs écuries; nous avons reçu une déclaration d'accident, et encore l'accident avait-il été amené par une imprudence.

M. LE PRÉSIDENT. — Et dans les ménages d'ouvriers, la statistique démontre-t-elle aussi que les accidents ont été rares?

M. LE BARON DE PUTLITZ GROSS-PANKOW. — Il n'y a pas eu d'accidents non plus pour le chauffage. Nous avons eu longtemps le chauffage au pétrole, mais le pétrole sent mauvais, il empeste les petits logements. Aussitôt que nous avons introduit l'alcool, le succès a été complet.

M. LE PRÉSIDENT. — Il n'y a pas eu d'accidents?

M. LE BARON DE PUTLITZ GROSS-PANKOW. — J'ai demandé aux compagnies d'assurances si elles réduiraient l'indemnité en cas d'incendie amené par l'éclairage ou le chauffage par l'alcool. Elles m'ont répondu qu'elles traitaient de même les incendies amenés par l'alcool ou les incendies causés par le pétrole. Plusieurs agents de compagnies d'assurances m'ont même déclaré qu'ils étaient plus satisfaits de l'alcool que du pétrole; le pétrole s'échauffe souvent spontanément, il est très explosif; l'alcool l'est beaucoup moins.

M. LE PRÉSIDENT. — Quel est le dénaturant qui réussit le mieux?

M. LE BARON DE PUTLITZ GROSS-PANKOW. — Nous avons eu plusieurs propositions relativement au dénaturant. On a accepté l'esprit-de-bois, à raison de 1 pour 100, plus 1 et demi de bases de pyridine. Les bases de pyridine ont des inconvénients; déjà elles sont plus chères chez nous qu'autrefois; si un autre pays les prenait comme dénaturant, je crois que le prix en serait assez fortement augmenté. On a essayé d'autres dénaturants, notamment le benzol et l'huile de caoutchouc; ce dernier dénaturant n'a pas été accepté par le gouvernement; il y a eu des difficultés de la part du ministère de l'époque; un de ces messieurs avait un intérêt dans la question, il avait inventé une pyridine; c'est partout la même chose. (*Sourires.*)

Je veux parler de la force motrice. Dans ces derniers temps, nous avons commencé des expériences pour les automobiles et les locomotives; nous allons introduire la machine à labourer. Je ne vous dirai pas grand'chose de ces expériences, elles ne sont pas terminées. On a expérimenté des machines à battre le blé, des locomotives pour les petits chemins de fer qui vont de la gare à la ferme; tout a très bien marché, sans coûter trop cher; il y a des moteurs qui fonctionnent très bien, on ne sent rien. Le gouvernement, surtout le ministère de la guerre, a fait faire récemment des essais d'automobiles, mais ces automobiles n'étaient pas bien faites; on était incommodé, dans la seconde voiture, par une odeur plus forte que celle de la benzine; or il ne devrait y avoir aucune odeur, ces expériences ne sont pas concluantes. Je crois que, pour la force motrice, nous réussirons prochainement.

Il m'est difficile de rendre compte de la théorie en cette matière; la question est délicate, elle n'est pas résolue, on ne peut juger d'après le pouvoir calorifique de l'alcool; les expériences faites donnent toutes des résultats différents; l'alcool à 86 degrés, c'est-à-dire étendu d'eau, donne des résultats bien meilleurs que l'alcool à 90 ou 95 degrés. L'eau mélangée à l'alcool se chauffe et se transforme en vapeur; il y a là une force qu'on ne pouvait prévoir et qui est d'autant plus grande.

Mais c'est surtout l'éclairage qui donnera prochainement les meilleurs résultats. Nous vous demandons de nous aider en France, surtout en ce qui concerne la forme des lampes; avec le goût traditionnel de votre pays, et qu'on retrouve aujourd'hui dans votre Exposition, nous obtiendrons de merveilleux résultats, en combinant les efforts de nos praticiens et de vos hommes de goût; nous irons ainsi très loin et le succès ne tardera pas à nous venir. (*Très bien! très bien! Applaudissements.*)

M. ARACHEQUESNE. — Depuis notre dernière réunion, j'ai eu le plaisir d'apprendre que deux Compagnies de chemins de fer françaises, la Compagnie de l'Est et la Compagnie de Paris-Lyon-Méditerranée, vont faire des essais pour l'éclairage de leurs gares; elles feront des essais dans deux gares; dans l'une, par un réservoir d'alcool unique avec une canalisation d'alcool et des becs fixes; c'est un système analogue à l'usine à gaz, l'usine étant remplacée par des bidons d'alcool; dans l'autre, avec des lampes mobiles.

M. LE BARON DE PUTLITZ GROSS-PANKOW. — Nous avons parlé des automobiles à alcool; si S. M. l'empereur d'Allemagne tient tant à avoir des automobiles à alcool, c'est qu'en temps de guerre les navires étrangers pourraient empêcher l'arrivée du pétrole, tandis que l'agriculture sera toujours maîtresse de produire l'alcool

M. LE PRÉSIDENT. — Personne ne demande la parole?...

Je mets aux voix les vœux présentés par la cinquième Section.

(Les vœux sont adoptés.)

Emplois agricoles des mélasses.

M. LE PRÉSIDENT. — La parole est à M. Tétard.

M. TÉTARD. — Il ressort très nettement des communications de MM. de Putlitz et Arachequesne qu'ils cherchent des débouchés pour l'alcool. Nous appelons l'attention du Congrès sur un point. Pour faciliter les débouchés, il suffirait d'employer à d'autres usages une matière qui fournit de grandes quantités d'alcool en France et qui n'en fournit presque plus en Allemagne, la mélasse.

Au nom de la cinquième Section[1], je vous demande la permission d'appeler votre attention sur les emplois agricoles des mélasses.

Votre cinquième Section a été saisie des résultats des travaux de M. Chauveau sur la valeur des aliments renfermant des matières sucrées. Cette communication l'a amenée à proposer l'adoption du vœu suivant, adopté à l'unanimité des membres présents à la séance :

« Le Congrès, s'inspirant des nouvelles recherches et des expériences poursuivies avec la rigueur scientifique moderne par M. Chauveau, le savant académicien, desquelles il résulte que la valeur nutritive du sucre est supérieure à celle de la graisse, eu égard à leur valeur thermogène réciproque, démontrant ainsi l'importance de la place que le sucre devrait tenir dans l'alimentation humaine et dans l'alimentation animale; considérant l'intérêt qu'il y aurait à voir se généraliser l'emploi des matières sucrées et principalement de la mélasse dans l'alimentation du bétail,

« Émet le vœu :

« 1º Que des mesures analogues à celles usitées pour les sels employés en agriculture soient adoptées pour les mélasses, c'est-à-dire que la dénaturation soit autorisée dans les sucreries et dans les fermes, en présence de la Régie, par l'addition de l'un des dénaturants prévus par le Comité des arts et manufactures, et sans les mettre dans l'obligation d'en fabriquer des galettes ou des tourteaux secs;

« 2º Que les autres formalités exigées des cultivateurs pour l'usage des mélasses dénaturées soient supprimées ;

« 3º Que la dénaturation soit autorisée dans des établissements spéciaux, sous le contrôle de la Régie, aussi bien que dans les sucreries;

« 4º Que les produits obtenus dans ces établissements circulent et soient employés librement. »

M. LE PRÉSIDENT. — Personne ne demande la parole ?...

Je mets le vœu aux voix.

(Le vœu est adopté.)

Remerciements à la famille de Vilmorin.

M. LE PRÉSIDENT. — La parole est à M. le Secrétaire général.

M. HENRY SAGNIER, *secrétaire général du Congrès.* — Messieurs, je désire profiter de la présence de M. Philippe de Vilmorin pour adresser, au nom du bureau du Congrès,

---

1. Voir plus haut, page 260.

nos vifs remerciements, à sa mère et à lui, pour la réception qu'il nous ont faite hier. (*Applaudissements.*) Nous adressons également nos remèrciements à la famille Petit. Nous prions le Congrès de vouloir bien s'associer à ces sentiments qui sont partagés par tous. (*Vifs applaudissements.*)

Études des maladies des plantes cultivées.

M. LE PRÉSIDENT. — La parole est à M. Fischer de Waldheim.

M. FISCHER DE WALDHEIM, *directeur du jardin impérial de botanique* (Russie). — Messieurs, la septième Section a étudié une question d'une grande portée, l'organisation d'un comité international pour l'étude des maladies des plantes cultivées. Ce comité se composera provisoirement de plusieurs membres présents à la Section et qui ont bien voulu accepter le projet.

Voici les conclusions de la Section :

« Le Congrès approuve la création d'un comité international de pathologie végétale institué pour diriger, d'un commun accord, les études qui seraient poursuivies simultanément dans les divers pays sur les maladies les plus importantes des plantes cultivées.

« Il désigne une Commission provisoire qui se chargera des mesures à prendre pour réaliser cette création et tracer le programme de ses travaux.

« La septième Section propose de désigner, pour faire partie de cette Commission, les membres ci-après, présents au Congrès, qui ont bien voulu promettre leur concours, et de désigner comme président de la Commission provisoire M. Prillieux, président de la septième Section, auquel devront être transmis les différents projets d'organisation et les additions nécessaires pour compléter le Comité international :

MM. Delacroix, pour la France ;

    Eriksson, pour la Suède ;

    Fischer de Waldheim, pour la Russie ;

    Laurent, pour la Belgique ;

    Prillieux, pour la France ;

    Sorauer, pour l'Allemagne ;

    Went, pour les Pays-Bas.

La Section a désigné plusieurs autres personnes, non présentes au Congrès, dont l'entrée dans la Commission internationale serait à désirer. Ce sont :

MM. Frank, pour l'Allemagne ;

    Marshall Ward, pour l'Angleterre ;

    Wiesner, pour l'Autriche ;

    Rostrup, pour le Danemark ;

    Marlatt et Galloway, pour les États-Unis ;

    Linhart, pour la Hongrie ;

    Cuboni et Targioni-Tozzetti, pour l'Italie ;

    Ritzema Bos, pour les Pays-Bas ;

    Jaczewski, pour la Russie ;

    Fischer et Chodat, pour la Suisse.

« En même temps le Congrès émet le vœu qu'un bulletin périodique international, d'un caractère avant tout pratique, fasse connaître tous les faits intéressants ou nouveaux se rapportant aux maladies des plantes et aux mesures à prendre pour les combattre. » (*Très bien ! très bien !*)

M. LE PRÉSIDENT. — Personne ne demande la parole ?...

Je mets aux voix les conclusions de la Section.

(Ces conclusions sont adoptées.)

Présidence de M. d'ARNIM-CRIEWEN, vice-président

Sur l'enseignement spécial de l'agriculture.

M. LE PRÉSIDENT. — La parole est à M. H. Grosjean.

M. H. GROSJEAN, *inspecteur général de l'agriculture.* — Messieurs, j'ai été chargé de présenter un rapport[1] sur l'enseignement professionnel des industries agricoles, de l'horticulture et de la viticulture en France. J'ai soumis à la 2e Section, qui les a adoptées, un certain nombre de conclusions; je vais résumer, en quelques mots, les conclusions approuvées.

Parmi les industries agricoles françaises, figure en première ligne l'industrie laitière. D'une manière générale, l'enseignement laitier est bien donné en France; il l'est d'une manière très suivie à l'école nationale d'industrie laitière de Mamirolle, dans un certain nombre d'écoles pratiques de fromagerie et dans une douzaine de fruitières-écoles.

L'enseignement de l'industrie laitière est distribué, en outre, dans les nombreuses écoles pratiques ordinaires, établies dans les pays à fourrages. La situation actuelle, à ce point de vue, est donc satisfaisante. Il suffit de développer cet enseignement. Je ne parle, toutefois ici, que de celui qui s'applique aux jeunes gens. Celui qui s'adresse aux jeunes filles, en effet, est tout à fait insuffisant : nous n'avons que deux écoles de laiterie à leur usage, et toutes deux, fort bien dirigées, sont en Bretagne. Ce n'est pas deux écoles qu'il faudrait : c'est vingt, quarante écoles de ce genre que nous devrions avoir.

Les autres industries agricoles sont les grandes industries du nord : féculerie, distillerie, sucrerie, brasserie, etc. Il n'y a qu'une grande école pour cet enseignement, celle des industries agricoles de Douai; c'est une école nationale. Il serait bien désirable que nous eussions plusieurs écoles semblables.

L'enseignement de l'horticulture est bien donné chez nous, à tous les degrés. Je ne parle pas de la manière dont il l'est dans nos établissements supérieurs, qui ne sont pas des établissements professionnels; mais on le rencontre dans toutes nos écoles pratiques d'agriculture. Dans chacune, il y a un chef jardinier qui le donne d'une manière pratique, tandis qu'un autre professeur ou lui-même le donne théoriquement.

Je n'ai garde d'oublier l'école nationale d'horticulture de Versailles, qui a un quart de siècle d'existence; c'est une école d'enseignement supérieur horticole qui a fourni un nombre considérable de professeurs et de jardiniers que les membres étrangers du Congrès ont pu apprécier dans leur pays, puisque 5 pour 100 environ des élèves sortant de Versailles vont à l'étranger.

1. Voir le tome I des Travaux du Congrès, p. 163.

Au point de vue horticole, le bilan de notre enseignement est donc bon.

J'en dirai autant de l'enseignement de la viticulture.

Il y a d'abord l'école de Montpellier, dont je n'ai pas à faire l'éloge. Vous savez tous quels services elle a rendus à la viticulture, non seulement à la viticulture française, mais à la viticulture universelle. On n'y donne pas l'enseignement professionnel, mais celui-ci est distribué dans toutes les écoles pratiques d'agriculture situées dans les milieux viticoles.

Je me résume.

Au point de vue de l'enseignement laitier, notre situation est satisfaisante, sauf pour les écoles de filles qui ne sont pas assez nombreuses.

Les écoles d'industries agricoles sont en nombre insuffisant; il serait nécessaire de l'augmenter.

L'enseignement horticole est bien donné, dans de nombreuses écoles; il serait utile de le développer encore.

Mêmes conclusions pour l'enseignement de la viticulture.

La deuxième section vous propose, en conséquence, d'émettre les vœux suivants qui pourraient être généralisés :

« 1° *Que les pouvoirs publics continuent à développer, dans la plus large mesure, l'enseignement de l'industrie laitière, et, d'une manière toute spéciale, celui qui s'applique à la femme ;*

« 2° *Que l'enseignement des industries annexes de la ferme (sucrerie, distillerie, brasserie, etc.) soit donné dans plusieurs écoles spéciales, celui de la brasserie, principalement ;*

« 3° *Que l'enseignement horticole et viticole, dont les résultats sont si encourageants, soit étendu aux régions qui n'en sont pas encore pourvues, par la création de nouvelles écoles pratiques, bien situées et bien spécialisées.* »

M. LE PRÉSIDENT. — Personne ne demande la parole?...

Je mets les vœux aux voix.

(Les vœux sont adoptés.)

M. BUSSARD. — A la suite du rapport de M. Grosjean, je crois devoir émettre un vœu complémentaire. M. Grosjean a indiqué que l'enseignement horticole était satisfaisant dans les établissements de tous les degrés. Je ne suis pas absolument de cet avis ; j'estime qu'il n'est pas donné d'une façon complète dans les établissements d'enseignement supérieur.

UN MEMBRE. — La question n'est pas internationale.

M. BUSSARD. — Je vous demande pardon.

Je propose au Congrès d'émettre le vœu que, « dans les établissements d'enseignement supérieur agricole, l'enseignement de l'horticulture, et plus particulièrement de la culture potagère et de l'arboriculture fruitière, tienne une place en rapport avec l'importance de la production horticole ».

M. LE PRÉSIDENT. — Personne ne demande la parole?...

Je mets le vœu aux voix.

(Le vœu est adopté.)

L'enseignement agricole dans les établissements universitaires.

M. LE PRÉSIDENT. — La parole est à M. René Leblanc.

M. RENÉ LEBLANC, *inspecteur général de l'instruction publique.* — Messieurs, je ne vous entretiendrai pas longtemps de la question de l'enseignement agricole dans les établissements universitaires[1]; car on a été à peu près unanime à adopter les vœux dans la seconde Section.

L'ensemble des résolutions porte sur la totalité des établissements universitaires, écoles supérieures et facultés, lycées et collèges, écoles du degré primaire élémentaire et supérieur.

La Section a été d'avis qu'il n'y avait pas lieu d'examiner davantage la question en ce qui concerne l'enseignement supérieur et secondaire; en effet, les jeunes gens ou jeunes filles qui ont dépassé l'âge scolaire et qui se destinent à l'agriculture vont dans des établissements spéciaux qui ressortissent en France au ministère de l'agriculture et, dans les autres pays, au ministère spécial qui s'occupe des choses de l'agriculture. On a reconnu que le nombre de ces établissements pouvait et devait être augmenté; nous venons d'émettre un vœu en ce sens, mais il s'agit d'une autre question que je n'ai pas à traiter.

Je dirai simplement qu'en ce qui concerne l'enseignement agricole dans les lycées, collèges et facultés, on s'est borné à constater qu'il y a, en France et dans quelques pays, des cours spéciaux, des stations agronomiques, des chaires spéciales. Nous n'avons pas cru devoir présenter un vœu à propos de cette partie de l'enseignement universitaire.

Quant à la question de l'enseignement primaire élémentaire, supérieur et normal, on a considéré que, si beaucoup d'enfants peuvent aller dans les écoles spéciales d'agriculture, la grosse majorité n'ira jamais, et que le seul embryon d'enseignement agricole que cette partie de la population rurale peut recevoir, c'est celui qui trouve sa place à l'école primaire ou dans les œuvres complémentaires de l'école, cours d'adultes, cours nomades, cours spéciaux, où les agriculteurs, petits et grands, peuvent aller chercher quelques notions de science agricole, offertes par les professeurs d'agriculture, les conférenciers populaires, etc.

En Belgique et en France, on a donné une sanction à l'enseignement agricole élémentaire. Tout le monde est d'avis que, jusqu'à l'âge de dix ans environ, il n'y a rien à faire; l'enfant est trop jeune. A partir de l'âge de dix ans, les notions agricoles devraient être limitées, dans les conditions déterminées par le règlement français dont je demande la permission de lire un extrait :

« L'enseignement des *notions* d'agriculture que peut comporter le programme de l'école élémentaire doit s'adresser beaucoup moins à la mémoire des enfants qu'à leur intelligence; il doit s'appuyer sur l'observation des faits journaliers de la vie agricole et sur une expérimentation simple, appropriée aux ressources matérielles dont dispose l'école, et destinée à mettre en évidence les notions scientifiques fondamentales des opérations culturales les plus importantes...

« Le but à atteindre par l'enseignement agricole primaire, c'est, en résumé, d'initier le plus grand nombre des enfants de nos campagnes aux connaissances élémentaires indispensables pour lire avec fruit un livre d'agriculture moderne, pour suivre avec profit une conférence agricole. »

On ne peut demander davantage à l'école primaire élémentaire. L'instituteur doit mettre l'enfant en état de comprendre les termes employés chaque jour par l'agriculteur, même dans les villages, de suivre avec fruit une conférence d'un professeur spécial ou départemental, de lire les journaux agricoles, à condition, bien entendu, qu'il ne s'agisse pas d'un article purement technique.

Je ne crois pas avoir besoin de m'étendre davantage. Voici le vœu qui a résumé la discussion :

1. Voir le tome 1 des Travaux du Congrès, p. 177.

« 1° L'enseignement agricole désirable et possible à l'école primaire élémentaire, est celui que prévoit l'instruction ministérielle française du 4 janvier 1897. (Cette instruction est conforme à un document semblable de la Belgique ; on l'a signalée pour qu'il soit facile de s'y référer).

« Le Congrès émet le vœu qu'on assure le développement de l'enseignement agricole par des encouragements aux maîtres et aux élèves et par l'établissement d'une sanction efficace aux examens de fin d'études. »

Ce vœu né s'appliquera pas aux pays où il n'y a pas d'examen de fin d'études, jusqu'au jour où ils l'auront créé.

Voici dans quel but on a proposé les mots « sanction efficace ». En France, depuis trois ans, on a ajouté, au certificat d'études primaires élémentaires, une épreuve d'agriculture ; on avait demandé qu'elle fût en quelque sorte le pendant de l'épreuve de couture des fillettes. L'épreuve a été introduite, mais le conseil supérieur de l'instruction publique, craignant que la mesure ne fût par trop brusque et n'entraînât un échec pour la première année, se contenta de dire que l'épreuve ne compterait qu'à l'oral.

De deux choses l'une : ou l'on veut donner une sanction à l'enseignement par des examens, ou on ne le veut pas ; là où existe un examen, il ne faut pas une sanction illusoire. Or, nous pouvons dire que, partout où l'on passe le certificat d'études primaires élémentaires, si l'enfant réussit à l'écrit, il est à peu près sûr d'avoir son certificat. Un relevé statistique prouve qu'en règle générale on reçoit tout le monde à l'oral, notamment à Paris. Si l'épreuve d'agriculture ne compte qu'à l'oral, les maîtres né s'en préoccuperont pas.

Une sanction efficace est donc indispensable, ce qui revient à dire que l'épreuve doit être écrite, et avoir la même valeur que les autres.

C'est un point extrêmement important, car, si l'on continue les mêmes errements, seuls, les instituteurs qui aiment l'agriculture l'enseigneront.

Pour l'enseignement primaire supérieur, il y a lieu également d'émettre un vœu qui complète le premier ; c'est que, dans cet enseignement primaire supérieur, pour prendre l'expression française, dans l'enseignement moyen, pour prendre l'expression employée en Belgique, et en général dans des enseignements analogues, les établissements qui reçoivent une clientèle rurale donnent la place prépondérante à l'enseignement agricole appuyé sur les sciences, afin de créer une sorte d'intermédiaire entre l'instruction primaire agricole donnée à l'école élémentaire et celle plus technique et pratique donnée dans les écoles supérieures ou pratiques d'agriculture.

Nous avons 20 000 enfants qui suivent les cours des écoles primaires supérieures : plus de la moitié sont d'origine rurale. A ceux-là, il faut montrer comment on peut gagner sa vie dans une exploitation agricole. L'école primaire supérieure aura l'avantage de donner ce que le collège, l'établissement où l'on fait ses humanités, n'a pas pu donner jusqu'ici et ne donnera pas tant que les exigences des examens actuels de baccalauréat n'auront pas changé.

Voici le vœu que nous vous proposons d'émettre :

« 2° Pour les écoles primaires supérieures ou professionnelles rurales, l'enseignement des sciences physiques et naturelles sera nettement orienté vers celui de l'agriculture et lui servira de base ; l'enseignement agricole théorique et pratique sera expérimental, applicable surtout à la région, il occupera une place prépondérante aux examens de fin d'études. »

Enfin, il est nécessaire, pour donner cet enseignement, d'avoir des maîtres. En France, grâce à des règlements qui remontent à 1887, et même plus haut, qui ont organisé l'enseignement agricole dans les écoles normales, nous pouvons dire que le personnel qui se prépare dans nos écoles normales, comme dans les séminaires de Belgique, de Suède, de Russie, — j'en avais encore la preuve ce matin, — sera à la hauteur de sa mission et pourra donner l'enseignement agricole à l'école primaire élémentaire ou à l'école primaire supérieure. Il est nécessaire de dire que c'est dans cette voie qu'il faut orienter l'enseignement, que les instituteurs ruraux devront donner le goût des choses agricoles aux enfants, et qu'ils devront l'acquérir eux-mêmes; on le leur donnera par des travaux pratiques convenablement organisés.

Voici le vœu adopté par la Section :

« 3° Dans les écoles normales, et en général dans les établissements où se préparent les instituteurs et les professeurs, l'enseignement sera organisé de façon à former un personnel capable de donner un enseignement agricole scientifique, théorique et pratique, correspondant exactement aux exigences du milieu dans lequel l'instituteur est appelé à vivre. »

En dernier lieu, on s'est occupé de l'enseignement des jeunes filles. L'organisation est en bonne voie pour l'enseignement des garçons, mais il n'en est pas de même pour les filles. Des tentatives ont été faites dans certains pays, mais elles demeurent insuffisantes. On a véritablement oublié, dans les programmes des écoles primaires supérieures et des écoles normales de filles, l'enseignement de l'horticulture, l'enseignement ménager, celui de la laiterie, tout ce qui concerne ce qu'une femme intelligente peut faire dans une ferme ou dans une maison de campagne.

Aussi la deuxième Section vous propose d'émettre le vœu suivant :

« 4° Pour l'enseignement agricole féminin, il serait urgent de créer, dans les écoles normales et primaires supérieures, des cours théoriques et des travaux pratiques mettant la jeune fille à même de comprendre et d'exécuter intelligemment les opérations journalières du ménage, de la basse-cour, de la ferme et du jardin. »

Tels sont les vœux proposés par la deuxième Section.

M. LE PRÉSIDENT. — Personne ne demande la parole?...

Je mets aux voix les vœux présentées par la deuxième Section.

(Les vœux sont adoptés.)

Sur la tuberculose bovine.

M. LE PRÉSIDENT. — La parole est à M. Nocard pour résumer son rapport sur la prophylaxie de la tuberculose des bovidés[1].

M. ED. NOCARD, *membre de l'Académie de médecine, professeur à l'École nationale vétérinaire d'Alfort.* — Messieurs, je ne vous retiendrai pas longtemps. Il s'agit d'une question qui a été agitée fréquemment dans tous les pays depuis cinq ans. Partout, à l'heure actuelle, les agriculteurs savent quels dangers présente la tuberculose des bovidés et que ces dangers vont sans cesse en augmentant. J'ai donné dans mon rapport des chiffres qui montrent que cette situation est la même — tantôt plus, tantôt moins grave — dans tous les pays; partout l'agriculture subit de ce fait des pertes considérables qui vont en augmentant chaque année.

Ce progrès de la tuberculose est dû à une cause principale, tellement principale qu'elle permet de négliger toutes les autres, c'est la contagion. La fatigue, le surmenage, la mauvaise alimentation, la lactation prolongée, le mauvais état hygiénique des étables, et surtout la cause généralement admise par tous, l'hérédité, tout cela ne joue qu'un rôle insignifiant. La seule cause vraiment redoutable, contre laquelle il faut diriger tous les efforts, c'est la contagion.

1. Voir le Tome 1 des Travaux du Congrès, p. 438.

Si c'est par la contagion que la maladie progresse, il faut l'éviter ; on ne peut y arriver que d'une façon, en séparant les animaux malades des animaux sains.

Pour le faire, il faut pouvoir reconnaître ceux qui sont malades. Or, la tuberculose est une maladie qui peut exister sans se caractériser à l'extérieur par des signes permettant même de soupçonner son existence.

Très nombreux sont les faits où des animaux magnifiques, primés dans des concours d'animaux gras, ont été reconnus tuberculeux à l'abattoir. Ils avaient toutes les apparences de la santé, et cependant ils étaient tuberculeux ; et, bien que leurs lésions tuberculeuses ne semblassent pas exercer une action bien nocive sur leur état général, puisqu'ils étaient primés dans des concours, néanmoins ils étaient dangereux pour leurs voisins ; si on les avait laissés avec des animaux sains, ils auraient fini, à la longue, — car la contagion ne se fait que lentement, — par contaminer ceux-ci.

Il faut donc, pour séparer les animaux malades des animaux sains, reconnaître ceux qui sont malades. Nous avons aujourd'hui des moyens de faire ce diagnostic, de reconnaître l'existence de la tuberculose, alors même qu'elle ne se traduit à l'extérieur par aucun signe permettant d'en soupçonner l'existence. La tuberculine, employée dans de bonnes conditions, qu'on connaît partout, permet de reconnaître des animaux qui viennent d'être contaminés, qui ont des lésions extrêmement minimes, *a fortiori* les autres. On peut donc, dans une étable où existe la tuberculose, savoir quels sont les animaux qui ont le germe de la maladie, ceux qui ne l'ont pas. Le sachant, il suffira de séparer les deux lots pour arrêter la contagion. Les animaux resteront sains, puisqu'ils n'auront plus d'occasion de prendre le germe de la maladie.

Voilà le premier point.

Cependant les animaux sains ne resteront sains qu'à une autre condition : c'est qu'on n'introduira pas au milieu d'eux des animaux nouvellement achetés qui pourraient apporter la maladie ; il faut donc, chaque fois qu'on introduit un animal nouveau dans l'étable des animaux sains, être sûr qu'il n'est pas tuberculeux.

Au contraire, on pourra y introduire les veaux nés des vaches tuberculeuses. C'est une conséquence des recherches faites dans ces dernières années que l'hérédité est infiniment rare, non seulement dans l'espèce bovine, mais aussi, on peut le dire, dans l'espèce humaine. C'est très consolant, parce que, si la tuberculose ne se prend que par la contagion, on peut lutter contre ses progrès, tandis que, si elle était fatalement héréditaire, on n'aurait qu'à se croiser les bras, à invoquer le ciel, et on n'aurait aucun moyen de lutter contre la maladie.

Mais les vaches que la tuberculine a dénoncées, que nous avons mises à part, on peut les faire servir à la reproduction ; les veaux qu'elles donneront naîtront sains, et le resteront à la condition qu'on évite pour eux la contagion, qu'on les sépare de leur mère pour les mettre dans l'étable des animaux sains et les nourrir au biberon ou au seau, avec du lait sain, du lait bouilli.

Voilà la seconde condition.

Il faut en outre, dans les pays où l'on a institué des coopératives laitières, des associations coopératives pour l'utilisation industrielle du lait, n'utiliser pour l'alimentation des animaux les sous-produits de ces industries qu'après les avoir pasteurisés. Dans ces associations, qui sont une source de prospérité pour l'industrie laitière et pour les agriculteurs syndiqués, il y a toujours un grand nombre de fermes participantes ; il suffit d'une ferme ayant des vaches dont la mamelle est tuberculeuse pour contaminer tout le stock de lait réuni à la fabrique, et pour que toutes les fermes qui contribuent à l'industrie se contaminent à leur tour en donnant à leurs veaux les sous-produits, le petit-lait, le bas-beurre, qui reviennent de la fabrique de beurre ou de fromage.

Ce danger est considérable et joue un grand rôle au point de vue des progrès de la maladie. Il faut imposer à ces industries la pasteurisation de tous les sous-produits du lait; qu'ils soient destinés à l'alimentation de l'homme, comme dans certains pays, quand on remet en circulation ou en vente le lait écrémé, ou à l'alimentation des animaux, la même conclusion s'impose; les sous-produits ne peuvent être rendus aux participants qu'après avoir été pasteurisés à une température de 85 degrés centigrades, ce qui est suffisant pour détruire le bacille du lait des vaches tuberculeuses; au contraire, le bacille des crachats, des mucosités purulentes ou des plaies, une fois desséché, est plus résistant; il faut, pour le détruire, une température de 100 degrés longtemps prolongée. La pasteurisation à 85 degrés est facile à obtenir, elle ne change pas le goût du lait ou des dérivés du lait, et elle donne toute sécurité. Elle a cet autre avantage de mettre les participants de la coopérative laitière à l'abri, non seulement des ravages de la tuberculose, mais de toutes les maladies contagieuses. Au cours de l'épidémie de fièvre aphteuse qui règne en France, nous avons vu plusieurs cantons envahis comme par une sorte d'explosion de la maladie, uniquement parce qu'un des participants d'une fabrique de lait avait eu de la fièvre aphteuse et avait livré du lait contaminé; et le petit-lait remis à tous les participants de la fabrique a contaminé tous les animaux dans toutes les étables. Ç'a été comme une explosion. Si l'on avait pasteurisé ces sous-produits avant de les rendre aux participants, on aurait évité la contagion de la fièvre aphteuse.

C'est une mesure qui s'impose. Si j'y insiste à ce point, c'est que nous savons déjà qu'elle donne les meilleurs résultats là où elle est appliquée : en Danemark, par exemple, où elle est imposée depuis plusieurs années; en Suède, en Belgique, où elle vient de l'être, elle a donné des résultats considérables.

Les conclusions de mon rapport sont formulées ainsi qu'il suit :

« La contagion étant la seule cause vraiment redoutable des progrès de la tuberculose, il y a lieu de poursuivre l'adoption de mesures législatives imposant :

« *a*. La séparation complète des animaux malades et des animaux sains;

« *b*. L'abatage, à bref délai, de ceux des animaux malades qui présentent des signes cliniques de la maladie et surtout des vaches atteintes de mammite tuberculeuse. »

Les seuls animaux qui soient gravement dangereux, au point de vue de la contagion, sont ceux qui sont assez malades pour présenter des symptômes extérieurs, qui toussent, crachent. Les vaches surtout dont la mamelle est tuberculeuse, sécrètent tous les jours de grandes quantités de lait farci de bacilles tuberculeux et dangereux pour le consommateur, que ce soit le veau ou l'homme. Dès qu'on les reconnaît, il faut les faire tuer tout de suite. Cet abatage n'est compatible qu'avec une indemnisation, dont le taux variera suivant les pays.

« *c*. L'interdiction de vendre les autres animaux malades pour une destination autre que la boucherie. »

Les autres animaux, ceux qui n'ont pas de signes extérieurs de la maladie, on peut se borner à les séparer; ils ne sont pas, à l'heure actuelle, très dangereux pour ceux qui les entourent; on peut continuer à s'en servir, à les faire travailler; s'il s'agit de vaches, on peut leur faire faire des veaux qui naîtront sains et resteront sains si on les sépare des mères aussitôt nés; on peut surtout les préparer pour la boucherie, et les livrer à la boucherie quand les cours sont favorables; mais il ne faut pas permettre au producteur de livrer au commerce des animaux qu'on sait être tuberculeux; ce serait exposer l'acheteur à introduire la maladie dans son étable qui est peut-être saine, à créer un nouveau foyer de maladie. Les animaux qu'on sait malades doivent être hors du commerce; le propriétaire peut s'en servir, les utiliser tant qu'il veut, mais il ne faut pas qu'il puisse les vendre, — sauf pour la boucherie, parce que là il n'y a pas de danger de propagation.

« 4° La pasteurisation de tous les sous-produits des fabriques de beurre ou de fromage. »

Telles sont les conclusions d'ordre général que la Section a votées et qu'elle m'a chargé de défendre devant vous. (*Applaudissements.*)

M. LE PRÉSIDENT. — La parole est à M. Philippe.

M. PHILIPPE. — M. Nocard vient de démontrer quel danger il y a pour la consommation à utiliser du lait provenant de vaches atteintes de mammite tuberculeuse. C'est en considération de ces dangers que je me permets de présenter l'amendement suivant :

« Les étables des nourrisseurs-laitiers doivent être soumises à l'inspection sanitaire au moins deux fois par an. »

M. NOCARD. — J'appuie de toutes mes forces cet amendement.

UN MEMBRE. — « Quatre fois par an », cela vaudrait mieux.

M. NOCARD. — Une fois par mois, vaudrait mieux. La fixation du chiffre dépend des ressources financières d'un pays. La visite sanitaire des vaches produisant du lait destiné à l'alimentation publique s'impose, mais elle est difficile à réaliser. Ce qui importe, c'est de poser le principe.

M. JAUBERT. — Je voudrais demander à M. Nocard quel moyen pratique il proposerait pour empêcher que, sur le marché, on vende un animal atteint de tuberculose, puisque l'acheteur va contaminer son étable?

M. NOCARD. — Comme le dit un de nos collègues, le meilleur moyen pratique, c'est la police correctionnelle et les condamnations sérieuses infligées à celui qui commet cette mauvaise action.

M. JAUBERT. — Quand il le sait.

M. NOCARD. — Cela va de soi; le vendeur peut ignorer que sa bête est tuberculeuse; aussi l'acheteur prudent ne doit introduire dans son étable d'animaux sains une bête achetée sur le marché qu'après s'être assuré que la bête n'est pas tuberculeuse. Le moyen pratique, c'est de la soumettre à l'injection de tuberculine.

À l'heure actuelle, c'est une mesure qui s'impose : tout le monde n'est pas parfait; quand un propriétaire est entre son devoir et son intérêt, c'est souvent l'intérêt qui l'emporte. Il y a des propriétaires qui vendent des animaux sortant d'une étable où ils savent que la tuberculose existe. Ces animaux, par définition, sont suspects; quelquefois, ils sont plus que suspects, parce que le propriétaire s'en est assuré lui-même par la tuberculine; quand il a à vendre des animaux, il se trouve, comme par hasard, que ce sont justement ceux qui ont réagi qu'il va mener sur le marché. Il arrive encore que, sachant que parfois des animaux qui ont réagi une première fois à la tuberculine ne réagissent pas tout de suite à une seconde injection, avant de mener les animaux sur le marché, il leur donne une injection de tuberculine, puis il les vend. L'acheteur, qui est au courant des progrès de la science, qui sait qu'il y a des dangers, qu'il doit tuberculiner, fait l'injection; la bête ne réagit pas. Dans près de la moitié des cas, une bête qui a reçu, quelques jours avant, une injection de tuberculine, ne réagira pas à la seconde.

Pour éviter cette chance d'erreur grave, il faut, après l'achat, attendre un mois, puis faire l'injection. Si la bête avait reçu une première injection avant la vente, et avait l'accoutumance à la suite de cette première injection, elle aurait, au bout d'un mois, perdu cette accoutumance et récupéré la faculté de réagir à l'injection. Il faut attendre un mois, mais, pendant ce mois, si la bête est tuberculeuse, elle peut être dangereuse? Non, ce n'est pas ainsi que la tuberculose opère, c'est une maladie très contagieuse, mais elle ne l'est pas de cette façon; la contagion ne s'opère qu'à la longue, par des contacts répétés, intimes, très rapprochés, longtemps prolongés. Si vous avez une étable spéciale, isolée, mettez-y la bête nouvellement achetée, cela vaudra mieux; sinon, mettez l'animal dans un coin en attendant que le mois se soit écoulé; vous serez ainsi renseigné.

D'autre part, nous avons, dans la loi Darbot, du 25 juillet 1895, une garantie contre la vente d'animaux atteints de maladies contagieuses, notamment de tuberculose. Cette vente est nulle, que le vendeur ait connu ou non l'existence de la maladie; s'il l'a connue, il sera passible de poursuites en police correctionnelle pour avoir violé une prescription légale; s'il ne l'a pas connue, il reprendra la bête, qui n'était pas dans le commerce, qui ne pouvait pas être vendue, il rendra l'argent, paiera les frais, et tout sera dit; on ne le poursuivra pas.

M. Jaubert. — Il a un délai fixé par la loi?

M. Nocard. — Jusqu'à présent la loi accorde quarante-cinq jours; elle dit que l'acheteur ne pourra exercer son droit — lequel est absolu — que pendant quarante-cinq jours après la vente. Après quoi son droit est périmé.

M. le Président. — Personne ne demande plus la parole?... Je mets aux voix les conclusions de la Section.

(Les conclusions, mises aux voix, sont adoptées.)

M. le Président. — Je mets aux voix l'amendement de M. Philippe.

Un membre. — M. Nocard disait qu'il serait partisan de renouveler plus souvent l'inspection sanitaire des étables des nourrisseurs.

Un autre membre. — Dans le vœu de M. Nocard, on laisse au législateur le soin de statuer. Il ne faut pas entrer dans les détails dans un Congrès d'agriculture.

(L'amendement, mis aux voix, est adopté.)

Syndicats agricoles et Sociétés coopératives.

M. le Président. — La parole est à M. le Secrétaire général.

M. Henry Sagnier, *secrétaire général*. — M. le comte de Rocquigny, empêché d'assister à la séance, m'a prié de vous présenter, en son nom, les vœux, ou plutôt les avis adoptés par la première Section, en ce qui concerne les syndicats agricoles et les sociétés coopératives. Ils sont ainsi conçus :

« *Syndicats agricoles*. — Le Congrès est d'avis :

« Que les syndicats agricoles et leurs unions contribuent largement au progrès de l'agriculture en rendant l'exploitation du sol plus parfaite et moins onéreuse.

« Il les encourage à poursuivre cette voie, en s'efforçant de mettre, le plus possible, à la disposition de la petite culture les moyens d'action de la grande propriété.

« Il estime, en outre, qu'ils ont une influence efficace à exercer sur le progrès général des conditions d'existence des populations rurales, notamment par l'organisation des diverses branches de la coopération et de la mutualité.

« *Associations coopératives agricoles*. — Le Congrès est d'avis :

« Que l'emploi des méthodes coopératives constitue un moyen pratique de réduire les frais de la production agricole, de donner une plus-value aux denrées et d'en préparer la réalisation avantageuse.

« Il signale, en particulier, les ressources que la coopération paraît offrir aux agriculteurs pour organiser eux-mêmes commercialement la vente de leurs produits, soit sur le marché intérieur, soit sur les marchés étrangers. »

M. LE PRÉSIDENT. — Personne ne demande la parole? Je mets aux voix les conclusions de la 1re Section.

(Les conclusions, mises aux voix, sont adoptées.)

M. LE PRÉSIDENT. — La parole est à M. Pini pour une communication sur le même sujet.

M. PINI. — Je vais être très bref, l'heure étant tardive. Je vais parler des *Caves coopératives*. En Italie, nous cherchons à développer beaucoup la constitution de ces caves, parce que nous pensons qu'elles sont un bon moyen pour favoriser la fabrication et la conservation de nos vins selon les méthodes modernes, et pour faciliter leur vente. Le Ministère d'agriculture d'Italie encourage avec des prix la constitution des caves coopératives.

La constitution de ces caves est faite par des propriétaires de vignobles, qui s'associent entre eux en s'engageant à apporter à la cave coopérative chaque année une telle quantité de raisin et à souscrire quelques actions de 50 ou 100 francs, qui forment le capital servant pour louer le local destiné à la cave coopérative, pour acheter les vases vinaires et les machines vinicoles, et pour les frais d'exercice. On peut apporter, au lieu de quelque action, des vases vinaires en bon état, dont la valeur est établie.

On fait la vinification du raisin des divers propriétaires tout ensemble dans un cuvier commun, pour obtenir un seul type de vin en quantité respectable.

Les petits cultivateurs, devenus associés de la cave coopérative, peuvent obtenir des avances sur les vins qu'ils ont dans la cave coopérative.

Toute la difficulté est dans le mode d'évaluation du raisin. Il y a deux procédés.

Dans le Piémont, pendant la saison de la vendange, on a des marchés de raisin à vin. Les maires des villes, dans lesquelles il y a ces marchés, publient chaque jour la liste officielle des prix minimum, maximum et moyens pour chaque qualité de raisin. Alors, les prix d'évaluation du raisin de chaque associé est fixé sur la base des prix moyens — qui ont été pratiqués sur le marché voisin pendant la saison de la vendange — pour des raisins de qualité égale à ceux que le propriétaire a portés à la cave coopérative, en tenant compte aussi du degré gleucométrique, qui est établi par le directeur de la cave sur chaque quantité de raisin apportée par les associés.

Dans la Toscane, où l'on n'a pas des marchés à raisin, j'ai proposé la méthode suivante :

Quand arrive à la cave le raisin d'un associé, on le foule et, avant de verser le moût dans la cuve commune pour le faire fermenter, on en prend une petite quantité et on fait la vinification dans un petit foudre à part.

Le décuvage de ce petit foudre est fait en présence du propriétaire, lequel cachette les récipients dans lesquels on conserve 5 ou 6 litres de ce vin. Dans le mois de décembre, une commission spéciale, composée par des courtiers et d'autres personnes compétentes — nommée dans une assemblée des associés — fixe le prix des vins de chaque associé en prenant comme point de départ les prix de la journée. Les bouteilles qui contiennent les échantillons des vins portent la seule indication d'un numéro. Le seul directeur de la cave connaît le nom de l'associé auquel correspond le numéro de la bouteille.

Quand on a établi équitablement le prix du raisin de chaque associé, la marche de la cave coopérative est chose très simple.

Le compte de l'associé est crédité du prix du raisin. La liquidation est faite après le bilan annuel et alors l'associé, en tenant compte des profits obtenus par la vente du vin de la cave coopérative, peut connaître le prix final de vente de son vin.

Je suis à la disposition du Congrès pour des autres renseignements. Cependant, j'ai l'honneur de faire hommage au Congrès de ma récente publication : *Cantine sociali e cooperazione rurale*, dans laquelle est inséré un modèle de statuts de caves coopératives. (*Applaudissements.*)

M. LE PRÉSIDENT. — Le Congrès remercie M. Pini de sa communication.

Emploi agricole des eaux d'égout.

M. LE PRÉSIDENT. — La parole est à M. Vincey, au nom de la 5ᵉ Section.

M. VINCEY. — Je veux seulement lire les conclusions approuvées à l'unanimité par la 5ᵉ Section. Il y a cinq vœux :

« 1° De tous les moyens employés par les villes pour se débarrasser de leurs eaux d'égout, le plus parfait et le plus recommandable, lorsque les circonstances locales s'y prêtent, est incontestablement l'épuration par le sol, avec utilisation partielle au profit de la culture.

« 2° Au double point de vue de l'hygiène et de l'agriculture, il y a intérêt à choisir, pour l'établissement des champs d'épuration, des terrains meubles, perméables en grande masse, profonds et faciles à drainer.

« 3° L'intérêt supérieur de l'agriculture commande d'aménager les champs d'épuration avec utilisation agricole, en vue de la production des récoltes les mieux appropriées aux conditions régionales.

« 4° Il est désirable que, dans l'organisation des champs d'utilisation agricole des eaux d'égout, on établisse une proportion convenable, suivant le régime des égouts, entre les cultures libres, où les irrigations sont subordonnées aux besoins des récoltes, et les cultures réglementées, relevant directement des administrations municipales, où les nécessités de l'épuration priment celles de la culture.

« 5° C'est à la culture libre qu'il appartient de chercher à utiliser le plus complètement possible les éléments fertilisants contenus dans les eaux d'égout, en diminuant les doses et en augmentant les surfaces d'irrigation. »

M. LE PRÉSIDENT. — Personne ne demande la parole?... Je mets aux voix les vœux proposés par la 5ᵉ Section.

(Les vœux, mis aux voix, sont adoptés.)

M. LE PRÉSIDENT. — Personne ne demande plus la parole?...

La séance est levée.

(La séance est levée à 5 heures un quart.)

PREMIÈRE SÉANCE DU SAMEDI 7 JUILLET

Présidence de M. le marquis DE VOGÜÉ, vice-président.

La séance est ouverte à 9 heures et quart.

M. Hannotin, l'un des secrétaires, donne lecture du procès-verbal de la deuxième séance d'hier.

Le procès-verbal est adopté.

Endiguement et mise en culture des relais de mer.

M. le Président. — L'ordre du jour appelle la discussion de certains vœux émis par la 3e Section : les premiers sont relatifs à l'endiguement et à la mise en culture des relais de mer.

La parole est à M. Le Cler

M. Le Cler, *rapporteur*. — Messieurs, les travaux de desséchements exigent des études préparatoires assez longues et des dépenses considérables. Ces études assez longues sont soumises à une enquête qui, en France, intéresse quatre ministères, l'agriculture, les finances, les travaux publics et la guerre. Nous demandons qu'on abrège les délais.

En tout cas, comme il s'agit de terrains appartenant à l'État, celui-ci peut les mettre en adjudication publique. C'est ce qu'on fait généralement. Cependant le Conseil d'État a reconnu qu'il y avait des dangers à mettre en adjudication publique des travaux qui exigent des dépenses considérables et des études spéciales. Le Conseil d'État, toutes sections réunies, a déclaré en 1837 :

« La loi du 16 septembre 1807 laisse au Gouvernement la faculté de concéder les lois et relais de mer aux conditions qu'il aura réglées.

« Les travaux d'endiguement exigent des concessionnaires des travaux d'art considérables et des garanties spéciales dont le Gouvernement seul peut être juge ; on ne peut abandonner au hasard d'une adjudication publique des travaux dont la mauvaise exécution pourrait avoir les plus grands inconvénients pour le pays, au lieu de lui procurer les avantages qu'on a le droit d'en attendre. »

Votre 3e Section vous propose le vœu suivant :

« 1° Sans demander que le mode de concession directe soit le seul adopté, il serait à désirer qu'il soit accueilli favorablement quand nul intérêt public n'exige l'adjudication publique et quand les demandes s'appuient sur des garanties sérieuses ; que, dans tous les cas, les délais soient abrégés et les formalités simplifiées dans ce qu'elles n'ont pas d'indispensable. »

Car ces enquêtes qui intéressent quatre ministères n'en finissent pas ; elles durent deux années; un ministre nous dit un jour qu'il n'y avait pas de raison pour que l'affaire se terminât parce qu'elle allait d'un ministère à l'autre.

« 2° Que le Gouvernement favorise l'extension de ces travaux en faisant étudier par les ingénieurs des services hydrauliques les points du littoral où ils peuvent être entrepris avantageusement. »

L'État fait bien étudier par ses ingénieurs les réseaux de chemins de fer; les ingénieurs de l'hydraulique agricole pourraient sur le littoral faire une étude pour indiquer aux compagnies qui voudraient entreprendre des travaux les points où elle pourraient les exécuter; ce serait un secours précieux pour les entrepreneurs de ces grands travaux.

« 3° Que ces entreprises soient assimilées au drainage, et qu'elles soient admises au bénéfice de la loi du 13 juillet 1856. »

Vous savez que cette loi a accordé 100 millions pour faciliter les travaux de drainage. Drainage, en Angleterre, veut dire desséchement. Nous demandons qu'on applique à ces grands « desséchements » la loi qui est appliquée aux travaux de drainage.

Telles sont, messieurs, les trois parties du vœu que vous propose la 3ᵉ Section.

M. le Président. — Personne ne demande la parole sur ce vœu ?...

Je le mets aux voix.

(Le vœu est adopté.)

M. Le Cler, *rapporteur*. — J'ajoute qu'en France il y a 100 000 hectares qui pourraient être drainés ou desséchés. Ce serait une sorte de colonisation intérieure, si l'on pouvait livrer ces terrains à l'agriculture. (*Très bien ! très bien !*)

Irrigation et assainissement.

M. le Président. — Nous arrivons à une question qui a un caractère plus général. La parole est à M. Faure.

M. Faure, *rapporteur*. — Messieurs, la question de l'irrigation et de l'assainissement ayant été longuement étudiée dans la Section[1], je crois qu'il n'y a pas lieu d'insister en prenant la parole devant vous, non pas même en mon nom, mais à celui de M. George qui a soutenu et fait adopter par la 3ᵉ Section le vœu suivant :

« Le Congrès émet le vœu que dans les pays qui n'en sont pas encore dotés, il soit organisé des services publics d'améliorations agricoles, services qui seraient composés d'ingénieurs et d'agents secondaires, recrutés avec soin, ayant reçu une éducation spéciale, et qui auraient pour mission de prêter leur concours pour l'exécution de tous les travaux d'amélioration culturale, et notamment de provoquer dans ce but la formation d'associations syndicales, d'en préparer les voies et moyens, de faire les études sur le terrain, d'établir les projets, de suivre l'exécution des travaux, et d'en assurer l'entretien. »

Je n'ai pas besoin d'appeler l'attention du Congrès sur cette importante question. Il y a en France 12 millions d'hectares à irriguer et 6 millions d'hectares à drainer, d'après une statistique dressée par le corps des ponts et chaussées.

Or, sur 12 millions d'hectares, il y en a à peu près 250 000 qui sont irrigués systématiquement. Il est difficile de se faire une idée de ce qui est actuellement drainé en dehors du département de Seine-et-Marne où des travaux considérables ont été faits sur l'initiative de M. Chandora. Je crois donc que le vœu ne peut pas rencontrer beau-

---

1. Voir plus haut, p. 133.

coup d'objections. Il s'applique surtout à la France, car le service dont je parle existe à l'étranger : en Allemagne, en Hongrie, en Bohême, dans les provinces autrichiennes, en Danemark, en Suède, au Luxembourg, etc.

Cependant nous avons cru devoir donner à notre vœu un caractère international pour répondre au désir de la Section et au caractère du Congrès, et parce que certains pays d'Europe ne sont pas encore dotés de ce service.

M. LE PRÉSIDENT. — Je mets aux voix le vœu dont le Congrès vient d'entendre la lecture.

(Le vœu est adopté.)

Cultures et industries pastorales.

M. LE PRÉSIDENT. — L'ordre du jour appelle, au nom de la 3e Section, la discussion du rapport de M. Cardot. Je lui donne la parole.

M. CARDOT, *rapporteur*. — Messieurs, la 3e Section a adopté à l'unanimité le vœu que je suis chargé de présenter au Congrès[1].

Vous savez que, dans la plupart des régions montagneuses, les pâturages occupent une très grande surface. Ces pâturages sont généralement en assez mauvais état : de nombreux abus sont commis par les usagers; d'autre part, on n'exécute la plupart du temps aucun travail pour les maintenir en bon état. Il en résulte des conséquences déplorables : les montagnes se dénudent, les terres des pentes sont entraînées au pied des versants, des torrents redoutables se forment, détruisent les villages et les cultures; enfin les rivières se chargent de matières, se comblent de plus en plus et, au moment des crues, les inondations occasionnent dans les plaines de grands ravages.

Pour faire cesser cette situation, il importerait de prendre quelques mesures réglementaires, de faire exécuter certains travaux de consolidation et d'amélioration capables de mettre ces terrains en bon état de conservation et de protection.

Voilà les raisons qui m'ont guidé en présentant à la 3e Section le vœu suivant :

« Le Congrès international d'agriculture, en vue d'arrêter les progrès de la dégradation du sol des montagnes, émet le vœu :

« Que, dans chacune des nations représentées au Congrès, une législation pastorale soit étudiée ou, si elle existe déjà, que, par une application aussi étendue que possible, on cherche à en obtenir le résultat maximum; puis qu'on étudie les moyens de la compléter et de la perfectionner;

« Que, d'autre part, toutes mesures administratives et financières soient prises pour assurer la reconstitution, la mise en valeur et la fructueuse exploitation de tou tes les terres *publiques*, appartenant à des collectivités : États, provinces, tribus, réunion de communes, communes, sections de communes, établissements publics;

« Qu'enfin, en raison de l'importance de ces deux questions, il soit fait rapport dans le prochain Congrès international des dispositions législatives adoptées et des mesures prises par les différents États. »

M. LE PRÉSIDENT. — Personne ne demande la parole sur ce vœu ?

Je le mets aux voix.

(Le vœu est adopté.)

Réunion et remembrement des parcelles.

M. LE PRÉSIDENT. — L'ordre du jour appelle la discussion des conclusions du rapport sur la réunion et le remembrement des parcelles.

1. Voir plus haut, page 159.

La parole est à M. Bénard.

. M. Jules Bénard, *rapporteur*. — Messieurs, je ne vous entretiendrai pas du remembrement des parcelles[1]; cette question est bien plus connue encore à l'étranger qu'en France. Il faut même reconnaître que nous sommes ici en retard sur les autres pays.

Si vous le permettez, je vais vous donner lecture de la proposition qui vous est présentée par la 3e et la 5e Section : .

« 1° Dans les pays où la terre est morcelée, il y a urgence à opérer le remembrement des parcelles, tout en laissant à chacun la surface qu'il possède et en lui permettant d'employer les moyens de mettre en valeur sa propriété et d'en augmenter le revenu.

« 2° Pour la France, il y a lieu de modifier la loi de 1888 en ce qui concerne les majorités exigées pour la formation des syndicats, notamment de considérer comme adhérents ceux des intéressés qui ne formulent pas leur refus par écrit.

« 3° Il y a lieu d'introduire dans la loi des dispositions facilitant, même au regard d'incapables, de mineurs, etc., le transfert des droits immobiliers, d'hypothèques, de privilèges grevant les parcelles échangées. »

Ce vœu a été adopté à l'unanimité par les 3e et 5e Sections.

M. le Président. — Il ne peut y avoir qu'un sentiment sur cette œuvre si utile, si nécessaire dans certains pays.

Je mets aux voix le vœu proposé.

. (Le vœu est adopté.)

Présidence du prince FERDINAND LOBKOWITZ
vice-président.

Rôle de l'État et de l'industrie privée en matière de production chevaline.

M. le Président. — La parole est à M. le marquis de Barbentane pour présenter un rapport de la 4e Section sur « le rôle de l'État et de l'industrie privée en matière de production chevaline »[2].

M. le marquis de Barbentane, *rapporteur*. — Messieurs, la première de toutes les questions qu'a examinées votre 4e Section a été de savoir si les détracteurs de l'intervention de l'État devaient avoir le pas sur ceux qui prétendent, au contraire, — et ils paraissent avoir raison, — que l'utilité de l'influence de l'État en matière de production chevaline est incontestable et qu'il est indispensable de réserver à celui-ci un rôle prépondérant.

Il est certain que pendant très longtemps l'intervention de l'État a paru nécessaire aussi bien en France que dans une grande partie des pays étrangers. La question

1. Voir plus haut, page 135.
2. Voir plus haut, page 225.

était seulement de savoir si celui-ci devait intervenir de la même façon dans l'amélioration de toutes les races.

Il a paru à votre 4e Section que c'était surtout en matière de chevaux de demi-sang que devait s'exercer l'intervention de l'État. En ce qui concerne les chevaux de trait, on a pensé, au contraire, que l'État devait favoriser surtout l'industrie privée et laisser un libre cours à son initiative.

À la suite des discussions qui ont eu lieu, on a jugé préférable de généraliser le vœu qui venait d'être soumis au Congrès, et voici la rédaction à laquelle la Section s'est arrêtée :

« L'action directe de l'État doit, dans l'intérêt de l'élevage et du pays, se manifester d'une façon ininterrompue par des encouragements de toutes sortes accordés à l'industrie chevaline. »

La 4e Section a pensé que ce vœu était plus général que celui que je lui avais soumis tout d'abord et elle l'a adopté à l'unanimité.

Le 2e vœu est le suivant :

« L'État doit dans une plus large proportion venir en aide à l'industrie privée et encourager la création de sociétés pour la production chevaline. »

C'est la tendance qui existe aujourd'hui et qu'on veut encourager.

Enfin, le 3e vœu s'appuie sur ce principe qu'une race doit être sélectionnée, encouragée sur le territoire même où elle a déjà donné d'excellents résultats, qu'il n'y a pas un grand intérêt à vouloir répandre la même race partout.

Nous avons entendu à ce sujet une communication fort intéressante du prince Carolath. Il nous a expliqué qu'en Allemagne, par exemple, où l'on avait cherché pendant quelques années à introduire des étalons percherons ou boulonnais, où l'on avait même importé des juments de ces deux races, on a été obligé d'y renoncer parce que le pays ne paraissait pas leur convenir et que, malgré des croisements opérés entre des chevaux et des juments de premier ordre, leurs produits avaient dégénéré. Tout au contraire, quand on a importé des étalons ou des juments belges et qu'on les a transplantés sur les bords du Rhin, par exemple, on a obtenu d'excellents résultats, parce que ces chevaux trouvaient un pays dont les conditions générales ne s'éloignent pas beaucoup de leur pays natif.

Voici donc le vœu proposé :

« La production simultanée de plusieurs types très dissemblables dans une même région est à éviter, et il y a tout intérêt à maintenir intacte, en l'améliorant par des sélections, la production séculaire de certaines contrées. L'introduction sur tous les points du territoire d'un type déterminé ne saurait ménager que des mécomptes, tous les milieux ne pouvant convenir à une même race. »

M. LE PRÉSIDENT. — Vous avez entendu, messieurs, les vœux dont M. le marquis de Barbentane vient de donner lecture.

Je les mets aux voix.

(Les vœux sont adoptés.)

De l'indemnité à accorder au fermier sortant.

M. LE PRÉSIDENT. — La 1re Section a été saisie d'un rapport extrêmement intéressant (voir le tome Ier des travaux, page 70) sur la difficile et délicate question de l'indemnité à accorder au fermier sortant. Le rapporteur, M. Lechevallier, n'est pas présent.

Je dois faire connaître au Congrès que j'ai été saisi de la proposition suivante,

signée des membres de la 1re Section, dont voici les noms : comte de Straten-Ponthoz, de Belgique; d'Hont, membre du Conseil supérieur de l'agriculture de Belgique;
M. de Belleville, délégué de la Société des agriculteurs de France; comte de Marcillac, président du Syndicat des agriculteurs de la Dordogne, etc. :

« L'indemnité au fermier sortant à raison des dépenses, de quelque nature qu'elles
soient, faites au cours du bail sur le domaine affermé, étant une question essentiellement variable d'après les conditions culturales, économiques et coutumières de
chaque région, il n'y a pas lieu de soumettre à la discussion du Congrès international les conclusions du rapport soumis sur cette question à la 1re Section. »

Personne ne demande la parole sur cette motion, adoptée par la Section?...

Je la mets aux voix.

(La motion est adoptée.)

Dépôt de rapports.

M. LE PRÉSIDENT. — La parole est à M. le comte Léopold Kolowrat.

M. le comte KOLOWRAT, *membre du Conseil d'agriculture de Bohême.* — Je me
permets de déposer sur le bureau, au nom de leurs auteurs, deux rapports concernant le développement de l'agriculture en Bosnie-Herzégovine, et les caisses d'assistance des districts, rédigés par les délégués du Gouvernement. Vous verrez les efforts
qu'on a faits dans ces deux pays qui, grâce aux soins du Ministre pour la Bosnie-
Herzégovine, ont pu être représentés dignement à l'Exposition universelle.

M. LE PRÉSIDENT. — Nous remercions les délégués de la Bosnie-Herzégovine du dépôt
de leurs rapports qui présentent le plus grand intérêt et relatent tous les grands
progrès accomplis en Bosnie. La 5e Section a écouté avec beaucoup d'attention celui
qui lui a été communiqué. (*Très bien! très bien!*)

M. LE SECRÉTAIRE GÉNÉRAL. — Ces rapports seront imprimés dans les travaux présentés au Congrès. (Voir plus haut, pages 95 et 155.)

La production chevaline et les progrès de l'automobilisme.

M. LE PRÉSIDENT. — La parole est à M. le marquis de Barbentane pour donner connaissance des conclusions du rapport de M. Lavalard.

M. le marquis DE BARBENTANE. — Messieurs, dans un rapport extrêmement fouillé et
que je vous engage à lire, car il présente le plus grand intérêt, M. Lavalard, dont
vous connaissez tous la haute compétence, fait ressortir les vicissitudes par lesquelles
ont passé les différents modes de locomotion dans l'Europe entière.

Ils étaient autrefois très primitifs : ils sont arrivés à des perfectionnements qui
ont pu faire craindre que graduellement le cheval lui-même, jadis principal instrument de locomotion, serait un jour supprimé. Lorsque le cheval qui, pendant longtemps, ne fut utilisé que monté fut attelé à une voiture, nombreux furent ceux qui
s'imaginèrent que le rôle du cheval de selle était fini. Ce fut tout le contraire qui
arriva : ce cheval se développa davantage. Lorsqu'un jour, vers 1840, les chemins
de fer apparurent, les chevaux ne diminuèrent pas non plus; au contraire, de nouveaux services furent créés en correspondance avec les chemins de fer : l'élevage du
cheval n'en prospéra que davantage.

Aujourd'hui encore, nous sommes en présence d'un nouveau problème : celui de
la locomotion mécanique, l'automobilisme généralisé et venant sur les routes au lieu
d'aller sur des voies de fer. Devant ce problème on se demandait ce qui allait se

passer; depuis un certain temps l'automobilisme fait de grands progrès : on ne peut nier que la France soit à la tête du mouvement. Cependant le cheval, au lieu de diminuer, reçoit des emplois plus complets, plus journaliers. Par son prix de vente qui, loin de diminuer, s'élève constamment, nous voyons aujourd'hui avec satisfaction que le cheval n'est pas près de disparaître. Sous ce rapport nous avons pleine confiance et M. Lavalard démontre que nous avons raison.

Il est arrivé à une conclusion que je vous soumets : c'est que le cheval de luxe, carrossier ou cheval de selle, surtout le cheval nécessaire pour l'armée, d'une part, que le cheval de trait d'autre part, car je ne crois pas que nous trouvions de longtemps les machines qui remplaceront le cheval en agriculture, c'est que ces chevaux, dis-je, à la condition d'opérer une sélection parmi les reproducteurs, ne sont près de diminuer ni de nombre ni de valeur. Mais, ce que nous devons conseiller d'une manière générale, c'est dans chaque race une sélection qui assure son utilisation dans les meilleures conditions. Il faut autant que possible conserver uniquement les bons reproducteurs et ne produire qu'une élite. On est dès lors certain que la valeur du cheval ne diminuera pas, son usage non plus.

C'est en vue de ces considérations que votre 4e Section a rédigé le vœu suivant :

« Les effets probables de la locomotion mécanique devant être, non pas de restreindre l'utilisation des chevaux de luxe (selle ou carrossiers), et de gros trait, mais seulement l'emploi des chevaux de moindre qualité et de peu de valeur, il est à souhaiter que les éleveurs s'attachent de plus en plus à sélectionner les reproducteurs et à ne produire que des chevaux d'un ordre relativement élevé et d'une utilisation bien définie. »

M. LE PRÉSIDENT. — Personne ne demande la parole sur ce vœu?... Je le mets aux voix.

(Le vœu est adopté.)

La baisse des prix des produits agricoles.

M. LE PRÉSIDENT. — La parole est à M. Levasseur pour donner quelques détails avec sa compétence bien connue.

M. LEVASSEUR, *professeur au Collège de France.* — Messieurs, puisque l'ordre du jour se trouve suspendu, je demande à l'assemblée la permission de parler un peu de choses générales, appuyées sur des chiffres. Si très légitimement dans ce Congrès d'agriculture, nous nous sommes occupés surtout de la pratique agricole, des réformes à faire, des améliorations à introduire tout particulièrement, il y a une préoccupation de tous les agriculteurs, je dirais même une anxiété assez vive et légitime qui est née, comme dans toutes les opérations commerciales, de la question des prix. Les prix, en général, ont diminué et cette diminution, en réduisant les revenus du cultivateur, l'inquiète, et j'ajoute : l'inquiète légitimement.

Il ne faudrait pas, — et nous sommes tous de cet avis, c'est pourquoi je prends la parole pour répéter quelque chose qui est dans votre sentiment à tous, — il ne faudrait pas croire que l'agriculture, ni en France, ni dans les pays étrangers, soit en décadence. Au contraire, je ne dirai pas dans tout le siècle où nous sommes, mais depuis quarante ans, je le déclare non pas comme agriculteur, mais comme statisticien étudiant dans divers pays les progrès qui s'y accomplissent, il n'est pas un pays civilisé dans lequel l'agriculture depuis trente ou quarante ans n'ait fait de très notables progrès. Nous avons tous à cœur d'y applaudir, il est bon de les enregistrer dans un Congrès international d'agriculture. (*Applaudissements.*)

Dans la 1re Section nous nous sommes préoccupés de la question de la surproduction, non pas de tous les produits agricoles, mais surtout du produit qui préoccupe le plus les agriculteurs : le blé. Il règne l'opinion que le prix du blé s'est avili parce qu'il y a surproduction et parce que la demande reste au-dessous de l'offre. J'ai entendu avec plaisir la plupart de mes collègues dire : « Il n'y a pas de surproduction » ; c'est mon avis personnel et c'est celui qui a prédominé dans une grande assemblée, le Congrès agricole de Budapest, où se trouvaient réunis des hommes très compétents.

Je ne crois pas qu'il y ait surproduction. Je sais, et nous savons tous qu'il y a, c'est incontestable, accroissement de la production dans le monde ; mais cette production est absorbée d'une part parce que la population du globe augmente, d'autre part parce que dans les populations civilisées le travail qui produit la richesse accroît le bien-être et les moyens qu'ont les consommateurs de se procurer des aliments meilleurs. Or, pour le peuple, le blé est connu comme la meilleure des céréales, et à mesure que les populations ont plus de puissance d'achat elles consomment une plus grande proportion de pain de froment et peut-être moins d'autres subsistances accessoires.

Pour ces deux raisons : accroissement de la population générale du globe, puissance plus grande d'achat du consommateur, il y a une demande qui correspond absolument à la production. La consommation est élastique : dans tous les marchés la quantité consommée est dans une certaine relation avec le prix de l'unité de l'objet de consommation. Ce que je dis n'a peut-être pas l'assentiment de tous les cultivateurs, mais c'est un fait que nous devons constater : si le prix du blé a diminué, la diminution du prix du blé est une des causes qui ont eu pour effet l'accroissement du nombre de consommateurs. De sorte que c'est une hache à deux tranchants : l'abaissement du prix diminue les revenus de l'agriculteur, mais en même temps soutient le blé et empêche que l'abaissement ne descende plus bas, parce qu'à mesure que le prix s'abaisse, la masse des consommateurs s'accroît. Nous sommes très loin encore du terme de l'évolution ; mes collègues de France et de la plupart des autres pays le diront avec moi (je fais exception pour les États-Unis), il y a encore une très large place pour l'accroissement de la consommation du blé, soit dans la population des villes, soit surtout dans la population agricole. Nous ne sommes pas arrivés à la saturation, c'est-à-dire à fournir par la culture du blé toute la quantité que l'humanité pourrrait consommer, étant donné le nombre d'habitants qui la constituent aujourd'hui, et sans parler des accroissements futurs. Je ne dis pas que la conséquence sera une hausse effective, mais elle pourra bien être une certaine modération de la baisse correspondant à un accroissement de la consommation.

Je voudrais dire à ce propos qu'il y a une relation intime que les démographes et les économistes ont remarquée et souvent signalée : c'est celle qui existe entre la population urbaine et la population rurale, entre l'agriculture et l'industrie. L'agriculture vit de l'industrie, comme l'industrie vit de l'agriculture. Les populations urbaines, en augmentant en nombre et, grâce à leur travail, en achetant plus de produits de l'agriculture, soutiennent l'agriculture.

L'agriculture est certainement la première des industries du monde, la nourricière de l'homme, en même temps que la pourvoyeuse de l'industrie des matières premières. Considérez une civilisation particulièrement agricole ; remontez, par exemple, au moyen âge, au treizième siècle. Il y avait alors une population agricole relativement assez florissante, mais ses débouchés étaient fort restreints, parce que les populations urbaines étaient beaucoup moins nombreuses que de nos jours ; quand on ne vit qu'entre agriculteurs, si chacun produit son blé, personne n'en vend ; il n'y a pas de débouchés. En un mot, l'accroissement des populations urbaines, les progrès du commerce et de l'industrie envisagés d'une façon générale sont très loin d'être nuisibles à l'agriculture. Ils peuvent créer des difficultés, par exemple des difficultés de main-d'œuvre quand les villes disputent à la campagne ses ouvriers.

Mais élevons-nous un peu plus haut. Nous voyons qu'en définitive c'est un bien puisque c'est la masse de la population, la masse ouvrière dont le bien-être s'améliore lorsqu'elle gagne, dans les villes ou dans la campagne, un salaire plus fort et se procure une nourriture meilleure, laquelle est payée à l'agriculture qui la fournit.

Il y a donc, suivant l'opinion de beaucoup de personnes, parmi lesquelles je me range, accroissement de la production des céréales dans le monde, il n'y a pas surproduction, c'est-à-dire il n'y a pas de quantité offerte qui ne trouve pas une demande corrélative pour l'absorber, et de longtemps encore il n'y aura pas de surproduction; j'espère même qu'il n'y en aura jamais. Ce que tous les agriculteurs disent, ce que toutes les statistiques agricoles disent, c'est que non seulement pour le blé, mais pour la plupart des denrées agricoles, il y a eu depuis quarante ou cinquante ans un accroissement très considérable dans les quantités produites. Il y a des produits qui ont diminué : le chanvre et le lin, par exemple. Il est certain qu'en Angleterre il y a eu une très grande diminution dans la production du froment. C'est en 1846 que l'Angleterre est arrivée au maximum de sa production de froment : elle était alors de 143 millions de boisseaux. La production a fléchi devant l'énorme importation qu'ont amenée la facilité des communications d'une part, l'accroissement de la production dans le reste du monde et particulièrement aux États-Unis de l'autre. En 1880 la récolte de 143 millions était tombée à 82 millions de boisseaux; en 1898, c'est l'avant-dernière récolte, — la dernière vient d'être publiée, je ne l'ai pas ici, — la récolte n'était que de 75 millions de boisseaux : il y a donc presque diminution de moitié dans la quantité de froment que l'Angleterre récolte.

Et cependant la culture en Angleterre est très loin d'avoir dépéri. Si vous lisez les excellents travaux faits sur ce sujet par les Anglais, vous verrez qu'il y a une dizaine d'années, quand on calculait le revenu de la terre — qui n'est pas facile à calculer, — l'agriculture anglaise, prise dans son ensemble, était plus riche, produisait un revenu plus considérable qu'il y a cinquante ans. Pourquoi? parce que d'autres cultures avaient remplacé celles qui étaient moins lucratives ou celles qui rencontraient une concurrence qui les rendait moins lucratives par l'abaissement des prix.

Aujourd'hui même, en Angleterre, quoiqu'il y ait une importation énorme de viande et de bétail, le bétail n'a pas diminué, et par un phénomène singulier (si j'avais quelques collègues anglais, je leur demanderais de me l'expliquer), l'Angleterre est un des pays où le mouton a le moins diminué; cependant l'importation du mouton est considérable. Il y a une dizaine d'années l'agriculture anglaise avait un revenu plus considérable qu'il y a cinquante ans. Aujourd'hui je ne connais pas assez la valeur du revenu pour rien affirmer.

Prenons un autre pays : la Belgique. Je ne vous donne que deux chiffres. En 1830, l'hectare valait en moyenne 2135 francs; en 1880, il valait 4200 francs.

En France, nous avons quelques statistiques; de 1850 à 1880, le prix moyen de l'hectare de terre labourable avait considérablement augmenté; il a diminué depuis ce temps. Mais s'il a diminué, comparez ce qu'il était en 1830 et ce qu'il est aujourd'hui, et vous trouverez que l'hectare de terre labourable, malgré la baisse du prix du blé, est supérieur aujourd'hui à ce qu'il était en 1830. Pourquoi? A cause des progrès mêmes de l'agriculture. Chacun de nos hectares rend davantage aujourd'hui, et il rend davantage grâce à ce progrès que la science a produit et qui se manifeste dans tous les pays, qui a contribué, lui aussi, à l'abaissement des prix, parce qu'il a augmenté par un rendement plus fort l'offre faite sur le marché.

La vie économique est une balance continuelle, je dirai une lutte d'intérêts en plus et en moins ; c'est le résultat général qu'il faut voir. Tout d'abord c'est celui-ci : plus de produits bruts, quelle que soit la valeur de ces produits et par conséquent pour l'humanité un bien-être plus grand, parce qu'on consomme, non pas de l'argent, mais des substances alimentaires ou des matières premières ; pour l'agriculteur, de grandes difficultés et des efforts pour compenser par la science la diminution de recette. Mais quand on reporte cet agriculteur à cinquante ans de distance, la science peut lui dire : « Votre revenu est aujourd'hui plus grand encore qu'il n'était chez votre père ou votre grand-père vers 1830 ; vous n'avez donc pas le droit de vous plaindre ; vous avez le devoir de continuer vos efforts pour élever encore ce revenu. Ces efforts, s'ils sont faits par la science culturale, ils profiteront à vous par l'augmentation des revenus et à l'humanité tout entière par un accroissement de produits. »

On se plaint dans l'agriculture, on se plaint dans l'industrie ; les possesseurs de capitaux mobiliers se plaignent aussi. Vous savez quelle diminution leur revenu a subie. Vous remarquez dans toutes les classes de la société une certaine gêne. Elle vient, non pas tant de la diminution de nos revenus, que de l'accroissement de nos besoins qui très souvent ont dépassé nos moyens de les satisfaire. (*Applaudissements.*)

Il y a là un mélange de bien et de mal. Moi qui suis un vieillard de soixante-douze ans, j'ai vu dans les environs de Paris, quand j'étais enfant, comment vivaient les paysans, les fermiers. Quand je me trouve aujourd'hui en Brie, et que je compare la vie d'un fermier vers 1840, et aujourd'hui avec les chemins de fer qui le mettent si près de Paris, je ne m'étonne pas de l'embarras où il se trouve d'équilibrer ses recettes avec ses dépenses, mais je m'étonne de son oubli du passé et de son ingratitude.

Voyez dans toute la France et dans la plupart des pays de l'Europe quelle a été au commencement du siècle et quelle est la nourriture de l'ouvrier agricole et du paysan : il s'est produit un changement considérable qui est une amélioration du bien-être. Cette amélioration du bien-être, nous devons y applaudir tous.

Il y a, à côté de cela, quelque chose d'inquiétant. Quand, dans une population, des désirs ne peuvent être satisfaits, il y a, malgré l'accroissement du bien-être, un trouble dans l'équilibre moral. Nos générations ont quelque chose de ce trouble moral dont je ne parle pas parce qu'il a une portée plus lointaine et répond à des préoccupations d'un autre genre.

Ce que j'ai voulu seulement rappeler ici, c'est qu'il n'y a pas surproduction de la richesse agricole dans le monde, parce que le monde n'est pas encore saturé et ne le sera jamais ; c'est qu'il y a un accroissement très notable du bien-être dans le monde parce qu'il y a un accroissement de production ; c'est que la conséquence commerciale qui est résultée de cet accroissement et de la facilité des voies de communication a été la concentration des affaires sur quelques marchés régulateurs et par suite un certain nivellement des prix. Tout cela crée sans doute des difficultés d'un ordre particulier. Chaque génération a les siennes. Les agriculteurs, permettez-moi de me confondre un instant avec eux, à cause de l'intérêt que je porte à l'agriculture, ont les leurs. C'est à eux d'en triompher, moins par des mesures législatives comportant des privilèges ou des restrictions (quoique j'applaudisse aux mesures qui facilitent l'association, le crédit, la liberté) que par des efforts personnels de culture et de science. (*Très bien.*) C'est par la science et l'industrie qu'il faut triompher des difficultés présentes. (*Applaudissements.*)

M. LE PRÉSIDENT. — La parole est à M. Bouesco.

M. BOUESCO. — Je croyais que notre président venait de nous annoncer que l'ordre du jour était épuisé, lorsque M. Levasseur a introduit la question du prix des denrées agricoles. C'est une question excessivement importante. Si vous envisagez la véritable cause, vous verrez le véritable remède.

On nous dit, et nous avons traité la question au Congrès de Bruxelles : la cause de la crise agricole, c'est la surproduction. M. Levasseur vient de vous expliquer qu'il n'y a pas surproduction. Permettez-moi d'ajouter quelques chiffres que je donnerai de mémoire.

D'abord il faut bien nous édifier. Quand vous achetez et quand vous vendez, la loi, qui est la loi à peu près naturelle, c'est celle de l'offre et de la demande. On ne vous donne pas plus que vous ne demandez et vous ne pouvez pas plus demander qu'on ne vous offre, c'est évident : c'est le principe du règlement des prix ; quand vous avez trop de production, c'est-à-dire abondance, alors les prix baissent ; quand il y a manque, les prix haussent ; c'est ce qui règle les prix.

La surproduction est intervenue ici pour anéantir cette loi économique : c'est l'Amérique qui produit énormément de blé depuis dix ans. On annonçait, il y a une dizaine d'années, une production de 180 millions d'hectolitres ; je crois avoir vu ces jours-ci qu'il y a eu en dernier lieu 181 millions d'hectolitres. Elle n'a donc pas fait grand progrès.

Il y a l'Inde qui produit énormément. Alors c'est la surproduction ? Voyons si c'est exact.

Vous produisiez en France, il y a une dizaine d'années, 100 millions d'hectolitres de blé et vous en consommiez 110 millions d'hectolitres ; il vous manquait donc 10 millions d'hectolitres.

Que produisez-vous aujourd'hui ? que consommez-vous ? et qu'importez-vous ? Vous consommez à peu près 121 millions d'hectolitres de blé, vous produisez en moyenne 113 millions d'hectolitres ; il vous manque donc 8 millions d'hectolitres que vous importez. Vous importez moins, il est vrai, mais vous produisez beaucoup plus : 113 millions d'hectolitres au lieu de 100 millions ; la production française a donc augmenté d'une douzaine de millions. Mais la population demande plus, puisque la consommation est en moyenne de 121 millions d'hectolitres, et vous demandez encore 8 millions d'hectolitres à l'étranger. En même temps que la production a augmenté, la consommation s'est accrue.

Examinons donc la surproduction. Que demandez-vous annuellement aujourd'hui à l'étranger ? Est-ce que le blé de l'Inde, de l'Amérique vient vous inonder ? Non. Vous avez demandé à l'étranger 8 millions d'hectolitres, pas davantage, et il n'est pas possible que vous demandiez plus. Où voyez-vous donc l'inondation des blés venus d'Amérique ? Où voyez-vous des magasins remplis pendant deux ou trois ans de blés qui se détériorent ? Je crois que personne n'a vu cela. On n'a pas inondé la France avec la surproduction de l'Amérique. Il n'y a donc pas de surproduction, c'est incontestable. Vous ne trouverez aucun pays qui soit inondé de produits américains, en particulier de blé, puisque je parle en ce moment du blé d'Amérique.

Examinons maintenant pourquoi les prix ont baissé, puisque la surproduction n'existe pas. Quand la France a une grande production, les prix s'abaissent. Je ne crois pas être loin de la vérité en disant qu'ils ont baissé jusqu'à 18 et 17 francs l'hectolitre ; je les ai même vus s'abaisser jusqu'à 14 francs.

Les agriculteurs se plaignent alors de ne pas pouvoir couvrir leurs frais. Quelle est la cause de cette baisse du prix du blé ? Ce n'est pas la surproduction.

Dans tous les pays, les prix sont fixés par la loi de l'offre et de la demande, et les prix du blé baissent quand nous avons momentanément trop de blé. Mais il y a une autre cause de baisse sur laquelle j'appelle votre attention.

Nous échangeons nos produits agricoles contre des produits industriels. Cet échange se fait au moyen de la monnaie métallique, c'est-à-dire de l'or et de l'argent. C'est là une autre cause qui fait varier les prix.

Si vous vous reportez aux anciens temps, vous voyez que, lorsqu'il y avait très peu de monnaie, par exemple chez les Grecs, le blé se vendait très bon marché. Cependant il n'y avait pas de surproduction de blé; cette denrée a manqué souvent et il se produisait des disettes et des famines. Le même phénomène se produit aujourd'hui encore. Si le prix du blé baisse, ce n'est pas qu'il y ait surproduction, c'est à cause de cet intermédiaire qui sert aux échanges, je veux parler de la monnaie. Permettez-moi, messieurs, d'en dire un mot, car c'est la vraie cause de la baisse.

Que s'est-il produit depuis quelque temps? Il y a une cinquantaine d'années, les prix avaient haussé énormément, par suite de la découverte des mines d'or de Californie, et tout le monde était heureux. Depuis 1873, nous nous plaignons que les prix aient beaucoup baissé. C'est qu'à cette époque on a démonétisé l'argent, que ce métal précieux n'existe plus comme monnaie internationale; nous n'avons plus que l'or. Les moyens d'échanger certains produits contre d'autres ont donc diminué. De combien ont-ils diminué? Je ne me rappelle plus les chiffres exacts, mais la diminution est à peu près de moitié, puisqu'il y avait environ une valeur de monnaie d'argent égale à celle de la monnaie d'or; il y avait même plus d'argent que d'or; pendant une dizaine d'années, il y a eu 6 milliards d'or contre 7 milliards d'argent.

Quand on a démonétisé l'argent, qu'on n'a plus voulu le recevoir aux hôtels des monnaies de France, de Belgique et d'autres pays, quand on a adopté l'étalon d'or comme en Allemagne, qu'est-il arrivé? C'est que l'argent, ne servant plus de monnaie internationale dans les échanges entre les différents pays, est devenu une marchandise à bas prix.

Ne voyez-vous pas que c'est là la cause de la baisse des prix? Si vous avez diminué à peu près de moitié la monnaie internationale, s'il ne reste que la moitié de cette monnaie en monnaie d'or, ne voyez-vous pas que le prix d'achat de l'or est devenu proportionnellement plus élevé? C'est pour cela que lorsque vous achetez avec de l'or, unique monnaie internationale, certains produits, produits agricoles ou produits industriels, vous devez payer deux fois plus; les prix ont donc baissé d'environ 50 pour 100 par rapport aux prix anciens.

Voilà la véritable cause de la baisse des prix des produits agricoles et en particulier du blé; il ne faut pas la chercher ailleurs.

Il me reste à dire maintenant un mot du remède; il est tout indiqué.

On a commis une erreur, on a forcé la nature des choses, il faut revenir à ce qui existait précédemment; car il y a plus de 2000 ans qu'on se servait avec avantage de ces deux monnaies: quand un métal devenait plus abondant, l'autre s'avilisait, mais on ne manquait pas de monnaie internationale. Il faut y revenir. Comment?

De grands pays disent: C'est difficile. Ils savent pourtant bien que ce n'est pas impossible. Voici par exemple l'Allemagne qui a fait une loi pour le monométallisme or: déjà on lutte dans ce pays pour revenir à l'argent; il y a une ligue pour le bimétallisme; je connais un de ses membres, M. Otto Arendt, qui lutte très activement dans ce sens. De même, en Angleterre, il existe des ligues puissantes; elles ont des publications et elles luttent.

On a tenu à Paris trois congrès sur cette question. On n'a pas réussi; cela ne veut pas dire qu'on ne réussira pas; je crois, au contraire, qu'on réussira à mettre au pied du mur tous les gouvernements et à nous faire ainsi sortir de la crise des prix, surtout en ce qui concerne les produits agricoles, qui est une cause de misère pour tous les pays du monde. (*Applaudissements sur divers bancs.*)

M. LE PRÉSIDENT. — La parole est à M. le comte Károlyi.

M. le comte ALEXANDRE KAROLYI. — Messieurs, vous ne prendrez pas en mauvaise part qu'après le remarquable discours que prononçait tout à l'heure l'éminent M. Levasseur, je vienne à mon tour vous présenter quelques observations pour compléter, d'après ma conception, les idées qu'il a exposées.

J'estime que M. Levasseur a parfaitement raison quand il déclare que la surproduction n'existe pas, qu'elle est quelquefois momentanée, mais que le phénomène inverse, c'est-à-dire l'insuffisance de production, peut se présenter.

M. Levasseur nous a expliqué qu'il n'y a pas surproduction, et qu'il y a, je dirai, « abondance ». C'est sans doute l'idée qu'il exprimait, si je l'ai bien comprise.

M. LEVASSEUR. — Parfaitement.

M. le comte KAROLYI. — C'est cette abondance qui a eu sa répercussion sur les prix. J'admets cette abondance, mais finalement il n'y a pas surproduction, parce que toute la production d'une année est consommée et que, parfois même, elle n'est pas en quantité suffisante, dans certains pays, pour aller jusqu'au bout de l'année.

La raison pour laquelle nos prix diminuent peut donc bien être cette abondance, mais ce n'est pas tout. Il faut aussi tenir compte des différentes situations dans lesquelles se trouve l'agriculture.

Considérons que depuis nombre d'années le prix de la main-d'œuvre augmente, sans que nous constations positivement cette augmentation d'un jour à l'autre; elle augmente insensiblement, d'une manière imperceptible, mais elle monte toujours.

Si nous regardons d'un autre côté, nous voyons que le prix des denrées baisse continuellement, imperceptiblement quelquefois, mais enfin qu'il s'abaisse constamment.

Entre ces deux phénomènes, celui de la main-d'œuvre qui veut son droit et son augmentation, et celui de la baisse des prix qui nous oblige à vendre les denrées à meilleur marché, nous sommes placés comme entre l'enclume et le marteau; nous sommes un peu comme ce grain de blé placé entre deux meules, qui finit par devenir atome et poussière. (*Applaudissements.*)

Voilà la cause de nos maux. Ce n'est pas seulement avec plus de science qu'on peut en venir à bout; il faut apporter, si l'on veut, plus de lumière dans l'administration agricole si possible; on obtiendra peut-être des résultats meilleurs.

Mais là n'est pas encore notre affaire. Cette amélioration ne peut pas compenser la perte que nous éprouvons par suite de l'augmentation de la main-d'œuvre et de la baisse générale des prix.

L'illustre orateur qui a parlé avant moi, M. Levasseur, a dit que, pour nous défendre contre ce mal, il faut travailler mieux, augmenter nos connaissances scientifiques, mais qu'il ne faut pas demander à la législation d'intervenir.

Je crois, au contraire, qu'il faudra intervenir de plus en plus.

Mais observez donc! Votre droit d'entrée de 7 francs sur le blé, c'est bien une intervention de la législation, et cette intervention-là vaut bien la science. (*Applaudissements.*)

L'intervention de la législation me semble donc nécessaire, et je crois qu'elle ne peut être obtenue dans chaque pays que lorsque tous les agriculteurs se réuniront pour former des associations, grandes ou petites, de production et de consommation, si vous le voulez, mais surtout que leurs unions devenant puissantes, elles sauront se faire mieux entendre par les législations qu'à cette heure, où les agriculteurs ne sont pas organisés, comme ils devront l'être dans l'avenir.

Il faudrait que nous eussions des milliers de ces organismes devenus puissants, et alors je crois que l'état de choses actuel deviendra meilleur pour l'agriculture, parce qu'elle aura cette influence qui lui manque encore. — L'« homme moyen » que forme l'association locale dans le village, cet homme moyen est supérieur au petit homme qui n'a pas, à lui tout seul, l'influence nécessaire, le savoir et l'expérience. Cette plus grande influence, ces plus grandes connaissances, les agriculteurs les acquerront par l'association. Plus vous créerez d'associations en Europe et dans le monde, et mieux la question agricole sera résolue.

Je me résume dans ces quelques mots : le mal n'est pas dans la surproduction ; il tient à l'augmentation du prix de la main-d'œuvre et à la baisse continuelle du prix des denrées. Le remède est dans l'association, la science et, finalement, la législation. (*Applaudissements.*)

M. le Président. — La parole est à M. de Riepenhausen.

M. de Riepenhausen-Crangen. — Messieurs, après la grande autorité qui vient de parler, après M. le comte Kàrolyi, je n'aurais rien à ajouter si je ne disais qu'en Allemagne nous pensons tout à fait comme en Autriche et en Hongrie, et que vous pensez de même en France depuis longtemps.

En effet, il y a onze ans, la Société des agriculteurs de France a discuté des vœux dont j'ai le texte sous les yeux, et, comme elle pensait tout à fait comme nous, vous me permettrez de citer l'un de ces vœux que je trouve au compte rendu de la session générale de 1889, page 186 :

« La Société des agriculteurs de France,

« Considérant que l'envahissement de nos marchés par les produits agricoles venant des contrées interocéaniques devient chaque jour plus considérable et menace de plus près la production du blé et du bétail ;

« Considérant que cette menace pèse non seulement sur la France, mais sur toutes les autres nations de l'Europe ; que, sous la pression de ce danger, les peuples ont tout intérêt à se défendre et à soutenir leur agriculture nationale ;

« Que ce péril est rendu plus inquiétant par la tendance des États-Unis ;

« Émet le vœu qu'il y a lieu, pour les États du continent européen, de former une union douanière. »

Je ne veux pas insister plus longuement. Tout ce que je peux dire, après les paroles que vous venez d'entendre, c'est que nous pensons de même en Allemagne, et nous remercions M. le comte Kàrolyi d'avoir trouvé le mot exact pour préciser la situation. (*Applaudissements.*)

M. le Président. — La parole est à M. le vicomte de Luppé.

M. le vicomte de Luppé. — Messieurs, je ne veux pas revenir sur cette discussion qui a pour but de rechercher les causes de la mévente du blé et les moyens d'y remédier. Je crois que tout a été dit à cet égard et que vous avez pris les résolutions qu'il convenait. C'est à regret que je prends la parole pour contester quelques points du remarquable discours de M. Levasseur.

M. Levasseur est un homme éminent, universellement connu dans l'agriculture française; c'est un statisticien remarquable, dont nous admirons les travaux et la parole et je suis, je le déclare, peu préparé à combattre son discours qui n'était pas à l'ordre du jour et contre lequel il nous serait bien difficile, en ce moment, d'apporter des chiffres qui ne pourraient pas être contestés victorieusement par lui.

M. Levasseur. — Je n'étais pas préparé davantage, et j'ai improvisé. (*On rit.*)

M. le vicomte de Luppé. — Il y a deux points de ce discours qui ne sauraient, je crois, être approuvés par tous les agriculteurs, surtout par ceux de France. Le premier point est celui-ci. M. Levasseur vous a dit qu'il n'y avait pas surproduction, que le blé était consommé entièrement dans le globe, tel qu'il était produit et que, cependant, il y avait une baisse de son prix, que l'on devait considérer comme un événement heureux, — (et M. Levasseur ajoutait que c'était là une chose peu agréable à dire à des agriculteurs),— en ce sens que l'abaissement du prix du blé était un facteur important dans l'amélioration générale du sort des populations et, par conséquent, un événement que l'on devait saluer avec satisfaction.

M. Levasseur. — Jusqu'à une certaine limite.

M. le vicomte de Luppé. — Je le veux bien.

Le fait n'est pas moins constant : le prix du blé a baissé. Considérons qui profite de cet abaissement. C'est une partie de ceux qui le consomment, incontestablement, mais ce ne sont pas les agriculteurs; car ce bien-être qui fait que l'on consomme davantage non seulement du blé, mais tous les autres produits, ce bien-être ne s'est guère répandu parmi les agriculteurs.

Les ouvriers agricoles ne voient pas tous les jours augmenter leurs salaires comme les ouvriers industriels ou ceux qui travaillent dans les villes. Le cultivateur travaille son champ; il attend, pour toucher son salaire et le prix de ses efforts, le moment où il pourra vendre son blé. Si son blé se vend mal, son salaire sera considérablement diminué; s'il se vend bien, son salaire sera augmenté. Je dois dire que ce dernier cas se présente très rarement aujourd'hui; il s'ensuit que l'agriculteur, par la mévente des blés, éprouve une diminution de son salaire et que son bien-être n'augmente pas.

Il suffit d'habiter nos campagnes, comme beaucoup d'entre nous le font, pour constater qu'il n'y a dans les familles des agriculteurs qu'un bien-être apparent, qui consiste dans une meilleure nourriture, dans un habillement plus confortable, plus recherché, mais qu'avec cela il existe une très grande gêne. Les agriculteurs sont gênés, souvent endottés ; et ce bien-être qui se répand partout, qu'ils sont forcément amenés à imiter, est une nouvelle cause de misère pour eux.(*Applaudissements.*)

Je ne suis donc pas de l'avis de M. Levasseur quand il vient nous dire que l'abaissement des prix du blé peut être considéré, même dans une certaine mesure, comme heureux. Je considère, au contraire, que c'est un événement désastreux pour les agriculteurs qui composent, non seulement en France, mais dans le monde entier, l'immense majorité de la population. (*Très bien ! très bien !*)

Je veux relever un second point dans le discours de l'honorable M. Levasseur, celui qui a trait à l'augmentation de la valeur de la propriété. M. Levasseur nous a dit, comme si nous devions nous en applaudir, que la valeur de la propriété est sensiblement la même qu'en 1830. C'est un progrès au moins douteux, car, à côté de cette stagnation de la valeur de la propriété, les charges ne sont pas restées stationnaires. Les impôts ont, je ne dirai pas même doublé, mais triplé depuis cette époque. Le salaire des ouvriers de nos campagnes — je ne parle pas des métayers, des fermiers, de leurs familles, qui attendent la récolte du blé pour toucher leur salaire, je parle des ouvriers qu'il faut payer au jour le jour, —la main-d'œuvre devenue rare a considérablement augmenté. Il y a bien là encore une autre source de charges pour l'agriculture. Dès lors, si la valeur de la propriété n'a pas augmenté depuis 1830, il s'ensuit qu'elle a considérablement baissé.

Personnellement, je suis en rapport avec des agriculteurs de trois régions différentes de la France, des environs de Paris, du Centre et du Midi. Je le déclare, on a partout une grande difficulté à trouver des fermiers qui veuillent continuer la culture, et, quand on en trouve, même aux environs de Paris, même en Seine-et-Oise, même en Beauce, c'est avec une diminution considérable du fermage. Je mets en fait que, dans ces trois régions, la propriété a diminué de valeur depuis 1830. M. Levasseur me permettra de lui dire, malgré toute son autorité et son savoir que j'admire, que les statistiques ne donnent pas toujours des résultats absolument exacts.

M. Levasseur. — C'est bien certain.

M. le vicomte de Luppé. — Dans certains cas même, ces résultats peuvent être tout à fait erronés.

On relève l'ensemble des ventes et des achats de terres en France, on constate que, depuis 1830, la terre se vend en moyenne au même prix. Mais il faut considérer que, depuis cette époque, les chemins de fer ont fait leur œuvre, qu'ils ont mis en valeur certaines régions qui n'existaient pour ainsi dire pas au point de vue pratique, commercial, agricole, c'est-à-dire dont les productions ne pouvaient arriver sur les marchés, ne se vendaient pas; la terre, dès lors, n'y valait rien; depuis la mise en valeur de ces régions, la terre, qui ne valait rien en 1830, a augmenté de valeur. Voilà ce qui a augmenté la valeur totale des terres en France.

M. Levasseur. — Elle a augmenté.

M. le vicomte de Luppé. — Oui! la valeur totale a augmenté, mais la valeur particulière de certaines terres a diminué, et ce sont les terres agricoles qui sont dans ce cas.

M. Levasseur. — De certaines terres!

M. le vicomte de Luppé. — En Sologne, — c'est-à-dire sur trois départements de France, — les terres qui, il y a 25 ans, valaient 200 francs l'hectare, valent aujourd'hui de 500 à 600 francs, parfois même 1000 francs. Dans les Landes, il y a une augmentation considérable de la valeur de la terre; or les Landes comprennent, outre le département des Landes, une partie de la Gironde et du Gers. Les chemins de fer ont accru la valeur des bois qui sont aujourd'hui transportés jusqu'en Angleterre pour faire des poteaux de mines, alors qu'en 1830 ils n'avaient aucune valeur vénale. On comprend que la valeur de ces propriétés ait considérablement augmenté.

Voilà déjà, par conséquent, sept départements où la valeur de la terre a doublé.

M. Levasseur. — Ce sont des statistiques incontestables, et elles sont très bonnes. (Sourires.)

M. le vicomte de Luppé. — Je suis heureux d'avoir votre approbation.

M. Levasseur. — J'ajouterai que, dans l'Eure, la terre a peu augmenté de valeur, qu'elle a augmenté considérablement dans l'Allier.

M. le vicomte de Luppé. — Dans certains départements, comme le Nord, le Lot-et-Garonne, qui passent pour être les départements les plus riches de France, la valeur de la terre a diminué de moitié.

Il est possible qu'en grandes masses la terre ait conservé la même valeur qu'en 1830, je déclare qu'à mon avis c'est un mince progrès; car, dans la grande majorité des départements de France, surtout dans les plus riches, la valeur de la terre a diminué dans une proportion qui varie du tiers à la moitié. (Très bien! très bien!)

Au point de vue purement agricole, ce n'est pas seulement la valeur du capital de la terre qui nous importe, c'est la valeur de ses produits. Cette valeur a diminué dans la même proportion que celle du capital, et le phénomène est à peu près général. Ce qui fait l'augmentation de valeur de la Sologne, ce n'est pas la prospérité de l'agriculture, assurément, c'est la chasse, l'agrément, la proximité de Paris; ce qui fait la valeur des terres des Landes, c'est le bois; l'agriculture n'a rien à y voir.

Si donc vous tenez compte de ces éléments, vous pouvez être certains que la valeur des produits a diminué dans des proportions très considérables, qui se rapprochent sensiblement de la diminution du capital, et que l'agriculture, bien loin d'avoir conservé la prospérité qu'elle avait en 1830, est aujourd'hui, à cause des charges qu'elle supporte, dans une situation plus malheureuse, et qu'il est intéressant de chercher, ailleurs que dans des satisfactions purement humanitaires, les remèdes à cette situation, qu'il est bon de continuer à rechercher, comme on l'a fait hier et avant-hier, les moyens de permettre à l'agriculture de vendre, non seulement son blé, mais tous ses produits. (*Applaudissements*.)

Conclusions relatives à l'enseignement agricole.

M. LE PRÉSIDENT. — La parole est à M. Berge, rapporteur de la 2ᵉ Section.

M. RENÉ BERGE, *rapporteur*. — Messieurs, j'ai l'honneur de vous soumettre les vœux proposés par différents rapporteurs et que la Section a approuvés.

M. Gomot, président de la Section, a présenté, sur la question des démonstrations agricoles à l'école primaire, deux vœux ainsi conçus :

« 1° Il convient d'habituer les élèves à réunir et à classer certains objets : les pierres, les terrains, les plantes, les engrais, les graines, les insectes. Ces leçons de choses seront complétées par des cultures démonstratives et simples.

« 2° La synthèse de cet enseignement pourra être utilement faite par des promenades dans la campagne et la visite des meilleures fermes des environs, sous la direction de l'instituteur. Celui-ci montrera à ses élèves l'application, dans la vie courante des champs, des vérités révélées par lui lors des cultures de l'école. »

M. LE PRÉSIDENT. — Personne ne demande la parole?...

Les vœux sont adoptés.

M. LE PRÉSIDENT. — La parole est à M. le rapporteur.

M. RENÉ BERGE, *rapporteur*. — M. Comon a présenté un rapport sur l'enseignement agricole nomade. Ce rapport se termine par le vœu suivant, que la 2ᵉ Section a adopté :

« Qu'en outre des écoles fixes, il soit organisé, dans les pays qui n'en sont pas encore pourvus, des laiteries nomades d'après les principes de celles qui fonctionnent en Hollande et en Belgique. »

Il s'agit d'écoles qui comportent un matériel d'enseignement de la laiterie qui se transporte d'une localité à l'autre ; elles restent sur place quinze jours ou trois semaines, reçoivent une dizaine d'élèves auxquels il est fait des cours; une fois le cours terminé sur un point ces écoles se rendent sur un autre.

M. LE PRÉSIDENT. — Personne ne demande la parole ?...

(Le vœu est adopté.)

M. RENÉ BERGE, *rapporteur*. — M. Comon a présenté un vœu additionnel ainsi conçu:

« Il est désirable de profiter des concours cantonaux agricoles pour y installer les écoles nomades de laiterie et leur donner la plus grande publicité possible. »

M. LE PRÉSIDENT. — Personne ne demande la parole ?...

(Le vœu est adopté.)

Enseignement agricole féminin.

M. RENÉ BERGE, *rapporteur*. — Madame Bodin à fait un très remarquable rapport sur l'enseignement agricole spécial des femmes. Les conclusions de ce rapport sont formulées dans les vœux suivants :

« 1° Les écoles de laiterie et les écoles ménagères pour les jeunes filles doivent être de plus en plus encouragées et répandues.

« 2° Comme direction, elles doivent être maintenues dans la simplicité et dans l'esprit de l'éducation familiale.

« 3° La jeune fille doit être préparée à sa vie de femme, en la sortant le moins possible de son milieu, et en le lui faisant aimer.

« 4° Pour former la femme, il faut lui conserver la mission spéciale pour laquelle elle est faite, et ne pas la sortir du domaine des professions qui conviennent à son sexe; ne pas encourager les revendications de droits différents des siens ou les empiétements sur le domaine de l'homme. »

M. LE PRÉSIDENT. — Personne ne demande la parole?...

Les vœux sont adoptés.

Je donne la parole à Madame Czaplinska qui a fait un très remarquable rapport sur l'enseignement agronomique en Russie.

MME CZAPLINSKA. — Dans mon rapport à la Section (voir plus haut, page 121), sont désignées toutes les écoles qui existent en Russie, la manière dont elles sont organisées, avec le vœu que les femmes puissent achever leur instruction, tant supérieure que mineure, dans l'agriculture, pour travailler dans leurs biens.

C'est pour cette instruction supérieure des femmes, au profit de leur avenir et du rôle qu'elles sont destinées à jouer dans la famille, que je vous prie de m'autoriser à prononcer ces quelques paroles.

Les femmes de toutes les classes sociales sont destinées à une fonction très élevée : celle de donner à l'enfant les fondements du caractère, les idées que développe la suite de l'instruction. Ce sont elles qui ensemencent les graines de nos moissons; l'instruction de la femme devrait donc répondre aux besoins de l'époque.

On a ouvert, pour instruire la femme, quelques branches de ce vaste empire du savoir. Son instruction supérieure est vraiment encore dans un cadre très étroit qu'on n'est pas pressé d'étendre, à raison de l'émancipation admise chez les femmes de progrès, émancipation de laquelle naissent, chez vous, messieurs, des inquiétudes sur la situation de la famille, sur son bonheur.

Je suis convaincue que les femmes réellement instruites ont été et seront toujours le précieux trésor de la famille; la crainte de leur émancipation progressive n'a pas de base sérieusement fondée, car la femme dont l'âme, le cœur et l'esprit sont cultivés et développés, ayant reçu une éducation supérieure en études sérieuses de son choix, ne tombera jamais dans l'extrême; la femme sérieusement instruite ne prêche pas l'émancipation mal comprise, mal choisie et mal tournée.

Pour cette raison, je plaide devant vous la cause de toutes les femmes qui voudront acquérir l'instruction supérieure dans toutes les branches des sciences, et j'espère obtenir pour cette idée toute votre sympathie; que la jeune fille, après avoir fini ses études primaires, étudie un cours spécial et achève son développement.

Je puis vous assurer qu'après quelques années d'expérience, les femmes, étant libres de leurs occupations dans la famille, tiendront à participer à vos réunions scientifiques et intellectuelles. Avez-vous le droit de le refuser aux femmes? Voulez-vous les livrer au flirt? Voudrez-vous priver les femmes de l'accomplissement de leurs vœux les plus ardents?

Vos observations, tout à fait naturelles, sur les chiffres de nos budgets pour les toilettes, parfois assez considérables, diminueront au profit de la famille, et ce sera certainement une perte très grave pour vos magasins de modes, qui s'enrichissent aux frais du bien-être de la famille.

Je trouve cette organisation dans les lois de famille bien choisie; c'est à vous, messieurs, de l'entreprendre et de l'exécuter.

Ce vœu tend à ce que le Congrès protège cette idée de l'instruction supérieure dans tous les pays.

Nos écoles primaires, moyennes et supérieures de Russie ont été l'objet d'une communication que j'ai faite et d'un rapport que j'ai déposé. Leur caractère, surtout celui des écoles primaires, est collectif, car elles réunissent les jeunes filles des différentes positions, admises aux cours qui leur sont ouverts.

Voici le vœu que je dépose :

« Le Congrès émet le vœu que l'enseignement agronomique des femmes reçoive un développement plus considérable que par le passé. » (*Très bien! très bien!*)

M. LE PRÉSIDENT. — Personne ne demande la parole?...

Le vœu est adopté.

MME CZAPLINSKA. — Je remercie le Congrès d'avoir adopté le vœu que j'ai présenté. J'y tenais pour deux raisons : d'abord parce que c'est une innovation due à une femme, ensuite parce que je suis venue de l'Ukraine pour assister à ce Congrès. (*Applaudissements.*) Je voudrais qu'il y eût une centaine de femmes à des réunions comme celles-ci.

Contrôle des produits intéressant l'agriculture.

M. LE PRÉSIDENT. — La parole est à M. Berge, rapporteur de la 2ᵉ Section.

M. RENÉ BERGE, *rapporteur*. — M. Hommell a présenté les conclusions suivantes, qui ont été approuvées par la Section :

« 1° Les lois édictées dans les différents États, le développement des stations agronomiques, des laboratoires agricoles et municipaux, des stations d'essais de semences et des associations de cultivateurs ont eu une influence favorable sur la diminution des fraudes dans le commerce des denrées intéressant l'agriculture. Il apparaît cependant que ces institutions sont insuffisantes, elles seules, pour atteindre complètement le but désiré; il est nécessaire, pour y parvenir, que les lois qui régissent la matière soient revisées et complétées.

« 2° Ces lois devraient être générales et tendre à la répression de toutes les fraudes ou falsifications de quelque nature qu'elles soient, de tous les actes ayant pour but de tromper l'acheteur sur la qualité, la quantité ou la valeur de la chose mise en vente. Elles devraient s'appliquer aux plants et semences, à toutes les substances que l'homme emploie, soit pour son alimentation ou celle des animaux domestiques, soit pour exercer une action favorable sur le développement des végétaux et des animaux ou leur préservation contre les ravages des insectes ou des maladies. Le vendeur devra toujours être dans l'obligation de garantir sur la facture l'origine et la pureté du produit, sa teneur, en éléments utiles et d'une manière générale tout ce qui est de nature à établir sa valeur réelle. »

La Section exprime en outre le désir que, à titre de condamnation accessoire, les tribunaux ordonnent une large publicité des jugements condamnant les auteurs des fraudes indiquées ci-dessus comme cela se passe pour le commerce du beurre et du lait dans les grandes villes.

« 3° Les lois devront prévoir la vente d'un ou plusieurs éléments utiles à un taux hors de proportion avec leur valeur réelle, d'après les mercuriales; l'acte ci-dessus sera considéré et puni comme une fraude lorsque la différence atteindra un taux à déterminer pour chaque produit en particulier.

« 4° Considérant que, dans la plupart des cas, le cultivateur hésite à se défendre lui-même, le Congrès estime qu'il serait nécessaire d'obliger les personnes chargées de constater l'état des produits, à signaler les fraudes aux représentants de l'action publique et d'inviter ceux-ci à les poursuivre d'office lorsque la violation de la loi est manifeste.

« 5° Il est désirable qu'une entente internationale intervienne entre les différents États, tant pour l'établissement de mesures répressives communes que pour l'unification des méthodes analytiques et l'élaboration d'un code des falsifications des denrées alimentaires et des matières utiles à l'agriculteur, et que des rapports fréquents s'établissent entre les stations et les laboratoires agricoles des différents pays. »

M. le Président. — Personne ne demande la parole ?

Un membre. — Le premier vœu parle de compléter les lois, etc... Dans quel sens ?

M. le Rapporteur. — C'est un vœu d'ordre général. Ceux qui estiment que les lois actuelles sont suffisantes et leur donnent satisfaction voteront contre le vœu proposé par M. Hommell; ceux, au contraire, qui trouvent qu'il y a quelque chose à faire dans cette voie voteront pour le vœu.

M. le Président. — Personne ne demande plus la parole ?...

(Les vœux sont successivement mis aux voix et adoptés.)

Champs d'expériences et de démonstrations pratiques.

M. le Président. — La parole est à M. le rapporteur.

M. René Berge, *rapporteur*. — J'ai présenté un rapport sur les champs d'expériences et de démonstrations pratiques. Tout le monde est au courant de la question. Je n'insisterai donc pas.

Voici les conclusions et les vœux adoptés par la 2ᵉ Section :

« 1° Les champs d'expériences et de démonstrations pratiques ont contribué de la manière la plus efficace aux progrès de l'agriculture et de la viticulture françaises. L'extension qu'ils ont prise dans beaucoup de départements est considérable, mais leur nombre est insuffisant dans certaines contrées.

« Il est très désirable que les Conseils généraux votent, dans tous les départements, les crédits nécessaires au développement d'une institution capable de rendre partout les plus grands services aux vignerons et aux cultivateurs.

« 2° Il appartient aux professeurs départementaux d'agriculture de fixer, pour chaque région, quels essais ou quelles démonstrations il faut entreprendre. Il importe, dans tous les cas, que la distinction entre les champs d'expériences et les champs de pure démonstration soit nettement établie ; que les essais comportant quelque aléa soient réservés aux premiers, et que les seconds soient uniquement consacrés aux démonstrations dont le succès ne fait aucun doute.

« 3° Les champs de démonstrations doivent être aussi multipliés que possible.

« 4° Ils doivent avoir une étendue aussi grande que le permettent les circonstances locales.

« 5° Il ne faut entreprendre qu'une seule démonstration à la fois sur les champs de démonstrations, afin qu'il ne puisse naître aucun doute sur la cause qui provoque la différence de rendements. »

M. LE PRÉSIDENT. — Personne ne demande la parole ?...

(Les vœux sont mis successivement aux voix et adoptés.)

M. LE RAPPORTEUR. — La Section propose, en outre, le vœu additionnel suivant :

« Il est désirable que les professeurs d'agriculture se concertent pour organiser dans chaque région des champs d'expériences et de démonstrations d'après un plan d'ensemble dressé en vue de la confection de cartes agronomiques. »

M. LE PRÉSIDENT. — Personne ne demande la parole ?...

(Le vœu est adopté.)

Stations œnologiques et laboratoires de bactériologie.

M. RENÉ BERGE. — M. Kayser, directeur de la station œnologique de Nîmes, a présenté un rapport sur les stations œnologiques et les laboratoires de bactériologie. La 1re Section a, à ce sujet, adopté le vœu suivant :

« 1° Que les créations de stations œnologiques se fassent dorénavant par région; par conséquent, que l'on institue des stations centrales, au lieu de disséminer les subsides qu'on peut avoir pour créer de trop nombreuses stations.

« 2° Qu'on étudie s'il n'y aurait pas lieu de donner, à la station, un enseignement œnologique destiné aux adultes. Cet enseignement serait général ou se rapporterait à certaines questions œnologiques à l'ordre du jour. »

M. LE PRÉSIDENT. — Je mets ce vœu aux voix.

(Le vœu est adopté.)

Vœu relatif à l'emploi du microscope.

M. RENÉ BERGE. — La 2e Section a adopté le vœu suivant présenté par M. Guffroy :

« Il serait avantageux que l'emploi du microscope fût généralisé dans les laboratoires pour toutes les recherches purement qualitatives.

PLUSIEURS MEMBRES. — Cela va de soi !

M. RENÉ BERGE. — Je lis en séance générale les vœux qui ont été adoptés par la Section. Il ne dépend pas de moi de les modifier.

Enseignement commercial dans les écoles d'agriculture.

M. RENÉ BERGE. — M. de Loverdo a présenté le vœu suivant qui a été adopté par la Section :

« Que l'on donne à l'enseignement dans les écoles supérieures et moyennes d'agriculture une plus grande importance à la partie commerciale. »

(Adopté.)

Vœu relatif au service militaire des élèves des écoles pratiques d'agriculture.

M. René Berge. — M. Hérissant a présenté un vœu sur le service militaire des élèves des écoles pratiques d'agriculture, qui a été adopté par la Section. Il est ainsi conçu :

« 1° Que les élèves des écoles pratiques d'agriculture profitent des mêmes avantages au point de vue militaire, que les élèves des écoles professionnelles d'art et d'industrie et que les élèves des écoles nationales d'agriculture, à la condition de consacrer au moins les dix années suivantes à la culture active;

« 2° Qu'en présence de l'affluence des demandes d'admission, qui pourront être provoquées par cette mesure, les bourses soient exclusivement réservées aux fils de cultivateur, et que ceux-ci jouissent même d'une cote particulière les favorisant dans les examens d'admission. »

(Adopté.)

Stations d'essais de semences.

M. René Berge. — Voici le vœu présenté par M. Bussard à la suite du rapport sur les stations d'essais de semences :

« 1° En raison des avantages que présente la spécialisation, il est désirable que les analyses de semences soient exécutées dans des établissements spéciaux nettement distincts des stations chimiques;

« 2° Des ressources suffisantes doivent être mises à la disposition des stations d'essais de semences pour permettre à leurs agents de se rendre chaque année, au début de la campagne de vente et d'analyses, dans les régions de production, en vue de déterminer la qualité moyenne des semences par le prélèvement d'échantillons types;

« 3° Aux stations d'essais de semences doivent être annexés des champs d'expériences pour l'étude des questions relatives à la production des semences et à l'amélioration des plantes cultivées. »

(Adopté.)

Sur l'ordre du jour de la prochaine séance.

M. le Président. — La parole est à M. le Secrétaire général.

M. Henry Sagnier, *secrétaire général.* — Messieurs, la dernière séance du Congrès aura lieu aujourd'hui à trois heures.

Il reste encore un certain nombre de questions à examiner.

En premier lieu viendra une communication de Mme Czaplinska; puis Mlle d'Erlincourt fera une communication sur la Maison du Soldat. M. Tisserand présentera un rapport sur un concours ouvert entre les sociétés de crédit mutuel agricole et indiquera les récompenses décernées sur le reliquat d'une souscription faite, il y a quelques années, en l'honneur de M. Méline et que M. Méline a voulu consacrer à cette œuvre.

Il y aura ensuite à voter sur les conclusions de rapports de la 1re, de la 6e et de la 7e Section, enfin à nommer la Commission internationale et à désigner le siège du prochain Congrès.

Le soir, à 7 heures et demie, aura lieu le banquet.

M. le Président. — Personne ne demande plus la parole ?

La séance est levée.

(La séance est levée à 11 heures et demie.)

DEUXIÈME SÉANCE DU SAMEDI 7 JUILLET

Présidence de **M. GOMOT**, président de la 2ᵉ Section

La séance est ouverte à 3 heures.

M. Réné Berge, *l'un des secrétaires*, donne lecture du procès-verbal de la première séance du samedi.

Le procès-verbal est adopté.

M. le Président. — Permettez-moi, messieurs, de profiter de la lecture et de l'adoption du procès-verbal pour constater publiquement avec quel soin les procès-verbaux de nos séances ont été rédigés et pour adresser nos vifs remerciements à nos secrétaires. (*Vives marques d'approbation.*)

M. Allier. — Il m'a semblé, à la lecture, que le procès-verbal n'avait pas suffisamment exposé l'une des idées essentielles du discours de M. le vicomte de Luppé.

M. Henry Sagnier, *secrétaire général.* — Les sténographes sont chargés de reproduire les discours prononcés au Congrès; le procès-verbal ne peut qu'en donner la substance.

Le volume qui sera publié reproduira le compte rendu sténographique.

Vitrines agronomiques

M. le Président. — La parole est à Mme Czaplinska pour une communication sur les vitrines agronomiques dans les gares de chemins de fer.

Mme Czaplinska, *membre des Sociétés d'agriculture de Podolie et de Kiew.* — Messieurs, pour unir entre eux les producteurs de blés et autres produits agricoles et pour faciliter les rapports commerciaux entre le producteur et le consommateur, j'ai eu l'idée, en 1897, d'installer dans les stations de chemins de fer en Russie des vitrines où sont exposés des échantillons de ces produits. Ces vitrines permettent aux négociants intéressés de se rendre compte à chaque station, non seulement de la qualité des denrées de la contrée, mais aussi de la quantité qui se trouve sur les marchés, sans être obligés de perdre un temps précieux en demandes de renseignements auprès des commissionnaires.

Le général ingénieur Nemieschaeff, chef de l'administration des chemins de fer de l'État du sud-ouest de la Russie, toujours disposé à être utile au pays, a bien voulu autoriser l'exécution du projet que je lui soumettais, et il a édicté un règlement concernant l'installation des vitrines dans les stations de chemins de fer.

Le 1/14 septembre 1898, les premières vitrines ont été, à mes frais, placées aux stations de Cwietkowo, Szpola, Zwinogrodko, Talnoe, Potasz, Chrystynowka, Human. Elles seront admises dans les autres stations après les démarches prescrites par le règlement, qui consistent à prier le chef de gare de demander à l'administration du chemin de fer, l'installation d'une vitrine dans la station indiquée ; c'est lui qui communique ensuite cette demande à l'administration du chemin de fer. La presse et le ministère d'agriculture ont approuvé ce nouveau procédé.

Les vitrines où sont exposés les produits des différents centres d'approvisionnement sont capables de remplacer les petites « bourses des produits agricoles du district », lesquelles manquent jusqu'à présent à notre agriculture. De plus, les exposants ont le droit de se réunir à la station à un jour fixé, sans grands frais, pour débattre leurs intérêts. Ils peuvent ainsi s'entretenir, non seulement du prix des denrées, mais du choix des semences des espèces de blé recherchées par l'exportation, de la quantité de terres qui doivent être ensemencées en différentes espèces de blés, pour éviter le superflu d'une espèce sur l'autre ; enfin, de toutes les questions qui concernent l'économie rurale et qui peuvent assurer les progrès de l'agriculture.

L'entente sur ces questions est de la dernière importance, pour l'amélioration des produits, et leur vente dans les meilleures conditions, sans l'intermédiaire coûteux des commissionnaires.

Les échantillons exposés dans les vitrines se trouvent sous le contrôle et la direction du chef de gare ou d'un agent du chemin de fer, qui est en même temps, de par l'autorisation de l'administration, commissionnaire des producteurs ; sa rémunération, d'après le règlement, est fixée ainsi qu'il suit :

A partir d'une vente effective de 100 roubles à 5000, 1 et demi pour 100 ; de 5000 roubles à 50 000, 1 quart pour 100 ; de 50 000 roubles à 100 000, 1 huitième pour 100.

La moitié de cette commission est payée par l'acheteur, l'autre par le vendeur, mais c'est le vendeur qui remet le montant entier de la commission au chef de gare. Celui-ci n'est pas responsable vis-à-vis des participants si les échantillons déposés dans les vitrines sont différents des grains que le producteur a déposés. Chaque vitrine possède un registre de quittances nominatives que le chef de gare remet à l'acquéreur, qui visite les marchandises sur place. On paye annuellement 1 rouble pour la location d'un archine (71 centimètres carrés) dans la vitrine.

L'avenir prouvera l'utilité pratique de cette innovation. C'est aux intéressés de soutenir leur cause. Mon but est qu'ils en profitent. En tous cas, nous devons beaucoup de reconnaissance à l'administration des chemins de fer de l'État qui facilite nos progrès.

J'ai l'honneur de proposer au Congrès l'adoption du vœu suivant :

« Que tous les pays installent, à l'exemple de la Russie, dans les gares de chemins de fer, des vitrines agricoles qui rendent des services aux agriculteurs. » (*Vifs applaudissements.*)

(Ce vœu est mis aux voix et adopté.)

La Maison du Soldat.

M. Henry Sagnier, *secrétaire général.* — Messieurs, nous avons eu la bonne fortune de recevoir ce matin, de la part de M. Léon Bourgeois, ancien président du Conseil, la visite de Mlle d'Erlincourt, qui est à la tête de l'œuvre nationale « la Maison du Soldat. »

Mlle d'Erlincourt va, en quelques mots, vous exposer le but et les résultats acquis par cette œuvre qui se rattache à l'agriculture en ce sens qu'elle a principalement pour but de faire revenir à la ferme les ouvriers ruraux qui sortent du régiment.

Cette question intéresse aussi bien les autres pays que la France, car la dépopulation des campagnes est partout constatée.

M. le Président. — La parole est à Mlle d'Erlincourt.

Mlle d'Erlincourt. — Messieurs, tout d'abord merci, d'avoir bien voulu me recevoir, en dépit de vos importants travaux. (*Se tournant vers les membres du Bureau*) : Depuis quelques années, les législateurs français ont suffisamment émancipé la femme, pour qu'il me soit permis aujourd'hui, non point de prendre rang parmi vos orateurs, mais de vous soumettre quelques idées, appuyées sur des faits, et qui, fécondées par la discussion, pourront servir utilement vos intérêts et la France !

S'il est une vérité banale, à force d'être vraie, c'est que l'agriculture, comme le chef-d'œuvre de Phidias, manque de bras : les causes en sont multiples, les effets graves.

Parmi ceux qui pensent avec Sully que la terre est la première richesse des Français, personne n'a le droit de se désintéresser de l'abandon de nos campagnes, surtout par l'élément le plus jeune, le plus actif, par le soldat. (*Vifs applaudissements.*)

C'est pourquoi, en tant que fondatrice d'une œuvre appelée à devenir une véritable pépinière d'ouvriers agricoles et de pionniers de la colonisation, j'ai le devoir de vous la faire connaître. Son but est non seulement de combler une lacune sociale, dont souffre le soldat entrant au régiment contraint par la loi sacrée du service obligatoire, mais surtout d'aider notre cher pays à reconquérir sa véritable puissance, qui a toujours été la production du sol. Ce résultat, je l'atteindrai en ne donnant notre protection aux orphelins primitivement attachés aux travaux des champs, qu'autant qu'ils voudront y retourner.

En ce qui concerne les soldat des villes, mon programme est réalisé, puisque, à cette heure, quoique de création récente, la Maison du Soldat a pourvu de situations plus de 9000 jeunes gens. Hélas ! il n'en est point de même pour les soldats cultivateurs, car presque tous s'opposent à rentrer au bercail. Le mal est grand, mais non irréparable, j'en ai la conviction.

Pour moi, la cause première de la désertion de la charrue provient de l'instruction et du service militaire obligatoires. C'est une constatation, non une critique, attendu que ces lois sont essentielles dans un État aussi démocratique que la République.

D'après l'étude que j'en ai pu faire, savoir lire et compter donne de l'orgueil à nos jeunes gens, rougissant presque d'être des paysans, lorsqu'ils ont appartenu à l'armée. Attirés par le plaisir facile des villes, dont ils ne voient que le côté brillant, ils veulent devenir citadins.

Quant aux sous-officiers, ex-garçons de fermes, ils ne peuvent se résigner à obéir aux villageois, après avoir commandé aux Parisiens. (*Vive approbation.*)

Pourtant, et ce n'est pas la moindre de mes joies, les libérés militaires, que j'ai rendus aux labeurs de la culture, où ils entraient comme chefs, sont tous sous-officiers.

Ah ! dame..., cela n'a pas été tout droit ; la preuve, c'est que, sur le grand nombre de soldats que je vous disais, tout à l'heure, avoir préservés du chomage et de la misère, je n'ai pu rendre aux travaux des champs que 150 d'entre eux. Mes petits moyens furent d'abord de leur laisser tirer la langue, ainsi qu'on dit vulgairement, néanmoins sans les exposer aux extrémités de l'asile de nuit, puisque je les soutenais, lorsqu'il était nécessaire, et surtout de leur dépeindre les hideurs de la vie de Paris pour les pauvres, leur disant : « Quoi, vous voulez être garçon de magasin au Louvre, ou palefrenier aux omnibus, le tout pour 4 francs par jour ; l'été, vous mourrez de chaleur dans vos mansardes, l'hiver vous y gèlerez, vous épouserez une femme à la santé débilitée, vos enfants seront malingres ; alors toutes vos ressources, fruit de votre travail, passeront en médicaments. Croyez-moi, chers enfants, retournez à la ferme, là vous trouverez une belle personne au sang pur, qui vous donnera de beaux enfants et à la France des fils robustes qui lui manquent. » *(Applaudissements répétés.)*

C'est ainsi que ne donnant pas sèchement le secours et l'emploi, faisant appel à la raison de nos protégés, j'ai obtenu des succès, même sur des anarchistes, car dans nos soldats, il y a de tout.

Voilà ce qu'on peut obtenir quand on signe ses paroles de ses actes, quand on peut dire : Voilà ce que j'ai fait pour vous. Permettez-moi de vous citer cet exemple.

Il y a près de deux ans, un anarchiste se présente chez moi et s'exprime ainsi : « Je viens chercher un secours. » — Mon ami, lui répondis-je, je n'aime pas qu'on commence par demander un secours ; je préfère qu'on me demande du travail. Il me répondit : « Je suis contre le patronat. » — Certes qu'aurais-je fait des 6000 jeunes gens auxquels j'ai donné les moyens de prendre place au soleil, si je n'avais pas été pour le patronat ? Croyez-moi, l'anarchie n'est pas encore prête à fleurir sur le sol de la France.

Je raisonnais sur toutes ces choses. Mon anarchiste me dit alors : « C'est vrai, sans le patronat on ne peut rien. » — Quand vous serez patron, ajoutais-je, — car c'était un garçon fort intelligent, — quand vous gagnerez 300 francs par mois, vous ne serez plus anarchiste et je vais vous en donner le moyen. Vous irez de ma part chez M. Pinet, à Château-Thierry. — Moi, Parigot, quitter Paris, alors que les paysans viennent prendre le travail ! — Oui ! et lorsque vous serez à Château-Thierry, vous qui êtes vif comme tous les Parisiens, vous serez considéré comme un bon travailleur, vos mots d'esprit feront florès ; à la danse, vous serez recherché, — (c'est par tous ces sentiments qu'il faut les prendre), — vous épouserez une brave fille, vous deviendrez fermier à votre tour et vous ne voudrez plus détruire la propriété. *(Vifs applaudissements.)*

Eh bien ! tout s'est réalisé. J'avais demandé à mon anarchiste : « Que regrettez-vous de Paris ? Vos parents ? Votre famille ? — Non, je suis orphelin, j'ai été élevé par l'Assistance publique ; je n'ai jamais connu aucune caresse ; on m'a simplement appris à ne jamais voler ni tuer. — Que souhaitez-vous ? Aller à l'Ambigu ? Je vous le paye deux fois par mois. » En effet, nous lui avons donné 10 francs par mois pour venir à Paris ; il y est venu une seule fois. Puis il a été saisi par l'amour de la campagne qui nous prend tous, car nous avons été, dans le passé, surtout un peuple d'agriculteurs, et nous le redeviendrons. Il a épousé une jeune fille qui lui a apporté 2000 fr. de dot et, pour le récompenser de son travail, M. Pinet le fera revenir dans ses ateliers de Paris. *(Nouveaux applaudissements.)*

Ce que j'ai fait pour un, je l'ai fait pour cent. Lorsqu'on a la foi, on arrive à tout. *(Applaudissements répétés.)*

Messieurs, la question est sérieuse et j'ai besoin du puissant concours de tous pour enrayer ce mouvement de désertion dont je parlais tout à l'heure.

Le moyen le plus prompt consisterait à obtenir, sinon un projet de loi, du moins une promesse de l'autorité militaire de libérer les jeunes gens dans leurs circonscriptions respectives.

Voici pourquoi : le soldat, sans que les parents soient avertis, demande sa feuille de route pour Paris. J'en connais un, instituteur de son métier, qui s'est fait garçon de magasin pour voir l'Exposition. *(On rit.)*

Lorsque le jeune homme de Bordeaux sera libéré pour Bordeaux, avant qu'il ait économisé la somme nécessaire pour venir à Paris ou dans toute autre grande ville, il se passera du temps ; alors, reprenant l'amour des siens, de sa fiancée, et ses habitude », il vous sera rendu; j'en ai rapatrié qui m'écrivent aujourd'hui ! — j'ai ici leurs lettres : « Combien nous vous sommes reconnaissants de nous avoir montré le danger des grands centres et le bien-être de la campagne! Avec 2 francs par jour et la nourriture, nous sommes plus heureux qu'à Paris avec 5. »

Je viens aujourd'hui vous prier d'exprimer le vœu que le soldat libéré reçoive sa feuille de route pour le pays qu'il habitait avant son incorporation, et soit obligé de se présenter à la gendarmerie dès sa rentrée. De grandes économies seront ainsi réalisées pour l'État et le nombre des sans travail sera diminué. Pensez qu'il y a des jeunes militaires, et beaucoup, qui donnent simplement cette adresse : 51, rue d'Hauteville, celle de notre œuvre. Je ne veux pas me prêter à cette duperie.

La Maison du soldat, où plus de 9000 jeunes gens en moins de cinq ans ont été secourus, ouvrira d'ici à peu de temps, dans tous les départements, des Maisons du soldat, non des bureaux de placement, où seront reçus les orphelins ex-pupilles des œuvres et de l'Assistance publique, qui, du jour au lendemain, se trouvent de la caserne sur le pavé, leur majorité les faisant libres.

Je comprends que l'Assistance publique ne puisse les suivre plus longtemps. Nous sommes là pour remplir ce devoir, pour dire à ce soldat libéré : Tu as fait ton devoir envers la Patrie, tu as défendu l'intérêt général, le gouvernement, la fortune publique, tu as été le faste de nos fêtes, en toutes circonstances le dévoué serviteur du pays; pour te récompenser, pour que tu n'aies pas le droit de te plaindre, la Patrie te rend ce que tu lui as donné en te remettant dans la situation que tu avais avant ton incorporation, quelquefois même en te la donnant supérieure.

A cette catégorie de soldats nous tiendrons ce langage : Vous avez été élevés dans l'agriculture, — c'est le beau côté de l'assistance. — La Maison du soldat pourvoit, à votre sortie du régiment, à vos besoins; elle vous donne des vêtements, des secours; vous y trouvez la tendresse maternelle qui vous a manqué jusqu'ici; mais vous lui devez de devenir cultivateurs, tous ceux qui s'y refuseront cesseront de mériter notre protection; c'est votre bien que nous voulons, c'est votre santé; c'est la puissance, la richesse qu'avait autrefois l'agriculture dans notre pays que nous voulons reconquérir. (*Applaudissements répétés.*)

Désormais au temps des moissons, au lieu de prendre des Belges dans le Nord et aux environs de Paris, et des Piémontais dans le Midi, vous pourrez recruter des Français à la Maison du soldat.

D'un autre côté, par suite de l'évolution de l'économie sociale, beaucoup de petits propriétaires ne pouvant plus avoir un domestique ou deux à l'année, ils ne les prennent plus qu'au moment des récoltes, parce que, lorsque les désertions se sont produites dans les campagnes, il a fallu avoir recours aux machines pour remplacer les bras, et qu'aujourd'hui, pour ne parler que de la batteuse, avec vingt hommes on fait le travail de tout un village et qu'on a ainsi supprimé le fléau et les occupations de l'hiver.

Contre tout cela, nous ne pouvons rien. Dans le commerce, on n'occupe les employés que pendant six mois; les chemins de fer ne prennent du personnel qu'à la saison des bains de mer. Chacun se défend comme il peut dans cette grande lutte d'économie sociale.

Je m'adresse surtout aux petits propriétaires qui donnent leur travail à forfait.

Ne pourriez-vous prendre un ouvrier que pendant trois mois, adressez-vous à la Maison du soldat! surtout lorsque nous aurons dans nos fermes asiles, aux environs des grandes villes, non seulement tous ceux qui sont sans famille, mais encore, — grave question! — les réformés, rencontrés mendiant pour vivre. Ceux-là aussi, nous en ferons des travailleurs ; à la ferme il y a place pour tous ; s'ils ne peuvent labourer, eh bien ! ils soigneront le bétail. (*Applaudissements.*)

Le travail fini, vous me rendrez ces jeunes gens, je les remettrai dans un autre métier ; et lorsque la classe reviendra, j'aurai un nouveau contingent à vous donner, et ainsi de suite, jusqu'à ce que nous arrivions à repeupler les campagnes.

Messieurs : vous pouvez faire beaucoup, soit près du gouvernement ou de l'autorité militaire ; demandez-leur, dans l'intérêt public, de ne libérer le soldat que dans ses foyers. Je vous prie d'exprimer, messieurs, si vous approuvez notre assistance et mes projets ; dans ce cas, je vous prierai aussi, lorsque nous demanderons des subventions pour créer nos fermes-asiles, d'être tous avec nous pour les réclamer et surtout pour les obtenir. Alors, grâce à vous, les pères du blé, la Maison du soldat pourra répandre ses bienfaits depuis Paris, qui fut le berceau de notre œuvre, jusqu'aux colonies, affirmant ainsi que vouloir, c'est pouvoir ! (*Applaudissements répétés et prolongés. — Mlle d'Erlincourt reçoit, en se retirant, de nombreuses félicitations.*)

M. LE PRÉSIDENT. — Mademoiselle, nous vous remercions de votre très intéressante communication ; nous avons tous été charmés de la manière vibrante dont vous l'avez produite et nous comprenons maintenant combien la Maison du soldat est une œuvre à la fois philanthropique et agricole.

Soyez convaincue, mademoiselle, qu'après votre beau discours vous avez ici autant d'adeptes que d'auditeurs. (*Assentiment unanime et applaudissements répétés.*)

MLLE D'ERLINCOURT. — Monsieur le président, messieurs, je vous remercie mille fois.

M. LE PRÉSIDENT. — Je mets aux voix le vœu que vient de formuler Mlle d'Erlincourt. (Le vœu est adopté à l'unanimité.)

Présentation d'un ouvrage sur les oiseaux.

M. HENRY SAGNIER, *secrétaire général.* — J'ai l'honneur de présenter au Congrès, de la part du Ministère royal de l'agriculture de Hongrie, un ouvrage sur les oiseaux de la Hongrie et leur importance économique.

Cette publication sera appréciée des membres du Congrès comme elle le mérite par l'intérêt qu'elle présente.

Enseignement des cultures coloniales.

M. LE PRÉSIDENT. — L'ordre du jour appelle la discussion des conclusions de la 6e Section : « Enseignement des cultures coloniales. »

La parole est à M. Dybowski.

M. JEAN DYBOWSKI, *inspecteur général de l'agriculture coloniale.* — Messieurs, la 6e Section a eu un très grand nombre de questions à traiter ; mais la plupart de ces questions, malgré tout l'intérêt qu'elles pouvaient présenter, s'adressaient surtout à une nation particulière et n'offraient pas un caractère suffisamment international pour qu'on pût les apporter ici. Nous nous sommes bornés à les discuter au sein de la 6e Section.

Celle-ci toutefois en a retenu une que je suis chargé de rapporter devant vous, c'est celle qui concerne l'organisation de l'agriculture dans les colonies et le développement que doit prendre cette agriculture.

La 6e Section, après avoir entendu le rapport qui lui a été présenté, a considéré qu'un des moyens les plus utiles de développer l'agriculture dans les colonies consistait surtout, d'une part, à assurer l'enseignement de l'agriculture coloniale et, de l'autre, à procéder à l'organisation de cette agriculture dans chaque colonie en instituant des jardins d'essais qui répondent aux efforts des agriculteurs.

Vous n'ignorez pas, en effet, messieurs, que l'agriculture dans la plupart des colonies est encore aujourd'hui à l'état naissant et qu'il est indispensable de lui venir en aide si on veut la voir se développer et prendre sa place définitive.

Si l'on établissait un parallèle entre l'organisation de l'agriculture métropolitaine et celle de l'agriculture coloniale, on serait véritablement surpris de voir combien l'agriculture métropolitaine dispose aujourd'hui de moyens puissants alors que l'agriculture coloniale est pour ainsi dire abandonnée à elle-même. Cette dernière doit cependant nous intéresser au premier chef, car il n'est pas douteux qu'à l'heure actuelle il n'y a pas de moyen plus efficace de retirer des avantages de notre vaste empire colonial.

On a dit au début que nos colonies pouvaient être utilisées simplement au point de vue commercial ; depuis, on a reconnu que ce n'était là qu'un moyen transitoire. Le commerce peut précéder la colonisation, il peut aider, par l'appât qu'il présente, à former des courants d'émigration, il ne peut pas être le procédé définitif d'organisation et de mise en valeur de colonies.

Il n'y a qu'un moyen de vivifier ces terres nouvelles, c'est d'y organiser l'agriculture. Or, l'agriculture coloniale est extrêmement difficile, elle est assurément plus compliquée que celle qui se pratique en Europe, et cela pour des raisons multiples : d'abord, il n'y a pas les bonnes et saines traditions qui existent ici ; il n'y a pas toute cette organisation si complète qui commence à l'école primaire pour franchir toutes les étapes de l'enseignement et qui a pour couronnement les stations agronomiques, les écoles supérieures d'agriculture, qui a des conseils, des assemblées, des publications si nombreuses. Rien de tout cela n'existe encore aux colonies.

Or, il faut bien songer que l'heure viendra où l'on ne se préoccupera pas uniquement de l'agriculture métropolitaine, mais qu'on songera aux débouchés nouveaux qu'offrent nos colonies, au parti que l'on peut en tirer, en organisant leur agriculture.

Quels sont les moyens qu'on devra mettre en œuvre pour atteindre ce but ?

La 6e Section a examiné ceux qui lui étaient proposés et elle s'est ralliée à deux vœux dont je vais donner lecture. Le premier est celui-ci :

« Il serait extrêmement urgent d'organiser en Europe une préparation agricole en vue de la culture dans les colonies, et cela par la création d'un enseignement agricole colonial. »

Il serait à désirer que dès le début de l'enseignement on puisse donner des notions suffisantes pour que chacun sache plus tard s'il doit se spécialiser vers ces cultures.

Ces notions pourraient commencer, comme celles de l'agriculture générale, dès l'école primaire sous une forme encore vague et imprécise, mais donnant déjà des renseignements suffisants pour qu'on ne soit pas complètement ignorant des choses de l'agriculture coloniale.

Déjà, comme vous le savez, dans certaines écoles d'agriculture, il existe un enseignement sommaire qui intéresse l'agriculture coloniale ; mais cet enseignement incomplet est insuffisant pour faire, à l'heure actuelle, des agronomes connaissant bien les cultures coloniales.

Il ne faut pas songer à développer cet enseignement dans les écoles d'agriculture, car ces écoles ne sont pas destinées à faire des spécialistes dans tel ou tel sens. Mais ce n'est pas une raison pour renoncer complètement au problème qui se pose, et la

6ᵉ Section a pensé que le moyen de réaliser un progrès dans cette voie serait d'obtenir l'organisation d'un enseignement supérieur qui serait donné dans une école spéciale. Les jeunes gens qui reçoivent dans les écoles d'agriculture un enseignement agronomique complet pourraient, lorsqu'ils ont l'intention de se rendre un peu plus tard dans les colonies afin d'y diriger des exploitations agricoles, se spécialiser et compléter leurs connaissances dans des écoles qui seraient particulièrement affectées à cet enseignement.

Cet enseignement serait très facile à organiser chez nous; il existe déjà dans quelques États voisins, notamment à l'école de Wageningen, en Hollande. La Hollande est, en effet, à la tête du mouvement d'organisation de l'agriculture coloniale.

Dans cette école, il y a une section où les jeunes gens se spécialisent de bonne heure, où ils suivent des cours complets d'agronomie coloniale : des professeurs éminents ayant acquis non seulement des connaissances théoriques, mais des notions pratiques très précises par un séjour plus ou moins prolongé à Java ou dans les îles de la Sonde, viennent y donner un enseignement très complet et extrêmement utile.

Il serait à désirer, pour nous qui avons des colonies si nombreuses, que nous eussions une organisation semblable; or, nous ne saurions rien faire de mieux que d'imiter l'exemple qui nous est donné surtout par la Hollande qui est, je le répète, à la tête de ce mouvement.

C'est qu'en effet l'agriculture coloniale exige des études très approfondies et toutes spéciales. Il est singulier de voir aujourd'hui tant de personnes vouloir se livrer à ces cultures alors qu'elles n'ont pas la moindre des notions qui sont nécessaires pour arriver au succès.

En agronomie française, on commence à savoir que n'importe qui ne peut pas se livrer à la culture, qu'il y faut une préparation spéciale ; cette nécessité est plus grande encore en agronomie coloniale. En effet, les plantes qu'on cultive aux colonies ne sont pas annuelles; on y engage des sommes importantes pour longtemps ; on fait des cultures qui occupent le sol pendant dix ou quinze ans. Si l'on part mal, si l'on ne met pas toutes les chances de son côté, on s'expose à perdre ses capitaux, on peut être ruiné complètement.

Après avoir exposé le premier moyen d'organiser l'agriculture aux colonies, il me reste à parler du second. Celui-ci permettrait de venir en aide à ceux qui se rendent aux colonies sans avoir une instruction suffisante; il consiste dans la création de jardins d'essais dans les colonies elles-mêmes.

Ces jardins d'essais auraient à remplir trois buts principaux; ils devraient, d'une part, posséder la collection complète des végétaux indigènes ou importés qui peuvent être cultivés dans la colonie; ils devraient ensuite, comme on le fait à l'admirable jardin de Buitenzorg, perfectionner les méthodes de culture. A cet égard, je rappellerai un simple fait : vous savez tous que le quinquina, cette plante si importante, était autrefois exploitée exclusivement en Amérique. Or, des procédés perfectionnés appliqués à Buitenzorg ont permis de sélectionner la plante par un procédé analogue à celui qui a été pratiqué pour la betterave, et on est arrivé à augmenter sensiblement la richesse de l'écorce. Au lieu de 2 à 5 pour 1000 que donnait l'écorce récoltée sur la plante sauvage, on est parvenu à obtenir jusqu'à 13,75 pour 1000. C'est là un résultat extrêmement remarquable, qui montre l'intérêt qu'il y aurait à perfectionner les méthodes de culture; les jardins d'essais pourraient rendre de grands services à cet égard.

Enfin, ils pourraient remplir un troisième but : préparer des plantes et les distribuer aux cultivateurs.

Au cours de ses travaux, la 6° Section a entendu une communication très importante faite par M. Thierry, de laquelle il résulte que par des procédés spéciaux, par le greffage du café d'Arabie sur le café de Libéria, on peut mettre complètement cette plante à l'abri de la maladie vermiculaire. C'est là une question d'un intérêt capital, car la production du café a une énorme importance pour les colonies de toutes les nations.

Toutes ces questions pourraient être étudiées dans les jardins d'essais coloniaux ; ces jardins auraient à introduire de nouvelles plantes dans la colonie et à les propager, puis à les sélectionner et enfin à tenir à la disposition des colons un certain nombre de plants, de sorte que le nouveau colon pourrait procéder immédiatement à des plantations, sans attendre le résultat des semis qu'il aurait pu faire.

La 6° Section a donc émis le vœu que voici :

« Le Congrès, considérant que la prospérité des colonies dépend principalement du développement de l'agriculture, émet le vœu que ce développement soit assuré :

« 1° Par l'organisation de l'enseignement de l'agriculture coloniale ;

« 2° Par la création et le développement des jardins d'essais dans les colonies. » (*Applaudissements.*)

M. LE PRÉSIDENT. — Personne ne demande la parole sur le vœu dont il vient d'être donné lecture ?...

Je le mets aux voix.

(Le vœu est adopté.)

La rouille des céréales.

M. LE PRÉSIDENT. — La parole est à M. Fischer de Waldheim pour rapporter les vœux présentés au nom de la septième Section.

M. FISCHER DE WALDHEIM. — Messieurs, vu l'heure avancée, je me bornerai à lire au Congrès les vœux et les conclusions qui ont été adoptés par la septième Section et que celle-ci soumet à l'approbation du Congrès.

C'est tout d'abord un vœu de M. Ericksson sur une maladie parasitaire qui s'attaque trop souvent aux céréales et qu'on nomme la rouille. Voici ce vœu :

« 1° Dans les pays où la rouille des céréales a une importance pratique considérable, les gouvernements sont invités à affecter des ressources nécessaires pour faire des études et investigations spéciales sur cette maladie. Ces recherches devront être continuées au moins pendant cinq années.

« 2° Ces recherches auront pour but de faire apprécier par des essais faits dans diverses localités les variétés cultivées dans le pays. On devra examiner leur valeur générale comme plantes de culture et surtout leur résistance relative aux formes de rouille les plus redoutables dans ces pays. On exclura des cultures les variétés qui se seront montrées dans ces essais très sensibles à la rouille.

« 3° A mesure qu'on aura la connaissance des qualités et de la valeur des diverses variétés et formes de céréales, on devra soumettre à une étude aussi large que possible tout ce qui aura été expérimenté dans d'autres pays touchant la conservation des champignons de la rouille pendant l'hiver, son apparition par contamination extérieure, etc.

« Il y aura lieu de rechercher ensuite s'il serait possible, par le croisement de certains blés, d'obtenir des races qui unissent une grande résistance à la rouille à d'autres qualités éminentes.

« 4° Enfin, on fournira à ceux qui sont chargés de la direction de ces recherches l'occasion de se rencontrer, au moins après une période de cinq ans, pour échanger leurs vues et assurer à la continuation de leurs travaux le bénéfice d'un plan commun. »

M. LE PRÉSIDENT. — Je mets aux voix l'ensemble de ce vœu.
(Le vœu est adopté.)

Des plantes tropicales de grande culture et de leur introduction en Europe.

M. FISCHER DE WALDHEIM. — La septième Section a traité une autre question, celle des plantes tropicales de grande culture et de leur introduction en Europe.

Sur cette question, M. Maxime Cornu nous a proposé les conclusions suivantes, qui ont été unanimement approuvées par la Section :

« Au sujet des plantes tropicales de grande culture, surtout du cacao, du café et de la canne à sucre, et de l'introduction de maladies graves dans des pays jusque-là indemnes, la septième Section émet le vœu :

« 1° Que l'importation des pieds vivants de ces différentes plantes ne soit autorisée que par permission spéciale et sous la responsabilité de chaque gouvernement;

« 2° Que les pieds introduits soient relégués dans des endroits spéciaux, parfaitement isolés, où ils seront mis en observation pendant une période d'une année au moins, pour les plantes vivaces surtout. »
(Ce vœu est adopté).

De la prédisposition des plantes aux maladies parasitaires.

M. FISCHER DE WALDHEIM. — Une troisième question traitée par la septième Section concerne la prédisposition des plantes aux maladies parasitaires.

C'est une question très intéressante qui a été traitée devant la Section à un point de vue tout à fait nouveau. A cette occasion, celle-ci vous propose les conclusions suivantes :

« Les membres de la septième Section sont d'accord pour reconnaître que les méthodes usitées jusqu'à ce jour pour combattre les maladies parasitaires dans le lieu où elles se développent, doivent être complétées par un traitement préventif spécial, pour chacune des espèces cultivées.

« Il serait utile d'encourager des recherches sur le mécanisme de la défense des plantes contre ces maladies. Dans cette voie, les influences propres au sol, aux amendements et aux engrais méritent tout spécialement d'attirer l'attention des observateurs.

« Cette hygiène des plantes est indispensable, car des expériences de plus en plus nombreuses prouvent que la propagation des maladies parasitaires ne dépend pas seulement de l'abondance plus ou moins grande d'un parasite, mais surtout de la constitution, de l'état de santé et de la prédisposition de la plante à la maladie.

« En conséquence, nous devons nous efforcer avant tout de modifier cette constitution, ou cet état de santé qui rend la plante moins résistante à la maladie. » (*Très bien! très bien!*)
(Le vœu est adopté.)

De la destruction des insectes nuisibles.

M. FISCHER DE WALDHEIM. — Enfin, j'ai l'honneur de soumettre à l'approbation du Congrès un vœu présenté par M. Vermorel, concernant la destruction des insectes, et qui a été adopté par la Section. En voici les termes :

« Le Congrès émet le vœu que les recherches des savants s'occupant de parasitologie végétale soient encouragées par des concours spéciaux et internationaux.

« Dans ces concours des prix seraient décernés, relativement à chaque parasite :

« 1° A la meilleure étude au point de vue de sa biologie ;

« 2° A la meilleure étude au point de vue de sa destruction par des moyens
pratiques. »

(Ce vœu est mis aux voix et adopté.)

Le vagabondage et la mendicité dans les campagnes.

M. LE PRÉSIDENT. — L'ordre du jour appelle la discussion des conclusions du rapport
présenté au nom de la 1re Section par M. Ferdinand-Dreyfus sur le vagabondage et la
mendicité dans les campagnes.

La parole est à M. le Secrétaire général.

M. HENRY SAGNIER, *secrétaire général.* — Messieurs, la première Section du Congrès
a étudié le rapport très documenté qui lui avait été présenté par M. Ferdinand-Dreyfus,
relativement aux mesures les plus efficaces à prendre pour la répression du vagabondage et de la mendicité dans les campagnes. Voici les conclusions que la Section
propose à votre adoption :

« 1° Il y a lieu de développer le plus largement possible l'assistance en faveur des
mendiants ou vagabonds infirmes, de multiplier à cet effet les institutions de prévoyance, telles que les sociétés de mutualité et d'assurances, les caisses de retraites,
les secours à domicile, les secours médicaux gratuits, les hospices destinés à abriter
ceux qui ne peuvent être secourus à domicile.

« 2° Il est désirable que l'assistance temporaire soit accordée aux valides de bonne
volonté en état de chômage momentané. Cette assistance peut leur être utilement
donnée dans des ateliers d'assistance par le travail et dans les colonies de travail, industrielles ou agricoles, fondées par l'initiative privée et subventionnées par les
collectivités.

« 3° Les mendiants et vagabonds professionnels relèvent de la répression pénale :

« *a*) Comme mesure immédiate, le Congrès recommande : l'expulsion des mendiants étrangers valides dénués de permis de séjour ;

« La délivrance à tout nomade d'une autorisation consignée sur un carnet spécial ;

« L'action concordante des divers agents de la force publique (gendarmes, douaniers, gardes forestiers, etc.) ;

« L'organisation de chambres de sûreté communales et de refuges ou gîtes d'étapes,
conservant la trace de tous les hospitalisés de passage ;

« La suppression des roulottes si dangereuses pour l'hygiène et la sécurité des
campagnes ;

« *b*) Comme mesures législatives, le Congrès recommande le vote de lois qui donnent à des magistrats locaux la mission de procéder à la sélection des mendiants et
vagabonds arrêtés, assurant l'internement dans les maisons de travail forcé des mendiants et vagabonds professionnels et organisent avec l'aide des sociétés de patronage
un casier général et permanent du vagabondage.

« 4° Enfin, et pour compléter par l'initiative privée l'œuvre des pouvoirs publics,
il serait utile, suivant l'idée de M. Lefébure, de partager la France en un certain
nombre de circonscriptions charitables, pourvues chacune d'un office central relié
lui-même aux offices des autres régions. »

M. LE PRÉSIDENT. — La parole est à M. Allier. .

M. ALLIER. — Messieurs, je voudrais appeler votre attention sur la difficulté d'établir des chambres de sûreté et des asiles de nuit dans toutes les communes de France. Ce sera là une dépense considérable et il n'est pas absolument démontré qu'elle serait efficace.

D'autre part, ces asiles de nuit municipaux seraient mal ou même pas du tout surveillés, ils ne seraient pas entretenus et deviendraient très vite des foyers de contagion pour toutes espèces de maladies. C'est pourquoi il me paraît difficile d'en ordonner la création dans toutes les communes. Qu'il en existe dans les petites villes, dans les chefs-lieux de cantons, c'est très bien ; mais dans toutes les communes, c'est peu pratique.

Par contre, dans le dernier paragraphe, où il est question de compléter par l'initiative privée l'œuvre des pouvoirs publics, je voudrais qu'on pût ajouter ces mots :

« Les œuvres et associations de bienfaisance auront la faculté de se constituer et de fonctionner librement. »

M. LE PRÉSIDENT. — Qu'entendez-vous par le mot « librement » ?

M. ALLIER. — Aujourd'hui, les œuvres de bienfaisance ont besoin d'une autorisation pour se constituer, pour acquérir. Je voudrais qu'elles puissent se développer en toute liberté.

M. LE PRÉSIDENT. — C'est là une proposition qui s'écarte complètement des conclusions du rapport.

M. ALLIER. — Je vous demande pardon, monsieur le Président.

Le texte proposé dit : « Il serait utile, pour compléter l'œuvre des pouvoirs publics.... »

C'est ici que je propose d'ajouter : « ... de laisser à toutes les œuvres et associations de bienfaisance la faculté de se constituer et de fonctionner librement. »

M. LE PRÉSIDENT. — Cette addition me paraît contraire aux conclusions du rapport. Je donne la parole à M. Lavollée qui l'a demandée.

M. LAVOLLÉE. — J'ai demandé la parole, non pas pour combattre les propositions de M. Allier, mais au contraire pour les appuyer.

Il est très difficile, — on en a déjà fait l'essai, — d'installer des chambres de sûreté ou asiles de nuit rudimentaires dans les communes rurales. Leur mauvaise tenue a parfois causé des accidents graves ; des hommes qui y étaient enfermés ont été brûlés vifs. Autant des asiles de nuit bien ordonnés sont désirables et nécessaires, autant leur multiplication dans des conditions défectueuses serait dangereuse et irait contre le but qu'on poursuit.

Pour ce qui est du paragraphe additionnel proposé par M. Allier et qui est relatif à la liberté des associations et à leur libre fonctionnement, l'objection qu'on lui a faite serait, en effet, irréductible, si cette proposition visait toutes les associations, quels que soient leur objet et leur but. Mais on pourrait préciser la portée du paragraphe et le rendre acceptable en disant que les « associations se consacrant au soulagement des mendiants et des vagabonds » pourront se constituer et fonctionner librement.

M. ALLIER. — C'était bien ma pensée.

M. LAVOLLÉE. — C'est qu'il est impossible de toucher à la question des vagabonds et des mendiants sans toucher en même temps à la question des associations.

M. LE PRÉSIDENT. — Dans ces conditions, je crois que l'addition proposée pourrait être mise aux voix. Je prie M. Allier de la formuler.

M. ALLIER. — Ce qui rend la rédaction difficile, c'est que les vœux soumis à la première Section ont été modifiés dans toutes leurs parties ; leur esprit a été conservé, mais leur texte est tout différent. Cette modification a été motivée par la substitution du « devoir » au « droit » d'assistance.

Dans la rédaction finale du vœu, tel qu'il était primitivement soumis à la Section, il était dit :

« Enfin, et pour compléter par l'initiative privée l'œuvre des pouvoirs publics, il serait utile, suivant l'idée de M. Lefébure, de partager la France en un certain nombre de circonscriptions charitables, pourvues chacune d'un office central relié lui-même aux offices des autres régions. »

Cette partie du vœu n'a pas été modifiée par la Section. Mais je crois qu'il était dans son intention d'y ajouter l'addition que je propose.

M. le Président. — La première Section n'a discuté que les vœux qui lui étaient présentés ?

M. Allier. — L'addition lui a été également soumise.

M. le Président. — Cette addition n'a pas été acceptée par la Section, puisqu'il n'en est pas question dans le vœu, tel qu'il est présenté au Congrès.

M. Allier. — Le vœu a été accepté avec la seule modification que j'indiquais tout à l'heure, la substitution du devoir au droit d'assistance.

Permettez-moi de rappeler les termes du vœu, tel qu'il avait été primitivement proposé :

« Les conditions théoriques du problème sont simples, les trois catégories de mendiants et vagabonds, invalides, valides de bonne volonté et valides professionnels, ayant droit chacun à un traitement différent.

« Pratiquement les deux dernières catégories se confondent et la difficulté consiste à organiser une sélection de façon à ne faire porter l'effort de la répression que sur ceux qui la méritent.

« Les mendiants et vagabonds invalides ou infirmes ont droit à l'assistance publique qui doit les garder et les aider jusqu'à ce qu'ils aient acquis la force nécessaire pour retrouver leurs moyens d'existence. Il y a lieu de développer les institutions de prévoyance telles que les sociétés de mutualité, les assurances, les caisses de retraite ainsi que les secours à domicile, les secours médicaux gratuits et les hospices départementaux ou intercommunaux, destinés à abriter ceux qui ne peuvent être secourus à domicile. »

C'est ce vœu qui a été modifié par la substitution du devoir d'assistance au simple droit d'assistance.

Quant à mon addition, elle trouverait sa place dans le dernier paragraphe. Il suffirait pour cela de dire :

« Enfin, et pour compléter par l'initiative privée l'œuvre des pouvoirs publics, il serait utile : 1° de laisser à toutes les œuvres et associations de bienfaisance la faculté de se constituer librement, avec la personnalité civile conférant le droit de posséder et d'acquérir sans autorisation; 2° la suite comme au paragraphe.

M. le Président. — Cette addition reste dans l'esprit général du vœu.

La parole est à M. René Berge.

M. René Berge. — Messieurs, je vous demande la permission d'ajouter quelques mots sur une question qui a déjà été traitée d'une façon si complète.

Je pense que, loin de constituer un danger, les chambres de sûreté sont un élément de sécurité pour les campagnes. Ce qu'il faut redouter, c'est l'hospitalité donnée par les fermiers ou imposée par les vagabonds dans les bâtiments de ferme. Beaucoup d'incendies constatés dans la Seine-Inférieure n'ont pas eu d'autre cause. Les individus enfermés dans les chambres de sûreté, au contraire, dépouillés momentanément de leurs papiers, ainsi que du tabac et des allumettes qu'ils peuvent avoir sur eux, sont absolument inoffensifs.

En ce qui concerne la répression, il semble établi par les rapports qu'ont présentés des hommes compétents, que le régime pénitentiaire actuel constitue plutôt un attrait qu'un châtiment pour les récidivistes de la mendicité et du vagabondage.

Je demanderai donc au Congrès d'émettre le vœu, précédemment adopté par le Congrès pénitentiaire et le Conseil général de la Seine-Inférieure « que les mendiants et vagabonds récidivistes soient astreints, lorsqu'ils sont condamnés, à accomplir leur peine en prison cellulaire ».

M. LE PRÉSIDENT. — Nous nous trouvons en présence de deux vœux différents, celui de M. Allier, soutenu par M. Lavollée, et celui de M. René Berge, qui viendraient compléter les vœux proposés par la 1re Section.

Je mets d'abord aux voix les vœux dont M. le Secrétaire général a donné lecture.

(Ces vœux sont adoptés.)

M. LE PRÉSIDENT. — Je mets aux voix l'addition proposée par M. Allier au dernier paragraphe de ces vœux.

(L'addition est adoptée.)

M. LE PRÉSIDENT. — Reste le vœu formulé par M. René Berge, dont le Congrès vient d'entendre la lecture.

Je le mets également aux voix.

(Le vœu est adopté.)

L'avenir de la culture du mûrier.

M. LE PRÉSIDENT. — La parole est à M. le Secrétaire général.

M. HENRY SAGNIER, *secrétaire général.* — Messieurs, la 6e Section, qui s'occupait des cultures méridionales et des cultures des colonies, m'a transmis, pour vous les présenter, les conclusions du rapport de M. Laurent de l'Arbousset sur la culture du mûrier. Cette culture, comme vous le savez, a considérablement diminué depuis un certain nombre d'années. Les observations et les études de M. Laurent de l'Arbousset lui ont permis de conclure, dans un rapport que vous avez eu sous les yeux, que l'avenir du mûrier n'est pas aussi compromis qu'on pouvait le penser.

La 6e Section a adopté les conclusions suivantes qu'elle soumet à l'approbation du Congrès :

« Le Congrès international d'agriculture recommande de pratiquer et de développer la culture du mûrier sur les coteaux du littoral de la mer Méditerranée, de l'Adriatique et de la mer Noire, et notamment de l'Algérie et de la Tunisie, où cette culture industrielle peut donner les meilleurs résultats. »

(Cette résolution est mise aux voix, et adoptée.)

Récompenses à des sociétés de crédit agricole mutuel.

M. HENRY SAGNIER, *secrétaire général.* — Messieurs, M. Tisserand est chargé par une commission spéciale qui a été instituée en 1892, de vous présenter ses conclusions relativement à des allocations et à des prix qui sont attribués aux sociétés de crédit agricole mutuel au moyen de ressources obtenues par le reliquat d'une souscription ouverte, en 1892, parmi les agriculteurs français, pour offrir un témoignage de reconnaissance à M. Méline.

M. Méline n'a voulu, à cette époque, recevoir qu'une faible partie de l'argent qui, sous la forme d'un objet ou d'un meuble d'art, aurait pu lui être offert, et il a demandé que cette somme fût consacrée à décerner des récompenses aux sociétés de crédit agricole qui auraient le mieux mis en pratique la loi alors en élaboration, et qui est devenue la loi de 1894. C'est le résultat de ce concours que M. Tisserand est chargé de vous faire connaître.

M. LE PRÉSIDENT. — La parole est à M. Tisserand.

M. TISSERAND donne lecture de son rapport, qui est annexé à la suite du compte rendu de la séance (voir page 485).

(*La lecture de ce rapport est fréquemment interrompue par des applaudissements.*)

M. LE PRÉSIDENT. — Le Congrès sera heureux de s'associer aux paroles de M. Tisserand et d'envoyer l'hommage de sa reconnaissance et de son admiration à M. Méline pour les grands travaux qu'il a faits et pour le grand exemple qu'il a donné. (*Vifs applaudissements unanimes.*)

Renouvellement des pouvoirs de la Commission internationale d'agriculture.

M. HENRY SAGNIER, *secrétaire général*. — Messieurs, nous espérions que monsieur le Président, qui a été retenu à la Chambre des députés, arriverait à temps pour nous permettre d'accomplir sous sa présidence le dernier acte du Congrès. Nous ne devons pas vous faire patienter plus longtemps et je vous demande la permission, conformément au règlement des Congrès périodiques d'agriculture, de procéder aux opérations qui terminent toujours nos Congrès.

La première consiste à renouveler les pouvoirs de la Commission internationale d'agriculture.

Les présidents d'honneur sont actuellement :

MM. MÉLINE (Jules), président du Congrès à Paris en 1889, à la Haye en 1891, à Lausanne en 1898, et notre président actuel.

BAUDUIN (D.), président du Comité exécutif du Congrès de la Haye en 1891.

BRUYN (DE), ancien ministre de l'Agriculture de Belgique, président d'honneur du Congrès de Bruxelles en 1895.

CARTUYVELS VAN DER LINDEN, président du Comité exécutif et du Congrès de Bruxelles en 1895.

DARANYI (Ignace DE), ministre de l'Agriculture du royaume de Hongrie, président du Congrès de Budapest en 1896.

VIQUERAT, chef du Département de l'agriculture et du commerce du canton de Vaud (Suisse), président du Congrès de Lausanne en 1898.

Ce sont les présidents des Congrès antérieurs; ils sont maintenus d'office.

Les membres d'honneur du Congrès sont :

1891. La Société hollandaise d'agriculture;

1896. La Société nationale d'agriculture de Hongrie.

On a voulu ainsi exprimer la reconnaissance des précédents Congrès pour le concours que l'une et l'autre Sociétés ont généreusement prêté aux Congrès de La Haye en 1891 et de Budapest en 1896.

Aux termes du règlement, la Commission internationale est nommée par le Congrès qui la renouvelle par moitié à chaque session. Le Bureau vous propose de renouveler les pouvoirs des membres sortants, et d'ajouter quelques membres nouveaux que j'indiquerai pour chaque nationalité.

France.

Les membres sortants sont MM. Méline, Jules Bénard, le marquis de Vogüé et Henry Sagnier. Si vous les maintenez en fonctions, la Section françaiss se composera comme il suit. :

MM. MÉLINE (Jules), député, ancien président du Conseil, ancien ministre de l'Agriculture, président du Congrès à Paris en 1889, à la Haye en 1891, à Lausanne en 1898 et à Paris en 1900.

GOMOT, sénateur, ancien ministre de l'Agriculture.

RIBOT, député, ancien président du Conseil des ministres.

PASSY (Louis), député, membre de l'Institut, secrétaire perpétuel de la Société nationale d'agriculture.

TISSERAND, directeur honoraire de l'Agriculture, membre de la Société nationale d'agriculture.

BÉNARD (Jules), membre de la Société nationale d'agriculture.

FOUGEIROL, sénateur.

VOGÜÉ (le marquis DE), membre de l'Institut et de la Société nationale d'agriculture, président de la Société des agriculteurs de France.

SAGNIER (Henry), membre de la Société nationale d'agriculture, directeur du *Journal de l'Agriculture.*

TARDIT, maître des requêtes au Conseil d'État, secrétaire des Congrès de 1889, de 1891, de 1895 et de 1900.

Nous vous proposons, au nom du bureau du Congrès, de leur adjoindre trois nouveaux membres :

M. DAUBRÉE, conseiller d'État, directeur des Eaux et forêts, qui représenterait spécialement la sylviculture pour un motif sur lequel je reviendrai ;

M. VASSILLIÈRE, directeur de l'Agriculture ;

M. ALFRED PAISANT, président du Tribunal civil de Versailles, qui a organisé le Congrès de la vente des blés. Les résolutions de ce Congrès ont été renvoyées, pour exécution, à la Commission internationale. Il est donc tout naturel que M. Paisant participe à l'exécution des résolutions qui ont été votées ici sur son initiative. (*Applaudissements.*)

Allemagne.

Les membres sortants sont MM. le Dr Dunkelberg et le Dr Werner. Les anciens membres sont :

MM. DUNKELBERG (le docteur), à Wiesbaden.

SORAUER (le docteur, professeur Paul), à Berlin.

WERNER (le docteur, professeur A.), professeur à l'Académie agricole de Berlin.

Nous vous demandons, en présence de l'importance des nouvelles questions que nous aurons à étudier, d'ajouter à ces noms ceux de :

MM. D'ARNIM-CRIEWEN, conseiller de noblesse, président du Comité directeur de la Société allemande d'agriculture ;

LE Dr ROESICKE, député au Reichstag, président de la Ligue des agriculteurs ;

S. A. LE PRINCE GEORGES DE SCHŒNAICH-CAROLATH, membre du bureau de la Société allemande d'agriculture, président de la Chambre d'agriculture de Silésie ;

CHARLES DE RIEPENHAUSEN-CRANGEN, membre du Landtag, à Berlin, dont nous avons tous apprécié ici le talent et l'activité.

La Commission se renforcerait ainsi, pour l'Allemagne, de ces quatre nouveaux membres. (*Très bien ! très bien !*)

Autriche.

Les membres sortants sont :
MM. Hohenbruck (le baron Arthur de), conseiller honoraire au Ministère de l'agriculture d'Autriche ;
Kolowrat (le comte Léopold), propriétaire à Klattau (Bohême).
Nous vous proposons d'ajouter à ces messieurs :
Le prince Ferdinand Lobkowitz, président du conseil d'agriculture de la Bohême, membre de la Chambre des Seigneurs ;
Le prince Charles Auesperg, président de la Société impériale et royale d'agriculture de Vienne. (*Très bien ! très bien !*)

Belgique.

Les membres sortants sont :
MM. le comte François van der Straten-Ponthoz et M.-F. Braekers. La section belge serait ainsi composée :
MM. Cartuyvels van der Linden, inspecteur général de l'agriculture au Ministère de l'Agriculture, de l'Industrie et des Travaux publics, à Bruxelles ;
Van der Straten-Ponthoz (le comte), président honoraire de la Société centrale d'agriculture de Belgique, à Bruxelles ;
Hont (Fréd. d'), directeur du laboratoire communal de Courtrai, secrétaire du Conseil supérieur d'agriculture de Belgique, à Courtrai.
Braekers (Ferd.), juge, membre du Conseil supérieur d'agriculture de Belgique.
Ces messieurs nous ont toujours donné le concours le plus complet ; nous vous demandons de renouveler leurs pouvoirs. (*Assentiment.*)

Canada.

M. Perrault, président d'honneur de la Chambre de commerce de Montréal.

Danemark.

Ce pays est représenté par :
M. Westermann, professeur à l'Institut agricole et vétérinaire de Copenhague.
Vous vous proposons de lui adjoindre : M. le chevalier Raeder, délégué de l'Union des comices du Danemark. (*Assentiment.*)

Espagne.

MM. Maisonnave (Juan), membre du Conseil supérieur de l'agriculture.
Cardenas (José de), député, président de l'Association des agriculteurs d'Espagne.

États-Unis de l'Amérique du Nord.

M. le docteur Salmon, chef du bureau de l'industrie animale au département de l'agriculture, à Washington, est actuellement le seul membre de la Commission.

M. SMART, qui représentait le Collège d'agriculture et de mécanique de l'État d'Indiana, est mort depuis quelques mois. Nous vous proposons de le remplacer par :

M. le major ALVORD, chef de division de la laiterie au Département de l'agriculture, délégué officiel des États-Unis et l'un des vice-présidents du Congrès. (*Très bien! très bien!*)

Grande-Bretagne.

La Commission se compose, pour ce pays, de trois membres, dont deux sortants : MM. Granville-Smith et C. Parker. A la liste suivante :

MM. CLARKE (Sir Ernest), secrétaire du Conseil de la Société royale d'agriculture d'Angleterre,

PARKER (l'honorable Cecil T.), président du Comité pour l'industrie laitière du Conseil de la Société royale d'agriculture d'Angleterre,

GRANVILLE-SMITH (R.-W.), secrétaire honoraire de la Ligue bimétallique anglaise,

viendraient s'ajouter :

MM. YERBURGH, membre du Parlement, président et délégué de la *National Agricultural Union*, GODFREY (Ernest), secrétaire de la Chambre centrale d'agriculture et de l'Union des Chambres d'agriculture,

dont nous avons apprécié ici l'activité. (*Très bien! très bien!*)

Grèce.

M. GENNADIUS, ancien chef du bureau de l'agriculture, à Célosie (Chypre), continuerait à représenter ce pays.

Hongrie.

Les membres actuels sont :

MM. BEDO (Albert DE), ancien secrétaire d'Etat au Ministère hongrois de l'agriculture.

DESSEWFFY (le comte Aurèle), président de la Société nationale d'Agriculture de Hongrie.

RÓDICZKY (le docteur Eugène DE), écuyer-sénéchal de Sa Majesté Imp. et Roy., au Ministère royal hongrois de l'Agriculture.

Nous vous proposons d'adjoindre à la commission internationale, pour la Hongrie :

M. le comte Alexandre KAROLYI, que nous avons l'avantage de compter parmi les membres du Congrès et dont l'autorité est grande ; et

M. le comte Joseph de MAILATH, secrétaire général honoraire du Congrès (*Très bien! Très bien!*)

Italie.

Un membre, M. le commandeur Miraglia, soumis au renouvellement, serait réélu. Pour ce pays, les trois anciens membres de la Commission sont donc :

MM. MIRAGLIA (commandeur N.), directeur honoraire de l'agriculture au Ministère de l'agriculture d'Italie, à Rome.

OULSEN (le docteur Carlo), conseiller ministériel de la commission zootechnique du royaume d'Italie, à Rome.

OTTAVI (Edoardo), député, qui a beaucoup regretté de ne pouvoir assister au Congrès.

Nous vous proposons de leur adjoindre quatre nouveaux membres :

MM. Pavoncelli (le commandeur Giuseppe), député, ancien ministre des Travaux
   publics;
   Cappelli (le marquis Raffaele), député, ancien ministre des affaires étrangères,
   président de la Société des agriculteurs italiens;
   Cesare (le commandeur Raffaele de), député.
   Pini (le chevalier Ranieri), directeur de la *Toscana vinicola ed olearia*, à Florence. (*Très bien! très bien!*)

Luxembourg.

M. Fischer, président de la Commission grand-ducale d'agriculture, serait réélu
pour ce pays. (*Assentiment.*)

Pays-Bas.

M. le Dr Sickesz serait réélu, et les anciens membres de la Commission seraient :
MM. Bauduin (D.), président d'honneur de la Société hollandaise d'agriculture et du
   Comité exécutif du Congrès de 1891.
   Sickesz (le docteur en droit C.-J.), président de la Commission agricole de l'État,
   directeur général de l'agriculture au Ministère de l'Intérieur.
   Cost van der Linden (le docteur en droit P.-W.-A.), vice-président rapporteur de
   la Commission agricole de l'État.
Pour remplacer M. Waldeck, que nous avons eu le regret de perdre, nous vous
proposons :
   M. Lohnis, inspecteur de l'enseignement agricole. (*Très bien!*)

Portugal.

Pour ce pays, nous vous proposons de nommer :
MM. Castro (D. Luiz de),
   Cincinnato da Costa, directeurs de l'Association royale centrale de l'agriculture
   portugaise. (*Assentiment.*)

Roumanie.

Par la réélection de M. Aureliano, les membres de la Commission seraient :
MM. Aureliano, président de la Chambre des députés, membre de l'Académie de Rou-
   manie.
   Bouesco, professeur honoraire à l'Ecole centrale d'agriculture et de sylviculture de
   Bukarest.
   Poenaro (Jean), inspecteur général du commerce, de l'industrie et de l'agriculture.

Russie.

Le seul membre soumis à la réélection est M. George Thoms. Les membres actuels
sont :
MM. Yermoloff (Alexis), ministre de l'Agriculture et des Domaines, à Saint-Pétersbourg;
   Thoms (George), professeur et directeur de la Station agronomique, au Polytechnikum de Riga;
   Bilderling (général Pierre de), propriétaire-agriculteur, créateur de la Station
   agronomique de Zapolié, gouvernement de Saint-Pétersbourg.

Nous vous proposons d'ajouter pour la Russie :

MM. STEBOUT (le docteur), président du Comité scientifique au Ministère de l'Agriculture et des Domaines, délégué officiel du Ministère ;

FISCHER DE WALDHEIM (Alexandre), conseiller privé, directeur du Jardin impérial de botanique. (*Très bien ! Très bien !*)

Par la réélection de M. le baron Bonde, pour la Suède et de M. S. Bieler pour la Suisse, la Commission comprendrait pour ces deux pays :

Suède et Norvège.

MM. LOVEN (Christian), secrétaire de l'Académie royale d'agriculture ;

BONDE (le baron), grand-maître des cérémonies de S. M. le roi de Suède et de Norvège.

Suisse.

MM. BIELER, directeur de l'Institut agricole de Lausanne;

HACCIUS (Charles), ancien directeur de l'Institut vaccinal suisse, à Lancy (Genève).

Telles sont, messieurs, les propositions que le Bureau du Congrès a l'honneur de vous soumettre.

M. LE PRÉSIDENT. — Je propose d'ajouter pour la Hongrie : M. le comte Robert de ZSELENSKI, membre de la Chambre des Magnats, vice-président de la Société nationale d'agriculture de Hongrie, qui a présenté au Congrès des observations si remarquables sur les marchés à terme. (*Vive approbation.*)

M. HENRY SAGNIER. — C'est avec le plus grand plaisir que, au nom du Bureau de la Commission, j'appuie la proposition de M. le Président.

M. LE PRÉSIDENT. — Si personne ne demande la parole, je mets aux voix les propositions faites par le Bureau et relatives à la composition de la Commission internationale d'agriculture.

Les propositions du Bureau sont adoptées à l'unanimité.

Communication d'une lettre de M. le Président du Congrès de sylviculture.

M. HENRY SAGNIER, *secrétaire général.* — Messieurs, à la suite du récent Congrès international de sylviculture qui s'est tenu à Paris, le président de la Commission internationale d'agriculture a reçu la lettre suivante de M. Daubrée, conseiller d'État, directeur des eaux et forêts, président de ce Congrès :

« J'ai l'honneur de vous faire connaître que, dans sa séance générale de clôture du 7 juin dernier, le Congrès international de sylviculture, qui comprenait 343 membres, a sur ma proposition émis le vœu que, pour se perpétuer, il y aurait lieu de demander sa fusion avec le Congrès international d'agriculture, pour former dans ce Congrès une section spéciale de sylviculture.

« Je vous serais reconnaissant d'en informer le Congrès international d'agriculture, et je serais heureux si vous vouliez bien appuyer ce vœu de votre haute autorité.

« Je vous prie également, M. le Président, de me faire savoir la suite donnée à ce vœu, afin d'en aviser les membres du Congrès de sylviculture. »

Nous nous trouvons donc en présence de l'offre faite par les forestiers de s'adjoindre à nous pour travailler ensemble dans les futurs Congrès et pour former une section permanente.

C'est pour répondre d'avance à ce vœu que nous vous avons proposé tout à l'heure l'adjonction aux membres de la Commission internationale d'agriculture de M. Daubrée, président du Congrès de sylviculture.

M. LE PRÉSIDENT. — Je mets aux voix l'adoption de la proposition formulée par M. le Président du Congrès de sylviculture, dont M. le secrétaire général du Congrès vient de donner communication.

(Cette proposition est adoptée.)

A ce moment, de vifs applaudissements saluent l'entrée de M. Jules Méline, qui vient occuper le fauteuil de la présidence.

Présidence de M. JULES MÉLINE

Sur le siège du prochain Congrès.

M. HENRY SAGNIER, *secrétaire général.* — Messieurs, il est d'usage, conformément à notre réglement, de décider à la fin de chaque Congrès dans quel pays se tiendra le Congrès suivant. Nous avons déjà tenu six Congrès : à Paris, en 1889 ; à La Haye, en 1891 ; à Bruxelles, en 1895 ; à Budapest, en 1896 ; à Lausanne, en 1898, et nous voici à Paris en 1900, terminant le sixième Congrès. Il s'agit de savoir où aura lieu le septième Congrès.

En présence d'offres très gracieuses qui nous ont été faites, nous vous demandons en ce moment, au nom du Bureau, de décider que le septième Congrès international se tiendra dans deux ans, c'est-à-dire au cours de l'année 1902, en Italie.

Je crois que nous pouvons compter de la façon la plus complète, tant sur le Gouvernement italien que sur les Sociétés d'agriculture de ce pays.

M. LE PRÉSIDENT. — La parole est à M. Riepenhausen-Crangen.

M. DE RIEPENHAUSEN-CRANGEN. — Je crois que nous pouvons tous accepter le projet qui nous est présenté par le Bureau.

Si j'ai demandé la parole, c'est simplement pour dire que la Commission internationale désignera en Italie la ville qui lui conviendra, que nous avons toute confiance en elle, que nous sommes persuadés qu'elle organisera le prochain Congrès en Italie aussi bien que le Congrès grandiose de Paris.

Et puisque j'ai la parole, je voudrais prier l'assemblée de remercier M. le président et tous les membres de la commission d'organisation de tous les efforts qu'ils ont faits pour organiser si agréablement et si régulièrement ce Congrès. (*Applaudissements.*)

M. LE PRÉSIDENT. — La parole est à M. Pavoncelli.

M. PAVONCELLI. — Messieurs, en ma qualité de représentant de l'Italie, je vous remercie de tout mon cœur d'avoir bien voulu proposer que le prochain Congrès international d'agriculture aurait lieu dans mon pays. Je vous propose et je vous prie d'accepter la ville de Rome comme siège du Congrès. Je ne vois aucune autre ville que Rome qui puisse donner satisfaction aux sentiments du comité d'organisation et à ceux du peuple italien. (*Très bien ! très bien !*),

Aussitôt que j'ai été prévenu de la décision du Bureau, je me suis empressé d'en informer mon gouvernement, et je vous demande la permission de vous lire la réponse télégraphique que le Ministre de l'agriculture m'a envoyée de Rome :

« Je suis heureux d'apprendre le projet du Comité international d'agriculture de réunir le prochain Congrès à Rome. J'en suis pleinement reconnaissant. Je ne puis que promettre le plus cordial et le plus amical appui et assurer les membres du Congrès que notre capitale saura se montrer digne des traditions de l'Italie entière et faire honneur aux hôtes désirés et attendus. » (*Vifs applaudissements.*)

Il ne nous restera, messieurs, pour vous remercier de votre amabilité, qu'à vous rendre aussi agréable que possible votre séjour à Rome.

Et permettez-moi, pendant que j'ai la parole, de me faire l'interprète des sentiments des membres étrangers du Congrès pour adresser nos remerciements à notre illustre président et au Comité d'organisation qui a su régler nos travaux de telle sorte que le Congrès international d'agriculture de Paris aura un grand retentissement dans toute l'Europe. (*Nouveaux applaudissements.*)

M. Bouesco. — Je crois qu'on devrait laisser plein pouvoir à la Commission internationale pour choisir l'endroit où aura lieu le prochain Congrès; car, d'ici deux ans, d'autres pays pourraient demander à recevoir le Congrès.

M. Henry Sagnier. — Nous connaissons et apprécions les sentiments qui animent notre excellent collègue, M. Bouesco, qui a été avec nous à Paris dès le premier jour, en 1889, et qui a toujours suivi avec un grand intérêt les travaux des Congrès successifs qui ont eu lieu depuis. Mais il me permettra de lui faire remarquer qu'en vertu du règlement adopté au Congrès de La Haye en 1891, le devoir de la Commission est de soumettre à chaque Congrès une proposition ferme pour le pays où doit se tenir le Congrès suivant. En ce moment, nous nous conformons strictement au règlement que tout le monde a accepté. Vous imposeriez à la Commission internationale une assez lourde responsabilité si vous lui demandiez de choisir elle-même la ville où aura lieu le 7e Congrès. Ce serait un mauvais cadeau à lui faire, alors que nous sommes saisis par de nombreuses Sociétés d'agriculture, par le gouvernement italien lui-même, de l'offre ferme de nous recevoir dans deux ans.

Je demande donc au Congrès d'accepter la proposition du Bureau et de voter des remerciements au Gouvernement italien et aux Sociétés d'agriculture d'Italie, qui nous ont déjà promis leur concours le plus complet. (*Applaudissements.*)

M. le Président. — Je rappelle, en effet, avec l'honorable M. Sagnier qu'aux termes du règlement c'est le Congrès lui-même qui doit déterminer le pays où siégera le prochain Congrès. Il n'y a eu qu'une seule exception à cette règle, parce que nous étions alors saisis d'un certain nombre de propositions et que nous ne savions pas bien si elles seraient agréées par ceux-là mêmes qui les formulaient.

Cette fois, la proposition de nous réunir en Italie est faite d'une façon ferme et acceptée par le gouvernement italien. De ce côté, nous avons une certitude dont nous sommes très reconnaissants au gouvernement italien, et je prie M. Pavoncelli de lui faire parvenir l'expression de notre reconnaissance pour l'empressement qu'il a mis à répondre à l'offre du Bureau du Congrès.

Mais je demanderai, selon l'usage, de réserver le choix de la ville : non pas que je fasse la moindre objection au choix de Rome, bien au contraire ; mais, au dernier moment, il peut se présenter telle circonstance imprévue qui pourrait obliger le Congrès à se réunir ailleurs.

Sous cette simple réserve, je mets aux voix la proposition tendant à fixer en Italie le siège du prochain Congrès.

(Cette proposition est adoptée à l'unanimité.)

M. LE PRÉSIDENT. — La parole est à M. Cartuyvels.

M. CARTUYVELS VAN DER LINDEN. — Messieurs, je suis un des rares membres de la Commission internationale qui possède ses six chevrons — ce dont je suis très fier — pour avoir assisté aux six Congrès qui ont été successivement tenus dans divers pays. (*Applaudissements.*)

A ce titre, je crois avoir quelque autorité, avec l'agrément de M. le Président, pour vous faire une proposition pratique.

Il y a onze ans, à Paris, le premier Congrès avait été très réussi, mais il n'avait pas l'importance de celui auquel nous venons d'assister. C'était un Congrès d'ordre technique, préparé par quelques hommes dévoués. Mais, depuis, les questions agricoles ont pris dans tous les pays une importance considérable ; l'agriculture a aujourd'hui, si vous me permettez l'expression, deux leviers en main : le levier technique, la vulgarisation de la science à tous les degrés, et ce que j'appellerai le levier de la coopération, auquel on ne songeait guère il y a une quinzaine d'années, la coopération, cette force immense qui groupe les producteurs, qui centralise la petite épargne pour en faire le grand capital et qui met ainsi tous les producteurs sur le même rang, alors que précédemment les grands producteurs, possédant à la fois la science et le capital, pouvaient seuls obtenir d'excellents résultats par l'agriculture.

Cette transformation de l'industrie agricole, cette immense efflorescence de la coopération a élargi les problèmes qui s'imposent à nos études, et par suite la Commission internationale d'agriculture qui est votre rouage permanent, à qui vous avez donné la mission de préparer successivement les assises de l'agriculture dans les différents pays, a de grandes obligations. et malheureusement elle n'a pas de caisse : jusqu'à présent elle n'a été subventionnée par personne sauf au moment de la réunion d'un Congrès par le gouvernement du pays où se tient le Congrès.

Cette ressource est insuffisante, à l'heure actuelle, pour lui permettre d'agir avec toute la puissance qu'elle devrait mettre au service de son dévouement.

Je me permets donc de demander à chacun de nous. qu'il s'agisse des Français ou des nombreux étrangers accourus ici, de faire des démarches personnelles soit auprès des sociétés d'agriculture de chaque pays, soit auprès des gouvernements, afin de réunir les ressources indispensables à la réalisation des vœux émis par le Congrès.

La mission qui est confiée à la Commission internationale est de deux ordres, comme le portent les statuts : elle doit d'abord préparer avec le plus grand soin les prochaines assises internationales de l'agriculture, afin de les rendre fructueuses, puis obtenir après le Congrès, par son action auprès des divers gouvernements, la réalisation des vœux pratiques d'ordre international qui ont été émis par chaque Congrès.

Il importe donc que la Commission internationale ait un certain budget. A cet effet, je me borne à émettre le vœu que chacun de nous agisse dans sa sphère d'action, lorsque le moment sera venu, pour procurer à la Commission les ressources qui lui sont indispensables. (*Très bien ! très bien !*)

Et maintenant, messieurs, permettez-moi de féliciter les organisateurs du Congrès de Paris pour la façon magistrale dont ils ont préparé ce Congrès. Cela n'a rien d'étonnant d'ailleurs : tant vaut l'état-major d'une armée, tant vaut le chef et tant valent les troupes. (*Applaudissements.*)

Or, nous avons le bonheur de posséder un général d'ordre pacifique, mais très actif. Tels ces soldats, dont une voix éloquente nous parlait tout à l'heure qui, après avoir servi sous les drapeaux, vont d'une main vaillante reprendre le manche de la charrue. (*Nouveaux applaudissements.*) Avec un général comme celui-là, on marche au feu avec la certitude de la victoire. (*Vifs applaudissements.*)

Au nom de la Commission internationale d'agriculture, dont l'importance vient d'être accrue par l'adjonction d'un grand nombre de membres éminents et qui pourra ainsi remplir plus complètement son rôle, je vous propose, messieurs, une acclamation chaleureuse en l'honneur de notre éminent, vénéré et dévoué président, M. Jules Méline. (*Triple salve d'applaudissements. Bravos répétés et prolongés.*)

M. LE PRÉSIDENT. — Messieurs, je suis profondément ému de la manifestation de vos sympathies. Je vous assure qu'elles sont pour moi la meilleure récompense des efforts que je peux faire pour la défense des intérêts de l'agriculture, je ne dis pas des efforts que j'ai faits pour l'organisation de ce Congrès, car je suis suffisamment récompensé par son succès et par ses résultats.

Mais, messieurs, je ne veux pas être remercié tout seul et je demande, à mon tour, à remercier les autres. Je remercie tous les membres du Congrès qui sont ici réunis de leur assiduité à nos séances, de l'intérêt qu'ils ont porté à nos délibérations. Je tiens surtout à remercier les orateurs de la façon dont ils ont préparé leur discussion et de la maturité qui a présidé à leurs discours.

J'ai vu bien des Congrès, j'en ai présidé un certain nombre; je n'hésite pas à dire que celui-ci est en très grand progrès sur tous les autres. J'ai constaté, — ce qui est rare dans les Congrès et vous avez pu le constater comme moi, — que tous les discours qui ont été prononcés ici étaient bien à leur place, qu'on n'a rien dit d'inutile, et il est arrivé ceci de bien surprenant, c'est que le président n'a pas eu, même une seule fois, à invoquer l'article du règlement qui l'autorise dans certains cas à retirer la parole aux orateurs. Ils étaient tous tellement dans la question que je n'ai jamais eu l'occasion de faire l'ombre d'une observation, et l'assemblée elle-même était tellement satisfaite de les entendre que sur tous les bancs il y avait unanimité pour les laisser parler. C'est là, messieurs, un grand progrès; cela prouve la marche ascendante de nos Congrès.

On dit parfois que les Congrès sont des parlottes. S'il peut y en avoir de ce genre, on ne le dira pas du nôtre, et je vous assure de très bonne foi qu'en le présidant j'ai éprouvé un très grand plaisir, surtout quand je faisais des comparaisons. J'ai présidé de grandes assemblées parlementaires, et je me félicite de présider une grande assemblée internationale chargée de faire parvenir à tous les gouvernements les vœux de tous les travailleurs de la terre. (*Applaudissements.*) Je demande à présider souvent des Parlements comme celui-là. (*Rires et nouveaux applaudissements.*) Je voudrais que toutes les délibérations des Parlements fussent empreintes du même esprit de justice, d'équité, de modération, qui a inspiré toutes vos résolutions. (*Vifs applaudissements.*)

Messieurs, l'effort que vous avez fait ne sera pas perdu; je suis convaincu qu'il aura des résultats durables; les décisions que vous avez prises, quand elles seront connues, seront revêtues d'une grande autorité, je n'en doute pas, parce qu'elles ont été longuement étudiées et mûries. J'entrevois d'avance l'accueil qui leur sera fait, quand elles parviendront dans tous les pays, quand elles seront portées à la connaissance de toutes les Sociétés d'agriculture.

C'est alors, messieurs, que commencera pour vous tous votre rôle particulier; car le rôle des membres d'un Congrès ne se termine pas avec la dernière journée du Congrès; à mon sens, il ne fait que commencer. Quand vous aurez quitté Paris, quand vous serez rentrés chacun dans votre pays, votre rôle consistera à saisir le monde agricole, et surtout les Sociétés d'agriculture, des grands problèmes que nous avons étudiés ici, de leur demander d'en chercher la solution. C'est ainsi que vous aurez à faire produire ses fruits à ce grand principe que vous avez posé, que j'appelais moi-même il y a huit jours l'idée maîtresse du Congrès de 1900, à savoir que l'agriculture doit désormais s'engager dans une nouvelle voie, dans ce qu'on peut appeler la phase de son organisation commerciale. Nous avons posé ici le principe; c'est à vous, messieurs, qu'il appartiendra de l'appliquer.

Nous en avons posé bien d'autres, car notre ordre du jour montre que toutes les grandes questions qui préoccupent le monde agricole, et même les petites, ont été traitées ici, que rien n'a échappé à votre attention, à vos investigations et que, sur toutes, des solutions précises ont été données.

Vous n'avez plus qu'un pas à faire. Il s'agit de tirer les conclusions de ces principes, de faire germer et fructifier la semence que nous venons de jeter en terre. On a dit que l'Exposition de 1900 serait la clôture glorieuse du xixe siècle. Permettez-moi, messieurs, d'espérer que le Congrès international d'agriculture de 1900 sera l'aurore d'un siècle de progrès agricoles. (*Vifs applaudissements et bravos prolongés.*)

M. LE PRINCE LOBKOWITZ. — Messieurs, je suis autorisé par un certain nombre de membres étrangers du Congrès à proférer ici quelques paroles de remerciement. Des bouches plus éloquentes que la mienne ont déjà exprimé les mêmes sentiments; aussi me permettrez-vous d'être bref.

Il y a quelques jours, nous avons assisté à une séance de la Société nationale d'agriculture de France, présidée par notre très honorable président actuel, M. Méline. Cela nous a permis de dire, en le remerciant de l'aimable accueil qu'il a bien voulu nous faire, que son nom était connu partout où l'on se livrait à l'agriculture, partout où l'on faisait de l'industrie agricole.

Le nom de M. Méline est, à lui seul, un programme; nous le connaissions tous; mais jusqu'ici un grand nombre d'entre nous ne le connaissaient que théoriquement, si je puis dire. Maintenant que nous avons eu le grand avantage de faire la connaissance de l'homme, je crois que nous sommes unanimes à dire que M. Méline ne perd pas à être connu. (*Vifs applaudissements.*)

Moi aussi, je tiens à lui adresser mon grand remerciement de tout ce qu'il a bien voulu faire pour le Congrès.

Je remercie la France et Paris, qui nous ont permis d'avoir un si remarquable Congrès international d'agriculture. Je remercie enfin tous les Français qui nous ont fait un accueil si agréable, si amical, et je vous assure, messieurs, que les jours, malheureusement trop vite écoulés, que nous avons passés parmi vous, compteront dans notre souvenir parmi les plus agréables de notre vie. Il s'est établi ainsi entre nous des rapports personnels très cordiaux et vous pouvez avoir l'assurance, messieurs, que dans les questions agricoles vous trouverez toujours en nous de fervents collaborateurs. (*Applaudissements répétés.*)

M. LE PRÉSIDENT. — J'ai été entraîné par vous-mêmes, messieurs, à laisser de côté la proposition de M. Cartuyvels, à laquelle il faut que je revienne; elle est d'un ordre particulier, un peu matériel, mais ces questions ont leur importance.

M. Cartuyvels a fait une observation qui ne manque pas de justesse. Vous avez un organe permanent, la Commission internationale d'agriculture qui, au fur et à mesure que les Congrès se développent, prend de plus en plus d'importance, qui devient presque une fonction. Vous lui avez confié un certain nombre de mandats au cours de ce Congrès; elle doit se mettre en relations avec les gouvernements pour la protection des petits oiseaux; elle doit, avec le bureau du Congrès de Versailles, chercher les moyens d'organiser des Sociétés coopératives pour la vente du blé. Vous lui avez donné encore d'autres mandats qui m'échappent en ce moment. Il est certain que sa besogne est assez complexe et qu'elle implique des correspondances et des relations suivies.

M. Cartuyvels a eu raison de dire que c'est par un véritable tour de force que la Commission internationale est arrivée à avoir un budget en équilibre; elle a vécu sur les petites économies faites au Congrès de 1889, et plus tard sur le petit bénéfice que M. Tisserand, alors directeur de l'agriculture, nous avait permis de faire sur la vente du volume du Congrès. Nous n'avons dédaigné aucun petit moyen. Toutes ces ressources sont aujourd'hui trop faibles.

Je comprends ce que veut dire M. Cartuyvels. Nous ne pouvons pas nous adresser aux gouvernements; le nôtre nous a donné un certain concours, mais il n'y est pas obligé; d'ailleurs, c'est la Commission internationale de tout le monde et pas seulement de la France. Je crois donc que la véritable manière d'alimenter le budget serait, en effet, que les Sociétés d'agriculture des différents pays voulussent bien s'imposer une petite cotisation dont elles conviendraient et qui serait comme leur participation à l'œuvre de la Commission internationale. Ce ne serait pas, je crois, une grosse difficulté à résoudre, et il suffira, pour lui donner une solution pratique, que le bureau de la Commission internationale envoie une circulaire à nos amis, dans les différents pays, et ceux-ci se chargeront d'en parler aux diverses Sociétés d'agriculture. (*Assentiment unanime.*)

Je mets aux voix cette résolution.

(La résolution est adoptée à l'unanimité.)

M. BOUESCO. — La proposition de M. Cartuyvels ne me paraît pas suffisante et je crois que chaque membre du Congrès devrait s'imposer une petite cotisation personnelle pour assurer l'œuvre de la Commission internationale d'agriculture.

M. LE PRÉSIDENT. — Que M. Bouesco me permette de le lui dire : On ne peut pas demander une cotisation permanente aux membres des Congrès. Ce sont là des individualités mouvantes qui varient d'un Congrès à l'autre. Il est bien plus logique de s'adresser aux Sociétés d'agriculture qui sont des organes permanents, qui ont un budget. Je remercie M. Bouesco de son intention; mais je crois qu'il faut nous en tenir à la résolution qui vient d'être adoptée.

Messieurs, l'ordre du jour est épuisé. Les travaux du Congrès sont terminés. Il me reste à vous remercier une dernière fois du fond du cœur.

Je vous dis, non pas adieu, mais au revoir en Italie. (*Applaudissements et bravos prolongés.*)

Je déclare clos le sixième Congrès international d'agriculture.

(La séance est levée à 5 heures et demie.)

RAPPORT SUR LE CONCOURS MÉLINE
ENTRE LES SOCIÉTÉS DE CRÉDIT AGRICOLE MUTUEL[1]

Par M. Eug. TISSERAND

Directeur honoraire de l'Agriculture, vice-président du Congrès.

Messieurs,

Lorsque dans un élan d'unanime reconnaissance les agriculteurs français se réunirent pour offrir à notre éminent Président, M. Méline, un témoignage de leur gratitude pour son dévouement aux intérêts agricoles, et les signalés services qu'il a rendus à une cause à laquelle il a consacré sa vie, ses forces et son admirable talent, M. Méline voulut qu'une part sur les sommes recueillies fût faite pour encourager et récompenser les efforts des banques de Crédit agricole mutuel nouvellement créées, et que la distribution en fût faite dans l'une des séances du Congrès international d'agriculture de 1900.

Il voulait ainsi rappeler que cette utile institution est issue des premières réunions du Congrès international d'agriculture de 1889, au frontispice duquel le nom de son fondateur, M. Méline, sera gravé comme celui du promoteur le plus ardent et le plus persévérant de la régénération de notre grande industrie nationale et de l'amélioration morale et matérielle des classes rurales.

Pour déférer à son désir, le Comité de souscription décida qu'une somme de 5000 francs serait attribuée aux œuvres de propagande du Crédit agricole et distribuée en primes et en médailles entre les Sociétés de Crédit agricole mutuel qui auraient donné les meilleurs résultats au bout de deux ans au moins de fonctionnement et qui pourraient servir d'exemples.

Un concours fut ouvert à cet effet et une circulaire envoyée aux intéressés, à la date du 10 février dernier, par la Commission chargée de juger le concours et d'attribuer les récompenses.

Ce concours a donné lieu à l'envoi de nombreux et volumineux dossiers.

Malgré le peu de temps donné aux concurrents pour s'inscrire et quoique l'institution fût d'origine récente, la Commission ne fut pas peu surprise de voir 53 Sociétés de Crédit agricole mutuel, distribuées sur tous les points de notre territoire, s'inscrire dans une noble émulation pour se disputer les récompenses offertes au nom de M. Méline aux plus méritants.

C'était déjà là un magnifique succès pour une œuvre qui date d'hier ; l'examen des dossiers nous a permis de constater que dès ses débuts, l'institution avait rendu de très grands services au pays, en mettant à un taux d'intérêt très modéré, généralement à 4 pour 100, à la disposition des cultivateurs dont la moralité et l'intelligence sont connues, les fonds dont ils ont besoin pour acheter les engrais, les semences, les bestiaux, les outils nécessaires à la bonne et fructueuse exploitation de leur terre.

1. Voir plus haut, page 472.

1. — Nous n'avons pas à faire ici l'historique du Crédit agricole, car il a été maintes fois écrit; qu'il nous suffise de dire que depuis le commencement de ce siècle l'établissement du Crédit agricole préoccupait l'esprit des agronomes les plus éclairés; que déjà en 1845 le Conseil supérieur de l'agriculture avait émis le vœu de voir le Gouvernement étudier la question, et préparer un projet de loi pour doter notre pays d'une institution de Crédit foncier et de Crédit mobilier.

Le ministre Tourret, dont le nom est justement resté cher à l'agriculture, avait annoncé à l'Assemblée nationale, en 1848, dans l'exposé des motifs du projet de loi sur le Crédit foncier déposé par lui, qu'il s'occupait du Crédit mobilier de l'agriculture et présenterait prochainement à l'Assemblée nationale une proposition de loi destinée à compléter l'œuvre poursuivie par l'institution du Crédit foncier.

Malheureusement les événements ne permirent pas à Tourret de réaliser sa promesse; les agronomes et le Gouvernement ne cessèrent pas pour cela de s'occuper de la question du Crédit agricole, tant on en sentait vivement le besoin. La grande enquête agricole de 1866 émit des vœux à cet égard : les Commissions chargées d'organiser le Crédit agricole succédèrent aux Commissions, mais toujours sans aboutir.

Il a fallu, et c'est la démonstration éclatante de l'efficacité des travaux de notre Congrès, que la question fût reprise par le premier Congrès international d'agriculture en 1889, pour que l'agriculture obtînt enfin la satisfaction qu'elle réclamait depuis près d'un siècle.

Un exposé sommaire des besoins de l'agriculture et de l'utilité du Crédit agricole fut fait en Assemblée générale par l'éminent et regretté Léon Say, et un vœu fut adopté à l'unanimité par le Congrès, demandant qu'une Commission choisie parmi ses membres fût chargée d'élaborer un projet de loi de nature à résoudre pratiquement la question des avances ou prêts à échéance de 6, 12 ou 18 mois, à faire aux cultivateurs.

Cette Commission, présidée par M. Méline, s'occupa sans relâche de sa mission et eut pour rapporteur M. Ribot, ancien président du Conseil et ministre des finances; après de nombreuses séances, elle arrêta le programme d'un projet complet d'organisation de Crédit agricole qui prenait sa base dans les dispositions de la loi du 21 mars 1884 sur les syndicats professionnels (voir annexe n° 1), et posait comme principe fondamental des Sociétés de Crédit agricole à créer, la *mutualité*, le *triage de la clientèle* et la *limitation des prêts et avances aux opérations culturales* qui engendrent nécessairement, dans l'année même, des profits rémunérateurs. C'est aux efforts et aux résultats des études de cette Commission, et le Congrès international d'agriculture a le droit d'en être fier, qu'est due la loi française du 5 novembre 1894 relative à la création des Sociétés de Crédit mutuel agricole, qu'est venue compléter la loi du 31 mars 1899 sur les caisses régionales agricoles. Ces deux lois, dont M. Méline prit l'initiative et qu'il a défendues dans le sein du Parlement avec l'énergie et la persévérance qu'il apporte à tout ce qui est juste et utile au pays, sont en quelque sorte la charte de la nouvelle institution: aussi pour répondre à la demande de nombreux membres étrangers du Congrès, croyons-nous devoir les reproduire *in extenso* en y joignant à titre de documents complémentaires le texte de la loi sur les warrants agricoles (pièces annexes n°s 2, 3 et 4).

La loi du 5 novembre 1894 fut vite appréciée à sa valeur par les agronomes placés à la tête des syndicats agricoles, et bientôt surgirent de nombreuses sociétés de Crédit agricole mutuel.

Après les hésitations et les tâtonnements inévitables de la première heure, le mouvement s'est surtout accentué à partir de l'année 1898 ; on peut espérer qu'avant peu d'années l'institution embrassera dans sa sphère d'action tous les points du territoire, comme le prouve le concours institué à l'instigation de M. Méline et dont nous allons nous occuper maintenant.

33 Sociétés ont demandé à prendre part au concours ; ce sont, par ordre d'inscription, les associations ci-après :

Société de Crédit agricole de Poligny (Jura).
Société de Crédit mutuel agricole de la Haute-Marne.
Caisse de crédit du Syndicat d'Arras (Pas-de-Calais).
    —   —   de Saint-Pol (Pas-de-Calais).
Crédit agricole des Syndicats de l'Hérault.
    —   du Gard.
    —   mutuel de Remiremont (Vosges).
    —   de l'Ariège.
    —   de Pourrain (Côte-d'Or).
Caisse de Crédit de Belleville-sur-Saône (Rhône).
Caisse agricole coopérative de Castellar (Alpes-Maritimes).
Société de Crédit mutuel de Pouilly-en-Auxois (Côte-d'Or).
Caisse rurale de Loray (Doubs).
    —   de Guyans-Vennes (Doubs).
    —   de Rurey (Doubs).
    —   de Laviron (Doubs).
    —   de Flangebouche (Doubs).
    —   d'Orchamps-Vennes (Doubs).
    —   d'Éclimeux (Pas-de-Calais).
    —   de Saint-Hilaire-du-Bois (Maine-et-Loire).
    —   d'Aire-sur-l'Adour (Landes).
    —   de Belleherbe (Doubs).
    —   de Viriville (Isère).
    —   de Châtenay (Isère).
    —   de Vay (Loire-Inférieure).
    —   de Saint-Victor (Loire-Inférieure).
Caisse agricole d'Oran (Algérie).
    —   de Crédit mutuel d'Oraison (Basses-Alpes).
Caisse de Crédit agricole de Vars (Charente).
Caisse régionale de Crédit agricole de la Charente.
Société de Crédit mutuel agricole de Chartres (Eure-et-Loir).
Caisse de Prévoyance et de Crédit du Syndicat agricole vauclusien, à Avignon.
Caisse du Crédit agricole du Calaisis (Pas-de-Calais).

Toutes ces institutions ont fourni de très intéressants renseignements sur leur origine, leurs statuts, leur organisation, leur fonctionnement et les résultats qu'elles ont obtenus. Nous voudrions pouvoir les reproduire *in extenso*, tant ils sont pleins d'idées pratiques et d'aperçus intéressants sur les résultats déjà obtenus et sur l'avenir de l'institution, mais nous devons nous borner à analyser les principaux documents pour ne pas dépasser les limites assignées à ce travail, en nous contentant de reproduire aux annexes les statuts des divers types de Sociétés.

II. — 1° La première institution de Crédit agricole que nous trouvons sur notre liste est la *Société de Crédit agricole mutuel de Poligny* (Jura). C'est la plus ancienne, elle date de 1885 et a été la grande initiatrice des institutions de ce genre en France. Elle a été fondée par le Syndicat agricole de l'arrondissement de Poligny, sur l'initiative d'un homme, M. Bouvet, auquel nous devons rendre ici un public hommage.

Elle a été organisée d'après les dispositions de la loi de 1867, et modifiée plus tard dans le sens de la loi de novembre 1894. Nous donnons le texte de ses statuts tels qu'ils existent actuellement (annexe n° 5).

Pour faire partie de la Société, il faut d'abord être membre du Syndicat agricole de l'arrondissement ; en second lieu, il faut souscrire à une part du capital de garantie de 50 francs, sur laquelle il n'a été demandé qu'un versement du 1/10°, soit seulement 5 francs par part.

Pour se procurer les fonds nécessaires, la Société a émis 40 actions de 500 francs, réservées aux membres fondateurs. La moitié de cette somme a été versée par ses 19 membres fondateurs. La Société a reçu ensuite 5000 francs à titre de dépôt, et 2000 francs de versements des sociétaires. C'est ainsi, avec un capital initial de 17000 francs que la Société a commencé ses opérations.

La responsabilité des fondateurs et des sociétaires est limitée au montant de leurs actions et des parts souscrites par eux. L'intérêt payé aux déposants et aux fondateurs ne peut dépasser 5 pour 100. La Société est administrée avec la plus grande économie ; toutes les fonctions sont gratuites, et pour les frais de bureau, la dépense ne dépasse pas quelques centaines de francs par an.

Les prêts consentis à un même syndiqué ne peuvent dépasser 600 francs, le prix d'une paire de bœufs ; ils ont exclusivement pour objet l'achat de bétail, d'engrais, de semences, d'outils et d'instruments agricoles. — Le chiffre maximum du prêt consenti à la même personne s'explique par ce fait que le département du Jura est un pays de petites cultures et que la Société vise surtout à venir en aide aux agriculteurs qui n'ont que leurs bras ou à peu près, pour toutes ressources.

Les prêts sont faits sur billets à 6 mois et renouvelables pour 6 autres mois avec la signature d'une caution : ces billets sont réescomptés à la Banque de France, avec la signature du directeur de la Société.

Le taux de l'intérêt des prêts suit les fluctuations du taux de l'escompte de la Banque de France ; il est généralement de 1 pour 100 au-dessus de ce taux ; il a été en moyenne de 4 pour 100, c'est-à-dire moitié de l'intérêt que le cultivateur était habituellement obligé de payer à ses prêteurs, ce qui constitue un avantage considérable.

Les prêts ne sont consentis qu'en faveur de cultivateurs méritant toute confiance. Si cela est jugé nécessaire, une enquête est directement faite par un ou plusieurs syndiqués sur la moralité, les aptitudes et la capacité du demandeur.

La première année, la Société n'a eu de prêts à faire qu'à 10 sociétaires ; la somme avancée a été de 5 420 francs ; c'était un bien modeste début. Mais la confiance est venue, les hésitations et les craintes ont disparu, les appréhensions d'amour-propre se sont évanouies peu à peu, de telle sorte qu'en 1899 pour un capital souscrit de 58 000 francs, les prêts se sont élevés à la somme de 475 534 fr. 30, les dépôts à 173 473 francs et les négociations à la Banque de France ont atteint 406 971 francs ; les frais généraux ont été seulement de 2 171 fr. 25. Le total des prêts effectués depuis la fondation de la Société dépasse 3 millions de francs (3 082 264 fr.) et les comptes rendus de la Société ne signalent ni pertes, ni défaillance aux échéances pour l'acquit de leurs dettes de la part des emprunteurs !

Ajoutons que le Crédit mutuel de Poligny a provoqué autour de lui la création de

19 Caisses rurales dans le département du Jura et moitié autant de Caisses semblables dans la Haute-Saône ; il sert à celles-ci de Caisse centrale et leur a avancé sur ses réserves, pour aider à leur fonctionnement, une somme de 66 000 francs.

En présence de tels résultats et des éminents services rendus à la cause du crédit mutuel agricole et, quoique la Société de Poligny se trouve dans une situation particulière et ait une origine antérieure à la loi de 1894, la Commission a jugé qu'elle devait lui accorder la première de ses récompenses consistant en une *médaille de vermeil* et une prime de 1000 francs.

2° Le *Crédit agricole des Syndicats de l'Hérault*, à Montpellier, créé en 1895, est dû à l'initiative de l'active et intelligente Société d'encouragement à l'agriculture du département de l'Hérault.

Il a été organisé d'après les dispositions de la loi du 5 novembre 1894. (V. annexe n° 2, page 517.) La nouvelle institution avait une grande tâche à remplir ; elle avait à venir en aide aux petits viticulteurs ruinés par l'invasion phylloxérique ; elle l'a largement remplie dès ses débuts.

Le capital social a été constitué par des parts de sociétaires de 100 francs, dont le quart seulement a été versé. Les sociétaires ne sont responsables que du montant des parts souscrites par eux.

La caisse reçoit des dépôts des syndiqués, dont le montant individuel ne peut dépasser 2000 francs, et le montant total des dépôts ne peut être supérieur au double du capital souscrit.

A l'origine, 200 parts de 100 francs ont été prises par 48 sociétaires fondateurs ; actuellement le nombre des parts souscrites est de 217, représentant un capital de 21 700 francs sur lequel il a été versé seulement 5700 francs.

Le taux d'intérêt des parts et des dépôts est fixé à 3 pour 100 au maximum. Celui des prêts varie suivant les taux de l'escompte de la Banque de France ; il a été en moyenne de 4 pour 100, il n'a jamais dépassé 6 pour 100, il est de 1 pour 100 supérieur à celui de l'escompte de la Banque de France.

Le billet remis par l'emprunteur est payable à 90 jours et renouvelable trois fois. Il est réescompté à la Société Générale à 5 pour 100 ou 3 1/2 sans autres frais. Il reste à la Société 1 pour 100 pour servir l'intérêt au capital, payer les frais de bureau, imprimés et employés. Pendant les trois premières années la Société n'a pas eu d'employés à payer, de sorte qu'elle a pu porter à la réserve la presque totalité des profits. Elle est organisée pour que dans le cas où un employé serait à payer, l'écart de 1 pour 100 entre l'intérêt reçu des emprunteurs et le taux de l'escompte soit toujours suffisant pour couvrir tous les frais et même les risques à courir, s'il y en avait.

La Société Générale lui sert de caissier, conserve le papier du Crédit mutuel en portefeuille, paie et reçoit les fonds, et surveille elle-même les échéances.

Avec son modeste capital de 21 700 francs, voici les résultats que le Crédit agricole des Syndicats de l'Hérault a obtenus :

	NOMBRE DE PRÊTS	MONTANT DES PRÊTS
1er exercice (6 mois)	199	70,579 fr. 70
2e — 1896.	870	405,981 fr. 27
5e — 1897.	998	757,056 fr. 91
4e — 1898.	1,170	1,036,528 fr. 95
5e — 1899.	728	793,525 fr. 00
Total.		5,043,531 fr. 85

En déduisant les renouvellements, le total des prêts réels atteint encore 2 millions. Les chiffres de 1899 sont en diminution apparente sur l'année précédente parce qu'on a déduit pour cette année du montant des prêts tous les renouvellements.

Les bénéfices nets, pour le dernier exercice, ont été de 2749 fr. 32, déduction faite des frais généraux et du traitement d'un comptable que la multiplicité des opérations a obligé de prendre.

Le montant total de la réserve provenant des profits annuels accumulés était au 31 décembre 1899, de 8720 francs.

Encore ici, on ne signale aucune perte ni défaillance aux échéances, du fait des emprunteurs.

La Société a enfin organisé 4 caisses communales; 3 autres dues à son concours sont en formation, et elle s'occupe de compléter son œuvre en créant une Caisse régionale de crédit agricole mutuel dans le département.

Ce sont là des résultats qui font honneur à la Société de l'Hérault, mais qui sont certainement dûs pour une large part à l'administrateur aussi éclairé qu'actif, M. Astier, qui dirige la Société dont il a été d'ailleurs le principal promoteur. Nous ne saurions oublier les hommes qui, avec un admirable désintéressement et un véritable génie des affaires, concourent au succès de l'institution.

La Commission a attribué au Crédit agricole mutuel des syndicats de l'Hérault le 2e prix consistant en une *médaille de vermeil* et une somme de 800 francs.

3° Le 5e prix, une *médaille de vermeil* et 600 francs, a été décerné à la *Société de Crédit agricole mutuel de Remiremont* (Vosges).

Elle a été créée comme la précédente en 1895 et d'après les dispositions de la loi de 1894; nous la devons à notre éminent président, M. Méline qui a voulu dans son département joindre l'exemple au précepte. Nous en reproduisons les statuts (annexe, page 527), car ils peuvent servir d'exemple aux Sociétés à créer dans les pays de petite culture.

Le nombre des sociétaires au début de l'entreprise a été de 218, avec un capital souscrit de 17 000 francs divisé en parts de 20 francs; ce nombre s'est élevé pendant les deux années suivantes à 329 et le capital souscrit a été porté à 22 520 francs. L'intérêt payé aux sociétaires pour leur part est fixé à 2,50 pour 100 ; celui des prêts est de 3,50 pour 100, plus 0,50 pour commission; celui qui est payé aux dépôts de fonds est de 3 pour 100.

Avec son modeste capital, la Société a fait la première année de son fonctionnement (1895) les opérations ci-après :

59 prêts pour une somme de.	8,700 fr.
Comptes courants ouverts	2,566 fr. 55
Un dépôt de fonds.	2,200 fr.
6 valeurs avalisées	6,500 fr.
31 valeurs escomptées.	2,565 fr.
Total	22,530 fr. 35

Pendant son dernier exercice en 1899, ses opérations ont été les suivantes :

264 prêts pour.	55,110 fr. 60
21 comptes courants.	51,915 fr.
17 dépôts	10,900 fr.
42 valeurs avalisées.	40,900 fr.
516 valeurs escomptées	46,809 fr. 10
Total	205,634 fr. 70

Le total des opérations durant les cinq années écoulées depuis la fondation de la Société, a atteint le chiffre de 558 695 fr. 94.

Et encore ici la Société n'a constaté ni perte ni défaillance de la part des emprunteurs aux échéances fixées pour les remboursements. Elle a fonctionné sous l'égide de notre président; son remarquable succès ne doit pas nous surprendre.

4° La *Caisse agricole de l'arrondissement d'Oran* mérite une mention particulière, quoiqu'elle soit d'origine récente puisqu'elle ne date que du 16 janvier 1898. Elle est, en effet, la première qui ait été créée en Algérie. Ses statuts ont été établis d'après les dispositions de la loi du 5 novembre 1894.

Elle n'eut que 15 membres à son début; c'était peu, mais ses organisateurs avaient foi dans l'avenir de l'institution et dans les services qu'elle pouvait rendre en Algérie où, comme dans toutes les colonies, c'est le capital qui manque le plus : ils ont eu raison, car dès l'année suivante le nombre des sociétaires s'élevait à 172.

Le capital social de la Caisse agricole, constitué au moyen de parts de 20 francs, souscrites par les adhérents, est de 4 040 francs.

Avec ce capital de garantie comme base, la Caisse a prêté 29 995 francs la première année en 1898, et 119 510 en 1899. Soit en tout 149 505 francs. Le total des frais généraux a été seulement de 2181 fr. 60. Il n'y pas eu un seul protêt; les remboursements ont été effectués aux dates des échéances.

Les prêts individuels ne doivent pas dépasser 3000 francs. Ils sont faits pour une durée de trois mois à un an, et ne peuvent être affectés qu'à des achats d'engrais, de semences, de soufre, de sulfate de cuivre pour combattre les maladies cryptogamiques. Le taux de l'intérêt est de 1 à 1, 50 pour 100 supérieur au taux d'escompte de la Banque d'Algérie. Il n'a guère dépassé en moyenne 6 pour 100, alors que les colons cultivateurs paient 8, 10, 12 et même 20 pour 100 pour les fonds fournis par d'autres sources. La Caisse reçoit des dépôts de fonds et paie un intérêt de 5 1/2 pour 100 pour l'argent déposé pour un an, et 4 pour 100 quand les fonds sont déposés pour deux ans. C'est le même intérêt qui est payé pour les parts du capital social.

La confiance gagne de jour en jour du terrain ; les grandes institutions de crédit, la Banque d'Algérie et le Crédit Lyonnais, reçoivent son papier, et sont même disposés à abaisser en sa faveur le taux de l'escompte, de sorte que la Caisse agricole pourra, dans un avenir prochain, réduire à 5 pour 100 et peut-être à 4 pour 100 le taux d'intérêt de ses prêts.

Ses affaires sont si prospères qu'elle a déjà créé 3 caisses locales et s'occupe d'en constituer 15 autres. Enfin elle a pris l'initiative de l'organisation d'une Caisse régionale à Oran dont elle a produit les statuts qui sont établis d'après les dispositions de la loi du 31 mars 1899. Enfin elle publie un journal mensuel pour la propagation de l'idée mutualiste.

Ce sont là des services et des résultats qui ont paru à la Commission dignes d'être récompensés, et elle a décerné à la Caisse agricole de l'arrondissement d'Oran une *médaille d'argent* et 400 francs.

5° La *Société de Crédit mutuel agricole de Chartres* (Eure-et-Loir) a été fondée le 21 mars 1896, et comme les deux précédentes sous le régime de la loi du 5 novembre 1894. Elle a été créée par le Syndicat agricole de l'arrondissement qui comptait alors 2635 membres. Comme toujours, les débuts n'ont pas été faciles : le Syndicat agricole était prospère, mais comme le dit le président de l'association dans son rapport, le cultivateur beauceron est comme celui de tous les pays, méfiant, et ne se lance dans une affaire, si petite qu'elle soit, surtout quand il faut au préalable délier les cordons de sa bourse, que lorsque d'autres l'ont précédé, qu'il constate que l'affaire marche, qu'il n'y a plus d'aléas; qu'il n'y a que des bénéfices à recueillir et que ses intérêts ne seront pas compromis.

Le capital social de fondation avait été fixé par l'article 5 des statuts à la somme de 35 000 francs divisée en parts de 20 francs rapportant un intérêt de 2,50 pour 100.

La moitié du capital des parts était à payer au moment de la souscription et l'autre moitié dans un délai de six mois. Malgré la modicité de la somme et les démarches les plus pressantes, 385 parts seulement avaient été demandées, par 79 adhérents, et sur ce nombre 250 parts, soit les cinq huitièmes, avaient été souscrites par les membres mêmes du bureau du Syndicat, de sorte que le reste, soit 135 parts, avait été pris par un petit nombre d'associés; en regard du nombre des membres du Syndicat agricole, 2 635, c'était un véritable échec.

De nouveaux et patients efforts furent faits et au 21 mars 1896, jour fixé pour la constitution définitive de la Société, 785 parts se trouvaient souscrites par 407 adhérents qui versèrent 8800 francs.

Le Syndicat agricole de Chartres souscrivit de son côté 20 000 francs représentés par 1000 parts, de sorte que la Société put débuter avec un capital de 28 000 francs.

A la fin de décembre, avec les seconds versements des parts, le capital atteignit la somme de 56 250 francs qui fut employée en achat de 1035 francs de rente 3 pour 100 sur l'État. La Société Générale consentit à ouvrir à la Société un crédit de 65 000 francs moyennant le dépôt dans ses Caisses de son titre de rente 3 pour 100.

La Société générale devait fournir des fonds au fur et à mesure des besoins au taux de la Banque de France et apposer sur des billets que la Société lui remettrait la 3ᵉ signature réglementaire pour que ces effets fussent admis à l'escompte.

Ce crédit fut ensuite porté à 100 000 francs, l'établissement témoignant ainsi, après expérience, de sa confiance toujours croissante dans le crédit de la Société de Chartres.

Chaque année, le fonds social a augmenté par suite de la souscription de nouvelles parts : il était de 38 100 francs fin décembre 1897; de 40 440 francs fin décembre 1898; de 45 010 francs fin décembre 1899.

Le tout se trouve placé en rentes 3 pour 100. Les opérations de la Société ont pris un rapide essor, les premières difficultés passées.

Pendant la première année, il a été fait 24 prêts espèces montant à 20 850 francs et 45 prêts marchandises d'une valeur de 27 000 fr. 55. Soit en tout 74 850 fr. 55.

En 1897, le montant des prêts s'est élevé à 152 785 fr. 26 dont 68 392 prêts espèces; en 1898 il a été de 261 376 francs; et en 1899 il s'est élevé à 287 495 fr. 45 au profit de 386 sociétaires.

Du 11 juillet 1896 au 31 décembre 1899 la Société de Chartres a pu venir en aide à 1120 agriculteurs sociétaires et leur prêter 776 708 fr. 21. En comptant les renouvellements, le million a été atteint.

Quelle que soit la situation de fortune du demandeur, s'il est reconnu pour un homme honnête, rangé et travailleur, et si la somme qu'il demande n'est pas disproportionnée avec l'étendue de sa culture, il est toujours fait droit à sa demande; s'il ne remplit pas ces conditions, il doit donner caution et la caution n'est elle-même agréée que si elle est fournie par la signature d'un homme d'une solvabilité de tout repos.

Les emprunts sont faits généralement pour trois, six ou neuf mois, rarement pour un an; la grande moyenne est de trois mois. — Si l'emprunt est pour six mois, on fait signer à l'intéressé deux effets chacun de trois mois : le premier est escompté immédiatement et le deuxième est conservé au siège du Crédit mutuel; au bout de trois mois, le second effet sert à acquitter le premier, et c'est sa valeur que l'emprunteur verse à l'expiration du délai qui lui a été consenti. Si l'emprunt est fait pour neuf mois, on opère de même en acquittant le second effet avec le deuxième. On évite ainsi à l'emprunteur, tous les trois mois, des déplacements parfois difficiles et toujours coûteux.

Les opérations de la Société se divisent en deux parties distinctes :

1° Les *Prêts espèces* qui comprennent les achats de bestiaux, d'instruments et toutes opérations faites au comptant;

2° Les *Prêts marchandises* qui s'appliquent surtout au paiement des engrais, semences, et autres substances fournies et livrées par les adjudicataires du Syndicat agricole.

Dans ce dernier cas, l'emprunteur ne touche pas la valeur de son emprunt; il signe deux effets l'un à trois mois et l'autre à deux mois remplaçant le premier et représentant la valeur de son achat augmenté des intérêts pendant cinq mois; le fournisseur fait présenter au bout de trente jours acceptés comme valeur au comptant à la Banque du crédit, la traite représentant le montant de son achat, diminué de l'escompte du comptant et au bout de six mois l'intéressé s'acquitte à la Banque et bénéficie, sans changer ses habitudes de paiement à six mois, de la différence entre l'escompte fait par le fournisseur pour paiement au comptant et l'intérêt demandé par la Société de crédit pour l'avance de ses fonds pendant cinq mois, soit 2 à 3 pour 100.

L'intérêt des prêts varie suivant les fluctuations du taux de l'escompte de la Banque de France; il a varié, de 1897 à 1899, de 3 à 6 pour 100; pour les prêts marchandises, il a oscillé entre 3 et 4 pour 100.

L'établissement des caisses régionales aura pour effet d'éviter ces variations.

Toutes les opérations se sont faites dans cette Société avec la plus grande régularité et les rentrées aux échéances convenues prouvent que si tous les emprunteurs ne sont pas riches, tous sont sérieux et honnêtes.

Grâce à cette excellente organisation, à la vigilance et au dévouement tout désintéressé de ses administrateurs, la prospérité de la Société s'accentue de jour en jour, et son avenir est certain.

À raison des remarquables résultats auxquels elle est déjà arrivée, la Commission lui a attribué une *médaille d'argent* et une somme de 300 francs.

6° La *Société de Crédit mutuel agricole du canton de Pouilly-en-Auxois (Côte-d'Or)* a été aussi créée en 1896, d'après les dispositions de la loi de 1894.

Peuvent seuls être sociétaires, les membres du Syndicat agricole et viticole du canton de Pouilly.

Le capital social a été fixé à 23 800 francs représentés par 20 parts de 1000 francs sur lesquelles il a été versé le quart, et par 58 coupures de parts de 100 francs sur lesquelles le quart a été encaissé.

Les sociétaires sont responsables jusqu'à concurrence du triple des parts souscrites par eux.

Le capital social est converti en rentes françaises ou en obligations de la ville de Paris ou des compagnies de chemins de fer de France ou des Colonies. — Les titres réalisés sont déposés à la Banque de France en garantie des comptes que la Société peut se faire ouvrir.

Le montant des prêts ne peut dépasser le triple du montant des parts souscrites.

Les prêts doivent toujours avoir pour objet un emploi agricole, achat de bestiaux, d'engrais, de semences, d'instruments ou machines agricoles. Ils sont consentis pour une durée de trois mois, mais cette durée peut être doublée ou triplée.

Ils sont faits sur billets à quatre-vingt dix jours signés de l'emprunteur, d'une caution bonne et solvable et de la Société.

Le taux de l'intérêt de chaque prêt est celui consenti à la Société par la Banque de France majoré de 1 1/2 pour 100, au profit de la caisse de la Société pour couvrir les frais de comptabilité et les risques. L'emprunteur paie, en outre, pour couvrir les dépenses de correspondance, 0 fr. 15 pour 100 pour chaque prêt et 0 fr. 05 pour 100 pour chaque renouvellement.

Les fonctions d'administrateur sont gratuites, le secrétaire seul reçoit un traitement.

L'intérêt du capital social est celui des titres de rente ou obligations qui le représentent. Le boni de chaque exercice est versé à un fonds de réserve.

Nous donnons ci-dessous le tableau résumé des opérations effectuées par la Société depuis son origine.

	MONTANT DES PRÊTS	RENOUVELLEMENTS	TOTAUX
1896.	41,500 fr.	38,700 fr.	80,200 fr.
1897.	84,100	89,200	173,500
1898.	107,500	136,400	243,700
1899.	126,850	167,250	294.100
Totaux.	359,750 fr.	431,550 fr.	791,500 fr.

Le total des frais a été de 1253 fr. 85, et le boni des opérations constituant un fonds de réserve s'est élevé à ce jour à 2 085 fr. 74.

Quand on pense qu'il s'agit d'une Société de crédit opérant dans un seul canton et dont le capital versé est seulement de 11 825 francs, on ne peut qu'être frappé du magnifique résultat obtenu par cette petite association.

La Commission lui a décerné une *médaille d'argent* et une prime de 250 francs.

7° *La Société de Crédit mutuel agricole de la Haute-Marne*, à Chaumont, est née du remarquable développement du Syndicat central agricole et viticole de la Haute-Marne :

Ce Syndicat, organisé en 1888 par 120 cultivateurs avait pris un rapide essor sous l'action des professeurs départementaux et des agriculteurs distingués que compte ce département. De 120 le nombre des syndiqués s'était élevé à 734 en 1898. — Le chiffre de ses affaires, qui n'était en 1888 que de 5 000 francs pour l'achat de 24 300 kilogrammes d'engrais, avait décuplé et atteint en 1898 la somme de 200 000 francs dont 160 600 francs pour acquisition d'engrais, 29 000 francs pour semences et 10 400 francs pour tourteaux et autres denrées alimentaires du bétail, représentant un tonnage total de 5 119 000 kilogrammes. Le montant des opérations pendant les dix premières années de son existence s'était élevé à 1 238 000 francs. Les longs délais réclamés par la plupart des cultivateurs pour le paiement des fournitures qui leur étaient faites, obligeaient le Syndicat à faire des avances importantes qui absorbaient ses réserves, et même à contracter des emprunts onéreux aux banques locales. Le Syndicat reconnut qu'il y avait un nouveau pas à faire pour venir en aide aux cultivateurs en vue de réduire leurs frais : s'inspirant des dispositions de la loi du 5 novembre 1894, quelques-uns de ses membres conçurent le projet de créer une Société de crédit agricole mutuel pour le département, fonctionnant à côté du Syndicat agricole et viticole et dont les sociétaires seraient recrutés uniquement parmi ses membres, ainsi que le veut la loi de 1894.

Un projet de statuts fut élaboré et approuvé en assemblée générale par le Syndicat; dès le 1er janvier 1898, la nouvelle institution entra en fonctionnement.

Le capital social a été fixé au chiffre de 33 000 francs divisés en parts de 50 francs qui pour les membres fondateurs ont été libérées de 15 francs, versés à titre de gratification par le Syndicat agricole; 20 francs seulement ont été versés par les intéressés. Le fonds social peut être augmenté soit par l'adjonction de nouveaux membres, soit par de nouvelles souscriptions de membres fondateurs.

Les sommes versées produisent un intérêt de 3 pour 100 l'an.

682 parts de 50 francs ont été souscrites dès la première année par 226 membres du Syndicat et ont constitué un capital social de 34 100 francs.

Pendant la deuxième année, le nombre des adhérents s'est élevé à 270 et le nombre des parts souscrites est passé de 682 à 892. En même temps la Caisse d'épargne, désireuse de participer à l'œuvre et de lui montrer sa confiance, faisait à celle-ci une part de 3 000 francs sur ses fonds particuliers; le capital de garantie était élevé de la sorte à 44 600 francs en augmentation de 10 500 francs sur l'année précédente (1898).

Le montant des prêts sur billets qui avait été en 1898 de 27 850 fr. 80 est passé en 1899 à 45 284 fr. 80, ce qui représente en moins de deux ans un accroissement de 62 pour 100. Le nombre des warrants négociés a triplé : il était de 3 en 1898; il a été de 9 en 1899.

Le chiffre des opérations de la Société a été, pendant l'exercice 1898, de 228 932 fr. 75; en 1899, de 365 084 fr. 35. C'est une augmentation de 136 151 fr. 60 ou près de 60 pour 100; le taux de l'intérêt a été de 4 pour 100.

Les frais d'enregistrement des statuts et du procès-verbal ont été de 99 francs. Les appointements du comptable, à raison de 25 francs par mois, ont donné lieu à une dépense de 575 francs pour les deux exercices.

La Société a pu réaliser pendant ces deux ans un bénéfice de 2 700 francs.

L'institution de cette Société et les résultats de son début font honneur aux hommes qui ont pris l'initiative de sa création, et particulièrement à M. Ravier-Fabry, son habile et dévoué administrateur-directeur.

Une *médaille d'argent* et une somme de 200 francs ont été accordées à la Société de Crédit mutuel agricole de la Haute-Marne.

8° La *Caisse de crédit pour les membres du Syndicat agricole de l'arrondissement d'Arras* (Pas-de-Calais), malgré la faible durée de son fonctionnement (à peine 2 ans), a été jugée digne de recevoir le 8e prix consistant en une *médaille d'argent* et une prime de 150 francs.

La Société a été créée en nom collectif et à capital variable, sous le régime de la loi du 24 juillet 1867; ses statuts ont été approuvés le 7 août 1897. Elle repose sur la solidarité complète de tous ses membres en garantie des opérations de la Caisse et sur la non-participation de ses membres à la constitution d'un capital social au moyen de parts. La préférence a été donnée à la loi de 1867 pour la constitution de la Société, parce que ses fondateurs pensaient que les formalités étaient moins coûteuses et moins compliquées que celles qu'entraîne la loi du 5 novembre 1894. En quoi ils se sont trompés, car les frais de timbre, d'enregistrement, d'insertion dans les journaux, de dépôt au greffe du tribunal de commerce, etc., s'élevèrent à 104 fr. 90, tandis que les mêmes frais avec la loi de 1894 ne dépassent pas 7 à 8 francs, et les formalités sont, de plus, beaucoup plus simples. C'est ce que constata la Caisse d'Arras quand plus tard, en avril 1898, elle modifia ses statuts de manière à se placer sous le régime de la loi du 5 novembre 1894.

D'après l'article 2 des statuts, peuvent seules faire partie de la Société les personnes majeures jouissant de leurs droits civils et faisant partie du Syndicat agricole de l'arrondissement d'Arras.

L'article 5 pose le principe de la solidarité de tous les associés ; l'associé qui cesse de faire partie de la Société reste tenu pour sa part pendant cinq ans, envers les associés et envers les tiers, de toutes les obligations existant au moment de sa retraite (art. 52 de la loi du 24 juillet 1867).

La Société escompte ses billets à la Banque de France avec laquelle elle a un compte ouvert. Les effets de la Caisse de crédit sont revêtus de la signature de l'emprunteur et de celle de sa caution, et à l'endos, de celle du Directeur de la Société de crédit agricole ou d'un membre de son conseil d'administration.

La Société a fait payer à ses emprunteurs 4 pour 100 d'intérêts, quand l'escompte de la Banque de France était de 2 pour 100. La différence de 2 pour 100 avait été reconnue indispensable pour constituer une caisse de réserve et faire disparaître rapidement les inquiétudes du début, relativement aux responsabilités encourues par les sociétaires. Mais depuis, le taux de l'escompte de la Banque s'étant modifié, elle a abaissé le taux et n'a plus demandé pour ses prêts en général que 1 pour 100 au-dessus du taux de l'escompte de la Banque.

L'organisation et le fonctionnement de la Caisse se trouvent à peu près complètement détaillés dans l'article 14 des statuts qui est ainsi conçu :

« *a*. Les membres des conseils exercent leurs fonctions gratuitement et ne peuvent réclamer que le remboursement des dépenses faites par eux pour le compte de la Société.

« *b*. Les associés ne possèdent pas d'actions, ne font aucun versement, et ne reçoivent pas de dividende. Le capital social se compose exclusivement de la réserve constituée par l'accumulation de tous les bénéfices réalisés par la Caisse sur ses opérations. Les fonds de cette réserve pourront être employés par le Conseil d'administration, avec l'approbation du Conseil de surveillance, en achat de titres de rente sur l'État français ou bons émis par le Trésor public.

« *c*. Les associés n'ont aucun droit sur cette réserve qui ne peut jamais être répartie entre eux, même en cas de dissolution de la Société. Quand la réserve atteint un capital suffisant pour tous les besoins de la Caisse, le surplus est affecté, par décision de l'Assemblée générale, à une diminution d'intérêt sur les sommes à confier aux emprunteurs et, à défaut, à une œuvre d'utilité publique.

« *d*. La Société se procure les capitaux nécessaires à son fonctionnement, au moyen de dépôts ou d'effets négociables. Elle peut aussi faire réescompter les valeurs bancables qu'elle posséderait dans son portefeuille.

« *e*. Les prêteurs seront remboursés dans les trois mois à leur volonté ou celle du Conseil d'administration.

« Toutefois, en raison de la durée des prêts aux Sociétaires, durée qui peut atteindre un an, si, par exception, les demandes de remboursement par les prêteurs excédaient les fonds libres de la Caisse, la Société se réserve la faculté de se libérer dans l'ordre des réclamations, au fur et à mesure des rentrées, et dans le courant des douze mois qui suivront celui dans lequel la demande de remboursement sera formulée.

« *f*. La Société prête des capitaux à ses membres, à l'exclusion de tous autres, mais seulement en vue d'un usage déterminé et jugé utile par le Conseil d'administration, tenu de surveiller l'emploi des prêts faits aux sociétaires.

« *g*. Tout emprunteur qui affecterait les fonds empruntés à un usage autre que celui en vue duquel le prêt a été consenti, est déchu du bénéfice du terme, obligé de rembourser immédiatement la somme à la Caisse et exclu de la Société.

« *h*. La Société se fait souscrire, en échange du prêt, soit un billet à ordre, soit une obligation civile, soit une obligation hypothécaire.

« *i*. Les prêts faits par la Caisse seront consentis pour une durée de trois mois au moins et de un an au plus, et renouvelables à la volonté du Conseil de surveillance, après avis du Conseil d'administration. Le taux de l'intérêt pourra varier, en plus ou en moins, tous les trois mois suivant les cours en banque.

« L'emprunteur conservera la liberté de se libérer par anticipation en prévenant dix jours à l'avance.

« *j*. Quelle que soit la solvabilité de l'emprunteur, aucun prêt ne peut être consenti sans bonnes garanties : caution, gage ou hypothèque.

« *k*. Toutes les affaires traitées avec la Caisse seront de la compétence exclusive du Tribunal de Commerce d'Arras. »

Pour se placer sous le régime de la loi du 5 novembre 1894, la Société a introduit le 9 avril 1898, en tête de cet article, la disposition ci-après comme premier paragraphe :

« La Société est régie par les dispositions des articles 2, 3 et 4 de la loi du 5 novembre 1894 dans les conditions suivantes », c'est-à-dire dans les conditions que nous venons de reproduire ci-dessus.

Voici le relevé des opérations effectuées par la Caisse depuis sa création :

1. *Exercice 1898.* — 32 prêts pour une somme de 47 146 fr. 15 ; 4 de ces prêts ont été consentis à douze mois pour 5297 fr. 75 ; 7, à neuf mois, pour 9 200 francs ; 11, à six mois, pour 18 682 francs ; 10, à trois mois, pour 15 966 fr. 40.

Les opérations de ces 32 prêts ont donné lieu à la création de 65 billets à ordre pour une somme de 94 172 fr. 25, escomptés au fur et à mesure des échéances trimestrielles.

20 prêts ont été remboursés à l'échéance, 4 ont été renouvelés et 8 ont été remboursables du 1er janvier au 30 septembre 1899.

Les frais d'installation ont été de 224 francs ; les frais de bureau et d'allocation au comptable de 176 fr. 95 ; le bénéfice net de cet exercice ressort à 43 fr. 85.

II. *Exercice 1899.* — 53 prêts nouveaux ont été consentis pour la somme de 78 729 francs. Ces 53 prêts nouveaux ont donné lieu à la création de 126 billets à ordre escomptés au fur et à mesure des échéances, et le mouvement des opérations de banque a atteint dans cette même année le chiffre de 186 296 fr. 45.

L'inventaire au 31 décembre 1899 a donné les résultats suivants :

Actif.

Prêts en cours.	24,381 fr. 70
Intérêts sur comptes courants à la Banque de France . .	406 fr. 70
Total	24,788 fr. 40

Passif.

Emprunts en cours à la Banque de France.	24,381 fr. 85
Emprunt à la Caisse du syndicat agricole	215 fr.
	24,596 fr. 85
D'où une différence en faveur de l'actif.	191 fr. 55
Ces 191 fr. 55 représentent le reliquat de l'exercice 1898, ci	43 fr. 85
Et le bénéfice de l'exercice 1899	147 fr. 70
	191 fr. 55

Pendant l'exercice 1899, le taux des prêts a été maintenu à 1 pour 100 au-dessus du taux d'escompte de la Banque.

Compte des bénéfices de l'exercice 1899 :

ENTRÉE.

Reliquat de 1898	43 fr. 85
Intérêts perçus à 4 pour 100, etc., remboursement d'effets.	1,952 fr.
Total.	1,975 fr. 85

SORTIE.

Intérêts payés à la Banque de France.	1,428 fr. 20
Achat de billets, timbres, frais de correspondances, imprimés, etc.	161 fr. 10
Indemnité au comptable.	200 fr.
Bénéfice de l'exercice.	191 fr. 55
Total.	1,975 fr. 85

9° La *Caisse de crédit agricole de l'arrondissement de Saint-Pol* a été créée sur les mêmes bases et d'après les mêmes principes que la Caisse d'Arras et a subi la même transformation ; mais étant de création plus récente et n'ayant pu donner les résultats que d'une année de fonctionnement, elle n'a pu recevoir de récompense, le programme du concours exigeant les comptes de deux exercices au moins.

10° La *Caisse de crédit pour les membres du Syndicat agricole du Calaisis* (Pas-de-Calais) est plus ancienne ; elle a été fondée sous le régime du droit commun établi par le Code civil, le Code de commerce et la loi du 24 juillet 1867. Elle n'a pas toutefois modifié, comme les deux précédentes sociétés, ses statuts pour les mettre d'accord avec les dispositions de la loi du 5 novembre 1894.

Tous les membres de l'association sont solidairement responsables des opérations de la Société. Ils ne contribuent pas à la constitution d'un capital social en souscrivant à une ou plusieurs parts.

Le capital social se compose exclusivement de la réserve constituée par l'accumulation des bénéfices. La Société se procure les capitaux nécessaires à son fonctionnement au moyen de dépôts ou d'effets négociables. — Le taux de l'intérêt des prêts est réglé trimestriellement d'après le taux d'escompte de la Banque de France ; il a varié de 4 1/2 à 3 1/2.

L'emprunteur a la liberté de se libérer par anticipation ; mais quelle que soit la solvabilité de celui-ci, aucun prêt ne lui est consenti sans bonnes garanties (caution, gage, hypothèque, dépôt de titres, etc.), admises par le conseil d'administration.

Depuis 1895, voici quelles ont été ses opérations :

	NOMBRE DES PRÊTS	IMPORTANCE
1895.	23	11,177 fr. 20
1896.	46	27,187 fr. 85
1897.	65	43,266 fr. 10
1898.	147	64,711 fr. 70
	281	146,342 fr. 85

Le boni total réalisé au 31 décembre 1898 était de 1597 fr. 95. Le total des intérêts des capitaux prêtés (146 342 fr. 85) a été de 4026 fr. 40. Les intérêts payés par la Caisse pour les capitaux empruntés par elle a été de 2519 fr. 50, et le total des frais divers n'a été pour ces quatre ans que de 109 fr. 15.

Quoique cette Caisse ne soit pas tout à fait dans les conditions du programme du concours, la Commission a jugé qu'elle méritait une mention particulière affirmée par une *médaille d'argent*.

11° Au moment où dans l'arrondissement de Calais se produisait le mouvement qui avait amené la création de la Caisse de crédit pour les membres du Syndicat agricole du Calaisis, à l'autre extrémité de la France, sur les bords de la Méditerranée, un mouvement analogue s'était déjà manifesté et avait eu pour centre un simple village de 700 habitants, *Castellar*, situé sur un plateau élevé, au nord de Menton (Alpes-Maritimes), et c'est un simple instituteur actif et intelligent, M. Grinda, qui en fut le promoteur avec l'appui de M. Rayneri, l'habile directeur de la Banque populaire de Menton.

Dans ce petit village tous les habitants sont propriétaires agriculteurs, adonnés principalement à la culture de l'olivier, du citronnier, de la vigne et quelque peu des céréales, et des pâturages dans la partie montagneuse ; on y emploie en moyenne chaque année pour une vingtaine de mille francs d'engrais de chiffons de laine, de tourteaux, rognures de cornes qu'on fait venir des grandes villes du Midi et même d'Italie. Comme les idées de coopération existent depuis longtemps à Castellar, particulièrement pour la trituration des olives dans des moulins à huile exploités en commun, M. Rayneri pensa qu'il serait facile de créer dans cette commune une Caisse de Crédit agricole d'après le système Raiffeisen-Vollemberg, reposant sur le principe de la solidarité de tous ses adhérents. M. Grinda, pénétré de ses idées, se mit immédiatement à l'œuvre en homme convaincu.

Il parvint à grouper autour de lui 19 cultivateurs et l'inauguration de la *Caisse agricole coopérative de Castellar* eut lieu le dimanche 5 septembre 1893.

Ce jour-là, quelques dépôts d'épargne montant à 200 francs en tout constituaient les seules ressources de la nouvelle institution ; mais la Caisse avait à côté d'elle un appui précieux dans la Banque populaire de Menton, qui lui promit de mettre à sa disposition les sommes dont elle aurait besoin, et cela au taux de 4 pour 100 net, sans commission ni aucun frais.

Les dépenses de premier établissement ont été minimes, 161 fr. 96. La Caisse n'a pas de loyer à payer, elle est établie dans une salle de la mairie mise gracieusement à sa disposition par la municipalité.

Le capital social est représenté par les fonds de réserve auxquels sont attribués les bénéfices annuels et toutes les autres rentrées éventuelles, dons, subventions, etc.

Il n'y a pas d'actions émises ; les sociétaires ne font aucun versement et ne touchent aucune répartition ; ils sont responsables, par tous leurs biens, des obligations de la Société en parts égales entre eux et solidairement vis-à-vis des tiers.

Les capitaux nécessaires au fonctionnement de la Société sont fournis : par les dépôts à échéance qu'elle est autorisée à recevoir, par des emprunts, par le réescompte de son portefeuille, par les bénéfices et toute autre ressource éventuelle.

La Société consent des prêts depuis trois mois jusqu'à deux ans, sur de bonnes garanties (cautions, nantissements). Cependant les prêts de 200 francs et au-dessous peuvent être accordés sur la seule signature des sociétaires emprunteurs quand la durée ne dépasse pas six mois.

Les prêts sont toujours représentés par des billets à ordre à trois mois, renouvelables, avec ou sans amortissement, dans les conditions déterminées par le Conseil d'administration : celui-ci n'accorde de prêts que s'il a la conviction absolue que la somme avancée pourra permettre à l'emprunteur, à la fois, de rembourser la Caisse et de réaliser un bénéfice.

La Caisse n'est ouverte qu'une fois par semaine, le dimanche, de 8 heures à 9 heures du matin.

Actuellement elle a fixé à 15 000 francs le maximum des engagements qu'elle peut prendre, à 5 pour 100 le taux des prêts, à 3 pour 100 celui des dépôts à vue, à 3 1/2 pour 100 quand les dépôts sont à un an et plus.

Le maximum de crédit individuel est de 500 francs et, exceptionnellement, de 1 000 francs.

Voici le résumé des opérations de cette petite Caisse :

Du 5 septembre 1893 au 30 juin 1894	29	prêts pour	6,150	fr.
Du 1er juillet 1894 au 30 juin 1895	48	—	9,735	
— 1895 — 1896	34	—	5,955	
— 1896 — 1897	58	—	9,560	
— 1897 — 1898	50	—	5,985	
1898 — 1899	45	—	5,410	

La réserve au 31 décembre 1899 s'élevait à 817 fr. 56.

Le mouvement général des opérations de toutes sortes (entrées, sorties, renouvellements, etc.) a atteint le chiffre de 213 161 fr. 95, pendant le dernier exercice, et grâce au zèle et au dévouement du secrétaire comptable, M. Grinda, les frais généraux n'ont été que de 174 fr. 65.

De tels résultats se passent de commentaires. Ils prouvent tout ce qu'on peut attendre de la coopération, même dans un village, avec les plus modestes ressources. La Caisse a permis aux cultivateurs de la commune de résister aux difficultés contre lesquelles ils ont eu à lutter : mauvaises récoltes, ravages des insectes, mévente de l'huile ; les mauvais moments ont pu être franchis sans trop de difficultés. Le succès de la Caisse de Castellar a amené la création de la Caisse régionale de Crédit agricole mutuel qui vient de s'ouvrir à Menton.

Déjà le Gouvernement a reconnu les services rendus par la Caisse de Castellar, en accordant la croix du Mérite Agricole à son dévoué comptable, M. Grinda ; la Commission du concours Méline ne pouvait se désintéresser des services qu'elle a rendus à l'agriculture elle lui a accordé une *médaille d'argent et une prime de 100 francs*.

12° Le *Crédit agricole de l'Ariège* date du 1er juillet 1897 : il a été fondé d'après les dispositions de la loi du 5 novembre 1894 et est une émanation du Syndicat des agriculteurs de l'Ariège ; il a pour but, comme toutes les sociétés précitées, de venir en aide aux agriculteurs membres du Syndicat en leur faisant des prêts pour achats de bestiaux, engrais, semences, instruments. Ces avances et prêts sont consentis jusqu'à concurrence de 500 francs aux cultivateurs faisant partie de la Société.

Pour être sociétaire, il faut : 1° être membre du Syndicat agricole de l'Ariège ; 2° souscrire une ou plusieurs parts de 20 francs sur lesquelles le quart seulement, soit 5 francs, a été appelé et versé. Cette part peut même être prélevée au moment du prêt.

Le capital social, lors de la fondation, était de 25 000 francs provenant d'une subvention de l'État au département sur les fonds votés pour indemniser les agriculteurs des ravages de la sécheresse. Il a été déposé sous forme de rentes sur l'État à la Banque de France pour garantir les opérations de la Société. Depuis, le capital initial s'est accru des parts souscrites et des bénéfices réalisés ; au 1ᵉʳ janvier 1899, il comprenait :

```
Capital initial. . . . . . . . . . . . . . . . . . .     23,000 fr.  »
1/4 de 192 parts souscrites. . . . . . . . . . . .          960 fr.  »
Bénéfices réalisés. . . . . . . . . . . . . . . . .       1,001 fr. 95
                                        Total. . . . .   24,961 fr. 95
```

En principe, le taux d'intérêt réclamé aux emprunteurs est de 2 pour 100 à 1,50 en sus du taux d'escompte de la Banque de France. L'intérêt payé au capital social est de 4 pour 100.

Les prêts sont faits à trois, six, neuf ou douze mois. Les effets souscrits à l'ordre de la Société sont par elle négociés à la Banque de France qui, à l'échéance, les présente au siège de la Société. L'un des points caractéristiques de l'organisation de cette association est l'amortissement par dixièmes de la somme originairement prêtée, à chaque renouvellement trimestriel.

Ce système a donné jusqu'ici d'excellents résultats : il n'arrive que très exceptionnellement que l'emprunteur ne puisse, aux renouvellements successifs, verser son dixième. L'administration proroge, quand cela est nécessaire, le versement d'un ou plusieurs dixièmes jusqu'à ce que l'emprunteur ait pu vendre ses bestiaux ou ses denrées. Les pertes de la Société ont été nulles jusqu'à ce jour. Les sociétaires ne sont responsables des engagements pris par la Société que jusqu'à concurrence des parts souscrites par eux.

Avec son capital, la Société a pu faire, du 1ᵉʳ juillet au 31 décembre 1898, des prêts pour 66 177 francs.

Pendant l'année 1899 les prêts se sont élevés à 74 357 francs, et le boni versé à la réserve était au 31 décembre 1899 de 1 672 fr. 62 ; enfin le nombre des sociétaires est passé de 192 à 238.

Ce sont là des résultats qui donnent pleine confiance dans l'avenir du Crédit agricole de l'Ariège.

Un prix consistant en une *médaille d'argent* et une somme de 100 francs lui a été décerné.

13° La *Caisse agricole d'épargne et de crédit d'Oraison* (Basses-Alpes) a été fondée en 1897.

Cette petite Société dessert une région séricicole très éprouvée. Elle a été créée par 25 sociétaires qui ont souscrit chacun une part de 120 francs, constituant ainsi un capital de 3 000 francs. La Société a un compte avec la Banque de France.

Les prêts varient de 50 à 300 francs, qui est le maximum fixé par les statuts, et sont soumis à un intérêt de 5 pour 100 soit 1 pour 100, au-dessus du taux de la Banque.

La première année (1897), 68 prêts ont été consentis aux sociétaires pour la somme de 11 480 francs.

En 1898, le nombre des prêts a été de 107 pour 19 090 francs ; en 1899, il s'est élevé à 167 pour 29 950 francs.

Une *médaille d'argent* est décernée à cette Caisse.

14° La *Caisse mutuelle d'économie et de crédit du Syndicat agricole de Belleville-sur-Saône* (Rhône) mérite une mention particulière parce qu'elle fut la première créée en application de la loi de 1894. Elle a été fondée en 1895 sur l'initiative de M. Duport, président du Comice agricole de Belleville, conformément aux dispositions de la loi du 5 novembre 1894 ; en conséquence, nul ne peut faire partie de la Société s'il n'est pas membre du Syndicat agricole de Belleville.

L'objet de la Société est nettement défini par l'article 2 des statuts : « Elle a pour unique but de faciliter les opérations du Syndicat agricole de Belleville-sur-Saône et de procurer à ses membres, pris individuellement, l'usage du crédit et de les encourager à l'épargne dans le but d'améliorer leur situation morale et matérielle. »

Le capital social était fixé à la somme de 6 000 francs, divisée en 60 parts de 100 francs chacune ; 30 parts ont été immédiatement souscrites par le Syndicat agricole de Belleville-sur-Saône.

Les parts donnent droit à un intérêt de 3 pour 100 net d'impôt des sommes versées. Les sociétaires ne sont responsables des opérations faites que jusqu'à concurrence du montant des parts qu'ils ont souscrites. La Société reçoit des dépôts d'épargne, mais les membres du Syndicat sont seuls admis à en faire. Les dépôts sont admis pour un an au moins et trois ans au plus par coupures de 100 francs et de 50 francs avec un maximum de 1000 francs au plus pour le même déposant. Le taux d'intérêt des sommes déposées est de 2 pour 100 pour un an, de 2 1/2 pour 100 pour trois ans ; il ne peut dépasser le taux de la Caisse d'épargne de Villefranche. La Société ne reçoit pas de dépôts à vue.

Les prêts ne sont accordés qu'en vue d'achats professionnels déclarés et constatés ; ils sont consentis contre simple signature, avec ou sans caution, ou contre remise de garanties. L'emprunteur signe un billet à ordre détaché d'un livre à souche et payable à échéance dans les bureaux de la Société.

La durée ordinaire du prêt est de trois mois, avec renouvellement possible.

Le montant des prêts faits à une seule et même personne sur sa simple signature ne peut en tout dépasser 500 francs ; il peut atteindre 1000 francs si l'emprunteur fournit une caution solidairement responsable avec lui pour la totalité de la somme.

Le taux de l'intérêt des prêts est généralement supérieur de 1 pour 100 à celui de la Banque de France.

Les billets souscrits sont endossables et revêtus des trois signatures exigées par la loi. Ils peuvent être, grâce à l'endos du Syndicat, escomptés par la Banque de France.

Jusqu'à présent la Société n'a pas usé de cette faculté. Elle a conservé dans sa caisse les billets souscrits jusqu'à leur échéance.

La caisse de crédit prête à 4 pour 100 l'an ; elle espère arriver à abaisser le taux de l'intérêt, quand la Caisse régionale sera créée avec les avantages que lui concède la loi de 1899.

Avec son capital minime de 2000 francs, la Caisse a fait depuis son origine les prêts ci-après :

De la fin de 1894 au 31 janvier 1895 .			1,500 fr.
Du 1er février 1895	—	1896 .	1,750
— 1896	—	1897 .	2,100
— 1897	—	1898 .	2,750
— 1898	—	1899 .	5,650
		Total général .	11,750 fr.

Pour un petit canton qui compte à peine 12 000 habitants et dont la superficie est exploitée par la petite culture et de très modestes vignerons, ce résultat, tout faible qu'il est, atteste que l'idée du crédit agricole progresse et entre peu à peu dans les mœurs agricoles ; qu'on en a dans le pays une conception saine, car il n'y a pas eu un seul billet souscrit, — et ils ont été très nombreux, — qui n'ait été intégralement remboursé à l'échéance.

La Commission a décerné à la Caisse agricole d'économie et de crédit mutuel du Syndicat de Belleville, une *médaille d'argent* et une prime de 100 francs.

15° *La Société de crédit agricole du Gard* a été fondée en 1895, conformément à la loi du 6 novembre 1894, entre les membres du Syndicat agricole du Gard, disposés à adhérer à ses statuts.

Son président, M. Fernand Bruneton, est bien connu pour son zèle et son dévouement aux intérêts agricoles; nous n'avons donc pas à faire son éloge.

D'après l'article 2 de ses statuts la Société a pour but de venir en aide aux cultivateurs en facilitant ou en garantissant les opérations concernant l'industrie agricole, effectuées par les membres du syndicat. Elle reçoit en compte courant les fonds qu'ils ont momentanément disponibles.

Le capital nécessaire au fonctionnement de la Société est constitué par des parts de sociétaires. Le montant de chaque part est de 100 francs. Les statuts ne prévoyaient que le versement du quart, laissant à l'assemblée générale le soin de faire de nouveaux appels suivant les besoins, et avaient autorisé l'émission de 500 parts, mais dans la réalité il a fallu se contenter de moins; 135 parts seulement ont été souscrites et l'appel immédiat de la moitié du capital s'est imposé. La première mise de fonds de 6 750 francs, ainsi réalisée, a suffi jusqu'à ce jour au mouvement d'affaires de la Société.

Les membres de la Société ne sont responsables que du montant des parts souscrites par eux.

La Société reçoit des sommes en dépôt : le maximum est limité à 1 000 francs par déposant. Les prêts ne peuvent dépasser 1 000 francs sans une autorisation spéciale du Conseil, et sur garantie reposant sur un dépôt de titres. Toute avance doit être avalisée par une caution acceptée par le syndicat.

La Société n'a jamais subi de pertes.

Les fonctions d'administrateurs sont absolument gratuites; pour être éligible, il faut être propriétaire de cinq parts au moins.

Depuis la fondation de la Société, le taux de l'intérêt payé par les emprunteurs a été de 5 pour 100. Celui servi aux porteurs de parts et aux déposants de fonds a été de 3 pour 100.

Les bénéfices nets, après prélèvement fait de l'intérêt stipulé en faveur des parts, est réparti de la manière suivante : 75 pour 100 sont attribués à un fonds de réserve, et le surplus doit être appliqué à une œuvre d'utilité agricole.

Le premier exercice n'a eu qu'une durée de huit mois; la Société étant encore peu connue, il n'y a eu qu'un nombre restreint de demandes de prêts et de dépôts. Mais dès la deuxième année, l'activité s'est manifestée et le nombre de prêts a augmenté sensiblement; en tenant compte des renouvellements, ces prêts ont présenté un mouvement de 12 000 francs environ.

La progression a été constante, et l'exercice 1899 a accusé un chiffre de demandes et renouvellements s'élevant à 50 000 francs.

La Société n'a subi aucune perte jusqu'à présent. La marche prudente et régulièrement ascendante des affaires assure le développement de cette institution. Une *médaille d'argent* lui a été accordée.

16° La Commission a accordé la même récompense à la *Caisse de crédit mutuel du Syndicat agricole de Vars* (Charente), fondée en 1898, et dont le capital social est de 600 francs, composé de 30 parts de 20 francs.

Cette petite Société a obtenu de la Caisse départementale une avance de 6000 francs à 2 pour 100 qu'elle a immédiatement placée à la Caisse d'épargne postale.

Les prêts sont accordés au taux de 3 et demi pour 100, ils sont consentis en général pour un an. Quelques-uns, cependant, ont été demandés pour six mois. L'intérêt payé aux adhérents pour le quart des parts souscrites est également de 3 et demi pour 100. La Société a pu, jusqu'à présent, faire face à ses affaires à l'aide de ses fonds.

Pendant la première année, la Caisse comprenait 25 membres adhérents, ayant souscrit à 36 parts. Les prêts ont été de 1480 francs.

Pendant la deuxième année (1899), le nombre des adhérents s'est élevé de 25 à 33, et le nombre des parts souscrites a passé de 36 à 59. La Caisse a prêté, à 17 de ses membres, une somme de 6078 francs, et elle a reçu en dépôt 4553 fr. 90 sur lesquels elle a remboursé 3528 francs.

Ces chiffres sont suffisants pour montrer que la petite Caisse gagne la confiance des cultivateurs et est appelée à leur rendre d'importants services.

17° La *Caisse de prévoyance et de crédit du Syndicat agricole Vauclusien*, à Avignon, a été créée d'après la loi du 5 novembre 1894. Ses statuts ont été parfaitement conçus, et reproduisent les principales dispositions de ceux de la Société de crédit agricole du Gard, mais elle n'est entrée en fonctionnement qu'au mois de juin 1898.

Elle n'a donc pas encore deux années d'existence; mais les magnifiques résultats que constate son bilan, puisque les dépôts qui lui ont été faits se sont élevés à 102 900 francs au taux de 2 et demi pour 100 et que les prêts et renouvellements consentis par elle ont atteint le chiffre de 154 054 francs au taux de 4 et demi pour 100, lui présagent un brillant avenir et une place considérable dans les établissements de ce genre.

Aussi la Commission a-t-elle tenu à lui donner une marque spéciale de l'intérêt qu'elle attache à sa création, en lui décernant une *médaille d'argent*.

19° Enfin, la Commission a été saisie des dossiers d'un certain nombre de *Caisses rurales* du type connu sous le nom de *Caisses Durand*; quoique ces caisses ne soient pas dans les conditions du programme du concours (voir annexe n° 9), la Commission n'a pas jugé devoir les exclure des récompenses. Elle a accordé, à titre exceptionnel et en témoignage d'intérêt, des *médailles d'argent* à celles qui lui ont paru, dans les divers départements, avoir rendu le plus de services, savoir :

A la Caisse rurale d'Eclimeux (Pas-de-Calais) ;

A la Caisse rurale de Flangebouche (Doubs) ;

A la Caisse de Viriville (Isère) ;

Et à la Caisse d'Aire-sur-l'Adour (Landes).

Ici se termine notre tâche ; le dépouillement du volumineux dossier auquel nous nous sommes livrés et les résultats que nous avons relevés montrent combien l'idée mutualiste a fait de progrès en France. Nous assistons à un effort vraiment merveilleux et auquel les plus optimistes ne s'attendaient pas; il est hors de doute, pour nous, qu'avant peu d'années il n'y aura pas un canton, sinon une commune en France, qui n'ait sa société de Crédit mutuel agricole.

Notre éminent Président, M. Méline, doit certes être bien heureux de la pensée qu'il a eue d'ouvrir un concours qui a été une véritable révélation pour nous, et le Congrès international de l'agriculture doit être fier d'avoir coopéré à une œuvre qui, à peine éclose, a déjà produit de remarquables résultats. C'est là, nous le répétons à dessein, une nouvelle et éclatante preuve de l'utilité et de l'efficacité de nos réunions.

L'agriculture protégée à la frontière, éclairée à l'intérieur au flambeau lumineux de la science, instruite par nos écoles et dotée d'un outillage perfectionné, va désormais entrer en possession de ce qui lui restait à posséder, pour prendre son plein essor : le crédit, le capital, c'est-à dire le nerf de l'agriculture intensive.

Elle peut donc envisager l'avenir sans crainte, et avec sérénité, quoi qu'il doive arriver.

PIÈCES ANNEXES

I. — Loi du 21 mars 1884, relative à la création des Syndicats professionnels

Article premier. — Sont abrogés la loi des 14-17 juin 1791 et l'art. 416 du Code pénal.

Les art. 291, 292, 293, 294 du Code pénal et la loi du 18 avril 1854 ne sont pas applicables aux Syndicats professionnels.

Art. 2. — Les Syndicats ou Associations professionnelles, même de plus de vingt personnes exerçant la même profession, des métiers similaires ou des professions connexes concourant à l'établissement de produits déterminés, pourront se constituer librement sans l'autorisation du gouvernement.

Art. 3. — Les Syndicats professionnels ont exclusivement pour objet l'étude et la défense des intérêts économiques, industriels, commerciaux et agricoles.

Art. 4. — Les fondateurs de tout Syndicat professionnel devront déposer les statuts et les noms de ceux qui, à un titre quelconque, seront chargés de l'administration ou de la direction. Ce dépôt aura lieu à la mairie de la localité où le Syndicat est établi, et à Paris à la préfecture de la Seine.

Ce dépôt sera renouvelé à chaque changement de la direction ou des statuts.

Communication des statuts devra être donnée par le maire ou par le préfet de la Seine au procureur de la République.

Les membres de tout Syndicat professionnel chargés de l'administration ou de la direction de ce Syndicat devront être Français et jouir de leurs droits civils.

Art. 5. — Les Syndicats professionnels régulièrement constitués, d'après les prescriptions de la présente loi, pourront librement se concerter pour l'étude et la défense de leurs intérêts économiques, industriels, commerciaux et agricoles.

Ces unions devront faire connaître, conformément au 2ᵉ paragraphe de l'art. 4, les noms des Syndicats qui les composent.

Elles ne pourront posséder aucun immeuble ni ester en justice.

Art. 6. — Les Syndicats professionnels de patrons ou d'ouvriers auront le droit d'ester en justice.

Ils pourront employer les sommes provenant des cotisations.

Toutefois ils ne pourront acquérir d'autres immeubles que ceux qui seront nécessaires à leurs réunions, à leurs bibliothèques et à des cours d'instruction professionnelle.

Ils pourront, sans autorisation, mais en se conformant aux autres dispositions de la loi, constituer entre leurs membres des caisses de secours mutuels et de retraites.

Ils pourront librement créer et administrer des offices de renseignements pour les offres et les demandes de travail.

Ils pourront être consultés sur tous les différends et toutes les questions se rattachant à leur spécialité.

Dans les affaires contentieuses, les avis du Syndicat seront tenus à la disposition des parties, qui pourront en prendre communication et copie.

Art. 7. — Tout membre d'un Syndicat professionnel peut se retirer à tout instant de l'association, nonobstant toute clause contraire, mais sans préjudice du droit pour le Syndicat de réclamer la cotisation de l'année courante.

Toute personne qui se retire d'un Syndicat conserve le droit d'être membre des sociétés de secours mutuels et de pensions de retraite pour la vieillesse, à l'actif desquelles elle a contribué par des cotisations ou versements de fonds.

Art. 8. — Lorsque les biens auront été acquis contrairement aux dispositions de l'article 6, la nullité de l'acquisition ou de la libération pourra être demandée par le procureur de la République ou par les intéressés. Dans le cas d'acquisition à titre onéreux, les immeubles seront vendus et le prix en sera déposé à la caisse de l'Association. Dans le cas de libéralité, les biens feront retour aux déposants ou à leurs héritiers et ayants-cause.

Art. 9. — Les infractions aux dispositions des art. 2, 3, 4, 5 et 6 de la présente loi seront poursuivies contre les directeurs ou administrateurs des Syndicats et punies d'une amende de 16 à 200 francs. Les tribunaux pourront, en outre, à la diligence du procureur de la République, prononcer la dissolution du Syndicat et la nullité des acquisitions d'immeubles faites en violation des dispositions de l'art. 6.

Au cas de fausse déclaration relative aux statuts et aux noms et qualités des administrateurs ou directeurs, l'amende pourra être portée à 500 francs.

Art. 10. — La présente loi est applicable à l'Algérie.

Elle est également applicable aux colonies de la Martinique, de la Guadeloupe et de la Réunion. Toutefois, les travailleurs étrangers et engagés sous le nom d'immigrants ne pourront faire partie des Syndicats.

II. — Loi du 5 novembre 1894 relative à la création de Sociétés de crédit agricole.

Article premier. — Des Sociétés de crédit agricole peuvent être constituées soit par la totalité des membres d'un ou de plusieurs Syndicats professionnels agricoles, soit par une partie des membres de ces Syndicats; elles ont exclusivement pour objet de faciliter et même de garantir les opérations concernant l'industrie agricole et effectuées par ces Syndicats ou par des membres de ces Syndicats.

Ces Sociétés peuvent recevoir des dépôts de fonds en comptes courants avec ou sans intérêts, se charger, relativement aux opérations concernant l'industrie agricole, des recouvrements et des paiements à faire pour les Syndicats ou pour les membres de ces Syndicats. Elles peuvent, notamment, contracter les emprunts nécessaires pour constituer ou augmenter leur fonds de roulement.

Le capital social ne peut être formé par des souscriptions d'actions. Il pourra être constitué à l'aide de souscriptions des membres de la Société. Ces souscriptions formeront des parts qui pourront être de valeur inégale ; elles seront nominatives et ne seront transmissibles que par voie de cession aux membres des Syndicats et avec l'agrément de la Société.

La Société ne pourra être constituée qu'après versement du quart du capital souscrit.

Dans le cas où la Société serait constituée sous la forme de Société à capital variable, le capital ne pourra être réduit par les reprises des apports des sociétaires sortants au-dessous du montant du capital de fondation.

Art. 2. — Les statuts détermineront le siège et le mode d'administration de la Société de crédit, les conditions nécessaires à la modification de ces statuts et à la dissolution de la Société, la composition du capital et la proportion dans laquelle chacun de ses membres contribuera à sa constitution.

Ils détermineront le maximum des dépôts à recevoir en comptes courants.

Ils régleront l'étendue et les conditions de la responsabilité qui incombera à chacun des sociétaires dans les engagements pris par la Société.

Les sociétaires ne pourront être libérés de leurs engagements qu'après la liquidation des opérations contractées par la Société antérieurement à leur sortie.

Art. 3. — Les statuts détermineront les prélèvements qui seront opérés au profit de la Société sur les opérations faites par elle.

Les sommes résultant de ces prélèvements, après acquittement des frais généraux et paiement des intérêts des emprunts et du capital social, seront d'abord affectées, jusqu'à concurrence des trois quarts au moins, à la constitution d'un fonds de réserve, jusqu'à ce qu'il ait atteint au moins la moitié de ce capital.

Le surplus pourra être réparti, à la fin de chaque exercice, entre les Syndicats et entre les membres des Syndicats au prorata des prélèvements faits sur leurs opérations. Il ne pourra, en ce cas, être partagé, sous forme de dividende, entre les membres de la Société.

A la dissolution de la Société, ce fonds de réserve et le reste de l'actif seront partagés entre les sociétaires, proportionnellement à leur souscription, à moins que les statuts n'en aient affecté l'emploi à une œuvre d'intérêt agricole.

Art. 4. — Les Sociétés de crédit autorisées par la présente loi sont des sociétés commerciales, dont les livres doivent être tenus conformément aux prescriptions du Code de commerce.

Elles sont exemptes du droit de patente ainsi que de l'impôt sur les valeurs mobilières.

Art. 5. — Les conditions de publicité prescrites pour les sociétés commerciales ordinaires sont remplacées par les dispositions suivantes :

Avant toute opération, les statuts, avec la liste complète des administrateurs ou directeurs et des sociétaires, indiquant leurs noms, profession, domicile, et le montant de chaque souscription, seront déposés en double exemplaire au greffe de la justice de paix du canton où la Société a son siège principal. Il en sera donné récépissé.

Un des exemplaires des statuts et de la liste des membres de la Société sera, par les soins du juge de paix, déposé au greffe du tribunal de commerce de l'arrondissement.

Chaque année, dans la première quinzaine de février, le directeur ou un administrateur de la Société déposera, en double exemplaire, au greffe de la justice de paix du canton, avec la liste des membres faisant partie de la Société à cette date, le tableau sommaire des recettes et dépenses, ainsi que des opérations effectuées dans l'année précédente. Un des exemplaires sera déposé par les soins du juge de paix au greffe du tribunal de commerce.

Les documents déposés au greffe de la justice de paix et du tribunal de commerce seront communiqués à tout requérant.

Art. 6. — Les membres chargés de l'administration de la Société seront personnellement responsables en cas de violation des statuts ou des dispositions de la présente loi, du préjudice résultant de cette violation.

Ils pourront être poursuivis et punis d'une amende de 16 à 200 francs.

Le tribunal pourra, en outre, à la diligence du procureur de la République, prononcer la dissolution de la Société.

Au cas de fausse déclaration relative aux statuts ou aux noms et qualités des administrateurs, des directeurs ou des sociétaires, l'amende pourra être portée à 500 francs.

Art. 7. — La présente loi est applicable à l'Algérie et aux colonies.

III. — Loi du 18 juillet 1898 sur les warrants agricoles.

Article premier. — Tout agriculteur peut emprunter sur les produits agricoles ou industriels provenant de son exploitation et énumérés ci-dessous, et en conservant la garde de ceux-ci dans les bâtiments ou sur les terres de cette exploitation.

Les produits sur lesquels un warrant peut être créé sont les suivants :

Céréales en gerbes ou battues ;

Fourrages secs, plantes officinales séchées ;

Légumes secs, fruits séchés et fécules ;

Matières textiles, animales ou végétales ;

Graines oléagineuses, graines à ensemencer ;

Vins, cidres, eaux-de-vie et alcool de nature diverse ;

Cocons secs et cocons ayant servi au grainage ;

Bois exploités, résines et écorces à tan ;

Fromages, miels et cires ;

Huiles végétales ;

Sel marin.

Le produit agricole warranté reste, jusqu'au remboursement des sommes avancées, le gage du porteur du warrant.

Le cultivateur est responsable de la marchandise qui reste confiée à ses soins et à sa garde, et cela sans indemnité.

Art. 2. — Le cultivateur, lorsqu'il ne sera pas propriétaire ou usufruitier de son exploitation, devra, avant tout emprunt, aviser le propriétaire du fonds loué de la nature, de la valeur et de la quantité des marchandises qui doivent servir de gage pour l'emprunt, ainsi que du montant des sommes à emprunter.

Cet avis devra être donné au propriétaire, à l'usufruitier ou à leur mandataire légal désigné par l'intermédiaire du greffier du juge de paix du canton du domicile de l'emprunteur. La lettre d'avis sera remise au greffier qui devra la viser, l'enregistrer et l'envoyer sous forme de lettre recommandée comportant accusé de réception.

Le propriétaire, l'usufruitier ou le mandataire légal désigné pourront, dans le cas où des termes échus leur seraient dus, dans un délai de douze jours francs à partir de la lettre recommandée, s'opposer au prêt sur lesdits produits par une autre lettre adressée au greffier du juge de paix et également recommandée.

Art. 3. — Le greffier de la justice de paix inscrira sur les deux parties d'un registre à souche établi à cet effet, et d'après la déclaration de l'emprunteur, la nature, la quantité et la valeur des produits qui devront servir de gage à son emprunt, ainsi que le montant des sommes à emprunter.

Dans le cas où l'emprunteur ne sera point propriétaire ou usufruitier de l'exploitation, le greffier du juge de paix devra, en outre des indications ci-dessus, mentionner la date de l'envoi de l'avis au propriétaire ou usufruitier, ainsi que la non-opposition de leur part après douze jours francs à partir de l'envoi de la lettre recommandée.

La feuille détachée de ce registre devient le warrant qui permettra au cultivateur de réaliser son emprunt.

Art. 4. — Le warrant doit indiquer si le produit warranté est assuré ou non et, en cas d'assurances, le nom et l'adresse de l'assureur.

Les porteurs de warrants ont, sur les indemnités d'assurances dues en cas de sinistres, les mêmes droits et privilèges que sur la marchandise assurée.

Art. 5. — Les greffiers sont tenus de délivrer à tout prêteur qui le requiert, avec l'autorisation de l'emprunteur, copie des inscriptions d'emprunts faites par l'emprunteur ou certificat établissant qu'il n'en existe aucune.

Art. 6. — L'emprunteur qui aura remboursé son warrant le fera constater au greffe de la justice de paix ; le remboursement sera inscrit sur le registre à souche prévu à l'article 3, et il lui sera donné un récépissé de la radiation de son inscription.

Art. 7. — L'emprunteur peut, même avant l'échéance, rembourser la créance garantie par le warrant.

Si le créancier refuse ses offres, le débiteur peut, pour se libérer, consigner la somme offerte en observant les formalités prescrites par l'article 1259 du Code civil. Sur le vu d'une quittance de consignation régulière et suffisante, le juge de paix rendra une ordonnance aux termes de laquelle le gage sera transporté sur la somme consignée.

En cas de remboursement anticipé d'un warrant agricole, l'emprunteur bénéficie des intérêts qui restaient à courir jusqu'à l'échéance du warrant, déduction faite d'un délai de dix jours.

Art. 8. — Les établissements publics de crédit peuvent recevoir les warrants comme effets de commerce avec dispense d'une des signatures exigées par leurs statuts.

Art. 9. — L'escompteur ou réescompteur d'un warrant sera tenu d'en donner avis immédiatement au greffier du juge de paix par lettre recommandée avec accusé de réception.

Art. 10. — A défaut de paiement à l'échéance, et après avis préalable transmis par lettre recommandée à l'emprunteur, pour laquelle un avis de réception doit être demandé, le porteur du warrant, huit jours après l'avertissement et sans aucune autre formalité de justice, mais avec les formes de publicité prévues par les articles 617 et suivants du Code de procédure, peut faire procéder par un officier ministériel à la vente publique aux enchères de la marchandise engagée.

ART. 11. — Le créancier est payé directement de sa créance sur le prix de vente, par privilège et préférence à tous créanciers, sans autre déduction que celle des contributions directes et des frais de vente, et sans autres formalités qu'une ordonnance du juge de paix.

ART. 12. — Le porteur du warrant perd son recours contre les endosseurs s'il n'a pas fait procéder à la vente dans le mois qui suit la date de l'avertissement. Il n'a de recours contre l'emprunteur et les endosseurs qu'après avoir exercé ses droits sur les produits warrantés. En cas d'insuffisance, le délai d'un mois lui est imparti, à dater du jour où la vente de la marchandise est réalisée, pour exercer son recours contre les endosseurs.

ART. 13. — Tout agriculteur convaincu d'avoir détourné, dissipé ou volontairement détérioré au préjudice de son créancier le gage de celui-ci, sera poursuivi correctionnellement comme coupable d'abus de confiance, et puni conformément aux articles 406 et 408 du Code pénal, sans préjudice de l'application de l'article 463 du même Code.

ART. 14. — Lorsque, pour l'exécution de la présente loi, il y aura lieu à référé, ce référé sera porté devant le juge de paix.

ART. 15. — Un décret déterminera les émoluments à allouer aux greffiers de justice de paix pour l'envoi des lettres recommandées, l'achat et la tenue des registres, ainsi que pour la délivrance des certificats. Il établira, s'il y a lieu, toutes les mesures nécessaires pour l'exécution de la présente loi.

ART. 16. — Sont dispensés de la formalité du timbre et de l'enregistrement : les lettres prévues aux articles 2, 9 et 10 et leurs accusés de réception, la souche du registre institué par l'article 3, la copie des inscriptions d'emprunt, le certificat négatif et le récépissé de radiation mentionnés aux articles 5 et 6 de la présente loi.

La feuille détachée du registre à souche et qui deviendra le warrant au moyen duquel le cultivateur réalisera son emprunt restera soumise au droit commun, c'est-à-dire qu'elle deviendra passible du droit de timbre des effets de commerce (5 centimes pour 100 francs) au moment de sa transformation en warrant et de sa remise comme tel au prêteur.

L'enregistrement (50 centimes pour 100 francs) ne deviendra obligatoire que dans le cas de protêt.

ART. 17. — La présente loi sera applicable à l'Algérie.

IV. — Loi du 31 mars 1899 sur les Caisses régionales de crédit agricole mutuel.

ARTICLE PREMIER. — L'avance de 40 millions de francs (40 000 000 fr.) et la redevance annuelle à verser au Trésor par la Banque de France, en vertu de la convention du 31 octobre 1896, approuvée par la loi du 7 novembre 1897, sont mises à la disposition du gouvernement pour être attribuées à titre d'avances sans intérêts aux Caisses régionales de crédit agricole mutuel qui seront constituées d'après les dispositions de la loi du 5 novembre 1894.

ART. 2. — Les Caisses régionales ont pour but de faciliter les opérations concernant l'industrie agricole effectuées par les membres des Sociétés locales de crédit agricole mutuel de leur circonscription et garanties par ces Sociétés.

A cet effet elles escomptent les effets souscrits par les membres des Sociétés locales et endossées par ces Sociétés.

Elles peuvent faire à ces Sociétés les avances nécessaires pour la constitution de leurs fonds de roulement.

Toutes autres opérations leur sont interdites.

ART. 3. — Le montant des avances faites aux Caisses régionales ne pourra excéder le montant du capital versé en espèces. Ces avances ne pourront être faites pour une durée de plus de cinq ans. Elles pourront être renouvelées.

Elles deviendront immédiatement remboursables en [cas de violation des statuts ou de modifications à ces statuts qui diminueraient les garanties de remboursement.

ART. 4. — La répartition des avances sera faite par le ministre de l'agriculture, sur l'avis d'une commission spéciale nommée par décret qui sera ainsi composée :

Le ministre de l'agriculture président ;

Deux sénateurs ;

Trois députés ;

Un membre du Conseil d'État ;

Un membre de la Cour des Comptes ;

Le gouverneur de la Banque de France ou son délégué ;

Deux fonctionnaires du ministère des finances ;

Trois fonctionnaires du ministère de l'agriculture ;

Six représentants des Sociétés de crédit agricole mutuel régionales ou locales, choisis parmi les membres de ces Sociétés ;

Trois membres du Conseil supérieur de l'agriculture.

ART. 5. — Un décret, rendu sur l'avis de la commission, fixera les moyens de contrôle et de surveillance à exercer sur les Caisses régionales.

Les statuts de ces Caisses devront être déposés au ministère de l'agriculture.

Ces statuts indiqueront la circonscription territoriale des Sociétés, la nature et l'étendue de leurs opérations et leur mode d'administration.

Ils détermineront la composition de leur capital social, la proportion dans laquelle chaque sociétaire pourra contribuer à sa constitution, ainsi que les conditions de retrait, s'il y a lieu, le nombre de parts, dont les deux tiers au moins seront réservés de préférence aux Sociétés locales, l'intérêt alloué aux parts, lequel ne pourra dépasser cinq pour cent (5 pour 100) du capital versé, le maximum des dépôts à recevoir en comptes courants et le maximum des bons à émettre, lesquels réunis ne pourront excéder les trois quarts du montant des effets en portefeuille, les conditions et les règles applicables à la modification des statuts et à la liquidation de la Société.

ART. 6. — Le ministre de l'agriculture adressera, chaque année, au Président de la République, un compte rendu des opérations faites en exécution de la présente loi, lequel sera publié au *Journal officiel*.

V. — Statuts de la Société coopérative de crédit, ventes et achats, dite « Crédit mutuel de l'arrondissement de Poligny (Jura) » (*Société anonyme à capital variable*).

Le Syndicat agricole de l'arrondissement de Poligny disait dans son programme « qu'il s'efforcerait de faire aimer la profession par excellence qui, depuis des siècles, « constitue la principale richesse de la patrie ; d'attacher les populations rurales à « leur foyer et au sol qu'elles cultivent en employant tous les moyens en son pouvoir « pour remettre en honneur le travail de la terre pour le rendre plus lucratif. »

C'est dans ce but qu'il a provoqué et réalisé l'association du *Crédit mutuel*, dont les statuts avaient été approuvés par une Assemblée générale, le 17 novembre 1884.

Depuis cette époque, l'association a fonctionné régulièrement ; mais, au fur et à mesure de son développement, la nécessité de modifier ses statuts a été démontrée, et nous allons donner le texte définitif.

Constitution, objet, durée et siège de la Société.

Article 1er. — Il a été créé, entre les membres du Syndicat agricole de l'arrondissement de Poligny, les Caisses rurales, les Sociétés coopératives et les Sociétés de fromagerie de la Franche-Comté qui adhèrent aux présents statuts, une *Société coopérative de production, de consommation et de crédit mutuel, anonyme à capital variable*, sous le nom de Société coopérative de Crédit mutuel de l'arrondissement de Poligny.

Elle a pour but :

1° D'acheter et vendre toutes espèces de denrées, marchandises et bétail à ceux qui en font partie ;

2° De venir en aide spécialement aux cultivateurs honnêtes et laborieux, ainsi qu'aux Caisses rurales, Sociétés coopératives et de fromagerie de la Franche-Comté, et de leur faciliter l'épargne.

La Société s'interdit formellement toute affaire de pure spéculation et tout prêt ou escompte à d'autres qu'à ses actionnaires.

Les dépôts qui lui seront confiés seront reçus à titre de prêts à la Société et inscrits au compte courant des déposants contre remise d'un livret d'épargne.

La durée de la Société est fixée à trente années, qui ont commencé à courir le 28 février 1885.

Son siège est établi à Salins.

Capital social. — Actions.

Art. 2. — Le capital social fixé à *vingt mille francs*, représenté par quarante actions de 500 francs, dites actions de fondateurs, pourra être élevé jusqu'à *deux cent mille francs*, par l'émission successive de nouvelles actions de 500 francs, ou de dixièmes d'action de 50 francs.

Art. 3. — Le capital est susceptible d'augmentation ou de diminution par la reprise totale ou partielle des apports effectués ; néanmoins, il ne pourra jamais être réduit, par suite de reprises d'apports, à un chiffre inférieur à cinq mille francs.

L'Assemblée générale qui décidera une augmentation de capital fixera en même temps les conditions auxquelles aura lieu l'émission des actions nouvelles, et notamment la somme à payer par les nouveaux actionnaires comme contribution au fonds de réserve.

Les actions de fondateurs ne pourront être remboursées par la Société qu'en cas de décès du titulaire ou de liquidation de la Société.

ART. 4. — Les actions ou coupons d'actions restent toujours nominatifs, même après leur entière libération, conformément à l'article 50 de la loi du 24 juillet 1867. La négociation n'en peut être opérée valablement que par voie de transfert sur les registres de la Société.

La Société étant essentiellement une Société de personnes, le Conseil d'administration doit avoir agréé le transfert; il a toujours le droit de s'y opposer, sous quelque forme et pour quelque motif qu'il y ait lieu.

ART. 5. — Les héritiers d'un actionnaire décédé sont considérés comme n'existant pas dans la Société jusqu'à ce qu'ils aient fait agréer par le Conseil l'un d'entre eux pour les représenter.

S'ils ne le font pas, ils n'ont droit qu'au remboursement suivant le mode et les délais fixés en l'article 10, sans pouvoir requérir ni inventaire, ni aucune mesure conservatoire.

Il en est de même pour les représentants d'un actionnaire incapable ou absent dans le sens légal du mot, et pour tous les co-propriétaires indivis d'une ou de plusieurs parts d'action.

ART. 6. — Les actionnaires se divisent en deux catégories :

1° Ceux qui s'interdisent la faculté de demander des avances à la Société; ils prennent le nom d'actionnaires fondateurs;

2° Ceux qui ne se sont pas interdit la faculté d'emprunter; ils prennent le nom d'actionnaires sociétaires. Cette deuxième catégorie aura seule le droit de demander des avances, dans le cas et sous les conditions déterminées par le Conseil d'administration.

ART. 7. — Les actionnaires ne sont responsables que du montant des actions souscrites par eux.

ART. 8. — Tout actionnaire sociétaire peut donner sa démission dans les six premiers mois de l'exercice social. Il l'adresse au Président du Conseil d'administration, qui lui en fait donner acte.

ART. 9. — Le Conseil d'administration propose à l'Assemblée générale l'exclusion de tout actionnaire qui ne remplit pas fidèlement ses engagements envers la Société ou qui est convaincu d'un acte pouvant faire mettre en doute sa solvabilité ou sa moralité.

Le Crédit mutuel n'admettant dans la Société, en dehors des Caisses rurales, Sociétés coopératives et de fromagerie de Franche-Comté, que les membres du Syndicat agricole de l'arrondissement de Poligny, toute personne qui se retirerait de ce Syndicat cesserait dès lors de plein droit de faire partie de la Société.

L'Assemblée générale statue en dernier ressort.

Dans le cas où le capital serait réduit au minimum fixé par l'article 3, l'actionnaire dont l'exclusion viendrait à être prononcée sera tenu de céder ses titres à un autre actionnaire au taux de la dernière émission.

ART. 10. — L'avoir d'un sociétaire démissionnaire ou exclu ne lui est remboursé qu'après l'approbation par l'Assemblée générale des comptes de l'exercice courant. Toutefois, le Conseil d'administration peut lui faire rembourser immédiatement la moitié de sa part telle qu'elle résulte du bilan de l'exercice précédent.

Le sociétaire démissionnaire ou exclu perd tout droit sur le fonds de réserve.

Les sommes versées par un actionnaire sur ses actions ou coupons d'action seront affectées, le cas échéant, à la garantie, à titre de gage, de ce qu'il pourra devoir à la Société, et ne lui seront remboursées qu'après acquittement de ses obligations envers celle-ci, ou seront portées au crédit de son compte en déduction du solde débiteur. Dans aucun cas, les créanciers d'un actionnaire ne pourront revendiquer les sommes susdites avant que la Société ne soit désintéressée.

Art. 11. — Dans ces différents cas, les créances litigieuses sont considérées comme perdues et n'entrent pas plus que la réserve en ligne de compte, pour le règlement.

Administration de la Société.

Art. 12. — La Société est administrée par un Conseil composé de six membres au moins et de douze au plus, pris parmi les actionnaires fondateurs.

Leurs actions sont inaliénables, frappées d'un timbre et déposées dans la caisse sociale.

Art. 13. — Les administrateurs sont nommés par l'Assemblée générale et sont soumis à un renouvellement annuel par sixième. Ils sont toujours rééligibles.

Art. 14. — En cas de démission ou de décès de l'un des administrateurs, il peut être provisoirement remplacé par le Conseil, par voie d'élection, jusqu'à la prochaine Assemblée générale.

Le membre ainsi nommé achève le terme de celui qu'il a remplacé. Comme les autres administrateurs, il est rééligible.

Art. 15. — Les administrateurs ne sont responsables que de l'exécution du mandat qu'ils ont reçu : ils ne contractent aucune obligation personnelle ou solidaire à raison de leur gestion, relativement aux obligations de la Société.

Art. 16. — Le Conseil d'administration nomme tous les ans son président et son secrétaire dans la première séance qui suit l'Assemblée générale annuelle.

Il ne délibère valablement que si la moitié de ses membres est présente.

En cas de partage, la voix du président est prépondérante.

Le Conseil se réunit tous les mois, ou plus souvent, si les circonstances l'exigent, sur la convocation du président. De plus, le Conseil d'administration est tenu de se réunir sous trois jours lorsque trois de ses membres le demandent par écrit.

Art. 17. — Le Conseil d'administration règle dans l'intérêt de la Société tout ce que la loi ou les statuts n'attribuent pas à l'Assemblée générale; il statue sur l'admission des sociétaires et propose leur exclusion; il fixe le maximum des avances à faire aux emprunteurs et les conditions de leur remboursement; il règle le service des dépôts et détermine l'intérêt à payer aux déposants; il dresse ou fait dresser tous les états de situation, tous les comptes; il fournit toutes les justifications exigées par la loi ou destinées aux commissaires ou à l'Assemblée générale.

Il peut contracter tous emprunts avec ou sans hypothèque jusqu'à concurrence du montant des actions souscrites par les fondateurs; faire tous dépôts et retraits de fonds dans les caisses publiques ou autres, ainsi que tous transferts et conversion de titres; acheter et vendre, prendre ou donner à bail tous terrains et immeubles; acheter et vendre tous objets mobiliers; toucher toutes sommes qui pourront être dues à la Société à quelque titre que ce soit et en donner quittance; plaider, transiger, compromettre, se concilier, nommer des arbitres et experts; exercer toutes poursuites, faire tous actes conservatoires, intenter et suivre toutes actions judiciaires et autres, soit en demandant, soit en défendant, se désister de tous droits, déterminer le placement des fonds disponibles, faire tous désistements d'hypothèques, de privilèges et d'actions résolutoires, toutes mainlevées d'oppositions, saisies ou inscriptions, le tout avec ou sans paiement, déléguer tout ou partie de ses pouvoirs à l'un de ses membres; nommer et révoquer tous directeurs, employés et agents, déterminer leurs attributions et fixer leurs traitements, et généralement faire tout ce qui rentrera dans l'objet de la Société, quoique non formellement prévu aux présentes.

ART. 18. — Les délibérations du Conseil sont constatées par des procès-verbaux inscrits sur un registre et signés par deux administrateurs présents à la séance.

Les copies ou extraits de ces délibérations à produire en justice ou ailleurs sont certifiés par un administrateur. Foi est due à ces extraits.

ART. 19. — Les fonctions des administrateurs sont gratuites.

L'administrateur délégué, s'il en est nommé un, pourra recevoir des émoluments fixés par le Conseil d'administration.

Commissaires

ART. 20. — L'Assemblée générale nomme un ou plusieurs commissaires rétribués ou non, chargés de faire à l'Assemblée générale de l'année suivante un rapport sur la situation de la Banque, sur le bilan et sur les comptes présentés par les administrateurs, et investis d'une manière générale de toutes les fonctions qui leur sont attribuées par la loi.

Ils peuvent notamment, en cas d'urgence, convoquer l'Assemblée générale.

Ils sont rééligibles.

A défaut par l'Assemblée générale de procéder à leur nomination, ou en cas d'empêchement ou de refus de l'un ou de plusieurs des commissaires nommés, il est pourvu à leur remplacement par ordonnance de M. le président du Tribunal de commerce, à la requête de tous intéressés, les administrateurs dûment appelés.

Assemblées générales.

ART. 21. — Les Assemblées générales se composent de tous les actionnaires fondateurs et seulement des actionnaires sociétaires possesseurs ou mandataires de dix dixièmes d'action. Les autres actionnaires peuvent y prendre part, mais sans voix délibérative.

Elles sont ordinaires ou extraordinaires.

ART. 22. — Elles sont convoquées par le Conseil d'administration et sont présidées par le président du Conseil ou, en cas d'empêchement, par un administrateur désigné par le Conseil.

La convocation doit être faite par lettre aux membres fondateurs seulement au moins dix jours avant la date fixée pour l'Assemblée générale, et annoncée dans le numéro du *Salinois* et du *Bulletin de l'Union des Syndicats du Jura* précédant la réunion.

La lettre de convocation, signée par le secrétaire du Conseil, indique l'ordre du jour.

Le président constitue le Bureau en y appelant les deux plus forts actionnaires présents comme scrutateurs.

ART. 23. — Les délibérations sont prises à la majorité absolue des voix des membres présents et obligent tous les actionnaires fondateurs ou sociétaires même absents ou dissidents.

En cas de partage, la voix du président est prépondérante.

Les délibérations sont constatées par des procès-verbaux inscrits sur un registre spécial et signés par le président et le secrétaire.

La justification à faire des délibérations de l'Assemblée vis-à-vis des tiers résulte des copies ou extraits certifiés conformes par un des administrateurs.

ART. 24. — Les Assemblées générales ordinaires ont lieu chaque année dans les six premiers mois et, en outre, dans les cas d'urgence.

ART. 25. — Les Assemblées générales extraordinaires sont convoquées toutes les fois que l'intérêt de la Société l'exige.

A ces Assemblées extraordinaires sont réservées notamment les questions de modifications dans les statuts, de prorogation ou de dissolution de la Société.

ART. 26. — Les actionnaires participent tous à la délibération, mais ne prennent part au vote que ceux qui étaient propriétaires d'une action de fondateur ou de dix dixièmes d'action trois mois avant la date de l'Assemblée générale.

Chaque actionnaire a droit à autant de voix qu'il a d'actions ou de fois dix coupons d'action, sans que nul puisse avoir plus de cinq voix, quel que soit le nombre d'actions ou de coupons d'action dont il est porteur, soit comme propriétaire, soit comme mandataire.

ART. 27. — Les Assemblées générales ordinaires délibèrent valablement lorsque le quart du capital social, tel qu'il existe au moment de la convocation, est dûment représenté, soit par les actionnaires en personne, soit par leurs mandataires.

Ces mandataires, qui seront toujours pris parmi les propriétaires d'au moins une action ou de dix coupons d'action, doivent avoir un mandat écrit.

Une simple lettre suffit à cet effet; elle est mentionnée au procès-verbal de la séance et conservée dans les archives de la Société.

Si le quart au moins du capital social n'est pas représenté, une nouvelle convocation à huit jours d'intervalle devient nécessaire. Elle est rendue publique par la voie d'un journal d'annonces légales qu'aura désigné le Conseil d'administration.

L'Assemblée générale qui suit cette nouvelle convocation délibère valablement, quelle que soit l'importance du capital représenté, sur les objets à l'ordre du jour de la première réunion.

ART. 28. — Néanmoins, les Assemblées générales qui auront pour objet la modification des statuts, la prorogation ou la dissolution de la Société, ne seront régulièrement constituées et ne délibèreront valablement, conformément à l'article 31 de la loi du 24 juillet 1867, qu'autant qu'elles seront composées d'un nombre d'actionnaires représentant la moitié au moins du capital social, tel qu'il existera au moment de la convocation.

Les délibérations sont prises à la majorité absolue; toutefois la dissolution ne peut être votée que par une majorité comprenant les deux tiers au moins des voix présentes ou représentées.

Inventaires. — Répartitions.

ART. 29. — Il sera dressé chaque année un inventaire au 31 décembre.

Le premier exercice comprendra tout le temps à courir du jour de la constitution de la Société jusqu'au 31 décembre 1885.

ART. 30. — Chaque année, après l'approbation par l'Assemblée générale des comptes de l'exercice précédent, le bénéfice net, disponible, diminué seulement de la retenue affectée à la réserve, est réparti entre tous les actionnaires, au prorata du nombre de leurs actions ou parts d'action.

Néanmoins, les actions de fondateurs ne recevront jamais plus de trois pour cent; et si le dividende à distribuer aux actionnaires sociétaires est supérieur à cinq pour cent, le Conseil d'administration aura la faculté de constituer, avec l'excédent, une réserve extraordinaire dont l'emploi sera réglé par lui, dans l'intérêt des membres de la Société.

Art. 31. — Les dividendes et intérêts sont payés annuellement au siège de la Société, à partir du jour fixé par le Conseil d'administration.

Ils sont payés valablement au porteur du titre.

Tout dividende ou intérêt des actions de fondateurs non réclamé dans les cinq ans de son exigibilité est prescrit au profit de la Société.

Réserve.

Art. 32. — Il sera exercé chaque année, sur les bénéfices nets et avant toute distribution, une retenue dont le chiffre sera fixé par l'Assemblée générale, pour constituer un fonds de réserve.

Cette retenue sera de cinq pour cent au moins et cessera d'être obligatoire quand le fonds de réserve aura atteint le quart du capital social nominal.

L'emploi des capitaux constituant le fonds de réserve est réglé par le Conseil d'administration.

Dissolution de la Société. — Liquidation.

Art. 33. — La Société n'est pas dissoute par la mort, l'absence, la retraite, la faillite ou la déconfiture d'un ou de plusieurs des associés; elle continue avec les autres associés.

La dissolution peut être demandée avant l'expiration du terme fixé par les statuts :

Si, par suite des pertes successives, le capital social se trouve réduit à moins de cinq mille francs ;

Ou si le nombre des associés se trouve être depuis plus d'une année inférieur à sept.

Art. 34. — En cas de dissolution, l'Assemblée générale nomme, à la simple majorité des voix, un ou plusieurs liquidateurs chargés de réaliser et de répartir le capital social conformément à ses résolutions, ou de faire à une autre Société le transport de l'apport des droits et engagements de la Société dissoute.

Pendant la durée de la liquidation, les pouvoirs de l'Assemblée générale se continuent, mais la nomination du liquidateur met fin au pouvoir des administrateurs.

La dernière répartition devra être annoncée par le liquidateur au moyen d'une insertion dans le journal désigné conformément à l'article 27 ; les actionnaires seront tenus de se présenter pour toucher, dans les cinq ans qui suivront cette insertion. Passé ce délai, la liquidation sera close et ceux qui ne se seraient pas présentés seront déchus de tous leurs droits, et leur part de l'actif social fera l'objet d'une répartition supplémentaire entre les autres actionnaires.

Contestations. — Arbitrages.

Art. 35. — En cas de contestation, tout actionnaire doit faire élection de domicile à Salins. Toutes notifications et assignations sont valablement faites au domicile élu, sans égard à la distance du domicile réel, et, à défaut d'élection de domicile, au parquet du tribunal d'Arbois.

VI. — Statuts du Crédit agricole des Syndicats de l'Hérault.

Constitution et siège de la Société.

Article premier. — Sous le bénéfice de la loi du 5 novembre 1894 sur le Crédit agricole, il est créé entre les membres des Syndicats communaux fondés sous le patronage de la Société départementale d'encouragement à l'agriculture de l'Hérault et autres Syndicats agricoles qui adhéreront aux présents statuts, une Société de Crédit à capital variable qui prend le titre de : *Crédit agricole des Syndicats de l'Hérault.*

La durée de la Société est fixée à quinze ans qui courront du jour où la Société sera définitivement constituée.

Le siège social est établi à Montpellier.

But de la Société.

ART. 2. — La Société a pour but de venir en aide aux cultivateurs honnêtes et laborieux en facilitant et même en garantissant les opérations concernant l'industrie agricole effectuées par les Syndicats ou les syndicataires.

Elle pourra notamment : faire des avances sur marchandises vendues ou à vendre, en magasins ou sur pied, se charger des recouvrements et des payements des marchandises achetées ou vendues par les syndicataires, opérer et garantir leurs achats d'engrais et d'autres matières utiles à l'agriculture, en un mot faire toutes les opérations autorisées par la loi.

La Société a encore pour but de faciliter l'épargne aux cultivateurs en recevant en dépôt les fonds qu'ils ont momentanément disponibles.

Moyens. — A. Formation du Capital.

ART. 3. — Le capital nécessaire au fonctionnement de la Société est constitué par des parts de sociétaires.

Le montant de chaque part est de 100 francs.

Sur leur demande, les souscripteurs de cinq, dix, quinze, vingt... parts auront un titre unique représentant le montant de leur souscription.

Il n'est versé sur chaque part que le quart du capital souscrit. Le surplus ne pourra être appelé que par décision d'une Assemblée générale.

Le nombre des parts est illimité.

Toutefois, quand le capital social aura atteint 100 000 francs, il ne pourra être créé de nouvelles parts que par décision d'une Assemblée générale.

ART. 4. — Les parts sont nominatives; elles ne peuvent être cédées qu'aux membres des Syndicats et avec l'agrément du Conseil d'administration. La négociation n'en peut être valablement opérée que par voie de transfert sur les registres de la Société. Elles ne seront remboursées que dans le cas de décès du titulaire ou de son exclusion de la Société. Conformément à la loi, les remboursements n'auront lieu qu'autant qu'ils ne ramèneront pas le capital au-dessous du chiffre établi à la fondation, et après la liquidation des opérations engagées antérieurement par la Société.

ART. 5. — Les héritiers d'un titulaire de part peuvent faire agréer l'un d'eux comme cédant, s'il se trouve dans les conditions requises, c'est-à-dire s'il est membre d'un Syndicat. Dans le cas où ils ne le font pas, ils n'ont droit qu'au remboursement du capital versé. Il en est de même pour les représentants d'un titulaire de part incapable ou absent dans le sens légal du mot, et pour tous les co-propriétaires indivis d'une ou de plusieurs parts.

ART. 6. — Les membres de la Société ne sont responsables que du montant des parts souscrites par eux.

B. Dépôts.

ART. 7. — La Société *pourra* recevoir les dépôts des syndicataires. La durée des dépôts ne pourra être inférieure à six mois et supérieure à cinq ans. Le montant des dépôts individuels ne pourra dépasser 2000 francs et le total des dépôts ne pourra être supérieur au double du capital souscrit.

L'intérêt à payer aux déposants sera fixé par le Conseil d'administration.

Opérations de la Société. — A. Prêts.

ART. 8. — Les opérations de la Société sont exclusivement limitées aux seuls membres du Syndicat.

La Société *pourra* consentir des avances ou des prêts personnels aux membres des Syndicats affiliés qui en feront la demande et en justifieront l'utilité. Les prêts personnels devront toujours être garantis par une deuxième signature. La deuxième signature pourra être remplacée par un dépôt de titres.

La Société *pourra* escompter à des Sociétés de crédit ou à la Banque de France les valeurs qui lui seront souscrites ou endossées.

B. Garanties aux Fournisseurs.

ART. 9. — La Société *pourra* garantir à un ou plusieurs fournisseurs la totalité ou partie des achats effectués par les syndicataires.

Elle pourra, à cet effet, escompter les traites fournies par les fournisseurs sur les syndicataires.

C. Avances sur marchandises vendues.

ART. 10. — La Société *pourra* faire des avances aux membres des Syndicats sur des marchandises ou denrées vendues par eux et dont le payement aura été différé; elle *pourra* notamment augmenter la quotité des acomptes payés par les acheteurs des caves des syndicataires.

Administration de la Société.

ART. 11. — La Société est administrée par un Conseil d'administration composé de six membres au moins et de seize au plus, avec faculté pour le Conseil de se compléter en faisant approuver les désignations par la première Assemblée générale.

Les administrateurs doivent être titulaires de dix parts au moins.

Par exception, les administrateurs peuvent être pris parmi les porteurs d'un nombre de parts inférieur à dix; mais le nombre de ces porteurs ne devra jamais dépasser le tiers des administrateurs.

Les parts des administrateurs seront déposées dans les Caisses de la Société et ne pourront être aliénées jusqu'à l'expiration de leur mandat.

ART. 12. — Les administrateurs sont nommés par l'Assemblée générale pour six ans; ils seront renouvelés annuellement par sixième. Pour la première période, le sort désignera l'ordre de sortie annuelle. Ils seront rééligibles.

ART. 13. — En cas de démission ou de décès de l'un des administrateurs, celui-ci peut être provisoirement remplacé par le Conseil jusqu'à la plus prochaine Assemblée générale.

ART. 14. — Les administrateurs ne sont responsables que de l'exécution du mandat qu'ils ont reçu; ils ne contractent aucune obligation personnelle ou solidaire à raison de leur gestion relativement aux obligations de la Société.

ART. 15. — Le Conseil d'administration nomme tous les ans son Président et son Secrétaire dans la première séance qui suit l'Assemblée générale annuelle.

Il ne délibère valablement que si la moitié de ses membres est présente

En cas de partage, la voix du président est prépondérante.

Le Conseil d'administration se réunit tous les mois, ou plus souvent, si les circonstances l'exigent, sur la convocation du Président. De plus, le Conseil d'administration est tenu de se réunir sous trois jours, lorsque trois de ses membres le demandent par écrit.

ART. 16. — Les Administrateurs recevront des jetons de présence dont le montant sera fixé par l'Assemblée générale.

L'Administrateur délégué, s'il en est nommé un, pourra recevoir des émoluments fixés par le Conseil d'administration.

Commissaires.

ART. 17. — L'Assemblée générale nomme plusieurs Commissaires, rétribués ou non, chargés de faire à l'Assemblée générale de l'année suivante un rapport sur la situation de la Société, sur le bilan et sur les comptes présentés par les administrateurs et investis d'une manière générale de toutes les fonctions qui leur sont attribuées par la loi.

Les Commissaires peuvent notamment, en cas d'urgence, convoquer l'Assemblée générale. Ils sont rééligibles.

A défaut par l'Assemblée générale de procéder à leur nomination, ou en cas d'empêchement ou de refus de l'un ou plusieurs des Commissaires nommés, il est pourvu à leur nomination ou à leur remplacement par ordonnance de M. le Président du Tribunal de Commerce, à la requête de tous intéressés, les administrateurs dûment appelés.

Pouvoirs du Conseil.

ART. 18. — Le Conseil d'administration règle dans l'intérêt de la Société tout ce que la loi ou les Statuts n'attribuent pas à l'Assemblée générale; il statue sur l'admission des Sociétaires et propose leur exclusion; il fixe le maximum des avances à faire aux emprunteurs et les conditions de leur remboursement; il règle le service des dépôts et détermine l'intérêt à payer aux déposants; il dresse ou fait dresser tous les états de situation, tous les comptes; il fournit toutes justifications exigées par la loi ou destinées aux Commissaires ou à l'Assemblée générale.

Il peut contracter tous emprunts, avec ou sans hypothèque, jusqu'à concurrence du quart du capital souscrit, faire tous dépôts et retraits de fonds dans les caisses publiques ou autres, ainsi que tous transferts et conversions de titre; acheter et vendre, prendre ou donner à bail tous terrains et immeubles; acheter et vendre tous objets mobiliers; toucher toutes sommes qui pourront être dues à la Société, à quelque titre que ce soit, et en donner quittance; plaider, transiger, compromettre, se concilier, nommer des arbitres et experts; exercer toutes poursuites, faire tous actes conservatoires; intenter et suivre toutes actions judiciaires et autres, soit en demandant, soit en défendant; se désister de tous droits; déterminer le placement des fonds disponibles; faire tous désistements d'hypothèques, de privilèges et d'actions résolutoires, toutes mainlevées d'oppositions, saisies ou inscriptions, le tout avec ou sans paiement; déléguer tout ou partie de ses pouvoirs à l'un de ses membres; nommer et révoquer tous directeurs, employés et agents; déterminer leurs attributions et fixer leurs traitements et généralement faire tout ce qui rentrera dans l'objet de la Société quoique non formellement prévu aux présentes. Les emprunts supérieurs au quart du capital souscrit devront être autorisés par une Assemblée générale.

Art. 19. — Le Conseil d'administration prononce l'exclusion de tout syndicataire qui ne remplit pas ses engagements envers la Société, sauf l'appel par l'intéressé devant l'Assemblée générale.

Art. 20. — Les délibérations du Conseil sont constatées par des procès-verbaux inscrits sur un registre et signés par deux des administrateurs présents à la séance. Les copies ou extraits de ces délibérations, à produire en justice ou ailleurs, sont certifiés par un administrateur. Foi est due à ces extraits.

Assemblées générales.

Art. 21. — Les Assemblées générales se composent de tous les sociétaires. Chaque part donne droit à une voix sans que le nombre de voix attribué à un seul porteur de parts puisse être supérieur à dix.

Art. 22. — Les Assemblées générales sont ordinaires ou extraordinaires.

Elles sont convoquées par le Conseil d'administration par la voie des journaux; elles sont présidées par le président du Conseil ou en cas d'empêchement par un administrateur désigné par le Conseil. La convocation indique l'ordre du jour.

Le Président constitue le bureau en y appelant les deux plus forts porteurs de parts comme assesseurs.

Art. 23. — Les délibérations sont prises à la majorité absolue des voix et obligent tous les Sociétaires même absents ou dissidents. En cas de partage, la voix du président est prépondérante.

Les délibérations sont constatées par des procès-verbaux inscrits sur un registre spécial et signés par le président et le secrétaire.

La justification à faire des délibérations de l'Assemblée vis-à-vis des tiers résulte des copies ou extraits certifiés conformes par un des administrateurs.

Art. 24. — Les Assemblées ordinaires ont lieu annuellement dans les quatre premiers mois.

Les Assemblées extraordinaires sont convoquées toutes les fois que l'intérêt de la Société l'exige.

Les Assemblées extraordinaires examinent notamment les questions de modifications aux statuts, de prorogation ou de dissolution de la Société.

Art. 25. — Les Assemblées générales ordinaires délibèrent valablement lorsque le quart du capital social, tel qu'il existe au moment de la convocation, est dûment représenté, soit par les sociétaires en personne, soit par leurs mandataires. Ces mandataires, qui devront toujours être eux mêmes titulaires d'une part, devront avoir un mandat écrit. Une simple lettre suffit à cet effet; elle est mentionnée au procès-verbal de la séance et conservée dans les archives de la Société.

Si le quart au moins du capital social n'est pas représenté, une nouvelle convocation à huit jours d'intervalle devient nécessaire. Elle est rendue publique par la voie d'un journal d'annonces légales qu'aura désigné le Conseil d'administration. L'Assemblée générale qui suit cette nouvelle convocation délibère valablement, quelle que soit l'importance du capital représenté, sur les objets à l'ordre du jour de la première réunion.

Art. 26. — Néanmoins, les Assemblées générales qui auront pour objet la modification des Statuts, la prorogation ou la dissolution de la Société, ne seront régulièrement constituées et ne délibéreront valablement conformément à l'article 31 de la loi du 24 juillet 1867, qu'autant qu'elles seront composées d'un nombre de sociétaires représentant la moitié au moins du capital social, tel qu'il existera au moment de la convocation.

Les délibérations sont prises à la majorité absolue; toutefois, la dissolution ne peut être votée que par une majorité comprenant les deux tiers au moins des voix présentes ou régulièrement représentées.

Inventaires. — Répartitions.

ART. 27. — Il sera dressé chaque année un inventaire au 31 décembre. Le premier exercice comprendra tout le temps à courir à dater de la constitution de la Société jusqu'au 31 décembre 1895.

ART. 28. — Les parts recevront sur les bénéfices nets réalisés un intérêt maximum de 4 pour 100 sur les sommes versées. Cet intérêt sera payé au siège de la Société, au jour fixé par le Conseil d'administration, à tous les porteurs de parts. Tout intérêt non réclamé dans les cinq ans de son exigibilité est prescrit au profit de la Société.

Réserves.

ART. 29. — Conformément à la loi, les porteurs de parts ne recevront aucun dividende. Le surplus des bénéfices, après prélèvement de l'intérêt spécifié ci-dessus, sera réparti de la façon indiquée ci-après.

Il sera versé à la réserve :

1° Le 75 pour 100 des bénéfices nets, après prélèvement de l'intérêt du capital, jusqu'à ce que la réserve atteigne la moitié du capital;

2° 25 pour 100 pourront être versés, chaque année, à la Société départementale d'Encouragement à l'agriculture de l'Hérault ou à toutes autres Sociétés agricoles ou Syndicats pour être affectés à la défense des intérêts généraux de l'agriculture.

Démission. — Dissolution et liquidation de la Société.

ART. 30. — Tout porteur de parts peut se retirer en donnant sa démission un an à l'avance par lettre adressée au président du Conseil. Dans ce cas, le montant de sa part lui est remboursé six mois après la clôture de l'exercice.

Le Conseil d'administration, s'il le juge utile, peut abréger le délai de remboursement; mais ainsi qu'il est dit à l'article 4, ce remboursement ne serait pas effectué, s'il faisait descendre le capital au-dessous du chiffre établi à la constitution de la Société. Il en sera de même pour le remboursement aux Sociétaires exclus, après liquidation de leur compte. Les parts seront remboursées au chiffre déterminé par le dernier bilan.

ART. 31. — Les héritiers des titulaires de parts, les démissionnaires et les Sociétaires exclus ne pourront en aucun cas requérir inventaire, ni aucune mesure conservatoire.

ART. 32. — La Société n'est pas dissoute par la mort, l'absence, la retraite, la faillite d'un ou de plusieurs des associés; elle continue avec les autres associés.

La dissolution peut être demandée avant l'expiration du terme fixé par les statuts, si, par suite de pertes successives, le capital social se trouve réduit à moins de 10 000 francs, ou si le nombre des associés se trouve être depuis plus d'une année inférieur à sept.

ART. 33. — En cas de dissolution, l'Assemblée générale nomme à la simple majorité des voix, un ou plusieurs liquidateurs chargés de réaliser et de répartir le capital social conformément à ses résolutions, ou de faire à une autre Société le transport ou l'apport des droits et engagements de la Société dissoute.

Pendant la durée de la liquidation, les pouvoirs de l'Assemblée générale se continuent; mais la nomination du liquidateur met fin au pouvoir des administrateurs.

La dernière répartition devra être annoncée par le liquidateur, au moyen d'une insertion dans le journal désigné, conformément à l'article 25. Les sociétaires seront tenus de se présenter pour toucher dans les cinq ans qui suivront cette inscription. Passé ce délai, la liquidation sera close, et ceux qui ne se seraient pas présentés seront déchus de tous leurs droits, et leur part de l'actif social fera l'objet d'une répartition supplémentaire entre les autres sociétaires.

Attribution de juridiction.

ART. 34. — En cas de contestations ou de poursuites et par suite de l'adhésion aux présents statuts, attribution de juridiction est faite au Tribunal de Commerce de Montpellier. A cet effet, tous les sociétaires ou syndicataires devront faire élection de domicile à Montpellier. Toutes notifications, assignations et poursuites sont valablement faites au domicile réel, et, à défaut d'élection de domicile, au Parquet du Tribunal de Montpellier.

ART. 35. — Les détails du fonctionnement du *Crédit agricole des Syndicats de l'Hérault* seront établis par un règlement du Conseil d'administration.

RÈGLEMENT D'ADMINISTRATION
DU CRÉDIT AGRICOLE DES SYNDICATS DE L'HÉRAULT

Achats à terme. — Prêts et Escomptes.

ARTICLE PREMIER. — Les membres du Syndicat qui désireront payer à terme leurs achats de matières utiles à leur profession, devront justifier de l'utilité de leurs achats. Leurs demandes seront soumises au Président du Syndicat communal, qui les transmettra à la Société avec son avis. Ces demandes seront soumises tous les quinze jours au Comité d'escompte, dont il sera parlé ci-après.

Les demandes de prêts et d'escompte seront effectuées dans les mêmes conditions.

Les signataires des demandes rejetées en seront informés le jour même. Le Directeur n'a pas à indiquer les motifs du rejet.

Manière dont les prêts sont opérés.

ART. 2. — Les demandes qui auront été approuvées par le Comité recevront satisfaction de la façon suivante :

Le demandeur souscrira un billet de la somme demandée à l'ordre du Syndicat communal. Ce billet sera endossé par le Président du Syndicat ou le Secrétaire autorisé; il sera domicilié dans une ville bancable. Le prêt sera consenti pour quatre-vingt-dix jours au maximun; il sera renouvelé deux fois au plus. (Ce qui porte le crédit à neuf mois au maximum.)

Les Syndicats qui voudront donner plus rapidement satisfaction à leurs sociétaires pourront à chaque séance présenter les billets préparés à l'avance. A cet effet, il leur sera remis des bordereaux imprimés.

Les traites tirées par les syndicataires sur les acheteurs de leurs produits et pour autres causes seront escomptées de la même façon.

ART. 3. — Les syndicataires qui, pour des raisons personnelles, ne veulent pas adresser leurs demandes au Syndicat communal dont ils font partie pourront s'adresser directement au Crédit agricole à Montpellier. Dans ce cas, ils devront garantir l'exécution de leur engagement, soit par un dépôt de titres, soit par une deuxième signature reconnue solvable et agréée par le Comité d'escompte.

Dans le cas de dépôt de titres admis par la Banque de France ou par d'autres Sociétés de crédit, il sera toujours donné satisfaction à l'emprunteur, et le taux sera seulement de 1 pour 100 au-dessus du taux de la Banque.

Taux des Prêts et Escomptes.

Art. 4. — Le taux des prêts et escomptes suivra les fluctuations du taux de la Banque, avec un écart qui ne pourra pas dépasser 2 1/2 pour 100.

Art. 5. — Dans le cas où la garantie sera donnée par une deuxième signature, la demande devra toujours être effectuée quinze jours à l'avance au moins, et le demandeur devra fournir, à ses frais, tous renseignements exigés : contrat de mariage, situation hypothécaire, extrait de la matrice cadastrale, police d'assurance, etc., etc.

Art. 6. — Les demandes de prêts, escomptes ou avances recevront satisfaction dans l'ordre suivant :

1° Les demandes cautionnées par dépôts de titres reçus par la Banque de France ou autres établissements de crédit seront toujours servies le même jour, quel qu'en soit le montant, et sans l'avis du Comité ;

2° Les demandes transmises par les Syndicats au nom des demandeurs, porteurs de parts du Crédit agricole ;

3° Les demandes formulées par les porteurs de parts, adressées directement avec une deuxième signature de garantie ;

4° Les demandes transmises par les Syndicats pour les membres payant seulement la cotisation de 3 francs ;

5° Les demandes formulées directement au Crédit par les membres des Syndicats, avec deuxième signature à la place de celle des Syndicats communaux.

Direction.

Art. 7. — Les opérations de la Société sont dirigées par un administrateur délégué, qui prend le titre de Directeur.

Le Directeur exerce tous les pouvoirs du Conseil, dont il exécute les délibérations. Il exécute les commandes et achats, reçoit toutes les demandes, signe la correspondance, consent les prêts et escomptes après avis du Comité d'escompte, signe et endosse les billets, traites, mandats reçus ; nomme et révoque les agents ; le tout dans les limites tracées par les statuts et par le Conseil.

Comité d'Escompte.

Art. 8. — Le Comité d'Escompte statuera tous les quinze jours, et plus souvent, s'il y a lieu, sur toutes les demandes de prêts formulées par les syndicataires. Il est composé du Directeur et d'un membre du Conseil d'administration, qui siégeront alternativement.

Remises aux Syndicats.

Art. 9. — Une remise pourra être effectuée aux Syndicats sur toutes les opérations qu'ils transmettront. Cette remise devra être versée intégralement à leurs fonds de réserve pour servir de garantie à leurs engagements.

Emploi du capital.

Art. 10. — Le montant du capital versé pourra être employé en achat de titres et déposé à la Banque de France ou dans un établissement de crédit, pour servir de garantie aux opérations d'escompte ou bien rester disponible dans la caisse de la Société.

Syndicats communaux.

Art. 11. — Le fonctionnement de la Société de crédit implique la création de syndicats communaux, qui constitueront une petite société de crédit dans chaque commune.

Le capital versé de ces Sociétés de crédit sera converti en titres et déposé à la Banque de France ou dans un établissement de crédit au nom de la Société de crédit des Syndicats de l'Hérault.

Modifications au Règlement.

Art. 12. — Le présent règlement sera complété ou modifié par simple délibération du Conseil d'administration.

Art. 13. — Afin d'habituer les emprunteurs à la plus grande régularité dans les paiements et les renouvellements, le Conseil décide qu'une commission de 0,25 par 100 francs sera perçue sur chaque effet renouvelé qui ne parviendra pas à la Direction cinq jours au moins avant l'échéance.

(Ce dernier article a été voté dans la séance du Conseil du 11 janvier 1898.)

Formule n° 1.

DEMANDE D'EMPRUNT ET BULLETIN DE RENSEIGNEMENTS

Le soussigné demande à emprunter au Crédit Agricole des Syndicats de l'Hérault *la somme de   qu'il s'engage à rembourser le   , et il offre comme garantie de l'exécution de ses engagements la signature de M.*

RENSEIGNEMENTS A FOURNIR PAR LE DEMANDEUR

1° Valeur approximative des immeubles ;

2° Hectares cultivés et autres immeubles. . . { à sa femme ; / à lui-même ;

3° Hectolitres récoltés en . . . . . ;

4° Dettes hypothécaires ;

5° Autres dettes ;

6° Indiquer l'emploi de la somme demandée ;

7° Sous quel régime est-il marié ;

8° Nom et adresse de la garantie ;

9° Fortune approximative du donneur de garantie.

, le

Signature :

Nota. — Les renseignements fournis par le demandeur doivent être exacts, toute indication erronée serait une cause absolue de rejet pour la présente demande ou toute autre future.

VII. — Statuts de la Société de Crédit mutuel agricole de Remiremont.

Dénomination. — Siège. — But. — Durée de la Société.

Article premier. — Il est formé entre les membres du Syndicat agricole de Remiremont, qui ont adhéré ou adhéreront aux présents statuts, une société de crédit agricole sous la dénomination de « Société de Crédit mutuel agricole de Remiremont. »

Tout sociétaire est réputé avoir adhéré aux statuts et est lié par les décisions, tant de l'assemblée générale que du conseil d'administration, agissant dans leurs compétences respectives.

Art. 2. — Le siège de la Société est à Remiremont.

Art. 3. — La Société a pour objet de faciliter à ses membres le crédit dont ils peuvent avoir besoin pour des opérations se rapportant à l'industrie agricole.

Elle peut recevoir des dépôts de fonds en compte courant, avec ou sans intérêts, se charger des recouvrements et des paiements. Elle peut contracter des emprunts pour constituer ou augmenter son fonds de roulement.

La Société s'interdit formellement toute affaire de spéculation.

Art. 4. — La Société est constituée pour une durée de 20 années à dater du jour de sa constitution définitive.

Elle ne pourra être dissoute par la mort, la retraite, l'interdiction, la faillite ou la déconfiture de l'un ou de plusieurs de ses associés.

Elle continuera de plein droit entre les autres associés.

Fonds social.

Art. 5. — Le capital social de fondation est fixé à la somme de dix-sept mille francs, divisée en parts de vingt francs.

Art. 6. — Le fonds social pourra être augmenté, soit par l'adjonction successive de nouveaux membres, soit par de nouvelles souscriptions des associés fondateurs.

Il ne pourra être réduit par les reprises des apports des sociétaires sortants au-dessous du capital de fondation.

Art. 7. — La Société ne sera constituée qu'après le versement de moitié du capital souscrit; les versements ultérieurs devront être opérés dans le délai de six mois. Néanmoins tout sociétaire aura le droit de se libérer par anticipation du montant intégral de sa souscription.

Les souscripteurs qui se présenteront après la constitution de la Société ne seront tenus qu'au versement du quart en souscrivant; le surplus de leurs souscriptions sera versé dans le délai de six mois.

Dans l'un et l'autre cas les intérêts ne courront, au profit des souscripteurs, qu'à partir du premier jour du trimestre qui suivra le versement effectué. Les sommes ainsi versées produiront un intérêt de 2 fr. 50 pour 100.

Art. 8. — En cas de retard dans le versement des termes échus de la souscription, et après une mise en demeure par lettre recommandée, le souscripteur sera considéré comme démissionnaire et les versements opérés acquis à la Société.

Art. 9. — Le capital social peut être réduit :

1º Par le remboursement de leurs parts, soit aux sociétaires démissionnaires ou exclus, soit aux ayants droit des décédés:

2º Par les voies de droit commun, suivant décision de l'Assemblée générale.

Lorsque cette diminution, constatée par le dernier inventaire, atteindra la moitié du capital de fondation, les administrateurs seront tenus de convoquer d'urgence l'Assemblée générale, afin de statuer sur la continuation ou sur la dissolution de la Société.

Art. 10. — Les parts ne sont transmissibles que par voie de cession aux membres du Syndicat et avec l'agrément du Conseil d'administration.

Les héritiers d'un sociétaire décédé devront faire agréer l'un d'entre eux membre du Syndicat, et le faire accepter par la Société pour les représenter. S'ils ne le font pas, ils n'auront droit qu'au remboursement suivant le mode et les délais fixés, sans pouvoir requérir ni inventaire, ni aucune mesure conservatoire.

Il en sera de même pour les représentants d'un sociétaire incapable ou absent et pour tous les co-propriétaires indivis d'une ou de plusieurs parts.

La cession s'opère par une déclaration inscrite au siège social sur un registre *ad hoc*, et signée du cédant et du cessionnaire ou de leur mandataire et d'un administrateur. Si les parties ne savaient ou ne pouvaient signer, ce transfert serait régularisé par la signature de l'administrateur et de deux témoins.

Au cas où un sociétaire proposerait un transfert, la Société aurait un droit de préférence sur le cessionnaire proposé, soit pour elle-même, soit pour un actionnaire, soit pour un adhérent.

Admission et sortie des sociétaires.

Art. 11. — Toute personne majeure faisant partie du Syndicat agricole de Remiremont, présentant des conditions suffisantes de moralité et de solvabilité, peut être reçue sociétaire.

Le candidat doit faire sa demande par écrit, en indiquant ses nom, prénoms, profession, domicile, et le nombre de parts pour lequel il s'inscrit.

Art. 12. — Les admissions sont prononcées par le Conseil d'administration, qui n'est pas tenu de motiver ses décisions. Le candidat peut faire appel devant l'Assemblée générale de la décision qui refuse son admission.

Art. 13. — Le Conseil peut prononcer la suspension d'un sociétaire et demander son exclusion à la prochaine Assemblée générale.

Dans l'Assemblée appelée à statuer sur cette proposition d'exclusion, le sociétaire, dont l'exclusion est proposée, doit être convoqué par lettre recommandée adressée huit jours au moins avant la réunion, et l'exclusion, pour être prononcée, doit réunir la majorité des trois quarts des votants.

Le sociétaire ainsi exclu n'a aucun recours contre la Société.

Art. 14. — Les sociétaires ne pourront être libérés de leurs engagements qu'après la liquidation des opérations consenties par la Société antérieurement à leur sortie.

Au cas où un sociétaire donnerait sa démission de membre du Syndicat, la restitution des versements ne pourra être exigée.

Il en sera de même en cas d'exclusion. Le sociétaire exclu perd tout droit sur le fonds de réserve.

Art. 15. — Tout emprunteur qui affecterait les fonds empruntés à un usage autre que celui en vue duquel le prêt a été consenti, est déchu du bénéfice du terme, obligé de rembourser immédiatement la somme à la Société et exclu de la Société.

Art. 16. — Le maximum des dépôts en compte courant ne pourra excéder le montant du capital social et de la réserve.

Le maximum des prêts sera déterminé par le Conseil d'administration.

Administration de la Société.

Art. 17. — La Société est administrée par un Conseil composé de 9 membres au moins et de 15 membres au plus pris parmi les sociétaires.

Il est renouvelable par tiers tous les ans à l'Assemblée générale. Les membres sortants sont rééligibles.

En cas de décès ou de démission d'un membre du Conseil d'administration, le Conseil pourvoit à son remplacement provisoire jusqu'à la prochaine assemblée qui procède à l'élection définitive. Le nouveau membre est nommé pour le temps restant à remplir par son prédécesseur,

Art. 18. — Le Conseil nomme son président, ses vice-présidents et son secrétaire. Il ne délibère valablement que si la moitié de ses membres est présente. En cas de partage, la voix du président est prépondérante.

Le président dirige les travaux du Conseil, veille à l'exécution de ses décisions ainsi qu'à l'observation des statuts et règlements. Les autres attributions du président et celles du secrétaire sont déterminées par le Conseil d'administration.

Art. 19. — Le Conseil se réunit toutes les fois que l'exige l'intérêt social et au moins une fois tous les trois mois.

Tout membre du Conseil qui, sans excuse valable, aura manqué à trois séances consécutives, pourra être considéré comme démissionnaire.

Art. 20. — Le Conseil règle, dans l'intérêt de la Société, tout ce que la loi ou les statuts n'attribuent pas à l'Assemblée générale; il statue sur l'admission des sociétaires et peut proposer leur exclusion; il fixe pour chaque emprunteur le maximum des prêts, le taux de l'intérêt et les conditions de remboursement; il règle le service des dépôts et détermine l'intérêt à payer aux déposants, ainsi que le taux des escomptes; il peut exiger des cautions, il dresse ou fait dresser tous les états de situation, tous les comptes; il fournit toutes les justifications exigées par la loi ou destinées aux commissaires ou à l'Assemblée générale.

Il peut faire tous dépôts et retraits de fonds dans les caisses publiques ou autres, ainsi que tous transferts et conversion de titres; toucher toutes sommes qui pourront être dues à la Société, à quelque titre que ce soit, et en donner quittance; plaider, transiger, compromettre, se concilier, nommer des arbitres et experts, exercer toutes poursuites, faire tous actes conservatoires, intenter et suivre toutes actions judiciaires et autres, soit en demandant, soit en défendant; se désister de tous droits; déterminer le placement des fonds disponibles; faire tous désistements d'hypothèques, de privilèges et d'actions résolutoires, toutes mainlevées d'oppositions, saisies ou inscriptions, le tout avec ou sans paiement; nommer et révoquer tous directeurs, employés et agents, déterminer leurs attributions et fixer leurs traitements et généralement faire tout ce qui rentrera dans l'objet de la Société, quoique non formellement prévu aux statuts.

Le Conseil peut déléguer tout ou partie de ses pouvoirs à un ou plusieurs de ses membres, ou à un directeur.

Art. 21. — Les délibérations du Conseil sont consignées sur un registre et signées par deux administrateurs.

Art. 22. — Les fonctions d'administrateur sont gratuites.

L'administrateur délégué ou directeur, ainsi que le secrétaire, peuvent recevoir des émoluments.

Art. 23. — L'Assemblée générale nomme un ou plusieurs commissaires chargés de faire à l'Assemblée générale suivante un rapport sur la situation de la Société.

Art. 24. — Les administrateurs ne sont responsables que de l'exécution de leur mandat; ils ne contractent aucune obligation personnelle ou solidaire à raison de leur gestion.

Commissaires de surveillance.

Art. 25. — Deux commissaires sont élus chaque année par l'Assemblée générale. Ils sont rééligibles. L'un d'entre eux peut, comme comptable expert, être désigné en dehors des sociétaires.

Ils sont chargés de s'assurer tous les mois de l'observation des prescriptions légales, de la régularité des opérations du Conseil d'administration, de la vérification de la comptabilité, de la caisse, du portefeuille, de la sincérité des comptes présentés.

Art. 26. — Les commissaires de surveillance dressent et présentent à l'Assemblée générale un rapport sur les opérations de l'exercice écoulé, sur la situation sociale établie par le Conseil d'administration.

Le rapport des commissaires de surveillance devra être communiqué au Conseil d'administration et tenu à la disposition des sociétaires huit jours au moins avant l'Assemblée générale.

Les commissaires de surveillance peuvent demander au Conseil d'administration, qui ne peut s'y refuser, la convocation d'une Assemblée générale extraordinaire.

Assemblée générale.

Art. 27. — Les Assemblées générales se composent de tous les sociétaires qui sont propriétaires de parts depuis trois mois au moins.

Chaque sociétaire n'a droit qu'à une voix, quel que soit le nombre de parts.

Art. 28. — Les Assemblées générales délibèrent valablement lorsque le quart du capital souscrit est représenté, soit par les sociétaires en personne, soit par leurs mandataires faisant eux-mêmes partie de la Société, et munis d'un mandat écrit.

Art. 29. — Elles sont convoquées par le Conseil d'administration, et sont présidées par le président du Conseil, ou en cas d'empêchement par un administrateur désigné par le Conseil.

La convocation doit être faite par lettre, au moins huit jours avant la date fixée pour l'Assemblée générale.

La lettre de convocation, signée par le secrétaire du Conseil, indique l'ordre du jour.

Le président constitue le bureau, en y appelant, comme assesseurs, les deux plus forts sociétaires présents.

Art. 30. — Les délibérations sont prises à la majorité absolue des voix et obligent tous les sociétaires, même absents ou dissidents.

En cas de partage, la voix du président est prépondérante.

Les délibérations sont constatées par des procès-verbaux inscrits sur un registre spécial et signés par le président et le secrétaire.

La justification à faire des délibérations de l'Assemblée vis-à-vis des tiers, résulte des copies ou extraits certifiés conformes par un des administrateurs.

Art. 31. — Les Assemblées générales ont lieu chaque année dans les quatre premiers mois.

Art. 32. — Des Assemblées générales ordinaires ou extraordinaires peuvent être convoquées toutes les fois que l'intérêt de la Société l'exige.

Aux Assemblées extraordinaires sont réservées notamment les questions de modifications dans les statuts, de prorogation ou de dissolution de la Société.

Art. 33. — Si le quart au moins du capital social souscrit n'est pas représenté à une Assemblée générale, une nouvelle convocation, à huit jours d'intervalle, devient nécessaire. Elle est rendue publique par la voie d'un journal d'annonces légales qu'aura désigné le Conseil d'administration.

L'Assemblée générale qui suit cette nouvelle convocation délibère valablement, quelle que soit l'importance du capital représenté, sur les objets à l'ordre du jour de la première réunion.

Art. 34. — Néanmoins, les Assemblées générales extraordinaires qui auront pour objet la modification des statuts, la prorogation ou la dissolution de la Société, ne seront régulièrement constituées et ne délibèreront valablement qu'autant qu'elles seront composées d'un nombre de sociétaires représentant la moitié au moins du capital social souscrit, tel qu'il existera au moment de la convocation.

Les délibérations sont prises à la majorité absolue des voix; toutefois la dissolution ne peut être votée que par une majorité comprenant les deux tiers au moins des voix présentes ou représentées.

Inventaire.

Art. 35. — Il sera dressé chaque année un inventaire au 31 décembre.

Le premier exercice comprendra tout le temps à courir depuis la constitution de la Société jusqu'au 31 décembre suivant.

Art. 36. — Des prélèvements seront opérés au profit de la Société sur les opérations faites par elle.

L'importance de ces prélèvements sera déterminée par le Conseil d'administration suivant la nature des opérations.

Après acquittement des frais généraux, paiement des intérêts des emprunts et des dépôts, ainsi que des intérêts du capital social, qui ne pourront dépasser 2 fr. 50 pour 100, les sommes résultant des prélèvements seront d'abord affectées, jusqu'à concurrence des trois quarts au moins, à la constitution d'un fonds de réserve, jusqu'à ce que celui-ci ait atteint, au moins, la moitié du capital social. Le surplus pourra être réparti à la fin de chaque exercice entre les sociétaires au prorata des prélèvements faits sur leurs opérations.

Il ne pourra, en aucun cas, être partagé sous forme de dividende, entre les membres de la Société.

Dissolution. — Liquidation.

Art. 37. — La dissolution peut être demandée si, par suite de pertes, le capital se trouve réduit à la moitié du capital social.

Art. 38. — En cas de dissolution, l'Assemblée générale nomme, à la simple majorité des voix, un ou plusieurs liquidateurs chargés de réaliser et de répartir le capital social entre les sociétaires ou d'affecter ce capital à une œuvre d'utilité agricole.

Contestations.

Art. 39. — Toute contestation sur l'exécution des présents statuts est soumise au tribunal de Remiremont. Les sociétaires sont tenus d'élire domicile à Remiremont; à défaut, toute notification sera valablement faite au greffe de la justice de paix à Remiremont. Aucune contestation ne peut être portée devant la justice, sans avoir été d'abord soumise au Conseil d'administration.

VIII. — Statuts de la Caisse agricole du département d'Oran.

Nom. — But. — Siège. — Durée.

ARTICLE PREMIER. — Entre les soussignés, membres du Syndicat agricole de l'arrondissement d'Oran et les membres de ce Syndicat qui adhéreront aux présents statuts, il est formé une Société de crédit, à capital variable, sous la dénomination de : *Caisse agricole de l'arrondissement d'Oran*, qui sera régie par la loi du 5 novembre 1894.

ART. 2. — Le but de la Société est de faciliter et garantir au besoin les opérations concernant l'industrie agricole et effectuées par les membres du Syndicat agricole de l'arrondissement d'Oran ;

D'aider par la faculté de petits versements à la possession de parts dans le fonds social ;

D'encourager l'épargne et de contribuer par ces moyens au bien-être matériel et moral de ses membres.

ART. 3. — Le siège de la Société est à Oran.

ART. 4. — La Société aura une durée illimitée.

Du capital social.

ART. 5. — Le capital de fondation est fixé à 2000 francs, composé de cent parts à 20 francs.

ART. 6. — Chaque sociétaire est tenu de prendre au moins une part, laquelle est fixée à 20 francs. Il peut en prendre plusieurs.

ART. 7. — Les parts sont payables en souscrivant. Elles produisent un intérêt qui ne devra pas dépasser le taux d'intérêt accordé dans l'année aux dépôts d'épargne.

Le capital pourra être augmenté par l'admission de nouveaux sociétaires par simple délibération du Conseil d'administration.

ART. 8. — Les sociétaires d'une même commune sont engagés solidairement entre eux et vis-à-vis des tiers dans une mesure illimitée.

ART. 9. — Les parts sont nominatives. La souscription est constatée sur un registre spécial et par la remise d'un certificat signé par deux administrateurs, constatant le nombre des parts.

Le sociétaire qui viendrait à perdre son certificat peut, en justifiant de sa propriété, se faire délivrer un duplicata deux mois après notification, par lettre recommandée, de la perte, à la Société.

ART. 10. — Les parts ne peuvent être cédées qu'aux conditions suivantes :

Que le concessionnaire soit membre du Syndicat agricole de l'arrondissement d'Oran et ait été agréé au préalable par le Conseil d'administration ;

Que le cédant ne soit débiteur de la Société à aucun titre direct ou indirect.

Toute cession ou mise en nantissement en dehors de ces conditions est nulle au regard de la Société.

La cession s'opère par une déclaration inscrite sur le certificat signé du cédant ainsi que du cessionnaire ou de leurs mandataires.

Si les parties ne savent ou ne peuvent signer, le transfert est régularisé par une mention relatant ce fait et par la signature de deux administrateurs.

Des sociétaires.

ART. 11. — La Société n'admet dans son sein que des personnes majeures faisant partie du Syndicat agricole de l'arrondissement d'Oran présentant des conditions

suffisantes de moralité et de solvabilité et demeurant dans une des communes d
l'arrondissement d'Oran.

Art. 12. — Les demandes d'admission sont adressées au Conseil d'administratio
qui a le pouvoir de les accepter ou de les repousser sans être tenu de motiver se
décisions.

Art. 13. — On perd la qualité de sociétaire :

Par la sortie volontaire. Le sociétaire doit prévenir par écrit le Conseil d'adminis
tration dans les six premiers mois de l'exercice social. La sortie n'a d'effet qu'aprè
l'assemblée générale ayant approuvé les comptes annuels ;

Par décès ;

Par le changement de domicile, à moins que le sociétaire ne demeure propriétair
dans une des communes de l'arrondissement d'Oran ;

Par exclusion ;

Par la sortie du Syndicat.

Art. 14. — Tout sociétaire qui tomberait en état de faillite ou de liquidation judi
ciaire ;

Aurait subi des peines correctionnelles ou criminelles ;

Se serait laissé poursuivre faute de paiement de ses dettes envers la Société ;

N'aurait pas affecté les prêts à l'usage déclaré sur la demande d'emprunt ;

Aurait essayé de compromettre la bonne marche de la Société et ne remplirait pa
les obligations statutaires ;

Sera exclu provisoirement par le Conseil.

Art. 15. — Les sociétaires ont le droit de prendre part en personne ou de se
faire représenter aux assemblées générales ;

D'obtenir des prêts dans les conditions prévues par les statuts ;

De verser dans la caisse sociale des fonds productifs d'intérêt ;

De contrôler l'emploi des avances obtenues par d'autres sociétaires.

Les sociétaires ont l'obligation :

De verser à la caisse sociale le montant de leurs parts et engagements comme il es
dit à l'article 6 ;

D'observer les statuts et règlements sociaux, d'assister ou de se faire représente
aux assemblées générales ;

De répondre des obligations de la Société par parts viriles entre eux, et solidaire
ment vis-à-vis des tiers, et de favoriser par tous les moyens en leur pouvoir le
intérêts de la Société.

Art. 16. — En cas de démission ou d'exclusion, le sociétaire n'a droit qu'au
remboursement de ses parts, calculées d'après le dernier inventaire, sans aucun droi
dans les fonds de réserve.

Le remboursement n'aura lieu que trois mois après l'assemblée générale ayan
approuvé les comptes de l'exercice.

Art. 17. — En cas de décès d'un sociétaire, l'avoir qui lui revenait est mis à la
disposition de ses ayants droit dans les mêmes conditions que pour les sociétaires
exclus ou démissionnaires.

Les ayants droit peuvent prendre la part du sociétaire décédé, sauf approbation du
Conseil d'administration.

Toutefois, la part étant indivisible, et la Société ne reconnaissant qu'un seu
propriétaire par part, les ayants droit devront désigner celui d'entre eux qui remplacera nominalement le défunt.

Il ne peut, en aucun cas, même de décès ou de faillite d'un sociétaire, être requis contre la Société ni apposition de scellés, ni inventaire, ni partage, et nul ne peut s'immiscer dans l'administration.

La Société ne peut être dissoute par la mort, la retraite, l'interdiction, la faillite, la déconfiture d'un ou de plusieurs associés.

Elle continuera de plein droit entre les autres associés.

ART. 18 — Dans tous les cas, un remboursement ne peut avoir lieu qu'après compensation avec ce qui peut rester dû à la Société par le sociétaire.

Tout solde dû au sociétaire sorti et non réclamé dans les cinq ans est acquis à la Société et porté à la réserve.

Le sociétaire sortant n'est libéré de ses engagements qu'après liquidation des opérations contractées avant sa sortie.

Des opérations de la Société.

ART. 19. — La Société fait spécialement les opérations suivantes en faveur de ses membres et des membres du Syndicat agricole de l'arrondissement d'Oran.

La priorité devant toujours être accordée aux opérations proposées par des sociétaires, et parmi ces dernières aux plus petites.

Cette énumération n'est pas limitative.

Elle consent des prêts, ayant un but agricole, depuis trois mois jusqu'à un an, sur garanties, cautions, nantissements ou hypothèques.

Les prêts seront toujours représentés par des billets à ordre à trois mois renouvelables avec ou sans amortissement, dans les conditions déterminées par le Conseil d'administration.

L'intérêt sera payé d'avance.

Elle escompte et réescompte les effets ayant une cause agricole.

Elle peut garantir les opérations concernant l'industrie agricole faites par le Syndicat agricole de l'arrondissement d'Oran.

Elle fait des encaissements et des paiements.

Elle reçoit des dépôts à vue ou à échéance.

Elle emprunte les capitaux nécessaires à son fonctionnement, et fait toutes les opérations conformes à son but.

ART. 20. — Le taux des prêts ne pourra dépasser de 3 1/2 pour 100 l'intérêt que la Société servira aux dépôts à vue.

ART. 21. — Les demandes doivent énoncer l'objet et la durée du prêt. La Société ne peut accorder les prêts que si elle a la conviction que la somme avancée permettra à l'emprunteur de réaliser un bénéfice et de rembourser la Caisse.

Elle peut exiger le remboursement des prêts non affectés à l'usage déclaré dans la demande d'emprunt immédiatement après l'échéance.

ART. 22. — Les sociétaires qui obtiennent des avances ou des escomptes déposent dans la caisse sociale leurs certificats, qui, aux termes des articles 2071 et suivants du Code civil, deviennent ainsi le gage sur lequel la Société a le droit de se rembourser par privilège et de préférence à tous autres créanciers.

Administration.

ART. 23. — La Société est administrée :

Par le Conseil d'administration ;

Par la commission de surveillance ;

Par l'assemblée générale ;

Par les délégués.

Toutes ces fonctions sont gratuites.

Conseil d'administration.

Art. 24. — Le Conseil d'administration se compose de dix membres au moins ; ce nombre peut être augmenté en cas de besoin constaté.

Les administrateurs restent en fonctions pendant deux ans. Ils sont rééligibles.

En cas de décès ou de démission d'un membre du Conseil d'administration, le Conseil peut pourvoir à son remplacement provisoire jusqu'à la prochaine assemblée, qui procède à l'élection définitive. Le nouveau membre est nommé pour le temps restant à remplir par son prédécesseur.

Art. 25. — Le Conseil choisit, chaque deux ans, son Président, un Vice-Président et un Secrétaire, qui sont rééligibles.

Art. 26. — Le Conseil se réunit au moins deux fois par mois sur la convocation du Président. Les délibérations sont prises à la majorité des voix. Pour que le Conseil délibère valablement, il faut que la majorité des membres soit présente.

En cas de partage, la voix du Président est prépondérante.

Toutes les fois qu'il s'agira des intérêts d'un administrateur, ce dernier devra s'abstenir d'assister à la séance, et la délibération du Conseil sera soumise à l'approbation de la commission de surveillance.

Il est tenu un registre de délibérations. Les procès-verbaux sont signés par le Président et le Secrétaire.

Art. 27. — Tout membre du Conseil qui, sans motif légitime, aura manqué à cinq séances consécutives, peut être considéré comme démissionnaire.

Art. 28. — Le Conseil est investi des pouvoirs les plus étendus : tout ce qui n'est pas réservé expressément à l'assemblée générale est de sa compétence, et, notamment :

Il admet ou refuse les sociétaires, accepte les démissions et prononce les exclusions ;

Il statue sur les demandes de prêts ; il examine et surveille l'emploi des sommes avancées et veille à leur rentrée ;

Il fixe les dépenses d'administration, surveille la comptabilité, arrête les bilans et inventaires à soumettre à l'assemblée générale ;

Il nomme le secrétaire comptable, les employés, règle leurs traitements et attributions, et les révoque au besoin.

Il plaide, transige, compromet, donne toutes quittances et mainlevées ; intente et suit toutes actions judiciaires et autres et, généralement, fait tout ce qui rentre dans l'objet de la Société non prévu par les présentes ;

Il convoque les assemblées générales ordinaires et extraordinaires, lorsque l'intérêt social l'exige.

Tous les actes concernant la Société devront porter la signature de deux administrateurs.

Art. 29. — Le Conseil peut déléguer tout ou partie de ses pouvoirs à un ou plusieurs de ses membres.

Il se fait représenter en justice par le Président ou un administrateur.

Art. 30. — Les administrateurs ne contractent aucune obligation solidaire ou personnelle. Ils ne sont responsables que de l'exécution de leur mandat dans les termes du droit commun.

Commission de surveillance.

Art. 31. — La commission de surveillance se compose de trois sociétaires, nommés par l'assemblée générale ; leurs fonctions durent une année. Ils sont rééligibles.

Ils veillent à l'exécution des statuts, des règlements et des délibérations de l'assemblée générale. Ils vérifient la caisse, le portefeuille, la comptabilité ; ils surveillent l'emploi des fonds prêtés par la Société.

Ils se réunissent une fois par trimestre et dressent de leur vérification un rapport qui est communiqué au Conseil d'administration.

Ils présentent à chaque assemblée générale ordinaire un rapport écrit sur les opérations de l'exercice écoulé.

Ile peuvent, s'ils le jugent utile, convoquer l'assemblée générale.

Assemblées générales.

ART. 32. — L'assemblée générale régulièrement constituée représente l'universalité des sociétaires ; ses décisions sont obligatoires, même pour les absents.

Elle se réunit une fois par an, le premier dimanche de janvier. Elle peut aussi être convoquée à titre extraordinaire par le Conseil d'administration, par la commission de surveillance, ou sur une demande écrite, portant la signature du cinquième des sociétaires et indiquant les objets à traiter.

ART. 33. — Les convocations ont lieu par lettres adressées aux sociétaires au moins huit jours à l'avance, et contenant l'ordre du jour qui est fixé par le Conseil d'administration et devra comprendre toutes propositions soumises par écrit, quinze jours avant la réunion de l'assemblée, avec la signature du dixième, au moins, des sociétaires.

ART. 34. — L'assemblée est présidée par le Président du Conseil d'administration, assisté de deux administrateurs. Le Secrétaire-comptable remplit les fonctions de Secrétaire, s'il y a lieu.

ART. 35. — L'assemblée ordinaire est régulièrement constituée quand le quart des sociétaires est présent ou représenté.

A défaut, il est procédé à une seconde assemblée générale le dimanche suivant avec le même ordre du jour, et cette fois les décisions sont valables, quel que soit le nombre des membres présents.

ART. 56. — L'assemblée générale qui aurait à statuer sur des modifications aux statuts, sur l'exclusion de sociétaires ou sur la prorogation ou la dissolution anticipée de la Société, devra se composer de la moitié des sociétaires inscrits, présents ou représentés, et délibérera à la majorité des présents.

Après deux convocations sans effet, la troisième assemblée délibère valablement, quel que soit le nombre des membres présents.

ART. 37. — Les délibérations sont prises à la majorité des voix, à mains levées et avec contre-épreuve. Si la moitié des membres présents le demande, on procède au scrutin secret.

Chaque sociétaire n'a qu'une voix.

Aucun sociétaire ne peut représenter plus de trois sociétaires non présents.

Nul ne peut être représenté que par un sociétaire muni de la lettre de convocation avec un *bon pour pouvoir* inséré au bas de l'ordre du jour.

En cas de partage, la voix du Président est prépondérante.

ART. 38. — Les délibérations sont constatées par un procès-verbal qui est transcrit sur un livre spécial et signé par les membres du bureau.

Une feuille de présence contenant les noms et domiciles des présents ou représentés est annexée et certifiée par le bureau. Les extraits ou copies à produire sont signés par le Président et le secrétaire du Conseil.

Art. 39. — L'assemblée générale entend les rapports du Conseil d'administration et de la commission de surveillance.

Elle examine, approuve ou rejette les comptes qui lui sont soumis.

Elle nomme les administrateurs et les censeurs.

Elle détermine le maximum des emprunts et des engagements qui peuvent être contractés, et le maximum du crédit qui pourrait être consenti à un seul sociétaire pendant l'année ; elle fixe le taux de l'intérêt à servir aux dépôts, celui des avances, le montant des commissions pour les autres opérations, le tout dans les limites prévues par l'article 19 des statuts.

Délégués.

Art. 40. — Chaque commune comptant au moins dix sociétaires nommera un comité composé de trois membres, dont un président, qui assistera aux réunions du Conseil d'administration quand il y aura lieu et qui aura voix consultative. Toute commune comptant moins de dix adhérents s'adjoindra à une commune voisine.

Secrétaire comptable.

Art. 41. — Le secrétaire comptable exécute les décisions du Conseil d'administration. Il est chargé de la tenue des livres et de la gestion de la caisse. Il prépare les comptes et les inventaires à présenter aux assemblées générales. Il est responsable de tous les documents, valeurs et espèces qui lui sont consignés. Il peut être appelé à remplir les fonctions de secrétaire du Conseil d'administration et des assemblées générales.

Inventaires. — Bénéfices. — Réserve.

Art. 42. — L'année sociale commence le 1er janvier et finit le 31 décembre.

Par exception, le premier exercice ne comprendra que le temps à courir de la date de la constitution définitive au 31 décembre suivant.

Art. 43. — A la fin de chaque exercice, un inventaire est dressé, contenant les dettes actives et passives de la Société.

Cet inventaire est complété par le bilan.

Art. 44. — Il est constitué un fonds de réserve auquel il sera versé les bonis nets tels qu'ils sont définis par l'article 5 de la loi du 5 novembre 1894.

Art. 45. — Tous intérêts non réclamés dans les cinq ans sont acquis à la Société et versés à la réserve.

Dissolution. — Liquidation.

Art. 46. — A l'expiration de la Société ou en cas de dissolution anticipée, l'Assemblée nomme un ou deux liquidateurs à qui elle peut conférer les pouvoirs les plus étendus.

Pendant la liquidation, les pouvoirs de l'Assemblée continuent:

Le fonds de réserve et le reste de l'actif seront affectés:

Si sept sociétaires au moins en font la demande, à la réorganisation de l'institution ;

A défaut, à des œuvres d'intérêt agricole que l'Assemblée indiquera.

Contestations. — Élection de domicile.

Art. 47. — Toute contestation entre les sociétaires ou entre eux et la Société sur l'exécution des présents statuts est soumise à la juridiction des Tribunaux de Commerce.

Les sociétaires sont tenus d'élire domicile dans une des communes de l'arrondissement d'Oran; à défaut, toute notification leur sera valablement faite à la mairie du siège social.

Dispositions diverses.

Art. 48. — Les présents statuts, sauf en ce qui concerne la responsabilité illimitée des membres, l'indivisibilité de la réserve, la gratuité des fonctions des administrateurs, dispositions qui ne pourront subir aucun changement, peuvent être modifiés sur la proposition du Conseil d'administration, par une assemblée générale extraordinaire, composée et délibérant dans les conditions prévues à l'article 32.

Art. 49. — Avant toute opération, les statuts, avec la liste complète des Administrateurs et des Sociétaires, indiquant leur nom, profession, domicile et le montant de chaque souscription, seront déposés, en double exemplaire, au greffe de la Justice de paix d'Oran.

Chaque année, dans la première quinzaine de février, il sera déposé un double exemplaire, à ce même greffe, de la liste des membres faisant partie de la Société à cette époque, le tableau sommaire des recettes et des dépenses ainsi que des opérations effectuées dans l'année précédente.

IX. — Statuts d'une Caisse rurale, d'après le modèle de l'Union des caisses rurales et ouvrières françaises à responsabilité illimitée.

Société à capital variable.

Article Premier. — Entre les soussignés :
et toutes les personnes qui adhéreront aux présents statuts; il est fondé une société en nom collectif à capital variable, sous le nom de *Caisse rurale de....*

Cette Société a pour but de procurer à ses membres le crédit qui leur est nécessaire pour leurs exploitations.

Art. 2. — Peuvent seules faire partie de la Société, les personnes majeures, jouissant de leurs droits civils, habitant la commune de
ou y étant inscrites au rôle de l'impôt foncier.

Les nouveaux membres doivent être agréés par le Conseil d'administration de la Société, et accepter toutes les obligations que les présents statuts imposent aux associés. Tout candidat refusé par le Conseil d'administration peut en appeler à l'Assemblée générale qui statue en dernier ressort dans sa plus prochaine réunion.

Art. 3. — On perd la qualité d'associé :

1° Par démission volontaire; elle peut être donnée en tout temps;

2° Par décès : les héritiers du décédé ne peuvent jouir d'aucun des droits ou prérogatives de leur auteur;

3° Par la cessation des conditions de résidence ou d'inscription au rôle de l'impôt foncier exigées par les présents statuts;

4° Par exclusion : elle peut être prononcée par le Conseil d'administration : •

A. Si l'associé est condamné à une peine correctionnelle ou criminelle;

B. S'il est déclaré en faillite ou s'il se trouve en état de déconfiture notoire;

C. S'il ne remplit pas ses obligations vis-à-vis de la Société, s'il n'affecte par les fonds empruntés à l'emploi qui a été déterminé, s'il oblige la Société à recourir contre lui aux voies judiciaires.

L'associé qui n'accepterait pas la décision du Conseil d'administration pourra appeler à l'Assemblée générale, qui statuera en dernier ressort. L'exclusion ne pourra être prononcée qu'à la majorité des deux tiers des membres présents.

L'acquisition ou la perte de la qualité d'associé est constatée, vis-à-vis de l'associé, de la Société et des tiers, par une inscription sur le registre des entrées et des sorties des associés, signée par l'associé, le directeur et un membre du Conseil d'administration en cas d'entrée ou de démission, et par les derniers seulement, en cas d'exclusion ou de décès.

Art. 4. — L'associé a le droit :

1° De prendre part aux Assemblées générales avec voix délibérative;

2° De faire avec la Société toutes les opérations prévues par les statuts, autant que l'état de la caisse et la solvabilité de l'associé le permettent.

Art. 5. — L'associé est, vis-à-vis des tiers, tenu sur tous ses biens des obligations de la Société. Entre les associés, les dettes de la Société se divisent par parts viriles. Mais chaque associé n'est tenu que des dettes antérieures à sa démission ou à son exclusion. Cette responsabilité est soumise à la prescription quinquennale établie par l'article 52 de la loi du 24 juillet 1867.

Art. 6. — Les associés ne peuvent engager la Société qui est représentée exclusivement par son administration d'après les règles ci-après déterminées.

Art. 7. — Les organes de la Société se composent :

1° Du Conseil d'administration; — 2° Du directeur; — 5° Du Conseil de surveillance; — 4° De l'Assemblée générale; — 5° Du comptable.

Du Conseil d'administration.

Art. 8. — Le Conseil d'administration se compose de [1] . . . . . membres élus par l'Assemblée générale pour [2] . . . . ans; il est renouvelable par [3]

Les premières fois, le sort désigne le membre qui doit être soumis à la réélection. Les membres du Conseil d'administration sont indéfiniment rééligibles.

En cas de décès, démission ou empêchement durable d'un membre du Conseil d'administration, le Conseil nomme un membre provisoire, qui restera en fonctions jusqu'à la plus prochaine Assemblée générale. Cette nomination doit être approuvée par le Conseil de surveillance.

Le Conseil d'administration choisit dans son sein le directeur qui préside ses délibérations, et le vice-directeur qui supplée le directeur en cas d'absence ou d'empêchement.

Le Conseil d'administration nomme et révoque le comptable, qui peut être pris dans son sein s'il n'est pas rétribué.

Le Conseil d'administration se réunit au moins une fois par mois, et plus souvent si c'est nécessaire. Pour la validité de ses délibérations, il faut la présence de deux membres. En cas de partage, la voix du directeur est prépondérante.

---

1. *Écrire le nombre des membres du Conseil d'administration : habituellement c'est* **trois.**

2. **Trois** — *ou* **six** — *ou* neuf. *Écrire le nombre d'années qui a été adopté par la Caisse.*

3. *Tiers chaque année, — ou par tiers tous les deux ans, si le Conseil est élu pour* **six ans,** *— ou par tiers tous les trois ans,* **si le Conseil est élu pour neuf ans.**

Le Conseil d'administration a pour mission :

1° De recevoir les demandes d'emprunt et d'accorder les prêts selon les règles établies par l'Assemblée générale, après examen du but de l'emprunt et fixation des termes de remboursement; de donner son avis sur les demandes d'emprunt et les délais de remboursement dépassant le maximum fixé par l'Assemblée générale et prévu par l'article 11, n° 3; de fixer le taux des prêts et des emprunts; de rédiger les titres de créances et toutes pièces qui se rapportent aux affaires de la Société; de surveiller l'emploi que l'emprunteur fait des sommes à lui prêtées;

2° De décider sur l'admission et l'exclusion des membres;

3° De décider tous paiements ou recettes; de veiller à la rentrée des fonds empruntés;

4° De surveiller, de concert avec le directeur, la gestion du comptable, de vérifier la caisse tous les mois, et de faire faire inventaire tous les trois mois;

5° D'établir chaque année les comptes et le bilan;

6° D'autoriser le directeur à intenter une action en justice ou à y défendre; de l'autoriser à transiger ou à compromettre sur toutes les affaires, mais, dans ce cas, avec l'approbation du Conseil de surveillance.

Du Directeur.

ART. 9. — Le directeur représente la Société vis-à-vis de tous. Néanmoins, sa signature n'oblige la Société qu'autant qu'elle est contresignée par un autre membre du Conseil d'administration. Le directeur peut être suppléé par le vice-directeur.

Le directeur gère les affaires de la Société, et est chargé notamment :

1° De représenter la Société en justice ou dans tous actes extra-judiciaires;

2° De signer la correspondance de la Société;

3° De surveiller les opérations du comptable; de faire exécuter les décisions du Conseil d'administration relativement aux opérations de la caisse; de vérifier la caisse tous les mois, et de faire dresser l'inventaire trimestriel;

4° De surveiller la tenue régulière du registre des entrées et sorties des sociétaires;

5° De présider les séances du Conseil d'administration ou de l'Assemblée générale, sauf dans le cas prévu à l'article 11.

Du Conseil de surveillance.

ART. 10. — Le Conseil de surveillance se compose de cinq membres élus pour deux ans par l'Assemblée générale. Chaque année, trois ou deux membres sont alternativement soumis à réélection. La première année, le sort désigne les deux membres sortants. Ils sont indéfiniment rééligibles.

Le Conseil de surveillance nomme chaque année, dans son sein, un président, un vice-président et un secrétaire.

Pour délibérer valablement, il faut au moins la présence de trois membres. Dans le cas où la présence de trois membres n'aurait pas été obtenue dans deux réunions successives, les membres absents sans excuse légitime seront considérés comme démissionnaires, et une Assemblée générale sera convoquée pour compléter le Conseil de surveillance.

Le Conseil de surveillance a pour mission :

1° De vérifier les écritures, la comptabilité et les opérations de la Caisse et d'en faire un rapport écrit à l'Assemblée générale annuelle;

2° De statuer, en dernier ressort, sur la concession des prêts alloués au-dessus de la somme ou pour des échéances supérieures à celles fixées par l'Assemblée générale conformément à l'art 11, n° 3 ;

3° De statuer, sur les demandes d'emprunts faites par les membres du Conseil d'administration et sur l'admission de ces membres comme caution ;

4° D'approuver la décision du Conseil d'administration autorisant le directeur à transiger ou à compromettre ;

5° De procéder tous les trois mois à l'examen de la caisse et de l'inventaire trimestriel, à la vérification de la solvabilité des emprunteurs et de leur caution, de la réalité du gage garantissant les emprunts, etc. Le Conseil de surveillance vérifiera notamment si l'argent prêté par la Caisse a été employé à l'usage indiqué par l'emprunteur. Dans le cas où cet argent aurait été détourné de sa destination première, ou si la solvabilité de l'emprunteur ou de la caution paraît avoir diminué, le Conseil de surveillance pourra ordonner le remboursement du prêt, immédiatement dans le premier cas, et dans le délai d'un mois dans le second, malgré toutes stipulations contraires de l'acte de prêt.

Le Conseil de surveillance se réunit au moins tous les trois mois, après la confection de l'inventaire, et plus souvent si c'est nécessaire. Il est convoqué par son président, chaque fois que le président, le directeur, ou trois membres du Conseil de surveillance le jugent nécessaire.

De l'Assemblée générale.

Art. 11. — L'Assemblée générale se compose de tous les sociétaires, ils n'ont qu'une voix. Elle se réunit en session ordinaire tous les ans, après la confection de l'inventaire annuel. Des sessions extraordinaires ont lieu toutes les fois que le Conseil d'administration, le Conseil de surveillance, ou un quart des associés le demandent. Les motifs de la convocation doivent, dans ces deux derniers cas, être présentés par écrit au directeur.

L'Assemblée générale est convoquée par le directeur. S'il se refusait à faire une convocation réclamée par le Conseil de surveillance, le président de ce Conseil pourrait procéder à cette convocation. Si le directeur et le président du Conseil de surveillance refusaient de convoquer l'Assemblée générale réclamée par un quart des sociétaires, ceux-ci pourraient donner mandat écrit à l'un d'entre eux pour procéder à cette convocation.

La convocation de l'Assemblée générale est faite au moins huit jours à l'avance par [1]

Pour les Assemblées générales extraordinaires, l'avis mentionnera les objets portés à l'ordre du jour.

L'Assemblée générale est présidée par le directeur, sauf dans le cas où l'on doit délibérer sur l'approbation des comptes et la gestion du Conseil d'administration, et sauf aussi le cas où le directeur aurait refusé de convoquer l'Assemblée générale. Celle-ci élit alors son président.

L'Assemblée générale ordinaire ou extraordinaire ne délibère valablement qu'en présence d'un quart des sociétaires. Si le *quorum* n'est pas atteint, on convoque une nouvelle Assemblée générale dans le délai de huit jours ; elle délibère valablement quel que soit le nombre des membres présents.

---

1. *Écrire le mode de convocation qui aura été adopté. Les plus usités sont :* 1. Par un simple avis inséré dans le journal...; 2. Par un simple avis affiché à la porte de la Mairie ; 3. Par un simple avis affiché à la porte de l'Église ; 4. Par un simple avis publié à son de caisse ; 5. Par lettre personnelle adressée aux Sociétaires.
La Caisse ne doit adopter qu'un seul de ces modes de convocation.

Les membres personnellement intéressés dans une discussion ne prennent pas part au vote.

Les décisions sont prises à la majorité des membres présents, sauf ce qui est dit aux art. 3, 11 § 5, 20 et 21. En cas de partage, la voix du président est prépondérante.

Dans la réunion ordinaire annuelle qui a lieu dans le courant du mois de février après la confection de l'inventaire annuel et du bilan, l'Assemblée générale procède aux opérations suivantes :

1° Elle élit des membres du Conseil d'administration et du Conseil de surveillance en remplacement des membres sortants, démissionnaires ou décédés. Les membres qui remplacent les démissionnaires ou les décédés ne sont nommés que pour le temps qui restait à courir pour leur prédécesseur.

Au premier tour de scrutin, la majorité absolue est nécessaire. Au second tour de scrutin, la majorité relative suffit. En cas de partage, le sort décide.

Les élections en remplacement de membres démissionnaires ou décédés peuvent se faire dans n'importe quelle session.

2° L'Assemblée générale ordinaire reçoit les comptes et bilans du Conseil de surveillance et, s'il y a lieu, approuve la gestion du directeur et du comptable et leur donne décharge.

Les comptes et bilans et le rapport du Conseil de surveillance devront être à la disposition des sociétaires, au siège social, au moins huit jours avant l'Assemblée générale.

3° L'Assemblée générale détermine le chiffre maximum que ne devront pas dépasser les emprunts et engagements de la Société. Elle détermine aussi le maximum des prêts que le Conseil d'administration pourra accorder à l'un quelconque des sociétaires. Elle détermine, s'il y a lieu, un autre maximum que ne pourra dépasser le Conseil d'administration, même autorisé par le Conseil de surveillance, conformément aux art. 8 et 10. A défaut de décision spéciale à ce sujet, le Conseil de surveillance pourra autoriser des prêts sans autres limites que celles fixées par le total des engagements de la Caisse.

4° L'Assemblée générale fixe, s'il y a lieu, la rétribution à allouer au comptable.

5° Elle décide, en dernier ressort, de l'admission ou de l'exclusion de certains membres, dans le cas où ceux-ci auraient fait appel des décisions du Conseil d'administration. L'exclusion ne peut être prononcée qu'à la majorité des deux tiers des membres présents, conformément à l'art. 5 des présents statuts.

Les Assemblées générales extraordinaires peuvent délibérer aussi sur les objets visés aux n°ˢ 3, 4 et 5, pourvu qu'ils aient été portés régulièrement à l'ordre du jour.

L'Assemblée vote, en général, à mains levées avec contre-épreuve. Mais le scrutin secret est de rigueur quand il s'agit d'élection, ou quand un quart de l'Assemblée le demande.

Du comptable.

ART. 12. — Le comptable est nommé et révoqué par le Conseil d'administration. Il peut être choisi dans le sein de ce Conseil, s'il n'est pas rétribué. S'il reçoit une rétribution, il ne peut faire partie d'aucun Conseil, mais il peut seulement assister aux séances de l'un ou l'autre Conseil, sur convocation du directeur ou du président, avec voix consultative.

Le comptable est le chargé d'affaires de la Société et, comme tel, il a le devoir :

1° D'exécuter les décisions du Conseil d'administration, en ce qui concerne la gestion de la caisse; d'effectuer les recettes et dépenses conformément à ces décisions, de tenir les livres, de garder en dépôt les titres, les actes et le numéraire en caisse. Mais sa signature n'oblige pas la Société.

2° De tenir la comptabilité, le registre des entrées et des sorties des sociétaires et d'établir les comptes mensuels, les inventaires trimestriels et le bilan annuel.

Le comptable est tenu à fournir une ou plusieurs cautions ou à déposer un cautionnement, s'il n'en est dispensé par le Conseil de surveillance après avis conforme du Conseil d'administration. La fixation du cautionnement ou l'acceptation des cautions, si le comptable n'en est dispensé, appartiennent au Conseil de surveillance.

Dans le cas où le comptable n'est pas rétribué, il peut lui être adjoint un secrétaire rétribué ou non, chargé du travail matériel des écritures. Ce secrétaire ne peut, en aucun cas, avoir la garde des effets ou valeurs, ni le maniement de l'argent. Il opère sous le contrôle et la responsabilité du comptable.

Dispositions générales.

Art. 13. — Les membres des Conseils exercent leurs fonctions gratuitement et ne peuvent réclamer que le remboursement des dépenses faites pour le compte de la Société.

Le comptable ou son secrétaire peuvent seuls recevoir, s'il y a lieu, une rétribution en rapport avec leurs services. Cette rétribution est fixée par l'Assemblée générale. Elle doit être exprimée comme somme fixe et non comme tantième.

Art. 14. — Les associés ne possèdent pas d'actions, ne font aucun versement, et ne reçoivent pas de dividende. Le capital social se compose exclusivement de la réserve qui est constituée par l'accumulation de tous les bénéfices réalisés par la caisse sur ses opérations. Quand la réserve atteint le quart du capital suffisant aux opérations de la caisse, le taux des prêts est abaissé par le Conseil d'administration de manière que la caisse ne réalise que les bénéfices nécessaires pour couvrir ses frais généraux.

Art. 15. — La Société emprunte soit à ses membres soit à des étrangers les capitaux strictement nécessaires à la réalisation des emprunts contractés par ses membres.

Art. 16 — Elle prête des capitaux à ses seuls membres, à l'exclusion de tous les autres, mais seulement en vue d'un usage déterminé et jugé utile par le Conseil d'administration qui est tenu d'en surveiller l'emploi. Tout emprunteur qui affecterait les fonds empruntés à un usage autre que celui en vue duquel le prêt a été consenti, est déchu du bénéfice du terme, obligé à rembourser immédiatement la somme à la caisse, et exclu de la Société.

La Société se fait souscrire, en échange du prêt, soit une obligation civile, soit une obligation hypothécaire.

Art. 17. — Le Conseil d'administration ne peut consentir des prêts supérieurs à la somme fixée par l'Assemblée générale.

Si, dans certains cas exceptionnels, un membre de la Société voulait emprunter une somme supérieure, le Conseil de surveillance devrait statuer en dernier ressort, après avis favorable du Conseil d'administration. Si l'Assemblée générale a fixé une limite au Conseil de surveillance conformément à l'article 14 n° 3, le Conseil de surveillance ne pourra dépasser cette limite.

Art. 18. — Les prêts peuvent être consentis pour une durée maxima de cinq ans. Dans le cas où le terme excéderait une année, le prêt doit être remboursé par payements fractionnés au moins annuels: l'obligation doit indiquer les diverses échéances qui correspondront aux époques où l'emprunteur réalise normalement ses principales recettes par la vente de ses récoltes ou de ses autres produits.

Art. 19. — Quelle que soit la solvabilité de l'emprunteur, aucun prêt ne peut être consenti sans bonnes garanties: caution, gage ou hypothèque.

Art. 20. — Les présents statuts ne pourront être modifiés que sur la proposition du Conseil d'administration, et par une Assemblée générale extraordinaire. La modification des statuts ne pourra être votée qu'à la majorité des deux tiers des membres présents.

Dans tous les cas, il ne pourra être dérogé aux dispositions des articles 13 et 14, qui interdisent la rémunération des membres du Conseil d'administration et du Conseil de surveillance et la distribution de dividendes.

Art. 21. — La Société est fondée pour un temps illimité. En cas de dissolution, sa réserve est employée à rembourser aux associés les intérêts payés par chacun d'eux en commençant par les plus récents, et en remontant jusqu'à épuisement complet de la réserve.

La dissolution ne peut être prononcée que par l'Assemblée générale extraordinaire, réunie et statuant dans les conditions établies par l'article précédent.

Si sept membres déclarent s'opposer à la dissolution de la Société et vouloir continuer ses opérations, la dissolution ne pourra être prononcée, la réserve et la comptabilité seront remises à ces associés, les autres ayant seulement le droit de se retirer conformément à l'article 3 des présents statuts.

Les membres qui veulent s'opposer à la dissolution de la Société devront en faire la déclaration à l'Assemblée générale qui prononcera cette dissolution, ou notifier leur résolution, par acte d'huissier, au directeur de la Société, dans les deux mois qui suivront la résolution de dissolution. Passé ce délai, ils seront déchus de leur droit d'opposition, et la réserve pourra être employée au remboursement des derniers intérêts payés, comme il est dit ci-dessus.

RÉSOLUTIONS ET VŒUX

ADOPTÉS PAR LE CONGRÈS

———

Ces résolutions et vœux sont placés dans l'ordre des Sections auxquelles ils se rapportent, et au nom desquelles ils ont été présentés dans les séances générales du Congrès.

PREMIÈRE SECTION

Économie rurale.

——

I

Organisation commerciale de la vente du blé.

Il y a lieu :

1° D'organiser la vente du blé de manière à assurer aux agriculteurs un prix rémunérateur et de créer à cet effet des sociétés coopératives, ayant une existence distincte de celle des syndicats agricoles ou unions de syndicats, mais constituées sous les auspices de ces syndicats ;

2° D'établir le mode de fonctionnement de ces sociétés, à leur choix, sur les bases suivantes :

a). Achat contre paiement d'acomptes avec règlement définitif au prix moyen des ventes effectuées dans l'année ;

b). Achat ferme au cours du jour pour le compte des sociétés ;

c). Vente en qualité d'intermédiaires pour le compte individuel de l'associé, moyennant une commission, avec facilité de faire des avances sur le prix et d'en garantir le paiement par voie de warrantage ;

3° De favoriser l'établissement par ces sociétés coopératives de greniers ruraux et de magasins régionaux, — destinés à emmagasiner, conserver, soigner, mélanger les blés et les classer suivant les types adoptés, — et placés, notamment, dans les gares de chemins de fer des centres de production, à proximité des canaux et, s'il est possible, à proximité des magasins militaires ;

4° D'apporter à la législation française les modifications nécessaires pour que les Caisses régionales de crédit agricole établies par la loi du 31 mars 1899 et les Caisses locales puissent avancer aux sociétés coopératives les fonds nécessaires pour établir ces greniers et ces magasins;

5° De créer dans chaque centre important, désigné par le Conseil général du département, une Commission chargée de constater les cours des céréales; de constituer ces Commissions de trois membres désignés, l'un par les associations agricoles, l'autre par la chambre ou le tribunal de commerce, le troisième par le conseil municipal; de publier chaque semaine au *Journal officiel* les cours ainsi constatés;

6° De donner au Comité permanent du Congrès mandat de poursuivre la constitution d'une commission internationale, dont les membres seraient désignés par les grandes associations agricoles et qui serait chargée de centraliser les cours des céréales dans les différents pays et de les publier;

7° De solliciter du Gouvernement la publication en temps utile des statistiques et renseignements propres à éclairer les agriculteurs sur la production du blé, l'état des récoltes, les cours, dans chaque région et dans chaque pays.

II

Bons d'importation et admission temporaire.

Le Congrès repousse le système des bons d'importation et il émet le vœu que l'admission temporaire des blés soit améliorée, en modifiant les règles de l'équivalence et en exigeant le paiement effectif et préalable des droits.

III

Marchés et bourses de commerce.

Le Congrès émet le vœu :

1° Que les Bourses de commerce fassent l'objet d'une réglementation légale;

2° Que les marchés sur denrées agricoles qui n'ont pas pour but d'arriver à la livraison des marchandises et qui ne sont que de simples opérations de jeu, restent sans sanction civile et que les provocations au jeu soient réprimées par des dispositions pénales;

3° Que le vendeur à terme cesse d'avoir la faculté de choisir le jour de la livraison à sa seule volonté dans le mois de l'échéance;

4° Que la fixation des cours des denrées agricoles résulte de la moyenne de l'ensemble de toutes les opérations effectuées dans la journée à la Bourse de commerce; que ces opérations fassent l'objet d'une déclaration obligatoire;

5° Que l'association en participation ayant pour objet des marchés de livraison de denrées agricoles soit interdite par la loi.

IV

Assurances agricoles.

1° Dans l'assurance agricole, qu'elle s'applique à la personne de l'agriculteur (accidents du travail) ou à ses biens meubles ou immobiliers (récoltes détachées du sol ou sur pied, bétail de travail ou de rente), il y a avantage à recourir à la *mutualité*, avec sociétés locales autonomes à la base, solidarisées entre elles par une fédération aussi étendue que possible, — *à la condition toutefois que le risque soit suffisamment défini.*

2° Quand le calcul du *risque*, d'où découle la fixation de la *cotisation*, n'est pas établi avec une précision suffisante, il est prudent de différer l'organisation de l'assurance mutuelle entre agriculteurs (grêle, gelées).

3° Sauf cas très exceptionnels, le principe de l'*obligation légale* doit être écarté de l'assurance agricole; mais il convient d'approuver l'intervention de l'État, pour aider à la création des sociétés mutuelles locales, et à leur fédération progressive de garantie, par zones d'égal risque.

4° Pour dégager la *loi du grand nombre* afférente à chaque nature de risque rural et pour préparer ainsi la sécurité nécessaire à l'assurance agricole mutuelle, il paraît indispensable de mettre en commun les observations et les études *internationales*; le Congrès émet donc le vœu qu'à la suite de l'Exposition de 1900, à Paris, un *Bureau international de statistique rurale* soit institué pour cet objet, par les soins du Comité permanent du Congrès.

V

Syndicats agricoles.

Le Congrès est d'avis :

Que les syndicats agricoles et leurs unions contribuent largement au progrès de l'agriculture en rendant l'exploitation du sol plus parfaite et moins onéreuse.

Il les encourage à poursuivre cette voie, en s'efforçant de mettre, le plus possible, à la disposition de la petite culture les moyens d'action de la grande propriété.

Il estime, en outre, qu'ils ont une influence efficace à exercer sur le progrès général des conditions d'existence des populations rurales, notamment par l'organisation des diverses branches de la coopération et de la mutualité.

VI

Associations coopératives agricoles.

Le Congrès est d'avis :

Que l'emploi des méthodes coopératives constitue un moyen pratique de réduire les frais de la production agricole, de donner une plus-value aux denrées et d'en préparer la réalisation avantageuse.

Il signale, en particulier, les ressources que la coopération paraît offrir aux agriculteurs pour organiser eux-mêmes commercialement la vente de leurs produits, soit sur le marché intérieur, soit sur les marchés étrangers.

VII.

Indemnité au fermier sortant.

L'indemnité au fermier sortant à raison des dépenses, de quelque nature qu'elles soient, faites au cours du bail sur le domaine affermé étant une question essentiellement variable d'après les conditions culturales, économiques et coutumières de chaque région, il n'y a pas lieu de soumettre à la discussion du Congrès international les conclusions du rapport sur cette question.

VIII

Répression du vagabondage dans les campagnes.

1° Il y a lieu de développer le plus largement possible l'assistance en faveur des mendiants et vagabonds infirmes; de multiplier à cet effet les institutions de prévoyance, telles que les sociétés de mutualité, les assurances, les caisses de retraites, les secours à domicile, les secours médicaux gratuits, les hospices destinés à abriter ceux qui ne peuvent être secourus à domicile.

2° Il est désirable que l'assistance temporaire soit accordée aux valides de bonne volonté en état de chômage momentané. Cette assistance peut leur être utilement donnée dans les ateliers d'assistance par le travail et dans des colonies de travail, industrielles ou agricoles, fondées par l'initiative privée et subventionnées par les collectivités.

3° Les mendiants et vagabonds professionnels relèvent de la répression pénale :

a) Comme mesures immédiates, le Congrès recommande:

L'expulsion des mendiants étrangers, valides, dénués de permis de séjour;

La délivrance à tout nomade d'une autorisation consignée sur un carnet spécial;

L'action concordante des divers agents de la force publique (gendarmes, douaniers, gardes forestiers, etc.);

L'organisation de Chambres de sûreté communales et de refuges ou gîtes d'étapes, conservant la trace de tous les hospitalisés de passage;

La suppression des roulottes si dangereuses pour l'hygiène et la sécurité des campagnes;

b) Comme mesures législatives, le Congrès recommande le vote de lois qui donnent à des magistrats locaux la mission de procéder à la sélection des mendiants et vagabonds arrêtés, assurent l'internement dans des maisons de travail forcé des mendiants et vagabonds professionnels, et organisent, avec l'aide des sociétés de patronage, un casier général et permanent du vagabondage.

4° Pour compléter par l'initiative privée l'œuvre des pouvoirs publics, il serait utile :

a) De laisser à toutes les œuvres de bienfaisance ayant pour but de secourir les mendiants et les vagabonds, la faculté de se constituer librement, avec la personnalité civile conférant le droit de posséder et d'acquérir sans autorisation;

b) De partager la France en un certain nombre de circonscriptions charitables, pourvues chacunes d'un office central relié lui-même aux offices des autres régions.

5° Le Congrès émet le vœu que les mendiants et vagabonds récidivistes soient astreints, lorsqu'ils sont condamnés, à accomplir leur peine en prison cellulaire.

DEUXIÈME SECTION
Enseignement agricole.

—

IX

Enseignement supérieur de l'agriculture.

1° Les établissements d'enseignement supérieur de l'agriculture doivent nécessairement posséder des champs de démonstration pour les élèves et de recherches pour les professeurs ; des étables d'expériences et de démonstrations ; des laboratoires parfaitement agencés de chimie, de botanique, de zoologie, de physiologie, de microbiologie, d'agriculture, etc., un jardin botanique et des serres, des collections et une bibliothèque.

Il convient de doter de ces moyens d'enseignement et de recherches les établissements qui n'en possèdent pas encore, de les développer chez ceux qui les possèdent déjà et de donner les crédits qui sont nécessaires à leur fonctionnement.

2° Il serait désirable que les établissements d'enseignement supérieur agricole fussent assez largement installés pour recevoir tous les élèves capables de profiter de l'enseignement.

3° L'enseignement supérieur de l'agriculture représentant le plus complexe de tous les genres d'enseignement et constituant une véritable encyclopédie de toutes les branches de l'agriculture, il conviendrait de spécialiser les élèves à un moment déterminé, en vue du but final qu'ils poursuivent. A partir de cette époque, les élèves ne suivraient plus indistinctement les mêmes cours ni les mêmes exercices, ils pourraient mieux approfondir les matières qui les intéressent davantage. Il conviendrait alors d'ajouter une troisième année d'études dite « de spécialisation » aux établissements qui ne gardent jusqu'ici leurs élèves que deux ans.

4° Il y a lieu de développer de plus en plus dans les institutions d'enseignement supérieur de l'agriculture la pratique des laboratoires, la seule pratique que ces institutions puissent donner directement à leurs élèves.

5° Les établissements d'enseignement supérieur de l'agriculture doivent être établis dans les villes ou, de préférence, tout à côté. Cette situation les oblige à se créer et à garder des relations très étroites avec le monde agricole. Il convient donc de développer tous les moyens qui sont de nature à augmenter ces relations, en particulier les laboratoires d'essais et de recherches qui sont fréquentés par les agriculteurs. Dans le même ordre d'idées, il serait intéressant d'y organiser, pour les agriculteurs, des conférences sur des sujets d'actualité ; ces conférences auraient lieu au moment des grandes réunions agricoles.

6° Il est désirable que les Universités orientent de plus en plus leur enseignement vers les applications des sciences à l'agriculture.

X

Enseignement élémentaire de l'agriculture.

Le Congrès émet le vœu :

Que l'organisation de l'enseignement élémentaire soit complétée par un grand nombre d'écoles d'hiver dans les pays qui n'en possèdent pas encore.

Que dans les régions de petite culture, les cours d'hiver soient annexés à ceux des écoles primaires.

Que ces cours soient confiés à des instituteurs qui ont fait des études spéciales sur ces questions.

XI

Enseignement professionnel de l'agriculture.

Le Congrès émet le vœu :

1° Que les Pouvoirs publics continuent à développer, dans la plus large mesure, l'enseignement de l'industrie laitière, et, d'une manière toute spéciale, celui qui s'applique à la femme ;

2° Que l'enseignement des industries annexes de la ferme (sucrerie, distillerie, brasserie, cidrerie) soit donné dans le plus grand nombre possible d'écoles spéciales ;

3° Que l'enseignement horticole et viticole, dont les résultats sont si encourageants, soit étendu aux régions qui n'en sont pas encore pourvues, par la création de nouvelles écoles pratiques, bien situées et bien spécialisées.

XII

Enseignement de l'horticulture.

Le Congrès émet le vœu :

Que dans les écoles d'enseignement supérieur agricole, l'enseignement de l'horticulture et, plus particulièrement, de la culture potagère et de l'arboriculture fruitière, tienne une place en rapport avec l'importance de la production horticole.

XIII

Enseignement agricole dans les établissements universitaires.

I. L'enseignement agricole désirable et possible à l'école primaire élémentaire est celui que prévoit l'Instruction ministérielle française du 4 janvier 1897. Le Congrès émet le vœu qu'on en assure le développement par des encouragements aux maîtres et aux élèves et par l'établissement d'une sanction efficace aux examens de fin d'études.

II. Pour les écoles primaires supérieures ou professionnelles rurales, l'enseignement des sciences physiques et naturelles sera nettement orienté vers celui de l'agriculture et lui servira de base ; l'enseignement agricole théorique et pratique sera expérimental, applicable surtout à la région, il occupera une place prépondérante aux examens de fin d'études.

III. Dans les écoles normales, et en général dans les établissements où se préparent les instituteurs et les professeurs, l'enseignement sera organisé de façon à former un personnel capable de donner un enseignement agricole scientifique, théorique et pratique, correspondant exactement aux exigences du milieu dans lequel l'instituteur est appelé à vivre.

IV. Pour l'enseignement agricole féminin, il serait urgent de créer, dans les écoles normales et primaires supérieures, des cours théoriques et des travaux pratiques mettant la jeune fille à même de comprendre et d'exécuter intelligemment les opérations journalières du ménage, de la basse-cour, de la ferme et du jardin.

XIV

Stations œnologiques et laboratoires de bactériologie.

Le Congrès émet le vœu :

1° Que la création des stations œnologiques se fasse dorénavant par région, av[ec]
une station œnologique centrale.

2° Qu'on étudie s'il n'y aurait pas lieu de donner à la station un enseignement œn[o]
logique destiné aux adultes. Cet enseignement serait général ou se rapporterait à ce[r]
taines questions œnologiques à l'ordre du jour.

XV

Stations d'essais de semences.

1° En raison des avantages que présente la spécialisation, il est désirable que l[es]
analyses de semences soient exécutées dans des établissements spéciaux nettemen[t]
distincts des stations chimiques.

2° Des ressources suffisantes doivent être mises à la disposition des stations d'essa[is]
de semences pour permettre à leurs agents de se rendre chaque année, au début d[e]
la campagne de vente et d'analyses, dans les régions de production, en vue de déte[r]
miner la qualité moyenne des semences par le prélèvement d'échantillons types.

3° Aux stations d'essais de semences doivent être annexés des champs d'expérienc[e]
pour l'étude des questions relatives à la production des semences et à l'améliorati[on]
des plantes cultivées.

XVI

Enseignement commercial dans les écoles d'agriculture.

Le Congrès émet le vœu :

Que l'on donne, dans l'enseignement des écoles supérieures et moyennes d'agricu[l]
ture, une plus grande importance à la partie commerciale.

XVII

Démonstrations agricoles à l'école primaire.

1° Il convient d'habituer les élèves à réunir et à classer certains objets : les pierre[s]
les terrains, les engrais, les plantes, les graines, les insectes.

Ces leçons de choses seront complétées par des cultures démonstratives et simple[s]

2° La synthèse de cet enseignement pourra être utilement faite par des promenade[s]
dans la campagne et la visite des meilleures fermes des environs, sous la directio[n]
de l'instituteur; celui-ci montrera à ses élèves l'application, dans la vie courante d[es]
champs, des vérités révélées par lui lors des cultures de l'école.

XVIII

Enseignement agronomique pour les femmes.

Le Congrès émet le vœu :

Que l'enseignement agronomique des femmes reçoive un développement plus con[si]
sidérable que par le passé.

XIX

Enseignement agricole spécial des femmes.

1° Les écoles de laiterie et les écoles ménagères rurales pour les jeunes filles doivent être de plus en plus encouragées et répandues.

2° Comme direction, elles doivent être maintenues dans la simplicité et dans l'esprit de l'éducation familiale.

3° La jeune fille doit être préparée à sa vie de femme, en la sortant le moins possible de son milieu, et en le lui faisant aimer.

4° Pour former la femme, il faut lui conserver la mission spéciale pour laquelle elle est faite, et ne pas la sortir du domaine des professions qui conviennent à son sexe, ne pas encourager les revendications de droits différents des siens ou les empiétements sur le domaine de l'homme.

XX

Champs d'expériences et de démonstrations.

1° Les champs d'expériences et de démonstrations pratiques ont contribué de la manière la plus efficace aux progrès de l'agriculture et de la viticulture. L'extension qu'ils ont prise est considérable, mais leur nombre est insuffisant dans certaines contrées.

Il est très désirable que les Conseils provinciaux ou généraux votent, dans tous les pays, les crédits nécessaires au développement d'une institution capable de rendre partout les plus grands services aux cultivateurs et aux vignerons.

2° Il appartient aux professeurs d'agriculture de fixer, pour chaque région, quels essais ou quelles démonstrations il faut entreprendre. Il importe, dans tous les cas, que la distinction entre les champs d'expériences et les champs de pure démonstration soit nettement établie ; que les essais comportant quelque aléa soient réservés aux premiers, et que les seconds soient uniquement consacrés aux démonstrations dont le succès ne fait aucun doute.

3° Les champs de démonstrations doivent être aussi multipliés que possible.

4° Ils doivent avoir une étendue aussi grande que le permettent les circonstances locales.

5° Il ne faut entreprendre qu'une seule démonstration à la fois sur les champs de démonstrations, afin qu'il ne puisse naître aucun doute sur la cause qui provoque la différence de rendements.

6° Il est désirable que les professeurs d'agriculture se concertent pour organiser dans chaque région des champs d'expériences et de démonstrations d'après un plan d'ensemble dressé en vue de la confection des cartes agronomiques.

XXI

Enseignement agricole nomade.

Le Congrès émet le vœu :

Qu'en outre des écoles fixes il soit organisé dans les pays qui n'en sont pas encore pourvus des laiteries nomades d'après le principe de celles qui fonctionnent en Irlande et en Belgique.

Il est désirable de profiter des concours régionaux agricoles pour y installer les écoles nomades de laiterie, afin de leur donner la plus grande publicité possible.

XXII

Contrôle des engrais et des denrées intéressant l'agriculture.

1° Les lois édictées dans les différents États, le développement des stations agronomiques, des laboratoires agricoles et municipaux, des stations d'essais de semences et des associations de cultivateurs ont eu une influence favorable sur la diminution des fraudes dans le commerce des denrées intéressant l'agriculture. Il apparaît cependant que ces institutions sont insuffisantes, à elles seules, pour atteindre complètement le but désiré ; il est nécessaire, pour y parvenir, que les lois qui régissent la matière soient revisées et complétées.

2° Ces lois devraient être générales et tendre à la répression de toutes les fraudes ou falsifications de quelque nature qu'elles soient, de tous les actes ayant pour but de tromper l'acheteur sur la qualité, la quantité ou la valeur de la chose mise en vente. Elles devraient s'appliquer aux plants et semences, à toutes les substances que l'homme emploie, soit pour son alimentation ou celle des animaux domestiques, soit pour exercer une action favorable sur le développement des végétaux et des animaux ou leur préservation contre les ravages des insectes ou des maladies. Le vendeur devra toujours être dans l'obligation de garantir sur la facture, la nature, l'origine et la pureté du produit, sa teneur en éléments utiles et d'une manière générale tout ce qui est de nature à établir sa valeur réelle.

Le Congrès exprime en outre le désir que comme condamnation accessoire les tribunaux ordonnent une large publicité des jugements condamnant les auteurs des fraudes citées ci-dessus.

3° Les lois devront prévoir la vente d'un ou plusieurs éléments utiles à un taux hors de proportion avec leur valeur réelle, d'après les mercuriales ; l'acte ci-dessus sera considéré et puni comme une fraude lorsque la différence atteindra un taux à déterminer pour chaque produit en particulier.

4° Considérant que, dans la plupart des cas, le cultivateur hésite à se défendre lui-même, le Congrès estime qu'il serait nécessaire d'obliger les personnes chargées de constater l'état des produits à signaler les fraudes aux représentants de l'action publique et d'inviter ceux-ci à les poursuivre d'office lorsque la violation de la loi est manifeste.

5° Il est désirable qu'une entente internationale intervienne entre les différents États tant pour l'unification des méthodes analytiques et l'élaboration d'un code des falsifications des denrées alimentaires et des matières utiles à l'agriculteur que pour l'établissement de mesures répressives communes, et que des rapports fréquents s'établissent entre les stations et les laboratoires agricoles des différents pays.

XXIII

Service militaire des élèves des Écoles pratiques d'agriculture.

Le Congrès émet le vœu ;

1° Que les élèves des Écoles pratiques d'agriculture profitent des mêmes avantages au point de vue militaire, que les élèves des Écoles professionnelles d'art et d'industrie et que les élèves des Écoles nationales d'agriculture, à la condition de consacrer au moins les dix années suivantes à la culture active.

2° Qu'en présence de l'affluence des demandes d'admission, qui pourront être provoquées par cette mesure, les bourses soient exclusivement réservées aux fils de cultivateur, et que ceux-ci jouissent même d'une cote particulière les favorisant dans les examens d'admission.

XXIV

Sur l'emploi du microscope.

Il serait avantageux que l'emploi du microscope fût généralisé dans les laboratoires pour toutes les recherches purement qualitatives.

XXV

Vitrines agricoles dans les gares de chemins de fer.

Le Congrès émet le vœu :

Que des vitrines agricoles soient installées dans les gares des pays où elles n'existent pas encore, afin qu'elles profitent à tous les agriculteurs.

TROISIÈME SECTION

Agronomie (Applications des Sciences à l'agriculture, Améliorations agricoles et pastorales).

XXVI

Endiguement et mise en culture des relais de mer.

1° Sans demander que le mode de concession directe soit le seul adopté, il serait à désirer qu'il soit accueilli favorablement quand nul intérêt public n'exige une adjudication publique et quand les demandes s'appuient sur des garanties sérieuses ; que dans tous les cas, les délais soient abrégés et les formalités simplifiées dans ce qu'elles n'ont pas d'indispensable ;

2° Que le gouvernement favorise l'extension de ces travaux en faisant étudier par les ingénieurs du service hydraulique les régions où les endiguements et les desséchements peuvent être entrepris avantageusement ;

3° Que ces entreprises de desséchement et d'endiguement de relais de mer soient assimilées aux entreprises de drainage et, comme telles, admises au bénéfice de la loi du 17 juillet 1856.

XXVII

Améliorations agricoles.

Le Congrès émet le vœu :

Que, dans les pays qui n'en sont pas encore dotés, il soit organisé des services publics d'améliorations agricoles, mettant à la disposition des propriétaires ou des syndicats de propriétaires des agents également initiés à la science et à la pratique agricoles, pour inspirer les projets, en poursuivre l'exécution, coordonner les efforts isolés suivant des plans d'ensemble méthodiquement préparés pour les améliorations foncières, la meilleure utilisation des eaux d'irrigation et généralement tous les travaux d'intérêt collectif.

XXVIII

Remembrement des parcelles.

1° Dans les pays où la terre est morcelée, il y a urgence à opérer le remembrement des parcelles, tout en laissant à chacun la surface qu'il possède et en lui permettant d'employer les moyens de mettre en valeur sa propriété et d'en augmenter le revenu;

2° Pour la France, il y a lieu de modifier la loi de 1888, en ce qui concerne les majorités exigées pour la formation des associations syndicales, et notamment de considérer comme adhérents ceux des intéressés qui ne formulent par leur refus par écrit;

3° Il y a lieu d'introduire dans la loi des dispositions facilitant, même au regard d'incapables (mineurs, etc.), le transfert des droits immobiliers, hypothèques et privilèges grevant les parcelles échangées.

XXIX

Restauration des sols en montagne.

Le Congrès émet le vœu :

Que, dans chacune des nations représentées au Congrès, une législation pastorale soit étudiée, ou, si elle existe déjà, que par une application aussi étendue qu'il est possible, on cherche à en obtenir le résultat maximum; et, s'il y a lieu, qu'on étudie les moyens de la compléter et de la perfectionner.

Que, d'autre part, toutes mesures administratives et financières soient prises pour assurer la reconstitution, la mise en valeur et la fructueuse exploitation de toutes les terres appartenant à des collectivités : État, provinces, tribus, réunion de communes, communes, sections de communes, établissements publics ou syndicats.

Qu'enfin, en raison de l'importance de ces deux questions, il soit fait rapport dans le prochain Congrès international des dispositions législatives adoptées et des mesures prises par les différents États.

QUATRIÈME SECTION

Economie du bétail et production chevaline.

XXX

Syndicats d'élevage et marchés de reproducteurs.

1° La création de Syndicats d'élevage s'impose pour le développement progressif et judicieux du bétail de race-pure (bétail bovin, ovin, porcin, etc.);

2° Le premier devoir de ces syndicats est la création et la surveillance rigoureuse du livre généalogique, sans lequel aucune sélection méthodique ne peut se poursuivre;

3° La création des marchés-concours doit être encouragée pour chaque race pure, les éleveurs ayant ainsi l'occasion précieuse de renouveler leurs reproducteurs, et d'un autre côté, celle d'écouler les produits:

4° La propagande par les conférences, l'image, le livre doit être recommandée.

XXXI

Tuberculose bovine.

1° La tuberculose des bovidés est l'une des maladies du bétail qui causent le plus de pertes à l'agriculture de tous les pays.

2° Partout la maladie est en progrès, partout elle constitue un danger menaçant pour la prospérité de l'agriculture, comme pour la richesse et la santé publiques.

3° La contagion étant la seule cause vraiment redoutable des progrès de la tuberculose, il y a lieu de poursuivre l'adoption de mesures législatives imposant :

a) La séparation complète des animaux malades et des animaux sains;

b) L'abatage à bref délai de ceux des animaux malades qui présentent des signes cliniques de la maladie et surtout des vaches atteintes de mammite tuberculeuse;

c) L'interdiction de vendre les autres animaux malades pour une destination autre que la boucherie;

d) La pasteurisation de tous les sous-produits des fabriques de beurre ou de fromage.

4° Les étables des nourrisseurs-laitiers doivent être soumises à l'inspection sanitaire au mois deux fois par an.

XXXII

Production chevaline.

1° L'action directe de l'État doit, dans l'intérêt de l'élevage, se manifester d'une façon ininterrompue par des encouragements de toutes sortes accordés à l'industrie chevaline;

2° L'État doit, dans la plus large proportion possible, venir en aide à l'industrie privée et encourager la création de sociétés pour la production chevaline;

3° La production simultanée de plusieurs types très dissemblables dans une même région est à éviter, et il y a tout intérêt à maintenir intacte, en l'améliorant par des sélections, la production séculaire de certaines contrées. L'introduction sur tous les points du territoire d'un type déterminé ne saurait ménager que des mécomptes, tous les milieux ne pouvant convenir à une même race.

XXXIII

La locomotion mécanique et la production chevaline.

Les effets probables de la locomotion mécanique devant être, non pas de restreindre l'utilisation des chevaux de luxe (selle ou carrossiers) et de gros trait, mais seulement l'emploi des chevaux de moindre qualité et de peu de valeur, il est à souhaiter que les éleveurs s'attachent de plus en plus à sélectionner les reproducteurs et à ne produire que des chevaux d'un ordre relativement élevé et d'une utilisation définie.

CINQUIÈME SECTION

Génie rural. — Cultures industrielles et Industries agricoles.

XXXIV

Emplois industriels de l'alcool.

Le Congrès émet le vœu :

1° Que les emplois de l'alcool destiné à la fabrication des produits pharmaceutiques et chimiques soient dégrevés de tous droits de fisc ou d'octroi, ainsi que les autres matières premières nécessaires à la fabrication de ces produits s'il y a lieu, même lorsque ces matières premières sont grevées de droits pour la consommation directe ;

2° Que pour les alcools dénaturés destinés aux usages de l'éclairage et de la force motrice, outre le dégrèvement des droits, il soit prescrit aux administrations fiscales chargées d'assurer la dénaturation de choisir, avant tout, des dénaturants appropriés à ces usages, peu coûteux, à pouvoir calorifique élevé, et ne renfermant aucune substance solide fixe ou possédant un point de volatilisation très supérieur à celui de l'alcool ;

3° Que toute fraude pour revivification de l'alcool dénaturé soit punie sévèrement ;

4° Que les constructeurs d'appareils de distillation ou de rectification soient tenus de déclarer au fisc toute fabrication, vente ou réparation d'appareils distillatoires ;

5° Qu'à l'avenir, et pour toutes les relations internationales, l'alcoométrie pondérale centésimale soit substituée aux divers systèmes d'alcoométrie volumétrique actuellement en usage.

XXXV

Emploi des mélasses pour les animaux.

Le Congrès émet le vœu :

1° Que des mesures analogues à celles usitées pour les sels employés en agriculture soient adoptées pour les mélasses, c'est-à-dire que la dénaturation soit autorisée dans les sucreries et dans les fermes, en présence de la Régie, par l'addition de l'un des dénaturants prévus par le Comité des arts et manufactures, et sans les mettre dans l'obligation d'en fabriquer des galettes ou des tourteaux secs ;

2° Que les autres formalités exigées des cultivateurs pour l'usage des mélasses dénaturées soient supprimées ;

3° Que la dénaturation soit autorisée dans des établissements spéciaux, sous le contrôle de la Régie, aussi bien que dans les sucreries ;

4° Que les produits obtenus dans ces établissements circulent et soient employés librement.

XXXVI

Meuneries-boulangeries coopératives.

Le Congrès émet le vœu :

1° Que les Syndicats agricoles encouragent la création de meuneries-boulangeries en coopération ;

2º Que dans ce but soient annexées aux Écoles d'agriculture des meuneries-boulangeries de démonstration, pour l'étude et l'application des procédés de mouture et de panification adaptés aux besoins de l'agriculture.

XXXVII

Utilisation agricole des eaux d'égout.

1º De tous les moyens employés par les villes pour se débarrasser de leurs eaux d'égout, le plus parfait et le plus recommandable, lorsque les circonstances locales s'y prêtent, est incontestablement l'épuration par le sol, avec utilisation partielle au profit de la culture;

2º Au double point de vue de l'hygiène et de l'agriculture, il y a intérêt à choisir, pour l'établissement des champs d'épuration, des terrains meubles, perméables en grande masse, profonds et faciles à drainer;

3º L'intérêt supérieur de l'agriculture commande d'aménager les champs d'épuration avec utilisation agricole, en vue de la production des récoltes les mieux appropriées aux conditions régionales;

4º Il est désirable que, dans l'organisation des champs d'utilisation agricole des eaux d'égout, on établisse une proportion convenable, suivant le régime des égouts, entre les cultures libres, où les irrigations sont subordonnées aux besoins des récoltes, et les cultures réglementées, relevant directement des administrations municipales, où les nécessités de l'épuration priment celles de la culture;

5º C'est à la culture libre qu'il appartient de chercher à utiliser le plus complètement possible les éléments fertilisants contenus dans les eaux d'égout, en diminuant les doses et en augmentant les surfaces d'irrigation.

SIXIÈME SECTION

Cultures méridionales et cultures coloniales.

XXXVIII

Culture du mûrier.

Le Congrès international d'Agriculture recommande de pratiquer et de développer la culture du mûrier sur les coteaux du littoral de la mer Méditerranée, de l'Adriatique et de la mer Noire, et notamment de l'Algérie et de la Tunisie, où cette culture industrielle peut donner les meilleurs résultats.

XXXIX

Agriculture coloniale et jardins d'essais.

Le Congrès, considérant que la prospérité des colonies dépend principalement du développement de l'agriculture, émet le vœu que ce développement soit assuré :

1º Par l'organisation de l'enseignement de l'agriculture coloniale;

2º Par la création de jardins d'essais dans les colonies.

XL

Commerce des plantes tropicales.

Au sujet des plantes tropicales de grande culture, surtout le café, le cacao, la canne à sucre, et pour éviter l'introduction de maladies graves dans les pays jusque-là indemnes, le Congrès émet le vœu :

1° Que l'importation des pieds vivants de ces différentes plantes ne soit autorisée que par permission spéciale et sous la responsabilité de chaque gouvernement;

2° Que les pieds introduits soient relégués dans des endroits spéciaux, parfaitement isolés, où ils seront mis en observation pendant une période d'une année au moins, pour les plantes vivaces surtout.

SEPTIÈME SECTION

Lutte contre les parasites. — Protection des animaux utiles.

XLI

Protection des oiseaux utiles.

Le Congrès recommande les mesures suivantes :

1° Protéger d'une manière efficace, dans les cinq à six mois comprenant l'époque de reproduction, tous les oiseaux qui ne sont pas généralement reconnus comme incontestablement nuisibles, aussi longtemps que l'on n'aura pas réussi à établir des listes d'oiseaux partout et toujours utiles.

Des exceptions pourront être prévues en faveur de la science et en cas de légitime défense.

2° Interdire complètement tous les procédés de capture en masse, que ce soient des procédés capables de prendre les oiseaux en grandes quantités à la fois (filets, etc.) ou des pièges ou engins (lacets, etc.) qui, disposés en grand nombre, peuvent atteindre au même résultat.

3° Interdire également le commerce et le transit, le colportage, la vente et l'achat des oiseaux protégés, de leurs œufs et de leurs petits, pendant les époques de protection prévues.

Le gibier migrateur, la caille, en particulier, qui diminue toujours davantage, devrait bénéficier des mêmes protections et interdictions.

4° Prier chaque État de faire faire, sur son territoire, des recherches à la fois ornithologiques et entomologiques, en vue de déterminer l'alimentation des espèces et, par là, leur degré d'utilité.

Rapport sur ces recherches devrait être fourni au Comité ornithologique international permanent dans l'espace de cinq années.

5° Favoriser, par tous les moyens possibles (haies, nichoirs, etc.), la multiplication des oiseaux utiles, insectivores principalement.

6° Répandre dans la jeunesse des données en même temps intéressantes et utiles sur la biologie des oiseaux en général.

XLII

Protection des oiseaux dans les colonies.

Les délégués de puissances coloniales, présents à ce Congrès, s'engagent mutuellement et envers les autres membres, à insister auprès de leurs gouvernements respectifs, afin que des mesures énergiques préservent les régions d'outre-mer de l'anéantissement de beaucoup d'espèces d'animaux utiles, rares ou intéressantes, en particulier d'oiseaux :

A. Par l'introduction d'une loi de chasse énergique, dans ces régions.

B. Par l'établissement de « réserves[1] » dans les régions où il est possible de le faire ou dans des îles non habitées où le territoire se prête à la « réserve », avec défense absolue d'y chasser.

C. D'insister auprès de leurs autorités tant que la susdite loi de chasse est encore en préparation :

1° Pour l'introduction de permis de chasse dans ces colonies ;

2° Pour qu'on y interdise l'exportation entière ou partielle des peaux d'animaux, surtout des oiseaux, sauf certaines espèces stipulées, ou dans l'intérêt de la science, et au cas que cette interdiction ne serait pas encore possible, d'imposer fortement ces produits coloniaux.

XLIII

Comité international de pathologie végétale.

PREMIÈRE RÉSOLUTION.

Le Congrès approuve la création d'un Comité international de pathologie végétale, institué pour diriger d'un commun accord les études qui seraient poursuivies simultanément dans les divers pays sur les maladies les plus importantes des plantes cultivées.

Ce Comité se chargera d'organiser des recherches internationales sur les maladies des plantes cultivées. Il aura le droit d'augmenter le nombre de ses membres à mesure que les nations qui n'y auraient pas de représentants exprimeraient le désir de participer à ses travaux.

Les maladies les plus importantes des végétaux doivent être réparties soit d'après leur cause (champignons, insectes, etc.), soit d'après la nature des plantes attaquées (céréales, plantes potagères, plantes forestières, etc.), en un certain nombre de groupes à traiter particulièrement. Dans chaque pays, celui qui dirige les recherches aura à décider quelle forme de maladies, dans tel ou tel groupe, doit faire pendant les trois ou cinq années suivantes l'objet d'études spéciales.

Ceux qui s'occupent de la même ou des mêmes formes de maladies doivent se réunir de temps en temps (tous les trois ou cinq ans), tantôt dans un pays, tantôt dans un autre, pour se faire part de leurs observations, échanger leurs vues et assurer à leurs travaux les avantages d'un plan commun.

DEUXIÈME RÉSOLUTION.

Le Congrès charge une commission provisoire des mesures à prendre pour réaliser cette création et tracer le programme de ses travaux.

---

1. En anglais : *reservations* ; en allemand : *Schuzgebiete.*

Il désigne pour faire partie de cette commission les membres ci-après, présents au Congrès, qui ont bien voulu promettre leur concours, en désignant comme président de la commission provisoire M. Prillieux, président de la septième Section, auquel devront être transmis les différents projets d'organisation et les adhésions nécessaires pour compléter le comité international.

Ce sont : MM. Delacroix (France); — Eriksson (Suède); — Fischer de Waldheim (Russie); — Laurent (Belgique); — Sorauer (Allemagne); — Went (Pays-Bas).

En outre, il indique plusieurs autres personnes de nationalités diverses, non présentes au Congrès, dont l'entrée dans le Comité international serait à désirer :

MM. Frank (Allemagne); — Marshall (Angleterre); — Wiesner (Autriche); — Rostrup (Danemark); — Marlatt et Galloway, (États-Unis); — Linhart (Hongrie); — Targioni-Tozzetti et Cuboni (Italie); — Ritzema Bos (Pays-Bas); — Jaczeswki (Russie); — Fischer, de Berne, Chodat (Suisse).

Le Congrès émet le vœu qu'un bulletin périodique international, d'un caractère avant tout pratique, fasse connaître tous les faits intéressants ou nouveaux se rapportant aux maladies des plantes et aux mesures à prendre pour les combattre.

XLIV

Rouille des céréales.

1° Dans les pays où la rouille des céréales a une importance pratique considérable, les gouvernements sont invités à affecter les ressources nécessaires pour faire des études et investigations spéciales sur cette maladie. Ces recherches devront être continuées au moins pendant cinq années.

2° Ces recherches auront pour but de faire apprécier par des essais faits dans diverses localités les variétés cultivées dans le pays. On devra examiner leur valeur générale comme plantes de culture et surtout leur résistance relative aux formes de rouille les plus redoutables dans ces pays. On exclura des cultures les variétés qui se seront montrées dans ces essais très sensibles à la rouille.

3° A mesure qu'on aura la connaissance des qualités et de la valeur des diverses variétés et formes de céréales, on devra soumettre à une étude aussi large que possible tout ce qui aura été expérimenté dans d'autres pays touchant la conservation des champignons de la rouille pendant l'hiver, son apparition par contamination extérieure, etc.

Il y aura lieu de rechercher ensuite s'il serait possible, par le croisement de certains blés, d'obtenir des races qui unissent une grande résistance à la rouille à d'autres qualités éminentes.

4° Enfin, on fournira à ceux qui sont chargés de la direction de ces recherches, l'occasion de se rencontrer, au moins après une période de cinq ans, pour échanger leurs vues et assurer à la continuation de leurs travaux le bénéfice d'un plan commun.

XLV

Prédisposition des plantes aux maladies parasitaires.

Les méthodes usitées jusqu'à ce jour, pour combattre les maladies parasitaires dans le lieu où elles se développent, doivent être complétées par un traitement préventif, spécial pour chacune des espèces de plantes cultivées.

Il serait utile d'encourager les recherches sur le mécanisme de la défense des plantes contre ces maladies. Dans cette voie, les influences propres au sol, aux amendements et aux engrais, méritent tout spécialement d'attirer l'attention des observateurs.

Cette « hygiène » des plantes est indispensable, car des expériences de plus en plus nombreuses prouvent que la propagation des maladies parasitaires ne dépend pas seulement de l'abondance plus ou moins grande d'un parasite, mais surtout de la constitution, de l'état de santé et de la prédisposition de la plante à la maladie. En conséquence, on doit s'efforcer avant tout de modifier cette constitution ou cet état de santé qui rend la plante moins résistante à la maladie.

XLVI

Destruction des insectes.

Le Congrès émet le vœu :

Que les recherches des savants s'occupant de parasitologie végétale soient encouragées par des concours spéciaux et internationaux.

Dans ces concours, des prix seraient décernés pour chaque parasite :

1° A la meilleure étude au point de vue de sa biologie ;

2° A la meilleure étude au point de vue de sa destruction par des moyens pratiques.

COMMISSION INTERNATIONALE D'AGRICULTURE

Composition au 7 juillet 1900.

PRÉSIDENTS D'HONNEUR

MM. Méline (Jules), président du Congrès à Paris en 1889, à la Haye en 1891, à Lausanne en 1898 et à Paris en 1900.

Bauduin (D.), président du Comité exécutif du Congrès de la Haye en 1891.

Bruyn (de), ancien Ministre de l'Agriculture de Belgique, président d'honneur du Congrès de Bruxelles en 1895.

Cartuyvels van der Linden, président du Comité exécutif et du Congrès de Bruxelles en 1895.

Daranyi (Ignace de), Ministre de l'Agriculture de Hongrie, président du Congrès de Budapest en 1896.

Viquerat, chef du Département de l'agriculture et du commerce du canton de Vaud (Suisse), président du Congrès de Lausanne en 1898.

MEMBRES D'HONNEUR DU CONGRÈS

1891. *La Société hollandaise d'agriculture.*

1896. *La Société nationale d'agriculture de Hongrie.*

MEMBRES DE LA COMMISSION

France.

MM. Méline (Jules), député, ancien président du Conseil des ministres, ancien Ministre de l'agriculture, président du Congrès à Paris en 1889, à la Haye en 1891, à Lausanne en 1898 et à Paris en 1900.

Gomot, sénateur, ancien Ministre de l'agriculture.

Ribot, député, ancien président du Conseil des Ministres.

Passy (Louis), député, membre de l'Institut, secrétaire perpétuel de la Société nationale d'agriculture.

Tisserand, directeur honoraire de l'agriculture, membre de la Société nationale d'agriculture.

Bénard (Jules), membre de la Société nationale d'agriculture.

Fougeirol, sénateur.

Vogüé (le marquis de), membre de l'Institut et de la Société nationale d'agriculture, président de la Société des agriculteurs de France.

Sagnier (Henry), membre de la Société nationale d'agriculture, directeur du *Journal de l'Agriculture*.

Tardit, maître des requêtes au Conseil d'État, secrétaire des Congrès de 1889, de 1891, de 1895 et de 1900.

Daubrée, conseiller d'État, directeur des Eaux et forêts au Ministère de l'agriculture.

Paisant (Alfred), président du tribunal civil de Versailles, secrétaire général du Congrès de la vente des blés.

Vassillière (Léon), directeur de l'Agriculture au Ministère de l'agriculture.

Allemagne.

MM. d'Arnim-Criewen, conseiller de noblesse, président du Comité directeur de la Société allemande d'agriculture;

Dunkelberg (le docteur), à Wiesbaden.

Riepenhausen-Crangen (Charles de), membre du Landtag, à Berlin.

Roesicke-Goersdorf (le docteur Gustave), député au Reichstag, président de la Ligue des agriculteurs;

Schonaiu-Carolath (S. A. le prince Georges de), membre du bureau de la Société allemande d'agriculture, président de la Chambre d'agriculture de Silésie;

Sorauer (le docteur, professeur Paul), à Berlin.

Werner (le docteur, professeur A.), professeur à l'Académie agricole de Berlin.

Autriche.

MM. Auesperg (le prince Charles), président de la Société impériale et royale d'agriculture de Vienne.

Hohenbruck (le baron Arthur de), conseiller honoraire au Ministère de l'agriculture d'Autriche.

Kolowrat (le comte Léopold), propriétaire à Klattau (Bohême).

Lobkowitz (le prince Ferdinand), président du Conseil d'agriculture de la Bohême, membre de la Chambre des Seigneurs.

Belgique.

MM. Cartuyvels van der Linden, inspecteur général de l'agriculture au Ministère de l'Agriculture, de l'Industrie et des Travaux publics, à Bruxelles.

Van der Straten-Ponthoz (le comte), président honoraire de la Société centrale d'agriculture de Belgique, à Bruxelles.

Hont (Fréd. d'), directeur du laboratoire communal de Courtrai, secrétaire du Conseil supérieur d'agriculture de Belgique, à Courtrai.

Braekers (Ferd.), juge, membre du Conseil supérieur d'agriculture de Belgique.

Canada.

M. PERRAULT, président d'honneur de la Chambre de commerce de Montréal.

Danemark.

MM. RÆDER (le chevalier), délégué de l'Union des comices du Danemark.
WESTERMANN, professeur à l'Institut royal agricole et vétérinaire de Copenhague.

Espagne.

MM. MAISONNAVE (JUAN), membre du Conseil supérieur de l'agriculture.
CARDENAS (JOSÉ DE), député, président de l'Association des agriculteurs d'Espagne.

États-Unis de l'Amérique du Nord.

MM. ALVORD (le major) chef de la division de la laiterie au Département de l'agriculture.
SALMON (le docteur), chef du bureau de l'Industrie animale au Département de l'agriculture, à Washington.

Grande-Bretagne.

MM. CLARKE (Sir ERNEST), secrétaire du Conseil de la Société royale d'agriculture d'Angleterre.
GODFREY (ERNEST), secrétaire de la Chambre centrale d'agriculture et de l'Unnion des Chambres d'agriculture.
GRANVILLE-SMITH (R.-W.), secrétaire honoraire de la Ligue bimétallique anglaise.
PARKER (l'honorable CECIL T.), président du Comité pour l'industrie laitière du Conseil de la Société royale d'agriculture d'Angleterre.
YERBURG (R.-A.), membre du Parlement, président de la *National Agricultural Union*.

Grèce.

M. GENNADIUS, ancien chef du Bureau de l'agriculture, à Célosie (Chypre).

Hongrie.

MM. BEDÖ (ALBERT DE), ancien secrétaire d'État au Ministère royal hongrois de l'agriculture.
DESSEWFFY (le comte AURÈLE), président de la Société nationale d'agriculture de Hongrie.
RODICZKY (le docteur EUGÈNE DE), écuyer-sénéchal de Sa Majesté I. et R. Ap., au Ministère royal hongrois de l'agriculture.
KAROLYI (le comte ALEXANDRE), député au Parlement, vice-président de la Société nationale d'agriculture de Hongrie.
MAILATH (le comte JOSEPH DE), chambellan de Sa Majesté I. et R. Ap., membre de la Chambre des Magnats.
ZSELENSKI (le comte ROBERT), chambellan de Sa Majesté I. et R. Ap., membre de la Chambre des Magnats, vice-président de la Société nationale d'agriculture de Hongrie.

Italie.

MM. CAPPELLI (marquis RAFFAELI), député, ancien ministre des Affaires étrangères, président de la Société des Agriculteurs italiens.
CESARE (commandeur RAFFAELI DE), député.
MIRAGLIA (commandeur N.), directeur honoraire de l'agriculture au Ministère de l'agriculture d'Italie, à Rome.
OHLSEN (le docteur CARLO), conseiller ministériel de la Commission zootechnique du royaume d'Italie, à Rome.
OTTAVI (EDOARDO), député.
PAVONCELLI (commandeur GIUSEPPE), député, ancien ministre des Travaux publics.
PINI (RANIERI), directeur de la *Toscana vinicola ed olearia*.

Luxembourg.

M. Fischer, président de la Commission grand-ducale d'agriculture.

Pays-Bas.

MM. Bauduin (D.), président d'honneur de la Société hollandaise d'agriculture et du Comité exécutif du Congrès de 1891.

Sickesz (le docteur en droit C.-J.), président de la Commission agricole de l'État, directeur général de l'agriculture au Ministère de l'intérieur.

Cost van der Linden (le docteur en droit P.-W.-A.), vice-président rapporteur de la Commission agricole de l'État.

Lohnis (E.-B.), inspecteur de l'Enseignement agricole.

Portugal.

MM. Castro (D. Luiz de), ancien député aux Cortès, directeur de l'Association royale centrale d'agriculture portugaise.

Cincinnato da Cossa (B. C.), ancien député aux Cortès, directeur de l'Association royale centrale d'agriculture portugaise.

Roumanie.

MM. Aureliano, président de la Chambre des députés, membre de l'Académie de Roumanie.

Bouesco, professeur honoraire à l'École centrale d'agriculture et de sylviculture de Bukarest.

Poenaro (Jean), inspecteur général du commerce, de l'industrie et de l'agriculture.

Russie.

MM. Yermoloff (Alexis), Ministre de l'agriculture et des domaines, à Saint-Pétersbourg.

Fischer de Waldheim (Alexandre), conseiller privé, directeur du Jardin impérial de botanique de Saint-Pétersbourg.

Thoms (Goorge), professeur et directeur de la Station agronomique, au Polytechnikum de Riga.

Bilderling (général Pierre de), propriétaire-agriculteur, créateur de la Station agronomique de Zapolié, gouvernement de Saint-Pétersbourg.

Stébout (le professeur), président du Comité scientifique au Ministère de l'agriculture et des domaines.

Suède et Norvège.

MM. Loven (Christian), secrétaire de l'Académie royale d'agriculture.

Bonde (le baron), grand-maître des cérémonies de S. M. le roi de Suède et de Norvège.

Suisse.

MM. Bieler, directeur de l'Institut agricole de Lausanne ;

Haccius (Charles), ancien directeur de l'Institut vaccinal suisse, à Lancy (Genève).

BANQUET ET EXCURSIONS

BANQUET INTERNATIONAL DE L'AGRICULTURE

SAMEDI 7 JUILLET

Le banquet international de l'Agriculture a eu lieu le 7 juillet dans les salons de l'hôtel Continental. Trois cents convives, dont environ cent vingt membres étrangers appartenant à toutes les nationalités représentées au Congrès, y ont pris part.

M. MÉLINE, président du Congrès, présidait le banquet, ayant à sa droite S. E. M. IGNACE DE DARÁNYI, ministre de l'agriculture du royaume de Hongrie, et à sa gauche M. JEAN DUPUY, ministre de l'agriculture.

La table d'honneur était occupée : sur le côté droit, par MM. D. BAUDUIN (*Pays-Bas*), président d'honneur ; GOMOT, sénateur, ancien ministre de l'agriculture ; CARTUYVELS VAN DER LINDEN (*Belgique*), président d'honneur ; VIGER, député, ancien ministre de l'agriculture ; le major ALVORD (*États-Unis*), vice-président du Congrès ; JULES DEVELLE, ancien ministre de l'agriculture, président de la 6e Section ; le Dr STÉBOUT (*Russie*), vice-président du Congrès ; ÉMILE LEVASSEUR, de l'Institut, ancien président de la Société nationale d'agriculture ; le prince FERDINAND LOBKOWITZ (*Autriche*), vice-président du Congrès ; LOUIS PASSY, de l'Institut, secrétaire perpétuel de la Société nationale d'agriculture, président de la 4e Section du Congrès ; JOSEPH DE MAILATH (*Hongrie*), secrétaire général honoraire du Congrès ; ÉDOUARD PRILLIEUX, de l'Institut, sénateur, président de la 7e Section du Congrès ; BIELER (*Suisse*), vice-président de la 4e Section du Congrès ; P.-P. DEHÉRAIN, de l'Institut, vice-président de la 3e Section du Congrès ; BOUESCO (*Roumanie*), vice-président de la 1re Section du Congrès ; DELONCLE, chef du cabinet du Ministre de l'agriculture ; DE RIEPENHAUSEN-CRANGEN (*Allemagne*), vice-président de la 5e Section du Congrès ; le baron PEERS (*Belgique*), président de la Société nationale de laiterie de Belgique ; PLAZEN, directeur des haras au ministère de l'agriculture.

Sur le côté gauche : MM. RIBOT, ancien président du Conseil des ministres, président de la 1re Section du Congrès ; PAVONCELLI (*Italie*), ancien ministre des travaux publics, délégué officiel ; le marquis DE VOGÜÉ, de l'Institut, président de la Société des agriculteurs de France, vice-président du Congrès ; D'ARNIM-CRIEWEN (*Allemagne*), vice-président du Congrès ; TISSERAND, directeur honoraire de l'agriculture, vice-président du Congrès ; CHAUVEAU, de l'Institut, vice-président de la Société nationale d'agriculture ; le comte ROBERT ZSELENSKI (*Hongrie*), vice-président de la Société nationale d'agriculture de Hongrie ; EUGÈNE RISLER, directeur de l'Institut national agronomique ; le baron ARTHUR DE HOHENBRUCK (*Autriche*), vice-président de la 1re Section du Congrès ; LÉON VASSILLIÈRE, directeur de l'agriculture au Ministère de l'agriculture ; PAUL DE KISS DE NEMESKER (*Hongrie*), secrétaire d'État au Ministère de l'agriculture du royaume de Hongrie ; DAUBRÉE, conseiller d'État, directeur des Eaux et forêts au Ministère de l'agriculture ; le comte LÉOPOLD KOLOWRAT (*Autriche*), vice-président de la

2e Section du Congrès; le marquis DE BARDENTANE, vice-président de la 4e Section du Congrès; A. PÉTERMANN (*Belgique*), directeur de la Station agronomique de Gembloux; PAUL CABARET, directeur au Ministère de l'agriculture; C. OULSEN (*Italie*), vice-président de la 4e Section du Congrès; PHILIPPAR, directeur de l'École nationale d'agriculture de Grignon; José C. SEGURA (*Mexique*), directeur de l'École nationale d'agriculture de Mexico, délégué officiel du gouvernement des États-Unis Mexicains.

Parmi les convives, on comptait :

Allemagne : MM. le prince de Schonaich-Carolath, le Dr Lydtin, le Dr Wittmack, le professeur Paul Sorauer, F. Noack, le baron de Putlitz-Gross-Pankow, C. Hanisch, Kissenwetter, J. Neumann, F. Beittzeich, le Dr Cluss, G. de Herder, l'abbé Muller, Gerland, de Stockhausen.

Autriche : MM. le Dr E. Meissl, C. de Schweitzer, Langer, Longueval-Buquoy, le baron C. de Malsbourg, le Dr Sitensky, Devarda, Kambersky.

Australie : M. James Wilshire.

Belgique : MM. Tibbaut, Drion, van der Linden, Fraters, Laurent, Lefebvre, van Besien, Storm.

Bosnie-Herzégovine : MM. le baron J. de Sedlnitzky-Choltic, Victor C. Huber.

Canada : M. X. Perrault.

Danemark : MM. le chevalier F. Ræder, R. Dorph-Petersen.

Égypte : MM. Foaden, Piot-bey, Agathon

États-Unis : MM. Alworth, Le Clerc.

Grande-Bretagne : MM. Brown, Courtney, F.-J. Lloyd, James Long, Orlebar.

Guatemala : M. René Guérin.

Hongrie : MM. J. de Kazy, Györy, Hampel, E. de Miklós de Miklósvár, Jablonowski, le baron de Malcómes, Mauthner.

Italie : MM. le duc de Cardinale-Serra, le marquis Cappelli, Lamotte, Brizzi, R. Pini, Piccini.

Japon : MM. le professeur Yokoï, Ouda.

Mexique : M. Chabert.

Pays-Bas : MM. le colonel van Zuijlen, Smits van Burgts, Brands, Kakebeecke, le Dr Went, Moens.

Portugal : MM. D. Luiz de Castro, d'Azevedo, Monteiro.

Russie : MM. Fischer de Waldheim, Serge Lenine, le prince W. Massalsky, Kossovitch, B. Issatchenko, Rindell, Mme M. Czaplinska.

Siam : M. le Dr G. Niederlein.

Suède : M. le Dr J. Eriksson.

Suisse : MM. Bornand, Bouquet, le colonel Fehr, Fleury, Bohringer, Martin.

A la fin du banquet, des toasts ont été portés comme il suit.

Toast de M. Jules Méline,

Président du Congrès.

Messieurs, j'ai à vous présenter d'abord les excuses de plusieurs de nos collègues, qui ne peuvent pas assister à ce banquet, M. le comte de Saint-Quentin, député, M. de Lagorsse, secrétaire général de la Société nationale d'encouragement à l'agriculture.

J'ai aussi à vous présenter les excuses de M. le président Casimir-Périer, qui m'a demandé instamment de dire au Congrès que s'il n'avait pas été retenu par un douloureux anniversaire de famille, il aurait tenu à être des nôtres pour témoigner du vif intérêt qu'il prend aux travaux du Congrès. (*Applaudissements.*)

Maintenant, comme président du Congrès, j'ai un devoir de reconnaissance à accomplir en remerciant du fond du cœur les ouvriers de la grande œuvre que nous venons d'achever, et d'abord les ouvriers de la première heure, les organisateurs du Congrès, nos éminents rapporteurs, qui ont jeté tant d'éclat sur les travaux, les éminents présidents de nos Sections, qui se sont tant dévoués à leur tâche et que je vois avec plaisir réunis autour de cette table, MM. Ribot, Gomot, Jules Develle, Sébline, Louis Passy, de Vogüé, Prillieux. (*Nouveaux applaudissements.*)

Je ne veux pas oublier les secrétaires très dévoués de notre Congrès : M. Tardit, qui est un ancien parmi nous, qui était déjà secrétaire du Congrès international de 1889, M. René Berge, M. Hannotin, M. Dulignier.

Enfin, vous me permettrez bien de citer, en finissant, l'homme qui, parmi nous, a été, on peut le dire, la cheville ouvrière, je pourrais presque dire l'âme de ce Congrès, dont vous avez pu admirer à maintes reprises l'esprit d'initiative et d'organisation, en même temps que le dévouement infatigable, j'ai nommé M. Sagnier (*Vifs applaudissements et bravos répétés.*)

Mais, Messieurs, nos efforts auraient été vains et nous aurions travaillé dans le vide si, de tous les points du monde, on n'avait pas répondu à notre appel et si tous les amis de l'agriculture ne s'étaient pas donné rendez-vous ici. Nous les remercions du fond du cœur, car ils ont apporté à notre Congrès un éclat incomparable et j'espère qu'ils conserveront un souvenir durable de leur séjour parmi nous. Nous avons tout fait pour le leur rendre agréable ; nous n'avons qu'un regret, c'est de n'avoir pas pu le rendre plus agréable encore. (*Applaudissements.*)

L'heure de la séparation va sonner, cette heure à la fois cruelle et douce : cruelle, parce qu'elle marque notre séparation, et douce en même temps parce qu'elle nous rappelle les souvenirs de confraternité d'une bonne semaine passée ensemble. (*Nouveaux applaudissements.*)

Messieurs, ce sentiment que nous éprouvons tous, quand nous nous séparons, ce serrement de cœur est singulièrement adouci pour ceux d'entre nous qui font partie depuis longtemps de nos Congrès, car ils savent qu'en nous disant adieu, cela signifie : Au revoir ! (*Applaudissements et bravos.*)

Et après la séance d'aujourd'hui, nous devons nous sentir tout à fait consolés, car nous nous disons au revoir sous le beau ciel de l'Italie. (*Nouveaux applaudissements.*)

C'est là le côté charmant de notre institution : nous avons fini par nouer des relations qui ont fait de nous comme une sorte de grande famille. (*Vive adhésion.*)

Cette grande famille a poussé, cette année, un rameau nouveau. Je ne me dissimule pas qu'elle le doit grandement à ce milieu qu'engendre notre grande Exposition, qui dispose à la bienveillance et à la bonté. Puisse-t-elle, Messieurs, je le souhaite de tout mon cœur, amener partout cette détente, ce désarmement des passions que tous les peuples désirent ardemment, j'en suis certain, parce que tous ont besoin de repos, qu'ils demandent tous à travailler en paix. (*Assentiment unanime et applaudissements.*)

C'est dans cet espoir, Messieurs, que je lève mon verre, au nom de la France, aux Gouvernements étrangers et à leurs représentants et en particulier au représentant éminent que j'ai à côté de moi, à M. le Ministre de l'agriculture de Hongrie, que nous sommes si fiers d'avoir conquis par son long séjour au milieu de nous. (*Bravos et applaudissements prolongés.*)

Je lève aussi mon verre, Messieurs, en l'honneur des grandes Sociétés d'agriculture étrangères, qui sont entrées en plein aujourd'hui dans le courant de nos Congrès et qui en deviendront, j'en suis sûr, le pilier indestructible. (*Nouveaux applaudissements.*)

Je voudrais aussi pouvoir remercier, pour ne pas être ingrat, tous mes compatriotes qui font partie des Sociétés d'agriculture françaises, M. le Ministre de l'agriculture, représentant notre Gouvernement, qui nous a témoigné tant de bienveillance et qui assiste à la clôture de nos travaux comme il a assisté à leur début; mais je veux laisser à nos collègues étrangers le soin de dire aux Français tout le bien qu'ils pensent d'eux. (*Très bien! très bien! et rires.*)

Je m'arrête, Messieurs, et, pour être bien certain de n'oublier personne, je porte la santé de tous les amis de l'agriculture qui sont venus à nous, qui ont travaillé avec nous depuis huit jours et ont assuré le succès de ce grand Congrès qui sera, je l'espère, la préface lumineuse d'un siècle de prospérité et de bonheur pour l'agriculture de tous les pays. (*Bravos répétés. Double salve d'applaudissements prolongés.*)

Toast de M. Jean Dupuy,

Ministre de l'agriculture.

Messieurs, l'éloquent et charmant discours que nous venons d'entendre et qui emprunte à son auteur une autorité particulière, ne me laisse plus grand'chose à dire au nom des Français. Aussi n'est-ce point un discours que je veux prononcer. Je veux vous apporter, dans une courte déclaration, à la fois des regrets et des remerciements.

Mes regrets d'abord de n'avoir pu assister à vos travaux, de n'avoir pu prendre part à vos délibérations comme je l'aurais voulu. Mais je puis vous donner l'assurance, messieurs, que vos travaux, que les vœux que vous avez émis seront l'objet, de ma part et de celle de mon administration, d'un examen attentif, d'une étude approfondie dont nous tirerons, j'en suis sûr, un profit appréciable. (*Vifs applaudissements.*)

Je me suis levé également pour m'associer au toast qui a été porté à nos hôtes étrangers. A mon tour, je veux lever mon verre en leur honneur, boire à leurs compatriotes et aux chefs des États qu'ils représentent ici. (*Bravos répétés.*)

Je veux, comme ministre de l'agriculture, les remercier bien sincèrement du concours qu'ils nous donnent, de l'excellent accueil qu'ils ne cessent de faire à nos envoyés près d'eux, à nos agronomes, à nos professeurs, à nos chargés de mission et qui, chez vous, messieurs, rencontrent toujours un accueil aussi courtois qu'empressé. (*Applaudissements.*)

Je termine en portant un toast au bureau de ce Congrès qui non seulement, comme le rappelait notre président tout à l'heure, a admirablement préparé ces travaux auxquels vous vous êtes associés, mais qui a facilité la solution des nombreuses et importantes questions qui vous étaient soumises.

Je bois aux membres du bureau de ce Congrès et je lève mon verre en l'honneur de son éminent président, M. Jules Méline. (*Applaudissements répétés et bravos prolongés.*)

Toast de S. E. M. de Darányi,

Ministre de l'agriculture du Royaume de Hongrie.

Messieurs, il est bien difficile de prendre la parole après des orateurs aussi éloquent que M. le Ministre de l'agriculture et M. le Président du Congrès Jules Méline. Pourtant je veux exprimer, au nom des membres étrangers du Congrès, notre profonde reconnaissance pour l'accueil que nous avons reçu. (*Applaudissements.*)

Nous remercions profondément le Gouvernement de la République, nous remercions M. le Ministre de l'agriculture de France, la Commission provisoire d'organisation ayant à sa tête M. le Président Jules Méline, de toute la sympathie qu'ils nous ont témoignée. Je vous assure, messieurs, que ces jours seront pour nous tous inoubliables et que vous avez dépassé tous nos espoirs, malgré que nous avions une haute opinion de l'hospitalité française. (*Applaudissements.*)

Nous pouvons constater sans exagération que le succès du Congrès a été remarquable, et que le mérite de ce succès de tout premier ordre revient à M. le Président (*Applaudissements*), qui est l'objet de l'estime et de l'admiration des agriculteurs de tous les pays. (*Applaudissements répétés et prolongés.*)

Messieurs, les intérêts des agriculteurs sont quelquefois opposés : c'est la logique des faits, c'est la réalité de la vie; mais je pense que les intérêts communs des agriculteurs de tous les pays doivent être plus forts que les intérêts particuliers. (*Nouvelles marques d'approbation.*)

Je pense aussi, messieurs, qu'il faut éviter, qu'il faut écarter tout ce qui nous sépare et qu'il faut chercher, qu'il faut cultiver tout ce qui nous réunit. (*Applaudissements prolongés.*)

En Orient, il est d'usage qu'on enlève ses sandales avant d'entrer dans un temple; faisons la même chose, suivons cet exemple. Nous avons aussi un temple commun, un autel commun, c'est la grande cause de l'agriculture. (*Vive approbation.*) Les Congrès, messieurs, représentent l'union et la solidarité des agriculteurs. Nous allons partir et nous séparer; mais l'union et la solidarité doivent rester entre nous. (*Très bien! très bien!*)

L'illustre Président du Congrès international d'agriculture nous a priés de continuer à travailler en retournant dans nos pays; il nous a priés de semer la bonne semence que nous avons rassemblée ici, au Congrès de Paris. Eh bien! nous allons obéir à notre Président. Nous allons rentrer dans nos patries et nous continuerons le travail. Mais qu'il me soit permis, en terminant, de revenir à M. Méline, à notre illustre Président, je continue la parabole, de souhaiter qu'il soit encore présent à la moisson, la victoire des idées agricoles.

Messieurs, je porte la santé de M. le Président Méline. (*Applaudissements et bravos répétés. — Longues acclamations.*)

Toast de M. Pavoncelli,

Délégué officiel de l'Italie.

J'ai bien besoin, messieurs, de faire appel à toute votre indulgence en prenant la parole après les illustres orateurs qui m'ont précédé. Ce n'est pas hardiesse de ma part, mais quand on veut exprimer sa gratitude et sa reconnaissance, on peut le faire dans n'importe quel langage. C'est la main sur le cœur, messieurs, que je vous remercie de l'accueil si sympathique et si cordial que vous nous avez fait, et comme il y a des impressions douces et chères qui nous accompagnent dans toute notre existence, le souvenir si agréable des jours que nous venons de passer à Paris restera à jamais dans nos cœurs.

Si toutes les nations prennent un grand intérêt à nos Congrès d'agriculture, je puis vous dire que celui-ci, en particulier, aura un grand retentissement en Italie où l'agriculture est très en honneur, où, comme le dit le poète ancien, le soldat dont les bras sont fatigués ne dédaigne pas, après avoir déposé ses armes, de conduire la charrue. (*Applaudissements.*)

La crise agricole résultant de la baisse de la valeur des produits qu'on retire de la terre a peut-être sévi en Italie plus que partout ailleurs, dans ces derniers cinquante ans ; mais, quoique nos blessures ne soient pas encore guéries, je crois pouvoir me faire l'interprète des sentiments de mes compatriotes en vous disant, — dans l'espoir de vous recevoir bientôt en Italie — que nous vous portons le plus fraternel et le plus cordial des saluts. (*Vifs applaudissements.*)

Les progrès que la France a réalisés dans ces derniers temps dans le domaine de l'agriculture constituent une des plus brillantes pages de son histoire économique.

Vous avez tellement augmenté la production des céréales que vous avez à jamais rejeté loin de vous la disette. L'ouvrier à qui son travail de tous les jours assure un salaire régulier n'a plus à craindre que ses enfants crient famine, il n'a plus à craindre que son bonheur familial soit troublé par la hausse exagérée du prix du pain. Vous avez reconstitué votre vignoble, vous vous préparez à prendre la place qui vous est due dans le commerce du monde. Sous la direction d'esprits éclairés, de savants, de politiques habiles, vous avez fait de tels progrès que vous avez étonné le monde.

Messieurs, il y a des faits permanents dans l'histoire qui semblent tracer le chemin que doit suivre une nation ; il semble que la Providence ait écrit sa destinée. Au siècle dernier, vous avez appris à l'homme qu'il pouvait discuter de ses droits ; aujourd'hui le génie de la France se réveille : vous apprenez ce que peut l'homme sous l'effort de sa volonté, ce qu'il peut lorsqu'il est animé par l'amour de la chaumière de ses pères, par l'amour du sol de sa patrie. (*Applaudissements.*)

Dans le vieux temps, les légions gauloises, qui avaient pour emblème l'alouette, se jetaient en chantant sur l'ennemi, ouvraient la brèche par laquelle elles passaient victorieuses. Aujourd'hui c'est la France qui nous indique la voie qu'il faut suivre, qui nous montre l'aurore prochaine de la civilisation nouvelle. (*Nouveaux applaudissements.*)

Messieurs, plein de respect pour les hommes illustres qui siègent à ce banquet, je lève mon verre en l'honneur de M. le Ministre de l'agriculture, en l'honneur de notre Président ; plein d'enthousiasme pour cette terre de prédilection que tous les jours nous apprenons à aimer davantage, je porte un toast au plus grand développement de l'agriculture, à l'avenir et à la prospérité de la France. (*Applaudissements répétés et prolongés.*)

Toast de M. le Dr Stebout,

Délégué officiel de la Russie.

Messieurs, j'aurais dû peut-être refuser la parole par modestie après les orateurs que nous venons d'entendre; mais je ne puis me dispenser d'accomplir mon devoir envers les membres du Congrès d'un côté, et envers mes compatriotes de l'autre. Aussi me permettrez-vous de vous adresser quelques paroles.

Messieurs, c'est à la France que nous devons l'heureuse idée des Congrès internationaux d'agriculture; c'est à la France encore que nous devons la réalisation de cette idée, l'organisation du premier Congrès à Paris, en 1889.

Que ce Congrès ait réussi, cela nous prouve l'intérêt et les sympathies que portent à l'agriculture toutes les nations, au nombre desquelles se trouve aussi la Russie, ce pays par préférence agricole. (*Très bien ! très bien!*)

L'intérêt de ces Congrès n'a fait que grandir depuis 1889, en suite de la crise agricole qui vint frapper presque tous les pays d'Europe, et l'étude des mesures à prendre pour faire sortir l'agriculture européenne de cette pénible situation est une des questions les plus importantes, les plus compliquées et les plus difficiles. (*Très bien ! très bien !*)

La solution plus ou moins satisfaisante de ce problème dépend d'une entente commune de toutes les nations, et je crois que je ne serai pas trop hardi en disant que les Congrès internationaux d'agriculture peuvent rendre d'éminents services sous ce rapport.

Messieurs, plus les représentants des différentes nations se rencontrent pour la défense d'intérêts communs, plus ils trouvent l'occasion d'échanger leurs opinions sur ces sujets, plus ils apprennent à se connaître et à s'estimer mutuellement, et plus ils hâtent l'approche de cette paix universelle que tous nous désirons si ardemment et qui, malheureusement, est encore bien loin de nous. (*Applaudissements.*)

Ne doutant nullement de ce rôle éminent des Congrès internationaux, je suis très heureux d'avoir pu prendre part à ce congrès. Et qu'il me soit permis, en qualité de délégué du Ministère russe de l'agriculture et des domaines, de président du Comité scientifique de ce ministère, d'ancien professeur d'agriculture à l'Académie Petrovskoïé, près Moscou, d'agriculteur russe et de membre russe du Congrès présent, de remercier bien cordialement et bien chaleureusement les organisateurs de ce Congrès de la part de M. le Ministre de l'agriculture de Russie, qui regrette beaucoup de ne pouvoir prendre part à ce Congrès personnellement, de la part de mes compatriotes, membres du Congrès présent, et de ma part, pour l'organisation de ce Congrès, avec ses excursions si agréables et si instructives qu'ils avaient préparées. (*Vifs applaudissements.*)

Permettez-moi de remercier en second lieu tous nos collègues français de l'hospitalité si prévenante et si amicale dont nous avons joui à Paris pendant tout le temps du Congrès et dont nous jouissons encore. Permettez-moi de les assurer, de ma part et de la part de tous mes compatriotes, que le souvenir que nous emportons d'ici sera des plus précieux pour nous. (*Applaudissements et bravos.*)

En souhaitant le succès, le plein succès, le succès général à la belle France que tous les peuples sont habitués de voir à la tête du progrès humain, je demande la permission de lever et de vider ce verre à la santé de notre très honoré président, M. Méline (*Applaudissements*), de ses éminents collaborateurs dans l'organisation du Congrès, à tous nos collègues Français et à la grandeur de leur noble patrie. Vive la France ! (*Applaudissements et bravos prolongés.*)

Toast de M. D'Arnim-Criewen,

Président du Comité directeur de la Société allemande d'agriculture

Messieurs, si j'ose prendre la parole dans une assemblée si illustre sans avoir l'usage de la langue française, c'est que je compte sur votre bienveillante indulgence.

En première ligne, je me permets d'adresser au nom de mes collègues allemands quelques mots à notre président M. Méline, pour le remercier de la manière si brillante et en même temps si aimable, avec laquelle il a présidé ce Congrès, cela lui a gagné tous nos cœurs. (*Applaudissements.*)

Mais cela n'est pas la raison essentielle qui me fait adresser la parole à M. Méline. M. Méline a été un bienfaiteur pour les agriculteurs français (*Vifs applaudissements*) et, par le sentiment de solidarité que nous éprouvons pour nos collègues français, cela lui a gagné les sympathies des agriculteurs allemands. Je tiens à lui dire que son nom est bien connu et honoré en Allemagne. (*Nouveaux applaudissements.*)

Puis j'exprime à l'adresse du Gouvernement et des agriculteurs français, nos bien sincères remerciements pour l'accueil si cordial que nous avons trouvé ici parmi vous. C'est pour nous un véritable bonheur de pouvoir nouer des relations si agréables avec les esprits dirigeants de l'agriculture française.

Messieurs, de tout temps et chez tous les peuples, les agriculteurs ont eu à souffrir, parce qu'ils n'ont pas compris à faire valoir leurs intérêts dans une mesure égale aux populations des villes. Dispersés dans tout le pays, ils formaient autant d'atomes sans adhérence réciproque.

Cela a changé maintenant : l'extension moderne des moyens de communication a nécessairement opéré le rapprochement des agriculteurs. Les atomes ont commencé à se grouper entre eux, les agriculteurs organisés ont songé à prendre leurs affaires en mains propres. C'est là, pour moi, le fait le plus important et le plus satisfaisant qui s'est opéré non seulement en Allemagne, mais, comme j'ai appris par les travaux de ce Congrès, aussi dans la plupart des autres pays.

Des associations politiques ont commencé d'acquérir l'influence des agriculteurs sur la législation; droit que leur confère leur nombre, leur intelligence, l'importance de leur profession.

Des associations économiques leur offrent l'avantage des grandes exploitations, du haut commerce et des gros capitaux.

Enfin des sociétés techniques développent journellement leur savoir et leur pouvoir. Une telle société technique, qui non seulement est la première de la France, mais aussi une des plus importantes du monde, c'est la Société des Agriculteurs de France. (*Applaudissements.*)

Comme délégué de la Société allemande d'Agriculture, je lui ai apporté dans sa dernière séance à laquelle j'ai eu l'honneur d'assister, les sympathies de la société sœur; je les renouvelle en ajoutant les meilleurs souhaits pour son développement ultérieur.

Messieurs, votre société s'est, en première ligne, tracé le devoir de soutenir dans sa pénible lutte agricole, le laborieux, persévérant et économe agriculteur français, souche de votre peuple et qui, quotidiennement, lui infuse une sève fraîche et un sang vivifiant. L'élite des plus éminents agriculteurs s'est rassemblée dans cette société pour porter en avant, sous la bannière du progrès, l'agriculture française.

Puisse le succès aussi dans l'avenir couronner vos travaux !

Puisse votre Société croître et fleurir !

Puisse-t-elle toujours ajouter de nouveaux lauriers à sa couronne de gloire !

Je bois à l'illustre Société des Agriculteurs de France. (*Applaudissements.*)

Toast de M. le Marquis de Vogüé,

Président de la Société des agriculteurs de France.

Messieurs, je n'avais pas l'intention de prendre la parole, mais je ne puis laisser sans réponse les expressions si bienveillantes de M. d'Arnim. Je dois le remercier et vous remercier vous-mêmes très cordialement pour l'accueil si sympathique que vous avez fait à la santé qu'il a bien voulu porter.

Il a parlé de la Société des Agriculteurs de France dans des termes qui m'ont vivement touché ; j'accepte ses compliments d'autant plus volontiers qu'ils s'adressent à mes prédécesseurs. Je préside la Société depuis trop peu de temps pour avoir le droit de m'attribuer les mérites qu'il a bien voulu lui reconnaître : mais je puis affirmer que depuis qu'elle existe, elle n'a eu d'autre but que la défense des intérêts de l'agriculture (*Applaudissements.*), sur le terrain le plus large et le plus ouvert, celui du rapprochement cordial et de l'union de tous les agriculteurs. (*Nouveaux applaudissements.*)

Je suis heureux des félicitations qui nous ont été adressées par le président d'une grande Société d'agriculture d'un pays voisin, qui s'est placée sur le même terrain que nous et qui a rendu à l'agriculture de son pays de signalés services. Et s'il est une chose qui me semble ressortir de ce grand Congrès, c'est précisément la solidarité qui unit les agriculteurs de tous les pays. (*Vive approbation.*)

Dans tous les pays, c'est le même mal dont ils souffrent, le même ennemi qui les menace, les mêmes remèdes qui s'imposent.

Et puisque M. d'Arnim a bien voulu saluer la Société des agriculteurs de France, je lui demande la permission de lui répondre non seulement au nom des agriculteurs enrôlés sous notre bannière, mais au nom de tous les agriculteurs sans distinction de notre grande et belle France dont l'élite est réunie ici dans le même sentiment de rapprochement et d'apaisement. (*Applaudissements.*)

Je bois aussi à la prospérité des Sociétés étrangères, particulièrement de celles qui sont si honorablement représentées ce soir au milieu de nous. (*Vifs applaudissements.*)

Toast de M. le Comte Joseph de Mailath,

Membre de la Chambre des Magnats (Hongrie).

Messieurs, je m'excuse de prendre la parole devant une aussi illustre assemblée, où se trouvent les agriculteurs de toute l'Europe qui viennent de se livrer pendant toute une semaine à un travail assidu. Je sens le besoin de dire, en ma qualité d'étranger et comme délégué d'une nation où s'est tenu en 1896 le Congrès international d'agriculture, combien nous sommes touchés et émerveillés du charmant et amical accueil que vous avez bien voulu faire à nous tous, qui sommes venus de tous les points de l'Europe pour discuter les grandes questions qui intéressent l'agriculture. J'ai été heureux et ravi de voir combien dans votre beau pays de France vous savez travailler sérieusement, vous tenir à la hauteur du progrès de la science et trouver la formule pratique des solutions à intervenir.

Et ici, Messieurs, je ne puis pas ne pas m'arrêter devant la personnalité si sympathique du président du Congrès, M. Méline. (*Applaudissements.*)

Nous autres, Hongrois, nous aimons le sens politique et pratique des choses, la manière d'agir qui conduit au succès, et dès lors vous comprendrez que j'invite tous mes compatriotes, assemblés ici, à prendre leur verre et à porter avec moi la santé de l'illustre président du Congrès, M. Méline. (*Applaudissements.*)

Vive M. Méline ! (*Bravos répétés et prolongés.*)

Toast de M. le Major Alvord,

Délégué officiel des États-Unis.

Je suis très honoré de prendre en ce moment la parole au nom de mon pays. Vous savez bien, messieurs, que toutes choses en Amérique, sont *jeunes*, — quelques hommes et notre meilleur *whisky*, exceptés. Notre agriculture est jeune.

Pendant la plus grande partie du siècle, nous avons fait un mauvais usage du sol, nous avons dissipé les engrais et négligé les animaux des fermes. Mais la génération courante lit, étudie et fait des progrès. Nous avons des sociétés nationales comme celles de la France, — la Société Américaine des Écoles agricoles et des Stations agronomiques, — et une Société Nationale à l'Encouragement des Sciences agricoles. J'ai l'honneur de représenter l'une et l'autre à ce Congrès.

Nous avons pris beaucoup de leçons de la France. Des travaux comme les expériences du Parc d'Achères montrent la valeur et l'utilisation de tous les engrais. Nos blés et nos céréales, nos fourrages et nos légumes, ont été bien améliorés par les travaux remarquables de Verrières. Aux éleveurs de la France nous devons beaucoup de l'amélioration de nos chevaux et de nos moutons. Le gouvernement des États-Unis possède un ministère, « Département » de l'agriculture, avec l'ambition d'être aussi bien organisé et aussi efficacement que le vôtre.

De cette manière, l'agriculture d'Amérique marche, et nous essayons de montrer les progrès du pays, par notre contribution en aliments et produits de ferme, à l'Exposition agricole magnifique du Champ-de-Mars.

Permettez-moi, messieurs, de porter un toast au progrès, à la prospérité de l'agriculture dans le monde entier, suivant l'exemple que nous donne la belle France. (*Applaudissements répétés.*)

Toast de M. Louis Passy,

Secrétaire perpétuel de la Société nationale d'agriculture de France.

Messieurs, je suis la Société nationale d'agriculture de France ; je suis très âgée. (*On rit.*) Je suis née en 1761, sous le règne de Louis XV ; j'ai cent quarante ans. (*Nouveaux rires.*)

A mon âge, un discours pourrait paraître une leçon. Quelques paroles me suffiront pour adresser un salut cordial à mes jeunes sœurs, les Sociétés d'agriculture de l'Europe. (*Rires et applaudissements.*)

J'évoquerai d'abord mes lointains souvenirs et mes souvenirs vous donneront la preuve que l'idée dominante du Congrès que nous célébrons aujourd'hui, je veux dire la solidarité, a régné pendant le siècle qui finit, dans un très grand nombre de nobles esprits répandus dans tous les pays du monde.

Je m'adresse d'abord à M. Alvord, le délégué des États-Unis et je lui apprendrai peut-être que Washington et Jefferson ont été les associés de ma jeunesse, que nous avons échangé nos vues et nos sentiments, car au moment même où l'administration royale créait en France des Sociétés d'agriculture, aux États-Unis des Sociétés d'agriculture prenaient spontanément et victorieusement leur place, sur les terres libres de l'Amérique. (*Applaudissements.*)

En Angleterre, j'ai fraternisé avec sir John Sinclair qui fonda le *Board of Agriculture*. En 1813, il eut la grande pensée d'en appeler aux gouvernements de l'Europe pour leur proposer de s'unir dans une action commune de propagande industrielle et agricole : « Fondons, disait-il, une caisse de récompenses et donnons des prix à tous ceux qui, par leurs découvertes, réussiront à faire prospérer l'agriculture. Cette caisse sera internationale, comme la science elle-même. » (*Très bien ! très bien !*)

Un autre souvenir, mais celui-là encore plus intéressant. Sir Richard Owen, un Anglais, se disant laboureur, eut l'audace d'envoyer un manifeste, en anglais, en allemand et en français, aux puissances alliées, réunies au Congrès de Vienne, pour les prévenir que tout était changé, qu'un événement considérable se préparait, événement si extraordinaire qu'on n'avait jamais rien vu de semblable depuis des siècles ; c'était la victoire du pouvoir scientifique. Concevez-vous qu'un cultivateur ait osé notifier aux puissances de l'Europe qu'un nouveau pouvoir, la science, allait bouleverser le monde pendant le dix-neuvième siècle ! (*Applaudissements.*)

Oui, messieurs, la victoire de la science, c'est l'œuvre du xıx° siècle tout entier. Tous les savants de l'Europe proclament successivement des vérités nouvelles qui s'introduisent dans la pratique de l'agriculture pour la dominer. Des administrations, des ministères sont créés. À côté des Sociétés royales de France et d'Angleterre surgissent des associations populaires, en France et en Allemagne, des puissances, qui comptent des milliers de membres et partout, et notamment en Hongrie, en Belgique, en Suisse, en Italie, naissent et prospèrent des Sociétés dont je suis heureux de saluer les illustres représentants. Voilà le triomphe du pouvoir scientifique au cours de ce siècle. (*Très bien ! très bien !*)

Ce triomphe, la Société nationale d'agriculture de France l'a préparé. Elle s'en fait gloire et peut résumer, en un mot, ce qu'elle a fait pendant cent ans : Elle a travaillé au développement du pouvoir scientifique dont elle proclame ici les succès nécessaires. (*Applaudissements.*)

Messieurs, plusieurs orateurs et notre Président ont demandé, pour l'agriculture, la paix et l'ordre. C'est là le plus grand des biens. Sans la paix et sans l'ordre, les travailleurs de toutes les nations sont voués aux pires désastres. (*Nouveaux applaudissements.*) Vous me comprenez : continuons à travailler. Notre carrière d'union et de labeur ne fait que s'ouvrir. L'association contient tous les secrets de l'avenir.

Je lève mon verre à vous tous qui représentez ici les travailleurs agricoles du monde ; et puisque le Président du Congrès international de Paris est, cette année même, le Président de la Société nationale d'agriculture de France, permettez-moi de boire à la prospérité d'un homme qui réunit tous les courages et toutes les sympathies et qui, je le constate avec émotion, réunit aussi tous les cœurs de l'Europe, à M. Jules Méline ! (*Applaudissements et bravos prolongés.*)

———

EXCURSIONS

EXCURSION AU PARC AGRICOLE D'ACHÈRES

Le 3 Juillet

Le rendez-vous est fixé à la gare Saint-Lazare.

Un train spécial, mis à la disposition du Congrès par la Compagnie des chemins de fer de l'Ouest, emmène, à 2 heures, environ 200 excursionnistes sous la direction M. le marquis DE VOGÜÉ, vice-président.

M. Paul Escudier, vice-président du Conseil municipal de Paris, prend place avec lui dans le wagon-salon, ainsi que M. F. Launay, ingénieur en chef du service de l'assainissement.

Le train spécial quitte la ligne principale de Paris à Mantes, aux environs de la station de Maisons-Laffitte, pour suivre l'embranchement qui se dirige vers le champ de courses.

A l'extrémité de cet embranchement, le petit chemin de fer à voie étroite qui traverse le Parc agricole d'Achères dans toute sa longueur, reçoit les voyageurs et les amène à l'entrée du domaine.

M. Launay présente aux membres du Congrès M. Bonna, fermier du domaine, après avoir été l'entrepreneur des travaux d'adduction des eaux d'égout, et les chefs de service de l'exploitation en régie d'une partie du Parc agricole.

S'arrêtant devant un plan à grande échelle dressé sur le bord du chemin, M. Launay donne les explications préliminaires qui suivent :

« Mon intention n'est pas de vous faire une conférence ; je voudrais seulement, en quelques mots, vous indiquer les grandes lignes de l'œuvre que vous allez visiter.

« Pour réaliser l'assainissement de la Seine, longtemps contaminée par le déversement des collecteurs parisiens, on est parvenu, après de longues années de résistances et de luttes passionnées, à l'application intégrale de l'épuration par le sol, proposée dès 1864, par Mille, et dont Alfred Durand-Claye s'était fait le vaillant apôtre.

« Elle est pratiquée, soit sur les terrains d'alluvions anciennes de la vallée de la Seine, composés de sables et de graviers, où la nappe n'apparaît qu'à des profondeurs de 2 m. 50 à 5 mètres, et dont la perméabilité est extrême (Gennevilliers, Achères, Triel), soit sur les sables de Beauchamp ou le limon des plateaux recouvrant le calcaire grossier fissuré (Pierrelaye-Méry), qui constituent un sol d'une perméabilité moins régulière peut-être, mais où la nappe sous-jacente se tient à plus de 50 mètres de profondeur.

« La Ville de Paris dispose aujourd'hui de 5000 hectares de terrains sur lesquels est pratiquée l'épuration de ses eaux d'égout avec utilisation partielle au profit de la culture : 1000 hectares au parc d'Achères, 900 à Gennevilliers, 2150 à Méry-Pierrelaye et 950 à Carrières.

« L'amenée des eaux d'égout sur ces divers champs est assurée par un aqueduc ou émissaire général susceptible de porter 10 mètres cubes à la seconde et où elles sont élevées par deux usines de refoulement, l'une à Clichy au débouché de tous les collecteurs parisiens, l'autre à Colombes ; des branches spéciales se détachent du tronc commun pour desservir chaque région, avec une usine de relais à Pierrelaye pour la région de Méry.

« Dans chaque champ, un réseau de conduites fermées en fonte ou en ciment armé distribue l'eau d'égout sous pression ; des bouches d'irrigation à clapet laissent écouler l'eau qui n'apparaît au jour qu'au moment d'être absorbée par le sol ; aucun canal à ciel ouvert, comme à Berlin ; c'est une coquetterie que la Ville de Paris devait à sa banlieue. L'eau est ensuite répartie dans chaque pièce au moyen de petites rigoles en terre de manière à pratiquer l'irrigation par infiltration.

« Au-dessous et à plus grande profondeur un réseau de conduites ou de fossés à ciel ouvert, pour le drainage du sous-sol, recueille les eaux après leur filtration à travers le sol chargé de cultures et les conduit à la Seine limpides, fraîches et parfaitement épurées.

« Ces deux réseaux, l'un de distribution de l'eau d'égout, l'autre de drainage des eaux épurées, peuvent être comparés au réseau veineux et au réseau artériel ; l'eau contaminée passant de l'un à l'autre après s'être régénérée dans le sol perméable, comme le sang dans les poumons.

« Aussi bien à Pierrelaye-Méry ou à Carrières-sous-Poissy qu'à Achères ou à Gennevilliers, l'eau épurée est débarrassée entièrement de l'azote organique ou ammoniacal qu'elle contenait en très notable quantité et qui est nitrifié de la manière la plus complète ; la matière organique est réduite à la proportion admise dans les eaux potables de qualité supérieure, et le nombre des bactéries se tient à des chiffres très peu différents de ceux qu'on rencontre dans les eaux de source distribuées au service privé dans Paris.

« La pureté des eaux de la nappe souterraine, frappante au seul coup d'œil, est constamment vérifiée par les analyses. Le poisson y vit parfaitement, ainsi que vous pourrez le constater dans la petite rivière anglaise du drain des Noyers.

« Le diagramme ci-contre (p. 580), où l'on a fait ressortir la comparaison entre les principaux éléments de l'analyse des eaux d'égout, des eaux épurées et des eaux de sources, en les représentant par des cercles de grandeurs proportionnelles, parle suffisamment aux yeux et me dispense de plus longs commentaires.

« Sur les 5000 hectares dominés par l'émissaire, la Ville possède plus de 1600 hectares de domaines municipaux (Achères 1000, Méry 500, les Grésillons 100) affermés à des concessionnaires ; pour le surplus, elle livre l'eau gratuitement aux cultivateurs.

« Grâce à l'utilisation partielle des matières fertilisantes contenues dans les eaux d'égout, les terrains irrigués, assez arides autrefois, se sont rapidement couverts d'une riche végétation, sans que la salubrité de la contrée ait eu à en souffrir. Et, d'autre part, les conduits ou fossés de drainage renvoient au fleuve des eaux admirablement

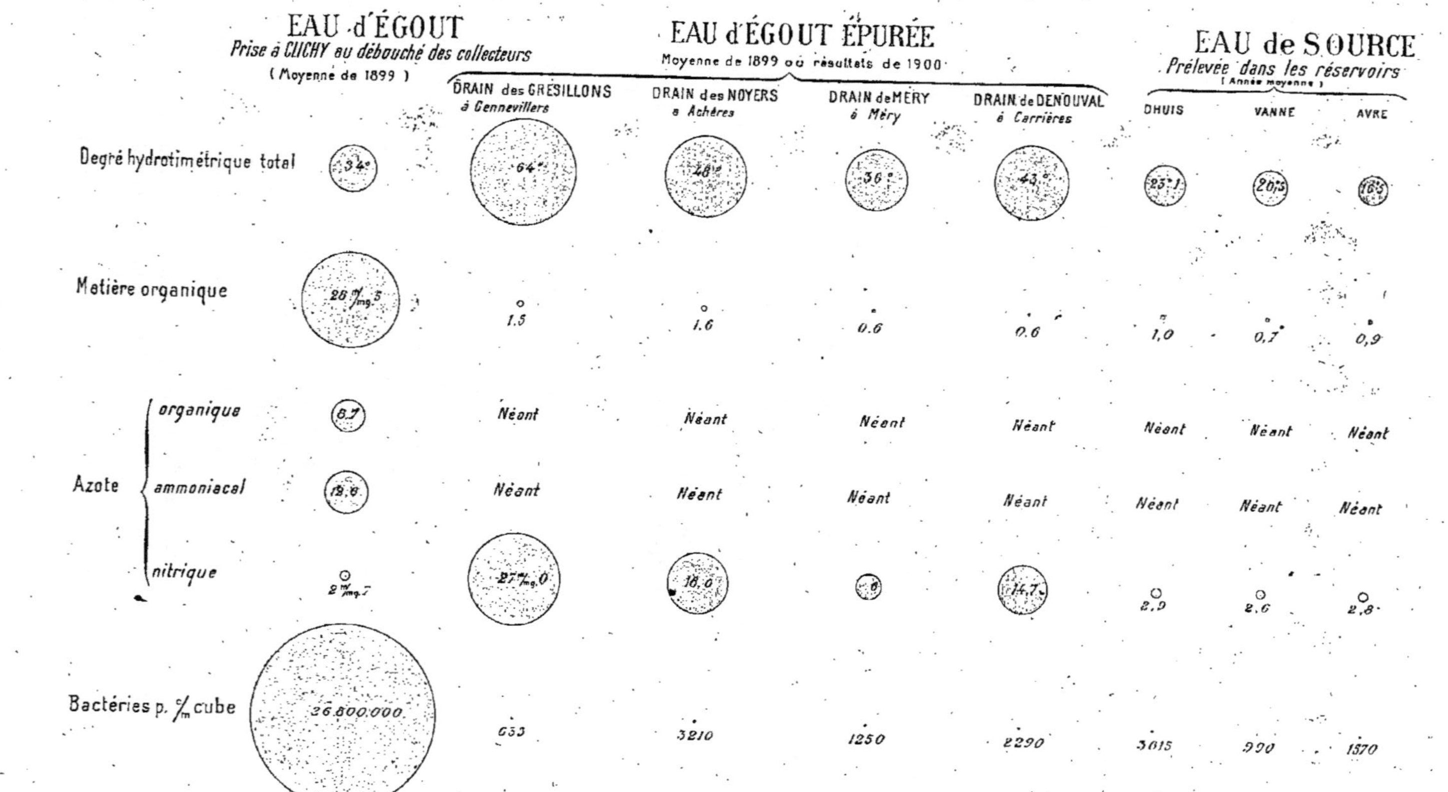

EAU d'ÉGOUT
Prise à CLICHY au débouché des collecteurs
(Moyenne de 1899)
EAU d'ÉGOUT ÉPURÉE
Moyenne de 1899 ou résultats de 1900
EAU de SOURCE
Prélevée dans les réservoirs
(Année moyenne)
DRAIN des GRESILLONS à Gennevillers
DRAIN des NOYERS à Achères
DRAIN de MERY à Méry
DRAIN de DENOUVAL à Carrières
DHUIS
VANNE
AVRE
Degré hydrotimétrique total
34°
64°
48°
36°
43°
23,1
20,5
16,5
Matière organique
26 mg 5
1,5
1,6
0,6
0,6
1,0
0,7
0,9
Azote
organique
8,7
Néant
Néant
Néant
Néant
Néant
Néant
Néant
ammoniacal
18,6
Néant
Néant
Néant
Néant
Néant
Néant
Néant
nitrique
2 mg 7
27 mg 0
18,0
8
14,7
2,9
2,6
2,8
Bactéries p. m/cube
26.800.000
633
3210
1250
2290
3015
990
1570

épurées, d'une limpidité et d'une fraîcheur parfaites, que les visiteurs goûtent volontiers et que, je n'en doute pas, vous apprécierez tout à l'heure.

« L'irrigation à l'eau d'égout est pratiquée à la dose moyenne, fixée par la loi, de 40.000 mètres cubes par hectare et par an, ce qui donne, pour les 5000 hectares, une capacité totale d'absorption de 200 000 000 mètres cubes par an; c'est précisément le débit annuel des collecteurs parisiens. Le volume employé en irrigations s'élève jusqu'à 700 000 et même 750 000 mètres cubes par 24 heures à certains jours de juillet et d'août où l'on fait une consommation d'eau exceptionnelle; il se tient normalement entre 500 000 et 600 000 mètres cubes par jour.

« Désormais, la Seine est affranchie du tribut infect des égouts parisiens et si, aujourd'hui, elle n'a pas retrouvé toute sa pureté, c'est qu'elle reçoit encore tous les déversements illicites des usines, des communes et des départements riverains depuis Corbeil jusqu'à Conflans.

« C'est à la banlieue, à la banlieue qui s'en prend si injustement aujourd'hui à Paris, que revient maintenant la responsabilité de l'état du fleuve.

« La Ville de Paris est la seule riveraine qui s'occupe de l'épuration de ses eaux d'égout; son exemple doit être suivi par tous les riverains.

« Elle a accompli son œuvre et fait son devoir; aux communes, départements et industriels de faire le leur.

« Je me résume en quelques chiffres, bien faits pour frapper votre imagination : la Ville de Paris dispose, pour l'épuration agricole de ses eaux d'égout, d'un outillage qui représente une dépense d'environ 46 millions et qui comprend :

« Un émissaire de 30 kilomètres de long et des conduites capables d'écouler un million de mètres cubes par 24 heures, 5 usines élévatoires de 6000 chevaux de force totale, 4 champs d'épuration de plus de 5000 hectares de superficie, des réseaux de distribution et de drainage dont le développement dépasse 270 kilomètres.

« J'en ai dit assez pour que vous vous rendiez compte des moyens employés; en parcourant nos cultures, nos pépinières, nos jardins, nos rivières, vous apprécierez les résultats et j'espère que vous vous montrerez bienveillants pour l'œuvre de la Ville de Paris à laquelle l'agriculture, que vous représentez ici si dignement, prête un puissant concours. »

Le Parc agricole d'Achères, d'une étendue d'environ 1000 hectares, comprend deux fermes : celle de Fromainville à l'est, et celle de Garenne à l'ouest.

Les eaux d'égout sont amenées au domaine par un siphon, dit siphon d'Herblay, qui passe sous la Seine, à peu près en face de la ferme de Fromainville. L'extrémité du siphon marque le point de départ du réseau de distribution des eaux d'égout.

Ce réseau comprend des conduites en ciment armé, de 1 m. 10, 1 mètre, 0 m. 80, 0 m. 60, 0 m. 40 et 0 m. 30 de diamètre intérieur, constituées par des tuyaux en acier et ciment avec tube intérieur en tôle d'acier mince, calculés pour supporter une pression de 40 mètres en service normal.

L'ensemble des terrains présentant la forme d'une longue bande de 10 kilomètres de longueur sur 1 kilomètre de largeur, on a donné au réseau de distribution une disposition qui rappelle la forme d'une arête de poisson : les conduites principales occupent la ligne médiane de cette longue bande et les conduites transversales, espacées de 400 mètres en moyenne et sensiblement perpendiculaires aux conduites longitudinales, portent l'eau de chaque côté de cette ligne médiane jusqu'aux limites du domaine.

La surface totale a, d'ailleurs, été partagée en quatre zones distinctes, ou secteurs d'irrigations, pouvant être isolées chacune de la distribution générale au moyen de robinets-vannes, de manière à faciliter la réparation des conduites et la répartition des eaux.

Les conduites secondaires transversales de 0 m. 40 et de 0 m. 30 sont munies de distance en distance, aux points choisis pour la distribution des eaux, de tubulures de 0 m. 30 de diamètre portant le branchement et la bouche d'irrigation qui est l'organe principal de la distribution.

Les bouches d'irrigation sont généralement fermées par des clapets à vis. Un certain nombre présentent une disposition différente : maintenues sur leurs sièges par des poids convenablement réglés, elles s'ouvrent automatiquement en cas de surpression et constituent ainsi une sorte de soupape de sûreté.

La longueur totale du réseau des conduites de distribution est de 35 794 mètres.

Les bouches d'irrigation sont au nombre de 292, dont 21 automatiques; leur espacement sur les conduites secondaires est de 75 à 100 mètres; la surface desservie par une bouche de distribution est en moyenne de 3 hectares 40.

Dans le champ d'épuration d'Achères comme dans celui de Gennevilliers, les irrigations déterminent bientôt un relèvement de la nappe souterraine et, pour ne pas inonder les points bas de même que pour conserver une épaisseur filtrante suffisante, il est indispensable de s'opposer au relèvement de la nappe au moyen d'un drainage approprié. Dans son état naturel, la nappe présente une pente vers la Seine et y trouve son écoulement, mais elle doit traverser, pour y aboutir, une bande d'alluvions limoneuses peu perméables, de 100 à 200 mètres de largeur, qui borde toutes les convexités de la rive et surmonte immédiatement les marnes peu perméables également du calcaire grossier supérieur, sans interposition de graviers anciens; c'est cette bande qui, faisant obstacle à l'écoulement de la nappe, en provoque le relèvement.

Par suite, le drainage ne doit avoir d'autre objet que d'ouvrir aux eaux, à travers ce cordon limoneux, un débouché suffisant vers la Seine.

Les drains du parc sont à ciel ouvert, ou couverts, c'est-à-dire en tuyaux.

Les drains à ciel ouvert sont : la noue de Fromainville, le drain d'Herblay, le drain des Noyers, le drain de Garenne et le drain de la Tête Ronde; ils ont été disposés en partie pour l'agrément de la propriété et ils ont reçu l'aspect décoratif de rivières anglaises avec lacs et îlots artificiels, rocaille, cascade, etc. Les abords du drain d'Herblay et ceux du drain des Noyers sont aménagés en jardins anglais, d'un très gracieux effet.

Quant aux drains couverts, ils sont faits en tuyaux placés à une profondeur minimum de 2 mètres et recouverts de terre. Les tuyaux, d'une épaisseur de 0 m. 045, sont en béton moulé et composé d'un mélange de ciment de la Porte de France et de ciment de Portland au dosage de 350 kilogrammes par mètre cube de sable et de gravillon; leur longueur est uniformément de 0 m. 60.

L'ensemble du réseau de drainage représente une longueur totale de 20 kilomètres, dont 6 kil. 300 de drains à ciel ouvert et 13 kil. 700 de drains en tuyaux.

Les excursionnistes parcourent d'abord la ferme de Fromainville. Un champ est labouré devant eux avec la charrue à vapeur; les sillons montrent le caractère pris par le sol après l'irrigation aux eaux d'égout. On parcourt de très beaux champs de blé et d'avoine, d'une vigueur remarquable.

Une station très intéressante est faite dans les jardins, où l'école des arbres fruitiers appelle surtout l'attention. Les jardiniers offrent des bouquets aux dames qui participent à l'excursion.

Après un rapide passage à travers les cultures de la deuxième ferme, on arrive au poste de Garenne, où l'on s'arrête à nouveau. Dans une vaste grange ornée de drapeaux et de feuillage, un lunch élégant a été préparé par les ordres du Conseil municipal de Paris.

M. Escudier, dans une allocution charmante, souhaite la bienvenue aux membres du Congrès. Il se félicite, au nom de la Ville de Paris, que le Parc agricole d'Achères ait été choisi pour but de la première excursion. Les agriculteurs pourront se rendre compte des efforts poursuivis pour rendre au sol les matières utiles usées par les populations des villes. Il termine en portant un toast au Congrès et à son président.

M. le marquis de Vogüé, vice-président, répond que les membres du Congrès ont pu apprécier l'importance des résultats obtenus à Achères et l'utilité de l'exemple qui y est donné à tous les grands centres urbains. Sous quelque forme qu'il se présente, qu'il soit urbain ou rural, le travail a le même but, l'amélioration du sort de l'humanité. La Ville de Paris donne des exemples dont la France peut être fière. Au nom du Congrès, il la remercie de son accueil et porte un toast à sa prospérité.

M. Bauduin, président d'honneur, au nom des étrangers, s'exprime en ces termes :

« Mesdames et Messieurs, veuillez me permettre de dire quelques mots au nom des membres étrangers du Congrès.

« On me dit que c'est mon devoir parce que je suis le plus vieux. C'est un avantage que je trouve bien douteux vraiment. Mais je m'y soumets, et alors veuillez, M. le vice-président du Conseil municipal de Paris, recevoir l'expression de notre profonde reconnaissance pour la belle excursion que vous nous avez préparée et pour toutes les choses intéressantes qu'elle présente. Notre admiration n'a pas de bornes pour le résultat des beaux travaux qu'on a exécutés ici. Voilà qu'ici où autrefois on ne trouvait qu'une grande plaine inculte et aride, on est entouré de cultures intenses et splendides et de jardins magnifiques où fleurs et fruits viennent dans la plus grande abondance.

« On a dit quelque part que celui qui faisait croître deux brins d'herbe là où il n'y en avait qu'un seul, avait mieux servi l'humanité que le vainqueur de vingt batailles.

« Eh bien, quelle est donc la gloire de la Ville de Paris avec les millions et millions de pommes de terre, betteraves, etc., etc., qui sont récoltées chaque année sur ce sol autrefois si inutile !

« Votre exemple et vos travaux ont rendu des services inappréciables à l'agriculture qui nous est si chère, mais en outre vous pouvez vous glorifier de sauver la vie à des milliers de vos compatriotes par l'assainissement de la Ville de Paris.

« Vraiment nous admirons tout cela plus que je ne sais le dire, et nous considérons cette excursion comme une fleur que vous voulez bien offrir à notre Congrès, une fleur qu'on peut dire éclose sous les égouts de Paris, mais qui n'en répand pas moins le parfum le plus exquis. J'en appelle comme témoins les magnifiques bouquets que vous avez bien voulu distribuer à nos dames présentes.

« En résumé, M. le vice-président, nous vous prions de vouloir interpréter nos sentiments auprès de la municipalité de Paris; nous la remercions de son brillant accueil et je suis sûr que tous ici présents se joindront à moi pour vider nos verres à la plus grande prospérité de votre belle capitale. »

Ces toasts sont accueillis par des applaudissements chaleureux.

On parcourt la ferme de Garenne, la distillerie en ciment armé érigée par M. Bonna, et l'on prend la route de la gare d'Achères, où le train spécial attend les excursionnistes pour les ramener à Paris à six heures et demie.

II

EXCURSION A VERRIÈRES ET A CHAMPAGNE

Le 5 Juillet.

Le rendez-vous est fixé à la gare de Paris-Luxembourg, à 9 heures du matin.

Un train spécial emporte environ 250 excursionnistes, sous la direction de M. J. Méline, président du Congrès.

On doit visiter d'abord les cultures expérimentales de MM. Vilmorin-Andrieux et Cie, à Verrières, et ensuite la ferme de Champagne, exploitée par M. H. Petit.

A la station de Massy-Verrières, des trains Scott automobiles et des omnibus attendent les excursionnistes pour parcourir le trajet qui sépare la gare du village.

A la porte de leur domaine, Mme veuve Henry de Vilmorin et son fils M. Philippe de Vilmorin font l'accueil le plus gracieux aux membres du Congrès.

La visite des cultures commence immédiatement sous la direction de guides expérimentés.

VERRIÈRES

La maison qui appartient aujourd'hui à la famille de Vilmorin remonte, comme construction, au temps de Louis XIV. Il subsiste encore une partie du jardin de cette époque, qui passe pour avoir été dessiné par Le Nôtre. D'après certains écrivains, cette maison aurait été habitée vers 1640 par Mlle de la Vallière.

Pendant le cours du dix-huitième siècle, elle a plusieurs fois changé de propriétaire pour appartenir enfin à M. de la Chevardière, écuyer-inspecteur des chasses du roi, qui en 1815 la vendit à Pierre-Philippe-André Lévêque de Vilmorin, arrière-grand-père de son propriétaire actuel.

Depuis ce temps, elle a été la résidence habituelle des chefs de la maison, en même temps que le centre des essais et des expériences qui l'ont rendue célèbre, tout en assurant la production des graines destinées au commerce.

La propriété de Verrières comprenait, dès l'origine, plusieurs enclos ayant fait partie des domaines des moines de Saint-Germain-des-Prés. Dans le cours de ce siècle, elle s'est accrue successivement de nombreux terrains qui ont été choisis, à dessein, éloignés les uns des autres, sur tout le territoire de Verrières et même des communes environnantes.

L'augmentation de la surface cultivée et la construction de nouveaux bâtiments d'exploitation se sont faites successivement à mesure que la maison prenait plus d'importance. A l'heure actuelle, on trouve à Verrières, en plus de la maison d'habitation et de ses dépendances, de vastes constructions destinées au séchage, au nettoyage et à la manutention des graines, comprenant en outre les habitations des jardiniers en chef et les écuries.

La ferme de Saint-Fiacre, élevée à proximité de Verrières, et au centre des cultures de graines, est affectée sur une plus large échelle encore aux mêmes usages.

Enfin, en 1890, la grande extension prise par la culture des betteraves à sucre a nécessité l'édification d'un laboratoire spécial destiné à l'analyse des betteraves-mères, et qui sert, en outre, au dosage en fécule des pommes de terre et des topinambours, aux analyses de terres, d'engrais, de fourrages, etc.

C'est depuis 1870, sous la prudente et méthodique direction de M. Henry de Vilmorin, enlevé si prématurément à la science agricole, que les plus grands progrès ont été réalisés à Verrières.

Malgré cet accroissement progressif, l'ensemble des terrains cultivés à Verrières par MM. Vilmorin-Andrieux ne dépasse pas une trentaine d'hectares et l'on est en droit de se demander, au premier abord, comment des résultats aussi importants et aussi certains peuvent être obtenus dans un espace aussi restreint.

L'explication s'en trouve dans l'organisation même de la production commerciale des graines, telle qu'elle a été comprise par les chefs de la maison, dès que la grande extension prise par le commerce des graines eut rendu absolument utopique de prétendre produire à Verrières, ou en un endroit quelconque, la totalité des graines de semences nécessaires à l'alimentation de leurs magasins.

La surface cultivée chaque année pour la production des graines de la maison Vilmorin s'élevait déjà, en 1850, à 700 hectares et aujourd'hui ces cultures couvrent 5988 hectares. Verrières a donc la prétention d'être l'alpha et l'oméga de la production des graines. C'est de là que tout sort, c'est là que tout aboutit, mais ce n'est pas là que tout se fait.

Il est nécessaire, en effet, pour obtenir de bonnes graines dans des conditions économiques :

1° De n'employer que des semences sélectionnées avec le plus grand soin ;

2° De les reproduire dans les conditions de sol et de climat les plus favorables ;

3° De s'assurer par un essai consciencieux que, dans cette reproduction en grand, les caractères de la race n'ont pas été altérés.

La première et la troisième de ces deux opérations sont faites à Verrières. La seconde s'effectue chez les cultivateurs de la maison.

Les cultures de Verrières peuvent donc se ranger sous deux chefs :

1° Production de graines sélectionnées ;

2° Essais d'espèces.

Il faut y joindre enfin les expériences et collections d'études.

I. Production de graines sélectionnées. — Ce travail, dont l'importance est évidente, a toujours été fait à Verrières.

On y cultive, surtout pour ce qui est des fleurs, différentes parcelles dont le produit en graines est directement destiné à la vente. Mais la plus grande partie des terrains est consacrée à la production de graines, qui devront à leur tour être multipliées avant d'être mises au commerce.

Il n'est pas rare, en effet, surtout lorsqu'il s'agit de créer une race ou d'en refaire une dont le type avait dégénéré, de consacrer plusieurs ares à la culture de porte-graines, dont quelques-uns seulement seront jugés dignes d'être conservés. On conçoit que, dans ce cas, les graines obtenues soient d'un prix de revient très élevé et qu'elles devront être multipliées dans des conditions plus économiques pour devenir un article commercial.

Les cultures de Verrières sont extrêmement variées, depuis les plantes de grande culture et les céréales, jusqu'aux fleurs qui exigent l'usage de serres et la fécondation à la main, en passant par toutes les races de légumes et de plantes de pleine terre.

Dans tous les cas, les mêmes principes de sélection rigoureuse et d'isolement des

Laboratoire de Verrières

variétés susceptibles de s'hybrider (c'est ce qui explique le grand morcellement des terrains de culture) sont rigoureusement observés.

Ce sont ces graines sélectionnées avec tant de soin qui sont envoyées chez les cultivateurs de la maison où, sous la surveillance des inspecteurs, elles sont semées, leur produit est cultivé, les épurations nécessaires sont faites et enfin la récolte effectuée et expédiée dans les magasins.

II. Essais d'espèces. — Malgré toute la surveillance apportée à la production des graines chez les cultivateurs, il peut arriver que, par suite d'une épuration mal faite, d'un mélange au moment de la récolte, d'une erreur d'étiquetage, etc., certains lots ne répondent pas exactement à ce qu'on est en droit d'en attendre. C'est ce que les essais d'espèces permettent de constater.

A l'arrivée des graines dans les magasins de Reuilly ou de Massy-Palaiseau, il en est toujours prélevé un échantillon qui, semé à Verrières, comparativement avec les échantillons de la même race, mais de provenance différente, permet rapidement de se rendre compte des erreurs ou des fraudes. Il est inutile de dire que les lots jugés impurs, ou de mauvaise qualité, sont immédiatement rejetés.

A côté des variétés commerciales de fleurs ou de légumes provenant des cultures de la maison, il est semé chaque année un très grand nombre de plantes nouvelles, ou soi-disant nouvelles, qu'il est ainsi facile de comparer et souvent d'assimiler aux espèces déjà connues.

On se fera une idée de l'importance de ce service des essais d'espèces par ce fait qu'indépendamment des collections d'études, il est cultivé chaque année à Verrières 20 000 parcelles de terrain représentant autant de lots de graines, qui sont semés, cultivés et jugés individuellement.

III. Expériences et collections d'études. — Les différentes collections de végétaux vivants, cultivées chaque année à Verrières, sont d'un intérêt scientifique et pratique reconnu de tous. C'est grâce à elles que sont conservées les formes végétales, même lorsque leur valeur, médiocre au point de vue cultural, les a fait rejeter de la pratique. Elles servent alors à perpétuer en quelque sorte l'histoire de l'évolution des plantes cultivées, et en même temps de points de comparaison pour les nouvelles races qui sont journellement introduites. La conservation de ces nombreuses collections n'est pas un des moindres travaux dont on doive s'occuper à Verrières.

Plusieurs d'entre elles y sont semées chaque année depuis le milieu et même le commencement du siècle.

1° *Collection des pommes de terre.* — Cette collection, réunie par la Société centrale d'agriculture, a été cultivée à Verrières depuis 1815. Elle ne comprenait alors que 200 variétés environ; maintenant elle en compte près de 800, et, cependant, on a toujours eu soin, parmi les nombreuses introductions faites chaque année, de ne conserver que celles offrant des caractères suffisants pour leur constituer une originalité.

On conçoit combien les comparaisons de ce genre sont longues et minutieuses. Elles sont facilitées par un classement méthodique et qui a été plusieurs fois remanié à mesure que s'augmentait le nombre des espèces constituant la collection.

Il a été publié déjà par M. Henry de Vilmorin, deux éditions du Catalogue méthodique et synonymique des pommes de terre de la collection de Verrières, et une troisième édition paraîtra bientôt. Cet ouvrage, devenu rapidement classique, donne, non seulement l'énumération de toutes les variétés de pommes de terre, classées par sections naturelles, mais encore le nom de toutes les pommes de terre qu'une culture comparative a prouvées être synonymes de variétés déjà existantes.

Magasins de Massy-Palaiseau.

A côté de cette collection se trouve un champ d'expériences où sont cultivées sur une plus grande échelle les espèces nouvelles et plus intéressantes en comparaison avec celles qui ont déjà fait leurs preuves. Ce n'est qu'à la suite d'une étude longue et consciencieuse que ces variétés nouvelles sont définitivement jugées et multipliées, s'il y a lieu, pour être mises au commerce.

2° *Collection des froments.* — Ce qui vient d'être dit pour les pommes de terre s'applique identiquement aux froments, dont les Vilmorin ont toujours fait une étude spéciale.

Dès 1850, Louis de Vilmorin publia la première édition de son Catalogue méthodique et synonymique des froments. Son fils compléta et remania cet ouvrage en 1889, puis en 1895.

À l'heure actuelle, la collection se compose de plus de 1000 variétés suffisamment distinctes les unes des autres pour être conservées. Elle comprend en outre un grand nombre de blés cultivés comparativement et destinés pour la plupart à être supprimés comme étant des synonymes.

La collection des froments est encore un vaste champ d'expériences destinées à des essais de croisement d'où sont sortis, sous la main habile de M. Henry de Vilmorin, de nombreux hybrides, tels que le *Dattel* et le *Grosse tête*, universellement connus aujourd'hui.

Comme pour les pommes de terre, ces variétés nouvelles, soit hybrides obtenues à Verrières, soit variations spontanées, soit introductions, sont cultivées sur une plus vaste échelle de façon à permettre de mieux juger leurs qualités et leurs défauts.

3° *Collections diverses.* — Le même système est observé pour une quantité d'autres collections qu'il serait trop long d'énumérer et dont les principales sont : celles des orges, des seigles, des avoines, des sorghos et céréales diverses, des graminées vivaces, des betteraves à sucre, des légumineuses fourragères, des pois potagers, des plantes bulbeuses, des topinambours, etc., etc.

Comme on le voit, ces collections sont à la fois un musée vivant, destiné à conserver les types et l'occasion d'innombrables et intéressantes études.

4° *Collection d'arbres.* — Les arbres de Verrières ne sont pas parmi ses moindres curiosités, et l'on y voit quelques spécimens fort intéressants de conifères en particulier.

P. de Vilmorin sema vers 1845 quelques graines d'*Abies pinsapo* qui lui avaient été envoyées par son ami Boissier, au moment même où il découvrit cet arbre dans la Sierra Nevada. Il en reste à Verrières deux exemplaires, qui sont par conséquent les plus vieux de France.

La plupart des pins de Californie et de l'Orégon, ainsi que les sapins américains ou orientaux, sont représentés à Verrières par des arbres plus ou moins âgés. On y remarque également l'exemplaire original du *Juglans Vilmoriniana*, hybride de *J. regia* et de *J. nigra.*

5° *Collection de plantes vivaces.* — Cette collection, considérable déjà, et qui tend à s'accroître chaque année, est destinée à comprendre, autant que faire se peut, toutes les plantes ornementales, et en particulier les fleurs rustiques sous le climat de Paris.

La partie la plus intéressante pour le botaniste est certainement la nombreuse collection de plantes alpines, recueillie par M. Henry de Vilmorin dans ses nombreux voyages et complétée par des échanges faits avec les amateurs et les jardins botaniques du monde entier.

Ce n'est pas ici la place d'entrer dans des détails qui n'intéressent pas particulièrement les agriculteurs, mais on peut dire qu'il est peu de végétaux de la zone tempérée qui ne soient cultivés à Verrières.

IV. ÉTABLISSEMENT DE MASSY-PALAISEAU. — MM. Vilmorin-Andrieux et Cie ont à Massy-Palaiseau, au croisement de la ligne de Limours et du chemin de fer de Grande-Ceinture, de vastes magasins, construits en 1895 pour suppléer à l'insuffisance de ceux qu'ils ont toujours eus à Reuilly.

Les bâtiments sont entourés d'un vaste enclos destiné à la production de graines de fleurs et à ceux des essais d'espèces qui ne peuvent trouver leur place à Verrières.

DÉJEUNER. — A midi, les excursionnistes sont réunis sous le vaste hangar de la ferme de Saint-Fiacre, converti en salle de festin, et brillamment orné de plantes vertes et de fleurs distribuée à profusion.

Au dessert, M. PHILIPPE DE VILMORIN salue ses hôtes par l'allocution suivante :

« Messieurs, lorsque les organisateurs du Congrès international d'agriculture m'ont fait l'honneur de me proposer de vous convier à Verrières, j'ai d'abord hésité à vous recevoir dans cette maison sur laquelle plane encore un deuil si récent. Mais j'ai pensé que beaucoup d'entre vous, qui ont connu et aimé mon père, seraient heureux de venir passer quelques heures dans l'intimité des personnes et des objets qui lui étaient familiers, au milieu de ces champs d'expérience et d'étude, témoins de ses labeurs et sujets de sa sollicitude continuelle. (*Applaudissements.*)

« J'ai pensé aussi que d'autres, venant de la province ou de l'étranger, et songeant à l'avance à leur visite à l'Exposition universelle, se réjouissaient de faire la connaissance de cet homme de bien et qu'ils ont été cruellement déçus; à ceux-là j'ai voulu montrer tout ce qui nous reste dans notre perte irréparable : l'œuvre qui survit à son créateur. (*Très bien! très bien!*)

« Car, si la fondation de Verrières est déjà ancienne, si son développement est l'œuvre du travail successif de quatre générations d'hommes dévoués au bien de l'agriculture, il n'en est pas moins vrai que c'est dans ces trente dernières années que les progrès les plus considérables ont été réalisés. Si les vieux arbres que vous avez vus autour de notre demeure de famille vous rappellent le dendrologue passionné que fut mon arrière-grand-père ; si ces laboratoires, ces cultures de betterave à sucre vous reportent aux temps lointains où mon grand-père commençait l'amélioration et la sélection de cette plante utile, d'autre part ces constructions qui nous abritent, ces champs de céréales et de porte-graines divers, ces champs d'expérience et de comparaison, ces collections, ces études poursuivies depuis trente ans sans relâche vous disent quelle fut la brillante et féconde carrière de mon père. (*Vifs applaudissements.*)

« Appelé prématurément à prendre la charge d'un héritage aussi lourd, c'est mon devoir de vous rappeler que vous devez porter votre reconnaissance et vos hommages vers celui qui n'est plus, vers celui qui, malgré les lourds soucis d'une entreprise commerciale considérable, destinée à répandre au loin les produits de la France, n'a jamais perdu de vue une seule minute les intérêts supérieurs de l'agriculture. (*Nouveaux applaudissements.*)

« Il y a un an à cette époque, nous pensions déjà à votre venue et c'est avec un légitime orgueil qu'il se réjouissait de votre visite. Et c'est moi qui vous reçois à sa place!... Non, messieurs, c'est lui qui vous reçoit et c'est en son nom que je vous parle. (*Très bien! très bien!*)

« C'est en son nom que je souhaite la bienvenue aux représentants les plus distingués de l'agriculture du monde entier. Comme lui, je veux que, dans cette France hospitalière, les agriculteurs de tous les pays considèrent Verrières comme étant quelque peu leur domaine; comme lui, je considère que la science doit être généreuse et que les résultats, pour être féconds, doivent être largement publiés. (*Vive approbation.*)

« Comme lui, je convie les chercheurs et les savants du monde entier, qui pourraient trouver ici encore quelque cause, quelque source d'enseignement et d'instruction, à venir y puiser librement. (*Très bien! très bien!*)

« Permettez-moi donc de lever mon verre aux représentants de l'agriculture ici réunis, à vous en particulier, mon cher président, que nous avons été si heureux de voir diriger avec tant d'autorité et de compétence les séances du Congrès d'agriculture, et dont la présence ici nous est un si grand honneur. Merci à vous tous, mes chers collègues et amis, français et étrangers, théoriciens et praticiens venant de près ou de loin. Je bois à vous et surtout à la belle science qui fait l'objet de nos communes recherches et qui nous unit tous. » (*Applaudissements prolongés.*)

M. MÉLINE, président, lui répond en ces termes :

« Messieurs, permettez-moi de me faire votre interprète à tous pour remercier Madame de Vilmorin et sa famille d'avoir bien voulu nous permettre à tous aujourd'hui d'admirer ce superbe établissement, unique au monde, je crois pouvoir le dire en face des étrangers qui m'entourent, et qui est comme la perle de l'horticulture française. (*Applaudissements.*)

« Nous exprimons toute notre reconnaissance à la famille de Vilmorin pour l'accueil si cordial qu'elle nous fait ici, dans cette maison qui est, depuis un siècle, la maison de l'agriculture elle-même. Nous emporterons de cette visite, de ce que nous avons vu, un souvenir ineffaçable. (*Nouveaux applaudissements.*)

« Pourquoi faut-il, comme le disait le chef actuel de la maison, qu'un voile de deuil s'étende sur cette fête, qui serait si joyeuse si celui qui était là, il y a encore un an, pouvait nous recevoir avec son visage souriant et sa grâce charmante? (*Mouvement.*)

« Ceux qui, comme moi, messieurs, l'ont connu de près et ont pu apprécier cet esprit supérieur, à la fois si profond et si fin, sont plus tristes que d'autres. Et cependant je me dis que, puisqu'il faut mourir et que quelques années de plus ou de moins dans la vie sont bien peu de chose, ce doit être une grande consolation pour sa famille aujourd'hui que de pouvoir revivre dans son œuvre et de pouvoir la présenter, resplendissante de beauté, à l'admiration des représentants de l'agriculture du monde entier. (*Vifs applaudissements.*)

« Je me dis aussi, messieurs, que c'est une grande consolation pour l'agriculture, après une perte aussi douloureuse, de penser que dans la famille de Vilmorin les pertes ne sont jamais irréparables, qu'il pousse toujours de nouveaux rejetons et que les derniers sont dignes des premiers. (*Nouveaux applaudissements.*)

« Vous venez d'entendre le jeune, le dernier représentant actuel de la maison de Vilmorin; il me semblait tout à l'heure entendre son père : il a déjà sa parole éloquente et facile, son accent convaincu, la connaissance des choses dont il parle. (*Vifs applaudissements.*)

« Aussi suis-je certain de pouvoir dire de la quatrième génération des Vilmorin qu'elle sera ce qu'ont été les premières et que la cinquième sera bientôt ce qu'a été la quatrième. (*Applaudissements et bravos.*)

« En terminant, messieurs, je crois répondre à votre pensée à tous en levant mon verre à la prospérité, à l'avenir et au bonheur de la famille de Vilmorin. » (*Applaudissements répétés et prolongés.*)

Au nom des étrangers, M. le comte Kolowrat s'exprime en ces termes :

« Mesdames, messieurs, j'ai reçu depuis quelques minutes seulement l'invitation de répondre, au nom de la colonie étrangère, aux paroles si charmantes du chef de la maison de Vilmorin et au toast plein d'amabilité de notre président : vous excuserez donc mon improvisation.

« Comme l'a dit tout à l'heure M. Méline, nous avons parcouru ce matin des champs d'expérience merveilleux qui sont la perle de l'agriculture française et nous avons pu admirer le produit du travail de quatre générations, car une seule génération, malgré toute sa science, son intelligence et son activité, n'aurait pu obtenir de tels résultats. Puis, en rentrant ici, nous avons été séduits par le charme et la grâce de toutes ces fleurs que nous voyons devant nous, je veux parler des dames de la maison de Vilmorin. (*Vifs applaudissements.*)

« En parlant des générations qui ont illustré cette maison, M. Méline n'a pas oublié l'avenir et il a parlé des générations futures. Permettez-moi, messieurs, de boire à toutes les générations de la famille de Vilmorin. Par celles que nous avons connues, nous pouvons juger de ce que seront les suivantes. Je vous propose de lever nos verres à leur santé. » (*Vifs applaudissements.*)

Sir Ernest Clarke, secrétaire de la Société royale d'agriculture d'Angleterre, porte la santé de M. Philippe de Vilmorin et de sa jeune et charmante fiancée, et M. le Dr Stebout, délégué officiel de la Russie, salue Madame de Vilmorin, cette compagne si digne de son époux et qui est entourée du respect et de l'affection de tous.

DE VERRIÈRES A CHAMPAGNE

Après une dernière promenade dans les jardins, les excursionnistes saluent leurs hôtes et remontent dans leurs voitures pour la deuxième étape.

La route entre Verrières et Champagne est intéressante au point de vue agricole, en ce sens qu'elle traverse deux pays essentiellement différents.

Du côté de Verrières, la petite culture prédomine; la propriété est extrêmement divisée et l'on ne fait guère de céréales que pour les nécessités de l'assolement. La proximité de Paris, en effet, assure un débouché certain à des récoltes plus rémunératrices. Aux environs de Verrières, on voit, en plein champ, la culture des fraises, des framboises, du cassis et des arbres fruitiers en général.

Jusqu'à ces années dernières, on y faisait même des violettes de Parme; on y cultive encore des pois, des haricots, des pommes de terre hâtives, etc., le tout destiné aux halles de Paris. Le terrain est en général léger et sablonneux.

Du côté de Palaiseau, les mêmes cultures se rencontrent aussi. On y fait en particulier beaucoup de scarole pour le marché; mais plus loin on tombe dans le domaine de la grande culture et des grandes fermes, dont Champagne est un si bel exemple.

LA FERME DE CHAMPAGNE

A l'entrée de la ferme, pavoisée en l'honneur de ses visiteurs, M. H. Petit, accompagné de son père à qui il a succédé et de ses fils, salue les congressistes et leur souhaite la bienvenue.

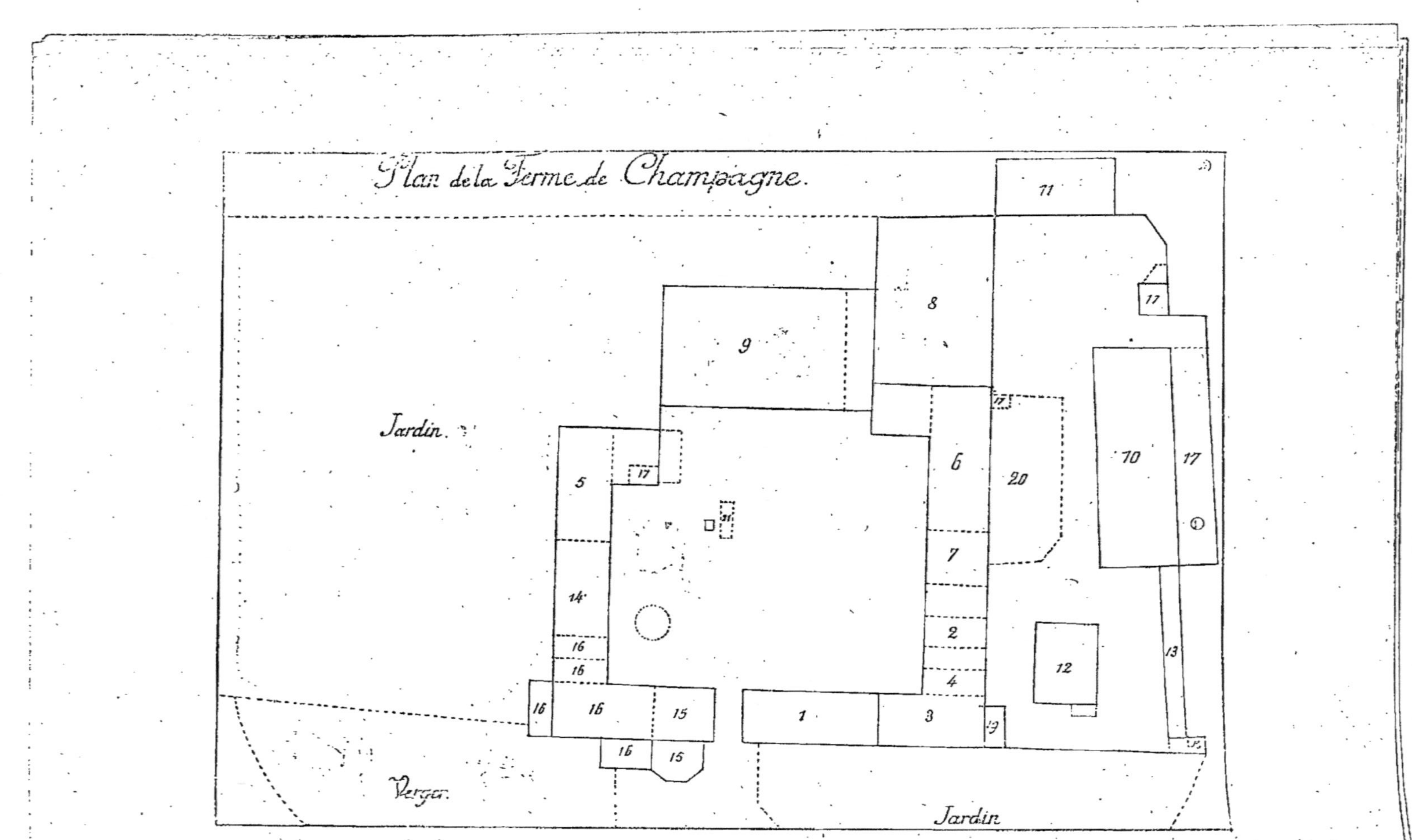

Plan de la Ferme de Champagne.
Jardin.
Jardin
Verger.
11
8
9
17
17
5
6
20
70
17
7
14
2
12
13
16
16
1
3
16
16
15
19
16
15
4

Des groupes se forment sans retard pour visiter les bâtiments et les cultures.

La ferme de Champagne dépend de la commune de Savigny-sur-Orge, canton de Longjumeau, arrondissement de Corbeil. Elle se trouve à 19 kilomètres sud de Paris, à 16 kilomètres nord de Corbeil et à 3 kilomètres de la station de Juvisy.

Elle est située sur un plateau de 90 mètres d'altitude dominant d'environ 50 à 60 mètres les vallées qui l'entourent : la Seine au nord-est, l'Orge au sud-est, l'Yvette au sud-ouest et la Bièvre au nord-ouest.

Nature du sol. — Le sol arable est formé par des alluvions anciennes ou diluvium des plateaux. C'est une terre franche de bonne qualité argilo-siliceuse, pauvre en chaux.

La couche arable a une épaisseur moyenne d'environ 1 mètre.

Configuration du sol. — Le sol est généralement plat, à peine ondulé dans certaines parties, avec une légère inclinaison générale de l'Ouest à l'Est.

Contenance et disposition des terres. — L'exploitation renferme 223 hectares; elle est d'un seul tenant, sauf 5 hectares d'anciennes prairies défrichées qui se trouvent dans la vallée d'Orge.

Les bâtiments de la ferme sont situés au centre des terres qui sont desservies par 4 chemins macadamisés, qui forment la croix et dont la jonction a lieu à la ferme.

Bâtiments d'exploitation. — Les bâtiments comprennent (voir le plan) :

1°) Une maison d'habitation;

2°) Une habitation pour le contre-maître;

3° et 4°) Deux écuries, dont l'une peut contenir 12 chevaux et l'autre 4;

5°, 6°, 7°) Trois bouveries pouvant loger 28, 26 et 12 bœufs, au total : 66 bêtes à cornes;

8°) Une bergerie pouvant abriter 700 moutons;

9°) Une grange de 30 mètres de longueur, 20 mètres de largeur et 12 mètres d'élévation, pouvant contenir 60,000 gerbes;

10°) Un hangar de 9 travées de 38 mètres de longueur et 12 mètres de largeur pouvant contenir 42,000 gerbes;

11°, 12° et 13°) Trois hangars couvrant 456 mètres de superficie et servant à remiser les équipages et les outils;

14°) Une grange et plusieurs greniers à fourrages;

15°) Des greniers à grains;

16°) Une distillerie de betteraves pouvant travailler 25,000 kilos par jour;

17°) Un silo à pulpes couvert, contenant 400 mètres cubes;

18°) Un poulailler;

19°) Forge et charronnage.

Tous ces bâtiments se trouvent disposés autour de deux cours, dont le sol est macadamisé; la première forme un carré de 75 mètres de côté; la seconde est un rectangle de 100 mètres de long sur 50 mètres de large : elle contient une plate-forme (20) de 30 mètres de long et 12 mètres de large, sur laquelle se trouve le tas de fumier.

Un petit jardin d'agrément et un verger sont à droite et à gauche de l'entrée de la ferme. Un grand jardin de rapport d'environ 1 hectare borde les bâtiments sur deux autres côtés.

La ferme de Champagne, qui dépendait anciennement du domaine seigneurial de Savigny, devint bien national à la Révolution à la suite de l'émigration de son propriétaire. Elle fut donnée en 1804 par l'empereur Napoléon au maréchal Davout et resta propriété de la famille du maréchal jusqu'en 1869. A cette époque, la ferme fut séparée du restant du domaine et fut acquise par le marquis de Bercy, puis passa par héritage à la mort de ce dernier, en 1878, en la possession de sa nièce, Mme la marquise de Grammont. Comme on le voit, la ferme de Champagne changea plusieurs fois de propriétaire depuis un siècle et demi, mais pendant cette période, elle fut toujours cultivée par la famille Petit.

En 1744, Jean Petit prit la ferme à bail et la cultiva jusqu'à sa mort survenue en 1774.

Charles Petit, son neveu, déjà cultivateur et maître de poste à Fromenteau, lui succéda et garda la ferme jusqu'en 1793, époque à laquelle il la céda à son fils Charles-Pierre Petit. Ce dernier fit valoir Champagne jusqu'au mariage de son fils Jules Petit avec Clémence Pluchet, en 1820. En se mariant. Jules Petit prit la direction de Champagne pour la conserver jusqu'au moment où il put la céder à son fils Charles Petit, en 1844.

Jusqu'à cette époque, les cultivateurs de Champagne, qui étaient en même temps propriétaires de la poste de Fromenteau, considéraient la ferme plutôt comme une annexe et consacraient la plus grande part de leur attention à la gestion de leur entreprise de transport. Mais, lorsque Charles Petit prit à son tour la direction de Champagne, les chemins de fer d'Orléans et de Lyon entraient en exploitation, et la poste cessa d'exister. Il dut par conséquent consacrer tous ses efforts à l'exploitation de la ferme. Élève de M. de Dombasle, doué de beaucoup d'activité et d'énergie, il était bien préparé pour la tâche qui lui incombait. Entre ses mains, les terres de la ferme se transformèrent et arrivèrent à un haut degré de fertilité; les bâtiments furent reconstruits en grande partie et aménagés à peu près comme ils le sont aujourd'hui. Le cultivateur de Champagne sut trouver dans la distillerie agricole (qu'il installa en 1854, aussitôt que l'invention de M. Champonnois fut connue) une aide puissante pour les améliorations qu'il avait entreprises. Quand M. Charles Petit céda la ferme de Champagne à son fils Henri Petit au mois de mai 1870, il venait de recevoir en 1869 la croix de la Légion d'honneur, juste récompense de ses travaux. Il lui laissait une ferme très bien organisée et en excellent état de culture.

La guerre étant survenue, M. Henri Petit débuta au milieu de grandes difficultés, qu'il put néanmoins surmonter. Depuis, il s'est efforcé d'apporter dans les aménagements intérieurs de la ferme toutes les améliorations que la pratique lui faisait reconnaître nécessaires, cherchant toujours à simplifier le travail et à diminuer la main-d'œuvre tout en assurant la régularité des services.

Pour la culture des champs, il a utilisé dans les meilleures conditions tous les instruments dont l'usage pouvait rendre plus faciles et plus économiques la culture de la terre et l'exploitation des récoltes.

Quant aux engrais, il les employa d'une façon rationnelle en appliquant à chaque récolte les quantités et les formules qui lui paraissent devoir assurer le plus fort rendement.

Main-d'œuvre. — Le personnel de la ferme se compose en moyenne de 45 ouvriers dont 20 sont à gage et les 25 autres travaillent à tâche aux divers travaux de culture.

Les ouvriers ne sont pas nourris par la ferme, mais des facilités leur sont données pour leur alimentation.

Deux fois par jour, ils reçoivent gratuitement de la soupe; de plus, ils trouvent à la ferme aux meilleures conditions, c'est-à-dire à prix coûtant, de la viande de porc, du pain, du vin et des pommes de terre. Dans le réfectoire qui leur est consacré, existe un fourneau sur lequel ils peuvent préparer leurs aliments.

Grâce à ces commodités, un ouvrier peut se nourrir convenablement à Champagne avec un franc par jour.

Les ouvriers célibataires couchent à la ferme dans un dortoir, où ils trouvent gratuitement les objets de literie nécessaires.

Les ouvriers mariés sont logés à 2 kilomètres de la ferme, dans une ancienne auberge, où ils ont deux pièces, une cave, un grenier et un jardin de 4 ares.

Dans ces conditions le recrutement du personnel est facile, quoique presque tous les ouvriers soient étrangers au pays : les hommes à gages sont généralement de la Nièvre, les ouvriers à tâche sont pour la plupart Belges.

La dépense totale de main-d'œuvre s'élève, année moyenne, à 50 000 francs.

Matériel. — *Instruments d'intérieur.* — Les battages se font à l'aide d'une machine à battre Faitot ; cette machine est sur roues et peut se placer à l'endroit le plus rapproché de la récolte à battre dans la grange (n° 9) où elle est actionnée par une transmission qui règne sur toute la longueur du bâtiment. Cette transmission elle-même reçoit le mouvement, à l'aide d'un câble télo-dynamique de 75 mètres de longueur, d'une machine à vapeur qui se trouve dans la distillerie (n° 16). La machine Faitot est à moyen travail : elle peut battre 1200 gerbes par jour en produisant 4000 kilos de grain ; elle n'abîme pas les pailles. Elle ne nettoie pas le blé, se contentant de séparer le grain des menues pailles. C'est pourquoi, chaque jour, le blé battu est pesé sur une grosse bascule (n° 21), puis monté à l'aide d'un treuil au deuxième étage du grenier (n° 15). Là se trouve un nettoyage complet, comprenant un trieur Josse destiné à séparer les bottons, un trieur à cylindre pour extraire les graines, un tarare américain à aspiration pour retirer les grains légers.

Tous ces appareils sont mis en mouvement par la machine à vapeur et, comme le grain va de l'un à l'autre par des élévateurs, le nettoyage se fait sans main-d'œuvre et le blé prêt à être vendu tombe au premier étage du grenier.

Au deuxième étage du grenier (n° 15) se trouve aussi un aplatisseur qui est mû par la machine à vapeur et sert à préparer le grain destiné aux animaux (bœufs ou vaches) à l'engraissement.

Au rez-de-chaussée de ce même bâtiment existe un hache-paille qui ne sert qu'en cas de pénurie de menues pailles pour mélanger avec les pulpes.

La grosse bascule (n° 21), pouvant porter une charge de 10 000 kilos, permet de se rendre compte du poids de tous les produits et de tous les animaux.

Instruments d'extérieur. — Les labours sont faits avec des charrues Brabant doubles. Il existe encore des charrues Dubois-Sarrazin, qui datent de 1860 et qui servent à exécuter les labours légers. Pour les labours à betteraves profonds de 30 à 35 centimètres, il est fait usage de charrues Bajac, d'un modèle récent.

Pour les façons d'ameublissement, on se sert de herses Dombasle et Howard, d'extirpateurs Colman et Bajac, de rouleaux plats et crosskill de Demarly et Fouquart.

Les ensemencements sont exécutés à l'aide d'un semoir Smyth à 20 rayons qui mène 3 mètres de largeur.

Les engrais sont épandus par un semoir Boisrenoult.

Les betteraves sont cultivées à l'aide de houes à cheval Delahaye.

Les luzernes sont coupées par deux faucheuses Samuelson et ramassées à l'aide d'un rateau Howard.

Une moissonneuse Deering et une lieuse du même constructeur servent à faire partiellement la moisson, qui est faite à bras d'homme pour le surplus.

Transports. — Les transports effectués par les chevaux sont faits à l'aide de charrettes à deux roues généralement usitées dans les environs de Paris.

Les bœufs sont attelés à des chariots à quatre roues pour le transport de la moisson, de la paille et des fourrages ; à des tombereaux à deux roues pour conduire le fumier et les betteraves. Mais ces derniers transports sont surtout effectués à l'aide du porteur Decauville composé de 1400 mètres de voie de 50 centimètres et de vingt-quatre wagonnets de 400 litres. Grâce à ce matériel, du 15 août au 1er novembre, il peut être transporté, avec deux ou trois chevaux, 1 800 000 kilogrammes de betteraves.

Assolements. — L'assolement est alterne libre (blé et betteraves) avec une certaine proportion de luzerne, environ 50 hectares. L'ensemencement des luzernes se fait dans une récolte d'avoine; une récolte d'avoine succède également au défrichement de la luzerne qui a lieu après trois récoltes.

ENGRAIS. — *Fumiers.* — La quantité de fumier employé à Champagne, année moyenne, s'élève à 3 000 000 de kilogrammes qui servent à fumer 66 hectares à raison de 45 000 kilogrammes à l'hectare.

Ces 3 000 000 de kilogrammes de fumier proviennent pour moitié de 500 voitures de fumier de nourrisseur pesant chacune 5000 kilogrammes, et qui sont ramenées chaque jour de Paris par quatre chevaux qui conduisent à l'aller les pailles et les fourrages.

L'autre moitié provient des animaux de la ferme.

Purins. — La couche de fumier est munie d'une citerne qui recueille les purins, comme nous venons de le voir. Il en est de même de chaque étable et des bergeries. Les vinasses qui s'écoulent des pulpes, soit dans les cases où elles sont déposées pour l'emploi journalier, soit dans le silo où l'on accumule la provision pour l'été, sont aussi dirigées dans une citerne. Tous ces récipients sont réunis par une conduite en tuyaux Doulton, qui prend le trop-plein de chacun d'eux pour le diriger dans une vaste fosse, qui reçoit aussi les boues provenant du lavage des betteraves et toutes les eaux vannes de la distillerie. Toutes ces eaux, après s'être déposées, sont prises par une pompe qui les refoule sur un point culminant à 200 mètres en plaine d'où elles peuvent être réparties à volonté sur 45 hectares de terre.

A l'aide de ces eaux, on peut irriguer de 6 à 8 hectares par an.

Boues de distillerie. — Tous les dépôts qui se forment dans la fosse, dont il a été question ci-dessus, sont enlevés à la fin de chaque campagne, c'est-à-dire au mois de mars. Ils forment un volume de 250 mètres cubes. Ils sont déposés sur une épaisseur d'environ 80 centimètres dans des bassins où ils sont mélangés avec tous les détritus végétaux de la ferme. — Après un retournage exécuté avant la moisson, ils forment un compost assez pulvérulent pour être facilement épandu, et qui représente un cube de 350 mètres, qui sert à fumer cinq hectares.

Engrais chimiques. — Les engrais chimiques sont employés comme engrais complémentaires et, sauf les luzernes, toutes les récoltes en reçoivent chaque année. Pour la récolte 1899, il a été fait usage des quantités suivantes :

Nitrate de soude.	25 000 kilos.
Sulfate d'ammoniaque	10 000 —
Superphosphate de chaux.	55 000 —
Chlorure de potassium	5 000 —
	95 000 kilos.

RÉCOLTES. — Les deux récoltes principales à Champagne sont le blé et les betteraves; en seconde ligne viennent les avoines et les luzernes.

Blés. — Les blés sont semés après la récolte de betteraves. Comme cette dernière se fait dans le courant du mois d'octobre, au fur et à mesure de son enlèvement, on procède à l'épandage des engrais, puis au labour. Ce dernier se fait à une profondeur de 12 centimètres environ. L'ensemencement est fait à l'aide d'un semoir Smyth de

3 mètres de largeur, faisant 16 rayons distants les uns des autres de 18 centimètres 1/2. La quantité de semence employée est de 150 à 160 litres à l'hectare. La meilleure saison pour semer le blé à Champagne est du 1er au 15 novembre, car, semé à cette époque, le blé lève généralement avant les grands froids sans cependant prendre beaucoup de développement pendant l'hiver, condition essentielle pour éviter la verse.

Le rendement moyen des blés est de 32 quintaux à l'hectare.

Avoines. — Les avoines sont faites soit après blé, soit après défrichement de luzerne.

Pour celles faites après blé, la terre est déchaumée aussitôt la récolte à l'aide de l'extirpateur; à la fin de septembre, elle reçoit une seconde façon qui consiste en un léger labour qui enfouit les herbes germées à la suite du déchaumage et favorise une seconde levée des mauvaises graines. Après les semences de blé, c'est-à-dire du 15 novembre au 1er décembre, on donne un labour à 25 centimètres de profondeur. La terre passe l'hiver en cet état et l'ensemencement se fait aussitôt que la saison le permet, généralement un peu avant ou un peu après le 1er mars. Le semoir Smyth est encore employé; il passe après l'extirpateur et est suivi de la herse. La quantité de semence employée est de 175 à 200 litres à l'hectare. Au moment où l'avoine prend deux feuilles, elle reçoit un hersage, c'est alors que se sème la graine de luzerne.

Lorsque l'avoine vient après un défrichement de luzerne, on procède à ce défrichement dans le courant de l'hiver, jamais avant le 1er décembre, avec des charrues munies de rasettes. Le labour a une profondeur de 18 centimètres. L'ensemencement se fait dans les mêmes conditions que pour les avoines après blé. Mais pour combattre l'allégissement exagéré du sol, il est bon de se servir du crosskill, qui est nécessaire une, deux et quelquefois trois fois.

Le rendement moyen des avoines est de 36 quintaux à l'hectare.

Betteraves. — La récolte de betteraves succède à une récolte de blé ou à une récolte d'avoine. Aussitôt l'enlèvement de ces dernières, il est procédé à un déchaumage à l'aide de l'extirpateur.

Tous les fumiers disponibles sont conduits aussitôt que possible sur les terres à betteraves et enfouis par un léger labour de 12 centimètres. Ce labour reçoit un coup de crosskill.

Ces diverses opérations occupent environ le mois qui suit la moisson; quand elles sont terminées, on commence les labours de défoncement, qui se font à une profondeur de 30 à 35 centimètres. Ils sont faits à l'aide de charrues Brabant attelées de huit bœufs conduits par deux hommes. En septembre et octobre, un attelage peut faire 70 ares de travail par jour. Ces labours sont poursuivis jusqu'à l'hiver autant que le permettent le transport des betteraves et l'ensemencement des blés. En général, ils sont faits aux deux tiers lorsque arrivent les gelées et sont suspendus pendant la mauvaise saison pour éviter de travailler la terre lorsqu'elle est trop mouillée. Il n'est pas touché aux terres labourées jusqu'après les semences d'avoine et ce n'est que lorsque les hâles de mars viennent sécher le sol qu'on y met les extirpateurs. A partir de ce moment, et autant que le temps le permet, les façons de herses, de rouleaux et d'extirpateurs se succèdent jusqu'au moment de l'ensemencement qui se fait, année ordinaire, du 5 avril au 1er mai.

Les betteraves, comme les blés et les avoines, sont semées à l'aide du semoir Smyth, qui fait à la fois sept rayons à l'espacement de 45 centimètres. Les socs sont suivis de disques de fonte de 35 centimètres de diamètre et 6 centimètres de largeur, qui forment rouleaux et appuient fortement la graine dans la terre.

Quand les betteraves sont levées, elles reçoivent un coup de rouleau lourd ou léger, suivant qu'il fait plus ou moins sec et que les terres sont plus ou moins soulevées. Ce coup de rouleau précède une façon de houe à cheval, qui est donnée avant le premier binage à la main. C'est à ce premier binage qui se fait le démariage des betteraves, qui sont laissées à 25 centimètres les unes des autres afin qu'il reste neuf betteraves au mètre carré.

Quelques jours après le démariage, les betteraves reçoivent une seconde façon de houe à cheval. Ensuite vient le second binage à la main, qui est suivi à quelques jours d'intervalle d'une dernière façon de houe, qui est donnée aussi profondément que possible et de manière à buter légèrement les betteraves. Ce travail s'exécute vers le 1er juillet et est le dernier que demande la plante jusqu'à l'arrachage. Celui-ci se fait avec l'arrache-betteraves Bajac. Un tiers des betteraves est transporté à l'aide de tombereaux, les deux autres tiers à l'aide du porteur Decauville.

Elles servent à alimenter la distillerie agricole qui dépend de la ferme.

Le rendement moyen de la récolte de betteraves est de 42 000 kilogrammes de racines à l'hectare à 7° de densité.

Graines de betteraves. — Les graines de betteraves employées à Champagne sont généralement récoltées sur la ferme.

Luzernes. — Les luzernes sont ensemencées dans une récolte d'avoine. Elles sont semées à l'aide du semoir Smyth, à raison de 18 kilos de graine à l'hectare.

La première année les luzernes reçoivent, avant le départ de la végétation, un fort hersage. Les deux années suivantes, à la même époque, un coup d'extirpateur à dents très fines; puis un hersage et un roulage. Ces façons ont surtout pour but d'entretenir la terre en bon état de propreté et exempte de mauvaises herbes. La récolte se fait à l'aide d'une faucheuse Samuelson Le fourrage est séché en petites moyettes composées de deux petites javelles dressées en face l'une de l'autre et liées à la partie supérieure par un lien d'herbe peu serré. Dans cette position, le fourrage redoute peu les pluies et peut être rentré parfaitement sec en moyenne au bout de huit jours. Ce procédé est économique et a l'avantage de conserver à la luzerne toute sa feuille.

Les luzernes sont conservées trois ans et donnent chaque année deux coupes, le plus souvent trois et rarement quatre.

Le rendement moyen total est de 9000 kilogrammes de foin sec à l'hectare.

Bétail. — La proximité de Paris donnant de grandes facilités pour vendre les pailles et fourrages et pour les remplacer par des fumiers achetés, le bétail n'occupe pas à Champagne le rôle important qui lui revient à juste titre dans la plupart des exploitations agricoles. Cependant la nécessité d'assurer les travaux de culture et d'employer utilement les résidus de la distillerie exige un cheptel encore assez nombreux.

Ce cheptel se divise nécessairement en animaux de trait et en animaux d'engraissement.

Animaux de trait. — Les animaux de trait se composent de chevaux et de bœufs. Les chevaux sont affectés principalement aux transports, les bœufs aux travaux de culture.

Chevaux. — Les chevaux sont au nombre de douze.

Ils ont à faire les transports sur Paris à raison de 500 voyages par an.

Les chevaux, de race percheronne pour la plupart, sont achetés à l'âge de 4 à 5 ans, et payés de 1200 à 1600 francs. Ils sont conservés tant qu'ils sont aptes à faire le service qui leur est dévolu.

Leur ration journalière se compose de :

10 kilogrammes d'avoine.

7 k. 500 de fourrage.

Du 15 mai au 15 juin, le fourrage sec est remplacé par du fourrage vert. En hiver, on ajoute à la ration de 2 à 3 kilos de carottes.

Bœufs. — Les bœufs sont de race nivernaise. Ils sont au nombre de 28 du 1er décembre au 15 août, et au nombre de 44 du 15 août au 1er décembre. Achetés à l'âge de 4 à 5 ans à des prix variant de 12 à 1400 francs la paire, ils travaillent à Champagne pendant 27 à 28 mois.

Leur nourriture consiste en pulpe et en fourrage, soit :

        90 kilos de pulpe fraîche.

ou   60 kilos de pulpe conservée.

et   6 kilos de fourrage.

Pendant une partie de l'été, le fourrage vert est substitué au fourrage sec.

Animaux d'engraissement. — Vers le 1er décembre de chaque année, au moment où les labours d'automne sont terminés, seize bœufs de trait sont mis à l'engrais. Ils y restent de 4 mois à 4 mois et demi, après lesquels ils sont vendus de 750 à 800 francs pièce.

Leur ration se compose pendant les deux premiers mois de :

        100 kilos de pulpe ;

        6 kilos de fourrage.

Pendant les deux derniers mois on ajoute à la ration précédente de 2 à 3 kilog. de farineux.

A ces premiers animaux, qui forment comme la partie forcée de l'engraissement, s'ajoutent, suivant les années, des bœufs, des vaches ou des moutons.

Les bœufs et les vaches, achetés spécialement pour les engraisser, sont soumis à la même alimentation que les bœufs de trait à l'engrais.

Moutons. — Le troupeau se compose de moutons d'âge et de race variables. Ils sont achetés au mieux dans le but de réaliser le plus grand écart possible entre le prix d'acquisition et le prix de vente.

L'été, le troupeau comporte de 300 à 500 têtes ; ils vivent au pâturage jusqu'au 15 novembre. A ce moment le troupeau, qui comprend environ 600 moutons, est rentré à la bergerie et nourri à la pulpe, à raison de 9 à 10 kilog. par tête ; il n'est ajouté à cette ration qu'un affouragement de paille d'avoine. Les moutons sont gras après trois mois au maximum. Ils sont vendus au fur et à mesure de leur engraissement et remplacés par des moutons maigres, afin de maintenir l'effectif du troupeau jusqu'au mois de mars. Les derniers animaux sont vendus vers le 15 avril.

Distillerie. — La distillerie agricole, à Champagne, a pour but de transformer la récolte de betteraves, d'une part en un produit ayant une valeur commerciale, et de l'autre en pulpes devant servir de base à la nourriture du bétail de l'exploitation.

La distillerie a été construite dans l'ancien bâtiment de la ferme.

Elle se compose d'un double laveur à bras en hélice, avec épierreur, d'où les betteraves sortent pour se placer dans un élévateur qui les monte au coupe-racines. Celui-ci est un coupe-racines de diffusion de petit modèle avec plateau horizontal et lames faîtières. Les cossettes qui en sortent tombent dans une nochère, qui se déplace pour les conduire à volonté dans un des six cuviers où se fait la macération. Les jus sucrés, à la sortie de ces derniers, traversent un appareil qui peut être, suivant le besoin, ou réchauffeur ou refroidisseur. Puis ils vont aux cuves de fermentation au nombre de cinq. Les jus fermentés sont pris par une pompe qui les élève dans un bac, placé à un niveau supérieur à la colonne à distiller. Celle-ci est une colonne système Champonnois, de 80 centimètres de diamètre. Elle est chauffée à la vapeur par un appareil tubulaire, avec retour de la condensation dans le générateur. Ce générateur est tubulaire, de 40 mètres de surface de chauffe. Les tubes sont amovibles, ce qui permet le nettoyage complet de la chaudière chaque année.

La force nécessaire est fournie par une machine à vapeur de huit chevaux, qui donne aussi le mouvement à la machine à battre et au nettoyage des grains.

La distillerie rend en pulpes environ 60 pour 100 du poids des betteraves employées, soit en moyenne 30 000 kilos de pulpe par hectare de betteraves.

Les pulpes servent à l'entretien des bœufs de trait toute l'année et à l'engraissement des bœufs, vaches et moutons pendant l'hiver.

Après la visite de la ferme, les congressistes sont réunis dans la vaste grange, décorée de feuillages et de fleurs, où un lunch a été préparé à leur intention, et où la famille de M. Petit les reçoit avec la plus chaude cordialité.

M. HENRY SAGNIER, secrétaire général, remercie en ces termes M. Petit, au nom du Congrès :

« Mesdames, Messieurs, j'ai l'honneur de représenter en ce moment M. le président du Congrès qui a été obligé de rentrer à Paris, et qui m'a chargé d'exprimer ses vifs regrets à la famille de M. Petit. Je vous convie tous à remercier cette belle famille agricole de la réception si cordiale et si chaleureuse qu'elle nous a faite.

« Après vous avoir montré les splendeurs de Verrières, nous avons tenu, messieurs les étrangers, à vous faire voir ce qu'est une ferme des environs de Paris entre les mains d'une de ces familles qui font notre gloire agricole ; la famille Petit est une des plus nobles que nous puissions vous présenter. (Applaudissements.)

« Depuis plus d'un siècle et demi, de père en fils, — et préparant encore une nouvelle génération pour continuer le même travail, — cette famille cultive cette ferme et l'a portée au plus haut degré de prospérité, de fertilité et de richesse agricole. C'est un des plus beaux exemples que nous puissions mettre sous vos yeux.

« Nous sommes très fiers de vous avoir amenés ici, et nous vous demandons de porter avec nous la santé de cette belle famille, représentée par trois générations que vous avez sous les yeux. » (Vifs applaudissements.)

M. BAUDUIN, président d'honneur du Congrès, président honoraire de la Société hollandaise d'agriculture, s'exprime ensuite comme il suit :

« Mesdames, Messieurs, après les paroles éloquentes de M. Sagnier, il ne me reste véritablement pas grand'chose à dire. Au nom des étrangers qui sont réunis ici et dont je me permets de me faire l'interprète, j'exprime toute notre admiration pour ce qu'on a bien voulu nous montrer

« Je suis agriculteur, et j'ai pu juger de tous les soins qu'on a donnés à cette belle exploitation.

« M. Sagnier vient de dire que cette ferme est entre les mains de la même famille depuis cent cinquante ans, et je pense que le proverbe a bien raison, qui dit que le travail anoblit. Un travail semblable à celui que nous voyons rend cette famille la plus noble du monde, car elle possède la noblesse du travail. (Applaudissements.)

« Je me joins de tout cœur à M. Sagnier pour porter un toast à la prospérité de cette ferme, à la santé de la famille Petit. » (Vifs applaudissements.)

M. EDOUARD FERROX, maire de Savigny-sur-Orge, salue les visiteurs en ces termes :
« Mesdames, Messieurs, au nom de la municipalité et de la commune de Savigny-sur-Orge, sur le territoire de laquelle se trouve la ferme modèle dirigée par M. Petit, mon collègue au conseil municipal, je suis heureux de saluer ici l'élite des agricul-

teurs français et étrangers, je lève mon verre à votre santé à tous, à la santé de tous ceux qui vous sont chers et à la prospérité de l'agriculture. » (*Applaudissements*.)

M. Henri Petit répond aux félicitations qui lui ont été adressées :

« Mesdames, Messieurs, je dois vous remercier d'avoir bien voulu vous déranger pour venir à Champagne visiter cette modeste exploitation, car elle n'est pas une exploitation extraordinaire, et vous pourriez en trouver un grand nombre de semblables dans les environs de Paris. J'ai eu l'honneur d'être désigné par les organisateurs du Congrès, en particulier par M. Méline, pour recevoir votre visite : je les remercie vivement de l'honneur qu'ils m'ont fait, et je suis très sensible aux paroles si cordiales qui viennent d'être adressées, à ma famille et à moi.

« Je bois, messieurs, à votre prospérité et à votre santé à tous. » (*Applaudissements*.)

Après quelques paroles de M. le D' Wirmack, de Berlin, pour remercier le Comité d'organisation de cette belle excursion, les congressistes saluent une dernière fois leurs hôtes, et remontent dans leurs voitures.

Ils retrouvent à la gare de Juvisy le train spécial qui les ramène à Paris à 7 heures du soir.

EXCURSION A GRIGNON ET A VERSAILLES

Le 8 Juillet.

Le départ a lieu à huit heures et demie du matin par la gare de Paris-Montparnasse, où un train spécial attend les membres du Congrès qui prennent part à l'excursion, au nombre de près de 500. Un certain nombre de dames, quelques-unes françaises, la plupart étrangères, font partie de la réunion.

M. Méline, président du Congrès, dirige l'excursion.

Au passage à Versailles, M. Larcher, premier adjoint au maire, M. Paisant, président du Tribunal, et quelques autres invités prennent place dans le train.

A la station de Plaisir-Grignon, des voitures automobiles Scott et des omnibus attendent les voyageurs pour les conduire à l'École d'agriculture.

École nationale d'agriculture de Grignon. — Dans la cour d'honneur, devant l'ancien château qui constitue le bâtiment principal de l'établissement, M. Philippar, directeur, entouré des professeurs et des fonctionnaires de l'École, attend les voyageurs pour leur souhaiter la bienvenue.

La musique du 11e d'artillerie, venue de Versailles, joue la *Marseillaise* à l'arrivée du long cortège des voitures.

Les visiteurs sont répartis, pour la facilité des mouvements et pour éviter l'encombrement, en trois groupes qui sont guidés sur les points les plus intéressants de l'École, de la ferme et des cultures expérimentales.

A l'École, on visite successivement les dortoirs, réfectoires, salles d'étude, amphithéâtres, salle de dessin et notamment les vastes et nouveaux bâtiments appropriés pour la chimie et la technologie : laboratoires des professeurs, salles des travaux pour les élèves; on passe ensuite aux locaux réservés à la botanique et à la zootechnie, qui sont bien aménagés et pourvus de tous les appareils nécessaires aux recherches scientifiques et aux applications des élèves.

La machinerie qui exigerait, pour être visitée complètement, un temps beaucoup plus long que celui dont on dispose, retient un moment l'attention des congressistes. On y voit une importante collection des principaux instruments français et étrangers. Les charrues y sont particulièrement bien représentées, depuis le type algérien et le type corse, si peu différents de l'araire romain, jusqu'aux modèles les plus perfectionnés de l'outillage moderne. Les divers modèles de semoirs, faucheuses, moissonneuses, moissonneuses-lieuses, faneuses, s'y rencontrent également. L'étage supérieur de ce vaste bâtiment, disposé en forme de galerie latérale, est occupé par des collections agricoles et sylvicoles. Des bois provenant des forêts des diverses parties du monde sont réunis ici.

Les jardins botanique et dendrologique complètent heureusement les collections destinées aux études des élèves. Là encore, on trouve une réunion très complète des végétaux nécessaires.

Les jardins maraîchers et fruitiers, les vergers, qui assurent l'alimentation de l'école, sont aussi un objet d'enseignement.

Les collections de géologie et de minéralogie sont ensuite examinées, et M. le professeur Stanislas Meunier guide les congressistes à la falunière. L'école renferme, en effet, un gisement de falun connu dans le monde entier, et réputé pour le nombre et la beauté des fossiles qu'on peut y recueillir.

La bibliothèque, située au premier étage du château, met à la disposition des élèves les nombreux ouvrages dont elle est pourvue.

La ferme possède une vacherie spacieuse contenant une trentaine de vaches, génisses et taureaux de races variées. Les Normands y sont en compagnie des Schwitz, des Simmenthall, des Hollandais et Flamands, des Bretons.

La bergerie, très connue par ses jeunes reproducteurs mâles qui sont l'objet d'une vente publique annuelle, comprend environ 500 têtes des variétés Southdown, Dishley et Dishley-mérinos. Le bâtiment, très économiquement aménagé, peut être regardé comme un modèle du genre.

Le bétail de travail est constitué par des chevaux et par des bœufs choisis parmi nos races françaises les plus appréciées à ce point de vue : charolaise, nantaise, garonnaise, Salers et Aubrac.

La porcherie, très pratiquement agencée avec ses loges spacieuses, son couloir de service à voie ferrée, et ses petites cours pavées, renferme une nombreuse population de Berkshires, de Craonnais et de Limousins.

Dans chaque étable sont affichés des tableaux d'alimentation permettant de se rendre compte des bases qui président à l'établissement des rations et qui en assurent la qualité.

La visite des champs de l'école a permis d'observer successivement les cultures céréales représentées par les blés de diverses variétés : Bordeaux, Dattel, Japhet particulièrement, par les avoines de Houdan et de Ligowo ayant, malgré la sécheresse intense qui a sévi sur la région, une belle apparence, les prairies artificielles de luzerne et de sainfoin, les plantes sarclées, betteraves, carottes et pommes de terre, enfin les prairies naturelles pourvues de différents systèmes d'irrigation.

Les congressistes se sont arrêtés ensuite aux collections du cours d'agriculture qui comprennent toutes les plantes étudiées dans ce cours; ils ont examiné les parcelles d'expériences se rattachant à la même chaire.

M. le professeur Berthault, en montrant ses intéressantes cultures expérimentales, a notamment donné des renseignements sur ses essais de greffage, de bouturage et de sectionnement appliqués à la production de la semence de betterave à sucre; sur l'influence de l'écartement des lignes dans la culture des diverses céréales; sur les conséquences de la distribution des engrais à la volée ou en lignes.

Il a présenté aux assistants des parcelles permettant d'apprécier l'influence de la densité, de l'époque et de la profondeur des semis.

Il a dû, pour rendre plus facile l'observation des nombreuses expériences poursuivies sur les pommes de terre, distribuer un plan annoté du champ occupé par ces cultures destinées à mettre en évidence le rôle des tubercules choisis comme plants, l'influence du sectionnement de ces tubercules, de la germination préalable à la plantation, de l'écartement des poquets, de la distribution des fumures, de la variété et du renouvellement des plants.

À la Station agronomique, M. le professeur Dehérain a exposé l'organisation et les résultats des magistrales études qu'il poursuit, depuis de longues années, à la fois en pleine terre, et dans les cases de végétation.

Il a montré ses expériences sur le travail du sol, l'influence d'une bonne pulvérisation de la couche arable relativement à l'emmagasinage de l'eau, à la nitrification ; le rôle du binage, le résultat de l'emploi des engrais verts, les effets produits par l'irrigation méthodique. Il a vivement intéressé tous les auditeurs par ses explications concernant la végétation des lupins et notamment la formation des nodosités radiculaires.

La Station agronomique de Grignon a fourni à l'agronomie une somme de documents, connus et utilisés du monde savant et agricole.

En visitant ces champs d'expériences qui représentent plus de 150 hectares de cultures diverses, on est appelé à constater la beauté d'un parc gracieusement accidenté comportant environ 300 hectares entourés de murs. On y a rencontré les essences forestières et ornementales les plus variées. L'ensemble constitue un beau domaine appartenant à l'État qui l'a affecté à l'enseignement agricole et y fait tous les jours les aménagements que comportent les exigences de l'enseignement agricole.

Déjeuner. — A midi, les visiteurs se trouvent réunis sur la pelouse de l'allée de Thiverval, où le déjeuner les attend sous une vaste tente élégamment ornée.

Au fond se dresse la table d'honneur. M. Méline préside. A sa droite, Mme Philippar ; à sa gauche, M. Philippar ; et à leurs côtés, le professeur Stebout, M. Bauduin, le prince Lobkowitz, M. Larcher, M. Dehérain, M. Perrault, M. de Hohenbruck, M. Vassillière, etc.

Une délégation des élèves de l'École prend part au banquet.

Au dessert, M. Méline se lève et prononce le toast qui suit :

« Messieurs, — ou plutôt, car je suis trop heureux de voir des dames au milieu de nous pour ne pas les saluer d'abord, — mesdames et messieurs, je vous demande la permission de ne pas faire un discours : j'en ai trop fait cette semaine (*Rires et applaudissements*), et je ne voudrais pas vous en infliger un de plus. Je n'ai pas le droit, du reste, d'en faire ici, car nous sommes dans la maison du Ministre de l'agriculture et, comme ancien Ministre de l'agriculture, je serais peut-être un peu gêné pour en dire tout le bien que je pense. (*Nouveaux applaudissements.*)

« Mais ce que je ne dis pas sera très probablement dit par nos hôtes, par ceux de nos collègues étrangers qui peuvent faire des comparaisons. Je crois pouvoir affirmer, sans me risquer, que notre École peut soutenir la comparaison avec les plus belles écoles des autres pays, tant pour son installation que pour l'organisation de l'enseignement.

Mais, si je ne puis rien dire de l'École elle-même, je suis très à mon aise, comme ancien Ministre de l'agriculture, pour rendre justice ici au directeur de l'École et pour constater que le gouvernement qui l'a choisi a eu la main heureuse, car il ne pouvait pas trouver un directeur répondant mieux au but qu'il poursuivait, parce qu'il est à la fois un excellent professeur, un excellent administrateur, un excellent père de famille pour ses élèves, et, après la fête que nous avons ici, je serais tenté de dire : un homme de goût. (*Très bien ! très bien !*)

Mais un homme de goût est toujours doublé d'un collaborateur, et je me doute bien que le collaborateur est à côté de moi, que c'est Mme Philippar. (*Vifs applaudissements.*)

« Je vous demande la permission de leur exprimer nos remerciements et notre reconnaissance en portant leur santé à tous les deux. (*Nouveaux applaudissements.*)

« Je ne saurais omettre d'en ajouter une troisième. Je viens d'apprendre tout à l'heure qu'au milieu de nous se trouvait le doyen des élèves de Grignon, M. Boulanger. Je demande de le considérer comme un fils de la famille et je l'associe à la santé que je porte à M. et Mme Philippar. » (*Vifs applaudissements.*)

M. le Dr Stebout, vice-président du Congrès, s'exprime en ces termes :

« Messieurs, je ne crois pas que dans l'assistance il y ait beaucoup de personnes qui se souviennent du Grignon d'il y a quarante ans. Je suis de ceux qui peuvent comparer le Grignon d'aujourd'hui et le Grignon d'autrefois, et je vous assure que je trouve de grands changements dans les méthodes, c'est là un progrès énorme. Et, comme une institution telle que Grignon ne peut rester stationnaire, permettez-moi de lever mon verre à la prospérité de l'école, à la santé de son digne directeur, de ses professeurs, de ses élèves présents et de ses élèves anciens parmi lesquels plusieurs appartiennent à d'autres nations que la France. » (*Applaudissements.*)

Le prince Lobkowitz, vice-président du Congrès, s'exprime comme il suit :

« Mesdames, messieurs, je n'ai pas l'intention de vous infliger pendant longtemps l'ennui d'entendre maltraiter votre belle langue par une bouche étrangère. (*Non ! non !*)

« Pourtant, vous me permettrez de vous remercier tous, en quelques paroles, de l'aimable accueil que vous avez bien voulu nous offrir ici et de me faire l'un des interprètes des membres étrangers du Congrès international d'agriculture pour vous dire que nous sommes bien contents d'avoir eu l'occasion de visiter la fameuse école de Grignon (*Applaudissements*); cette école qui, pendant très longtemps, a élevé une masse d'agriculteurs, non pas seulement français, mais des jeunes gens de tous les pays qui ont voulu prendre part à votre science en fait d'agriculture.

« Nous qui venons ici pour la première fois, nous sommes heureux de voir cette place célèbre et je vous engage à boire, avec moi, à la santé du très honorable directeur de l'école, des professeurs, parmi lesquels on compte beaucoup de savants de premier ordre et à la santé des élèves, de tous les élèves, qui sont l'avenir de l'agriculture française. (*Vifs applaudissements.*)

« C'est à l'avenir de ces jeunes gens qui sont les conscrits de notre armée agricole, que je lève mon verre. » (*Applaudissements répétés.*)

M. Philippar, directeur de l'École de Grignon, remercie en ces termes :

« Je remercie tout d'abord M. le Président du Congrès et MM. les orateurs qui viennent de se faire entendre pour les paroles aimables qu'ils ont adressées au directeur et à l'École de Grignon. Nous sommes, Messieurs, croyez-le bien, très touchés de ce témoignage de sympathie qui, venant à la suite de votre visite de ce jour, est, pour l'école de Grignon, un haut témoignage de satisfaction.

« L'école de Grignon est visitée, chaque année, par de nombreux Français et de nombreux étrangers; ils y sont tous les bienvenus, j'ose le dire, et ils en emportent un très bon souvenir. Mais ces visites sont rarement aussi remarquables que celle que nous avons l'honneur de recevoir aujourd'hui, car parmi vous se trouve l'élite des agriculteurs du monde entier. (*Applaudissements.*)

« Nous sommes donc particulièrement touchés de l'honneur qui nous est fait dans la circonstance et vous me permettrez de vous en remercier au nom de l'école de Grignon, au nom de son corps enseignant et au nom de ses anciens élèves.

« Messieurs, je bois aux congressistes qui nous ont fait l'honneur de venir parmi nous. J'espère qu'ils garderont un bon souvenir de cette visite.

« Au Congrès international d'agriculture ! » (*Applaudissements.*)

La série des toasts reprend par les paroles suivantes de M. Bouesco, professeur honoraire à l'École supérieure d'agriculture de Bukarest (Roumanie) :

« Messieurs, je suis étranger, membre des Congrès internationaux d'agriculture depuis onze ans et j'ai encore un autre titre à prendre la parole : je suis un ancien élève de l'école de Grignon (*Applaudissements*), et je suis très heureux de me trouver après tant d'années en présence d'un autre ancien élève de Grignon, qui est aujourd'hui un des citoyens éminents du Canada, M. Perrault. (*Vifs applaudissements.*)

« A tous ces titres, permettez-moi de vous dire combien nous, étrangers, nous devons à la France.

« En 1889, à l'occasion de l'Exposition, celui qu'on nommait le *great old man*, Gladstone, est venu à Paris et il a parlé du grand peuple de France. Il avait bien raison, c'est un grand peuple et nous lui devons tous de la reconnaissance.

« En ce qui concerne particulièrement l'agriculture, au commencement de ce siècle tout se réduisait à deux mots : pâturage, labourage. C'était le principe de Sully. Quels progrès depuis ! Nous ne connaissions presque rien de ces secrets de la nature, il n'y avait que des principes empiriques.

« Eh bien, ces progrès, nous les devons en grande partie au grand peuple de France ; nous n'oublierons jamais cet illustre Français qui s'appelle Boussingault (*Applaudissements*), ce grand savant qui a jeté les fondements de la chimie agricole et dont nous avons, à côté de nous, un illustre héritier, M. Dehérain. (*Nouveaux applaudissements.*)

« Ces savants français ont substitué à la science empirique une autre science si élevée que nous demandions, il y a quelques jours, qu'on réservât une place à part dans les facultés et les universités à la science de l'agriculture.

« Mais revenons à ces Congrès, dont l'origine remonte à 1889. A cette époque, M. Méline, que nous ne connaissions pas, nous a convoqués à Paris, où nous avons trouvé des quantités de problèmes à résoudre. Puis, s'inspirant du caractère du grand peuple français, M. Méline a voulu populariser, internationaliser les Congrès, et c'est ainsi que nous sommes allés dans d'autres pays, ayant toujours à notre tête M. Méline. (*Applaudissements.*)

« C'est en souvenir, messieurs, des grands services que M. Méline et les Congrès ont rendus à l'agriculture de l'Europe entière, que je vous propose de boire à la santé du président du 6ᵉ Congrès international. » (*Nouveaux applaudissements.*)

M. PERRAULT, président d'honneur de la Chambre de Commerce de Montréal (Canada), prend la parole :

« Messieurs, il y a quarante cinq ans, ici même, à Grignon, nous avions parmi nous l'illustre fondateur de cette école, Auguste Bella, et nous, élèves de cette école, nous avions décidé d'avoir une grande fête dans laquelle nous ferions hommage de notre respect et de notre reconnaissance au fondateur de l'enseignement agricole en France.

« Nous avions une tente comme celle-ci, une réunion nombreuse et, comme élève étranger, je crus de mon devoir, au nom des élèves étrangers, — j'étais alors en première année, — de porter la santé de la France. (*Vifs applaudissements.*)

« Ce n'est pas sans émotion que je me retrouve ici après quarante-cinq ans, comme représentant de mon pays, le Canada (*Applaudissements et bravos répétés*), le Canada, cette seconde France dont les habitants sont heureux de se dire les descendants de Français. (*Nouveaux applaudissements.*)

« Messieurs, en visitant Grignon comme je l'ai fait aujourd'hui, je ne puis m'empêcher de proclamer les progrès que l'agriculture française a faits depuis l'époque où
je m'y trouvais ; il suffit d'ailleurs de parcourir les galeries du Champ-de-Mars et toute
l'Exposition pour voir à quel degré de perfectionnement l'industrie française est
arrivée et lorsque, tout à l'heure ici, MM. les professeurs nous ont fait ces démonstrations si intéressantes sur les théories nouvelles, sur l'emploi des engrais, nous avons
senti, nous qui venons de loin, que nous pouvons toujours compter sur la France pour
diriger dans la voie du progrès agricole le monde entier. (*Vifs applaudissements.*)

« Messieurs, j'ai dit que j'ai eu autrefois à proposer la santé de la France au nom
des élèves étrangers, et, en effet, le monde entier est reconnaissant à la France de
lui ouvrir les portes de ses écoles, pour nous donner un enseignement que nous portons ensuite parmi les nôtres. (*Très bien ! très bien !*)

« J'ai eu l'honneur de rédiger le *Journal d'agriculture* de mon pays et les principes
que j'avais recueillis à Grignon, je me suis empressé de les répandre au Canada : je
puis dire qu'ils ont traversé la frontière, qu'ils sont allés aux États-Unis ; que, depuis
cette époque, l'agriculture a fait des progrès que je serai heureux de vous faire constater, si vous venez à Toronto visiter l'Exposition canadienne. (*Applaudissements.*)

« Je vous montrerai une agriculture superbe, des instruments perfectionnés. Je voudrais pouvoir vous montrer nos troupeaux de bêtes à cornes et à laine, nos chevaux,
pour que vous voyez à quel degré de progrès le Canada est arrivé dans l'éducation des
animaux aussi bien que dans la culture des céréales. (*Nouveaux applaudissements.*)

« Mais nous sommes trop loin pour avoir pu amener ces animaux jusqu'ici. (*On rit.*)

« Nous croyons que l'enseignement que nous avons, que les étrangers ont reçu à Grignon, a contribué largement au progrès agricole dans le monde entier et je veux, cette
fois encore, comme je l'ai fait il y a près d'un demi-siècle, lever mon verre au nom des
étrangers qui ont passé par Grignon et y ont puisé leur enseignement, boire à l'école
de Grignon, la première des écoles dans mon opinion, — je le déclare après avoir visité
plusieurs écoles en Amérique, — à la première des écoles théoriques et pratiques que
l'on puisse trouver dans le monde entier, à Grignon, où les professeurs d'aujourd'hui
sont à la hauteur de toutes les découvertes modernes et font honneur à l'agriculture
française. (*Applaudissements répétés et bravos prolongés.*)

« Permettez-moi, en terminant, messieurs, de boire encore une fois à la France, à
cette grande nation dont nous sommes si fiers d'être les descendants, qui a toujours
déployé tant d'énergie et qui vient de montrer à quel degré son génie pouvait s'élever
dans la splendide Exposition que le monde admire en ce moment. (*Nouveaux applaudissements.*)

« Je le fais avec d'autant plus de plaisir que je vous propose en quelque sorte la
santé de ma propre patrie.

« Il y a deux cents ans, nos ancêtres ont conquis le Canada ; depuis, nous avons été
galamment annexés à l'Angleterre. Nous étions alors 65.000 ; nous sommes aujour-
d'hui 3 millions. Monsieur le président, permettez-moi de vous le dire, ces 3 millions
de Canadiens français portent au cœur l'amour de la France ; nous avons conservé la
langue de nos ancêtres et si jamais il arrivait que notre mère, qui est la France, eût
besoin de nous, dans telles circonstances qui peuvent se présenter, vous trouveriez
toujours de l'écho au Canada en faveur de la France. (*Applaudissements.*)

« Je bois donc à la France, monsieur le président et, au nom des étrangers, nous vous
remercions de l'hospitalité que nous avons reçue, de l'enseignement que vous nous
avez donné ; nous n'oublierons jamais les services que la France rend au monde entier,
non seulement dans le domaine de l'agriculture, mais je pourrais dire dans tous les

domaines, dans celui des arts comme dans celui des sciences et de l'industrie. »
(*Double salve d'applaudissements prolongés.*)

(Sur la proposition d'un des élèves de l'École de Grignon, un triple ban des élèves salue ce discours.)

M. ROBERT, élève de Grignon, demande à exprimer les sentiments de tous ses camarades dans les termes suivants :

« Mesdames, messieurs, je suis en vérité très ému pour prendre la parole après les éloquents discours que vous venez d'entendre. Je tiens à remercier toutes les personnes qui ont affirmé leur sympathie et leur amitié pour l'école de Grignon, surtout pour les jeunes élèves qui sont actuellement à l'école et qui n'auront qu'à suivre la voie tracée par leurs prédécesseurs pour maintenir l'agriculture française au haut degré d'habileté où elle est arrivée à l'heure actuelle. (*Très bien ! très bien !*)

« Je tiens à remercier aussi les délégués étrangers qui ont apporté à l'École de Grignon l'hommage de leurs sympathies. Je ne sais trouver d'expression suffisante pour leur témoigner la reconnaissance qu'éprouvent pour eux les élèves de Grignon.

« Nous sommes très flattés et très heureux que les puissances étrangères aient rendu hommage à notre école et nous sommes très émus et très reconnaissants des paroles qu'ils ont prononcées à notre égard.

« Mesdames, messieurs, un des orateurs que nous avons entendus a dit que le corps enseignant de l'École de Grignon était digne des hommages de tout le monde. Je tiens à dire combien nous approuvons ces paroles et combien nous sommes reconnaissants à tous les professeurs, à tous les répétiteurs des leçons éminentes qu'ils nous donnent.

« Je lève mon verre en l'honneur du Congrès international d'agriculture, en l'honneur de l'École de Grignon et de tous les Grignonnais. (*Applaudissements répétés.*)

« Je lève mon verre en l'honneur de toutes les personnes qui sont ici. » (*Nouveaux applaudissements.*)

M. WESTERMANN, professeur à l'École supérieure agricole de Copenhague (Danemark), s'exprime en ces termes :

« Mesdames, messieurs, vous connaissez la vieille devise de Grignon : « Le sol, c'est « la patrie ; améliorer l'un, c'est servir l'autre. » Tout ce que nous avons vu ici s'adapte admirablement au sens de cette devise.

« Non seulement l'enseignement des professeurs, mais aussi les recherches poursuivies si habilement par des savants comme M. Dehérain, ont puissamment contribué à améliorer la culture du sol en France, comme dans les autres pays civilisés. (*Applaudissements.*)

« Après avoir entendu les explications si instructives de l'éminent professeur, je suis certain d'être votre interprète à tous, en portant un toast à la science agricole française, si brillamment représentée ici. (*Nouveaux applaudissements.*)

« Mais je voudrais aussi me conformer à la devise que je vous ai citée. C'est pourquoi, enthousiasmé comme je l'ai toujours été, par l'histoire glorieuse de votre pays, je veux concentrer tous mes sentiments dans ces mots : *Vive la France !* » (*Bravos répétés.*)

MÉLINE se lève à nouveau, et s'adresse à M. Dehérain en ces termes :

Messieurs, je crois me faire l'interprète des élèves, anciens et nouveaux, de école de Grignon en portant une santé qui résumera tout ce qui vient d'être dit ; c'est celle du doyen des professeurs de cette école, de l'homme qui fait tant d'honneur à la science, à l'agronomie française et à son pays, à M. Dehérain. » (*Applaudissements répétés.*)

M. Dehérain répond :

« Messieurs, je n'avais pas l'intention de prendre la parole; tout ce qui a été dit m'empêche d'ajouter quoi que ce soit. Nous avons entendu le toast chaleureux de notre ancien camarade Perrault qui nous a été au fond du cœur.

« Je remercie profondément M. le président du Congrès des paroles si aimables qu'il vient de prononcer à mon égard. Si nous avons pu faire ici quelques travaux remarquables, c'est qu'on ne nous a jamais refusé ce qui était nécessaire à nos études. Si nous n'avons pas fait tout ce que nous aurions dû, c'est que nous avons été des maladroits (*on rit*), parce qu'en réalité tout nous a été donné non seulement au point de vue matériel, mais au point de vue intellectuel, et que nous avons trouvé chez tous ces jeunes gens, qui sont nos élèves, je ne sais quoi qui fait qu'on est encouragé à travailler.

« Et puis, notre mission est si belle! Songez à ce peuple de rudes travailleurs qui peinent chaque jour pour assurer l'alimentation publique. Il faut les aider dans la mesure de nos moyens par nos découvertes de laboratoire.

« Vous avez visité tout à l'heure ce vieux château, qui abrite aujourd'hui l'école. C'était, au commencement de ce siècle, l'apanage d'un maréchal de France. Les salons sont devenus la bibliothèque; j'ai professé pendant trente-cinq ans dans une salle des gardes sur les panneaux de laquelle on voit des casques et des cuirasses. Aujourd'hui on y donne des leçons! De sorte que ce siècle, commencé au bruit du canon, s'achève dans les travaux de la paix, par des paroles aimables, des harangues pacifiques. Et en voyant tous ces étrangers qui nous entourent, en causant avec eux, les méfiances se dissipent peu à peu, et il faudra bien peu de chose pour les transformer en amitiés durables. (*Très bien! très bien!*).

« Je remercie donc vivement toutes les personnes qui sont venues assister à ce Congrès, et je porte la santé de celui qui l'a présidé avec tant de charme et de distinction, M. Méline. » (*Applaudissements et bravos prolongés*).

M. Bouquet, agriculteur suisse, porte le toast suivant :

« Messieurs, permettez-moi, en ma double qualité d'agriculture et de citoyen suisse, de porter un double toast : à l'agriculture française en particulier et à la France en général. (*Applaudissements et bravos.*)

« Permettez-moi de boire à l'agriculture française, à cette agriculture avancée, dont les progrès ne datent pas seulement d'aujourd'hui, car je n'oublie pas, messieurs les Français, que c'est parmi vous que naquirent les Olivier de Serre, les Mathieu de Dombasle, les Boussingault et tant d'autres savants illustres qui furent parmi les premiers avant-coureurs de ce progrès agricole dans le monde entier que nous constatons aujourd'hui et qui, par leurs remarquables travaux, ont sorti l'agriculture de l'empirisme dans lequel elle se débattait inutilement. (*Nouveaux applaudissements.*)

« Je bois à la prospérité de votre commerce et de votre industrie, si bien représentés à cette exposition, et qui témoignent des efforts de vos ingénieurs et de vos fabricants; mais je bois surtout, messieurs, et avec un plaisir tout intime, à la santé de cette belle France, remplie de cœurs généreux. (*Bravos et applaudissements répétés.*)

« Messieurs les congressistes étrangers, joignez-vous à moi pour crier tous ensemble, dans un sentiment commun : *Vive la France!* » (*Applaudissements et bravos répétés, et cris nombreux de : Vive la France!*)

M. STEBOUT se lève alors et prononce ces mots :

« Messieurs, je vais vous proposer un toast qui, je crois, ne demande pas à être motivé. Je vous propose de porter la santé de M. Henry Sagnier. » (*Applaudissements prolongés.*)

M. SAGNIER répond en ces termes :

« Mesdames et messieurs, je n'ai pas besoin de vous dire combien je suis profondément touché du toast très court, mais si chaleureux, qui m'est porté par M. le professeur Stebout. En l'entendant, je pensais à l'un de nos plus vieux amis, M. le Ministre de l'agriculture et des domaines de Russie, Alexis Yermoloff, qui nous a fait, quand nous allions en Russie, un accueil si charmant, si chaleureux et si sympathique. Je prierai M. Stebout de lui dire combien nous avons regretté son absence, mais combien aussi nous avons compris les motifs impérieux qui l'ont empêché de venir parmi nous. (*Vifs applaudissements.*)

« En répondant à M. Stebout, je réponds en même temps à tous les étrangers. Nous sommes tellement habitués, lorsque nous sortons des frontières de la France, à trouver partout l'accueil le plus chaleureux, des mains qui se tendent vers nous, que, lorsque les étrangers viennent ici, notre premier devoir est de faire tous nos efforts pour les accueillir de la même façon. (*Vive approbation.*)

« Eh bien, messieurs, nous avons fait tout ce que nous avons pu. (*Applaudissements.*) Nous l'avons fait sous la direction d'un président que vous connaissez, qui nous a laissé carte blanche, en nous encourageant du premier jour jusqu'au dernier, et nous devons l'en remercier. (*Nouveaux applaudissements.*)

« Mais je vous demanderai la permission, dans cette réunion, de nous féliciter d'un fait spécial : c'est que nous n'avons pas ici seulement des agriculteurs, des agronomes, des savants venus de tous les points du monde; nous avons aussi des dames. Vous voyez qu'elles sont nombreuses; il en est qui ont quitté les antipodes pour assister au Congrès et qui ont voulu honorer Grignon de leur visite.

« Parmi nos aimables visiteuses, les unes sont venues d'Australie, d'autres d'Amérique ou de la plupart des parties de l'Europe : Russie, Allemagne, Suisse, Belgique, Angleterre, etc. Je vous demande la permission, en terminant, de les remercier en portant leur santé, et de leur demander de vouloir bien revenir encore un jour nous faire l'honneur de recevoir notre hospitalité. » (*Applaudissements et bravos prolongés.*)

M. JAMES WILSHIRE, délégué de la Société royale d'agriculture de la Nouvelle-Galles du Sud, remercie, en anglais, au nom de Mme Wilshire et des autres dames présentes. Les unes et les autres ont été vivement touchées de l'accueil qu'elles reçoivent en France, et particulièrement au Congrès d'agriculture.

M. DE RIEPENHAUSEN-CHANGEN, membre du Landtag à Berlin, s'exprime en ces termes :

« Mesdames, messieurs, M. Sagnier a eu l'amabilité d'adresser des paroles charmantes à toutes les personnes qui sont venues de l'étranger. Permettez-moi de lui répondre que si de nombreuses dames sont venues de l'étranger, comme madame de Riepenhausen, qui m'accompagne souvent en France, c'est que nous aimons votre belle patrie, et que nous venons nous rafraîchir à Paris dans vos sociétés. Je suis membre de la Société d'économie sociale et toutes les fois que cela m'est possible, je viens passer quelque temps parmi vous pour apprendre votre belle langue que je n'ai pas — et je m'en excuse — la grande habitude de parler.

« J'ai attendu, pour prendre la parole, que d'autres de mes compatriotes se lèvent à ma place pour vous remercier en meilleurs termes que moi. Ce que le cœur sent, la bouche peut le dire, mais ne peut bien le dire que dans la langue première qu'on lui a apprise. *(Applaudissements répétés.)*

« Mesdames, messieurs, nous avons appris aujourd'hui énormément; nous avons vu comment on travaille ici et nous savons maintenant pourquoi tout ce qui est si mûrement étudié à Grignon va se répandre dans le monde en y portant partout des fruits. *(Nouveaux applaudissements.)*

« Nous avons admiré ce grand Congrès international, qui est l'œuvre de notre éminent président, M. Méline. *(Applaudissements prolongés et cris nombreux de :* Vive Méline!)

« Messieurs les étrangers, je vous prie, ainsi que messieurs les Français, de prendre le verre en main et de porter la santé des dames françaises, qui nous ont fait l'honneur de s'asseoir à cette table avec nous, car nous savons combien la femme française est la compagne fidèle et dévouée de son mari. Je vous prie de lever vos verres et de boire à la santé de la France. » *(Bravos et applaudissements répétés.)*

M. Ranieri Pini, délégué italien, termine la série des toasts par ces paroles :

« Messieurs, je ne puis pas quitter cette salle sans vous rappeler que les Italiens vous attendent à Rome dans deux ans, pour le prochain Congrès international d'agriculture.

« Mes compatriotes feront tous leurs efforts pour ne pas vous faire regretter l'accueil charmant que nous avons partout rencontré dans ce beau pays de France. Je bois à la santé des membres de ce Congrès. » *(Vifs applaudissements.)*

A 2 heures et demie, les excursionnistes quittent l'École pour reprendre le train spécial qui les amène à la gare de Versailles-Chantiers.

Réception a l'Hôtel de Ville de Versailles. — De la gare de Versailles-Chantiers, le cortège, dirigé par M. Larcher, se dirige vers le nouvel Hôtel de Ville. Une fête des fleurs a lieu, dont on rencontre les principales voitures brillamment ornées, notamment celle du célèbre horticulteur M. Truffault, président de la Société d'horticulture de Seine-et-Oise.

A l'Hôtel de Ville, M. Édouard Lefebvre, maire, attend les membres du Congrès, dans la grande salle des Fêtes. Autour de lui, MM. Larcher, Simon, Charpentier, adjoints au maire; MM. Legrand, sénateur; Paisant, président du Tribunal civil de Versailles; Quéro, conseiller municipal; Georges Manuel, conseiller d'arrondissement; le Dr Remilly, etc. Tout le Conseil municipal et plusieurs maires de la région assistent à cette réception.

M. Édouard Lefebvre souhaite, en termes chaleureux, la bienvenue aux membres du Congrès.

M. Méline lui répond :

« Monsieur le maire, je tiens à vous remercier, au nom du Congrès international d'agriculture, de l'honneur que vous nous faites en nous recevant dans ce nouveau palais que nous admirons, que beaucoup d'entre nous admirent pour la première fois et qu'ils ont vraiment raison d'admirer, car c'est un chef-d'œuvre digne de la ville de Versailles. (*Applaudissements.*)

« Nous sommes heureux d'être reçus ici. Le souvenir de cette visite sera d'autant plus vif pour beaucoup d'entre nous qu'il me semble, monsieur le maire, que vous inaugurerez dans quelques jours seulement ce magnifique escalier que nous venons de gravir. C'est une bonne fortune pour les représentants de l'agriculture — et nous en sommes fiers — d'être reçus dans la ville du Grand Roi lui-même. (*Applaudissements.*) Il est vrai que l'agriculture est une reine.

« La ville de Versailles n'oublie pas qu'elle est le centre d'un grand département agricole. Il me semble qu'elle aspire à devenir la capitale de l'agriculture, si j'en juge par les démonstrations qu'elle fait cette année à ses représentants; car je n'oublie pas que notre Congrès a été précédé d'un autre Congrès, qu'il a eu pour préface celui qui s'est tenu ici sous la présidence de M. de Courcel, sur l'initiative d'un des meilleurs défenseurs de l'agriculture, M. le président Paisant (*applaudissements*) et que ce Congrès a pris ici même des résolutions qui nous ont été très précieuses et que le Congrès international d'agriculture a enregistrées. Il me semble qu'ici même, à Versailles, les représentants de l'agriculture ont trouvé le moyen de résoudre, sous sa forme pratique, un des problèmes les plus difficiles. Ce problème nous a été indiqué par le Congrès de Versailles avec mission d'en rechercher la solution dernière.

« Nous avons voulu témoigner la juste reconnaissance que nous devions pour les efforts de la municipalité de Versailles et pour le Congrès qui a siégé dans cette ville, en introduisant dans la Commission internationale d'agriculture l'honorable M. Paisant. Nous travaillerons ensemble à la réalisation des idées qui se sont fait jour ici et je ne doute pas qu'avec la bonne volonté que nous apporterons tous, nous n'arrivions à la vraie solution. Quand, un jour peu éloigné, je l'espère, nous pourrons dire aux agriculteurs : Les résolutions qui sont sorties de ce Congrès, ont reçu leur sanction; quand nous leur aurons démontré qu'elles peuvent être appliquées, ce jour-là, nous reviendrons à Versailles, monsieur le maire, pour vous remercier et nous vous demanderons de mettre une plaque commémorative en souvenir d'une réunion qui aura produit de tels résultats. » (*Applaudissements répétés.*)

Après avoir salué le maire et fait honneur au lunch qui leur est offert, les membres du Congrès quittent l'Hôtel de Ville et se dirigent vers l'École d'horticulture.

École nationale d'horticulture de Versailles. — M. Nanot, directeur, entouré des professeurs de l'École, souhaite la bienvenue au Congrès; puis, avec une remarquable clarté, il retrace sommairement l'histoire du Potager du Roi, siège de l'École, célèbre dans le monde entier et considéré par tous comme le berceau de l'horticulture et de l'arboriculture fruitière dans lesquelles La Quintinye, le comte Lelieur et A. Hardy ont été des initiateurs et des maîtres.

Créé par La Quintinye, sous Louis XIV, le Potager fut organisé de 1678 à 1683. L'emplacement qu'il occupe était autrefois un marais; il fut comblé avec la terre provenant du creusement de la pièce d'eau des Suisses. Il est divisé en seize jardins ayant une superficie totale de près de 10 hectares. La disposition générale comprend une série de carrés creux entourés de terrasses et de murs pour abriter les arbres et pour élever la température moyenne.

Après La Quintinye, mort en 1688, le potager fut confié aux Le Normand qui, pendant trois générations, dirigèrent les cultures durant un siècle jusqu'en 1782. Les Le Normand s'adonnèrent plus spécialement à la culture des primeurs ; en 1732, ils construisirent la première serre, dite hollandaise, chauffée à la fumée ; selon toute vraisemblance, ce fut pour y cultiver l'ananas, introduit d'Amérique en 1730.

Sous la Révolution, le Potager faillit disparaître ; il fut divisé en parcelles louées à des particuliers, sauf une pépinière nationale confiée au botaniste Antoine Richard.

Le comte Lelieur, qui dirigea les cultures de 1804 à 1819, restaura les jardins et replanta les arbres fruitiers. Ses successeurs, Massey, puis Hardy à partir de 1849, continuèrent l'œuvre commencée, la développèrent et surtout la perfectionnèrent.

En 1873, l'Assemblée nationale créa au Potager l'École nationale d'horticulture.

L'École, organisée par M. Hardy, est dirigée depuis 1892 par M. Nanot, ingénieur agronome ; l'enseignement théorique, comprenant toutes les branches de l'horticulture, est donné par douze professeurs, et l'enseignement pratique, par six chefs de culture. Le but de l'École est de former des horticulteurs, des pépiniéristes, des marchands grainiers, des chefs de jardins botaniques, des professeurs d'horticulture, des architectes et des dessinateurs paysagistes, des entrepreneurs de jardins, des régisseurs, des chefs jardiniers pour les divers services publics ou privés, des agents de culture pour les jardins coloniaux et les exploitations coloniales, etc.

Après cet exposé, on parcourt toutes les cultures, sous la direction de M. Nanot et des professeurs de l'école.

Plusieurs membres faisant remarquer qu'en présence de la vigoureuse végétation des arbres et des légumes on ne soupçonnerait pas qu'ils sont cultivés au même endroit depuis plus de deux cents ans, M. Nanot explique que ce résultat est dû à la précaution qui a toujours été prise, au Potager, de renouveler le sol. Ainsi, à Versailles, les pêchers, par exemple, vivent peu au delà de 20 ans ; dès qu'une plantation périclite, elle est arrachée, la terre de la plate-bande est enlevée sur une épaisseur d'environ un mètre et remplacée par de la terre prise, en plein carré, dans les jardins où l'on ne cultive que des légumes depuis longtemps. Quant au terrain provenant de la plate-bande, il est substitué à celui qui a été pris en plein carré, et utilisé à son tour pour la culture des divers légumes.

La visite des ateliers, où les élèves sont exercés, à tour de rôle, à la confection ainsi qu'à la réparation du matériel horticole, à la peinture et à la vitrerie des châssis, etc., est des plus intéressantes. On complimente particulièrement le directeur pour les résultats obtenus, à ces ateliers, dans la fabrication des étiquettes métalliques fondues, avec des lettres en relief. Plusieurs de ces étiquettes servant à l'étiquetage de toutes les plantes du jardin sont préparées sous les yeux des membres du Congrès.

Une dépendance de ces ateliers renferme divers modèles d'évaporateurs utilisés pour la dessiccation des fruits et des légumes. Ces appareils, très employés en Amérique et en Allemagne, sont encore peu répandus en France, où ils pourraient cependant rendre de grands services.

En passant devant un magnifique espalier de vignes exposé à l'Est, M. Nanot appelle l'attention sur des auvents vitrés placés à la partie supérieure du mur. Ce sont de petits châssis fixés à demeure ; au printemps ils garantissent les vignes contre les intempéries, et en automne, en empêchant les pluies de tomber sur les raisins, ils permettent de les conserver sur la treille jusqu'à la fin de novembre. Le prix de revient de ces auvents étant assez élevé, on les a remplacés, au-dessus de pêchers plantés sur la terrasse du Midi, par de simples feuilles de verre cathédrale de un mètre de long, posées et maintenues sur des potences en fer à T, que l'on a scellées dans le haut du mur. Ces derniers abris ne reviennent plus qu'à environ 3 francs le mètre courant.

A l'extrémité de cette même terrasse du Midi (au bas de laquelle sont des jardins renfermant un petit modèle de pépinière, des collections de rhododendrons, d'azalées, de rosiers, etc.), M. Nanot appelle l'attention sur un espalier de poiriers Doyenné d'hiver et Passe-Crassane, conduits en palmettes Cossonnet qui, dit-il, ne sont pas atteints par la tavelure. Ce résultat est dû à deux causes : d'abord à l'emploi du sulfate de cuivre appliqué préventivement, et ensuite à la présence des auvents qui restent au-dessus des arbres jusqu'à la mi-juin.

L'Ecole de botanique, l'Arboretum, les collections de plantes herbacées ou arbustives sont ensuite l'objet de l'examen. Le temps presse, mais on peut constater que l'école, avec ses 13000 arbres fruitiers couvrant 11500 mètres carrés de murs, 13000 mètres carrés de contre-espaliers et se développant en cordons horizontaux sur une longueur de près de 17 kilomètres, ses 4300 espèces on variétés de plantes ornementales de plein air, ses 950 espèces ou variétés de plantes de serre, possède d'admirables moyens d'enseignement.

On parcourt les laboratoires de recherches horticoles, le jardin d'hiver et une petite serre, aménagée d'une façon spéciale, où sont commencées des expériences sur l'emploi de la lumière électrique en horticulture ; les résultats des expériences entreprises sur la physiologie végétale, l'influence de la couverture du sol, l'arrosage, l'emploi des engrais chimiques en horticulture, etc., sont exposés à Paris, dans la classe 5, avec les divers objets formant l'exposition collective de l'Ecole.

Dans le jardin d'hiver, au milieu des palmiers et des fougères en arbre, figurent de beaux caféiers, qui remontent à Le Normand ; celui-ci, pour être agréable à Louis XV, en essaya la culture au Potager. Il obtint douze caféiers de quatre mètres de haut qui produisaient du café bien mûr et de si bonne qualité, que le monarque s'amusait à le faire déguster aux plus fins gourmets de la Cour, et ceux-ci le prenaient, parait-il, pour du café venu sous le soleil des tropiques.

La visite se termine par les serres à plantes ornementales, les serres à orchidées et les serres à vignes et à pêchers.

Avant de quitter l'établissement, M. MÉLINE remercie M. Nanot des intéressantes explications qu'il a données au cours de cette longue visite. Il est heureux de rappeler que l'Ecole nationale d'horticulture rend au monde horticole d'inappréciables services, en lui fournissant des élèves véritablement capables, qui vont répandre dans toutes les contrées du globe la pratique des méthodes de culture les plus raisonnées et les plus perfectionnées.

AU CHATEAU DE VERSAILLES. — Toujours dirigés par M. Larchier, adjoint, les congressistes, en quittant le Potager du Roi, montent sur la terrasse du palais, et, après avoir admiré le coup d'œil dont on jouit sur le parc, ils se dirigent vers le bassin de Neptune, où une tribune spéciale leur a été réservée par la municipalité. Le jeu des grandes eaux les captive par son merveilleux développement dans un décor splendide animé par un brillant soleil.

A 6 heures, ils gagnent la gare de Versailles (rive droite) où les attend le train spécial qui les ramène à Paris, enchantés de cette belle excursion qui, pour la plupart d'entre eux, clôt définitivement le Congrès.

IV

EXCURSION FINALE

Du 9 au 12 Juillet.

Pour répondre à un désir manifesté par un certain nombre de membres étrangers du Congrès, une excursion finale a été organisée dans la région septentrionale de la France, avec le concours des municipalités et des associations agricoles de cette région.

Cette excursion, qui a duré quatre jours, a été consacrée à la visite d'exploitations agricoles dans les départements de l'Aisne, du Nord, du Pas-de-Calais et de la Somme. Elle a été faite sous la direction de M. HENRY SAGNIER, secrétaire général du Congrès.

L'organisation matérielle en a été confiée à l'agence « Les Voyages pratiques ».

Ont pris part à l'excursion :

Membres du bureau du Congrès :

M. le major H. E. ALVORD, chef de la section de laiterie au Département de l'agriculture des États-Unis, ancien président de la Société pour le progrès des sciences agricoles, *vice-président du Congrès.*

Le prince FERDINAND LOBKOWITZ, membre de la Chambre des seigneurs, président du Conseil d'agriculture de Bohème, *vice-président du Congrès.*

Membres étrangers :

MM. J. DE BARROS BARRETO, propriétaire-agriculteur dans la province de Pernambouco (Brésil) ;

Le duc DE CARDINALE-SERRA, propriétaire-agriculteur (Italie) ;

N. A. COBB, délégué du Département de l'agriculture de la Nouvelle-Galles-du-Sud (Australie) ;

C. HANISCH, directeur des domaines de la Banque agricole de Berlin (Allemagne).

W. A. HENRY, directeur de la station expérimentale agricole de l'Université de Wisconsin (États-Unis) ;

VICTOR C. HUBER, directeur des stations agricoles au Bureau agronomique du Gouvernement de Bosnie-Herzégovine ;

J. G. J. KAKEBEEKE, agronome de l'État (Pays-Bas) ;

WALTER KAKEBEEKE, administrateur-agriculteur (Pays-Bas) ;

Le comte KNUTH-LILLIENDALL, propriétaire-agriculteur (Danemark) ;

Le professeur P. KOSSOVITCH, membre du Comité scientifique et directeur du Laboratoire agronomique du Ministère de l'agriculture et des domaines (Russie) ;

LAMOTTE (Nob. Carlo), propriétaire-agriculteur (Italie) ;

J. ARTHUR LE CLERC, directeur de la station agronomique de Geneva (États-Unis) ;

Le baron CHARLES DE MALSBOURG, professeur de zootechnie à l'École d'agriculture de Cznersnichow (Autriche);

ALEXANDRE DE MERTVAGO, agriculteur, gouvernement de Smolensk (Russie);

Le docteur P. NEUMANN, secrétaire général de la Chambre d'agriculture de la province de Poméranie (Allemagne);

Le docteur T. OUDA, ingénieur au Ministère de l'agriculture et du commerce (Japon);

GUSTAVE RENNER, directeur des groupes hongrois de l'agriculture et de l'alimentation à l'Exposition universelle de 1900 (Hongrie);

KARL DE RIEPENHAUSEN-CRANGEN, chambellan de S. M. l'Empereur d'Allemagne, député au Landtag (Allemagne);

JOHN J. SCHULTE, délégué du Département de l'agriculture (États-Unis);

C. A. L. SMITS VAN BURGST, économe rural (Pays-Bas);

Le docteur E. STETTER, directeur de l'École d'agriculture de Krefeld (Allemagne);

C. WIRZ, directeur de l'École d'agriculture de Wittlich, délégué de la Chambre d'agriculture de Bonn (Allemagne);

T. YOKOI, professeur à l'École d'agriculture de l'université de Tokio (Japon).

Membres français :

MM. A. BEAUBERNARD, propriétaire-agriculteur (Côte-d'Or);

GASTON DE BELLEVILLE, secrétaire-adjoint de la Société des agriculteurs de France;

RENÉ BERGE, membre du Conseil général de la Seine-Inférieure;

L. BRÉTIGNIÈRE, répétiteur à l'École nationale d'agriculture de Grignon;

ALBERT FOUILLOUX, membre du Conseil général de l'Ain, délégué de la Société départementale d'agriculture;

LOUIS GAILLARD, rédacteur à *La République*;

HENRY DE GINESTE, propriétaire-agriculteur (Tarn);

ALBERT DE LACAUSSADE, propriétaire-agriculteur (Lot-et-Garonne);

FERNAND D'ORVAL, propriétaire-agriculteur (Somme);

FÉLIX TÉTARD, ancien vice-président du Comice agricole de Seine-et-Oise;

STANISLAS TÉTARD, membre de la Société nationale d'agriculture;

FERNAND TÉTARD, agriculteur et fabricant de sucre à Gonesse (Seine-et-Oise).

Commissaires :

MM. ALBERT CHAPELLE, ancien élève de l'École nationale d'agriculture de Grignon;

JACQUES DUVAL, ancien élève de l'École nationale d'agriculture de Grignon;

BULOT, représentant de l'Agence « Les Voyages pratiques ».

Première journée (9 juillet).

Dans le département de l'Aisne.

Un train spécial, qui a été mis à notre disposition pour toute la durée de l'excursion, par la Compagnie des chemins de fer du Nord, emmène les voyageurs à 9 heures du matin.

Il suit, sans arrêts, la ligne directe de Paris à Tergnier, par Creil et Compiègne, pour prendre à Tergnier l'embranchement qui se dirige sur Laon, et s'arrêter à la station de Versigny.

Les voyageurs sont transbordés sur le raccordement qui dessert la sucrerie de Bertaucourt-Epourdon. Il s'agit de visiter cette sucrerie et le groupe d'exploitations agricoles désigné sous le nom de groupe agricole du Mont-Rouge.

Le groupe comprend quatre fermes exploitées par MM. Oger père et fils, Alfred Landrin, et Titus Leroux, associés pour l'exploitation de la sucrerie du Mont-Rouge, à Bertaucourt. L'ensemble des fermes occupe environ 800 hectares, et il présente un des modèles les plus remarquables d'une administration progressive.

À la descente du train, M. Henry Sagnier, secrétaire général, présente ses collègues à M. Achille Oger, vénérable cultivateur, plus qu'octogénaire, qui a transformé en la plus moderne des sucreries l'ancienne distillerie de Bertaucourt et qui, depuis soixante ans, est à la tête d'une exploitation qu'il administre toujours avec la même activité.

C'est par la sucrerie que la visite commence. Conduit par MM. A. Landrin et Oger fils, le cortège d'invités traverse les cours ornées de mâts tricolores et pénètre dans les bâtiments.

Créée en 1857 par M. Achille Oger et ses associés, l'usine a été transformée plusieurs fois depuis cette date. Elle peut travailler actuellement 500 000 kilogrammes de betteraves par jour, et elle est munie de tout le matériel le plus perfectionné. L'usine sert souvent à des essais nouveaux; c'est ainsi que les congressistes peuvent y étudier un nouveau coupe-racines du système Maguin, qui y a fonctionné avec succès pendant la dernière campagne.

La visite se termine par le magasin à sucre, transformé en salle de banquet, où un déjeuner a été préparé avec un art exceptionnel. Un grand nombre d'agriculteurs du voisinage avaient répondu à l'invitation de nos hôtes: on remarquait M. Goulley, préfet de l'Aisne, M. Sébline et M. Bernot, sénateurs, MM. Jules Legras, président du Comice de Laon; Monbrun, vice-président; Forzy, secrétaire; Malézieux, de Thiernu, Trochain et Lefèvre fils, A. Cortilliot, représentant du Syndicat agricole; Wateau, de Malaise; Gustave Boutroy, Maguin, Trollé, directeur de la distillerie de la Couronne; Guerrapain, professeur départemental, etc.

Au dessert, M. ALFRED LANDRIN, au nom du groupe du Mont-Rouge, remercie les congressistes de leur visite dans les termes suivants :

« Messieurs, le vénéré président de notre Société, M. Oger, me charge de l'honneur de vous souhaiter à tous la bienvenue, de remercier M. le Préfet, que l'on est certain de rencontrer quand il s'agit de témoigner de l'intérêt à l'agriculture, notre éminent sénateur, M. Sébline, président d'honneur de l'Association de l'Industrie et de l'Agriculture françaises, notre ami, M. Bernot, sénateur de la Somme, le Bureau du Comice et du Syndicat agricole, ainsi que nos collègues, d'avoir bien voulu se joindre à nous pour recevoir et fêter les distingués représentants de l'Agriculture étrangère.

« Qu'il me soit permis de regretter que ses nombreuses occupations aient empêché le Président du Congrès, M. Méline, d'accepter notre cordiale invitation; nous prions M. Sagnier de vouloir bien lui reporter le témoignage de toute notre reconnaissance pour l'infatigable campagne qu'il mène en faveur du Travail national et tout particulièrement de l'Agriculture.

« Messieurs, comme suite aux séances du Congrès si intéressantes et si pleines d'enseignements auxquelles vous venez d'assister, le Comité d'organisation vous a proposé plusieurs excursions pour vous faire connaître la pratique agricole de la France.

« Vous avez vu, à Achères, les grandioses installations de la ville de Paris, à Verrières, les cultures expérimentales et les magnifiques collections agricoles et horticoles de M. de Vilmorin, la belle ferme et les magnifiques récoltes de Champagne, enfin hier à Grignon, l'une de nos principales écoles d'agriculture. Ici, dans notre groupe agricole du Mont-Rouge vous verrez sensiblement le même mode de culture industrielle que chez M. Petit, les terres seules sont différentes et par leur nature et par leurs ondulations.

« Nous réclamons toute votre indulgence; nos récoltes ne sont pas cette année ce que nous les voyons assez souvent, la gelée et des circonstances atmosphériques contraires nous ont obligés à de nombreux réensemencements en blé et en betteraves, vous vous en rendrez compte. Malgré cela, nous avons été heureux de l'occasion qui nous était offerte de vous recevoir et de vous témoigner tout le plaisir que nous avons de pouvoir remercier en vous, nos collègues, vos compatriotes, qui nous ont toujours accueillis si aimablement dans les excursions agricoles que nous avons faites en Allemagne, en Angleterre, en Autriche-Hongrie et en Belgique; c'est pour nous un plaisir et un devoir de le proclamer bien haut.

« Vous avez tenu à assister au Congrès international d'agriculture et à assister à notre Exposition où se donnent rendez-vous tous les peuples de la terre, désireux de se rendre compte des progrès accomplis dans toutes les branches de l'activité humaine; nous nous en félicitons et nous souhaitons qu'à la suite de ce grand tournoi international, nous ayons un long espace de paix et de tranquillité si nécessaire à la prospérité agricole.

« C'est en faisant ces vœux que je lève mon verre à vous tous, messieurs, et à l'agriculture. »

M. Henry Sagnier expose rapidement le but de l'excursion, et il constate qu'elle ne pouvait mieux débuter que par une organisation agricole et industrielle aussi remarquable; il salue la verte vieillesse de M. Achille Oger, qui, à 80 ans, dirige encore vaillamment une ferme qu'il exploite depuis soixante ans.

Le prince Ferdinand Lobkowitz (de Moravie), vice-président du Congrès, et M. de Riepenhausen-Crangen (d'Allemagne), se font les interprètes des étrangers pour adresser leurs remerciements à leurs hôtes.

MM. Sébline, Legras, Bernot, Cortilliot prononcent encore quelques mots de bienvenue.

La série des toasts est close par M. Goulley qui porte la santé des chefs d'Etat dont les pays étaient représentés au Congrès.

C'est le tour de la visite des fermes.

C'est d'abord celle de Fressancourt (180 hectares), exploitée par M. Achille Oger, qu'on traverse pour se rendre à celle de Bertaucourt (250 hectares), appartenant à M. Landrin. Le trajet se fait par le petit chemin de fer que M. Landrin a créé pour relier sa ferme à l'usine, et qui dessert une grande partie de ses champs. Puis, c'est la ferme du Tranoy (220 hectares) appartenant à M. Titus Leroux. Enfin, c'est la ferme de M. Arthur Oger (140 hectares).

Dans ces quatre fermes, la nature du sol est assez variable ; mais il est le plus souvent formé d'argile compacte ; sur quelques points, les terres sont sablonneuses et mélangées de cailloux. Le sous-sol est généralement rendu imperméable par une couche de glaise située à une faible profondeur, même dans certaines terres sablonneuses.

Des marnages fréquent sont été nécessaires, ainsi que des chaulages, jusqu'au moment où les défécations provenant de la sucrerie sont venues remplacer ce dernier amendement.

Le sol a dû être drainé à peu près partout. Ce drainage a été commencé il y a cinquante ans environ, au moyen de fascines et de tranchées remplies de moellons, puis ensuite au moyen de tuyaux de poterie dès que ceux-ci ont été employés. Aucune fabrique de ces tuyaux n'existant dans la région, les quatre fermiers réunis firent, à leurs frais, l'acquisition d'une machine pour en fabriquer.

Les terres de la région sont très morcelées (la ferme du Mont-Rouge fait exception) et ce n'est que grâce à des efforts persévérants, souvent par des échanges de culture plutôt que de propriétés, qu'on est arrivé à obtenir des parcelles d'une contenance moyenne de dix hectares.

L'assolement est biennal.

La culture de la betterave alterne avec celle du blé. L'avoine, les prairies naturelles et artificielles ne représentent qu'une superficie très réduite.

Cette culture industrielle date pour ainsi dire de la création de l'usine de Bertaucourt. La culture du lin, du colza, des œillettes, a été entièrement abandonnée depuis cette époque.

Les travaux de culture et de transports sont presque exclusivement faits par des bœufs, autant en raison de la nécessité d'utiliser les pulpes, résidu de la fabrication du sucre, que de la nourriture économique que celles-ci procurent.

Les chevaux ne sont employés que dans les travaux qui ne pourraient être faits par des bœufs, les ensemencements, les binages, par exemple.

La ferme de Bertaucourt est reliée à la sucrerie au moyen d'un petit chemin de fer Decauville à voie de 0 m. 50, avec traction à vapeur, qui dessert une grande partie des pièces de terre.

En outre du fumier obtenu dans les fermes, le groupe agricole du Mont-Rouge achète tous les fumiers des régiments d'artillerie en garnison à La Fère. Cela permet par contre de vendre au magasin à fourrages une notable partie de la paille.

Les engrais chimiques sont largement utilisés et on peut dire depuis les premiers temps de leur emploi en France. Les cendres pyriteuses, les guanos aujourd'hui abandonnés ont marqué la période de début et d'essais. On emploie surtout actuellement les nitrates de soude et de potasse, le sang desséché, le guano de poisson, les tourteaux, le superphosphate et les scories de déphosphoration.

Les transports se font par chariots et tombereaux. Les betteraves sont en partie débardées sur le bord des pièces avec des chemins de fer Decauville, excepté chez M. Landrin qui amène directement ses betteraves à l'usine avec son chemin de fer et reconduit de même ses pulpes.

Les instruments employés sont les charrues Brabant doubles et charrues Bajac du nouveau système, les extirpateurs, les herses, les diviseurs, les rouleaux crosskills, les semoirs à engrais, à blé et à betteraves, les houes à cheval.

L'arrachage des betteraves se fait généralement à la main et au moyen d'instruments lorsque la sécheresse le rend trop difficile. On se sert pour les autres récoltes de faucheuses et de moissonneuses-lieuses. Le battage des grains et le liage subséquent de la paille ont lieu mécaniquement.

En outre des animaux de trait engraissés, pour pourvoir à leur renouvellement on achète chaque année des jeunes bœufs de deux ans qui sont parqués sur les fumiers des fermes et mis à l'engrais.

M. Leroux a créé dans sa ferme un haras de chevaux boulonnais. Presque tous ses chevaux en proviennent. Il a ainsi rendu un grand service à son pays en propageant cette race si appréciée des connaisseurs, et dont les visiteurs admirent les beaux sujets qui défilent devant eux.

En résumé, dans ces quatre fermes, la betterave à sucre est le pivot de la culture. L'assolement est simple : betterave et blé ; les autres cultures n'occupent que des surfaces très restreintes. Grâce au drainage presque général, à des marnages, à l'emploi d'abondantes fumures, aux engrais chimiques, les champs ont été amenés à un haut degré de production.

Les voyageurs admirent la régularité des récoltes de blé et de betteraves, la propreté des terres, l'excellente tenue des attelages et des instruments ; ils sont frappés par le bon aménagement des constructions, établies pratiquement et sans luxe.

Tous sont unanimes à rendre hommage à la valeur des agriculteurs dont ils peuvent apprécier les travaux. Ces sentiments sont exprimés avec chaleur au moment du départ.

A 4 heures et demie, le train spécial quitte la station de Versigny, pour se rendre directement à Lille, par Tergnier, Saint-Quentin, Busigny, Cambrai et Douai.

Deuxième journée (10 juillet).

Dans le département du Nord.

Le programme de la journée est chargé. Il comprend ; 1° la visite de la ferme de Masny ; 2° la visite de l'Ecole nationale des industries agricoles de Douai ; 3° une réception par la municipalité de Douai ; 4° la visite des établissements agricoles de Cappelle ; 5° une réception par la Société des agriculteurs du Nord, à Lille.

Ce programme s'accomplit avec ponctualité.

Le train spécial amène les voyageurs de Lille à Douai.

Ils sont reçus à la gare par M. Manteau, directeur de l'Ecole nationale des industries agricoles, MM. Moreau et Saillard, professeurs, M. Ducloux, professeur départemental du Nord.

Après avoir traversé la ville, que la fête de « Gayant » met en liesse, ils se rendent, par le tramway électrique, à la ferme de Masny, propriété de M. Edouard Fiévet, située à 6 kilomètres de Douai.

Ferme de Masny. — La ferme de Masny compte 400 hectares, et elle est complétée par d'autres terres qui portent l'ensemble des cultures à 650 hectares.

Cette belle ferme est célèbre dans l'histoire agricole de la Flandre française : en 1863, Constant Fiévet y remportait la première prime d'honneur attribuée dans le département du Nord. Sous la direction de M. Edouard Fiévet, elle a pris une nouvelle importance.

Une sucrerie importante est annexée à la ferme. C'est dire que, dans celle-ci, la betterave est un des principaux éléments de la culture. Avec elle, le blé, l'avoine et les fourrages se partagent les terres : l'orge et l'escourgeon sont les cultures secondaires. Les champs que nous traversons frappent l'attention par la beauté des récoltes qu'ils portent.

Les bâtiments de la ferme, reconstruits à neuf il y a quelques années, après un incendie, sont unanimement admirés pour leurs excellents agencements et leur tenue irréprochable : écuries, étables, porcheries, laiterie, granges, silos à grains, sont successivement parcourus.

Les bâtiments sont peuplés de 40 chevaux de trait de race d'Hesbaye à robe noire, de 50 bœufs de Salers, choisis pour leur robe noire, de 500 bœufs d'engraissement, d'une trentaine de vaches laitières. M. Fiévet se livre à un croisement de la race flamande avec la race d'Angus, dont les résultats ne paraissent pas encore très nets. Les bergeries renferment, suivant la période de l'année, de 600 à 1200 moutons.

Sur la ferme l'assolement est quadriennal et la rotation des cultures est la suivante :

100 hectares en betteraves ;
100 hectares en blé ;
100 hectares en orge et avoine ;
100 hectares en prairies artificielles.

Les variétés que l'on y cultive de préférence sont :

Pour la betterave : le Klein-Wanzleben qui donne 30 000 à 40 000 kilogrammes ;

Pour le blé : le Schériff Square Head, le Deka, le Nursery qui donnent 35 à 40 hectolitres à l'hectare ;

Pour l'orge : l'escourgeon d'hiver à 6 rangs (55 à 60 hectolitres à l'hectare) ;

Pour l'avoine : la variété jaune à grappes (50 hectolitres à l'hectare) ;

Et pour les prairies artificielles : le trèfle flamand et les féveroles.

Toutes les opérations culturales qui s'y prêtent sont effectuées à la machine. On remarque, sous les hangars de la ferme : des distributeurs d'engrais, un trisoc pour les déchaumages, des semoirs Smith pour les céréales et les betteraves, des rouleaux Crosskill, des faucheuses, des moissonneuses-lieuses, etc.

Avant de quitter la ferme, les excursionnistes sont reçus par Mme Fiévet, qui a fait préparer un lunch à leur intention. En la remerciant de son gracieux accueil, M. Henry Sagnier rappelle aux étrangers qu'ils ont devant eux la cinquième génération d'une famille agricole, justement célèbre dans la Flandre française par les exemples qu'elle a donnés et qu'elle donne toujours.

RéCEPTION PAR LA MUNICIPALITÉ DE DOUAI. — On revient à Douai, où la municipalité avait invité les congressistes à un déjeuner servi à l'Hôtel de Ville.

M. BERTIN, maire, accompagné de M. DUBOIS, sénateur, M. DEBÈVE, député, M. ALLARD, sous-préfet, MM. HANOTTE et DUMONT, adjoints, reçoit les invités à leur arrivée. Les présentations sont faites par M. SAGNIER.

L'assistance était nombreuse autour de la table, car de nombreuses notabilités agricoles assistaient au banquet.

Au champagne, M. BERTIN, maire, prononce un discours très applaudi, dont voici la substance :

« Messieurs, nous ne sommes point à la minute, nous sommes à la seconde ; car le train n'attend pas.

« Je veux tout au moins souhaiter la bienvenue aux congressistes éminents qui ont accepté l'invitation de la municipalité de Douai.

« C'est un grand honneur pour nous d'avoir pu réunir ainsi des représentants autorisés de l'agriculture, venus de tous les points du globe pour visiter notre Exposition et notre pays.

« J'exprimerai toutefois le regret que nous ne puissions vous conserver plus longtemps.

« Ainsi que vous avez pu vous en rendre compte, notre région est très productrice au double point de vue agricole et industriel ; je souhaite que vous puissiez en emporter une ample moisson de renseignements utiles et surtout que vous conserviez un agréable souvenir de votre passage parmi nous.

« Messieurs, je lève mon verre en l'honneur du Congrès international d'agriculture si brillamment représenté ici. »

M. Henry Sagnier remercie la municipalité de Douai de sa cordiale réception.

Le prince F. Lobkowitz se réjouit, au nom des étrangers, de leur visite à l'agriculture flamande.

M. le Sous-préfet porte la santé du Président de la République et des souverains étrangers.

École nationale des industries agricoles. — En quittant l'Hôtel de Ville, les congressistes se rendent à l'École nationale des industries agricoles où ils sont reçus par le Directeur, accompagné des professeurs.

Cette École, qui a été créée par l'État en 1893, reçoit des jeunes gens qui se destinent à la sucrerie, à la distillerie et à la brasserie.

Outre ses laboratoires adaptés aux trois industries, elle possède un vaste hall où sont installées trois usines : une sucrerie, pouvant travailler 30000 kilogrammes de betteraves par jour ; une distillerie permettant le travail de la betterave, des mélasses, des grains, des pommes de terre et la rectification des alcools obtenus ; une brasserie permettant le travail de fermentation basse et celui de fermentation haute.

L'enseignement est théorique et pratique. Les élèves exécutent eux-mêmes les travaux de fabrication et ils sont initiés au contrôle chimique industriel par de nombreux exercices de laboratoire. La durée des études est de deux ans. A leur sortie, les élèves entrent tous dans l'une ou l'autre des trois industries, et ils y rendent de véritables services soit comme chimistes, soit comme chefs de fabrication, soit comme directeurs.

Établissements agricoles de Cappelle. — De Douai, le train spécial emporte les voyageurs à la station de Templeuve, où M. Desprez fils et M. Charles Desprez les attendent, pour les guider à travers l'exploitation et la Station expérimentale créées par M. Florimond Desprez.

Cette excursion avait été organisée de concert avec l'éminent agriculteur que la mort a enlevé quelques mois auparavant ; mais sa famille a désiré maintenir au Congrès la réception qu'il lui avait ménagée.

Le vaste domaine de Cappelle est consacré, non seulement à une culture exceptionnellement intensive, mais encore à la production de semences de choix, et à des expériences poursuivies depuis de nombreuses années sur les plantes de grande culture, céréales, betteraves, pommes de terre. D'une étendue de 720 hectares, il est divisé en neuf fermes ; 8 à 10 hectares sont consacrés annuellement aux champs d'expériences et 50 hectares aux champs de démonstrations. De nombreuses variétés ont été créées ou sélectionnées, qui sont aujourd'hui hautement appréciées par les agriculteurs.

Deux fermes seulement ont pu être visitées par les voyageurs : celle de la Valutte et celle de Wattines.

La Valutte est le type de la ferme flamande. Les bâtiments en sont simples et rustiques, mais aménagés avec soin. Les cultures qui en dépendent sont tout à fait remarquables. On remarque notamment de vastes champs de blé jaune à barbes Desprez, qui présente une vigueur exceptionnelle ; cette variété est une sélection du blé d'Australie, qui a été poursuivie avec soin pendant une longue période par Florimond Desprez et qui a donné des résultats exceptionnels. Les champs d'avoine, comme ceux de betteraves et de pommes de terre, ont une végétation extrêmement vigoureuse ; la propreté des terres, la bonne tenue des plantes frappent vivement l'observateur.

A la ferme de Wattines, on se trouve sur le domaine spécial de la Station expérimentale ; c'est là, en effet, que sont réunis les champs d'expériences sur lesquels sont poursuivis les essais sur la production des plantes de grande culture. C'est sous la direction de M. P. Lavallée, chef des travaux de la Station, collaborateur précieux de M. Florimond Desprez pendant les dernières années, que les excursionnistes parcourent ces champs.

C'est, d'abord, une vaste pièce dans laquelle une quarantaine de variétés de blés sont cultivées comparativement sur de larges bandes parallèles. C'est d'essais analogues que sont sorties les nouvelles variétés qui ont été fixées à Cappelle, dont les figures ci-jointes (p. 626) représentent quelques types. Un des buts principaux est de rechercher les meilleures variétés à propager dans la région, en tenant compte de la composition du sol, des conditions culturales, etc. Le *Journal de l'Agriculture* a publié, depuis plusieurs années, les résultats annuels de ces essais.

On parcourt ensuite un vaste champ de betteraves, dans lequel 50 parcelles sont consacrées à la culture comparée des variétés françaises et des variétés étrangères, tant pour la sucrerie que pour la distillerie ou pour l'alimentation du bétail.

Le champ d'expériences des pommes de terre ne renferme pas moins de 150 variétés, étudiées comparativement. C'est depuis une quinzaine d'années que ces essais se poursuivent.

Voilà le programme des expériences faites annellement à Cappelle sur les plantes de grande culture :

1° *Betteraves*. — Comparer entre elles les différentes variétés françaises aux espèces étrangères les plus recommandées sous le rapport de la maturité, de la richesse en sucre du jus, du rendement en poids et en sucre à l'hectare.

Rechercher : les meilleures variétés précoces et les espèces les plus recommandables de façon à assurer une meilleure fabrication ; — les races qui conviennent le mieux aux différents sols, celles qui produisent le sucre le plus économiquement, celles qui, par suite de la conformation de leur pivot, résistent le mieux aux insectes et parasites qui attaquent la betterave ; — les causes qui provoquent la montée à graine la première année ; — le nombre de racines qu'il faut avoir au mètre carré pour obtenir les rendements en poids et en sucre les plus élevés suivant le sol que l'on cultive ; — la marche de la progression du sucre dans la betterave comparativement au développement de la racine et de la partie foliacée ; — les différentes causes qui modifient ou favorisent la formation du sucre ; — l'influence de la sélection au moyen de l'analyse chimique des porte-graines sur l'amélioration des diverses variétés ; — les meilleurs procédés culturaux et les engrais à employer en culture intensive ; — l'influence des divers modes de reproduction de la betterave (méthodes sexuelle et asexuelle) sur la récolte ; — les betteraves les plus avantageuses pour l'alimentation du bétail ; — les soins de culture et les engrais à employer pour qu'elles produisent le plus de matières nutritives à l'hectare.

2° *Blés*. — Rechercher les meilleures variétés à propager dans la région du Nord en tenant compte de la composition physique et chimique du sol.

Étudier : le degré de précocité des principales espèces cultivées ; — celles qui souffrent le moins des intempéries de l'hiver ; — celles qui résistent le mieux à la verse ; — celles qui sont le moins sujettes à la rouille et à l'échaudage ; — celles qui sont susceptibles de donner les plus forts rendements en grain et en paille en culture intensive ; — celles qu'il faut employer de préférence dans les semis hâtifs ; — celles auxquelles on doit avoir recours pour les ensemencements tardifs ; — l'influence que peuvent exercer sur la récolte : les engrais employés, la sélection continue, la grosseur du grain reproducteur, l'endroit de l'épi d'où provient le grain de

semence, l'écartement entre les lignes et les plants; — les moyens à employer pour rendre une variété ou plus hâtive ou plus tardive.

3° *Pommes de terre*. — Comparer entre elles les meilleures variétés industrielles et comestibles.

Rechercher : celles qui produisent le plus de fécule à l'hectare; — celles qui peuvent servir à l'industrie et au besoin à la consommation domestique; — les espèces culinaires recommandables; — celles qui résistent le mieux à la maladie; les moyens de la combattre; — l'influence de la sélection physique et de l'analyse chimique sur la quantité et la qualité des produits; — l'avantage ou l'inconvénient de faire usage de plants coupés ou de tubercules entiers de différentes grosseurs; — dans les pommes de terre sectionnées, l'influence de l'endroit d'où provient le plant sur l'abondance et la qualité de la récolte; — les moyens à employer pour hâter la maturité des espèces tardives et les conséquences qui en résultent; — l'influence de l'écartement entre les plants sur la récolte; — les meilleurs procédés de culture et les engrais à adopter en culture intensive.

4° *Avoines*. — Mêmes recherches que pour les blés.

5° *Semences*. — Rechercher : le pouvoir germinatif des principales graines usitées en culture; — leur degré de vitalité; — la durée de conservation du pouvoir germinatif, les causes qui favorisent ou modifient la faculté reproductrice des semences agricoles.

C'est par le laboratoire, complètement outillé, et par les bâtiments de la ferme que la visite s'achève, laissant à tous les étrangers l'impression qu'ils ont visité un établissement qui soutient la comparaison avec les fermes expérimentales les plus réputées des autres pays.

Ces sentiments sont exprimés à Mme Desprez, au nom de tous, par M. Henry Sagnier, qui rappelle en même temps la haute estime dont jouissait son mari et les regrets unanimes que sa perte inopinée a provoqués chez tous les agriculteurs qui avaient appris à l'apprécier. Si un voile de deuil couvre cette belle exploitation depuis la mort de son créateur, on doit féliciter Mme Desprez et ses fils de maintenir avec honneur la haute réputation qu'elle avait acquise.

Réception par la Société des agriculteurs du Nord. — De retour à Lille, les excursionnistes prennent part au banquet offert en leur honneur par la Société des agriculteurs du Nord.

Ce banquet est organisé au siège même de la Société, dont la grande salle est ornée par les portraits de ses premiers fondateurs et de quelques-uns des plus illustres agriculteurs du Nord.

M. Auguste Potié, président de la Société, reçoit les voyageurs. Il est assisté des membres du Bureau et d'un grand nombre d'agriculteurs, notamment MM. Lepeuple et Duriez, conseillers généraux; Herbet-Legrue et Laden, vice-présidents; Bonduel et Davaine, anciens présidents; Dubernard, secrétaire général; Gruyelle, Laurent-Mouchon, Eloir, Ducloux, Charles Desprez, Geerts-Collette, Debuchy, etc.

Après le banquet, dans un toast chaleureux, M. Potié salue les étrangers, et leur exprime les souhaits de bienvenue dans les termes suivants :

« Messieurs, au nom de la Société des agriculteurs du Nord, je remercie les délégués du Congrès agricole d'avoir bien voulu répondre à notre invitation.

« C'est à la fois pour nous un grand honneur et une profonde satisfaction que de les posséder aujourd'hui.

« Vous venez de parcourir, messieurs, ces plaines des Flandres et du pays wallon, dont les habitants, depuis un temps immémorial, ont eu pour apanage l'amour du sol, l'amour de l'indépendance, intimement liés aux devoirs de l'hospitalité.

« Vous avez pu constater, messieurs, que notre agriculture est toujours belle, que nos libertés publiques sont plus nombreuses que jamais. Nous nous efforcerons, ce soir, de vous recevoir comme nos aïeux l'auraient fait.

« J'ajouterai qu'en cette circonstance nous nous acquittons d'une dette contractée depuis longtemps, en rendant aux sociétés étrangères venues à notre Exposition l'accueil que nos représentants ont reçu aux Expositions de Bruxelles, de Chicago.

« Les Expositions, les Congrès auxquels nous assistons, peuvent être considérés comme les grandes fêtes des nations où sont conviés tous les peuples du monde.

« Ces réunions d'hommes de tous les pays doivent avoir les plus heureux résultats pour l'avenir, au point de vue économique.

« Ils ont établi depuis longtemps que la situation du cultivateur est loin d'être prospère dans tous les pays du monde, et que les principales réformes qui pourraient être faites, comme la réforme monétaire, par exemple, ne peuvent aboutir que par une entente internationale.

« Au point de vue humanitaire, les Congrès ont des résultats plus immédiats; le contact supprime cette défiance si naturelle au cœur humain; l'indifférence fait bien vite place à des sentiments plus élevés; les hommes, se connaissant mieux, s'estiment davantage.

« Ces idées généreuses, résultant d'une même communion d'esprit, amèneront les hommes de paix et de travail à cette conclusion : que si, chacun dans notre pays, nous avons comme premier devoir de défendre notre patrie menacée, de veiller avec un soin jaloux à l'intégrité de notre territoire, nous devons également nous dire qu'au delà de ces frontières existent des peuples qui ne sont point des peuples ennemis, mais des hommes qui, comme nous, ont droit à la même part de soleil, aux mêmes satisfactions de la vie; que nous devons chercher à bien les connaître et à les estimer davantage.

« Pourquoi enfin, dans ce vingtième siècle qui commence, ces hommes de paix et de travail n'arriveraient-ils pas à constituer un tribunal suprême qui réglerait les différends entre les nations?

« Un de nos poètes les plus populaires de France, Béranger, disait, au commencement de ce siècle : « qu'au pied des bornes où chaque État commence, aucun épi n'est pur de sang humain ». Bien des années se sont écoulées depuis que notre poète national a chanté la Sainte-Alliance des peuples, et, comme il le constatait lui-même dans ses vieux jours, « aux feux des camps le glaive encore scintille ».

« Il ne dépend que de nous, messieurs, de faire aboutir le rêve du poète. Que dans tous les pays du monde les hommes généreux sèment à pleines volées, comme le laboureur sème ses graines dans ses sillons; cette pensée « que la guerre est un fléau et non un mal nécessaire, que la paix universelle s'impose, que l'union des peuples se commande ». Et bientôt la lyre de la Paix remplacera la trompette de Mars; nos charrues ne languiront plus sous des bras mutilés.

« C'est à ce résultat heureux, messieurs, que je lève mon verre, ainsi qu'à vous, messieurs les étrangers. »

M. Henry Sagnier, secrétaire général, remercie, au nom du Congrès, la Société des agriculteurs du Nord de sa chaleureuse réception; il rappelle, pour les signaler aux étrangers, les services rendus par la Société, la valeur des agriculteurs éminents qui sont à sa tête et les progrès qui leur sont dus. Puis, il invite un représentant de chaque nationalité à exprimer ses sentiments dans sa langue maternelle.

Prennent successivement la parole :

M. Fernand d'Orval en français,
Le duc de Cardinale-Serra en italien,
M. de Barros-Barreto, en portugais,
Le major Alvord en anglais,
M. Smith von Burgst en hollandais,
Le comte Knuth-Lilliendal en danois,
M. de Riepenhausen-Crangen en allemand,
Le baron de Malsbourg en polonais,
Le prince Ferdinand Lobkowitz en tchèque,
M. Kossovitch en russe,
M. Huber en bosniaque,
M. Renner en hongrois,
M. Iokoi en japonais,
M. Cobb en idiome de l'Australie et en anglais,
M. Geerts en flamand.

M. de Riepenhausen-Crangen termine son toast en français : il dit que la France est le cerveau et le cœur des nations, que tout ce que les nations ont de beau, de bon et de généreux vient de la France. Il termine en affirmant que le goût et l'art de la France lui viennent de la femme et il fait une très galante apologie de la Française.

Un monologue en flamand de M. Geerts-Collette, un vivat et quelques airs de piano terminent la soirée qui se prolonge ensuite dans les conversations les plus cordiales.

Troisième journée (11 juillet)

Dans le département du Pas-de-Calais

Cette journée est consacrée à la visite de l'exploitation agricole de MM. Démiautte père et fils, à Saint-Léger, et de celle de M. Henri Bachelet, à Vaulx-Vraucourt; la soirée a été remplie par une réception du Cercle agricole du Pas-de-Calais.

Partis de Lille à sept heures du matin, les voyageurs arrivent à Arras vers huit heures. A la gare, ils sont reçus par M. Goubet, président du Cercle agricole du Pas-de-Calais, et par M. Tribondeau, professeur départemental d'agriculture. Puis ils se dispersent par groupes pour visiter rapidement les principaux monuments de la ville, et ils se retrouvent à la gare à neuf heures et demie.

Là, sont venus, pour les recevoir et les guider : MM. Alapetite, préfet du Pas-de-Calais; Viseur, sénateur; Démiautte, ancien sénateur; Aimé Goubet, conseiller général, président du Cercle agricole; Masson et Forgeois, vice-présidents; Loth, secrétaire; Évrard, conseiller général, président de la Société centrale d'Agriculture; Leblond, inspecteur général des services sanitaires au Ministère de l'agriculture, à Paris; Tribondeau, professeur départemental d'agriculture; Dubois, Pontfort, Bécu, Génain, Duquesne, Trannin, Dreux, Godefroy, membres des deux Sociétés d'agriculture.

Après les présentations, un train spécial organisé par le Cercle agricole transporte les congressistes, grossis du groupe des Artésiens, jusqu'à Boyelles, empruntant la ligne du Nord d'Arras à Boisleux, et ensuite la ligne d'intérêt local de Boisleux à Marquion. Une dizaine de voitures, appartenant à MM. Démiautte et Bachelet, avaient été amenées à la gare de Boyelles.

Ferme de Saint-Léger. — Le premier arrêt se fait à l'exploitation agricole et à la sucrerie de M. Démiautte, ancien sénateur. M. Démiautte et ses deux fils, MM. François et Charles Démiautte, se prodiguent pour guider les étrangers avides de renseignements.

M. Démiautte est, depuis longtemps, un des agriculteurs les plus réputés de l'Artois. Les services qu'il a rendus ont été particulièrement appréciés, il y a une quinzaine d'années, lorsque se posa la question de la transformation de la betterave à sucre; on répétait partout dans le pays que la nature même des terres s'opposait à la production de betteraves riches. M. Démiautte prouva, le premier, par son exemple, que ce préjugé était absurde; il créa directement une race de betterave qui se répandit rapidement dans la région et qui y donna d'excellents résultats. Son influence n'a pas été moins active dans la rénovation de l'élevage de la race boulonnaise.

Les deux fermes de Saint-Léger et d'Hamelincourt (village voisin), cultivées par M. Démiautte et ses fils, ont une étendue de 240 hectares. La culture industrielle en est la base; elle est conduite avec tous les perfectionnements modernes. Les terres des plateaux de l'Artois sont loin d'avoir les qualités des belles terres des Flandres; si le limon d'origine glaciaire, qui recouvre la couche crétacée, est d'assez bonne qualité, il est souvent peu épais; c'est par l'habileté des cultivateurs qu'on peut obtenir les belles récoltes qu'on y constate. Une centaine d'hectares sont consacrés à la betterave à sucre, autant aux céréales, le reste est en cultures fourragères, parmi lesquelles la luzerne tient le rang principal.

Mais on ne peut visiter que la ferme de Saint-Léger et la sucrerie.

L'usine travaille environ 15 millions de kilogrammes de betteraves, dont 3 500 000 produits par les deux fermes.

Dans la ferme de Saint-Léger, la betterave est le but principal de la production. Aussi l'assolement est-il biennal; les 140 hectares sont cultivés comme suit :

Betteraves.	à sucre	57 hectares.
	porte-graines	3 —
Céréales.	blés	30 —
	avoines	30 —
	seigle	1 —
Diverses.	pommes de terre.	
	rutabagas	3 —
	carottes	
Fourrages artificiels.		11 —
Prairie permanente.		5 —

Les betteraves sont faites sur terres labourées avant l'hiver de 0 m. 22 à 0 m. 25 de profondeur. Ce labour sert aussi à enfouir le fumier. Certaines d'entre elles plus lentes à s'échauffer et à se sécher au printemps, qu'on appelle terres « blanches » ou « froides », sont labourées une seconde fois à 0 m. 12. Les autres, plus rouges, sont travaillées au scarificateur, rouleau et herse. Les fumiers sont peu abondants à cause de la faible quantité de paille produite par la ferme, mais ils sont par contre d'excellente qualité.

Indépendamment du fumier, les terres à betteraves reçoivent environ 600 kilogrammes de nitrate de soude, 600 kilogrammes de superphosphate, 200 à 300 kilogrammes de guano de poisson ou de sang desséché à l'hectare.

La variété semée est produite à la ferme même. Tous les porte-graines plantés, soit environ 80 000, sont soumis à l'analyse saccharimétrique qui doit constater chez eux un minimum de teneur en sucre de 15 pour 100, et aussi à la pesée. Chaque pied doit peser au moins 700 grammes. Pour tirer le meilleur parti possible des pieds les plus gros et les plus riches en même temps que bien conformés, on emploie la méthode du sectionnement. Ces pieds arrivent ainsi à donner jusqu'à 400 grammes de graine, tandis que la moyenne est d'environ 120 grammes pour les pieds entiers. Cette façon d'agir est assez onéreuse à cause des rebuts qu'on est obligé de faire parmi les pieds primitivement choisis, mais elle a un avantage énorme, c'est de donner une graine de qualité tout à fait supérieure au double point de vue de la quantité et de la qualité dans le rendement des betteraves.

Les rendements atteignent 50 000 à 35 000 kilogrammes à l'hectare avec une richesse moyenne en sucre de 14 à 16 pour 100, selon les conditions climatériques.

Les blés sont toujours semés après betteraves. Les variétés semées sont : le Stand-Up pour les semailles de fin octobre, et le Goldendrop pour les semailles de fin novembre, décembre et janvier. On ne sème que très peu au commencement d'octobre et en novembre parce qu'à cette époque les charrois de la sucrerie occupent tous les attelages et aussi parce qu'on a remarqué bien souvent que les blés de novembre réussissaient moins bien que tous les autres.

Les blés, semés sur un hersage consécutif à un labour de 0 m. 12, reçoivent au printemps 60 à 120 kilogrammes de nitrate à l'hectare.

Leur produit oscille entre 32 et 38 hectolitres à l'hectare.

L'avoine, comme le blé, est semée après betteraves, sauf une petite partie qui suit les luzernes défrichées.

La variété semée est l'avoine jaune des Salines. On lui applique au printemps 200 kilogrammes de superphosphate avant le labour dans les terres de vallée, et 50 à 100 kilogrammes de nitrate, en couverture, dans les terres en coteau. Le produit est de 70 à 90 hectolitres à l'hectare.

Les cultures diverses comprennent : les pommes de terre pour les ménages des gérants et du personnel; les carottes, qui sont données aux chevaux pendant les travaux les plus pénibles (semailles des avoines et betteraves); les rutabagas, les choux et les betteraves fourragères, pour les vaches laitières pendant l'hiver et les brebis avant l'agnelage.

La luzerne est le fourrage le plus employé. Elle donne un produit plus certain que le trèfle, et l'inconvénient qu'on peut trouver aux luzernes de pays à tige grosse et dure n'est que peu important, car les fourrages sont donnés hachés et arrosés d'eau salée: la récolte est beaucoup plus abondante qu'avec les autres variétés de Provence, de Poitou ou de Bourgogne. Cette culture n'est pas suffisante à la ferme de Saint-Léger pour nourrir le bétail entretenu dans cette exploitation. La ferme d'Hamelin-court, où la proportion du fourrage est plus grande et celle des betteraves plus petite, fournit le complément.

Le trèfle n'est employé qu'en très petite quantité et donné en vert aux agneaux pendant les fortes chaleurs et aux juments poulinières.

Les 5 hectares de prairies sont réservés à la nourriture de quelques vaches à lait, des juments poulinières et des poulains jusqu'à l'âge de trente mois. Elles sont toutes entourées de haies et plantées d'arbres fruitiers. Dans chacune un hangar permet aux animaux de se mettre à l'abri du soleil, pendant les fortes chaleurs, et aux poulains de six mois à deux ans, qui y passent toujours l'hiver, d'y trouver un abri contre les grands froids.

Les engrais employés à Saint-Léger sont : le nitrate de soude et le superphosphate dans toutes les terres, la kaïnite dans quelques-unes, et les scories de déphosphoration dans celles qui manquent le plus de chaux.

En même temps que les engrais et de concert avec eux, on emploie la chaux et les déchets de chaux produits par la sucrerie et surtout les écumes de défécation, qui produisent un effet excellent sur les terres de Saint-Léger. Depuis dix ans que la ferme est exploitée, toutes les pièces de terre en ont reçu et on a commencé à en donner une seconde fois l'an dernier à celles dont la nature le réclame plus particulièrement, ou qui en ont été munies les premières.

Quant au fumier, il est peu abondant, mais de très bonne qualité, en raison de la faible quantité de paille produite et de l'abondance de nourriture, pulpes, permettant d'entretenir en hiver environ 80 bêtes à cornes de forte taille. Partie de ces bêtes est laissée en liberté sur les deux fumiers couverts, et partie soumise à l'engraissement. Les pulpes mélangées de courte paille forment la base de la ration. Les tourteaux de coton pour les jeunes animaux au début de l'engraissement, les tourteaux de lin à la fin de l'engraissement fournissent les compléments de ration. Les vaches à lait, au nombre de 5 ou 6, ne sont conservées que pour subvenir aux besoins des ménages des gérants et des contre maîtres de la maison.

Un certain nombre de bœufs est consacré au travail. De 6 ou 8 en dehors de la période de fabrication, ce nombre monte à 30 pendant cette période. Ils sont de race nivernaise-charolaise et achetés dans le pays de production. Après chaque période de fabrication ils sont engraissés, sauf quelques-uns choisis parmi les plus jeunes et les meilleurs au travail. Aussi ne cherche-t-on pas à avoir des bêtes trop lourdes, mais on les achète à cinq ans et d'assez bonne qualité pour pouvoir être vendues facilement en boucherie.

Les chevaux sont au nombre de 22 environ, sans compter 5 ou 6 poulains de six à trente mois. Ils sont de race boulonnaise et d'assez forte taille. Ils sont achetés poulains, dans les fermes du pays de production, aux environs du cap Gris-Nez, ou bien proviennent des juments de la ferme. Mais l'importance des charrois occasionnés par la sucrerie et par la culture des betteraves ne permet pas de consacrer à la reproduction plus de 5 ou 4 juments. Ce nombre est plus important à la ferme d'Hamelincourt et les produits qui en résultent aident à garnir les écuries de Saint-Léger, en même temps qu'ils garnissent celles de cette première ferme.

Le troupeau de moutons se compose de 500 brebis livrées à la reproduction. Ce sont des bêtes du pays, de race artésienne ou picarde, auxquelles on donne des béliers Shropshire. Les mères et les agneaux sont engraissés chaque année et ces derniers pèsent environ 43 à 45 kilogrammes quand ils sont livrés à la boucherie à l'âge de six ou huit mois. Leur nourriture est, bien entendu, très abondante, et se compose de pulpes, mélangées de paille, et comme aliments concentrés, de fèves et tourteaux de lin.

Il n'y a pas de bergerie proprement dite. Les moutons sont logés sous les hangars qui servent à abriter les betteraves pendant la fabrication et remplacent les granges pour la rentrée des récoltes et les battages en autre temps.

Un petit troupeau de 10 à 12 brebis Shropshire fournit les béliers nécessaires. Tous les trois ans, un bélier est acheté en Angleterre pour maintenir la vigueur et la pureté de la race.

La porcherie se compose d'animaux de race yorkshire, mais elle est peu nombreuse, et n'a pour but que de faire consommer le petit lait et quelques bas produits.

La difficulté de plus en plus grande de recrutement du personnel ouvrier et aussi la consistance de certaines terres obligent à un matériel agricole considérable : moissonneuses lieuses (Wood et Hornsby), moissonneuse ordinaire, faucheuse à fourrages, semoir en lignes (Smyth), semoir à engrais, batteuse Albaret avec botteleuse, charrues doubles (Candelier et Fondeur), rouleaux Crosskill, herses, scarificateurs, etc.

Les charrois que la ferme fait pour le compte de la sucrerie sont très importants : 210 wagons de charbons et coke; 250 wagons de sucre et mélasse; 1500 mètres cubes de pierre à chaux à prendre à 4 kilomètres de l'usine.

Aussi le matériel : chariots, tombereaux, se chiffre par 17 chariots et 8 tombereaux à deux et quatre roues.

Dans la cour principale de la ferme, deux superbes attelages, l'un de six bœufs nivernais admirablement accouplés, l'autre de si beaux chevaux boulonnais, attirent d'abord l'attention. Les excursionnistes se répandent ensuite dans les écuries, les étables et les bergeries aménagées avec un grand sens pratique; une cinquantaine de chevaux boulonnais, une trentaine de bœufs, quelques vaches laitières de race flamande, sont examinés avec attention. Une partie des étables est vide parce que les bœufs d'engraissement ont été vendus au printemps. La bergerie a une importance spéciale; c'est surtout au croisement des brebis artésiennes avec le bélier shropshire, que s'adonne M. Démiautte pour faire des bêtes de boucherie. La sucrerie a, également, les honneurs d'une visite attentive.

Avant qu'ils quittent la ferme, des rafraîchissements sont offerts avec une grâce exquise aux excursionnistes par Mme Charles Démiautte.

Après un passage rapide à travers la ferme de M. le marquis d'Aoust, maire de Saint-Léger, où l'on remarque un excellent type des fumiers couverts de la région, on remonte en voiture pour la deuxième étape.

Sur la route de Saint-Léger à Vaulx-Vraucourt, où l'on doit s'arrêter, on parcourt une partie des terres de la ferme et l'on peut en admirer la bonne tenue. A quelques exceptions près, l'ensemble du pays témoigne d'un travail actif et intelligent de la part des cultivateurs.

Ferme de Vaulx-Vraucourt. — Le village de Vaulx-Vraucourt est en fête : toute la population est sur pied, les maisons sont pavoisées, les détonations des boîtes d'artifices éclatent, alors que la fanfare accueille les voyageurs de ses accents les plus joyeux. La journée est avancée, les appétits sont ouverts.

M. et Mme H. Bachelet ont tout prévu; c'est à l'entrée d'une grande tente élégamment décorée, sous laquelle attend un déjeuner plantureux et servi avec goût, qu'ils reçoivent les premiers compliments de leurs visiteurs. Cent cinquante convives environ prennent part à ce véritable banquet.

Au dessert, M. Bachelet, dans une allocution charmante, souhaite la bienvenue aux étrangers dans les termes suivants :

« Messieurs, c'est un grand honneur pour ma famille et pour moi de recevoir aujourd'hui MM. les congressistes étrangers venus de tous les points du globe pour prendre part à notre Exposition universelle.

« Je souhaite la bienvenue à ces hôtes de la France qui viennent apporter à leurs collègues un précieux témoignage de leurs sympathies et de leur confraternité professionnelle.

« L'empressement de la plupart des nations à donner leur adhésion au Congrès international d'agriculture, qui vient de se terminer à Paris, prouve que nous comptons encore de nombreux amis dans le monde.

« Je félicite M. Sagnier pour l'heureuse inspiration qu'il a eue en vous invitant à parcourir nos plaines du nord de la France.

« Désormais, nous serons moins étrangers les uns aux autres; l'échange des conversations nous aura appris à nous connaître; et nous ferons en sorte que, tous, vous reportiez chez vous une impression favorable de l'hospitalité qui vous est offerte dans notre pays.

« Cette circonstance nous procure le plaisir de voir assis à notre table un certain e de nos amis qui sont en même temps des amis de l'agriculture.

« Je remercie tout particulièrement M. Alapetite de ce qu'il a bien voulu

Type d'étalon de race boulonnaise.
Photographie de M. Quentin, à Sainte-Catherine-les-Arras (Pas-de-Calais).

donner un instant les soucis de son administration pour accepter notre invitation Du reste, nous sommes tellement habitués à user de son concours dans nos réunions agricoles, que nos fêtes sont incomplètes lorsqu'il nous manque.

« Je remercie également MM. Masson et Tribondeau qui se sont multipliés pour organiser l'excursion d'aujourd'hui et la rendre aussi peu fatigante que possible.

« Enfin je remercie tous nos amis qui ont bien voulu venir, par leur présence, rehausser l'éclat de cette fête.

« Je lève donc mon verre en l'honneur de nos hôtes étrangers et je bois à tous les amis de l'agriculture. »

Au nom du bureau du Congrès, M. Henry Sagnier le remercie de sa réception, et il rappelle combien le Congrès est heureux de faire apprécier non seulement les belles cultures de la région, mais encore des familles agricoles comme les familles Démiautte et Bachelet qu'on visite en ce jour.

M. de Riepenhausen-Crangen, au nom des étrangers, se réjouit de voir des visages jeunes et épanouis à ces agapes : des jeunes hommes, des jeunes femmes et des jeunes filles, et il boit à la jeunesse agricole.

A la sortie de la tente, une surprise agréable est faite aux visiteurs. Deux des éleveurs les plus connus et les plus appréciés de la région, M. le baron d'Herlincourt et M. de Wazières, ont amené quelques étalons de leurs haras de race chevaline boulonnaise. De tous les étrangers qui étaient présents, aucun ne connaissait cette race si perfectionnée aujourd'hui ; c'est avec enthousiasme qu'ils ont examiné les huit magnifiques animaux qui défilaient devant eux ; il ne serait pas étonnant qu'il y ait eu là un début de ventes fructueuses pour les éleveurs.

C'est ensuite le tour de la ferme de M. Bachelet.

Cette ferme est dirigée avec une rare entente des conditions d'une culture menée scientifiquement : l'emploi raisonné des engrais, la sélection des meilleures variétés de plantes, le choix d'un matériel bien approprié, la bonne direction des spéculations sur le bétail, constituent les pivots de cette fort intéressante organisation.

L'étendue de la ferme est de 250 hectares environ ; les terres en culture se partagent entre 75 hectares de betteraves à sucre, autant en blé, 50 consacrés à l'orge et à l'avoine, 20 en prairies artificielles.

Les champs accusent une production élevée, et malgré les conditions défavorables de l'année dans la région, ils promettent de belles récoltes. Pendant les dix dernières années, le rendement du blé a varié entre 35 et 42 hectolitres par hectare ; celui des autres cultures est dans des proportions analogues.

Une vingtaine d'hectares ont été convertis en herbage ; ceux-ci sont bien fournis ; ils reçoivent chaque année une fumure aux engrais minéraux.

Les bâtiments d'exploitation sont constitués par la réunion de deux anciennes fermes ; s'il en résulte certains désavantages, on doit constater qu'on en tire le meilleur parti et que le plus grand ordre règne dans toutes les parties de la ferme.

Les fumiers, qui sont couverts, sont traités de manière à n'en rien laisser perdre.

Les écuries renferment une trentaine d'excellents chevaux boulonnais.

Les étables sont peuplées d'une trentaine de vaches laitières. Après divers essais sur le choix de la race, M. Bachelet élève exclusivement des animaux de race flamande ; les vaches et les génisses qui peuplent les herbages constituent un troupeau bien homogène.

La plus grande partie du lait est convertie en beurre dans une laiterie dirigée par Mme et Mlle Bachelet ; il y est fabriqué, chaque semaine, environ 60 kilogrammes de beurre par l'écrémage centrifuge.

Une porcherie, peuplée d'animaux de race yorkshire, et une bergerie importante complètent la ferme.

La bergerie compte deux troupeaux : l'un d'élevage, avec 550 brebis de race artésienne, l'autre d'engraissement, de 550 moutons environ. Une tondeuse mécanique, pour les moutons, qui marche régulièrement et rapidement, fixe l'attention des visiteurs.

A la ferme est annexée une brasserie où l'on fabrique de 60 000 à 80 000 hectolitres de bière par an.

En même temps qu'il se livre avec passion à la direction de son exploitation, M. H. Bachelet est président du Syndicat agricole de l'arrondissement d'Arras, comme de la Société de crédit agricole créée par ce Syndicat et qui rend de grands services aux petits cultivateurs du département.

Réception par le Cercle agricole du Pas-de-Calais. — Le programme de la soirée comporte un banquet, offert dans les vastes salons de l'Hôtel de l'Univers, par le Cercle agricole du Pas-de-Calais. M. Aimé Goubet préside, ayant à ses côtés M. le préfet du Pas-de-Calais et le prince Lobkowitz; M. le sénateur Viseur, M. Jonnart, député, M. le major Alvord, le comte Knuth, M. Sagnier, M. Leblond, inspecteur des services sanitaires au Ministère de l'agriculture, M. Lenglet, maire d'Arras, M. Démiautte, ancien sénateur; MM. Henri Bachelet, André Evrard, Hary, Guyot, conseillers généraux, Buellet, secrétaire général de la Préfecture, Grottard, Rubin, Debomy, Pagnoul, Dubois-Pontfort, Duquesne, Pontfort, de Wazières; MM. Masson, Forgeois, vice-présidents du Cercle agricole, Genain, Godin, Tribondeau, Provins, Dhorne, Vaillant, Chabé, Lebas, père et fils, Hollart, Trannin, etc.

Groupés autour des présidents des Sociétés d'agriculture et Syndicats agricoles, ont pris place une centaine d'agriculteurs, de professeurs, etc.

La salle est brillamment éclairée par de puissantes lampes à alcool. Le menu très bien servi a été fort apprécié des convives. Pendant le banquet, la musique du 33e de ligne exécute un certain nombre de morceaux de son répertoire, qui sont vivement goûtés.

A la fin du banquet, M. le préfet ALAPETITE se lève et prononce une allocution souvent interrompue par les applaudissements et dont voici l'analyse :

« M. le préfet porte d'abord la santé de M. le Président de la République en disant : « C'est lui que nous prenons pour modèle quand nous voulons recevoir dignement « les hôtes de la France. » Il porte également la santé des souverains et des chefs de gouvernement des nations étrangères représentées à ce banquet, et il ajoute : « Les « liens qui doivent unir les nations civilisées, et auxquels, à de certaines heures, les « gouvernements ont le pressant devoir de faire appel, ne peuvent que profiter de « réunions amicales comme celles d'aujourd'hui. »

« Il remercie les membres étrangers du Congrès qui, après avoir visité la France dans sa capitale, où les merveilles de toutes les parties du monde sont en ce moment amassées, après y avoir vu les instruments et les produits de l'agriculture française, ont voulu visiter aussi des fermes en province et voir de leurs yeux comment nos cultivateurs y vivent et y travaillent.

« M. le préfet remercie M. Sagnier, qui a excellemment organisé cette excursion, d'y avoir fait une place au département du Pas-de-Calais, et il espère que les congressistes ne regretteront pas cette journée.

« Ils auront pu voir ailleurs des choses d'un plus grand aspect. Ceux qui créent une vaste exploitation dans un pays neuf peuvent l'aménager du premier coup suivant une esthétique plus rationnelle et plus imposante. L'Artois est un pays de vieille culture et de petite culture. Les hommes entreprenants qui ont voulu y faire de la grande culture ont été obligés de coudre ensemble de vieux morceaux, et les petites fermes qu'ils ont améliorées et transformées pour les réunir sous une direction unique n'ont rien de monumental. Mais quand on pénètre dans l'intérieur de ces fermes, on se rend compte de l'esprit de progrès et du labeur incessant qu'elles abritent.

« M. le préfet rappelle l'énergie de M. Démiautte, qui a été dans ce pays l'un des rénovateurs de la culture de la betterave et de la fabrication du sucre et qui a été aussi, avec M. Viseur, son successeur au Sénat, l'un des artisans les plus convaincus et les plus persévérants de cette reconstitution de la race boulonnaise, qui fait le plus grand honneur au Conseil général du Pas-de-Calais, et qui a permis de faire défiler aujourd'hui devant les membres du Congrès des échantillons de cette race dont la force et la beauté défient toute critique.

« M. le préfet associe à M. Démiautte M. Bachelet, issu lui aussi comme l'a rappelé M. Sagnier, d'une vraie souche de cultivateurs, fidèles à la terre. Il rappelle que M. Henri Bachelet n'est pas seulement un cultivateur ardent au travail, toujours empressé à faire passer dans la pratique les progrès de la science agricole, très prévoyant et très résolu, n'hésitant pas à remplacer ce qui est compromis et ayant pu faire voir aux membres du Congrès, dans une année calamiteuse, des récoltes néanmoins admirables; que par surcroît M. Bachelet travaille beaucoup pour les autres, qu'il est l'âme du Syndicat agricole d'Arras, et de la Société de Crédit mutuel, qu'il se prodigue dans toutes les œuvres de solidarité et d'enseignement agricoles.

« Et M. le préfet termine en félicitant le Cercle, que préside M. Aimé Goubet, et les Sociétés d'agriculture fédérées du Pas-de-Calais, de leur rôle bienfaisant, et il porte un toast à tous ceux qui travaillent pour le progrès de la science et de la pratique agricoles, et pour le progrès de la civilisation dans le monde. »

Des toasts sont portés successivement dans l'ordre suivant :

Discours de M. Goubet, président du Cercle agricole.

« Au nom du Cercle Agricole, au nom des Agriculteurs du Pas-de-Calais, je salue les membres du Congrès international d'agriculture.

« La France, messieurs, après avoir convié tous les peuples de l'univers à rassembler en un spectacle grandiose les merveilles de la science et du travail, a eu l'honneur de réunir d'une part les philosophes, les savants de toutes les parties du monde pour résoudre en différents Congrès les problèmes sociaux qui doivent au point de vue moral améliorer l'humanité, et d'autre part les économistes, les ingénieurs, les agronomes les plus distingués, et les a invités à rechercher en commun les moyens d'assurer une plus grande somme de bien-être matériel.

« Votre tâche, messieurs, n'était pas la moins ardue. Les agriculteurs du Pas-de-Calais, dont vous avez pu apprécier les efforts dans la voie du progrès, sont heureux et fiers de saluer en vous les champions du travail et de la science agricoles.

« Ils se réjouissent de voir s'associer à cette manifestation de sympathie à l'égard des agriculteurs étrangers le représentant du gouvernement de la République en la personne de M. le préfet Alapetite, les dévoués représentants du Pas-de-Calais au Parlement, et la ville d'Arras, en la personne de son maire M. Lenglet.

« Messieurs, je vous convie à lever nos verres en l'honneur de MM. les membres du Congrès international d'agriculture. »

Discours de M. Viseur, sénateur.

« Je me réjouis de cette heureuse et trop rare circonstance qui nous permet de fêter en vos personnes l'agriculture universelle et, franchissant les frontières — en attendant que l'avenir les supprime — de comprendre dans un même vœu les praticiens de tous les pays qui fécondent la terre de leur labeur et ceux qui leur viennent en

aide par la science et par la loi, qui éclairent le chemin, fixent le progrès et pro-
tégent contre les découragements ou les reculs.

« Chacune des nations que vous représentez a apporté les merveilles de son génie, de
ses multiples activités, et vous-mêmes, par la part que vous avez prise aux expositions dont l'éclat est si vif, aux Congrès qui se sont succédé, vous avez témoigné de
l'indéfectibilité de la science unie au travail, et que, si un jour elle hésite ou s'arrête,
le lendemain elle se remet en marche et, plus sûre d'elle-même, mieux orientée vers
la lumière, dissipe un peu plus les nuages ou les mythes qui enveloppent et attardent
l'humanité.

« Plus qu'aucune autre, notre profession, qui est la plus vaste, la plus encyclopé-
dique et embrasse tout le cycle des connaissances, a bénéficié des découvertes scientifiques, et c'est par elle surtout, par d'heureuses applications, que, dans ce dernier
quart de siècle, l'Europe ainsi que d'autres parties du monde ont presque doublé la
production du sol et pu dire aux disettes et aux famines, ces grandes faucheuses de
vies : « Nous ne vous connaîtrons plus. » Grandiose résultat dont nous pouvons tous
nous enorgueillir puisque chacun y a concouru selon ses forces.

« Je ne veux pas oublier, messieurs, que la parole doit être laissée à nos hôtes
étrangers et nationaux, que vous êtes impatients d'entendre ; mais en terminant, et en
levant mon verre en leur honneur, j'exprime l'espoir que de ce grand concours
d'hommes et de peuples que notre Exposition universelle a réunis, que de cette fête
intime qui nous rassemble en ce moment, il résultera, aujourd'hui et demain, une
plus entière connaissance mutuelle, une nouvelle poussée vers le progrès, sous toutes
ses formes, c'est-à-dire un peu plus de bien commun, et de fraternité humaine. »

Discours de M. Jonnart, député.

« Messieurs, je réponds au désir de mes collègues du bureau de la Fédération, en
saluant en son nom, au nom de la Fédération des sociétés agricoles du Pas-de-Calais,
les membres du Congrès international d'agriculture et l'organisateur de cette intéressante excursion, M. H. Sagnier.

« M. Sagnier a un nom populaire dans cette région ; il y a droit de cité : depuis longtemps toute notre sympathie et notre gratitude sont acquises à l'habile et vaillant
défenseur des intérêts de l'agriculture. L'agriculture, messieurs, est dans l'obligation
de combattre bien des fléaux qui la menacent ; mais il y a un fléau contre lequel elle
s'est toujours défendue avec succès : je veux parler de cette ivraie du cœur que l'on
nomme l'ingratitude. Même dans les années comme celle-ci, où l'intempérie des saisons désole nos champs, la petite fleur de la reconnaissance pousse toujours vigoureusement et s'épanouit sur notre sol. Et, en ce qui vous concerne, M. Sagnier, la
petite fleur est devenue dans le pays un arbre aux puissantes racines, car nous avons
suivi vos brillantes campagnes en faveur de l'agriculture, et nous sommes heureux de
cette occasion de vous adresser nos meilleurs et nos plus affectueux remerciements.

« C'est un grand bonheur pour nous de recevoir aujourd'hui dans notre département
les membres étrangers du Congrès. Quelques-uns d'entre eux sont membres du jury
de la classe que j'ai l'honneur de présider à l'Exposition universelle, et ils ont admiré
l'Exposition collective de notre département, organisée par notre Fédération, et qui
a obtenu, je suis ravi de le dire, le plus vif succès. L'exposition collective de la Fédération a mis en lumière la valeur de nos produits, l'ingéniosité, l'esprit d'initiative
et toutes les qualités précieuses, de persévérance et de labeur, qui vous distinguent,
mes chers concitoyens. Comme président de la Fédération, je me suis senti très honoré

et très fier, mais encore très reconforté par votre succès. Il était bon, il était désirable que l'on vînt vous voir sur place; car j'ai le ferme espoir que cette visite ne pourra que renforcer l'estime et les sympathies que l'exposition de vos produits à Paris vous a déjà assurées.

« N'est-ce pas aussi une bonne fortune pour nous que des étrangers éminents pénètrent en quelque sorte dans l'intimité de notre vie nationale? Je me félicite hautement des circonstances qui nous ont rapprochés et nous ont permis de nous mieux connaître et de nous mieux apprécier.

« A vrai dire (et je ne fais que répéter ici ce que je disais l'autre jour aux membres étrangers du jury de la classe 39), à vrai dire, messieurs, nous nous connaissons mal quand nous ne nous connaissons que par les articles de journaux et les clameurs du forum. Certes la presse rend de grands services; il lui arrive de seconder très utilement l'œuvre du progrès et l'essor de la civilisation; elle compte dans ses rangs des écrivains illustres et de grands hommes de bien : elle a ici même, à cette table, des représentants qui l'honorent grandement : mais il faut bien avouer que parfois la presse, sous le coup des passions violentes du moment, ne traduit en aucune façon l'opinion moyenne d'un pays, l'opinion de ces masses profondes où il faut toujours aller chercher le véritable sentiment national. En France, la presse est libre, complètement libre ; je ne dirai pas trop libre, mais à coup sûr insuffisamment responsable, et de même qu'elle peut se constituer le champion des plus nobles causes, de même parfois nous la voyons céder à des entraînements regrettables, à des excitations passionnées, à de faux calculs que le bon sens du pays, dans sa masse, réprouve absolument.

« Donc généralement, messieurs, nous nous connaissons mal. Et c'est pourquoi je me réjouis à la pensée que des étrangers sont venus, qui ont pu juger, à côté de la France qu'on entend, celle qu'on n'entend pas, la France intime, celle qu'on ne voit pas toujours de loin : je veux parler de ces populations agricoles françaises si sages, si laborieuses et si pacifiques.

« La vraie France, messieurs, la voilà ! C'est elle qui vous salue avec joie et vous remercie de l'honneur que vous lui avez fait en participant à son Exposition, à cette grande fête du Travail qui est aussi la fête de la Paix, et (pourquoi ne pas le dire?) de l'universelle réconciliation.

« L'agriculture, dont nous sommes les délégués à divers titres, plus qu'aucune autre industrie, vit de paix, de confiance, et de la sécurité du lendemain. Et j'exprimais l'autre jour le vœu que les hommes d'État de tous les pays fussent désormais astreints à un séjour annuel de quelques semaines à la campagne.

« En assistant aux travaux de l'agriculture, en appréciant ce qu'il faut de patience, de courage et de science pour remuer le sol, pour créer et conserver la moisson prochaine, ils comprendaient que la pauvre humanité, hélas ! a déjà assez à se défendre contre la nature et le destin, pour ne pas risquer inconsidérément le meilleur de son sang et de ses ressources dans des luttes fratricides.

« L'agriculture, en même temps qu'un élément de paix, est aussi le meilleur agent du progrès. Mieux que l'épée, la charrue a ouvert les pays neufs à la civilisation. Dans notre grande colonie algérienne, elle est notre meilleur instrument de domination.

« L'Exposition nous permet d'admirer les merveilles que l'agriculture, aidée de la science, a réalisées dans ce siècle. Dans nos courses à travers les sections agricoles de l'Exposition, nous avons puisé de précieux enseignements. Nous y avons puisé cette conviction que, pour le plus grand bien de l'humanité, l'agriculture peut avoir confiance dans l'avenir et regarder hardiment devant elle ; elle sera longtemps encore pour les peuples une source de richesse et de force, un réservoir inépuisable d'énergies agissantes et fécondes.

« Oui, messieurs, ce sont des paroles d'espérance et de réconfort que vous rapporterez dans vos pays.

« En France, hélas ! nos pères n'ont pas toujours connu un ciel sans nuages ; ils n'ont jamais désespéré de l'avenir. L'agriculture, elle non plus, n'a jamais désespéré, ne doit jamais désespérer de l'avenir. Quand vous rentrerez chez vous, messieurs les délégués étrangers, en transmettant à vos agriculteurs notre salut cordial et nos vœux de prospérité, dites-leur bien que l'alouette de France chante toujours les joies de la vie champêtre, et que nous souhaitons que les aspirations et les espérances des travailleurs de la terre, dans le monde entier, s'élèvent comme elle et montent toujours plus haut !

« Messieurs, je bois à l'agriculture, à nos hôtes étrangers, et je les prie de porter aux cultivateurs de leurs pays respectifs l'hommage des cultivateurs français. »

Au nom des étrangers, le prince FERDINAND LOBKOWITZ, dans un langage sans apprêt et sans fard, avec un accent de terroir qui lui donnait plus de charme, remercie chaleureusement et cordialement le Cercle agricole de son aimable accueil. « Je félicite également, a-t-il ajouté, les « arrangeurs » de nos excursions, de nous avoir conduits dans ces plaines fertiles, où nous avons vu à l'œuvre ces agriculteurs dont les merveilleux produits se trouvent à l'Exposition. Leur pays est riche, bien doté de la nature ; les saisons y sont bien réparties, mais le sol est travaillé par l'ouvrier le plus intelligent, le plus laborieux. D'ailleurs, si nous voulons savoir chez qui nous sommes, il faut voir le teint bruni de ceux qui nous entourent, ce ne sont pas des agriculteurs de « salon, de gants et de parapluie » ; ces hommes-là ont des amis dans tous les pays. »

Le succès du prince Lobkowitz est très vif auprès de ses auditeurs. La délégation étrangère ne pouvait avoir de meilleur interprète.

M. SAGNIER porte un dernier toast au Cercle agricole, et à MM. Viseur et Jonnart qui font partie de cette remarquable phalange d'hommes politiques qui représentent le Pas-de-Calais au Parlement.

Quatrième journée (12 juillet)

Dans le département de la Somme

Cette dernière journée est consacrée au département de la Somme. Il s'agit de visiter une des plus belles exploitations que la France puisse montrer : magnifique agriculture sur un sol éminemment ingrat; c'est le bouquet de l'excursion, suivant l'expression pittoresque d'un des voyageurs.

On part, le matin, d'Arras directement pour Montdidier.

Visite rapide de la ville : la statue de Parmentier, la maison où il naquit, le nouvel Hôtel de Ville dont le maire, M. Périn, fait les honneurs, l'ancien bailliage converti en tribunal, orné d'antiques tapisseries, intéressent d'abord les voyageurs.

Déjeuner intime (c'est le dernier du voyage) dans lequel on se félicite de la bonne et cordiale amitié qui a régné entre tous.

M. CAMILLE TRIBOULET, dont on va visiter la ferme, souhaite, dans une charmante allocution, la bienvenue au Congrès dans cette région où l'agriculture est en honneur et où ceux qui travaillent pour elle sont particulièrement estimés.

M. HENRY SAGNIER remercie M. Triboulet, et il résume en quelques mots la satisfaction qu'il a éprouvée en recueillant, pendant ces quatre jours, les impressions des hôtes de la France dans les fermes qu'ils ont visitées.

M. Victor C. Huber demande à exprimer la reconnaissance des étrangers vis-à-vis du comité du Congrès, et il salue en M. Sagnier, suivant sa pittoresque expression, le *spiritus rector* de l'excursion.

M. de Belleville se fait l'interprète de tous pour remercier les jeunes commissaires MM. Albert Chapelle et Jacques Duval du zèle et du dévouement qu'ils ont déployés dans leurs délicates fonctions au cours de l'excursion.

M. Albert Chapelle répond avec une modestie gracieuse qui lui vaut d'unanimes applaudissements.

Des voitures transportent les voyageurs à la ferme d'Assainvilliers, située à 4 kilomètres de Montdidier.

Ferme d'Assainvilliers. — A l'entrée de la ferme, un arc de triomphe est dressé en l'honneur du Congrès; tous les habitants du village saluent avec empressement.

M. et Mme Triboulet, qu'accompagne Mme Triboulet mère, font aux visiteurs l'accueil le plus chaleureux.

M. Camille Triboulet est le sixième du nom; depuis plus de deux siècles et demi, depuis 1640, de père en fils, ses ascendants ont cultivé la même ferme qui s'est accrue progressivement. C'est pour rendre hommage à cette permanence d'une famille agricole sur le même sol, que la Société nationale d'agriculture a décerné, en 1894, le prix Dailly à son représentant actuel. Déjà, son père, M. Adrien Triboulet, avait remporté la grande prime d'honneur au concours régional d'Amiens en 1867, c'est-à-dire il y a plus de trente ans.

La ferme d'Assainvilliers s'étend sur une étendue de 550 hectares environ, dont la plus grande partie est formée par de vastes champs situés autour des bâtiments d'exploitation, lesquels sont groupés au centre même du village. Tout est en terres arables, d'accès facile, mais d'une qualité assez médiocre; la terre est, en effet, d'origine crétacée, le plus souvent maigre et peu profonde. Sans doute une longue période de culture soignée en a modifié la nature; mais elle est toujours avide d'engrais, surtout de matières organiques qui paraissent s'y consommer avec une rapidité spéciale.

La culture industrielle et la production du bétail sont menées parallèlement par M. Camille Triboulet. Trois grandes soles partagent les terres; le blé, l'avoine et la betterave occupent environ 150 hectares chaque année. A côté, une centaine d'hectares sont occupés par la luzerne, le trèfle incarnat, la vesce viennent s'y ajouter, pour former, avec les pulpes, un approvisionnement abondant pour un nombreux bétail.

Les soins de culture sont donnés avec un profond souci des besoins des récoltes. Au moment de la visite, sept houes à cheval travaillent parallèlement dans un vaste champ de betteraves pour exécuter les binages; le dernier binage est toujours accompagné, suivant les bonnes méthodes, par un ameublissement du sol à la profondeur de 10 à 12 centimètres.

Les blés de la ferme d'Assainvilliers sont fort appréciés; une grande partie est vendue comme semence à des prix élevés. Les principales variétés cultivées sont : le blé Goldentrop, le Dattel, qui réussissent particulièrement dans ces terres et sous le climat, des blés mélangés bien assortis, et parmi les variétés les plus nouvelles, le Bordier, le Champlan, qui donnent aussi de bons résultats. Lorsque M. Adrien Triboulet remporta la prime d'honneur, le rendement moyen était, sur la ferme, d'environ 32 hectolitres par hectare, avec des écarts assez élevés d'une année à l'autre. L'emploi des meilleures méthodes modernes, c'est-à-dire des engrais minéraux, et en particulier du superphosphate, a permis d'élever cette moyenne de quelques hectolitres, et surtout d'atténuer les écarts entre les années de plus grand ou de moindre rendement. C'est le même résultat qui est constaté dans les fermes bien cultivées d'ancienne date : l'application des données de la science moderne a plutôt constitué une assurance contre les mauvaises années, tout en augmentant la production normale.

Les mêmes observations s'appliquent mieux encore à l'avoine et au blé de printemps. Les variétés à grand rendement, comme l'avoine grise de Houdan, l'avoine à grappes, donnent des récoltes très élevées; il en est de même pour le blé Chiddam de mars, auquel M. Triboulet consacre les parties de la sole de blé que l'on n'a pas pu semer à l'automne. Dans l'avoine, il sème généralement le trèfle; il est rare de trouver des champs aussi vigoureux que ceux de cette plante à Assainvilliers.

C'est pour la distillerie que la betterave est cultivée ici. La betterave à collet rose, de richesse moyenne, est presque exclusivement semée. La densité recherchée par M. Triboulet est celle de 6 à 6 et demi; on sait que c'est le degré le plus estimé par les distillateurs. Abondamment pourvue d'engrais, la betterave donne d'excellents rendements; la production d'alcool est d'environ 25 hectolitres par hectare. Dans cette année, dont les débuts ont été particulièrement difficiles pour la betterave, la plupart des champs de la ferme d'Assainvilliers sont d'une vigueur exceptionnelle. L'alcool est vendu rectifié à la ferme même, et est très estimé dans le commerce.

Avec les grains et l'alcool, les produits animaux forment les principaux produits de vente de la ferme. Le cheptel vivant est choisi avec un soin tout particulier; il n'est pas jusqu'aux chiens de berger dont M. Triboulet ne se préoccupe; il n'en coûte pas plus, dit-il, pour nourrir un bon animal qu'un médiocre, et l'on en tire toujours plus de profit.

Par une habitude heureuse, M. Triboulet n'emploie que des jeunes chevaux : ces animaux sont exclusivement consacrés aux travaux aratoires, sans faire de gros charrois, qui sont réservés aux bœufs. Il achète des poulains, quelques-uns boulonnais, la plupart nivernais à robe noire; il les dresse, les garde pendant quatre à cinq ans, et les revend pour le camionnage, principalement pour Paris. Les chevaux ont largement payé leur nourriture, en même temps que leur valeur s'est accrue.

Les grands travaux de la ferme sont exécutés avec des bœufs blancs, ou nivernais, au nombre de 70 à 80. Le temps pendant lequel on les garde varie, comme partout, suivant leurs aptitudes. On les engraisse pour la boucherie après la réforme. M. Triboulet entretient, en outre, un troupeau de vaches laitières; ce troupeau était formé de vaches hollandaises, flamandes, normandes, dont le lait était vendu chaque jour pour Paris; la vente ayant cessé, aux vaches ont succédé des génisses qui profitent largement de la nourriture abondante mise à leur disposition.

Les moutons d'Assainvilliers sont réputés depuis longtemps. Naguère le troupeau était de race mérinos; il est aujourd'hui dishley-mérinos. On en comprend les motifs sans qu'il y ait lieu d'insister. Le troupeau compte, suivant les années, 1200 à 1400 têtes. M. Camille Triboulet s'inquiète d'en renouveler souvent le sang; il a acheté, en Angleterre, des béliers dishley purs; chez son beau-frère, M. Conseil-Triboulet l'éleveur renommé, des brebis mérinos précoces; il achète aussi des béliers dishley-mérinos à Grignon. La vente des agneaux de boucherie est sa principale spéculation. Chaque année, il conserve les meilleurs agneaux mâles et les agnelles nécessaires pour remplacer les brebis réformées. Les agneaux, devenus adultes, sont vendus comme béliers, ou bien ils sont placés en location pour la lutte.

M. Triboulet est fier de sa porcherie, et à juste titre. Celle-ci est peuplée d'un vingtaine de truies de la grande race blanche yorkshire. Rarement on rencontre des animaux aussi bien caractérisés, aussi parfaits sous tous les rapports. Aussi les produits en sont très estimés.

La basse-cour et le jardin constituent le domaine propre de Mme Triboulet. On rencontre ici les mêmes méthodes, le même soin pour assurer le succès; aussi celui-ci est complet.

Pour répondre aux besoins d'une exploitation semblable, de vastes bâtiments sont nécessaires. Ceux de la ferme d'Assainvilliers sont parfaitement aménagés. Vastes écuries et étables, bergeries spacieuses et parfaitement disposées, cases à porcs nombreuses et bien entretenues, poulailler approprié à une nombreuse basse-cour, grange immense accompagnée de vastes silos, hangar ouvert pour les machines et les instruments, fosse à fumier garnie d'une fosse à purin qui reçoit tous les liquides des étables, abreuvoir alimenté par un puits profond, cantine aérée pour les ouvriers de la ferme, telles sont les principales parties de ces bâtiments disposés autour de deux vastes cours.

La distillerie a été construite avec tout le souci d'assurer la marche régulière du travail et de réduire les frais de manutention.

Une forge annexée à la ferme sert à faire toutes les réparations nécessaires aux instruments et aux machines.

Enfin, un atelier de charronnage sert non seulement aux réparations, mais aussi à la construction des tombereaux et des chariots employés dans la ferme.

Depuis quelques années, toute la ferme est éclairée à l'électricité : la lumière est fournie par une dynamo qu'actionne la machine à vapeur de la distillerie; des lampes à arc montées sur de hautes potences éclairent la cour, et de petites lampes à incandescence sont placées dans tous les bâtiments. M. Triboulet estime que cet éclairage, obtenu sans dépense spéciale, est non moins économique qu'agréable.

Ce sont d'abord les bâtiments que l'on parcourt. Tous les détails en sont examinés avec intérêt.

Une trentaine de jeunes chevaux sont étudiés avec soin, de même que les bœufs nivernais qui garnissent les étables; dans les bergeries, ou au parc dans les champs, le troupeau de dishley-mérinos fixe l'attention par son excellent état; les verrats et les truies de race yorkshire, qui peuplent la porcherie, frappent les connaisseurs par la pureté de leurs formes. Il n'est pas jusqu'à la basse-cour, et au jardin, domaine de Mme Triboulet, qui ne provoquent des appréciations élogieuses.

Après avoir parcouru les champs, on rentre à la ferme. Un lunch attend les visiteurs.

En leur nom, M. Henry Sagnier remercie M. Camille Triboulet de sa réception; il rappelle, aux applaudissements unanimes, que la même famille occupe la ferme depuis deux siècles et demi, et que le cultivateur actuel représente la sixième génération qui a cultivé le même sol sans interruption; il unit sa mère et sa femme dans l'hommage que des représentants de l'agriculture du monde entier sont heureux de lui présenter.

Le voyage est terminé. Le train spécial que la Compagnie du Nord avait complaisamment organisé à l'usage des excursionnistes, les ramène le soir même à Paris, où ils se quittent en poussant un dernier hourrah en l'honneur du Congrès.

Conclusion.

Forcément rapide, ce voyage a permis néanmoins aux agriculteurs étrangers qui y ont pris part de se livrer à de nombreuses observations. C'est sous les formes les plus variées que ces observations ont été faites : par les questions qui se croisaient auprès des agriculteurs dont on visitait les fermes, par les nombreuses notes dont les carnets se couvraient, par les vues photographiques des animaux, des attelages, des bâtiments, des machines, etc., que les uns et les autres prenaient à l'envi. Il convient de résumer en quelques mots les impressions recueillies au cours de ces quelques jours.

Les étrangers ont admiré sans arrière-pensée les belles cultures qu'on leur a montrées; de-ci, de-là, les uns où les autres ont présenté des restrictions portant le plus souvent sur des détails, ce qui corrobore d'ailleurs l'impression générale.

Ils ont été vivement touchés par l'accueil sympathique, parfois somptueux, toujours cordial, qui leur a été fait par les agriculteurs, les municipalités, les associations agricoles, et ils n'ont pas cessé de répéter combien ils en étaient flattés, sans en être autrement étonnés.

Ils ont apprécié les qualités de nos agriculteurs, leur amour passionné pour leurs fermes, leur verve et leur entrain; mais ce sont là des qualités auxquelles ils s'attendaient et dont ils n'ont pas été surpris.

Là où leur étonnement s'est manifesté, sinon d'une manière absolue, du moins chez un grand nombre, c'est en face des femmes de nos agriculteurs. Ces femmes, qui se montrent à la fois comme des maîtresses de maison distinguées, élégantes et avenantes, à la conversation vive et spirituelle, et comme des fermières expertes, s'intéressant à toutes les choses de la ferme, y ayant leur domaine propre qu'elles gèrent avec passion, tout en veillant sur leurs enfants, ces femmes-là ont été pour eux l'objet d'une admiration sans mélange. Ils ne cachaient pas leur étonnement, et quand on leur répondait qu'il en était ainsi partout en France, leur étonnement s'accroissait.

Il est utile de noter cette impression vivace, qui est tout à l'honneur de celles qui l'ont provoquée. C'est qu'en effet les femmes de la bourgeoisie agricole, s'il est permis d'employer cette expression, constituent un joyau inestimable; que les familles agricoles veillent bien à le conserver et à ce que rien, dans l'avenir, n'en altère l'éclat!

On doit constater, d'un autre côté, que les immenses progrès réalisés depuis une quinzaine d'années par l'agriculture française ont provoqué, chez nos visiteurs, même chez ceux qui paraissaient nous connaître le mieux, une très vive surprise. Ils les ont constatés très loyalement, et parfois même avec un étonnement rehaussant la valeur de l'opinion exprimée par les plus autorisés, qui déclaraient, sans ambages, qu'on ne trouverait pas chez eux de meilleurs exemples que ceux qu'on a pu leur montrer.

C'est sur la culture arable et sur l'élevage comme sur la généralisation des méthodes scientifiques de culture, que ces observations ont principalement porté. Durant les quatre jours qu'a duré l'excursion, on a pu constater l'unanimité de cette impression.

Le seul reproche qu'on ait entendu formuler — mais celui-ci était constant — c'est que nos agriculteurs et nos éleveurs sont trop modestes. C'est un reproche mérité. On n'aime pas, chez nous, à se mettre en avant; on répugne à imprimer et à répandre ces notices sur les produits des exploitations et sur l'élevage qu'on trouve presque partout dans les autres pays. C'est un tort, car on perd ainsi les avantages qu'on peut en retirer pour la vente, soit des produits de la ferme, soit surtout des animaux d'élite. C'est ainsi que, lors de la visite à la ferme de M. Bachelet, à Vaulx-Vraucourt (Pas-de-Calais), celui-ci avait eu, comme on l'a dit plus haut, l'excellente idée d'inviter deux éleveurs, M. le baron d'Herlincourt et M. de Wazières, à amener quelques étalons de leurs haras de race chevaline boulonnaise. De tous les étrangers qui étaient présents, aucun ne connaissait cette race si perfectionnée aujourd'hui ; c'est avec enthousiasme qu'ils ont examiné les magnifiques animaux qui défilaient devant eux ; il ne serait pas étonnant qu'il y ait eu là un début de ventes fructueuses pour les éleveurs. Mais de telles ventes ne se font que dans des occasions exceptionnelles. Elles deviendraient rapidement bien plus régulières si nos éleveurs prenaient, en vue d'accroître leurs débouchés, les habitudes qui leur manquent aujourd'hui.

L'agriculture française a le droit d'être fière des témoignages qu'elle a reçus ; c'est la récompense légitime des efforts qu'elle a prodigués pour lutter contre l'adversité. Le tribut unanime qu'elle a reçu sera, pour elle, un puissant encouragement pour accroître les progrès qu'elle a réalisés.

H. S.

TABLE DES MATIÈRES

SÉANCE D'OUVERTURE

TRAVAUX DES SECTIONS

Première Section. — Économie rurale.

Documents annexes.

Deuxième Section. — Enseignement agricole.

Troisième Section. — Agronomie.
(Applications des sciences à l'agriculture, Améliorations agricoles et pastorales).

Quatrième Section. — Économie du bétail et production chevaline.

Cinquième Section. — Génie rural, cultures industrielles et industries agricoles.

Sixième Section. — Cultures méridionales et cultures coloniales.

Septième Section. — Lutte contre les parasites, protection des animaux utiles.

COMPTE RENDU STÉNOGRAPHIQUE DES SÉANCES

GÉNÉRALES

Séance du mardi 3 juillet.

Séance du mercredi 4 juillet.

Première séance du vendredi 6 juillet.

Deuxième séance du vendredi 6 juillet.

Première séance du samedi 7 juillet.

Deuxième séance du samedi 7 juillet.

BANQUET ET EXCURSIONS

COMPTES RENDUS

DES

CONGRÈS INTERNATIONAUX D'AGRICULTURE

I

CONGRÈS INTERNATIONAL D'AGRICULTURE DE PARIS

(DU 4 AU 11 JUILLET 1889)

Un fort volume grand in-8 de 960 pages. . . . . **10 fr.**

II

CONGRÈS INTERNATIONAL D'AGRICULTURE DE LA HAYE

(DU 7 AU 15 SEPTEMBRE 1891)

Un fort volume in-8 de 850 pages. . . . . **10 fr.**

III

CONGRÈS INTERNATIONAL D'AGRICULTURE DE BRUXELLES

(DU 8 AU 16 SEPTEMBRE 1895)

Deux forts volumes grand in-8 de 882 et 536 pages. . . . . **20 fr.**

IV

CONGRÈS INTERNATIONAL D'AGRICULTURE DE BUDAPEST

(DU 17 AU 20 SEPTEMBRE 1896)

Deux forts volumes grand in-8 de 686 et 536 pages. . . . . **20 fr.**

V

CONGRÈS INTERNATIONAL D'AGRICULTURE DE LAUSANNE

(DU 12 AU 17 SEPTEMBRE 1898)

Deux forts volumes grand in-8 de 632 et 264 pages. . . . . **15 fr.**

43814. — PARIS, IMPRIMERIE LAHURE

9, Rue de Fleurus, 9